*Посвящается любимой жене
и доброму другу
Нинель Михайловне*

СОВРЕМЕННЫЙ
АНГЛО-РУССКИЙ
И РУССКО-АНГЛИЙСКИЙ
СЛОВАРЬ
ПО НЕФТИ И ГАЗУ

MODERN
ENGLISH-RUSSIAN
AND RUSSIAN-ENGLISH
DICTIONARY
ON OIL AND GAS

A. I. BULATOV

MODERN ENGLISH-RUSSIAN AND RUSSIAN-ENGLISH DICTIONARY ON OIL AND GAS

About 60 000 terms

MOSCOW
«RUSSO»
2006

А. И. БУЛАТОВ

СОВРЕМЕННЫЙ АНГЛО-РУССКИЙ И РУССКО-АНГЛИЙСКИЙ СЛОВАРЬ ПО НЕФТИ И ГАЗУ

Около 60 000 терминов

МОСКВА
«РУССО»
2006

УДК 66.9+665.6(038)-111=161.1=111
ББК 33.36
Б 90

Булатов А. И.

Б 90 Современный англо-русский и русско-английский словарь по нефти и газу. Около 60 000 терминов. — М.: РУССО, 2006. — 752 с.

Словарь содержит около 60 000 терминов (32 000 терминов в англо-русской части и 28 000 в русско-английской части), относящихся к бурению, промывке, креплению и цементированию нефтяных и газовых скважин, разработке нефтяных и газовых месторождений, подземной гидравлике, физике пласта, добыче нефти, методам обработки призабойной зоны скважин. Приведены термины по буровому и эксплуатационному оборудованию, эксплуатации нефтяных и газовых скважин, методам повышения добычи, технологическим процессам заканчивания скважин, сбору, транспорту и хранению нефти и газа, строительству и эксплуатации трубопроводов, компрессорных станций и других объектов, а также морская буровая терминология.

Словарь предназначен для инженерно-технических работников предприятий нефтяной и газовой промышленности, переводчиков специальной литературы, аспирантов и студентов высших учебных заведений.

Издается впервые.

ISBN 5-88721-308-6

УДК 66.9+665.6(038)-111=161.1=111
ББК 33.36 + 81.2 Англ.-4

ISBN 5-88721-308-6

© «РУССО», 2006
Репродуцирование (воспроизведение) данного издания любым способом без договора с издательством запрещается.

ПРЕДИСЛОВИЕ

В современных условиях огромное значение придается вопросам развития энергетики, нефтегазового комплекса, защиты окружающей среды и энергетической безопасности. Все теснее становятся международные связи между различными нефтяными и газовыми компаниями, интенсивно идет процесс глобализации.

Эти факторы делают весьма актуальным создание и выпуск в свет «Современного англо-русского и русско-английского словаря по нефти и газу», который включает в себя около 60 000 терминов (32 000 терминов в англо-русской части и 28 000 терминов в русско-английской части).

Предлагаемый «Современный англо-русский и русско-английский словарь по нефти и газу» содержит терминологию по следующим разделам: нефтегазовая геология; разведочная геофизика, в том числе гравиразведка, каротаж, магниторазведка, радиометрия, сейсморазведка, электроразведка, геолого-поисковое бурение; бурение нефтяных и газовых скважин, буровая техника и технология бурения, промывка, крепление и цементирование скважин; разработка месторождений нефти и газа; разработка и эксплуатация морских месторождений нефти и газа; эксплуатация нефтяных и газовых скважин, методы повышения добычи нефти и газа, подземный ремонт скважин, подземная гидравлика и физика пласта; технологические процессы заканчивания скважин, методы обработки призабойной зоны скважин; сбор, транспорт и хранение нефти и газа; строительство и эксплуатация трубопроводов, компрессорных станций и других нефтегазопромысловых объектов.

В словарь вошла значительная по объему морская буровая терминология, отражающая процессы бурения в различных климатических условиях, терминология трубопроводного транспорта (сухопутного и морского), а также терминология смежных областей: геологии, геофизики, минералогии, сварки и др.

Отраслевые сокращения расположены по алфавитному принципу в корпусе словаря.

В словаре принята американская орфография.

Словарь предназначен для переводчиков нефтегазовой литературы, научных сотрудников и инженеров нефтегазовой промышленности, аспирантов и студентов соответствующих вузов.

Автор выражает искреннюю благодарность А. П. Паринову за помощь в техническом оформлении данного словаря.

Издательство выражает благодарность Н. Л. Решетову за любезно предоставленные материалы, использованные в процессе подготовки словаря.

Все замечания и предложения просим направлять по адресу:
109280, Москва, Велозаводская ул., д. 4, офис 307, издательство «РУССО».
Телефон/факс: 675-43-36.
E-mail: russopub@aha.ru.
Web: www.russopub.ru.

О ПОЛЬЗОВАНИИ СЛОВАРЕМ

термины расположены в словаре в алфавитном порядке, например:

    ill 1. ликвидационный тампонаж *(скважины)*....
    долото 2. головка бура, буровая коронка...
    ilation 1. циркуляция; круговорот; круговое движение...

ные грамматические категории разделены знаком ‖, например:

    rrel 1. бочка, бочонок ‖ разливать по бочкам 2. баррель...
    oncrete бетон ‖ бетонный ‖ бетонировать.

составных терминов принята алфавитно-гнездовая система, по которой тер- состоящие из определений и определяемых слов, следует искать по ведущим нам. Ведущий термин в гнезде отмечается знаком ~, например:

    casing 1. обсадные трубы; обсадная колонна 2. крепление обсадными трубами...
    ~s for pipelines предохранительные обоймы [кожухи] для трубопроводов
    add-on ~ наращиваемая обсадная колонна.

Если ведущий термин употребляется только в сочетаниях, вместо перевода ста- тся двоеточие, например:

    cat:
    bear ~ 1. скважина с трудными условиями эксплуатации...

Пояснения в переводе заключены в круглые скобки и набраны, курсивом, например:

    anchorage закрепление конца *(подъемного каната и т. п.)* ...
    заканчивать *(скважину)* complete.

Факультативная часть, как английского термина, так и перевода также заключена в круглые скобки.

Переводы-синонимы помещены в квадратных скобках:

    указатель уровня масла oil depth [oil level] gage.

Термин следует читать: oil depth gage, oil level gage.

В переводах принята следующая система разделительных знаков: синонимы отделены запятой, более далекие значения — точкой с запятой, разные значения – арабскими цифрами.

СПИСОК ПОМЕТ И УСЛОВНЫХ СОКРАЩЕНИЙ

авто — автомобильный транспорт
амер. — американский термин
англ. — английский термин
АНИ — Американский нефтяной институт
БТЕ — британская тепловая единица
вчт — вычислительная техника
геод. — геодезия
геол. — геология
геофиз. — геофизика
гидр. — гидротехника
горн. — горное дело
ж.-д. — железнодорожный транспорт
карт. — картография
кпд — коэффициент полезного действия
матем. — математика
мин. — минералогия
мн. — множественное число
мор. — морское дело
МПБУ — морская передвижная буровая установка
напр. — например
НКТ — насосно-компрессорные трубы
ОГП — определение границ пласта
ОЗЦ — ожидание затвердевания цемента

опт. — оптика
ПАВ — поверхностно-активное вещество
ПВП — противовыбросовый превентор
ПЗП — призабойная зона пласта
проф. — профессионализм
рад. — радиотехника
разг. — разговорное выражение
РНО — (буровой) раствор на неводной основе
РУО — (буровой) раствор на углеводородной основе
св. — сварка
сейсм. — сейсмотехника
см. — смотри
см. тж — смотри также
СЭЗ — сопротивление экранированного заземления
топ. — топография
фирм. — фирменное название
фото — фотография
хим. — химия
эк. — экономика
эл. — электротехника
pl — множественное число

СОВРЕМЕННЫЙ АНГЛО-РУССКИЙ СЛОВАРЬ ПО НЕФТИ И ГАЗУ

Около 32 000 терминов

MODERN ENGLISH-RUSSIAN DICTIONARY ON OIL AND GAS

About 32 000 terms

АНГЛИЙСКИЙ АЛФАВИТ

Aa	Gg	Nn	Uu
Bb	Hh	Oo	Vv
Cc	Ii	Pp	Ww
Dd	Jj	Qq	Xx
Ee	Kk	Rr	Yy
Ff	Ll	Ss	Zz
	Mm	Tt	

A

A 1. [absolute] абсолютный 2. [acceleration] ускорение 3. [ammeter] амперметр 4. [ampere] ампер 5. [angstrom] ангстрем 6. [atomic] атомный

a 1. [absolute] абсолютный 2. [acoustics] акустика 3. [acre] акр (0. 405га) 4. [ampere] ампер 5. [anode] анод

A/ [acidized with] проведена обработка ... кислотой

A1 [A one] первоклассный, первосортный

AA 1. [after acidizing] после кислотной обработки 2. [as above] как указано выше

A & A [adjustments and allowances] допуски и посадки

AAC 1. *лат.* [anno ante Christum=before Christ] до нашей эры 2. [automatic amplitude control] автоматическое регулирование амплитуды

AAODC [American Association of Oilwell Drilling Contractors] Американская ассоциация подрядчиков по бурению нефтяных скважин

AAPG [American Association of Petroleum Geologists] Американская ассоциация геологов-нефтяников

abandon ликвидировать; прекращать промышленную эксплуатацию

abandoned ликвидированный (*о скважине*)
~ well ликвидированная скважина
~ workings ликвидированный промысел, ликвидированная стройка

abandonment ликвидация; упразднение
~ of well ликвидация скважины
temporary ~ временное оставление (*скважины*)

abate делать скидку, снижать

abd-gw [abandoned gas well] ликвидированная газовая скважина

abd loc [abandoned location] ликвидированная [оставленная] буровая (площадка)

abd-ogw [abandoned oil and gas well] ликвидированная газонефтяная скважина

abd-ow [abandoned oil well] ликвидированная нефтяная скважина

ability способность
absorbing ~ абсорбционная [поглотительная] способность
adhesive ~ адгезионная способность
sealing ~ герметизирующая [уплотняющая] способность
wetting ~ смачивающая способность

abnormal аномальный, неправильный, ненормальный; с отклонением; нарушенный, осложненный (*о стволе*)

abradant абразив, абразивный [шлифовальный] материал

abrade 1. шлифовать; очищать абразивным материалом 2. истирать,

abrasion 1. абразия, смыв, смывание 2. истирание, обдирка, царапание, абразивное действие, износ 3. шлифование 4. *геол.* абразия; изнашивание

abrasive 1. абразив, абразивный [шлифовальный] материал || абразивный, шлифовальный, шлифующий 2. *pl* твердые частицы, вызывающие износ

ABS 1. [acrylonitrile butadiene styrene rubber] акрилонитрилбутадиенстироловый каучук 2. [American Bureau of Shipping] Американское бюро судоходства

abs [absolute] абсолютный

absolute абсолютный

absorb 1. абсорбировать, поглощать, впитывать; всасывать 2. амортизировать (*толчки*)

absorbability абсорбционная [поглотительная] способность; всасываемость, впитываемость, поглощаемость

absorbed абсорбированный

absorbent 1. абсорбент, поглотитель || абсорбирующий, поглощающий 2. гигроскопическое вещество

absorber 1. абсорбер, поглотитель 2. абсорбционная колонна (*для извлечения бензина из газа*) 3. гигроскопическое вещество 4. амортизатор
adjustable shock ~ регулируемый амортизатор
air shock ~ пневматический амортизатор
shock ~ буфер, амортизатор, демпфер

absorption 1. абсорбция, поглощение (*не бурового или цементного растворов*) 2. впитывание, всасывание
depth dependent ~ зависимое от глубины поглощение
heat ~ поглощение теплоты
selective ~ избирательная абсорбция

absorptivity 1. абсорбционная [поглотительная, всасывающая] способность, поглощаемость 2. коэффициент поглощения
absrn [absorption] абсорбция
abt [about] около; приблизительно
abun [abundant] распространенный, имеющийся в достаточном количестве
abut 1. прилегать, примыкать, граничить; соединять впритык 2. упираться 3. торец, упор, пята
abutment 1. устой; контрфорс; пята свода; опорная стена; укосина 2. осевая нагрузка 3. примыкание
AC, ac 1. [accumulator] аккумулятор 2. [acre] акр 3. [alternating current] переменный ток 4. [Austin chalk] геол. остин, остинский мел (*группа верхнего отдела меловой системы*)
accelerant ускоритель; катализатор
accelerate ускорять (*процессы структурообразования и твердения цементных растворов*); разгонять
accelerated ускоренный
acceleration 1. ускорение; пуск, разгон 2. приемистость (*двигателя*)
   angular ~ угловое ускорение
   piston ~ ускорение хода поршня
accelerator 1. ускоритель; катализатор 2. присадка
   cement(-setting) ~ ускоритель схватывания цементных растворов
acceptance принятие, прием
   ~ of batch приемка партии товара
access 1. доступ; подход; подъезд; проход; приближение 2. *вчт* доступ (*к данным*); выборка (*данных*)
accessories 1. принадлежности (*к станку, машине*) 2. арматура; детали; приспособления 3. вспомогательные приборы 4. вспомогательные соединения (*обвязки превенторов*)
accessory второстепенный, акцессорный; вспомогательный
accident 1. авария, крушение; поломка; повреждение 2. несчастный случай
   lost-time ~ потеря рабочего времени в результате несчастного случая
accordant согласный с падением пластов
account 1. расчет; учет; счет 2. отчет; доклад; донесение 3. оценивать 4. причина, основание, 5. выгода, польза
accounting ведение отчетности
   cost ~ калькуляция себестоимости
accum [accumulative] аккумулятивный
accumulate аккумулировать; накапливать; собирать; скопляться
accumulation 1. аккумуляция, скопление, накопление; залеж (*нефти, газа*) 2. формирование залежи (*нефти и газа*)
   ~ of cuttings накопление бурового шлама
   ~ of gas скопление газа
   ~ of oil скопление нефти
   attic ~ скопление нефти в виде залежи над перфорированной зоной ствола скважины
   oil ~ 1. залеж нефти 2. формирование нефтяных залежей
   petroleum ~ *см.* oil accumulation
   screened oil ~ экранированная залеж нефти
   tectonic screened oil ~ тектонически экранированная залеж нефти
accumulator 1. аккумулятор, накопитель 2. собирающее устройство, емкость для хранения [собирания] жидкости 3. *вчт* накопитель, сумматор, накапливающий счетчик
   bladder type ~ аккумулятор с эластичной разделительной диафрагмой
   cylindrical guided float ~ цилиндрический аккумулятор с направляемым поплавком (*используемый на гидросиловой установке системы управления подводным оборудованием*)
   downhole ~ придонный (*гидравлический*) аккумулятор (*системы управления*)
   pneumatic ~ резервуар [баллон] сжатого воздуха
   separator type ~ аккумулятор с разделительной диафрагмой
   spherical guided float ~ сферический аккумулятор с направляемым поплавком
accuracy точность
   pin-point ~ очень высокая точность
accurate точный, правильный; тщательный, калиброванный
   ~ to... с точностью до...
acd 1. [acidize] проводить кислотную обработку 2. [acidized] подвергнутый кислотной обработке 3. [acidizing] кислотная обработка
ACE [automatic control equipment] аппаратура автоматического контроля
acetylene ацетилен
acfr [acid fracture treatment] гидроразрыв с кислотной обработкой, гидроразрыв кислотой
acid кислота ‖ кислый; кислотный
   acetic ~ уксусная кислота
   concentrated ~ концентрированная кислота
   diluted ~ разбавленная [слабая] кислота
   fatty ~ жирная кислота, кислота жирного ряда
   formic ~ муравьиная кислота
   gelled ~ загущенная кислота
   glacial acetic ~ ледяная уксусная кислота
   green ~s водорастворимые сульфонафтеновые кислоты
   humic ~s гуминовые кислоты
   hydrochloric ~ хлористо-водородная [соляная] кислота
   hydrofluoric ~ фтористо-водородная [плавиковая] кислота
   hydrosulphuric ~ сероводородная кислота, сернистый водород
   inhibited ~ ингибированная кислота (*содержащая добавки, замедляющие ее действие*)
   intensified ~ активированная кислота (*содержащая добавки, усиливающие или ускоряющие ее действие*)

mahogany ~ (нефтяная) сульфоновая кислота, растворимая в нефтепродуктах
mud ~ 1. глинокислота 2. загрязненная соляная кислота
muriatic ~ *см.* hydrochloric acid
naphthenic ~ нафтеновая кислота
nitric ~ азотная кислота
petroleum ~ нефтяная кислота; нафтеновая кислота
retarded ~ медленнодействующая эмульсия кислоты в керосине (*для кислотной обработки*)
silicate control ~ кислота, растворяющая силикаты
spent ~ отработанная [истощенная] кислота
sulphuric ~ серная кислота
sulphurous ~ сернистая кислота
weak ~ слабая [разбавленная] кислота

acidic кислотный; кислый
acidity кислотность, степень кислотности
acidization кислотная обработка
acidize 1. окислять 2. проводить кислотную обработку (*в скважине*)
acidizing :
~ of wells кислотная обработка скважин
acid-proof кислотоупорный, кислотостойкий
aclinal горизонтальный, без уклона
aclinic аклинальный, с нулевым магнитным наклонением
ACM [acid-cut mud] кислый буровой раствор (*содержащий кислоту*)
acme:
tapered ~ трапецеидальная резьба на конусном замковом соединении
acoustic акустический, звуковой
acquisition :
data ~ регистрация и накопление данных, сбор информации
ACR [attachment for continuous recording] приставка для непрерывной записи
acre акр (*0,405 га*)
acreage площадь в акрах
~ per well площадь, приходящаяся на одну скважину
acre-foot акро-фут (*один акр нефтеносного пласта толщиной в 1 фут*)
acre-yield производительность акра (*средняя добыча нефти или газа из одного акра продуктивного горизонта*)
Acripol *фирм.* жидкий полиакрилат натрия (*понизитель водоотдачи буровых растворов на водной основе*)
a-cropping по направлению к обнажению коренных пород
Acrotone *фирм.* щелочная вытяжка бурого угля (*понизитель водоотдачи и разжижитель буровых растворов*)
acrylonitril акрилонитрил, цианистый винил ($CH_2 \cdot CHCN$) (*синтетический полимер с высокой молекулярной массой*)
ACS [American Chemical Society] Американское химическое общество

ACSR [aluminum conductor, steel reinforced] алюминиевый провод со стальным сердечником, сталеалюминиевый провод
acting действующий, работающий
direct ~ непосредственно приложенный (*о силе, нагрузке и т. п.*), с непосредственным приводом (*о насосе*); прямого действия
double ~ двойного действия
single ~ одностороннего действия; простого действия
action 1. действие 2. воздействие, влияние
bridging ~ закупоривающее (воз)действие
capillary ~ капиллярность, капиллярное действие
chipping-crushing ~ скалывающе-дробящее действие (*зубьев шарошек, работающих в твердых породах*)
corrosive ~ коррозионное действие
delayed ~ замедленное действие; инерционность (*прибора и т. п.*)
disagglutinating ~ разобщающее действие; диспергирование агломерата на частицы
flywheel ~ действие вращающихся масс, инерция; маховой момент
gouging ~ скоблящее действие (*наружной поверхности периферийного ряда зубьев шарошек долота, способствующее сохранению диаметра ствола скважины*)
gouging scrapping ~ калибрующе-фрезерующее действие (*калибровка ствола скважины перед спуском обсадной колонны*)
impact ~ ударное действие
jet ~ действие струи; струйный эффект (*долота*)
jetting ~ размывающее действие струи (*бурового раствора*), гидромониторное действие
joint ~ совместное действие; одновременное действие
local ~ местное действие
mudding ~ глинизирующее действие (*бурового раствора*)
percussive ~ ударное действие
plastering ~ глинизирующее действие; штукатурящее действие (*бурового раствора*)
precipitating ~ осаждающее действие
scouring ~ скоблящее [эрозионное] действие; разрушение (*забоя*) абразивным материалом
shear ~ срезывающее [сдвигающее] действие
shock ~ ударное действие
time lag ~ действие с выдержкой времени
twisting ~ скручивающее действие
twisting tearing ~ поворотно-скалывающее действие (*шарошек*)
washing ~ вымывающее [смывающее] действие
activate усиливать, повышать (*физическую или химическую*) активность, активировать (*цемент*)
activated активированный

activation активация (*лежалого цемента*); активирование

activator 1. активатор, гидравлический диспергатор для активации (*лежалого цемента*) 2. возбудитель 3. активирующая присадка 4. ускоритель времени схватывания, загустевания и твердения (*тампонажных растворов*)
polymerization ~ активатор [возбудитель] полимеризации

active активный, энергичный; действующий; свежемолотый (*о цементе*)

activity активность, деятельность
bacterial ~ жизнедеятельность бактерий
equilibrium ~ равновесная активность
lease ~ деятельность промысла
production ~ добыча, эксплуатация

actuate 1. приводить в действие *или* движение 2. возбуждать

actuated приведенный в действие

actuation 1. приведение в действие *или* в движение 2. возбуждение

actuator 1. привод; исполнительный механизм, пускатель; силовой привод 2. рукоятка
hydraulic ~ гидравлический силовой цилиндр (*стрелы буровой установки*)

ACW [acid-cut water] кислая вода; вода, содержащая кислоту

AD 1. *лат.* [anno Domini] нашей эры 2. [authorized depth] разрешенная глубина (*санкционированная федеральными властями, властями штата или землевладельцем*)

Ad 1. [addenda] дополнения, приложения 2. [average depth] средняя глубина

ad hoc *лат.* специальный, созданный для данной цели

adapter 1. адаптер; держатель; зажим; переходная деталь; переходная втулка [муфта, колодка] 2. ствол (*сварочной горелки или газового резака*) 3. переводник, переходной ниппель *или* патрон, соединительная муфта
bit ~ переводник с колонковой трубы на буровую коронку
cage ~ переводник для клапана глубинного насоса
casing ~ переводник для обсадных труб; воронка для обсадных труб; соединительная муфта двух колонн (*труб*) разного диаметра
cementing ~ цементировочный переводник
choke and kill line stab ~ стыковочный переводник линий штуцерной и глушения скважины
logging ~ подвеска отклоняющего блока каротажного кабеля
mandrel ~ стыковочный переводник, переводник-сердечник
reaming pilot ~ переходник с безниппельных обсадных труб на расширитель (*при бурении вращением обсадной колонны*)
rod ~ переходной ниппель

AD [average deviation] среднее отклонение

ADA 1. [action data automation] автоматическая обработка данных 2. [automatic data acquisition] автоматический сбор данных

add 1. прибавлять, добавлять, присоединять, складывать 2. наращивать 3. добавка
~ a new joint to the drill pipe присоединять еще одну трубу к бурильной колонне

ADDC [Association of Desk and Derrick Clubs of North America] Ассоциация клубов нефтяников США и Канады

adder *вчт* 1. суммирующий блок, суммирующий узел, сумматор, суммирующее устройство 2. суммирующий каскад 3. счетная машина

addition 1. прибавление, добавление; присоединение 2. сложение, суммирование 3. *хим.* примесь
water ~ добавка воды

additive компонент; присадка; добавка (*напр. ускорителя в тампонажный или буровой раствор*)
antifoam(ing) ~ антипенная присадка; присадка, препятствующая вспениванию
antisludge ~ противозагущающая добавка
bulk ~ наполнитель, сухая добавка (*напр. к цементу*)
fluid loss ~ добавка, снижающая водоотдачу; понизитель водоотдачи
lost-circulation ~s добавки для борьбы с поглощением (*бурового раствора*)
reverse-wetting ~ добавка, изменяющая смачиваемость (*пород*)

addl [additional] дополнительный

adequacy 1. пригодность, способность 2. соразмерность, соответствие

adequate отвечающий требованиям, пригодный; соразмерный; соответствующий; адекватный

adhere 1. прилипать; сцепляться; приставать 2. следовать (*правилам*); соблюдать (*условия*)

adherence 1. сцепление; прилипание; приставание; слипаемость; плотное соединение 2. следование (*правилам*); соблюдение (*условий*)
~ to specifications соблюдение технических условий

adherent присоединенный, прилипший, приставший

adhesion 1. прилипание (*вследствие смачивания*) 2. адгезия; слипание (*частиц*); сцепление 4. липкость; способность прилипать к поверхности; молекулярное притяжение

adhesive 1. клей; клейкое [липкое] вещество; связующее вещество 2. клейкий, липкий, прилипающий, связывающий

adhesiveness сцепляемость; адгезионная способность; клейкость, липкость

a-dipping *геол.* в направлении падения

adj [adjustable] регулируемый

adjacent примыкающий, смежный, прилегающий; околошовный (*о бурильных и обсадных трубах*)

adjoining см. **adjacent**
adjust 1. регулировать, настраивать, подстраивать, налаживать; прилаживать 2. вносить поправку; выверять; юстировать (*прибор*) 3. притесывать
~ to zero установить (*стрелку*) на нуль
adjustable регулируемый; приспособляемый
adjuster 1. уравнитель; соединитель для штанг и балансира (*при канатном бурении*) 2. приспособление для регулирования
depth ~ регулятор глубины
slack ~ стягивающая муфта; натяжной винт
adjusting регулирование; регулировка, настройка, юстировка ‖ регулирующий, регулировочный; установочный
adjustment 1. регулирование, регулировка; настройка, наладка, выверка, юстировка 2. пригонка; калибровка 3. корректировка; согласование
~ for... поправка на...
~ of instrument калибровка инструмента
belt ~ регулировка натяжения ремня
center ~ центрирование
coarse ~ грубая регулировка
fine ~ точная регулировка
pressure ~ регулирование давления
time ~ регулировка [выдержка] по времени
adm 1. [administration] администрация 2. [administrative] административный
admissible допустимый, допускаемый
admission 1. подвод, подача, допуск; пропуск 2. наполнение, степень наполнения 3. отсечка
full stroke ~ полное наполнение
single ~ односторонний впуск
admit 1. допускать, признавать 2. впускать, вмещать
admittance 1. доступ, впуск, ввод 2. полная проводимость
acoustic ~ *сейсм.* акустическая проводимость
complex ~ *сейсм.* комплексная полная проводимость
admix примешивать; смешивать
admixture примесь, смесь, добавка; присадка; включение
Adofoam *фирм.* вспенивающий реагент для получения стабильной пены при бурении с очисткой забоя газообразными агентами
Adofoam BF-1 *фирм.* вспенивающий анионный реагент для получения стабильной пены при бурении с очисткой забоя газообразными агентами
Adomall *фирм.* поверхностно-активное вещество, обладающее бактерицидными свойствами
ADP [automatic data processing] автоматическая обработка данных
adpt [adapter] переводник; переходник
ADS [articulated *or* atmospheric diving suit] шарнирный водолазный скафандр
adsorbate адсорбат, адсорбируемое вещество

adsorbent адсорбент, адсорбирующее вещество
adsorber адсорбер, поглотитель
adsorption адсорбция, поверхностное поглощение
preferential ~ избирательная адсорбция
adspn [adsorption] адсорбция
ADT [applied drilling technology] технология практического бурения
adulterant 1. примесь, фальсифицирующее вещество 2. утяжелитель
adulterate фальсифицировать; подмешивать
adulteration фальсификация; подмешивание
advance 1. опережение, упреждение ‖ опережать, упреждать 2. продвижение ‖ продвигаться
~ of edge water внедрение краевой воды (*в залежь*)
~ of tool подача инструмента (*бурового, колонны и т. д.*)
frontal ~ продвижение фронта (*нагнетаемого в пласт агента*)
waterflood front ~ перемещение фронта заводнения
adverse вредный, неблагоприятный; противоположный
AEL [acid evaluation log] кислотный каротаж
AEM [airborne electromagnetics] аэроэлектромагнитометрия
aerate 1. аэрировать; проветривать, вентилировать 2. насыщать газом, газировать
aerated аэрированный
aerating аэрирование, насыщение воздухом
aeration 1. аэрация; проветривание, вентилирование 2. насыщение газом 3. вспенивание
bubble ~ продувка воздухом
aerial 1. антенна 2. воздушный; авиационный
aeriform газообразный
aerify 1. переводить в газообразную форму 2. нагнетать воздух
aerometer аэрометр (*прибор для определения плотности газов*)
Aerosol *фирм.* ПАВ, эмульгатор водных буровых растворов
aerosol аэрозоль
AF 1. [acid fracturing] гидроразрыв жидкостью на кислотной основе 2. [after fracture] после гидроразрыва 3. [automatic following] автоматическое сопровождение
AF-4 *фирм.* нефтерастворимый понизитель водоотдачи для высокоминерализованных буровых растворов
af [audio frequency] звуковая частота
AFD [annular flow dynamics] динамика затрубного пространства
AFE [authorized for expenditure] утверждение расходной сметы
affd [affirmed] утверждено
affect 1. воздействовать, влиять, оказывать влияние 2. вредить; поражать

affected

affected 1. поврежденный, нарушенный 2. пораженный
AFFF [aqueous film forming foam] водянистая пленка, формирующая пену
affinity 1. свойство 2. *хим.* сродство 3. взаимодействие
affix закреплять, прикреплять, присоединять
affixture присоединение; продукт присоединения
afflux приток, прилив
affreight фрахтовать
afloat по течению; на плаву || плавающий
AFP [average flowing pressure] 1. среднее гидродинамическое давление 2. среднее давление при откачке *или* заводнении 3. среднее давление на выкиде
A-frame А-образная мачта [вышка]
Afrox *фирм.* неионное ПАВ (*для бурения с очисткой забоя газообразными агентами*)
Afrox 100 (200) *фирм.* неионное ПАВ (*вспенивающий агент для бурения с очисткой забоя газообразными агентами*)
aft *мор.* 1. корма || кормовой 2. на корме, сзади
  tanker ~ кормовая часть танкера
aftercooler теплообменник сжатого газа
afterdegasser повторный дегазатор
aftereffect последействие; результат, выявившийся позднее
  elastic ~ упругое последействие
afterexpansion остаточное расширение
afterflow 1. остаточная пластическая деформация 2. приток пластового флюида в скважине после ее закрытия
afterflush последующая промывка (*скважины*)
afterproduct вторичный продукт; низший продукт
afterproduction дополнительная добыча (*за счет применения вторичных методов воздействия на пласт*); вторичная добыча
aftershrinkage дополнительная усадка
aftertreatment последующая обработка; обработка после сварки
ag [agent] 1. действующая сила; фактор 2. агент
a. g. [air gap] воздушный зазор; разрядный промежуток
AGA [American Gas Association] Американская газовая ассоциация
against по отношению, в зависимости от, по сравнению, на фоне
  ~ the temperature по отношению к температуре
AGC [automatic gain control] автоматическая регулировка усиления, АРУ
age 1. срок службы 2. подвергать старению, стареть (*о металле*) 3. возраст (*геологический*), период, эпоха, век
  geochemical ~ of oil геохимический возраст нефти
  geological ~ геологический возраст
  ice ~ ледниковый период
  relative ~ of formation относительный возраст породы
agent 1. агент; среда; вещество; реактив 2. реагент; действующая сила; фактор
  accelerating ~ катализатор; ускоритель
  addition ~ добавка, присадка
  antifoam(ing) ~ антивспениватель, пеногаситель
  antifreezing ~ присадка, понижающая температуру замерзания (*жидкости*), антифриз
  binding ~ связующее [цементирующее, вяжущее] вещество
  breakdown ~ жидкость разрыва (*при гидравлическом разрыве пласта*)
  carrying ~ несущая среда
  catalytic ~ катализатор
  cementing ~ цементирующее [вяжущее, связующее] вещество
  chelating ~ вещество, вызывающее образование хелатных соединений; комплексен
  chemical ~ химическое вещество; реагент; реактив
  coagulating ~ 1. коагулятор 2. коагулянт
  condensing ~ конденсирующий агент
  cooling ~ охладитель, охлаждающая среда; охлаждающий агент, хладагент
  corroding ~ 1. вещество, вызывающее коррозию 2. вещество, поддающееся коррозии
  corrosive ~ вещество, вызывающее коррозию
  curing ~ катализатор отверждения; вулканизирующий агент
  demulsifying ~ деэмульгатор
  deoxidizing ~ раскислитель
  dispersing ~ диспергирующий агент
  emulsifying ~ эмульгатор; эмульгирующий агент
  filling ~ наполнитель
  filter-loss ~ реагент для регулирования фильтрации (*бурового раствора*)
  filtrate reducing ~ понизитель фильтрации
  flocculating ~ флокулянт; коагулятор
  fluid-loss ~ понизитель водоотдачи
  foaming ~ вспенивающий агент, пенообразователь, вспениватель
  frothing ~ *см.* foaming agent
  modifying ~ 1. модификатор, модифицирующая присадка 2. обогащающий реагент
  multipurpose ~ полифункциональный [универсальный] реагент
  oxidizing ~ окислитель
  plasticizing ~ пластификатор
  plugging ~ закупоривающий материал
  propping ~ расклинивающий агент (*при гидроразрыве пласта*)
  protective ~ ингибитор; защитное средство
  reducing ~ восстановитель
  saponification ~ омыляющее вещество
  sequestering ~ связывающее [комплексообразующее] соединение; комплексон
  surface active ~ поверхностно-активное вещество, ПАВ

thickening ~ загуститель

thinning ~ разжижающее вещество, разжижитель

water control ~ химреагент, применяемый для ликвидации водопритоков в скважине

water-loss control ~ реагент для регулирования водоотдачи

weighting ~ утяжелитель (*бурового раствора*)

wetting ~ смачивающий агент; смачивающая среда; средство, способствующее смачиванию

agglomerate агломерат, скопление ‖ агломерировать, скапливать(ся)

aggr [aggregate] агрегатный, сложный

aggregate 1. агрегат, установка; совокупность; комплект 2. наполнитель, заполнитель, инертный материал (*бетона*) 3. *геол.* агрегат

  clustered ~s скопление агрегатов (*напр. при гидроразрыве*)

aggregation 1. собирание, скопление, масса, накопление 2. соединение частиц, агрегация; конгломерат 3. сила сцепления

AGI [American Geological Institute] Американский геологический институт

aging 1. старение, изнашивание 2. дисперсионное твердение; выдерживание (*бетона*)

  accelerated ~ ускоренное старение

  artificial ~ искусственное старение

  natural ~ естественное старение

  thermal ~ старение в результате термообработки

agitate мешать, перемешивать; встряхивать, взбалтывать

agitation 1. перемешивание; взбалтывание, встряхивание 2. турбулентность

  rotary ~ перемешивание вращением

agitator 1. мешалка; глиномешалка; цементомешалка 2. лопасть мешалки

  anchor ~ якорная мешалка

  mud ~ мешалка бурового раствора; глиномешалка

  oscillating ~ вибрационная [качающаяся] мешалка

  traveling ~ передвижная мешалка

aglm [agglomerate] агломерат, скопление ‖ агломерировать, скапливать(ся)

agreement *эк.* соглашение, договор

  ~ to bargain соглашение о заключении сделки

  to dissolve an ~ расторгать договор

  to enter into an ~ заключать договор

  to rescind an ~ аннулировать договор

  barter ~ соглашение о товарообмене [бартере]

  clearing ~ соглашение о клиринговых расчетах

  credit trading ~ соглашение о продаже в кредит

  exclusive dealing ~ соглашение, предоставляющее эксклюзивное право продажи

  hire purchase ~ договор о продаже с рассрочкой платежа

  joint-operation ~ соглашение о совместной деятельности

  market-sharing ~ договор о разделе рынка

  offsetting ~ компенсационное соглашение

  production sharing ~ соглашение о разделе продукции (*добычи*)

Agrifoam *фирм.* вспенивающий реагент на стабильной белковой основе

AGU [American Geophysical Union] Американский союз геофизиков

Ah, ah, a-hr [ampere-hour] ампер·час, А·ч

AHTS [anchor-handling, tug and supply] заякоривание, буксировка, снабжение и обслуживание буровых установок (*в Северном море*)

A. I. Ch. E. [American Institute of Chemical Engineers] Американский институт инженеров-химиков

aid :

  radio navigation ~s средства радионавигации

AIM(M)E [American Institute of Mining, Metallurgical and Petroleum Engineers] Американский институт инженеров горной, металлургической и нефтяной промышленности

AIR [average injection rate] средняя скорость закачки

air воздух; атмосфера ‖ обдувать воздухом; проветривать

  bubble ~ пузырек воздуха

  compressed ~ сжатый воздух

  control ~ рабочий воздух пневматической системы управления

  entrained ~ вовлеченный [захваченный] воздух

  excess ~ избыточный воздух

  free ~ атмосферный воздух

  incoming ~ поступающий воздух

  induced ~ засосанный воздух

  rig ~ сжатый воздух на буровой установке

  scavenging ~ продувочный воздух

  top tank ~ верхний слой паровоздушной смеси в резервуаре

  used ~ отработанный [использованный] воздух

  utility ~ воздух, предназначенный для пневматических двигателей и очистных систем

air-actuated пневматический, с воздушным приводом

air-controlled с пневматическим управлением

air-foam 1. буровой раствор, аэрированный с помощью вспенивающих агентов 2. пенообразующий [вспенивающий] агент

Airfoam AP-50 *фирм.* вспенивающий реагент для бурения с очисткой забоя газообразными агентами

Airfoam B *фирм.* вспенивающий реагент для бурения с очисткой забоя газообразными агентами

air-operated, air-powered пневматический, с пневмоприводом

air-proof воздухонепроницаемый, герметичный

air-setting воздушно-твердеющий, затвердевающий на воздухе

air-tight непроницаемый для воздуха, герметичный, воздухонепроницаемый

Aktaflo-E *фирм.* неионный эмульгатор нефти в воде

Aktaflo-S *фирм.* неионное поверхностно-активное вещество (*флокулянт*)

Ala-Bar *фирм.* баритовый утяжелитель

Ala-Clay *фирм.* высококачественный глинопорошок

Ala-Fiber *фирм.* смесь волокнистых материалов (*нейтральный наполнитель для борьбы с поглощением бурового раствора*)

Ala-Flake *фирм.* целлофановая крошка (*нейтральный наполнитель для борьбы с поглощением бурового раствора*)

Ala-Gel *фирм.* высококачественный глинопорошок

Ala-Lig *фирм.* щелочная вытяжка из бурого угля (*аналог углещелочного реагента*)

Ala-Mica *фирм.* слюдяная крошка (*нейтральный наполнитель для борьбы с поглощением бурового раствора*)

Alamo-CMC *фирм.* натриевая карбоксиметилцеллюлоза (*стабилизатор глинистых буровых растворов*)

ALAP [as low as possible] наиболее низкий возможный (*об уровне*)

Ala-Plug *фирм.* скорлупа грецкого ореха (*нейтральный наполнитель для борьбы с поглощением бурового раствора*)

alarm 1. тревога; аварийная сигнализация 2. сигнал тревоги, сирена 3. сигнальное устройство

boiler ~ сигнал понижения уровня воды в котле

fire ~ пожарная тревога

gas ~ газовая тревога

heat ~ сигнал повышения температуры

lost-circulation ~ сигнализатор потери циркуляции

Ala-Shell *фирм.* скорлупа ореха пекан (*нейтральный наполнитель для борьбы с поглощением бурового раствора*)

Ala-Sol *фирм.* аттапульгитовый глинопорошок для приготовления солестойких буровых растворов

Ala-Tan *фирм.* щелочная вытяжка танинов (*аналог углещелочного реагента*)

Ala-Thin *фирм.* товарный бурый уголь

Alb [Albany] *геол.* олбани (*свита среднего отдела девонской системы*)

Albar *фирм.* баритовый утяжелитель

albertite альбертит (*твердый битум*)

Al-Clay *фирм.* высококачественный глинопорошок

alcohol спирт; винный [этиловый] спирт

Aldacide *фирм.* бактерицид

Alflake *фирм.* слюдяная крошка (*нейтральный наполнитель для борьбы с поглощением бурового раствора*)

alg [algae] морские водоросли

algae морские водоросли

Al-Gel *фирм.* высококачественный глинопорошок, состоящий из чистого натриевого монтмориллонита

alidade алидада, визирная линейка мензулы

align 1. устанавливать в одну линию; выравнивать; выпрямлять (*в плане*) 2. центрировать, центровать (*об осях*)

alignment 1. выравнивание; выпрямление (*в плане*) 2. горизонтальная проекция 3. центровка (*осей*), соосность; совпадение осей 4. выверка, установка по прямой; регулировка

alite алит (*один из основных компонентов портландцемента*)

alive 1. действующий, работающий; продуктивный 2. находящийся под током или под напряжением

alk [alkalinity] щелочность

alkali щелочь

caustic ~ едкая щелочь

alkali-free не содержащий [свободный от] щелочи

alkaline щелочной

alkalinity щелочность

~ M щелочность по метилоранжу

~ P щелочность по фенолфталеину

~ P_f щелочность фильтрата бурового раствора

~ P_m щелочность бурового раствора

alkalinous щелочной

alkali-proof щелочеупорный

alkalization ощелачивание

alkalize ощелачивать

alkanes алканы

Alkatan *фирм.* экстракт коры квебрахо (*разжижитель буровых растворов на водной основе*)

alkenes алкены

alky 1. [alkylate] алкилировать 2. [alkylation] алкилирование

alkyl алкил

alkynes алкины

alleviate облегчать, смягчать

Alloid *фирм.* желатинизированный крахмал

alloprene аллопрен (*хлорированный каучук*)

allow [allowable] допустимый, разрешенный

allowable допустимый, разрешенный

allowance 1. допуск; поправка 2. разрешение, допущение

~ for допуск [поправка] на

depletion ~ скидка (*с налога*) на истощение недр

negative ~ натяг

positive ~ зазор

shrinkage ~ припуск на усадку

alloy 1. сплав 2. сплавлять; легировать (*сталь*)

antifriction ~ антифрикционный сплав (*для подшипников*)

facing ~ твердый сплав, наплавляемый на рабочую поверхность инструмента (*для продления срока службы*)

hard ~ твердый сплав
high ~ высоколегированный сплав
metal ~ металлический сплав
tungsten ~ сплав с вольфрамом *или* карбидом вольфрама в качестве основного компонента
tungsten-carbide ~ сплав карбида вольфрама (*обычно с кобальтом в качестве связующего компонента*)
welding ~ припой
alluvial *геол.* аллювиальный, наносный
alluvium *геол.* аллювий, аллювиальные формации; наносные образования
alm [alarm] сигнал тревоги, сирена
ALP [articulated loading platform] погрузочная платформа, шарнирно закрепленная на дне (*моря*)
Al-Seal *фирм.* смесь древесных опилок и хлопкового волокна (*нейтральный наполнитель для борьбы с поглощением бурового раствора*)
alt 1. [alteration] изменение; деформация 2. [alternating] переменный 3. [altitude] высота
Alta-Mud *фирм.* бентонитовый глинопорошок
Altan *фирм.* экстракт коры квебрахо (*разжижитель буровых растворов на водной основе*)
Altan Pur *фирм.* очищенный экстракт коры квебрахо (*разжижитель буровых растворов на водной основе*)
alteration 1. изменение; перемена 2. деформация 3. *геол.* изменение пород по сложению и составу; метаморфическое вытеснение 4. *pl.* пропластки
~ of beds чередование пластов
alternate 1. заменитель; вариант 2. чередоваться 3. перемежающийся, чередующийся 4. запасной, дополнительный
alternating переменный, изменяющийся, перемежающийся; периодически действующий
alternation перемежаемость, чередование
alternator генератор переменного тока
altitude высота; высота над уровнем моря; высотная отметка
alumina оксид алюминия, глинозем (Al_2O_3)
aluminate алюминат, соль алюминиевой кислоты
dicalcium ~ двухкальциевый алюминат
monocalcium ~ однокальциевый алюминат
tricalcium ~ трехкальциевый алюминат
aluminous глиноземистый, глиноземный
A. M. -9 *фирм.* жидкая смесь акриловых мономеров (*отвердитель для получения непроницаемой пленки на стенках скважины при бурении с очисткой забоя газообразными агентами*)
A. M.-9 Grout *фирм.* порошкообразная смесь акриловых мономеров (*отвердитель для получения непроницаемой пленки на стенках скважины при бурении с очисткой забоя газообразными агентами*)

AMGA *см.* **AGA**
amides *хим.* амиды
hydrogenated tallow ~ производные амидов жирных кислот гидрогенизованного сала
amines *хим.* амины
~ cured отвержденный аминами
fatty ~ амины жирного ряда
aminocompound аминосоединение
Ami-tec *фирм.* ингибитор коррозии для буровых растворов на водной основе
ammeter амперметр
ammunition 1. вооружение 2. запасы
Amoco Drillaid 401 *фирм.* эмульгатор углеводородов в буровом растворе
Amoco Drillaid 402 *фирм.* неионное поверхностно-активное вещество (*разжижитель буровых растворов и диспергатор глин*)
Amoco Drillaid 403 *фирм.* поверхностно-активное вещество (*применяется для ликвидации прихватов, возникших под действием перепада давления*)
Amoco Drillaid 405 *фирм.* жидкий заменитель нефти
Amoco Drillaid 407 *фирм.* селективный флокулянт (*ингибитор неустойчивых глин*)
Amoco Drillaid 412 *фирм.* ингибитор коррозии для всех типов буровых растворов
Amoco Drillaid 420 Lo Sol *фирм.* селективный флокулянт (*диспергатор бентонитовых глин*)
Amoco Drillaid 425 SPA *фирм.* полиакрилат натрия (*понизитель водоотдачи буровых растворов*)
Amoco Flo-Treat *фирм.* антикоагулянт
Amoco Kla-Free *фирм.* смесь органических биополимеров (*эмульгатор глин*)
Amoco Select-Floc *фирм.* селективный флокулянт
Amoco Vama *фирм.* сополимер винилацетата и малеинового ангидрида (*диспергатор глин*)
amor [amorphous] аморфный
amorphous аморфный
amort [amortization] амортизация
amount 1. количество 2. сумма, итог 3. величина; степень (*разложения, превращения, диссоциации*)
~ of compression сила сжатия
~ of inclination 1. угол падения (*пласта*) 2. степень искривления (*ствола скважины*)
amp 1. [amperage] сила тока в амперах 2. [ampere] ампер
amperage сила тока в амперах
ampl 1. [amplifier] усилитель 2. [amplitude] амплитуда
amplification 1. усиление; коэффициент усиления 2. увеличение; расширение
amplifier усилитель
note ~ усилитель звуковой частоты
Ampli-Foam *фирм.* вспенивающий реагент (*для получения стабильной пены при бурении с очисткой забоя газообразными агентами*)

amplitude 1. амплитуда 2. широта, размах 3. полнота; обилие 4. радиус действия
amt [amount] количество, величина
amu [atomic mass unit] атомная единица массы
anal 1. [analogous] аналогичный 2. [analytic] аналитический 3. [analysis] анализ
analogy аналогия; сходство
analysis 1. анализ; исследование; рассмотрение 2. химический состав
  bulk ~ валовой анализ; общий анализ (*вяжущих материалов*)
  check ~ контрольный анализ; п(р)оверочный анализ
  chemical ~ химический анализ
  computed log ~ компьютерный анализ каротажных диаграмм
  destructive ~ исследование с разрушением образца
  differential thermal ~ дифференциальный термографический анализ, ДТА
  drilling fluid ~ исследование бурового раствора (*с целью определения его физических и химических свойств*)
  factor ~ факторный анализ
  fluorescence ~ люминесцентный анализ
  fractional ~ фракционный анализ
  gas ~ газовый анализ
  grade ~ гранулометрический анализ; гранулометрический состав
  grading ~ *см.* grade analysis
  grain-size ~ ситовый [гранулометрический] анализ
  gravimetric ~ весовой анализ; количественный анализ
  measure ~ объемный анализ
  mechanical ~ механический анализ
  mesh ~ *см.* screen analysis
  mud ~ *см.* drilling fluid analysis
  on-line ~ экспресс-анализ
  polarographic ~ полярографический анализ
  proximate ~ технический анализ, экспресс-анализ
  qualitative ~ качественный анализ
  quantitative ~ количественный анализ
  reservoir ~ пластовые исследования
  retort ~ реторный анализ (*метод определения количества твердой фазы, содержащейся в буровом растворе*)
  routine ~ промысловый анализ
  screen ~ ситовый [гранулометрический] анализ
  seismic ~ сейсмический анализ
  sieve ~ *см.* screen analysis
  size ~ ситовый [гранулометрический] анализ
  sizing ~ *см.* size analysis
  spectral ~ спектральный анализ
  spectroscopic ~ спектроскопический анализ
  stress ~ контроль напряжения
  textural ~ структурный анализ
  thin-section ~ шлифовой анализ
  ultimate ~ полный элементарный анализ
  wet screen ~ мокрый ситовый анализ
  X-ray ~ рентгенографический анализ; рентгеноструктурный анализ
  X-ray crystal ~ рентгеноструктурный анализ
analyst химик-аналитик
analyze 1. делать анализ, анализировать 2. *хим.* разлагать
analyzer 1. анализатор 2. *опт.* рассеивающая [дисперсионная] призма
  gas ~ газоанализатор
  oil reservoir ~ электроинтегратор для моделирования нефтеносного пласта
  pulse-height ~ анализатор амплитуды импульсов (в *радиокаротаже*)
  spectrum ~ спектроскоп
anchor 1. якорь || ставить на якорь; становиться на якорь 2. анкер || анкеровать, закреплять 3. связной болт 4. крепить, закреплять намертво
  dead line ~ крепление неподвижного конца (*талевого каната*)
  gas ~ газовый якорь
  guy(-line) ~ якорь для закрепления оттяжки
  light-weight ~ легкий якорь
  line ~ устройство для крепления
  offshore drill ~ якорь буровой платформы; якорь бурового судна
  pipe line ~ якорь для подводных трубопроводов
  replaceable guide line ~ *см.* retrievable cable anchor
  retrievable cable ~ съемный замок направляющего каната
  tubing ~ трубный якорь
anchorage 1. закрепление конца (*подъемного каната и т. п.*); крепление наглухо *или* намертво, анкерное крепление 2. заякоривание
  leg base ~ крепление ног вышки
anchoring 1. постановка на якорь 2. анкеровка
anemometer анемометр (*прибор для измерения скорости ветра*)
ang 1. [angle] угол 2. [angular] угловой
ANGA [American Natural Gas Association] Американская ассоциация по природному газу
angle 1. угол 2. уголок (*вид профиля*) 3. угольник
  ~ of advance угол опережения
  ~ of approach угол входа
  ~ of attack of a bit угол атаки долота
  ~ of bedding угол наклона пластов; угол простирания
  ~ of bend угол изгиба
  ~ of building скорость увеличения угла
  ~ of deflection угол отклонения (*при бурении при использовании отклоняющего инструмента*)
  ~ of deviation угол отклонения [девиации] (*скважины от вертикали*)

~ of dip 1. угол падения (*пласта*) 2. магнитная широта, угол магнитного склонения
~ of dispersion угол рассеивания
~ of elevation угол подъема; угол возвышения; вертикальный угол
~ of emergence угол выхода (*сейсмической волны*)
~ of entry угол входа (*в пласт*)
~ of flange угол отбортовки
~ of gradient угол наклона; угол подъема, угол уклона
~ of hade угол отклонения от вертикали
~ of incidence угол падения; угол входа (*сейсмической волны*)
~ of inclination угол отклонения (*ствола скважины*)
~ of lean угол наклона (*мачты*)
~ of pitch 1. угол склонения, угол смещения (*кулачка, эксцентрика*) 2. угол наклона (*лопасти винта*) 3. угол боковой [килевой] качки 4. угол смещения второго ствола скважины
~ of preparation угол скоса кромки
~ of reflection угол отражения
~ of refraction *см.* refraction angle
~ of repose угол естественного откоса
~ of roll угол бортовой качки
~ of slide угол скольжения
~ of slip угол смещения (*в плоскости сбрасывателя*); угол скольжения
~ of slope угол откоса, угол наклона
~ of taper(ing) угол конусности, угол раствора конуса; угол заострения
~ of thread угол профиля резьбы
~ of throat угол заострения, угол сужения
~ of torsion угол кручения
~ of unconformity угол стратиграфического несогласия
~ of underlay угол с вертикалью
acute ~ острый угол
advancing ~ наступающий угол (*смачивания*)
alternate ~ противолежащий угол
back ~ 1. *топ.* азимут пройденного направления 2. задний угол (*режущего инструмента*)
bend(ing) ~ угол изгиба, угол загиба
broad ~ тупой угол
contact ~ угол касания; краевой угол (*смачивания*)
cutoff ~ угол отсечки
cutting ~ угол резания
deflection ~ угол отклонения от вертикали
digging ~ угол резания
dip ~ *см.* angle of dip
drift ~ 1. набор кривизны (*наклонной скважины*) 2. угол искривления, угол отклонения; угол сноса
emergence ~ угол выхода (*сейсмической волны*)
finite ~ конечный угол контакта (*смачивания*)

friction ~ угол трения
high ~ угол больше 85°(*обычно 86 – 87°*)
high drift ~ большой угол отклонения (*от вертикали*)
incidence ~ угол наклона, угол падения
interfacial ~ краевой угол (*смачивания*)
internal friction ~ угол внутреннего трения
negative cutting ~ отрицательный угол резания
obtuse ~ тупой угол
pitch ~ *см.* angle of pitch
pivot ~ угол качания [наклона, поворота]
receding ~ отступающий угол (*смачивания*)
refraction ~ угол преломления (*сейсмоволны*)
right ~ прямой угол
roll ~ *см.* angle of roll
thread ~ *см.* angle of thread
torsion ~ угол кручения, угол поворота
well bore ~ угол в градусах между касательной выбранной точки на стволе скважины и вертикальной осью через эту точку

angled угловой, углообразный
angular угловой; коленчатый
angularity угловатость; изгиб; угол перекоса
Anhib *фирм.* ингибитор коррозии для жидкостей для заканчивания скважин на водной основе
anhy 1. [anhydrite] ангидрит, безводный гипс 2. [anhydritic] ангидритовый, ангидритный
anhydride *хим.* ангидрид
acid ~ ангидрид кислоты
basic ~ ангидрид основания, основной оксид
anhydrite *хим.* ангидрит, безводный гипс
anhydrous безводный
Anhydrox *фирм.* порошок, применяемый как добавка к буровому раствору для сохранения его качества при проходке ангидритов
anion *хим.* анион
anisotropy анизотропия
elastic ~ анизотропия упругих свойств
annular 1. круглый; кольцеобразный; кольцевой 2. затрубный, межтрубный
annulus 1. кольцевое пространство; затрубное [межтрубное] пространство 2. зазор
hole ~ кольцевое пространство; затрубное [межтрубное] пространство
tubular ~ пространство между наружной и внутренней трубами (*у двойной колонковой трубы*)
anode 1. анод, положительный электрод 2. антикатод (*рентгеновской трубки*)
expendable ~ анод в системе протекторной защиты (*борьба с почвенной коррозией*)
magnesium ~ магниевый анод
sacrifice ~ протектор (*в катодной защите*)
anomalous аномальный; неправильный
anomaly аномалия
gravity ~ аномалия силы тяжести
magnetic ~ магнитная аномалия

anomaly

regional ~ региональная аномалия
residual ~ остаточная аномалия
surface ~ поверхностная аномалия
topographic ~ топографическая аномалия
antacid антацидный, нейтрализующий кислоту
anticlinal *геол.* антиклинальный
anticline *геол.* антиклиналь, антиклинальная складка
 carinate ~ килевидная антиклиналь
 composite ~ сложная антиклиналь; антиклинорий; повторенная антиклинальная складка
 cross ~ поперечная антиклиналь
 elongated ~ вытянутая антиклинальная складка
 gentle ~ пологая антиклиналь
 plunging ~ погружающаяся антиклиналь
 recumbent ~ опрокинутая антиклиналь
 regional ~ геоантиклиналь, региональная антиклиналь
anticlinorium *геол.* антиклинорий
anticoagulant противокоагулирующее средство
antifermentatives противобродильные препараты (*добавляемые в буровые растворы*)
antifoam пеногаситель
Anti-Foam *фирм.* каприловый спирт (*пеногаситель*)
antifreeze антифриз
antifriction антифрикционный
antiknock антидетонирующий, противовзрывчатый
antioxidant ингибитор окисления, противоокислитель, антиоксидант
ANYA [allowable but not yet available] допустимый (*или санкционированный*), но еще не достигнутый (*дебит скважины*)
AOF [absolute open flow potential] максимально возможный дебит (*газовой скважины*)
AOR [air-oil ratio] воздухонефтяное соотношение
AOSC [Association of Oilwell Servicing Contractors] Ассоциация подрядчиков по ремонту нефтяных скважин
AOV [automatically operated valve] автоматический клапан
A. P. -25 *фирм.* щелочная вытяжка танинов (*понизитель водоотдачи буровых растворов*)
A. P. -44 *фирм.* щелочная вытяжка танинов (*диспергатор глин*)
aperture 1. отверстие; щель; прорезь 2. апертура (*в оптике*)
 ~ of screen размер отверстия сита
 unloading ~ разгрузочное окно
apex 1. вершина, верхушка, пик 2. нижнее сливное отверстие гидроциклона
 upper ~ of fold *геол.* вершина седла [складки]
API [American Petroleum Institute] Американский нефтяной институт, АНИ
APIC [American Petroleum Institute's Committee] Комитет Американского нефтяного института
API gravity плотность в градусах АНИ

API specifications технические условия АНИ
API thread gages калибры резьбы согласно стандартам АНИ
API well number уникальный номер скважины (*в США*), присвоенный каждой пробуренной АНИ скважине
app [appendix] приложение
apparatus аппарат; прибор; приспособление; устройство; установка; машина
 bending ~ приспособление для испытания на изгиб
 boring ~ буровая установка
 charging ~ 1. загрузочное устройство; 2. зарядное устройство
 extraction ~ экстрагирующая аппаратура
 heat-exchanging ~ теплообменник
 pendant drop ~ прибор для измерения поверхностного натяжения методом висячей капли
 sandblast ~ пескоструйный аппарат; пескоструйная установка
 sanding ~ *см.* sandblast apparatus
 self-contained underwater breathing ~ автономный подводный дыхательный аппарат
 shaking ~ аппарат для встряхивания [взбалтывания]; шейкер; вибратор
 submarine [submersible] underwater pipeline repair ~ (SURPA) аппаратура для ремонта подводных трубопроводов
 welding ~ сварочный аппарат; сварочная установка; сварочная машина
 X-ray ~ рентгеновская установка
appd [approved] 1. одобренный 2. утвержденный, санкционированный
appearance внешний [наружный] вид
 ~ of fracture вид излома; характер излома
appl [appliance] приспособление, прибор
appliance приспособление; оборудование; устройство, прибор
 casing ~s принадлежности и инструменты для спуска обсадных труб
 mud mixing ~s оборудование для приготовления глинистых растворов
 protective ~ защитное устройство
 safety ~ предохранительное устройство
application 1. область применения, область приложения 2. применение, приложение (*силы, усилий*) 3. приведение в действие, включение
 brake ~ торможение, приведение в действие тормозной системы
 field ~ применение в промысловых условиях, применение в условиях буровой
 practical ~ практическое применение
 technical ~ промышленное применение
appraisal оценка, экспертиза; смета; расценка
approach 1. приближение 2. подступ; подход (*к решению проблемы*) 3. принцип (*измерения и т. п.*)
approx 1. [approximate] приблизительный 2. [approximately] приблизительно, приближенно; почти

approximate 1. близкий, приблизительный, приближенный ‖ приближаться 2. аппроксимировать

approximation 1. приближение; аппроксимация 2. приближенное представление функции

appx [appendix] приложение

apsi [amperes per square inch] ампер на квадратный дюйм

APW [Association of Petroleum Writers] Ассоциация авторов книг по нефтегазовой промышленности

aq 1. [aqua] вода 2. [aqueous] водный

Aquagel *фирм.* высококачественный глинопорошок тонкого помола

Aqua Magic *фирм.* несульфатный эмульгатор

Aqua Tec *фирм.* неионное поверхностно-активное вещество

aquation *хим.* гидратация, соединение с водой

aqueous 1. водоносный, водонасыщенный; водный 2. водянистый; водяной 3. *геол.* осадочный

aquifer водоносный горизонт; водоносный пласт; водоносная формация; законтурная зона пласта
  common ~ общая гидродинамическая система

aquitard непроницаемая порода

AR [acid residue] кислотный остаток

Ara [Arapahoe] *геол.* арапахо (*свита нижнего отдела третичной системы*)

Arb [Arbucle] *геол.* арбакл (*группа нижнего ордовика*)

ARC [automatic remote control] автоматическое дистанционное управление

arc 1. дуга, вольтова дуга; 2. свод
  electric ~ вольтова дуга
  pitch ~ дуга, соответствующая одному шагу (*зубьев*)
  power ~ *см.* electric arc
  refraction ~ *сейсм.* дуговой профиль, полученный методом преломленных волн
  welding ~ сварочная дуга

arch 1. арка, свод 2. антиклиналь, антиклинальная складка 3. целик 4. зависание

arched 1. арочный, сводчатый; кривой; выгнутый; изогнутый 2. выпученный (*о грунте*)
  low ~ слабовыпуклый

arching 1. выпучивание (*грунта*) 2. образование свода (*в грунте*) 3. зависание

Arcoban *фирм.* пеногаситель на базе высших спиртов

Arcobar *фирм.* баритовый утяжелитель

arcogen *св.* газоэлектрическая сварка

Arcomul *фирм.* первичный эмульгатор для инвертных эмульсий

Arcosol *фирм.* неионный анионный эмульгатор для водных буровых растворов

Arcotrim *фирм.* смесь поверхностно-активных веществ (*смазывающая добавка к водным буровым растворам*)

Arco Van *фирм.* стабилизатор РУО для условий высоких температур

Arco Vis *фирм.* загуститель и структурообразующий агент для РУО

Arctic арктический

ARDN [approximate reverberation deconvolution] деконволюция, обеспечивающая расширение частотного спектра минимально-фазовых сигналов

area 1. площадь, площадка, поверхность 2. зона; район; область; территория; участок
  ~ of bearing опорная поверхность, площадь опоры
  ~ of fracture 1. поверхность излома 2. площадь поперечного сечения в месте разрушения
  ~ of influence of a well площадь влияния [интерференции] скважины
  ~ of passage живое [пропускное, проходное] сечение
  ~ per unit volume удельная поверхность
  adjacent ~s сопредельные [примыкающие, соседние] площади
  affected ~ зона влияния
  bearing ~ опорная *или* несущая поверхность
  closely drilled ~ площадь, разбуренная по плотной сетке
  coastal ~ прибрежная зона
  contact ~ поверхность соприкосновения [контакта]
  contacted ~ площадь, подвергшаяся какому-л. воздействию
  contaminated ~ зона (*призабойная*), загрязненная буровым раствором
  critical ~ of formation призабойная зона пласта
  cross-sectional ~ площадь поперечного сечения
  dead ~ мертвая зона (*в пятиточечной системе размещения скважин*)
  designated ~ выделяемая площадь шельфа
  discharge ~ площадь выходного отверстия
  drainage ~ площадь, дренируемая скважиной
  drilled ~ участок, разбуренный скважинами
  effective ~ действующая [эффективная] площадь; полезная [рабочая] площадь
  effective cross-section(al) ~ полезная [рабочая] площадь поперечного сечения
  equivalent cross-sectional ~ эквивалентная площадь поперечного сечения
  exhausted ~ истощенная площадь
  flow ~ 1. проходное сечение 2. зона притока (*в скважине*)
  free ~ свободное сечение (*трубы, колонны*), живое сечение
  infiltration ~ площадь дренирования (*скважины*)
  initial productive ~ начальная продуктивная площадь
  injection ~ площадь нагнетания
  interfacial ~ поверхность раздела

interstitial surface ~ суммарная поверхность пор
land ~ материковая область
net ~ действующая [эффективная] площадь; полезная [рабочая] площадь
oil ~ нефтеносная площадь; нефтеносный район
oil-and-gas ~ нефтегазоносный район
oil production ~ *см.* oil area
original cross-section(al) ~ начальная площадь поперечного сечения
petroliferous ~ *см.* oil area
plan ~ площадь поперечного сечения
potential ~ площадь возможной нефтеносности, разведочная площадь
problem ~ район, характеризующийся осложненными условиями (*напр. бурения или эксплуатации*)
producing ~ промышленная [продуктивная] площадь
promising oil exploration ~ перспективный район разведки нефти
proved ~ разведанная площадь
sectional ~ площадь поперечного сечения
seismic ~ 1. сейсмическая область 2. область воздействия землетрясения
set back ~ площадь под свечи (*бурильных труб*)
shearing ~ площадь сдвига, площадь среза
slip ~ 1. участок бурильной трубы, зажимаемый роторными клиньями 2. зона оползающих пород
source ~ источник сноса (*обломочных пород*)
unit ~ единица площади
unproductive ~ непродуктивная площадь
urban ~ городская местность, городской район
useful ~ живое сечение
water-to-oil ~ зона, переходная от водоносной к нефтеносной
weld ~ 1. площадь поперечного сечения сварного шва 2. место сварки, зона сварки
well pattern dead ~ наличие мертвых зон между скважинами при существующей сетке размещения
wild cat ~ разведочная площадь, разведочный район
work ~ рабочая [полезная] площадь; рабочая поверхность

aren [arenaceous] 1. песчанистый, песчаный 2. содержащий песок 3. *геол.* рассыпчатый

arenaceous 1. песчанистый, песчаный 2. содержащий песок 3. *геол.* рассыпчатый

areometer ареометр

arg 1. [argillaceous] аргиллитовый, глинистый, содержащий глину 2. [argillite] аргиллит, глинистый сланец

argillaceous аргиллитовый, глинистый, содержащий глину

argillite аргиллит (*глинистая порода, сцементированная кремнеземом*)

argonarc аргонодуговой (*о сварке*)

arid безводный, засушливый; сухой; аридный

ark [arkose] аркозовый песчаник; полевошпатный песчаник

arm 1. плечо; рычаг; рукоятка; коромысло; кронштейн; консоль; стрела 2. хобот, консоль (*контактной сварочной машины*) 3. лапа (*долота*)
actuating ~ привод; рабочее плечо (*рычага*)
balance ~ коромысло, балансир
breakaway guide ~s срезные направляющие балки (*для ориентированного спуска по направляющим канатам инструмента к подводному устью скважины*)
conductor guide ~ направляющая штанга колонны направления (*для ориентированного спуска колонны по направляющим канатам и ввода ее конца в устье подводной скважины*)
crank ~ плечо кривошипа; кривошип
cutter ~s плашки (*фрезера*)
extension ~ добавочный рычаг, надставка
index ~ рычажок контрольного указателя
lever ~ плечо рычага
marine loading ~ морской загрузочный рукав
mixing ~ крыло [пропеллер] мешалки
pen ~ рычажок для регистрирующего пера
racking ~ телескопический манипулятор
shearable guide ~ срезная направляющая рама
wind ~ плечо ветровой нагрузки (*на буровом судне или плавучей полупогружной платформе*)

armature 1. якорь (*электрической машины, магнита*) 2. обкладка (*конденсатора*) 3. броня (*кабеля*) 4. арматура

ARO [at rate of] с дебитом

arom [aromatics] соединения ароматического ряда

arrange 1. располагать; устраивать; приспосабливать 2. устанавливать; закреплять

arrangement 1. расположение; расстановка; схема 2. устройство; приспособление
damping ~ устройство для успокоения колебаний (*напр. сейсмографа*)
fulcrum ~ поворотное устройство
linear ~ линейное расположение (*скважин*)
pattern ~ плотность сетки (*скважин*)
pipe ~ расположение труб
piping ~ трубопроводная обвязка
serial ~ последовательное расположение
series ~ *см.* serial arrangement

array строй; ряд; серия (*выпускаемого оборудования*); гамма (*цветов, продуктов*)
well ~ расстановка скважин

arrest 1. прекращение действия; торможение; защемление 2. останавливать, выключать (*машину*); тормозить 3. задерживать; защелкивать

arrester 1. предохранительный затвор 2. задерживающее устройство, задерживающее приспособление 3. арретир, стопорный ме-

ханизм; останов; ограничитель хода; успокоитель
dust ~ пылеуловитель
motion ~ успокоитель качки
arrival 1. вступление (*сейсмоволны*) 2. прибытие, приход
late ~ последующее вступление волн
refraction ~ вступление преломленных волн
arrow 1. стрелка (*напр. условного графического обозначения сварки*) 2. стрелка, указатель
art 1. [article] изделие, продукт; статья 2. [artificial] искусственный
artesian артезианский
article 1. изделие, продукт; предмет (*торговли*) 2. статья; устав; договор
~s of consumption потребительские товары
~s of expenditure статьи расходов
conforming ~ изделие, соответствующее стандарту
feature ~ 1. статья (*в журнале*) по актуальному вопросу 2. товар, предмет торговли
propriety ~s товары, право производства *или* продажи которых принадлежит определенной компании
articulate связывать, соединять, сочленять (*подвижно или шарнирно*)
articulated шарнирный, сочлененный (*подвижно или шарнирно*); поворотный
artificial искусственный; механизированный (*об эксплуатации скважин*)
AS 1. [after shot] после перфорирования, после торпедирования 2. [anhydrite stringer] пропласток ангидрита
ASA [American Standards Association] Американская ассоциация по стандартам
AS & W ga [American Steel&Wire gage] Американский сортамент сталей и проводов
ASAP [as soon as possible] как можно быстрее
asb [asbestos] асбест
asbestos асбест
asbestos-cement асбоцемент
asbr [absorber] 1. поглотитель, абсорбер 2. амортизатор
as-cast в литом состоянии
ASCE [American Society of Civil Engineers] Американское общество инженеров-строителей
ascending 1. восходящий, возрастающий (*о кривой*) 2. подъемный
ascent подъем
capillary ~ капиллярный подъем
controlled ~ контролируемый подъем (*при водолазных работах*)
aseismic асейсмичный
asgmt [assignment] 1. назначение 2. ассигнование 3. задание 4. командировка
ash зола
caustic ~ кальцинированная сода с содержанием едкого натра
fly ~ летучая зола, зольная пыль
lava ~ вулканический пепел

light soda ~ легкая сода, сода Сольвэ
soda ~ безводная кальцинированная сода (Na_2CO_3)
volcanic ~ *см.* lava ash
ASK [automatic station keeping] автоматическое удержание на месте стоянки, автоматическое позиционирование (*бурового судна или плавучей буровой платформы в процессе бурения и штормового отстоя*)
aslope на склоне, на скате, на откосе
ASME [American Society of Mechanical Engineers] Американское общество инженеров-механиков
ASP-222 *фирм.* ингибитор коррозии
Aspen Fiber *фирм.* волокна древесины осины (*нейтральный наполнитель для борьбы с поглощением бурового раствора*)
ASPG [American Society of Professional Geologists] Американское общество специалистов в области геологии
asph 1. [asphalt] асфальт, нефтяной битум 2. [asphaltic] асфальтовый
asphalt асфальт, нефтяной битум
oil ~ нефтяной битум
petroleum ~ *см.* oil asphalt
rock ~ природный асфальтовый битум; песчаник *или* известняк, содержащий до 10% битума
water-proof ~ водонепроницаемый битум
asphaltite асфальтит
asphaltum *см.* **asphalt**
as-quenched в состоянии после закалки
as-rolled в состоянии после прокатки
assemblage 1. монтаж, сборка; 2. скопление
assemble монтировать, собирать
assembly 1. сборка, монтаж 2. комплект; узел; агрегат
~ of integrated topside монтаж интегральной палубы
ball joint extension ~ удлинитель шарового соединения; переводник шарового соединения (*водоотделяющей колонны*)
bottom-hole drill stem ~ компоновка нижней части бурильной колонны
bottom-hole drill string ~ *см.* bottom-hole drill stem assembly
control ~ узел управления
cross-over ~ узел перекрестного потока (*в насосной установке для одновременно-раздельной эксплуатации двух горизонтов*)
discharge-valve ~ узел нагнетательного клапана
diverter ~ отводное устройство (*для отвода газированного бурового раствора в газосепаратор*)
diverter insert ~ узел вставки отводного устройства
diverter support ~ устройство для подвески отводного устройства
insert ~ узел вставки (*отводного устройства для бурового раствора*)
instrument ~ щит управления

assembly

kill line support ~ устройство для подвески линии глушения
large-size section ~ метод крупноблочного монтажа
lower riser ~ нижний блок водоотделяющей колонны
lower yoke ~ нижнее коромысло; нижняя траверса (*на компенсаторе бурильной колонны*)
male choke and kill stab ~ ниппельный и стыковочный узлы линий штуцерной и глушения скважины
marine riser stab ~ стыковочный узел водоотделяющей колонны
no-torque casing ~ безмоментное уплотнительное устройство обсадной колонны
one-step seal ~ уплотнительное устройство, устанавливаемое в один прием
packed hole ~ комбинация расширителей с желобчатыми удлинителями (*применяется для борьбы с искривлением скважин*)
packing ~ уплотняющее устройство; пакер в сборе
pile ~ свайный комплекс
plug ~ пробковый узел (*состоит из скребковой и воротниковой пробок*))
positive choke ~ блок постоянного штуцера
rigid bottom-hole ~ жесткий утяжеленный низ (*бурильной колонны*)
riser ~ комплект водоотделяющей колонны
riser pipe locking ~ замковый узел секции водоотделяющей колонны
riser stab ~ стыковочный узел водоотделяющей колонны
rotating seal ~ вращающееся уплотнительное устройство (*в отводном устройстве водоотделяющей колонны*)
set(ting) ~ спусковое устройство; спусковое оборудование
single pack-off ~ унифицированное уплотнительное устройство (*для уплотнения подвесных головок различных обсадных колонн*)
single trip hanger ~ однорейсовый узел подвесной головки (*спускаемый и устанавливаемый в подводном устье за один рейс*)
skid-mounted pump ~ насосная установка на салазках
swab ~ поршневое устройство
torque-down seal ~ уплотнительный узел, срабатывающий при приложении крутящего момента (*для герметизации подвесной головки обсадной колонны*)
torque-set pack-off ~ см. torque-down seal assembly
two-arm guide ~ двуплечее направляющее устройство
upper yoke ~ верхняя траверса (*на компенсаторе бурильной колонны*)
weld(ed) ~ сварная конструкция; сварное изделие; сварной узел
wellhead ~ оборудование устья скважины, устьевое оборудование

wellhead cap ~ устьевой колпак (*для герметизации устья подводной скважины в случае временного ее оставления*)
wellhead housing ~ узел устьевой головки
wireline guide ~ устройство для укладки каната, канатоукладчик
assessment оценка, размер
~ of oil *or* gas fields оценка нефтяных *или* газовых месторождений
assets эк. активы
current ~ оборотные средства
gross ~ общая сумма активов
assgd [assigned] 1. назначенный (*на должность*) 2. предназначенный, ассигнованный
assign предназначать; расшифровывать (*спектры*)
assn [association] ассоциация; общество
associated 1. связанный, ассоциированный; попутный (*о газе*) 2. дочерний (*о предприятии*)
Association ассоциация
American ~ of Petroleum Geologists Американская ассоциация геологов-нефтяников
American Gas ~ Американская газовая ассоциация
American Natural Gas ~ Американская ассоциация по природному газу
American Standards ~ Американская ассоциация по стандартам
National Fire Prevention ~ (NFPA) Национальная ассоциация по предотвращению пожаров
Oil Companies Materials ~ Американская ассоциация по снабжению нефтяных компаний
assort сортировать, классифицировать; снабжать
assorted отсортированный, отборный
asst [assistant] помощник, ассистент
assurance гарантия
quality ~ гарантия качества
assy [assembly] 1. сборка, монтаж 2. комплект; узел; агрегат
ASTM [American Society for Testing Materials] Американское общество по испытанию материалов
astn [asphaltic stain] асфальтовое пятно
astringency вяжущее свойство
astringent вяжущее средство || вяжущий
as-welded в состоянии после сварки
asymmetrical несимметричный, асимметричный
asymmetry асимметрия
asynchronous асинхронный
At [Atoka] геол. атока (*группа пенсильванской системы*)
at [atomic] атомный
ATF [automatic transmission fluid] жидкость для автоматической трансмиссии
Atlas Bar фирм. баритовый утяжелитель
Atlas Corrosion Inhibitor 100 фирм. полярное органическое вещество (*ингибитор коррозии*)

Atlas Drilling Surfactant 100 *фирм.* анионное поверхностно-активное вещество (*эмульгатор*)
Atlas Drilling Surfactant 200 *фирм.* нефтяной сульфонат (*пеногаситель*)
Atlas Drilling Surfactant 500 *фирм.* неионное поверхностно-активное вещество
Atlas Emulso 500 *фирм.* неионное поверхностно-активное вещество (*эмульгатор*)
Atlas Fiber *фирм.* измельченные отходы сахарного тростника (*нейтральный наполнитель для борьбы с поглощением бурового раствора*)
Atlas Floc *фирм.* смола-флокулянт (*разжижитель буровых растворов и ингибитор неустойчивых глин*)
Atlas Gel *фирм.* глинопорошок из вайомингской бентонитовой глины
Atlas Hi-Foam *фирм.* неионное поверхностно-активное вещество, применяемое для получения стабильной пены при бурении с очисткой забоя газообразными агентами
Atlas Invert 400 *фирм.* производное полиоксиэтилена, используемое для приготовления буровых растворов на базе инвертных эмульсий
Atlas Invert YEO *фирм.* производное полиоксиэтилена, применяемое для приготовления буровых растворов на базе инвертных эмульсий
Atlas Mica *фирм.* отсортированная по размерам слюдяная крошка (*нейтральный наполнитель для борьбы с поглощением бурового раствора*)
Atlas Salt Gel *фирм.* аттапульгитовый глинопорошок для приготовления солестойких буровых растворов
Atlas Sol-Gel *фирм.* анионное и неионное поверхностно-активное вещество (*эмульгатор для высокоминерализованных буровых растворов*)
atm [atmosphere] атмосфера
atmosphere атмосфера; газовая среда
 absolute ~ абсолютная единица давления, абсолютная атмосфера
 artificial ~ кондиционированный воздух
 controlled ~ регулируемая газовая среда
atmospheric атмосферный
at. no. [atomic number] атомный [порядковый] номер (*элемента в таблице Менделеева*)
atoll атолл
 Arctic Production and Loading ~ атолл для добычи и погрузки нефти в арктических условиях (*искусственный танкерный порт*)
atom атом
 gram- ~ грамм-атом
 tagged ~s меченые атомы
atomization распыление; тонкое измельчение
 oil ~ распыление нефти
atomize распылять; тонко измельчать
atomizer 1. форсунка; распылитель, пульверизатор 2. машина для тончайшего измельчения 3. струйная глиномешалка

ATP [apparent total porosity] кажущаяся полная пористость
Atpet 277 *фирм.* поверхностно-активное вещество, применяемое для улучшения притока жидкости в скважину
ATS [acoustic telescanner] акустический телесканер
attach прикреплять, присоединять
attachment 1. (при)крепление, приспособление; соединение 2. приставка; принадлежность
 ~ for continuous recording приставка к прибору для непрерывной регистрации измеряемой характеристики
 external casing ~s оснастка обсадной колонны
 Garbutt ~ шток Гарбута (*для глубинных насосов*)
 indexing ~ делительное приспособление
 long-stroke pumping ~ удлинитель хода качалки
 recording ~ регистрирующее устройство [приспособление]
 rigid ~ жесткое (за)крепление
 taper ~ конусное приспособление
attack коррозия; разъедание; разрушение || корродировать; разъедать; разрушать; воздействовать
 corrosion ~ коррозионное разрушение, коррозия
 galvanic ~ электрохимическая коррозия
 intergranular ~ межкристаллитная [межзерновая] коррозия
 knifeline ~ ножевая коррозия
 selective ~ избирательная коррозия
attapulgite аттапульгит, водный магний-алюмосиликат
Attapulgus 150 *фирм.* глинопорошок тонкого помола из аттапульгитовой глины
attendance обслуживание; уход (*за машиной*)
attenuate 1. ослаблять; разбавлять; разжижать 2. затухать 3. уменьшать толщину
attenuation 1. затухание 2. ослабление; уменьшение
attenuator аттенюатор; экран; ослабитель
attitude 1. характер (*напр. залегания пластов*); свойство 2. отношение; положение, расположение
attraction притяжение; *хим.* сродство
 capillary ~ капиллярность, волосность; капиллярное притяжение
 chemical ~ химическое сродство
 mutual ~ взаимное притяжение
attrition истирание, изнашивание (*от трения*); абразия
aug 1. [augmentative] увеличивающийся 2. [augmented] увеличенный
auger ложечный бур, бурав, сверло; спиральный бур; шнекобурильная машина
 clean-out jet ~ промывочный короткий шнек в цилиндрическом корпусе
Aus *см.* AC 4.
auth [authorized] разрешенный, санкционированный

autogas [automotive gasoline] автомобильный бензин
autogenous *св.* автогенный, газовый
autolock автозатвор; муфта с автозатвором (*для соединения компонентов подводного оборудования друг с другом или с устьем подводной скважины*)
automanual полуавтоматический
automatic автоматический аппарат, автомат || автоматический
automation автоматизация; автоматика
automotive самодвижущийся, самоходный; автомобильный
autonomous автономный, самоуправляющийся
AUV [autonomous underwater (untethered) vehicle] автономный подводный аппарат
aux [auxiliary] 1. вспомогательный, дополнительный 2. запасной
auxiliary 1. вспомогательный, дополнительный 2. *pl* вспомогательное оборудование, вспомогательные устройства; запасные [резервные] агрегаты 3. флюс, добавка, присадка
AV 1. [annular velocity] скорость в кольцевом затрубном пространстве 2. [Aux Vases sand] песчаник овазский
av 1. [average] средняя величина || средний 2. [aviation] авиация
avail [available] доступный; (при)годный
availability пригодность; возможность использования; возможность получения; доступность
~ of oil потенциальная добыча нефти
commercial ~ возможность получения на рынке, наличие в продаже
available доступный; (при)годный
avails вырученная от продажи сумма
AVC [automatic volume control] автоматическая регулировка громкости, АРГ
average среднее (число) || выводить среднее (число), усреднять
representative ~ характерная средняя (величина)
avg [average] среднее (число)
avgas [aviation gasoline] авиационный бензин
avometer авометр, ампервольтметр
AW [acid water] подкисленная вода; вода, содержащая кислоту
AWC [automatic winch control] автоматическое управление (якорной) лебёдкой
AWG [American Wire Gage] Американский сортамент проводов
a w p [actual working pressure] действительное рабочее давление
AWS [American Welding Society] Американское общество специалистов по сварке
AWT [automatic well testing] автоматическое исследование скважин
axe резкое снижение, сокращение
axial аксиальный, осевой
axial-flow с осевым потоком
axifugal центробежный
axipetal центростремительный

axis 1. ось 2. *геол.* осевая плоскость складки
~ of abscissas ось абсцисс
~ of rotation ось вращения
~ of tilt ось наклона
~ of vault ось свода
anticlinal ~ ось антиклинали
cone ~ ось шарошки
fold ~ ось складки, шарнир складки; гребень антиклинали
fore-and-aft ~ продольная ось (*судна*)
hole ~ 1. ось скважины 2. ось отверстия
lateral ~ поперечная ось
reference ~ базисная [исходная, координатная] ось
revolution ~ ось вращения
saddle ~ ось седловины
tectonic ~ тектоническая ось
trough ~ ось прогиба; ось синклинали
axle ось, полуось; ведущий мост
brake ~ тормозная ось
crank ~ коленчатый вал; ось кривошипа
axle-tree колесный вал, ось
A-XMDL *фирм.* концентрат многофункционального реагента для буровых растворов на водной основе всех типов
az [azimuth] азимут || азимутальный
azimuth азимут || азимутальный
aztrop [azeotropic] азеотропный

B

B [degree Beaumé] градус Боме
B/ [base, bottom of given formation] подошва пласта; нижняя ограничивающая поверхность пласта
BA [barrels of acid] баррелей кислоты
babbit баббит || заливать баббитом
baby малый, малых размеров; маломощный
bacillicide бактерицид
back 1. обратная сторона; задняя сторона 2. подкладка; подложка; основа; изнанка 3. *геол.* трещина по простиранию пласта, продольная [кливажная] трещина 4. поддерживать, подпирать; подкреплять 5. субсидировать, финансировать 6. *pl геол.* породы кровли, налегающие породы
~ off отвинчивать, вывинчивать; развинчивать
~ out отвинчивать, вывинчивать
~ the line of the hoist смотать канат с барабана лебёдки
~ up 1. устанавливать подкладку; поддерживать, подкреплять, создавать опору; создавать подпор 2. давать задний ход
back-draft задний ход (*двигателя*)
backed 1. имеющий опору 2. с подложкой; с изнанкой

backfill 1. ликвидационный тампонаж (*скважины*) ‖ тампонировать 2. тампонажный материал 3. закладка; засыпка ‖ закладывать; засыпать

backfiller машина для засыпки траншей (*после укладки трубопровода*); экскаватор

backfilling 1. заполнение ствола скважины при подъеме бурильного инструмента 2. засыпка траншей (*для трубопроводов*)

backflow обратная промывка (*ток жидкости из пласта при прекращении промывки*); обратное течение, противоток

backflush изменение направления течения в трубопроводе *или* фильтре

background 1. *сейсм.* фон, задний план 2. подготовка
~ of experience накопленный опыт
~ of information накопленные данные
low ~ слабый фон
noise ~ акустический фон, помеха

back-guy оттяжной трос

backing 1. опора, поддержка 2. основа; подкладка; подложка 3. вкладыш (*подшипника*) 4. забутовка; закладка; засыпка 5. задний ход; обратный ход 6. вращение в обратную сторону (*против часовой стрелки*)

backing-out выбивание (*напр. болтов*)

backlash 1. мертвый ход, зазор; зазор по окружности (*между зубьями шестерен*) 2. потеря хода (*при механической передаче*) 3. холостой поворот роторного стола (*после отключения источника питания*)

backlog 1. задолженность (*по выпуску продукции*); портфель заказов 2. запасы, резервы
~ of business объем имеющихся заказов
~ of outstanding payments просроченные платежи

backoff развинчивание; вывинчивание (*инструмента*)
tubing ~ развинчивание (*по частям*) прихваченной колонны насосно-компрессорных труб

backsight взгляд назад (*при инструментальной съемке местности*)

backup 1. резервное устройство; резервное оборудование 2. резервирование; дублирование 3. *св.* подварочный шов

backward обратный (*о движении*)

backwash 1. обратный поток 2. обратная промывка (*см. тж* **backflow**)

backwashing *см.* **backwash** 2.

bactericide бактерицид

Bactiram *фирм.* бактерицид для водных буровых растворов

Bactron KM-5 *фирм.* бактерицид для обработки буровых растворов на основе пресной *или* слабоминерализованной воды

Bactron KM-7 *фирм.* бактерицид для высокоминерализованных буровых растворов

Bactron KM-31 *фирм.* бактерицид с повышенной термостойкостью для высокоминерализованных буровых растворов

baffle 1. заслонка; перегородка (*в желобах для очистки бурового раствора от породы или изменяющая направление потока*); направляющий лоток; дефлектор 2. глушитель 3. щит, экран, отражатель 4. турбулизатор (*потока*)
mud ~ 1. перегородка в желобе наземной циркуляционной системы; отражатель бурового раствора 2. грязеуловитель

baffler 1. перегородка; отражатель 2. дроссельная заслонка 3. глушитель

baffling 1. изменение направления, отклонение потока 2. регулирование дроссельной заслонкой 3. отклоняющий

bag 1. полость в породе (*заполненная водой или газом*) 2. мешок ‖ насыпать [упаковывать] в мешки 3. пневматическая подушка
~ of cement мешок цемента (*42, 64 кг*)
breather ~ баллон из прорезиненной ткани для улавливания паров бензина (*из резервуара*)
diverter ~ уплотнительный элемент отводного устройства
gas ~ газовая пробка (*в трубопроводе*)
seed ~ льняной сальник

bail 1. дужка желонки; штроп 2. черпак 3. тартать (*нефть*), откачивать
~ down оттартывать; откачивать
~ out 1. оттартывать; откачивать 2. черпать, вычерпывать
~ the well dry оттартать скважину досуха

bailer 1. желонка (*для тартания нефти*) 2. черпак
clean-out ~ желонка для чистки скважин
dump ~ желонка для выкачивания жидкости; цементировочная желонка
sectional ~ секционная желонка

bailing тартание (*нефти*); откачивание
~ up очистка скважины желонкой

bakelite бакелит ‖ бакелитовый

Bakerlock *фирм.* специальная паста для предотвращения самоотвинчивания резьбовых соединений обсадных труб, обладающая герметизирующими и смазывающими свойствами

Bakerseal *фирм.* специальный состав для смазывания и уплотнения резьбы труб, работающих в условиях повышенных температур

balance 1. равновесие 2. противовес 3. остальное (*в данных о химическом составе*) 4. весы; балансир 5. баланс ‖ подводить баланс 6. взвешивать; уравновешивать, (с)балансировать 7. симметрия ‖ симметрировать
~ against уравновешивать (*чем-либо*); измерять путем уравновешивания (*чем-либо*); сравнивать с (*чем-либо*)
~ of forces равновесие сил
~ of heat тепловой баланс
~ out нейтрализовать
analytical ~ аналитические весы

balance

beam ~ рычажные весы
beam density ~ рычажные гидростатические весы
buoyancy ~ поплавковые гидростатические весы
coarse ~ грубая регулировка
dynamic ~ динамическое равновесие
energy ~ энергетический баланс
equal ~ изостазия, равновесие
heat ~ тепловое равновесие, тепловой баланс
Jolly ~ пружинные весы для определения плотности по методу взвешивания в воде и воздухе
mass ~ весовая компенсация
material ~ материальный баланс
mud ~ рычажные весы для определения плотности бурового раствора
mud weight ~ *см.* mud balance
precision ~ точные [прецизионные] весы
pressure ~ равновесное давление
recording ~ самопишущие весы
specific gravity ~ гидростатические весы, весы Мора – Вестфаля
stable ~ устойчивое равновесие
temperature ~ температурное равновесие
thermal ~ тепловой баланс, тепловое равновесие
torsion ~ вариометр; крутильные весы
torsion pendulum adsorption ~ торсионные весы
unstable ~ неустойчивое равновесие
weight ~ балансирное уравновешивание (*станка-качалки*)

balanced уравновешенный, компенсированный, сбалансированный

balancer 1. балансир; балансировочное устройство 2. уравнитель; симметрирующее устройство; стабилизатор 3. делитель напряжения

balancing 1. уравновешивание; балансировка, установка на нуль 2. компенсация 3. симметрирование 4. уравновешивающий, компенсирующий; балансировочный
partial ~ частичная разгрузка, частичное уравновешивание

ballast балласт

ballasting загрузка балласта

balk 1. бревно; балка; брус 2. поперечная связь; затяжка; анкерная балка 3. *геол.* перемыв; выклинивание пласта 4. *геол.* включение в пласте (*угля*) 5. препятствовать, задерживать

balking застревание, задержка

ball 1. шар, шарик; шаровой наконечник 2. балл (*мера силы ветра*)
~ up 1. наматывать глинистый сальник на долото 2. закупоривать, засорять
Brinell ~ шарик Бринелля (*в приборе для испытания твердости*)
governor ~ шар центробежного регулятора
moth ~s нафталиновые шарики (*применяемые при гидроразрыве*)
setting ~ *см.* trip ball
trip ~ сбрасываемый шар (*при цементировании скважин*)

Ball [Balltown sand] болтаунский песчаник

ball-and-seat «шар и седло» (*части приемного и выкидного клапанов глубинного насоса*)

ball-bearing шарикоподшипник

balling 1. налипание разбуренной породы на трубы и долото; образование (глинистого) сальника 2. комкование
~ up of valves застревание шариков в клапанах
bit ~ образование сальника на буровом долоте

balloon :
tiny ~s микрошарики (*из пластмассы для покрытия поверхности нефтепродуктов с целью снижения потерь от испарения*)

ball-up 1. закупорка, засорение 2. образование (глинистого) сальника (*на буровом инструменте*)

Balsam Wool *фирм.* хлопковое волокно (*нейтральный наполнитель для борьбы с поглощением бурового раствора*)

band 1. лента; тесьма; полоса 2. полоска на шлифе 3. ленточная связь; обод; бандаж 4. диапазон; зона; область 5. *геол.* прослой, тонкий слой
absorption ~ полоса поглощения
back ~ тормозная лента (*вала станка канатного бурения*)
belly ~ 1. предохранительный пояс (*верхового рабочего*) 2. хомут для ликвидации течи труб
brake ~ тормозная лента
clay ~ глинистый слой
frequency ~ полоса [диапазон] частот
full gage deflecting ~ полноразмерное отклоняющее долото
proportional ~ предел пропорциональности (*контрольно-измерительных приборов*)
reflection ~ запись [сейсмограмма] отраженных волн
spectral ~ полоса спектра
temperature ~ температурный интервал

bank 1. вал, насыпь ‖ окружать валом, делать насыпь 2. берег (*реки*) 3. отмель, банка 4. нанос, занос ‖ образовывать наносы, запруживать 5. батарея, группа, набор, серия, ряд ‖ группировать 6. блок (*цилиндров*); пучок (*труб*); пакет 7. уступ; забой; залежь (*руды*); пачка (*пласта*)
~ of condensers батарея конденсаторов
~ of gas газовый вал (*при вытеснении нефти из пласта*)
~ of oil нефтяная зона
~ of sieves набор сит
~ of transformers трансформаторная группа
accumulator ~ блок аккумуляторов (*устанавливаемый на гидросиловой установке системы управления подводным оборудованием или отдельно*)

oil ~ перемещающаяся нефтяная зона (*в пласте при заводнении*); нефтяной вал
sand ~ песчаная отмель, банка
water ~ водяной вал

banking образование перемещающейся нефтяной зоны (*перед фронтом наступающего агента*)

BAR [barrels of acid residue] баррелей кислотного остатка

Bar [Barlow lime] известняк барлоу

bar 1. пруток, стержень; брусок; полоса; балка 2. шина (*электрическая*) 3. ламель (*пластина коллектора*) 4. буровая штанга; бур; колонка перфоратора 5. преграда || преграждать, загораживать
~ the engine проворачивать вал (*двигателя*)
angle ~ стальной уголок
boiler grate ~ колосник
boring ~ бурильная [ударная] штанга
channel ~ швеллер
chill ~ теплоотводящая подкладка, теплоотводящая накладка
cross ~ поперечина, траверса
deflecting ~ штанга для перевода ремня; отклоняющая штанга
flat ~ полосовой металл
rack ~ зубчатая рейка
sand ~ песчаный вал (*у морских берегов*); песчаная отмель
side ~s щечки (*цепи*)
sinker ~ ударная штанга (*применяется в канатном бурении*)
T-~ тавровая балка

bar 1. [barite] барит 2. [baritic] баритовый 3. [barometer] барометр 4. [barometric] барометрический

Barafloc *фирм.* поверхностно-активное вещество (*флокулянт для буровых растворов с низким содержанием твердой фазы*)

Barafos *фирм.* тетрафосфат натрия (*разжижитель, понизитель вязкости и статического напряжения сдвига буровых растворов*)

bare 1. голый, неизолированный (*о проводе*) 2. пустой, бедный (*о руде, породе*) 3. обнаженный, лишенный растительности

Bar-Gain *фирм.* утяжелитель (*бурового раствора*), имеющий плотность 4,57 г/см^3

barge баржа
boat ~ *см.* bulk barge
bulk ~ нефтеналивная баржа
bury ~ баржа для заглубления труб (*при прокладке подводных трубопроводов*)
cargo ~ грузовая баржа
crane ~ крановая борка
deck ~ палубная баржа
derrick ~ крановая баржа
diving ~ водолазная баржа
drilling ~ буровая баржа
fire-fighting ~ баржа для борьбы с пожарами
floating ~ баржа для морского бурения
gas separate ~ баржа для сепарации газа

jack-up ~ морская самоподъемная буровая установка
jetting ~ размывочная баржа (*для образования траншеи под подводный трубопровод размывом грунта дна моря*)
launching ~ баржа для спуска на воду (*морского стационарного основания при его установке на точку*)
lay ~ баржа для прокладки подводных трубопроводов, баржа-трубоукладчик
oil (tank) ~ нефтеналивная баржа
pipe ~ баржа для перевозки труб
pipe burying ~ *см.* bury barge
pipe-lay-derrick ~ трубоукладочная крановая баржа для укладки подводного трубопровода и выполнения грузовых операций
pipeline dredge ~ баржа для заглубления трубопровода
pipeline trenching ~ баржа для рытья траншеи под трубопровод
pontoon ~ понтонная баржа
ramp ~ баржа-трубоукладчик с понтоном
reel ~ баржа-трубоукладчик с барабаном (*с трубопроводом*)
self-elevating work ~ самоподъемная рабочая баржа (*для строительства морских нефтепромысловых сооружений*)
semi-submersible pipe lay ~ полупогружная баржа-трубоукладчик
ship-shaped ~ шельфовая буровая судоподобная буксируемая плавучая установка
split ~ раскрывающаяся баржа (*для укладки нефтепровода*)
supply ~ баржа обеспечения, баржа снабжения (*для доставки труб и других материалов*)
swamp ~ баржа для бурения на мелководье и болотистой местности
tank ~ нефтеналивная баржа
tow ~ буксирная баржа
work ~ рабочая баржа (*небольшое судно общего назначения*)
workover ~ баржа для работ по подземному капитальному ремонту скважин

barging перевозка [транспортировка] баржами

barite барит, тяжелый шпат (*утяжелитель для буровых растворов*)

bark 1. кора (*древесная*) 2. цементированный слой (*металла*)
mangrove ~ кора мангрового дерева (*разжижитель для буровых растворов*)
redwood ~ сосновая кора (*разжижитель для буровых растворов*)
tree ~ древесная кора (*нейтральный наполнитель для борьбы с поглощением буровых растворов*)

Bark-Seal *фирм.* дробленая древесная кора (*нейтральный наполнитель для борьбы с поглощением бурового раствора*)

Baroco *фирм.* глинопорошок для приготовления бурового раствора (*при проходке соленосных пластов*)

barograph барограф
Baroid *фирм.* молотый барит (*утяжелитель бурового раствора*)
barrel 1. бочка, бочонок ‖ разливать по бочкам 2. баррель (*мера вместимости: англ. = 163,3 л; амер. = 119 л; для нефти = 159 л; для цемента = 170,5 кг*) 3. барабан; цилиндр; вал 4. втулка, гильза; колонковая труба 5. барабан лебедки
~ of cement бочка цемента (*масса объема сухого цемента, равная 4 фут^3 (0,11м^3) или 376 фунтам (170,5 кг)*)
~s of oil equivalent (BOE) баррелей нефтяного эквивалента (*единица измерения энергии*)
~s of reservoir crude объем нефти в пластовых условиях
~ of slurry бочка цементного раствора (*42 галлона (0,159 м^3)*)
~ of the boiler корпус [барабан] котла
core ~ колонковая труба; грунтоноска; колонковый бур, цилиндр (*при алмазном бурении*)
full flow core ~ двойная колонковая труба с увеличенными каналами для промывочного агента (*бурового раствора или воздуха*)
inner ~ внутренний цилиндр, внутренняя труба (*телескопической секции водоотделяющей колонны*)
liner ~ вставной цилиндр насоса
mud ~ 1. желонка для извлечения выбуренной породы при ударно-канатном бурении 2. двойная колонковая труба для бурения с промывкой глинистыми растворами
outer ~ наружный цилиндр, наружная труба (*телескопической секции водоотделяющей колонны*)
pressure core ~ прибор для отбора керна с сохранением давления
pump ~ цилиндр [корпус] насоса; втулка насоса
reservoir ~s объем нефти в баррелях в пласте
retractable core ~ съемная грунтоноска
sludge ~ шламовая труба
traveling ~ подвижной цилиндр (*насоса*)
wireline core ~ *см.* retractable core barrel
working ~ цилиндр глубинного насоса
barrel-bulk объемный баррель (*0,142 м^3*)
barreler продуктивная нефтяная скважина
barrel-mile баррель на милю (*единица измерения транспортировки нефти через нефтепроводы*)
barren 1. пустой, не содержащий полезного ископаемого; нефтенепродуктивный; безрудный 2. засушливый, сухой
barrier 1. барьер; преграда; перегородка 2. перемычка, целик
chemical ~ химический барьер (*препятствующий распространению разлившейся нефти*)
corrosion ~ антикоррозионный барьер

natural ~ естественная преграда
pneumatic ~ пневматический барьер (*препятствующий распространению разлившейся нефти*)
baryte *см.* barite
basal 1. *геол.* базальный 2. основной
basalt базальт
Basco 50 *фирм.* специально обработанный неферментирующийся крахмал
Basco 300 *фирм.* хромлигносульфонат
Basco Ben *фирм.* загуститель и диспергатор глин
Basco Bestos *фирм.* неорганический загуститель для буровых растворов
Basco Cau-Lig *фирм.* щелочная вытяжка бурого угля (*аналог углещелочного реагента*)
Basco Cedar *фирм.* обезжиренная скорлупа кедрового ореха (*нейтральный наполнитель для борьбы с поглощением бурового раствора*)
Basco CMC *фирм.* натриевая карбоксиметилцеллюлоза
Basco Defoamer *фирм.* смесь высших спиртов (*реагент-пеногаситель*)
Basco DMC *фирм.* поверхностно-активное вещество (*применяется как ингибитор неустойчивых глин, диспергатор, разжижитель и понизитель водоотдачи буровых растворов*)
Basco Double-Wate *фирм.* специальный утяжелитель, имеющий высокую плотность
Basco Double-Yield *фирм.* высокодисперсный бентонитовый глинопорошок
Basco Drilfas *фирм.* ПАВ (*эмульгатор для буровых растворов на водной основе*)
Basco Drilflo *фирм.* феррохромлигносульфонат
Basco Drilfloc *фирм.* флокулирующий агент для глин
Basco Drilmul *фирм.* анионно-неионное поверхностно-активное вещество
Basco Drilube *фирм.* смазывающая добавка к буровым растворам (*заменитель дизельного топлива*)
Basco Fiber *фирм.* измельченное волокно сахарного тростника (*нейтральный наполнитель для борьбы с поглощением бурового раствора*)
Basco Filter Rate *фирм.* смесь нефтяных битумов (*смазывающая добавка и ингибитор неустойчивых глин*)
Basco Flake *фирм.* целлофановая крошка (*нейтральный наполнитель для борьбы с поглощением бурового раствора*)
Basco Gel *фирм.* бентонитовый глинопорошок
Bascoil *фирм.* концентрат для приготовления бурового раствора на углеводородной основе
Basco Lig *фирм.* товарный бурый уголь
Basco Mica *фирм.* измельченная слюда (*нейтральный наполнитель для борьбы с поглощением бурового раствора*)

Basco Mud *фирм.* суббентонитовый глинопорошок

Basco Pipe Free *фирм.* эмульсия дизельного топлива в воде с поверхностно-активными веществами (*применяется для освобождения прихваченных труб*)

Basco Plug *фирм.* измельчённая скорлупа грецкого ореха (*нейтральный наполнитель для борьбы с поглощением бурового раствора*)

Basco Preservative *фирм.* реагент, предотвращающий брожение буровых растворов, обработанных крахмалом

Basco Quebracho *фирм.* экстракт коры квебрахо (*понизитель водоотдачи буровых растворов*)

Basco Salt Mud *фирм.* аттапульгитовый глинопорошок для приготовления солестойких буровых растворов

Basco Starch *фирм.* желатинизированный крахмал в гранулах

Basco Surf *фирм.* вспенивающий реагент для буровых растворов

Basco T *фирм.* вторичный эмульгатор для буровых растворов на углеводородной основе

Basco Wate *фирм.* баритовый утяжелитель

Basco Y *фирм.* добавка к буровым растворам на углеводородной основе, дающая стойкую пену

base 1. основание; база; фундаментная плита 2. основная доска (*прибора*) 3. *геол.* подошва, подстилающий слой 4. *хим.* основание 5. основа; базис 6. цоколь
~ of petroleum основание нефти (*парафиновое, асфальтовое, нафтеновое или смешанное*); характер [тип] нефти
cellular ~ многокамерная опорная конструкция железобетонного основания
gravity ~ гравитационный фундамент (*морского стационарного основания для обеспечения устойчивости платформы под действием силы тяжести*)
guide ~ донная направляющая платформа
landing ~ постоянное направляющее основание
main ~ опорная плита для бурения
mooring ~ швартовный фундамент (*в системе беспричального налива типа качающейся башни*)
oil ~ основание нефти (*парафиновое, асфальтовое, нафтеновое или смешанное*); характер [тип] нефти
permanent guide ~ *см.* guide base
petroleum ~ *см.* oil base
rock ~ монолитная порода; коренная порода (*подстилающая наносы*)
rotary ~ подроторное основание
seafloor foundation drilling ~ установка для бурения в подстилающем слое ложа моря
service and supply ~ база обслуживания и снабжения

temporary guide ~ временная донная направляющая платформа

base [basement] подстилающая порода

basement 1. основание; фундамент 2. подвал; (полу)подвальный [цокольный] этаж 3. подстилающая порода

basic 1. основной, номинальный 2. *хим.* щелочной, основный

basicity *хим.* основность

basin 1. бассейн 2. водоем; резервуар 3. *геол.* синклиналь; мульда 4. котлован
closed ~ замкнутый бассейн
collecting ~ коллектор естественного скопления нефти
drainage ~ дренирующий бассейн
fold ~ складчатый структурный бассейн
geological ~ геологический бассейн
intermount ~ структурный синклинальный межгорный бассейн
ocean ~ океанический бассейн
oil ~ нефтеносный бассейн
settling ~ отстойный бассейн
sludge-catchment ~ шламосборник

basing крепление к фундаменту

basining *геол.* образование впадин

basis 1. основание 2. основа; базис

basket 1. ловильный инструмент, паук (*для извлечения из скважины небольших предметов*) 2. сетка (*всасывающей трубы*) 3. сетка-фильтр (*в головке керноприемной трубы*) 4. кернорватель корзиночного типа 5. брезентовый конус (*устройство в виде воронки, надеваемое на трубу при цементировании скважины для предупреждения проникновения цементного раствора ниже перфорационных отверстий*)
boarding ~ корзина [люлька] для пересадки (*людей с судна обслуживания на плавучую буровую платформу или буровое судно*)
cement ~ заливочная манжета для цементирования (*лепестковая корзина, устраняющая возможность ухода вниз находящегося за трубами цементного раствора*)
fishing ~ ловильный инструмент, паук
junk ~ *см.* fishing basket
petal ~ лепестковая корзина
pipe ~ платформа для бурильных труб (*один из блоков передвижной буровой установки*)
pump ~ заборный фильтр насоса

bass твердая глина; сланцеватая глина
cannel ~ кеннельский сланец (*углистый сланец, приближающийся по характеру к нефтеносному сланцу*)

basset выход на поверхность пласта, обнажение пород, голова пласта

bastard 1. включение очень твердой породы; твердая массивная порода 2. грубый; очень твердый 3. необычной формы, необычного размера, нестандартный 4. комбинированная система

BAT 1. [before acid treatment] перед кислотной обработкой 2. [best available technology] наилучшая из имеющихся технология

bat *см.* **batt**

batch 1. партия (*нефтепродуктов при последовательном перекачивании различных нефтепродуктов по трубопроводу*) 2. загрузка сырья 3. серия, комплект; партия, группа 4. дозировка, порция; замес
in ~es периодически; отдельными порциями *или* партиями

batcher бункер; дозатор; питатель

batching 1. последовательная перекачка (*нефтепродуктов*) 2. дозировка, дозирование; загрузка 3. группирование; сортировка
~ by volume подбор (*рецептуры цементного или бурового раствора*) по объему составляющих компонентов
~ by weight подбор (*рецептуры цементного или бурового раствора*) по массе составляющих компонентов

bath ванна, бак, чан ‖ погружать в ванну; окунать
acid ~ кислотная ванна
oil ~ нефтяная ванна

bathometer батометр
sound ~ зонд-батометр

bathyscaph батискаф

bathyseism батисейсмическое [глубокофокусное] землетрясение

batice *геол.* падение (*пласта*)

batt 1. отвердевшая глина; глинистый сланец 2. битуминозный сланец с большим количеством летучих веществ

batter откос; уклон; скат

battery 1. батарея 2. аккумуляторная батарея 3. гальванический элемент 4. группа одинаковых деталей, комплект 5. ряд крекинг-кубов; ряд отстойников очистной установки
accumulator ~ аккумуляторная батарея
booster ~ добавочная батарея
storage ~ аккумуляторная батарея
tank ~ резервуарный парк

BAW [barrels of acid water] баррелей подкисленной воды

BAWPD [barrels of acid water per day] баррелей подкисленной воды в сутки

BAWPH [barrels of acid water per hour] баррелей подкисленной воды в час

BAWUL [barrels of acid water under load] баррелей подкисленной воды, закачанной в скважину под давлением

bay бухта, залив

BB [bridged back] затянутый (*о кровле пласта*)

B & B [bell and bell] сварное раструбное соединение

B/B 1. [back to back] вплотную, впритык 2. [barrels per barrel] баррелей на баррель

BBE [bevel both ends] конический [со скосами] на обоих концах

BBL [barrels] баррели

BC 1. [barrels of condensate] баррелей конденсата 2. [bottom choke] забойный штуцер

BCF [billion cubic feet] миллиард кубических футов

BCFD [bullion cubic feet per day] миллиард кубических футов в сутки

BCPD [barrels of condensate per day] баррелей конденсата в сутки

BCPH [barrels of condensate per hour] баррелей конденсата в час

BCPM [barrels of condensate per million] баррелей конденсата на миллион (*кубических футов газа*)

BCSG [buttress casing] обсадные трубы с трапецеидальной резьбой

BD 1. [barrels of distillate] баррелей дистиллята 2. [budgeted depth] проектная глубина (*в контракте на бурение с пометровой оплатой*)

B/D [barrels per day] баррелей в сутки

bd 1. [barrels daily] суточная добыча 2. [board] правление, совет

b. d. *см.* **B/D**

BDA [breakdown acid] кислота, применяемая для гидроразрыва

Bd'A [Bois d'Ark] *геол.* буа-дарк (*свита нижнего девона*)

BDF [broken down formation] 1. пласт, подвергнутый гидроразрыву 2. сильно трещиноватый пласт

BDO 1. [barrels of diesel oil] баррелей дизельного топлива 2. [bentonite diesel oil] смесь бентонита с дизельным топливом

BDP [breakdown pressure] критическое давление, давление гидроразрыва

BDPD [barrels of distillate per day] баррелей дистиллята в сутки

BDPH [barrels of distillate per hour] баррелей дистиллята в час

B/dry [bailed dry] оказавшийся сухим (*о скважине при пробной эксплуатации или испытании*)

BDS [buttress double seal] трапецеидальная резьба с двойным уплотнением

BDSA [Business and Defense Services Administration] Управление мобилизации промышленности для военного производства (*Министерства торговли США*)

BDT [blow-down test] испытание (*скважины*) с помощью продувки

B. E. [beveled end] со скошенным [коническим] концом

Be 1. [degree Beaumé] градус Боме 2. [Berea] *геол.* песчаник береа (*свита миссисипской системы*)

beach побережье, отлогий берег

beacon 1. маяк; радиомаяк 2. бакен; буй
marker ~ маркерный радиомаяк
riser angle ~ маяк угла наклона водоотделяющей колонны

bead 1. *св.* валик; металл, наплавленный за один проход; узкий шов ‖ наплавлять валик; сваривать узким швом (*без поперечных колебаний горелки*) 2. *св.* усиление с

обратной стороны шва (*при полном проплавлении*); контрольный [замыкающий] валик 3. кромка, буртик, закраина, загиб || загибать кромку, отбортовывать, делать буртик 4. шарик; королек 5. пузырек газа *или* воздуха 6. бусина
weld ~ наварной слой; сварной шов
beading 1. загибание кромки; забортовка; обсадка концов 2. развальцовка; чеканка труб 3. наплавка валика
beak мыс, водорез
beaker мензурка, мерный стакан; химический стакан
beam 1. луч, пучок 2. балка; брус; перекладина 3. балансир, коромысло 4. излучать, испускать лучи
balance ~ коромысло (*весов*); балансир
BOP support ~s опорные балки блока превенторов (*для подвески блока превенторов перед его спуском к подводному устью скважины*)
corner ~ угловая балка (*основания вышки*)
H-~ двутавровая балка (с *широкими полками*)
I- ~ двутавровая балка (с *узкими полками*)
laser ~ луч лазера
load ~s *см.* spider beams
moonpool ~s *см.* spider beams
pump ~ коромысло насоса
skid ~ роторный брус
spider ~s спайдерные балки (*опорные балки створок буровой шахты*)
tanker ~ ширина танкера
torsion balance ~ коромысло вариометра
walking ~ балансир насосной установки; балансир станка канатного бурения
water table ~s подкронблочные брусья [балки]
bean (фонтанный) штуцер
~ back снижать производительность скважины путем изменения диаметра штуцера
~ up увеличивать производительность скважины путем изменения диаметра штуцера
adjustable ~ регулируемый штуцер
adjustable choke-flow ~ регулируемый фонтанный штуцер
bottom-hole flow ~ забойный штуцер
flow ~ фонтанный штуцер
pump-out ~ штуцер для извлечения керна из колонковой трубы давлением промывочной жидкости
bear 1. нести нагрузку 2. подпирать; поддерживать; выдерживать
bearing 1. подшипник; вкладыш (*подшипника*) 2. опора; опорная поверхность 3. шейка (*вала*), цапфа 4. пеленг; направление по компасу, азимут 5. простирание (*пласта*)
~ of trend направление простирания (*пласта, жилы*)
alignment ~ радиальный [центрирующий] подшипник
antifriction ~ антифрикционный подшипник

ball ~ шариковый подшипник, шарикоподшипник
ball-and-roller ~ шариковый и роликовый подшипник
ball thrust ~ упорный шарикоподшипник
base ~ коренной подшипник
block ~ опорный подшипник скольжения
conical ~ конический подшипник
connecting rod ~ подшипник шатуна
crankshaft ~ *см.* base bearing
drilling-bit ~ подшипник бурового долота
end ~ концевой [крайний] подшипник
end thrust ~ *см.* thrust bearing
fixed ~ неподвижная опора
floating ~ плавающий подшипник (*не закрепленный в осевом положении*)
fluid lubricated ~ подшипник, смазываемый буровым раствором
free ~ шарнирная опора
fulcrum ~ призматическая [ножевая] опора
guide ~ радиальный [центрирующий] подшипник
head ~ верхний подшипник
journal ~ коренной подшипник; опорный *или* радиальный подшипник; подшипник скольжения
knuckle ~ *см.* free bearing
main ~ *см.* base bearing
pivoted ~ самоустанавливающийся подшипник
plain ~ подшипник скольжения; подшипник без вкладышей
radial ~ опорный [радиальный] подшипник
ring-oil ~ подшипник с кольцевой смазкой
roller ~ роликовый подшипник
roller stop ~ роликовый упорный подшипник
rolling ~ подшипник качения
sealed ~s герметизированные опоры (*долота*)
self-aligning ~ самоустанавливающийся подшипник
sleeve ~ 1. подшипник скольжения 2. опора скольжения (*долота*)
spherical ~ сферический подшипник
throw ~ шейка кривошипа
thrust ~ упорный подшипник, подпятник
true ~ направление по компасу, истинный пеленг
beat 1. насосные скважины, обслуживаемые одним оператором 2. биение (*вала*), пульсация; колебание 3. удар; толчок || ударять; толкать 4. выход (*жилы или пласта*) на поверхность 5. отбивать руду, породу
Beaver Dam *фирм.* крупномолотый гильсонит (*нейтральный наполнитель для борьбы с поглощением бурового раствора*)
becket 1. кольцо; крючок; строп 2. обойма 3. грузоподъемное устройство
becky верхняя серьга талевого блока
bed 1. станина, рама 2. основание; постель (*под фундаментом*) 3. фундамент; плита 4.

bed

слой, пласт, горизонт; залежь (*осадочного происхождения*) 5. русло, ложе (*реки*) 6. стенд [установка] для проведения испытаний 7. ставить на основание; укладывать, устанавливать 8. заделывать 9. прирабатывать

~ of precipitation *геол.* хемогенные отложения
~ of the truck платформа грузовика
adjacent ~s соседние [вмещающие] пласты
alternating ~s перемежающиеся пласты
boulder ~ галечник
brea ~ кировые отложения
capping ~ покровный слой; порода, покрывающая нефтяную залежь
carrier ~ пласт-проводник (*пласт, по которому возможно движение нефти*)
commercial ~ пригодный для разработки пласт
confining ~ ограничивающий слой
contorted ~ складчатый изогнутый пласт
engine ~ станина двигателя
expanding ~ пласт с увеличивающейся мощностью
filter ~ фильтрующий слой
fixed ~ неподвижный слой
fractured ~s трещиноватые пласты
impermeable ~ непроницаемый пласт
intercalated ~s включенные или промежуточные пласты [прослои, пропластки]
key ~ 1. опорный горизонт 2. *геол.* маркирующий горизонт 3. шпоночная канавка
marker ~ *геол.* маркирующий горизонт
oversteepened ~ опрокинутый пласт
overturned ~ перевернутый пласт
packed ~ плотный слой; насадка
pay ~ промышленный пласт, пласт промышленного значения
recent ~s современные отложения
red ~ глинистый красный песчаник; красноцветные отложения, красноцветы
reservoir ~s пласты-коллекторы
river ~ русло [ложе] реки
source ~s нефтематеринская порода
terrestrial ~s континентальные отложения
thick ~ мощный пласт
thin ~ тонкий [маломощный] пласт
underlying ~ ложе, подстилающий пласт
water-bearing ~ водоносный пласт

bedded 1. слоистый, пластовый, напластованный 2. приработавшийся; пригнанный; пришлифованный

bedding 1. *геол.* слоистость, напластование, наслоение 2. залегание 3. фундамент, основание 4. притирка; приработка; пришлифовка
concordant ~ согласное залегание
conformable ~ *см.* concordant bedding
cradle ~ опора трубы (*в виде подушки*)
cross ~ поперечное напластование; угловое несогласие пластов; косая слоистость
discordant ~ несогласное залегание
false ~ диагональное [косое] напластование; неправильное [ложное] напластование
graded ~ сортированная слоистость
irregular ~ *см.* discordant bedding
laminar ~ слоистое залегание
oblique ~ наклонное наслоение, наклонная слоистость
original ~ первичное напластование
parallel ~ *см.* regular bedding
regular ~ согласное залегание

bedplate фундаментная плита, рама *или* станина; опорная плита; подушка; цоколь

bedrock *геол.* коренная порода; подстилающая порода; постель [почва] залежи
underlying ~ подстилающая коренная порода, подошва

Beet Pulp *фирм.* свекольная стружка (*отходы свеклосахарного производства — жом, нейтральный наполнитель для борьбы с поглощением бурового раствора*)

behavior поведение (*системы*); режим (*работы, пласта*); характер (*движения жидкости*)
~ of well состояние [поведение] скважины, динамика показателей работы скважины
coking ~ коксуемость (*нефти*)
corrosion ~ коррозионные свойства *или* характеристики
gas cap ~ состояние газовой шапки
phase ~ фазовое поведение
reservoir ~ поведение пласта
single-phase ~ однофазное состояние
thermal ~ термическая характеристика

behind the casing затрубное пространство

beidellite *мин.* бейделлит

Bel F [**Belle Fourch**] *геол.* бел-фоурч (*свита серии колорадо нижнего отдела меловой системы*)

bell 1. колокол, раструб; диффузор; конус 2. куполообразное включение в кровле, купол, нависшая порода 3. звонок
box ~ ловильный колокол
diving ~ водолазный колокол
floating ~ колокол мокрого газгольдера
gas ~ *см.* gas-holder bell
gas-holder ~ колокол газгольдера
personnel transfer ~ колокол для транспортировки людей (*к подводному устьевому оборудованию*)

Bella-Seal *фирм.* мелко расщепленная древесная стружка (*нейтральный наполнитель для борьбы с поглощением бурового раствора*)

belled уширенный, расширенный, имеющий раструб

bellied *геол.* вспученный

bellman «белмэн» (*водолаз, остающийся работать под колоколом*)

bellows 1. сильфон; гармониковая [гофрированная] мембрана; гофрированная трубка 2. пневматический амортизатор; пневматическая опора 3. мембранная коробка 4. мехи

expansion ~ сильфонный компенсатор (*для трубопроводов*)
belly 1. раздутие [утолщение] пласта 2. расширение ствола скважины вследствие обрушения породы
possum ~ отстойник перед вибросито́м
bellying выпуклость; выпучивание; утолщение; расширение
belt 1. ремень; приводной ремень; лента (*транспортера*), пояс; бандаж 2. зона, географический пояс 3. связь; звено 4. узкий пролив
~ of cementing зона цементирования
~ of folded strata складчатая зона
~ of weathering пояс [зона] выветривания
chain ~ цепная передача; цепной привод; трансмиссионная цепь
disturbed ~ пояс [зона] дислокаций
driving ~ приводной ремень
foothill ~ пояс предгорий, предгорье
rubber ~ резиновый ремень
safety ~ предохранительный пояс для верхового рабочего; спасательный пояс
belting 1. ременная передача, приводной ремень 2. бельтинг (*прорезиненная ткань для ремней*) 3. ремни
angular ~ приводные ремни клиновидного сечения
leather ~ кожаные ремни
Ben 1. [Benoist [Bethel] sand] беноистский [бетельский] песчаник 2. [Benton] *геол.* бентон (*свита глин верхнего отдела меловой системы*)
bench 1. верстак; станок 2. скамья 3. уступ; берма 4. стенд 5. слой, пачка (*пласта*) 6. *геол.* речная *или* озерная терраса; береговая платформа
laboratory ~ лабораторный стенд, испытательный стенд
offshore ~ береговая платформа
bend 1. изгиб, сгиб, загиб || изгибать, сгибать, загибать 2. колено; поворот; отвод 3. изогнутая часть трубы, петлевой компенсатор 4. излучина
~ of strata перегиб пластов
angle ~ угловой фитинг
arch ~ *геол.* перегиб свода
cross-over ~ фитинг; перекрестная дужка
double ~ двойное колено; двойной изгиб
easy ~ полуотвод
elbow ~ угольник; изгиб под прямым углом; прямое колено, прямой отвод
expansion ~ изгиб для температурной компенсации; компенсатор расширения
half normal ~ полуотвод (*угол сгиба 135°*)
normal ~ отвод; колено трубы с углом 90°
pipe ~ колено [отвод] трубопровода
return ~ U-образное колено; ретурбенд
saddle ~ *геол.* перегиб свода складки, флексурное седло
saturation ~ изгиб кривой насыщения

T- ~ тройник, трехходовой фитинг, трехходовая деталь
U- ~ U-образное колено; U-образный изгиб; сифон; ретурбенд
upper ~ *геол.* седло, перегиб свода
bender гибочная машина; гибочный пресс
bending 1. изгиб, кривизна 2. изгибание; сгибание; искривление
~ due to axial compression продольный изгиб
cross ~ поперечный изгиб
pipe ~ сгибание труб
bend-over изгиб, сгиб, загиб
benefit 1. прибыль, выгода 2. льготы, услуги
incidental ~ побочная прибыль
Ben-Ex *фирм.* полиакрилат натрия (*флокулянт и диспергатор глин*)
Bengum *фирм.* смесь порошкообразного битума с дизельным топливом (*для борьбы с поглощением бурового раствора*)
Bent 1. [bentonite] бентонит 2. [bentonitic] бентонитовый
bent изогнутый, кривой, гнутый; коленчатый
cold ~ изогнутый в холодном состоянии
hot ~ изогнутый в горячем состоянии
inward ~ изогнутый внутрь
Bentobloc *фирм.* отверждаемый компаунд (*для ликвидации поглощений всех типов буровых растворов*)
bentonite бентонит (*высокопластичная высококоллоидная глина, состоящая в основном из монтмориллонитовых минералов; используется как добавка к глинистым буровым растворам для улучшения их коллоидальности*)
beneficiated ~ модифицированный бентонитовый глинопорошок для приготовления буровых растворов
coarse ~ грубоизмельченная бентонитовая глина
benzene бензол
bergmeal горная мука, инфузорная земля, трепел, диатомит
bev [beveled] со скошенными фасками (*под сварку*)
bevel 1. скос; заострение; уклон, наклон; обрез, фаска || скашивать; снимать фаску 2. конус || конусный
clutch ~ конус муфты сцепления
single ~ односторонний скос кромки
beveled 1. скошенный; со скошенной кромкой; со снятой фаской 2. конический, конусный
beveling скашивание кромки; разделка кромок; срезывание
Bex *фирм.* полимерный безглинистый буровой раствор
BF [barrels of fluid] баррелей флюида
B & F [ball and flange] сферическое фланцевое соединение
BFO [barrels of frac oil] баррелей нефти, используемой для гидроразрыва

BFPD [barrels of fluid per day] баррелей флюида в сутки

BFPH [barrels of fluid per hour] баррелей флюида в час

B-Free *фирм.* жидкость для установки ванн с целью освобождения прихваченных труб

BFW 1. [barrels of formation water] баррелей пластовой воды 2. [boiler feed water] вода для питания котлов

BH [Brinell hardness] твердость по Бринеллю

B/H [barrels per hour] баррелей в час

BHA [bottom-hole assembly] 1. компоновка низа бурильной колонны, КНБК 2. оборудование низа обсадной колонны

BHC 1. [borehole-compensated sonic log] а) акустический каротаж с компенсацией влияния скважины б) скомпенсированная за размер скважины диаграмма акустического каротажа 2. [bottom-hole choke] забойный штуцер

BHCT [bottom-hole circulating temperature] динамическая температура на забое, температура на забое при циркуляции жидкости

BHFP [bottom-hole flowing pressure] забойное гидродинамическое давление

BHL [bottom-hole location] местонахождение забоя

BHM 1. [bottom-hole money] себестоимость нефти на забое 2. [bottom-hole motor] забойный двигатель

BHN [Brinell hardness number] значение твердости по Бринеллю

BHP 1. [bottom-hole pressure] забойное давление 2. [brake horsepower] тормозная мощность в л.с.

BHPC [bottom-hole pressure, closed] забойное давление при закрытом устье (*скважины*)

BHPF [bottom-hole pressure, flowing] забойное гидродинамическое давление

BHPS [bottom-hole pressure survey] измерения забойного давления

B/hr [barrels per hour] баррелей в час

BHSIP [bottom-hole shut-in pressure] забойное давление (*в скважине*) при закрытом устье

BHT [bottom-hole temperature] статическая температура на забое, забойная температура

BHTV 1. [borehole televiewer tool] скважинный телевизор 2. [borehole television] акустический каротаж с воспроизведением отраженных акустических волн на экране телевизора

bias 1. склон, уклон, покатость 2. смещение 3. нарушение равновесия

biaxial двухосный

Bicarb *фирм.* бикарбонат натрия, двууглекислый натрий ($NaHCO_3$) (*используется для удаления ионов кальция из бурового раствора*)

bicarbonate бикарбонат, кислая углекислая соль
~ of soda бикарбонат натрия, двууглекислый натрий (*используется для удаления ионов кальция из бурового раствора*)

calcium ~ двууглекислый кальций, бикарбонат кальция ($CaCO_3$)
sodium ~ двууглекислый натрий, бикарбонат натрия ($NaHCO_3$)

bid 1. предложение цены 2. надбавка к цене 3. торги, заявка, предложенная цена на торгах 4. заказ, заявка 5. претензия
~ against *smb* делать конкурентное предложение
~s are invited for... объявляются торги на...
~ in предлагать более высокую цену
sealed ~ закрытые торги

bidder подрядчик, выступающий на торгах; участник тендера

bidding заявка на получение подряда

bidirectional действующий в двух направлениях, двунаправленный; реверсивный

Big Bertha 1. цепной ключ большого размера с короткими ручками 2. перфоратор большого размера для простреливания отверстий в трубах

bilateral двусторонний; двунаправленный, действующий в двух направлениях; реверсивный

bill счет
~ of costs счет за товар *или* оказанные услуги
~ of lading транспортный документ, накладная, коносамент
~ station инструкция на случай аварийных ситуаций

billion *амер.* миллиард; *англ.* биллион

bin бункер; ларь; ящик; ковш; резервуар; камера
feed ~ загрузочный бункер; расходный бункер; питательный бункер

bind 1. скрепление; соединительная деталь; связь || скреплять; связывать 2. заедать, защемлять; застревать 3. затвердевать 4. битуминозный глинистый сланец, бинд
~ up связывать; закупоривать; засорять

binder 1. связующее вещество; связующий раствор 2. зажим 3. соединительная [крепежная] деталь 4. хомут, распорка, поперечина, связь; бандаж; связка 5. запирающая [стопорная] рукоятка; зажимная [фиксирующая] рукоятка 6. крышка подшипника
hydraulic ~ гидравлически вяжущее вещество

binding 1. скрепление, соединение; связь || связующий 2. обвязка, обшивка, бандаж 3. сращивание проводов 4. заедание; защемление || заедающий; защемляющий 5. вяжущий, цементирующий

B. Inj. [Big Injun] *геол.* биг-инджен (*пачка свиты хайя хога группы вейверли миссисипской системы*)

biocide бактерицид

biogenic биогенный, органический

Biotrol *фирм.* жидкий бактерицид для буровых растворов на водной основе

bipolar *матем.* биполярный; двухполюсный

bit 1. долото 2. головка бура, буровая коронка 3. сверло; перка; зенковка 4. кусочек;

отрезок; частица 5. лезвие; режущая кромка 6. *вчт* бит, двоичный разряд
all-purpose ~ универсальное долото со сменной головкой
annular ~ колонковое долото
auger ~ сверло, шнековый бур
balanced ~ центрированное долото
balled-up ~ долото с образовавшимся на нем сальником
basket ~ долото с воронкой в верхней части для выноса образцов породы; зубчатая коронка-паук
bicone ~ двухшарошечное долото
blank ~ короночное кольцо (*без матрицы с алмазами*); долото, подготовленное к заправке алмазами
blunt ~ тупое долото
bore ~ 1. (лопастное) долото, коронка (*для бурения*) 2. режущая кромка бура; головка бура
boring ~ бур, буровой резец
bottom discharge ~ буровая коронка с подачей бурового раствора на режущую поверхность
box type ~ корпусное долото
button ~ штыревое долото (*с округлыми вставками из карбида вольфрама*)
cable tool ~ долото для ударно-канатного бурения
carbide type ~ штыревое золото (*с округлыми вставками из карбида вольфрама*)
center ~ центровое долото
center-hole ~ головка бура с промывочным отверстием в центре
chert ~ долото для бурения в кремнистых породах
chopping drill ~ буровое долото для ударного бурения
clean-out ~ инструмент для чистки забоя
collapsible ~ раздвижное долото
combination pilot, drilling and reaming ~ комбинированное долото, состоящее из трех частей: направляющей, бурящей и расширяющей
concave ~ долото с вогнутой рабочей поверхностью
cone rock ~ шарошечное долото
core ~ колонковое долото, колонковый бур
coring ~ *см.* core bit
cross ~ крестообразное [крестовое] долото
cross roller rock ~ шарошечное долото с расположением шарошек в двух взаимно перпендикулярных направлениях
cross section cone ~ крестообразное шарошечное долото
deflecting ~ отклоняющее долото
demountable ~ разборное долото
diamond ~ алмазное долото, алмазная буровая коронка
diamond point ~ пикообразное долото
digging ~ лопастное долото
disk ~ дисковое долото

double-cone drilling ~ двухшарошечное долото
double taper ~ коронка головки бура с двойным уклоном перьев
drag ~ долото режущего типа, лопастное долото
dress ~ оправочное долото (*для работ по исправлению обсадной колонны*)
drill ~ буровая головка, буровая коронка
drilling ~ буровое долото
dull ~ сработанное долото
eccentric ~ эксцентричное долото
eccentric underreaming ~ эксцентричное долото для расширения скважин
even-duty ~ головка бура с равномерно нагруженными лезвиями
expansion ~ универсальное долото (*с переменным диаметром*)
face-discharge ~ буровая коронка с каналами для вывода промывочной жидкости на торец
finger ~ пикообразное долото
fishtail ~ двухлопастное долото («*рыбий хвост*», *РХ*)
four-blade ~ четырехперое долото
four-point ~ крестообразное [крестовое] долото
four-roller ~ четырехшарошечное долото
four-way ~ четырехлопастное долото
four-wing ~ *см.* four-way bit
full-gage deflecting ~ полноразмерное отклоняющее долото
full-hole size ~ долото диаметром 7 3/8 дюйма и более
gumbo ~ долото для бурения в вязких глинах
hard faced ~ долото, наваренное твердым сплавом
hard formation ~ долото для крепких пород
hollow ~ колонковый бур, колонковое долото
Hughes ~ долото фирмы «Хьюз Тул Ко»
impact action ~ долото ударного действия
insert ~ штыревое долото
jet ~ струйное [гидромониторное] долото, долото с нижней промывкой
jet nozzled rock ~ *см.* jet bit
junk ~ торцевая фреза
lead ~ направляющее долото
long toothed ~ долото с длинными зубьями
off-balance ~ *см.* eccentric bit
opening ~ оправочное долото (*для исправления труб*)
paraffin ~ скребок для очистки труб в скважине от парафина
pilot ~ пилотное долото; направляющее долото
pilot reaming ~ пилотное долото с расширителем
polycrystalline diamond compact ~ долото, импрегнированное поликристаллическими алмазами

reamer ~ проверочное долото, эксцентричное долото для расширения скважины
reaming ~ *см.* reamer bit
redrill ~ долото-расширитель (*в ударном бурении*); долото для перебуривания скважин
Reed roller ~ шарошечное долото фирмы «Рид Тул Ко» (*с крестообразным расположением шарошек*)
rock ~ 1. шарошечное долото; долото для твердых пород; головка бура для бурения по твердым породам 2. съемная головка бура
roller ~ шарошечное долото
rolling cutter rock ~ *см.* roller bit
rotary ~ 1. долото для вращательного бурения 2. сверло 3. шестиугольная [звездчатая] головка бура
side-tracking ~ долото для ухода в сторону (*при забуривании нового ствола*)
straight-hole ~ комбинированное долото для выпрямления искривленных скважин
three-roller ~ трехшарошечное долото
three-way ~ трехлопастное долото
three-winged ~ *см.* three-way bit
tipped ~ армированная буровая коронка
tricone ~ *см.* three-roller bit
trigger ~ колонковое долото с кернорвателем; долото с защелкой [собачкой] при замерах кривизны
tri-max ~ трехлопастное буровое долото
tungsten insert ~ долото со вставными штырями из карбида вольфрама
twin-cone ~ *см.* two-cone bit
two-cone ~ двухшарошечное долото
two-roller ~ *см.* two-cone bit
two-way ~ *см.* fishtail bit
underreaming ~ эксцентричное долото канатного бурения для расширения ствола скважины
used ~ отработанная [затупленная] коронка
winged scraping ~ *см.* drag bit
wireline ~ бросовое долото, поднимаемое (*по окончании бурения*) на канате
wireline core ~ долото со съемной грунтоноской
Zublin ~ долото Зублина
Zublin differential ~ дифференциальное долото Зублина (*для проходки глинистых сланцев*)
bit 1. [bitumen] битум 2. [bituminous] битуминозный
bitch 1. ловильный инструмент 2. прямоугольная скоба
box ~ ловильный инструмент для бурильных штанг
bite 1. зажатие; захватывание || зажимать; захватывать 2. травление; разъедание || травить; разъедать
Bitlube *фирм.* смазывающая добавка для всех типов водных буровых растворов для условий высоких давлений
Bitlube III *фирм.* смазывающая добавка для буровых растворов на пресноводной основе

bitumastic битумная мастика
bitumen битум, горная смола; асфальт
 asphaltic ~ битум
 petroleum ~ нефтяной битум
bituminiferous битуминозный; содержащий битум
bituminous битуминозный; битумный
bkdn [breakdown] поломка, авария
bkr [breaker] 1. доска для отвинчивания долота 2. дробилка 3. выключатель
BL [barrels of load] баррелей жидкости, закачиваемой в скважину при гидроразрыве
Black Magic *фирм.* концентрат для приготовления буровых растворов на углеводородной основе
Black Magic Premix *фирм.* концентрат для приготовления неутяжеленных буровых растворов на углеводородной основе
Black Magic SPF *фирм.* жидкость для установки ванн с целью освобождения прихваченных бурильных труб
Black Magic Supermix *фирм.* концентрат для приготовления буровых растворов на углеводородной основе для высокотемпературных скважин
Black Magic Universal *фирм.* концентрат для приготовления буровых растворов на углеводородной основе в условиях буровой
blackstone нефтяной сланец (*киммерийского яруса*)
blade 1. лезвие 2. лопасть (*долота*) 3. крыло (*вентилятора*) 4. лопатка (*турбины*) 5. контактный рычажок, лапка (*переключателя или коммутатора*) 6. перо (*руля или стрелки*)
 carbide-inserted bid ~ лопасть (*долота*) с твердосплавными вставками
 cutting ~ режущее лезвие (*долота*)
 lead ~ направляющая лопасть (*долота*)
 profile ~ профилированная лопатка (*турбины*)
bladder вкладыш гидроциклона
bladed снабженный лопатками
blae 1. твердый песчаник 2. глинистый сланец
 shaly ~ нефтеносный сланец
blaize *см.* blae
B/L [bill of lading] коносамент, накладная
BL & AW [barrels of load and acid water] баррелей подкисленной воды, закачиваемой в скважину при гидроразрыве
blank 1. пустой; бесцветный; чистый 2. глухой (*напр. фланец*); сплошной (*напр. участок колонны*) 3. *хим.* слепой опыт 4. болванка; заготовка 5. пробел
 ~ off 1. выключить (*часть трубопровода*) вставкой глухих фланцев; перекрыть заглушкой, заглушить, закрыть пробкой (*канал, трубопровод, отверстие*) 2. обсадить пласт сплошными трубами; перекрыть трубопровод заглушкой
blanket 1. покрытие, поверхностный слой, защитный слой 2. *геол.* отложение, пласт, слой; покров; нанос; чехол

water ~ вода, закачиваемая в скважину для увеличения противодавления на пласт

Blanose *фирм.* натриевая карбоксиметилцеллюлоза

blast 1. дутье; форсированная тяга ‖ дуть, продувать; вздувать 2. вентилятор, воздуходувка 3. взрыв ‖ взрывать 4. подрывной заряд 5. пескоструйный аппарат; дробеструйный аппарат
air ~ 1. воздуходувка 2. взрывная воздушная волна 3. воздушная струя; дутье
sand ~ пескоструйный аппарат

blaster 1. пескоструйный аппарат; дробеструйный аппарат 2. взрывник; взрыватель

blasting 1. дутье, продувка 2. пескоструйная очистка; дробеструйная обработка 3. подрывные *или* взрывные работы 4. торпедирование (*скважины*)
air ~ обдувка *или* продувка сжатым воздухом
flame ~ (газо)пламенная очистка
grit ~ *см.* shot blasting
sand ~ пескоструйная очистка
shot ~ дробеструйная обработка

blast-proof взрывостойкий; взрывобезопасный; выдерживающий давление взрыва

bld 1. [bailed] очищенный желонкой (*о скважине*) 2. [blind] глухой (*о фланце*)

bldg 1. [bleeding] выпуск воды и грязи через нижнюю задвижку резервуара 2. [bleeding gas] просачивающийся газ 3. [building] а) здание б) монтаж

bldg drk [building derrick] вышкомонтажные работы

bldg rds [building roads] строительство дорог

bldo [bleeding oil] выделение небольших количеств нефти

bldrs [boulders] валуны

bleed 1. продувать (*паровой цилиндр*) 2. выпускать (*воздух*), спускать (*воду*), опорожнять (*резервуар*) 3. выделять жидкость *или* газ (*из пласта*) 4. сливное отверстие; слив; отсос
~ a well down 1. вытеснять нефть из скважины 2. закачивать кислоту в скважину для воздействия на породу
~ down [off] снижать давление в скважине открытием задвижки; выпускать конденсат из воздухо- *или* газопровода; выпускать отстоявшуюся воду *или* грязь из резервуара

bleeder 1. предохранительный клапан (*газопровода*) 2. спускной кран 3. *эл.* делитель напряжения 4. *эл.* нагрузочный резистор

bleeding 1. выпуск воды и грязи (*через нижнюю задвижку нефтяного резервуара*) 2. спуск (*жидкости*); выпуск (*пара*) 3. выступание цементного молока (*на поверхности бетона*)
tank ~ спуск воды и грязи из резервуара

blend 1. смесь 2. смешение ‖ смешивать(ся), составлять смесь

blended смешанный, составной

blender смеситель, мешалка
batch ~ смеситель периодического действия
sand-oil ~ пескосмеситель (*при гидравлическом разрыве пласта*)

blending 1. смешивание 2. введение добавок
pipeline ~ смешение (*нефтепродуктов*) при перекачке по трубопроводу

blg [bailing] оттартывание

blind 1. слепой, не выходящий на дневную поверхность (*о пласте*) 2. сплошной, глухой; потайной 3. пробка, заглушка (*для трубы*) 4. тупик 5. ширма; экран; штора; жалюзи 6. бурить без выхода бурового раствора на поверхность (*при полном поглощении*)

blister 1. раковина; пора; пузырь (*в металле*) ‖ образовывать раковины *или* пузыри 2. плена; окалина

BL/JT [blast joint] соединение враструб с развальцовкой наружной трубы

blk 1. [black] черный 2. [block] блок ‖ блокировать

Blk Lf [Black Leaf] *геол.* блэк-лиф (*свита отдела колорадо меловой системы*)

blk lnr [blank liner] хвостовик без отверстий; сплошная часть хвостовика (*без перфорации*)

blnd 1. [blend] смесь 2. [blended] смешанный, составной 3. [blending] а) смешивание б) введение добавок

blndr [blender] смеситель, мешалка

BLO [barrels of load oil] баррелей нефти, закачанной в скважину при гидроразрыве

blo [blow] 1. продувка. 2. фонтан (*из скважины*)

block 1. блок, шкив; полиспаст, тали 2. колодка; чурбан; брусок 3. *геол.* глыба, массив, сплошная масса; целик 4. пробка; препятствие, преграда, заграждение ‖ преграждать, препятствовать, заграждать 5. узел, блок (*прибора или аппарата*)
~ a line заглушить трубопровод
~ and falls тали, полиспаст
~ and tackle полиспаст; система двух *или* нескольких блоков, соединенных канатом
~ off изолировать, перекрывать (*обрушающиеся, поглощающие или водоносные горизонты трубами или цементом*); изолировать (*подземную горную выработку устройством перегородки*); ограждать (*опасные места*)
~ out of oil field оконтуривать нефтяное месторождение
backing ~ упорная колодка
bearing ~ основание подшипника
brake ~ тормозная колодка, тормозной башмак
breakout ~ плита для навинчивания и свинчивания долота
casing ~ талевый блок
chain ~ тали, подъемный цепной блок
crown ~ кронблок
double ~ двойной блок

block

friction ~ фрикционная колодка (*тормоза*)
hoisting ~ подвижный (*талевый*) подъемный блок, нижний блок полиспаста
impression ~ печать для определения положения инструмента, оставшегося в скважине
in-line crown ~ одновальный кронблок
load sharing ~ амортизатор
mono-steel ~ стальной моноблок, стальной одиночный [одинарный] блок
pulley ~ полиспаст, тали; многороликовый блок
roller ~ роликовый башмак
running ~ *см.* traveling block
snatch ~ блочок для изменения направления каната
tackle ~ *см.* traveling block
three-fold ~ трехшкивный блок (*полиспаст*)
traveling ~ талевый блок
water ~ внезапное прекращение поступления промывочной жидкости на забой (*во время бурения*)

blockage закупоривание; засорение; загромождение; блокирование; образование пробки (*в трубе*)

blocked 1. (за)блокированный; закрытый 2. заторможенный

blocking 1. блокирование; запирание; загораживание; перегораживание 2. система блоков; полиспаст, тали
water ~ образование водного барьера

block-squeeze изоляция горизонта затрубным тампонажем под давлением

bloodstone гематит, красный железняк, гелиотроп, кровавик (*Fe₂O₃*)

bloom 1. крупная заготовка; стальная болванка 2. флуоресценция (*нефтепродуктов*)
oil ~ флуоресценция нефти
petroleum ~ *см.* oil bloom

BLOR [barrels of load oil recovered] баррелей нефти, полученной обратно после закачки для гидроразрыва

Blos [Blossom] *геол.* блосом (*свита группы остин серии галф меловой системы*)

blotting отсос, осушка

blow 1. удар; толчок 2. взрыв 3. дутье, продувка; обдувка || дуть, продувать; подавать [нагнетать] воздух 4. внезапный выброс, фонтан (*из скважины*) 5. *эл.* перегорать, плавиться (*о предохранителе*)
~ a well clean продувать скважину, законченную бурением
~ down продувать; спускать (*воду*); выдувать; выпускать (*воздух*)
~ in фонтанировать
~ itself into water выброс соленой воды (*из скважины, ранее дававшей нефть*)
~ off продувать (*паровую машину, котел*); выпускать (*газ, пар*); спускать (*воду*)
~ out выбрасывать (*о скважине*)
~ up взрывать
hole ~ взрыв в скважине

impact ~ динамический удар
impulsive ~ *см.* impact blow

blow-by прорыв [просачивание] газов

blower 1. вентилятор, воздуходувка; нагнетатель 2. эжектор 3. фонтанная скважина
cleansing ~ *см.* sand blower
sand ~ пескоструйный аппарат

blowing 1. фонтанирование, внезапный выброс 2. подача, нагнетание (*воздуха*) 3. утечка, просачивание (*газа, пара*) 4. перегорание (*предохранителя*)
~ down продувка (*котла*); выпуск (*воздуха*)
~ in wild открытое фонтанирование (*скважины*)

blowout 1. выброс (*из скважины*) 2. разрыв 3. *горн.* выклинивание 4. *эл.* искрогаситель, дугогаситель
shallow ~ выброс с небольшой глубины

blow-test испытание на удар

BLOYR [barrels of load oil yet to recover] баррелей нефти, закачанной для гидроразрыва, но еще не поступившей на поверхность

blr [bailer] желонка

B. Ls [Big Lime(s)] *геол.* известняк(и) биг (*отдела демойн пенсильванской системы*)

bls [barrels] баррели

blts [bullets] пули (*перфоратора*)

blunder грубая ошибка

blunt затуплять, тупить || тупой; тупоносый; округленный

BLW [barrels of load water] баррелей воды, закачанной для гидроразрыва

BM 1. [barrels of mud] баррелей бурового раствора 2. [bench mark] репер, отметка высоты над уровнем моря 3. [bending moment] изгибающий момент 4. ["Black Magic"] «Блэк мэджик» (*концентрат для приготовления РУО*)

B/M [bill of material] спецификация на материал

BMEP [brake mean effective pressure] среднее эффективное давление торможения

BMI [black malleable iron] ковкий чугун

BM-Nite *фирм.* хромлигнит

bmpr [bumper] 1. буфер; амортизатор; демпфер; бампер 2. тарелка клапана

bn [brown] коричневый, бурый

BNO [barrels of new oil] баррелей нефти, поступившей из скважины сверх закачанной в нее при гидроразрыве

bnz [benzene] бензол

BO [barrels of oil] баррелей нефти

board 1. щит; пульт, табло 2. коммутатор 3. правление, управление; совет; коллегия; департамент
access ~ помост, мостки
belly ~ площадка в буровой вышке на половине расстояния от пола до полатей верхового
casing stabbing ~ стойка для направления обсадной трубы (*при наращивании обсадной колонны*)

control ~ контрольный щит, пульт управления
finger ~ палец на верхних полатях буровой
gage ~ щит с измерительными приборами
instrument ~ щит управления; приборная доска
jack ~ брус-подкладка под домкрат
notice ~ доска (для) объявлений; табличка с предупреждающей надписью
panel ~ щит управления; приборная доска
press-button ~ пульт кнопочного управления
remotely controlled finger ~ дистанционно управляемый палец (*для расстановки свечей бурильной колонны*)
riffle ~ ловушка (*на трубопроводе*)
rod ~ хомут (*вышки*)
warning ~ табличка с предупреждающей надписью

boat судно
bulk ~ нефтеналивная баржа
core ~ изыскательское судно (*для отбора керна с морского дна или бурения изыскательских скважин*)
crew ~ вспомогательное легкое судно для доставки небольших грузов к платформам
rigid inflatable ~ жесткое надувное судно
service ~ обслуживающее судно
standby ~ резервное судно
supply ~ судно снабжения

bob 1. отвес, груз отвеса 2. балансир (*насоса или двигателя*) 3. маятник 4. качаться, раскачиваться
balance ~ уравновешивающий рычаг, балансир, рычаг с противовесом
plumb ~ ватерпас; отвес, лот, грузило

bobtail 1. инструмент для ударно-канатного бурения (*применяемый для вскрытия пласта в скважине, пробуренной вращательным способом*) 2. *разг.* грузовик, оборудованный подъемной стрелой и лебедкой

bob-weight противовес

BOCD [barrels of oil per calendar day] баррелей нефти за календарный день

BOD *см.* **BOPD**

body 1. тело; корпус, станина 2. кузов, остов 3. консистенция (*смазочного материала*) 4. орган; организация
bearing ~ корпус подшипника
bit ~ корпус долота
casing hanger ~ корпус подвесной головки обсадной колонны
certifying ~ сертификационное ведомство (*организация, уполномоченная властями для сертификации конструкций, строительства и установки нефтедобывающего и бурового оборудования и систем его безопасности*)
foreign ~ примесь, постороннее [инородное] тело
engine ~ корпус двигателя
mud ~ структура глинистого раствора
ore ~ рудное тело

piston ~ корпус поршня
sealing cup ~ корпус манжетного уплотнения крепления (*глубинного насос*)
twin pin ~ двухниппельный переводник
wellhead ~ корпус устья, корпус устьевой головки (*толстостенная втулка, закрепляемая на конце направления, кондуктора или промежуточной колонны и служащая для соединения с устьевым оборудованием, а также подвески и обвязки в ней обсадных колонн*)

BOE 1. [bevel one end] с конусом на одном конце, со скосом на одном конце 2. [blow-out equipment] противовыбросовое оборудование

boil кипение, закипание || кипеть; кипятить, выпаривать
~ down сгущать(ся), выпаривать(ся)

boiler 1. (паровой) котел 2. кипятильник; испаритель; бойлер
upright tubular ~ вертикальный трубчатый котел
water tube ~ водотрубный котел

boiling 1. кипение, кипячение 2. бурное газообразование

bolster 1. брус, поперечина 2. подбалка; подушка 3. втулка, шейка 4. буфер 5. обшивка; набивка
anchor ~ якорные перила (*защищающие борт корабля*)

bolt 1. болт; стержень; палец; ось; шкворень; шпилька || скреплять [прикреплять] болтами; крепить шпильками 2. засов; задвижка; запор || запирать на засов 3. грохот; решето, сито || рассеивать на ситах; просеивать сквозь сито
adjuster ~ натяжной болт; регулировочный болт; установочный болт
anchor ~ анкерный болт; фундаментный болт
bearing ~ подшипниковый болт
bonnet ~ болт для крепления крышки, крышечный болт
cap ~ болт крышки (*подшипника*)
clamping ~ зажимной болт; стопорный болт
coupling ~ стяжной [соединительный] болт; винтовая стяжка
double-end(ed) ~ шпилька (*резьбовая*)
eye ~ 1. болт с проушиной 2. рым-болт
foundation ~ фундаментный болт
jag ~ анкерный (*завершенный*) болт
lock(ing) ~ 1. резьбовая пробка; стопорный болт 2. индикаторный болт
nut ~ болт с гайкой
packing ~ нажимной болт сальника
patch ~ аварийный болт; ремонтный болт
pivoted ~ откидной болт
rag ~ *см.* jag bolt
screwed ~ резьбовая стяжка
set ~ установочный болт
tension ~ стяжной [соединительный] болт
U- ~ U-образный болт; скоба

bolted скрепленный [прикрепленный] болтами; привинченный

bomb бомба (*сосуд высокого давления для лабораторных испытаний*)
 bottom-hole pressure ~ бомба для измерения забойного давления
 rocking ~ качающаяся бомба
 time ~ бомба с часовым механизмом (*для торпедирования*)

bond 1. связь; соединение; сцепление || связывать; соединять; сцеплять 2. связка, связующий материал, связующее [цементирующее] вещество

bonded связанный; соединенный; сцепленный

bonding связь; соединение, сцепление; крепление

Bonne [Bonneterre] *геол.* бонтер (*формация верхнего кембрия, Среднеконтинентальный район*)

bonnet 1. колпак; крышка; покрышка 2. кожух, капот (*двигателя*)
 preventer ~ крышка превентора
 pump ~ крышка насоса

book:
 drilling log ~ *см.* log book
 log ~ буровой журнал
 reference ~ справочник

booklet:
 ~ of operating conditions рабочий журнал (*на буровом судне или плавучей полупогружной буровой платформе для записи условий работы за буровой цикл*)

boom 1. стрела, вылет (*крана, экскаватора*) 2. бон, боновое заграждение
 flare ~ факельная стрела
 oil retention ~ нефтезадерживающий бон
 retractable unloading ~ убирающаяся стрела для отгрузки (*при беспричальном наливе*)

boom-cat трактор со стрелой, трубоукладчик

boomer механическое приспособление для затягивания грузов

boost 1. усиление; увеличение; повышение; форсаж || усиливать; увеличивать; повышать 2. наддув, повышение давления; форсирование (*двигателя*)
 pressure ~ увеличение напора, рост давления

booster 1. усилитель; бустер; сервомеханизм 2. дожимной компрессор; вспомогательный компрессор 3. гидроусилитель 4. *эл.* вольтодобавочный трансформатор; вольтодобавочный генератор

boosting 1. наддув; усиление; форсирование 2. добавочный, вспомогательный

BOP [blowout preventer] противовыбросовый превентор
 cartridge type ~ противовыбросовое оборудование, устанавливаемое на тележке; блок превенторов тележечного типа
 spherical ~ противовыбросовый превентор со сферическим уплотнительным элементом

BOPCD *см.* **BOCD**

BOPD [barrels of oil per day] баррелей нефти в сутки

BOPH [barrels of oil per hour] баррелей нефти в час

BOPPD [barrels of oil per producing day] баррелей нефти за сутки добычи

borate соль борной кислоты, борат
 barium ~ борнокислый барий, борат бария

border граница, рубеж; край, кромка; борт || граничить; окаймлять

borderland *геол.* бордерленд (*невысокий порог, отделяющий геосинклиналь от океана*), окраинная зона

bore 1. бур || бурить (*вращательным способом*) 2. скважина; ствол скважины 3. диаметр (*цилиндра двигателя или насоса*) 4. расточенное отверстие; высверленное отверстие || растачивать 5. проходное отверстие; диаметр в свету
 ~ out 1. выбуривать 2. растачивать отверстие
 crank ~ отверстие большой головки шатуна
 full ~ свободное проходное сечение (*скважины*)
 pipe ~ внутренний диаметр трубы
 shank ~ внутренняя полость
 well ~ 1. ствол скважины 2. диаметр скважины
 wind ~ всасывающая труба насоса

boreability буримость

borehole буровая скважина; ствол скважины
 prospecting ~ поисковая скважина
 super-deep ~ сверхглубокая буровая скважина
 trial ~ разведочная буровая скважина

borer 1. бурильщик 2. бур, забурник 3. перфоратор
 well ~ 1. буровой станок 2. бур 3. бурильщик

boring 1. бурение || буровой, бурильный 2. сверление 3. буровая скважина; шпур 4. отверстие
 ~ for gas бурение на газ
 ~ for oil бурение на нефть
 ~ for water бурение на воду
 ~ with line канатное бурение
 rotary ~ вращательное бурение
 shot ~ вращательное дробовое бурение
 test ~ разведочное бурение
 trial ~ *см.* test boring
 well ~ бурение скважин

bort борт (*мелкий нечистый технический алмаз*); черный алмаз (*применяющийся для бурения*); алмазные осколки

boss 1. бобышка, утолщение, выступ, прилив; выпуклость; лапка; упор; распорка 2. втулка (*колеса*); ступица (*колеса*) 3. *геол.* купол, шток
 manual override ~ прилив для ручного отцепления (*дистанционно управляемой муфты в случае отказа системы управления*)
 nozzle ~ прилив [бобышка] под промывочное сопло

bossed с насечкой; выпуклый
bot [bottom] забой (*скважины*), плоскость забоя
bottle бутылка, бутыль, колба; склянка; флакон; баллон || разливать в склянки [бутылки, колбы]; закупоривать в склянках [бутылках, колбах]
  acid ~ пробирка для плавиковой кислоты (*для замера угла искривления скважины*)
  density ~ пикнометр
  gas sample ~ емкость для отбора проб газа
  gravity ~ *см.* density bottle
  specific gravity ~ *см.* density bottle
  transfer ~ емкость для транспортирования проб нефти и газа
bottled содержащийся в склянке; разлитый в склянки
bottleneck узкое место; узкий проход
bottletight герметически закрытый
bottom 1. забой (*скважины*), плоскость забоя 2. нижний клапан (*песочного насоса*) 3. подошва (*пласта*) 4. дно, днище 5. *pl* донные осадки 6. опустить (*долото на забой*) 7. закончить (*бурение скважины*) 8. добурить до подошвы
  ~ of oil horizon подошва нефтеносного горизонта
  ~ of the groove основание канавки (*резьбы*)
  borehole ~ 1. конечная глубина 2. забой буровой скважины *или* шпура
  fanned ~ разгруженный забой (*снижение нагрузки на долото*)
  flat ~ плоское днище
  floating ~ 1. плавающий колокол 2. плавающее днище
  lower hull ~ днище нижнего корпуса (*полупогружного бурового основания*)
  plugged back total ~ глубина скважины после трамбования забоя
  tank ~s донные осадки в резервуаре
  thread ~ основание резьбы
bottomed at... пробуренный до глубины ... (*о скважине*)
bottom-hole забой (*скважины*)
bottom-set *геол.* подстилающий слой
bottom-supported опирающийся на дно
boulder валун; булыжный камень; галька
bounce 1. пружинить, колебаться в продольном направлении 2. способ ударно-канатного бурения
  bit ~ подскакивание долота на забое
bouncing 1. вертикальные колебания 2. подпрыгивание, подскакивание (*долота в результате вибрации бурильных труб*)
bound 1. граница; межа; линия раздела; предел || граничить, ограничивать || граничащий; ограниченный 2. связанный; скрепленный 3. прыжок, скачок || прыгать, скакать || прыгающий, скачущий
boundar/y граница, контур; предел, порог; линия раздела || (по)граничный
  bed ~ граница пласта

external ~ at infinity внешняя граница бесконечного пласта
external ~ies of reservoir внешние границы пласта; контур питания пласта
closed ~ отсутствие притока на контуре питания (*замкнутая залежь*)
drainage ~ контур области дренирования
electrical ~ распределение электрических потенциалов
formation ~ies границы формации
oil-water ~ граница водонефтяного контакта
outflow ~ 1. выходная граница (*керна*) 2. граничный эффект на выходе из образца
phase ~ граница фаз
reservoir ~ контур пласта
bowl 1. воронка (*для направления ловильных инструментов*) 2. переходная муфта 3. конусный вкладыш 4. ротор (*центрифуги*) 5. поплавковая камера
  adapter ~ переходная втулка (*между двумя подвесными головками обсадных колонн*)
  casing ~ 1. шлипс с промывкой 2. колокол [воронка] для ловли обсадных труб
  pump ~ цилиндр насоса
  single-slip casing ~ одинарный трубный шлипс с промывкой
  slip socket ~ направляющая воронка для шлипса
box 1. замковая муфта, муфта соединительного замка; соединение с внутренней замковой резьбой 2. коробка, ящик; кожух 3. втулка; вкладыш
  ~ and pin муфтовое [замковое] соединение
  ~ of tool joint муфта бурильного замка
  axle ~ подшипниковая коробка
  balance ~ противовес, уравновешивающий груз
  bastard ~ нестандартная муфта
  batch ~ дозировочный ящик, мерник
  bearing ~ подшипниковый узел
  bull wheel ~ втулка концевого шипа инструментального барабана
  condenser ~ ящик конденсатора *или* холодильника (*иногда конденсационный горшок*)
  control ~ контрольный шкаф
  coupling ~ соединительная муфта
  crank ~ шатунный подшипник; кривошипный подшипник
  dehydration ~ отстойник
  dump ~ отстойник; яма для опоражнивания желонки
  exhaust ~ глушитель звука, шумоглушитель
  fire ~ топка, огневое пространство топки, огневая коробка
  gear ~ коробка скоростей, коробка передач; редуктор
  grease ~ масленка
  junction ~ 1. коллектор (*водотрубного котла*) 2. соединительная коробка; ответвительная коробка; муфта; клеммная коробка 3. кабельная коробка; кабельная муфта

box

knock-out ~ газосепаратор, газоотделитель, дегазатор
mud ~ приемник для бурового раствора (*изливающегося из скважины или из поднимаемых бурильных труб*)
oil ~ масленка
packing ~ сальник; корпус сальника; сальниковая коробка
polished rod stuffing ~ сальник полированного штока
pump ~ стакан насоса; цилиндр насоса
quick disconnect junction ~ быстроразъемная соединительная коробка
receiving ~ приемник, приемный бак *или* чан
riser lock ~ замковая муфта водоотделяющей колонны
safety ~ спасательная люлька (*на буровой*)
sand ~ желоб с перегородками для осаждения песка из бурового раствора
screen ~ 1. прибор с набором сит (*для сортировки алмазов*) 2. вибросито
screw ~ винтовая муфта
screw coupling ~ *см.* screw box
sediment ~ грязевик (*в паровом котле*); отстойник
sending ~ датчик; извещатель (*в системе сигнализации*)
sensor signal input ~ блок приема сигналов датчиков (*напр. в системе позиционирования бурового судна*)
settling ~ отстойная емкость для бурового раствора
sludge ~ отстойный [шламовый] ящик
speed ~ *см.* gear box
stuffing ~ сальник; сальниковая набивка
tool joint ~ замковая муфта

BP 1. [back pressure] противодавление, обратное давление 2. [Base Pensylvanian] основание пенсильванской свиты 3. [Bearpaw] геол. бирпо (*свита серии монтана верхнего отдела меловой системы*) 4. [boiling point] точка кипения 5. [bridge plug] мостовая пробка, мост 6. [bulk plant] нефтебаза; распределительный склад 7. [bull plug] глухая пробка, глухая башмачная насадка

bp [barometric pressure] барометрическое давление

BPC [British Petroleum Company] компания «Бритиш петролеум»

BPCD [barrels per calendar day] баррелей за календарные сутки

BPD *см.* **B/D**

BPH [barrels per hour] баррелей в час

BPLO [barrels of pipeline oil] баррелей чистой нефти (*поступившей в трубопровод*)

BPLOPD [barrels of pipeline oil per day] баррелей чистой нефти (*поступившей в трубопровод*) в сутки

BPM [barrels per minute] баррелей в минуту

BP Mix [butane and propane mix] пропанбутановая смесь

bps [bit per second] бит в секунду

BPSD [barrels per stream day] выход в баррелях за сутки работы (*установки*)

BPT [best practically technology] наилучшая практически возможная технология (*очистки*)

BPV [back pressure valve] обратный клапан, клапан для регулирования противодавления

BPWPD [barrels per well per day] баррелей на скважину в сутки

BR 1. [building rig] вышкомонтажные работы 2. [building road] строительство [прокладка] дороги

br [brown] бурый, коричневый

brace 1. обвязка; оттяжка; крепление; связь; растяжка, расчалка, распорка, укосина; подкос, крестовина (*вышки*) || расчаливать; притягивать; скреплять 2. связь жесткости || придавать жесткость 3. *pl* раскосы вышки
angle ~ угловое крепление; угловая связь; раскос, подкос, диагональная распорка
cable ~s тросовое крепление, канатные оттяжки
circle ~ упор для поддержки бурильного инструмента во время отвинчивания (*при канатном бурении*)
interior leg ~s внутренние раскосы (*вышки*)
transverse ~ распорка, поперечная связь

braced 1. расчаленный 2. жесткий; усиленный ребрами

bracing 1. крепление; связь; раскос; поперечина; растяжка, расчалка 2. связь жесткости
cross ~ крестовая [поперечная] связь
diagonal ~ диагональное крепление
horizontal ~ горизонтальная обрешетка (*вышки*)

bracket 1. кронштейн, консоль, опора 2. подвеска; держатель
mounting ~ монтажный кронштейн

brackish солоноватый (*о воде*)

bradding смятие [сплющивание] зуба шарошки

bradenhead устьевая головка с сальниковым устройством (*для насосно-компрессорных труб*); фонтанная елка

brake тормоз, тормозное устройство || тормозить || тормозной
air ~ воздушный [пневматический] тормоз
air-over-hydraulic ~ пневмогидравлический тормоз
automatic ~ автоматический тормоз
back ~ тормоз инструментального вала (*в канатном бурении*)
back current ~ электрический тормоз противотоком
band ~ *см.* drum brake
belt ~ *см.* drum brake
block ~ колодочный тормоз
bull wheel ~ тормоз инструментального барабана

deadweight ~ автоматический тормоз с противовесом
differential ~ дифференциальный тормоз
drag ~ храповой тормоз
drum ~ ленточный тормоз
dynamic ~ электродинамический тормоз
eddy current ~ тормоз, работающий на вихревых токах
electromagnetic ~ электромагнитный тормоз
hoisting drum ~ тормоз подъемного барабана
hydraulic ~ гидравлический тормоз
hydrodynamic ~ гидродинамический тормоз
inertia ~ инерционный тормоз
jointed ~ ленточный тормоз с деревянными колодками
knee ~ коленчатый (*ленточный*) тормоз
liquid ~ *см.* hydraulic brake
load ~ тормоз (*с грузом*) подъемного механизма
magnetic ~ магнитный тормоз
oil ~ *см.* hydraulic brake
pneumatic ~ пневматический [воздушный] тормоз
power ~ механический тормоз
safety ~ предохранительный тормоз
sand ~ тормоз тартального барабана
shoe ~ 1. колодочный тормоз 2. тормозной башмак
water ~ *см.* hydraulic brake

braked 1. заторможенный 2. снабженный тормозом

braker тормозной, рабочий на тормозе

braking торможение || тормозящий, тормозной
~ to a stop торможение до полной остановки

branch 1. ответвление, отвод; рукав; патрубок; тройник 2. фаза (*многофазной цепи*) 3. *геол.* бедро [крыло, сторона] складки 4. *геол.* ответвление жилы
~ of fold крыло складки
connecting ~ соединительный патрубок; штуцер
fault ~ ветвь разлома
flange ~ патрубок с фланцем
pipe ~ патрубок
T- ~ тройник, Т-образная труба

branching 1. отклонение ствола (*скважины*); зарезка бокового ствола 2. разветвление, ответвление || ответвляющийся

brand 1. фабричная марка; товарный знак; клеймо || клеймить; маркировать 2. сорт; качество
wildcat ~ нерекламируемая марка

braze паять твердым припоем

brazing пайка твердым припоем, высокотемпературная пайка

brea 1. кир, минеральный деготь, минеральная смола; закиренный песок 2. выход нефтеносного слоя на поверхность 3. песок, насыщенный нефтью из нефтяных выходов

breach прорыв; пролом, брешь || прорывать; проламывать; разламывать

Break *фирм.* пеногаситель для высокоминерализованных буровых растворов

break 1. поломка; обрыв, разрыв; разрушение || ломаться; взламывать; разрушаться; разрываться 2. трещина, брешь 3. *эл.* разъединитель; выключатель, прерыватель || выключать, разъединять 4. *геол.* прослой 5. *геол.* малый сброс
"~" an emulsion разрушать эмульсию
~ down ломаться; разрушаться; разрываться; обрываться
~ in приработаться (*напр. при работе каната по ролику*)
~ off разрывать бурильные трубы
~ out 1. развинчивать (*трубы, инструмент*); отсоединять 2. поднимать буровой снаряд
~ over сменить тип бурового раствора
~ the gel разрушать структуру бурового раствора
~ up распадаться
drilling ~s 1. осколки выбуренной породы 2. перерывы в бурении
fatigue ~ поломка, вызванная усталостью металла
fire ~ заградительная противопожарная перегородка
shot ~ *сейсм.* отметка момента взрыва на записи
time ~ 1. *сейсм.* отметка взрыва 2. отметка времени
torsion ~ разрушение в результате скручивания
upper ~ верхний перерыв (*продуктивной толщи*)

breakable ломкий, хрупкий

breakage 1. поломка; авария 2. разрушение; обрыв, разрыв

breakdown 1. авария; поломка; неисправность (*машины, механизма*) 2. разрыв, разрушение; распад 3. *хим.* анализ нефти 4. разложение на компоненты, классификация 5. *эл.* пробой || пробивать
~ of emulsion разрушение эмульсии
fatigue ~ усталостное разрушение
pressure ~ падение давления
rock ~ разрушение горных пород действием долота

breaker 1. *эл.* разъединитель; выключатель, прерыватель 2. дробилка
bit ~ приспособление для навинчивания и отвинчивания долота
circuit ~ выключатель; прерыватель цепи
core ~ кернователь
emulsion ~ деэмульгатор, реагент для разложения *или* разрушения эмульсий
oil circuit ~ масляный выключатель
span ~ распорка

breaking 1. размывание; прерывание 2. обрыв, разрыв; поломка 3. дробление 4. расслоение; распадение 5. излом; трещина 6. предельный, разрушающий (*о нагрузке*)

breaking

~ down разделение (*ствола скважины на интервалы при расчете и спуске колонны или выборе интервалов секций колонн и т.д.*)
emulsion ~ разрушение [расслоение] эмульсии
breaking-out развинчивание (*напр. бурильных замков*)
breakthrough 1. прорыв [подход фронта] рабочего агента (*при заводнении или закачке газа в пласт*) 2. важное научное открытие, техническое усовершенствование
oil bank ~ подход нефтяной зоны к скважине
break-thrust *геол.* надвиг разрыва; надвиг разлома
breather 1. дыхательный клапан (*резервуара*) 2. респиратор, противогаз; дыхательный аппарат
breathing 1. дыхание || дыхательный 2. вентиляция; выпуск газов
brec [breccia] *геол.* брекчия
breccia *геол.* брекчия
brevity недолговечность
brg [bearing] 1. подшипник; опора 2. азимут, пеленг
brid [bridger] закупоривающий поры породы и трещины материал
bridge 1. мост(ик) || соединять мостом 2. хомут, скоба; перемычка || устанавливать перемычку 3. *эл.* параллельное соединение, шунт || шунтировать
~ of the bit крестовина (*многошарошечного*) долота
~ over образование пробки из обвалившейся породы в стволе скважины (*выше забоя*)
~ the hole поставить мост в стволе скважины
conducting ~ шунт, мостик
elbow ~ мостик [трап] с поручнями
flare ~ мостик к факельной установке
loading ~ мостовой кран
mud ~ отложения фильтрационной корки (*в отдельных интервалах ствола скважины*)
piping ~ трубопроводный мост
sand ~ песчаная перемычка [пробка]; песчаный мост
bridging 1. перекрывание; заполнение; закупоривание (*пор породы цементным раствором*) 2. *эл.* шунтирование
Brigeheal *фирм.* кальцийлигносульфонаткарбонатный комплекс для обессоливания глин
brine соляной раствор, рапа; насыщенный минеральный раствор (*для разбуривания солей и многолетнемерзлых пород*); рассол (*из скважин*)
non-freezing ~ незамерзающий соляной раствор
oil-field ~ соленые буровые воды; рассол нефтяных месторождений
return ~ рассол, выходящий из скважины (*при бурении с промывкой соляным раствором в многолетнемерзлых породах*)
salt ~ соляной раствор, рассол
Brinefoam *фирм.* вспенивающий агент для бурения с очисткой забоя газообразными агентами
Brine-S *фирм.* полимернолигносульфонатный комплекс (*понизитель водоотдачи для безглинистых буровых растворов*)
Brine Saver *фирм.* нефтерастворимый понизитель водоотдачи для высокоминерализованных буровых растворов
bring:
~ back into service вводить скважину в эксплуатацию после ремонта
~ in a well 1. добурить скважину до продуктивного пласта 2. ввести скважину в эксплуатацию
~ into action приводить в действие; пускать в ход
~ into production ввести (*скважину*) в эксплуатацию
~ the fire under control локализовать пожар, пламя
~ up gradually постепенно повышать (*напр. температуру или давление*)
Bristex *фирм.* свиная щетина (*нейтральный наполнитель для борьбы с поглощением бурового раствора*)
Bristex Seal *фирм.* смесь свиной щетины и хлопковой корпии (*нейтральный наполнитель для борьбы с поглощением бурового раствора*)
brittle хрупкий, ломкий
brittleness хрупкость, ломкость
acid ~ травильная хрупкость
blue ~ синеломкость
caustic ~ щелочное растрескивание
cold ~ хладноломкость
corroding ~ коррозионная хрупкость
hot ~ красноломкость
hydrogen ~ водородная хрупкость
notch ~ хрупкость при надрезе, чувствительность к надрезу
pickle ~ *см.* acid brittleness
red ~ красноломкость
temper ~ отпускная хрупкость
tension ~ хрупкость вследствие внутренних напряжений
work ~ хрупкость, вызванная наклепом
Brixel *фирм.* хромлигносульфонат
brkn [broken] 1. разрушенный (*о породе*) 2. ломаный (*о линии*)
brkn sd [broken sand] сильно трещиноватый песчаник
brksh [brackish] солоноватый (*о воде*)
brkt [bracket] 1. скобка 2. кронштейн, консоль
brn *см.* br
Brn Li [brown lime] бурый известняк
brn sh [brown shale] бурый сланец
broaching прорыв на дневную поверхность (*напр. грифон*)
broken 1. разбитый; ломаный; разрушенный; оборванный 2. рваный; расщепленный;

прерывистый 3. пересеченный (*о местности*)

broken-down сломанный, поврежденный; потерпевший аварию

broken-in приработанный, притертый

broken-up перебитый трещинами, трещиноватый; изрезанный

Brom [Bromide] бромид (*свита средне-нижнего ордовика, Среднеконтинентальный район*)

bromochlorodifluoromethane (BCF) бромхлордифлюорометан (*средство для тушения огня*)

bromotrifluoromethane (BTM) бромтрифлюорометан (*средство для тушения огня*)

brought-in well скважина, вступившая в эксплуатацию

Br. P. [British Patent] английский патент

brtl [brittle] хрупкий, ломкий

brush кисть; щетка
wire ~ проволочная щетка
wire thread ~ проволочная щетка для очистки резьбы
wire wheel ~ круглая проволочная щетка

BS 1. [basic sediment] основной осадок 2. [bottom sediment] донный осадок 3. [bottom settlings] донные осадки, грязь 4. [Bureau of Standards] Бюро стандартов (*США*)

B & S [ball and spigot] раструбный (*о соединении*)

B/S 1. [bill of sale] купчая, закладная 2. *см.* **B slt**

B/SD *см.* **BPSD**

BSE [bevel small end] с конусным концом меньшего диаметра

BSFC [brake specific fuel consumpion] удельный расход топлива на торможение

bsg [bushing] втулка; вкладыш; переходник

bskt [basket] 1. ловильный инструмент, паук (*для извлечения небольших предметов из скважины*) 2. воронка, корзина

B slt [base of the salt] подошва соляного пласта; подошва соляного купола

BSME [Bachelor of Science in Mining Engineering] бакалавр горных наук

bsmt [basement] 1. основание, фундамент 2. подвал; (полу)подвальный [цокольный] этаж

BSPL [base plate] опорная [фундаментная] плита

BSUW [black sulphur water] черная сернистая вода

BSW [barrels of salt water] баррелей соленой воды

BSWPD [barrels of salt water per day] баррелей соленой воды в сутки

BSWPH [barrels of salt water per hour] баррелей соленой воды в час

BTDC [before top dead center] перед верхней мертвой точкой

btm [bottom] 1. забой 2. днище (*поршня*)

btmd [bottomed] 1. спущенный на забой 2. пробуренный

btry [battery] аккумулятор; батарея

BTT [bentonite tolerance test] испытание на устойчивость к загрязнению бентонитом

BTU [British thermal unit] британская тепловая единица

BTX [benzene, toluene, xylene] бензол, толуол, ксилол

bubble пузырек (*воздуха или газа*); раковина (*в металле*)
~ up пузыриться, вскипать; газировать
gas ~ газовый пузырек

Bucal *фирм.* ингибитор неустойчивых глин

Buck [Buckner] *геол.* бакнер (*свита верхнего отдела юрской системы*)

bucket 1. ведро, бадья, черпак, ковш 2. стакан (*воздушного насоса*); поршень (*всасывающего насоса*) 3. лопатка (*турбины*)
mud saver ~ разъемный кожух (*надеваемый на бурильные трубы при развинчивании*)
pump ~ манжета

bucking:
~ the tool joint навинчивание замка на бурильные трубы

buckle 1. скоба, хомут, подвеска; стяжная муфта 2. прогиб; продольный изгиб 3. коробиться, выпучиваться; терять устойчивость при продольном изгибе

buckling продольный изгиб; коробление; выпучивание; искривление; кручение, скручивание, смятие, деформация в форме спирали

budry [boundary] граница, контур, предел, порог; линия раздела ‖ (по)граничный

buffalo *разг.* трактор-амфибия (*для прокладки трубопровода в болотистой местности*)

buffer 1. буфер, амортизатор, демпфер; глушитель 2. *хим.* буферный раствор 3. *вчт* буферное запоминающее устройство

buffered 1. амортизированный 2. *хим.* содержащий буферный раствор

bug 1. устройство для очистки внутренней поверхности трубопровода 2. повреждение, неисправность; помеха; ошибка
technical ~s технические неполадки

build 1. строить, сооружать 2. конструкция; форма
~ the pressure поднимать *или* создавать давление
~ in встраивать, вмонтировать
~ up 1. составлять; соединять (*разъемные детали*); собирать, монтировать (*машину*) 2. поднимать (*давление*); возрастать (*о давлении*) 3. скапливаться, накапливаться 4. *св.* наращивать, наваривать, наплавлять
~ a joint *св.* наращивать сварной шов

building-up 1. сборка, монтаж (*деталей, машин*) 2. *эл.* повышение [увеличение] напряжения

build-up 1. подъем, увеличение; восстановление (*давления*) 2. рост (*глинистой корки*); увеличение плотности (*бурового раствора*) 3. сборка, монтаж (*деталей, машин*)

build-up

~ of fluid подъем уровня жидкости
~ of pressure повышение [восстановление] давления
~ of the mud solids повышение содержания твердой фазы в буровом растворе
~ of water production увеличение количества воды в добываемой из скважины жидкости
bottom-hole pressure ~ восстановление забойного давления
pressure ~ восстановление давления; подъем [наращивание] давления

built-in встроенный, вмонтированный, вделанный

built-up составной, сборный, разъемный

bulb 1. шарик (*термометра*) 2. колба, сосуд 3. пузырек 4. термопатрон 5. выпуклость, утолщение
fusible ~ плавкий шарик (*детектор пожара*)

bulge 1. выпуклость; вздутие; кривизна ‖ выпучиваться; вздуваться 2. *геол.* раздув (*жилы*)
~ of a curve горб кривой

bulged-in смятый, вдавленный (*о трубах и т. п*)

bulging 1. выпучивание, вздутие 2. выпуклость; выгнутость ‖ выпучивающийся, вздувающийся

bulging-in вдавливание

bulk 1. масса, большая часть (*напр. продукции*) 2. навал; насыпь; налив ‖ наваливать; насыпать; наливать ‖ лежащий навалом; насыпной; наливной 3. объем; вместимость
~ of reservoir rock мощность [толща] пласта
in ~ наливом (*о транспортировке нефтепродуктов*); насыпью, навалом

bulky 1. большой, громоздкий, объемный 2. навалочный; насыпной; наливной 3. рыхлый

bull тяжелый, мощный (*об оборудовании*)

bulldoggen захваченный, зажатый «намертво»

bullet 1. пуля (*перфоратора*) 2. боек (*грунтоноса*)

bullnose 1. стыковочный ниппель (*напр. для подводного трубопровода*) 2. заглушка (*трубопровода*)
bottom ~ нижняя насадка (*у перфораторов*)

bump удар, толчок ‖ ударять

bumper 1. амортизатор; буфер; буферный брус; демпфер 2. бампер 3. тарелка клапана
crown-block ~ амортизатор кронблока
jar ~ ловильный инструмент для работы с ясом
traveling-block ~ амортизатор талевого блока

bumping подпрыгивание; толчки

bunch 1. пучок; связка; пачка 2. бухта (*проволоки*) 3. гнездо, небольшая залежь, местное скопление руды; раздутие жилы 4. горб; припухлость

bunched проложенный пучком (*о проводах*)

bundle 1. моток, бухта; пучок 2. связка

flow ~ связка выкидных линий (*подводной фонтанной арматуры*)
flowline ~ *см.* flow bundle
jumper hose ~ соединительный многоканальный шланг
unarmored hose ~ неармированный многоканальный шланг (*системы управления подводным устьевым оборудованием*)

bung втулка, затычка ‖ затыкать, закупоривать

bunker бункер

buoy буй
anchor ~ якорный буй
anchor position marker ~ маркерный [опознавательный] буй местоположения якоря (*полупогружной буровой платформы, бурового судна и т. п.*)
bow position marker ~ передний маркерный [опознавательный] буй (*для обозначения передней кромки нижних понтонов полупогружной буровой платформы или трубоукладочной баржи*)
data ~ информационный буй, автоматическая гидрографическая станция
exposed location single ~ незащищенный одиночный буй (*для беспричального налива нефти в танкеры*)
heading marker ~ основной маркерный [опознавательный] буй (*бурового судна или полупогружного бурового основания*)
marker ~ маркерный [опознавательный] буй
marker well ~ маркерный [опознавательный] буй скважины
mooring ~ швартовная бочка
oceanographic ~ океанографический буй
pendant ~ флажковый буй
pop-up ~ головной буй (*для маркировки подводного оборудования*)
recall ~ *см.* pop-up buoy
wave rider ~ буй-волномер

buoyancy плавучесть
oil ~ плавучесть нефти
positive ~ положительная плавучесть

buoyant легкий, плавучий, держащийся на поверхности

burden 1. наносы, покрывающие породы, покрывающий пласт, пустая порода 2. груз; ноша ‖ нагружать

Bureau:
~ of Mines Горное бюро (*США*)
~ of Standards Бюро стандартов (*США*)
American ~ of Shipping Американское бюро судоходства
Offshore Certification ~ Шельфовое сертификационное бюро

buried 1. погребенный 2. погруженный 3. заделанный; уложенный (*в каналах или пазах*)
deeply ~ находящийся на большой глубине, глубоко погребенный

burlap брезент; грубая ткань (*для обмотки труб*)

burn [burner] горелка; форсунка
burner 1. газорезчик 2. газовый резак 3. горелка; форсунка
  clean burning oil ~ горелка для полного сжигания нефти (*используемая при пробной эксплуатации подводной скважины для сжигания продуктов скважины*)
  crude ~ горелка для сжигания сырой нефти (*при пробной эксплуатации морской скважины*)
  downhole gas ~ забойная газовая горелка
  fuel oil ~ *см.* oil burner
  gas ~ газовая горелка
  oil ~ нефтяная форсунка
  pilot ~ вспомогательная горелка (*для зажигания факела*)
  well clean-up ~ скважинная очистительная горелка
  well test ~ горелка для пробной эксплуатации (*для сжигания продуктов скважины при ее пробной эксплуатации*)
burning горение, сжигание газа (*на факеле*)
  backward ~ противоточное горение
burnout *св.* 1. прожог; прогар 2. перегорание; пережигание
Buromin *фирм.* гексаметафосфат натрия
burr 1. заусенец (*напр. при простреливании труб*) 2. известняк 3. коренная порода 4. клинкер
burst 1. взрыв || взрываться 2. вспышка || вспыхивать 3. разрыв 4. выброс; стреляние (*пород*)
bursting 1. взрыв || взрывной 2. стреляние (*пород*); горный удар
bush 1. втулка, вкладыш 2. букса, гильза 3. изоляционная трубка
  collar ~ втулка с заплечиком
  inlet ~ вводная втулка
  sealing ~ уплотнительная втулка
bushing 1. переводник, переводной ниппель; переводная муфта; трубный переводной фитинг 2. втулка, вкладыш 3. проходной изолятор; вводной изолятор, бушинг
  adapter ~ переводная муфта
  collar ~ ниппель (*глубинного насоса*)
  drill stem ~ малый вкладыш в стволе ротора; зажим для рабочей трубы
  drive ~s направляющие вкладыши ротора
  kelly ~s вкладыши [зажимы] под рабочую или ведущую трубу, зажимы под квадрат
  loose ~ съемная втулка
  master ~s основные вкладыши (*ротора*)
  nozzle ~ насадка (*долота*), вставное сопло
  one-step wear ~ защитная втулка, устанавливаемая в один прием
  orienting ~ ориентирующий вкладыш (*съемный втулкообразный вкладыш для ориентации подвески НКТ в устьевой головке*)
  plunger ~ втулка плунжера
  roller kelly ~ зажимное приспособление с роликами для рабочей трубы [квадрата]
  spider ~ кольцо лафетного хомута
  tubing hanger orienting ~ втулка для ориентации подвесной головки насосно-компрессорной колонны
  wear ~ сменный вкладыш; вкладыш, работающий на истирание [износ]; защитная втулка (*для защиты рабочих поверхностей подвесной или устьевой головки обсадных колонн от износа*)
  wellhead body wear ~ защитная втулка корпуса устьевой головки
bushwash 1. эмульсия нефти и воды, не разрушающаяся без подогрева 2. отстой на дне нефтяного резервуара
buster пневмоперфоратор
  collar ~ 1. инструмент для разрыва обсадных труб в скважине 2. вертикальная труборезка
butadiene бутадиен (C_4H_9)
butane бутан (C_4H_{10})
butaprene бутапрен (*синтетический каучук*)
butt 1. стык, соединение встык || стыковать, соединять встык 2. конец; торец; хвостовик 3. бочка (*вместимостью 490,96 л*)
  ~ up устанавливать впритык
  close ~ *св.* стык без зазора, плотный стык
  lap ~ соединение внахлестку
  tight ~ *см.* close butt
butt [buttress thread] трапецеидальная резьба
butted состыкованный, соединенный встык
butterfly 1. угольник (*для полевых штанг*); бабочка (*передаточное устройство, изменяющее направление движения тяг в горизонтальной плоскости*) 2. впускной клапан; дроссельная заслонка
button 1. *св.* рельеф, выступ (*на свариваемой детали*) 2. кнопка 3. королек 4. сферическая головка 5. тарелка клапана 6. *св.* ядро сварной точки
  danger ~ аварийная кнопка; кнопка экстренного действия
  orifice ~ шайбовая пробка
  press ~ контактная [нажимная] кнопка (*управления*)
  push ~ кнопка
  thrust ~ упорный диск (*опоры шарошечного бурового долота*)
buttress контрфорс; подпорка, подставка; устой; бык || подпирать, поддерживать
butylene бутилен (C_4H_8)
BV/WLD [beveled for welding] скошенный [со скосами] под сварку
BW 1. [barrels of water] баррелей воды 2. [boiled water] кипяченая вода 3. [butt weld] стыковой сварной шов
BW/D *см.* **BWPD**
BWIPD [barrels of water injected per day] баррелей воды, нагнетаемой в сутки
BWL [barrels of water load] баррелей воды, закачанной в скважину при гидроразрыве
BWOL [barrels of water over load] баррелей воды, закачанной в скважину после гидроразрыва пласта

BWPD [barrels of water per day] баррелей воды в сутки
BWPH [barrels of water per hour] баррелей воды в час
bx [box] 1. муфта замка бурильной трубы 2. соединение с внутренней замковой резьбой
by-effect побочное явление, побочный эффект
bypass 1. обход 2. перепуск; перепускной клапан || перепускать 3. *св.* канал в резаке (*соединяющий трубку подогревающего кислорода с трубкой, идущей от кислородного штуцера*) 4. эл. шунт
 safety ~ предохранительный *или* перепускной клапан
bypassing 1. перепуск 2. проскальзывание, прохождение мимо 3. образование каналов 4. эл. шунтирование
 gas ~ проскальзывание газа (*при нагнетании в пласт*)
by-product побочный продукт

C

C 1. [capacitance] а) емкость б) емкостное сопротивление 2. [carbonate] карбонат || карбонатный 3. [center] центр 4. [centigrade] температурная шкала Цельсия || стоградусный; со стоградусной шкалой 5. [coefficient] коэффициент 6. [completing] заканчивание (*скважины*); вскрытие (*пласта*) 7. [coulomb] кулон
C/ [contractor] (буровой) подрядчик
c [coarse] 1. грубый (*о настройке*) 2. крупнозернистый
Ca [calcite] кальцит
cab кабина
cabinet 1. шкаф; ящик 2. отделение; ячейка; отсек
 main control ~ главный шкаф управления
cable 1. эл. кабель, многожильный провод 2. трос; канат || закреплять тросом *или* канатом
 arc-welding ~ *см.* welding cable
 armor(ed) ~ бронированный кабель
 bell ~ сигнальный кабель
 BOP multitube ~ многоканальный шланг для подачи гидравлических управляющих сигналов (*с плавучей буровой платформы*) к подводному превентору
 conductor ~ проводящий кабель, электрокабель
 deck jumper ~ палубный соединительный кабель
 drilling ~ бурильный канат
 duplex ~ *см.* twin cable
 electrode ~ провод идущий к электроду
 feeder ~ питающий кабель; энергокабель
 flexible ground ~ гибкий заземленный кабель; гибкий заземленный провод
 ground ~ заземленный (*сварочный*) провод; провод, идущий к свариваемому изделию
 hoisting ~ подъемный канат
 hollow ~ шланговый кабель; шланговый провод
 insulated ~ изолированный кабель; изолированный провод
 lead ~ *см.* electrode cable
 left regular lay ~ канат с левой свивкой
 logging ~ каротажный кабель
 main ~ магистральный кабель; магистральный провод
 multiconductor ~ *см.* multicore cable
 multicore ~ многожильный кабель; многожильный провод
 multiple-core ~ *см.* multicore cable
 multistrand ~ *см.* multicore cable
 multitube ~ многоканальный шланг (*для подачи рабочей и управляющих жидкостей с бурового судна к подводному оборудованию*)
 power ~ 1. силовой кабель 2. сварочный провод
 retrieving ~ извлекающий канат (*для подъема на буровое судно или основание спущенных к подводному устью приспособлений*)
 right regular lay ~ канат с правой свивкой
 single ~ *см.* single core cable
 single core ~ одножильный кабель
 thermistor ~ кабель с термисторными датчиками температуры, термисторный кабель
 three-conductor ~ трехжильный кабель
 twin ~ двухжильный кабель
 welding ~ сварочный кабель; сварочный провод
 wire ~ стальной [металлический] трос
CAD/CAM [computer aided design/computer aided manufacturing] система автоматизированного проектирования и производства
Cadd [Caddell] *геол.* каддел (*свита группы джексон эоценского отдела третичной системы*)
CAG [cut across grain] разрезанный поперек структуры
cage 1. «фонарь», пружинный стабилизатор для бурильных труб 2. клетка (*устройство над шаровым клапаном, ограничивающее движение шара*) 3. коробка, кожух, корпус; обойма подшипника
 ball ~ шариковая коробка, сепаратор шарикоподшипника
 closed ~ клапанная клетка (*глубинного насоса*) закрытого типа
 open ~ клапанная клетка (*глубинного насоса*) открытого типа
CaH [calcium hardness] кальциевая жесткость (*воды*)
CAI [computer-assisted instruction] компьютерное обучение
Cainozoic *геол. см.* **Cenozoic**

caisson кессон
   mobile Arctic ~ (MAC) передвижной арктический кессон
cake 1. затвердевший шлам 2. фильтрационная (глинистая) корка на стенках скважины 3. сальник (*уплотненные частицы породы, забившие промежутки между алмазами и матрицей в коронке*) 4. отжатый осадок на фильтре
   filter ~ *см.* mud cake
   ice ~ льдина
   mud ~ фильтрационная корка бурового раствора на стенках скважины
   slurry ~ цементная корка
   wall ~ *см.* mud cake
Cal [calorie] большая калория, килограмм-калория
cal 1. [calcite] кальцит, известковый шпат 2. [caliche] известковые отложения 3. [caliper survey] кавернометрия 4. [calorie] грамм-калория
Calc 1. [calcareous] известковый, содержащий известь 2. [calcerenite] кальцеренит 3. [calcium] кальций 4. [calculated] расчетный
calcareous известковый, содержащий известь
calc gr [calcium base grease] смазка на кальциевой основе
calcite кальцит
calc OF [calculated open flow (potential)] расчетный (потенциальный) дебит скважины при фонтанировании
calc-spar кальцит, известковый шпат
calculate 1. вычислять; подсчитывать 2. рассчитывать
calculated расчетный
calculation 1. вычисление; подсчет 2. расчет
   ~ of reserves подсчет запасов
   active oil ~s подсчет активных (*извлекаемых*) запасов нефти
   field ~ промысловые вычисления
   multicomponent flash ~s расчет однократного испарения многокомпонентных систем
   power ~ расчет мощности
calculator счетная машина; калькулятор
   pipeline fluid network ~ электроинтегратор для расчета распределения потока в трубопроводных системах
caldron *геол.* кальдрон, котлообразный провал, сбросовая долина без выхода
Calgon *фирм.* препарат гексаметафосфата натрия, содержащий 67% P_2O_5 (*применяется в качестве поверхностно-активного вещества для обработки воды и разжижения буровых растворов на пресноводной основе*)
caliber 1. внутренний диаметр (*трубы, цилиндра*) 2. калибр, размер; диаметр
calibrate 1. калибровать; градуировать; тарировать 2. проверять, выверять
calibrated калиброванный; выверенный; градуированный
   be ~ in... быть градуированным в...

calibration калибрование; эталонирование; градуировка; тарирование
   tank ~ измерение вместимости [калибровка] резервуара
caliper каверномер; нутромер, кронциркуль || измерять каверномером [нутромером]
   hole ~ каверномер
   inside ~ нутромер
Cal K [calcareous karst] известковый карст
CALM [catenary anchor leg mooring] якорная швартовная система с цепью
Calnox *фирм.* ингибитор окалинообразования
calorie калория
calorimeter калориметр
calorimetric калориметрический
calorimetry калориметрия (*измерение количества теплоты*)
Cal Perl *фирм.* гранулированный (*крупномолотый*) перлит (*нейтральный наполнитель для борьбы с поглощением бурового раствора*)
Calseal *фирм.* гипсоцемент
Cal Stop *фирм.* крошка из автомобильных покрышек (*нейтральный наполнитель для борьбы с поглощением бурового раствора*)
Caltrol *фирм.* хлорид кальция
cam 1. кулак, кулачок (*вала*); палец, распределительный кулак, кулачковый диск; эксцентрик 2. шаблон; лекало 3. криволинейный паз
   brake ~ кулак тормоза
   control ~ управляющий кулачок
   deflecting ~ кулачок расцепления; спускавая собачка
   locking ~ запорная защелка (*узла крепления стингера к трубоукладочной барже*)
Camb [Cambrian] *геол.* кембрий, кембрийский период || кембрийский
camber 1. выпуклость 2. кривизна, изгиб, прогиб, изогнутость || изгибать 3. утолщение, вздутие
Cambrian *геол.* кембрий, кембрийский период || кембрийский
camera:
   TV ~ телевизионная камера (*для контроля подводного оборудования*)
camshaft кулачковый вал; распределительный вал; управляющий вал; вал эксцентрика
can 1. жестяная банка; бидон; канистра 2. масленка 3. консервная банка 4. каркас (*протектора*)
   floating ~ плавучая емкость
   oil ~ канистра с нефтью
   spud ~ понтон опоры (*самоподъемного основания*)
canal 1. канал; русло; проток 2. отверстие 3. желоб
cancel 1. аннулировать; погашать; отменять 2. *матем.* приводить подобные члены 3. *вчт* отмена (*команды или сигнала*)
cane тростник; камыш

cank базальтовая порода; твердая кристаллическая порода; трапп

cannelure продольная выемка, продольный паз; кольцевая канавка; нарезка; насечка

cant скос, фаска, скошенный край ‖ скашивать, стесывать ребра *или* углы

canted косоугольный, граненый; клинчатый; искривленный; перекошенный

cantilever кронштейн; консоль; укосина; стрела

cantilevered консольный; заделанный одним концом; свободно висящий

CAODC [Canadian Association of Oilwell Drilling Contractors] Канадская ассоциация нефтяных буровых подрядчиков

CAOF [calculated absolute open flow] расчетный абсолютный дебит скважины

Cap [Capitan] *геол.* кэптен (*группа пермской системы западного Техаса и Нью-Мексико*)

cap 1. головка; колпак; шляпка, крышка 2. трубная головка 3. порода кровли пласта 4. предохранительный колпак (*газового баллона*) 5. сопло; мундштук 6. закрывать пробкой; запечатывать (*скважину*)
 base ~ нижняя крышка
 blasting ~ капсюль-детонатор, запал, воспламенитель
 choke and kill line test ~ колпак для опрессовки линий штуцерной и глушения скважины
 Christmas-tree ~ колпак фонтанной арматуры (*подводной скважины*)
 corrosion ~ антикоррозионный колпак (*для защиты от коррозии устья временно оставляемой подводной скважины*)
 drive ~ головная насадка для забивных труб
 driving ~ *см.* drive cap
 end ~ глухая муфта, пробка, заглушка
 gas ~ газовая шапка
 ice ~ ледниковый покров
 lifting ~ колпачок для предохранения резьбы бурового инструмента при подъеме
 "no-lag" seismograph ~ специальный детонатор без запаздывания для сейсморазведки
 protector ~ защитный колпак (*для предохранения устья скважины в случае временного оставления скважины буровым судном или платформой*)
 screw ~ колпачок [крышка] с резьбой
 temporary abandonment ~ колпак временно оставляемой морской скважины
 tree ~ колпак фонтанной арматуры
 wellhead ~ устьевой колпак (*для герметизации устья подводной скважины в случае временного ее оставления*)

cap 1. [capacitor] конденсатор 2. [capacity] а) объем, емкость; вместимость б) производительность; выработка; (производственная) мощность; пропускная способность в) способность, возможность г) эл. емкость

capability 1. способность 2. мощность; производительность

capacitance 1. емкостное сопротивление 2. емкость

capacitor конденсатор
 adjustable ~ конденсатор переменной емкости
 bypass ~ шунтирующий конденсатор
 fixed ~ конденсатор постоянной емкости
 variable ~ конденсатор переменной емкости

capacity 1. объем, емкость; вместимость 2. производительность, выработка; (производственная) мощность; пропускная способность 3. способность, возможность 4. *эл.* емкость
 ~ in tons per hour производительность в т/ч
 ~ of a well производительность скважины
 ~ of drum *см.* drum capacity
 ~ of field to produce потенциальная добыча из месторождения
 absorption ~ абсорбционная [поглощающая] способность
 actual ~ фактическая производительность
 adhesive ~ 1. адгезионная способность 2. коэффициент сцепления
 adsorptive ~ адсорбционная способность
 available ~ полезная мощность; располагаемая мощность
 basic ~ *хим.* основность
 battery ~ емкость аккумуляторной батареи
 bearing ~ 1. несущая способность (*опор, грунта*) 2. грузоподъемность; подъемная сила
 boiler ~ паропроизводительность [мощность] котла
 calculated ~ расчетная мощность [производительность]
 capillary ~ капиллярная емкость
 carrying ~ 1. грузоподъемность 2. несущая способность 3. подъемная сила 4. пропускная способность 5. *эл.* предельно допустимая нагрузка
 cation exchange ~ катионообменная емкость
 compensation hook ~ компенсируемая нагрузка на крюке
 cutting-carrying ~ выносящая способность (*бурового раствора*)
 daily ~ суточная производительность, суточная пропускная способность
 damping ~ поглощающая способность
 deadload ~ максимальная вертикальная нагрузка, не разрушающая буровую вышку
 deckload ~ вес палубного груза
 delivery ~ пропускная способность
 dischargeable ~ полезная емкость (*газгольдера*)
 drilling ~ максимальная глубина бурения (*предусмотренная конструкцией бурового оборудования*)
 drum ~ емкость барабана (*общая длина каната, навиваемого на барабан*)
 engine ~ мощность двигателя
 fracture flow ~ пропускная способность трещины (*при гидроразрыве*)
 gross ~ максимальная нагрузка

hauling ~ тяговое усилие
heat ~ теплопоглощательная способность; теплоемкость
heat absorption ~ теплопоглощательная способность
high resolution ~ высокая разрешающая способность
hoisting ~ подъемная сила; грузоподъемность
holding ~ вместимость; емкость
idle ~ резервная мощность
injection ~ приемистость (*скважины*)
intake ~ приемистость; поглотительная способность
jacking ~ грузоподъемность подъемника
leak-off ~ пропускная способность (*пород*)
lifting ~ 1. подъемная мощность, высота всасывания (*насоса*) 2. грузоподъемность (*механизма гидравлической подачи, лебедки бурового станка*) 3. несущая способность (*бурового раствора*)
liquid ~ наливной объем
load (bearing) ~ 1. грузоподъемность; нагрузочная способность; допустимая нагрузка 2. номинальная мощность (*мотора*)
load-carrying ~ 1. подъемная сила 2. допустимая нагрузка; несущая способность; грузоподъемность; нагрузочная способность
methylene blue ~ *см.* cation exchange capacity
moisture ~ влагоемкость
nominal ~ *см.* rated capacity
open-flow ~ максимальный неограниченный дебит скважины
overload ~ способность работать с перегрузкой, способность выдерживать перегрузку
pipe ~ пропускная способность трубопровода
pipeline transmission ~ *см.* pipe capacity
piston load ~ расчетное усилие штока
plant ~ мощность установки
producing ~ *см.* production capacity
production ~ производительность (*скважины*); отдача (*пласта*)
productive ~ of reservoir отдача пласта
productive ~ of well производительность скважины
pump ~ подача [мощность] насоса
pumping ~ *см.* pump capacity
racking ~ of derrick емкость вышки (*по количеству устанавливаемых за пальцем бурильных труб*)
rated ~ 1. номинальная [расчетная, проектная] производительность [мощность] 2. номинальная грузоподъемность; номинальная вместимость; расчетная пропускная способность
reeling ~ канатоемкость барабана
refrigerating ~ охлаждающая способность
relative ~ относительная мощность [производительность]

reservoir ~ вместимость [емкость] резервуара
riser tensioner system ~ грузоподъемность системы натяжения водоотделяющей колонны
safe-load ~ допустимая нагрузка
safe working ~ безопасная рабочая нагрузка
sand ~ продуктивность нефтеносного песчаника
saturation ~ 1. поглощающая способность 2. способность к насыщению
short-time ~ кратковременная мощность
solids-carrying ~ несущая [удерживающая] способность (*бурового раствора*)
specific ~ удельная мощность (*на единицу массы*)
specific ~ of a well удельная производительность скважины
standback ~ вместимость стеллажей для труб
storage ~ емкость хранилища
tank ~ вместимость [емкость] резервуара, цистерны *или* бака
tested ~ установленная производительность (*скважины*)
thermal ~ *см.* heat capacity
throughput ~ производительность, пропускная способность (*установки, склада и т.п.*)
torsional ~ способность (*детали или узла*) передавать крутящий момент определенной величины
total ~ 1. общая емкость 2. суммарная [общая, полная] производительность (*скважины*)
ultimate ~ полная мощность
useful ~ 1. полезная мощность *или* производительность 2. полезная емкость
water ~ влагоемкость
water-intake ~ of a well поглощающая способность [приемистость] скважины
wind load ~ ветровая нагрузка (*на вышку*)
work ~ работоспособность
working ~ 1. грузоподъемность 2. работоспособность

capillarity 1. капиллярность 2. капиллярное действие, капиллярная сила
capillary капилляр || капиллярный
caplastometer вискозиметр *или* реометр капиллярного типа
capper фонтанная задвижка
capping 1. перекрытие (*притока пластовой воды или газа герметизирующим устройством на устье скважины*); каптаж, урегулирование нефтяного фонтана 2. закупоривание 3. наносы, покров; вскрыша 4. перекрывающие породы
pipe ~ закрытие трубопровода колпаком (*для спуска под воду и оставления на дне в случае штормовой погоды*)
caprock 1. вскрыша 2. перекрывающие породы
capsule 1. капсюль 2. тигель 3. мембрана 4. капсула, оболочка
escape ~ спасательная капсула

capsule

life saving ~ *см.* escape capsule
separable instrument ~ отделяемый контрольно-измерительный модуль
service ~ капсула обслуживания (*подводного нефтепромыслового оборудования*)
survival ~ *см.* escape capsule
wellhead ~ съемный устьевой модуль

captain капитан
 barge ~ капитан баржи

capture захват ‖ улавливать; захватывать
 neutron ~ захват нейтронов (*при радиокаротаже*)

Car [Carlile] *геол.* карлайл (*свита верхнего отдела меловой системы*)

car 1. вагон 2. вагонетка; тележка; электрокар 3. (легковой) автомобиль
 dump ~ 1. вагонетка с опрокидывающимся кузовом 2. самосвал
 oil ~ железнодорожная нефтеналивная цистерна
 road tank ~ автоцистерна
 tank ~ железнодорожная цистерна; автоцистерна

carb [carbonaceous] 1. углистый 2. углеродистый; карбонатный 3. каменноугольный

carbide карбид
 tungsten ~ карбид вольфрама

Carbo-Free *фирм.* концентрированный материал на углеводородной основе для установки ванн с целью освобождения прихваченных труб

Carbo-Gel *фирм.* загуститель для инвертных эмульсий

Carbo-Mul *фирм.* буровой раствор на углеводородной основе

carbon 1. углерод (*С*) 2. карбонадо (*черный технический алмаз*)
 fixed ~ связанный углерод
 free ~ свободный углерод
 oil ~ углерод нефти

carbonaceous 1. углистый 2. углеродистый; карбонатный 3. каменноугольный

carbonado карбонадо (*черный технический алмаз*)

carbonate 1. углекислая соль, соль угольной кислоты, карбонат 2. карбонатный 3. карбонизировать
 barium ~ карбонат бария ($BaCO_3$), витерит (*применяется для удаления ионов кальция из бурового раствора*)
 calcium ~ карбонат кальция ($CaCO_3$)
 commercial ~ карбонадо (*черный технический алмаз*)
 magnesium ~ карбонат магния, магнезит ($MgCO_3$)
 potassium ~ карбонат калия, поташ (K_2CO_3)
 sodium ~ карбонат натрия, кальцинированная сода (Na_2CO_3)

carbon-free не содержащий углерода, обезуглероженный

carboniferous 1. углесодержащий 2. каменноугольный 3. углеродистый

carbonization 1. цементация 2. науглероживание 3. обугливание; карбонизация

Carbonox *фирм.* органический разжижитель для буровых растворов

Carbo-Seal *фирм.* нейтральный наполнитель для борьбы с поглощением буровых растворов на углеводородной основе

Carbo-Tec *фирм.* эмульгатор для получения инвертной эмульсии

Carbo-Tec D *фирм.* эмульгатор для получения инвертной эмульсии

Carbo-Trol *фирм.* регулятор фильтрации буровых растворов на углеводородной основе

carboxymethylcellulose карбоксиметилцеллюлоза, КМЦ

carboxymethylhydroxyethylcellulose карбоксиметилгидроксиэтилцеллюлоза, КМГЭЦ

Carboze CMC *фирм.* натриевая карбоксиметилцеллюлоза

carb tet [carbon tetrachloride] тетрахлорид углерода

carburizing карбюризация; науглероживание; цементация (*металла*)

card 1. карточка; бланк 2. диаграмма; график
 dynamometer ~ динамограмма
 identification ~ ярлык с кратким паспортом детали
 indicator ~ индикаторная диаграмма *или* карта
 recording ~ бланк для самопишущих приборов
 time ~ хронометражная карта

care уход (*напр. за машиной*), содержание (*в эксплуатации*), обслуживание

cargo груз
 dangerous ~ опасный груз

carinate 1. килевидный 2. *геол.* изоклинальный

carload 1. партия груза на вагон 2. масса груза, оплачиваемая по грузовому тарифу

Carm [Carmel] *геол.* кармел (*свита группы сан-рафаэль среднего и нижнего отдела юры*)

carnallite *мин.* карналлит

carriage 1. вагонетка, вагон; тележка 2. каретка; салазки 3. несущее устройство, несущая конструкция 4. дренажная труба; канализационная труба
 drill ~ буровая каретка
 pipeline-up ~ тележка для центровки труб (*при сварке*)

carrier 1. несущее *или* поддерживающее устройство; подпорка; держатель; державка; кронштейн; хомутик; салазки 2. ходовой механизм; ходовая часть; ползун 3. носитель (*тока, информации*) 4. транспортное средство 5. каркас, корпус (*перфоратора*) 6. *рад.* несущая (*частота*)
 energy ~ энергоноситель
 heat ~ теплоноситель, проводник тепла
 hose ~ 1. кронштейн *или* футляр для рукавов (*в автоцистернах*) 2. тележка для перевозки рукавов

casing

liquefied cargo ~ танкер
LNG ~ судно для транспортировки сжиженного природного газа
oil ~ нефтеналивное судно, танкер
pipe ~ хомут для труб
pull rod ~s ролики для насосных штанг
rod line ~s опоры под полевые тяги
ultralarge crude ~ (ULCC) танкер водоизмещением свыше 400 тыс. т
very large crude ~ (VLCC) танкер водоизмещением свыше 160 тыс. т
wheel ~ адаптер шарошек (*в долоте Зублина*)

carry 1. спуск труб (*по мере углубления скважины*) ‖ спускать трубы (*по мере углубления скважины*) 2. содержать (*нефть*)
~ a dry hole бурить сухую скважину (*без притока воды*)
~ a wet hole бурить скважину, в которой приток воды не закрыт
~ off отводить (*жидкость, газ*)

carry-over 1. переброс (*механический вынос частиц нефтепродуктов*) 2. вынос нефти газом 3. выброс (*из резервуара*)

cartridge 1. патрон 2. гильза; стакан; втулка 3. кассета; картридж
battery ~ гильза для батареи (*при гамма-методе*)

case 1. кожух; обшивка; оболочка; чехол 2. корпус 3. крепить (*ствол скважины*) обсадными трубами
~ off крепить (*ствол скважины*) трубами; перекрывать трубами; закрывать (*воду*) трубами; изолировать
air ~ воздушный колпак
core-catcher ~ корпус керноврателя
core-gripper ~ *см.* core-catcher case
oil-pump ~ корпус масляного насоса
plunger ~ цилиндр плунжера
pump ~ кожух насоса; спиральная камера центробежного насоса

cased 1. выложенный снаружи 2. заключенный (*в чем-либо*) 3. обсаженный (*о стволе*)
~ off изолированный [закрепленный] (*обсадными*) трубами
~ off in the hole оставленный в скважине за трубами (*об инструменте и т.п.*)
~ with wood обшитый деревом, в деревянной обшивке

case-harden 1. цементировать 2. подвергать поверхностной закалке

casing 1. обсадные трубы; обсадная колонна 2. крепление обсадными трубами 3. обойма; коробка; футляр; кожух; оболочка, обшивка
~s for pipelines предохранительные обоймы [кожухи] для трубопроводов
add-on ~ наращиваемая обсадная колонна
blank flush ~ обсадные трубы с фасками (*под сварку встык*)
boring ~ обсадные трубы; обсадная колонна
cemented ~ зацементированная колонна обсадных труб

collared joint ~ обсадная колонна, составленная из труб, свинченных между собой
conductor ~ направляющая труба обсадной колонны
drill ~ корпус бурильного молотка
full hole ~ обсадная колонна, спущенная на глубину скважины
hoist ~ корпус подъемника
insert(ed) joint ~ безмуфтовые обсадные трубы (*один конец трубы развальцован до размеров муфты*)
intermediate ~ промежуточная колонна обсадных труб
logy ~ прихватываемая [туго идущая] обсадная колонна (*вследствие трения о стенки скважины*)
oil-field ~ обсадные трубы нефтяного стандарта; обсадная колонна нефтяной скважины
oil-well ~ 1. муфтовые обсадные трубы нефтяного стандарта 2. обсадная колонна нефтяной скважины
parted ~ обсадная колонна с разрывом
perforated ~ перфорированная обсадная колонна
pipe ~ обсадная колонна из муфтовых труб
premium ~ обсадные трубы повышенной прочности
production ~ эксплуатационная обсадная колонна
protection ~ 1. последняя промежуточная колонна 2. защитный кожух
protective ~ 1. колонна-направление (*первая обсадная колонна, служащая для крепления верхних слабых слоев донного грунта*) 2. защитный кожух 3. последняя промежуточная колонна
riveted ~ клепаные обсадные трубы
screw joint ~ винтовые обсадные трубы
seamless ~ бесшовные обсадные трубы
semi-flush coupling ~ обсадные трубы с полуобтекаемыми соединениями (*концы труб высажены внутрь, муфты тонкостенные, одинакового наружного диаметра с трубой*)
slip joint ~ 1. ненарезные обсадные трубы, соединяемые накладными привариваемыми муфтами 2. раструбные обсадные трубы
Speedite ~ безмуфтовые обсадные трубы с высаженными концами и модифицированной квадратной ступенчатой резьбой
spiral ~ спиральные обсадные трубы; спиральная обсадная колонна (*со спиральной канавкой по всей длине для улучшения условий спуска*)
surface ~ колонна-направление (*первая обсадная колонна*)
threaded-joint ~ обсадные трубы с резьбовыми соединениями
upset-end ~ обсадные трубы с высаженными концами
waterproof ~ 1. водонепроницаемый кожух 2. тампонажная колонна для изоляции водоносных пластов

casing

well ~ 1. обсадные трубы 2. обсаживание скважины трубами
Casing-Kote *фирм.* способ обработки поверхности обсадных труб гранулированным материалом (*для улучшения качества сцепления цементного камня с обсадной колонной*)
Caso *фирм.* стеарат калия (*пеногаситель для буровых растворов*)
Casp [Casper] *геол.* каспер (*свита верхнего отдела пенсильванской системы*)
cassiterite *мин.* касситерит
cast 1. образец 2. оттенок; флюоресценция (*нефти*) 3. лить (*металл*); отливать || литой; отлитый 4. коробиться, трескаться (*о дереве*)
  unit ~ отлитый за одно целое
casting литьё; отливка
CAT [carburetor air temperature] температура воздуха в карбюраторе
cat:
  bear ~ 1. скважина с трудными условиями эксплуатации 2. предохранительный пояс из брезента
  wild ~ разведочная [поисковая] скважина на новой площади
cat 1. [catalyst] катализатор 2. [catalytic] каталитический
cataclinal *геол.* катаклинальный, простирающийся в направлении падения
catalysis катализ
catalyst катализатор
catalyzer *см.* catalyst
catch 1. захват; захватывающий замок; захватывающее приспособление || захватывать 2. сцепляющий болт; стяжной болт 3. защёлка; фиксатор; задвижка; щеколда; запор; собачка 4. арретир || арретировать 5. улавливать 6. заедать; зацеплять
  safety ~ захватное устройство (*клапана штангового скважинного насоса*)
  tubing ~ труболовка
catch-all универсальный ловильный инструмент
catcher 1. трубодержатель 2. ограничитель (*хода*) 3. улавливающее приспособление, улавливатель; ловушка; коллектор 4. кернорватель
  core ~ 1. керноуловитель 2. кернорватель
  flow ~ приспособление для отвода в сторону струи фонтанирующей скважины (*во время работы у устья*)
  oil ~ маслоуловитель, маслосборник
  plug ~ устройство для задержки пробки
  sample ~ отстойник; виброустройство (*для отбора образцов шлама*); шламоотборник
  slug ~ уловитель конденсата, конденсатный горшок
  tubing ~ 1. держатель для установки насосно-компрессорных труб; трубодержатель 2. лафетный хомут; шарнирный хомут 3. предохранительное приспособление, страхующее насосные трубы от падения в скважину при подъёме
catching улавливание; перехват; зацепление (*зубчатых колёс*)
Cat Crk [Cat Creak] *геол.* кэт-крик (*свита серии кутеней нижнего отдела меловой системы*)
catenary 1. *матем.* цепная линия 2. несущий трос 3. кривая провеса (*цепи, каната*)
caterpillar 1. гусеница (*трактора*); гусеничный ход 2. гусеничный трактор
cath 1. [cathode] катод 2. [cathodic] катодный
cathead шпилевая катушка (*для затягивания инструмента и труб в буровую вышку, подъёма хомутов и элеваторов, свинчивания и развинчивания бурильных труб*)
  automatic ~ автоматическая шпилевая катушка
  breakout ~ шпилевая катушка для развинчивания бурильных труб
  makeup ~ шпилевая катушка для свинчивания бурильных труб
  spinning ~ *см.* makeup cathead
cathode катод
cathodic катодный
cation катион
catwalk мостки, площадка; лестница на верхнем поясе резервуара
catworks вспомогательная лебёдка
caulking чеканка, уплотнение шва
  overhead ~ подчеканка кромок поясов резервуара снизу вверх
caus [caustic] каустическая сода, каустик
caustic каустическая сода, каустик
caustobiolith каустобиолит (*горючее полезное ископаемое*)
cav [cavity] полость; трещина в породе
cave 1. каверна, полость, впадина 2. обрушение породы, обвал || обрушаться, обваливаться
  ~ in обвалиться внутрь; обрушиться
caved обрушенный, обвалившийся; имеющий каверны
cave-ins обрушение, обвал стенок скважины
cavern 1. каверна 2. пещера; впадина
cavernous кавернозный (*с большими порами*); пещеристый; ячеистый; пористый
caving 1. обрушение, обвал стенок скважины 2. кавернообразование, образование пустот, провалов *или* каверн
cavitation 1. кавитация, нарушение сплошности струи; образование пустот 2. пустота; углубление
  wall ~ кавернообразование в стенках скважины; раздутие *или* расширение ствола скважины (*вследствие обрушения, размыва или механического разрушения вращающимся снарядом*)
cavity 1. *геол.* каверна, пустота *или* трещина в породе; впадина 2. полость, углубление, выемка 3. газовый пузырь; раковина
  ram ~ плашечная полость (*противовыбросового превентора*)

rock ~ каверна в породе
cawk барит, тяжелый шпат, сернокислый барий
CB 1. [changed bits] поднятые из скважины долота 2. [changing bits] смена долота 3. [circuit breaker] эл. выключатель, размыкатель, прерыватель 4. [control board] пульт управления 5. [control button] кнопка управления 6. [core barrel] керновый снаряд, грунтоноска 7. [counterbalance] противовес
CBL [cement bond log] 1. цементометрия 2. цементограмма
CC 1. [carbon copy] экземпляр из-под копирки 2. [casing cemented (depth)] глубина, на которой зацементирована обсадная колонна 3. [closed cup] (метод) измерения температуры вспышки в закрытом тигле 4. [computer center] вычислительный центр
cc [cubic centimeter] кубический сантиметр
C & C [circulating and conditioning] промывка ствола скважины с одновременной обработкой бурового раствора
CC-16 *фирм.* натриевая соль гуминовых кислот
C-Cal [contact caliper] контактный каверномер
CCD *см.* CC 2.
CCHF [center of casing head flange] центр фланца головки обсадной колонны
Cck [casing choke] штуцер обсадной колонны (*сообщающийся с внутренним пространством*)
cckw [counterclockwise] против часовой стрелки
CCL [casing collar locator] локатор муфтовых соединений обсадной колонны
CCLGO [cat cracked light gas oil] светлый газойль, полученный каталитическим крекингом
CCM 1. [cement-cut mud] буровой раствор, загрязненный цементом 2. [condensate-cut mud] буровой раствор, содержащий конденсат
CCP [critical compression pressure] критическое давление сжатия
CCPR [casing collar perforating record] регистрационная запись о перфорировании обсадной колонны (*с указанием положения перфорационных отверстий относительно ее соединений*)
CCR [critical compression ratio] критическое отношение сжатия
cct [circuit] эл. цепь, контур; схема
CCW [counterclockwise] против часовой стрелки
CD 1. [calendar day] календарный день 2. [contract depth] глубина скважины по контракту 3. [corrected depth] исправленная глубина скважины
cd 1. [candle] свеча 2. [conductance] проводимость
CDC [computerized data collection] компьютеризованный сбор данных
CDM [continuous dipmeter] наклонометр [инклинометр] непрерывного действия
CDMS [continuous dipmeter survey] непрерывная инклинометрия

CDP [common-depth point] общая глубинная точка, ОГТ
CDPS [common-depth point stack] суммарный разрез общей глубинной точки
CDS [computerized directional sensor] компьютеризованный датчик направления
cdsr [condenser] конденсор
CEC [cation exchange capacity] катионообменная емкость
Cecol *фирм.* молотые оливковые косточки (*нейтральный наполнитель для борьбы с поглощением бурового раствора*)
Cectan *фирм.* кора квебрахо особо тонкого помола (*разжижитель для буровых растворов*)
Cedar Seal *фирм.* волокно кедровой древесины (*нейтральный наполнитель для борьбы с поглощением бурового раствора*)
Cegal *фирм.* порошок сернокислого свинца (*утяжелитель для буровых растворов*)
CEL [cement evaluation log] цементометрия
Celatex *фирм.* крошка из отработанной резины (*нейтральный наполнитель для борьбы с поглощением бурового раствора*)
Cel Flakes *фирм.* целлофановая крошка (*нейтральный наполнитель для борьбы с поглощением бурового раствора*)
celite целит (*промежуточное вещество цементного клинкера*)
cell 1. ячейка; камера; отсек; бомба (*для лабораторных исследований*) 2. эл. элемент
accumulator ~ 1. сборник (*в опробователе*) 2. аккумуляторный элемент
fuel ~ топливный элемент
load ~ датчик веса
local ~ локальный гальванический элемент (*при коррозии*)
tank weighing load ~ датчик веса для взвешивания глинопорошка в бункере
unit ~ элементарная ячейка
cell 1. [cellar] шахта под полом вышки; шурф или котлован под шахтное направление 2. [cellular] ячеистый, сотовый
cellar 1. шахта под полом вышки; котлован или шурф под шахтное направление 2. устье (*нефтяной*) скважины
well ~ шахта для буровой скважины
wellhead ~ устьевая шахта
Cellex *фирм.* натриевая карбоксиметилцеллюлоза
Cell-o-Phane *фирм.* целлофановая крошка (*нейтральный наполнитель для борьбы с поглощением бурового раствора*)
cellophane целлофан
shredded ~ целлофановая стружка
Cellophane Flaxes *фирм.* целлофановая крошка (*нейтральный наполнитель для борьбы с поглощением бурового раствора*)
Cell-o-Seal *фирм.* целлофановая крошка (*нейтральный наполнитель для борьбы с поглощением бурового раствора*)
cellular ячеистый, сотовый

cellulose

cellulose целлюлоза, клетчатка
cem 1. [cement] цемент || цементный 2. [cemented] зацементированный
Cemad-1 *фирм.* понизитель водоотдачи цементных растворов
cement цемент; цементирующее вещество || цементировать, тампонировать цементом, скреплять цементным раствором
acid-soluble ~ известковый цемент, размягчающийся в соляной кислоте
additive ~ цемент с добавками
air-entraining ~ цемент с воздухововлекающей добавкой
alumina ~ глиноземный [глиноземистый, бокситовый, алюминатный] цемент
aluminate ~ *см.* alumina cement
anhydrite ~ ангидритовый цемент
artificial ~ цемент из искусственной смеси сырьевых материалов; портландцемент
asbestos ~ асбестоцемент
asphalt ~ асфальтовое вяжущее вещество, асфальтовый цемент, дорожный битум
autoclaved ~ автоклавированный цемент
bakelite ~ бакелитовый цемент
bauxite ~ *см.* alumina cement
bentonite ~ гельцемент (*с добавкой бентонита*)
blast ~ шлаковый цемент, цемент из доменных шлаков
blast-furnace ~ шлакопортландцемент
blast-furnace slag ~ *см.* blast-furnace cement
bulk ~ рассыпной цемент, цемент насыпью (*без упаковки*), цемент навалом
calcareous ~ гидравлическая известь, известковое вяжущее
clay ~ глиноцементный раствор
clinker-bearing slag ~ шлакопортландцемент
coarse-ground ~ цемент крупного помола
commercial portland ~ заводской портландцемент
completely hydrated ~ полностью гидратированный цемент
construction ~ строительный цемент
diesel-oil ~ смесь цемента с дизельным топливом (*схватывающаяся в контакте с водой*)
dolomitic ~ доломитовый цемент
early-strength ~ быстротвердеющий цемент
expanding ~ расширяющийся цемент
fast-setting ~ быстросхватывающийся цемент
fiber ~ волокнистый цемент
fine-ground ~ цемент тонкого помола
furan-resin ~ цемент из фурановой смолы
general purpose portland ~ *см.* commercial portland cement
green ~ *см.* unset cement
gypsum ~ гипсоцемент (*приготовленный из гипса тампонажный материал*)
gypsum-retarded ~ цемент с гипсом в качестве замедлителя
high-alkali ~ высокощелочной цемент, цемент с высоким содержанием щелочи
high-alumina ~ высокоглиноземистый цемент
high-early ~ быстротвердеющий цемент, цемент с высокой начальной прочностью
high-early strength ~ *см.* high-early cement
high-grade ~ высокосортный цемент
high-speed ~ *см.* high-early cement
high-strength ~ высокопрочный цемент
honeycombed ~ пористый [ячеистый, сотообразный] цемент
hydraulic ~ гидравлический цемент (*затвердевающий в воде*)
hydrophobic ~ водоотталкивающий [гидрофобный] цемент
iron-oxide ~ железистый цемент (*с увеличенным содержанием оксида железа за счет глинозема*)
ironportland ~ шлакопортландцемент
jelled ~ загустевший цементный раствор, не поддающийся перекачке насосом
latex ~ латекс-цемент
lean ~ песчано-цементная смесь с низким содержанием цемента
low-alkali ~ низкощелочной цемент, цемент с низким содержанием щелочи
low-early-strength ~ цемент с низкой начальной прочностью
low-grade ~ низкосортный цемент, цемент низкого сорта
low-heat ~ *см.* low-heat of hydration cement
low-heat of hydration ~ цемент с малой экзотермией [теплотой гидратации]; низкотермичный цемент
low-limed ~ цемент с малым содержанием извести
low-slag ~ цемент с малым содержанием шлака
low-strength ~ *см.* low-grade cement
low-water-loss ~ цемент с малым водоотделением, цемент с низкой водоотдачей
low-water-retentive portland ~ портландцемент с малой водоудерживающей способностью
lumnite ~ люмнитовый цемент
LWL ~ *см.* low-water-loss cement
magnesia ~ магнезиальный цемент
medium-setting ~ цемент со средним сроком схватывания
metallurgical ~ шлакопортландцемент; металлургический портландцемент
mixed ~ смешанный цемент
modified ~ модифицированный цемент
modified portland ~ модифицированный портландцемент; портландцемент типа II (*США*)
natural ~ роман-цемент, естественный цемент, цемент из естественного мергеля
neat ~ чистый цемент; клинкерный цемент
neat portland ~ чистый портландцемент (*без добавок и примесей*)
non-shrinking ~ безусадочный цемент
normally hydrated ~ нормально гидратированный цемент

cementing

normal portland ~ обыкновенный портландцемент
oil-well ~ цемент для нефтяных скважин, тампонажный цемент
ordinary ~ цемент, используемый при отсутствии сульфатной агрессии (*классов А, С по стандарту API и I, III типов по стандарту ASTM*)
oxychloride ~ магнезиальный цемент
permetallurgical ~ шлаковый цемент
phenolic-resin ~ бакелитовый цемент
plain ~ *см.* neat cement
portland ~ портландцемент
portland blast-furnace ~ шлакопортландцемент
portland blast-furnace-slag ~ *см.* portland blast-furnace cement
portland-pozzolana ~ пуццолановый портландцемент
portland-slag ~ шлакопортландцемент
pozzolana ~ *см.* portland-pozzolana cement
quick-hardening ~ *см.* rapid-hardening cement
quick-setting ~ быстросхватывающийся цемент
radioactive ~ радиоактивный цемент (*позволяющий определить высоту подъема цементного раствора по затрубному пространству с помощью гамма-счетчика*)
rapid-hardening ~ быстротвердеющий цемент
rapid-setting ~ быстросхватывающийся цемент
regular ~ 1. цемент класса А по стандарту API 2. цемент типа I по стандарту ASTM
resin ~ цемент с добавлением смол
retarded ~ цемент с замедленным сроком схватывания
retarded oil-well ~ тампонажный цемент с замедлителем
sacked ~ цемент в мешках, затаренный цемент
sand ~ песчаный цемент (*механическая смесь портландцемента с молотым песком*)
set ~ затвердевший [схватившийся] цемент; цементный камень
siliceous ~ кремнеземистый цемент
slag ~ бесклинкерный шлаковый цемент
slag-gypsum ~ гипсошлаковый цемент
slag-lime ~ шлакоизвестковый цемент
slag-magnesia portland ~ шлакомагнезиальный портландцемент
slag-portland ~ шлакопортландцемент
slag-sand ~ шлакопесчаный цемент
slow ~ *см.* slow-setting cement
slow-hardening ~ *см.* slow-setting cement
slow-setting ~ медленносхватывающийся цемент
sorel ~ магнезиальный цемент
sound ~ цемент, обладающий постоянством объема; цемент, обладающий равномерностью изменения объема

special ~ быстротвердеющий цемент; специальный цемент
standard ~ стандартный цемент; нормально схватывающийся цемент
straight ~ *см.* neat cement
sulphate-resistant ~ сульфатостойкий цемент
sulphate-resisting portland ~ сульфатостойкий портландцемент
sulpho-aluminous ~ сульфоглиноземистый цемент
super ~ высокосортный портландцемент
super-rapid hardening ~ очень быстротвердеющий цемент
super-sulphated ~ сульфатно-шлаковый цемент
super-sulphated metallurgical ~ сульфатостойкий портландцемент
surface hydrated ~ цемент, гидратированный с поверхности
sursulphate ~ *см.* super-sulphated cement
trass ~ пуццолановый цемент; трассовый цемент
unretarded ~ *см.* neat cement
unset ~ несхватившийся [незатвердевший] цементный раствор
unsound ~ цемент, не обладающий равномерностью изменения объема
water ~ гидравлический цемент (*затвердевающий в воде*)
waterproof ~ водонепроницаемый цемент
water-repellent ~ водоотталкивающий [гидрофобный] цемент
water-retentive portland ~ водоудерживающий [гидрофильный] портландцемент
weighted ~ тяжелый цемент

cementation 1. цементирование (*скважин*); тампонаж цементом 2. заполнение цементом (*трещин, пустот*)
bottom-hole ~ цементирование забойной зоны
fissure ~ цементирование трещин
natural ~ естественная цементация (*песков*)
two-plug ~ цементирование скважины с помощью двух пробок

cemented зацементированный
closely ~ крепко сцементированный

cementer 1. турбулизатор (*стальное кольцо с лопатками, надеваемое на обсадную трубу и вызывающее вихревое движение цементного раствора*) 2. цементировочный пакер, цементировочная пробка 3. цементировочная муфта
multiple stage ~ муфта для ступенчатого цементирования
removable ~ извлекаемый цементировочный пакер

cementing 1. цементирование (*скважин*) 2. вяжущий; цементирующий 3. цементировочный
~ between two moving plugs тампонаж с разделяющими пробками
~ through цементирование через перфорированные трубы

cementing

~ through the production zone цементирование скважины с подъемом столба цемента за трубами по всей мощности продуктивного пласта

~ under pressure цементирование под давлением

basic ~ первичное цементирование

batch ~ порционное цементирование

casing ~ цементирование обсадных колонн

continuous stage ~ непрерывное цементирование

hydraulic ~ гидравлическое цементирование, цементирование с применением скважинного цементного инжектора

multiple-stage ~ (много)ступенчатая заливка цементного раствора, ступенчатое цементирование

multistage ~ *см.* multiple-stage cementing

oil-well ~ цементирование нефтяных скважин

pressure ~ *см.* squeeze cementing

single-stage ~ одноступенчатое цементирование

squeeze ~ цементирование под давлением

stage ~ ступенчатое цементирование

two-plug ~ цементирование скважины при помощи двух пробок

two-stage ~ двухступенчатое цементирование

cementitious цементирующий; вяжущий

cemf [counter electromotive force] контрэдс

Cemusol NP2 *фирм.* жидкий пеногаситель для буровых растворов на водной основе

cen [central] центральный

Ceno [Cenozoic] *геол.* кайнозой, кайнозойская эра ‖ кайнозойский

cenosite *геол.* ценозит, кайнозит

Cenozoic *геол.* кайнозой, кайнозойская эра ‖ кайнозойский

census статистика

cent 1. [centigrade] температурная шкала Цельсия 2. [centralizer] центратор, центрирующий фонарь

center 1. центр, середина ‖ центрировать 2. сердцевина 3. кернить

~ of borehole ось буровой скважины

~ of buoyancy центр плавучести

~ of gravity центр тяжести

~ of pressure центр давления

~ of rotation центр вращения

~ of similitude центр подобия

bearing ~s расстояние между центрами подшипников

bottom dead ~ нижняя мертвая точка, НМТ (*поршня в цилиндре*)

computer ~ вычислительный центр

dead ~ 1. нулевая точка; мертвая точка 2. неподвижный *или* упорный центр

drilling-mud ~ лаборатория буровых растворов

gathering ~ сборный пункт (*нефти или газа*)

hemp ~ пеньковая *или* джутовая сердцевина (*проволочного каната*)

pivot ~ ось вращения; ось качания

underwater manifold ~ (UMC) подводный манифольдный центр

upper dead ~ верхняя мертвая точка, ВМТ (*поршня в цилиндре*)

well ~ центр буровой шахты

centering центрирование

centigrade стоградусный; со стоградусной шкалой, со шкалой Цельсия

centipoise сантипуаз (*единица абсолютной вязкости*)

centistoke сантистокс (*единица кинематической вязкости*)

centr [centrifugal] центробежный

central 1. панель 2. центральный; расположенный в центре, расположенный в середине 3. главный

anchor tension ~ панель контроля натяжения якорных связей

drill ~ 1. панель контроля параметров бурения 2. пост бурильщика

mud ~ панель контроля параметров бурового раствора

centralize центрировать (*обсадную колонну в стволе скважины*)

centralizer центратор, центрирующий фонарь

casing ~ фонарь для центрирования обсадной колонны

turbogen ~ центратор-турбулизатор

centrifugal центробежный

centrifuge центрифуга ‖ центрифугировать; очищать (*буровой раствор*) на центрифуге

decanting ~ осадительная центрифуга

drilling-mud ~ центрифига для бурового раствора

nozzle (discharge) ~ центрифуга с выгрузкой осадка через сопла, центрифуга с выгружающими соплами

oscillating-basket ~ центрифуга с вибрационной выгрузкой, вибрационная центрифуга (*фильтрующая центрифуга непрерывного действия с вибрирующим коническим ротором*)

screen bowl ~ центрифуга с сетчатым ротором, центрифуга с сетчатой корзиной

screen-oscillating ~ вибрационная сетчатая центрифуга

scroll conveyor ~ шнековая центрифуга

sedimentation ~ осадительная центрифуга

single-stage ~ одноступенчатая центрифуга

solid bowl ~ центрифуга со сплошным ротором

centripetal центростремительный

centroclinal *геол.* центроклинальный

Ceox *фирм.* растворимое маслянистое поверхностно-активное вещество (*эмульгатор*)

ceresine церезин

natural ~ природный церезин

cert [certificate] сертификат, удостоверение, свидетельство

certificate сертификат, удостоверение, свидетельство

~ of fitness сертификат качества, удостоверение о годности к эксплуатации
cargo intake ~ удостоверение на загрузку
cargo outtake ~ удостоверение на разгрузку
formation-test ~ акт опробования пласта
certification 1. сертификат, удостоверение, свидетельство 2. выдача свидетельства
~ of proof акт [свидетельство] об испытании
certified проверенный; сертифицированный
Cert-N-Seal *фирм.* специально обработанный бентонитовый глинопорошок (*для борьбы с поглощением бурового раствора*)
ceyssatite инфузорная земля, диатомит, кизельгур
CF 1. [casing flange] фланец обсадной колонны 2. [clay filled] заполненный глинистым материалом 3. [cubic feet] кубические футы
Cf [Cockfield] *геол.* кокфилд (*свита группы клайборн эоценского отдела третичной системы*)
CFBO [companion flange bolted on] с соединенным на болтах двойным фланцем
CFG [cubic feet of gas] кубических футов газа
CFGH [cubic feet of gas per hour] кубических футов газа в час
CFGPD [cubic feet of gas per day] кубических футов газа в сутки
CFL [chrome free lignosulfonate] не содержащий хрома лигносульфонат
CFM [cubic feet per minute] кубических футов в минуту
CFOE [companion flange on one end] с соединительным фланцем на одном конце
CFR [cement friction reducer] понизитель трения цементного раствора
CFR-1 *фирм.* понизитель трения цементного раствора
CFR-2 *фирм.* ускоритель схватывания цементного раствора
CFS [cubic feet per second] кубических футов в секунду
CG 1. [center of gravity] центр тяжести 2. [corrected gravity] исправленная сила тяжести
cg [coring] 1. колонковое бурение; бурение с отбором керна 2. отбор керна; взятие керновой пробы
CGA [Canadian Gas Association] Канадская газовая ассоциация
cglt [conglomerate] конгломерат, обломочная горная порода
c-gr [coarse-grained] крупнозернистый, грубозернистый
CH [casing head] головка обсадной колонны
C/H [cased hole] обсаженный ствол скважины
ch 1. [chert] кремнистый сланец, роговик, черт 2. [choke] штуцер
chain 1. цепь; ряд 2. *геол.* горный хребет
anchor ~ якорная цепь
caterpillar ~ гусеничная цепь
control ~ цепь механизма управления *или* регулирования; приводная цепь
Gall's ~ цепь Галля

link belt ~ пластическая приводная цепь
roller ~ втулочно-роликовая цепь
rotary ~ *см.* roller chain
safety ~ 1. эл. цепь для заземления 2. предохранительная цепь (*бурильного шланга*)
chainomatic цепной
chal [chalcedony] *мин.* халцедон
chalk мел; карбонат кальция
Chalk Stabilizer *фирм.* гранулированный угольный порошок (*эмульгатор для приготовления инертных эмульсий*)
chalkstone известняк
chamber 1. камера; полость; отсек 2. камера замещения 3. цилиндр насоса 4. котел (*после прострелки шпура или скважины*) 5. простреливать (*шпур или скважину*); расширять (*забой скважины*) 6. *геол.* рудное тело 7. *pl геол.* камерное месторождение
air ~ воздушная камера, воздушный колпак, колпак-компенсатор насоса
atmospheric wellhead ~ устьевая камера с атмосферным давлением (*герметичная камера, устанавливаемая на подводном устье скважины и служащая для обслуживания и ремонта устьевого оборудования*)
buffer ~ буферная камера (*штуцерного манифольда противовыбросового оборудования*)
central manifold ~ камера центрального манифольда (*обеспечивающая обслуживание подводного устьевого оборудования в сухом объеме*)
climatic test ~ камера для климатических испытаний
control ~ 1. камера для контроля 2. водолазный колокол (*для осмотра подводного оборудования*)
curing ~ 1. камера для выдержки образцов цементного раствора; автоклав 2. вулканизационная камера
decompression ~ декомпрессионная камера
delivery ~ камера сжатия; нагнетательная камера
discharge air ~ нагнетательный воздушный колпак
downhole ~ камера накопления (*в газлифте*)
drying ~ осушитель; сушильный шкаф; сушильная камера
exhaust ~ отсасывающий коллектор; отсасывающая камера
firing ~ пороховая камера
gas ~ воздушная камера
high pressure ~ камера высокого давления
hyperbaric ~ гипербарокамера
one-atmosphere ~ одноатмосферная камера (*для подводных работ*)
personnel transfer ~ камера для транспортировки людей
powder ~ зарядная камера
pressure ~ напорная камера
pump ~ насосная камера

chamber

single lock ~ одношлюзная камера (*разновидность гипербарической шлюпки*)
submersible decompression ~ (SDC) погружная декомпрессионная камера
submersible diving ~ (SDC) подводная камера для водолаза
transfer ~ *см.* personnel transfer chamber
wellhead ~ устьевая камера (*для размещения эксплуатационного оборудования скважины с подводным устьем*)

chambering 1. прострелка шпура *или* скважины; расширение буровой скважины 2. разделка, расточка *или* обработка полости

chamfer 1. скос, фаска 2. желоб; выемка; буртик

change 1. смена, изменение, перемена, замена; переключение ǁ менять, изменять, заменять; переключать 2. переводить; переходить (*напр. с электрического управления на механическое*)
~ in length of stroke изменение хода (*плунжера*)
~ in sand conditions изменение в поведении песков
~ of color игра цветов (*нефти*)
~ of drilling mud смена бурового раствора
~ of drilling rate [speed] смена скорости бурения
~ of polarity *эл.* изменение полярности
~ of tools смена инструмента
bit ~ смена долота
crew ~ смена бригады [вахты]
environmental ~ изменение окружающей среды *или* окружающих условий
facies ~s фациальные изменения
gear ~ переключение скоростей
heat ~ теплообмен
oil ~ *авто* замена масла (*в двигателе*)
operational ~s изменения режимов работы *или* эксплуатации
reservoir ~s изменения в нефтегазовом пласте
speed ~ переключение скорости
temperature ~s температурные изменения

changeable 1. непостоянный, неустойчивый, изменчивый 2. поддающийся изменениям 3. сменный (*о детали*)

changer 1. переключающее устройство, переключатель 2. преобразователь

channel 1. канал; ход, путь (*в породе*) 2. желоб; паз; выемка; канавка; борозда 3. швеллер 4. сток; сточная канава 5. пускать [направлять] по каналу
data ~ канал связи
discharge ~ 1. сливной [спускной] желоб 2. выходной канал (*в вентиле*)
effluent ~ выводящий канал
guide ~ направляющий канал
mud ~ желоб для бурового раствора, растворопровод
ring ~ кольцевой канал (*на поршне*)
tapered ~ суживающийся канал

channeled 1. бороздчатый; желобчатый 2. направленный в русло 3. текущий по каналу

channeling 1. образование каналов *или* протоков (*в пласте, в цементном растворе за обсадными трубами*); каналообразование 2. проскальзывание; просачивание (*воды, газа*)

Chapp [chappel] *геол.* чаппель (*группа миссисипской системы*)

char [character] знак, символ

character 1. отличительный признак; характерная особенность 2. условное обозначение; знак, символ 3. *сейсм.* динамические особенности; динамические признаки (*волны*)
~ of classification of a ship основной символ класса судна (*или плавучей полупогружной буровой платформы*)
lithological ~ литологический характер
rock ~ *см.* lithological character

characteristic 1. характеристика; параметр 2. характерная черта, особенность 3. характерный, типичный
averaged ~ усредненная характеристика
drilling-mud ~s параметры бурового раствора
drooping ~ *см.* falling characteristic
dynamic ~ динамическая характеристика
external ~ внешняя (*динамическая*) характеристика (*машины*)
falling ~ падающая характеристика
field ~ характеристика месторождения
filtration ~s фильтрационные свойства (*бурового раствора*)
flat ~ пологая характеристика
flow ~s реологические свойства (*буровых растворов*)
flow friction ~ коэффициент трения потока
formation ~s характеристики пласта
frequency ~ частотная характеристика
full load ~ нагрузочная характеристика
gas ~ газовая константа
no-load ~s характеристики холостого хода (*двигателя*)
operating ~ эксплуатационная [рабочая] характеристика
operational ~ технологическая характеристика
physical ~s физические свойства; механические свойства
priming ~s характеристики заполнения (*цилиндра насоса*)
producing ~s эксплуатационные характеристики (*пласта*), характеристики продуктивности
production ~ *см.* producing characteristics
reservoir ~s параметры пласта
response ~ частотная характеристика
running ~s технологические характеристики
speed-torque ~ кривая зависимости крутящего момента от частоты вращения
stability ~ характеристика устойчивости

surge ~ переходная характеристика
torque ~ рабочая характеристика (*гидропривода*)
welding ~s сварочные характеристики; сварочные свойства; свариваемость

charcoal древесный уголь
fossil ~ ископаемый древесный уголь
mineral ~ минеральный древесный уголь
wood ~ древесный уголь

charge 1. загрузка ‖ загружать 2. заряд (*пороха, электричества*) ‖ заряжать 3. заливка; заправка ‖ заливать; заправлять 4. оценивать, ставить в счет 5. *pl* расходы
blasthole ~ шпуровой заряд
blasting ~ заряд взрывчатого вещества
carrotless ~ перфорация, дающая чистый [незасоренный] канал
detonating ~ заряд капсюля-детонатора
explosive ~ заряд взрывчатого вещества
fuel and water ~ статья расходов на горючее и воду
hauling ~s *см.* transportation charges
like ~s одноименные заряды
negative ~ отрицательный заряд
operating ~s производственные [эксплуатационные] расходы
overhead ~s накладные расходы
positive ~ положительный заряд
priming ~ 1. детонирующий [запальный] заряд 2. заливная вода; заливка (*насоса*) перед пуском
shaped ~ кумулятивный заряд
slow-burning ~ медленногорящий заряд (*взрывчатого вещества*)
space ~ пространственный заряд
transportation ~s стоимость транспортировки, транспортные расходы
unlike ~s разноименные заряды

charger 1. загрузочное устройство; бункер 2. зарядное устройство; зарядный агрегат, зарядник

charging 1. зарядка 2. загрузка; наполнение; нагнетание
pressure ~ наддув (*двигателя внутреннего сгорания*)

chart 1. диаграмма; схема; чертеж; таблица; график; карта ‖ наносить на карту; чертить диаграмму, схему, чертеж *или* карту 2. (бумажная) лента (*для самопишущего прибора*)
~ of symbols таблица условных обозначений
alignment ~ номограмма
correction ~ таблица поправок
dot ~ точечная палетка
drilling progress ~ график хода буровых работ
drillstem-test ~ диаграмма опробования испытателем пласта на колонне бурильных труб
flow ~ 1. карта технологического процесса, маршрутная технологическая карта 2. карта дебитомера (*скважины*)

graphical ~ график; диаграмма; кривая зависимости
index ~ сборочный лист
initial production ~ карта начальных дебитов
isomagnetic ~ изомагнитная карта (*с линиями равных магнитных элементов*)
linear ~ линейная диаграмма
loading ~ схема распределения нагрузки
lubrication ~ схема смазки
oiling ~ *см.* lubrication chart
pressure-loss conversion ~ номограмма для расчета потерь давления
process ~ *см.* flow chart
record(ing) ~ (бумажная) лента для самопишущего прибора
semi-logarithmic ~ полулогарифмическая диаграмма
service ~ карта обслуживания
trouble ~ таблица неисправностей [неполадок] (*при эксплуатации*)
trouble shooting ~ *см.* trouble chart
wavefront ~ *сейсм.* диаграмма волновых фронтов
well spacing ~ план с нанесенной сеткой размещения скважин

charted 1. нанесенный на карту 2. схематический; показанный условным знаком, условный

charter 1. сдача напрокат 2. фрахтовать (*транспортное средство*) 3. заказывать 4. нанимать

charterer лицо *или* компания, фрахтующие транспортное средство

charting 1. картирование, нанесение на карту 2. составление диаграмм, графиков, схем

chase:
~ the threads очищать резьбу труб (*до свинчивания*)

chaser 1. продавочная жидкость 2. винторезная плашка; лерка; метчик для зачистки нарезанных отверстий

chasing 1. нарезание резьбы 2. *геол.* прослеживание жилы по простиранию

chats 1. минеральные примеси 2. сростки рудного минерала с породой

Chatt [Chattanooga shale] *геол.* чаттанугский сланец (*свиты вудфорд верхнего девона*)

chatter вибрация; дрожание; дребезжание ‖ вибрировать; дрожать; дребезжать

chattering вибрация (*в бурильных трубах от подпрыгивания долота*)

cheater отрезок трубы, надетый на ручку ключа (*для увеличения момента*)

check 1. контроль; проверка ‖ контролировать, проверять 2. препятствие (*при миграции нефти*) 3. запорный клапан, вентиль 4. стопор; защелка; собачка; тормозное устройство; останавливающий механизм ‖ останавливать; запирать 5. трещина 6. *геол.* сброс; бок жилы
borehole ~ контроль за бурением

check

close ~ строгий контроль
leak ~ проверка герметичности
safety ~ предохранительный клапан (*в цилиндре гидравлической подачи*)

checking 1. контроль; проверка || контрольный; проверочный 2. образование трещин

Chek Loss *фирм.* крошка неопреновой резины (*нейтральный наполнитель для борьбы с поглощением бурового раствора*)

chem 1. [chemical] химический 2. [chemist] химик 3. [chemistry] химия

Chemcide *фирм.* смесь пленкообразующих аминов (*ингибитор коррозии*)

Chemco Floe Out *фирм.* селективный флокулянт бентонитовых глин

Chemco Gel *фирм.* глинопорошок из вайомингского бентонита

Chemco No Foam *фирм.* жидкий пеногаситель

Chemco No Sluff *фирм.* сульфированный битум (*понизитель водоотдачи буровых растворов на водной основе*)

Chemco NPL-40 *фирм.* термостойкая смазывающая добавка

Chemco Salt Gel *фирм.* аттапульгитовый глинопорошок для приготовления солестойких буровых растворов

Chemco Surf-ten *фирм.* пенообразующий агент (*детергент*) для буровых растворов на водной основе

chemical химический реагент || химический
delayed action ~ реагент замедленного действия
treating ~ реагент для обработки (*бурового раствора*)
water-shutoff ~s химреагенты, применяемые для закрытия водопритоков в скважинах

Chemical V *фирм.* незагустевающая органическая жидкость (*структурообразователь растворов на углеводородной основе*)

Chemical W *фирм.* незагустевающая органическая жидкость (*разжижитель буровых растворов на углеводородной основе*)

chemistry химия
~ of carbon compounds химия углеродных соединений
~ of solids химия твердого тела
analytical ~ аналитическая химия
colloid(al) ~ коллоидная химия
general ~ общая химия
geological ~ геологическая химия
inorganic ~ неорганическая химия
mud ~ химический состав бурового раствора
organic ~ органическая химия
physical ~ физическая химия
synthetic organic ~ химия синтезированных органических веществ

Chemmist *фирм.* пенообразующий агент для буровых растворов на водной основе

chem prod [chemical products] химические реагенты

chert кремнистый сланец, роговик, черт

chg 1. [charge] заряд 2. [charged] снабженный зарядом, заряженный 3. [charging] зарядка; загрузка

chill холод; охлаждение || охлаждать

chiller холодильник; охладитель
oil ~ 1. аппарат для вымораживания парафина из масла 2. маслоохладитель

chink трещина; щель; расщелина; раскол || трескаться; раскалываться

chip 1. кусочек, осколок (*породы*) 2. выкрашивать 3. *pl* мелкий щебень, осколки породы

chipping 1. вырубка (*дефектного шва*); скалывание 2. *pl* мелкий щебень, осколки породы

Chip-Seal *фирм.* смесь опилок кедровой древесины и хлопкового волокна (*нейтральный наполнитель для борьбы с поглощением бурового раствора*)

chipway промывочная канавка в буровой коронке

chisel зубило; долото, резец; стамеска || долбить, вырубать (стамеской), рубить, обрубать, отрубать (зубилом), работать долотом, зубилом и т.п

chit 1. [chitin] хитин 2. [chitinous] хитиновый

chkd [checked] проверенный

chloride хлорид, соль хлористоводородной кислоты
calcium ~ хлорид кальция ($CaCl_2$)
hydrogen ~ хлорид водорода, соляная кислота (HCl)

chng 1. [change] смена, замена 2. [changed] замененный 3. [changing] замена

choke 1. (фонтанный) штуцер 2. дроссельная катушка, дроссель 3. воздушная заслонка, дроссель; заглушка || глушить; запирать; дросселировать
bottom-hole ~ забойный штуцер (*устанавливаемый на обсадной колонне для регулирования забойного давления*)
flow bean ~ фонтанный штуцер
male and female ~ and kill stab sub ниппельный и муфтовый стыковочный узлы линий штуцерной и глушения скважины
orifice ~ диафрагменный штуцер
plug ~ пробковый штуцер
positive manual ~ постоянный штуцер ручного управления
retrievable ~ съемный [сменный] штуцер
side-door ~ штуцер с боковым входом

choking 1. дросселирование 2. закупорка, засорение

chop 1. рубка; (рубящий) удар || рубить; колоть; раскалывать; крошить 2. трещина || трескаться 3. долбежка || долбить 4. клеймо; фабричная марка 5. сорт

chopper:
rope ~ инструмент для обрубки каната в скважине

chord:
circular ~ стойка трубчатого сечения (*элемент опорной колонны самоподъемного основания*)

leg ~ рейка опорной колонны, стойка опорной колонны (*самоподъемного основания*)
CH-RFT [cased hole repeat formation tester] опробователь пластов для обсаженной скважины
chromat [chromatograph] хроматограф
Chrome Leather *фирм.* мелкорубленые отходы кожевенной промышленности («*кожагорох*»; *нейтральный наполнитель для борьбы с поглощением бурового раствора*)
chromelignite хромлигнит
chromelignosulphonate хромлигносульфонат
chty [cherty] кремнистый
chuck 1. (зажимной) патрон ‖ зажимать в патроне 2. планшайба ‖ закреплять планшайбой
  sleeve ~ зажим в головке перфоратора
chute 1. лоток; желоб 2. крутой скат 3. стремнина 4. быстроток 5. рудное тело 6. спускать самотеком
CIB *фирм.* пленкообразующий амин (*ингибитор коррозии*)
C.I.F. [cost, insurance, freight] стоимость, страховка, фрахт, СИФ (*условие продажи товара*)
Ciment Fondu *фирм.* алюмокальциевый цемент (*Канада*)
cipher 1. шифр, код ‖ шифровать, кодировать 2. *вчт* цифра; нуль 3. считать; вычислять, высчитывать
circ 1. [circulate] а) промывать скважину б) циркулировать 2. [circulating] циркулирующий 3. [circulation] циркуляция
circle круг; окружность
  rack ~ зубчатый сегмент; зубчатая рейка, изогнутая по дуге
circm [circumference] 1. окружность 2. периметр, периферия
Circotex *фирм.* гранулированный угольный порошок (*адсорбент свободной жидкости в буровом растворе*)
Circotex Max *фирм.* гранулированный угольный порошок (*адсорбент свободной жидкости в буровом растворе*)
circuit 1. цикл; совокупность операций 2. эл. цепь, контур; схема 3. эл. сеть
  branch ~ 1. ответвленная цепь; параллельная цепь 2. групповая цепь
  cementing ~ схема цементирования (*трубопроводов*)
  charging ~ зарядная цепь
  clearing ~ цепь отблокирования; цепь размыкания; цепь отбоя
  closed ~ замкнутая цепь; замкнутый контур
  communication ~ цепь [линия] связи
  computer ~ вычислительная схема
  connecting ~ соединительная линия
  control ~ цепь управления; цепь регулирования
  filtering ~ фильтрующий контур
  flare gas ~ газопровод системы сжигания
  flow ~ маршрут перекачки (*нефти*)
  input ~ входной контур
  leveling ~ выравнивающий контур
  open ~ разомкнутая цепь; разомкнутый контур
  output ~ выходной контур
  short ~ 1. короткое замыкание 2. цепь короткого замыкания
circuitry 1. схемы 2. схемное решение; схемная компоновка
  basic ~ основные схемы (*телеуправления*)
  electronic ~ электронные схемы
circulate 1. промывать скважину (*раствором*) 2. циркулировать; иметь круговое движение
circulation 1. циркуляция; круговорот; круговое движение 2. промывка скважины (*раствором*)
  bottom ~ нижняя промывка, промывка через нижние циркуляционные отверстия
  cross-over ~ обратная промывка (*скважины*)
  fluid ~ жидкостная циркуляция
  forced ~ принудительная [насосная] циркуляция
  gravity ~ циркуляция самотеком, естественная циркуляция
  induced ~ *см.* forced circulation
  lost ~ потеря циркуляции; уход (*бурового раствора*); поглощение (*бурового раствора*)
  mud ~ циркуляция бурового раствора
  natural ~ циркуляция самотеком, естественная циркуляция
  normal ~ прямая циркуляция (*промывочного раствора при бурении*), прямая промывка
  return ~ восходящий поток (*промывочной жидкости от долота до устья скважины*)
  reverse ~ обратная циркуляция (*промывочного раствора при бурении*), обратная промывка
  sludge ~ циркуляция глинистого раствора
  water ~ циркуляция воды
Circulite *фирм.* вспученный перлит (*нейтральный наполнитель для борьбы с поглощением бурового раствора*)
circumference 1. окружность 2. периметр; периферия
  data ~ объем информации
  developed ~ развернутая поверхность (*напр. трубы*)
  inside ~ внутренняя окружность
  outside ~ наружная окружность
circumferential 1. относящийся к окружности; круговой; кольцевой 2. окружающий 3. периферический
circumflexion кривизна, изгиб
circumfluent обтекающий
circumjacent окружающий
ckw [clockwise] по часовой стрелке
CL [cemented liner] зацементированный хвостовик
clack:
  ball ~ шариковый клапан
clad 1. плакированный, покрытый 2. бронированный; армированный

claim

claim заявка (*на торгах*)
    patented ~ отвод, зарегистрированная заявка (*на участок*)

clamp 1. зажим; зажимное приспособление ‖ зажимать 2. скоба; крепление; хомут; струбцина; фиксатор ‖ закреплять; фиксировать
    anchor ~ якорный хомут
    belt ~s планки с болтами для соединения приводных ремней
    bull wheel shaft ~ хомут для вала инструментального барабана
    cable ~ канатный зажим; кабельный зажим
    casing ~s хомуты для спуска и подъема обсадных труб
    collar ~ хомут из двух половин
    drilling ~ канатный зажим (*при канатном бурении*)
    hose ~ хомут(ик) для крепления рукава *или* бурового шланга к патрубку
    leak ~ аварийный хомут (*для трубопровода*)
    liner ~ прижимной стакан цилиндровой втулки насоса
    line-up ~ зажим для центровки труб
    packing ~ уплотняющий хомут
    pipe ~ хомут *или* скоба для труб, трубный зажим, поддерживающая скоба при опускании трубопровода в траншею
    pipeline ~ хомут для ремонта трубопровода
    pipeline-up ~ центратор труб, соединяемых сваркой
    pulling rope ~ зажим тягового каната
    pull rod ~ *см.* rod clamp
    riser ~ хомут для водоотделяющей колонны
    river ~ балластный хомут для удержания трубопровода на дне реки
    rod ~ зажим для насосных [полевых] тяг
    rope ~ канатный зажим, канатный замок; канатный наконечник
    saddle repair ~ седлообразный хомут для ремонта трубопровода
    safety ~ for drill collars предохранительный хомут для утяжеленных бурильных труб
    screw ~ винтовой зажим, струбцина
    traveling pipe ~ перемещающийся трубный зажим (*установки для бурения дна моря*)
    tubing ~ хомут для насосно-компрессорных труб
    unit ~ специальный зажим

clamping зажатие; закрепление ‖ зажимной; закрепляющий

clarification 1. очищение; осветление 2. отмучивание; процеживание 3. распознавание

clarify очищать [отделять] от примесей; осветлять

clarifying очищающий; осветляющий

class класс; разряд; категория; сорт ‖ классифицировать, относить к категории
    API cement ~es классы [марки] цементов Американского нефтяного института

classification 1. классификация 2. систематика
    air ~ воздушная сепарация
    area ~ классификация зон площади шельфовой установки по степеням взрыво- и пожаробезопасности
    hydraulic ~ гидравлическая классификация
    settling ~ осадительная классификация
    wet ~ мокрая классификация

classified 1. сортированный, классифицированный 2. засекреченный

classifier гидроциклон, классификатор

clastate дробить (*породу*); образовывать обломки, обламывать

clastic *геол.* обломочная порода ‖ обломочный, кластический

clastogene *геол.* кластогенный

clastomorphic *геол.* кластоморфный

claw лапа; кулак (*муфты*), захват; зажимная щека

clay глина; глинозем ‖ обмазывать [покрывать] глиной
    activated ~ активированная глина
    ball ~ 1. комовая глина 2. пластичная глина
    bauxitic ~ бокситовая глина (*пригодная для приготовления бурового раствора*)
    bentonitic ~ бентонитовая глина
    bond ~ цементирующая глина
    boulder ~ валунная глина
    drilling ~ глина, пригодная для приготовления бурового раствора
    gumbo ~ гумбо (*темная липкая глина*)
    native ~s местные глины
    natural ~ природная глина (*без искусственных примесей*)
    plastic ~ пластичная глина
    rich ~ жирная глина
    sandy ~ тощая глина
    sedimentary ~ осажденная [отмученная] глина
    soft ~ пластичная глина
    time setting ~ отверждаемый глинистый раствор, ОГР

clayjector глиноотделитель

Claymaster *фирм.* двухступенчатый гидроциклон для удаления жидкости и коллоидных частиц из утяжеленных буровых растворов

Clay Stabilizer L42 *фирм.* раствор соли циркония, предохраняющий выбуренные частицы от диспергирования

clean 1. пустой 2. чистый, свободный от примесей 3. товарный (*о нефти*) 4. очищать (*скважину от осыпи или постороннего материала*)
    ~ out очищать забой от песка
    ~ up откачивать скважину до получения чистой нефти

cleaner 1. очиститель 2. фильтр 3. обезжиривающий раствор 4. скребок
    gas ~ скруббер; газоочиститель
    mud ~ 1. устройство для очистки бурового раствора 2. глиноотделитель 3. ситогидроциклонная установка
    oil bath-type air ~ масляный воздухоочиститель

pipeline ~ приспособление для очистки трубопроводов
wall ~ скребок для очистки стенок скважины
cleaning 1. очистка 2. осветление 3. обогащение
abrasive jet ~ пескоструйная очистка
blast ~ *см.* abrasive jet cleaning
in-place pipe ~ очистка уложенных трубопроводов; очистка труб без демонтажа
Cleanmaster *фирм.* 102-мм гидроциклон для очистки воды и нефти
cleanout 1. очистка (*скважины*) 2. очистное отверстие
cleansing (пескоструйная) очистка
clear 1. ясный; светлый || осветлять 2. прозрачный || становиться прозрачным 3. отчетливый 4. свободный 5. чистый || очищать 6. зеркальный (*о поверхности*) 7. вписываться в габаритные размеры
clearance 1. зазор; промежуток; просвет 2. вредное пространство (*в цилиндре*) 3. габарит 4. клиренс, просвет (*расстояние по вертикали от статического уровня моря до нижней кромки корпуса плавучей буровой платформы*)
~ in the derrick клиренс буровой вышки (*расстояние от пола буровой площадки до кронблочной площадки*)
adjustable ~ регулируемый зазор
axial ~ осевой зазор
bottom ~ донный клиренс (*расстояние от днища плавучего основания хранилища до дна моря*)
casing ~ просвет между колонной обсадных труб и стенкой скважины
diameter ~ зазор по диаметру
drilling marine platform ~ просвет плавучего бурового основания
hole ~ зазор между обсадными трубами и стенками скважины
inside ~ 1. внутренний зазор (*между керном и керноприемной трубой*) 2. кольцевое пространство между внутренней и наружной трубами (*двойной колонковой трубы*)
operating ~ эксплуатационный просвет (*расстояние между днищем плавучего бурового основания и уровнем невозмущенной поверхности воды*)
outside ~ наружный [внешний] зазор (*половина разницы диаметров скважины и колонковой или иной трубы*)
piston ~ зазор поршня; вредное пространство между поршнем и крышкой цилиндра в конце хода
radial ~ кольцевой [радиальный] зазор
rotary beam ~ просвет между роторными балками (*подвышечного портала плавучей буровой установки*)
running ~ зазор между валом и подшипником
safe ~ допускаемый габарит; допускаемый зазор

tip ~ зазор по головкам зубьев *или* по вершинам витков резьбы
wall ~ зазор между буровым инструментом и стенками скважины
working ~ *см.* operating clearance
Clearatron 7 *фирм.* селективный флокулянт глин
Clear S20 *фирм.* поверхностно-активное вещество, применяемое для вызова притока нефти из пластов, экранированных фильтратом бурового раствора
cleat 1. зажим, клемма; скоба; планка 2. слоистость; кливаж
cleavage 1. расщепление; раскалывание 2. слоистость; кливаж
cleave раскалывать(ся); расщеплять(ся); трескаться
clench захват; зажим || захватывать; зажимать
click 1. кулачок, собачка, защелка 2. храповик
clinker 1. клинкер 2. клинкерный кирпич 3. котельный шлак
cement ~ цементный клинкер
portland cement ~ портландцементный клинкер (*твердая гранулированная конкреция, состоящая из гидросиликата кальция с небольшим содержанием кальциевого алюмината и железа*)
clinkering 1. спекание 2. клинкерование, образование клинкера 3. шлакование 4. удаление шлака
clinograph клинограф (*прибор для регистрации угла наклона ствола скважины*)
clinometer (ин)клинометр (*прибор для измерения угла падения пластов*)
Clinton Flakes *фирм.* целлофановая крошка (*нейтральный наполнитель для борьбы с поглощением бурового раствора*)
clip 1. зажим || зажимать 2. скрепка || скреплять 3. хомут; скоба 4. струбцина 5. *pl* зажимные клещи; щипцы
brake ~ тормозной зажим
eccentric ~ хомут эксцентрика
hose supporting ~ скоба-подвеска для наливного шланга
indicator ~ пружинная пластинка для закрепления диаграммы на барабане
pipe ~ хомутик [скоба] для подвешивания трубы
cln [clean] чистый
clnd [cleaned] очищенный
clng [cleaning] очистка
clockwise по часовой стрелке
turn ~ повернуть по часовой стрелке
clockwork 1. часовой механизм 2. точный 3. заводной
dial ~ стрелка и колесный механизм счетчика
recording ~ самопишущий механизм
clod 1. глыба 2. ком(ок) || превращаться в комья 3. сгусток 4. свертываться
clog засорение || засорять(ся); закупоривать(ся), загромождать

clogged

clogged забитый, засоренный (*напр. о фильтре*)

clogging 1. закупорка (*труб, пор в пласте*) 2. загрязнение, засорение; забивание (*напр. фильтра*)
~ line засорение трубопровода

close 1. закрывать(ся) 2. смыкать(ся); сходиться 3. замыкать (*цепь*) 4. включать (*рубильник*) 5. закрытый 6. близкий 7. сближение; соединение
~ out закрыть дело с последующей распродажей

closed 1. закрытый 2. запертый 3. замкнутый (*о залежи*) 4. законченный

closedit распродажа в связи с закрытием дела

close-meshed с мелкими отверстиями (*о сите*)

closeout распродажа в связи с закрытием дела

closer 1. эл. замыкатель 2. обжимка 3. глухой фланец, заглушка
circuit ~ замыкатель; рубильник

closing 1. замыкание (*антиклинали*) 2. смыкание 3. отсечка; перекрытие
~ of fractures смыкание трещин (*при гидроразрыве пласта*)
positive ~ принудительное закрытие; принудительное замыкание

closure 1. *геол.* замкнутая структура; куполообразная складка 2. закрытие; замыкание 3. перекрытие 4. затвор 5. перегородка

cloth ткань
asbestos ~ асбестовая ткань
bolting ~ ткань для сит
filter ~ фильтрующая ткань на фильтр-прессах
glass ~ стеклянная ткань
waterproof ~ водонепроницаемая ткань
wire ~ проволочная ткань *или* сетка

clothing покрытие
asbestos ~ предохраняющее [изолирующее] асбестовое покрытие
protective ~ 1. защитное покрытие 2. защитная одежда

clr 1. [clear] а) свободный б) без ограничений 2. [clearance] а) зазор б) клиренс

clrg [clearing] 1. очистка 2. осветление

clsd [closed] закрытый

cluster 1. кисть; пучок; гроздь 2. скопление, концентрация 3. группировать, собирать(ся) пучками

clustered групповой; пучковидный; гроздевидный

clutch 1. муфта сцепления, фрикционная муфта 2. включение муфты 3. сцеплять; соединять
bayonet ~ муфта с защёлкой; байонетная [штыковая] муфта
bevel ~ конусное сцепление, коническая муфта
claw ~ *см.* dog clutch
cone ~ коническая фрикционная муфта
coupling ~ *см.* dog clutch
dog ~ кулачковая муфта; сцепная муфта
drum ~ муфта включения барабанного вала буровой лебёдки
fluid ~ гидравлическая муфта
friction ~ 1. фрикционная муфта, фрикцион 2. конический тормоз
magnetic ~ электромагнитная муфта
master ~ главная фрикционная муфта; муфта включения
power ~ фрикционная муфта привода качалки (*при глубинно-насосной эксплуатации*)
power pinion ~ приводная фрикционная муфта для станков-качалок
reverse ~ фрикцион с обратным ходом, реверсивный фрикцион
reverse gear ~ реверсивная зубчатая муфта
safety ~ предохранительная муфта
unit power ~es муфты для индивидуальных качалок

cm/s [centimeters per second] сантиметров в секунду, см/с

cncn [concentric] концентрический

CNL [compensated neutron log] компенсированный нейтронный каротаж

cntf [centrifuge] центрифуга

cntl 1. [control] управление 2. [controls] органы управления

cntr 1. [center] центр 2. [centered] отцентрированный 3. [container] контейнер 4. [controller] контроллер, регулятор

cnvr [conveyor] конвейер

coagulability свёртываемость, коагулируемость

coagulant коагулянт || свёртывающий, коагулирующий

coagulate коагулировать, сгущаться, осаждаться, свёртываться

coagulating коагулирующий, вызывающий коагуляцию

coagulation коагуляция (*свёртывание и осаждение взвешенного в жидкости коллоидного вещества*), коагулирование, свёртывание

coagulative коагулирующий, свёртывающий

coagulator 1. коагулятор 2. коагулянт

coal уголь
absorbent ~ активированный уголь
bituminous ~ битуминозный уголь
black ~ чёрный уголь
bone ~ 1. зольный уголь 2. глинистый уголь
brown ~ бурый уголь, лигнит
hard ~ каменный уголь
mineral ~ *см.* hard coal
stone ~ антрацит

coal-bearing угленосный; содержащий уголь

coalescence 1. соединение, слипание, сращение (*мелких частиц*); коалесценция 2. слияние, соединение нефтяных капель эмульсии под действием реагента 3. столкновение

coalescing смешивающийся (*в растворе*)

CO & S [clean out and shoot] очистить и прострелять
coarse 1. грубый; необработанный; неотделанный; сырой (*о материале*) 2. крупный 3. неточный
coarse-crystalline крупнокристаллический
coarse-fibered грубоволокнистый
coarse-grained крупнозернистый, грубозернистый
coast берег, (морское) побережье
 Gulf ~ северное побережье Мексиканского залива
coastal береговой, прибрежный, расположенный на берегу
coat 1. слой 2. грунтовка; покрытие; плакировка || грунтовать; наносить покрытие 3. обшивка; облицовка || обшивать; облицовывать
 priming ~ грунтовочный слой, первый слой окраски
 seal ~ защитный слой
Coat-C1815 *фирм.* пленкообразующий амин (*ингибитор коррозии*)
coated 1. покрытый, имеющий покрытие 2. плакированный 3. окрашенный
coating 1. слой (*напр. краски*); покрытие; облицовка 2. обмазка 2. нанесение покровного слоя 3. шпатлевка; грунтовка
 acidproof ~ кислотозащитное покрытие
 anticorrosive ~ противокоррозионное покрытие
 antirust ~ *см.* anticorrosive coating
 bitumastic pipeline ~ битумный лак для покрытия трубопроводов
 clay ~ глинистая корка
 concrete ~ бетонная рубашка (*для удержания подводного трубопровода на дне моря*)
 concrete weight ~ *см.* concrete coating
 metal ~ термическая металлизация
 pipe ~ защитное покрытие трубы
 protecting [protective] ~ защитное покрытие
 unbonded ~s многослойная изоляция (*трубопроводов*) без связи между слоями
 wear-resistant ~ износостойкое покрытие
coaxial коаксиальный; соосный
cock кран; затвор
 angle ~ угловой кран
 blow-off ~ спускной кран; продувочный кран
 bypass ~ регулировочный кран; перепускной [обводной] кран
 control ~ регулировочный кран
 cut-out ~ разобщающий кран; кран отсечки
 discharge ~ *см.* drain cock
 drain ~ спускной кран; сливной кран
 gage ~ пробоотборный кран (*резервуара*)
 indicate ~ индикаторный кран
 kelly ~ задвижка, устанавливаемая над рабочей [ведущей] трубой
 sampling ~ *см.* gage cock
 test ~ пробный кран
 two-way ~ двухходовой кран
 water ~ водоспускной кран
code 1. код; шифр || кодировать; шифровать 2. правила; нормы
 API ~ нормаль АНИ
 safety ~ правила техники безопасности
coder кодирующее устройство; шифратор; кодовый датчик
coef [coefficient] коэффициент
coefficient коэффициент
 ~ of absorption *см.* absorption coefficient
 ~ of admission коэффициент наполнения (*цилиндра*)
 ~ of conductivity коэффициент проводимости
 ~ of correction поправочный коэффициент; коэффициент коррекции
 ~ of coupling коэффициент связи
 ~ of cubic(al) expansion коэффициент объемного расширения
 ~ of efficiency коэффициент полезного действия, кпд
 ~ of elasticity модуль упругости
 ~ of expansion коэффициент расширения
 ~ of extension коэффициент удлинения; относительное удлинение
 ~ of friction *см.* friction coefficient
 ~ of hardness коэффициент твердости
 ~ of impact динамический коэффициент
 ~ of irregularity коэффициент неравномерности
 ~ of linear expansion коэффициент линейного расширения
 ~ of performance коэффициент полезного действия, кпд
 ~ of permeability *см.* permeability coefficient
 ~ of safety *см.* safety coefficient
 ~ of self-induction коэффициент самоиндукции, индуктивность
 ~ of thermal conductivity коэффициент теплопроводности
 ~ of viscosity коэффициент вязкости
 ~ of wear степень износа
 absorption ~ коэффициент поглощения, коэффициент абсорбции
 adhesion ~ коэффициент сцепления
 assurance ~ коэффициент запаса прочности
 attenuation ~ коэффициент затухания
 compression ~ коэффициент сжимаемости
 contraction ~ коэффициент усадки, коэффициент сжатия
 dielectric ~ диэлектрическая постоянная
 diffusion ~ коэффициент диффузии
 discharge ~ коэффициент расхода (*жидкости*) при истечении
 expansion ~ коэффициент (объемного) расширения
 friction ~ коэффициент трения
 heat transfer ~ коэффициент теплопередачи
 heat transmission ~ *см.* heat transfer coefficient
 oil bed permeability ~ коэффициент проницаемости нефтяного пласта

coefficient

orifice ~ коэффициент расхода (*жидкости*) при истечении
output ~ коэффициент использования, коэффициент отдачи
partition ~ коэффициент распределения
permeability ~ коэффициент проницаемости; коэффициент фильтрации
propagation ~ коэффициент распространения
quality ~ 1. коэффициент добротности 2. коэффициент прочности
radiation ~ коэффициент излучения; коэффициент лучистой теплоотдачи
reduction ~ переводной коэффициент, поправочный коэффициент *или* множитель
reflection ~ коэффициент отражения
safety ~ коэффициент безопасности; коэффициент надёжности
saturation ~ коэффициент насыщения
temperature ~ температурный коэффициент
transfer ~ коэффициент переноса
uniformity ~ коэффициент однородности

coercibility сжимаемость
COF [calculated open flow] расчётный дебит скважины
coffer *см.* **cofferdam**
cofferdam кессон для подводных работ
COG [coke oven gas] коксовый газ
cog 1. кулачок; выступ, палец (*деревянный*) 2. зуб шестерни 3. зацепляться
cohere сцепляться, связываться
coherence сцепление, связь
coherency когерентность, связность
coherent 1. сцементированный (*о породе*) 2. когерентный, сцепленный, связный
cohesion связь, сцепление, когезия
cohesiveness когезионная способность, способность к сцеплению
coil 1. эл. катушка, обмотка 2. бухта (*провода*) 3. змеевик 4. наматывать, мотать; свёртывать

armature ~ катушка обмотки якоря
exciting ~ 1. катушка обмотки возбуждения 2. катушка электромагнита
magnet ~ катушка электромагнита
magnetizing ~ 1. намагничивающая катушка 2. катушка обмотки возбуждения
pipe ~ змеевик
primary ~ катушка первичной обмотки
relay ~ катушка реле
secondary ~ катушка вторичной обмотки
wire ~ бухта проволоки

coiled 1. спирально свёрнутый 2. намотанный; обмотанный
coke кокс || коксовый || коксовать
oil ~ нефтяной кокс
petroleum ~ *см.* oil coke
coking 1. коксование; спекание 2. коксуемость 3. коксующийся; спекающийся
Col ASTM [Color, American Standard Test Method] определение цвета по стандартному американскому методу испытания

cold-drawn холоднотянутый
cold-rolled холоднокатаный
cold-short хладноломкий
cold-shortness хладноломкость
cold-worked деформированный в холодном состоянии; наклёпанный, нагартованный; холоднообработанный
coil 1. [collect] собирать 2. [collected] собранный 3. [collection] скопление, сбор
collapse 1. обвал; разрушение; осадка || рушиться; обваливаться; оседать 2. поломка; авария; выход из строя 3. продольный изгиб 4. смятие (*бурильных или обсадных труб*)
borehole wall ~ обрушение стенок ствола скважины
casing ~ смятие обсадной колонны
oil-and-gas pool ~ разрушение залежей нефти и газа
collapsible складной, разборный; раздвижной, телескопический
collar 1. переходная муфта 2. втулка; подшипник 3. сальник 4. буртик; кольцо; хомут 5. закраина, заплечик 6. наплыв вокруг термитного шва 7. устье (*ствола*) || закреплять устье скважины (*обсадной трубой*)

baffle ~ муфта обсадной колонны (*с перегородкой для задержки пробки при цементировании*)
bearing ~ обойма подшипника
bottom ~ наддолотник, нижняя утяжелённая труба
bypass ~ устройство для перепуска жидкости
casing-float ~ муфта обсадной колонны с обратным клапаном
cement baffle ~ упорное кольцо (*установленное в муфте обсадных труб*) для задержки пробок при цементировании скважин
cementing ~ цементировочная муфта (*обсадной колонны*)
chasing ~ очищающее кольцо (*для якорной цепи*)
die ~ ловильный колокол
double box ~ удлинитель с замковыми муфтами на обоих концах
drill ~ удлинитель; утяжелённая бурильная труба, УБТ
drill ~ with stress-relief groove утяжелённая бурильная труба с разгрузочными канавками
float ~ муфта обсадной трубы с обратным клапаном; обратный клапан
guard ~ предохранительное кольцо
landing ~ муфта для подвешивания труб; муфта с упором (*для задерживания цементировочной пробки*)
latch-in ~ муфта с фиксатором; муфта с упором
loose ~ установочное кольцо; зажимное кольцо
monel ~ УБТ из монель-металла
mud ~ утяжелённая бурильная труба с перепускными клапанами для бурового раствора

non-magnetic drill ~ немагнитный удлинитель; немагнитная утяжеленная бурильная труба
No-Wall-Stick drill ~ утяжеленная бурильная труба со спиральной канавкой
N-W-S ~ *см.* No-Wall-Stick drill collar
pipe ~ трубная соединительная муфта
port ~ муфта с отверстиями
retaining ~ удерживающий заплечик (*бура*)
ribbed ~ ребристая утяжеленная бурильная труба
set ~ установочное кольцо; зажимное кольцо
stage ~ *см.* stage cementing collar
stage cementing ~ муфта для ступенчатого цементирования
thrust ~ упорное кольцо, упорный заплечик
travel ~ скользящая муфта

collateral *геол.* параллельный, коллатеральный
collection 1. собирание, сбор 2. скопление
gas ~ сбор газа
collector 1. коллектор; сборник 2. щетка электрической машины 3. токосниматель
dust ~ пылеуловитель
gas ~ газоуловитель, газосборник
oil ~ нефтесборник (*трубопровод*)
sand ~ отстойник для песка
collet 1. (зажимной) патрон; цанговый патрон, цанга 2. конусная втулка; разрезная гильза; разрезной конусный замок
collision столкновение; соударение
colloid коллоид || коллоидный
colloidal коллоидальный
colloidity коллоидальность
Colmacel *фирм.* волокно целлюлозы (*нейтральный наполнитель для борьбы с поглощением бурового раствора*)
colmatage *геол.* кольматаж, кольматация
color 1. цвет; оттенок; тон 2. краска; красящее вещество; пигмент; колер || красить, окрашивать
code ~ цветная маркировка
oil ~ цвет нефти
petroleum ~ *см.* oil color
colorimeter колориметр
colorimetry колориметрия
colorless бесцветный; неокрашенный
column 1. колонна 2. столб (*жидкости*)
~ of mud столб бурового раствора (*в скважине*)
~ of water столб воды
casing ~ колонна обсадных труб
combined casing ~ 1. комбинированная колонна (*составленная из двух и более секций с разной толщиной стенок*) 2. обсадная колонна, выполняющая одновременно назначение водозакрывающей и эксплуатационной
distillation ~ ректификационная колонна
drainage ~ дренируемый столб
eduction ~ эдуктор, подъемная колонна (*газлифта*); подъемник

flow ~ колонна насосно-компрессорных труб
fluid ~ столб жидкости
gas ~ столб газа; этаж газоносности
geological ~ сводный геологический разрез; геологическая колонна
intermediate ~ промежуточная колонна
liquid ~ *см.* fluid column
mud ~ столб бурового раствора (*в скважине*)
oil ~ 1. нефтяная часть залежи 2. столб нефти (*в скважине*)
oil and gas ~ общая часть нефтегазоносной части пласта
outrigger type stability ~ стабилизирующая колонна выносного типа
packed ~ 1. искусственный керн 2. ректификационная колонна насадочного типа, насадочная колонна
perforated plate ~ перфорированная колонна с сетчатыми вкладышами в отверстиях
rectifying ~ ректификационная колонна
stabilizing ~ стабилизирующая колонна; колонна остойчивости
columnar 1. колоннообразный 2. поддерживаемый на столбах 3. столбчатый
combination 1. соединение; состав 2. комбинация; сочетание
~ of zones сообщение пластов (*в результате нарушения тампонажа*)
liner packer ~ хвостовик, устанавливаемый на пакере
overlapping ~ комбинированное группирование (*сейсмографов*)
plug ~ комбинированная (цементировочная) пробка
combined 1. связанный, присоединенный (*о химическом соединении*) 2. комбинированный, составной, сложный
combustible 1. топливо; горючее 2. воспламеняемый, горючий
combustion горение; сгорание; сжигание; воспламенение
back ~ противоточное горение
in-situ ~ создание фронта горения в пласте путем частичного сжигания нефти (*с целью повышения нефтеотдачи*); горение нефти в пласте
comm 1. [commenced] (*бурение*) начато 2. [commission] а) полномочие б) комиссия 3. [communication] связь, коммуникация 4. [community] а) сообщество б) населенный пункт
command сигнал; команда
commercial 1. коммерческий; торговый 2. заводской, промышленный, промышленного значения 3. рентабельный, прибыльный 4. серийный (*о машинах, агрегатах*)
commercially в промышленных масштабах
commingle смешивать, соединять
commingler смеситель
comminunization объединение по соглашению нескольких компаний для совместной

comminute

эксплуатации нескольких смежных месторождений
comminute 1. растирать, толочь, превращать в порошок; измельчать 2. распылять
comminution 1. измельчение, дробление 2. распыление
comminutor мельница тонкого помола, дробилка
commission 1. комиссия 2. вводить в эксплуатацию, вводить в действие
  Interstate Oil Compact ~ Межштатная нефтяная координирующая комиссия (*США*)
committee комитет
  safety ~ комитет по технике безопасности
commix смешивать
commixture 1. смешивание 2. смесь
commr [commissioner] 1. специальный уполномоченный 2. член комиссии
communication связь, коммуникация
  mobile ~ мобильная связь
  remote ~ дистанционная связь
  tropospheric scatter ~ тропосферная связь
  wire ~ связь по проводам, проводная связь
  wireless ~ беспроводная связь; радиосвязь
commutator 1. коллектор (*электрической машины*) 2. коммутатор; переключатель
compact 1. компактный 2. плотный, уплотнённый || уплотнять 3. прессовка || прессовать 4. *pl* вставки в штыревые долота (*напр. из карбида вольфрама*)
compact-grained плотной структуры; мелкозернистый
compaction сжатие, уплотнение
company компания; фирма
  gas distribution ~ газораспределительная компания
  independent oil ~ независимая нефтяная компания
  integrated oil ~ многоотраслевая нефтяная компания (*в сферу действия которой входит добыча, переработка и транспортировка нефти*)
  mud ~ фирма, специализирующаяся на приготовлении и поставке реагентов для приготовления буровых растворов буровым подрядчикам
  oil ~ нефтяная компания
  operating ~ нефтегазовая компания-оператор
  petroleum ~ *см.* oil company
  service ~ специализированная обслуживающая фирма (*напр. по каротажу, ремонту скважин, цементированию и т.п.*)
  well surveying ~ специализированная фирма по каротажу и исследованию скважин
compartment отделение; отсек
  pumping ~ насосное отделение
compatibility возможность совместного использования (*напр. разных реагентов*); совместимость
compensate компенсировать; уравнивать, балансировать
compensated компенсированный; уравновешенный, сбалансированный
compensation компенсация; выравнивание; коррекция
  wave motion ~ компенсация перемещения от волнового воздействия
compensator 1. компенсатор 2. эл. автотрансформатор
  counterweight heave ~ *см.* deadline heave compensator
  crown block ~ кронблочный компенсатор (*компенсатор бурильной колонны, встроенный между кронблоком и вышкой; компенсирует перемещение бурового судна или плавучей полупогружной буровой платформы относительно подводного устья скважины*)
  crown mounted heave ~ кронблочный компенсатор вертикальной качки
  deadline heave ~ компенсатор вертикальной качки (*для плавучих морских оснований*)
  downhole heave ~ скважинный компенсатор вертикальной качки; забойный компенсатор вертикальной качки
  drill string ~ компенсатор бурильной колонны (*устройство, обеспечивающее постоянство нагрузки на долото*)
  dual cylinder motion ~ двухцилиндровый компенсатор бурильной колонны
  heave ~ компенсатор вертикальной качки
  in-line heave ~ компенсатор качки, установленный в линию с талевым блоком и крюком
  motion ~ компенсатор бурильной колонны; компенсатор перемещения
  single-cylinder ~ одноцилиндровый компенсатор бурильной колонны
  Unicode heave ~ *фирм.* компенсатор качки «юникод»
complete заканчивать скважину (*бурением*)
completion 1. заканчивание скважины (*бурением*) 2. вскрытие (*нефтяного пласта*) 3. процесс бурения с момента входа в пласт 4. скважина, законченная бурением
  barefoot ~ законченная бурением скважина с открытым [необсаженным] стволом
  bottom supported marine ~ заканчивание морской скважины с опорой на дно
  casingless ~ малогабаритная скважина, скважина малого диаметра (*диаметр скважины 171 мм и менее, диаметр эксплуатационной колонны менее 140 мм*)
  dry subsea ~ 1. заканчивание скважины с закрытым подводным устьем (*сухое заканчивание скважины*) 2. скважина с подводным устьем, законченная с фонтанной арматурой, изолированной от морской воды
  dual ~ 1. заканчивание скважины в двух горизонтах 2. двухпластовая скважина
  gravel-pack ~ заканчивание скважин с использованием гравийной набивки
  liner ~ заканчивание скважины перфорированным хвостовиком

marine ~ заканчивание в условиях моря (*нефтяной или газовой скважины; установка фонтанной арматуры на дне или на основании*)
multiple ~ заканчивание скважины для одновременной совместной эксплуатации нескольких продуктивных горизонтов; многопластовое заканчивание скважины
multiple zone ~ *см.* multiple completion
ocean floor ~ заканчивание скважины на дне океана
one string pumpdown ~ заканчивание скважины для одноколонного газлифта
open hole ~ заканчивание скважины с необсаженным стволом (*в интервале продуктивного горизонта*)
permanent ~ *см.* permanent type completion
permanent type ~ заканчивание скважины при стационарном оборудовании; заканчивание скважины после спуска насосно-компрессорных труб
permanent well ~ *см.* permanent type completion
quadruple ~ заканчивание скважины для одновременной эксплуатации четырех продуктивных горизонтов
single zone ~ однопластовое заканчивание скважины
small diameter multiple ~ скважина, пробуренная для одновременной и раздельной эксплуатации нескольких продуктивных горизонтов, в которую спущены две и более эксплуатационных колонн малого диаметра
subsea ~ морское подводное заканчивание скважины
surface ~ заканчивание скважины над водой
tubingless ~ 1. беструбное завершение нефтяных скважин 2. малогабаритная скважина, скважина малого диаметра
unique ~ отдельно стоящая скважина
well ~ 1. завершение скважины (*бурение от кровли продуктивного горизонта до конечной глубины, кислотная обработка, гидроразрыв, оборудование скважины для эксплуатации*) 2. заканчивание скважины; освоение скважины
wet ~ завершение бурения скважины на морском дне, при котором устьевое оборудование соприкасается с морской водой (*мокрое заканчивание скважины*)
wet subsea ~ 1. заканчивание скважины с открытым подводным устьевым оборудованием 2. скважина, законченная с открытым подводным устьевым оборудованием
complex комплекс ‖ комплексный
basement ~ *геол.* комплекс пород фундамента (*подстилающего нефтеносные осадочные отложения*)
living chamber ~ комплекс жилой камеры (*часть системы для водолазных работ*)
sedimentary ~ *геол.* комплекс [свита] осадочных пород
complexity сложность
compnts [components] компоненты, составные части, составные элементы
component 1. узел; блок; деталь 2. компонент, составная часть, составной элемент 3. компонента, составляющая
active ~ активная составляющая
axial ~ продольная составляющая
base oil ~ основная составляющая нефти
composition 1. структура; строение; состав 2. соединение; смесь 3. монтаж
~ of salt in solution солевой состав раствора
~ of well stream состав газированной нефти
antiscaling ~ антинакипин
belt dressing ~ состав для смазки приводных ремней
chemical ~ химический состав
constant ~ постоянный состав
equilibrium ~ равновесный состав (*фаз*)
fractional ~ фракционный состав
grain ~ *см.* granulometric composition
granulometric ~ гранулометрический состав
original ~ исходный состав
petroleum ~ состав нефти
size ~ состав по крупности (*зерна*)
compound 1. смесь; состав; композиция 2. (химическое) соединение 3. силовая трансмиссия 4. компаунд 5. соединять; составлять; смешивать 6. смешанный; составной, сложный 7. компаундировать ‖ компаундный, со смешанным возбуждением
aliphatic ~ алифатическое соединение
antifouling ~ состав для устранения загрязнений; противогнилостный состав
antifreezing ~ антифриз
antigalling ~ смазка для предохранения соединительной резьбы (*напр. замковой*) от повреждения при свинчивании
antiknock ~ антидетонирующее соединение
aromatic ~ соединение ароматического ряда
chelate ~ хелатное [внутрикомплексное] соединение
chemical ~ химическое соединение
complex ~ комплексное соединение
epoxy ~ эпоксисоединение, кислородное соединение
fatty ~ соединение жирного ряда
hydrocarbon ~ углеводородное соединение
inorganic ~ неорганическое соединение
low friction ~ смазка для снижения трения (*напр. при свинчивании*); маловязкое соединение
organic ~ органическое соединение
quaternary ammonium ~ четвертичное аммониевое основание
sealing ~ уплотняющая резьбовая смазка для труб, герметизирующий состав
wall-sealing ~s тампонирующие добавки, добавки для борьбы с поглощением бурового раствора

compound

welding ~ флюс для сварки
compounded 1. составной; смешанный 2. компаундированный; со смешанным возбуждением
compounding 1. объединение двигателей при помощи общей трансмиссии 2. смешивание, составление смеси 3. компаундирование
~ in parallel параллельное соединение (*насосов*)
~ in series последовательное соединение (*насосов*)
compressibility сжимаемость, способность сжиматься
formation ~ *геол.* коэффициент сжимаемости породы
voluminal ~ объемная сжимаемость
compressible сжимаемый
highly ~ с высокой сжимаемостью
compression 1. сжатие, компрессия, давление; сдавливание 2. уплотнение, набивка, прокладка 3. обжатие; прессование 4. элемент, работающий на сжатие
adiabatic ~ адиабатическое сжатие
axial ~ осевое [продольное] сжатие
compound ~ многоступенчатое сжатие
reversed ~ переменное сжатие
simple ~ простое сжатие
single-stage ~ однократное сжатие
stage ~ ступенчатое сжатие
triaxial ~ трехосное сжатие, трехосное нагружение
compressive сжимающий, сдавливающий
compressometer компрессометр (*прибор для измерения деформации сжатия или давления*)
compressor компрессор
air ~ 1. воздушный компрессор 2. распылитель; пульверизатор
angle ~ компрессор с угловым расположением цилиндров
auxiliary ~ вспомогательный компрессор
axial-flow ~ осевой компрессор
booster ~ дожимной компрессор; вспомогательный компрессор
centrifugal ~ турбокомпрессор, центробежный компрессор
centrifugal gas ~ газотурбокомпрессор
displacement ~ объемный компрессор
gas ~ газовый компрессор
gas jet ~ струйный газовый компрессор
gas turbine centrifugal ~ компрессор с газотурбинным приводом
high-pressure ~ компрессор высокого давления
high-stage ~ компрессор второй ступени; дожимной компрессор
hydraulic ~ гидравлический компрессор
low-pressure ~ компрессор низкого давления
multiple-stage ~ *см.* multistage compressor
multistage ~ многоступенчатый компрессор
non-positive ~ *см.* centrifugal compressor
piston ~ поршневой компрессор
piston ring ~ приспособление для сжатия поршневых колец (*при введении поршня с кольцами в цилиндр*)
positive displacement ~ объемный компрессор
power take-off ~ компрессор с приводом от вала отбора мощности
radial flow ~ *см.* centrifugal compressor
reciprocating ~ *см.* piston compressor
rotary ~ ротационный компрессор
rotary displacement ~ ротационный компрессор вытеснения
single-stage ~ одноступенчатый компрессор
sliding vane ~ *см.* rotary compressor
starting ~ пусковой компрессор
turbine ~ *см.* centrifugal compressor
two-stage single-acting ~ двухступенчатый компрессор одностороннего действия
compt [compartment] отделение; отсек
computation вычисление; расчет; счет; подсчет
compute вычислять; рассчитывать; считать; подсчитывать
computed расчетный; проектный; исчисленный
computer компьютер; вычислительная машина; вычислитель
analog ~ аналоговая вычислительная машина, АВМ; аналоговое [моделирующее] вычислительное устройство
control ~ управляющая вычислительная машина, УВМ
digital ~ цифровая вычислительная машина, ЦВМ
electronic ~ электронное вычислительное устройство
high-speed digital ~ быстродействующее цифровое вычислительное устройство
computerize компьютеризировать; автоматизировать
concave 1. вогнутый 2. *св.* ослабленный (*о шве*)
concavity 1. вогнутость, вогнутая поверхность 2. *св.* ослабление (*шва*)
concealed потайной; уплотненный; утопленный; скрытый (*о проводке или монтаже*)
concentrate 1. концентрат ‖ концентрировать 2. обогащенный продукт ‖ обогащать (*руду*) 3. выпаривать; сгущать
emulsifier ~ концентрированный эмульгатор
concentrated 1. концентрированный; сосредоточенный 2. обогащенный
concentration 1. концентрация, сосредоточение 2. обогащение (*руд*) 3. сгущение; выпаривание
dry ~ сухое обогащение
equilibrium ~ равновесная концентрация
gravity ~ гравитационное обогащение
hydrogen ion ~ концентрация водородных ионов (pH)
impurity ~ концентрация примесей

condition

mass ~ концентрация по массе (*масса вещества на единицу массы смеси*)
mole ~ мольная концентрация
mole-fraction ~ мольная долевая концентрация
residual ~ остаточная концентрация
stress ~ концентрация напряжений
weight ~ весовая концентрация
concentric 1. концентрический 2. коаксиальный (*о кабеле*)
concept:
  cancellation ~ принцип гашения (*энергии ветра и волн, применяется в конструировании морских плавучих платформ*)
  modular ~ модульная концепция; модульный метод (*сооружения морских платформ из готовых блоков*)
  tension-leg ~ принцип создания плавучих платформ на оттяжках с минимальными перемещениями относительно подводного устья
  total cementing ~ метод комплексного цементирования
concession концессия
  oil ~ концессия на разработку и добычу нефти
  petrol ~ *см.* oil concession
conchoidal конхоидальный, раковистый (*об изломе минерала*)
concordant 1. согласный; согласующийся 2. согласно напластованный
concrete бетон || бетонный || бетонировать
  acid-resisting ~ кислотоупорный бетон
  aerated ~ газобетон
  agglomerate-foam ~ агломератопенобетон, пенобетон с мелким заполнителем
  air-placed ~ торкрет-бетон
  armored ~ армированный бетон
  cellular ~ ячеистый бетон
  cement ~ цементный бетон, цементобетон
  cinder ~ шлакобетон
  early strength ~ быстротвердеющий бетон
  expanded slag ~ бетон с заполнителем из вспученного гранулированного шлака
  fibrous ~ фибробетон, бетон с волокнистым заполнителем
  fine ~ мелкозернистый бетон
  foam ~ пенобетон
  fresh ~ свежеуложенная бетонная смесь
  green ~ не вполне затвердевший [свежий] бетон
  plain ~ неармированный бетон
  poor ~ тощий бетон, тощая бетонная смесь
  prestressed ~ предварительно напряженный бетон
  reinforced ~ железобетон
concrete-mixer бетономешалка
concretion 1. конкреция, минеральное включение 2. срастание 3. твердение 4. сгущение; осаждение; коагуляция
cond 1. [condensate] конденсат 2. [conditioned] обусловленный; доведенный до требуемых параметров 3. [conditioning] доведение до требуемых параметров
condensate конденсат || конденсировать
  gas ~ газоконденсат
  lease ~ конденсат из попутного газа
  liquid hydrocarbon ~ жидкий конденсат углеводородов
condensation конденсация; сгущение; уплотнение; сжижение
  retrograde ~ ретроградная [обратная] конденсация, конденсация в условиях пониженного давления
condense конденсировать; сгущать; сжижать; уплотнять
condensed конденсированный; сгущенный; уплотненный
condenser 1. конденсатор, холодильник; газоохладитель 2. конденсор
Con Det *фирм.* анионоактивный пенообразующий агент (*детергент для буровых растворов с низким содержанием твердой фазы*)
condition 1. условие 2. состояние; положение 3. *pl* режим (работы) 4. прорабатывать ствол скважины (*перед спуском обсадной колонны*) 5. кондиционировать
  ~s of fluids свойства жидкостей
  acid ~ кислотная среда
  alkaline ~ щелочная среда
  artificial ~s искусственное воздействие (на пласт)
  asymmetrical loading ~s несимметрично распределенная нагрузка
  atmospheric ~s атмосферные условия
  borehole ~ состояние ствола скважины
  boundary ~s граничные [краевые] условия
  deposition ~s условия отложения
  down-hole ~s условия, существующие на забое скважины, забойные условия
  environmental ~s условия окружающей среды
  field ~s полевые условия; эксплуатационные условия
  formation ~s пластовые условия
  geological ~s геологические условия
  hydrological ~s гидрологические условия
  initial ~s начальные условия
  limiting ~ предельное состояние; предельное [ограничивающее] условие
  limiting wave ~ ограничение по волнению моря (*предельные параметры волнения, на которые рассчитано плавучее буровое основание*)
  load ~s режим нагрузки
  molten ~ расплавленное состояние
  natural ~s естественные условия
  no-flow ~ нетекучее состояние
  non-stabilized ~s неустановившиеся условия
  normal ~s нормальные условия
  operating ~s условия [режим] работы *или* эксплуатации, эксплуатационные условия, эксплуатационный режим
  operative ~s *см.* operating conditions

condition

plant ~s заводские [производственные] условия

plastic ~ пластическое состояние

process ~s режим процесса

pumpable ~ вязкостная характеристика раствора, позволяющая перекачивать его насосом

rated ~s номинальные условия

regular service ~s нормальные эксплуатационные условия

representative ~s характерные условия

reservoir ~s пластовые условия

room ~ комнатные условия

sampling ~s условия отбора проб

semi-submerged ~ полупогруженное состояние (*рабочее положение полупогружной буровой платформы*)

service ~s рабочие условия

simulated ~s моделированные [искусственно созданные] условия

static ~s статические условия

steady-state ~s 1. стабилизированные параметры 2. стационарные условия

technical ~s технические условия

topographic ~s топографические условия

transit ~ транспортное положение, состояние при перегоне

turbulent ~ турбулентное состояние

two zone ~s условия, соответствующие наличию двух зон

unballasted ~ débалластированное состояние (*плавучего полупогружного бурового основания*)

uncracked ~ состояние без трещин

underground ~s подземные условия

welding ~s режим сварки

well ~ режим скважины; состояние скважины

working ~s *см.* operating conditions

workshop ~s *см.* plant conditions

conditioning 1. доведение до требуемых параметров; установление требуемого состава *или* состояния 2. прорабатывание (*ствола*) 3. кондиционирование

gas ~ подготовка (природного) газа

mud ~ регулирование свойств [кондиционирование] бурового раствора

condt [conductivity] проводимость

conductance 1. *эл.* (активная) проводимость 2. теплопроводность

conducting (токо)проводящий

conduction электропроводность

heat ~ теплопроводность

conductivity 1. проводимость 2. удельная электропроводность

eddy thermal ~ теплопередача за счет турбулентной диффузии

fluid ~ of well проницаемость призабойной зоны; интенсивность притока жидкости к забою скважины

heat ~ *см.* thermal conductivity

thermal ~ (удельная) теплопроводность

conductor 1. направление (*первая колонна обсадных труб*), направляющая колонна 2. *геол.* направляющая жила 3. проводник (*тока*)

bailer ~ желонка для углубления скважины

marine ~ водоотделяющая колонна; морской стояк; морское направление

outer ~ наружное направление (*первая колонна направления*)

subsea ~ подводное направление (*скважин с подводным устьем*)

conduit 1. труба; трубопровод; канал 2. водовод 3. кабелепровод; изоляционная труба

delivery ~ напорный [нагнетательный] трубопровод

cone 1. конус 2. воронка 3. шарошка (*долота*) 4. колокол 5. коническое сопло, конический насадок

agitation ~ воронка для перемешивания

atomizing ~ распылитель, форсунка, распыляющий конус, диффузор

blister ~ *геол.* экструзивный купол

detrital ~ конус выноса

grout flow ~ конус для испытания цементного раствора на растекаемость

mixer ~ бункер струйной глиномешалки

mud ~ конус, образованный грязевым вулканом

pitch ~ основной делительный конус (*у конических шестерен*)

re-entry ~ воронка для повторного ввода (*спускаемого инструмента в устье подводной скважины*)

roller ~ шарошка долота

truncated ~ усеченный конус

vortex ~ вихревой конус

configuration конфигурация; форма; очертание; контур

pendular ~ каплеобразование (*на стенках капилляра при движении смачивающей фазы*)

conformability *геол.* согласное залегание; согласное напластование

conformable *геол.* согласный, согласно напластованный

conformance охват (*площади заводнением*)

conformity *геол.* согласное залегание; согласное напластование

cong [conglomerate] конгломерат, обломочная горная порода

congeal застывать, замерзать; замораживать

congestion скопление; затор; уплотнение, сгущение

~ of bottom-hole zone закупоривание призабойной зоны

conglomerate конгломерат, обломочная горная порода

conglomeration конгломерация; накопление, скопление; сгусток

conic *см.* conical

conical конический; конусный

coning 1. образование в скважине водяного конуса, образование конуса обводнения 2. придание конической формы

~ into the well подход [прорыв] конуса обводнения к скважине
lateral ~ язык обводнения
water ~ образование конуса обводнения
connate *геол.* реликтовый; погребенный
connect соединять; присоединять, связывать
non-galling ~ соединение без заедания
connected 1. соединенный 2. сочлененный; связанный
direct ~ непосредственно соединенный; на одном валу
rigidly ~ жесткосвязанный
connection 1. соединение; включение; связь 2. сочленение; наращивание (*инструмента*) 3. соединительная деталь; соединительная муфта 4. патрубок, штуцер 5. *геол.* привязка; увязка
~ in parallel параллельное соединение
~ in series последовательное соединение
bastard ~ нестандартное соединение (*труб*)
bias cut hydrocouple ~ муфтовое соединение с косыми фланцами (*для ремонта подводных трубопроводов*)
bolted ~ болтовое соединение
clamp ~ соединение хомутом (*для элементов подводного оборудования*)
delta ~ эл. соединение треугольником
delta-star ~ соединение треугольник – звезда
drill-pipe ~ наращивание (колонны) бурильных труб
electrical ~ электрическая схема; электрическое соединение
filling ~ соединительная муфта наливного рукава с приемным нефтепроводом
flanged ~ фланцевое соединение
flexible hose ~ гибкое соединение, гибкий наливной рукав, гибкий патрубок
gastight ~ газонепроницаемое [герметичное] соединение
ground ~ эл. соединение с землей, заземление, замыкание на землю
hose ~ соединительная муфта *или* хомут для рукавов [шлангов]; соединение шлангов; шланговый ниппель
inlet ~ впускной патрубок, входной штуцер
jumper ~ штепсельный соединитель (*напр. шланга кабеля управления подводным оборудованием и пульта управления*)
jump-over ~ переключение (*трубопроводных линий*) при помощи задвижек и клапанов
key ~ шпоночное соединение
leaky ~ неплотное соединение
link ~ шарнирное соединение
marine-riser ~ фитинг, связывающий водоотделяющую колонну с основанием превентора
multiple ~ параллельное соединение
outlet ~ выпускной патрубок, выходной штуцер
parallel ~ параллельное соединение
permanent ~ неразъемное соединение
pin-and-eye ~ болтовое [шарнирное] соединение
pipe ~ 1. соединение труб 2. соединительная муфта; штуцер для присоединение труб
plug and socket ~ штепсельное соединение
RCK riser ~ замок секции водоотделяющей колонны с секциями линий штуцерной и глушения скважины, выполненными заодно с этой секцией
rigid ~ жесткое соединение
riser lock ~ замковое соединение водоотделяющей колонны
series ~ последовательное соединение
series-parallel ~ последовательно-параллельное соединение
side ~ боковое соединение, боковое примыкание
sledge pin ~s соединение (*отдельных блоков*) при помощи вставных стержней
star ~ эл. соединение звездой
star-delta ~ соединение звезда – треугольник
suction ~ всасывающий патрубок
tapered ~ конусное соединение (*головки бура со штангой или штанг между собой*)
thread ~ *см.* threaded connection
threaded ~ резьбовое соединение
threaded hose ~ шланговый ниппель
tight ~ плотное соединение
connector 1. соединитель; соединительная часть; соединительная муфта; соединительное звено; ниппель; соединительный зажим 2. штепсельный разъем
autolock ~ автоматически закрывающееся соединительное устройство; муфта с автозатвором
bell-shaped ~ колоколообразный соединитель (*для соединения каната с цепью*)
BOP stack ~ муфта блока превенторов для соединения с устьем скважины
BOP wellhead ~ *см.* BOP stack connector
box ~ муфта замка (*секции водоотделяющей колонны для стыковки с другой секцией*)
collet ~ цанговый соединитель, цанговая муфта (*для соединения компонентов подводного оборудования друг с другом или с устьем подводной скважины*)
control pod ~ замок коллектора управления (*для соединения коллектора со своим гнездом, установленным на узле шарового шарнира водоотделяющей колонны или блоке превенторов*)
double fluid ~ двухходовой гидравлический соединитель (*гидравлического коллектора управления многоштырьковой конструкции*)
flowline ~ соединитель выкидной линии (*подводной фонтанной арматуры*)
marine riser ~ соединение водоотделяющей колонны; муфта водоотделяющей колонны (*для стыковки секций водоотделяющей колонны друг с другом*)

connector

pin ~ ниппельная часть соединения; штыковой соединитель
quick lock ~ быстросоединяемый замок (*для соединения обсадных труб большого диаметра друг с другом*)
RCK box ~ муфта замка секции водоотделяющей колонны с секциями линий штуцерной и глушения скважины, выполненными заодно с этой секцией
RCK pin ~ ниппель замка секции водоотделяющей колонны с секциями линий штуцерной и глушения скважины, выполненными заодно с этой секцией
remote guide line ~ дистанционно управляемый замок направляющего каната
riser ~ *см.* marine riser connector
riser collet ~ цанговая муфта водоотделяющей колонны
running and tie-back ~ соединитель для спуска и наращивания (*обсадной колонны*)
snap-latch ~ замок с пружинными защелками (*для соединения труб большого диаметра*)
torus ~ *фирм.* торовидная муфта (*для соединения подводного оборудования с устьем подводной скважины или друг с другом*)
waterproof ~ водонепроницаемый разъем, водонепроницаемая муфта
wellhead ~ устьевая муфта (*для соединения подводного устьевого оборудования с устьем подводной части скважины*)
wellhead collet ~ устьевая цанговая муфта (*муфта на блоке превенторов или водоотделяющей колонны для стыковки их с устьевой головкой подводной скважины*)
consequent *геол.* направленный согласно падению пластов; консеквентный
conservation 1. ограничение добычи; охрана недр 2. консервация
~ of pool консервация залежи
~ of resources сохранение запасов (*нефти или газа*)
~ of well консервация скважины
gas ~ 1. сохранение газа в пласте 2. охрана запасов газа
oil ~ сохранение нефтяных ресурсов
conserve 1. сохранять, предохранять 2. консервировать
consistence *см.* **consistency**
consistency 1. консистенция; плотность 2. последовательность 3. постоянство 4. согласованность 5. однородность (*сварных соединений*)
consistent 1. плотный; твердый; консистентный 2. постоянный 3. совместимый; согласующийся
consistometer консистометр
console 1. консоль 2. пульт управления
control ~ пульт управления
drill-central control ~ пульт управления на посту бурильщика
driller's ~ пульт бурильщика

doorman's ~ пульт оператора на буровой площадке
operating ~ пульт управления
running control ~ пульт управления спуском (*подводного оборудования*)
consolidate 1. твердеть, затвердевать; уплотнять(ся) 2. укреплять(ся)
consolidated 1. затвердевший; уплотненный 2. укрепленный
consolidation 1. твердение, затвердение; уплотнение 2. укрепление
const [constant] постоянная величина, константа
constant постоянная величина, константа; коэффициент || постоянный, неизменный
absolute ~ абсолютная постоянная
affinity ~ константа равновесия реакции
arbitrary ~ произвольная постоянная
attraction ~ постоянная притяжения
dielectric ~ диэлектрическая постоянная
elastic ~ константа [постоянная] упругости
equilibrium ~ константа равновесия
gas ~ газовая постоянная
gas law ~ *см.* gas constant
gravitational ~ гравитационная постоянная
gravity ~ *см.* gravitational constant
lattice ~ параметр кристаллической решетки
numerical ~ числовой коэффициент, численная постоянная
permeability ~ постоянная проницаемости
rock dielectrical ~ диэлектрическая проницаемость горной породы
textural ~ структурная постоянная пласта
thermal ~ теплофизический коэффициент
time ~ постоянная времени
universal gas ~ универсальная газовая постоянная
constituent составная часть; составной компонент; составляющая
rock ~s породообразующие минералы
constitution строение, состав; структура
chemical ~ химическое строение
construction 1. конструкция, сооружение 2. стройка, строительство
all-welded ~ цельносварная конструкция
frame ~ рамная [каркасная] конструкция
girder ~ балочная конструкция; жесткая конструкция
light-weight ~ облегченная конструкция
one-piece ~ цельная [неразъемная] конструкция
pipeline ~ сооружение трубопровода, укладка трубопровода на трассе
rigid ~ жесткая конструкция
unit ~ блочная конструкция
unitized ~ *см.* unit construction
welded ~ сварная конструкция
consumption потребление, расход
bit ~ расход долот
energy ~ расход [потребление] энергии, энергопотребление
fuel ~ расход [потребление] горючего

gas ~ расход [потребление] газа
heat ~ расход [потребление] тепла
no-load ~ расход [потребление] при холостом ходе
power ~ расход [потребление] мощности
rated ~ номинальное потребление; номинальный расход (*напр. топлива*)
specific ~ удельный расход (*топлива, смазки*)
contact 1. контакт, соприкосновение ‖ находиться в контакте, соприкасаться ‖ контактный, соприкасающийся 2. сцепление, связь ‖ устанавливать связь
abnormal ~ тектонический контакт; ненормальный [прерывистый] контакт
fluid ~ межфлюидный [жидкостный] контакт
gas-oil ~ газонефтяной контакт, ГНК
loose ~ неплотный контакт
oil-water ~ водонефтяной контакт, ВНК
plug ~ разъемное соединение; штепсельное соединение
sliding ~ 1. скользящий контакт, ползунок 2. трущийся контакт
tectonic ~ тектонический контакт
thermal ~ термоконтакт
tilted fluid ~ наклонный контакт воды и нефти
water-oil ~ водонефтяной контакт, ВНК
wedge ~ штепсельный контакт
contactor контактор; замыкатель; электромагнитный пускатель
container контейнер; резервуар; бак; сосуд; баллон; приемник; корпус
oil ~ тара для нефтепродукта; масляный резервуар, маслобак
sample ~ контейнер для образцов [проб]
containment:
oil-spill ~ локализация пролившейся нефти
contam 1. [contaminated] загрязненный 2. [contamination] загрязнение; механические примеси (*в нефтепродуктах*)
contaminant загрязняющее вещество, примесь
contaminate загрязнять, засорять; заражать
contamination загрязнение; механические примеси (*в нефтепродуктах*)
contd [continued] (*бурение*) продолжено
content 1. содержание (*вещества*) 2. объем, вместимость 3. *pl* содержимое
asphaltene ~ содержание асфальтенов (*в нефти*)
bromine ~ содержание брома (*в нефти*)
carbon ~ содержание углерода
Carl Fisher water ~ содержание воды по Карлу Фишеру (*в нефти*)
fractional oil ~ содержание нефти
gasoline ~ содержание бензиновых углеводородов (*в промысловом газе*)
heat ~ теплосодержание, теплоемкость; теплота нагрева
low solids ~ малое содержание твердой фазы (*в буровом растворе*)
moisture ~ содержание влаги, влажность

oil ~ содержание нефти; количество нефти в пласте
organic ~ содержание органических веществ (*в осадках*)
residual fluid ~ остаточная насыщенность (*пласта*)
salt ~ концентрация солей
sand ~ содержание песка (*в буровом растворе*)
solids ~ содержание твердой фазы (*в буровом растворе*)
sulphur ~ содержание серы
water ~ содержание воды [влаги]
continuity 1. непрерывность, неразрывность; целостность 2. постоянство пласта (*в структурном отношении*) 3. сплошность 4. *эл.* отсутствие обрывов цепи
contour 1. контур, очертание ‖ наносить контур 2. *геод.* горизонталь; изогипса ‖ вычерчивать в горизонталях
~ of oil sand структурная карта нефтеносного пласта
abandonment ~ контур ликвидации скважины
contouring вычерчивание горизонталей; оконтуривание; картирование
contract 1. подряд, контракт, договор 2. уплотнять; сжимать; стягивать (*объем цемента*) 3. давать усадку 4. спекаться
drilling ~ контракт на бурение
gas purchase ~ контракт о закупке газа
oil purchase ~ контракт о закупке нефти
contractible сжимаемый
contraction 1. сжатие; сокращение; уплотнение; стягивание, контракция 2. усадка
after ~ дополнительная усадка
hindered ~ замедленная усадка
solidification ~ усадка в процессе затвердевания
contractor (буровой) подрядчик
cement ~ подрядчик, выполняющий работы по цементированию скважин
drilling ~ буровой подрядчик
control 1. управление; регулирование ‖ управлять; регулировать 2. контроль ‖ контролировать 3. *pl* органы управления 4. борьба (*напр. с проявлениями в скважине*), контроль; наблюдение
~ of formation pressure борьба с проявлениями [сдерживание] пластового давления при бурении
~ of gas-oil ratio регулирование газового фактора
~ of high-pressure wells контроль скважин высокого давления, сдерживание давления в высоконапорных скважинах
air ~ 1. пневматическое регулирование 2. регулирование подвода воздуха
alkalinity ~ регулирование щелочности
automatic ~ автоматическое регулирование [управление]; автоматический контроль
automatic drilling ~ автоматизированное управление бурением

control

automatic volume ~ автоматический регулятор усиления; автоматический регулятор громкости
automatic winch ~ автоматическое управление лебедкой (*напр. якорной лебедкой полупогружной буровой платформы*)
blowout ~ борьба с выбросом [предотвращение выброса] из скважины
blowout preventer ~ управление противовыбросовыми превенторами
BOP ~ *см.* blowout preventer control
brake ~ управление тормозами
capillary ~ капиллярный режим
centralized ~ централизованное управление
choke ~ управление (фонтанным) штуцером
circulation loss ~ борьба с поглощением бурового раствора
clay ~ стабилизация глин (*в процессе проходки*)
coarse ~ грубая регулировка
computerized production ~ автоматизированная нефтепромысловая система
continuous ~ непрерывное регулирование
day-to-day ~ текущий учет; ежедневный учет
direct ~ прямое управление
direct supporting type of feed ~ регулятор подачи долота прямого действия
discontinuous ~ прерывистое регулирование, регулирование с периодическим выключением
distance ~ дистанционное управление, телеуправление
driller's ~ пульт бурильщика
drilling ~ 1. регулирование скорости подачи долота (*в процессе бурения*) 2. прибор для автоматического регулирования подачи долота
dual ~ двойное управление
elastic ~ упругий режим пласта
electrohydraulic ~ электрогидравлическое управление
electronic ~ 1. электронное управление 2. электронный регулятор времени
electropneumatic ~ электропневматическое управление
facies ~ of oil occurrence фациальные условия образования скоплений нефти
feed ~ 1. автоматическое регулирование подачи (*долота на забой*) 2. регулятор подачи (*долота*)
fine ~ точная регулировка
fire ~ борьба с пожарами, тушение пожаров
flow ~ 1. регулирование расхода (*жидкости или газа*) 2. контроль технологического процесса
formation pressure ~ борьба с проявлениями высокого давления пласта при бурении
frequency ~ 1. регулировка частоты 2. стабилизация частоты
gear ~ механизм переключения передач
gravity ~ гравитационный режим
ground ~ 1. контроль за породами 2. управление горным давлением
hand ~ ручное регулирование [управление]
hoist ~ механизм управления подъемником
hydraulic ~ 1. гидравлический режим 2. гидравлическое управление
idle ~ регулировка холостых оборотов
independent ~ раздельное [независимое, несвязанное, автономное] регулирование
interface ~ регулирование уровня раздела двух несмешивающихся жидкостей
lever ~ управление при помощи рычага, рычажное управление
liquid level ~ регулятор уровня жидкости
local ~ непосредственное управление (*в отличие от дистанционного*)
loss ~ борьба с потерями (*при хранении нефтепродуктов*)
loss circulation ~ борьба с поглощением бурового раствора
magnetic tape ~ управление с помощью магнитной ленты
manual ~ ручное регулирование [управление]
master ~ центральное управление
mechanical ~ механическое управление
mud ~ 1. кондиционирование бурового раствора; регулирование свойств бурового раствора 2. контроль качества бурового раствора
multiple ~ сложное управление
noise ~ борьба с шумом
nuclear powered BOP ~s ядерная система управления подводным противовыбросовым оборудованием
oil losses ~ борьба с потерями нефти
operating ~s органы управления
paraffin ~ борьба с отложением парафина
pollution ~ борьба с загрязнением
power ~ пусковой рычаг, рычаг включения
press-button ~ *см.* push-button control
pressure ~ регулирование давления; контроль давления
pressure limitation ~ ограничение давления
process ~ регулирование технологического процесса
production ~ контроль [ограничение] добычи
program ~ программное управление
push-button ~ кнопочное управление
quality ~ контроль качества
ratio flow ~ регулирование пропорциональности потока
remote ~ дистанционное управление, телеуправление
sand pressure ~ регулирование пластового давления
selective ~ селективное управление
sequence ~ регулятор времени
solids ~ регулирование содержания твердой фазы (*в буровом растворе*)
speed ~ регулирование скорости
temperature ~ 1. регулирование температуры 2. регулятор температуры

tie-to-bottom ~ система ориентации (*бурового судна*), связанная с дном моря
time code ~ программное регулирование
timing ~ регулятор времени
tong torque ~ указатель крутящего момента при свинчивании труб
total mechanical solids ~ замкнутая система механической очистки бурового раствора
water ~ борьба с водопритоками в скважине, борьба с водопроявлениями
weight ~ регулирование нагрузки (*на долото*)
well ~ управление скважиной, контроль за скважиной
Control Bar *фирм.* баритовый утяжелитель
Control Cal *фирм.* кальциевый лигносульфонат
Control Emulsion Oil *фирм.* неионогенное поверхностно-активное вещество
Control Fiber *фирм.* смесь волокнистых материалов (*нейтральный наполнитель для борьбы с поглощением бурового раствора*)
Control Flow *фирм.* поверхностно-активное вещество, хорошо растворимое в маслах и нефти
Control Foam *фирм.* реагент-пеногаситель
Control Gel *фирм.* бентонитовый глинопорошок
Control Invert *фирм.* концентрат для приготовления инвертной эмульсии
Controlite *фирм.* вспученный перлит (*нейтральный наполнитель для борьбы с поглощением бурового раствора*)
controlled:
scoop ~ с регулируемым наполнением (*напр. гидромуфты*)
controller (автоматический) регулятор; контроллер
air-operated ~ пневматический регулятор
automatic ~ автоматический регулятор
automatic weight-on-bit ~ автоматический регулятор осевой нагрузки на долото
bit feed ~ регулятор подачи долота
continuous ~ регулятор непрерывного действия
current ~ *св.* регулятор тока
floatless liquid level ~ указатель уровня стационарного типа
float level ~ поплавковый автоматический регулятор уровня жидкости
flow ~ регулятор потока, регулятор расхода
pressure ~ регулятор давления
recording ~ самопишущий автоматический регулятор
reset ~ регулятор с механизмом обратной связи
reversing ~ реверсивный контроллер
Control MD *фирм.* вспенивающий реагент для буровых растворов
Controloid *фирм.* желатинизированный крахмал
Control Sol *фирм.* неионогенное поверхностно-активное вещество
Control Tan *фирм.* товарный бурый уголь

Control Wool *фирм.* кислоторастворимое волокно из искусственной шерсти (*нейтральный наполнитель для борьбы с поглощением бурового раствора в продуктивных пластах*)
convection конвекция
forced ~ принудительная конвекция
free ~ естественная конвекция
heat ~ конвективный теплообмен
natural ~ *см.* free convection
conventional 1. общепринятый, нормальный, обычного типа 2. серийный, стандартный 3. условный
converge сходиться в одной точке, сводить в одну точку; сливаться
convergence 1. схождение между опорным горизонтом и нефтяным пластом; схождение пластов 2. течение 3. *матем.* сходимость 4. схождение в одной точке 5. конвергенция
~ of flow сходимость потока
~ of reserves стягивание резервов (*пластовой нефти*), распределение запасов (*нефти, газа*)
conversion 1. превращение; переход (*из одного состояния в другое*); перевод (*из одной системы измерения в другую*) 2. *матем.* освобождение от дробей 3. гидролиз крахмала 4. конверсия
convert 1. преобразовывать, превращать; переводить (*единицы, меры*) 2. переоборудовать, перерабатывать
converter преобразователь
hydraulic torque ~ гидротрансформатор
multistage ~ многоступенчатый гидротрансформатор
torque ~ 1. гидротрансформатор 2. преобразователь крутящего момента
two-stage ~ двухступенчатый гидротрансформатор
Unicode ~ *фирм.* преобразователь «юникод» (*устройство для поддержания постоянного давления рабочего газа или рабочей жидкости в системе компенсатора бурильной колонны*)
convex 1. выпуклый, вздутый 2. *св.* усиленный (*о шве*)
convexity 1. выпуклость 2. *св.* усиление (*шва*)
convey 1. транспортировать; перевозить 2. передавать 3. проводить
conveyer конвейер, транспортер
belt ~ ленточный конвейер
bucket ~ (много)ковшовый элеватор, нория
cable ~ канатный конвейер со скребками
chain ~ скребковый [цепной] конвейер
gravity ~ гравитационный транспортер
helical ~ *см.* screw conveyer
screw ~ винтовой [шнековый] конвейер, шнек
spiral ~ *см.* screw conveyer
coolant охлаждающее вещество; охладитель; охлаждающий агент, хладагент; смазочно-охлаждающая эмульсия

cooler 1. охладитель 2. градирня 3. холодильник
 air ~ воздухоохладитель
 fan ~ холодильник [охладитель] с вентилятором
 liquid ~ жидкостный охладитель
 oil ~ маслоохладитель
cooling охлаждение || охлаждающий
 air ~ воздушное охлаждение
 controlled ~ регулируемое охлаждение
 evaporation ~ *см.* evaporative cooling
 evaporative ~ охлаждение испарением, испарительное охлаждение
 forced ~ принудительное охлаждение
 jacket ~ охлаждение при помощи водяной рубашки
 natural air ~ естественное воздушное охлаждение
 oil ~ масляное охлаждение
 water ~ водяное охлаждение
coordinate 1. координата; *pl* оси координат 2. координировать, согласовывать
 Cartesian ~s декартовы [прямоугольные, ортогональные] координаты
 curvilinear ~s криволинейные координаты
 grid ~ *геод.* координата сетки
 polar ~s полярные координаты
 rectangular ~s *см.* Cartesian coordinates
 space ~s пространственные координаты
coordination 1. координация, согласование 2. приведение данных различных съёмок к общей системе координат
copolymer *хим.* сополимер
copper медь || омеднять, покрывать медью
copperplated омеднённый, с гальваническим покрытием меди
copperplating меднение, гальваническое покрытие медью
cor 1. [corner] угол 2. [corrected] исправленный
Corban *фирм.* органический ингибитор коррозии
Cord *фирм.* крошка из отработанных автомобильных покрышек (*нейтральный наполнитель для борьбы с поглощением бурового раствора*)
cord 1. шнур, верёвка; жгут 2. кордная нить, кордная ткань
 detonating ~ детонирующий шнур
 reverse ~ трос для реверсирования
 telegraph ~ трос для регулирования работы двигателей в буровых
cordage канаты, такелаж, снасти
core 1. керн; колонка породы 2. сердечник (*каната*) 3. стержень 4. столб (*дуги*) 5. жила (*кабеля*) 6. дорн
 ~ of anticline ядро антиклинали
 bleeding ~ керн, пропитанный нефтью
 cable ~ жила кабеля
 diamond drill ~ колонка алмазного бурения
 fiber ~ сердечник из волокна
 friable ~ ломкий [хрупкий] керн
 full hole ~ сплошной керн

 oil-base ~ керн, насыщенный нефтью
 oil wet ~ керн, смачиваемый нефтью; гидрофобный керн
 percussion ~ керн, получаемый при ударном бурении
 punch ~ керн, взятый грунтоносом ударного бурения *или* боковым грунтоносом (*стреляющего типа*)
 representative ~ типичный [характерный] керн, представительный образец керна
 target ~ искусственный керн
 trough ~ *геол.* ядро мульды
 uncontaminated ~ керн, не загрязнённый фильтратом (*бурового раствора*)
 water wet ~ гидрофильный керн
coregraph керновая диаграмма
coreholder кернодержатель
coreless не имеющий сердечника
corer кернорватель, керноотборник, грунтонос
 controlled release ~ керноотборник с дистанционным управлением
coring 1. отбор керна, взятие керновой пробы 2. колонковое бурение; бурение с отбором керна
 chop ~ специальный метод отбора образцов породы при канатном бурении
 electrical ~ получение колонки керна электробуром
 side-wall ~ отбор образцов боковым грунтоносом
 wireline ~ отбор керна с применением съёмной грунтоноски
corp [corporation] 1. корпорация 2. акционерное общество
corporation 1. объединение, общество 2. корпорация 3. акционерное общество
corr 1. [corrected] скорректированный 2. [correction] коррекция; поправка 3. [corrosion] коррозия 4. [corrugated] гофрированный
correction коррекция; поправка
 ~ for hole поправка на глубину скважины
 ~ for water depth поправка на глубину воды
 elevation ~ поправка на высоту
 gravity ~ поправка на силу тяжести
 kinetic energy ~ коэффициент скоростного напора
 power factor ~ улучшение коэффициента мощности
 topographic ~ топографическая поправка
 weathering ~ *сейсм.* поправка на зону малых скоростей
correlation 1. связь, соотношение; сопоставление, корреляция 2. параллелизация (*пластов*)
 depth ~ корреляция глубин
 regional ~ региональная корреляция
 stratigraphic ~ стратиграфическая корреляция
Correxit 7671 *фирм.* концентрированный раствор трихлорфенолята (*бактерицид*)
Correxit Corrosion Inhibitors *фирм.* органический ингибитор коррозии

Correxit Surfactants *фирм.* неионогенное анионное и катионное поверхностно-активное вещество
corrode подвергать действию коррозии, корродировать
corrodibility способность подвергаться коррозии, разъедаемость
corrodible поддающийся [подверженный] коррозии
corrosion 1. коррозия, разъедание 2. размыв 3. химическое растворение; химическая денудация; вымывание (*пород*)
~ by drilling mud коррозия под действием бурового раствора
~ in marine environment коррозия под действием морской воды
acid ~ кислотная коррозия, разъедание кислотой
alkaline ~ щелочная коррозия, разъедание щелочью
atmospheric ~ атмосферная коррозия
chemical ~ химическая коррозия
contact ~ контактная коррозия
crevice ~ щелевая коррозия
down(-the-)hole ~ внутрискважинная коррозия
electrochemical ~ электрохимическая коррозия
electrolytic ~ электролитическая коррозия
fretting ~ коррозия при трении, фрикционная коррозия
galvanic ~ *см.* electrochemical corrosion
gas ~ газовая коррозия
general ~ общая коррозия
grain-boundary ~ *см.* intercrystalline corrosion
hydrogen(-type) ~ водородная коррозия
intercrystalline ~ межкристаллитная коррозия
intergranular ~ *см.* intercrystalline corrosion
knifeline ~ ножевая коррозия
local(ized) ~ местная коррозия
pit ~ язвенная коррозия; точечная коррозия
pointed ~ точечная коррозия
sacrificial ~ защитная коррозия
selective ~ селективная [избирательная] коррозия
soil ~ почвенная коррозия
tubercular ~ оспенная коррозия; точечная коррозия
underground ~ *см.* soil corrosion
vapor ~ коррозия в паровой фазе
wet ~ влажная коррозия; коррозия в условиях конденсации
corrosion-proof коррозионно-устойчивый, не поддающийся коррозии, коррозионностойкий
corrosion-resistant *см.* corrosion-proof
corrosive 1. разъедающий, едкий, коррозионный 2. вещество, вызывающее коррозию
corrosivity коррозионная активность
corrugate образовывать складки [рифли], делать волнистым, сморщивать, гофрировать
corrugation 1. рифление, сморщивание, гофрировка 2. волнистость, складчатость

corset корсет (*защитное стальное приспособление вокруг верхней части кондуктора при работах на самоподъемной буровой установке*)
Cortron 2207 *фирм.* органический ингибитор коррозии для буровых растворов на водной основе
Cortron R-174 *фирм.* органический ингибитор коррозии
Cortron RDF-18 *фирм.* ингибитор коррозии для всех типов буровых растворов
Cortron RDF-21 *фирм.* пленкообразующий амин (*ингибитор коррозии*)
Cortron RU-126 *фирм.* ингибитор коррозии (*нейтрализатор кислорода*)
Cortron RU-135 *фирм.* аэрированный ингибитор коррозии
Cortron RU-137 *фирм.* ингибитор коррозии для буровых растворов с низким содержанием твердой фазы
COS [common offset stack] суммирование по точкам равного удаления
cost 1. стоимость, цена ‖ оценивать 2. расход, счет 3. *pl* издержки, затраты
~ of development стоимость разработки (*месторождения*) в целом
~ of drilling стоимость бурения
~ of maintenance стоимость содержания *или* обслуживания
~ of operation стоимость работы, стоимость эксплуатации, эксплуатационные расходы
~ of production себестоимость добычи (*нефти, газа*)
~s of supervision административные расходы
~s of trucking and transportation *см.* trucking costs
~ per foot стоимость одного фута проходки
~ per gallon стоимость одного галлона (*бензина*)
~ per well drilled стоимость пробуренной скважины
abandonment ~ стоимость ликвидации скважины, включая демонтаж оборудования
actual ~s фактические издержки
bit ~ стоимость эксплуатации бурового наконечника (*на погонный метр бурения*)
capital ~s капитальные затраты
direct ~s прямые затраты
drilling rig operating ~ стоимость эксплуатации буровой установки
estimated ~ расчетная себестоимость
final ~ окончательная стоимость
first ~s *см.* initial costs
indirect ~s косвенные расходы
initial ~s первоначальные затраты; начальная стоимость
investment ~s капитальные затраты, капиталовложения
labor ~s затраты на рабочую силу
lifting ~s эксплуатационные расходы на промысле

cost

maintenance ~s стоимость содержания *или* обслуживания; эксплуатационные расходы
manual ~ стоимость рабочей силы при работе вручную
net ~ себестоимость
operating ~s *см.* maintainance costs
original ~s начальная стоимость; первоначальные затраты
overall ~s общая [полная] стоимость, общие затраты
overhead ~s накладные расходы
power ~s стоимость энергии, расход на энергию
production ~ себестоимость добычи (*нефти или газа*)
repair ~ стоимость ремонта (*оборудования*)
running ~s эксплуатационные расходы; текущие расходы
setup ~ стоимость наладки
standard ~ нормативная стоимость
total ~ полная стоимость
trucking ~s транспортные расходы
ultimate ~ конечная стоимость
unit ~ цена за единицу
upkeep ~ стоимость содержания *или* обслуживания
welding ~ стоимость сварочных работ
well operating ~ стоимость эксплуатации скважины
working ~s *см.* maintenance costs

costimating сметная калькуляция стоимости
costings смета расходов
Coto Fiber *фирм.* отходы хлопка-сырца (*нейтральный наполнитель для борьбы с поглощением бурового раствора*)
Cotton-Seed Hulls *фирм.* кожура хлопковых семян (*иногда хлопковые коробочки и хлопковый жмых; нейтральный наполнитель для борьбы с поглощением бурового раствора*)
count 1. счет, отсчет ǁ считать 2. одиночный импульс (*в счетчике излучений*)
diamond ~ число алмазов в буровом наконечнике
sand ~ эффективная нефтенасыщенная мощность
counter 1. счетчик 2. измеритель скорости 3. тахометр 4. сумматор 5. пересчетное устройство; пересчетная схема 6. счетчик излучения (*в радиокаротаже*)
cycle ~ 1. счетчик периодов, счетчик циклов 2. измеритель времени сварки
Geiger ~ счетчик Гейгера
revolution ~ счетчик числа оборотов
stroke ~ счетчик числа ходов (*поршня*)
counteract противодействовать; уравновешивать, нейтрализовать
counterbalance 1. уравновешивание ǁ уравновешивать 2. контргруз балансира (*станка-качалки*); противовес
crank ~ контргруз, закрепленный на кривошипе качалки (*при насосной эксплуатации*)

counterbore 1. разэенкованная часть (*замков бурильных труб*) 2. развертка; отверстие, обработанное разверткой ǁ развертывать отверстие
counterclockwise против часовой стрелки
counterflow противоток, противотечение, встречное течение
counterflush обратная циркуляция, обратная промывка
counterpart 1. взаимозаменяемая часть 2. профиль, входящий в другой без зазора
countershaft контрпривод, передаточный *или* промежуточный вал
counterweight противовес, контргруз
country 1. страна; область, территория, местность 2. *геол.* боковые породы; толща, пересекаемая жилой
crooked hole ~ территория с залеганием пород и их свойствами, влияющими на искривление ствола скважины
earthquake ~ сейсмическая область, сейсмоопасный район
hard rock ~ местность с крепкими породами
oil-exporting ~ страна-экспортер нефти
oil-importing ~ страна-импортер нефти
rolling ~ холмистая местность; местность с волнистым рельефом
seismic ~ *см.* earthquake country
couple 1. пара ǁ спаривать; соединять 2. пара сил
thermoelectric ~ термопара
coupler 1. соединительная муфта; хомут 2. штепсельный соединитель
female ~ охватывающая соединительная часть
hose ~ соединитель для шлангов
male ~ охватываемая соединительная часть
coupling 1. соединение; сцепление; сочленение 2. муфта; соединительный фланец
adapter ~ переходная муфта
ball ~ шаровое соединение
band ~ 1. ленточная муфта 2. ременная передача
box ~ втулочная муфта
brake ~ тормозная муфта
casing ~ муфта обсадной трубы
choke and kill line ~ муфта линий штуцерной и глушения скважины
claw ~ *см.* dog coupling
clutch ~ кулачковое соединение; кулачковая муфта
die ~ ловильный колокол
direct ~ прямое зацепление
dog ~ кулачковая муфта
drilling ~ переводник для бурильной трубы
drill pipe ~ муфта свечи бурильных труб
dynamatic ~ *см.* eddy current coupling
eddy current ~ электромагнитная муфта сцепления
elastic ~ упругая муфта
electromagnetic ~ электромагнитная муфта
fast ~ *см.* make-and-break coupling

flange ~ фланцевое соединение; фланцевая муфта
float ~ муфта обсадной трубы с обратным клапаном
floating ~ 1. шарнирное сочленение 2. плавающее соединение; плавающая муфта
fluid ~ гидравлическая муфта, гидравлическое сцепление
friction ~ фрикционная муфта, фрикционное сцепление, фрикцион
guide ~ направляющий стержень (*при расширении скважины на следующий диаметр*)
hardened ~ каленая муфта
hose ~ муфта для соединения рукавов *или* шлангов
hydraulic ~ гидравлическая муфта
jaw ~ *см.* dog coupling
loose ~ свободное соединение
make-and-break ~ быстроразъемное соединение
oriented ~ ориентирующая муфта (*клина Томпсона*)
pin-to-pin ~ соединительный ниппель *или* замок с наружной резьбой на обоих концах
pipe ~ трубная (соединительная) муфта
pull rod ~s муфты насосных тяг
quick-release ~ быстроразъемное соединение для труб
reducing ~ переходная муфта; переходник (*в буровом снаряде*), переходный ниппель
rigid ~ 1. переходник с винтового шпинделя на штанги (*при бурении без зажимного патрона*) 2. глухая [жесткая] муфта; жесткое соединение
rod ~ штанговый ниппель
rod reducing ~ переходной ниппель для соединения штанг разного диаметра
safety ~ предохранительная муфта
screw ~ винтовая стяжка
shaft ~ соединение валов
shear pin type ~ муфта со срезной шпилькой
sleeve ~ патронная муфта; втулочная муфта
threadless riser ~ безрезьбовая муфта водоотделяющей колонны
tubing ~ муфта для насосно-компрессорных труб
tubing string ~ муфта насосно-компрессорной колонны
turned-down ~ муфта со скошенными фасками
working barrel ~ муфта цилиндра глубинного насоса

coupon контрольная пластинка (*для определения коррозионного эффекта*)

course 1. *геол.* простирание (*залежи, пласта*) 2. направление, курс
~ of hole направление ствола скважины; профиль скважины
bed ~ простирание пласта
jet type water ~ промывочный канал в долотах струйного гидромониторного типа
pool ~ простирание залежи
water ~ промывочное отверстие (*обычно в долотах*); канал для выхода бурового раствора

cover 1. крышка; колпак, кожух 2. *геол.* покрывающая порода; покров; перекрывающий пласт; кровля
pod ~ кожух подводного коллектора
soil ~ почвенный покров

coverage 1. охват; распространение; зона действия; дальность действия 2. покрытие
~ by water flood площадь, охваченная заводнением
bottom-hole ~ площадь контакта долота с забоем, перекрытие забоя
hole ~ зона поражения забоя (*шарошками долота*)
reservoir ~ охват пласта вытесняющим агентом

cp [constant pressure] постоянное давление

c. p. [candle power] сила света в канделах

CPG [cents per gallon] центов за галлон

cpm [cycles per minute] циклов в минуту

cps [cycles per second] циклов в секунду

CPU [central processing unit] *вчт* центральный процессор

CR [cold rolled] холоднокатаный

crack 1. трещина, щель, расселина, раскол 2. растрескиваться, трескаться, давать трещины; расщепляться; разрушаться 3. крекировать
base-metal ~ трещина в основном металле
bending ~ трещина, образовавшаяся при изгибе
check ~ *см.* hair crack
cooling ~ трещина, возникающая при охлаждении; холодная трещина
corrosion ~ коррозионная трещина
cross ~ поперечная трещина
endurance ~ *см.* fatigue crack
fatigue ~ усталостная трещина
flake ~ *см.* hair crack
hair ~ волосная трещина, волосовина
hardening ~ *см.* quench(ing) crack
heat-treatment ~ трещина, образовавшаяся в результате термообработки
hot(-short) ~ горячая трещина
incipient ~ микротрещина
longitudinal ~ продольная трещина
low-temperature ~ низкотемпературная [холодная] трещина
plate ~ *см.* base-metal crack
quench(ing) ~ закалочная трещина
root ~ *св.* трещина в корне шва
service ~ трещина, возникшая во время эксплуатации
shear ~ трещина скалывания
shearing ~ трещина, возникшая при (механической) резке
shrinkage ~ усадочная трещина
strain ~ деформационная трещина
water ~ закалочная трещина при охлаждении в воде

crack

weld ~ трещина в сварном шве, трещина в металле шва
weld-metal ~ *см.* weld crack

Crackchek-97 *фирм.* ингибитор сероводородной коррозии

cracker 1. особая компоновка «гибкого» низа бурильной колонны (*для набора угла искривления ствола скважины*) 2. дробилка 3. крекинг-установка

crack-free не имеющий трещин

cracking 1. образование трещин, растрескивание 2. расщепление, крекинг (*нефти*)
base-metal ~ образование трещин в основном металле
cold(-short) ~ образование холодных трещин
corrosion ~ коррозионное растрескивание
edge ~ образование трещин на кромке
hard ~ образование трещин в зоне термического влияния (*при сварке легированных сталей*)
high-temperature ~ *см.* thermal cracking
hot(-short) ~ *см.* thermal cracking
intercrystalline ~ образование межкристаллитных трещин
intergranular ~ *см.* intercrystalline cracking
season(ed) ~ сезонное (коррозионное) растрескивание
shrinkage ~ образование усадочных трещин
thermal ~ образование горячих трещин
weld ~ образование трещин в сварном шве, образование трещин в металле шва
weld-metal ~ *см.* weld cracking

cracky имеющий трещины

cradle 1. рама фундамента (*для машины*) 2. подвесная платформа (*для производства ремонтных работ*); люлька 3. лотковая опора (*для трубопровода*)
~ of pump рама фундамента под насос
erection ~ монтажная платформа
safety ~ спасательная люлька
suspended ~ подвесная люлька

cradling поддержка труб при укладке трубопровода

craft:
escort life support ~ сопровождающее спасательное судно

crag 1. *геол.* песчанистый мергель морского происхождения 2. обломок породы

crane 1. кран ‖ поднимать краном 2. изогнутая трубка, сифон
bit dressing ~ кран для заправки долот
BOP ~ *см.* BOP traveling crane
BOP traveling ~ кран для перемещения блока превенторов (*на плавучей буровой платформе*)
full revolving ~ полноповоротный кран (*для выполнения грузовых операций на плавучем буровом основании*)
pedestal ~ пьедестальный кран (*устанавливается на барбете полупогружного бурового основания*)
traveling ~ мостовой кран
truck-mounted ~ автокран
wall bracket ~ консольный кран на буровой

crank 1. кривошип 2. коленчатое соединение 3. выемка в станине 4. угловой рычаг; рукоятка
bell ~ шатун, рычаг, кривошип
brake ~ ручка тормоза

crater кратер, воронка

crawler:
ball-and-chain ~ шаровой скребок для очистки трубопроводов
internal X-ray ~ устройство для внутренней рентгеновской дефектоскопии

craze волосная трещина, волосовина

crazing образование волосных трещин

creep 1. ползучесть 2. проскальзывание 3. пластическая деформация 4. *геол.* оползание; движущийся оползень
~ in the fracture оползание породы в трещине
belt ~ проскальзывание ремня

creepage 1. ползучесть 2. *эл.* утечка (*тока по поверхности изолятора*)

cren [crenulated] с мелкими зубьями, с мелкими зазубринами

crest 1. *геол.* сводная часть складки; хребет 2. гребень (*волны*) 3. кромка, вершина (*зуба*) 4. *эл.* пик (*нагрузки*), пиковое [амплитудное] значение ‖ пиковый

crested гребенчатый

Cretaceous *геол.* меловой период ‖ меловой

crevice трещина, разрыв (*в породе*)

crew 1. бригада 2. партия
alert ~ *см.* emergency crew
clean-out ~ бригада, выполняющая работы по очистке эксплуатационных скважин (*от грязи, песка, парафина*)
drill(ing) ~ буровая бригада
emergency ~ аварийная бригада
exploration ~ разведывательная партия
marine ~ морская команда
rig ~ экипаж установки

cricondenbar криконденбара (*наибольшее давление, при котором жидкость и пар могут находиться в равновесном состоянии*)

cricondentherm криконденmерма (*наивысшая температура, при которой жидкость и пар могут находиться в равновесном состоянии*)

crippling 1. деформация, выпучивание; излом, разрушение 2. критический (*о нагрузке*)

crisp 1. хрупкость, ломкость 2. делаться хрупким, ломким; растрескиваться 3. хрупкий, ломкий, шероховатый

criss-cross перекрещивающийся, расположенный крест-накрест, поперек

crit [critical] критический

criterion критерий
accuracy ~ критерий точности

critical 1. критический 2. нормируемый (*о величине*)

crkr [cracker] 1. дробилка 2. крекинг-установка
crnk [crinkled] гофрированный
Cronox *фирм.* пленкообразующий амин (*ингибитор коррозии*)
Cronox 211 *фирм.* ингибитор коррозии для буровых растворов на пресноводной основе
Cronox 609 *фирм.* ингибитор коррозии для буровых растворов на основе минерализованной воды
crooked искривленный, кривой; извилистый
crop *геол.* обнажение
~ out выход (*пласта*) на поверхность
cross 1. пересечение; крестовина; крест 2. пересекаться; скрещиваться 3. пересекающийся; перекрестный
flat ~ полосовой металл
male and female ~ крестовик с наружной и внутренней нарезкой
cross-bedded *геол.* косослоистый
crosshead 1. ползун; крейцкопф 2. крестовина
crossing 1. пересечение реки *или* другого препятствия (*при прокладке трубопровода*) 2. перекресток, переезд
aerial ~ воздушный переход (*трубопровода через препятствие*)
dual ~ пересечение трубопроводами (*рек, оврагов, дорог*) путем прокладки двух линий
river ~ пересечение реки
road ~ пересечение дорог
cross-section поперечный разрез, поперечное сечение, профиль
bulk ~ полное сечение
crowfoot ловильный инструмент для бурильных штанг
crown 1. наивысшая точка, вершина 2. коронка, головка (*бура*) 3. *геол.* перегиб, лоб (*складки, свода*)
~ of weld верхушка сварочного шва
piston ~ днище поршня
crown-block кронблок
bailer ~ шкив над кронблоком для тартального каната
motion compensated ~ кронблок с компенсацией качки
sliding ~ перемещающийся кронблок
crown-o-matic *фирм.* противозатаскиватель талевого блока под кронблок
crs 1. [coarse] крупный 2. [cross-section] поперечное сечение
crude 1. (сырая) нефть 2. необогащенная руда 3. сырой; необработанный, неочищенный; грубый
base ~ неочищенная нефть
degassed ~ дегазированная нефть
extremely high gravity ~ очень легкая нефть
gelled ~ желатинизированная [загущенная] нефть
heavy ~ тяжелая нефть
lease ~ нефть местного происхождения (*добытая на данном участке*)
light ~ нефть парафинового основания; легкая нефть

live ~ газированная нефть
naphthene-base ~ нафтеновая нефть
naphthenoaromatic ~ нафтеноароматическая нефть
paraffin-base ~ нефть парафинового основания
reduced ~ отбензиненная нефть; мазут
sour ~ сернистая нефть, нефть с высоким содержанием серы
whole ~ неотбензиненная нефть
crumble 1. крошиться; осыпаться; обваливаться 2. крошить; дробить; толочь; растирать (*в порошок*)
crumbling трещиноватый (*о породе*)
crush дробление; измельчение; раздавливание || дробиться, крошиться, обрушаться
crushed раздробленный, размельченный
crusher 1. приспособление, сминающее конец газовой трубы и дающее плотное закрытие (*в экстренных случаях*) 2. дробилка, мельница
ball ~ шаровая мельница
hammer ~ молотковая дробилка
crushing дробление, измельчение; раздавливание, обрушение
coarse ~ первичное [крупное] дробление
fine ~ мелкое дробление, тонкое измельчение
wet ~ мокрое дробление
crypto-xin [cryptocrystalline] скрытокристаллический (*о горной породе*)
crystallization кристаллизация
primary ~ первичная кристаллизация
CS 1. [carbon steel] углеродистая сталь 2. [cast steel] литая сталь; стальные отливки
CSDP [compressive service drill pipe] бурильная труба, используемая в системе нагнетания
cse [coarse grained] грубого помола, грубый
CTC [consumer tank car] автоцистерна потребителя
CTE [coefficient of thermal expansion] коэффициент теплового расширения
C to C [center to center] расстояние между центрами [осями]
C to E [center to end] расстояние от центра до конца
C to F [center to face] расстояние от центра до торцевой поверхности
ctr [center] центр
ctw [coated and wrapped] изолированный (*о трубе трубопровода*)
cu ft/bbl [cubic feet per barrel] кубических футов на баррель
cu ft/min [cubic feet per minute] кубических футов в минуту
cu ft/sec [cubic feet per second] кубических футов в секунду
culv [culvert] водовод; трубопровод
cum [cumulative] суммарный; накопленный; кумулятивный
cumulative 1. суммарный; накопленный, кумулятивный 2. *матем.* интегральный

cup 1. манжета, манжетное уплотнение 2. колпак, колпачок; кольцо; гильза 3. лунка 4. масленка 5. *эл.* юбка (*изолятора*)
grease ~ масленка; тавотница
oil ~ масленка; лубрикатор; резервуар для масла
piston ~ манжета поршня
pump ~ манжета насоса
seating ~ манжета для уплотнения крепления (*в глубинном насосе*)
test ~ опрессовочная манжета
working barrel ~s манжеты для плунжерных клапанов

cupping желобообразный износ зуба (*шарошки*)

curing 1. вулканизация (*резины*) 2. отверждение; выдержка (*бетона*) 3. термообработка 4. *хим.* отверждение

curr [current] (электрический) ток

current 1. течение, поток, струя 2. (электрический) ток
active ~ активный ток
alternating ~ переменный ток; *амер.* однофазный ток
arc (welding) ~ сварочный ток
average ~ среднее значение тока
back ~ противоток, обратный ток
body ~ ток, протекающий через (человеческое) тело
charging ~ зарядный ток
circulating ~ уравнительный ток (*в приборе*)
control ~ ток в цепи управления, управляющий ток
conventional welding ~ номинальный сварочный ток
direct ~ постоянный ток
discharge ~ ток разряда
earth ~s блуждающие токи, токи в земле
eddy ~ 1. *pl* токи Фуко, вихревые токи 2. вихревое движение
effective ~ эффективное значение тока
electric ~ электрический ток
field ~ ток возбуждения
filament ~ ток накала
gas ~ поток [струя] газа
ground ~ 1. ток замыкания на землю, ток заземления 2. *pl* токи в земле, блуждающие токи
harmonic ~ синусоидальный ток
high-amperage ~ ток большой величины
high-frequency ~ высокочастотный ток
high-tension ~ *см.* high-voltage current
high-voltage ~ ток высокого напряжения
impressed ~ наложенный ток
induced ~ индуктивный ток
let-go ~ безопасный ток (*протекающий через человеческое тело*), ток, не вызывающий мышечных спазм
load ~ ток нагрузки
long line ~s *геофиз.* токовые линии
low-voltage ~ ток низкого напряжения
maximum welding ~ максимальный сварочный ток (*при номинальном напряжении*)
measuring ~ ток центрального электрода; ток зонда
multiphase ~ многофазный ток
natural earth ~s естественные земные токи
nearshore ~ прибрежное течение
near-surface ~ подповерхностное течение
no-load ~ ток холостого хода
nominal ~ номинальный ток
one-phase ~ однофазный ток
operating ~ рабочий ток
periodic ~ переменный ток
polyphase ~ *см.* multiphase current
power ~ ток промышленной частоты
pulsating ~ пульсирующий ток
rated ~ номинальный ток
rated carrying ~ номинально допустимый ток
rated maximum ~ максимально допустимый ток
rated short-circuit ~ номинальный ток короткого замыкания
rated welding ~ номинальный сварочный ток
rectified ~ выпрямленный ток
reversed ~ противоток, обратный ток
rising ~ восходящий поток (*промывочной жидкости*)
running ~ рабочий ток
single-phase ~ однофазный ток
survey ~ ток зонда
three-phase ~ трехфазный ток
turbidity ~s мутные течения

current-carrying токонесущий; пропускающий ток

curtailment ограничение
~ of drilling ограничение масштаба буровых работ

curtain:
grout ~ цементный барьер, образованный закачкой цемента в ряд скважин
seal ~ герметизирующее уплотнение (*плавающей крыши резервуара*)

curvature 1. изгиб; кривизна; искривление 2. кривая
interfacial ~ кривизна поверхности раздела
pronounced ~ резко выраженная кривая

curve 1. кривая 2. эпюра, характеристика, график 3. дуга
accumulation ~ суммарная кривая
air-brine capillary pressure ~ кривая соотношения соленого раствора и воздуха в пористой среде в зависимости от капиллярного давления
appraisal ~ оценочная кривая; кривая, построенная на основании прошлой добычи скважины (*предполагаемый средний дебит скважины*)
backwater ~ кривая подпора
best ~ плавная кривая, построенная с максимальным приближением к экстремальным точкам

borderline ~ граничная линия (*между двумя состояниями*)
brine-into-oil ~ кривая вытеснения нефти соленым раствором
build-up ~ кривая нарастания; кривая восстановления давления
calibrated (gamma ray) ~ тарировочная кривая (*для гамма-метода*)
calibration ~ градуированная кривая
caliper ~ кавернограмма
characteristic ~ характеристическая кривая, характеристика
composite decline ~ средняя кривая истощения
composition history ~ кривая, отражающая процесс изменения состава жидкости
cooling ~ кривая охлаждения
cumulative ~ кумулятивная кривая
decline ~ кривая падения добычи; кривая истощения
departure ~ отправная кривая
drainage relative permeability ~ кривая относительной проницаемости в зависимости от изменения насыщенности в результате дренирования
draw-down ~ кривая отбора (*нефти из пласта*), кривая падения давления
draw-down bottom pressure ~ кривая забойного давления в период откачки
easy ~ пологая кривая
efficiency ~ кривая кпд; кривая производительности (*агрегата*)
empirical ~ эмпирическая кривая
equilibrium condensation ~ кривая равновесной конденсации
expansion ~ кривая расширения
exponential ~ показательная [экспоненциальная] кривая
fair ~ согласная кривая
flash yield ~ кривая однократного испарения
flat ~ *см.* smooth curve
frequency response ~ частотная характеристика
full ~ сплошная кривая
gas ~ кривая проницаемости для газа
gravity drainage ~ кривая гравитационного режима
head capacity ~ кривая зависимости подачи (*насоса*) от напора
high ~ крутая кривая
imbibition relative permeability ~ кривая относительной проницаемости, характеризующая изменение насыщенности в результате вытеснения; кривая относительной проницаемости при всасывании
index ~ кривая показателей
lateral ~ *геофиз.* кривая градиент-зонда
load ~ кривая нагрузки
master ~ теоретическая кривая
moment ~ эпюра моментов
normal ~ *геофиз.* кривая потенциал-зонда

percentage decline ~ кривая падения производительности (*скважины*)
performance ~s рабочие характеристики
permeability ratio ~ кривая отношения проницаемостей
permeability saturation ~ кривая относительной проницаемости, кривая «проницаемость — насыщенность»
potential decline ~ вероятная кривая падения производительности (*скважины*)
pressure ~ кривая давления
pressure build-up ~ кривая подъема [восстановления] давления
pressure-log time ~ кривая зависимости давления от логарифма времени, кривая «давление — логарифм времени»
pressure-volume ~ кривая зависимости объема от давления, кривая «объем — давление»
production ~ кривая производительности
production-decline ~ кривая падения дебита
record ~ записанная кривая
reference ~ эталонная кривая
relative permeability ~ кривая относительной проницаемости
resistivity ~ кривая кажущегося удельного сопротивления
response ~ динамическая характеристика
resultant ~ результирующая кривая
sagging ~ провисающая кривая
saturation ~ 1. кривая насыщенности 2. кривая намагниченности
smooth ~ плавная [пологая, сглаженная] кривая
sonic ~ кривая акустического каротажа
SP ~ кривая самопроизвольной поляризации
temperature distribution ~ кривая распределения температур
temperature-pressure ~ кривая зависимости давления от температуры, кривая «давление — температура»
temperature-time ~ кривая «температура — время», кривая термического цикла
three-dimensional ~ пространственная кривая
time ~ годограф; кривая времени пробега сейсмических волн; кривая, построенная в координатах времени и пространства
time-depth ~ вертикальный годограф
time-travel ~ *см.* time curve
torque-speed ~ кривая «скорость — вращающий момент»
transient ~ кривая неустановившегося режима
transmission ~ переводная [пересчетная] кривая
travel time ~ *см.* time curve
water-into-oil ~ кривая вытеснения нефти водой
wavefront ~ *сейсм.* кривая фронта волны
yield ~ кривая добычи

cushion 1. упругая прокладка, подкладка 2. подушка 3. буфер, амортизатор 4. подстилающий слой, постель, основание

cushion

air ~ воздушная подушка
blind end hydraulic ~ гидравлический амортизатор бесштоковой полости (*цилиндра пневмогидравлического компенсатора вертикальных перемещений*)
rod end hydraulic ~ гидравлический амортизатор штоковой полости (*цилиндра компенсатора бурильной колонны*)
water ~ водяная подушка (*при опробовании испытателем пласта на бурильных трубах*)

cusping образование языков обводнения
custom-built изготовленный по заказу
customer *эк.* покупатель, заказчик, клиент
 to create ~s формировать рынок, создавать клиентуру
 charge-account ~ покупатель, приобретающий (*товар*) в кредит
 established ~ постоянный клиент
 exacting ~ требовательный покупатель
 manufacture's ~ торговый посредник

cut 1. *хим.* фракция, погон 2. рез, разрез || резать, разрезать 3. профиль, разрез, сечение 4. отключать, выключать
 beveled ~ косой срез
 chamfer ~ *см.* beveled cut
 machine ~ 1. *св.* рез при машинной [механизированной] резке 2. обработанный резанием на станке
 manual ~ *св.* рез при ручной резке
 petroleum ~ нефтяная фракция, нефтяной погон
 water ~ содержание воды (*в пластовой жидкости*), обводненность
 well ~s содержание примесей в добываемой нефти

cutoff 1. отсечка (*пара*); выключение (*тока*) 1. отсечка; отрезка (*талевого каната*)

cutout выключатель; рубильник; прерыватель; плавкий предохранитель цепи
 automatic ~ автоматический выключатель
 fuse ~ плавкий предохранитель
 safety ~ *см.* fuse cutout
 time ~ выключатель с часовым механизмом

cutter 1. режущий элемент, резец, фреза; шарошка 2. газовый [кислородный] резак 3. газорезчик 4. *геол.* поперечная трещина 5. (корончатый) бур
 abrasion sand-jet pipe ~ пескоструйный трубoрез
 acetylene ~ ацетиленокислородный резак
 biscuit ~ короткий грунтонос для отбора керна при канатном бурении
 boring ~ 1. резец для рассверливания, растачивающий резец 2. долото
 casing ~ трубoрезка для обсадных труб
 conical ~ коническая шарошка
 cross ~s крестообразно расположенные шарошки (*долота*)
 cross section ~s крестообразно расположенные режущие элементы
 drill pipe ~ трубoрез для бурильных труб
 explosive ~ взрывной резак (*для резки поврежденной части подводного трубопровода*)
 flame ~ *см.* gas cutter
 gage ~ калибрующая шарошка (*долота*)
 gas ~ газовый [кислородный] резак
 marine casing ~ резак для резки морской обсадной колонны
 milling ~ 1. фрезер; фреза 2. шарошка
 outside circular ~ наружный круговой резак (*для отрезания трубчатых опор стационарных морских сооружений взрывом*)
 oxy-acetylene ~ *см.* acetylene cutter
 oxygen ~ *св.* газорезчик
 pipe ~ трубoрез(ка)
 pipe piling ~ резак для трубных свай
 sample ~ кернорватель
 sand-jet pipe ~ пескоструйный трубoрез
 side ~s боковые шарошки (*долота*); периферийные шарошки
 tube ~ *см.* pipe cutter
 wire ~ кусачки
 wireline cable ~ резак для отрезания направляющего каната (*в случае его обрыва*)

cutting 1. резание, резка; срезание, перерезание; фрезерование 2. отсечка 3. *pl* (буровой) шлам, обломки выбуренной породы
 ~ of mud by gas газирование бурового раствора
 arc ~ *св.* дуговая резка
 autogenous ~ *см.* gas cutting
 bit ~s осколки породы, откалываемые долотом; буровой шлам
 drill ~s буровой шлам; обломки выбуренной породы
 flame ~ газопламенная [кислородная] резка
 gas ~ 1. *св.* газовая [автогенная] резка, резка пламенем 2. газирование (*бурового раствора*)
 rock ~s обломки выбуренной породы; буровой шлам
 rod ~ истирание внутренней поверхности насосных труб штангами

CVL [continuous velocity log] непрерывный каротаж скорости, акустический каротаж
CW [continuous weld] непрерывный шов
C/W [complete with] закончить (*скважину*)
C & W [coat and wrap] изолировать (*трубу трубопровода*)
CWP [cold working pressure] рабочее давление в холодном состоянии
cwt [hundred weight] центнер короткий, квинтал (*45, 36 кг*)
cy [cycle] цикл; период
cycle цикл; период
 accumulation ~ цикл накопления
 closed ~ замкнутый цикл
 complete ~ полный цикл; полный период
 continuous ~ цикл с непрерывной последовательностью операций
 cooling ~ цикл охлаждения, пауза
 drilling ~ цикл бурения

duty ~ продолжительность включения; рабочий цикл
hoisting and drilling load ~s нагрузка при спускоподъемных операциях
long-time ~ продолжительный рабочий период
operating ~ рабочий цикл
pumping ~ насосный цикл
time ~ продолжительность цикла
weld(ing) ~ цикл сварки
cyclic циклический; периодический
cycling 1. добыча нефти при помощи рециркуляции газообразного агента, сайклинг 2. отбензинивание газоконденсата с последующей закачкой сухого газа в пласт 3. проведение цикла [циклического режима] 4. чередование 5. циклическое изменение; периодическое изменение ‖ циклический; периодический
gas ~ циркуляция газа, круговая закачка газа
cyclomite 25-мм гидроциклон для очистки воды и масел от механических примесей
cyclon 1. циклон (*устройство для отделения твердых частиц от газа*) 2. гидроциклон (*устройство для очистки жидкости от твердых частиц*)
cyclothem циклотема, осадочный цикл
Cyfloc *фирм.* синтетический флокулянт (*ингибитор неустойчивых глин*)
cyl [cylinder] цилиндр
cylinder 1. цилиндр; барабан; валик 2. (газовый) баллон
actuating ~ силовой цилиндр
brake ~ тормозной цилиндр
drill ~ цилиндр перфоратора; ствол перфоратора
drive ~ приводной цилиндр
flanged ~ ребристый цилиндр
fluid ~ цилиндр гидравлической части насоса
gas ~ баллон для сжатого газа
high-pressure ~ баллон высокого давления
measuring ~ измерительный [мерный, градуированный] цилиндр
piston valve ~ распределительный цилиндр
power ~ цилиндр усилителя *или* сервомеханизма; силовой цилиндр
ratchet ~ барабан с храповиком
round-ended ~ горизонтальный резервуар со сферическими днищами
cyl stk [cylinder stock] блок цилиндров
Cypan *фирм.* полиакрилат натрия (*аналог гипана*)

D

D 1. [darcy] дарси (*единица проницаемости пористой среды*) 2. [data] данные 3. [density] плотность 4. [depth] глубина 5. [development] опытно-конструкторский 6. [distance] расстояние
D$_{bh}$ [bottom-hole depth] глубина забоя скважины
D$_h$ [hole depth] глубина скважины
d 1. [day] день, сутки 2. [deep] глубокий 3. [density] плотность 4. [depth] глубина, толщина, мощность. 5. [derivative] производная величина 6. [diameter] диаметр 7. [direct] прямой, точный 8. [distance] расстояние 9. [double] двойной
d-1-s [dressed one side] заточенный с одной стороны
D-2 [diesel N2] дизель N2 (*в приводе буровой установки*)
d-2-s [dressed two sides] заточенный с двух сторон
d-4-s [dressed four sides] заточенный с четырех сторон
DA 1. [daily allowable] суточная квота, разрешенная норма суточной добычи 2. [direct-acting] прямого действия 3. [double-acting] двойного действия
D/A [digital-to-analog] *вчт* цифроаналоговый
dagger рукоятка бура
DAIB [daily average injection, barrels] среднесуточная закачка (*при заводнении*) в баррелях
Dak [Dakota] *геол.* дакота (*песчаник верхнего мела, Среднеконтинентальный район*)
Dakolite *фирм.* товарный бурый уголь из месторождений Северной Дакоты (*США*)
damage 1. вред; повреждение, порча; разрушение 2. убыток, ущерб 3. дефект 4. повреждать, разрушать
formation ~ нарушение эксплуатационных качеств пласта
well bore ~ закупорка пор призабойной зоны (*скин-эффект*)
damp 1. затухать, заглушать; притуплять; ослаблять 2. амортизировать; демпфировать, тормозить, поглощать вибрации
damped 1. затухающий; заглушенный; притупленный, ослабленный 2. амортизированный, демпфированный
dampener глушитель, гаситель, амортизатор
pulsation ~ глушитель [гаситель] пульсаций, компенсатор пульсаций давления
damper 1. демпфер; амортизатор; глушитель 2. задвижка; заслонка 3. *эл.* демпферная обмотка 4. увлажнитель
oil pressure ~ гидравлический амортизатор
damping 1. затухание (*колебаний*); заглушение; ослабление; притупление 2. амортизация; демпфирование; смягчение (*толчков*), торможение, поглощение вибраций
Dan [Dantzler] *геол.* данцлер (*свита зоны уошито серии команче меловой системы*)
D & A [dry and abandoned] безрезультатный и ликвидированный (*о скважине*)
D & C [drill and complete] бурить и заканчивать (*скважину*)

D & D

D & D [desk and derrick] работающий в конторах и на промыслах (*о нефтяниках*)
danger опасность
~ of ignition опасность воспламенения
DAP [diammonium phosphate] диаммонийфосфат, диаммофос
DAR [discovery allowable requested] запрошенная при открытии месторождения квота на суточную добычу
Dar [Darwin] *геол.* дарвин (*свита нижнего отдела пенсильванской системы*)
darcy дарси (*единица проницаемости пористой среды*)
DART [data acquisition and radio transmission] система сбора данных и дальнейшей передачи их по радио
dart:
 bailer ~ клапан в нижней части желонки
 unlocking ~ отсоединяющий наконечник (*для снятия защитного колпака с устья подводной скважины*)
DAS [data acquisition system] система сбора данных
dash 1. штрих, тире || штриховать 2. незначительная примесь || подмешивать 3. рукоятка молота 4. строительный раствор 5. панель управления (*на буровой*)
dat [datum] 1. заданная величина; условная величина 2. нуль, начало отсчета
data *pl* данные, сведения; показатели
 ~ from crossed lines данные наблюдения по крестам (*в геофоне*)
 actual ~ фактические данные
 bona fide ~ достоверные данные
 caliper ~ данные кавернометрии
 core ~ данные кернового анализа
 cost basis ~ базовые стоимостные данные
 equilibrium ~ результаты, относящиеся к равновесному состоянию
 field ~ полевые [промысловые] данные
 liquid-gas ratio ~ данные, характеризующие соотношение жидкости и газа
 master ~ основные данные
 production ~ промысловые данные; данные по добыче
 quantitative ~ количественные данные
 raw ~ необработанные данные
 reference ~ справочные данные
 seismomagnetic ~ сейсмомагнитные записи
 service ~ эксплуатационные данные
 soil boring ~ данные бурения грунта (*дна моря*)
 tabulated ~ данные, сведенные в таблицу
 tentative ~ предварительные данные
 test ~ опытные данные, результаты испытаний
 transaction ~ полученная информация
 welding ~ данные о режиме сварки
 well ~ данные о скважине; характеристика скважины
date дата; срок; продолжительность, период (*времени*)
~ of location дата заложеня скважины
depletion ~ of a water flood время прекращения нагнетания воды вследствие истощения пласта
datum 1. отметка, показатель; величина; репер 2. заданная величина; условная величина 3. нуль, начало отсчета 4. база; базовая линия || базисный
day 1. сутки, день 2. верхний пласт
 net drilling ~s время, затраченное на бурение скважины (*в сутках*)
daylight 1. дневная поверхность 2. естественное освещение, дневной свет
DB [drilling break] временная остановка при бурении
db [decibel] децибел, дб
d.b. [double beat] двухседельный
DBO [dark brown oil] нефть темно-коричневого цвета
DBOS [dark brown oil stains] пятна нефти темно-коричневого цвета
DC 1. [dead center] мертвая точка 2. [decontamination] обеззараживание 3. [development well-carbon dioxide] скважина, в продукции которой содержится углекислый газ 4. [diamond core] керн, полученный при бурении алмазной коронкой 5. [direct current] постоянный ток 6. [drill collar] утяжеленная бурильная труба, УБТ 7. [dual completion] двухпластовая скважина 8. [dually complete] заканчивать скважину в двух горизонтах
dc [direct current] постоянный ток
DCB [diamond core bit] алмазное колонковое долото
DCLSP [digging cellar and slush pits] выкапывание шурфа под шахтное направление и амбаров для бурового раствора
DCM [distillate-cut mud] буровой раствор, загрязненный дистиллятом
DCs [drill collars] утяжеленные бурильные трубы, УБТ
DD 1. [degree day] день присуждения ученой степени 2. [double deck] двухъярусный, двухэтажный 3. [drilling deeper] углубление 4. [drilling detergent] буровой детергент
D/D [day to day] изо дня в день
D-D *фирм.* вспенивающий агент [детергент] для буровых растворов
dd [dead] 1. не содержащий нефти *или* газа 2. глухой, закрытый наглухо
d-d-1-s-1-e [dressed dimension one side and one edge] размер после заточки с одной стороны и по одной грани
d-d-4-s [dressed dimension four sides] размер после заточки с четырех сторон
ddc [diver decompression camera] водолазная декомпрессионная камера
DDD [dry desiccant dehydrator] сухой эксикатор-обезвоживатель
DDL [direct digital logging] каротаж с непосредственным цифровым выходом

DDS [deep seismic sounding] глубинное сейсмическое зондирование

DE [double end] (с нарезкой) на обоих концах

dead 1. мертвый, неподвижный 2. не содержащий полезного ископаемого 3. обесточенный, отключенный 4. глухой, наглухо закрытый 5. затянутый до отказа 6. использованный, исчерпанный 7. раскисленный (*о стали*)

deaden 1. отключать 2. заглушать, ослаблять

dead-ended наглухо закрепленный

deadeye коуш (*кольцо с желобком, заделанное в канат*)

deadline неподвижный конец (*талевого каната*)

deadload статическая нагрузка, собственный вес

deadlock полная остановка

deadman якорь, к которому крепится оттяжка вышки; анкерный столб

Deadw [Deadwood] *геол.* дедвуд (*свита серии эмерсон кембрийской системы*)

deadweight 1. (массовое) водоизмещение, грузоподъемность, дедвейт 2. собственный вес; вес конструкции

deadwood объем, занимаемый конструкциями внутри резервуара

dead-zone мертвая зона
  oil ~ зона, где нефть существовать не может

deaer [deaerator] деаэратор, воздухоотделитель

deaeration деаэрация

deasphalting удаление асфальта

deballasting дебалластирование

debonding нарушение [ухудшение, потеря] сцепления

debris 1. мусор; обрезки, лом 2. наносы 3. обломки породы; пустая [обломочная] порода

debug устранять неполадки [неисправности], налаживать

debutanizer аппарат для отделения бутана

decant 1. декантировать, сцеживать, фильтровать 2. переливать

decantation декантация, отмучивание (*при механическом анализе пород*), фильтрование

decanter отстойник

decay 1. затухание, спад 2. распад 3. разрушение, выветривание; разложение || разрушаться, выветриваться; разлагаться
  rock ~ выветривание пород

decelerate замедлять, уменьшать (*скорость*)

deceleration замедление (*скорости*); отрицательное ускорение

decelerometer децелерометр (*прибор для измерения замедления*)

deck 1. настил; палуба 2. крыша резервуара 3. дека (*грохота, вибросита*)
  anchoring ~ палуба для якорных устройств (*на полупогружной платформе*)
  bearing ~ несущая палуба
  cellar ~ палуба над шахтой скважины
  manifold ~ палуба манифольда (*противовыбросового оборудования*)
  non-slip ~ нескользкая палуба
  spider ~ монтажная площадка (*на буровом судне; служит для монтажа и испытания подводного оборудования перед спуском к подводному устью*)

declination 1. магнитное склонение 2. отклонение 3. падение
  magnetic ~ магнитное склонение

decline 1. понижение; падение; спуск 2. наклонять 3. отклонять 4. убывать, ослабевать
  ~ of production снижение добычи (*нефти, газа*)
  ~ of well истощение скважины

decolorize 1. обесцвечивать; изменять окраску; отбеливать 2. осветлять (*жидкие нефтепродукты*)

decolorizing 1. обесцвечивание; изменение окраски; отбеливание 2. осветление (*жидких нефтепродуктов*)

decomposition *хим.* распад; разложение; расщепление; крекинг

decompression 1. падение [снижение] давления; декомпрессия 2. ступенчатый подъем (*водолаза*)
  surface ~ поверхностная декомпрессия

decrease уменьшение, убывание, падение, понижение || уменьшаться, убывать, падать, понижаться
  ~ in dip уменьшение угла падения (*пласта*)

deenergization выключение, отключение (*тока*); лишение энергии [напряжения]; снятие возбуждения

deenergize выключать, обесточивать; лишать напряжения; снимать возбуждение

deep 1. глубина || глубокий 2. насыщенный, густой (*о цвете*) 3. низкий (*о звуке*)

deepen углублять (*ствол*)

deepening углубление, проходка (*ствола*)

deep-seated глубокозалегающий, глубоко посаженный; глубинный, плутонический

deep-water глубоководный

deethanizer аппарат для отделения этана

defect 1. порок; дефект; неисправность 2. повреждение
  casting ~ дефект отливки, дефект литья
  dimensional ~ отклонение размеров
  macroscopic ~ крупный [макроскопический] дефект
  pouring ~ *см.* casting defect
  rolling ~ дефект прокатки
  welding ~ дефект сварного соединения; дефект сварки
  weldment ~ *см.* welding defect

defect-free не имеющий дефектов, бездефектный

defective дефектный, бракованный; поврежденный

defectoscope дефектоскоп

defl [deflection] отклонение

deflate выкачивать *или* выпускать воздух

deflation 1. выпуск, выкачивание (*воздуха*) 2. *геол.* выветривание, дефляция, выдувание, развеивание; ветровая эрозия
deflect 1. отклоняться, прогибаться, провисать 2. преломляться (*о лучах*)
deflection 1. прогиб; стрела прогиба; изгиб 2. отклонение; склонение (*магнитной стрелки*) 3. преломление (*лучей*)
~ of bit отклонение долота от оси скважины
~ of pipeline стрела прогиба *или* провисания трубопровода
bending ~ стрела прогиба, стрела провисания
bit ~ отклонение долота
needle ~ отклонение стрелки прибора
torsional ~ деформация при скручивании
deflectometer дефлектометр (*прибор для измерения прогиба*)
deflector дефлектор, отражатель, козырек, шибер
jet ~ отражатель струи; устройство для отклонения струи
defloculant дефлокулянт, стабилизатор (*раствора*)
defloculate дефлокулировать; удалять хлопья
defloculation дефлокуляция; удаление хлопьев (*из раствора, смеси*)
defoamant *см.* defoamer
Defoamer *фирм.* пеногаситель на базе высших спиртов
defoamer пеногаситель
defoaming пеноудаление, уничтожение пены ǁ пеноудаляющий, пеноуничтожающий, пеногасящий
Defoam N23 *фирм.* пеногаситель для буровых растворов
deform деформироваться; коробиться
deformability деформируемость
deformable способный деформироваться, деформируемый
deformation деформация
angular ~ угловая деформация
cold ~ деформация в холодном состоянии; наклеп, нагартовка
compressive ~ деформация при сжатии; относительное сжатие; относительное укорочение образца
elastic ~ упругая деформация
flowing ~ деформация текучести
hyperelastic ~ деформация за пределом упругости
inelastic ~ пластическая деформация; неупругая деформация
lateral ~ поперечная деформация; деформация, нормальная к оси элемента
linear ~ линейная деформация
permanent ~ постоянная деформация
plane ~ плоская деформация
plastic ~ пластическая деформация
relative ~ относительная деформация
residual ~ остаточная деформация
reversible ~ обратимая деформация
tectonic ~ тектоническая деформация
volumetric ~ относительная объемная деформация
defrosting оттаивание (*напр. вечномерзлого грунта*)
deg [degree] 1. градус 2. степень
degas дегазировать
degassed дегазированный
degasser дегазатор (*устройство для дегазирования бурового раствора*)
drilling-mud ~ дегазатор бурового раствора
float ~ поплавковый дегазатор
degassing 1. дегазация 2. вакуумирование, откачка
degellant реагент, вызывающий разрушение геля
degree 1. степень 2. градус 3. пропорция; величина; уровень
~ of accuracy степень точности
~ of admission степень наполнения; величина отсечки (*пара*)
~ of balance степень уравновешивания
~ of curve степень уравнения кривой, кривизна кривой
~ of dip угол падения (*пласта*) в градусах
~ of dispersion степень дисперсности
~ of elevation угол возвышения
~ of expansion степень расширения, расширяемость
~ of inclination угол падения [наклон] (*пласта*) в градусах
~ of ionization степень ионизации
~ of regulation точность регулировки
~ of rounding of grains степень окатанности зерен
~ of safety коэффициент запаса; запас прочности
~ of saturation степень насыщения
geothermic ~ геотермический градиент
dehumidification 1. сушка, обезвоживание 2. удаление влаги (*из нефтяных газов*)
dehydrate обезвоживать, удалять влагу
dehydrating:
~ of crude oil *см.* oil dehydrating
oil ~ обезвоживание нефтяных эмульсий
dehydration дегидратация, обезвоживание
dry-desiccant ~ (of gas) осушение природного газа твердым поглотителем
electric ~ электрообезвоживание нефти с разрушением нефтяной эмульсии
dehydrator 1. аппарат для разрушения эмульсии; водоотделитель 2. обезвоживающее средство 3. сушилка
oil ~ установка для отделения воды от нефти
dehydrogenate дегидрировать, дегидрогенизировать
dehydrogenation дегидрогенизация (*отнятие водородного атома от молекулы углеводорода*)
deionization деионизация
deisobutanizer аппарат для отделения изобутана

Dela [Delaware] *геол.* делавэр (*свита группы портаж верхнего отдела меловой системы*)
delay 1. задержка, запаздывание || задерживать, запаздывать 2. выдержка времени
time ~ 1. выдержка времени 2. реле времени; приспособление для выдержки времени
delime удалять известь; обеззоливать
delimitation 1. граница (*отвода*) 2. оконтуривание; разграничение, размежевание, установка межевых знаков 3. постановка вех; закрепление опорных точек
delineate оконтуривать, очерчивать; определять (*размеры, очертания*)
delineation 1. очерчивание, оконтуривание 2. чертеж; изображение; очертание
deliver 1. доставлять, поставлять, снабжать 2. питать; подводить, подавать 3. нагнетать, перекачивать 4. вырабатывать, производить
delivery 1. выдача, поставка, доставка 2. питание, снабжение (*током, водой*); подача (*угля, газа*) 3. расход 4. нагнетание (*насоса*) 5. выработка, производительность
~ of energy подвод энергии; энергоснабжение
~ of pump *см.* pump delivery
fluid ~ подача промывочной жидкости (*при бурении*); расход жидкости
gas ~ выделение газа
offshore oil ~ перекачка нефтепродуктов (*с судна на берег или с берега на судно*) по подводному трубопроводу
oil ~ перекачка нефти; транспорт [доставка] нефти
power ~ подача энергии
pump ~ подача насоса; высота нагнетания насоса
terminal ~ пропускная способность перевалочной нефтебазы
water ~ подача воды
Del R [Del Rio] *геол.* дель-рио (*свита зоны уошито серии команче меловой системы*)
delta 1. дельта (*реки*) 2. эл. треугольник
delta-connected эл. соединенный треугольником
deltageosyncline *геол.* дельта-геосинклиналь
deltaic дельтовый
delv 1. [deliverability] возможность доставки, доставляемость 2. [delivered] доставленный 3. [delivery] доставка
delv pt [delivery point] пункт доставки
demand потребность; расход
oil ~ потребность в нефти; спрос на нефть
power ~ расход [потребление] тока; потребная мощность
demount разбирать, демонтировать
demountable съемный, разборный
demulsibility способность к деэмульгированию
demulsification деэмульсация, деэмульгирование, разрушение эмульсии
demulsify разрушать эмульсию, деэмульгировать

demurrage 1. демерредж, плата за простой 2. простой (*судна или вагона*)
den [density] плотность
dend 1. [dendrite] дендрит 2. [dendritic] дендритовый
DENL [density log] плотностной каротаж
dense 1. плотный 2. густой 3. компактный 4. непроницаемый
densifier 1. загуститель 2. утяжелитель
densimeter *см.* densitometer
densitometer денси(то)метр; ареометр; плотномер
density 1. плотность 2. густота; концентрация, скопление 3. магнитная индукция 4. напряженность (*поля*) 5. интенсивность
actual ~ фактическая плотность
apparent ~ кажущаяся плотность
bulk ~ объемная плотность; объемная масса (*сыпучего тела*); насыпная масса; общая плотность породы и флюида в ней
equivalent circulating ~ эквивалентная плотность (*циркулирующего бурового раствора*)
grain ~ плотность зерен
magnetic ~ напряженность магнитного поля
mud ~ плотность бурового раствора
relative ~ относительная плотность
relative vapor ~ удельная плотность паров (*отнесенная к воздуху или водороду*)
reservoir ~ of oil плотность нефти в пластовых условиях
shale ~ плотность сланцевых глин
shot ~ плотность перфорации
sludge ~ 1. консистенция шлама 2. плотность глинистого раствора
specific ~ удельная плотность
submerged ~ плотность в погруженном состоянии
water-mass ~ плотность воды
dent 1. зуб, зубец; насечка, нарезка 2. выбоина, впадина, вогнутое *или* вдавленное место 3. *pl* вмятины, царапины
dentist *проф.* специалист по цементированию скважин
denudation 1. *хим.* десорбция 2. *геол.* денудация, обнажение смывом, эрозия
denude 1. *хим.* десорбировать 2. *геол.* обнажать смывом
deoiling обезмасливание, обезжиривание || обезмасливающий, обезжиривающий
deoxidant раскислитель, восстановитель
deoxidate раскислять, восстанавливать
deoxidation раскисление, восстановление
deoxidizer раскислитель; восстановитель
dep 1. [departure] отклонение 2. [depreciation] амортизация, изнашивание; моральный износ (*оборудования*)
department 1. отдел 2. департамент; управление 3. цех; отделение; участок 4. *амер.* министерство
accounts ~ бухгалтерия
advertising ~ отдел рекламы

department

civil engineering ~ отдел гражданского строительства
commercial ~ коммерческий отдел
computing ~ вычислительный центр
construction ~ отдел капитального строительства
cost and planning ~ планово-экономический отдел
drilling ~ отдел бурения
engineering ~ технический отдел
exploration ~ отдел разведочных работ
export-import sales ~ экспортно-импортный отдел
fire ~ пожарное депо
geological ~ геологический отдел
information ~ отдел научно-технической информации
inspection ~ отдел технического контроля, ОТК
marketing ~ отдел маркетинга
operations ~ производственный отдел бурения и освоения скважин
project research and development ~ отдел исследований и разработки проекта
research ~ исследовательский отдел

departure 1. отклонение (*от заданной величины*) 2. расстояние от осей координат 3. горизонтальное расстояние от вертикальной линии до выбранной точки в скважине
dependability надёжность (*оборудования*)
depl [depletion] истощение, обеднение, исчерпание (*запасов ископаемых*)
deplete истощать, исчерпывать (*запасы*); хищнически эксплуатировать
depleted истощённый, обеднённый, исчерпанный (*о запасах нефти, газа*)
depletion 1. истощение, обеднение, исчерпание (*запасов ископаемых*) 2. погашение стоимости (*участка, месторождения*) по мере выработки
differential ~ истощение отдельных участков пласта
formation ~ истощение пласта
gravity ~ гравитационный режим (*пласта*)
pressure ~ поведение пласта, эксплуатируемого при режиме истощения
primary ~ первичная добыча *или* разработка
quick ~ быстрые темпы разработки (*месторождения*)
reservoir ~ истощение пластового режима

deposit 1. *геол.* залежь; месторождение 2. осадок; отложение; отстой 3. налёт 4. осаждаться, давать осадок
abyssal ~ глубинное месторождение
aeolian ~s эоловые отложения
alluvial ~ аллювиальное месторождение, россыпь
bedded ~ напластованное месторождение
blanket ~ пластовая залежь, пластовое месторождение
blind ~ слепое [скрытое] месторождение
bottom ~s донные осадки
channel ~ рукавообразная залежь (*нефти*)
commercial ~ месторождение промышленного значения
continental ~s континентальные отложения
detrital ~ обломочное месторождение
dislocated ~ месторождение с нарушенной структурой
drift ~ отложение ледникового происхождения; (флювио)гляциальное отложение
faulted ~ *см.* dislocated deposit
glacial ~s ледниковые отложения
interstitial ~s отложения, заполняющие поры в породе
marine ~s морские отложения
mineral ~ месторождение полезных ископаемых
near-shore ~s *см.* offshore deposits
offshore ~s прибрежные отложения
oil ~ залежь нефти; нефтяное месторождение
ore ~ рудное месторождение
organic ~s органогенные отложения
petroleum ~ *см.* oil deposit
sedimentary ~s осадочные отложения
sheet ~ пластообразное месторождение; пластовая залежь
shell ~s ракушечные отложения, ракушечник
shore ~s отложения береговой зоны, береговые отложения
tabular ~ пластообразное месторождение; пластообразная залежь
terrigenous ~s терригенные отложения
wind ~s *см.* aeolian deposits
workable ~ месторождение промышленного значения

deposited 1. отложенный, осаждённый 2. наплавленный, наваренный
deposition 1. отложение, нанос, напластование 2. накипь, осадок
~ of sediments отложение осадков
depot 1. склад 2. база снабжения 3. депо 4. *амер.* станция, вокзал 5. гараж
loading ~ погрузочный пункт; наливной пункт
petroleum storage ~ нефтебаза
repair ~ ремонтная база
depreciation 1. амортизация; изнашивание; моральный износ (*оборудования*) 2. обесценивание
depress 1. подавлять; снижать, понижать 2. опускать 3. нажимать (*напр. на кнопку*)
depressant депрессор, подавитель (*флотационный реагент*)
depression 1. *геол.* впадина, лощина, выемка; депрессия 2. понижение; разрежение, вакуум 3. оседание; опускание; углубление 4. подавление, ослабление
depropanizer аппарат для отделения пропана
dept [department] 1. отдел 2. департамент; управление 3. цех; отделение; участок 4. *амер.* министерство

depth 1. глубина 2. *геол.* мощность (*пласта*) 3. густота (*цвета*)
~ of case толща цементированного слоя
~ of freezing глубина промерзания
~ of penetration 1. глубина проникновения 2. *св.* глубина провара
~ of plunger глубина подвески насоса
~ of setting глубина заделки (*столба, опоры*)
~ of thread глубина нарезки резьбы
~ to top of reservoir глубина залегания кровли залежи
basement ~ глубина залегания фундамента
budgeted ~ проектная глубина (*в контракте на бурение с пометровой оплатой*)
casing ~ глубина установки башмака обсадной колонны
casing cemented ~ глубина, на которой зацементирована обсадная колонна
casing setting ~ глубина спуска обсадной колонны
contract ~ глубина (скважины) по контракту
design water ~ расчетная глубина воды
diver ~ глубина, доступная водолазу
drilled-out ~ окончательная глубина бурения
drilling ~ проектная глубина бурения
drilling total ~ конечная глубина бурения
geothermic ~ геотермический градиент, геотермическая ступень
hole ~ глубина скважины *или* шпура
landing ~ глубина спуска обсадной колонны труб (*по стволу скважины*)
log total ~ конечная глубина каротажа
maximum ~ of seismic rays максимальная глубина проникновения сейсмических лучей
measured ~ глубина скважины по реальной траектории от поверхности до забоя
measured ~ below formation глубина ниже формации, измеренная по стволу скважины
new total ~ новая конечная глубина
old plug-back ~ глубина скважины до установки цементного моста (*с целью эксплуатации вышележащего горизонта*)
old total ~ конечная глубина (*до углубления*)
operating water ~ рабочая глубина моря (*на которой расположено подводное устье скважины*)
platform ~ высота борта буровой платформы
plugged back ~ глубина установки моста
plugged back total ~ глубина скважины после установки моста
predicted ~ предсказанная (*геофизиками*) глубина
producing ~ глубина залегания продуктивного горизонта
proposed ~ предполагаемая глубина
proposed total ~ проектная глубина (*скважины*)
selected ~ заданная глубина
setting ~ глубина спуска колонны

total ~ забойная глубина (*скважины*); измеренная конечная глубина (*скважины*)
true ~ истинная глубина скважины; глубина по вертикали
true vertical ~ фактическая вертикальная глубина (*скважины*)
tubing ~ глубина спуска насосно-компрессорных труб
weathering ~s *сейсм.* мощности зоны малых скоростей
well ~ глубина скважины
whipstock ~ глубина установки отклонителя
wireline total ~ конечная глубина, измеренная зондом на тросе
depthometer глубиномер
derivation 1. отклонение 2. происхождение 3. *эл.* ответвление, шунт 4. *матем.* решение, вывод
derivatives:
petroleum ~ нефтепродукты
derive 1. отводить; ответвлять 2. брать производную; выводить
derived *геол.* переотложенный
derrick 1. буровая вышка 2. копер 3. деррик-кран 4. грузовая стрела (*на судне*)
beam leg dynamic ~ динамическая вышка с ногами в виде ферм
bulge ~ вышка с боковыми карманами (*для размещения труб*)
cantilever ~ складывающаяся (*при перевозке*) вышка; консольная вышка
multiple well ~ вышка для кустового бурения
oil ~ *см.* oil well derrick
oil well ~ вышка для бурения на нефть
pumping ~ эксплуатационная вышка
three-pole ~ тренога
tubular ~ вышка из стальных труб
desalter аппарат для обессоливания
desalting опреснение, обессоливание
desander пескоотделитель
mud ~ устройство для очистки бурового раствора от песка
desanding удаление песка; очистка (*бурового раствора*) от песка
desaturation осушение; уменьшение насыщенности (*керна*)
capillary ~ капиллярное вытеснение
descale удалять окалину, осадок, накипь
descend снижаться; опускаться, спускаться, сходить
descending снижающийся, спускающийся; нисходящий; убывающий
descent 1. спуск, снижение; опускание; падение; нисхождение 2. скат; склон; покатость
~ of piston ход поршня вниз
Desco *фирм.* органический разжижитель буровых растворов
desiccant осушитель, сиккатив ‖ осушающий
desiccate сушить; высушивать; обезвоживать, удалять влагу
desiccator сушильная печь, сушильный шкаф, сушильный барабан; эксикатор; испаритель

design

design 1. проект, чертеж, план || проектировать 2. конструкция || конструировать
  alternative ~ вариант проекта; альтернативный проект
  coat and wrap ~ конструкция с покрытием и изоляцией (*подводного трубопровода*)
  joint ~ конструкция соединения; тип соединения
  limit ~ расчет по предельным нагрузкам
  revised ~ переработанный [исправленный] проект
  unit ~ одноблочная конструкция, конструкция, выполненная в одном блоке; агрегатное конструирование (*с использованием готовых агрегатов*)
  welded ~ сварная конструкция
  weldment ~ конструкция сварного изделия
designation назначение; обозначение; маркировка
desilter илоотделитель (*устройство для тонкой очистки бурового раствора*)
desilting тонкая очистка (*бурового раствора*)
desintegration дезинтеграция
desk 1. пульт 2. стол 3. панель
  control ~ пульт управления
Des M [Des Moines] *геол.* де-мойн (*отдел пенсильванской системы*)
desorbent десорбент
destroy 1. разрушать; уничтожать; аннулировать 2. нейтрализовать; противодействовать
destruction разрушение; уничтожение; деструкция
desulf [desulfurizer] десульфуратор
desulfuration, desulfurization удаление серы, десульфурация, сероочистка
desulfurizer десульфуратор (*вещество, удаляющее серу*)
desuperheater пароохладитель (*с отводом тепла перегрева*)
det 1. [detail] деталь, элемент, часть 2. [detector] детектор
detach отцеплять; разъединять; отсоединять; отделять
detachable 1. съемный, разъемный, сменный; отделимый; отцепляемый 2. *геол.* отжатый, раздавленный, отделившийся
detachment отделение; отслоение
detail деталь, элемент, часть || детализировать
detect 1. обнаруживать, открывать, прослеживать 2. детектировать, выпрямлять
detection 1. обнаружение, выявление 2. детектирование, выпрямление
  crack ~ обнаружение [выявление] трещин
  flaw ~ дефектоскопия
  leak ~ обнаружение течи; обнаружение негерметичности
  magnetic crack ~ магнитная дефектоскопия
  oil ~ обнаружение нефти
  ultrasonic flaw ~ ультразвуковая дефектоскопия
detector 1. индикатор излучения; детектор; локатор 2. чувствительный элемент, воспринимающий элемент; следящий механизм
  acceleration ~ сейсмограф, измеряющий ускорение
  bell ~ поясной детектор (*сероводорода*)
  combustible fire ~ прибор, сигнализирующий о возникновении пожара *или* повышении температуры; пожарный извещатель, пожарный датчик
  combustible gas ~ детектор горючих газов в закрытых помещениях
  fire ~ пожарный извещатель, пожарный датчик
  flame ~ детектор пламени
  flaw ~ дефектоскоп
  gas ~ газовый детектор; газоанализатор
  halogen-sensitive leak ~ галоидный течеискатель
  helium leak ~ гелиевый течеискатель
  holiday ~ электрический детектор (*прибор высокого напряжения для проверки изоляции труб*)
  kick ~ указатель выброса, индикатор проявления (*скважины*)
  leak ~ прибор для обнаружения утечки, течеискатель
  lost-circulation ~ локатор зоны поглощения [потери циркуляции]
  magnetic ~ магнитный дефектоскоп
  optical point type smoke ~ оптический детектор дыма
  pneumatically operated fire ~ пожарный извещатель [датчик] с пневматическим приводом
  seismic ~ сейсмограф
  tilt ~ детектор угла наклона
  ultrasonic (flaw) ~ ультразвуковой дефектоскоп
  ultraviolet ~ ультрафиолетовый детектор
detent 1. собачка, защелка; крючок, кулачок; палец 2. упор, упорный рычаг 3. стопор; арретир, останов; скоба
detention 1. захват; задержка; защелкивание 2. арретирование; останов(ка)
detergent 1. моющее средство; дезинфицирующее вещество 2. вспенивающий агент для буровых растворов, детергент
  anionic ~s анионные моющие средства
deteriorate ухудшаться; изнашиваться; срабатываться; портиться; истираться
deterioration ухудшение; порча; повреждение; износ, истирание; срабатывание
determination определение
  ~ of position определение (место)положения; определение координат точек, *геод.* определение точки стояния
  gravimetric ~ гравиметрическое определение
  gravity ~ определение плотности
  moisture ~ определение влажности
  quantitative ~ количественное определение
  relative permeability ~ определение относительной проницаемости

detonate детонировать, взрываться от детонации

detonation 1. детонация, взрыв 2. стук в моторе

detonator детонатор; капсюль-детонатор-взрыватель

detr [detrital] наносный, детритовый, обломочный, кластический

detriment ущерб; вред

detrimental 1. приносящий убыток 2. вредный

detrital *геол.* наносный, детритовый, обломочный, кластический

Dev [Devonian] *геол.* девон, девонский период ‖ девонский

dev 1. [deviate] отклонять 2. [deviation] отклонение

devel 1. [develop] развивать; разрабатывать; создавать 2. [developed] развитой; разработанный; созданный 3. [development] а) развитие б) разработка; усовершенствование

develop 1. вырабатывать; создавать 2. развивать, совершенствовать 3. разрабатывать (*конструкцию*) 4. *матем.* выводить формулу; развертывать проекцию

development 1. разработка месторождения, разбуривание 2. развитие 3. усовершенствование; улучшение; доводка, отладка 4. *матем.* вывод (*формулы*), разложение (*в ряд*)
~ of gas газовыделение, газообразование
~ of heat тепловыделение, образование тепла
~ of oil fields разработка нефтяных месторождений
advanced ~ разработка опытного образца
crestal ~ разработка нефтяного месторождения от центра к периферии
delayed ~ замедленное разбуривание месторождения с одновременной его эксплуатацией
early ~ первоначальная разработка, первый период разработки месторождения
marginal ~ of the field разбуривание месторождения от периферии к центру
oil-field ~ разработка нефтяного месторождения; разбуривание и обустройство нефтяного месторождения
simultaneous ~ of the field одновременная разработка месторождения с купола и с крыльев
site ~ обустройство территории
wave ~ образование волн

deviate отклоняться, менять направление
~ from the vertical отклоняться от вертикали

deviation 1. отклонение 2. искривление (*ствола скважины*)
~ of the hole отклонение ствола скважины от вертикали, искривление скважины
allowable hole ~ допустимое искривление ствола скважины
azimuth hole ~ азимутальное искривление ствола скважины
hole ~ *см.* deviation of the hole
lateral ~ величина горизонтального отклонения скважины (*в проекции на горизонтальную плоскость*)
maximum ~ максимальное отклонение
plumb line ~ отклонение от вертикали

device устройство, приспособление, прибор, механизм
actuating ~ датчик, привод
adjusting ~ установочное [регулирующее] приспособление
alarm ~ прибор, сигнализирующий о нештатных ситуациях
arresting ~ ограничитель хода; стопор, стопорный механизм; храповой механизм; защелка
blocking ~ блокирующее [блокировочное] устройство
breakout ~ приспособление для развинчивания бурильных труб
calibrating ~ эталон
catching ~ захватывающее устройство, захват
clean sweep ~ мусоросборщик (*на морских буровых платформах*)
constant hydrostatic head ~ гидростатический регулятор для поддержания постоянного уровня
constant tension ~ устройство постоянного натяжения (*водоотделяющей колонны или направляющих канатов*)
control ~ управляющее устройство, контрольный прибор
controlling ~ регулирующее устройство
delivering ~ разгрузочное приспособление
desanding ~ *см.* desander
desilting ~ *см.* desilter
deverting ~ 1. отводное устройство 2. отражатель (*в эрлифте*)
drill string compensating ~ компенсирующее устройство [компенсатор] бурильной колонны
electric logging ~ электрокаротажный прибор
flow control ~ устройство для регулирования дебита; фонтанная задвижка
focused logging ~ общее название для методов СЭЗ с управляемым током
gripping ~ зажимное приспособление; приспособление, устанавливаемое на роторе для захвата круглой рабочей трубы
indicating ~ индикаторное устройство
labor-saving ~ механическое приспособление
lateral ~ *геофиз.* градиент-зонд
lateral resistivity ~ *см.* lateral device
leveling ~ 1. выравнивающее приспособление 2. ориентирующее приспособление (*для ориентировки прибора в скважине*)
lifting ~ подъемное приспособление
limiting ~ ограничитель (*хода, подъема, отклонения*)
load safety ~ устройство для предохранения от перегрузки
locating ~ установочное приспособление
locking ~ стопорное устройство, стопор; блокирующее устройство, замок, фиксатор, арретир

long lateral ~ *геофиз.* большой градиент-зонд
long normal ~ *геофиз.* большой потенциал-зонд
measuring ~ измерительный прибор
metering ~ 1. дозирующее устройство, дозатор 2. измерительное устройство *или* приспособление
monitoring ~ контрольный прибор
multiple recording ~ прибор с несколькими записями на одной диаграмме
normal ~ *геофиз.* потенциал-зонд
normal resistivity ~ *геофиз.* градиент-зонд
pipe collapsing ~ приспособление для сплющивания труб (*при замене труб без опорожнения трубопровода*)
pipe stabber ~ устройство для направления труб (*при спускоподъемных операциях*)
pipe tension ~ устройство для натяжения труб (*на трубоукладочной барже*)
pit level ~ устройство для измерения уровня (*в емкости для бурового раствора*)
plugging ~ отклоняющая заглушка
positioning ~ манипулятор
proportioning ~ дозирующее устройство, дозатор
protective ~ защитное устройство; предохранитель
receiving ~ приемное устройство, приемник
regulating ~ регулирующее приспособление
releasing ~ расцепляющий механизм, приспособление для расцепления
relieving ~ уравновешивающее приспособление; разгрузочное приспособление
resistivity ~ *геофиз.* электрокаротажный зонд
retaining ~ стопорное устройство, стопор, замок, фиксатор, арретир
reverse-thrust ~ устройство для реверса тяги
safety ~ предохранитель; защитное устройство
sampling ~ пробоотборник
screw locking ~ приспособление, препятствующее развинчиванию
self-recording ~ самопишущий прибор
short lateral ~ *геофиз.* малый градиент-зонд
short normal ~ *геофиз.* малый потенциал-зонд
shutting-off ~ устройство для отключения *или* выключения, запорный механизм
sounding ~ эхолот (*для исследования морского дна*)
speed-limit ~ ограничитель скорости
starting ~ пусковое устройство
take-up ~ компенсаторное устройство
time-delay ~ задерживающее устройство
timing ~ 1. переключающее устройство; регулирующее устройство 2. регулятор времени 3. таймер
towed recovery ~ (поплавковое) приспособление для вылавливания утерянных предметов
tripping ~ 1. расцепляющее приспособление; выключающий механизм 2. опрокидыватель

water locating ~ аппарат, указывающий границу нефти и воды *или* место притока воды (*в скважине*)
withdrawing ~ съемник, выталкиватель, извлекатель
devitrification *геол.* девитрификация, расстеклование
Devonian *геол.* девон, девонский период ‖ девонский
dewatering обезвоживание, удаление воды; осушка
gas ~ осушка [дегидратация] газа
dewax [dewaxing] депарафинизация
dewaxing депарафинизация
Dext [Dexter] *геол.* декстер (*свита группы вуд-байн серии галф меловой системы*)
Dextrid *фирм.* органический полимер (*селективный флокулянт неустойчивых глин*)
dextrorotary правовращающий
dextrorsal с правой резьбой
DF 1. [derrick floor] пол буровой 2. [diesel fuel] дизельное топливо
DFE [derrick floor elevation] высота пола буровой над уровнем земли
DFG [difference-frequency generator] генератор разностных частот
DFM *фирм.* пеногаситель на базе высших спиртов
DFO [datum faulted out] начало аварии
DFP [date of first production] дата начала добычи
DG 1. [development gas well] эксплуатационная газовая скважина 2. [draft gage] тягомер 3. [dry gas] сухой газ
DG-55 *фирм.* загуститель для буровых растворов на углеводородной основе
DH [development-well helium] гелий из эксплуатационной скважины
DHC [dry hole contribution] увеличение числа непродуктивных скважин
DHDD [dry hole drilled deeper] углубленная непродуктивная скважина
DHM [dry hole money] затраты на бурение непродуктивной скважины
DHR [dry hole reentered] непродуктивная скважина, в которой продолжены бурение *или* иные работы
dia 1. [diagram] диаграмма 2. [diameter] диаметр
Diacel *фирм.* диатомовая земля, диатомит
Diacel A *фирм.* ускоритель схватывания цементного раствора
Diacel LWL *фирм.* понизитель водоотдачи и замедлитель схватывания цементного раствора
diag 1. [diagonal] диагональ ‖ диагональный 2. [diagram] диаграмма
diagenesis *геол.* диагенез
diagram диаграмма; чертеж; схема; график; эпюра
bending moment ~ эпюра изгибающих моментов

binary ~ диаграмма состояний двойной системы
block ~ блок-схема, скелетная схема; пространственная диаграмма
circuit ~ принципиальная электрическая схема; схема соединений
collective ~ сводная диаграмма
connection ~ схема соединений
constitution(al) ~ диаграмма состояний
contour ~ диаграмма с изолиниями
elementary ~ принципиальная схема
equilibrium ~ диаграмма состояния; диаграмма равновесия
flow ~ схема [последовательность] операции [процесса]; карта технологического процесса; схема технологического потока
indicator ~ индикаторная диаграмма
installation ~ схема установки
load ~ кривая нагрузки (*на долото*)
performance ~ характеристическая диаграмма, характеристика
petrofabric ~ петротектоническая диаграмма
phase ~ фазовая диаграмма
piping ~ схема трубопроводов, схема трубной обвязки
power flow ~ схема распределения энергии (*силовых агрегатов*)
pressure-volume ~ кривая зависимости объема от давления, диаграмма объем — давление
process flow ~ схема [последовательность] операции [процесса]; карта технологического процесса; схема технологического потока
record ~ диаграмма записи
schematic ~ принципиальная схема
wiring ~ монтажная схема (*напр. электропроводки*)

dial 1. циферблат; круговая шкала 2. лимб, градуированный диск 3. круговой конус
calibrated ~ калиброванная [градуированная] шкала
index ~ циферблат; диск с делениями
large reading ~ дисковая шкала самопишущего прибора (*манометра или индикатора давления*)
meter ~ шкала [циферблат] счетчика [прибора]

diameter диаметр
~ at bottom of thread внутренний диаметр (*резьбы*)
~ of core bit диаметр колонкового бурового долота
~ of the hole диаметр ствола скважины
~ of the mouth диаметр устья скважины
angle ~ *см.* effective diameter
bore ~ *см.* inside diameter
bottom ~ внутренний диаметр (*резьбы*)
coiling ~ диаметр окружности наматывания (*каната на барабан подъемного устройства*)
conjugate ~s сопряженные диаметры
core ~ диаметр керна
drift ~ проходной диаметр
effective ~ средний диаметр (*резьбы*)
external ~ *см.* outside diameter
full ~ *см.* outside diameter
gage tip ~ of the cone калибрующий диаметр шарошки
inner ~ *см.* inside diameter
inside ~ внутренний диаметр, диаметр в свету
internal ~ *см.* inside diameter
jet ~ диаметр струи
major ~ *см.* outside diameter
minor ~ *см.* inside diameter
nominal ~ номинальный диаметр; наружный диаметр (*резьбы*)
outer ~ *см.* outside diameter
outside ~ наружный диаметр (*резьбы*)
pitch ~ диаметр делительной окружности (*цилиндрической шестерни*)
root ~ внутренний диаметр (*резьбы*); диаметр окружности расположения впадин у шестерни
top ~ начальный диаметр (*скважины*)
uniform internal ~ постоянный диаметр в свету

diamond 1. алмаз 2. алмазный конус, алмазная пирамида
black ~ черный алмаз, карбонадо (*для алмазного бурения*)

diamorphism диаморфизм

diaphr [diaphragm] 1. диафрагма, мембрана 2. перегородка

diaphragm 1. мембрана, диафрагма 2. перегородка
~ of the weight indicator датчик индикатора веса

Diaseal M *фирм.* смесь реагентов, способствующих ускорению отделения свободной жидкости из бурового раствора

diastrophism *геол.* диастрофизм (*процесс деформации земной коры, вызванный внутренними силами Земли*)

diatomite диатомит; кизельгур, инфузорная земля

dice нефтеносные сланцы

dichloride *хим.* дихлорид

Dick's Mud Seal *фирм.* мелко нарезанная бумага (*нейтральный наполнитель для борьбы с поглощением бурового раствора*)

die 1. плашка, сухарь; матрица (*в машине для заправки буров*); оправка 2. инструмент для нарезки внешней винтовой резьбы
~ out выклиниваться; исчезать, затухать (*о складках*)
fishing ~s ловильные плашки
long ~s сухари [плашки] трубных ключей

dielectric диэлектрический || диэлектрик

diesel дизель || дизельный
twin ~ спаренный дизель

diethylene *хим.* диэтилен

diff 1. [difference] разница; разность, перепад (*давлений, температуры*) 2. [differential] диф-

difference

ференциал; перепад (*давления, температуры*)

difference 1. разница, различие 2. разность, перепад (*давления, температуры*) 3. *матем.* разность
facial ~s фациальные различия
log mean temperature ~ разница средних температур, определенная при температурном каротаже
potential ~ разность потенциалов
pressure ~ перепад давления, разность давлений
temperature ~ разность температур

differential 1. дифференциал || дифференциальный 2. перепад (*давления, температуры*)
driving pressure ~ перепад давления, обусловливающий приток жидкости в скважину
negative ~ отрицательный градиент
orifice ~ разность давлений по обе стороны отверстия диафрагмы
pressure ~ перепад давления, разность давлений

diffuse диффундировать; рассеивать, распространять

diffusion диффузия; рассеяние, распространение

diffusivity 1. коэффициент диффузии 2. способность диффундировать 3. диффузность; распыляемость
eddy ~ турбулентная диффузия

dig 1. рыть; копать; бурить вручную 2. заедать, застревать (*о режущем инструменте*), защемлять
~ in врезаться в породу (*о долоте*)

digger:
plow trench ~ плужный траншеекопатель

dike 1. насыпь, оградительная дамба, защитная плотина 2. *геол.* дайка
fire ~ противопожарная насыпь (*вокруг резервуаров*)

DIL [dual induction log] двухзондовый индукционный каротаж

dilatation 1. разрежение (*сейсмических волн*) 2. расширение; распространение; растяжение; увеличение объема

dilatometer дилатометр (*прибор для измерения объемных изменений*)

dil(d) [diluted] разбавленный, растворенный; разжиженный

diluent разбавитель, растворитель; разжижитель || разжижающий; растворяющий

dilut см. dil(d)

dilute разбавлять, растворять; разжижать

dilution разбавление, разжижение; растворение

diluvium *геол.* делювий; ледниковые отложения; делювиальное образование

dim 1. [dimension] размер; габарит 2. [diminish] уменьшать(ся); убавлять 3. [diminishing] уменьшающийся

dimension 1. размер, объем 2. *pl* габарит 3. мера, размерность 4. измерение 5. протяженность (*во времени*)
critical ~s габаритные размеры (*имеющие основное или важное значение*)
cross-sectional ~ размер поперечного сечения
inside ~ внутренний размер
lateral ~ поперечный размер
obtain precise ~s снять точные размеры
outside ~ наружный размер
overall ~s габаритные размеры
principal ~s основные [главные] размеры
working ~s рабочие размеры

dimensional 1. пространственный 2. имеющий размерность
three ~ трехмерный, объемный
two ~ двухмерный; плоскостной

dimensioning расчет; определение размеров; подбор размеров

dimensionless 1. безразмерный 2. в относительных единицах 3. бесконечно малый (*о величине*)

Din [Dinwoody] *геол.* динвуди (*свита триасовой системы*)

dinge вмятина; царапина; углубление

dioxide диоксид
carbon ~ диоксид углерода (CO_2), углекислота, углекислый газ
silicon ~ диоксид кремния
sulphur ~ диоксид серы, сернистый ангидрид

dip 1. *геол.* падение, линия падения (*пласта*) 2. наклон; уклон, откос, наклонение 3. падать, залегать вниз (*о пластах*) 4. погружение (*в жидкость*) || погружать
~ at high angle крутое падение
~ at low angle пологое падение
abnormal ~ аномальное падение
apparent ~ ложное падение
down ~ по падению (*пласта*)
fault ~ падение плоскости сброса
high ~ крутое падение
local ~ местное падение
low ~ пологое падение
magnetic ~ магнитное наклонение (*от горизонтального положения*)
moderate ~ пологое падение; падение до 30°
normal ~ региональное [нормальное] падение
original ~ естественный откос
regional ~ *см.* normal dip
reversal ~ обратное падение
reversed ~ *см.* reversal dip
true ~ истинный угол падения; истинный угол наклона (*буровой скважины*)

dip-circle стрелочный инклинатор, инклинометр

dipmeter пластовый наклономер
caliper ~ пластовый наклономер, основанный на применении каверномера
high-resolution ~ пластовый наклономер с высокой разрешающей способностью
microlog continuous ~ микрокаротажный пластовый наклономер непрерывного действия
resistivity ~ пластовый наклономер, основанный на измерении сопротивления

dipper (буровая) ложка
  oil ~ нефтяная желонка
dipping 1. погружение, окунание 2. падающий
dir 1. [direct] прямой 2. [direction] направление 3. [director] а) направляющее устройство б) прибор управления в) директор
direct-acting прямого действия
direction 1. направление 2. инструкция; указание 3. руководство; управление
  ~ of strata *геол.* простирание пластов
  base ~ направление базиса (*выраженное через азимут*); начальное направление
  reference ~ основное направление, направление профиля
  reverse ~ обратное направление, реверсирование
  rift ~ направление трещиноватости
  steepest ~ направление наибольшего изменения
  transverse ~ поперечное направление
  well bore ~ угол между горизонтальной составляющей угла ствола скважины и направлением на север
director 1. направляющее устройство 2. прибор управления 3. директор
  managing ~ технический директор
dir sur [directional survey] инклинометрия
dirt 1. грунт; наносы; пустая порода 2. грязь ‖ загрязнять
  cellar ~ мусор, оставшийся вокруг основания шельфовой платформы
  paraffin ~ парафиновая грязь (*в осадках*)
dirty грязный, загрязненный (*неметаллическими включениями*); глинистый (*о песчанике*)
dis *см.* disc
disassemble демонтировать, разбирать (*на части*)
disassembly демонтаж, разборка
disc 1. [discount] скидка 2. [discovered] открытый 3. [discovery] а) открытие б) скважина-открывательница
discard 1. брак ‖ выбраковывать, браковать 2. списывать (*в утиль*)
disch [discharge] 1. разгрузка; выгрузка 2. нагнетательный, напорный; разгрузочный
discharge 1. выпуск, подача (*насоса*); расход; выход; спуск, сток 2. выпускание, расходовать; спускать 2. разгрузка, выгрузка, опорожнение, выхлоп ‖ разгружать, выгружать, опорожнять 3. спускное отверстие; спускная труба 4. *эл.* разряд 5. нагнетательный, напорный; разгрузочный
  ~ of pump 1. выпуск [подача] насоса 2. нагнетательное отверстие насоса
  air ~ выпуск [выброс] воздуха
  average ~ средний расход
  constant ~ равномерная подача (*насоса*); равномерный расход
  electric ~ электрический разряд
  fluid ~ выпуск [выброс] жидкости
  free ~ свободное истечение
  gas ~ 1. выход газа 2. приток газа
  oil ~ слив нефти
  orifice ~ расход через отверстие (*диафрагмы*)
  peak ~ максимальный [пиковый] расход
  pump ~ 1. выпуск [подача] насоса 2. нагнетательное отверстие насоса 3. нагнетательный шланг *или* трубопровод
  water ~ расход воды; выпуск воды; дебит воды
disconformity *геол.* перерыв в отложении, параллельное несогласие
disconnect отсоединять, разъединять; отключать; выключать
  non-galling ~ отсоединение без заедания
  riser ~ отсоединение водоотделяющей колонны
disconnecting 1. отсоединение, отключение; размыкание 2. разобщающий; выключающий
discontinuity *геол.* нарушение непрерывности, разрыв, обрыв 2. перегиб (*кривой*) 3. *матем.* разрывность (*функции*) 4. разрыв непрерывности, неоднородность
discontinuous 1. прерывистый 2. *физ., хим., матем.* дискретный 3. быстроменяющийся
discordance *геол.* несогласное залегание, несогласие
discordant *геол.* несогласный, несогласно залегающий, дискордантный
discovered:
  first oil ~ время обнаружения первой нефти (*в скважине*)
discovery обнаружение, открытие (*месторождения*)
  new pool ~ открытие нового месторождения
  oil ~ открытое месторождение нефти
  wildcat field ~ открытие месторождения скважиной, построенной без детальной предварительной разведки
discrepancy расхождение; различие; рассогласование; неточность; отклонение (*от точного размера*)
disengage выключать; расцеплять, выводить из зацепления; освобождать; отделять
disengagement выключение; расцепление, разъединение
disintegrate 1. распадаться 2. разделять на составные части 3. выветриваться
disintegration 1. механическое разрушение, механический распад 2. разделение; дезинтеграция 3. выветривание
  weathering ~ дезинтеграция в процессе выветривания
disk 1. диск; круг 2. тарелка; шайба
  bearing ~ вкладыш подпятника, упорный диск
  brake ~ тормозной диск
  clutch ~ фрикционный диск, диск муфты сцепления
  marcel ~ диск долота с волнообразной режущей кромкой

piston ~ диск поршня
pump ~ манжета насоса
dislocate *геол.* дислоцировать, сдвигать, перемещать; нарушать
dislocated *геол.* дислоцированный; нарушенный (*о месторождении*)
dislocation *геол.* дислокация, нарушение (*месторождения*)
dism [disseminated] вкрапленный (*в породу*)
disman [dismantle] разбирать, демонтировать
dismantle демонтировать, разбирать
dismantling демонтаж, разборка
derrick ~ демонтаж буровой вышки
dispenser заправочная колонка; бензоперекачивающая установка
dispersant диспергатор
oil ~ нефтяной диспергатор
disperse 1. диспергировать; диспергироваться 2. рассеивать (*свет*)
dispersion 1. диспергирование; дисперсия 2. рассеяние (*света*), дисперсия
acid ~ кислотное удаление парафина
dispersity дисперсность (*глинистых частиц в растворе*)
dispersoid дисперсоид, дисперсная фаза
displ 1. [displaced] вытесненный; замещенный; смещенный 2. [displacement] *хим.* вытеснение; замещение
displace вытеснять; замещать; смещать
~ cement вытеснять цементный раствор
~ mud 1. откачивать буровой раствор 2. вытеснять буровой раствор (*напр. цементным*)
displacement 1. смещение, перемещение; сдвиг 2. *хим.* замещение; вытеснение 3. рабочий объем (*цилиндра*); подача (*насоса*) 4. *геол.* наклонная высота сброса 5. водоизмещение
~ at drilling draft водоизмещение (*плавучей полупогружной буровой установки*) в процессе бурения
~ in transit condition водоизмещение (*плавучей полупогружной буровой установки*) в транспортном положении
~ of pump подача насоса
angular ~ угловое смещение
bottom ~ смещение [уход] забоя
drilling ~ водоизмещение при бурении (*водоизмещение плавучей полупогружной буровой установки, погруженной с целью уменьшения волновых воздействий*)
field tow ~ водоизмещение при буксировке в районе эксплуатации
fluid ~ вытеснение жидкости; продвижение контура (*при заводнении*); замена жидкости
gas-oil ~ вытеснение нефти газом
horizontal ~ горизонтальное смещение
liquid-liquid ~ взаимное вытеснение жидкостей
magnetic ~ магнитное смещение
miscible ~ of reservoir oil вытеснение нефти нагнетанием жидкостей, смешивающихся с нефтью
ocean tow ~ водоизмещение при буксировке по океану
operating ~ водоизмещение при эксплуатации, рабочее водоизмещение (*морских оснований*)
piston ~ рабочий объем [литраж] цилиндра; ход поршня
plunger ~ ход плунжера
pump ~ подача насоса; высота нагнетания насоса
relative ~ относительное смещение, относительное перемещение
survival ~ водоизмещение в режиме выживания
tanker ~ водоизмещение танкера
total ~ *геол.* общее *или* полное смещение в плоскости сброса
towing ~ водоизмещение при буксировке, водоизмещение в транспортном положении
vertical ~ вертикальное смещение
water-oil ~ вытеснение нефти водой
display дисплей
Cartesian ~ декартова координатная сетка
mimic ~ имитационный дисплей
disposal 1. удаление, устранение 2. размещение, расположение
~ of brine спуск [сброс] промысловых вод
~ of sewage *см.* sewage disposal
mud ~ утилизация (*отработанного*) бурового раствора
sea ~ сброс в море
sewage ~ удаление [сброс] сточных вод
disposition расположение, размещение
angular ~ угловые координаты
dissipate рассеивать, разгонять; уничтожать
dissipation 1. рассеяние; преобразование; гашение 2. утечка; диссипация (*энергии*)
~ of energy рассеяние энергии; преобразование энергии; гашение энергии
power ~ потеря [рассеяние] мощности
dissociate диссоциировать; распадаться, разлагаться
dissociation диссоциация; распад; разложение
electrolytic ~ электролитическая диссоциация
dissolubility растворимость
dissoluble растворимый, растворяющийся
dissolution 1. растворение; разжижение; разложение (*на составные части*) 2. размывание; рассеяние
dissolve растворять; разжижать
dissolved растворенный; разжиженный
dissolvent растворитель ‖ растворяющий
dist 1. [distance] расстояние 2. [distillate] дистиллят, погон ‖ дистиллировать, перегонять 3. [distillation] дистилляция, перегонка 4. [district] район; округ
distance 1. расстояние; дистанция; промежуток; удаление, дальность 2. отрезок; интервал
center ~ расстояние между центрами
focal ~ фокусное расстояние

free ~ зазор, просвет
leg center ~ межцентровое расстояние опор (*у плавучих оснований самоподъемного типа*)
seepage ~ расстояние фильтрации
distill дистиллировать, перегонять
distillate дистиллят, погон ‖ дистиллировать, перегонять
gas ~ природный газ, богатый бензиновой фракцией
oil ~ нефтяной дистиллят
petroleum ~ *см.* oil distillate
distillation дистилляция, перегонка
batch ~ периодическая перегонка (*нефти*)
flash ~ однократное испарение
oil ~ нефтеперегонка
petroleum ~ *см.* oil distillation
distort искривляться; искажаться, деформироваться, перекашиваться
distorted искаженный (*о профиле*), искривленный; деформированный; перекошенный
distortion искажение; смещение; искривление (*крепи*), деформация; перекашивание
local ~ 1. местная деформация; местное искривление 2. выпучивание
scale ~ искажение масштаба
transient ~ искажение вследствие переходных процессов
distribution распределение
~ of stresses распределение напряжений
binomial ~ биномиальное распределение
equilibrium ~ равновесное распределение
geographic ~ географическое распределение (*нефти*)
geological ~ геологическое распределение (*нефти*)
grain-size ~ гранулометрический состав; распределение зерен по крупности
gravity ~ распределение под действием силы тяжести, гравитационное распределение
hyperbolic stress ~ гиперболический закон распределения напряжений
linear ~ линейное распределение
load ~ распределение нагрузки
moment ~ распределение [разложение] моментов
particle-size ~ *см.* grain-size distribution
pore size ~ распределение пор по размерам (*в породе*)
pressure ~ 1. распределение давления 2. подача под давлением; распределение под давлением
regional ~ региональное распределение (*нефти*)
size ~ распределение (зерен) по крупности; гранулометрический состав
stress ~ распределение напряжений
velocity ~ распределение скоростей
weight ~ распределение нагрузки
distributor 1. распределитель; загрузочное [распределительное] устройство 2. поставщик (*оборудования*)

district район; округ; участок
disturbance 1. нарушение, повреждение; возмущение 2. *геол.* дислокация, разрыв
~ of sand смещение песка
transient ~s помехи от переходных процессов
disturbed:
highly ~ сильно нарушенный (*о породе, структуре*)
ditch 1. канава, траншея, ров; кювет 2. желоб 3. выемка, котлован
canal ~ желоб (*для отвода бурового раствора к отстойникам*)
cutting ~ шламовый желоб, шламопровод
mud ~ амбар для хранения бурового раствора
div 1. [dividend] *матем.* делимое 2. [division] отдел, отделение; подразделение 3. [divisor] *матем.* делитель
diver водолаз
attendant ~ обслуживающий водолаз
standby ~ резервный водолаз
divergence расхождение, расходимость, дивергенция
wave ~ расхождение волн
diversion обход, отвод; ответвление
diversity 1. разнообразие, разнородность 2. разновременность
divert отклонять; отводить
diverter 1. дивертор; отклонитель; направляющая [отклоняющая] перегородка; отводное устройство 2. вращающийся противовыбросовый клапан (*превентор*)
telescoping joint ~ отводное устройство телескопической секции (*водоотделяющей колонны*)
divide 1. делить; разделять 2. наносить деления, градуировать 3. подразделять, дробить
divided 1. раздельный; разъемный, составной 2. подразделенный, секционный; парциальный 3. градуированный
diving 1. водолазное дело 2. погружение
bounce ~ срочное погружение в воду
decompression ~ декомпрессионное поднятие
deep ~ глубоководное погружение (*на глубину более 50 м*)
dry ~ «сухое» погружение (*в барокамере*)
oil-field ~ нефтепромысловое водолазное дело
saturation ~ погружение с сатурацией
scuba ~ погружение с аквалангом
shallow ~ неглубокое погружение
"wet" ~ «мокрое» (*неизолированное*) погружение (*водолаза*)
division 1. деление 2. отдел, отделение, подразделение
drilling ~ отдел бурения
scale ~ деление шкалы
dk 1. [dark] темный 2. [deck] палуба
DL [dead load] собственный вес
D/L *см.* **DENL**

DLL [dual laterlog] двухзондовый боковой каротаж

dlr [dealer] дилер; агент по продаже

DM 1. [datum] а) нуль, начало отсчета б) база в) отметка, показатель; величина; репер 2. [dipmeter] пластовый наклономер 3. [drilling mud] буровой раствор

dm [decimeter] дециметр, дм

DMA [Defense Minerals Administration] Управление стратегического сырья (*США*)

dml [demolition] разрушение

dmpr [damper] 1. демпфер; амортизатор; глушитель 2. задвижка; заслонка 3. эл. демпферная обмотка 4. увлажнитель

DMS *фирм.* жидкое поверхностно-активное вещество для буровых растворов

dn [down] вниз; внизу

dnd [drowned] затопленный; утонувший

DNMO [differential normal moveout] разность кинематических поправок соседних каналов

dns [dense] 1. густой 2. плотный 3. компактный 4. непроницаемый

DO 1. [development oil] нефть из разрабатываемого пласта 2. [development oil well] эксплуатационная нефтяная скважина 3. [diesel oil] дизельное топливо 4. [drilled out] выбуренный 5. [drilling out] выбуривание, разбуривание

DOC 1. [diesel oil cement] нефтецементная смесь; цемент с добавкой дизельного топлива 2. [dissolved organic carbon] растворенный органический углерод 3. [drilled out cement] выбуренный цемент

Doc [Dockum] *геол.* доккум (*свита триасовой системы*)

dock 1. пирс, причал 2. погрузочная эстакада 3. док
 dry ~ *см.* graving dock
 graving ~ сухой док
 loading ~ наливная эстакада (*для нефтепродуктов*)

doctor 1. вспомогательный механизм 2. адаптер; переходной патрон 3. установочный клин, регулирующая прокладка 4. обессеривающий раствор 5. налаживать (*аппарат, машину*); устранять неполадки, ремонтировать

doc-tr [doctor treating] обработка с целью улучшения свойств *или* параметров

DOD [drilled out depth] окончательная глубина бурения

dodge механизм; приспособление

DOE [Department of Energy] министерство энергетики (*США*)

d of c [diagram of connection] схема соединения

dog 1. хомутик; поводок; палец; кулак 2. зуб; останов; крючок; скоба; захват; зажим || захватывать; зажимать 3. курок, собачка; защелка 4. башмак 5. *pl* щеки, зажимные плашки

 casing ~ труболовка (*ловильный инструмент*)
 latch ~ захватывающее приспособление с защелкой
 lifting ~ серьга, ушко
 locking ~ замковая защелка, запорная собачка
 pipe ~ трубный ключ

dog-leg 1. резкое изменение направления ствола скважины (*изменение угла и азимута*) 2. резкий изгиб (*трубы, талевого каната*) 3. *горн.* отклонение жилы 4. ломаный (*о линии*)

dolly 1. каток; тележка для перевозки деталей 2. оправка, круглая обжимка
 launching ~ плавающая каретка *или* люлька для спуска трубопровода на воду
 pipe ~ тележка для перевозки бурильных труб
 traveling block guide ~ каретка талевого блока (*для перемещения талевого блока по вертикальным направляющим с целью предотвращения его раскачивания при качке бурового судна или плавучей полупогружной буровой платформы*)

dolo 1. [dolomite] доломит 2. [dolomitic] доломитовый, доломитизированный

dolomite доломит

dolomitic доломитовый, доломитизированный

dom [domestic] местный; отечественный

dome 1. свод, купол 2. колпак (*печи*); сухопарник (*котла*) 3. *геол.* антиклинальное поднятие без отчетливого простирания
 coastal ~s прибрежная группа соляных куполов
 deep-seated salt ~ глубокозалегающий соляной купол
 interior ~ внутренний купол
 piercement salt ~ соляной купол протыкающего типа
 piercement-type salt ~ *см.* piercement salt dome
 producing ~ продуктивный купол
 salt ~ соляной купол
 sand ~ песчаный купол
 shallow ~ неглубокий купол

domed *см.* **dome-shaped**

dome-shaped куполообразный, куполовидный

domestic 1. коммунального назначения 2. местный; отечественный

donkey 1. вспомогательный механизм 2. небольшой поршневой насос 3. вспомогательный

door дверь, дверца; створка
 sliding cellar ~ раздвижная створка буровой шахты
 sliding side ~ раздвижная боковая дверца (*в скважинном оборудовании для опробования*)
 watertight ~ водонепроницаемая дверь (*на передвижных буровых установках*)

DOP [drilled-out plug] разбуренная пробка

dope 1. густая смазка; паста 2. присадка, (корректирующая) добавка; антидетонатор 3. поглотитель
oil ~ присадка к маслам
pipe ~ густая трубная смазка
thread ~ смазка для герметизации резьбового соединения

Dorn H [Dornick Hills] *геол.* дорник хиллз (*свита отдела атока пенсильванской системы, Среднеконтинентальный район*)

DOS-3 *фирм.* рафинированная маслянистая жидкость (*нефлуоресцирующая и нетоксичная добавка, понизитель трения буровых растворов*)

dosage 1. доза 2. дозирование; дозировка

dose доза ‖ дозировать

dosemeter *см.* **dosimeter**

doser 1. дозирующее устройство, дозатор 2. бульдозер

dosimeter дозиметр

DOT [direction orientation tool] устройство ориентации направления ствола

dot 1. точка ‖ ставить точки 2. отмечать пунктиром

dotted точечный; пунктирный, нанесенный пунктиром

double 1. двойной, сдвоенный 2. двухтрубка 3. удваивать, сдваивать 4. дублировать

double-acting двойного действия

Doug [Douglas] *геол.* Дуглас (*группа отдела вирджил пенсильванской системы, Среднеконтинентальный район*)

Dowcide G *фирм.* бактерицид

Dow Corning *фирм.* кремнийорганическое соединение (*пеногаситель*)

downfaulted сброшенный вниз (*о части пласта*)

downflow 1. нисходящий поток 2. переливная труба

downhill 1. склон горы 2. вниз по склону 3. наклонный, покатый

downhole 1. забой скважины 2. *горн.* нисходящая [наклонная] скважина, нисходящий шпур 3. вниз по скважине

down-pump погружной насос
low ~ погружной насос для небольших глубин

downstream 1. нагнетательный [напорный] поток 2. вниз по потоку, вниз по течению

downstroke ход поршня вниз; ход всасывания

downtime 1. простой (*напр. под погрузкой*) 2. время простоя

DP 1. [data processing] обработка данных 2. [dew point] точка росы 3. [double-pole] двухполюсный (*о переключателе*) 4. [drill pipe] бурильная труба 5. [dynamic positioning] динамическое позиционирование (*буровых судов и оснований*)

D/P 1. [drilled plug] разбуренная пробка 2. [drilling plug] разбуривание пробки

Dp [degree of polymerization] степень полимеризации

dp [double-pole] двухполюсный (*о переключателе*)

DPDB [double-pole double-base] двухполюсный двухкорпусный (*о переключателе*)

DP drillship буровое судно с динамическим позиционированием

DPDT [double-pole double-throw] двухполюсный двухходовой (*о переключателе*)

dpg [deepening] углубление

DPM [drill pipe measurement] измерение глубины по длине бурильной колонны; измерение бурильной трубы

dpn [deepen] углублять

DPS 1. [data processing system] система обработки данных 2. [differential pressure sticking] прихват (*инструмента*) под действием перепада давления, дифференциальный прихват

DPSB [double-pole single-base] двухполюсный однокорпусный (*о переключателе*)

DPST [double-pole single-throw] двухполюсный одноходовой (*о переключателе*)

DPT [deep pool test] опорная скважина, пробуренная на глубокозалегающий коллектор

dpt [depth] глубина

dpt rec [depth recorder] регистрирующий глубиномер

DPU [drill pipe unloaded] бурильная колонна, из которой откачана жидкость

DR [development redrill] забуривание нового ствола из разработочной скважины

dr 1. [drain] дренаж ‖ дренировать 2. [drive] а) привод; передача б) вытеснение нефти (*газом, водой*); пластовый режим 3. [drum] бочка 4. [druse] *геол.* друза

draft 1. тяга, сквозняк; дутье 2. эскиз, чертеж; план; набросок 3. осадка (*судна*) 4. тащить
~ of platform in drilling position осадка платформы при бурении
designed load ~ расчетная грузовая осадка (*плавучего бурового основания*)
drilling ~ осадка при бурении (*плавучей полупогружной буровой установки*)
forced ~ принудительная [искусственная] тяга; приточная [напорная] вентиляция
forward ~ осадка носом
induced ~ искусственная [принудительная] тяга; вытяжная [отсосная] вентиляция
keen ~ сильный поток воздуха
light ~ осадка ненагруженного судна
load ~ осадка нагруженного судна
net ~ полезный объем
operating ~ эксплуатационная осадка (*плавучей полупогружной буровой платформы при бурении*)
survival ~ осадка в режиме выживания
tanker ~ осадка танкера
tanker-loaded ~ осадка нагруженного танкера
towing ~ осадка при буксировке (*полупогружной буровой платформы*)
transit ~ транспортная осадка (*плавучей полупогружной буровой платформы*)

drag 1. натяжение; волочение 2. торможение; захватывание; задержка; отставание 3. тормоз; тормозной башмак
 bit ~ долото для бурения со стальной дробью, многоперое долото
 magnetic ~ магнитное притяжение
 wall ~ трение снаряда о стенки скважины
drain 1. сток; спускное отверстие; спускной патрубок 2. дренаж, сброс жидкости; стравливание || дренировать; подсасывать
 ~ off спускать, выпускать, сливать
 air ~ 1. стравливание воздуха 2. отдушина, вентиляционный канал
 floor ~ спускное отверстие в полу
 oil ~ отверстие для слива масла
 plug ~ дренажное отверстие с пробкой
 roof ~ дренажная система в резервуарах с плавающими крышами
drainage дренирование, дренаж; отбор жидкости; осушение
 cylinder ~ удаление конденсационной воды из цилиндра
 equilibrium ~ установившееся дренирование
 gravity ~ гравитационный режим пласта
 natural ~ естественное дренирование
 radial ~ радиально-дренируемая площадь
 well ~ площадь дренирования скважины
draw 1. тяга; вытягивание || тащить, тянуть; вытягивать; протягивать, волочить 2. усадочная раковина 3. отпускать (*сталь*) 4. всасывать, втягивать 5. чертить; рисовать; делать эскизы
drawdown депрессия; перепад давления (*создающийся по мере отбора жидкости из пласта или движения жидкости к скважине*); снижение давления в пласте
 ~ of a well понижение уровня (*нефти*) в скважине
 pressure ~ депрессия (*в скважине*)
 production ~ снижение темпа отбора
drawer устройство для вытаскивания *или* выдергивания
 nail ~ гвоздодер
 packing ~ крючок для извлечения набивки из сальника
drawing 1. чертеж; рисунок 2. вытягивание; протягивание
 assembly ~ сборочный чертеж
 dimensional ~ чертеж в масштабе; чертеж с размерами
drawn 1. тянутый, протянутый 2. отпущенный (*о стали*)
drawworks буровая лебедка
Dr Crk [Dry Creek] *геол.* драй-крик (*свита верхнего отдела кембрийской системы*)
dredge 1. драга, землечерпалка, экскаватор; земснаряд 2. взвесь, суспензия
 dipper suction-type ~ ковшовый земснаряд
dress 1. заправлять (*инструмент*) 2. отделывать
 ~ a bit заправлять долото
dressed 1. отделанный 2. заправленный
 ~ with армированный

dresser:
 drilling-bit ~ молот для заправки буровых долот
dressing 1. заправка (*инструмента*) 2. армирование (*твердыми сплавами*) 3. выпрямление, правка
 brake ~ смазка для тормозов
 tool ~ заправка бурового инструмента
drier сушилка; сушильный шкаф
 batch ~ сушилка периодического действия
 blast ~ воздушная сушилка
drift 1. снос, сдвиг, отклонение (*от вертикали*) 2. оправка, пробойник 3. остаточная деформация (*металла*) 4. лобовое сопротивление 5. *геол.* ледниковые отложения; наносы
 drilling-bit ~ отклонение бурового долота
 glacial ~ ледниковые отложения; морена
 shore ~ прибрежные отложения
driftage горная выработка, проходка
drifter колонковый перфоратор
 boom-mounted ~ перфоратор, смонтированный на колонке буровой каретки
 wet ~ колонковый перфоратор для «мокрого» бурения
driftmeter дрифтметр (*инструмент для измерения отклонения скважины от вертикали*); инклинометр
drift-sand зыбучий песок, наносимый ветром; плывун
Dri-Job *фирм.* низкосортный баритовый утяжелитель
drill 1. сверло; дрель || сверлить, просверливать 2. бур, буровой инструмент; перфоратор; бурильный молоток || бурить 3. инструктаж; практика; тренировка
 ~ by бурить мимо (*оставшегося в скважине инструмента*)
 ~ off 1. зашламовывать скважину 2. обуривать (*забой*)
 ~ out 1. выбуривать, разбуривать 2. высверливать
 ~ over разбуривать (*площадь*)
 ~ the pay бурить в продуктивном пласте
 ~ to depth of ...бурить на глубину...
 ~ upward расширять ствол скважины снизу вверх
 adamantine ~ алмазный (дробовой) бур
 air ~ пневматический перфоратор; пневматический бур
 air-driven hammer ~ пневматический молотковый бур
 anvil type percussion ~ ударный бур
 auger ~ 1. шнековая буровая установка 2. сверлильный вращательный перфоратор
 blunt ~ затупленный бур
 cable (system) ~ станок ударно-канатного бурения
 Calyx ~ цилиндрический бур Каликса с зубчатой коронкой
 churn ~ канатный бур; станок для ударного бурения

drilling

churn type percussion ~ *см.* churn drill
column ~ колонковый бур
diamond ~ алмазный бур, алмазная коронка для отбора керна
double core barrel ~ двойная колонковая труба для отбора керна в слабосцементированных породах
fire ~ учения по борьбе с пожарами
flexible ~ долото для бурения на гибком шланге
hammer ~ инструмент для ударно-вращательного пневматического бурения
laser ~ лазерный бур
lateral ~ горизонтальный бур
lifeboat ~ учения по эвакуации на спасательных шлюпках
machine ~ станок механического бурения (*в отличие от ручного*); перфоратор
magnetostrictive ~ магнитострикционный бур
man overboard ~ учения «человек за бортом» (*отрабатывающие спасение человека*)
non-diamond core ~ станок для бурения с отбором керна любым наконечником, кроме алмазного
percussion ~ ударный перфоратор
rock ~ 1. бурильная машина; перфоратор; станок для бурения по твердым породам 2. шарошечное долото; долото ударного бурения для твердых пород
shot ~ дробовой бур, станок дробового бурения
sinker ~ тяжелый бурильный молоток
skid-mounted ~ станок, смонтированный на раме с салазками
sonic ~ акустический бур
twist ~ спиральное сверло
water ~ перфоратор для бурения с промывкой водой

drillability буримость

drilled пройденный бурением, пробуренный
~ in пробурена (*о скважине*)
footage ~ проходка бурением в футах
extensively ~ густо разбуренный, с большим количеством скважин

driller 1. бурильщик 2. буровой инструмент
assistant ~ помощник бурильщика
automatic ~ автоматический бурильщик
undersea ~ подводный бурильный инструмент

drilling 1. бурение 2. сверление
~ ahead бурение ниже башмака предыдущей обсадной колонны
~ by flame термическое бурение
~ by jetting method бурение гидравлическим способом
~ in 1. вскрытие пласта 2. добуривание
~ out выбуривание
~ submarine wells бурение подводных скважин, бурение скважин с подводным устьем
~ the pay разбуривание продуктивного пласта

~ to completion бурение до проектной глубины
~ with air бурение с очисткой забоя воздухом
~ with counterflow бурение с обратной промывкой
~ with mud бурение с промывкой буровым раствором
~ with oil бурение с промывкой раствором на углеводородной основе
~ with salt water бурение с промывкой соленой водой
~ with sound vibration вибробурение со звуковыми частотами
aerated-fluid ~ бурение с промывкой аэрированными растворами
aeration ~ *см.* aerated-fluid drilling
air ~ 1. бурение с очисткой забоя воздухом 2. пневматическое бурение
air and gas ~ бурение с продувкой воздухом *или* газом
air-flush ~ бурение с продувкой сжатым газом
air-hammer ~ пневматическое ударно-вращательное бурение, вибробурение
air percussion ~ пневмоударное бурение
angled ~ бурение наклонных скважин
appraisal ~ бурение параметрических [оценочных] скважин
arc ~ электродуговой метод бурения
auger ~ шнековое бурение
balanced ~ бурение при сбалансированных изменениях гидродинамического давления в скважине, бурение на равновесии
bench ~ бурение на уступе; бурение с бермы; бурение по трассе
blasthole ~ взрывное бурение
blind ~ бурение с потерей циркуляции (*без выхода бурового раствора на поверхность*)
borehole ~ *см.* well drilling
bottom supported marine ~ бурение скважин с опорой на дно (*со стационарной свайной платформы*)
cable ~ ударно-канатное бурение
cable-churn ~ *см.* cable drilling
cable tool ~ *см.* cable drilling
calibration ~ бурение скважины номинального диаметра
chilled-shot ~ дробовое бурение
churn ~ канатное *или* ударное бурение
city-lot ~ бурение скважин на небольших городских участках
clean ~ бурение с очисткой ствола скважины глинистым буровым раствором (*в отличие от раствора на углеводородной основе*)
cluster ~ кустовое бурение
compressed-air ~ бурение с продувкой воздухом
contract ~ подрядное бурение
controlled ~ направленное бурение
controlled directional ~ наклонно направленное бурение

101

drilling

core ~ керновое [колонковое] бурение; структурное бурение
deep ~ глубокое бурение, бурение на большие глубины
deep-hole ~ *см.* deep drilling
deep water ~ глубоководное бурение
dense ~ бурение на уплотненной сетке
developing ~ бурение на стадии освоения месторождения
development ~ эксплуатационное бурение
diamond ~ алмазное бурение
diamond core ~ алмазное колонковое бурение
directed ~ *см.* directional drilling
directional ~ наклонно-направленное бурение
double barreled ~ двухствольное бурение
down-the-hole ~ наклонное бурение
dry ~ сухое бурение (*без промывки*)
dry percussion ~ сухое ударное бурение
dual bore cluster ~ двухствольное кустовое бурение
electrohydraulic ~ электрогидравлическое бурение
exploration ~ *см.* exploratory drilling
exploratory ~ разведочное бурение
flame ~ термическое бурение
flame-jet ~ *см.* flame drilling
formation ~ структурное бурение
full diameter ~ бескерновое бурение, бурение сплошным забоем
full hole ~ *см.* full diameter drilling
gas ~ бурение с продувкой забоя природным газом высокого давления, бурение с очисткой забоя газом
hard ~ бурение по крепким породам
heavy weight ~ бурение с промывкой утяжеленным буровым раствором
high-frequency ~ вибрационное бурение
high-velocity jet ~ бурение с помощью высоконапорных струй жидкости
horizontal ~ горизонтальное бурение
hydraulic ~ гидравлическое бурение
hydraulic percussion ~ ударное бурение с промывкой
hydraulic rotary ~ вращательный способ бурения с промывкой (*буровым*) раствором, роторное бурение
hydropercussion ~ *см.* hydraulic percussion drilling
infill ~ бурение с целью уплотнения сетки скважин
jet ~ 1. гидромониторное бурение 2. термическое бурение 3. прожигание струей
jet bit ~ бурение со струйной промывкой под давлением, гидромониторное бурение
jetting ~ *см.* jet drilling
land ~ бурение на суше, наземное бурение
large-hole ~ бурение скважины большого диаметра
machine ~ механическое бурение
marine ~ бурение на море, морское бурение, бурение морских скважин
mechanized ~ *см.* machine drilling

mist ~ бурение с очисткой забоя воздухом и введением туманообразующих агентов
moderate ~ бурение пород средней твердости
multihole ~ многозабойное бурение
multiple ~ *см.* multihole drilling
non-core ~ бурение сплошным забоем
offset ~ бурение в условиях близкого соседства отдельных скважин (*принадлежащих другим компаниям*)
offshore ~ 1. бурение на некотором расстоянии от берега 2. бурение в открытом море, морское бурение
oil-emulsion ~ бурение с промывкой эмульсионным раствором на нефтяной основе
oil well ~ бурение нефтяных скважин
old-well deeper ~ углубление старой нефтяной скважины
onshore ~ наземное бурение, бурение на суше
optimized ~ оптимизированное бурение (*с поддержанием заданных параметров*)
original ~ первоначальное бурение
overbalanced ~ бурение при повышенном гидростатическом давлении в стволе скважины
pellet impact ~ шариковое импульсное бурение
percussion ~ 1. ударное бурение 2. вибрационно-вращательное бурение
percussion-rotary ~ ударно-вращательное бурение
percussion-rotation ~ *см.* percussion-rotary drilling
permafrost ~ бурение в многолетнемерзлых породах
petroleum ~ бурение на нефть
pier ~ бурение с пирса (*в море*)
plug ~ разбуривание пробки; бурение по обрушенной породе
pneumatic ~ пневматическое бурение
pressure ~ бурение под давлением
probe ~ *см.* exploratory drilling
prospect ~ поисковое бурение; поисково-разведочное бурение
random ~ бурение скважины, заложенной наугад
reduced-pressure ~ бурение при пониженном гидростатическом давлении (*напр. при промывке аэрированными растворами*)
relief well ~ бурение разгрузочных скважин
rock ~ бурение по коренным породам
rod ~ штанговое бурение
roller-bit ~ бурение шарошечными долотами
rotary ~ вращательное [роторное] бурение
rotary-percussion ~ *см.* percussion-rotary drilling
rough ~ бурение в твердых [труднобуримых] породах
salt-dome ~ разбуривание соляного купола
scattered ~ беспорядочное бурение (*не по сетке*)
self-cleaning ~ бурение с выносом шлама пластовой жидкостью *или* газом, бурение восстающего шпура

shallow ~ 1. бурение на малой глубине (*в море*) 2. бурение неглубоких скважин
shelf ~ бурение на мелководье, бурение на шельфе
shot ~ дробовое бурение
simultaneous ~ двухствольное бурение
slant ~ наклонное бурение (*с наклоненной вышки*)
slant hole ~ бурение наклонных скважин
slim-hole ~ бурение скважин малого диаметра
structure ~ структурное бурение
subsurface ~ подземное бурение
super-deep ~ сверхглубокое бурение
surface ~ бурение с поверхности (*в отличие от подземного*)
test ~ структурно-поисковое бурение, бурение опорных скважин
top hole ~ проходка верхнего интервала глубины скважины
tough ~ бурение в твердых породах
turbine motor ~ бурение турбобуром
ultradeep ~ сверхглубокое бурение (*на глубину более 7000 м*)
underbalanced ~ (UBD) бурение при пониженном гидростатическом давлении в стволе скважины, бурение с отрицательным давлением в системе скважина – пласт
underground ~ подземное бурение
underwater ~ подводное бурение (*бурение скважин с подводным расположением устья*)
up-to-date ~ современная техника бурения
vertical ~ вертикальное бурение
vibratory ~ вибрационное бурение
vibropercussion ~ виброударное бурение
water ~ *см.* water flush drilling
water flush ~ бурение с промывкой водой
water jet ~ гидромониторное бурение (*размывом породы сильной струей жидкости высокого давления*)
water well ~ бурение артезианских скважин, бурение на воду
well ~ бурение скважин(ы)
wildcat ~ поисковое бурение
Drilling Milk *фирм.* поверхностно-активное вещество, ПАВ (*эмульгатор*)
Drilling Bar *фирм.* баритовый утяжелитель
drillman 1. бурильщик 2. рабочий буровой бригады
drillship буровое судно
DP ~ буровое судно с динамическим позиционированием
turret-moored ~ буровое судно с турельной якорной системой (*позволяющей судну вращаться вокруг вертикальной оси*)
drillstem бурильная колонна
flexible ~ гибкая бурильная колонна, шлангокабель
Drilltex *фирм.* трепел, кизельгур, инфузорная земля (*наполнитель для низкоминерализованных буровых растворов*)

Drillube *фирм.* поверхностно-активное вещество, ПАВ (*смазывающая добавка*)
Driloil *фирм.* структурообразователь для буровых растворов на углеводородной основе
Driltreat *фирм.* стабилизатор буровых растворов на углеводородной основе
drip 1. отстойник (*для спуска жидкости из газопровода*) 2. сепаратор (*для отделения жидкости от природного газа*) 3. капля ‖ капать
gas well ~ водоотделитель для газовой скважины
dripper скважина с малым дебитом
Driscose *фирм.* натриевая карбоксиметилцеллюлоза
Drispac *фирм.* полианионная целлюлоза (*понизитель водоотдачи*)
Drispac Superflo *фирм.* специально обработанная легкорастворимая полианионная целлюлоза (*понизитель водоотдачи*)
drive 1. привод; передача 2. приводное устройство; приводной механизм 3. вытеснение нефти (*газом, водой*), пластовый режим 4. приводить в движение, вращать 5. забивать (*трубы, сваи*)
~ down уменьшать частоту вращения, замедлять (*движение*)
~ in забивать (*трубы, сваи*)
~ out выбивать, выколачивать
~ up увеличивать частоту вращения, ускорять (*движение*)
air ~ 1. нагнетание воздуха в пласт 2. воздушная репрессия, вытеснение воздухом 3. пневматический привод, пневмопривод
air oil ~ вытеснение нефти воздухом
artificial ~ искусственное вытеснение (*нефти*)
belt ~ ременный привод, ременная передача
bevel gear ~ коническая зубчатая передача
bottom ~ 1. забойный привод 2. напор в пласте
bottom water ~ напор подошвенных вод (*в пласте*)
cam ~ кулачковый привод
chain ~ цепная передача, цепной привод
combination ~ смешанный режим (*пласта*)
combination gas and water ~ смешанный газо- и водонапорный режим (*пласта*)
combination solution gas and water ~ смешанный режим (*пласта*): растворенного газа и водонапорный
combustion ~ вытеснение нефти из пласта продуктами сгорания
condensation gas ~ 1. газонапорный режим с конденсацией, вытеснение нефти обогащенным газом (*при котором компоненты газа растворяются в вытесняемой нефти*) 2. перевод нефти в конденсатное состояние
constant-speed ~ привод с постоянной скоростью
coupling ~ привод с непосредственным соединением валов

drive

depletion ~ *см.* dissolved gas drive
diesel electric ~ дизель-электрический привод
direct ~ привод с непосредственным соединением валов; прямой [непосредственный] привод, прямая передача
direct motor ~ индивидуальный привод от мотора
dissolved gas ~ режим растворенного газа
dual ~ двойной привод
eccentric ~ групповой привод для нескольких насосных скважин
edge water ~ режим вытеснения нефти краевой водой
elastic ~ упругий режим пласта
elastoplastic ~ *см.* elastic drive
electric ~ электрический привод, электропривод
electromagnetic ~ электромагнитный привод
engine ~ привод от двигателя; механический привод
exhaust-gas ~ вытеснение нефти выхлопными газами
external ~ режим эксплуатации под действием постороннего источника энергии; вытеснение агентом, нагнетаемым извне
fluid ~ гидравлический двигатель; гидравлический привод, гидропривод
flywheel ~ привод от маховика
forward ~ передний ход
friction ~ фрикционная передача, фрикционный привод
frontal ~ 1. поршневое вытеснение нефти 2. линейное перемещение фронта вытеснения
gas ~ 1. газонапорный режим пласта, метод эксплуатации с закачкой газа в пласт 2. привод от двигателя внутреннего сгорания
gas cap ~ режим газовой шапки
gear ~ зубчатая передача, ЗП
gear-motor ~ мотор-редуктор
generator ~ привод генератора
gravity ~ гравитационный режим (*пласта*)
group ~ групповой привод
high-powered ~ привод большой мощности
high pressure gas ~ вытеснение газом высокого давления (*в случае вытеснения в условиях смешиваемости*); газовый режим с испарением
Hild differential ~ дифференциальное устройство системы Хилда (*для автоматической подачи долота при бурении*)
hydraulic ~ гидравлический привод, гидропривод
hydraulic pressure ~ *см.* hydraulic drive
independent ~ *см.* individual drive
individual ~ одиночный [индивидуальный] привод
intermediate ~ промежуточная передача
internal gas ~ режим растворенного газа (*вытеснение нефти из пласта за счет расширения пузырьков окклюдированного газа*)
kelly ~ вкладыши для вращения рабочей [ведущей] трубы

line ~ перемещение линейного контура (*при заводнении*)
linear ~ линейное вытеснение (*нефти*)
link ~ кулисный привод; рычажно-шарнирная передача
magnetic ~ привод с электромагнитной муфтой, магнитный привод
miscible ~ вытеснение в условиях смешиваемости фаз (*или вытеснение нефти смешивающейся фазой*)
motor ~ привод от электродвигателя, электропривод
natural reservoir ~ естественный режим пласта *или* залежи
natural water ~ естественный водонапорный режим
oil ~ вытеснение нефти (*водой*)
oil-electric ~ дизель-электрический привод
oil-hydraulic ~ гидравлический привод, гидропривод
open belt ~ привод прямым [неперекрещивающимся] ремнем
partial water ~ частично водонапорный режим
pattern ~ 1. контур расположения скважин 2. площадное вытеснение
pedal ~ ножной [педальный] привод
pinion ~ шестеренная передача
pneumatic ~ пневматический привод, пневмопривод
positive ~ 1. жесткий привод 2. жесткая передача
power ~ привод от двигателя; механический привод
primary ~ главный привод
probable ~ вероятный режим залежи
pulley ~ передача через шкив
pump ~ привод насоса
rack-and-pinion ~ реечная передача
ram ~ поршневой привод (*превентора*)
rope ~ канатный привод; канатная передача
rotary table ~ привод ротора
runaround ~ обходной привод
segregation ~ *см.* gas cap drive
separate ~ *см.* individual drive
separate table ~ индивидуальный привод ротора
single ~ *см.* individual drive
solution gas ~ *см.* dissolved gas drive
solution-gas-gas cap ~ смешанный пластовый режим растворенного газа и газовой шапки
solution-gas-gas cap water ~ смешанный пластовый режим растворенного газа, газовой шапки и водонапорный
speed fluid ~ гидропреобразователь для бесступенчатого изменения скорости
speed-reducing ~ редуктор
tandem ~ привод тандем
texrope ~ клиноременная передача
thermal ~ термическое воздействие на пласт
toothed ~ зубчатая передача, ЗП

torque tube ~ карданная передача
turbine ~ турбопривод
unit ~ *см.* individual drive
water ~ вытеснение нефти нагнетаемой водой, водонапорный режим пласта
worm-gear ~ червячный привод; червячная передача
worm-wheel ~ *см.* worm-gear drive

drivehead наголовник для забивки обсадных труб *или* свай

driven 1. работающий от привода, с приводом 2. приводимый в действие; запускаемый 3. ведомый (*о шестерне или колесе*)
~ to grade установленный до отметки (*о глубине забивки свай*)
air ~ пневматический, с пневматическим приводом
belt ~ с ременным приводом, работающий от ременного привода
direct motor ~ имеющий прямой [непосредственный] привод
electrically ~ с электрическим приводом
engine ~ механизированный; с приводом от двигателя
gasoline ~ с приводом от двигателя внутреннего сгорания
gear ~ действующий от зубчатого привода
hand ~ с ручным приводом
manually ~ *см.* hand driven
motor ~ *см.* power driven
pedal ~ с педальным [ножным] приводом
power ~ приводной, с механическим приводом
traction ~ работающий в качестве прицепа (*не имеющий собственного двигателя*)

driver 1. привод; приводное устройство; приводной механизм 2. ведущий шкив 3. машинист; водитель, шофер
pile ~ копер [молот] для забивания свай
underwater pile ~ подводный молот [копер] для забивания свай

driving 1. передача; привод; приведение в действие || приводной; ведущий 2. проходка
belt ~ over приводной ремень с верхним натяжением
belt ~ under приводной ремень с нижним натяжением
pipe ~ бестраншейная прокладка трубопровода под препятствием; продавка трубопровода (*через насыпь*)

drk [derrick] буровая вышка

DRL [double random lengths] двухтрубные свечи из труб разной длины

drl [drill] бур; буровой инструмент; перфоратор; бурильный молоток

drld [drilled] пробуренный

drlg [drilling] бурение

drlr [driller] 1. бурильщик 2. буровой инструмент

drng [drainage] дренирование; дренаж

droop 1. ослабление; понижение; провисание 2. спад || спадать (*о кривой*)

drooping 1. падение (*частоты вращения машины*), спад, понижение 2. падающий (*о характеристике*)

drop 1. капля || капать 2. падение; спад; перепад; снижение || падать; снижаться 3. перепад, градиент
~ out 1. осаждаться (*из раствора*) 2. выпадать
~ of potential падение напряжения
~ of pressure падение [перепад] давления
~ of voltage *см.* drop of potential
annular pressure ~ снижение давления в затрубном пространстве (*при закрытой превентором скважине*)
heat ~ перепад тепла, падение температуры
ohmic ~ of potential омическое падение напряжения
partial ~ of pressure местное падение давления [напора]
potential ~ падение напряжения
pressure ~ падение [перепад] давления
recovery bbl/psi ~ дебит в баррелях на единицу снижения давления
revolution ~ снижение частоты вращения
speed ~ падение [снижение] скорости
temperature ~ падение температуры
voltage ~ *эл.* падение напряжения

dropoff выполаживание (*кривой*)

drowned затопленный, обводненный (*о пласте, скважине*)

drowning обводнение пласта *или* скважины

drpd [dropped] упавший (*в скважину*)

drsy [drusy] имеющий форму друзы

drum 1. барабан; цилиндр 2. металлическая бочка (*тара для перевозки нефтепродуктов и химреагентов*)
bailing ~ тартальный барабан
boom hoist ~ лебедка изменения вылета стрелы (*подъемного крана*)
brake ~ тормозной барабан
drawworks ~ барабан буровой лебедки
heavy steel ~ бочка из толстолистовой стали
hoist ~ *см.* hoisting drum
hoisting ~ подъемный барабан лебедки
indicator card ~ барабан для индикаторной ленты
load ~ *см.* hoisting drum
main line hoist ~ лебедка главного подъема (*крана бурового судна*)
oil ~ бочка для нефтепродуктов

dry сушить, высушивать || «сухой» (*о скважине*)
~ up a well откачать жидкость из скважины
bailed ~ оказавшаяся сухой (*о скважине при пробной эксплуатации*)
boil ~ выпаривать досуха
run ~ 1. бурить всухую 2. работать без смазки

dry-batched приготовленный в сухом состоянии (*о смеси*)

dryer установка для осушения; сушилка
absorption gas ~ абсорбционная установка для сушки газа

DS 1. [degree of substitution] степень замещения 2. [directional survey] измерение азимута ствола скважины 3. [drill stem] бурильная колонна

D-sander см. desander

DSDP [deep-sea drilling project] проект глубоководного бурения

dsgn [design] конструкция

DSI [drilling suspended indefinitely] бурение прекращено на неопределенное время

D-silter см. desilter

dsmtl [dismantle] разбирать, демонтировать

dsmtlg [dismantling] демонтаж, разборка

DSO [dead show of oil] нефтепроявление без газопроявления

DSS 1. [days since spudded] время (*в сутках*) с момента забуривания скважины 2. [deep seismic sounding] глубинное сейсмическое зондирование

DST [drill stem test] тестирование в бурильной колонне

dstl [distillate] дистиллят

dstn [destination] пункт назначения

dstr [downstream] вниз по течению

DSU [development sulphur well] добывающая скважина с серосодержащей продукцией

DT [drilling time] время чистого бурения

D/T [driller's tops] отметки в буровом журнале (*о пластах, в которых осуществлялось бурение за смену*)

DTA [differential thermal analysis] дифференциальный термический анализ, ДТА

DTD [drilling total depth] конечная глубина бурения

dtr [detrital] детритовый, обломочный

D-Tron S-18 *фирм.* вспенивающий реагент для буровых растворов на водной основе

DTW [dealer tank wagon] железнодорожная цистерна, принадлежащая поставщику

dual двойной; сдвоенный; состоящий из двух частей

~ a well 1. эксплуатировать одновременно два горизонта в скважине 2. использовать силовую установку одной скважины для эксплуатации другой

duct 1. канал, проход 2. труба; трубопровод
access ~ входной канал
air ~ воздушный канал; воздуховод; вентиляционная труба
drainage ~ дренажная труба
oil ~ маслопроводная трубка *или* канавка; смазочный канал

ductile пластичный; вязкий, тягучий; ковкий

dull 1. тупой, изношенный (*о долоте, коронке*) || притуплять, затуплять 2. тусклый (*о минералах*)

dump 1. свалка || сваливать 2. опрокидыватель || опрокидывать; разгружать, сбрасывать 3. склад || складировать 4. отвал (*породы*) || сбрасывать в отвал
bailer ~ желоночный замок

cement ~ желонка для заливки цементного раствора в скважину

dumping 1. разгрузка; опорожнение; опрокидывание; сваливание 2. качающийся; перекидной; откидной 3. эк. демпинг
returns ~ сброс промывочной жидкости с выбуренной породой (*на дно моря*)
rock ~ засыпка обломочным каменным материалом (*подводного трубопровода*)

Duovis *фирм.* ксантановая смола с высокой молекулярной массой и длинной полимерной цепью

Dup [Duperow] *геол.* дьюпероу (*свита верхнего отдела девонской системы*)

dup [duplicate] 1. дубликат, копия 2. сдвоенный, спаренный

duplex 1. дуплексный; двойной; сдвоенный; спаренный 2. двухсторонний 3. двухфазный

durability 1. долговечность; продолжительность службы 2. прочность; стойкость 3. износоустойчивость

durable 1. долговечный 2. прочный 3. износоустойчивый

duration продолжительность
test ~ продолжительность испытаний

Duratone *фирм.* регулятор водоотдачи и стабилизатор эмульсионных буровых растворов

dust 1. пыль || удалять пыль 2. порошок; пудра || посыпать порошком; превращать в порошок; припудривать
~ off удалять пыль

duster *разг.* непродуктивная скважина

dustproof защищенный от пыли; пыленепроницаемый

duty 1. нагрузка 2. работа (*машины*); режим работы; рабочий цикл 3. производительность; мощность; продолжительность включения 4. обязанность; круг обязанностей; сфера деятельности 5. вахта; дежурство 6. эк. пошлина; налог
constant ~ постоянный режим работы
continuous ~ длительный [продолжительный] режим
extra ~ дополнительная производительность; перегрузка
heavy ~ тяжелые условия работы, тяжелый режим работы
operating ~ рабочий режим
periodic ~ периодический режим; периодическая работа
pump ~ подача насоса
sea ~ работа на морской буровой
severe ~ тяжелые условия работы, тяжелый режим работы
short-time ~ кратковременный режим
specific ~ удельная производительность

DV [differential valve] (цементировочный) дифференциальный клапан

DV-22 *фирм.* реагент для регулирования фильтрационной способности буровых растворов на углеводородной основе

DV-33 *фирм.* понизитель поверхностного натяжения для обработки буровых растворов нефтью и приготовления инвертных эмульсий

dw [deadweight] 1. (массовое) водоизмещение, грузоподъемность, дедвейт 2. собственный вес, вес конструкции

DWA [drilling with air] бурение с очисткой забоя воздухом

dwg [drawing] чертеж, рисунок

dwks [drawworks] буровая лебедка

DWM [drilling with mud] бурение с промывкой буровым раствором

dwn *см.* **dn**

DWO [drilling with oil] бурение с промывкой раствором на углеводородной основе

DWP [dual/double wall packer] сдвоенный пакер для установки в открытом стволе

DWSW [drilling with salt water] бурение с промывкой соленой водой

DWT [deep well thermometer] зонд для записи кривой температуры в скважине

DWW [development well workover] эксплуатационная скважина в капитальном ремонте

dx [duplex] дуплексный; двойной; сдвоенный; спаренный

dying-out *геол.* выклинивание

dyn [dynamic] динамический

dynagraph *см.* **dynamograph**

dynamic динамический

dynamograph регистрирующий динамометр, динамограф

dynamometer динамометр

E

E 1. [earth] *англ.* земля, заземление 2. [East] восток 3. [elevation] высота над уровнем моря

e [efficiency] коэффициент полезного действия, кпд; производительность

e *усл.* [bed thickness] толщина (*мощность*) пласта

E/2 [East half] восточная половина

E/4 [East quarter] восточная четверть

EAM [electric accounting machine] электрическая счетная машина

ear ушко; проушина; петля; зажим (*контактного провода*)

early 1. ранний, прежний; нижний (*о геологических свитах*), древний 2. опережающий; предваряющий

earth 1. земля; суша 2. почва, грунт 3. *эл. англ.* земля, заземление ∥ заземлять 4. *эл.* замыкание на землю
alkaline ~ щелочные земли
alum ~ глинозем, оксид алюминия Al_2O_3
diatomaceous ~ диатомовая земля, диатомит
infusorial ~ инфузорная земля
siliceous ~ кремнистая земля

earthed заземленный

earth-free незаземленный

earthing *англ. эл.* заземление

earthquake землетрясение
~ of distant origin отдаленное землетрясение
in-land ~ материковое землетрясение; землетрясение на суше
local ~ местное землетрясение
submarine ~ подводное землетрясение

ease 1. разгружать; облегчать; освобождать; ослаблять; смягчать; отпускать (*напр. гайку*) 2. убавлять (*подачу, ход и т.п.*), уменьшать (*скорость, частоту вращения*)
~ an engine уменьшать обороты двигателя
~ off 1. убавлять обороты (*двигателя*) 2. отпускать (*гайку*); ослаблять затяжку

easer вспомогательный шпур; вспомогательная скважина; разгрузочная скважина (*бурящаяся при открытом фонтанировании основной скважины*)

ebb 1. отлив ∥ убывать (*о воде*) 2. неглубокий; близкий к поверхности

E/BL [East boundary line] линия восточной границы, восточная линия раздела

ebullition образование пузырей; кипение

e. c. [earth currents] токи в земле

eccentric эксцентрик ∥ эксцентриковый; внецентренный
adjustable ~ регулируемый эксцентрик
counterbalanced ~ уравновешивающий эксцентрик

eccentricity эксцентриситет; эксцентричность

ECD [equivalent circulating density] эквивалентная плотность циркуляции

echo эхо-сигнал, отраженный сигнал

echosounder эхозонд, эхолот

econ 1. [economics] экономика 2. [economizer] экономайзер 3. [economy] экономия

Economagic *фирм.* эмульгатор сырой нефти в растворах с низким содержанием твердой фазы и регулятор тиксотропных свойств буровых растворов на углеводородной основе

Economaster *фирм.* гидроциклонный илоотделитель со сменным вкладышем и алюминиевым корпусом

ECP [external casing packer] наружный трубный (затрубный) пакер

ECT [energy conservation techniques] энергосберегающие технологии

Ect [Ector] 1. *геол.* эктор (*свита группы остин серии галф меловой системы*) 2. Эктор (*округ в штате Техас*)

ectogenic эктогенный; посторонний (*о включениях и вкраплениях в породе*)

edc [estimated date of completion] дата завершения (*работ*)

eddy вихрь, завихрение; вихревое движение; турбулентное движение ∥ завихряться ∥ вихревой

eddying вихрь, завихрение; вихревое движение; турбулентное движение

edge 1. гребень; ребро; край; кромка, грань, фаска 2. остриё || заострять 3. опорная призма
~ away *геол.* выклиниваться
bevel(ed) ~ скошенный край, фаска
cutting ~ режущий край, режущая кромка (*бура, долота, башмака обсадных труб*)
gage ~ калибрующая кромка (*долота*)
knife ~ 1. ножевая [призматическая] опора 2. лезвие; острая кромка
leading ~ 1. передняя кромка (*напр. фронта горения*) 2. рабочая кромка
linear cutting ~ суммарная длина режущей кромки
reaming ~ рабочая грань (*поверочного долота или расширителя*)
reefshelf ~ рифовые отложения в краевой части шельфа
trailing ~ 1. задняя кромка; сторона сбегания 2. вспомогательная режущая кромка

edgewater краевая вода

Ed ln [Edwards lime] *геол.* эдвардский известняк

EDM [electronic distance measuring] электронное измерение расстояния

EDP [electronic data processing] компьютерная обработка данных

EDTA [ethylenediaminetetraacetic acid] этилендиаминтетрауксусная кислота

EDTC [European Diving Technology Committee] Европейский комитет водолазных технологий

Educ [education] образование

eduction выпуск; выход; сток; удаление; извлечение; продувка; выхлоп

eductor 1. эдуктор, подъемная колонна (*газлифта*); подъемник 2. эжектор

Edw [Edwards] *геол.* эдвардс (*свита зоны фредриксберг серии команче меловой системы*)

EE [economic efficiency] экономическая эффективность

E/E [end-to-end] непрерывной цепью, впритык

EEE [evaluation of effects on environment] оценка воздействия на окружающую среду

EEZ [exclusive economic zone] прибрежная двухсотмильная экономическая зона

EF 1. [Eagle Ford] *геол.* игл-форд (*свита глин верхнего отдела меловой системы*) 2. [extra fine] очень мелкий (*о материале*); очень тонкий (*об обработке*)

e. f. *см.* **EF** 2.

eff [effective] эффективный

effect 1. действие, эффект; влияние, воздействие 2. производительность, работа; результат || выполнять; производить
air blast ~ эффект воздушной звуковой волны
borehole ~ влияние диаметра скважины на данные каротажа
boundary ~ граничный [краевой, концевой] эффект
braking ~ тормозной эффект, тормозящее действие
Donald Duck ~ «эффект Дональда Дака» (*искажение голоса водолаза при вдыхании кислородно-гелиевой смеси под давлением*)
electrolytic ~ электролиз
end ~ *см.* boundary effect
flywheel damping ~ инерция вращающихся масс, сглаживающее действие махового колеса
heat ~ тепловой эффект
impact ~ ударный эффект, ударное действие
magnetic ~ магнетизм
mechanical ~ полезная [эффективная] мощность
mutual ~ совместный эффект
osmotic ~ осмотический эффект
pendulum ~ эффект отвеса [маятника] при бурении в условиях искривления ствола (*закон Вудса – Лубинского*)
pressure ~ результат давления
pronounced ~ отчетливое влияние
scale ~ влияние масштаба
shielding ~ эффект заслона [экранирования]
side ~ побочный эффект
skin ~ 1. скин-эффект (*явление ухудшенной проницаемости в призабойной зоне скважины*) 2. *эл.* поверхностный эффект
striking ~ уровень ударных воздействий
temperature ~ влияние температуры
useful ~ полезная работа, полезное действие, отдача
weather ~ влияние метеоусловий

effervescence вскипание, шипение (*происходящее при выделении газов*); бурное выделение газов

efficiency 1. отдача; производительность; мощность 2. коэффициент полезного действия, кпд; коэффициент использования 3. эффективность; экономичность; продуктивность
~ of control эффективность управления
~ of pump производительность насоса
actual ~ действительная *или* эффективная мощность
areal sweep ~ площадный коэффициент охвата пород вытесняющей фазой
average ~ 1. средний кпд 2. средняя производительность
boiler ~ кпд котла
breakthrough sweep ~ коэффициент охвата вытеснением до прорыва
commercial ~ коэффициент экономической эффективности
displacement ~ эффективность вытеснения; коэффициент вытеснения (*при заводнении*)
drilling ~ эффективность бурения
economic ~ экономическая эффективность
heat ~ тепловой кпд
high ~ высокая производительность, высокий кпд

hydraulic ~ гидравлический кпд
lifting ~ эффективность лифта; кпд насоса *или* газлифта
mechanical ~ механический кпд; механическая отдача
net ~ общий кпд
operating ~ производительность
overall ~ общий (экономический) кпд, общая отдача
pattern ~ 1. эффективность размещения скважин 2. эффективность заводнения
peak ~ максимальный кпд, максимальная производительность (*установки*)
peak operating ~ максимально эффективный режим (*работы*)
poor ~ низкая производительность, слабая эффективность; низкий кпд
power ~ коэффициент полезного действия, кпд; производительность
relative ~ относительный кпд
sweep ~ эффективность вытеснения при данном расположении скважин
thermal ~ тепловой *или* термический кпд, полезная теплоотдача
total ~ общий кпд
unit displacement ~ удельная эффективность вытеснения, коэффициент полноты вытеснения
useful ~ эффективная мощность; используемая мощность *или* производительность

efficient эффективный; действительный; продуктивный; экономичный

effluent истечение, сток; исток; выпуск ‖ вытекающий, просачивающийся; сточный
well ~s жидкость и газ, притекающие к скважине

efflux 1. истечение; утечка (*жидкости*), вытекание, исток 2. реактивная струя, струя выхлопных газов

effort усилие, сила
braking ~ тормозящее усилие; сила торможения
centrifugal ~ центробежная сила
compactive ~ уплотняющее усилие
cutting ~ режущее усилие

effy [efficiency] 1. производительность 2. коэффициент полезного действия, кпд 3. экономичность

EFV [equilibrium flash vaporization] равновесное мгновенное испарение

Egl [Eagle] *геол.* игл (*свита серии монтана верхнего отдела меловой системы*)

EHP, ehp [effective horsepower] эффективная мощность в л. с.

EHS [environment health and safety] гигиена и безопасность окружающей среды

Eht [extra-high tension] сверхвысокое напряжение

ei [electrical insulation] электроизоляция

EIS [environmental impact statement] заключение о воздействии на окружающую среду

eject выбрасывать, извергать; выпускать; выталкивать

eject [ejector] 1. эжектор; отражатель; выталкиватель 2. струйный вакуумный насос

ejection выброс; выбрасывание, выталкивание
face ~ подача промывочной жидкости на забой скважины через отверстия в торце алмазной коронки

ejector 1. эжектор; отражатель; выталкиватель 2. струйный вакуумный насос

E/L [East line] восточная линия [граница]

el [elevation] 1. возвышение, возвышенность; высота над уровнем моря; поднятие (*суши*) 2. вертикальная проекция, вертикальный разрез

elastic упругий, эластичный

elasticity упругость, эластичность
impact ~ ударная вязкость
perfect ~ предельная упругость
residual ~ упругое последействие, остаточная упругость
shear ~ упругость при срезе, модуль сдвига
torsional ~ упругость при скручивании [кручении]
transverse ~ упругость при изгибе; упругость при сдвиге

elbow колено; патрубок; угольник; фитинг
female ~ угольник [отвод] с внутренней резьбой
inlet ~ входной патрубок
male ~ отвод с наружной резьбой
reducing ~ прямой переходный угольник
reducing taper ~ переводник для соединения двух труб разного диаметра без переводной муфты
twin ~ двойное колено
weld ~ приварное колено

elbowed коленчатый; изогнутый

elec [electric(al)] электрический

electric(al) электрический

electrification 1. электрификация 2. электризация

electrode электрод
bare ~ *св.* голый [необмазанный] электрод
coated ~ *св.* обмазанный электрод
guarded ~ экранированный электрод
potential ~ измерительный электрод
reference ~ электрод сравнения, стандартный полуэлемент
reversible ~s *геофиз.* обратимые электроды
towed ~ электрод, буксируемый за судном (*при электроразведке на воде*)
transmitting ~ питающий [токовый] электрод
welding ~ сварочный электрод

electrodrill электробур

electrolinking создание электропроводящих каналов в пласте

electrologging электрокаротаж, электрометрия (*скважин*)

electrolyte электролит

electron 1. электрон ‖ электронный 2. электрон (*магниевый сплав*)
conduction ~ электрон проводимости
orbital ~ орбитальный [внешний] электрон

electron

outer-shell ~ электрон внешней оболочки
thermal ~ термоэлектрон
trapped ~ захваченный электрон
electroosmosis электроосмос
elem 1. [element] элемент 2. [elementary] элементарный
element 1. элемент 2. часть; деталь; секция 3. параметр 4. простое вещество
constituent ~s элементы (*составные части*)
contact ~s соприкасающиеся элементы (*напр. глубинного насоса*)
electronegative ~ электроотрицательный элемент
electropositive ~ электроположительный элемент
measuring ~ измерительный элемент (*прибора*)
part ~ узел (*насоса и т.п.*)
primary ~s первичные элементы *или* датчики (*в контрольно-измерительных приборах*)
radioactive ~s радиоактивные элементы
sensitive ~ чувствительный [воспринимающий] элемент; датчик
structural ~ элемент конструкции
trace ~ микроэлемент, рассеянный элемент
tracer ~ меченый атом; радиоактивный индикатор
elementary 1. элементарный 2. первичный 3. *хим.* неразложимый
elevated 1. приподнятый, находящийся на возвышении 2. надземный
elevation 1. высота над уровнем моря; поднятие (*суши*); возвышение, возвышенность 2. вертикальная проекция, вертикальный разрез
~ of well высота устья скважины (*над уровнем моря*)
derrick floor ~ высота пола буровой над уровнем земли
front ~ вид спереди
kelly drive bushing ~ высота расположения верхнего торца вкладыша под ведущую трубу
rear ~ вид сзади
side ~ вид сбоку
wellhead ~ высота устья скважины над уровнем моря
elevator 1. элеватор 2. лифт; подъемник
bucket ~ ковшовый элеватор, нория
casing ~ элеватор для труб, трубный элеватор; элеватор для спуска-подъема обсадных труб
center latch ~ элеватор с центральной защелкой
double gate ~ двухшарнирный элеватор
latch type ~ элеватор замкового типа
pipe ~ элеватор для труб, трубный элеватор
rod ~ элеватор для насосных штанг
slip-type ~ элеватор плашечного [клинового] типа
tubing ~ элеватор для насосно-компрессорных труб
undamped ~ открытый элеватор

elevator-spider элеватор-спайдер
ELF [extra long frequency] инфранизкая частота (*30 – 300 Гц*)
elimination 1. удаление; устранение; исключение 2. *матем.* приведение к уравнению с одним неизвестным
ell [elbow] колено; патрубок; угольник; фитинг
Ellen [Ellenburger] *геол.* элленбергер (*свита серии канадиен ордовикской системы*)
elongate удлинять(ся), растягивать(ся)
elongation 1. удлинение; растягивание 2. относительное удлинение; коэффициент удлинения
axial ~ осевое удлинение; продольное удлинение
effective ~ истинное относительное удлинение
extension ~ удлинение в результате растяжения
local ~ местное удлинение; образование шейки при растяжении
permanent ~ остаточное удлинение
relative ~ относительное удлинение
specific ~ относительное удлинение; удельное удлинение; удлинение на единицу
tensile ~ удлинение при разрыве
ultimate ~ критическое удлинение
uniform ~ равномерное относительное удлинение (*образца при разрыве*)
unit ~ удельное удлинение; относительная продольная деформация, относительное удлинение
Elseal *фирм.* дробленая скорлупа грецкого ореха (*нейтральный наполнитель для борьбы с поглощением бурового раствора*)
EL/T [electric log tops] глубина расположения верхних границ пластов по данным электрокаротажа
eltranslog электроразведка методом становления поля
elutriate декантировать, сливать жидкость с осадка; отмучивать
elutriation 1. отмучивание, промывка, декантация 2. классификация (*при обогащении*)
elutriator отстойник, прибор для отмучивания
elutriometer прибор для определения содержания песка в буровых растворах
eluvial элювиальный
eluvium элювий
E. M. 1. [Eagle Mills] *геол.* игл-миллз (*свита верхней серии триасовой системы*) 2. [engineer of mining] горный инженер
em 1. [electromagnetic] электромагнитный 2. [electromechanical] электромеханический 3. [electromotive] электродвижущий
embankment вал, насыпь, дамба
embayment залив, лиман (*иногда для погребенных элементов – ответвление бассейна осадконакопления*)
embed 1. *геол.* залегать 2. заделывать; заливать; погружать

embedded 1. погребенный, внедренный, заключенный (*в породе*) 2. залегающий среди пластов, пластовый, слоистый 3. заделанный, погруженный

embedment *геол.* вдавливание; утопленность (*способ внедрения*)

embrittlement *мет.* хрупкость
caustic ~ щелочное растрескивание
corrosion ~ коррозионная хрупкость
graphitic ~ графитовая хрупкость
hydrogen ~ водородная хрупкость
notch ~ ударная хрупкость
temper ~ отпускная хрупкость

EMC [Ellis-Madison contact] *геол.* контакт серии эллис и мэдисон юрской системы

EMD [electromagnetic method of orientation] электромагнитный метод ориентирования (*перфоратора*)

emer [emergency] авария || аварийный

emerge выступать (*из воды*); подниматься; возникать

emergence 1. выход на поверхность; появление 2. прирост [поднятие] суши 3. вырост
~ of phase нарастание фазы

emergency 1. авария || аварийный 2. критические обстоятельства; крайность 3. вспомогательный, запасной; экстренный, предохранительный

emersion 1. появление 2. всплывание, выход на поверхность

emery корунд; наждак

EMF, enf [electromotive force] электродвижущая сила, эдс

emg *см.* **emer**

emission эмиссия, испускание, эманация, излучение; распространение

emit испускать, излучать; распространять

emitter 1. излучатель 2. передатчик 3. эмиттер

EMP [environmental management plan] план мероприятий по охране и рациональному использованию окружающей среды

empty выгружать, опорожнять; сливать, выкачивать; выпускать (*жидкость, газ*)

EMR, emr [electromagnetic radiation] электромагнитное излучение

EMU, emu [electromagnetic unit] электромагнитная единица

emul [emulsion] эмульсия

Emulfor ER *фирм.* порошкообразный эмульгатор (*понизитель водоотдачи инвертных эмульсий*)

Emulfor GE *фирм.* порошкообразная гелеобразующая добавка для инвертных эмульсий

Emulfor SA *фирм.* порошкообразный регулятор реологических свойств инвертных эмульсий

Emulfor ST *фирм.* жидкая стабилизирующая добавка для инвертных эмульсий

Emulgo *фирм.* поверхностно-активный мел (*наполнитель для инвертных эмульсий*)

emulsifiable эмульгируемый, эмульгирующийся

emulsification образование эмульсии, эмульгирование; приготовление эмульсии

emulsifier 1. эмульгатор (*вещество, способствующее эмульгированию*) 2. эмульсификатор (*аппарат для эмульгирования*)

Emulsifier E *фирм.* неионогенное ПАВ (*эмульгатор*)

Emulsifier S *фирм.* анионактивное ПАВ (*эмульгатор*)

Emulsifier SMB *фирм.* неорганический эмульгатор для пресных буровых растворов

emulsify эмульгировать, превращать в эмульсию

emulsion эмульсия
invert ~ эмульсия «вода в масле [нефти]»; обратная [обращенная, инвертная] эмульсия
oil ~ нефтяная [масляная] эмульсия
oil-field ~ промысловая нефтяная эмульсия
oil-in-water ~ эмульсия типа «нефть [масло] в воде»
quick-breaking ~ быстрораспадающаяся эмульсия
slow-breaking ~ медленнораспадающаяся [устойчивая] эмульсия
soap ~ эмульсия со щелочным эмульгатором
water-in-oil ~ *см.* invert emulsion
water-oil ~ водонефтяная эмульсия

Emulsite *фирм.* щелочная вытяжка бурого угля (*аналог углещелочного реагента*)

Emulsoid *фирм.* поглощающие воду коллоидные частицы

enamel эмаль || покрывать эмалью

encapsulate заключать в капсулу, покрывать оболочкой; заключать в камеру; герметизировать

encase надевать кожух, заделывать, упаковывать; обшивать; возводить опалубку; облицовывать

encasement обшивка, облицовка; упаковка; кожух; футляр

encasing *см.* **encasement**

enclave *геол.* включение

enclosed закрытый; защищенный; замкнутый

enclosed-type закрытого типа; защищенного типа

enclosure 1. ограждение, ограда; загороженное место 2. *геол.* включение
manned work ~ обитаемая рабочая камера; рабочая камера с экипажем (*для ремонта скважин с подводным устьем*)
personnel work ~ *см.* manned work enclosure
subsea ~ подводная устьевая шахта, подводное ограждение

encroach 1. *геол.* захватывать; вторгаться 2. затоплять (*о краевой воде*)

encroachment 1. *геол.* захват 2. наступление (*фронта воды*)
cumulative gas ~ суммарный приток газа (*из пласта*)
edge-water ~ обводнение краевой водой

water ~ наступление воды; обводнение
End [Endicott] *геол.* эндикот (*серия раннего или среднего девона Аляски*)
end 1. конец, край; оконечность; торец; днище ‖ заканчивать, прекращать ‖ крайний, конечный 2. фракция, погон нефти
~ off выклиниваться
back ~ днище
bell ~ открытый конец колокола [раструба, воронки]
big ~ кривошипная головка (*шатуна*)
collar ~ муфтовый конец (*трубы*)
coupling ~ *см.* collar end
dead ~ глухой конец (*трубы*)
discharge ~ напорная [нагнетательная] сторона (*насоса*)
fast line ~ ходовой конец талевого каната (*наматываемый на барабан*)
female ~ раструбный конец (*трубы*)
fluid ~ гидравлическая часть (*насоса*)
free ~ 1. подвижная опора 2. свободный конец (*каната*)
held ~ резьбовой [ниппельный] конец (*трубы*)
inner ~ of tooth внутренняя грань зуба шарошки (*долота*)
internal upset ~s высаженные внутрь концы (*труб*)
light ~s легкие фракции (*нефти*)
little ~ поршневой [верхний] конец (*шатуна*)
live ~ ходовой *или* барабанный конец (*талевого каната*)
mill wrapped plain ~ гладкий конец трубы с заводской обмоткой
mud ~ *см.* fluid end
non-upset ~ невысаженный конец (*трубы*)
open ~ of tubing верхний конец колонны без муфты *или* без фланцевого соединения
outer ~ of the cone тыльная часть шарошки
pin ~ конец (*трубы или штанги*), имеющий наружную резьбу
plain ~ гладкий конец (*трубы*)
power ~ приводная часть (*насоса*)
running ~ ходовой конец (*каната, цепи*)
spigot ~ of pipe конец трубы с наружной резьбой
top ~ верхний конец
upset ~ высаженный конец (*трубы*)
water ~ холодная часть парового насоса
welding ~s свариваемые края
end-to-end впритык, непрерывной цепью
endurance стойкость, выносливость, сопротивление усталости [износу]
ENE [East-North-East] восток-северо-восток
energize *эл.* включать ток, подавать питание; возбуждать
energy энергия
~ of flow энергия потока
bond ~ энергия связи, сила сцепления
driving ~ движущая сила, энергия
drop ~ кинетическая энергия (*молота для забивки сваи в дно моря*)

elastic ~ сила [энергия] упругости
interfacial ~ энергия на поверхности раздела фаз
latent ~ скрытая энергия
mechanical ~ механическая энергия
potential ~ потенциальная энергия
producing ~ энергия пласта
recoil ~ энергия отдачи
released ~ высвобождаемая энергия
specific ~ удельная энергия
stored ~ запасенная энергия
strain ~ (потенциальная) энергия деформации
thermal ~ тепловая [термическая] энергия
waste ~ непроизводительная затрата энергии
eng [engine] двигатель
engage 1. зацепляться, вводить в зацепление; заскакивать (*напр. о собачке, штифте*); защелкивать 2. включать
engagement 1. сцепление, зацепление, заскакивание (*напр. собачки*); защелкивание 2. включение
~ with the fish захват инструмента, оставшегося в скважине
engine двигатель; мотор
bare ~ двигатель без вспомогательных агрегатов
constant duty ~ двигатель, работающий с постоянной нагрузкой
diesel ~ дизель, дизельный двигатель
drilling ~ буровой двигатель
dual fuel ~ двигатель, работающий на двух видах топлива (*жидком и газообразном*)
fired ~ работающий двигатель
four-cycle ~ четырехтактный двигатель
four-stroke ~ *см.* four-cycle engine
gas ~ газовый двигатель
gas blowing ~ воздуходувка, непосредственно соединенная с газовым двигателем
geared ~ двигатель с редуктором
heavy-oil ~ двигатель, работающий на тяжелом дизельном топливе
high-speed ~ (высоко)скоростной двигатель
internal combustion ~ двигатель внутреннего сгорания, двс
jet ~ реактивный двигатель
medium speed ~ двигатель с умеренной частотой вращения
motor ~ двигатель, мотор
oil ~ двигатель, работающий на тяжелом топливе; нефтяной двигатель
oil-electric ~ дизель-генератор
petrol ~ бензиновый двигатель
petroleum ~ *см.* oil engine
piston ~ поршневой двигатель
ram ~ копер
rear ~ двигатель для привода бурового насоса
reciprocating ~ поршневой двигатель
scavenging ~ (двухтактный) двигатель внутреннего сгорания с продувкой

slow-speed ~ двигатель с низкой частотой вращения
throttle ~ двигатель с торможением
traction ~ тяговый двигатель; тракторный двигатель
turbocharged gas ~ газовый двигатель с турбонаддувом *или* с турбонагнетателем
turbosupercharged ~ двигатель с турбокомпрессором для наддува
twin ~ сдвоенная паровая машина
twin cylinder drilling ~ паровая двухцилиндровая машина для бурения
two-cycle ~ двухтактный двигатель
two-stroke ~ *см.* two-cycle engine
winding ~ лебедка

engineer 1. инженер 2. механик 3. машинист 4. сапер
barge ~ инженер баржи
chief ~ 1. старший механик 2. главный инженер
drilling ~ инженер-буровик, инженер по бурению
field ~ *см.* reservoir engineer
licensed ~ инженер, прошедший квалификационные испытания и зарегистрированный как специалист в данной отрасли; лицензированный [профессиональный] инженер
mechanical ~ 1. инженер-механик 2. машиностроитель
mining ~ горный инженер
mud ~ инженер по буровым растворам
oil ~ инженер-нефтяник; инженер-эксплуатационник
petroleum ~ инженер-нефтяник
professional ~ *см.* licensed engineer
reservoir ~ инженер-промысловик; инженер-эксплуатационник
safety ~ инженер по технике безопасности
subsea ~ инженер по морскому подводному оборудованию

engineering 1. техника; конструирование; прикладная область (*о науках*) || технологический; технический; инженерный 2. машиностроение || машиностроительный 3. строительство
electrical ~ электротехника
environmental ~ техника моделирования эксплуатационных условий, энвироника
mechanical ~ (*общее*) машиностроение
oil reservoir ~ технология разработки нефтяных залежей; технология нефтеотдачи
petroleum reservoir ~ *см.* oil reservoir engineering
power ~ энергетика
reservoir ~ технология добычи (*нефти*)

engineer-in-practice инженер, не зарегистрированный как специалист в данной отрасли; инженер-практик
engr [engineer] инженер
enlargement расширение, уширение
~ in section расширение сечения (*труб*)
enml [enamel] эмаль || покрывать эмалью

enrichment обогащение, насыщение; повышение калорийности (*газа примешиванием бутана*)
enrockment *геол.* каменная постель; каменная наброска
Ent [Entrada] *геол.* энтрада (*свита группы сан-рафаэль верхнего отдела юры*)
enthalpy *физ.* энтальпия, теплосодержание
entrainment увлечение (*жидкостью, газом*), вовлечение
air ~ засасывание [вовлечение] воздуха (*в цементный раствор*)
liquid ~ увлечение жидкости
entrap улавливатель; задерживать (*нефть, воду*); захватывать
entropy *физ.* энтропия
entry 1. вход; ввод 2. *вчт* ввод, запись
formation ~ поступление песка из пласта в скважину
loop ~ петлеобразный ввод (*в подводную скважину*)
env [environmental] окружающий, внешний (*о среде*); связанный с окружающей средой
envelope 1. огибающая 2. оболочка; обертка; обшивка; кожух; покрытие 3. защитная среда 4. обволакивать; окружать
environment 1. окружающая среда 2. фация 3. окружающие [вмещающие] породы 4. обстановка седиментации
marine ~s морские условия (*осадконакопления*)
Environmul *фирм.* РУО на основе минеральных масел
EO [emergency order] срочный приказ
E/O [East offset] восточное ответвление
EOC [end of curve] конец кривой
Eoc [Eocene] *геол.* эоценовая эпоха, эоцен
Eocene *геол.* эоценовая эпоха, эоцен
EOF [end of file] *вчт* конец файла
E of W/L [East of West line] к востоку от западной границы
EOL [end of line] конец линии
eolation ветровая деятельность
eolian эоловый (*нанесенный ветром*)
EOM [end of month] конец месяца
Eopaleozoic древнейшая часть палеозоя, включающая кембрий, ордовик и силур
EOQ [end of quarter] конец квартала
EOR 1. [East of Rockies] к востоку от Скалистых гор 2. [end of record] конец записи 3. [enhanced oil recovery] методы увеличения нефтеотдачи, МУН
EOS [earth observation satellite] спутник для разведки природных ресурсов Земли
EOY [end of year] конец года
Eozoic *геол.* эозойская группа, эозой
EP, ep 1. [end point] конечная точка 2. [equilibrium point] точка равновесия 3. [explosion-proof] взрывозащищенный, взрывобезопасный 4. [extreme pressure] сверхвысокое давление
EPA [Environmental Protection Agency] Управление по охране окружающей среды (*США*)

EPC [Esso Petroleum Company] «Эссо Петролеум» (*английский филиал американского нефтяного концерна «Эксон»*)
EPCA [European Petro-Chemical Association] Европейская нефтехимическая ассоциация
epm [explosions per minute] взрывов в минуту
EP Mudlube *фирм.* противозадирная смазывающая добавка для буровых растворов на водной основе
epoch *геол.* эпоха
 drift ~ ледниковая эпоха
 glacial ~ *см.* drift epoch
 recent ~ современная [новейшая] эпоха (*послеледникового периода*)
Epomagic *фирм.* реагент для закрепления водонасыщенных песков
epoxides *хим.* эпоксиды
EPP [Environmental Protection Program] Программа обеспечения защиты окружающей среды
EPT 1. [electromagnetic propagation log] электромагнитный каротаж 2. [excess profits tax] налог на сверхприбыль
epuration очистка
eq 1. [equal] равный 2. [equalizer] эквалайзер 3. [equation] *матем.* уравнение 4. [equipment] оборудование, аппаратура 5. [equivalent] эквивалент
equal равный, одинаковый
 ~ in strength равнопрочный
equalization выравнивание, уравнивание; компенсация; стабилизация
 ~ of pressure выравнивание давления
equalize уравнивать, выравнивать; уравновешивать
equalizer 1. балансир; компенсатор; уравнитель 2. коромысло 3. стабилизатор 4. дифференциальная передача; стабилизирующее звено
 pressure ~ уравнитель давления
equalizing уравнивание; уравновешивание; компенсация || уравнительный; уравновешивающий; компенсационный; поправочный (*о коэффициенте*)
equation *матем.* уравнение
 biquadratic ~ биквадратное уравнение
 energy ~ for viscous flow уравнение энергии для вязкого потока
 exponential ~ показательное уравнение
 flow ~ уравнение движения потока
 fluid flow ~ уравнение потока жидкости
 hydrologic ~ уравнение водного баланса
 material balance ~ уравнение материального баланса
equilibri/um 1. равновесие 2. равновесное состояние
 ~ of forces равновесие сил
 apparent ~ кажущееся равновесие
 chemical ~ химическое равновесие
 dynamic ~ динамическое равновесие
 elastic ~ упругое равновесие
 indifferent ~ безразличное равновесие
 phase ~ фазовое равновесие
 stable ~ устойчивое равновесие
 static ~ статическое равновесие
 thermodynamic ~ термодинамическое равновесие
 three-phase ~a равновесная трехфазная система
 unstable ~ неустойчивое равновесие
equip оборудовать; снабжать; оснащать; экипировать; снаряжать
equip [equipment] оборудование; аппаратура; снаряжение; оснащение; арматура
equipment оборудование; аппаратура; снаряжение; оснащение; арматура
 accessory ~ *см.* auxiliary equipment
 acid treatment ~ оборудование для кислотной обработки
 angular drilling ~ техника для наклонного бурения
 auxiliary ~ вспомогательное оборудование
 blasting ~ пескоструйная установка; дробеструйная установка
 blowout ~ противовыбросовое оборудование
 blowout preventer monitoring ~ аппаратура для слежения за работой превенторов
 BOP handling ~ *см.* BOP stack handling equipment
 BOP stack handling ~ оборудование для обслуживания блока противовыбросовых превенторов
 bottom ~ забойное оборудование (*нижняя часть бурового снаряда, фильтр, насос и т.д.*)
 brazing ~ оборудование для пайки (*твердым припоем*)
 bulk mixing ~ оборудование для приготовления сухих смесей
 cable tool well drilling ~ оборудование для ударно-канатного бурения
 casing handling ~ оборудование для работы с обсадной колонной
 casing hanger ~ оборудование для подвески обсадных колонн на устье скважины
 cement ~ оборудование для цементирования скважин, цементировочное оборудование
 cementation pumping ~ цементировочное насосное оборудование
 combination drilling ~ оборудование для комбинированного (*канатного и вращательного*) бурения
 comissary ~ *см.* auxiliary equipment
 communication ~ оборудование связи
 completion ~ оборудование для заканчивания скважин
 control ~ 1. контрольно-измерительные приборы 2. фонтанная арматура 3. аппаратура управления, аппаратура регулирования, пускорегулирующая аппаратура
 disposal ~ оборудование для ликвидации (*продуктов скважины при пробной экс-*

equivalent

плуатации с бурового судна или плавучей полупогружной буровой установки)
downhole ~ внутрискважинное оборудование
drilling ~ буровое оборудование
drilling wellhead ~ устьевое буровое оборудование
electronic yaw ~ электронное оборудование для измерения углов отклонения (для наклонно направленного бурения)
emergency mooring ~ оборудование аварийной постановки на якорь
extended casing wellhead ~ устьевое оборудование для обсадной колонны-надставки
fire fighting ~ противопожарное оборудование
fixed ~ стационарное [несъемное, закрепленное] оборудование
float(ing) ~ оборудование с обратным клапаном
gas lift ~ оборудование для газлифта
handling ~ погрузочно-разгрузочное оборудование; транспортное оборудование
installation ~ монтажное оборудование
life saving ~ спасательные средства
marine riser handling ~ оборудование для монтажа и демонтажа водоотделяющей колонны
material handling ~ см. handling equipment
mooring ~ швартовное оборудование
mud ~ оборудование циркуляционной системы
oil ~ нефтяное оборудование
oil-field ~ буровое и нефтепромысловое оборудование
on-board drilling ~ палубное буровое оборудование
optional ~ 1. дополнительное оборудование (не входящее в стандартный комплект и поставляемое по особому требованию покупателя) 2. стандартное оборудование
outdoor ~ оборудование, устанавливаемое вне помещения
ownhole ~ (внутри)скважинное оборудование
personnel survival ~ средства спасения персонала (на морской буровой)
pipeline ~ оборудование трубопровода
portable jacking ~ переносное подъемное устройство
position monitoring ~ оборудование слежения за местоположением (бурового судна)
position mooring ~ якорное оборудование позиционирования
power ~ силовое оборудование; источники питания
power supply ~ источники питания
production test ~ оборудование для пробной эксплуатации
pumping ~ насосное оборудование
reconditioning ~ ремонтное оборудование
remote control ~ оборудование для дистанционного управления
reusable drilling ~ буровое оборудование многократного использования
riser pipe ~ оборудование секции водоотделяющей колонны
rotary ~ оборудование для вращательного [роторного] бурения
running ~ оборудование для спуска (колонн, хвостовиков и т.п.)
safety ~ аппаратура, обеспечивающая безопасность работы
sandblast ~ пескоструйная установка, пескоструйный аппарат
service ~ оборудование для обслуживания и ремонта
single well completion ~ оборудование для заканчивания одиночной скважины
snubbing ~ оборудование для спуска бурильных труб и подачи инструмента при наличии давления в скважине
solids control ~ механическое оборудование для очистки бурового раствора
support ~ опорное оборудование (для подвески частей подводного трубопровода при подводном ремонте)
temporary mooring ~ оборудование для временного якорного крепления
tensioning ~ натяжное оборудование
testing ~ оборудование для испытания; оборудование для опробования
through tubing ~ инструменты, спускаемые на тросе в насосно-компрессорные трубы (для замеров или ремонтных работ в скважине)
tie-back ~ оборудование надставки (хвостовиков)
towing ~ прицепное оборудование
treating ~ оборудование для подготовки (продукта скважины при пробной эксплуатации)
underwater drilling ~ подводное буровое оборудование (предназначенное для бурения морских скважин с подводным расположением устья)
underwater wellhead ~ подводное устьевое оборудование
welding ~ сварочное оборудование
well-control ~ фонтанная арматура
wellhead ~ оборудование устья скважины, устьевое оборудование
wet-type completion ~ оборудование для заканчивания (скважин) в водной среде
workover ~ оборудование для капитального ремонта

equiprobable равновероятный
equiv [equivalent] эквивалент || эквивалентный
equivalence равноценность, равносильность, равнозначность, эквивалентность
equivalent эквивалент || эквивалентный, равноценный, равнозначный
  oil ~ условное топливо, нефтяной эквивалент

ERA 1. [earthquake risk analysis] анализ риска возникновения землетрясений 2. [Earth Resources Application (Program)] Программа исследования природных ресурсов Земли
era *геол.* эра
  Archeozoic ~ археозойская эра, архей
  Cainozoic ~ кайнозойская эра, кайнозой
  Cenozoic ~ *см.* Cainozoic era
  Kainozoic ~ *см.* Cainozoic era
  Mesozoic ~ мезозойская эра, мезозой
  Paleozoic ~ палеозойская эра, палеозой
  Proterozoic ~ протерозойская эра, протерозой
ERDA [Energy Research and Development Administration] Управление энергетических исследований и разработок (*США; в 1976 г. преобразовано в министерство энергетики, см.* **DOE**)
erect 1. сооружать, устанавливать, монтировать, собирать, воздвигать 2. выпрямлять
erect [erection] установка, сборка, монтаж
erection 1. установка, сборка, монтаж 2. сооружение
  ~ of overhead line проводка воздушной линии
  ~ of tank сборка резервуара; сооружение резервуара
Eric [Ericson] *геол.* Эриксон (*опустившийся континент между Северной Америкой и Гренландией*)
erode 1. *геол.* размывать, смывать; выветривать 2. разъедать, вытравлять 3. вызывать эрозию, разрушать
erosion 1. *геол.* эрозия; выветривание; размывание; обнажение 2. разъедание; разрушение
  deep-sea ~ глубоководная эрозия
  glacial ~ ледниковая эрозия
  rapid ~ интенсивная эрозия
  wind ~ ветровая эрозия
erosion-resistant устойчивый против эрозии
erratic 1. неправильный, неточный; ошибочный 2. переходящий 3. блуждающий; неустойчивый
error ошибка, погрешность; отклонение (*от заданной величины*)
  ~ of adjustment ошибка в согласовании
  absolute ~ абсолютная погрешность
  accidental ~ случайная ошибка
  accumulated ~ накопленная [суммарная, общая] ошибка
  admissible ~ допустимая [предельная] ошибка
  aggregate ~ *см.* accumulated error
  appreciable ~ грубая [явная] ошибка
  experimental ~ погрешность эксперимента
  instrumental ~ погрешность прибора *или* инструмента, инструментальная погрешность
  lead ~ ошибка в шаге (*резьбы*)
  mean ~ средняя погрешность
  nominal ~ номинальная погрешность
  relative ~ относительная погрешность
eruptive изверженный, вулканический, эруптивный

ERW [electric resistance welded] сваренный методом электрического сопротивления
ES 1. [electrical sounding] электрическое зондирование 2. [electrical survey] а) электроразведочная съемка б) электрический каротаж
escape 1. выход, утечка ǁ вытекать, выделяться 2. мигрировать из пласта *или* ловушки 3. выпускное отверстие; выпускной клапан 4. просачивание; улетучивание 5. *геол.* миграция
  gas ~ выделение [утечка] газа
ESD [emergency shutdown] аварийное отключение; аварийный останов
ESDV [emergency shutdown valve] аварийный перекрывающий клапан
ESE [East-South-East] восток-юго-восток
ESR [early storage reserve] *амер.* стратегический запас сырой нефти
ester сложный эфир
estimate оценка; смета; исчисление; калькуляция ǁ оценивать, определять; рассчитывать; составлять смету
  ~s of petroleum reserves подсчет запасов нефти
  rough ~ приблизительный подсчет
estimated приблизительный; расчетный
estimating составление сметы
  ~ of crude oil подсчет запасов сырой нефти
  cost ~ сметная калькуляция стоимости, составление сметы
estimation расчет, подсчет; оценка
  ~ of reserves подсчет [оценка] запасов
estuary лиман; морской рукав; устье реки; эстуарий
  fresh-water ~ пресноводный эстуарий
  silted ~ лиман
ETA [estimated time of arrival] расчетное время прибытия (*сейсмоволны*)
etch травить, протравливать (*кислотой*)
eth [ethane] этан
ethane этан (C_2H_6)
ethanol этиловый спирт, этанол
ether простой эфир
ethyle [ethylene] этилен
ethylene этилен
EUE [external upset end] наружная высадка концов (*труб*)
euhed [euhedral] идиоморфный, эвгедральный
EUV [extreme ultraviolet] крайний ультрафиолет
evacuate откачивать, разрежать (*воздух*)
evacuation 1. вакуумирование 2. эвакуация
evaluate вычислять; рассчитывать; оценивать
evaluation оценка; расчет
  ~ of oil deposit оценка нефтяного месторождения
  formation ~ оценка параметров продуктивного пласта (*пористости, проницаемости, нефте-, водо- и газонасыщенности, электросопротивления и т.д.*)

evap 1. [evaporation] испарение; выпаривание; парообразование 2. [evaporite] эвапорит
evaporable испаряемый; испаряющийся
evaporate испаряться, выпариваться, улетучиваться
evaporation 1. испарение; выпаривание; парообразование 2. улетучивание 3. паропроизводительность
evaporator 1. испаритель, выпарной аппарат 2. газификатор
   flash ~ испаритель
evaporites эвапориты (*отложения, возникающие в результате испарения растворов*)
evaporization 1. испарение; выпаривание; парообразование 2. улетучивание
event 1. явление; событие 2. такт (*двигателя внутреннего сгорания*)
   reflection ~ *сейсм.* вступление отраженных волн
evolution 1. эволюция, развитие 2. выделение (*газа, тепла*)
   ~ of gas выделение газа
   ~ of heat выделение тепла
   ~ of petroleum образование нефти
evolve 1. выделяться (*о газах*); издавать (*запах*) 2. развиваться, эволюционировать
   to ~ into переходить в (*напр. открытый фонтан*)
ev-sort [even-sorted] равномерно рассортированный
EW 1. [electric weld] электросварной шов 2. [exploratory well] разведочная скважина
examination осмотр; исследование; освидетельствование; экспертиза
   destructive ~ разрушающий контроль, контроль с разрушением (*образца*)
   formal ~ официальная экспертиза (*напр. месторождения*)
   gamma-ray ~ контроль просвечиванием гамма-лучами, гаммаграфирование
   geological ~ геологические изыскания
   Magnaflux ~ дефектоскопия методом магнитного порошка
   non-destructive ~ неразрушающий контроль, контроль без разрушения (*образца*)
   radio(graphic) ~ контроль просвечиванием рентгеновскими *или* гамма-лучами
   semi-destructive ~ контроль с частичным разрушением (*образца*)
   ultrasonic ~ контроль ультразвуком, ультразвуковой контроль
   X-ray ~ рентгеноскопия
examine исследовать, обследовать, рассматривать; проверять, испытывать
example 1. *матем.* пример 2. образец
   numerical ~ числовой пример
exc [excavation] выемка грунта, земляные работы
excavate 1. копать [рыть] котлован; вынимать грунт; производить земляные работы 2. работать экскаватором; разрабатывать открытым способом

excavation 1. выемка грунта, земляные работы 2. горная выработка
excavator экскаватор
   bucket ~ ковшовый экскаватор
   clamshell ~ грейферный экскаватор
   crawler-mounted ~ гусеничный экскаватор
   dragline ~ канатный экскаватор
   rock ~ экскаватор для скальных работ
   trench ~ канавокопатель; траншейный экскаватор
Excelsior *фирм.* древесная щепа *или* стружка (*нейтральный наполнитель для борьбы с поглощением бурового раствора*)
excentricity эксцентриситет
excess 1. избыток, излишек 2. *матем.* остаток
exch [exchanger] обменник; теплообменник
exchange 1. обмен, замена || обменивать 2. телефонная станция 3. биржа
   anion ~ анионный обмен
   cation ~ катионный обмен
   chemical ~ химический обмен
   heat ~ теплообмен, теплоотдача
   ion ~ ионный обмен
exchanger обменник; теплообменник
   anion ~ анионит, анионообменник
   cation ~ катионит, катионообменник
   heat ~ 1. теплообменник 2. холодильник, радиатор
   ion ~ ионит, ионообменник
excitation 1. возбуждение 2. намагничивание током 3. электризация
   impact ~ ударное возбуждение
   laser ~ лазерное возбуждение
   pulse ~ импульсное возбуждение
   resonance ~ резонансное возбуждение
   separate ~ независимое возбуждение
   series ~ *эл.* последовательное возбуждение
   shock ~ *см.* impact excitation
   shunt ~ *эл.* параллельное возбуждение
excite *эл.* возбуждать
exciter 1. возбудитель 2. вибратор
exh [exhaust] выхлоп; выпуск; выхлопная труба || выпускать; откачивать
exhaust выхлоп, выпуск; выхлопная труба || выпускать; откачивать
   air ~ выпуск воздуха
   gas ~ выхлоп газа
   vapor ~ выпуск пара
exhauster вытяжной вентилятор; эксгаустер
exit выход; отвод; проход; проток
exothermic экзотермичный
exp 1. [expansion] расширение, растяжение 2. [expense] расход; *pl* издержки 3. [experiment] опыт, эксперимент 4. [exponent] *матем.* показатель степени, экспонента
expand 1. расширяться (*о газах*), увеличиваться в объеме 2. растягиваться 3. вальцевать; раскатывать
expander 1. расширитель 2. вальцовка, труборасширитель 3. расширитель [испаритель] холодильной машины; детандер
   tube ~ оправка для исправления смятых труб

expansibility расширяемость; коэффициент расширения

expansion 1. расширение 2. растяжение 3. (раз)вальцовка 4. понижение давления 5. *геол.* увеличение мощности пласта 6. раскатка 7. протяженность
~ of gas *см.* gas expansion
~ of gas into oil распространение газа в нефти
cubic(al) ~ объемное расширение
flat ~ плоскостное расширение
free ~ свободное расширение
gas ~ расширение газа
heat ~ *см.* thermal expansion
isothermal ~ изотермическое расширение
lateral ~ поперечное расширение
line(ar) ~ линейное расширение
measure ~ объемное расширение
multistage ~ ступенчатое понижение давления
permanent ~ остаточное расширение
reversible ~ обратимое расширение
thermal ~ тепловое [термическое] расширение
volumetric ~ *см.* cubic(al) expansion

Expaso Seal *фирм.* торфяной мох (*нейтральный наполнитель для борьбы с поглощением бурового раствора*)

expectancy предполагаемый срок службы
life ~ ожидаемый срок службы (*прибора, аппарата*)

expel:
drilling ~s материалы и детали бурового оборудования, полностью расходуемые в процессе бурения

expend [expenditure] расход; затраты, издержки

expendable 1. одноразовый 2. неспасаемый 3. расходуемый

expenditure расход; затраты; издержки
capital ~ капитальные затраты

expense расход, затрата; *pl* издержки
direct operating ~s прямые производственные расходы
initial ~s предварительные расходы
lifting ~s эксплуатационные расходы (*на промысле*)
maintenance ~s стоимость технического обслуживания; стоимость ремонта
operating ~s текущие расходы; рабочие расходы; эксплуатационные расходы
working ~s *см.* operating expenses

experience опыт, практика
drilling ~ опыт бурения
field ~ полевые испытания, испытания в рабочих условиях; промысловый опыт

experiment опыт, эксперимент || экспериментировать, проводить [ставить] опыт
autoclave ~ автоклавное испытание
field ~ опыт в промысловых условиях
flood-pot ~ лабораторный опыт по заводнению

laboratory ~s лабораторные испытания [исследования, опыты]
large-scale ~ широкомасштабный опыт
model ~ испытание на модели
pattern type field ~ промысловые опыты на площади, разбуренной сплошной сеткой скважин
scaled ~ эксперимент с соблюдением законов подобия
seismic ~ сейсмический эксперимент

experimental экспериментальный, опытный

expir 1. [expiration] окончание, истечение 2. [expire] кончаться, истекать (*о сроке*); терять силу (*о законе*) 3. [expired] истекший (*о сроке*); потерявший силу (*о законе*) 4. [expiring] истекающий (*о сроке*); теряющий силу (*о законе*)

expl 1. [exploration] разведка недр 2. [exploratory] разведочный

explode взрывать, подрывать

exploit эксплуатировать, разрабатывать (*месторождение*)

exploitation эксплуатация, разработка (*месторождения*)

exploration поиск, разведка, пробная эксплуатация (*месторождений*)
~ for gas разведка на газ
~ for oil разведка на нефть
aeromagnetic ~ аэромагнитная разведка
draw-down ~ техника исследования скважин, позволяющая по однократному исследованию понижения уровня определить основные параметры пласта-коллектора
geophysical ~ геофизическая разведка
gravitational ~ гравитационная разведка
offshore ~ разведка на шельфе
oil ~ разведка на нефть
petroleum ~ *см.* oil exploration
reflection-seismic ~ сейсмическая разведка методом отраженных волн
satellite ~ разведка со спутника, спутниковая разведка (*полезных ископаемых*)

exploratory разведочный (*о скважине*)

explore разведывать, производить разведку; исследовать

explos [explosive] взрывчатое вещество, ВВ || взрывчатый

explosimeter измеритель силы взрыва

explosion 1. взрыв 2. вспышка
underground ~ взрыв в скважине, подземный взрыв (*производимый с целью интенсификации притока*)

explosion-proof взрывобезопасный, взрывозащищенный

explosive взрывчатое вещество, ВВ || взрывчатый
safety ~ безопасное взрывчатое вещество

explosiveness взрывчатость

exponent 1. *матем.* показатель степени, экспонента 2. образец, тип
saturation ~ коэффициент насыщения

exponential *матем.* экспонентный, показательный

expose выставлять; оставлять незащищенным (*от влияния атмосферы*), обнажать; выходить на поверхность (*о пласте, залежи*)
exposed обнаженный, незащищенный; открытый, поверхностный (*о проводке*)
~ to atmospheric action подверженный атмосферному воздействию
exposure 1. обнажение, выход (*пласта, залежи*) на поверхность 2. действие, влияние
artificial ~ искусственное обнажение
natural ~ естественное обнажение
surface ~ поверхностное обнажение
exp plg [expendable plug] пробка одноразового применения
expression выражение
algebraic ~ алгебраическое выражение
average ~ усредненное выражение
topographic ~ изображение местности
express-laboratory экспресс-лаборатория, лаборатория для проведения экспресс-анализов
exptr [exporter] экспортер
expulsion выхлоп, выпуск; удаление (*воздуха, газа*), продувка
ext [external] 1. наружный 2. дисперсионный (*о среде в эмульсии*)
extender 1. наполнитель (*в производстве пластмасс*) 2. удлинитель 3. модифицирующий агент (*увеличивающий выход глинистого раствора*)
extending выдающийся, выступающий
rearward ~ выдающийся назад (*об элементе конструкции*)
extension 1. растяжение, удлинение, вытягивание 2. выступ, удлиненный конец; консольная часть 3. вылет (*электрода*) 4. установочная длина (*при стыковой сварке*) 5. распространение
~ of field размеры месторождения
bed ~ протяженность пласта
shaft ~ удлиненный конец вала
wellhead housing ~ удлинитель корпуса устьевой головки
extent величина; степень; мера
~ of correction величина поправки
~ of error величина погрешности
~ of fluid movement область [радиус] дренирования
extinguisher:
fire ~ огнетушитель
extinguishing тушение (*пожара*)
subsurface fire ~ тушение подземного пожара
total flood ~ тушение пожара сплошным поливом
underground fire ~ *см*. subsurface fire extinguishing
extrac [extraction] извлечение, экстракция
extract экстракт, вытяжка ‖ извлекать, экстрагировать
hemlock bark ~ экстракт коры гемлока (*применяется для разжижения буровых растворов*)

extraction 1. извлечение, экстракция 2. экстрагирование; отжим
~ of oil добыча нефти, нефтедобыча
absorption ~ экстракция методом абсорбции
oil ~ *см*. extraction of oil
extractor 1. экстрактор 2. клещи, щипцы
core ~ устройство для извлечения керна из колонковой [керноприемной] трубы; керноизвлекатель
drill ~ ловильные клещи (*инструмент для извлечения оставшегося в скважине долота*)
magnetic bit ~ магнитный ловильный инструмент
mist ~ 1. влагоотделитель 2. сепаратор для отделения газа от капелек жидкости; каплеотбойник
tool ~ ловильный крючок (*приспособление для извлечения инструмента из буровой скважины*)
tube ~ приспособление для извлечения труб
exudation просачивание; проступание; выделение
EYC [estimated yearly consumption] расчетное годовое потребление
EYE [electronic yaw equipment] электронное оборудование для измерения углов отклонения (*для наклонно-направленного бурения*)
eye петля, ушко, проушина; очко; глазок; рым; коуш
pipe ~ наконечник с ушком (*для труб*)
towing ~ проушина для буксировочного троса
eykometer эйкометр (*прибор для измерения прочности геля и напряжения сдвига бурового раствора*)
Ezeflo *фирм*. поверхностно-активное вещество с низкой температурой застывания
EZ Mul *фирм*. эмульгатор хлорида кальция в буровых растворах на углеводородной основе
EZ Spot *фирм*. концентрат бурового раствора на углеводородной основе

F

F 1. [factor of safety] коэффициент безопасности 2. [Fahrenheit scale] шкала Фаренгейта 3. [farad] фарада 4. [foot] фут
F/ [flowing] фонтанирование с дебитом (*о скважине*)
FAB [faint air blow] слабое дуновение ветра
fab 1. [fabricate] производить; изготавливать 2. [fabricated] изготовленный; сооруженный
fabric 1. структура; текстура; строение; устройство 2. ткань, материал ‖ тканевый, матерчатый
fabricate производить; изготавливать

fabrication

fabrication производство; изготовление
fabriform конструкция оборудования, представляющая собой сварную комбинацию стальных отливок
FA & C [field assembly and checkout] сборка и проверка в промысловых условиях
F. A. C [formation activity coefficient] коэффициент пластовой активности
fac 1. [facet] фаска, грань 2. [faceted] с фаской
face 1. забой; лава 2. фаска; торец, торцевая поверхность; грань; срез; наружная поверхность 3. лицо, лицевая сторона; фасад 4. головка зуба (зубчатого колеса) 5. циферблат 6. наплавлять твердым сплавом
~s machined flat отшлифованные торцы (керна)
~ of bed геол. голова пласта
~ of channel устье канала в породе
~ off отшлифовать торцы (напр. керна)
~ of fault геол. фас сброса
~ of fissure плоскость трещины
~ of pulley щека блока; боковая сторона шкива
~ of tool передняя грань резца
~ of tooth боковая поверхность [грань] резца
~ of weld наружная поверхность шва
~ of well см. face of wellbore
~ of wellbore поверхность призабойной зоны
bearing ~ 1. торец (трубы) 2. ширина торцевой части муфты 3. опорная поверхность
bevel ~ поверхность скоса; поверхность разделки
box ~ торец конца (штанги) с внутренней резьбой
coupling ~ торец муфты
cutting ~ режущая поверхность
end ~ торец, торцевая поверхность
hardened ~ цементированная поверхность
inflow ~ входная поверхность, входное сечение (керна)
joint ~ поверхность разъема
outer ~ внешний торец
outflow ~ выходная поверхность, выходное сечение (керна)
pin shoulder ~ торец заплечика
piston ~ площадь днища поршня
rock ~ плоскость забоя или горной выработки
sand ~ вскрытая поверхность (забоя и стенок скважины) в песчаном пласте
shoulder ~ торцевая поверхность буртика
weld ~ внешняя [лицевая] сторона шва, поверхность шва
faced облицованный; покрытый
hard ~ наваренный твердым сплавом
face-discharge вывод бурового раствора на торец (через каналы буровой колонки)
face-hardened с повышенной твердостью поверхности
facet фаска; грань

facial 1. лицевой 2. фациальный
facies геол. фация; фации
basin ~ фация открытого моря
continental ~ континентальная фация
glacial ~ ледниковая фация
marine ~ морская фация
platform ~ шельфовая фация, фация шельфа
shelf ~ см. platform facies
facilities pl 1. средства; устройства, приспособления, оборудование 2. средства обслуживания
field ~ промысловые объекты; обустройство промысла
handling ~ 1. погрузочно-разгрузочные устройства 2. сливоналивные устройства
liquid effluent treating ~ оборудование для обработки сточных вод
mud-handling ~ оборудование для транспортировки, хранения и приготовления бурового раствора
oil-field ~ нефтепромысловое сооружение
oil-handling ~ сливоналивное оборудование для нефти
oil-loading ~ оборудование для налива нефти или нефтепродуктов
production ~ оборудование и устройства для ведения добычи (нефти)
pumping ~ насосное оборудование
tanker ~ причальные устройства для танкеров
terminal ~ оборудование нефтебазы или перевалочной базы
transportation ~ транспортные средства
water ~ водоснабжение
water flood ~ комплекс (оборудования и сооружений) для заводнения (месторождения)
facing 1. наварка (инструмента); облицовка, покрытие; наружная отделка 2. подрезка торца 3. наплавка (поверхности) 4. св. съемный наконечник (электрода) 5. геол. главные вертикальные трещины, вертикальный кливаж
~ of strata направление поверхности пласта
hard ~ наварка [покрытие] твердым слоем, упрочнение поверхности
FACO [field authorized to commence operations] промысел, на разработку которого дано официальное разрешение
factor 1. фактор 2. коэффициент; множитель 3. показатель
~ of adhesion коэффициент сцепления
~ of assurance см. safety factor
~ of expansion см. expansion factor
~ of porosity коэффициент пористости
~ of safety см. safety factor
absorption ~ коэффициент поглощения, коэффициент абсорбции
anisotropic ~ коэффициент анизотропии
assurance ~ см. safety factor
balance ~ коэффициент уравновешенности (многофазной системы)

basicity ~ степень основности (*напр. шлака*)
buoyancy ~ коэффициент потери веса при погружении в жидкость; коэффициент плавучести
capacity ~ 1. коэффициент мощности; показатель производительности 2. коэффициент использования
cementation ~ коэффициент цементации (*породы*)
compressibility ~ коэффициент сжимаемости
conformance ~ коэффициент охвата *или* распределения
conversion ~ переводной множитель [коэффициент]
derrick efficiency ~ коэффициент использования буровой вышки
deviation ~ коэффициент отклонения (*газа от идеального при данных условиях*)
drainage-recovery ~ коэффициент зависимости добычи от дренирования
duty ~ продолжительность включения, ПВ
enrichment ~ коэффициент обогащения
expansion ~ коэффициент расширения
fill ~ коэффициент заполнения
flash ~ коэффициент расширения (*конденсата*)
flowing gas ~ газовый фактор при фонтанировании
formation ~ фактор формации, пластовый коэффициент (*отношение удельного сопротивления пористого тела, насыщенного жидкостью, к удельному сопротивлению насыщающей жидкости*)
formation gas-oil ~ газонасыщенность пластовой нефти, пластовый газовый фактор
formation resistivity ~ относительное электрическое сопротивление пласта
formation volume ~ объёмный коэффициент пласта
friction ~ коэффициент трения
gas ~ газовый фактор (*число кубических футов газа на 1 баррель нефти или число кубометров добытого газа на 1 кубометр извлечённой нефти*)
gas input ~ газовый фактор (*при нагнетании*)
gas deviation ~ коэффициент сжимаемости газа
grading ~ фактор разнородности, показывающий степень сортировки материала; гранулометрический фактор
human ~ человеческий фактор
influential ~ влияющий фактор
learning curve ~ коэффициент накопленного опыта
load ~ 1. коэффициент загрузки 2. эл. коэффициент нагрузки; коэффициент эксплуатационной мощности
magnification ~ коэффициент нарастания (*колебаний*); коэффициент усиления
oil-recovery ~ коэффициент нефтеотдачи
output ~ коэффициент отдачи

output gas ~ газовый фактор (*замеренный на поверхности*)
peak ~ отношение максимального значения к эффективному
power ~ коэффициент мощности, cos φ
pressure loss ~ фактор *или* коэффициент потери давления *или* напора
productivity ~ коэффициент продуктивности; коэффициент производительности
recovery ~ *см.* oil-recovery factor
reflection ~ коэффициент отражения
reservoir ~s пластовые параметры
reservoir volume ~ объёмный коэффициент пласта, пластовый фактор
safety ~ запас прочности; коэффициент безопасности
scale-up ~ масштабный фактор
short-term ~ кратковременно действующий фактор
shrinkage ~ коэффициент усадки
sliding ~ коэффициент скольжения
solubility ~ коэффициент растворимости
temperature ~ температурный коэффициент
toughness ~ 1. показатель вязкости 2. ударная прочность 3. коэффициент сопротивления удару
transmission ~ коэффициент передачи
use ~ коэффициент использования
water encroachment ~ коэффициент естественного заводнения пласта
yield ~ коэффициент запаса (*до предела текучести*)

factory-made заводского [промышленного] изготовления
fad [free air delivery] доступ [впуск] воздуха, подача атмосферного воздуха
FaE [Far East] Дальний Восток
Fahr [Fahrenheit scale] шкала Фаренгейта
fail 1. повреждаться; выходить из строя; отказывать 2. ослабевать; истощаться
fail [failure] отказ в работе, авария
fail-safe отказоустойчивый; бесперебойный
failure 1. авария; повреждение; неисправность; отказ в работе 2. неудачная скважина 3. *горн.* обрушение; обвал; оседание; сползание

bending ~ разрушение при изгибе
brittle ~ хрупкое разрушение
compression ~ разрушение при сжатии
endurance ~ *см.* fatigue failure
engine ~ выход двигателя из строя; поломка [повреждение, отказ] двигателя
fatigue ~ усталостное разрушение, усталостный излом (*материала*)
impact compressive ~ разрушение породы ударом-сжатием
last-thread ~ обрыв по последнему витку резьбы
operating ~s повреждения в процессе эксплуатации
repeated stress ~ усталостный излом от повторных нагрузок

failure

rock ~ 1. разрушение горной породы 2. обрушение породы
shear ~ разрушение при сдвиге
tensile ~ разрушение при растяжении; разрыв
thread ~ срыв резьбы
torque ~ скручивание (*бурильных труб*); разрушение при кручении
torsion ~ *см.* torque failure
fair-leader направляющий блок *или* шкив (*для якорных канатов на полупогружных морских основаниях*)
fairway продуктивный пояс нефтяной залежи
fakes слюдистый сланец; песчанистый сланец; плитняк
fall 1. падение; снижение, понижение, уклон; наклон 2. разрушение, обвал, обрушение || разрушаться, обваливаться, обрушаться
~ inside the limits of находиться в пределах
~ into разделяться, распадаться (*на части*)
free ~ свободное падение
pressure ~ падение давления; перепад давления
rock ~ обрушение (горной) породы
temperature ~ падение температуры; перепад температуры
falling 1. падение, понижение || падающий 2. обвал; оползень
fallout выпадение
sand ~ выпадение песка (*из жидкости разрыва, тампонажного или бурового растворов*)
family 1. семейство 2. ряд (*углеводородов*)
~ of curves семейство кривых
characteristic ~ семейство характеристик
gas ~ нефтяные газы
famp 1. породное включение 2. разложившийся известняк 3. пласт тонкозернистого глинистого сланца
fan 1. вентилятор || вентилировать 2. лопасть вентилятора 3. *геол.* конус выноса, веер
~ bottom снизить нагрузку на долото для выправления кривизны ствола
blade type ~ вентилятор лопастного типа (*системы сжигания продуктов при пробной эксплуатации*)
cooling ~ вентилятор
F & D 1. [faced and drilled] с фаской и отверстием 2. [flanged and dished (heads)] полусферические (головки) с фланцами
Farm [Farmington] *геол.* фармингтон (*песчаник группы монтана меловой системы*)
farm:
tank ~ нефтебаза; резервуарный парк
FARO [flow(ed) at rate of] фонтанировать с дебитом
fasten 1. закреплять, скреплять, укреплять 2. затвердевать, схватываться
~ down затягивать; зажимать
fastener деталь крепления, скоба; застежка; захват; зажим; замок
belt ~ приспособление для соединения ремней, ременная застежка

Jackson's belt ~ болт Джексона для сшивания ремней
fastening 1. скрепление, закрепление, заклинивание (*напр. шпонкой*) 2. застежка; деталь крепления, захват; затвор; скоба; зажим
fast-hardening быстротвердеющий
fastline ходовая струна талевого каната
fat 1. жир, сало || жирный, сальный 2. консистентная смазка; тавот
mineral ~ озокерит
fath [fathom] фатом, английская сажень (=*1,8288 м*)
fathometer эхолот
fatigue усталость
corrosion ~ коррозионная усталость
metal ~ усталость металла
thermal ~ тепловая усталость
fau [fauna] фауна
fault 1. *геол.* сброс, сдвиг (*породы*); разрыв, разлом 2. повреждение, неисправность 3. дефект; порок; изъян
basement ~ разлом в фундаменте
bedding ~ сброс по залеганию, пластовый сброс
branch ~ второстепенный сброс
branching ~ ступенчатый сброс
clock ~ глыбовый сброс
computer ~ ошибка компьютера, компьютерная ошибка
dip ~ сброс по падению; поперечный сброс
low-angle ~ пологий сброс
open ~ открытый сброс
overlap ~ надвиг
reverse ~ взброс; обратный сброс
tension ~ нормальный сброс
thrust ~ надвиг
faulted 1. поврежденный; аварийный 2. *геол.* сброшенный, нарушенный, разорванный
badly ~ сильно нарушенный сбросами
faulting *геол.* дизъюнктивная дислокация; образование сбросов, сбросообразование
block ~ глыбовое опускание, глыбовые дислокации
Fazethin *фирм.* жидкий разжижитель для буровых растворов на углеводородной основе
FB [fresh break] свежий излом
FBH [flowing by heads] фонтанирующий с перерывами (*о скважине*)
FBHP [flowing bottom-hole pressure] динамическое забойное давление
FBHPF [final bottom-hole pressure, flowing] конечное забойное давление при фонтанировании скважины
FBHPSI [final bottom-hole pressure, shut-in] конечное забойное давление при закрытии скважины
FBP [final boiling point] конечная точка кипения
FC 1. [filter cake] а) фильтрационная корка (*на стенке скважины*) б) остаток на фильтре 2. [fixed carbon] а) связанный углерод б) ос-

татки углерода (*при сжигании нефти для получения кокса*) 3. [float collar] муфта обсадной колонны с обратным клапаном
FCC [fluid catalytic cracking] жидкофазный каталитический крекинг
FCP [flowing casing pressure] гидродинамическое давление в обсадной колонне
FCV [flow control valve] фонтанная задвижка
FD 1. [feed] подача; приток 2. [floor drain] спускное отверстие в полу 3. [formation density] плотность пласта
FDL [formation density log] кривая плотностного каротажа
fdn [foundation] основание, фундамент
fdr [feeder] питатель, подающий механизм; загрузочное устройство
fe [fire extinguisher] огнетушитель
FEA [Federal Energy Administration] Федеральное энергетическое управление (*США*)
feasible выполнимый, осуществимый; возможный, вероятный
feathers рубленые перья (*применяемые для борьбы с поглощением бурового раствора*)
Feather Stop *фирм.* дробленые птичьи перья (*нейтральный наполнитель для борьбы с поглощением бурового раствора*)
feature 1. деталь; особенность (*процесса, конструкции*) 2. характер (*местности*), подробность (*рельефа*)
design ~s детали конструкции
geological ~ геологическое строение, геологическая структура
topographic ~ элемент рельефа
fed [federal] федеральный
feed 1. питание, подача; приток; подвод 2. сырье; загрузочный материал 3. питатель, подающий механизм; загрузочное устройство ‖ питать; подводить; подавать; нагнетать; снабжать
~ of bit [drill] подача (бурового) инструмента в скважину
automatic ~ автоматическая подача
closed water ~ 1. подача промывочной воды без ее аэрации 2. боковая подача промывочной воды
drilling-bit ~ подача долота (*на забой*)
drilling-tool ~ подача бурового инструмента
forced ~ принудительная подача, подача под давлением
free ~ свободная подача
gravity ~ 1. подача (бурового) снаряда под действием его тяжести 2. подача самотеком, гравитационная подача
hand ~ *см.* manual feed
hydraulic ~ гидравлическая подача
hydraulic cylinder ~ гидравлический регулятор подачи
manual ~ ручная подача
mechanical ~ 1. винтовая подача (*шпинделя*) 2. автоматическая подача
oil ~ подача [подвод] масла

penetration ~ 1. скорость углубления 2. подача бурового инструмента
positive ~ *см.* forced feed
powder ~ порошковый питатель
power ~ автоматическая подача
pressure ~ подача под давлением
ratchet ~ подача при помощи храпового колеса и собачки
regular ~ нормальная подача; рабочая подача (*инструмента*)
roller ~ роликовая [вальцовая] подача
feedback обратная связь
feeder 1. эл. фидер; питающий провод 2. питатель, подающий механизм; загрузочное устройство
air ~ всасывающий патрубок; подающий воздушный трубопровод
bin ~ бункерный питатель
oil ~ лубрикатор для автоматической смазки; капельная масленка
worm ~ шнек, червячный транспортер
feed-off подача инструмента в скважину
automatic ~ узел автоматического регулирования подачи
feeler 1. щуп 2. чувствительный элемент 3. калибр толщины, толщиномер 4. *pl* мерные ножки каверномера
FE/L [from East line] от восточной линии
feldspar *геол.* полевой шпат
felite фелит (*минеральная составляющая портландцемента и цементного клинкера*)
female охватывающий, внешний; раструбный; с внутренней резьбой
fence ограждение
Fergie Seal Flakes *фирм.* хлопьевидный материал из кукурузных початков (*нейтральный наполнитель для борьбы с поглощением бурового раствора*)
Fergy Seal Granular *фирм.* измельченные кукурузные початки (*нейтральный наполнитель для борьбы с поглощением бурового раствора*)
ferment фермент ‖ ферментировать; бродить
fermentation ферментация; брожение
fermenter возбудитель брожения
Fer-O-Bar *фирм.* специальный утяжелитель для буровых растворов, имеющий плотность 4,7 г/см^3 и способный вступать в реакцию с H_2S
ferric железный (*содержащий трехвалентное железо*)
ferrocement ферроцемент, армоцемент
ferrochromelignosulfonate лигносульфонат железа и хрома, феррохромлигносульфонат, ФХЛС
ferrocrete феррокрит (*быстротвердеющий портландцемент*)
ferrous железистый (*содержащий двухвалентное железо*)
fetch область образования ветровых волн
FF 1. [fishing for] ловильные работы в скважине 2. [flat face] плоский торец 3. [frac finder]

каротаж для определения трещиноватости 4. [full of fluid] заполненный флюидом
FFA [female to female angle] угольник с раструбами на обоих концах
FFG [female to female globe] шаровой кран с раструбами на обоих концах
FFI [free fluid index] индекс свободной жидкости
FFO [furnace fuel oil] жидкое печное топливо
FFP [final flowing pressure] конечное давление фонтанирования
FG [fracture gradient] градиент давления при гидроразрыве
FGIH [finish going in hole] закончить спуск в скважину
FGIW [finish going in with] закончить спуск (*в скважину*) каким-либо действием
FGOR [formation gas-oil ratio] газовый фактор пластовой нефти
f-gr [fine-grained] мелкозернистый
FH [full-hole] 1. широкопроходный (*о соединении*) 2. бескерновый (*о бурении*)
FHP [final hydrostatic pressure] конечное гидростатическое давление
FI [flow indicator] указатель дебита
FIA [fluorescent indicator adsorption] адсорбция флуоресцентного индикатора
fib [fibrous] волокнистый
fiber 1. волокно 2. нить, волосок
  glass ~ стекловолокно
  leather ~ кожаные волокна (*для борьбы с поглощением бурового раствора*)
  quartz ~ кварцевая нить (*в оптических приборах*)
  wood ~ древесное волокно (*для борьбы с поглощением бурового раствора*)
Fibermix *фирм.* смесь волокнистых, минеральных и текстильных материалов с древесными опилками (*нейтральный наполнитель для борьбы с поглощением бурового раствора*)
Fiberseal *фирм.* волокнистый материал из льняных отходов (*нейтральный наполнитель для борьбы с поглощением бурового раствора*)
Fibertex *фирм.* измельченные отходы сахарного тростника (*нейтральный наполнитель для борьбы с поглощением бурового раствора*)
FIC [flow indicating controller] регулятор расхода с индикацией
field 1. месторождение; промысел 2. поле (*физической величины*) 3. область, сфера (*применения*)
  ~ going to water месторождение, начинающее обводняться
  adjacent ~s непосредственно примыкающие месторождения
  condensate ~ конденсатное месторождение
  cross-boundary petroleum ~ пересекающее границу месторождение нефти

developed ~ вскрытое [разбуренное] месторождение
Earth's magnetic ~ *см.* geomagnetic field
electromagnetic ~ электромагнитное поле
gas ~ газовое месторождение
gas-condensate ~ газоконденсатное месторождение
gas controlled ~ месторождение с газонапорным режимом
geomagnetic ~ геомагнитное поле, магнитное поле Земли
high pressure ~ месторождение с высоким пластовым давлением
ice ~ ледяное поле
magnetic ~ магнитное поле
maiden ~ месторождение, не вступившее в разработку
offshore ~ морское месторождение
oil ~ нефтяное месторождение; нефтяной промысел
oil-gas-condensate ~ нефтегазоконденсатное месторождение
telluric ~ поле теллурических токов
test ~ подопытный пласт
thermal ~ 1. температурное поле 2. тепловое поле
fig [figure] 1. цифра 2. фигура; рисунок; схема
figure 1. фигура; рисунок; схема 2. цифра 3. подсчитывать, вычислять
  biaxial interference ~ двухосная интерференционная фигура
  Brinell ~ число твердости по Бринеллю
  conservative ~ заниженное [ограниченное] значение
  control ~s контрольные цифры
  dimension ~ число, обозначающее размер на чертеже
  performance ~s эксплуатационные характеристики
  well ~s данные скважинных измерений
FIH [fluid in hole] флюид в скважине
filament 1. нить; волосок; волокно 2. эл. нить накала 3. эл. плавкая вставка (*предохранителя*)
fill насыпка; заполнение || насыпать; заполнять
  ~ in 1. наливать (*нефтепродукт в тару*) 2. заправлять (*горючим*) 3. засыпать (*траншею для трубопровода*)
  ~ up наполнять, заполнять; заправлять (*горючим*); заделывать
  deep ~ высокая насыпь
filler 1. наполнитель; заполнитель 2. наплавочный материал (*при сварке*); присадочный металл 3. заливная горловина (*бака*); наливное отверстие 4. устройство для заполнения
  back ~ машина для засыпки траншей
  barrel ~ автоматическое устройство для налива нефтепродуктов в бочки
  belt ~ смазка для приводных ремней
  oil ~ 1. маслозаправочное отверстие 2. масленка

fillet поясок; буртик; утолщение; фланец; ободок; заплечик; закраина; валик, полувалик; шов валиком

filling 1. насыпка; заполнение 2. налив (*нефтепродуктов в тару*); заправка (*топливом или маслом*) 3. геол. заполнение (*пустот или трещин*)
  back ~ засыпка [забутовка] скважины *или* траншей
  barrel ~ затаривание бочек
  bottom ~ налив [заполнение] снизу
  line ~ наполнение до определенного уровня
  top ~ налив [заполнение] сверху

fill-up заполнение, наполнение (*пласта нагнетаемой водой или скважины промывочной жидкостью*)

film пленка, тонкий слой ǁ покрывать пленкой *или* тонким слоем
  continuous ~ сплошная пленка
  fluid ~ жидкостная пленка
  interfacial ~ граничная пленка
  iridescent ~ флуоресцирующая пленка (*нефти на поверхности воды*)
  oil ~ нефтяная [масляная] пленка

filt [filtrate] фильтрат (*бурового или тампонажного раствора*)

filter 1. фильтр ǁ фильтровать 2. геофиз. фильтрующий контур 3. светофильтр
  ~ out отфильтровывать
  Anthrafilt ~ *фирм.* фильтр со специальной фильтрующей средой из угля
  band(-pass) ~ полосовой фильтр
  diatomite ~ диатомовый фильтр
  diesel and fuel-oil ~ форсуночный фильтр
  fuel ~ топливный фильтр
  gravity ~ гравитационный [самотечный] фильтр
  grease ~ маслоотделитель
  mesh ~ *см.* screen filter
  millipore ~ микропористый фильтр (*для лабораторных целей*)
  pressure ~ фильтр-пресс; напорный фильтр
  sand ~ песочный фильтр
  screen ~ сетчатый фильтр
  slow sand ~ гравитационный песочный фильтр
  well tube ~ трубный фильтр

filterability фильтруемость

filtrate фильтрат (*бурового или тампонажного раствора*)
  mud ~ фильтрат бурового раствора
  relaxed ~ нефтяной фильтрат бурового раствора, свободный фильтрат

filtration 1. фильтрация, фильтрование 2. водоотдача (*бурового раствора*)
  self-weight ~ гравитационное фильтрование
  sludge ~ фильтрация глинистого раствора

fin 1. [final] конечный; окончательный 2. [finish] отделка; покрытие 3. [finished] отделанный; законченный обработкой

find новое месторождение

finder 1. искатель, прибор для обнаружения 2. видоискатель, визир
  water ~ прибор для определения содержания воды в нефти

fin drlg [finished drilling] бурение закончено

fine 1. мелкий, тонкий, мелкозернистый 2. чистый 3. точный; с мелким шагом; мелкий (*о резьбе*) 4. *pl* мелкодисперсный материал; пыль; мельчайшие частицы
  formation ~s мелкие илистые частицы продуктивной толщи

fine-crystalline мелкокристаллический
fine-divided тонкоизмельченный
fine-fibrous тонковолокнистый
fine-meshed мелкоячеистый

fineness 1. чистота; (высоко)качественность отделки 2. точность (*напр. настройки*) 3. тонкость; мелкозернистость
  ~ of aggregate крупность заполнителя
  ~ of grinding тонкость помола

fine-pored мелкопористый, с мелкими порами

finger 1. палец; штифт; контакт 2. указатель, стрелка
  ~s of bit пальцы долота (*особой конструкции*)
  ~s of drag bits пальцы долот режущего типа
  guide ~ направляющий палец
  pipe ~ трубный палец (*для фиксации труб*)

fingering образование языков обводнения

finish обработка (*поверхности*); отделка; доводка; чистота поверхности ǁ обрабатывать начисто; шлифовать; отделывать

finished отделанный [обработанный] начисто; законченный обработкой
  ~ by grinding отшлифованный

finishing отделка; чистовая обработка; доводка

finned 1. ребристый, оребренный 2. пластинчатый

FIRC [flow indicating ratio controller] регулятор, показывающий соотношение расхода

fire 1. огонь; пламя ǁ зажигать; поджигать; воспламеняться 2. пожар
  ~ the hole взрывать шпур
  downhole ~ пожар в скважине (*при бурении с очисткой забоя газообразными агентами*)
  oil ~ нефтяной пожар

fireflooding внутрипластовое горение (*создаваемое в целях повышения нефтеотдачи пласта*)

fireman 1. кочегар 2. пожарный

fireproof несгораемый; огнестойкий; безопасный в пожарном отношении

fire-resistant *см.* **fireproof**

firing взрывание (*шпура*), простреливание; взрывание зарядов (*в скважине*)
  ~ under fluid простреливание труб при погруженном в жидкость перфораторе

Firmjel *фирм.* стойкий загущенный керосин, применяемый в качестве блокирующего агента при корректировании газового фактора

fis [fissure] трещина; разрыв (*в породе*)

fish 1. предмет, упущенный в скважину 2. ловить бурильный инструмент, производить ловильные работы

fish

~ up выловить инструмент из скважины
fish [fishing] ловильные работы (*в скважине*) || ловильный
fishing ловильные работы (*в скважине*) || ловильный
~ for casing ловля обсадных труб
fishtail долото «рыбий хвост»
plain ~ ненаваренное долото «рыбий хвост»
fissile сланцевый, расщепляющийся пластами
fissility сланцеватость; способность расщепляться на пластинки; трещиноватость
fissure трещина, разрыв (*в породе*)
fault ~ сбросовая трещина; сбрасыватель
fissured трещиноватый
fissuring трещиноватость; растрескивание (*породы*)
FIT [formation interval tester] устройство для поинтервального опробования пластов
fit 1. подгонка, пригонка; посадка || пригонять, подгонять; приглаживать 2. устанавливать, монтировать; собирать 3. годный, соразмерный; пригнанный; соответствующий
~ of plunger посадка плунжера
forced ~ тугая посадка
leak-proof ~ плотная посадка (*не допускающая утечки*)
loose ~ свободная [неплотная] посадка; подвижная широкоходовая посадка
shrink ~ напряженная [горячая] посадка
sliding ~ свободноскользящее соединение
tight ~ *см.* forced fit
fitness годность, (при)годность, соответствие
fitting 1. фасонная часть трубы; фитинг; арматура; соединительная часть трубы 2. сварка; монтаж; пригонка, приладка 3. приспособление, устройство 4. патрубок; штуцер; ниппель
casing ~ трубный фитинг
gas ~ газовая арматура, фитинг для газопровода
inlet ~ насадка
latch ~ замыкающее приспособление
fit-up сборка (*соединение под сварку*)
fix 1. укреплять; устанавливать 2. стопорить; зажимать 3. затвердевать; сгущать
fix [fixture] зажимное приспособление; хомут
fixed 1. неподвижный, стационарный 2. фиксированный, застопоренный; заклиненный (*на оси*) 3. *хим.* связанный; нелетучий
fixing 1. крепление, закрепление, застопоривание, фиксация 2. стопорный, установочный, крепежный, фиксирующий
fixture зажимное приспособление; хомут
FJ [flush joint] 1. полнопроходное *или* гладкопроходное соединение 2. раструбное соединение
FL 1. [floor] а) пол (*буровой вышки*) б) подстилающий пласт 2. [flowline] выкидная линия; напорная линия 3. [fluid level] уровень жидкости 4. [flush] заподлицо (*о соединении*)

fl [fluid] флюид; жидкость
fl/ *см.* F/
FLA 1. [Ferry Lake anhydrite] *геол.* ангидрит ферри-лэйк (*свиты тринити серии команче меловой системы*) 2. [fluid loss additive] реагент, снижающий водоотдачу; понизитель водоотдачи
flag 1. ставить метки (*на кабеле*) 2. *геол.* плита; плитняк
~ of convenience «удобный флаг» (*регистрация судов в чужих странах с целью избежать высокого налогообложения*)
flake флокен; волосовина; чешуйка; *pl* хлопья, чешуйки
~ off отслаиваться
graphite ~ пластинчатый графит, чешуйка графита
flaking отслаивание; шелушение; хлопьеобразование
flaky пластинчатый; чешуйчатый; хлопьевидный
flam [flammable] воспламеняющийся; огнеопасный
flame-proof огнестойкий; невоспламеняющийся
flame-resistant *см.* flame-proof
flammability воспламеняемость
flammable воспламеняющийся; огнеопасный
flange 1. фланец, выступ, борт; гребень; реборда (*колеса*) 2. отбортовка; полка; пояс фермы 3. загибать кромку, отбортовывать
attachment ~ соединительный фланец
blank ~ фланец без отверстия, глухой фланец, заглушка
blind ~ *см.* blank flange
brake ~ фланец тормозной шайбы
casing ~ фланец обсадной колонны
casing head ~ фланец головки обсадной колонны
collar ~ фланец с буртиком
companion ~ соединительный (двойной) фланец
discharge ~ нагнетательный [выкидной] фланец
drum ~ реборда барабана
joint ~ фланцевое соединение, соединительный фланец
loose ~ свободный фланец
pipe ~ фланец трубы
reducing ~ переходный фланец
sleeve ~ *см.* joint flange
union ~ *см.* joint flange
welded ~ приварной фланец
welded neck ~ фланец, насаженный на трубы и приваренный
flanged с отогнутым фланцем, отбортованный; ребристый
flanging загибание кромки, отбортовка
flank 1. крыло (*складки*), склон (*холма*) 2. ножка (*зуба*)
~ of least dip крыло с наименьшим падением

front ~ сбегающая [передняя] сторона (*зуба шарошки*)
leading ~ *см.* front flank
rear ~ набегающая [тыльная] сторона (*зуба шарошки*)
trailing ~ *см.* rear flank

flap 1. заслонка; створка 2. клапан; вентиль 3. хлопать; бить (*о ремне*)

flapper клапан; захлопка; откидной щиток

flare 1. факел для сжигания неиспользуемого попутного газа (*на нефтепромысле*) 2. раструб; конусность; расширение
articulated ~ шарнирный факел (*сооружение с шарнирным узлом в нижней части, опирающееся на морское дно и служащее для сжигания скважинного газа*)
semi-submersible ~ полупогружное факельное основание (*плавучая металлоконструкция для сжигания скважинного газа*)

flared расширяющийся, идущий раструбом

flaring 1. раструб; развальцовка 2. конусный; расширяющийся 3. сжигание попутного газа

flash 1. мгновенное [однократное] испарение 2. вспышка || вспыхивать
~ down быстро [мгновенно] снизить давление

flashing 1. мгновенное [однократное] испарение 2. вспышка, вспыхивание
~ to atmosphere дросселирование конденсата до атмосферного давления

flash-off оплавление (*при стыковой сварке*)

flask 1. бутыль, колба, флакон, баллон 2. резервуар со сжатым воздухом
bubble ~ U-образная трубка для пропуска газа через жидкость
receiving ~ измерительная [приёмная] колба (*к вискозиметру*)

flat 1. плоскость, плоский срез; грань, фаска 2. плоский; ровный; пологий; горизонтальный 3. притупленный (*напр. о резьбе*) 4. *геол.* горизонтально залегающий пласт; пологая залежь 5. *pl* полосовая сталь, полосовое железо
wrench ~s срезы под ключ (*в муфте*)

Flath [Flathead] *геол.* флэтхед (*свита среднего отдела кембрийской системы*)

flatten 1. выравнивать; выпрямлять 2. *геол.* выполаживать; затухать (*о складке*); сплющивать
~ out 1. выполаживаться (*о кривой*), делаться пологим 2. расплющивать

flattening 1. выравнивание; правка (*листового металла*), сплющивание, расплющивание 2. *геол.* выполаживание; сглаживание; уменьшение крутизны

flaw трещина; разрыв; дефект; изъян; порок; пузырь; свищ; раковина, каверна, плена (*в металле или отливке*); рванина

flax лен
fossil ~ асбест

Flax Plug *фирм.* льняная солома (*нейтральный наполнитель для борьбы с поглощением бурового раствора*)

Flaxseal *фирм.* дробленое льняное волокно (*нейтральный наполнитель для борьбы с поглощением бурового раствора*)

Fl-COC [flash point, Cleveland Open Cup] точка вспышки по методу открытого тигля

fld 1. [failed] вышедший из строя; неудавшийся, неудачный 2. [field] промысел || промысловый, полевой 3. [fieldspar] полевой шпат

fleet 1. парк (*буровых станков*) 2. флот
offshore drilling rig ~ парк шельфовых буровых станков

flex [flexible] гибкий, упругий, эластичный

flexibility 1. гибкость, упругость, эластичность, пластичность 2. приспособляемость (*машины*)

flexible 1. гибкий, упругий, эластичный 2. легко приспособляемый

flexing изгиб, изгибание; испытание на изгиб

flexure 1. *геол.* флексура, небольшая моноклинальная складка 2. изгиб; изгибание 3. прогиб, сгиб 4. искривление; кривизна
~ due to axial compression продольный изгиб
bending ~ прогиб
lateral ~ поперечный изгиб

flg 1. [flange] фланец 2. [flowing] фонтанирующий (*о скважине*)

flgs [flanges] фланцы

flint кремень, кремневая галька, мелкозернистый песчаник

flint-dry высушенный полностью

flinty кремнистый

flk [flaky] чешуйчатый, хлопьевидный

flo [flow] 1. поток; струя; движение жидкости или газа 2. фильтрация; расход жидкости; прокачка

float 1. поплавок 2. обратный клапан 3. всплывать, плавать 4. быть в равновесии
~ into position сборка на плаву
ball ~ шаровой поплавковый затвор
casing ~ обратный клапан, применяемый при спуске колонны обсадных труб
displacement type ~ поплавковый указатель уровня
drill pipe ~ обратный клапан, установленный в бурильных трубах
pivoted ~ шарнирный поплавок
string ~ обратный клапан бурильной колонны (*для подачи бурового агента в скважину и предотвращения обратного потока*)

floatability плавучесть

floater 1. поплавок 2. плавучее (буровое) основание (*судно, баржа, полупогружное основание*) 3. плавучее нефтехранилище 4. *проф.* флоутер (*любая плавучая конструкция на шельфе*)

floating 1. спуск на воду, сплав 2. плавающий, плавучий 3. подвижный; качающийся; свободно вращающийся
~ in casing спуск колонны обсадных труб с обратным клапаном
~ of tank транспортировка резервуара на плаву

float-on наплавной способ (*приема и снятия тяжеловесных грузов на специальные морские грузовые суда*)

float-out транспортировка конструкций на место установки

float-sub переводник с обратным клапаном

floc [flocculant] 1. флокулянт, хлопьеобразующий [флокулирующий] агент 2. хлопьеобразователь

flocculant 1. флокулянт, хлопьеобразующий [флокулирующий] агент 2. хлопьевидный; образующий хлопья, флокулирующий

flocculate флокулировать, выпадать [осаждаться] хлопьями

flocculated флокулированный

flocculating выпадение [осаждение] хлопьями, флокулирование

flocculation 1. флокуляция, образование хлопьев (*напр. в буровом растворе*) 2. флокуляционная очистка
   slime ~ флокуляция шлама

flocculator 1. флокулянт, хлопьеобразующий [флокулирующий] агент 2. хлопьеобразователь

Flocele *фирм.* хлопья целлюлозной пленки (*нейтральный наполнитель для борьбы с поглощением бурового раствора*)

Flo-Chilled *фирм.* безводная каустическая сода

flocks хлопья

floe плавучие льды

floeberg обломок айсберга

flood заводнение, обводнение
   ~ of pump suction заполнение приема насоса
   center-to-edge ~ центральное *или* сводовое заводнение (*внутриконтурное заводнение от центра к периферии*)
   crash ~ быстрое затопление нескольких плавучих емкостей, поддерживающих стальную платформу
   edge water ~ законтурное заводнение
   line ~ линейное заводнение
   LPG ~ закачка в пласт сжиженных бутана и пропана (*для увеличения нефтеотдачи*)
   margin(al) ~ приконтурное заводнение
   perimeter ~ *см.* margin(al) flood
   pilot ~ опытное заводнение
   solution ~ закачка в пласт газа под высоким давлением с предшествующим нагнетанием жидкого пропана
   water ~ заводнение, обводнение

floodability способность к заводнению

flooding заводнение, обводнение
   acid ~ кислотное заводнение (*пласта*)
   air ~ нагнетание сжатого воздуха в пласт
   alkaline ~ щелочное заводнение (*пласта*)
   artificial water ~ искусственное заводнение
   boundary ~ приконтурное заводнение
   carbon dioxide ~ огнетушительная система орошения диоксидом углерода
   combination of forward combustion and water ~ влажный внутрипластовый движущийся очаг горения
   contour ~ внутриконтурное заводнение
   cyclic ~ кольцевое заводнение
   fire ~ создание в пласте движущегося очага горения
   fractional ~ частичное заводнение
   natural water ~ естественное заводнение
   pattern ~ площадное заводнение
   peripheral ~ приконтурное кольцевое заводнение
   polymer ~ полимерное «заводнение»
   premature ~ преждевременное обводнение
   underground ~ подземное заводнение
   water ~ заводнение, обводнение

floor 1. пол (*вышки*); настил 2. поверхность, плоскость 3. подстилающая порода, постель, подошва (*выработки*) 4. *геол.* ярус, горизонт 5. грунт, почва 6. дно (*моря*)
   derrick ~ пол вышки
   drill(ing) ~ 1. буровая площадка 2. пол буровой
   maintenance ~ площадка для обслуживания (*оборудования*)
   ocean ~ дно моря [океана], морское дно

Florigel *фирм.* аттапульгитовый глинопорошок для приготовления солестойких буровых растворов

Flosal *фирм.* регулятор вязкости и напряжения сдвига буровых растворов с ультранизким содержанием твердой фазы

flotation флотация

Flotex *фирм.* смесь лигносульфоната, углеводородов и угольного порошка (*понизитель водоотдачи буровых растворов*)

floundering:
   bit ~ снижение скорости проходки из-за перегрузки долота

flour 1. мука 2. порошок, пудра 3. размалывать, превращать в порошок
   fossil ~ инфузорная земля, кизельгур
   silica ~ силикатная мука, молотый песок (*с тонкостью помола такой же, как у портландцемента*)

flow 1. поток, струя; движение жидкости *или* газа 2. фильтрация; расход жидкости; прокачка 3. текучесть 4. технологический процесс 5. циркуляция в замкнутой системе
   ~ by gravity двигаться самотёком
   ~ by heads фонтанировать
   ~ from a pump подача насоса
   ~ in втекать, вливаться
   ~ off стекать
   ~ of fluid движение [течение] жидкости
   ~ of gas движение газа; выделение газа; выброс газа
   ~ of ground выпирание грунта; пластическая деформация грунта
   ~ of water приток воды
   ~ out вытекать
   ~ over переливаться
   ~ through перекачивать, пропускать; протекать
   absolute open ~ абсолютный дебит (*скважины*)

aerated ~ аэрированный поток
artesian water ~ артезианский самотек воды
back ~ обратная промывка скважины, отлив
backward ~ противоток, встречный поток
bubble ~ пузырьковый режим двухфазного потока
calculated (absolute) open ~ расчетный (абсолютный) дебит *(скважины)*
capillary ~ капиллярный поток, капиллярное течение
channel ~ раздельное движение двух фаз в поровых каналах
compressible ~ сжимаемый поток
constant ~ установившийся поток, установившееся течение
continuous ~ непрерывный поток
countercurrent ~ противоток, встречный поток
cross ~ поперечный поток, поперечное по отношению к трубам движение жидкостей; перекрестный ток; переток
daily ~ суточный дебит
downward ~ нисходящий поток
erratic ~ *см.* turbulent flow
estimated ~ расчетный дебит *(скважины)*
fluctuating ~ пульсирующий поток жидкости; расход жидкости
fractional ~ движение отдельных фаз в многофазном потоке
free ~ свободное течение
gas ~ газопроявление; поток газа, движение газа *(в газопроводе)*
gravity ~ движение самотеком; самотек
heat ~ тепловой поток
heavy ~ сильный поток
initial ~ начальная производительность *(скважины),* начальный дебит
intermittent ~ 1. перемежающийся выброс жидкости, пульсирующий выброс *или* излив 2. перемежающееся течение
jet ~ струйный режим потока
laminar ~ ламинарный [безвихревой] поток, ламинарное течение
linear ~ линейный поток; линейное движение
mass ~ массовый расход *(жидкостей и газов)*
multiphase ~ многофазный поток
natural ~ фонтанирование, естественный поток
non-steady ~ *см.* transient flow
non-viscous ~ неламинарное движение *или* течение
open ~ свободное фонтанирование
parallel ~ движение *(жидкости или газа)* параллельными потоками; прямоток *(в технологическом процессе)*
plastic ~ 1. пластическое течение 2. пластическая деформация; ползучесть
plug ~ структурное течение; течение структурированной жидкости с неразрушенным ядром потока
polyphase ~ многофазный поток
radial ~ радиальный поток; радиальная фильтрация
ready ~ текучесть
retarded ~ замедленное течение
slug ~ «четочное течение» *(в виде отдельных шариков),* глобулярное течение
sluggish ~ инертное [замедленное] течение
spherical ~ сферическое течение
three-dimensional ~ трехмерное течение; трехмерный поток
total ~ суммарный поток
transient ~ неустановившийся поток
turbulent ~ турбулентный [вихревой] поток, турбулентное течение
uncontrolled ~ *см.* open flow
undisturbed ~ *см.* free flow
unrestricted ~ *см.* free flow
unstable ~ неустановившаяся фильтрация *(в пласте);* неустановившийся поток *(в трубах)*
unsteady ~ *см.* unstable flow
upward ~ восходящий поток
well ~ проявление скважины
wide-open ~ свободное фонтанирование скважины

flowing 1. течение ‖ текущий, разливающийся 2. фонтанирование *(скважины)*
~ of well переливание нефти из скважины, фонтанирование скважины
wild ~ открытое фонтанирование скважины *(при отсутствии задвижки или невозможности ее закрыть)*

flowline 1. выкидная линия; трубопровод, идущий от скважины к сепаратору 2. напорный [нагнетательный, подающий, питающий] трубопровод 3. сточный трубопровод 4. линия скольжения [сдвига]

flowmeter расходомер
bellows ~ сильфонный расходомер
inflatable-packer ~ расходомер с надувным пакером
recording ~ регистрирующий расходомер

Floxit *фирм.* флокулирующий агент для глин
fl prf [flame-proof] огнестойкий, огнеупорный
flshd [flushed] промытый *(сильной струей)*
flt 1. [fault] а) неисправность, повреждение б) сброс, сдвиг *(породы);* разрыв, разлом 2. [float] поплавок
fltg [floating] 1. спуск на воду, сплав 2. плавающий, плавучий 3. подвижный; качающийся; свободно вращающийся
flu *см.* fl
fluctuate колебаться; изменяться; пульсировать
fluctuation 1. колебание, неустойчивость; отклонение; неравномерность работы 2. нарушение однородности жидкости *или* газа 3. флуктуация, пульсирование
~ of level колебание уровня
pressure ~ колебание давления

Fludex *фирм.* полифункциональная добавка, применяемая на водообрабатывающих установках

flue 1. дымовая труба; дымоход 2. вытяжная труба 3. жаровая [огневая] труба

fluid 1. флюид (*жидкость, газ, смесь жидкостей и газов*) 2. жидкость; газ; жидкая или газообразная среда ‖ жидкий

acid-base fracturing ~ жидкость гидроразрыва на кислотной основе

acid-kerosene emulsion ~ керосино-кислотная эмульсия (*для гидроразрыва пласта*)

aerated drilling ~ аэрированный буровой раствор

behind-the-packer ~ надпакерная жидкость (*жидкость в скважине, остающаяся над пакером*)

brackish water(-base) drilling ~ буровой раствор на жесткой воде

braking ~ жидкость для гидравлического тормоза

breakdown ~ рабочая жидкость, жидкость гидроразрыва (*пласта*)

carrying ~ жидкость-носитель

circulating ~ 1. промывочная жидкость 2. буровой раствор

circulation ~ *см.* circulating fluid

clear completion ~ безглинистый раствор для заканчивания скважины

completion ~ 1. раствор для вскрытия (продуктивного) пласта 2. раствор для заканчивания скважин

compressible ~ сжимаемая жидкость

coring ~ жидкость для отбора керна

cutting ~ смазочно-охлаждающая жидкость, СОЖ

displacing ~ вытесняющая жидкость

drag-reducing ~ жидкость, снижающая гидравлическое сопротивление

drill ~ *см.* drilling fluid

drilling ~ буровой раствор

driving ~ рабочая жидкость

fast drilling ~ буровой раствор, позволяющий вести проходку с высокой скоростью

flush ~ *см.* flushing fluid

flushing ~ 1. промывочная жидкость 2. буферная жидкость 3. промывающая жидкость

frac(turing) ~ жидкость гидроразрыва (*пласта*)

gas cut ~ газированная жидкость

gassy ~ *см.* gas cut fluid

hydraulic transmission ~ жидкость для заполнения системы гидравлической передачи

incompressible ~ несжимаемая жидкость

injection ~ нагнетаемый агент

interfacial ~s контактирующие жидкости (*на границе раздела*)

invading ~ вытесняющая жидкость

kick ~ 1. жидкость, вызвавшая выброс 2. изверженная жидкость (*при выбросе*)

kill ~ жидкость для глушения скважин

lime drilling ~ известковый буровой раствор

load ~ жидкость, закачиваемая в скважину для увеличения противодавления на пласт

miscible ~s смешивающиеся жидкости

mixed ~ жидкая смесь (*специальная жидкость для гидравлической системы управления подводным оборудованием*)

mud ~ глинистый буровой раствор

mud laden ~ глинистый раствор плотностью 1,2 г/см^3 и более

Newtonian ~ истинная [ньютоновская] жидкость

oil based ~s буровые растворы на углеводородной основе

oil emulsion drilling ~ (нефте)эмульсионный буровой раствор

operating ~ *см.* working fluid

packer ~ (над)пакерная жидкость

plastic ~ пластическая [высоковязкая] жидкость

power ~ рабочая жидкость

pressure ~ *см.* power fluid

processed drilling ~ химически обработанный буровой раствор

produced ~ добываемая жидкость

pump ~ рабочая жидкость насоса

refrigerating ~ охлаждающая жидкость, хладагент

return ~ возвратная вода *или* буровой раствор, выходящий из скважины

sealing ~ жидкость гидравлического затвора

shear thinning ~ жидкость, разжижающаяся при сдвиге

top ~ уровень жидкости (*в скважине*)

torque converter ~ жидкость, применяемая в гидротрансформаторе

total ~ общее количество добываемой жидкости (*включая нефть, воду, эмульсию и т.п.*)

treated drilling ~ обработанный буровой раствор

viscous ~ вязкая жидкость

water-base rotary drilling ~ буровой раствор на водной основе для роторного бурения

working ~ рабочая жидкость

workover ~ жидкость для ремонта скважин

fluidity 1. текучесть; подвижность 2. жидкое состояние; газообразное состояние

fluidization ожижение, флюидизация, образование псевдоожиженного слоя

fluidize ожижать; псевдоожижать

fluid meter вискозиметр

fluid-tight герметичный; влагонепроницаемый

Fluid Trol *фирм.* эмульгатор нефти в буровых растворах с низкой степенью минерализации

fluidways промывочные канавки

fluke желонка для очистки буровой скважины

flume лоток, желоб; подводящий канал

mud ~ желоб для бурового раствора, раствопровод

fluor 1. [fluorescence] флуоресценция 2. [fluorescent] флуоресцирующий

fluorescence флуоресценция, люминесценция

fluorhydric фтористоводородный

fluoric фтористый
fluoride фторид, соль фтористоводородной [плавиковой] кислоты
  calcium ~ фторид кальция (CaF_2)
  halogen ~ фторгалогенид
  hydrogen ~ фторид водорода (HF), плавиковая кислота
  lithium ~ фторид лития (LiF)
  sodium ~ фторид натрия (NaF)
fluorspar флюорит, плавиковый шпат
flush 1. струя (*жидкости*) 2. смывать *или* промывать струей (*жидкости*) 3. впритык, вровень; впотай, заподлицо || потайной, утопленный, гладкий
  ~ away смывать
  ~ out 1. промывать *или* вымывать струей жидкости 2. выдувать
flushing промывка (*при бурении*); смывание
  ~ of core 1. размывание керна буровым раствором 2. подъем керна через бурильные трубы промывочной жидкостью (*при обратной циркуляции*)
  clay ~ промывка глинистым раствором
  direct ~ прямая циркуляция, прямая промывка
  drilling mud ~ промывка буровым раствором
  mud ~ промывка глинистым раствором
  return ~ обратная циркуляция, обратная промывка
  semi-liquid ~ полужидкая промывка
  thick ~ промывка густым глинистым раствором
  water ~ промывка водой (*при бурении*)
flute 1. выемка, канавка, паз, борозда, желобок || делать выемки [канавки, пазы, бороздки, желобки] 2. продольный *или* спиральный промывочный желобок (*на боковой поверхности буровой коронки или расширителя*) 3. гофр || гофрировать
fluted желобчатый, рифленый, гофрированный
fluvial *геол.* речной
fluviatile речные осадки
flux 1. расход (*жидкости*); поток; течение 2. флюс || обрабатывать флюсом, флюсовать 3. плавить, расплавлять 4. разжижитель
  eddy ~ турбулентный поток
  heat ~ тепловой поток
  total ~ суммарный приток
flwd [flowed] (*скважина*) фонтанировала
flwg [flowing] 1. *см.* **flg** 2. (*скважина*) фонтанирует
flysh *геол.* флиш
flywheel маховик, маховое колесо
FM 1. [frequency meter] частотомер 2. [frequency modulation] частотная модуляция
fm [formation] формация; ярус; свита пластов
Fman [foreman] 1. мастер; прораб; бригадир 2. горный техник
fmn *см.* **fm**

FMS 1. [formation microscanner] пластовый микросканер 2. [formation microscanner tool] пластовый микрозонд
Fm W [formation water] пластовая вода
fn 1. [fine] тонкий, мелкозернистый 2. [function] функция
FNEL [from North-East line] от северо-восточной линии
FNL [from North line] от северной линии
fnly [finely] тонко
fnt [faint] слабый, незначительный
FNWL [from North-West line] от северо-западной линии
FO 1. [farmout] арендуемый участок 2. [fuel oil] жидкое топливо; котельное топливо 3. [full opening] полнопроходной
foam пена || пениться
  aqueous film forming (AFFF) ~ водянистая пленка, формирующая пену
  fire ~ пена для тушения пожаров
Foamatron V-2 *фирм.* вспенивающий агент [детергент] для пресных буровых растворов
Foamatron V-12 *фирм.* вспенивающий агент [детергент] для всех типов буровых растворов на водной основе
foamed вспененный
foamer 1. пеногенератор 2. пенообразователь
foaming 1. вспенивание, пенообразование || пенящийся 2. тушение пеной (*нефтяного пожара*) 3. переброс воды в паропровод (*в котлах*)
Foaming Agent-2 *фирм.* пеногенный [вспенивающий] агент [детергент] для ликвидации поглощений буровых растворов
Foamite *фирм.* пенный состав для огнетушения
FOB [free on board] *эк.* франко-борт, фоб (*условие поставки*)
FOCL [focused log] боковой каротаж, электрокаротаж с экранировкой тока
focus фокус || фокусировать
F. O. E. [fuel oil equivalent] эквивалент топливной нефти
FOE-WOE [flanged one end-welded one end] с фланцем на одном конце с привариваемым другим концом
fogger увлажнитель (*для осаждения пыли из газа*)
fol [foliated] сланцеватый, слоистый (*о породе*)
fold 1. сгиб, перегиб, фальц 2. *геол.* складка || образовывать складки
  monoclinal ~ моноклинальная складка
  overturned ~ опрокинутая складка взброса
  prominent ~ главная складка
  recumbent ~ лежачая *или* опрокинутая складка
  refolded ~ складка с вторичной складчатостью на крыльях
  reversed ~ опрокинутая складка
  similar ~s параллельные складки

folded

folded 1. складчатый 2. гнутый
~ and faulted перемятый и нарушенный сбросами (*о породах*)
fold-fault *геол.* складка-сброс
folding 1. *геол.* складчатость, пликативная дислокация, складкообразование 2. складной, складывающийся; створчатый, откидной; убирающийся
aclinal ~ прямое залегание складок
acute ~ резко выраженная складчатость
block ~ глыбовая складчатость
shear ~ складчатость скалывания
fold-thrust *геол.* складка-взброс
foliated слоистый; сланцеватый (*о породе*)
foliation слоистость; сланцеватость (*породы*)
follow:
~ down бурить с одновременным спуском обсадной колонны
follower 1. ведомый механизм, ведомый элемент передачи 2. следящее устройство; следящая система 3. нажимная втулка сальника 4. крышка сальника; крышка поршня 5. копирное устройство, копир; копирный ролик
piston ~ прижимная шайба поршня (*насоса*)
foolproof защищенный от неосторожного обращения; защищенный от повреждения при неправильном обращении
foot 1. фут (*0,3048 м*) 2. нога; ножка; опора; подошва; стойка; основание; нижняя часть; пята 3. постель, почва (*пласта*), лежачий бок; подножье, подошва (*холма или горы*)
column ~ основание колонны
cubic ~ кубический фут ($0,02832$ $м^3$)
ice ~ береговой лед, припай
running ~ погонный фут
footage 1. длина в футах 2. площадь в квадратных футах 3. проходка в футах
~ from... to... интервал бурения в футах от... до...
bit ~ проходка в футах на долото
make ~ бурить; «давать проходку» в футах
foothills предгорье, подошва (*холма или горы*)
footing 1. фундамент; основание; опора 2. нижний слой; подстилающий слой 3. опорный башмак 4. опора для ноги
support ~ опорный башмак
footprint радиус действия подводного судна
FOR [free on rail] *эк.* франко-вагон (*условие поставки*)
force 1. сила, усилие 2. нагнетать; перегружать (*двигатель*)
~ down прижимать книзу, отжимать
~ of compression *см.* compressive force
~ of gravity сила тяжести, земное притяжение
~ of inertia сила инерции
~ out вытеснять; выдавливать; выкачивать
~ up 1. вытеснять вверх 2. подбрасывать
adhesive ~ сила адгезии, сила прилипания
aggregation ~ сила агрегации [сцепления]
angular ~ вращающий момент
attractive ~ сила притяжения
balance ~ уравновешивающая сила
bearing ~ 1. грузоподъемность 2. несущая способность
bending ~ изгибающее усилие
binding ~ сила сцепления [когезии]
braking ~ тормозящее усилие, сила торможения
buckling ~ критическая сила, вызывающая потерю устойчивости (*при продольном изгибе*)
buoyancy ~ архимедова [выталкивающая] сила
capillary ~ капиллярная сила
cohesive ~ сила сцепления [когезии]
collapsing ~ разрушающее усилие
compensator ~ грузоподъемность компенсатора
compressive ~ сжимающее усилие
damping ~ демпфирующая [заглушающая] сила; балансирующая сила, усилие баланса
deflecting ~ 1. отклоняющая сила 2. изгибающая сила
destructive ~ разрушающее усилие
differential ~s ориентированные силы
disruptive ~ разрывающая сила
disturbing ~ возмущающая сила
drag ~ срезающая сила; сила торможения
driving ~ движущая сила
electromotive ~ электродвижущая сила, эдс
expulsive ~ *см.* driving force
floating ~ выталкивающая [архимедова] сила
flywheel ~ сила инерции вращающихся масс
friction ~ сила трения
hydrodynamic drag ~ гидродинамическая сила сопротивления (*подводного трубопровода*)
hydrodynamic inertia ~ гидродинамическая сила инерции
hydrodynamic lift ~ гидродинамическая подъемная сила (*действующая на подводный трубопровод*)
lateral compressive ~ сила бокового сжатия
lifting ~ подъемная сила
mooring ~ усилие от якорного крепления
overturning ice ~ опрокидывающая ледовая нагрузка (*на морские нефтепромысловые сооружения*)
raising ~ подъемная сила
reacting ~ противодействующая сила, сила реакции *или* обратного действия
resistance ~ сила сопротивления
resultant ~ равнодействующая [результирующая] сила
retarding ~ задерживающая [замедляющая] сила; тормозящий момент
shear(ing) ~ срезывающая [скалывающая] сила, сдвигающее усилие
shrinkage ~ сила усадки; усилие, развивающееся при (*тепловой*) усадке
single ~ сосредоточенная сила

formation

tangent friction ~ тангенциальная сила трения
tangential ~ касательная [тангенциальная] сила
telluric magnetic ~ сила земного магнетизма
tensile ~ растягивающее усилие, растягивающая сила
thrust ~ осевая нагрузка
twisting ~ скручивающее усилие

forced принудительный; вынужденный; искусственный; усиленный

force-feed принудительная подача, подача под давлением

forcer 1. поршень (*насоса или компрессора*) 2. небольшой нагнетательный насос

forecast(ing) прогноз, предсказание
critical period ~ прогнозирование (*состояния моря*) на период особых планируемых операций

foredeep передовой прогиб, краевая впадина

foreign 1. покупной, приобретаемый на стороне 2. посторонний, чуждый (*о включениях*)

foreland *геол.* предгорье, фронтальная область, форлянд

foreman 1. мастер; прораб; бригадир 2. горный техник
drilling ~ начальник буровой; руководитель буровых работ

forge кузница; горн || ковать
~ cold ковать входолодную
~ on наковывать
~ out оттягивать под молотом

forgeability ковкость

forgeable ковкий, тягучий

forged кованый

forging ковка, поковка || ковочный, кузнечный

fork подкладочная вилка (*инструмент, применяемый при штанговом и канатном бурении для подвешивания штанг и бурового снаряда на устье скважины при свинчивании и развинчивании*)
devil's pitch ~ ловильные клещи

form 1. форма; модель; образец || придавать форму 2. очертание, контур, профиль 3. формовать
~ of fracture вид излома, характер разрушения
slip ~s скользящая опалубка
traveling ~s переставная опалубка

Formaplug *фирм.* глиноцементная смесь для изоляции зон поглощения бурового раствора

Formaseal *фирм.* гранулированный асфальт (*нейтральный наполнитель для борьбы с поглощением бурового раствора на углеводородной основе*)

formation *геол.* 1. формация; ярус; свита пластов 2. формирование, образование
~ of deposits образование отложений
broken-down ~ 1. пласт, подвергнутый гидроразрыву 2. сильнотрещиноватый пласт
cake ~ образование глинистой корки (*на стенках скважины*)
cave ~ вторичные минеральные отложения
competent ~ устойчивая [необваливающаяся] порода
creviced ~ трещиноватая порода
falling rock ~ обваливающаяся горная порода
flat-lying ~ пласты с горизонтальным залеганием
flock ~ образование хлопьев
flowing rock ~ пластичная [текучая] горная порода
gas-bearing ~ газоносная свита
gel ~ гелеобразование
geological ~ геологическая формация
gum ~ смолообразование
gummy ~ налипающая порода
hard ~ крепкая порода; твердое образование
incompetent ~ слабосцементированный пласт; слабая [мягкая, рыхлая] порода
laboratory ~ модель пласта
marine ~ морская формация
marker ~ маркирующий горизонт
mud making ~ порода, способная образовывать естественный глинистый раствор в процессе бурения скважины
non-productive ~ пустая порода
oil-bearing ~ нефтеносная свита
open ~ порода с высокой пористостью и проницаемостью
overlying ~ вышележащий горизонт
overpressured ~ пласт с аномально высоким пластовым давлением
porous ~ пористая порода
predominant ~ господствующая (*в данном разрезе*) порода; наиболее часто встречающаяся при бурении порода
producing ~ нефте- или газоносный пласт; продуктивная свита
resin ~ смолообразование (*в топливе*)
rock ~ литогенезис; формация, геологический горизонт
sandy ~ песчанистая порода
smooth drilling ~ порода, дающая хороший керн при большой механической скорости бурения; порода, допускающая бурение на высоких частотах вращения снаряда без вибрации
soft ~ мягкая [слабая, рыхлая] порода
submarine oil ~ подводный нефтяной пласт
thirsty ~ поглощающая порода
tight ~ малопроницаемые пласты; плотная устойчивая порода (*не требующая крепления трубами*)
unplugged ~ неуплотненная порода, порода с незакрытыми порами и трещинами; неизолированный слой породы
unstable ~ неустойчивая порода
vortex ~ вихреобразование (*напр. под трубопроводом, лежащим на дне моря*)
water-bearing ~ водоносная формация; водоносный горизонт

formation

water-producing ~ *см.* water-bearing formation
weak ~ слабосцементированный пласт; слабая [мягкая, рыхлая] порода
wet ~ порода с водопроявлениями

Formjel *фирм.* керосин, загущенный металлическими мылами и утяжеленный добавками (*применяется для закупорки высокопроницаемых зон при селективной обработке*)

formula 1. формула 2. рецептура; состав
constitutional ~ структурная формула
five-spot flow ~ формула для расчета притока жидкости при пятиточечной системе размещения скважин
Kutter's ~ формула Куттера (*уравнение потока жидкости в длинных трубах при низких входных давлении и скорости*)

formulation 1. разработка рецептуры *или* состава 2. рецептура; состав (*бурового или тампонажного раствора*)
~ of the cement blend состав [рецептура] цементной смеси
mud ~ рецептура [состав] бурового раствора

fossil ископаемое || ископаемый
guide ~ *см.* index fossil
index ~ руководящее ископаемое
organic ~ органическое ископаемое

fossiliferous содержащий ископаемые организмы [окаменелости]

foul грязный; загрязненный; засоренный || загрязняться; засоряться
~ the core загрязнять керн (*буровым раствором*)

fouling 1. засорение; загрязнение; примесь; образование накипи 2. неисправности, неполадки; неверное показание (*прибора*); обрастание корпуса (*шельфовой установки*)

foundation основание, фундамент
caisson ~ основание кессона
concrete ~ бетонное основание
piling ~ свайное основание
pump ~ фундамент насоса

foundered 1. *геол.* погрузившийся 2. проплавленный

foundering 1. *геол.* погружение, опускание 2. проплавление

four-bladed четырехлопастный

fourble свеча, состоящая из двух двухтрубок (*четырех бурильных труб*)

four-way четырехходовой; крестовидный

FPC [Federal Power Commission] Федеральная комиссия по энергетике (*США*)

fpc [fixed price contract] контракт с фиксированной ценой

fph [feet per hour] футов в час

fprf [fireproof] огнестойкий, огнеупорный

fps 1. [foot per second] фут в секунду 2. [foot-pound-second] фут-фунт-секунда

frac *см.* **fracturing**

FracCADE [Computer-Aided Design & Evaluation for Fracture Stimulation] система автоматизированного проектирования и оценки вызова притока гидроразрывом

fract 1. [fractionation] фракционирование 2. [fractionator] ректификационная колонна

fraction 1. фракция 2. дробь; доля 3. частица 4. излом; разрыв
~ of oil recovered доля извлеченной нефти
close cut ~ узкая фракция
coarse ~ крупнозернистая фракция
fine ~ мелкозернистая фракция
float ~ плавающая фракция
mol(ar) ~ молярная [мольная] доля; мольная долевая концентрация
petroleum ~ нефтяная фракция
specific gravity ~ фракция, выделенная по удельному весу

fractional 1. фракционный (*о перегонке*) 2. дробный

fracture 1. трещина; разлом; излом; разрыв 2. раздроблять (*породу*), образовывать трещины
~ with displacement *геол.* сброс
~ without displacement *геол.* диаклаз, разрыв без смещения
brittle ~ хрупкое разрушение, хрупкий излом
coarse-grained ~ крупнозернистый излом
conjugated ~s система трещин
crust ~ разлом в земной коре
ductile ~ упругое разрушение; вязкое разрушение, вязкий излом
even ~ ровный излом; мелкозернистый [мелкокристаллический] излом
fatigue ~ усталостное разрушение, усталостный излом; усталостная трещина
fiber ~ волокнистый излом
fine-grained ~ мелкозернистый [мелкокристаллический] излом
flaky ~ шиферный [чешуйчатый] излом; излом с флокенами
gliding ~ вязкое разрушение, вязкий излом
granular ~ зернистый излом
intrinsic ~s естественные [природные] трещины (*в пласте*)
lamellar ~ *см.* laminated fracture
laminar ~ *см.* laminated fracture
laminated ~ слоистый излом
plastic ~ пластическое разрушение
porcelain ~ фарфоровидный излом
potential ~ скрытая трещина
shear ~ трещина скалывания
smooth ~ мелкозернистый [мелкокристаллический] излом
tension ~ разрушение от растяжения; разрыв
tension-shear ~ разрушение от среза [сдвига] при растяжении
torsion ~ спиральная трещина скручивания (*в керне как результат самозаклинивания*)
wavy ~ волнистый излом; струйчатый излом

fractured трещиноватый

fracturing 1. гидравлический разрыв пласта (*закачкой жидкости под большим давлением*) 2. трещиноватость; растрескивание, образование трещин
acid ~ кислотный разрыв пласта
formation ~ гидравлический разрыв пласта
hydraulic ~ *см.* formation fracturing
multiple ~ 1. многократное пересечение рудного тела способом многозабойного бурения 2. многократный разрыв пласта
oil ~ гидравлический разрыв нефтью
reservoir ~ *см.* formation fracturing
well ~ *см.* formation fracturing
frag [fragment] фрагмент; обломок, осколок
fragile ломкий, хрупкий
fragment фрагмент; обломок, осколок
fragmental *геол.* обломочный, кластический
frame 1. станина; рама; корпус; остов; каркас 2. ферма; балка 3. конструкция
~ of axes система координат
~ of bit корпус долота
~ of reference система отсчета; система координат
A- ~ А-образная опора; А-образная рама; двуногая станина
bit ~ корпус долота
BOP guide ~ направляющая рама противовыбросового оборудования (*для спуска его к подводному устью скважины по направляющим канатам*)
BOP stack shipping ~ транспортная рама блока превенторов
boring ~ буровая вышка
drawworks ~ рама буровой лебедки
girder ~ раскосная ферма
jacking ~ портал подъемника (*самоподнимающегося бурового основания*)
lattice ~ решетчатая конструкция
load-bearing ~ несущая конструкция
lower BOP ~ направляющая рама нижней части блока превенторов
lower marine riser guide ~ направляющая рама низа водоотделяющей колонны
machine ~ корпус машины; станина машины
middle BOP guide ~ средняя направляющая рама блока превенторов
modular guide ~ сборная направляющая рама (*блока превенторов*)
motor ~ корпус двигателя
pump ~ станина насоса
reference ~ система координат
retrieving ~ извлекаемая рама
riser connector ~ рама муфты водоотделяющей колонны
riser guide ~ направляющая рама водоотделяющей колонны
rotary support ~ опорная рама ротора
shear-off guide ~ срезная направляющая рама
space ~ пространственная конструкция
subsurface manipulation ~ подводная манипуляторная рама (*для ремонта подводного трубопровода*)
telescoping guide ~ телескопическая направляющая рама (*для спуска подводной телевизионной камеры к подводному устью скважины*)
TV guide line ~ кронштейн направляющего каната телевизионной камеры (*для крепления конца направляющего каната*)
universal guide ~ универсальная направляющая балка *или* рама (*предназначена для ориентированного спуска бурового инструмента и оборудования по направляющим канатам к подводному устью*)
utility guide ~ *см.* universal guide frame
winch ~ рама лебедки
framework 1. каркас; конструкция 2. *геол.* структура; обрамление
tectonic ~ тектоническое строение
freefall фрейфал; яс (*раздвижная часть инструмента при ударном бурении*)
free-flowing 1. жидкотекучий 2. сыпучий
freeze 1. прихват, заедание || прихватывать, заедать 2. примерзать, замерзать; замораживать; застывать
freeze-back повторное замерзание (*растепленной вечной мерзлоты*)
freezer 1. кристаллизатор 2. морозильный аппарат
freezing 1. прихват (*инструмента в скважине*) 2. замерзание, застывание, примерзание; замораживание
freight 1. груз, фрахт || фрахтовать 2. фрахт, плата за провоз груза
bulk ~ груз внавал, наливом *или* насыпью, бестарный груз, навалочный [насыпной] груз
freq [frequency] частота
frequency частота
~ of oscillations частота колебаний
acoustic ~ звуковая частота
base ~ опорная частота
beat ~ частота биений
cutoff ~ предельная частота
low ~ низкая частота
natural ~ собственная частота (*колебаний*)
nominal ~ номинальная частота
rated ~ *см.* nominal frequency
upper ~ наибольшая частота
fresh пресный (*о воде*); свежеприготовленный (*о растворе*)
friable рыхлый; крошащийся; ломкий; хрупкий
friction 1. трение 2. фрикционная муфта, фрикцион
dry ~ сухое трение
dynamic ~ трение движения
fluid ~ жидкостное трение
kinetic ~ *см.* dynamic friction
liquid ~ *см.* fluid friction
mechanical ~ механическое трение
rod ~ гидравлическое сопротивление бурильной колонны; трение бурильной колонны о стенки скважины

friction

rolling ~ трение качения
skin ~ поверхностное трение
static ~ трение покоя
wall ~ 1. частичное прихватывание *или* подклинивание (*труб осыпавшейся породой*) 2. гидравлическое сопротивление (*в трубах*) 3. трение о стенки; поверхностное трение

fringe 1. граница (*нефтеносной площади*); зона выклинивания пласта; кайма; оторочка 2. *сейсм.* интерференционная полоса

frit спекаться, сплавляться (*о сварочных материалах*)

F-R oil [fire-resistant oil] огнестойкое масло

front 1. фронт, граница 2. передняя сторона, лицевая часть 3. *геол.* фас сброса 4. лобовой, торцевой
combustion ~ фронт горения [сгорания]
drainage ~ фронт [граница области] дренирования
flood ~ фронт заводнения, фронт продвижения воды
rounded ~ растянутый фронт вытеснения (*при заводнении*)
sharp ~ резкий фронт вытеснения (*при заводнении*)
spherical wave ~ *сейсм.* сферический фронт волны
wave ~ фронт волны

frontier 1. неисследованная [неразработанная] область 2. граница, предел || (по)граничный

froth пена, вспенивание; пенный продукт (*при флотации*) || пениться

frothing вспенивание, пенообразование

frozen 1. захваченный, застрявший (*о трубах, инструменте*) 2. замерзший, застывший; замороженный

FRP [fiberglass reinforced plastic] пластик, усиленный стекловолокном

frs [fresh] пресный (*о воде*); свежеприготовленный (*о растворе*)

frt [freight] 1. груз, фрахт || фрахтовать 2. фрахт, плата за провоз груза

frwk [framework] каркас; конструкция

frzr [freezer] 1. кристаллизатор 2. морозильный аппарат

FS 1. [forged steel] кованая сталь 2. [fractured sandstone] песчаник, подвергнутый гидроразрыву

F & S [flanged and spigot] с фланцем и центрирующим буртиком

F/S 1. [flange & screwed] с фланцами и винтом 2. [flange & side] с фланцем и боковой стороной

F/s [factor of safety] коэффициент безопасности; запас прочности

F-S Clay *фирм.* аттапульгитовый глинопорошок для приготовления солестойких буровых растворов

FST *см.* FS 1.

fsw [feet of sea water] футы морской воды

FSWL [from South-West line] от юго-западной линии

ft 1. [foot] фут (= *30,48 см*) 2. [free of tax] не подлежащий налогообложению

ft-c [foot-candle] футо-свеча

ftg 1. [fittings] арматура (*трубопроводов*) 2. [footage] проходка в футах 3. [footing] основание, опора, подошва; грунт

fth *см.* fath

ft/hr [feet per hour] футов в час

ft lb [foot-pound] футо-фунт

ft-lbs/hr [foot-pounds per hour] футо-фунтов в час

ft/m [feet per minute] футов в минуту

F to F [face to face] торец к торцу

FTP 1. [final tubing pressure] конечное давление в насосно-компрессорной колонне 2. [flowing tubing pressure] давление в насосно-компрессорной колонне при фонтанировании

FTS [fluid to surface] (расстояние) от уровня жидкости в скважине до дневной поверхности

ft/s [feet per second] футов в секунду

FtU [Fort Union] *геол.* форт-юнион (*свита палеоцена третичной системы*)

FTZ [free trade zone] зона свободной торговли

FU [fill up] 1. заполнение (*скважины буровым раствором или пласта нагнетаемой водой*) 2. образование угла естественного откоса (*при растекании раствора*)

fuel топливо; горючее || заправлять топливом [горючим]
~ up заправлять горючим, заливать топливом
alcohol ~ горючее на основе спирта
alternative ~ альтернативное топливо; синтетическое топливо
diesel ~ дизельное топливо
domestic ~ местное топливо; топливо коммунального назначения
engine ~ моторное топливо (*бензин, керосин, дизельное топливо*)
gas(eous) ~ газовое [газообразное] топливо
heavy ~ тяжелое топливо; нефть
high-grade ~ высокосортное [высококачественное] топливо
high-gravity ~ топливо с высоким значением плотности по шкале АНИ, легкое горючее
high-octane ~ высокооктановое топливо
liquid ~ жидкое топливо
motor ~ *см.* engine fuel
oil ~ жидкое топливо, топливная жидкость (*нефть, мазут, нефтетопливо*)

fueler топливозаправщик; бензозаправщик

fueling заправка горючим [топливом]; обеспечение топливом

fugacity летучесть; фугативность; фугитивность

fulcrum 1. точка опоры (*рычага*); центр шарнира, центр вращения; точка приложения

силы; опорная призма 2. поворотный, шарнирный
full:
   in ~ power на полную мощность
   in ~ swing на полный ход
fume испарение, пары; газы после отпалки || испаряться; превращаться в пар; выделять газы
function 1. функция, назначение, действие; принцип действия 2. функционировать, действовать; срабатывать
   algebraic ~ алгебраическая функция
   arbitrary ~ произвольная функция
   BOP ~ исполнительная функция противовыбросового превентора
   exponential ~ показательная функция
   logarithmic ~ логарифмическая функция
funnel воронка, раструб
   filling ~ наливная воронка; *авто* заправочная воронка
   Marsh ~ вискозиметр [воронка] Марша
   re-entry ~ воронка для повторного ввода (*спускаемого инструмента в устье подводной скважины*)
funnel-shaped с раструбом; воронкообразный
furfurol *хим.* фурфурол
furn [furnace] печь; топка
furnace печь; топка
   boiler ~ котельная топка
   electric ~ электропечь
   oil-fired ~ печь, работающая на жидком топливе; мазутная печь
furrow борозда, паз, продольная канавка; выемка
Fus [Fuson] *геол.* фусон (*свита серии иньякара нижнего отдела меловой системы*)
fuse 1. фитиль, запал, огнепроводный шнур 2. детонатор 3. плавкий предохранитель; плавкая вставка 4. плавиться, сплавляться, расплавляться
   plug ~ плавкий предохранитель, предохранитель-пробка
fused 1. плавленый (*о флюсе*); расплавленный 2. снабженный плавкими предохранителями
fusibility плавкость, расплавляемость
fusible плавкий
fusion расплавление, сплавление, плавление
fut [futures] *эк.* срочные [фьючерсные] контракты
FV [funnel viscosity] условная вязкость, вязкость по воронке
FVF [formation volume factor] объемный коэффициент пласта
fw 1. [field well] эксплуатационная скважина 2. [fresh water] пресная вода
FWC [field wildcat] доразведочная скважина
FWD [four-wheel drive] *авто* привод на четыре колеса, полный привод
FWL [from West line] от западной линии
fxd [fixed] 1. неподвижный, стационарный 2. стабилизированный 3. связанный, закрепленный
f-xln [finely-crystalline] мелкокристаллический

G

G 1. [gas] газ 2. [gauss] гаусс, Гс 3. [Geiger counter] счетчик Гейгера 4. [generator] генератор 5. [Grashof number] число Грасгофа 6. [grid] сетка, решетка
g 1. [gage] манометр 2. [gram] грамм 3. [gravity] сила тяжести, тяготение, притяжение 4. [gulf] залив
G-2 *фирм.* вспенивающий агент [детергент] для буровых растворов
GA [gallons of acid] галлонов кислоты
ga 1. [gage] манометр 2. [gaged] калиброванный, номинального диаметра (*о стволе*) 3. [gaging] калибровка; контроль
gadder отбойный молоток; бурильный молоток; перфоратор
gadget приспособление; устройство; техническая новинка
Gafen Fa-1 *фирм.* вспенивающий агент для пресной, слабо- и среднеминерализованной воды
Gafen Fa-5 *фирм.* вспенивающий агент для высокоминерализованной воды
Gafen Fa-7 *фирм.* вспенивающий агент для пресной и слабоминерализованной воды
gaff кран с талями (*для перемещения нефтепродуктовых рукавов на пристанях*)
GAGC [ganged automatic gain control] групповой автоматический регулятор усиления
gage 1. мера; размер, калибр 2. шаблон, лекало; эталон 3. манометр; уровнемер; водомер 4. сортамент 5. (контрольно-)измерительный прибор 6. измерять, проверять; калибровать, тарировать
   air ~ воздушный манометр
   alarm ~ *см.* alarm pressure gage
   alarm pressure ~ сигнальный манометр
   bit ~ шаблон *или* калибр для долота
   bob ~ поплавковый уровнемер (*в резервуарах*)
   bottom-hole pressure ~ забойный датчик давления
   caliper ~ нутромер, каверномер
   casing ~ калибр для резьбы обсадных труб
   clearance ~ щуп
   cone ~ калибр для контроля конусности
   control ~ контрольный [эталонный] калибр
   depth ~ глубинный манометр
   diaphragm ~ диафрагменный измерительный прибор
   differential pressure ~ дифференциальный манометр
   draft ~ *см.* differential pressure gage
   drift diameter ~ проходной шаблон
   drilling-mud pressure ~ манометр для фиксации давления бурового раствора
   drill pipe ~ калибр для проверки резьбы бурильных труб

gage

float type tank ~ поплавковый уровнемер в резервуаре
flow ~ 1. расходомер 2. водомер
gain/loss return flow ~ указатель изменения расхода на выходе из скважины
gap ~ толщиномер, калибр для проверки зазоров
gas ~ газовый манометр
gasoline ~ бензиномер
gas pressure ~ *см.* gas gage
high-pressure ~ манометр высокого давления
hole ~ нутромер, каверномер
hook load ~ прибор для измерения нагрузки на крюке
indicating liquid level ~ указатель уровня жидкости со шкалой
internal thread ~ метчик-калибр
level ~ указатель уровня жидкости, уровнемер
line tension ~ индикатор натяжения каната
liquid level ~ *см.* level gage
low-pressure ~ манометр низкого давления
make-up ~ проверочный шаблон (*при спуске труб*)
master ~ эталонный [контрольный] калибр
measuring ~ измерительный прибор
mercury ~ ртутный манометр
mesh ~ шкала сит
"no-go" thread ~ непроходной резьбовой калибр
oil ~ 1. указатель уровня нефтепродукта (*в резервуаре*) 2. масляный щуп 3. нефтяной ареометр
oil pressure ~ масляный манометр
petrol ~ *см.* gasoline gage
plug ~ цилиндрический калибр *или* шаблон; вставной калибр, калибр для внутренних измерений
pressure ~ манометр
pump speed ~ измеритель скорости движения плунжеров насоса
rate penetration ~ измеритель механической скорости проходки
reference ~ контрольный [эталонный] калибр
ring ~ 1. пружинный манометр 2. калибр-кольцо, кольцевой калибр
rotary table speed ~ измеритель скорости ротора
rotary torque indication ~ прибор для измерения крутящего момента
screw-thread ~ резьбовой калибр; резьбовой шаблон
siphon ~ манометр для низких давлений, вакуумметр
stand pipe pressure ~ манометр давления на стояке
strain ~ тензометр
subsurface recording pressure ~ глубинный самописец давления, глубинный самопишущий манометр
subsurface recording temperature ~ скважинный самопишущий термометр
tank volume ~ измеритель объемов (*бурового раствора*) в резервуарах
tape depth ~ измеритель уровня в скважине
test ~ проверочный манометр; контрольный калибр; эталон
thread ~ резьбовой калибр; резьбовой шаблон
tong torque ~ прибор для измерения момента, приложенного к машинным ключам
torque ~ указатель крутящего момента; торсиометр
tubular ~ трубный калибр
water ~ 1. водяной манометр, водомер; водомерное стекло 2. давление в единицах измерения водяного столба
weather ~ барометр

gaged калиброванный; измеренный; тарированный

gager замерщик (*нефти*)
field ~ замерщик нефти в промысловых резервуарах

gagging холодная правка, холодная рихтовка; выпрямление

gaging 1. калибровка; выверка; проверка; контроль 2. замер, измерение (*высоты налива нефтепродукта в резервуаре*)
~ of oil wells учет производительности нефтяных скважин
push-button tank ~ автоматическое измерение продукции в резервуарах
remote ~ of tanks дистанционное измерение высоты налива резервуаров
well ~ измерение дебита скважины

gai [guaranteed annual income] *эк.* гарантированный ежегодный доход

gain 1. прирост; увеличение; усиление; повышение; возрастание 2. прибыль, доходы 3. коэффициент усиления
~ in yield увеличение выхода (*продукта*)
heat ~ прирост [увеличение] тепла; избыточное тепло
top ~ наивысшая прибыль
volumetric ~ прирост объема
water ~ выступание воды на поверхности; отслоение воды бетона, водоотстой

gal [gallon] галлон (*англ.* = 4,546 *л; амер.* = 3,785 *л*)

galena свинцовый блеск, сульфид свинца, галенит

galenite *см.* **galena**

Gall [Gallatin] *геол.* галлатин (*свита нижнего отдела ордовикской системы и верхнего отдела кембрийской системы*)

gallery 1. галерея 2. штрек, горизонтальная выработка; штольня 3. туннель; продольный канал 4. помост; площадка

galling 1. износ; истирание металла 2. фрикционная коррозия 3. механическое повреждение поверхности; заедание; выработка (*поверхности трения*)

gallon галлон (*англ.* = 4,546 *л; амер.* = 3,785 *л*)
imperial ~ английский [имперский] галлон (*4,546 л*)
gallonage объем в галлонах
gal/Mcf [gallons per thousand cubic feet] галлонов на тысячу кубических футов
gal/min [gallons per minute] галлонов в минуту
gal sol [gallons of solution] галлонов раствора
galv [galvanized] оцинкованный
galvanic гальванический
galvanize покрывать один металл другим (*электролитическим способом*); оцинковывать, гальванизировать
galvanizing гальванизация, цинкование; гальваностегия; электролитическое осаждение металла
gammagraphy гаммаграфия, радиография
gamma-radiography гамма-дефектоскопия
G & MCO [gas and mud-cut oil] газированная и загрязненная буровым раствором нефть
G & O [gas and oil] газ и нефть
G & OCM [gas and oil-cut mud] буровой раствор, содержащий газ и нефть
gang 1. партия; бригада (*рабочих*); смена 2. полный набор, комплект (*инструментов*) 3. агрегат
laying ~ бригада по прокладке трубопровода
right-of-way ~ бригада, расчищающая трассу трубопровода
gangway 1. переходный откидной мостик 2. переходная площадка 3. проход 4. мостки, подмостки
gantry платформа, мостки
gap 1. зазор, промежуток, люфт; щель, просвет, впадина (*резьбы*) 2. разрыв (*трубы и т.п.*) 3. интервал; пропуск, пробел 4. *геол.* горизонтальное смещение при сбросе
air ~ 1. воздушный зазор 2. искровой промежуток; разрядник 3. просвет (*расстояние по вертикали от уровня моря до нижней кромки корпуса буровой или эксплуатационной платформы*)
air ~ at drilling condition просвет при бурении (*расстояние по вертикали от уровня спокойного моря до нижней кромки верхнего корпуса полупогружной буровой платформы во время бурения*)
annular ~ кольцевой зазор
barren ~ участок месторождения, не содержащий нефти
fit-up ~ зазор, полученный при сборке
joint ~ *св.* зазор в соединении; зазор между свариваемыми кромками
spacing ~ зазор
spark ~ разрядник; искровой промежуток
storm air ~ штормовой воздушный промежуток
gapless не имеющий зазора
gapping неплотное прилегание, неплотное соприкосновение, зазор; расхождение швов
gas 1. газ, газообразное вещество ‖ выделять газ; наполнять [насыщать] газом 2. горючее; газолин; *амер.* бензин ‖ заправлять горючим
~ in solution растворенный газ
absorbed ~ абсорбированный газ
accompanying ~ *см.* associated gas
acetylene ~ газообразный ацетилен
acid ~ кислый газ (H_2S или CO_2)
actual ~ реальный газ
adsorbed ~ адсорбированный газ
aggressive ~ агрессивный газ
annular ~ затрубный газ
artificial ~ промышленный газ
associated ~ попутный газ
background ~ фоновый газ
blow-down ~ продувочный газ
bottled ~ газ в баллонах
breathing ~ дыхательная смесь (*газов*)
burnt ~ отработавший газ
butane-propane ~ бутано-пропановая смесь
carbon-dioxide ~ углекислый газ, диоксид углерода (CO_2)
casing head ~ *см.* associated gas
coercible ~ сжимаемый газ
coke oven ~ коксовый газ
combination ~ *см.* fat gas
combustible ~ горючий газ
combustion ~es дымовые газы, продукты горения
compressed ~ сжатый газ
condensed ~ *см.* liquid gas
corrosive ~ агрессивный газ
cushion ~ буферный газ (*общее количество газа, которое повышает давление в коллекторе от нуля до давления, необходимого для обеспечения потребного дебита в процессе извлечения*)
cylinder ~ газ в баллонах
dispersed ~ диспергированный газ
dissolved ~ растворенный в нефти газ
diving ~ водолазный (дыхательный) газ
domestic ~ коммунально-бытовой газ
dry ~ 1. сухой природный газ 2. осушенный газ 3. нефтяной газ с легкими углеводородами
dump ~ газ низкого качества
end ~ отходящий [хвостовой] газ
enriched ~ обогащенный газ
escaping ~ улетучивающийся газ; выделяющийся газ
exhaust ~ отработавший газ; выхлопной газ
exit ~ *см.* exhaust gas
explosive ~ взрывоопасный газ
extraneous ~ посторонний (*непластовый*) газ
fat ~ жирный [неотбензиненный] газ
finally cleaned ~ газ тонкой очистки
flash ~ мгновенно выделяющийся газ
flue ~ дымовой газ; топочный газ
flush ~ газ, вышедший из-под контроля; уход газа
formation ~ пластовый газ
free ~ газ, выделившийся из раствора
fuel ~ газообразное топливо, топливный газ

gas

fume-laden ~ неочищенный газ
high-line ~ бутан (C_4H_{10})
high-pressure ~ газ высокого давления
hydrocarbon ~ газообразный углеводород
ideal ~ *см.* perfect gas
imperfect ~ реальный газ
inactive ~ *см.* inert gas
included ~ включенный газ; газ, содержащийся в пустотах породы; растворенный в нефти газ
indifferent ~ нейтральный [индифферентный] газ
inert ~ инертный [благородный] газ
inflammable ~ горючий газ
injected ~ газ, нагнетаемый в пласт
input ~ газ, нагнетаемый в скважину для газлифтной добычи (*нефти*)
lean ~ тощий [бедный] газ (*с низким содержанием паров бензина*)
lean petroleum ~ тощий нефтяной газ
liquefied natural ~ (LNG) сжиженный природный газ, СПГ
liquefied petroleum ~ (LPG) сжиженный нефтяной газ, СНГ
liquid ~ сжиженный газ
marsh ~ метан, болотный газ
mixed ~ смешанный газ
native ~ местный газ
natural ~ природный газ
net ~ *см.* dry gas
noble ~ инертный [благородный] газ
noxious ~ вредный газ; ядовитый газ
occluded ~ включенный [окклюдированный] газ; газ, содержащийся в пустотах породы
oil ~ нефтяной газ
oil and water ~ нефтеводяной газ
oil refinery ~ нефтезаводской газ
oxyhydrogen ~ гремучий газ
perfect ~ идеальный [совершенный] газ
petroleum ~ *см.* oil gas
pipeline ~ готовый к сдаче газ
poor ~ *см.* lean gas
power ~ *см.* producer gas
processed ~ очищенный (*от сероводорода*) нефтяной газ
produced ~ добытый газ
producer ~ генераторный газ
raw natural ~ неочищенный природный газ; пластовый газ
recirculated ~ газ, закачиваемый в пласт (*после отбензинивания*)
recoverable ~ промышленные запасы газа
refinery ~ *см.* oil refinery gas
residual ~ остаточный газ
residue ~ сухой [отбензиненный] газ
retained ~ сорбированный газ
rich ~ жирный [неотбензиненный] газ
rock ~ *см.* natural gas
shallow ~ неглубоко залегающий газ
solution ~ растворенный в нефти газ
sour (petroleum) ~ сернистый нефтяной газ
town ~ коммунально-бытовой газ
trip ~ скважинный газ (*при подъеме бурильной колонны*)
unstripped ~ *см.* rich gas
waste ~ отходящий газ; отработавший газ
wellhead ~ *см.* associated gas
wet ~ *см.* fat gas
wet field ~ жирный попутный газ

gaseous газообразный; газовый
gas-field месторождение природного газа, газовое месторождение
gas-fired работающий на газе; отапливаемый газом
gasholder газгольдер
 ball ~ сферический [шаровой] газгольдер
 dish ~ мокрый газгольдер, газгольдер с жидкостным затвором
 dry (seal) ~ сухой газгольдер
 multisphere ~ сотовый [секционный] газгольдер
gasification газификация; газообразование
 in-situ ~ *см.* underground gasification
 oil ~ газификация нефти; газификация жидких нефтепродуктов
 underground ~ подземная газификация
gasify газифицировать
gasket 1. прокладка; набивка; уплотнение 2. сальник
 asbestos ~ асбестовая прокладка
 cover ~ уплотняющая прокладка для крышки
 heat-resisting ~ теплостойкая прокладка
 lead ~ свинцовая прокладка
 ring ~ кольцеобразная прокладка, кольцевая набивка
 rubber ~ резиновая прокладка
 teflon ~ тефлоновая прокладка, прокладка из политетрафторэтилена
gasketed собранный на прокладках, уплотненный прокладкой
gaslift 1. газлифт 2. газлифтная эксплуатация
 combination ~ комбинированный газлифт
 continuous ~ непрерывный газлифт
 intermittent ~ периодический [перемежающийся] газлифт
gasmain газопровод
gasman газовщик
gaso [gasoline] горючее; газолин; *амер.* бензин
gasohol бензоспирт (*бензин с добавлением спирта*)
gasol газоль (*сжиженный нефтяной газ*)
gasolene *см.* **gasoline**
gasoline горючее; газолин; *амер.* бензин
 absorption ~ абсорбционный бензин
 casing head ~ *см.* natural gasoline
 natural ~ газовый бензин
 raw natural ~ нестабилизированный газовый бензин
gasometer газометр; газовый счетчик; газомер
gas-producer 1. газогенератор 2. газовая скважина

gas-proof газонепроницаемый, защищенный от газа
gasser 1. газовая скважина 2. газовый фонтан
gassing 1. выделение газа; газообразование 2. отравление газом 3. газовая дезинфекция
GASSP [gas source seismic profiler] газовзрывной сейсмический источник
gassy 1. газовый; газообразный 2. наполненный газом
gas-tight газонепроницаемый, герметичный
gate затвор; шибер; вентиль; заслонка; клапан
 automatic ~ автоматический затвор
 blow-off ~ спускная задвижка
 bottom ~ донный затвор (*бункера*)
 butterfly ~ дроссельный затвор
 cellar control ~ задвижка с регулировкой величины открытия плашек (*устанавливаемая в шахте буровой скважины*)
 control ~ регулирующий затвор
 deep ~ глубинный затвор
 deflecting ~ направляющая заслонка
 discharge ~ задвижка на выкиде насоса, задвижка на напорном трубопроводе
 drum ~ секторный затвор
 emergency ~ аварийный затвор
 flap ~ клапанный затвор
 full ~ полностью открытый затвор
 guard ~ *см.* emergency gate
 hydraulic ~ гидравлический затвор
 in ~ входной клапан
 master (control) ~ фонтанная задвижка
 out ~ выходной клапан
 self-opening ~ автоматический затвор
 Shaffer cellar control ~ превентор фирмы «Шеффер»
 slide ~ 1. скользящий плоский затвор 2. шибер, шиберный затвор
gathering собирание, сбор
 ~ of gas сбор газа (*на нефтепромыслах*)
 ~ of oil сбор нефти
 oil and petroleum gas ~ сбор нефти и нефтяного газа
 well-stream ~ сбор продукции скважин
gauge *см.* gage
gauze тонкая металлическая сетка, проволочная ткань
 wire ~ тканая проволочная сетка
GB [gun barrel] отстойный (*о резервуаре*); сточный (*о промысловых водах*)
GBDA [gallons of breakdown acid] галлонов кислоты, применяемой для гидроразрыва
Gbo [gumbo] гумбо (*вязкая глина*)
GC 1. [gas chromatography] газовая хроматография 2. [gas-cut] газированный
g-cal [gram-calorie] грамм-калория
GCAW [gas-cut acid water] газированная подкисленная вода
GCD [gas-cut distillate] газированный дистиллят
GCLO [gas-cut load oil] газированная нефть, закачиваемая в скважину при гидроразрыве
GCLW [gas-cut load water] газированная вода, закачиваемая в скважину при гидроразрыве
GCM [gas-cut mud] газированный буровой раствор
GCO [gas-cut oil] газированная нефть
GCPD [gallons of condensate per day] галлонов конденсата в сутки
GCPH [gallons of condensate per hour] галлонов конденсата в час
GCR [gas-condensate ratio] газовый фактор конденсата
GCSW [gas-cut salt water] газированная соленая вода
GCW [gas-cut water] газированная вода
GD [Glen Dean lime] *геол.* известняк глендин (*свита отдела честер миссисипской системы Среднеконтинентального района*)
gd [good] свежий, годный
Gdld [Goodland] *геол.* гудленд (*свита зоны фредериксберг серии команче меловой системы*)
GDP [gross domestic product] *эк.* валовый внутренний продукт, ВВП
GDR [gas-distillate ratio] газодистиллятное соотношение
GE 1. [geological engineer] инженер-геолог 2. [grooved ends] концы с желобками
gear 1. шестерня, зубчатое колесо; зубчатая передача, ЗП || сцепляться, входить в зацепление 2. привод 3. механизм; приспособление; устройство || приводить в движение (*механизм*)
 ~ down переключать на более низкую скорость, уменьшать скорость
 ~ up переключать на более высокую скорость, увеличивать скорость
 belt ~ ременная передача; приводной ремень
 bevel ~ коническая передача
 cam ~ кулачковый механизм
 changeover speed ~ *см.* gearbox
 clutch ~ кулачковая передача
 control ~ механизм управления; распределительный механизм
 differential ~ 1. компенсатор, уравнитель 2. дифференциальная передача
 differential reversing ~ реверсивная передача коническими зубчатыми колесами
 friction ~ фрикционная передача
 hand ~ ручной привод; механизм с ручным приводом
 hard hat ~ тяжелое водолазное снаряжение с защитным шлемом
 hoisting ~ подъемное приспособление, подъемный механизм
 hydraulic ~ *см.* oil gear
 lifting ~ *см.* hoisting gear
 low ~ первая [малая] скорость; шестерня первой передачи
 oil ~ гидравлический привод, гидравлическая передача

pinion ~ (ведущая) шестерня
planet(ary) ~ планетарная передача
pumping ~ редукционная передача станка-качалки
radial ~ эксцентричный привод
reducing ~ см. reduction gear
reduction ~ редуктор; понижающая передача
reversing ~ реверсивный механизм; переходное устройство (в трубопроводе)
safety ~ предохранительное устройство
speed ~ передача для изменения скорости
speed-increasing ~ повышающая передача
speed-reducing ~ понижающая передача
tackle ~ талевый червяк; детали талей
worm ~ червячный редуктор, червячная передача

gearbox коробка передач; коробка скоростей
geared 1. сцепленный; имеющий привод 2. с зубчатой передачей
geared-down с замедляющей передачей; с уменьшенной скоростью
geared-up с повышающей передачей; с увеличенной скоростью
gearing 1. зубчатая передача, ЗП; зубчатое зацепление 2. механизм привода 3. кинематика
positive ~ непосредственная передача; прямое сцепление

gearless без зубчатых колёс; не имеющий зубчатой передачи
gearmotor редукторный двигатель
gearshift 1. коробка передач; коробка скоростей 2. переключение передач; переключение механизма

G Egg [Goose Egg] *геол.* гус-эгг (*свита триасовой и пермской системы*)
gel 1. гель ∥ желатинизировать 2. глина
aqueous ~ водный гель
flat ~ быстро формирующаяся гелевая структура
hydrocarbon ~ углеводородный гель, гидрогель
prehydrated ~ предварительно замоченный гель
silica ~ силикагель
zero-zero ~ раствор с нулевым предельным статическим напряжением сдвига

gel [gelly-like colloidal suspension] гелевидная коллоидная суспензия
Gel Air *фирм.* анионный вспенивающий агент для бурения с очисткой забоя воздухом
gelatination см. **gelation**
gelatine 1. желатин; студень 2. нитроглицерин
blasting ~ гремучий студень; гремучая смесь
gelatinous студенистый, желатинозный; коллагеновый
gelation гелеобразование; застудневание, желатинирование
gel-cement гель-цемент (*с добавкой бентонита*)

Gel Con *фирм.* смесь неорганических материалов и органических полимеров, применяемая для регулирования вязкости и фильтрационных свойств буровых растворов с низким содержанием твёрдой фазы
Gel Flake *фирм.* целлофановая стружка (*нейтральный наполнитель для борьбы с поглощением бурового раствора*)
Gel Foom *фирм.* гранулированный материал из пластмассы (*нейтральный наполнитель для борьбы с поглощением бурового раствора*)
gel-forming структурообразующий
gelled загущенный, желатинированный
gelling гелеобразование; желатинирование, застудневание
~ on standing переход раствора в гель в состоянии покоя, тиксотропия раствора
gelometer гелеметр
Geltone *фирм.* реагент-структурообразователь для буровых растворов на углеводородной основе
gen [generator] генератор
generate 1. генерировать; вырабатывать; производить 2. *матем.* образовывать поверхность
generation 1. генерация; генерирование; создание; воспроизведение; образование 2. *матем.* функциональное преобразование
eddy ~ вихреобразование
putrefactive ~ образование (*нефти*) гнилостным разложением
generator генератор
alternating current ~ генератор переменного тока
direct current ~ генератор постоянного тока
foam ~ пеногенератор
gas ~ газогенератор
producer gas ~ см. gas generator
turbine ~ турбогенератор
generatrix *матем.* 1. образующая (*поверхности*) 2. генератриса, производящая функция
~ of tank образующая стенка резервуара
genesis происхождение, генезис
~ of oil см. oil genesis
~ of sediment генезис осадочной породы
oil ~ генезис [происхождение] нефти
gentle пологий, плавный
geoanticline геоантиклиналь, региональная антиклиналь
geochemistry геохимия
geochronology геохронология, геологическое летоисчисление
geodesy геодезия
geodetic геодезический
geog 1. [geographical] географический 2. [geography] география
Geograph *фирм.* джеограф (*устройство для сейсморазведки, состоящее из груза, падающего с высоты для возбуждения сейсмических волн*)

geol 1. [geological] геологический 2. [geologist] геолог 3. [geology] геология
geological геологический
geologist геолог
   field ~ полевой геолог
   petroleum ~ геолог-нефтяник
Geograph *фирм.* прибор для механического каротажа
geology геология
   applied ~ прикладная геология
   areal ~ региональная геология
   economic ~ экономическая геология
   exploration ~ поисковая геология
   field ~ полевая геология
   groundwater ~ гидрогеология
   oil ~ нефтяная геология, геология нефти
   oil-field ~ нефтепромысловая геология
   petroleum ~ *см.* oil geology
   practical ~ *см.* applied geology
   tectonic ~ геотектоника; тектоника
geol surv [geological survey] геологическая разведка, геологическая съемка
geometry геометрия
   field ~ геометрия месторождения
geop 1. [geophysical] геофизический 2. [geophysics] геофизика
geophone сейсмограф, геофон
   uphole ~ контрольный сейсмограф, установленный около устья скважины
geophys 1. [geophysical] геофизический 2. [geophysics] геофизика
geophysical геофизический
geophysics геофизика
   borehole ~ геофизические исследования в скважине, ГИС
geopotential геопотенциал || геопотенциальный
geosyncline геосинклиналь
geotectocline геотектоклиналь
geotectonic (гео)тектонический, структурный
geothermal геотермический, геотермальный
geothermic *см.* geothermal
GESAMP [Group of Experts on the Scientific Aspects of Marine Pollution] Группа экспертов по научным аспектам загрязнения морской среды, ГЕСАМП
get:
   ~ a ball on наматывать глинистый сальник (*на буровой снаряд*)
   ~ out of control начать фонтанировать (*о скважине*)
GFLU [good fluorescense] хорошая флуоресценция
GGW [gallons of gelled water] галлонов загущенной воды
GH [Greenhorn] *геол.* гринхорн (*известняки верхнего отдела меловой системы*)
GHO [gallons of heavy oil] 1. галлонов тяжелой нефти 2. галлонов тяжелого дизельного топлива
GI 1. [gas injection] нагнетание газа (*в пласт*) 2. [gas injector] устройство для нагнетания газа (*в пласт*)

gib планка; направляющая рейка; направляющая призма; клин, контрклин, вкладной клин; прижимной клин; шпонка с выступом; натяжная чека
GIH [going in hole] спуск (*бурового инструмента*) в скважину
gil *см.* gilsonite
gilsonite гильсонит (*твердый углеводородный минерал; блестящая хрупкая разновидность асфальтита*)
gimbals универсальное шарнирное соединение, универсальный подвес
gin подъемный кран; лебедка; ворот; козлы
girder пояс крепления (*вышки*), балка, брус; перекладина; прогон, ферма; распорка; опора
   box ~ коробчатая [пустотелая] балка
girth пояс вышки; распорка; перемычка; продольная балка; прогон
give 1. податливость; упругость; эластичность || подаваться; быть эластичным; прогибаться; коробиться 2. усадка, сжатие крепи (*под давлением*) 3. зазор; люфт
GIW [gas-injection well] газонагнетательная скважина
GJ [ground joint] притертое соединение
GL 1. [gaslift] газлифт || газлифтный 2. [gathering line] сборная линия (*внутрипромысловой системы сбора нефти*) 3. [ground level] уровень земли
G/L [gathering line] сборная линия (*внутрипромысловой системы сбора нефти*)
gl [glassy] зеркальный, гладкий
GLA [gaslift available] имеется возможность газлифтной эксплуатации
glacial 1. ледниковый, гляциальный 2. ледяной
gland уплотнение, набивка; сальник; прокладка [нажимная втулка] сальника
   bellows seal ~ сальник с сильфонным уплотнением
   packing ~ набивной сальник
   sealing ~ уплотнительная [сальниковая] набивка
glass стекло || остеклять
   fiber ~ стекловолокно
   gage ~ 1. нефтемерное стекло 2. указатель уровня, уровнемер 3. водоуказатель
   liquid (silica) ~ жидкое стекло
   water ~ 1. жидкое стекло (Na_2SiO_3) 2. водомерное стекло; водомерная трубка
glass-concrete стеклобетон
glau [glauconite] глауконит
Glen [Glenwood] *геол.* гленвуд (*свита отдела шамплейн среднего ордовика*)
glide скольжение; плавное движение || скользить; плавно двигаться
Glna [Galena] *геол.* галена (*свита верхнесреднего ордовика, Среднеконтинентальный район*)
glna [galena] свинцовый блеск, сульфид свинца, галенит
GLO [General Land Office] Главное земельное управление (*штата Техас*)

globe колокол (*воздушного насоса*)
globule шарик; капля; глобула
Glor [Glorieta] *геол.* глориета (*песчаник отдела леонард пермской системы, западный район Скалистых гор*)
GLR [gas-liquid ratio] газожидкостное соотношение, газожидкостный фактор
gls [glass] стекло
glyc [glycol] *хим.* гликоль
glycol *хим.* гликоль
 polyethylene ~ полиэтиленгликоль
GM 1. [gravity meter] гравитометр 2. [ground measurement] наземные измерения (*угла возвышения*)
GMA [gallons of mud acid] галлонов глинокислоты
g-mol [gram-molecule] грамм-молекула
g-mole [gram molecular weight] грамм-молекулярная масса
gmy [gummy] липкий, клейкий
gnd [ground] 1. земля 2. *амер. эл.* заземление
gneiss гнейс
gns [gneiss] гнейс
GO 1. [gallons of oil] галлонов нефти 2. [gelled oil] загущенная нефть
GOC [gas-oil contact] газонефтяной контакт, ГНК
go-devil 1. приспособление, сбрасываемое в скважину (*шток для разрушения диафрагмы, для открытия клапана*) 2. скребок для чистки нефтяных трубопроводов
 radioactive isotope ~ трубопроводный скребок с радиоактивными элементами (*для прослеживания пути скребка в трубопроводе*)
GODT [gas odor, distillate taste] с запахом газа и вкусом дистиллята
Goe [Georgetown] *геол.* Джорджтаун (*свита зоны уошито серии команче меловой системы*)
go-gage проходной калибр
GOH [going out of hole] подъем бурового инструмента из скважины
going 1. идущий; движущийся 2. работающий, действующий (*о механизме*)
going-in спуск инструмента (*в скважину*)
Gol [Golconda lime] *геол.* известняк свиты голконда (*отдел честер миссисипской системы*)
goniometer гониометр, угломер
 reflecting ~ отражательный гониометр
goods товар(ы); изделия; материалы; груз
 oil country tubular ~ трубы, применяемые в нефтяной промышленности; трубы нефтяного сортамента
 short delivered ~ недопоставки
 tubular ~ трубные изделия; трубная арматура
go off 1. переставать давать добычу (*о скважине*) 2. взрываться; выстреливать
gooseneck 1. двойное колено S-образной формы 2. S-образная труба 3. гибкая муфта 4. горловина (*вертлюга*)

GOPD [gallons of oil per day] галлонов нефти в сутки
GOPH [gallons of oil per hour] галлонов нефти в час
GOR [gas-oil ratio] газовый фактор
gouge 1. полукруглое долото *или* стамеска ‖ долбить долотом *или* стамеской 2. заполнение трещины *или* пустоты в породе (*мягким и твердым материалами*) 3. *геол.* жильная глина, мягкий глинистый зальбанд
gov [governor] 1. регулятор, управляющее устройство 2. уравнитель хода 3. регулирующий клапан
govern регулировать, управлять
governing регулирование, управление
 bypass ~ регулирование перепуском, байпасное регулирование
governor 1. регулятор, управляющее устройство 2. уравнитель хода 3. регулирующий клапан
 ball ~ шаровой регулятор
 butterfly ~ дроссель
 overspeed ~ регулятор частоты вращения; центробежный регулятор
 pressure ~ регулятор давления
 pump ~ регулятор насоса
 speed ~ регулятор скорости
GP 1. [gasoline plant] газобензиновый завод, газобензиновая установка 2. [gas pay] газоносный коллектор 3. [general-purpose] общего применения
G/P [gun perforate] прострелять пулевым перфоратором
g-p [gage pressure] манометрическое давление
GPC [gas purchase contract] контракт о закупке газа
GPD [gallons per day] галлонов в сутки
GPH [gallons per hour] галлонов в час
GPM 1. [gallons per mile] галлонов на милю 2. [gallons per minute] галлонов в минуту
gpM [gallons per thousand cubic feet] галлонов на тысячу кубических футов (*1 гал/1000 куб. фут = 1,337 л/10 куб. м*)
GPS [gallons per second] галлонов в секунду
GR 1. [gamma ray logging tool] прибор гамма-каротажа 2. [Glen Rose] *геол.* глен-роуз (*свита зоны тринити серии команче меловой системы*)
gr 1. [gear ratio] передаточное отношение 2. [grade] а) градус б) качество; сорт, марка 3. [grain] гранула 4. [gram] грамм 5. [gravity] вес; сила тяжести 6. [grease] консистентная смазка 7. [ground] молотый
grab ловильный инструмент; захват ‖ захватывать
 bailer ~ крючок для ловли оставшейся в скважине желонки
 collar ~ ловильный инструмент для захвата оставшегося инструмента за шейку (*при сорванной резьбе*)
 pipe ~ ловильный инструмент для труб
 rope ~s крючки для ловли оборванного каната

sand pump ~ *см.* bailer grab
screw ~ ловильный метчик
tool joint screw ~ ловильный метчик с направляющей воронкой
whipstock ~ захват для извлечения уипстока [отклоняющего клина]
graben *геол.* грабен
gradation 1. градация 2. гранулометрия
grade 1. градус ‖ градуировать 2. качество; марка, сорт ‖ сортировать 3. степень 4. уровень 5. фракция 6. уклон, наклон; покатость
~ of steel сорт [марка] стали
graded 1. градуированный, калиброванный 2. сортированный, подобранный по фракциям 3. наклонный
gradient 1. градиент; перепад (*давления или температуры*) 2. уклон; скат; наклон; падение; крутизна уклона
~ of gravity градиент силы тяжести
constructional ~ первоначальное падение
downward ~ величина [угол] уклона
falling ~ уклон
flowing pressure ~ градиент давления при движении жидкости (*в пласте или в подъемных трубах*)
frac ~ *см.* fracture gradient
fracture ~ градиент давления гидроразрыва пласта
geothermal ~ геотермический градиент
hardness ~ градиент твердости
heavy ~ крутой уклон
hydraulic ~ гидравлический градиент
low ~ пологий уклон; пологое падение
mud-pressure ~ градиент давления бурового раствора
potential ~ 1. градиент потенциала; изменение потенциала 2. гидравлический градиент
pressure ~ градиент давления; напорный градиент
rising ~ подъем
saturation ~ градиент насыщения
steady ~ сплошной [равномерный] уклон
steep ~ крутой уклон; крутой градиент
temperature ~ геотермический градиент; перепад температур; градиент температуры, температурный градиент
thermal ~ перепад температур
grading 1. нивелирование, выравнивание, профилирование, разбивка по уровню 2. сортировка по крупности; калибровка; классификация, подбор фракций 3. гранулометрический состав 4. обогащение 5. оценка качества
average ~ средний гранулометрический состав; средний подбор фракций
coarse ~ подбор крупных фракций
fine ~ подбор мелких фракций
mechanical ~ 1. гранулометрический состав 2. механическая классификация
size ~ сортировка по крупности; гранулометрия по размеру

gradiometer градиометр (*измеритель уклонов*)
graduate 1. цилиндр с делениями, мензурка 2. градуировать, калибровать; наносить деления
graduated снабженный делениями, градуированный; со шкалой
graduation 1. градуировка 2. сортировка 3. гранулометрический состав
grain 1. зерно, частица (*минерала*), крупинка; гранула 2. волокно, жилка; фибра 3. строение, структура 4. грануляция 5. *геол.* жила
closely packed ~s плотно уложенные зерна
coarse ~ крупное зерно; крупнозернистая структура
fine ~ мелкое зерно; мелкозернистая структура
open ~ крупная пористость
rounded ~s скатанные зерна (*песка*)
grained 1. зернистый, гранулированный 2. волокнистый
close ~ *см.* fine grained
coarse ~ крупнозернистый, грубозернистый
fine ~ мелкозернистый, тонкозернистый
hard ~ *см.* coarse grained
graininess 1. зернистость 2. зернистое строение
grain-oriented с направленной кристаллизацией; с ориентированной структурой
grainy зернистый, гранулированный (*о структуре*)
gran [granite] гранит
Granos [Graneros] *геол.* гранерос (*район глины верхнего мела, Среднеконтинентальный район*)
granular зернистый, гранулированный (*о структуре*)
granularity зернистость; гранулярность
granulated *см.* granular
granulometry гранулометрия
Gran W [granite wash] гранитная россыпь
graph графическое изображение; кривая зависимости; график; диаграмма; номограмма
bar ~ столбиковая диаграмма
time-distance ~ горизонтальный годограф
graphic(al) графический; чертежный; изобразительный
graphite графит
flaky ~ чешуйчатый [пластинчатый] графит (*смазочная добавка к буровым растворам*)
free ~ свободный графит
graphitic графитовый; содержащий графит
gr API [gravity, API] плотность в градусах АНИ
grapple крюк; захват, плашка (*ловильного инструмента*) ‖ зацеплять, захватывать
pipe ~ трубный захват
grasp схватывание; зажимание; сжатие ‖ схватывать; зажимать
grav 1. [gravel] гравий 2. [gravity] вес; сила тяжести
gravel гравий, природный зернистый каменный материал (*размер зерен 5 – 75 мм*)
coarse ~ крупный гравий (*20 – 60 мм*)

gravel

fine ~ мелкий гравий (*2 – 6 мм*)
loose ~ рыхлый [свежерассыпанный] гравий
pebble ~ галечник
river ~ речной гравий
run ~ наносной гравий
sandy ~ гравий с песком, гравийно-песчаная смесь
sea ~ морской гравий

gravimeter гравиметр
borehole ~ скважинный гравиметр
Haalck gas ~ газовый гравиметр Хаалька
Hoyt ~ гравиметр Хойта
torsion ~ крутильный гравиметр
"zero-length" spring ~ гравиметр с пружиной «нулевой длины»

gravimetric(al) гравиметрический

gravimetry гравиметрия
geodetic ~ геодезическая гравиметрия

gravitate двигаться под действием силы тяжести, двигаться самотеком; обогащать гравитационным методом

gravitation сила тяжести, гравитация

gravitational гравитационный

gravity 1. плотность 2. сила тяжести; вес
API ~ плотность в градусах Американского нефтяного института (*АНИ*)
apparent specific ~ кажущаяся плотность
Baumé ~ плотность в градусах Боме
bulk specific ~ удельная плотность грунта
observed ~ наблюденная сила тяжести
specific ~ 1. удельный вес 2. плотность

Gray [Grayson] *геол.* грейсон (*свита зоны уошито серии команче меловой системы*)

grdg [grading] 1. сортировка по крупности 2. гранулометрический состав

GRDL [guard log] электрокаротаж с экранированным электродом

grd loc [grading location] выравнивание площадки

grease консистентная смазка; солидол; тавот; жир; сало || смазывать
aging-resistant ~ стабильная консистентная смазка
all-purpose ~ универсальная консистентная смазка
antifriction bearing ~ консистентная смазка для подшипников качения
cup ~ консистентная смазка; солидол
EP ~ *см.* extreme pressure grease
extreme pressure ~ консистентная смазка с противозадирными присадками
graphite ~ графитная консистентная смазка
joint ~ смазка для резьбовых соединений
lead ~ свинцовая консистентная смазка
lubricant ~ консистентная смазка

grease-proof жиронепроницаемый

Green Band Clay *фирм.* высокодисперсный бентонитовый глинопорошок

grid 1. сетка 2. решетка
gas ~ сеть газоснабжения
triangular ~ треугольная сетка (*размещения скважин*)

grill решетка (ограждения)

grilled огражденный решеткой, с решетчатым ограждением

grind 1. измельчение; дробление || измельчать; дробить 2. помол || молоть, размалывать 3. шлифование, шлифовка; притирка || шлифовать; притирать

grindability 1. размалываемость; измельчаемость 2. способность к полированию; шлифуемость

grinder 1. шлифовщик 2. шлифовальный станок; точило 3. мельница; дробилка 4. дисковый истиратель (*для измельчения руды*)
ball ~ шаровая мельница

grinding 1. измельчение; дробление 2. растирание; размалывание 3. шлифовка, шлифование; притирка
coarse ~ 1. крупное дробление 2. грубый помол
fine ~ 1. тонкое измельчение; чистовое шлифование 2. тонкий помол

grip 1. зажим, захват; тиски || зажать; захватить; закреплять 2. ручка, рукоятка, черенок 3. цанга, разрезной зажимной патрон
adjuster ~s зажимы для насосных штанг
finder ~ скважинный ловильный инструмент
pipe ~ шарнирный ключ; трубный ключ; цепной ключ
socketed ~ соединительная муфта с внутренним зажимом
wall ~ держатель пробки, забитой в ликвидированную скважину

gripper захватное устройство, захват; клещи

grit 1. гравий; крупный песок; щебень; крупные куски разбуренной породы; каменная мелочь 2. перфорированный лист; сито (*грохота*); ячейка сита 3. металлические опилки 4. грит, твердые спекшиеся частицы ингредиента
calcareous ~ известковистые песчаные пласты

gritstone крупнозернистый песчаник

GRk [gas rock] газоносная порода

grnlr [granular] гранулированный, зернистый

Grn Riv [Green River] *геол.* грин-ривер (*свита эоцена третичной системы*)

grn sh [green shale] зеленый сланец

groove 1. паз; канавка; выемка; желобок; бороздка; прорезь; шлиц; фальц || делать пазы, канавки; желобить 2. подготовка, [разделка] кромок (*под сварку*) || подготавливать [разделывать] кромки (*под сварку*)
cutter ~ межвенцовая расточка
key ~ желобок [паз] для шпонки, шпоночная канавка
lock ring ~ проточка под замковое кольцо
mud ~ промывочная канавка
packing ~ желобок для набивки
pulley ~ желобок блока
sheave ~ желобок шкива, блока *или* ролика

grooved 1. желобчатый, бороздчатый, рифленый 2. с подготовленными кромками (*о*

соединении); с выемкой; с канавкой; с желобком
grooving нарезание пазов [канавок]; выдалбливание желобков
ground 1. земля, грунт, почва; порода 2. подошва выработки; основание пласта 3. *эл. амер.* заземление ‖ заземлять
　broken ~ 1. разрушенная [сильно трещиноватая] порода 2. пересеченный рельеф (*местности*)
　frozen ~ вечная мерзлота
　level ~ ровное место
　loose ~ несвязанная [несцементированная] порода; сыпучий грунт
　quick ~ плывун
　ravelly ~ обломочная [обрушающаяся] порода
　rough ~ сильнотрещиноватая, разрушенная *или* кавернозная порода
　watered ~ водоносный грунт
grounded *эл.* 1. заземленный, присоединенный к земле 2. замкнутый на землю; пробитый на землю
ground-in пригнанный; притертый; приточенный; пришлифованный
grounding *эл. амер.* заземление
groundwater грунтовые воды; подземные воды
　confined ~ напорные подземные воды
　free ~ *см.* unconfined groundwater
　unconfined ~ безнапорные подземные воды
group 1. группа; класс ‖ группировать; классифицировать 2. *хим.* радикал
　wave ~ группа (*сейсмических*) волн
grouped связанный
grouping 1. группировка 2. группирование
　~ of wells кустовое бурение
grout жидкий строительный раствор; жидкое цементное тесто ‖ заливать жидким строительным раствором; покрывать жидким цементным тестом; цементировать (*грунт*)
　~ in заливать цементным раствором
　cement ~ цементный раствор
　clay-chemical ~ глинистый раствор с добавкой химических реагентов
　colloidal cement ~ коллоидальный цементный раствор
　fluid cement ~ жидкий цементный раствор
　nonshrink ~ безусадочный жидкий строительный раствор
　pea gravel ~ жидкий строительный раствор с мелким гравием
　sand ~ жидкий цементно-песчаный раствор
grouter устройство для нагнетания цементного раствора
grouting цементация, нагнетание цементного раствора; заливка жидким строительным раствором
　~ of rock foundation цементация скального основания
　cement ~ цементация
　long-hole ~ цементирование [укрепление] трещиноватых пород через сеть глубоких скважин
　pile ~ цементирование свай
　pressure ~ цементирование трещин; скрепление раздробленных скальных пород закачкой цементного раствора через скважины
　short-hole ~ цементирование трещиноватых пород через сеть мелких скважин
　skirt cells ~ цементирование юбочного пространства
gr roy [gross royalty] часть нефти *или* газа, передаваемая владельцу земли нефтегазодобывающей фирмой в оплату за аренду
GRS [graded rock salt] гранулированная каменная поваренная соль
grs [gross] валовой; брутто
Gr Sd [gray sand] серый песчаник
grtg [grating] решетка, сетка
grty [gritty] песчанистый, содержащий песок
grummet 1. прокладка, прокладочное кольцо; прокладка с суриком для уплотнения стыков трубопроводов 2. шайба 3. втулка 4. коуш
grvt [gravitometer] гравитометр
gr wt [gross weight] вес брутто
gry [gray] серый
GS 1. [gas show] газопроявление, признаки газа 2. [Geological Society] Геологическое общество (*США*)
GSA [Geological Society of America] Американское геологическое общество
GSC [gas sales contract] контракт о продаже газа
GSG [good show of gas] заметные признаки газа
GSI [gas well shut-in] закрытая газовая скважина
gskt [gasket] 1. прокладка, набивка, уплотнение 2. сальник
GSO [good show of oil] заметные признаки нефти
GST [gamma spectrometry log] спектрометрический гамма-каротаж
G-7 Super Weight *фирм.* железотитановый утяжелитель, используемый для приготовления раствора для глушения скважин
GSW [gallons of salt water] галлонов соленой воды
gsy [greasy] жирный, маслянистый
gt [gross ton] длинная тонна
GTS [gas to surface] прохождение газа до поверхности (*во времени*)
GTSTM [gas too small to measure] незначительные количества газа (*нерегистрируемые газоанализатором*)
GTU [guideline tensioning unit] натяжное устройство направляющих канатов
GTY [gravity] сила тяжести; вес
GU [gas unit] газобензиновая установка
gu [gravity unit] единица ускорения свободного падения
guard 1. охрана ‖ охранять 2. ограждение; защитное устройство ‖ ограждать 3. упор, ограничитель отклонения *или* хода

guard

protective ~ защитное ограждение
rope ~ предохранительный щит на талевом блоке
safety ~ предохранительное устройство; щит, щиток; ширма
shock ~ буровой амортизатор
wire ~ предохранительная сетка

guide 1. направляющее приспособление; переводная вилка (*ременной передачи*); кондуктор ‖ управлять, направлять 2. *геол.* направляющая жила 3. *pl* направляющие
bell ~ направляющий раструб, направляющая воронка
casing ~ направляющее устройство для обсадных труб
centering ~ направляющий *или* центрирующий фонарь
choke and kill tubing ~ направляющая линий штуцерной и для глушения скважины
knuckle ~ шарнирный отклонитель *или* дефлектор
pile ~ направляющее устройство для свай
piston (rod) ~ направляющая для поршневого штока
screw grab ~ направляющая воронка для ловильного метчика
shoe ~ башмачная направляющая насадка
sinker bar ~ фонарь ударной штанги
tap ~ направляющее приспособление для ловильного метчика
traveling block ~ направляющая талевого блока (*предотвращающая раскачивание талевого блока при качке бурового судна или плавучей полупогружной буровой платформы*)
wall-cleaning ~ проволочный скребок [ерш] для очистки стенок скважины от глинистой корки
wave ~ *сейсм.* проводник
wireline ~ приспособление для направления ходового конца каната

guided управляемый
guideline направляющий трос *или* канат
Gulf 1. северная часть побережья Мексиканского залива 2. *см.* Gulf of Mexico 3. *см.* Persian Gulf
~ of Mexico Мексиканский залив
Persian ~ Персидский залив

gulf морской залив
gullet *геол.* трещина напластовывания
gum 1. смола 2. *амер.* резина 3. *pl* смолы (*в светлых нефтепродуктах*)
arabic ~ гуммиарабик, аравийская камедь (*добавка к буровым растворам*)
guar ~ гуаровая смола
natural ~ камедь, растительный клей
xanthan ~ ксантановая смола

gumbo гумбо (*темная вязкая глина*)
gummed:
~ in прихваченный (*о буровом инструменте*)
gummy смолистый, липкий

gun 1. гидромонитор ‖ перемешивать гидромонитором 2. перфоратор 3. солидолонагнетатель, шприц (*для консистентной смазки*) 4. распылитель
bullet ~ пулевой перфоратор
casing ~ перфоратор
coring ~ *см.* side-wall coring gun
Cox ~ перфоратор Кокс (*для подводных работ*)
firing ~ стреляющий перфоратор
grease ~ шприц для густой смазки, тавотный шприц; тавот-пресс; насос для нагнетания консистентной смазки, солидолонагнетатель
hydraulic ~ гидромонитор
jet ~ 1. гидромонитор; устройство для перемещения бурового раствора (*из приемных емкостей, амбаров и т.п.*) 2. кумулятивный перфоратор
lubricating ~ *см.* grease gun
make-up ~ гидравлическое *или* пневматическое устройство для механизированного свинчивания и развинчивания труб
mud ~ *см.* mud mixing gun
mud mixing ~ струйное устройство для перемешивания бурового раствора (*в емкостях*)
oil ~ шприц для смазки под давлением, маслонагнетатель
perforating ~ стреляющий перфоратор; пулевой перфоратор
side-wall coring ~ боковой грунтонос ударного типа, боковой стреляющий грунтонос
spray ~ цемент-пушка

gunite торкрет-бетон ‖ торкретировать, наносить торкрет-бетон
gush сильный поток; фонтан ‖ фонтанировать
gusher фонтанирующая скважина, (нефтяной) фонтан
oil ~ нефтяной фонтан
gusset наугольник, косынка, угловое соединение
gust порыв ветра
design 1-min ~ расчетный одноминутный осредненный порыв ветра
maximum wind ~ максимальный порыв ветра
gutter желоб; канава; паз; выемка
guy 1. оттяжка; струна; направляющий канат 2. расчаливать
anchor ~ якорная оттяжка
back ~ оттяжной трос
guyed укрепленный оттяжками
GV [gas volume] объем газа
g. v. [gravimetric volume] гравиметрический объем
gvl [gravel] гравий
GVLPK [gravel pack] гравийный фильтр
GVNM [gas volume not measured] незамеренный объем газа
GW 1. [gallons of water] галлонов воды 2. [gas well] газовая скважина 3. [gelled water] загущенная вода

GWC [gas-water contact] газоводяной контакт
GWG [gas-well gas] газ из газовой скважины
GWL [groundwater level] уровень грунтовых вод
GWPH [gallons of water per hour] галлонов воды в час
gyp минеральные осадки (*в породах пласта или на стенках труб скважины*)
gyp [gypsum] гипс
gypsiferous гипсоносный (*о породе*)
gupsum гипс ($CaSo_4 \cdot 2H_2O$)
Gyptron T-27 (T-55) *фирм.* реагент для удаления ионов кальция из бурового раствора
gypy [gypsiferous] гипсоносный (*о породе*)
gyrate вращаться по кругу; двигаться по спирали
gyration круговращательное *или* коловратное движение; вращение вокруг неподвижного центра
gyratory 1. конусная дробилка 2. вращающийся
gyro [gyroscope] гироскоп
gyroscopic гироскопический

H

H 1. [hardness] твёрдость 2. [hydrogen] водород
h 1. [heat] теплота 2. [hour] час
HA 1. [high-altitude] высотный 2. [high angle] большой угол 3. [hydraulic actuator] гидравлический привод
ha [hectare] гектар
habitat:
~ of oil локализация нефти
pressure ~ подводная барокамера
underwater ~ (UWH) подводная барокамера
underwater dry welding ~ подводная камера для сварки в воздушной среде
underwater welding ~ подводная сварочная камера
Hackb [Hackberry] *геол.* хекберри (*свита среднего отдела олигоцена*)
hade 1. уклон, наклон; падение; угол падения 2. склонение жилы; наклон осевой складки 3. угол, составляемый линией падения пласта *или* жилы с вертикалью; угол, образуемый поверхностью сброса с вертикальной линией ‖ отклоняться, составлять угол с вертикалью
~ against the dip несогласное падение сброса
~ with the dip согласное падение сброса
hading падающий, наклонный, залегающий наклонно
haematite *см.* **hematite**
Hagan Special *фирм.* гексаметафосфат натрия
haircloth волосяная ткань (*для сит*)

hairline 1. волосовина, волосная трещина 2. визирная линия, визир 3. очень тонкая [волосная] линия
Halad-9 (14) *фирм.* понизитель водоотдачи цементных растворов
half-coupling муфта сцепления
half-cycle полупериод
half-hard средней твёрдости
half-life период полураспада, полураспад
halide галогенид, соль галоидоводородной кислоты
halite галит, каменная поваренная соль
Halliburton Gel *фирм.* глинопорошок из вайомингского бентонита
Halliburton Sorb *фирм.* реагент, абсорбирующий воду
hallmark 1. характерное свойство, отличительный признак 2. пробирное клеймо, проба ‖ ставить клеймо, пробу 3. определять качество, устанавливать критерии
halogen галоид; галоген
hammer 1. молот; молоток; ручник 2. (свайная) баба, свайный молот 3. ковать, проковывать (*швы*) 4. вбивать, вколачивать
~ down осаживать ударами молота
~ in забивать, вбивать
air ~ пневматический молот
bore ~ бурильный молоток, перфоратор; ручной молоток, ручник
hydrobloc ~ молот для забивки свай в дно моря (*при строительстве морских нефтепромысловых сооружений*)
pile ~ *см.* pile driving hammer
pile driving ~ молот для забивки свай в дно моря (*при строительстве морских нефтепромысловых сооружений*)
slagging ~ молоток для удаления шлака
underwater driving ~ подводный молот для забивки свай в дно моря
water ~ гидравлический удар
hamper 1. затруднять движение, тормозить 2. *амер.* мера ёмкости (= 70 л)
hand 1. стрелка (*прибора*) 2. работник; исполнитель 3. *pl* экипаж; команда судна
floor ~ рабочий на буровой
gage ~ стрелка манометра
hand-knob маховичок; ручка
handle 1. ручка, рукоятка 2. управлять; манипулировать; оперировать (*данными*); обращаться 3. грузить; выгружать 4. транспортировать
adjusting ~ установочная рукоятка
cock ~ ключ крана; ручка крана
driving ~ *см.* operating hand
lever ~ рукоятка рычага
locking ~ блокирующая рукоятка
operating ~ ручка управления
probe ~ щуп
safety ~ предохранительная рукоятка
handling 1. погрузка, разгрузка; выгрузка; слив; погрузочно-разгрузочные операции 2. транспортировка; доставка, подача 3. об-

handling

служивание, уход; обработка, обращение (*с чем-либо*) 4. управление; манипулирование
~ of well регулирование режима работы скважины
~ the drill pipe спуск и подъем бурильных труб
automatic hydraulic pipe ~ автоматизированная гидросистема спуска и подъема труб
barrel ~ погрузка *или* разгрузка бочек
bulk ~ бестарная перевозка (*сыпучего материала*)
cement ~ подача цементного раствора
hands-off pipe ~ механизированная система работы с трубами
oil ~ работы по сливу, наливу и перекачке нефти *или* нефтепродуктов
oil rig anchor ~ постановка бурового основания на якоря
water ~ система водоснабжения *или* водообработки
wire rope ~ обращение с проволочными канатами

handwheel маховичок

handy 1. удобный (*для пользования*) 2. легко управляемый; маневренный

hang 1. вешать; подвешивать; навешивать 2. висеть; нависать 3. застревать (*при свободном падении*) 4. наклон, уклон; падение; скат 5. подвеска, подвесной кронштейн 6. перерыв, пауза; задержка

hanger 1. подвеска, подвесной кронштейн 2. ухо, проушина 3. крюк; серьга 4. *геол.* висячий бок, верхнее крыло сброса
beam ~ крючок на конце балансира для подвески насосных штанг
circulating casing ~ подвесная головка обсадной колонны с циркуляционными отверстиями
delayed-action recipro-set liner ~ подвеска замедленного действия хвостовика, устанавливаемого возвратно-поступательным перемещением колонны
liner extension ~ подвесное устройство для обсадной колонны-хвостовика
mandrel type casing ~ втулкообразная подвесная головка обсадной колонны
marine tubing ~ морская подвеска лифтовых труб (*для подвешивания лифтовых труб в подводном устье*)
mechanical-set liner ~ механически устанавливаемая подвеска хвостовика
mud line casing ~ донная подвеска обсадной колонны
multicone liner ~ многоконусная подвеска хвостовика
multitrip casing ~ многорейсовая подвесная головка обсадной колонны
pipe ~ скоба для подвешивания трубы
piping ~ подвеска трубопровода
plain liner ~ гладкая подвеска хвостовика
reciprocation-setting type liner ~ подвеска хвостовика, устанавливаемая возвратно-поступательным перемещением колонны
rod ~s подвески насосных штанг
rotating liner ~ вращающаяся подвеска хвостовика
roto-set liner ~ подвеска хвостовика, устанавливаемая вращением
seal ~ подвеска затвора (*плавающей крыши резервуара*)
shaft ~ подвеска для вала
single trip casing ~ однорейсовая подвесная головка обсадной колонны
slip-type ~ подвесное устройство клинового типа (*для обсадных или насосно-компрессорных труб*)
slotted casing ~ подвесная головка обсадной колонны с циркуляционными пазами (*для бурового раствора*)
tandem-cone liner ~ многоконусная подвеска хвостовика

hanger-packer подвеска-пакер, подвесное устройство для обсадных труб с пакерующим устройством

hanging 1. *геол.* висячий (*о залежи*) 2. верхнее крыло сброса 3. подвешивание 4. зависание

hang-up зависание; застревание

Hara [Haragan] *геол.* хараган (*свита нижнего девона, Среднеконтинентальный район*)

hard 1. твердый 2. жесткий (*о воде*) 3. тяжелый (*о работе*) 4. крепкий (*по буримости; о породе*)

hard-drawn холоднотянутый; твердотянутый

harden закаливать(ся); твердеть

hardenability закаливаемость; способность упрочняться

hardened 1. закаленный; цементированный 2. затвердевший

hardener 1. отвердитель 2. ускоритель схватывания (*цементного раствора*)
cement ~ ускоритель схватывания цементного раствора

hardening 1. твердение, затвердевание (*цементного раствора или бетона*) 2. увеличение жесткости; упрочнение 3. закалка 4. нагартовка; механическое упрочнение; наклеп
age ~ старение; твердение (*цементного раствора или бетона*) с возрастом
case ~ цементация стали, поверхностная закалка; поверхностное науглероживание; упрочнение поверхности
oil ~ закалка с охлаждением в масле
point ~ местная закалка
surface ~ *см.* case hardening
temper ~ отпуск (*стали*), закалка с последующим отпуском
water ~ закалка с охлаждением в воде

hardness твердость; прочность; жесткость (*воды*); крепость (*породы*)
abrasion ~ *см.* abrasive hardness

abrasive ~ твердость на истирание
aging ~ твердость после дисперсионного твердения
ball ~ твердость по Бринеллю
conical indentation ~ твердость по Роквеллу
diamond ~ твердость по Роквеллу; твердость по Виккерсу
file ~ твердость, определяемая напильником
impact ~ твердость по Шору
indentation ~ твердость, определяемая вдавливанием (*шарика, пирамиды*), твердость на вдавливание, сопротивление вдавливанию; твердость по Роквеллу
Mohs ~ твердость по шкале Мооса
Rockwell ~ твердость по Роквеллу
Rockwell B ~ твердость по Роквеллу по шкале B, RB
Rockwell C ~ твердость по Роквеллу по шкале C, RC
sclerometric ~ твердость по склероскопу, склероскопическая твердость; твердость по Шору
scratch ~ твердость, определяемая царапанием; твердость по Мартенсу
Shore ~ твердость по склероскопу, склероскопическая твердость; твердость по Шору
water ~ жесткость воды
wear ~ сопротивляемость износу; твердость, износостойкость
hardometer прибор определения твердости; склероскоп
hardpan 1. прослой очень плотных наносов; сцементированные почвенные образования 2. ортштейновый горизонт, ортштейн
hard-rolled холоднокатаный
hardware 1. аппаратура; технические средства; *вчт* аппаратное обеспечение 2. металлические изделия, метизы 3. арматура
back-up ~ *вчт* дублирующая аппаратура, дублирующее аппаратное обеспечение
casing ~ оснастка обсадной колонны
harness 1. передаточные приспособления *или* механизмы; добавочная опора 2. проводка
HA-S *фирм.* ускоритель схватывания цементного раствора
hatch 1. люк, крышка люка 2. замерный [пробоотборный] люк (*в резервуаре*) 3. *гидр.* затвор
gage ~ замерный люк (*в крышке люка резервуара*)
thief ~ крышка люка для отбора проб из резервуара
haul 1. транспортировка; перевозка; подвозка; доставка || перевозить; подвозить; доставлять 2. рейс; протяженность рейса || совершать рейс 3. буксировка; тяга || буксировать
~ down опускать, травить (*канат*)
haulage 1. транспортировка; перевозка; подвозка; доставка 2. буксировка; тяга 3. расходы на транспорт, стоимость перевозки
hauling-away вывозка

hawser буксир (*трос*); перлинь
bow ~ носовой буксирный трос, носовой буксир
Haynes [Haynesville] *геол.* хейнсвил (*свита серии коттон-велли верхнего отдела юрской системы*)
haz [hazardous] 1. опасный 2. слабый (*о породе*)
hazard 1. риск, опасность 2. несчастный случай; авария
explosion ~ опасность взрыва, взрывоопасность
fire ~ пожарная опасность, пожароопасность
hydrocarbon ~s опасность, создаваемая углеводородами
hazel 1. сланцевый песчаник 2. светло-коричневый
Hberg [Hardinsburg sand] хардинсбургский песок
hbr [harbor] гавань
HC [high capacity] большая вместимость; большая производительность, высокая пропускная способность
hc [hydrocarbon] углеводород || углеводородный
HCO [heavy cycle oil] тяжелое масло каталитического крекинга
H-crossover H-образное соединение
hcs [high-carbon steel] высокоуглеродистая сталь
HCV [hand-control valve] распределительный клапан ручного управления
HD 1. [heavy duty] тяжелый режим работы 2. [high detergent] высокоактивное моющее средство 3. [Hydril] универсальный превентор фирмы «Хайдрил»
hd 1. [hard] а) крепкий (*по буримости*) б) жесткий (*о воде*) в) тяжелый (*о работе*) 2. [head] а) головка б) напор
hdl [handle] ручка, рукоятка
hd li [hard lime] крепкий известняк
hdns [hardness] твердость; прочность; жесткость (*воды*); крепость (*породы*)
hdr [header] 1. коллектор (*труб*) 2. головная часть, насадка
hd sd [hard sand] твердый песчаник
HDT [high-resolution dipmeter] измеритель наклона пластов с высокой разрешающей способностью
hdwe [hardware] аппаратура, технические средства; *вчт* аппаратное обеспечение
h. e. [high efficiency] 1. эффективная мощность 2. толщина пласта
head 1. голова; головка 2. головная часть; передняя часть 3. верхняя часть, верхушка; крышка 4. головка (*болта*); шляпка (*гвоздя*) 5. напор; давление столба жидкости; давление газа 6. конец (*трубы*); днище (*поршня*) 7. пульсирующий напор *или* выброс (*из скважины*) || пульсировать 8. *гидр.* подпор 9. *геол.* конкреция в песчанике; валун в галечнике 10. *св.* наконечник горелки

head

~ of delivery напор, высота подачи (*жидкости*)
~ of pump рабочее давление насоса; напор, преодолеваемый насосом
~ of tender голова [начало] перекачиваемой партии нефтепродукта
~ of water напор воды, гидростатическое давление
boring ~ 1. режущая головка бурового инструмента; долото, коронка 2. буровой снаряд 3. расширитель, вращатель
brake ~ тормозной башмак
burner ~ головка горелки (*для сжигания продуктов морской скважины при пробной эксплуатации*)
cable ~ канатный замок
casing ~ 1. обсадная [трубная] головка 2. сепаратор; арматура, установленная на устье скважины
casing handling ~ головка для спуска обсадной колонны
cat ~ безопасная [шпилевая] катушка (*для затягивания инструментов и труб в вышку, для подъема хомутов и элеваторов, свинчивания и развинчивания бурильных труб*)
cement ~ *см.* cementing casing head
cement casing ~ *см.* cementing casing head
cementing ~ *см.* cementing casing head
cementing casing ~ цементировочная головка
circulating ~ цементировочная головка; промывочная головка
connecting rod ~ головка шатуна
control ~ устьевое оборудование скважины
control casing ~ задвижка на устье обсадной колонны
cutter ~ режущая головка (*колонкового долота*)
cutting ~ *см.* cutter head
delivery ~ 1. напорный столб; напор, высота подачи (*жидкости*) 2. высота [величина] хода
detachable drill ~ сменная бурильная головка
diamond ~ алмазная бурильная коронка
discharge ~ высота нагнетания (*насоса*); напор, высота подачи (*жидкости*)
double-plug container cementing ~ цементировочная головка с двумя цементировочными пробками
drilling ~ бурильная головка
dynamic ~ динамический напор
fishing ~ ловильная головка
flow ~ фонтанное оборудование устья скважины
fluid ~ давление столба жидкости; напор жидкости
friction ~ потери напора на трение
gas ~ газовая головка
gravity ~ гравитационный напор; скоростной напор
grip ~ зажимная головка
guide ~ направляющая головка; «фонарь»
high ~ большой напор
hydraulic circulating ~ циркуляционная головка (*для канатного бурения с промывкой*)
hydraulic pressure ~ гидравлический напор
hydrostatic ~ гидростатическое давление; гидростатический напор
impact ~ динамический напор
inlet velocity ~ скоростной напор при входе
intake ~ высота всасывания
jet ~ гидромониторная головка (*для бурения слабых грунтов дна моря под направление*)
landing ~ головка для подвески (*эксплуатационной колонны или насосно-компрессорных труб*)
latch bumper ~ амортизирующая головка муфты
lifting ~ подъемная головка; подъемный захват
liquid ~ давление столба жидкости; напор жидкости
low ~ малый напор
main control ~ главная задвижка на устье скважины
net pressure ~ полезный напор; требуемая высота подачи (*жидкости*)
normal pressure ~ нормальный напор
offset tubing ~ специальная головка на устье скважины, имеющая боковые приспособления для спуска измерительных приборов
packing ~ квадратный вращающийся пакер
pipe ~ приемная сторона трубопровода
piston ~ днище [головка] поршня
plug dropping ~ головка для сбрасывания (цементировочных) пробок
potential ~ потенциальный напор; статический напор
predetermined fluid ~ заданный напор жидкости
pressure ~ напор, высота нагнетания (*насоса*); гидростатическое давление; гидростатический напор
pump ~ напор [высота нагнетания] насоса
pump suction ~ высота всасывания насоса
racking ~ укладочная головка
remote post ~ дистанционно управляемая головка направляющей стойки
resistance ~ сопротивление (*в трубопроводе*), измеряемое столбом жидкости; высота напора, соответствующего сопротивлению; гидравлические потери
rock ~ верхний слой крепкой породы (*при бурении или проходке*)
rose ~ предохранительная сетка на приеме насоса
rotating cementing ~ цементировочная головка вращающегося типа
setting ~ посадочная головка (*напр. хвостовика*)
shooting ~ запальная головка
single-plug container cementing ~ цементировочная головка с одной цементировочной пробкой

static ~ гидростатическое давление
swage cementing ~ глухая цементировочная головка
total ~ высота подачи; полный напор
total friction ~ суммарные потери на трение
tubing ~ головка насосно-компрессорных труб
well ~ устье скважины
wrapping ~ обмоточная головка (*изолировочной машины*)

header 1. головная часть 2. коллектор (*объединяющий несколько труб*) 3. высадочная машина 4. *св.* насадка
discharge ~ напорный [нагнетательный] коллектор

heading 1. направление движения, курс 2. высадка головок (*болтов, заклепок*) 3. подъем уровня в скважине 4. *геол.* система трещин, трещиноватость

headline главный трансмиссионный вал
headpiece сепаратор на устье скважины
headway 1. проходка (*при бурении*); выработка по пласту 2. продвижение; движение вперед; поступательное движение
~ per drill bit проходка на долото

Heal-S *фирм.* комплексный реагент для обессоливания глин, состоящий из карбоната кальция и лигносульфоната

Heal-S-Pill *фирм.* комплексный реагент для обессоливания глин, состоящий из смеси карбоната кальция и полимеров

heat 1. тепло; теплота; нагрев; подогрев; накал 2. плавка
~ of combustion теплота сгорания
~ of decomposition теплота разложения; тепло, выделенное при распаде
~ of dilution теплота растворения
~ of dissociation теплота диссоциации
~ of evaporation *см.* evaporation heat
~ of formation теплота образования
~ of friction теплота трения
~ of hardening экзотермия затвердевания (*цементного раствора, бетона*)
~ of hydration теплота гидратации
~ of liquid энтальпия [теплосодержание] жидкости
~ of neutralization теплота нейтрализации
~ of reaction теплота реакции
absorbed ~ поглощенное [использованное] тепло
activation ~ теплота активирования
adhesion ~ теплота адгезии
admixture ~ теплота смешения
adsorption ~ теплота адсорбции
combination ~ теплота образования
compression ~ теплота сжатия
critical ~ (скрытая) теплота превращения
evaporation ~ (скрытая) теплота парообразования, теплота испарения
latent ~ скрытая теплота
mean specific ~ средняя теплоемкость
radiating ~ лучистая теплота

specific ~ удельная теплота сгорания, удельная теплоемкость
total ~ теплосодержание
true specific ~ истинная удельная теплоемкость
welding ~ нагрев при сварке

heat-affected подвергшийся тепловому воздействию
heat-conducting теплопроводный, теплопроводящий
heated нагретый
oil ~ с масляным обогревом
heater нагреватель, подогреватель; нагревательный прибор
cold mixture ~ (СМН) нагреватель топливной системы
fired ~ огневой подогреватель
oil ~ нефтеподогреватель
production testing ~ подогреватель для пробной эксплуатации
heat-fast теплостойкий
heating 1. нагрев, нагревание; обогрев; прогрев, прогревание 2. отопление
external ~ наружный обогрев
gas ~ газовое отопление
indirect ~ косвенный обогрев; наружный обогрев
jacket ~ нагревание с помощью водяной оболочки
heat-insulating теплоизолирующий
heat-proof теплостойкий, жароупорный
heat-resistant теплостойкий, жаростойкий, жаропрочный
heat-setting схватывающийся при нагревании
heave 1. *геол.* горизонтальное смещение при сбросе, сдвиг 2. вздувание; вспучивание; поддувание (*пласта, подошвы*) 3. *геол.* ширина сброса, зияние 4. вертикальная качка (*бурового судна*) 5. поднимать, перемещать (*тяжести*)
significant ~ расчетная вертикальная качка
heaving 1. вспучивание, поддувание (*пласта, подошвы*); выжимание 2. волнение моря
heavy 1. тяжелый; крупный; массивный 2. трудный (*об условиях работы*) 3. мощный (*о двигателе, установке*); высокий (*о цене*) 4. вязкий 5. плотный
heavy-duty 1. имеющий тяжелые условия работы, имеющий тяжелый режим работы 2. тяжелого типа, тяжелой конструкции 3. высокомощный (*о станках*)
heavy-gage большого диаметра (*о проволоке*); толстый (*о листовом материале*)
heavy-walled толстостенный
HEC [hydroxyethyl cellulose] гидроксиэтилцеллюлоза
heel крен
HEF [high-energy fuel] высокоэнергетическое топливо
height 1. высота 2. возвышенность, холм 3. высотная отметка 4. наивысшая точка, максимум, предел 5. высшая степень

height

~ of lift 1. толщина бетонного слоя (*укладываемого в один прием*) 2. высота подачи [нагнетания] (*жидкости*); высота всасывания (*насоса*) 3. высота подъема
deflector ~ высота козырька
effective ~ эффективная мощность (*пласта*)
full structure ~ высота конструкции
overall ~ габаритная высота
packed ~ высота насадки
substructure ~ высота основания

helicopter вертолет
helideck вертолетная палуба [площадка]
heliography 1. светокопирование 2. гелиография
helipad см. helideck
heliportable транспортируемый вертолетом
helistop см. helideck
helium-oxygen гелиокислородная смесь (*для дыхания водолазов*)
helix 1. винтовая линия, спираль (*пространственная*) 2. винтовая поверхность, геликоид 3. эл. соленоид
helmet защитный шлем, каска (*бурового рабочего*)
helper подручный, помощник
rotary ~ помощник бурильщика
HEM [helicopter electromagnetic measurements] электромагнитные измерения с борта вертолета
hem см. hematite
hematite гематит, красный железняк, железный блеск (*утяжелитель для буровых и цементных растворов*)
hemisphere полушарие, полусфера
hemlock гемлок (*североамериканский вид хвойных деревьев*)
hemp пенька, пакля (*для набивки сальников*)
hendecagon одиннадцатиугольник
heptagon семиугольник
heptane гептан (C_7H_{16})
Herm [Hermosa] *геол.* хермоза (*свита отделов миссури, де-мойн, атока пенсильванской системы*)
hermetic(al) герметический, герметичный
herringbone 1. шевронный (*о зубчатом колесе*) 2. в елку, елочкой
heterogeneity гетерогенность, неоднородность
heterogeneous гетерогенный, неоднородный, разнородный
Heviwater *фирм.* диспергатор глин
Heviwater I Packer and Completion Fluid *фирм.* водный раствор $CaCl_2$ плотностью от 1,08 до 1,40 г/см³, используемый в качестве пакерной жидкости и жидкости для заканчивания скважин
Heviwater II Packer and Completion Fluid *фирм.* водный раствор $CaCl_2$ и $BrCl$ плотностью от 1,42 до 1,82 г/см³, используемый в качестве пакерной жидкости и жидкости для заканчивания скважин
HEX [heat exchanger] теплообменник

Hex *фирм.* гексаметафосфат натрия
hex 1. [hexagon] шестиугольник 2. [hexagonal] шестиугольный 3. [hexane] гексан
hexagon шестиугольник
hexagonal шестиугольный
hexahedral гексаэдрический, шестигранный
hexametaphosphate гексаметафосфат
sodium ~ гексаметафосфат натрия $(NaPO_3)_6$
Hexaphos *фирм.* гексаметафосфат натрия
HFC, hfc [high-frequency current] ток высокой частоты
hfg [hydrofining] гидроочистка
HFO 1. [heavy fuel oil] тяжелое моторное масло 2. [hole full of oil] ствол, заполненный нефтью
HF Sul W [hole full of sulphur water] ствол, заполненный водой, содержащей сероводород
HFSW [hole full of salt water] ствол, заполненный соленой водой
HFW [hole full of water] ствол, заполненный водой
HGCM [heavily gas-cut mud] сильно газированный буровой раствор
HGCW [heavily gas-cut water] сильно газированная вода
HGOR [high gas-oil ratio] высокий газовый фактор
hgr [hanger] подвеска, подвесной кронштейн
hgt [height] высота
HH [hydrostatic head] гидростатическое давление; гидростатический напор
HHP [hydraulic horsepower] гидравлическая мощность в л. с.
hiatus 1. перерыв; пробел; пропуск 2. зияние
Hick [hickory] гикори (*род северо-американского орешника*)
Hi-Dense No. 3 *фирм.* гематит, имеющий плотность 5,02 г/см³, используемый в качестве утяжелителя буровых и цементных растворов
Hi-Fi, hi-fi [high fidelity] высокая точность (*воспроизведения*)
high 1. высокий 2. сильный, интенсивный, мощный 3. с высоким содержанием (*какого-либо вещества*) 4. мощный (*о пласте*) 5. пик, максимум (*на диаграмме или карте аномалий*)
gravity ~ гравитационный максимум
run ~ поднятие (*нефтяной структуры при входе в нее на меньшей глубине, чем предполагалось*)
topographic ~ топографическая возвышенность
high-carbon высокоуглеродистый
high-dipping *геол.* крутопадающий
high-frequency высокочастотный
high-gravity с высокой плотностью; тяжелый
high-head высоконапорный
highland плоскогорье, нагорье, гористая местность
high-molecular высокомолекулярный

high-octane высокооктановый (*о бензине*)
high-performance эффективный; с хорошими рабочими характеристиками
high-strength повышенной прочности, высокопрочный
high-tech [high technology] современная [передовая] технология
high-temperature высокотемпературный
high-velocity высокоскоростной
high-viscosity с высокой вязкостью, высоковязкий
high-volatile с высоким содержанием летучих веществ
High Yield *фирм.* высокодисперсный бентонитовый глинопорошок
hihum [high humidity] высокая влажность
hill холм, возвышение, возвышенность
hinge 1. навеска, петля || навешивать на петлях 2. шарнир
    joint ~ шарнир; навеска, петля
hinged шарнирный; откидной; створчатый
hinterland *геол.* тыловая область складчатости, хинтерланд
Hi-Q [high-quality] высококачественный
history история; процесс
    case ~ опыт применения (*напр. на промыслах, заводах*)
    composition ~ of production процесс изменения состава добываемой жидкости
    depositional ~ история осадконакопления
    performance ~ процесс разработки, история эксплуатации
    pressure ~ характеристика изменения давления
    production ~ история добычи, характеристика добычи с начала разработки
    saturation ~ процесс насыщения
hit 1. удар; столкновение || ударяться; сталкиваться 2. попадание (*в цель*) || попадать (*в цель*)
    ~ the pay войти скважиной в продуктивный горизонт
hitch 1. рывок; бросок; толчок || двигаться рывками, толчками 2. внезапная остановка работающего механизма 3. препятствие 4. зацеп; захват || зацеплять; захватывать 5. сброс (*не превышающий мощности пласта*) 6. местное уменьшение мощности пласта (*без разрыва сплошности*)
    ~ to the beam прикреплять (*бурильный инструмент*) к балансиру
    bottom ~es нижние тяги (*стингера трубоукладочной баржи*)
    top ~es верхние зацепы (*для крепления верхней части стингера к барже*)
hky [hackly] шероховатый, зазубренный
hl [hectoliter] гектолитр
H-member Н-образный узел (*подводного устьевого эксплуатационного оборудования или НКТ в скважине*)
    dual bypass ~ Н-образный узел с двойным обводом (*устанавливаемый в системе муф-товых труб с двумя колоннами НКТ, расположенными рядом*)
HO [hole opener] расширитель скважины
HO & GCM [heavily oil-and-gas-cut mud] буровой раствор, сильно насыщенный нефтью и газом
HOCM [heavily oil-cut mud] буровой раствор, сильно насыщенный нефтью
HOCW [heavily oil-cut water] вода, сильно насыщенная нефтью
hoe 1. ковш (*экскаватора*) 2. скрепер (*канатный*)
    back ~ землеройная машина с обратной лопатой; экскаватор для очистки траншеи от взорванного камня
hog прогиб; искривление; деформация || прогибаться; искривляться; деформироваться
    mud ~ *разг.* буровой насос
    sand ~ 1. ловушка для песка в колонне обсадных *или* насосно-компрессорных труб 2. песочный насос
hogback *геол.* изоклинальный гребень
hogging 1. выгнутость; кривизна 2. выгибание; коробление; деформация
hoist 1. подъемный механизм; лебедка; ворот; блок, тали, полиспаст 2. поднимать, тянуть
    air ~ пневматический подъемник
    auxiliary ~ вспомогательная лебедка
    bell handling ~ лебедка для работы с водолазным колоколом
    chain ~ цепные тали
    mud ~ глиномешалка
    mud mixing ~ смесительная воронка для приготовления бурового раствора
    tractor ~ тракторный подъемник
    two-drum ~ двухбарабанная лебедка
    working ~ рабочий рейс
hoisting подъем инструмента (*в бурении*)
hold 1. захват; ушко; опора 2. трюм
    oil ~ нефтяной трюм
hold-down держатель, захват, зажим; анкер; прижимная планка
    bottom ~ нижнее крепление
    top ~ верхнее крепление
holder 1. ручка 2. оправа, обойма, держатель 3. газгольдер
    air ~ воздухоприемник, воздушный резервуар
    orifice ~ вставка для крепления диафрагмы
    ram ~ плашкодержатель (*противовыбросового превентора*)
    relief ~ уравнительный газгольдер
    tool ~ 1. державка, инструментодержатель 2. буровая штанга 3. шпиндель сверла
hold-up:
    oil ~ объемная доля нефти в продукции скважины в данный момент времени
hole 1. скважина; ствол; шпур || бурить скважину 2. отверстие || просверливать, делать отверстие 3. шурф, выработка малого сечения 4. проушина 5. закладывать шпуры
    ~ in забурить скважину, *проф.* «забуриться»

hole

air ~ 1. вентиляционное отверстие 2. отверстие для выхода воздуха
anchor ~ шурф для анкера
approach ~ подводящий канал, подводящее отверстие
bell ~ углубление в траншее трубопровода, позволяющее вести сварку по всей окружности шва двух спущенных в траншею примыкающих секций
big ~ скважина диаметром 125 см и более
blank ~ часть скважины, не обсаженная трубами
blast ~ шпур, скважина для отпалки
bleed ~ выпускное [спускное] отверстие
blind ~ 1. поглощающая скважина (*без выхода промывочной жидкости на поверхность*) 2. несквозное [глухое] отверстие
bore ~ 1. буровая скважина; ствол скважины 2. скважина большого диаметра 3. высверленное отверстие
bottom ~ забой скважины
branch ~ боковой ствол скважины
bridged ~ забитая (*пробкой из породы*) скважина; перекрытая (*искусственной пробкой*) скважина
bug ~ пустота в породе
bung ~ наливная горловина, наливное отверстие, отверстие для пробки
cased ~ скважина с обсаженным стволом, обсаженная скважина
caving ~ неустойчивая [обрушающаяся] скважина (*требующая цементирования или обсадки*)
circulating ~ отверстие для выхода бурового раствора в долоте, циркуляционное отверстие
conductor ~ шурф для спуска направляющей колонны
core ~ структурная скважина; керновая скважина
crooked ~ искривленная скважина
dead-end ~ глухое [несквозное] отверстие
deviating ~ скважина, отклоняющаяся от вертикали; наклонная [наклонно направленная, искривленная] скважина
dib ~ зумпф (*в скважине*)
directional ~ наклонная [наклонно направленная, искривленная] скважина
discharge ~ разгрузочное отверстие; спускное [выпускное] отверстие
downward sloping ~ *см.* slant hole
drain ~ спускное [выпускное] отверстие
drill ~ буровая скважина; шпур
dry ~ безрезультатная скважина (*не дающая промышленного количества нефти или газа*); сухая скважина; скважина без нефти и газа
end ~ крайняя скважина
escape ~ выхлопное отверстие; выпускное [спускное] отверстие
exploration drill ~ разведочная буровая скважина
flushing ~ промывочное отверстие (*долота*)

follow-up ~ нижняя часть ствола скважины, пробуренная долотом меньшего диаметра
full ~ широкое проходное отверстие
gage ~ 1. скважина нормального [номинального] диаметра (*т. е. с неразмытыми стенками*) 2. замерное отверстие
grout ~ цементировочная скважина (*для укрепления трещиновато-скальной породы закачкой в нее цементного раствора*)
guide ~ *см.* pilot hole
high-pressure ~ скважина с высоким пластовым давлением
horizontal ~ горизонтальная скважина; горизонтальный шурф
in-gage ~ *см.* gage hole
injected ~ зацементированная скважина (*в целях закрытия пор и трещин в стенках скважины*)
inspection ~ смотровое отверстие, смотровой люк, глазок
kelly ~ шурф *или* скважина для квадратной штанги
kelly's rat ~ шурф *или* скважина для отвинченной квадратной штанги
key ~ 1. опорная скважина 2. скважина для нагнетания сжатого воздуха *или* газа в пласт
key seated ~ скважина, в которой долото при подъеме было зажато породой
line ~ контурная скважина
lost ~ потерянная скважина (*не доведенная до проектной глубины вследствие аварии или других причин*)
main ~ основной ствол скважины при многозабойном бурении
misdirected ~ скважина, ушедшая в сторону от нужного направления в результате неудачной операции искусственного отклонения
mouse ~ шурф для двухтрубки *или* квадрата
multihole ~ многозабойная скважина
naked ~ неизолированная скважина; часть ствола скважины, не обсаженная трубами; открытая скважина
near gage ~ скважина, диаметр ствола которой близок к заданному (*мало отличается от диаметра долота*)
observation ~ наблюдательная скважина
open ~ скважина *или* часть ствола скважины, не закрепленная обсадными трубами; чистая скважина (*свободная от препятствий по стволу или обрушенной породы*), открытое место под башмаком колонны
open-end ~ *см.* through hole
original ~ основной ствол скважины при наличии боковых стволов
outlet ~ выпускное [спускное] отверстие
oversize ~ скважина с увеличенным (*против номинального*) диаметром; скважина с расширенным стволом (*в результате вибрации штанг или эксцентричного вращения снаряда*)

perforated ~ перфорированная скважина
pilot ~ направляющая скважина небольшого диаметра (*разбуриваемая в дальнейшем до нужного диаметра*); скважина, опережающая горную выработку
pin ~ 1. отверстие для шпильки; очень малое [булавочное] отверстие (*в трубе*) 2. скважина, потерявшая последний резервный диаметр, вследствие чего дальнейшее бурение невозможно 3. пора; мелкий газовый пузырь 4. точечная пористость
plug ~ 1. подбурок, подбурочная скважина 2. спускное отверстие с ввинченной пробкой
post ~ 1. мелкая скважина 2. яма для столба 3. разведочная скважина
powder ~ *см.* dry hole
production ~ интервал скважины под эксплуатационную колонну
prospect ~ разведочная скважина; пробный шурф
province ~ структурная опорная скважина
proving ~ разведочная скважина
rat ~ 1. шурф под квадрат 2. часть скважины меньшего диаметра; опережающая скважина малого диаметра 3. боковой ствол (*при многозабойном бурении*)
record ~ структурная *или* опорная скважина (*проходимая с отбором керна от поверхности до конечной глубины*)
relief ~ 1. дренажный канал керноприемной трубы 2. дренажная скважина (*опережающая подземную горную выработку*); разгрузочная скважина (*буримая для снижения давления воды или газа в породе*); вспомогательный шпур
roof ~ скважина, расположенная на наивысшей структурной отметке пласта
scout ~ *см.* proving hole
screen ~ отверстие [ячейка] сита
shot ~ взрывная [сейсмическая] скважина; торпедированная скважина; шпур
shot-drill ~ скважина дробового бурения
side ~ боковая скважина
sight ~ смотровое отверстие, смотровой люк, глазок
slab ~ вспомогательная скважина
slant ~ наклонная [наклонно направленная, искривленная] скважина
slim ~ скважина малого диаметра (*начальный диаметр до 178 мм и конечный 120 мм*), малогабаритная скважина
small ~ открытая часть скважины ниже башмака обсадной колонны; скважина малого диаметра
snake ~ подошвенный шпур, подошвенная скважина; подбурок
surface ~ интервал скважины под техническую колонну
tapped ~ *см.* threaded hole
tapping ~ отверстие под резьбу
test ~ *см.* proving hole

thief ~ отверстие в крыше резервуара для спуска пробника
threaded ~ отверстие с резьбой
through ~ сквозное отверстие
tight ~ 1. скважина с сужением ствола (*препятствующим обсадке*) 2. скважина с отсутствующей документацией 3. скважина, результаты которой держатся в секрете
top ~ верхняя скважина, шпур в кровле
unfair ~ *см.* dead-end hole
up ~ восстающая скважина (*подземного бурения*)
upward ~ *см.* up hole
water ~ 1. канал для бурового раствора (*в долоте*) 2. водоносная скважина
weep ~ выпускное [спускное] отверстие
wet ~ водоносная скважина
holiday пропуск при изоляции труб
holing 1. сверление отверстий 2. направление буровых скважин 3. бурение скважин
long ~ бурение глубоких скважин
rat ~ бурение долотом меньшего размера с целью образования уступа для колонны труб (*при закрытии воды*); постепенное уменьшение диаметра скважин
hollow углубление, впадина, полость, пустота || пустотелый, пустой, полый
~ of shaft отверстие вала
home 1. местный, отечественный; внутренний 2. до отказа, до конца 3. в цель 5. туго, крепко
screw ~ завинчивать [ввинчивать] до отказа
turn ~ завернуть до отказа
homocline *геол.* моноклиналь, флексура, моноклинальная кладка, гомоклиналь
hones *геол.* нефтеносный сланец
honeycomb пористая [ячеистая] структура || пористый, ячеистый (*о породах*)
honeycombed пористый, ячеистый (*о породах*)
hood крышка, колпак, колпачок (*колонны*); кожух; чехол || закрывать кожухом, чехлом, колпаком
hook 1. крюк, крючок || подвешивать на крюк; зацеплять крюком 2. хомут; скоба
~ in 1. впиваться 2. заедать, защемляться
~ on прицеплять, зацеплять, подвешивать
belt ~ крючок для сшивания ремней
bit ~ инструмент для выпрямления долота (*во время бурения*)
casing ~ подъемный крюк для обсадных труб; крюк, захватывающий штропы элеватора *или* хомутов
hoist(ing) ~ подъемный крюк
pelican ~ крюк пеликан (*для установки якорей*)
safety ~ крюк с предохранительной защелкой
tackle ~ талевый крюк, крюк талевого блока
tubing ~ крюк для спуска и подъема насосно-компрессорных труб

hook

wall ~ крюк, скоба, костыль (*напр. для подвески труб*); отводной крюк

hookup 1. оборудование, устройство 2. монтажная схема, схема установки
   blowout ~ комплекс [схема] противовыбросового оборудования устья скважины
   cellar ~ оборудование шахты фонтанной арматурой
   drilling ~ монтажная схема бурового оборудования

hoop 1. обруч, обод, кольцо 2. гидростатическое сжатие

hop [hopper] засыпная [приемная] воронка

hopper 1. засыпная [приемная] воронка; приемный желоб 2. бункер, ларь, загрузочный ковш
   batch ~ загрузочный бункер, загрузочная воронка
   cement mixing ~ воронка смесителя цементного раствора
   discharge ~ разгрузочная воронка
   jet ~ гидравлическая *или* струйная мешалка
   loading ~ *см.* batch hopper
   measuring ~ дозатор
   mud ~ бункерная мешалка, глиномешалка
   mud mixing ~ смесительная воронка для приготовления буровых растворов
   weight(ing) ~ *см.* measuring hopper

horiz [horizontal] горизонтальный (*о скважине*)

horizon горизонт
   actual ~ *см.* true horizon
   continuous ~ сплошной горизонт
   false ~ ложный горизонт
   index ~ *см.* key horizon
   input ~ заводняемый горизонт
   key ~ опорный горизонт
   oil ~ нефтеносный горизонт
   oil-bearing ~ *см.* oil horizon
   pay ~ продуктивный горизонт
   producing ~ *см.* pay horizon
   production ~ *см.* pay horizon
   reference ~ горизонт приведения, горизонт относимости
   true ~ истинный горизонт

horn 1. рог 2. выступ 3. щека несущей головки домкрата 4. линия, расположенная под углом 45° к пласту забоя
   reaming pilot ~ соединительная трубка расширителя «пилот»
   spouting ~ фонтанирующая труба

hornstone *геол.* роговик, кремнистый сланец

horse 1. козлы; подмостки; станок; рама 2. зажим 3. *геол.* группа пластов между крыльями сброса 4. *геол.* коренная порода в жиле

horsehead головка балансира (*станка-качалки*)

horsepower 1. мощность 2. лошадиная сила, л. с.
   actual ~ фактическая *или* действительная мощность; эффективная мощность
   bit hydraulic ~ гидравлическая мощность долота
   brake ~ тормозная мощность в л. с.; эффективная мощность
   hydraulic ~ гидравлическая мощность
   hydraulic bit ~ гидравлическая мощность, подводимая к долоту
   indicated ~ индикаторная мощность в л. с.; номинальная мощность
   net ~ полезная мощность (*за вычетом мощности, расходуемой на привод вспомогательных агрегатов*)
   rated ~ номинальная мощность; условная мощность в л. с.
   required ~ потребная мощность
   shaft ~ мощность на валу двигателя
   standard ~ *см.* rated horsepower
   true ~ *см.* actual horsepower
   unit ~ приведенная мощность
   useful ~ эффективная мощность; мощность на валу двигателя в л. с.

hose рукав, шланг, гибкая труба
   air ~ шланг для сжатого воздуха, воздушный шланг
   base ~ донный шланг (*системы беспричального налива*)
   bulk ~ шланг для погрузки сыпучих материалов и жидкости
   cementing ~ цементировочный шланг
   choke ~ шланг штуцерной линии (*служит для компенсации вертикальной качки бурового судна*)
   choke and kill ~ шланг линий штуцерной и глушения скважины
   delivery ~ нагнетательный [напорный] рукав
   drain ~ сливной [спускной] шланг
   drilling ~ буровой шланг
   flexible mud ~ гибкий шланг для бурового раствора
   jetting ~ рукав для гидроструйного размыва (*грунта дна моря*)
   kelly ~ шланг вертлюга
   kill ~ шланг глушения
   mud ~ нагнетательный шланг для бурового раствора
   mud suction ~ приемный шланг бурового насоса
   multiple line hydraulic ~ многоканальный гидравлический шланг (*для подачи рабочей и управляющей жидкостей к подводному буровому оборудованию*)
   oil ~ нефтяной рукав, рукав для перекачки нефти *или* нефтепродуктов
   pneumatic ~ *см.* air hose
   power ~ пучок шлангов, многоканальный шланг (*для подачи рабочей и управляющей жидкостей с бурового судна или платформы к подводному оборудованию*)
   pressure ~ *см.* delivery hose
   reference line ~ шланг с информационным каналом

rotary ~ гибкий шланг; буровой шланг, соединяющий стояк с вертлюгом
rubber ~ резиновый шланг
rubber canvas ~ рукав из прорезиненного холста, дюритовый шланг
water ~ водяной шланг *или* рукав
hosing налив из рукава [шланга]; промывание струей из рукава
hot-brittle горячеломкий; красноломкий
hot-drawn горячетянутый
Hot Lime *фирм.* высокоактивная известь («*пушонка*»)
hot-rolled горячекатаный
hour час
idle ~s простой, часы простоя; вынужденная остановка
rotating ~s время чистого бурения (*в часах*); время вращения долота на забое; время механического движения
house 1. здание, помещение 2. вставлять в корпус; сажать в гнездо (*о деталях машин*) 3. защищать; укрывать
dog ~ дежурная рубка
floorman's ~ будка бурильщика
jack ~ портал подъемника (*самоподъемной буровой платформы*)
monitor ~ пункт слежения за технологическими процессами (*на буровом судне или полупогружном буровом основании*)
mud ~ навес для приготовления бурового раствора
power ~ силовая станция
pump(ing) ~ насосная, насосное помещение [отделение]
tool ~ инструментальная кладовая
housing 1. кожух, коробка; оправа; чехол; корпус 2. хомут (*для устранения течи в трубопроводе*) 3. размещение (*груза*)
casing head ~ корпус головки обсадной колонны
conductor ~ головка колонны-направления
permanent ~ постоянная подвесная головка (*обсадной колонны*)
temporary ~ временная головка (*после установки и цементирования спускаемой на ней обсадной колонны освобождается резкой и используется для спуска другой колонны*)
three-hanger wellhead ~ устьевая головка для трех подвесок
wellhead ~ корпус устья [устьевой головки] (*толстостенная втулка, закрепляемая на конце направления, кондуктора или промежуточной колонны и служащая для соединения с устьевым оборудованием, а также для подвески и обвязки в ней обсадных колонн*)
Howco Subs *фирм.* пенообразующее поверхностно-активное вещество
Hox [Hoxbar] *геол.* хоксбар (*группа отдела миссури пенсильванской системы, Среднеконтинентальный район*)

HP, hp 1. [high power] большая мощность 2. [high pressure] высокое давление 3. [horsepower] лошадиная сила, л. с. 4. [hydraulic pump] гидравлический насос 5. [hydrostatic pressure] гидростатическое давление
HPC [hydroxypropylcellulose] гидроксипропилцеллюлоза
HPf [holes per foot] перфораций на фут
HPG 1. [high-pressure gas] газ высокого давления 2. [hydroxypropylguar gum] гидроксипропилгуаровая смола
hp hr [horsepower hour] лошадиных сил в час
HPT [Hughes Production Tools] «Хьюз продакшн тулз» (*фирма США по разработке и изготовлению нефтепромыслового оборудования*)
hr [hour] час
h-r [high resistance] высокое сопротивление
HRD [high resolution dipmeter] пластовый инклинометр с высокой разрешающей способностью
HRS 1. [high sulphate resistant] устойчивый к воздействию сульфатной коррозии, сульфатостойкий 2. [hot rolled steel] горячекатаная сталь
hrs [hours] часы
HSB [high strength bauxite] высокопрочный боксит
HSD [heavy steel drum] бочка из толстолистовой стали
HSE [health safety and environment] охрана труда, безопасность и охрана среды, ОТБОС
ht 1. [heat treated] термообработанный 2. [heat treater] аппарат для термообработки 3. [high temperature] высокая температура 4. [high tension] высокое напряжение
HTC [Hughes Tool Company] фирма «Хьюз тул компани» (*США*)
HTHP [high temperature and high pressure] высокая температура и давление (*150 °С и 3,5 МПа*)
htr [heater] нагреватель, подогреватель
HTSD [high temperature shutdown] 1. выключение при высокой температуре 2. простой (*оборудования*) из-за жаркой погоды
hub 1. втулка, ступица колеса 2. раструб (*для соединения труб*)
clamp ~ *см.* connector hub
connector ~ стыковочная втулка; соединительный патрубок
flat face ~ стыковочный ниппель с плоским торцом (*для стыковки подводного оборудования*)
male ~ стыковочный ниппель
manu-kwik connector ~ патрубок муфты типа «мануквик»
huckle *геол.* вершина [седло] антиклинали
hue 1. цвет, оттенок 2. окрашивать
hull 1. корпус (*судна*), остов, каркас; кузов 2. шелуха; скорлупа; кожица
lower ~ нижний корпус (*полупогружного бурового основания*)

hull

tanker ~ корпус танкера
upper ~ верхний корпус (*плавучего полупогружного бурового основания, на котором размещены жилые, бытовые и служебные помещения, электростанция, технологическое оборудование, инструменты и материалы*)

humidity влажность
absolute ~ абсолютная влажность
critical ~ критическая влажность
relative ~ относительная влажность
specific ~ удельная влажность

Hun [Hunton] *геол.* хантон (*свита нижнего и среднего девона, Среднеконтинентальный район*)

Hund [hundred] сотня, сто

HV 1. [high viscosity] высокая вязкость 2. [high voltage] высокое напряжение

HVAC [heating, ventilation and air conditioning] отопление, вентиляция и кондиционирование воздуха

HVI [high viscosity index] показатель высокой вязкости

HVJD [high velocity jet drilling] бурение с помощью высоконапорных струй жидкости

hvy [heavy] тяжелый

HWCM [heavily water-cut mud] буровой раствор, сильно разбавленный водой

HWDP [heavy wall drill pipe] толстостенная бурильная труба

HWP [hookwall packer] подвесной пакер

hwt [hundredweight] центнер (*=112 английским фунтам*)

hwy [highway] автострада

HX [heat exchanger] теплообменник

HYD 1. [hydraulic] гидравлический 2. [Hydril thread] (двухступенчатая) резьба фирмы «Хайдрил»

hyd [hydraulic] гидравлический

HYDA [Hydril type A joint] замковое соединение типа A фирмы «Хайдрил»

HYDCA [Hydril type CA joint] замковое соединение типа CA фирмы «Хайдрил»

HYDCS [Hydril type CS joint] замковое соединение типа CS фирмы «Хайдрил»

hydracid водородная кислота (*не содержащая кислорода*)

hydrant гидрант
fire ~ пожарный гидрант

hydrate 1. гидрат ‖ гидрировать 2. гидроксид
calcium ~ гидроксид кальция, гашеная известь
gas ~ влага, содержащаяся в нефтяном газе
lime ~ *см.* calcium hydrate
potassium ~ гидроксид калия, едкое кали
sodium ~ едкий натр, гидроксид натрия, каустическая сода

hydrated гидратный; гидратированный

hydration гидратация
cement ~ гидратация цемента
clay ~ гидратация [разбухание] глин
primary ~ первичная гидратация
secondary ~ вторичная гидратация

hydraulic 1. гидравлический 2. затвердевающий в воде (*напр. цемент*)

hydraulics гидравлика
bit ~ гидравлическая характеристика долота

hydrazine гидразин, диамид (*химический реагент, добавляемый в цементный раствор для предохранения обсадной колонны от коррозии*)

hydride гидрид (*водородное соединение*)
chlorine ~ 1. хлорид водорода (HCl) 2. хлористоводородная [соляная] кислота (HCl)
fluorine ~ фторид водорода (HF)
gaseous ~ газообразный гидрид

hydroball шарнир с гидроуплотнением (*для ремонта подводного трубопровода*)

hydrobonder гидроизолятор

hydrocap колпак с гидроуплотнением (*для закрытия находящегося на трубоукладочной барже конца подводного трубопровода до спуска его на дно моря при штормовой погоде*)

Hydrocarb *фирм.* органический разжижитель буровых растворов

hydrocarbonaceous содержащий углеводород

hydrocarbonate бикарбонат

hydrocarbons углеводороды
aliphatic ~ алифатические углеводороды
natural ~ природные углеводороды
unsaturated ~ ненасыщенные углеводороды

hydrocellulose гидроцеллюлоза

hydroclone гидроциклон

hydrocouple гидромуфта (*для ремонта подводного трубопровода*)

hydrocutter гидрорезак (*для резки труб*)

hydrodrill гидробур
pipeless ~ беструбный гидробур

hydrodynamic гидродинамический

Hydroflex *фирм.* селективный флокулянт глин

Hydrogel *фирм.* глинопорошок из вайомингского бентонита

hydrogel гидрогель

hydrogen-containing содержащий водород

hydrogenous 1. водородный, содержащий водород 2. гидрогенный, водного происхождения

hydrolicity способность (*цемента*) к затвердеванию

Hydrolok *фирм.* водозакупоривающий раствор пластмассы

hydrolysis гидролиз

hydromechanics гидромеханика

hydrometer 1. ареометр 2. гидрометр
Baumé ~ ареометр Боме
oil ~ нефтяной ареометр

hydromica гидрослюда

Hydromite *фирм.* смесь гипсоцемента с порошкообразными смолами, применяемая для закрытия подошвенной воды в эксплуатационных скважинах

Hydropel *фирм.* эмульгированный асфальт для приготовления бурового раствора на углеводородной основе
hydrophilic гидрофильный
hydrophobic гидрофобный
hydrophone гидрофон
   deep-tow ~ буксируемый на большую глубину гидрофон
   omnidirectional ~ всенаправленный гидрофон
   seismic ~ сейсмический гидрофон
hydropneumatic гидропневматический
hydroseparator гидросепаратор (*сгуститель для тонкой пульпы*)
hydrostable водостойкий
hydrostatic(al) гидростатический
Hydrotan *фирм.* щелочная вытяжка танинов (*понизитель водоотдачи буровых растворов*)
hydrotap отвод с гидроуплотнением (*используется при ремонте подводного трубопровода*)
hydrous водный
hydroxide гидроксид
   barium ~ гидроксид бария ($Ba(OH)_2$)
   calcium ~ гидроксид кальция, гашеная известь, известковый ил ($Ca(OH)_2$)
   sodium ~ каустическая сода, едкий натр ($NaOH$)
hydroxyl гидроксил, гидроксильная группа
hydroxylation гидроксилирование (*введение в молекулу группы ОН*)
hydtr [hydrotreater] устройство для гидрообработки
hygrometry гигрометрия
hygroscopicity гигроскопичность
hyperstatic статически неопределимый
Hy-Seal *фирм.* резаная бумага (*нейтральный наполнитель для борьбы с поглощением бурового раствора*)
Hysotex *фирм.* лигносульфонат в смеси с угольным порошком (*понизитель водоотдачи буровых растворов*)
Hytex *фирм.* смесь лигносульфоната, синтетических полимеров и угольного порошка (*ингибитор неустойчивых глин*)
hy-therm теплостойкий; жароупорный

I

I [inch] дюйм (*=2,54 см*)
IAB [initial air blow] первый порыв ветра
IADC [International Association of Drilling Contractors] Международная ассоциация буровых подрядчиков
IATM [International Association for Testing Materials] Международная ассоциация испытания материалов

IAWPR [International Association on Water Pollution Research] Международная ассоциация по исследованию загрязнения воды, МАИЗВ
IB 1. [impression block] скважинная печать (*для определения положения и состояния части бурильной колонны, оставшейся в скважине, или состояния обсадной колонны*) 2. [iron body] стальной корпус (*задвижки, клапана*)
IBBC [iron body, brass core] со стальным корпусом и латунным сердечником
IBBM [iron body, brass [bronze] mounted] со стальным корпусом и латунными [бронзовыми] соединительными деталями
IBHP [initial bottom-hole pressure] начальное забойное давление
IBHPF [initial bottom-hole pressure flowing] динамическое начальное забойное давление при открытом устье
IBHPSI [initial bottom-hole pressure shut-in] статическое начальное забойное давление при закрытом устье
IBM 1. [improved bentonite mud] улучшенный бентонитовый раствор 2. [International Business Machines] компьютерная фирма IBM (*США*)
IBP [initial boiling point] начальная точка кипения
IC 1. [integral combustion] внутреннего сгорания (*о двигателе*) 2. [integrated circuit] интегральная схема, ИС 3. [iron case] стальной кожух; стальной корпус; стальная обшивка
ICC 1. [International Chamber of Commerce] Международная торговая палата, МТП 2. [Interstate Commerce Commission] Комиссия по регулированию торговли между штатами (*США*)
ice лёд || покрываться льдом; обледеневать
   close ~ сплочённый лёд
   compact ~ сплошной лёд
   drifting ~ дрейфующий лёд
   fast ~ береговой припай
   pancake ~ обломки мелких льдин
icg [icing] обледенение
icing обледенение
ICPPSO [International Convention for the Prevention of Pollution of the Sea by Oil] Международная конвенция по предотвращению загрязнения моря нефтью
ID 1. [identification] идентификация; опознавание 2. [inside diameter] внутренний диаметр
IDB [industrial development bond] облигация развития промышленности
IDC [intangible drilling costs] нематериальные затраты на бурение
identification 1. идентификация; опознавание; распознавание 2. маркировка; обозначение
   ~ of strata *геол.* параллелизация пластов

identify

identify 1. идентифицировать; опознавать 2. служить отличительным признаком
identifying 1. *геол.* параллелизация (*пластов*) 2. установление марки
idle 1. неработающий; бездействующий; простаивающий; незагруженный 2. резервный 3. холостой; на холостом ходу 4. вредный (*о пространстве*) 5. паразитный (*о колесе*)
idler 1. холостой [направляющий] шкив *или* блок 2. леникс, натяжной ролик [шкив] 3. промежуточная шестерня
belt ~ леникс, натяжной ролик [шкив]
idling холостой ход, работа (*двигателя*) на малых оборотах; режим холостого хода
I. D. sign [identification sign] опознавательный знак
IE [index error] погрешность инструмента *или* прибора
IEEE [Institute of Electrical and Electronical Engineers] Институт инженеров по электротехнике и электронике, IEEE
IF [internal flush] гладкопроходной (*о замковом соединении*)
IFP [initial flowing pressure] начальное динамическое давление
igneous *геол.* изверженный, пирогенный, вулканического происхождения
ignite 1. воспламенять, зажигать 2. раскалять до свечения
ignition 1. зажигание 2. вспышка, воспламенение
spark ~ искровое зажигание
IGOR [injection gas-oil ratio] газовый фактор при заводнении
IGT [Institute of Gas Technology] Институт технологии газа
IHP 1. [indicated horsepower] индикаторная мощность в лошадиных силах 2. [initial hydrostatic pressure] начальное гидростатическое давление
IIEA [International Institute for Environmental Affairs] Международный институт по проблемам окружающей среды
IJ [integral joint] соединение, изготовленное заодно (*с трубой*)
ILd [induction log, deep] индукционный каротаж с большой глубиной исследования
ill-conditioned 1. в плохом состоянии 2. имеющий параметры, не соответствующие требуемым (*о буровом растворе*) 3. непроработанный (*о стволе*)
ill-defined неточный, приближенный
ill-designed плохо сконструированный
ILm [induction log, medium] индукционный каротаж со средней глубиной исследования
ilmenite ильменит (*утяжелитель цементных растворов*)
IM [invert emulsion] инвертная эмульсия
image 1. изображение || изображать, давать изображение 2. отраженный сигнал, отображение
imbalance неустойчивость, неуравновешенность, отсутствие равновесия
alkalinity ~ щелочная неустойчивость, отсутствие щелочного равновесия
imbd [imbedded] залегающий (*среди пластов*); включенный
imbedded залегающий (*среди пластов*); включенный
imbibed набухший
imbibition 1. впитывание, всасывание; поглощение (*влаги*) 2. пропитывание, пропитка
capillary ~ капиллярная пропитка
Imco Bar *фирм.* баритовый утяжелитель
Imco Best *фирм.* кальциевый силикат
Imco Brinegel *фирм.* аттапульгитовый глинопорошок для приготовления солестойких буровых растворов
Imco Cal *фирм.* кальциевый лигносульфонат
Imco Cedar Seal *фирм.* измельченное волокно кедровой древесины (*нейтральный наполнитель для борьбы с поглощением бурового раствора*)
Imco 2x Cone *фирм.* загуститель для использования сырой нефти в инвертных эмульсиях
Imco Defom *фирм.* пеногаситель для минерализованных буровых растворов
Imco Dril-S *фирм.* смесь полимерного бактерицида с угольным порошком
Imco EP Lube *фирм.* смазывающая добавка для условий высоких давлений в скважине
Imco Flakes *фирм.* целлофановая крошка (*нейтральный наполнитель для борьбы с поглощением бурового раствора*)
Imco Flo *фирм.* экстракт коры гемлока (*диспергатор*)
Imco Floe *фирм.* селективный флокулянт глин (*антидиспергатор*)
Imco Foamban *фирм.* жидкий пеногаситель
Imco Freepipe *фирм.* поверхностно-активное вещество, хорошо растворимое в нефти и маслах
Imco Fyber *фирм.* измельченное древесное волокно (*нейтральный наполнитель для борьбы с поглощением бурового раствора*)
Imco Gel *фирм.* глинопорошок из вайомингского бентонита
Imco Gelex *фирм.* диспергатор бентонитовой глины
Imco Holecoat *фирм.* смесь битумов, диспергирующихся в воде
Imco Hyb *фирм.* высокодисперсный бентонитовый глинопорошок
Imco Ken-Gel *фирм.* органофильная глина для приготовления инвертных эмульсий
Imco Kenol-S *фирм.* эмульгатор для приготовления инвертных эмульсий
Imco Kenox *фирм.* гашеная известь
Imco Ken-Pak *фирм.* концентрат для эмульгирования загущенной нефти
Imco Ken-Supreme Cone *фирм.* эмульгатор жирных кислот
Imco Ken-Thin *фирм.* смесь таллового масла и смоляного мыла

Imco Ken-X Cone *фирм.* 1. эмульгатор для приготовления инвертных эмульсий 2. утяжеленная суспензия (*стабилизатор инвертных эмульсий*) 3. регулятор фильтрации буровых растворов на углеводородной основе

Imco Klay *фирм.* высокодисперсный бентонитовый глинопорошок

Imco Kwik Seal *фирм.* смесь легких цементных материалов для изоляции зон поглощения бурового раствора

Imco Lig *фирм.* бурый уголь

Imco Loid *фирм.* желатинизированный крахмал

Imco Lubrikleen *фирм.* тугоплавкая органическая смазывающая добавка (*заменитель нефти в буровых растворах на углеводородной основе*)

Imco MD *фирм.* пенообразующий агент [детергент] для буровых растворов и понизитель трения

Imco Mudoil *фирм.* диспергированный в нефти битум

Imco Myca *фирм.* слюдяная крошка (*нейтральный наполнитель для борьбы с поглощением бурового раствора*)

Imco Phos *фирм.* тетрафосфат натрия

Imco Plug *фирм.* шелуха арахиса тонкого, среднего и крупного помола (*нейтральный наполнитель для борьбы с поглощением бурового раствора*)

Imco Poly Rx *фирм.* раствор синергического полимера (*многофункциональный реагент и понизитель водоотдачи при температурах до 250° C*)

Imco Preservaloid *фирм.* параформальдегид (*антиферментатор крахмала*)

Imco PT-102 *фирм.* ингибитор коррозии

Imco QBT *фирм.* экстракт коры квебрахо (*разжижитель и понизитель водоотдачи буровых растворов*)

Imco RD-111 *фирм.* модифицированный лигносульфонат (*диспергатор и стабилизатор буровых растворов на водной основе при высоких температурах*)

Imco RD-555 *фирм.* хромлигносульфонат

Imco Safe Perseal *фирм.* раствор синтетических полимеров

Imco Safe-Seal (X) *фирм.* гранулированный угольный порошок

Imco Safe-Trol *фирм.* смесь лигносульфоната, углеводородов и гранулированного угольного порошка

Imco Safe-Vis *фирм.* синтетический полимер в смеси с угольным порошком

Imco SCR *фирм.* поверхностно-активное вещество (*флокулянт глин*)

Imco Spot *фирм.* смесь порошкообразных эмульгаторов

Imco Super Gellex *фирм.* диспергатор бентонитовой глины

Imco Tan *фирм.* экстракт коры квебрахо (*разжижитель и понизитель водоотдачи бурового раствора*)

Imco Thin *фирм.* щелочная вытяжка бурого угля (*аналог углещелочного реагента*)

Imco VC-10 *фирм.* хромлигносульфонат (*диспергатор и понизитель водоотдачи буровых растворов*)

Imco VR *фирм.* структурообразователь для инвертных эмульсий

Imco Wate *фирм.* карбонат кальция (*утяжелитель для буровых растворов на углеводородной основе*)

Imco Wool *фирм.* волокно искусственной шерсти (*нейтральный наполнитель для борьбы с поглощением бурового раствора*)

Imco XC *фирм.* полимерный продукт жизнедеятельности бактерий

imitation имитирование; моделирование (*напр. забойных условий*)

immerse погружать [опускать] в жидкость; затоплять

immersed погруженный; затопленный
oil ~ погруженный в масло
water ~ погруженный в воду

immersible погружаемый; затопляемый

immersion погружение; затопление; осадка; иммерсия

immiscibility несмешиваемость

immiscible несмешивающийся (*о жидкостях*)

immune не подверженный (*чему-либо*), устойчивый (*напр. против коррозии*)

IMO [International Maritime Organization] Международная морская организация, ИМО (*ООН*)

Imp [imperial] стандартный (*об английских мерах*)

impact 1. импульс, (динамический) удар, динамическое воздействие, толчок, сотрясение 2. столкновение, коллизия 3. плотно сжимать 4. прочно укреплять
elastic ~ упругий удар
hydraulic ~ гидравлический удар
seismic ~ сейсмический толчок

impactor 1. молотковая дробилка 2. ударный копер

impair 1. ослаблять, уменьшать 2. портить, повреждать: ухудшать

impairment повреждение; ухудшение
productivity ~ ухудшение продуктивности (*пласта*)

impedance *эл.* полное сопротивление, импеданс
load ~ импеданс нагрузки
matched ~ согласованное полное сопротивление
matching ~ согласующее полное сопротивление
motional ~ кинетическое полное сопротивление

impeller рабочее колесо центробежного насоса; импеллер; крыльчатое *или* лопастное колесо, крыльчатка
axial-flow ~ аксиально-поточная мешалка
grit-blasting ~ дробеструйная установка

impeller

pump ~ 1. крыльчатка насоса 2. насосное колесо (*гидропривода*)
impenetrable 1. непроницаемый 2. непроходимый, недоступный 3. непробиваемый
imperfect недостаточный, несовершенный, неполный (*о сгорании*)
imperfection 1. неполнота; несовершенство 2. недостаток; дефект
imperforated непросверленный; не имеющий отверстий
impermeability непроницаемость (*для жидкости или газа*); герметичность; непромокаемость
impermeable непроницаемый (*для жидкости или газа*); герметичный; плотный (*о шве*)
Impermix *фирм.* желатинизированный крахмал (*понизитель водоотдачи бурового раствора*)
imperv [impervious] непроницаемый
impervious 1. непроницаемый; водонепроницаемый 2. непроходимый, недоступный
imp gal [imperial gallon] английский галлон (= *4,54 л*)
implement снаряжение; инструмент; инвентарь
implosion имплозия (*взрыв, направленный внутрь*)
imporosity отсутствие пористости, плотная структура (*без пор*)
imporous не имеющий пор
impregnable пропитывающийся, поддающийся пропитке
impregnate пропитывать, импрегнировать, заполнять
impregnated 1. пропитанный, импрегнированный; заполненный 2. вкрапленный (*о руде*)
impulse 1. удар, толчок; возбуждение; побуждение 2. импульс
impulsive динамичный, ударный
impurit/y (нежелательная) примесь; загрязнение, засорение; включение
gas ~ies загрязнение газа, вредные примеси газа
gaseous ~ies газовые включения, газовые поры
mechanical ~ies механические примеси
non-metallic ~ies неметаллические включения
IMW [initial mud weight] начальная плотность бурового раствора
in. [inch] 1. дюйм (=*2,54 см*) 2. [input] вход
inaccessible недоступный (*для осмотра или ремонта*)
inaccuracy неточность, погрешность
inactivation инактивация, инактивирование
inactive инертный, неактивный
capillary ~ поверхностно-неактивный
inbd [interbedded] перемежающийся, залегающий между пластами, прослоенный
inc 1. [inclusive] включительно 2. [incorporated] объединенный 3. [increase] увеличение
incd [incandescent] раскаленный

incentive 1. средство для возбуждения (*пласта*), средство для интенсификации притока 2. стимулирующий фактор 3. побуждение || побудительный
inception начало; исходное положение
inch дюйм (=*2,54 см*) || измерять в дюймах
~es of head напор, выраженный в дюймах
~es of mercury дюймов ртутного столба
~es of water дюймов водяного столба
miner's ~ количество воды, вытекающей из отверстия сечением 1 дюйм при уровне воды на 6 дюймов выше отверстия (~ *2274 фут^3/сут*)
inching небольшое снижение (*напр. нагрузки*)
incidence падение; наклон; скос
incin [incinerator] 1. печь для сжигания отходов 2. муфель
incinerate 1. сжигать 2. прокаливать
incineration 1. сжигание 2. прокаливание
incinerator 1. печь для сжигания отходов 2. муфель
inclination 1. уклон, наклон (*пластов*), откос, падение, скат 2. отклонение, склонение (*магнитной стрелки*) 3. угол падения, угол наклона
inclinometer инклинометр (*прибор для измерения наклона ствола скважины*), уклономер, кренометр; угломер
hydrofluoric acid bottle ~ инклинометр с плавиковой кислотой
single-shot ~ одноточечный инклинометр, прибор однократного действия для замера угла и азимута искривления скважины
taut wire ~ канатный инклинометр (*системы ориентации бурового судна или плавучей полупогружной буровой платформы*)
incls [inclusions] (посторонние) включения, примеси
inclusion (постороннее) включение, примесь; загрязнение
exposed ~ выходящее на поверхность включение
fluid ~ пустота в породе, заполненная жидкостью
gas ~ газовое включение; газовая пора
line ~ строчечное включение
non-metallic ~ неметаллическое включение
oxide ~ оксидное включение
silicate ~ силикатное включение
incoherent рыхлый, несцементированный (*о породе*)
incolr [intercooler] промежуточный охладитель
incombustible негорючий; невоспламеняемый
income *эк.* доход, прибыль
gross ~ валовой доход
net ~ чистая прибыль
incompetence слабость, непрочность (*породы*)
incompetent 1. слабый, рыхлый, непрочный 2. неспособный выдерживать нагрузку
incomplete 1. неполный 2. несовершенный, дефектный; незавершенный

incompressibility неуплотняемость, несжимаемость

incompressible несжимаемый, неуплотняемый

incongealable незамерзающий; незатвердевающий

Incor *фирм.* сульфоустойчивый цемент

increase увеличение, возрастание, рост; прирост, приращение ‖ увеличиваться, возрастать
  ~ in dip увеличение угла падения
  gear ~ ускорительная передача
  pressure ~ per cycle увеличение давления за цикл

increment 1. возрастание, увеличение; рост, прирост 2. приращение 3. *матем.* инкремент, бесконечно малое приращение; дифференциал 4. *св.* участок прерывистого шва
  ~ of decrease темп спада (*напр. давления*)

incremental постепенно нарастающий

incrustation 1. накипь; окалина 2. кора, корка

incrusted покрытый коркой; покрытый накипью; с окалиной

incumbent вышележащий (*о пласте*)

ind 1. [index] индекс 2. [induction] а) выпуск; всасывание б) *эл.* индукция, наведение 3. [industrial] промышленный, индустриальный 4. [industry] промышленность

indentation 1. зазубрина, зубец; углубление; выемка; вырубка; вырезка; впадина 2. отпечаток

independent 1. раздельный; изолированный; незакрепленный 2. местный (*о смазке*)

index 1. индекс; указатель; метка; стрелка 2. *матем.* показатель степени, коэффициент 3. наносить деления, градуировать
  ~ of refraction *см.* refractive index
  cement bond ~ показатель качества цементирования
  clayiness ~ коэффициент глинистости
  corrosion ~ показатель коррозии
  driving ~ коэффициент эффективности режима
  grindability ~ показатель размалываемости или измельчения (*породы*)
  hydraulic ~ гидравлический модуль (*цемента*)
  injectivity ~ индекс [коэффициент] приемистости
  maximum producible oil ~ максимальный коэффициент промышленной нефтеотдачи (*пласта*)
  producible oil ~ коэффициент нефтеотдачи
  production ~ коэффициент продуктивности (*скважины*)
  productivity ~ *см.* production index
  refractive ~ показатель [коэффициент] преломления
  reserve life ~ индекс продолжительности разработки (*срока эксплуатации*) запасов месторождения
  resistivity ~ коэффициент увеличения сопротивления
  rigidity ~ показатель жесткости
  specific injectivity ~ *см.* injectivity index
  specific productivity ~ удельный коэффициент продуктивности
  well flow ~ *см.* production index

indexing 1. индексация 2. индексирование; деление окружности на части

indic [indication] индикация, показание; отсчет (*прибора*)

indicate 1. указывать; показывать 2. измерять мощность (*двигателя*) индикатором; снимать индикаторные диаграммы

indicated номинальный, индикаторный (*о мощности, производительности, давлении*)

indicating 1. показывающий, снабженный шкалой (*об измерительном приборе*) 2. снятие индикаторной диаграммы; измерение мощности (*двигателя*) индикатором

indication 1. указание, обозначение 2. признак 3. индикация, показание; отсчет (*прибора*)
  ~ of oil *см.* oil indications
  oil ~s признаки нефти

indicator 1. индикатор 2. указатель, отметчик, контрольно-измерительный прибор 3. признак 4. счетчик 5. стрелка (*циферблата*)
  acid base ~ индикатор концентрации водородных ионов
  anchor chain tension ~ индикатор натяжения якорной цепи (*бурового судна или полупогружной буровой платформы*)
  anchor line tension ~ индикатор натяжения якорного каната (*бурового судна или плавучей полупогружной буровой платформы*)
  ball joint angle ~ индикатор угла наклона шарового шарнира (*водоотделяющей колонны*)
  buoyancy level ~ поплавковый уровнемер
  cable payout ~ индикатор стравливания кабеля (*дает постоянную информацию о длине каната*)
  compensator position ~ индикатор положения компенсатора
  crane load moment ~ индикатор грузового момента крана (*бурового судна*)
  dial ~ циферблатный индикатор, индикатор с круговой шкалой
  drift ~ указатель искривления скважины
  drill string compensator position ~ индикатор положения компенсатора бурильной колонны
  fault ~ указатель повреждения, дефектоскоп
  flow ~ указатель дебита, индикатор расхода, указывающий расходомер, ротаметр; индикатор потока
  free point ~ прибор, указывающий глубину прихвата колонны (*бурильных или насосно-компрессорных труб*)
  gas leak ~ течеискатель

indicator

hitch load ~ индикатор нагрузки на зацеп (*стингера трубоукладочной баржи*)
hydromast weight ~ гидравлический индикатор веса
leakage ~ *см.* gas leak indicator
level ~ сигнализатор уровня
line scale weight ~ индикатор веса с линейной шкалой
load ~ индикатор веса; указатель нагрузки (*бурового каната или насосной штанги*)
mud density and temperature ~ индикатор плотности и температуры бурового раствора
mud pit gain/loss ~ индикатор объема бурового раствора в емкостях
pit level ~ индикатор уровня (*бурового раствора*) в емкости
pit volume ~ индикатор объема (*бурового раствора*) в емкости
position ~ указатель положения
pressure ~ манометр, указатель давления
ram position ~ индикатор положения плашек (*превентора*)
riser angle ~ индикатор угла наклона водоотделяющей колонны
slope ~ индикатор угла наклона
speed ~ спидометр, указатель скорости [частоты] вращения
table speed ~ указатель частоты вращения ротора
tank level ~ индикатор уровня (*жидкости*) в резервуаре
template level ~ индикатор положения донной опорной плиты
ton-cycle ~ индикатор выполненной работы (*напр. натяжных устройств*)
ton-mile ~ *см.* ton-cycle indicator
torque ~ индикатор крутящего момента
weight ~ индикатор веса
wind ~ указатель направления ветра

indicatrix индикатриса
indiffusible недиффундирующий
indigenous *геол.* местный, автохтонный; природный
indiscrete компактный, однородный; неразделимый
indissolubility нерастворимость
indissoluble нерастворимый, нерастворяющийся; неразложимый
indoor стационарный; установленный в помещении; находящийся внутри
indr [indurated] затвердевший
induce индуцировать, наводить; возбуждать
inducer возбудитель
  turbulence ~ возбудитель турбулентности
inductance эл. 1. индуктивность 2. самоиндукция, собственная индукция 3. катушка индуктивности
induction 1. выпуск; всасывание 2. эл. индукция, наведение; индуцирование
  electromagnetic ~ электромагнитная индукция

  mutual ~ взаимная индукция
  surface ~ поверхностная индукция
inductive 1. эл. индуктивный 2. всасывающий
inductivity эл. диэлектрическая проницаемость
inductolog индукционный каротаж
inductor эл. катушка индуктивности; индуктор, индукционная катушка
industrial 1. промышленный, индустриальный 2. производственный 3. сборный 4. технический (*о сорте*)
industry промышленность
  drilling ~ буровая промышленность; промышленность, занимающаяся выпуском бурового оборудования и химреагентов
  gas ~ газовая промышленность
  international oil ~ мировая нефтяная промышленность
  mining ~ горная промышленность; горнодобывающая промышленность
  oil ~ нефтяная промышленность; нефтедобывающая промышленность
  oil and gas ~ нефтегазовая промышленность
  oil-producing ~ нефтедобывающая промышленность
  oil-refining ~ нефтеперерабатывающая промышленность
  petroleum ~ *см.* oil industry
inefficiency 1. неэффективность 2. потеря энергии, передаваемой двигателем
inefficient непроизводительный; неэффективный
inelastic неэластичный, неупругий, жесткий
inelasticity неэластичность, отсутствие упругости, жесткость
inequality 1. несоответствие 2. неравномерность, неровность (*поверхности*)
  topographic ~ неровности рельефа
inert инертный, неактивный; нейтральный
inertia инерция, сила инерции
inertial центробежный, инерционный
inertialess безынерционный
inexplosive невзрывчатый; невзрывоопасный
inf. 1. [infinity] бесконечность 2. [inflammable] легковоспламеняющийся, огнеопасный, горючий
infiller скважина, пробуренная при уплотнении первоначальной сетки размещения скважин
infiltrant пропитывающий материал
infiltrate 1. просачиваться 2. пропускать через фильтр, фильтровать
infiltration 1. инфильтрация, просачивание 2. фильтрат
inflammability воспламеняемость, горючесть
inflammable огнеопасный, легковоспламеняющийся, горючий
inflammation воспламенение, возгорание
inflatable надувной
inflate накачивать; надувать; наполнять (*воздухом, газом*)
inflation 1. наполнение (*воздухом, газом*); накачивание; надувание 2. вздутие, вздутость 3. инфляция

inflator нагнетательный насос
inflexibility несжимаемость; несгибаемость
inflexible негнущийся; несгибаемый
inflow приток; втекание; поступление жидкости (*в скважину*); впуск (*жидкости или газа*)
  water ~ приток воды
influence влияние || влиять
  original ~ влияние масс, залегающих на большой глубине
  transient ~ мгновенное влияние
influent входящий поток; поступление; приток || входящий, втекающий; поступающий
influx приток
  fluid ~ приток жидкости (*в скважину*)
  water ~ приток [внедрение] воды
info [information] информация, данные, сведения
information информация, данные, сведения
  depth ~ данные исследований о глубине
  downhole ~ данные исследований в скважине
infrared область спектра инфракрасного излучения || инфракрасный
Inf. S. [inflammable solid] легковоспламеняющееся [огнеопасное, горючее] твердое вещество
infusible 1. неплавящийся; тугоплавкий 2. огнестойкий 3. нерастворимый
infusion 1. вливание; нагнетание 2. примесь
INGAA [Independent Natural Gas Association of America] Американская независимая ассоциация по природному газу
ingate входное отверстие
ingr [intergranular] интергранулярный, межзеренный, межкристаллитный
ingress :
  ~ of oil поступление нефти; нефтепроявление
ingression *геол.* ингрессия
inhaler 1. воздушный фильтр 2. воздухонагнетательный насос 3. респиратор; противогаз
inhaust засасывать, всасывать (*напр. газовую смесь*)
in Hg [inches of mercury] дюймов ртутного столба
inhib [inhibitor] ингибитор, замедлитель; тормозящий агент; стабилизатор
inhibition ингибирование, замедление; торможение
  ~ of corrosion ингибирование коррозии, пассивирование
inhibitor ингибитор, замедлитель, тормозящий агент; стабилизатор
  acid ~ ингибитор кислотной коррозии
  corrosion ~ ингибитор коррозии
  emulsion ~ эмульсионный ингибитор
  oxidation ~ ингибитор окисления, антиоксидант
  rust ~ *см.* corrosion inhibitor

initial :
  gel ~ начальное статическое напряжение сдвига бурового раствора
initiation 1. зарождение, возникновение 2. *хим.* инициирование
inj [injection] нагнетание, закачка; инжекция; вдувание; впрыскивание
inject нагнетать, закачивать; впрыскивать
injectability приемистость (*нагнетательной скважины*)
injection 1. нагнетание, закачка; инжекция; вдувание; впрыскивание 2. инъекция; внедрение горных пород
  ~ into an aquifier нагнетание (*воды*) в законтурную часть нефтяной залежи
  ~ into an oil zone нагнетание (*воды*) в нефтяную часть залежи
  acid sewage-water ~ закачивание кислых сточных вод (*в пласт*)
  cement ~ цементирование при помощи цементационного инжектора *или* насоса
  cumulative ~ in pore volumes суммарный нагнетенный объем, выраженный в отношении к объему пор (*пласта или керна*)
  dispersed gas ~ площадная закачка газа
  dispersed pattern-type ~ площадная система нагнетания воды
  gas ~ нагнетание газа в залежь, газовая репрессия
  gas cap ~ режим газовой шапки
  gravity ~ самотечный сброс в пласт
  grout ~ закачка цементного раствора в породу
  heat ~ подведение тепла (*в пласт извне*)
  hot-fluid ~ нагнетание горячих жидкостей (*в пласт*)
  intermittent ~ периодическая закачка
  matrix ~ нагнетание раствора в поры породы
  oil ~ впрыск масла
  water ~ нагнетание воды (*в пласт*)
injectivity приемистость (*нагнетательной скважины*)
injector инжектор, струйный питатель; струйный насос; впрыскиватель; форсунка; шприц
  cement ~ цементировочный инжектор-контейнер (*спускаемый на штангах на нужную глубину, где цемент выдавливается подключением бурового насоса*)
  grout ~ цементный инжектор; установка для цементирования скважин (*цементосмесительная машина с насосом*)
inj pr [injection pressure] давление нагнетания
injury 1. вред; повреждение; порча; авария 2. ранение; травма
ink:
  black ~ *эк.* положительное сальдо; профицит бюджета
  red ~ *эк.* отрицательное сальдо; дефицит бюджета
inl 1. [inland] внутренний, материковый, континентальный 2. [inlet] впускное [входное] отверстие

inlam [interlaminated] переслаивающийся
inland 1. внутренний, материковый, континентальный 2. *геол.* бессточный, замкнутый (*о бассейне*)
in-lb [inch-pound] дюймофунт
inlet 1. впускное [входное] отверстие; впуск; ввод; впускная труба; впускной канал; вход || впускной; входной 2. узкий морской залив 3. *эл.* ввод
innage заполненное нефтепродуктом пространство в резервуаре
 shell ~ заполненное пространство резервуара *или* цистерны
inorganic неорганический, минеральный
inoxidable неокисляемый, неокисляющийся
inoxidizability неокисляемость; невосприимчивость [устойчивость] к коррозии
inoxidizable неокисляющийся; неокисляемый
INPE [installing pumping equipment] монтаж насосного оборудования
input 1. потребляемая [подводимая] мощность, мощность на входе 2. вход; подача, загрузка (*сырья*) 3. приток; ввод; подвод
 energy ~ подводимая энергия; потребляемая энергия
 heat ~ подвод тепла; поглощаемое тепло
 horsepower ~ подводимая мощность в л. с.; затрата мощности в л. с.
 power ~ подводимая [потребляемая] мощность, мощность на входе
 rated ~ номинальная потребляемая мощность
 water ~ количество воды, закачиваемой в нагнетательную скважину
inrush 1. *эл.* скачок, бросок (*тока*); пусковая мощность 2. напор, натиск (*воды*) 3. внезапный обвал; вывал породы 4. прорыв (*плывуна, газа или воды*)
 ~ of oil and gas выделение нефти и газа (*при бурении*)
 water ~ прорыв воды
ins 1. [inches] дюймы 2. [insulate] изолировать 3. [insulation] изоляция 4. [insurance] страхование; страховка
insert 1. вкладыш; втулка; вкладка; вставка; прокладка 2. спускать (*трубы в скважину*) 3. вставлять; запрессовывать
 ~ the casing спускать колонну обсадных труб
 bit ~ пластинка [резец, штырь, вставка] из твердого сплава в долоте *или* коронке
 carbide ~s твердосплавные штыри, пластинки твердого сплава (*для армирования долот и коронок*)
 removable ~ съемная вставка (*отводного устройства водоотделяющей колонны или сборки превенторов*)
 rotating ~ вращающаяся вставка (*отводного устройства с вращающимся уплотнителем*)
insertion 1. ввод, введение; включение 2. установка 3. вставка; прокладка

inshore прибрежный, береговой || близко к берегу, по направлению к берегу
insolubilize переводить в нерастворимую форму, уменьшать растворимость
insoluble нерастворимый
insp 1. [inspect] осматривать, проверять, инспектировать 2. [inspected] проверенный 3. [inspecting] проверяющий 4. [inspection] инспекция; осмотр, проверка
inspect осматривать, проверять, инспектировать; контролировать; принимать (*изделия*)
inspection осмотр, проверка, контроль; браковка; инспекция, инспектирование; надзор
 daily ~ текущий [ежедневный] осмотр
 magnetic ~ магнитная дефектоскопия, магнитный контроль
 mechanical ~ контроль механических свойств
 outer ~ внешний осмотр, контроль посредством внешнего осмотра, визуальный контроль
 periodic ~ текущий [периодический] технический осмотр
 quality ~ контроль качества
 radiographic ~ рентгенодефектоскопия (*сварных швов*)
 random ~ выборочный контроль
 safety ~ инспекция по технике безопасности
 X-ray ~ рентгеновский контроль, рентгеноскопия
inspirator 1. инжектор 2. респиратор
inspissate сгущаться, конденсироваться; улетучиваться (*о легких компонентах нефти*)
inspissation улетучивание (*легких компонентов нефти*); сгущение, уплотнение
inst 1. [install] устанавливать (*оборудование*) 2. [instantaneous] мгновенный 3. [institute] а) институт б) учреждать
instability неустойчивость; нестабильность
 inherent ~ природная неустойчивость
 MHD ~ магнитогидродинамическая неустойчивость
 vertical ~ вертикальная неустойчивость
install 1. устанавливать, монтировать, собирать (*оборудование*) 2. располагать, размещать
installation 1. установка, монтаж, сборка 2. устройство, установка; оборудование 3. внедрение; размещение
 diver assist ~ установка оборудования с помощью водолаза
 diverless ~ установка оборудования без помощи водолаза
 fast pumping ~ быстроходная насосная установка
 fixed ~ стационарная установка
 geared pumping power ~ центральный групповой привод для насосных установок
 heat ~ отопительная установка, обогреватель
 mobile ~ передвижная установка
 offshore ~ шельфовая установка

Instaseal *фирм.* смесь грубоизмельченного бентонита с перлитом (*нейтральный наполнитель для борьбы с поглощением бурового раствора*)

Institute :
American ~ of Mining and Metallurgical Engineers Американский институт горных инженеров и инженеров-металлургов
American Petroleum ~ Американский нефтяной институт, АНИ
The ~ of Petroleum Институт нефти (*Великобритания*)

instl [installation] устройство, установка, оборудование

instr 1. [instrument] a) инструмент б) прибор 2. [instrumentation] a) контрольно-измерительные приборы б) оснащение контрольно-измерительными приборами

instroke 1. движение поршня в сторону задней крышки цилиндра 2. такт сжатия; такт впуска

instruction 1. инструкция 2. обучение; инструктаж
operating ~s руководство по обслуживанию
working ~s правила обслуживания

instrument 1. инструмент 2. прибор; аппарат; *pl* контрольно-измерительные приборы
all-purpose ~ универсальный прибор
chart-recording ~ самопишущий прибор
control ~ контрольно-измерительный прибор
direct reading ~ прибор с прямым [непосредственным] отсчетом
indicating ~ прибор-указатель, индикатор; измерительный прибор; стрелочный прибор
induction ~ индукционный (измерительный) прибор
industrial ~ промышленный контрольно-измерительный прибор
leveling ~ нивелир, ватерпас
measuring ~ 1. измерительный прибор 2. мерительный инструмент
microprofile caliper log ~ микропрофильный нутромер
moving-iron ~ электромагнитный измерительный прибор
mud-loss ~ прибор для определения зоны ухода бурового раствора
multiple-shot ~ многоточечный инклинометр
needle ~ стрелочный прибор
null reading ~ прибор с отсчетом нулевым методом
precision ~ точный [прецизионный] прибор
reference ~ эталонный прибор
registering ~ записывающий прибор
single-shot ~ прибор однократного действия для замера угла и азимута искривления скважины
testing ~ контрольно-измерительный прибор

instrumentation 1. контрольно-измерительные приборы; аппаратура, оборудование 2. оснащение контрольно-измерительными приборами; оснащение оборудованием
mud ~ контрольно-измерительные приборы циркуляционной системы бурового раствора
mud system ~ *см.* mud instrumentation
rig ~ приборы буровой установки
riser angle ~ аппаратура для измерения угла наклона водоотделяющей колонны

insulance сопротивление изоляции

insulant изоляционный материал

insulate 1. изолировать 2. инсулат (*изоляционный материал*)

insulating изоляционный, изолирующий

insulation изоляция
heat ~ теплоизоляция, термоизоляция
high-temperature ~ теплостойкая [высокотемпературная] изоляция
thermal ~ *см.* heat insulation

insulator 1. изолятор 2. изоляционный материал
heat ~ теплоизоляционный материал

intake 1. впуск; подвод; прием; всасывание 2. приемное [впускное, всасывающее] устройство, входной канал, заборник 3. всасываемые насосом *или* вентилятором жидкость *или* газ 4. приток (*воды, воздуха*) 5. потребляемая мощность 6. *геол.* захват [поглощение] грунтовыми водами 7. приемистость, поглотительная способность (*скважины*)
~ of the hole поглощаемый скважиной объем цементного раствора (*при цементировании*); поглотительная способность скважины
gas ~ поступление газа (*в газлифте*)
orifice ~ впускное отверстие
pump ~ 1. всасывающее отверстие насоса 2. питающий резервуар [отстойник, амбар]

INTECOL [International Association for Ecology] Международная ассоциация экологии

integrator интегратор, интегрирующее устройство
multiple ~ мультиинтегратор (*механический прибор для определения гравитационного действия*)

intensifier ускоритель, интенсификатор
acid ~ ускоритель реакции (*при обработке пласта*)

intensity 1. сила, интенсивность; энергия 2. яркость 3. *эл.* напряженность
~ of compression степень сжатия
~ of temperature степень нагрева
field ~ напряженность поля

interbedded впластованный, переслаивающийся, залегающий между пластами; внедренный

intercalation 1. *геол.* тонкое включение, прослой, пропласток 2. чередование [перемежаемость] прослоев

interceptor отводной коллектор
itntercooler промежуточный охладитель
itntercooling промежуточное охлаждение; охлаждение воздуха (*в компрессоре*) между двумя ступенями сжатия
interface 1. поверхность раздела (*двух фаз или слоев жидкости*); поверхность контакта 2. *св.* поверхность соприкосновения свариваемых деталей
gas-oil ~ газонефтяной контакт, ГНК
liquid-solid ~ поверхность раздела между жидкостью и твердым телом
liquid-vapor ~ поверхность раздела между жидкой и паровой фазами
oil-water ~ *см.* water-oil interface
sharp ~ резкая граница раздела
water-oil ~ поверхность раздела вода – нефть
interference интерференция, взаимодействие
~ of wells взаимодействие [интерференция] скважин
interfingering *геол.* взаимное проникновение; клинообразное переслаивание (*пластов*)
intergranular интергранулярный, межзеренный, межкристаллитный
interior :
Earth ~ недра [внутренняя часть] Земли
Earth's crust ~ внутренняя часть земной коры
interlaid переслаивающийся
interlayer прослой(ка), промежуточный слой; прослоек, пропласток
interleave 1. прослаивать 2. лежать пластами между слоями породы
interlock 1. взаимно соединять; смыкать; сращиваться 2. блокировка ‖ блокировать
intermediate 1. полупродукт 2. *хим.* промежуточное соединение; *pl* промежуточные продукты (*реакции*) 3. промежуточный, средний; вспомогательный
intermittent 1. прерывистый; пульсирующий; скачкообразный 2. ритмический, интермиттирующий (*о гейзере*)
intermitter:
gas-lift ~ регулятор интервалов для газлифтной эксплуатации
intermix смешиваться, перемешиваться
intermixture смесь; примесь
intermolecular межмолекулярный
interphase 1. межфазный 2. поверхность раздела
interpretation интерпретация; расшифровка; дешифрование
~ of logs расшифровка каротажных диаграмм
accuracy ~ точная интерпретация
computerized well test ~ компьютеризированная интерпретация данных по скважине
correct ~ *см.* accuracy interpretation
interrupter прерыватель; выключатель
interruption 1. прерывание; перерыв 2. остановка 3. разрыв; разъединение; разлом 4. выфрезеровка

intersertal интерсертальный, интергранулярный
interstice 1. промежуток; пустота 2. щель, расщелина; *pl* пустоты [поры] в горных породах
capillary ~s капиллярные пустоты
communicating ~s сообщающиеся пустоты или трещины (*в пласте*)
isolated ~s изолированные пустоты или трещины (*в породе*)
interstitial 1. промежуточный 2. образующий трещины, щели
interstratification слоистость горных пород; перемежающееся напластование
intertonguing фациальное изменение типа «зубчатого переслаивания»; взаимно вклинивающиеся отложения
interval 1. интервал (*расстояние по вертикали между двумя точками ствола скважины*) 2. промежуток; пауза, перерыв (*в работе*)
barefoot ~ необсаженный интервал (*в скважине*)
confidence ~ доверительный интервал
contour ~ сечение горизонталей, вертикальное расстояние между горизонталями
fundamental ~ основной интервал
producing ~ *см.* production interval
production ~ продуктивный интервал [горизонт]
productive ~ *см.* production interval
scale ~ цена деления шкалы
spacing ~ расстояние между скважинами
interveined *геол.* пересеченный жилами
inter-xln [inter-crystalline] межкристаллитный
intgr [integrator] интегратор, интегрирующее устройство
intl [interstitial] 1. промежуточный 2. образующий трещины, щели
intr [intrusion] *геол.* интрузия; внедрение; вторжение
intra-field внутрипромысловый
intramolecular внутримолекулярный
intrusion *геол.* интрузия; внедрение; вторжение
water ~ проникновение [внедрение] воды
intrusive *геол.* интрузивный, плутонический
intumescence *геол.* вспучивание, вздутие
intv [interval] интервал
invasion 1. наступление (*вытесняющей среды*) 2. вторжение (*флюидов в ствол скважины*)
inven [inventory] материально-производственные запасы
inventory 1. материально-производственные запасы 2. инвентарная опись; оборудование; остаток, переходящий запас (*нефтепродуктов*) 3. инвентаризация
line ~ внутренний объем трубопровода
Invermul *фирм.* стабилизатор буровых растворов на углеводородной основе
Invertin *фирм.* порошкообразный эмульгатор

Invertin Wate *фирм.* кислоторастворимый материал (*утяжелитель*)
investigate исследовать; обследовать (*месторождение*)
investigation исследование; обследование (*месторождения*)
 ultrasonic ~ ультразвуковое исследование
investment капиталовложение; капитальные затраты
IO [internal olefins] внутренние олефины
I/O [input /output] ввод/вывод
IOCC [Interstate Oil Compact Commission] Междуштатная нефтяная координирующая комиссия по сбыту (*США*)
ion ион
ionic ионный
ionization ионизация
ionogen ионоген
ionogenic ионогенный
IOS [International Organization for Standardization] Международная организация по стандартизации, МОС
IOSA [International Oil Scout Association] Международная ассоциация нефтеразведчиков
IP 1. [initial potential] начальный потенциал 2. [initial pressure] начальное давление 3. [initial production] начальный дебит (*скважины*)
IPA [isopropyl alcohol] изопропиловый спирт
IPAA [Independent Petroleum Association of America] Американская ассоциация независимых нефтепромышленников
IPAC [Independent Petroleum Association of Canada] Канадская ассоциация независимых нефтепромышленников
IPC [Iraq Petroleum Company] Иракская нефтяная компания
IPE 1. *см.* **INPE** 2. [International Petroleum Exposition] Международная выставка нефтяного оборудования
IPF [initial production flowing] начальный дебит при открытом устье
IPG [initial production gas lift] начальный дебит при газлифте
IPI [initial production on intermitter] начальный дебит при периодической системе эксплуатации
IPL [initial production plunger lift] начальный дебит при добыче с помощью насосов-качалок
IPP [initial production pumping] начальный дебит при насосной эксплуатации
IPS [initial production swabbing] начальный дебит после поршневания
ips 1. [inches per second] дюймов в секунду 2. [internal pipe size] внутренний диаметр трубы
IPT [Institution of Petroleum Technologies] Нефтяной технологический институт
IR [injection rate] скорость нагнетания [закачки]
IRAA [Independent Refiners Association of America] Американская независимая ассоциация нефтеперегонных предприятий

iron 1. железо (*Fe*); черный сплав (*железо, сталь, чугун*) 2. паяльник
 angle ~ угловое железо, уголок
 bar ~ полосовое [брусковое] железо; полосовая сталь; стальной уголок
 box ~ швеллерная сталь, швеллер
 brake ~ тормозная лента без подкладки
 cast ~ чугун
 channel ~ *см.* box iron
 corrugated ~ волнистое железо
 H- ~ двутавровая сталь (*с широкими полками*)
 high silicon cast ~ высококремнистый чугун
 I-~ двутавровая сталь (*с узкими полками*)
 L- ~ зетовая сталь, неравнобокая уголковая сталь
 loose ~ посторонние металлические предметы на забое скважины
 profiled ~ сортовое железо; фасонное [профильное] железо
 rod ~ прутковая сталь, катанка
 soldering ~ паяльник
 U- ~ швеллерная сталь, швеллер
Ironite Sponge *фирм.* синтетический оксид железа для удаления сероводорода из бурового раствора
irreg [irregular] несимметричный; неровный; неравномерный
irregular несимметричный; неровный; неравномерный
irregularit/y неправильность; неровность
 borehole ~ies неровности стенок скважины
 topographic ~ies топографический рельеф, неровности топографии (*земной поверхности*)
IS [inside screw] с внутренней резьбой (*о вентиле*)
isanomal изаномала (*линия, проведенная через точки с одинаковой аномалией*)
ISIP 1. [initial shut-in pressure] начальное давление при закрытии (*в испытателе пластов, спускаемом на бурильной колонне*) 2. [instantaneous shut-in pressure] мгновенное давление после закрытия устья при гидроразрыве
island остров || островной
 artificial ~ искусственный остров (*для разработки морских месторождений нефти и газа*)
 cellular sheet pile ~ свайный остров с ячеистой оболочкой (*для строительства морского нефтепромыслового сооружения*)
 gravity ~ гравийный остров; намывной остров (*для строительства нефтепромысловых сооружений на море*)
 ice ~ плавающая льдина
 man-made ~ *см.* artificial island
 oceanic ~ океанический остров
 steel caisson ~ стальной кессонный остров
ISO [International Standards Organization] Международная организация по стандартизации, МОС

isobar изобара (*линия, проведенная через точки равных давлений*)
isobath изобата (*линия, проведенная через точки одинаковых глубин от поверхности земли или воды*)
isochor изохора (*линия, проведенная через точки одинаковых вертикальных расстояний на карте схождения*); линия равного интервала
isocline *геол.* изоклиналь, изоклинальная складка
isogal изогала (*линия, проведенная через точки с равными значениями силы тяжести*)
isogam изогамма (*линия, проведенная через точки с равными значениями ускорения свободного падения*)
isogeotherm изогеотерма (*линия, проведенная через точки, имеющие одинаковые средние температуры*)
isogonal изогона (*линия, проведенная через точки с равным магнитным склонением*)
isolate 1. изолировать; отделять; отключать 2. *хим.* выделять (*из смеси*)
isolation 1. изоляция; отделение; отключение 2. *хим.* выделение (*из смеси*)
 zone ~ изоляция зоны
isom [isometric] изометрический
isomate изомеризованный нефтепродукт
isomerism изомеризм
isopachyte изопахита (*линия равной мощности*)
isoperm линия равных проницаемостей
isoseisms *карт.* изосейсмы
isostasy *геод.* изостазия, равновесие
isoth [isothermal] изотермический
isotherm изотерма (*кривая постоянной температуры*)
isotope изотоп
 radioactive ~ радиоактивный изотоп
ISP [intermediate strength proppant] расклинивающий агент средней прочности
issue 1. вытекание, излияние, истечение; выделение ‖ выходить, вытекать 2. выход, выходное отверстие
IT 1. [insulated tubing] изолированные насосно-компрессорные трубы 2. [interfacial tension] натяжение на поверхности раздела
ITD [intention to drill] предполагаемое время начала бурения (*далее следуют число, месяц и год*)
item 1. отдельный предмет (*в списке*); пункт, параграф, статья (*счета, расхода*) 2. деталь (*агрегата*) 3. отдельная работа *или* операция 4. позиция (*спецификации*)
 expenditure ~ статья расхода
itemize 1. перечислять по пунктам 2. классифицировать; составлять спецификацию
IUE [internal upset ends] высаженные внутрь концы (*труб*)
IVP [initial vapor pressure] начальное давление паров
IW [injection well] нагнетательная скважина

J

J-10 *фирм.* деэмульгатор, растворимый в нефти и керосине
J-104 *фирм.* природная смола (*загуститель и понизитель водоотдачи буровых растворов*)
jac [jacket] кожух; рубашка; оболочка; чехол; обшивка
Jack [Jackson] *геол.* Джексон (*группа верхнего эоцена третичной системы*)
jack 1. домкрат; винтовая стойка; лебедка; тали; подъемное приспособление 2. опорное приспособление; упорная стойка 3. бурильный молоток; перфоратор; ручной пневматический молоток 4. *разг.* станок-качалка, насосная скважина 5. зажим, зажимное приспособление 6. подставка; козлы; рычаг 7. *эк.* поднимать (*цену, зарплату*)
 ~ up поднимать домкратом
 air ~ пневматический подъемник (*морской самоподъемной платформы*); пневматический домкрат
 boot ~ шарнирный ловильный клапан; ловильный крючок
 boot and latch ~ инструмент для ловли желонок
 bottle ~ бутылочный [винтовой] домкрат
 circle ~ трещотка для крепления бурового инструмента (*при канатном бурении*)
 hoisting ~ домкрат; подъемное приспособление
 hydraulic ~ 1. гидравлический зажим 2. гидравлический домкрат
 latch ~ двурогий ловильный крючок с шарниром
 milling ~ винтовой домкрат
 pipe ~ приспособление для стягивания труб при сварке
 pneumatic ~ 1. пневмозажим 2. пневматический домкрат
 pump ~ качалка упрощенного типа для глубинных насосов (*работающих от группового привода*)
 rack-and-gear ~ реечный домкрат
 rotary balanced ~ качалка с роторным уравновешиванием
 screw ~ 1. винтовой домкрат 2. винтовой зажим
 toll ~ трещотка Баррета для свинчивании инструмента канатного бурения
jack-and-circle трещотка для крепления резьбовых соединений бурового инструмента (*комбинация дугообразной зубчатой рейки с натяжным рычагом*)
jackbit головка бура, буровая коронка
jackdrill бурильный молоток
jacket 1. кожух; рубашка; оболочка; чехол; обшивка ‖ заключать в кожух; снабжать

рубашкой; обшивать 2. стенка цилиндра; внешний цилиндр 3. опорный блок решетчатого типа, решетчатая опора (*морского стационарного основания*)
~ for pump кожух для насоса
concrete ~ бетонная рубашка (*удерживающая подводный трубопровод на дне моря*)
cooling ~ охлаждающая полость, охлаждающая рубашка
flotation ~ плавучая решетчатая опора (*морского стационарного основания*)
life ~ спасательный жилет
oil ~ масляная рубашка
outer ~ наружная труба двойной водоотделяющей колонны
self-floating ~ плавучая решетчатая опора (*морского стационарного основания с положительной плавучестью*)
tripod ~ опорный блок в виде решетчатой треноги
water ~ водяная рубашка
waterproof ~ водонепроницаемая рубашка [оболочка]

jacketed заключенный в кожух, снабженный рубашкой; с двойными стенками; обложенный и обшитый снаружи
jackhammer бурильный молоток
jack-in-the-box 1. винтовой домкрат 2. дифференциал, дифференциальная передача; уравнитель 3. струбцина
jackknife складной, опускающийся (*при перевозке*)
jacklift грузоподъемная тележка
jackmill бурозаправочный станок
jackshaft промежуточный вал; передаточный валик; вал контрпривода; полуось
jack-up самоподъемное основание; самоподъемная платформа
cantilever ~ самоподъемное основание с консолью (*под вышку*)
mat support ~ самоподъемная буровая установка с опорной плитой
tender-assisted ~ самоподъемное основание, обслуживаемое тендером
tilt-up ~ наклоненная самоподъемная платформа

jag насекать рубцы, зазубривать; расчеканивать
jagged неровный, зазубренный, заершенный
jam 1. заедание; защемление; заклинивание; застревание || заедать; заклинивать; застревать 2. неполадка, перебой в работе (*машины*)
ice ~ ледяной затор
jamming 1. заедание; защемление; заклинивание; застревание 2. перебой в работе (*машины*), неполадка
J & A [junked and abandoned] заброшена вследствие неудачной ловли (*по техническим причинам; о скважине*)
jar 1. сотрясение, толчок; вибрация 2. кувшин; банка; сосуд 3. буровые ножницы, яс

|| работать при помощи яса; выбивать прихваченный снаряд 4. бурить ударным способом
bumper ~ отбойный яс
casing cutter ~ яс для труборезок
drilling ~ бурильный яс
fishing ~ ловильный яс
rotary ~ буровые ножницы, яс
jarring 1. действие буровых ножниц [яса] при ловильных работах 2. вибрация, встряхивание 3. освобождение (*при помощи яса*) оставшегося в скважине инструмента
Jasp [Jasperoid] джаспероид (*плотная кремнистая порода*)
jat джэт (*один из видов перемежающегося [периодического] газлифта*)
jaw 1. кулачок; губка; щека; плашка 2. зажимная губка (*машины для стыковой сварки*) 3. *pl* тиски; клещи; зажимное приспособление
Jax 1. *см.* Jack 2. [Jackson sand] джексонский песчаник
JB [junk basket] ловильный паук (*для удаления из скважины мелких предметов*)
JC [job complete] работа выполнена
jcn [junction] 1. узел, соединение 2. стык; спай
Jdn [Jordan] *геол.* джордан (*песчаник верхнего кембрия, Среднеконтинентальный район*)
Jeff [Jefferson] *геол.* джефферсон (*свита нижнего ордовика, Среднеконтинентальный район*)
jel гель, студень || желатинировать; застуднева́ть
Jelflake *фирм.* целлофановая крошка (*нейтральный наполнитель для борьбы с поглощением бурового раствора*)
jellification застудневание; желатинизация
jelling загустевание (*напр. цементного раствора в начале схватывания*), застывание (*напр. желатина в инклинометре Мааса*)
Jel-Oil *фирм.* буровой раствор на углеводородной основе
jerk толчок; рывок; резкое движение || дергать, толкать; двигаться рывками
jet 1. струя 2. жиклер, форсунка, сопло 3. гидромонитор 4. всасывающая сетка 5. реактивный (*о двигателе*) 6. брызгать, бить струей
cutting ~ режущая струя; струя режущего газа
cutting-oxygen ~ струя режущего кислорода
discharge ~ выкидная струя
gas ~ газовая струя; газовая горелка
plasma ~ плазменная струя
positioning ~ маневровое гидроструйное устройство (*подводного оборудования*)
sand ~ пескоструйный аппарат
water ~ 1. гидравлический размыв (*выходящей из сопла струей жидкости высокого давления*) 2. сопло инструмента для гидравлического размыва 3. струя воды

jetting

jetting промывка скважины сильной струей воды; гидравлическое бурение
jetty пирс, пристань
  oil ~ нефтяной пирс, нефтяная пристань
jib стрела (*подъемного крана*); крановая балка; укосина, консоль
jig 1. зажимное приспособление ‖ зажимать; закреплять 2. кондуктор; калибр; шаблон
  air ~ приспособление с пневматическими зажимами
  assembly ~ сборочное приспособление
  bending ~ приспособление для испытания на загиб
  flexible ~ регулируемое (сварочное) приспособление
  hand operated ~ приспособление с ручными зажимами
  holding ~ зажимное приспособление
  power-operated ~ приспособление с механическим приводом
  rotary ~ поворотное приспособление
  test ~ приспособление для испытаний
  welding ~ сварочное приспособление
jmd [jammed] застрявший, заклиненный
jnk [junked] засоренный металлоломом (*о скважине*)
J/O [joint operation] совместная эксплуатация
JOA [joint operating agreement] соглашение о совместной эксплуатации
job 1. работа; эксплуатация; операция 2. обрабатываемая деталь 3. рабочее задание, наряд
  acidizing ~s работы по кислотной обработке (*скважины*)
  bad fishing ~s сложные ловильные работы (*в скважине*)
  casing cementing ~s цементирование обсадной колонны
  cementing ~s работы по цементированию (*скважины*)
  clean-up ~s работы по очистке скважины
  diving ~s водолазные работы (*по обслуживанию морских нефтепромысловых сооружений*)
  fishing ~s ловильные работы в скважине
  liner ~s работы по спуску хвостовика
  maintenence ~s текущий ремонт
  odd ~s вспомогательные работы
  piling ~ буровая установка, смонтированная на подвышечном основании (*при морском бурении*)
  sand washing ~ работа по размыву песчаных пробок (*в скважине*)
  secure ~ установка, которая может работать без присутствия оператора
  single ~ однократная операция
  stimulation ~s работы по вызову *или* интенсификации притока из скважины
  turnkey ~ сдача работ «под ключ»
  turnover ~s работы по капитальному ремонту
jog 1. толчок; встряхивание 2. остановка изменения температуры на кривой охлаждения *или* нагрева 3. медленная подача

JOIDES [Joint Oceanographic Institution for Deep Earth Sampling] Объединенное океанографическое общество глубокого бурения
join соединение; сочленение ‖ соединять; сочленять
joined составной; сочлененный; (при)соединенный
joint 1. замок, муфта 2. соединение, стык; шов; спай 3. *горн.* трещина, отдельность; плоскость соприкосновения; линия кливажа 4. связь; сплетение, скрутка; сочленение 5. шарнир
  ~ of casing соединение [звено] обсадных труб
  ~ of drill pipe звено бурильных труб, заканчивающееся замком
  abutment ~ соединение встык
  abutting ~ *см.* abutment joint
  angle ~ соединение (*деталей*) под углом; угловое соединение
  arc-welded ~ соединение, выполненное дуговой сваркой
  articulated ~ шарнирное соединение
  backed butt ~ стыковое соединение с отстающей подкладкой
  ball ~ шаровое шарнирное соединение (*водоотделяющей колонны*); шаровой шарнир, сферическое сочленение
  ball-and-socket ~ шаровое шарнирное соединение; универсальный шарнир
  bayonet ~ штыковое соединение, соединение с защелкой
  bell-and-plain end ~ соединение труб разного диаметра без развальцовки *или* обжатия концов труб
  bell-and-spigot ~ соединение труб раструбом; муфтовое соединение
  bell hit ~ соединение враструб с развальцовкой наружной трубы
  bellows ~ сильфонный компенсатор (*для трубопроводов*)
  belt ~ приспособление для соединения ремней, ременная застежка
  beveled ~ соединение с прямолинейным скосом кромки *или* кромок
  bevel-groove ~ *см.* beveled joint
  blast ~ *см.* bell hit joint
  bracket ~ соединение с косынкой
  branch ~ тройниковое соединение; врезка ответвления в трубопровод
  branch tee saddle ~ Т-образное соединение труб с фасонной обрезкой свариваемой кромки отвода
  butt ~ *см.* abutment joint
  buttered ~ соединение с предварительной наплавкой промежуточного металла на свариваемые кромки
  buttress thread tool ~ замковое соединение с трапецеидальной резьбой (*для соединения труб больших диаметров*)

butt rivet ~ стыковое заклепочное соединение (*с накладками*)
butt-welded ~ стыковое сварное соединение
casing ~ соединение [звено] обсадных труб
close(d) ~ соединение, подготовленное под сварку без зазора
cluster ~ соединение нескольких элементов, сходящихся в одной точке
composite ~ комбинированное соединение
compression coupling type ~s эластичные прокладки в стыках трубопроводов
conductor suspension ~ секция колонны-направления для подвески головок последующих обсадных колонн
conduit ~ соединение труб; стык трубопроводов
corner ~ угловое соединение
cross ~ горизонтальная [поперечная] трещина
crossover ~ переходная секция (*обсадной колонны для соединения устьевой головки с остальными трубами*)
double-bead lap ~ соединение внахлестку с двумя (угловыми) швами
dovetail ~ соединение «ласточкиным хвостом»
dowel ~ соединение на шпильках
edge ~ торцевое соединение
elbow ~ коленчатое соединение
expansion ~ сильфонный компенсатор (*для трубопроводов*)
female ~ соединение с внутренней резьбой
field ~ монтажное соединение; монтажный стык
fixed ~ *см.* rigid joint
flanged ~ фланцевое соединение
"flash weld" tool ~s приварные замки
flexible ~ гибкое сочленение; шарнирный узел
flush ~ 1. раструбное соединение; соединение впритык 2. *строит.* затертый [гладкий] шов
full hole ~ замок с ШПО [широким проходным отверстием]
gas-tight ~ газонепроницаемое [герметичное] соединение
gas-welded ~ соединение, полученное газовой сваркой
gimbal ~ шарнир кардана
girth ~ кольцевой шов
half-lap ~ соединение вполунахлестку
high resistanse ~s стыки высокого сопротивления
hinge ~ шарнирное соединение, шарнирный узел, шарнир
insulating ~s изолирующие прокладки *или* соединения
integral ~s соединительные замки, составляющие одно целое с трубой
integral marine riser ~ составная секция водоотделяющей колонны (*состоит из трубы колонны и труб малого диаметра, служащих для регулирования давления и глушения скважины и выполненных как одно целое*)
intermediate ~ промежуточное звено
internal flush tool ~ замок с ШПО [широким проходным отверстием]
knee ~ коленчатое соединение
knock-off ~ замок для соединения насосных *или* ловильных штанг
knuckle ~ шарнирный отклонитель [дефлектор]; шарнирное соединение
knuckle and socket ~ шарнирно-шаровое сочленение
landing ~ установочный патрубок (*для соединения обсадной колонны*)
lap ~ шов [соединение] внахлестку; ступенчатый стык (*поршневого кольца и т. п.*)
left-hand ~ соединение с левой нарезкой
liquid-tight ~ непроницаемое [герметичное] для жидкости соединение
male ~ соединение с наружной резьбой
marine riser flex ~ шарнирная [гибкая] секция водоотделяющей колонны
miter ~ соединение под углом 45°
modular type telescoping ~ сборная телескопическая секция
muff ~ соединение (*труб*) с муфтой
multiball flex ~ многошаровая шарнирная секция (*водоотделяющей колонны*)
nipple ~ штуцерное [ниппельное] соединение
non-rigid ~ нежесткое соединение
open ~ соединение, подготовленное под сварку с зазором
outside single-fillet corner ~ угловое соединение с одним наружным угловым швом
overlap ~ соединение внахлестку, нахлесточное соединение
pilot ~ контрольный сварной образец
pin connected ~ болтовое [шарнирное] соединение
pipe ~ секция труб; двухтрубка (*бурильных труб*)
pipe expansion ~ уравнительный сальник; компенсационное соединение труб
pressure balanced flex ~ шарнирный узел с уравновешенным давлением
pressure balanced slack ~ бурильный амортизирующий переводник со сбалансированным давлением
pump rod ~s соединительные муфты насосных штанг
pup ~ короткий отрезок обсадной трубы; направляющий стержень расширителя «пилот», короткий переводник [патрубок]
recessed flanged ~ трубное соединение, при котором в одном фланце имеется выступ, а в другом выемка
regular tool ~ нормальный бурильный замок, ЗН
reinforced ~ усиленное соединение; соединение с накладкой

joint

revolute ~ шарнирное соединение, шарнир
right-hand ~ соединение с правой нарезкой
rigid ~ жесткое соединение
ring ~ кольцевая прокладка
riser pipe ~ трубная секция водоотделяющей колонны
riser pup ~ короткая секция водоотделяющей колонны
rivet(ed) ~ заклепочное соединение, заклепочный шов
safety ~ 1. специальная муфта (*в головке двойной колонковой трубы*), позволяющая при прихвате извлечь внутреннюю трубу с керном 2. освобождающийся переводник, ставящийся над утяжеленными бурильными трубами 3. безопасный замок; предохранительное соединение; предохранительная муфта
safety ~ with left-hand release освобождающийся переводник с левой резьбой
screw ~ винтовое [резьбовое] соединение; свинченный стык
screwed ~ *см.* screw joint
semi-rigid ~ полужесткое соединение
shear ~ соединение внахлестку, нахлесточное соединение
shear pin type safety ~ освобождающееся соединение со срезывающейся шпилькой
shoe ~ нижняя труба в колонне, на которую навинчивается башмак
shrunk-on ~s горячая насадка замков
single-ball pressure balanced flex ~ одношаровой разгруженный (*от действия давления*) шарнирный узел
single-lap ~ соединение внахлестку, нахлесточное соединение
single-rivet ~ однорядный заклепочный шов
slack ~ соединение-амортизатор
sleeve ~ муфта, муфтовое соединение
slick ~ гладкое соединение труб
slim hole ~ соединительный замок с проходом меньше нормального
slip ~ скользящее соединение; телескопическое [раздвижное] соединение
socket ~ 1. муфта, муфтовое соединение 2. шарнирное соединение, шарнир
socket-and-spigot ~ соединение труб муфтами *или* раструбами
spigot-and-faucet ~ раструбное соединение труб
spigot-and-socket ~ *см.* socket-and-spigot joint
taper ~ соединение с конусной нарезкой
telescope ~ телескопическое [раздвижное] соединение
telescoping ~ *см.* telescope joint
threaded collar ~ муфта с нарезкой
tight ~ плотное соединение; герметичное [непроницаемое] соединение; уплотняющая прокладка
tool ~ замковое соединение, бурильный замок

tubing ~ соединительная муфта для насосно-компрессорных труб
union ~ муфтовое *или* раструбное соединение труб
unitized ~s замки, составляющие одно целое с трубой
unit type telescoping ~ телескопическая секция с несъемным отводным устройством
universal ~ универсальный шарнир; карданное соединение
universal ball ~ шарнирный шаровой узел (*в нижней части водоотделяющей колонны, позволяющий ей отклоняться от вертикали при горизонтальном смещении бурового судна или плавучего полупогружного бурового основания*)
unprotected tool ~s неармированные замки
weld ~ сварное соединение
welded ~ *см.* weld joint
welding butt ~ сварной стык

jointed шарнирный, сочлененный; составной
jointer соединение, состоящее из двух сваренных между собой труб
jointing 1. стык, соединение; сочленение 2. прокладка; прокладочный материал; набивка (*сальника*) 3. трещиноватость, отдельность; сланцеватость, образование слоистости 4. сращивание, наращивание
rock ~ сцепление частиц породы
joint-packing сцепление частиц породы
joist балка; брус; стропило
floor ~s рамные брусья (*вышки*)
JOP [joint operating provisions] условия совместной эксплуатации
jostle попеременный спуск и подъем инструмента в скважине (*для перемешивания жидкости*), расхаживание
journal 1. дневник, буровой журнал 2. цапфа, шейка, шип, пята
conical ~ коническая цапфа
pivot ~ пята, цапфа
JP [jet perforated] простреленный с помощью кумулятивного перфоратора (*об обсадной колонне*)
JP/ft [jet perforations per foot] перфорационных отверстий (*полученных с помощью кумулятивного перфоратора*) на погонный фут
JPT [Journal of Petroleum Technology] «Джорнал оф петролеум технолоджи» (*название американского нефтяного журнала*)
JSPF [jet shots per foot] взорванных кумулятивных зарядов на погонный фут
jt [joint] замок, муфта; соединение, стык
J-Type Acid *фирм.* соляная кислота с добавкой поверхностно-активного вещества
Jud R [Judith River] *геол.* джудит-ривер (*свита серии монтана верхнего отдела меловой системы*)
jump 1. скачок; перепад 2. *горн.* сброс; взброс, дислокация (*жилы*), выступ 3. бурить ручным буром 4. сваривать впритык 5. осаживать, расковывать, расклепывать

jumping 1. биение; пульсация; подпрыгивание; подскакивание; скачкообразное движение 2. осаживание, расковка, расклепывание 3. бурение ручным буром

junction 1. узел, соединение 2. стык; спай
pipe ~ патрубок

juncture шов, соединение; спай

junk 1. скопившиеся на забое металлические обломки 2. металлолом; скрап

Jur [Jurassic] *геол.* юрский период, юра ‖ юрский

Jurassic *геол.* юрский период, юра ‖ юрский

JV [joint venture] совместное предприятие

К

K [Kelvin] температурная шкала Кельвина
kao [kaolin] каолин
kaolin каолин
kaolinite каолинит
Kari *фирм.* полимер, применяемый для загущения буровых растворов на базе пресной и минерализованной воды
Kay [Kayenta] *геол.* кайента (*свита группы глен-каньон среднего и нижнего отдела юры*)
KB [kelly bushing] вкладыш ротора под ведущую трубу
KBM [kelly bushing measurement] определение длины колонны, спущенной в скважину, с помощью отметок на трубах у входа во вкладыш ведущей трубы
KC [Kansas City] *геол.* канзас-сити (*группа отдела миссури пенсильванской системы, Среднеконтинентальный район*)
KD 1. [kiln dried] подвергнутый искусственной сушке 2. [Kincaid] *геол.* кинкайд (*свита известняков группы мидуэй отдела палеоцен третичной системы*)
KDB [kelly drive bushing] *см.* **KB**
KDBE [kelly drive bushing elevation] высота расположения верхнего торца вкладыша под ведущую трубу
KDB-LDG FLG [kelly drive bushing to landing flange] расстояние от верхнего торца вкладыша под ведущую трубу до фланца подвески (*обсадной или насосно-компрессорной колонны*)
KDB-MLW [kelly drive bushing to mean low water] расстояние от верхнего торца вкладыша под ведущую трубу до среднего уровня малых вод
KDB-Plat [kelly drive bushing to platform] расстояние от верхнего торца вкладыша под ведущую трубу до верхней палубы морской буровой платформы
keep 1. поддерживающая деталь 2. контрбукса 3. предохранительная защелка

keeper держатель; хомутик; контргайка; замок
keeping:
~ of records ведение записей, регистрация
automatic station ~ автоматическое удержание на месте стоянки (*бурового судна или плавучей полупогружной буровой платформы*)
kelly рабочая *или* ведущая труба; квадратная штанга, квадрат
Kelzan XC *фирм.* ксантановая смола с высокой молекулярной массой и длинной полимерной цепью (*загуститель буровых растворов на водной основе всех типов*)
Kembreak *фирм.* кальциевый лигносульфонат
Kemical *фирм.* негашеная известь
Ken-Oil *фирм.* буровой раствор на углеводородной основе
Ken-X Cone. *фирм.* 1. эмульгатор для инвертных эмульсий 2. утяжеленная суспензия (*стабилизатор инвертных эмульсий*) 3. регулятор фильтрации буровых растворов на углеводородной основе
Keo-Bur [Keokuk-Burlington] *геол.* кеокук-берлингтон (*свита отдела оссейдж миссисипской системы, Среднеконтинентальный район*)
kerf 1. разрыв; пропил; щель 2. (автогенная) резка
kero [kerosene] керосин
kerogen кероген (*органическое вещество битуминозных сланцев*)
kerosene керосин
Kero-X *фирм.* пеногаситель
ket [ketone] кетон
key 1. ключ; гаечный ключ 2. ключ для свинчивания штанг 3. подкладная вилка 4. заклинившийся обломок керна (*в керноприёмной трубе*) 5. клин; чека; шпонка ‖ закреплять шпонкой; заклинивать
~ on заклинивать; сажать на шпонку
control ~ контрольный переключатель
cut-off ~ размыкающая [разъединительная] кнопка
gib-head ~ шпонка с выступом
gib-head taper ~ фасонная шпонка
lie ~ подкладная вилка
record ~ записывающий рычаг (*прибора*)
saddle ~ фрикционная шпонка
tong ~s сухари *или* плашки трубных ключей
keying клиновое соединение; закрепление шпонками
keyway буровая штанга
K-Flo *фирм.* неионное поверхностно-активное вещество
Khk [Kinderhook] *геол.* киндерхук (*серия нижнего карбона миссисипской системы*)
Kib [Kibbey] *геол.* киббей (*свита серии честер верхнего отдела миссисипской системы*)
kick 1. выброс; гидравлический удар 2. вибрация бурильного каната 3. толчок; отбрасывание; отскакивание; бросок (*стрелки*

измерительного прибора) 4. рывок (*бурового снаряда в момент отрыва керна или освобождения от захвата*) 5. уступ в скважине, образующийся при входе долота в твердые породы под острым углом
~ off 1. вызывать фонтанирование (*вводом газа в скважину*) 2. выдавать нефть (*о скважине*) 3. *разг.* запускать двигатель, приводящий в действие глубинные насосы
gas ~ выброс газа (*из скважины*)
moderate-to-severe gas ~s выбросы газа от средних до сильных
kickback обратный удар; отдача
kick-off уход [смещение] забоя от вертикали
kid [killed] заглушенный (*о скважине*)
kieselguhr кизельгур, диатомовая земля
kill 1. раскислять (*сталь*) 2. протравливать 3. обесточивать, отключать, снимать напряжение 4. глушить (*скважину*)
~ the well глушить скважину
killed 1. обесточенный, отключенный 2. раскисленный (*о стали*) 3. травленый; гашеный (*об извести*) 4. заглушенный (*о скважине*)
kimberlite кимберлит (*алмазоносная порода*)
Kin 1. [kinematic] кинематический 2. см. **KD** 2.
King-Seal *фирм.* отходы текстильной промышленности (*нейтральный наполнитель для борьбы с поглощением бурового раствора*)
kink 1. петля, резкий перегиб, скручивание (*каната, проволоки*) 2. неполадка, помеха 3. *горн.* отклонение жилы
kinking образование петель, скручивание (*каната, проволоки*)
Kir кир (*порода, образованная смесью загустевшей нефти или асфальта с песчанистым или глинистым материалом*)
kit 1. ящик с комплектом инструмента, инструментальная сумка 2. набор деталей, приборов *или* инструментов
Klearfac *фирм.* вспенивающий агент [детергент] для растворов на углеводородной основе и бурения с очисткой забоя газообразными агентами
Kleer-Gel *фирм.* рабочая жидкость для проведения гидроразрыва
K-Lig *фирм.* калиевая соль гуминовых кислот
knee 1. колено, коленчатая труба 2. косынка; наугольник 3. кронштейн 4. изгиб кривой, кривизна
~ of curve изгиб [перегиб] кривой
knife 1. нож 2. скребок; фрезерный зуб
casing ~ труборезка
wire rope ~ нож для резки каната в скважине
knob 1. ручка; головка; кнопка 2. ролик 3. маховичок; штурвал
adjusting ~ регулировочная головка
control ~ ручка управления
knock 1. удар; толчок; стук ‖ ударять; стучать 2. детонация; стук (*в двигателе*) ‖ детонировать

~ down разбирать; разбивать; отделять
~ down the oil отделять нефть от воды
operational ~s рабочие шумы (*насоса, механизма*)
piston ~ стук поршня
single ~ одинарный удар
knocker:
jar ~ ловильный инструмент для работы с ясом
knock-free недетонирующий
knocking детонация; стук (*в двигателе*)
knockouts ловушки (*на низких участках газовых линий для сброса газобензинового конденсата*)
know-how 1. ноу-хау (*владение технологией и секретами производства*) 2. опыт, квалификация (*работника*)
knuckle перегиб; кулак; шарнир; поворотная цапфа
knurl(ing) накатка, насечка
KO 1. [kicked off] резко искривившийся (*о стволе скважины*) 2. [knocked out] отсепарированный (*о газе*)
Kontrol *фирм.* ингибитор коррозии
Koot [Kootenai] *геол.* кутенай (*свита нижнего отдела меловой системы*)
KOP [kickoff point] точка начала резкого искривления (*ствола скважины*)
Ko-Seal *фирм.* гранулированные кукурузные початки (*нейтральный наполнитель для борьбы с поглощением бурового раствора*)
Kotten-Plug *фирм.* отходы хлопка-сырца (*нейтральный наполнитель для борьбы с поглощением бурового раствора*)
Krevice Klog *фирм.* смесь гранулированной бентонитовой глины и гранулированного барита в специальных мешках, применяемая для изоляции зон поглощения
KV [kinematic viscosity] кинематическая вязкость
KW [killed well] заглушенная скважина
Kwik Seal *фирм.* смесь гранулированного, чешуйчатого и волокнистого материалов (*нейтральный наполнитель для борьбы с поглощением бурового раствора*)
Kwik-Thik *фирм.* высокодисперсный бентонитовый глинопорошок
Kwik-Vis *фирм.* полимер (*загуститель для пресных буровых растворов*)
Kylo *фирм.* полиакрилат натрия (*аналог гипана*)

L

L 1. [leage] лига (*мера длины*) 2. [length] длина 3. [lime] известь
L/ [lower] нижний
/L [line] линия

l [liter] литр, л
LA 1. [level alarm] сигнализатор изменения уровня 2. [load acid] кислота, заливаемая в скважину для последующего гидроразрыва пласта
Lab 1. [labor] а) труд, работа б) рабочая сила 2. [laboratory] лаборатория
lab см. **laboratory**
label ярлык; бирка; этикетка; маркировочный знак ‖ прикреплять ярлык или бирку; наклеивать этикетку; маркировать
labeled обозначенный, маркированный, меченый (напр. радиоактивным изотопом)
labile 1. лабильный, подвижный 2. физ., хим. неустойчивый, легко разлагающийся
lability неустойчивость, лабильность
 emulsion ~ скорость распада эмульсии
labor 1. труд, работа 2. рабочая сила; рабочие; рабочие кадры
 overall ~ суммарные затраты труда
laboratory лаборатория
 drilling mud (testing) ~ лаборатория контроля бурового раствора
 field ~ полевая [промысловая] лаборатория
 research ~ научно-исследовательская лаборатория
lack недостаток, отсутствие ‖ испытывать недостаток
 ~ of adhesion несплошность; отсутствие сцепления
 ~ of bond отсутствие соединения; плохое соединение; плохая связь; плохое сцепление
 ~ of penetration св. непровар
LACT [lease automatic custody transfer] автоматическая откачка нефти с промысла потребителю по закрытой системе (с регистрацией объема, плотности, температуры, содержания донных осадков и воды)
lad [ladder] лестница
ladder лестница; стремянка; висячая лестница (для резервуаров)
laden 1. нагруженный 2. содержащий большое количество
 ~ down осевший, выпавший (об осадке)
 ~ in bulk погруженный насыпью, навалом
lading погрузка, фрахт
lag 1. задержка, замедление; запаздывание, отставание 2. эл. сдвиг фаз 3. время прохождения промывочного раствора (от насоса к забою или от забоя на поверхность) 4. время задержки, инерция (контрольно-измерительного прибора) 5. обшивка ‖ обшивать; покрывать изоляцией
 angle ~ угол отставания
 instrument ~ инерция прибора
 jacket ~ опорная ферма для буровой платформы (в морском бурении)
 time ~ период отставания, выдержка времени; запаздывание
lagged 1. замедленный; с выдержкой времени 2. с обшивкой; с рубашкой

lagging 1. запаздывание, отставание 2. обшивка, изоляция, обмотка (напр. трубы); рубашка, предохранительный кожух 3. эл. сдвиг фаз
 asbestos ~ асбестовая обшивка
 pipe ~ термическая обмазка труб
laid сложенный, заложенный
 ~ down осевший, выпавший (об осадке)
 ~ up снятый для ремонта и осмотра
laitance цементное молоко
Lak [Lakota] геол. лакота (свита серии кутенай нижнего отдела меловой системы)
lake:
 asphalt ~ асфальтовое озеро
 pitch ~ смоляное озеро
LAlb [Lower Albany] геол. нижний олбани (свита среднего отдела девонской системы)
lam 1. [laminated] а) слоистый б) пластинчатый 2. [lamination] напластование; пластинчатая отдельность
Lamcobar фирм. баритовый утяжелитель
Lamco Clay фирм. бентонитовый глинопорошок
Lamco E фирм. эмульгатор
Lamco Fiber фирм. измельченные стебли сахарного тростника (нейтральный наполнитель для борьбы с поглощением бурового раствора)
Lamco Flakes фирм. слюдяная крошка (нейтральный наполнитель для борьбы с поглощением бурового раствора)
Lamco Gel фирм. глинопорошок из вайомингского бентонита
Lamco Hydroproof фирм. коллоидный раствор битума
Lamcolig фирм. товарный бурый уголь
Lamco Mica фирм. слюдяные чешуйки (нейтральный наполнитель для борьбы с поглощением бурового раствора)
Lamco Perma Thinz фирм. алюминиевый хромлигносульфонат
Lamco SLS фирм. поверхностно-активное вещество (эмульгатор)
Lamco Starch фирм. желатинизированный крахмал
Lamco Walnut Shells фирм. скорлупа грецкого ореха тонкого, среднего и грубого помола (нейтральный наполнитель для борьбы с поглощением бурового раствора)
lamella ламель, пластинка; чешуйка
lamellar 1. многослойный, чешуйчатый, пластинчатый (о структуре) 2. многодисковый (о муфтах сцепления) 3. полосчатый (о спектре)
lamina 1. лист, пластина 2. тонкий прослой породы 3. плоскость излома (породы); плоскость отслоения
laminar 1. ламинарный; струйчатый 2. пластинчатый; слоистый; чешуйчатый 3. листовой
laminate 1. расщеплять(ся) на тонкие слои 2. расплющивать 3. прокатывать

laminated

laminated 1. слоистый; расслоенный 2. пластинчатый; чешуйчатый 3. листовой

lamination 1. плющение; прокатка 2. слоистость; расслоение (*дефекты трубных заготовок*) 3. эл. лист сердечника 4. геол. слоистость, наслоение, тонкое напластование

Lamsalgel *фирм.* аттапульгитовый глинопорошок для приготовления солестойких буровых растворов

La Mte [La Motte] *геол.* ламот (*песчаник верхнего кембрия, Среднеконтинентальный район*)

land 1. земля, почва; суша 2. местность 3. спускать (*колонну обсадных труб*)
~ the casing спускать обсадную колонну на забой
marsh ~ болотистая местность
oil ~ нефтеносный участок
probable oil ~ участок с вероятной нефтеносностью
prospective oil ~ земли, перспективные в отношении нефтеносности
proved oil ~ участок с доказанной нефтеносностью
striate ~ полосчатая почва

landfall оползень; обвал

landing 1. спуск (*обсадной колонны*) 2. высадка; выгрузка 3. место в скважине, подготовленное для башмака обсадной колонны
casing (string) ~ подвешивание обсадной колонны
tubing (string) ~ подвешивание насосно-компрессорной колонны

landman геодезист

landmark межевой знак; ориентир; репер, береговой знак; маркировочный знак, веха

landslide оползень; обвал

landslip *см.* landslide

Lans [Lansing] *геол.* лансинг (*группа отдела миссури пенсильванской системы, Среднеконтинентальный район*)

lap 1. нахлестка, перекрытие || соединять внахлестку, перекрывать 2. оборот, круг (*каната на барабане*) 3. притир || притирать; доводить 4. складка; морщина; напуск; сгиб; загиб || складывать; сгибать; загибать

lapped нахлестанный, соединенный внахлестку, перекрывающий

lapping 1. нахлестка, перекрытие; соединение внахлестку 2. притирка; полировка 3. величина нахлестки

lapse 1. ошибка, погрешность 2. промежуток (*времени*) 3. падение температуры; понижение давления

lap-welded сваренный внахлестку, нахлесточный (*о сварном соединении*)

LAS 1. [liquid additive system] система ввода жидких добавок (*в раствор*) 2. [lower anhydrite stringer] нижний прожилок ангидрита

lat [latitude] (географическая) широта

latch 1. предохранительная защелка (*подъемного крюка или элеватора*) 2. элеватор 3. затвор, защелка, запор, собачка, задвижка || защелкивать, задвигать, запирать
~ on захватывать трубу (*элеватором*)
jack ~ ловильный инструмент
marine ~ морской замок (*для соединения элементов подводного оборудования*)
pod ~ замок коллектора (*для его фиксации в гнезде*)
retrieving guideline ~ съемный замок направляющего каната
safety ~ предохранительная защелка
wireline ~ замок талевого стального троса (*для его подсоединения к направляющей стойке постоянного основания*)

latching 1. автоматический затвор 2. защелкивание, запирание || запирающий

latd [latitude] (географическая) широта

late-glacial позднеледниковый

lateral 1. отвод трубы; ответвление 2. боковой, горизонтальный, поперечный 3. побочный, вторичный

laterlog боковой каротаж, метод сопротивления экранированного заземления [СЭЗ] с управляемым током
micro ~ метод сопротивления экранированного заземления [СЭЗ] с малым разносом электродов, боковой микрокаротаж

latitude (географическая) широта

lattice решетка || решетчатый
body-centered cubic ~ объемноцентрированная кубическая (кристаллическая) решетка
crystal ~ кристаллическая решетка
cubic (space) ~ кубическая (кристаллическая) решетка
face-centered ~ гранецентрированная (кристаллическая) решетка
face-centered cubic ~ гранецентрированная кубическая решетка
parent ~ (кристаллическая) решетка основного металла
space ~ пространственная (кристаллическая) решетка
space-centered ~ объемноцентрированная (кристаллическая) решетка

lattice-work решетчатая конструкция; ферма

launch 1. шлюпка, лодка, баркас, моторная лодка || спускать на воду 2. бросать, метать 3. начинать, пускать в ход

launching спуск (*судна*) на воду

launder *горн.* желоб; корыто; лоток; лотковый конвейер
mud ~ желоб отстойной системы

lava лава
mud ~ грязевая лава

law 1. закон; (юридическое) право 2. закон; правило
~ of conservation of energy закон сохранения энергии

~ of constant proportions закон постоянства состава, закон постоянных отношений
~ of mass action закон действующих масс
~ of probability теория вероятности
~ of similarity закон подобия
~ of universal gravitation закон всемирного тяготения
antipollution ~ закон о борьбе с загрязнением окружающей среды
corresponding states ~ закон соответственных состояний
distribution ~ закон распределения (*вещества в двух фазах*)
ideal gas ~ закон идеального газа
mass action ~ *см.* law of mass action
oil and gas conservation ~s законы об охране нефтяных и газовых месторождений
perfect gas ~ *см.* ideal gas law
power ~ степенной закон

lay 1. слой; пласт 2. свивка (*каната*); крутка; направление свивки (*проволок и стренг*) 3. расставлять, укладывать
~ down монтировать, устанавливать, укладывать
~ off 1. разбивать сеть (*координат*) 2. останавливать (*завод, машину*)
~ out разработать план
left-hand ~ левая свивка (*каната*)
regular ~ стандартный тип навивки (*каната*); крестовая свивка (*каната*)
right-hand ~ правая свивка (*каната*)

layer 1. слой, пласт; прослой; пропласток, наслоение (*горной породы*) 2. повив (*кабеля*)
acquifer ~ водоносный слой
adsorption ~ адсорбирующий пласт
bottom ~ подошвенный слой
boundary ~ (по)граничный слой
flow ~ слой (ис)течения
heavy ~ мощный слой [пласт]
impermeable ~ непроницаемый слой
insulating ~ изоляционный слой
interstratified ~s включенные слои *или* пласты, прослои, пропластки
laminar boundary ~ ламинарный (по)граничный слой
low-velocity ~ *сейсм.* зона малых скоростей
oil ~ нефтеносный слой
oxide ~ оксидная пленка
productive ~ продуктивный слой
protective ~ защитный слой; защитная пленка
sandwiched ~s чередующиеся слои

laying 1. расположение; прокладка; укладка (*кабеля, трубопровода*); трассирование 2. слой 3. витье каната
~ off 1. остановка (*завода, агрегата и т. д.*); приостановка работ 2. откладывание (*размера*)
~ of pipeline прокладка трубопровода
~ out прокладка трассы (*трубопровода*)
pipe ~ 1. укладка труб 2. прокладка трубопровода

pipeline ~ *см.* pipe laying 2.

layout 1. проект, проектирование 2. расположение, разбивка, компоновка; планировка 3. план, чертеж; схема, эскиз 4. трассирование 5. оборудование, набор инструментов
pipeline ~ проектирование трубопровода; трассировка трубопровода
piping ~ схема трубопровода *или* трубной обвязки

LB [light barrel] американский баррель ($0,759 м^3$)
lb *лат.* [libra-pound] фунт
L-bar неравнобокий уголок
lb/cu ft [pounds per cubic foot] фунтов на кубический фут
L-beam зетовая балка; неравнобокий уголок, брус
lb-ft [pound-foot] фунто-фут
lb/gal [pounds per gallon] фунтов на галлон
lb-in [pound-inch] фунто-дюйм
lbm *см.* **lb**
LBOS [light brown oil stain] светло-коричневое нефтяное пятно
lbr [lumber] пиломатериалы
lbs [pounds] фунты
lbs/bl [pounds per barrel] фунтов на баррель
lb/sq. ft [pounds per square foot] фунтов на квадратный фут
lb/sq. in [pounds per square inch] фунтов на квадратный дюйм
lb/yd [pound per yard] фунт на ярд
LC 1. [lease crude] нефть, добытая на данном участке 2. [level controller] регулятор уровня 3. [long coupling] длинномуфтовое соединение для обсадных труб 4. [lost circulation] потеря циркуляции, поглощение бурового раствора
L. C. Clay *фирм.* бентонитовый глинопорошок грубого помола
LCG [lost circulation gum] смола для борьбы с поглощением бурового раствора
lchd [leached] выщелоченный (*о зоне*)
LCL [less-than-carload lot] партия груза, недостаточная для загрузки вагона
LCM [lost circulation material] материал для борьбы с поглощением бурового раствора
L Cret [lower Cretaceous] *геол.* нижний мел
LCSG [long thread casing] обсадные трубы с длинной резьбой закругленного профиля
LCV [level control valve] регулятор уровня
lcv [low calorific value] низкая теплотворная способность (*топлива*)
LD [laid down] уложенный; опущенный; заложенный (*о фундаменте*)
ld 1. [land] земля, почва; суша; материк 2. [load] нагрузка
LD-7 *фирм.* пеногаситель, не обладающий поверхностно-активными свойствами
LDC [laid down cost] стоимость (*участка*) с учетом штрафа за потраву
LDDCs [laying down drill collars] укладка утяжеленных бурильных труб

LDDP [laying down drill pipe] укладка бурильных труб

LDL [litho-density log] каротаж определения плотности и литологии

leach 1. щелок ‖ выщелачивать 2. выщелачиваемый продукт

leaching выщелачивание ‖ выщелачивающий

lead I [led] 1. свинец ‖ освинцовывать, покрывать свинцом 2. графит 3. грузило, отвес 4. пломба 5. уплотнительная смазка для трубных резьб

lead II [li:d] 1. эл. проводник; питающий провод; подводящий кабель; ввод; вывод ‖ проводить; вводить; выводить 2. шаг (*винта, резьбы, спирали*) 3. ход (*поршня*) 4. расстояние от забоя до точки, от которой коронку спускают на забой с вращением 5. эл. опережение (*по фазе*) 6. предварение (*впуска или выпуска*)

leader 1. водосточный желоб, водосточная труба 2. эл. проводник 3. геол. проводник жилы 4. ведущее колесо; ходовой винт

leading 1. опережающий, направляющий; ведущий 2. основной, главный 3. двигательный, ходовой

Leadv [Leadville] *геол.* ледвил (*свита серии киндерхук миссисипской системы*)

leak 1. утечка, течь; просачивание, фильтрация ‖ просачиваться, пропускать, протекать 2. неплотное соединение
casing ~ неплотность обсадной колонны
pin-hole ~ точечная течь
pipe ~ течь в трубе
pit ~ небольшая течь (*в трубе*) вследствие коррозии
water ~ утечка воды

leakage утечка, течь; просачивание
air ~ утечка воздуха
cock ~ кран с течью
earth ~ утечка в землю
gas ~ прорыв газа; утечка газа
oil ~ утечка масла
valve ~ течь клапана
water ~ утечка воды; фильтрационная вода

leaker 1. скважина, в которой нарушен тампонаж 2. элемент с течью

leakiness неплотность, течь

leaking утечка, течь ‖ неплотный
drilling mud ~ протечка бурового раствора (*в насосе*)

leakless непроницаемый, не имеющий течи; герметичный

leak-proof герметичный

leak-tested испытанный на герметичность

leaky имеющий течь, неплотный, негерметичный; с плохой изоляцией

lean бедный, тощий (*о газе*); непромышленный

leap 1. прыжок, скачок ‖ прыгать, скакать 2. *геол.* дислокация

lease 1. аренда ‖ арендовать, сдавать *или* брать в аренду 2. контракт на аренду (*неф-теносного участка*) 3. арендованный (*нефтеносный*) участок
blanket ~ контракт на сдачу в аренду большого района для разработки

leather кожа
pump ~ кожаная набивка [манжета] насоса

Leather Floe *фирм.* волокнистый материал из кожи (*нейтральный наполнитель для борьбы с поглощением бурового раствора*)

Leather Seal *фирм.* измельченные отходы кожевенной промышленности (*кожа-«горох»; нейтральный наполнитель для борьбы с поглощением бурового раствора*)

Leath-O *фирм.* измельченные отходы кожевенной промышленности (*кожа-«горох»; нейтральный наполнитель для борьбы с поглощением бурового раствора*)

Lectro-Mix *фирм.* смесь водорастворимых солей (*ингибитор неустойчивых глин*)

LED [light-emitting diode] светоизлучающий диод, СИД

ledge 1. коренная порода; рудное тело 2. выступ; край; уступ (*в стволе скважины*) 3. жила, залежь, пласт, отложение

LEFM 1. [linear elastic fracture mechanism] механизм развития линейной упругой трещины 2. [linear elastic fracture model] модель линейной упругой трещины

leg 1. нога (*вышки*), стойка; ферма, опора; лапа; столб; подставка 2. сторона треугольника; катет 3. отрезок кривой 4. *св.* сторона шва, прилегающая к основному металлу
bit ~ лапа долота (*опора шарошки*)
caisson type ~ опора [опорная колонна] кессонного типа (*у самоподнимающихся оснований*)
derrick ~ нога вышки
dog ~ 1. искривление (*ствола скважины*) 2. резкий изгиб (*трубы*) 3. отклонение (*жилы*)
jacket ~ опорная ферма для буровой платформы (*в морском бурении*)
raising ~ подъемная стойка (*мачты или вышки*)
spare ~ запас опоры (*самоподнимающегося основания*)
telescopic ~ телескопическая нога
tension ~ принцип создания плавучих платформ на оттяжках
truss-type ~ нога основания решетчатого типа; опорная колонна сквозного типа

legislation законодательство
mining ~ горное законодательство
oil ~ нефтяное законодательство

Len [Lenner] *геол.* леннеп (*свита серии монтана верхнего отдела меловой системы*)

len [lenticular] чечевицеобразный, линзообразный; двояковыпуклый

length 1. длина; отрезок 2. расстояние; протяженность 3. труба как составляющая часть колонны
~ of stroke I. величина размаха (*инструмента ударного бурения*) 2. длина хода плунжера

double ~ of drill pipe длина свечи из двух бурильных труб, длина двухтрубки
laid ~ длина уложенных труб; длина трубопровода
overall ~ суммарная длина труб в колонне (*замеренных до свинчивания, включая длину резьбовых частей*); габаритная длина
three ~s of casing колонна из трех обсадных труб
wave ~ длина волны
working ~ рабочая длина

lens 1. *геол.* линза, чечевица (*форма залежи*) 2. линза, объектив 3. защитное стекло
~ out выклиниваться
oil ~ линза нефтеносного песка; нефтеносная линза
sand ~ песчаная линза
tectonic ~ тектоническая линза

lensing *геол.* линзообразное [линзовидное] залегание

lenticle *геол.* линза, чечевица (*форма залежи*)

lenticular чечевицеобразный, линзообразный; двояковыпуклый

lentiform *см.* lenticular

leonardite леонардит (*природный окисленный лигнит*)

level 1. уровень, высота налива 2. нивелир; ватерпас 3. горизонт; горизонтальная поверхность 4. *горн.* горизонтальная выработка 5. выравнивать, проверять горизонтальность
~ off выпрямлять (*кривую*), выравнивать
~ of saturation уровень подземных вод
~ up выравнивать; уравнивать; нивелировать; устанавливать уровень
cross ~ поперечный уровень
datum ~ нулевая отметка, линия условного уровня; абсолютная высота
deep ~ глубокий горизонт
drilling mud ~ уровень бурового раствора
energy ~ энергетический уровень
fluid ~ уровень жидкости (*в скважине*)
groundwater ~ уровень подземных вод
impurity ~ содержание примесей [загрязнений]
interface ~ уровень поверхности раздела
mean sea ~ средний уровень моря
oil ~ 1. уровень нефти (*в скважине*) 2. высота налива нефтепродукта (*в резервуаре*) 3. уровень масла (*в двигателе*)
operating fluid ~ *см.* working fluid level
reference ~ отсчетный уровень; условный уровень
safety ~ водоуказатель (*в котлах*)
sea ~ уровень моря
water ~ уровень (подземных) вод
working ~ динамический уровень
working fluid ~ рабочий уровень жидкости

leveler нивелировщик; геодезист

leveling 1. выравнивание, нивелировка, съемка высот местности 2. установка в горизонтальном положении; установка [регулировка] уровня 3. приведение к нормальной интенсивности 4. учет всех факторов при хронометрировании

lever 1. рычаг, рукоятка ‖ поднимать рычагом 2. плечо рычага; балансир; коромысло
brake ~ тормозная ручка; тормозной рычаг
clutch ~ рычаг для включения и выключения кулачковой муфты (*бурового станка*)
control ~ рукоятка [рычаг] управления
coupling ~ рычаг для сцепления и расцепления муфты
foot ~ педаль; рычаг педали
hand ~ рукоятка
operating ~ переводной *или* перекидной рычаг; рычаг для регулирования хода; рукоятка управления; пусковой рычаг
reversing ~ рычаг реверсивного механизма, рукоятка обратного хода

lever-operated с рычажным управлением

LF, lf 1. [load factor] коэффициент нагрузки 2. [low frequency] низкая частота

LFO [light fuel oil] легкое моторное масло

lg 1. [large] большой 2. [length] длина 3. [level glass] водомерное стекло; уровнемер, указатель уровня 4. [long] длинный

LGD [lower Glen Dean] *геол.* нижний глендин (*свита отдела честер миссисипской системы, Среднеконтинентальный район*)

LGS [low gravity solids] твердая фаза малой плотности

LH [left-hand] левосторонний

LHC [liquid hydrocarbon cement] смесь цемента с жидким углеводородом

l-hr [lumen-hour] люмен-час

LI [level indicator] индикатор, указатель уровня

li [limestone] известняк

Lias *геол.* лейас, лейасовый отдел нижней юры

LIB [light iron barrel] легкая стальная бочка

liberation *хим.* выделение (*газа*)
composite ~ смешанное выделение
differential ~ дифференциальное выделение
flash ~ однократное выделение; контактное выделение

LIC [level indicator controller] контроллер регулятора уровня

life 1. срок службы, долговечность 2. стойкость
~ of field время [срок] эксплуатации месторождения
~ of well срок эксплуатации скважины
average ~ of well средний период эксплуатации скважины
bearing ~ срок службы [стойкость] опор долота
bit ~ 1. срок службы долота [коронки, головки бура] 2. метраж проходки на долото
corrosion fatigue ~ предел коррозионной усталости
drilling bit ~ срок служба бурового долота
economic ~ период рентабельной разработки (*месторождения*)
fatigue ~ усталостная стойкость, выносливость

life

flowing ~ фонтанный период эксплуатации скважины
long ~ продолжительный срок службы
operation ~ *см.* service life
overhaul ~ межремонтный период
past producing ~ дебит скважины до остановки
production ~ *см.* productive life
productive ~ продуктивный период скважины
reservoir ~ срок разработки коллектора
service ~ срок службы
shelf ~ срок годности при хранении
ultimate ~ предельный срок службы
useful ~ *см.* service life
wearing ~ срок службы до полного износа
well producing ~ дебит скважины до остановки; срок эксплуатации скважины
working ~ *см.* service life
lifebelt спасательный пояс; спасательный круг
lifeboat спасательная шлюпка
hyperbaric ~ гипербарическая спасательная шлюпка
lifeline спасательный трос
liferaft спасательный плот
lifetime срок службы, долговечность
lift 1. поднятие, подъем || поднимать(ся) 2. подъемник, подъемная машина, лифт 3. ход [движение] вверх при бурении 4. подъемная сила 5. высота напора; высота всасывания
~ a core out of a borehole поднимать керн из скважины
air ~ 1. эрлифт, воздушный подъемник 2. подъем жидкости при помощи сжатого воздуха, воздушный барботаж
air-gas ~ эргазлифт
artificial ~ механизированная [насосно-компрессорная] эксплуатация
capillary ~ капиллярный подъем
delivery ~ высота напора *или* нагнетания (*насоса*)
delivery head ~ высота подачи [подъема]
gas ~ газлифт (*давление газа, заставляющее скважину фонтанировать*)
hydraulic ~ гидравлический подъемник
hydrostatic ~ гидростатическое вытеснение
natural pressure ~ бескомпрессорный газлифт
piston ~ подъем поршня
plunger ~ плунжерный подъемник
pump ~ 1. высота всасывания насоса; высота подъема нагнетаемой жидкости 2. ход поршня глубинного насоса
single-string ~ однорядный подъемник
suction ~ высота всасывания
lifter 1. съемник; приспособление для подъема 2. захват; зацепка; сцепка
core ~ грунтоноска, керноподъемник
lig [lignite] лигнит, бурый уголь
LIGB [light iron grease barrel] легкая стальная бочка для смазки
Ligco *фирм.* лигнит, бурый уголь

Ligcon *фирм.* натриевая соль гуминовых кислот
light 1. свет; освещение; дневной свет || светить; освещать 2. огонь; светильник; лампа; фонарь || зажигаться, загораться 3. облегченный; легкий; легковесный 4. рыхлый, неплотный 5. холостой, без нагрузки
diving ~ фонарь водолаза
warning ~ сигнальный фонарь
Light Ash *фирм.* безводная кальцинированная сода (NA_2CO_3)
light-duty легкого [облегченного] типа; маломощный
light-gage малого сечения
lignin лигнин (*составное вещество стенок древесных клеток*)
lignite лигнит, бурый уголь
chrome ~ хромлигнит
lignocellulose лигноцеллюлоза
Lig-No-Sol *фирм.* модифицированный лигносульфонат
lignosulfonate лигносульфонат
calcium ~ лигносульфонат кальция
chrome ~ лигносульфонат хрома, хромлигносульфонат
ferrochrome ~ феррохромлигносульфонат
Ligno Thin *фирм.* щелочная вытяжка бурого угля (*аналог углещелочного реагента*)
Lignox *фирм.* кальциевый лигносульфонат
LIH [left in hole] оставленный в стволе скважины (*об инструменте, бурильных трубах*)
lim 1. [limit] граница; предел 2. [limonite] лимонит
Lima *фирм.* гидратированная [гашеная] известь
lime 1. известь, гидроксид кальция ($Ca(OH)_2$) 2. известняк
hard ~ твердый известняк
hydrated ~ гашеная известь
hydraulic ~ гидравлическая известь
quick ~ негашеная известь
slaked ~ *см.* hydrated lime
limestone известняк
asphaltic ~ асфальтовый известняк
bituminous ~ битуминозный известняк
granular ~ зернистый известняк
shaly ~ сланцевый известняк
shell ~ раковистый известняк; известняк-ракушечник
limit 1. граница; предел || ограничивать; ставить предел 2. допуск 3. интервал значений
~ of accuracy предел точности
~ of elasticity предел упругости
~ of error предел погрешности
~ of inflammability предел воспламеняемости
~ of pool граница распространения залежи
~ of proportionality *см.* proportional limit
~ of sensibility порог [предел] чувствительности
~ of stability граница устойчивости
~s of tolerance предельная норма; пределы допуска

area ~s площадь распространения, контур (нефтеносности)
casing running ~ ограничения по спуску обсадной колонны
composition ~s пределы содержания
creep(ing) ~ предел ползучести
drilling ~ ограничение бурения (*напр. по погодным условиям*)
economic ~ экономический предел (*эксплуатации*)
elastic ~ предел упругости
endurance ~ предел усталости (*металла*); предел выносливости
explosivity ~s пределы взрываемости
fatigue ~ *см.* endurance limit
heating ~ тепловой предел (*ограничивающий мощность машины*)
hoisting ~ предел подъема
load ~ предельная нагрузка, предел нагрузки
lower ~ нижний предел
operating ~ эксплуатационные ограничения; ограничение по эксплуатации
plastic ~ предел пластичности
pressure ~ предельное давление, предел давления
proportional ~ предел пропорциональности
pumping ~ предел прокачиваемости насосом
speed ~ предел частоты вращения; предел скорости
survival ~ предел «выживания» (*ограничения по погоде*)
temperature ~ предельная температура, температурный барьер
test ~s условия испытания
torsional endurance ~ предел усталости при кручении
tripping ~s ограничения спускоподъемных операций
ultimate stress ~ предельное [разрушающее] напряжение
upper elastic ~ верхний предел упругости
yield ~ предел текучести

limitation 1. ограничение; предел 2. рабочие размеры 3. *pl* недостатки
~ of a method пределы применения метода
operating ~s ограничения в режиме работы
scale ~ 1. пределы шкалы прибора 2. масштабные ограничения (*при моделировании процесса*)

limiter ограничитель
boom angle ~ ограничитель угла наклона стрелы (*крана полупогружной буровой платформы*)

lin 1. [linear] а) линейный; продольный б) погонный 2. [liner] обсадная колонна-хвостовик

line 1. линия (*в разных значениях*) 2. черта, штрих 3. кривая (*на диаграмме*) 4. очертания, контур 5. граница, предел 6. талевый канат; струна талевой оснастки; трос 7. путь; линия; дорога 8. магистраль; трубопровод 9. обкладка; облицовка; футеровка || обкладывать; облицовывать; футеровать 10. устанавливать соосно; устанавливать в одну линию
~ and tack центрировать трубы
~ in выверять положение станка (*для забуривания скважины под заданным вертикальным и азимутальным углами*)
~ of bearing 1. азимутальное направление наклонной скважины 2. направление простирания пласта
~ of centers центровая линия; прямая, соединяющая центры, линия центров
~ of correlation *геол.* корреляционная линия (*на разрезе*)
~ of deflection линия прогиба
~ of dip 1. направление наклона скважины 2. направление падения пласта
~ of dislocation линия дислокации
~s of force силовые линии
~ of intersection линия пересечения
~ of least resistance линия наименьшего сопротивления
~ of pumps размерный ряд насосов
~ of scattering направление рассеивания
~ of welding линия сварки, ось шва
~ the hole крепить скважину (*обсадной колонной*)
~ up центрировать; прокладывать линию; располагать на одной оси; выравнивать
~ with casing крепить (*скважину*) обсадными трубами
absorption ~ линия спектра поглощения
aclinic ~ аклиническая кривая
admission ~ 1. линия впуска; линия всасывания 2. подводящий трубопровод
anchor ~ оттяжка, растяжка, якорный канат
backwash ~ линия для обратной промывки
bailing ~ тартальный [чистильный] канат
base ~ 1. основная [базисная] линия 2. *pl* линии, от которых ведется счет рядов земельных участков (*в США*)
big inch ~ трубопровод большого диаметра
bleeder ~ спускной трубопровод
bleed-off ~ *см.* bleeder line
blooie ~ выкидная линия (*для выбуренной породы при бурении с очисткой забоя воздухом*)
booster ~ вспомогательная линия (*на водоотделяющей колонне для подачи в ее нижнюю часть бурового раствора с целью увеличения скорости восходящего потока раствора и лучшего выноса выбуренной породы*)
borehole ~ колонна обсадных труб (*в скважине*)
boundary ~ линия раздела; граница; пограничная линия
broken ~ пунктирная линия; ломаная линия
buried pipe ~ подземный трубопровод
casing ~ талевый канат для операций с обсадными трубами

line

cathead ~ канат для работы со шпилевой катушкой, катушечный канат, легость
center ~ центральная линия, ось
choke ~ штуцерная линия (*трубопровод на блоке превенторов и водоотделяющей колонне, служащий для регулирования давления в скважине*)
circulation booster ~ вспомогательная циркуляционная линия (*на водоотделяющей колонне для подачи в ее нижнюю часть бурового раствора с целью увеличения скорости восходящего потока раствора и улучшения выноса выбуренной породы*)
coated pipe ~ изолированный трубопровод
coil type kill and choke flexible steel ~s спиральные стальные трубы линий штуцерной и глушения скважины (*для компенсации поворотов морского стояка*)
compressed air ~ воздухопровод (сжатого воздуха)
contact ~s контактные линии (*линии границ геологических формаций разных возрастов*)
contour ~ горизонталь, изолиния; контурная линия
current ~ линия потока, линия течения
dash and dot ~ штрихпунктирная линия
dashed ~ пунктирная линия
datum ~ исходная линия; линия начала отсчета
dead ~ неподвижный [«мертвый»] конец талевого каната
delivery ~ 1. выкидная линия; трубопровод, идущий от скважины к сепаратору 2. нагнетательный [напорный, подающий, питающий] трубопровод 3. ход [такт] всасывания на диаграмме
dimension ~ размерная линия (*на чертеже*)
discharge ~ выкидная линия (*насоса*); сливной [разгрузочный] трубопровод
displacement ~ линия смещения
diverter ~ отводная линия (*от отводного устройства к газосепаратору*)
dotted ~ пунктирная линия
downstream ~ напорная [нагнетательная] линия
drilling ~ талевый канат, струна оснастки талевого блока
edge water ~ контур краевой воды
edge-water flooding ~ линия законтурного заводнения
encroachment ~ линия фронта наступающей воды; контур краевой воды
equal space ~s линия равных интервалов изохоры
exhaust ~ отводная линия, линия выпуска
fast ~ ходовая струна талевого каната
feed ~ сырьевой трубопровод
feeder ~ питающая линия (*в подводной морской эксплуатационной системе*); главный распределительный трубопровод (*сети трубопроводов, перекачивающих газ*)

filling ~ наливной трубопровод
fill-up ~ линия долива скважины (*с целью замещения объема тела бурильной колонны, поднятой из скважины*)
firing ~ 1. подвижной участок фронта нефтепроводных работ 2. противопожарный трубопровод
flare ~ факельная линия, линия отвода газа для сжигания (*факелом*)
flexible production ~ гибкий эксплуатационный трубопровод
flow ~ 1. выкидная линия; трубопровод, идущий от скважины к сепаратору 2. напорный [нагнетательный, подающий, питающий] трубопровод 3. сточный трубопровод 4. линия скольжения [сдвига]
gas ~ 1. газопровод 2. бензопровод
gas pipe ~ *см.* gas line
gathering ~s сборные линии; линии, идущие от скважины к резервуару
grade ~ линия продольного профиля (*трассы трубопровода*)
gravity ~ самотечный трубопровод
guy ~s оттяжки, ванты, расчалки
high-tension ~ сеть высокого напряжения
hydraulic ~ гидравлическая линия
injection ~ линия для закачки (*инструмента в подводную скважину*)
inlet ~ подводящий трубопровод
insulated pipe ~ изолированный трубопровод
intake ~ приемная [всасывающая] линия
integral choke and kill ~s линии штуцерная и глушения скважины (*изготовленные заодно с секциями водоотделяющей колонны*)
isosalinity ~ линия равной солености
jerk ~ канат для работы на катушке лебедки вращательного бурения
jetting ~ шланг для гидроструйного размыва (*грунта дна моря*)
kill ~ линия (подводящая раствор для) глушения скважины
lang lay ~ трос, в котором стренги и проволоки свиты в одну сторону; канат продольной [прямой] свивки
lead ~ линия от скважины до мерника, приемный трубопровод; трубопровод, соединяющий буровые скважины со сборным резервуаром
lifting ~ грузоподъемный канат
live ~ ходовой конец каната
load ~ магистральная линия
loading ~ 1. наливная [загрузочная] линия 2. нефтесборочная линия
long distance pipe ~ магистральный трубопровод
low-pressure fuel feed ~ топливная магистраль низкого давления
low-pressure pipe ~ низконапорный трубопровод
main ~ 1. коллектор в сборной системе 2. магистральный трубопровод

main oil ~ магистральный нефтепровод
main refinery drainage ~ магистральная линия нефтезаводской канализации
mandrel ~ тонкий проволочный канат
master guide ~ основной направляющий канат
measuring ~ измерительный [замерный] трос
median ~ срединная демаркационная линия
mud ~ дно моря, профиль дна моря
mud return ~ растворная линия (*от насосов к стояку*)
off-stream pipe ~ трубопровод, в котором продукт не движется
oil ~ 1. маслопровод 2. нефтепровод
oil gathering ~ нефтесборная линия
oil pipe ~ нефтепровод
original water ~ первоначальный контур воды
overflow ~ сточная линия
pilot ~ управляющая линия; управляющий канал (*в многоканальном шланге гидравлического управления подводным оборудованием*)
pipe ~ трубопровод
pitch ~ центровая [делительная] линия
pod ~ канат коллектора, канат распределительной коробки (*для подъема и спуска коллектора*)
pod lock ~ канал замка коллектора (*для подачи рабочей жидкости в приводной цилиндр замка*)
power ~ 1. передаточная тяга от группового привода 2. силовая сеть; силовая линия, силовой канал
pressure ~ нагнетательный [напорный, подающий, питающий] трубопровод
production ~ поточная линия
production flow ~ эксплуатационный трубопровод (*для транспортировки продукции скважины к пункту первичной обработки*)
products pipe ~ продуктопровод
pull ~ насосная [полевая] тяга
pumping-out ~ откачивающая линия
red ~ красная линия (*напр. предельная линия на шкале контрольного прибора*)
reference ~ линия начала отсчета; линия приведения
retreiving ~ направляющий трос (*для подъема объектов со дна моря*)
rig ~ бурильный канат
riser choke ~ штуцерная линия водоотделяющей колонны
riser joint integral kill and choke ~ секция линий глушения скважины и штуцерной, выполненная заодно с секцией водоотделяющей колонны
riser kill ~ линия глушения водоотделяющей колонны
riser tensioning ~ натяжной канат водоотделяющей колонны
rod ~ насосная [полевая] тяга
rotary (drill) ~ талевый канат
sand ~ чистильный [тартальный] канат

scribed ~ метка, риска
sea ~ подводный трубопровод
seagoing pipe ~ трубопровод, проложенный по морскому дну
shale base ~ опорная линия глин (*в электрокаротаже*)
shore ~ береговая линия
shore pipe ~ береговой трубопровод
shot point ~ *сейсм.* линия пунктов взрыва
slip ~ линия скольжения [сдвига]
solid ~ сплошная линия
tapered drilling ~ проволочный канат с постепенно сужающимся диаметром
temporary guide ~ временный направляющий канат
travel ~ путь следования
trend ~ тектоническая линия
tubing ~ «трубный» канат для спуска и подъема насосно-компрессорных труб; «бесконечная» насосно-компрессорная труба
TV guide ~ направляющий канат телевизионной камеры (*для спуска камеры к подводному устью скважины*)
twin pipe ~ трубопровод в две нитки
unloading ~ сливной [разгрузочный] трубопровод
uphill ~ трубопровод, идущий в гору
upstream ~ всасывающая [приемная] линия
water ~ 1. водопровод 2. уровень воды
water flood ~ линия [трубопровод] для заводнения
water supply ~ водопровод
wire ~ талевый стальной трос
work ~ рабочий [талевый] канат

linear 1. линейный; продольный 2. погонный

liner 1. нижняя труба обсадной колонны; обсадная колонна-хвостовик; потайная колонна 2. вкладыш (*шатуна насоса*); рубашка (*бурового насоса*); втулка (*насоса*); гильза
~ of polished rod *см.* polished rod liner
bearing ~ вкладыш подшипника
blank ~ неперфорированная нижняя труба обсадной колонны
casing patch ~ внутренняя гильза [пластырь] для ремонта обсадных труб
cylinder ~ гильза цилиндра
drilling ~ буровой хвостовик
fluid ~ рубашка цилиндра насоса
fluid cylinder ~ цилиндровая втулка гидравлической части насоса
flush joint ~ фильтр с равнопроходным соединением
gravel-packed casing ~ обсадная колонна-хвостовик с гравийным фильтром
joint ~ прокладка между фланцами, уплотнение стыка
patch ~ внутренняя гильза, перекрывающая и герметизирующая поврежденное место (*колонны обсадных труб*)
perforated ~ перфорированная нижняя труба (*обсадной колонны*)

liner

pipe ~ обсадная труба; хвостовик
polished rod ~ втулка полированного штока (*глубинного насоса*)
prepacked(-gravel) ~ нижняя труба эксплуатационной обсадной колонны с заранее образованным гравийным фильтром
production ~ эксплуатационная колонна-хвостовик
pump ~ цилиндровая втулка [гильза] насоса
removable ~ вкладная [вставная] гильза
"scab" ~ изолирующий хвостовик
screen ~ перфорированный хвостовик, хвостовик с просверленными отверстиями
slotted ~ колонна-хвостовик с щелевидными отверстиями
spiral ~ спиральный хвостовик (*со спиральной канавкой по всей длине для облегчения спуска*)
stressed steel ~ гильза из напряженной стали
TV guide ~ направляющий канат телевизионной камеры
well ~ обсадная колонна-хвостовик
working barrel ~ втулка цилиндра глубинного насоса

lineshaft трансмиссионный вал лебедки вращательного [роторного] бурения
lineup центровка труб (*под сварку*)
lin ft [linear foot] линейный фут
lining 1. прокладка; обкладка; облицовка; футеровка; обшивка 2. заливка (*вкладыша подшипника*) 3. грунтовка 4. рихтовка; выпрямление, выравнивание

~ of pipes центровка труб (*под сварку*)
acid-proof ~ кислотостойкое покрытие
alkali-proof ~ щелочестойкое покрытие
brake ~ тормозная колодка
brake band ~ *см.* brake lining
cement ~ цементная облицовка
concrete ~ бетонная облицовка
gunite ~ защитное покрытие из торкретбетона
pipe inner ~ внутренняя изоляция труб
protective ~ защитная облицовка

link 1. звено (*цепи*) 2. сцепление, связь, соединение || соединять, сцеплять, связывать 3. тяга; шарнир; серьга; штроп (*элеватора*); шатун
acoustic communications ~ линия акустической связи (*в системе аварийного управления подводным устьевым оборудованием*)
chain ~ звено цепи
connecting ~ 1. штроп 2. линия связи
cross ~ поперечная связь
explosive ~ взрывное звено (*якорного устройства, предназначенного для аварийной отдачи якоря*)
looped ~ серьга; скоба
offset ~ переходное звено (*втулочно-роликовой цепи*)
pile-to-jacket ~ крепление свай к опорным фермам (*морского основания*)
repair ~ звено для временного соединения оборванной цепи
rod-line connecting ~s штропы для полевых тяг
safety ~ предохранительный штроп
towing ~ серьга буксирной сцепки
tubing connecting ~s штропы для насосно-компрессорных труб
weldless ~ бесшовный штроп

linkage 1. сцепление; соединение; связь 2. рычажный механизм, рычажная передача 3. эл. потокосцепление, полный поток индукции 4. сбойка (*между скважинами*)
electrical ~ электрическая система связи

linked сопряженный; сочлененный; соединенный; связанный

linking сопряжение; сочленение; соединение; связь

linkwork 1. распределительные рычаги (*механизма клапанного распределения*) 2. шарнирный механизм

lip 1. буртик; выступ; фланец; край 2. режущая кромка; режущее ребро. 3. резак

liq [liquid] жидкость || жидкий

liqfтn [liquefaction] сжижение, ожижение; разжижение

liquate 1. плавиться 2. сжижаться 3. ликвировать

liquation 1. сжижение (*газа*) 2. ликвация

liquefaction сжижение, ожижение; разжижение

~ of gases сжижение газов

liquefy сжижать; превращать в жидкое состояние

liquid жидкость || жидкий; жидкостный
asphaltic ~ жидкий асфальт
bulk ~s жидкие продукты, хранимые в резервуарах
corroding ~ агрессивная жидкость; жидкая агрессивная среда
discharged ~ вытесненная жидкость; отработанная жидкость
hydraulic ~ (рабочая) гидравлическая жидкость
immiscible ~s несмешивающиеся жидкости
inflammable ~ легковоспламеняющаяся [огнеопасная, горючая] жидкость
lubricating ~ жидкая смазка
natural gas ~s газоконденсатные жидкости, жидкости из природного газа (*газовый бензин, сжиженные нефтяные газы, продукты рециркуляции*)
single ~ однородная жидкость
solvent ~ жидкий растворитель
thick ~ вязкая жидкость

liquor 1. жидкость, раствор 2. щелок
acid ~ кислый раствор
alkali ~ щелочной раствор
sulfite-waste ~ сульфит-спиртовая барда, ССБ

lit. [liter] литр, л

litharge свинцовый глет, оксид свинца (*утяжелитель для бурового раствора*)

litho [lithographic] литографический

lithoclase литоклаз (*трещина в породе*)
lithogenesis литогенез
lithological литологический
lithology литология
   heterogeneous ~ литологически неоднородный разрез
litmus (paper) лакмусовая бумага, лакмус
littoral литоральный, прибрежный
live 1. *эл.* находящийся под напряжением 2. переменный, временный (*о нагрузке*)
LJ [lap joint] соединение внахлестку
lk 1. [leak] а) утечка; течь б) неплотное соединение 2. [lock] а) замок б) стопор
LLC [liquid level controller] регулятор уровня жидкости
LLG [liquid level gage] указатель уровня жидкости
lm [lime] 1. известь 2. известняк
L Mn [lower Menard] *геол.* нижний менард (*свита отдела честер миссисипской системы*)
l m t [length-mass-time] длина – масса – время
LMTD [log mean temperature difference] разность средних температур, определенная при температурном каротаже
lmy [limy] 1. известковый 2. мутный
lmy sh [limy shale] известковистый сланец
LNG [liquefied natural gas] сжиженный природный газ, СПГ
Lnr [liner] обсадная колонна-хвостовик
lns [lens] *геол.* линза, чечевица (*форма залежи*)
LO 1. [load oil] нефть, закачиваемая в скважину при гидроразрыве 2. [lubricating oil] смазочное масло
load 1. груз; загрузка || грузить; загружать 2. нагрузка || нагружать 3. заряд; забойка (*скважинного заряда водой или буровым раствором*) || заряжать 4. *pl* отдельные блоки передвижного оборудования
   ~ on the bit нагрузка на долото (*при бурении*)
   ~ on top загрузка нефти в танкер методом «нефть сверху»
   ~ the well with fluid заполнять скважину жидкостью
   actual ~ действующая нагрузка; полезная нагрузка
   admissible hook ~ допускаемая нагрузка на крюк
   allowable ~ допустимая нагрузка
   alternating ~ знакопеременная нагрузка
   axial ~ осевое усилие, осевая нагрузка
   back ~ обратный груз (*отправленный на базу снабжения с буровой установки*)
   balanced ~ симметричная нагрузка
   balancing ~ уравновешивающая нагрузка
   basic ~ нормативная нагрузка; основная нагрузка
   bearing ~ нагрузка на подшипники
   bending ~ изгибающая нагрузка
   bit ~ нагрузка на долото (*при бурении*)
   brake ~ тормозная нагрузка
   breaking ~ разрушающая нагрузка; разрывное усилие
   buckling ~ нагрузка, вызывающая продольный изгиб
   burst ~ предельная [критическая] нагрузка
   changing ~ переменная нагрузка; динамическая нагрузка
   compensating hook ~ компенсируемая нагрузка на крюке
   compression ~ сжимающая нагрузка
   concentrated ~ сосредоточенная нагрузка
   connected ~ присоединенная [подключенная] нагрузка
   continuous ~ постоянно действующая нагрузка; равномерно распределенная нагрузка
   dead ~ статическая нагрузка; собственный вес
   design ~ *см.* rated load
   discontinuous ~ быстроменяющаяся нагрузка
   distributed ~ распределенная нагрузка
   diverter ~ отводная линия, линия от отводного устройства к газовому сепаратору
   dynamic ~ динамическая нагрузка
   earthquake ~ сейсмическая нагрузка
   elastic ~ нагрузка, создающая напряжения ниже предела упругости
   erection ~ подъемная нагрузка
   even ~ *см.* distributed load
   excess ~ перегрузка, чрезмерная нагрузка
   fluid ~ нагрузка на жидкость
   fractional ~ частичная [неполная] нагрузка
   full ~ полная [предельная] нагрузка; полный заряд
   gust ~ нагрузка от порывов ветра; ветровая нагрузка
   hook ~ нагрузка на крюк
   impact ~ ударная нагрузка
   impact allowance ~ допускаемая ударная нагрузка
   impulsive ~ *см.* impact load
   initial ~ предварительная [начальная] нагрузка
   installed ~ присоединенная [подключенная] нагрузка
   instantaneous ~ мгновенная [кратковременная] нагрузка
   intermittent ~ повторно-кратковременная нагрузка
   light ~ неполная [частичная] нагрузка
   linear ~ нагрузка на погонную единицу длины
   live ~ переменная нагрузка; динамическая нагрузка
   maximum ~ предельно допустимая нагрузка; пиковая [максимальная] нагрузка
   momentary ~ *см.* instantaneous load
   net ~ полезная нагрузка; полезный вес; рабочий груз; вес нетто
   normal ~ *см.* rated load
   operating ~ рабочая [эксплуатационная] нагрузка; полезная нагрузка

load

overburden ~ горное давление; давление вышележащих пород
partial ~ частичная [частично распределенная] нагрузка
peak ~ пиковая [максимальная] нагрузка
permanent ~ постоянная (по величине) нагрузка
point ~ сосредоточенная нагрузка
polished rod ~ нагрузка на полированный шток
pressure ~ напряжение сжатия
proof ~ пробная максимальная нагрузка при испытании
pulsating ~ толчкообразная нагрузка
pump ~ общее гидравлическое сопротивление, преодолеваемое насосом
quiescent ~ *см.* static load
radial ~ радиальная нагрузка
rated ~ расчетная [номинальная] нагрузка
reactive ~ реактивная нагрузка
repeated ~ повторная нагрузка
resultant ~ результирующая нагрузка
reversal ~ *см.* alternating load
safe ~ допустимая нагрузка; безопасная нагрузка
safe bearing ~ допустимая нагрузка
service ~ рабочая [эксплуатационная] нагрузка; полезная нагрузка
shear ~ срезывающее усилие
shock ~ *см.* impact load
single ~ сосредоточенная нагрузка
single point ~ *см.* single load
specified ~ *см.* rated load
static ~ статическая нагрузка
tanker ~ налив танкера
tensile ~ растягивающее [разрывное] усилие
tension failure ~ разрушающая [растягивающая] нагрузка
test ~ нагрузка при испытании
thrust ~ осевая нагрузка
torque ~ скручивающая нагрузка; нагрузка, создаваемая крутящим моментом
torsional ~ *см.* torque load
total ~ 1. общий вес; вес брутто 2. полная нагрузка
trial ~ пробная нагрузка
ultimate ~ предельная [критическая] нагрузка
unbalanced ~ неуравновешенная нагрузка; неравномерная нагрузка
uncompensated ~ неуравновешенная нагрузка
uniform ~ равномерно распределенная нагрузка
uniformly distributed ~ *см.* uniform load
unit ~ удельная нагрузка, нагрузка на единицу площади
unit wind ~ удельная ветровая нагрузка
useful ~ полезная нагрузка; грузоподъемность
variable ~ переменная нагрузка
variable deck ~ переменная палубная нагрузка
wind ~ ветровая нагрузка
working ~ *см.* operating load

load-bearing несущий нагрузку

loaded 1. нагруженный 2. заряженный

loading 1. нагрузка 2. погрузка, загрузка 3. зарядка, заряжение (*шпуров, скважин*)
~ in bulk нагрузка насыпью *или* навалом
back ~ погрузка обратного груза
bottom ~ налив снизу
elastic ~ нагрузка, создающая напряжения ниже предела упругости
external ~ внешняя нагрузка
fatigue ~ нагрузка, вызывающая усталость (*материала*)
plastic ~ нагрузка, вызывающая пластическую деформацию
power ~ нагрузка на единицу мощности; силовая нагрузка
tensile ~ растягивающая нагрузка
top ~ налив сверху

loading-pear погрузочный пирс
dolphin ~ плавучий погрузочный пирс

loam суглинок; молодая глина; нечистая глина; жирная глина; иловка

loc 1. [local] местный 2. [locality] местность 3. [located] расположенный 4. [location] местоположение

loc abnd [location abandoned] оставленная буровая площадка

local 1. местный 2. частный

locality местность; район; участок

localization локализация; определение местонахождения

localize локализовать; определять местонахождение

locate 1. обнаруживать; устанавливать 2. определять местоположение 3. ограничивать, оконтуривать 4. располагать, размещать 5. трассировать

locating 1. местонахождение, определение места 2. установочный

location 1. локация, определение местоположения 2. место; положение 3. точка *или* место заложения [расположения] скважины 4. размещение, расположение 5. трассирование
~ of oil reserves размещение запасов нефти
~ of well расположение скважины; выбор места для бурения скважины
abandoned ~ ликвидированная буровая; оставленная буровая площадка
acoustic ~ акустическая локация
bottom-hole ~ местонахождение забоя
flank ~ расположение скважин на крыле складки
position ~ определение местоположения
proposed bottom-hole ~ предполагаемое местонахождение забоя
surface ~ поверхностная позиция
target ~ местоположение объекта бурения

well ~ местоположение [местонахождение] скважины
locator 1. фиксатор; контрольный штифт 2. локатор; искатель; уловитель (*шума*)
casing collar ~ локатор муфт обсадной колонны
collar ~ *см.* casing collar
magnetic casing collar ~ магнитный локатор муфт обсадной колонны
pipe ~ прибор для обнаружения старых заглубленных трубопроводов, трубоискатель
tool joint ~ локатор замков бурильной колонны (*для определения положения замка бурильной трубы относительно плашек подводных превенторов*)
loc gr [location graded] снивелированная буровая площадка
lock 1. замок; затвор; запор; защелка || запирать; затворять; защелкивать 2. стопор, стопорное приспособление || стопорить 3. блокировка || блокировать 4. поворот (*ручки управления*) до отказа 5. сцеплять; соединять; закреплять
air ~ воздушный шлюз
clutch ~ 1. замыкание [сцепление] муфты 2. замок
gas ~ газовая пробка
inner barrel ~ замок внутренней трубы (*телескопической секции водоотделяющей колонны*)
male riser ~ ниппель соединения водоотделяющей колонны *или* морского стояка; охватываемая часть соединения водоотделяющей колонны (*для стыковки секций водоотделяющей колонны*)
nut ~ контргайка; стопорная гайка; гаечный замок
wedge ~ клиновой фиксатор (*для фиксации положения плашек при их закрытии*)
locker отсек, камера, шкафчик
chain ~ отсек для якорных цепей
locking 1. запирание; замыкание; застопоривание || стопорный 2. блокировка 3. замыкающий механизм; сцепляющий механизм
mechanical ~ механическая блокировка
locus 1. местоположение 2. траектория 3. геометрическое место точек; графическое изображение движения 4. годограф
lodged заклиненный (*напр. керн*)
log 1. журнал; регистрация; запись 2. буровой журнал, журнал буровой скважины 3. геологический разрез 4. каротажная диаграмма || проводить каротаж 5. *разг.* вращение снаряда без углубления
~ a well проводить каротаж
~ of hole 1. буровая колонка 2. *геол.* разрез по данным бурения
acoustic cement-bond ~ акустический каротаж контроля качества цементирования
boring ~ *см.* log 2.
caliper ~ кавернограмма
cement bond ~ цементограмма

chlorine ~ хлор-каротаж
contact ~ диаграмма микрозондирования
continuous velocity ~ диаграмма акустического каротажа по скорости
current focusing ~ каротаж с использованием фокусировки тока
density ~ диаграмма плотностного каротажа
diving ~ водолазный журнал
drill ~ *см.* driller's log
driller's ~ 1. журнал буровой скважины, буровой журнал 2. разрез буровой скважины по данным бурения
drilling time ~ диаграмма скорости проходки; диаграмма механического каротажа
electric ~ электрокаротажная диаграмма
flowmeter ~ расходометрия, дебитометрия
fracture-evaluation ~ каротаж с целью оценки пористости
gamma-ray ~ диаграмма гамма-каротажа
graphic ~ литологический разрез скважины
guard electrode ~ электрокаротаж с охранным *или* экранированным электродом (*разновидность метода СЭЗ с управляемым током*)
induction electrical ~ индукционный каротаж
noise ~ шумовой каротаж
permeability profile ~ профиль проницаемости
profile ~ of water injection well профиль приемистости нагнетательной скважины
radioactivity ~ диаграмма радиоактивного каротажа
rate-of-penetration ~ каротаж механической скорости проходки
sieve residue ~ каротаж по выбуренной породе
sonic ~ акустический каротаж
sonic cement bond ~ акустическая цементометрия
thermal decay time ~ каротаж методом измерения времени термического распада
usable ~ доброкачественная диаграмма каротажа
well ~ *см.* driller's log
well test ~ метод [система] регистрации основных параметров, контролируемых при пробной эксплуатации скважин
logger 1. прибор для каротажа 2. регистратор, регистрирующий прибор
logging 1. каротаж; скважинные исследования 2. запись, регистрация (*показаний приборов*) 3. запись в журнале
acoustic amplitude ~ акустический каротаж по затуханию
acoustic well ~ акустический каротаж скважины
activation ~ активационный каротаж
activation neutron gamma-ray ~ активационный нейтронный гамма-каротаж
automatic ~ автоматическая регистрация (*результатов измерений или испытаний*)

logging

borehole televiewer ~ исследование скважины акустическим телевизором
caliper ~ снятие каверногра́ммы
cased-hole ~ каротаж в обсаженном стволе скважины
cement bond ~ цементометрия
cement-bond acoustic ~ акустическая цементометрия
density ~ плотностной каротаж
direct digital ~ дискретная система непосредственного получения каротажных диаграмм *или* результатов измерений
downhole ~ промысловые геофизические работы
drilling-mud ~ регистрация свойств бурового раствора
electric ~ электрокаротаж, электрометрия (*скважин*)
electronic casing-caliper ~ измерение диаметра обсадных труб в скважине электромагнитным методом
evaluation ~ каротаж, проводимый с целью определения продуктивности пласта
gamma-gamma ~ гамма-гамма каротаж
gamma-ray ~ гамма-каротаж
induction ~ индукционный каротаж
multispaced neutron ~ нейтронный каротаж с различным расстоянием между источником нейтронов и индикатором излучения
neutron ~ нейтронный каротаж, нейтронометрия (*скважин*)
neutron-Brons ~ брон-нейтронный каротаж; нейтрон-нейтронный каротаж
neutron-neutron ~ нейтрон-нейтронный каротаж
nuclear magnetic ~ ядерный магнитный каротаж
pulsed neutron capture ~ каротаж методом захвата импульсных нейтронов
radiation ~ радиоактивный каротаж
resistivity ~ каротаж по методу сопротивления
shielded-electrode ~ каротаж с экранированными электродами
sound ~ сейсмокаротаж, акустический каротаж
well ~ каротаж; географические исследования в скважине
well radioactivity ~ радиоактивный каротаж скважин
logistics логистика, материально-техническое обеспечение
Loloss *фирм.* смола-флокулянт
long 1. [longitude] (географическая) долгота 2. [longitudinal] продольный
longitude (географическая) долгота
longitudinal продольный
loop 1. обводная линия; обводной трубопровод 2. петля; дужка, скоба 3. *геофиз.* спира
choke and kill line flex ~s гибкие обводные трубы линий штуцерной и глушения скважины

expansion ~ дугообразный температурный компенсатор (*горячего трубопровода*); расширительная *или* уравнительная петля в трубопроводе
fire ~ обводная линия противопожарной защиты
flowline ~ подводная фонтанная арматура с петлеобразными выкидами
TFL ~s петли для закачки инструмента через выкидные линии
underwater tree flowline ~s петлеобразные выбросы подводной фонтанной арматуры (*для вертикального ввода в скважину специального инструмента*)
unit ground ~ единичный контур циркуляции индуктированных токов в породе (*в индукционном каротаже*)
loose 1. свободный, свободно [неплотно] сидящий; соединенный нежестко; разболтанный; незатянутый; ненатянутый 2. съемный; разъемный; вставной 3. рыхлый; сыпучий (*о горной породе*)
loosen 1. освобождать (*напр. застрявший в скважине инструмент*) 2. ослаблять, отпускать; откреплять; расшатывать
loosened отделившийся, разрушившийся, несвязанный, слабый (*о грунте, породе*)
loss 1. потеря; *pl* потери 2. убыток; ущерб; урон 3. *геол.* вынос, потеря (*при выветривании*), смыв
~es due to leakage потери вследствие утечки
~ in bends потеря (*напора*) от трения в коленах труб и отводах
~ in head падение [потеря] напора
~ of circulation потеря [уход] циркуляции; уход [поглощение] бурового раствора
~ of fluid into the formation уход бурового раствора в пласт
~ of head *см.* loss in head
~ of life сокращение срока службы
~es of petroleum products потери нефтепродуктов (*при хранении, транспортировке*)
~ of phase выключение [обрыв] одной фазы
~ of pressure падение давления
~ of returns потеря [уход] циркуляции; уход [поглощение] бурового раствора
absorption ~ потери вследствие абсорбции
API fluid ~ водоотдача, измеряемая по методике АНИ
average filling ~es средние потери от больших «дыханий» (*резервуара*)
breather ~es потери от «дыхания» резервуаров
breathing ~ *см.* breather loss
circulation ~ *см.* loss of circulation
contraction ~es потери напора в результате уменьшения сечения трубы
corrosion ~es коррозионные потери
discharge ~es потери при выкиде
discharge pipe ~es (гидравлические) потери на напорной [нагнетательной] линии
drilling mud ~es потери бурового раствора

dynamic fluid ~ водоотдача в динамических условиях
entrance ~es потери на входе
evaporation ~es потери от испарения
filter ~es фильтрация, водоотдача
filtration ~es фильтрационные потери (*воды из бурового раствора в окружающую пористую породу*)
fluid ~ 1. фильтрация, водоотдача 2. поглощение промывочной жидкости
friction ~es потери на трение
fuel tank ~ потери топлива испарением из бака
gage ~ износ (*напр. долота*)
gas ~ утечка газа, потери паров бензина
head ~ падение [потеря] напора
heat ~es тепловые потери, теплоотдача
inlet ~ *см.* entrance loss
invisible ~es невидимые потери, потери от испарения
leakage ~es потери в результате утечки
line ~es потери в линии
low water ~ низкая водоотдача
no-load ~es потери при холостом ходе
oil shrinkage ~es потери нефти при испарении
oil stock ~es потери нефтепродуктов при хранении
power ~ потеря [падение] мощности; снижение мощности
pressure ~ потеря [падение] давления
pumping ~es потери при перекачке, потери от больших «дыханий» (*при сливе — наливе горючего в резервуар*)
relaxed fluid ~ нефтяной фильтрат бурового раствора
storage ~es потери при хранении
thermal ~es тепловые потери, теплоотдача
total pressure ~ суммарная потеря давления
underground ~es подземные потери
water ~ *см.* fluid loss
LOT [leak-off test] тестирование на утечку
Lo-Wate *фирм.* карбонат кальция (*утяжелитель для буровых растворов на углеводородной основе*)
low-density малой плотности, малого удельного веса
low-duty маломощный, с легким режимом работы; легкого типа
lower спускать, опускать; понижать, снижать
~ into the well спускать в скважину (*трубы, инструмент*)
lowering опускание; спуск; понижение || опускающийся; спускающийся; понижающийся
~ in опускание (*трубопровода*) в траншею
~ the casing спуск обсадных труб
low-gravity с малым удельным весом, малой плотности
low-octane низкооктановый (*о бензине*)
low-pressure низконапорный (*о трубопроводе*)
low-voltage низковольтный
LP 1. [Lodge Pole] *геол.* лодж-пол (*свита нижнего отдела миссисипской системы*) 2.

[long period] *сейсм.* длиннопериодная волна 3. [low pressure] низкое давление
L. P. [line pipe] линейный трубопровод
lp [loop] 1. обводная линия 2. петля
LPG, lpg [liquefied petroleum gas] сжиженный нефтяной газ, СНГ
LP gas [liquefied petroleum gas] сжиженный нефтяной газ, СНГ
LP sep [low pressure separator] сепаратор низкого давления
LR 1. [level recorder] регистратор уровня 2. [long radius] большой радиус
LRC [level recorder controller] контроллер регистратора уровня
ls [limestones] известняки
LSB [least significant bit] наименьший значащий разряд числа
LSD [light steel drum] легкая стальная бочка
lse [lease] аренда || арендовать
LSI [liquid scale inhibitor] жидкий ингибитор окалинообразования
LSM [landing ship, medium] десантная баржа среднего размера (*для обслуживания морских буровых*)
LSN [low-solids nondispersed] недисперсный с низким содержанием твердой фазы (*раствор*)
LSRP [long stroke rod pump] длинноходовой вставной штанговый насос
LSS 1. [life-saving service] служба спасения на водах 2. [long spaced sonic (log)] акустический каротаж с большой базой
LT [low tension] низкое электрическое напряжение
lt [light] легкий
LTBO [low-toxicity-base oils] масла малотоксичного основания
LT & C [long thread and collar] длинная резьба и муфта (*обсадных труб*)
LTD [log total depth] конечная глубина каротажа
ltg [lighting] освещение
LTOBM [low toxicity oil-based mud] низкотоксичный буровой раствор на нефтяной основе
LTPF [low tension polymer flood] заводнение полимером с низким поверхностным натяжением
LTS [low temperature separation unit] низкотемпературный сепаратор
LTSD [low temperature shutdown] простой оборудования из-за холодной погоды
L Tus [lower Tuscaloosa] *геол.* нижняя тускалуса (*подразделение серии галф меловой системы*)
LTX unit [low temperature extraction unit] низкотемпературный экстракционный аппарат
LU [lease use] используемый на арендованной площади
lub 1. [lubricant] смазочный материал, смазка 2. [lubricate] смазывать 3. [lubrication] смазка, смазывание

lube 1. машинное масло 2. смазочный материал, смазка
Lube-Flow *фирм.* ингибитор неустойчивых глин
Lube-Kote *фирм.* серебристый графит (*понизитель трения и смазывающая добавка*)
Lubetex *фирм.* понизитель трения для буровых растворов и жидкостей (*для ремонта и заканчивания скважин*)
luboil смазочное масло
lubricant смазочный материал, смазка
  extreme pressure ~ противозадирная смазка
  grease ~ густая [консистентная] смазка
  liquid ~ жидкая смазка
  rope ~ смазка для канатов
  water soluble ~ водорастворимое масло (*специальный концентрат для приготовления рабочей жидкости для системы гидравлического управления подводным устьевым оборудованием*)
lubricate 1. смазывать 2. *разг.* задавить [залить] скважину глинистым раствором
lubricating смазочный
lubrication смазка, смазывание; подача смазки
  atomized ~ смазка распылением
  forced ~ смазка под давлением; автоматическая смазка
  mist ~ смазка распылением
  mud ~ глушение скважины буровым раствором
  power ~ механическая смазка под давлением
  pressure ~ принудительная смазка, смазка под давлением
lubricator лубрикатор, маслёнка; смазочное устройство
  casing wireline ~ лубрикатор, спускаемый в обсадную колонну на канате
  force-feed ~ лубрикатор, подающий смазку под давлением
  mud ~ лубрикатор для глушения скважины буровым раствором
  sight-feed ~ капельная маслёнка
  tubing wireline ~ проволочный лубрикатор для насосно-компрессорных труб
lubricity маслянистость; смазывающая способность, смазочное свойство
Lubri-Film *фирм.* смазывающая добавка
Lubri-Sal *фирм.* тугоплавкая смазывающая добавка
lucid прозрачный; ясный
lucite люцит — органическое стекло, полиметакрилат
lug 1. выступ, лапа, прилив, утолщение, бобышка 2. кронштейн 3. шип 4. зуб (*муфты*) 5. ушко, проушина; подвеска 6. язычок 7. ручка 8. наконечник 9. зажим, хомутик 10. патрубок 11. *pl* стопорные устройства 12. таскать, волочить; дергать
  breaker ~s выступы на доске для отвинчивания долота
  reaming ~ прилив (*на детали*)
lug-latch защелка

Lumnite *фирм.* кальциево-алюминатный [глиноземистый] цемент
LV 1. [liquid volume] объем жидкости 2. [low voltage] низкое электрическое напряжение
LVI [low viscosity index] показатель низкой вязкости
LVL [low velocity layer] зона малых скоростей
lvl [level] уровень
LW 1. [lap welded] внахлестку 2. [load water] вода, закачиваемая в скважину при гидроразрыве
LWD [logging while drilling] каротаж в ходе бурения
LWDP [light weight drill pipe] бурильная труба облегченного веса, облегченная бурильная труба
LWL [low water loss] низкая водоотдача
lying:
  deep ~ глубокозалегающий
lyr [layer] слой, пласт; прослой

M

M 1. [mega-] мега- 2. [member] член общества 3. [meridian] меридиан 4. [module] модуль
M/ [middle] средний
m 1. [metal] металл 2. [meter] метр 3. [micro-] микро- 4. [mile] миля 5. [milli-] милли- 6. [minute] минута 7. [module] модуль
MA 1. [massive anhydrite] мощная свита ангидритов 2. [milliampere] миллиампер 3. [mud acid] глинокислота, грязевая кислота
ma индекс, обозначающий скелет породы
MAC [mobile Arctic caisson] передвижной арктический кессон
macadam равномернозернистый, состоящий из зерен одинаковой величины
macaroni *проф.* насосно-компрессорные трубы малого диаметра
mach [machine] 1. машина, механизм; двигатель 2. станок
machine 1. машина, механизм; двигатель 2. станок || обрабатывать на станке; подвергать механической обработке 3. агрегат; механизм 4. транспортное средство
  abrasion testing ~ устройство для проверки износа от истирания
  air-operated ~ машина с пневматическим приводом
  arc-welding ~ 1. машина для дуговой сварки 2. сварочный генератор; сварочный преобразователь 3. дуговой сварочный автомат, автомат для дуговой сварки
  automatic ~ автомат
  automatic arc-welding ~ дуговой сварочный автомат, автомат для дуговой сварки

automatic welding ~ сварочный автомат, автоматическая сварочная машина
bag filling ~ машина для упаковки (*цемента и химреагентов*) в мешки
bailing ~ передвижной тартальный барабан
bit-grinding ~ бурозаправочный станок
boring ~ бурильная установка; буровой станок
cement-testing ~ машина для испытания цемента
centrifugal mud ~ центробежный сепаратор для очистки бурового раствора
clean-out ~ станок для очистки скважины
compression testing ~ испытательный пресс
core-drilling ~ установка для колонкового бурения
data processing ~ устройство [машина] для обработки технологических производственных показателей
DC welding ~ сварочная машина постоянного тока; сварочный преобразователь
direct stress ~ машина для испытания осевой нагрузке; машина для испытания на растяжение— сжатие
ditching ~ канавокопатель, траншеекопатель
dressing ~ машина для заправки долот
drilling ~ 1. бурильная машина 2. сверлильный станок
external water-feed ~ бурильный молоток для бурения с боковой промывкой
fatigue testing ~ машина для испытания на усталость
gas tapping ~ аппарат для сверления и нарезки отверстий в действующих газопроводах
hardness testing ~ машина для испытания на твердость
hoisting ~ грузоподъемный механизм
impact ~ ударный копер
internal water-feed ~ бурильный молоток для бурения с осевой промывкой
jet piercing ~ устройство для проходки пород при помощи высокотемпературной огневой струи
line travel wrapping ~ машина для изоляции трубопроводов
milling ~ фрезерный станок
mortar-mixing ~ растворомешалка
pipe-bending ~ гибочный станок для труб, трубогибочный станок
pipe-beveling ~ приспособление для снятия фаски на торце трубы
pipe-cleaning ~ машина для чистки труб
pipe-cutting ~ труборезный станок, труборезка
pipe-threading ~ станок для нарезки труб
pipe-welding ~ трубосварочная машина
power ~ машина *или* станок с механическим приводом
pulling ~ подъемник для извлечения труб
radiation-generating ~ генератор излучения ядерных частиц

rock boring ~ перфоратор
Rockwell hardness ~ прибор для определения твердости по Роквеллу
rotary ~ роторный стол с приводным механизмом; роторный станок
screening ~ грохот, механическое сито
tensile-testing ~ установка для испытаний на растяжение
underwater drilling ~ подводный бурильный станок
welding ~ сварочная машина переменного тока; сварочный трансформатор
well pulling ~ установка для подземного ремонта скважин

machined машинной [механической] обработки, обработанный на станке
machine-made сделанный механическим способом, машинной выработки
machinery машины; оборудование; механизмы
  drilling ~ буровое оборудование
  oil production ~ нефтедобывающее оборудование, оборудование для добычи нефти
  rig ~ оборудование буровой установки, оборудование буровой платформы
machining механическая обработка, обработка на станке
  finish ~ окончательная обработка
macrocrystalline крупнокристаллический
macromolecule макромолекула
macrostructure макроструктура
MAD [maintenance, assembly and disassembly] обслуживание, сборка и разборка (*техники*)
Mad [Madison] *геол.* мэдисон (*свита доломитов отделов осседж и киндерхук миссисипской системы*)
mag 1. [magnet] магнит 2. [magnetic] магнитный 3. [magnetometer] магнитометр
Magcobar *фирм.* барит (*утяжелитель для буровых и цементных растворов*)
Magco-Fiber *фирм.* мелкорасщепленная древесная стружка (*нейтральный наполнитель для борьбы с поглощением бурового раствора*)
Magcogel *фирм.* высококачественный бентонитовый порошок для приготовления бурового раствора
Magcolube *фирм.* биологически разрушающая смазка для буровых растворов
Magco-Mica *фирм.* мелкие пластинки слюды (*нейтральный наполнитель для борьбы с поглощением бурового раствора*)
Magconate *фирм.* сульфированный нефтяной эмульгатор для растворов на водной основе
Magconol *фирм.* пеногаситель на базе высших спиртов
Magcopolysal *фирм.* органический полимер (*понизитель водоотдачи для буровых растворов*)
Magnacide *фирм.* бактерицид
Magne-Magic *фирм.* смесь оксида магния и кальциевых солей (*регулятор pH и понизитель водоотдачи буровых растворов*)

Magne-Salt

Magne-Salt *фирм.* смесь водорастворимых солей *(ингибитор неустойчивых глин)*
Magne-Set *фирм.* отвердитель бурового раствора для борьбы с поглощением
magnesia оксид магния, жженая магнезия (MgO)
magnesian магнезиальный
magnesioferrite магнезиоферрит
magnesite магнезит; карбонат магния ($MgCO_3$)
magnet магнит
  bottom-hole ~ магнитный металлоуловитель
  fishing ~ *см.* bottom-hole magnet
  lifting ~ подъемный магнит
Magne-Thin *фирм.* низкомолекулярный полимер *(загуститель для буровых растворов)*
magnetic магнитный
magnetism 1. магнетизм 2. магнитные свойства
magnetite магнетит, магнитный железняк *(утяжелитель)*
magnetization 1. намагничивание 2. намагниченность
magnetize намагничивать(ся)
magnetograph магнитограф *(прибор для измерения и записи магнитного поля Земли)*
magnetometer магнитометр *(прибор для измерения магнитного поля Земли и исследования морского дна)*
magnetostriction магнитострикция
magnification увеличение; усиление
magnify увеличивать; усиливать
magnitude 1. величина, размер 2. *матем.* модуль
  ~ of the body of water мощность водоносного горизонта
main 1. главный трубопровод; магистральный трубопровод || магистральный 2. *pl* сеть *(электрическая, водопроводная)*
  compressed air ~ главный воздухопровод
  delivery ~ магистральный трубопровод
  gas ~ магистральный газопровод
  gas collecting ~ сборный газопровод
  gathering ~ сборный коллектор скважинной продукции
  power ~s электрическая сеть
  pump ~ напорная магистраль, напорный трубопровод
  pumping ~ *см.* pump main
maint [maintenance] техническое обслуживание; эксплуатация
maintain обслуживать; содержать; эксплуатировать; ремонтировать
maintainability эксплуатационная надежность; эксплуатационная технологичность; ремонтопригодность
maintenance 1. техническое обслуживание; эксплуатация; уход, содержание; осмотр; ремонт 2. эксплуатационные расходы, стоимость содержания
  ~ of circulation поддержание циркуляции
  ~ of mud регулирование свойств бурового раствора
  ~ of reservoir pressure поддержание пластового давления
  pipeline ~ эксплуатация трубопровода; обслуживание трубопровода
  pressure ~ поддержание давления
  preventive ~ профилактический осмотр; планово-предупредительный ремонт
  routine ~ профилактический осмотр; повседневное техническое обслуживание
maintenance-free не требующий ремонта; обеспечивающий бесперебойную эксплуатацию
make 1. делать, изготовлять; производить; составлять 2. эл. включать, замыкать 3. изделие 4. марка; тип; модель, конструкция
  ~ a connection наращивать *(бурильные трубы)*
  ~ allowance for делать допуск [поправку]
  ~ a pull поднимать снаряд
  ~ a trip поднимать и спускать снаряд в скважину
  ~ down демонтировать
  ~ fast прикреплять
  ~ further довернуть *(резьбовое соединение)*
  ~ of casing 1. длина спущенных труб *(графа бурового журнала)* 2. спуск обсадных труб
  ~ of string компоновка колонны *(бурильных, обсадных или насосно-компрессорных труб)*
  ~ the gas выделять газ
  ~ through проникать *(в породу)*
  ~ true отрегулировать *(двигатель, прибор и т.д.)*
  ~ up 1. собирать; производить; монтировать 2. свинчивать трубы *или* бурильные штанги 3. пополнять; доливать *(буровой раствор)* 4. докреплять
maker производитель; (завод-)изготовитель
makes-and-breaks операции свинчивания и развинчивания *(бурового снаряда)*
makeshift временное приспособление
making 1. изготовление; производство 2. процесс; операция
  ~ a connection наращивание бурильного инструмента; наращивание обсадных труб при спуске колонны в скважину
maladjustment несогласованность; плохая настройка; плохая регулировка
male входящий *(в другую деталь)*; с наружной нарезкой; охватываемый
malfunction неправильное срабатывание; аварийный режим
  BOP ~ неправильное срабатывание блока противовыбросовых превенторов
  equipment ~ неправильное срабатывание оборудования
mall [malleable] ковкий; тягучий
malleable ковкий; тягучий; способный деформироваться в холодном состоянии
malm мальм, смесь глины и песка; известковый песок; мергель
maltha мальта *(черная смолистая нефть)*; гудрон

manifold

man рабочий || укомплектовывать рабочей силой
  drill ~ бурильщик; буровик; буровой мастер
  drilling mud ~ специалист по буровым растворам
  pump ~ рабочий насосной станции
man 1. [manifold] манифольд 2. [manual] ручной
manage 1. управлять; руководить 2. вести (*процесс*)
management 1. управление, руководство, менеджмент 2. администрация, дирекция (*предприятия*)
  reservoir ~ освоение залежи нефти *или* газа
manager директор, управляющий, заведующий; менеджер
  ~ of sales *см.* sales manager
  executive ~ исполнительный директор
  general ~ директор-распорядитель
  installation ~ ответственный за работу [менеджер] установки
  offshore installation ~ менеджер шельфовой установки
  rig ~ руководитель работ по строительству морских скважин
  sales ~ заведующий отделом сбыта, коммерческий директор; менеджер по продажам
M & BS [mechanical and bottom sludge] механические и донные осадки
M & F [male and female] охватываемый и охватывающий (*о соединениях*)
M & FP [maximum and final pressure] максимальное конечное давление
M & H [mechanical and hydraulic] механический и гидравлический
mandrel 1. оправка для закрепления (*инструмента, изделия*) 2. шпиндель 3. сердечник, дорн 4. ползун (*пресса*)
  BOP stack ~ стыковочная втулка блока превенторов (*для стыковки превенторов с водоотделяющей колонной*)
  drift ~ шаблон
  eccentric ~ эксцентричная оправка
  friction ~ фрикционный шпиндель
  locator ~ установочный шток
  locking ~ стыковочный сердечник
  socket ~ оправка с воронкой
  wellhead ~ корпус устья; корпус устьевой головки (*толстостенная втулка, закрепляемая на конце направления, кондуктора или промежуточной колонны и служащая для соединения с устьевым оборудованием, а также подвески и обвязки в ней обсадных колонн*)
M & R Sta [measuring and regulating station] измерительная и регулирующая станция
manhandle приводить в действие вручную
man-hour человеко-час
manifest список грузов, привозимых на буровую *или* увозимых с нее
manifold 1. трубная обвязка (*бурильных насосов*) 2. разветвленный трубопровод; система трубопроводов 3. сборник, коллектор 4. воздухосборный коллектор (*при бурении с продувкой воздухом с помощью нескольких компрессоров*) 5. распределитель 6. «паук» (*устройство для подключения нескольких пневматических бурильных молотков*) 7. труба с патрубками; патрубок 8. манифольд
  auxiliary ~ вспомогательный манифольд (*клапанов и золотников управления подводным оборудованием*)
  BOP ~ манифольд управления противовыбросовыми превенторами
  bow ~ носовой манифольд (*для приема нефти в танкер из системы беспричального налива*)
  bypass ~ обводной манифольд
  cementing truck ~ манифольд цементировочного агрегата
  cementing unit ~ *см.* cementing truck manifold
  central hydraulic control ~ центральный гидравлический манифольд управления (*сервозолотниками гидросиловой установки системы управления подводным оборудованием*)
  choke ~ штуцерный манифольд (*противовыбросового оборудования*)
  choke-kill ~ *см.* choke manifold
  control ~ манифольд управления (*сервозолотниками гидросиловой установки системы управления подводным оборудованием*)
  discharge ~ 1. нагнетательный манифольд 2. напорный патрубок (*насоса*) 3. напорный коллектор
  dual choke ~ двойной штуцерный манифольд
  exhaust ~ выпускной [выхлопной] трубопровод
  fuel vent ~ манифольд дренажа топливной системы
  high-pressure ~ манифольд высокого давления
  inlet ~ приемный манифольд
  low-pressure ~ манифольд низкого давления
  mud line ~ обвязка буровых насосов
  pipe ~ коллектор труб, сеть трубных соединений
  pipeline end ~ (PLEM) манифольд конца трубопровода
  piping ~ трубопроводная обвязка
  pressure ~ 1. нагнетательное колено (*компрессора*) 2. нагнетательный [напорный] трубопровод
  pump ~ коллекторная труба насоса с несколькими патрубками; обвязка насосов
  single choke ~ одноштуцерный манифольд
  skid-mounted control ~ манифольд управления, смонтированный на отдельной раме
  subsea ~ подводный манифольд
  underwater production ~ подводный манифольд для фонтанной эксплуатации; подводный эксплуатационный манифольд

manifold

wellhead fracturing ~ головка-гребенка для присоединения насосов к скважине при гидроразрыве пласта
manipulator 1. манипулятор 2. машинист, моторист
   manned ~ манипулятор с ручным управлением
   remote ~ *см.* unmanned manipulator
   unmanned ~ манипулятор с дистанционным управлением *(для обслуживания подводного оборудования)*
Mann [Manning] *геол.* мэннинг *(свита верхнего отдела миссисипской системы)*
manned 1. с ручным управлением 2. укомплектованный персоналом
manograph манограф, самопишущий манометр
manometer манометр
   multiple ~ комбинированный манометр
   pressure ~ дифференциальный манометр
man op [manually operated] с ручным управлением
man-power рабочая сила
man-shift человеко-смена
mantle 1. кожух, покрышка; оболочка; облицовка 2. *геол.* покров, нанос; мантия
manual 1. ручной; с ручным управлением 2. руководство; инструкция; справочник
   emergency procedure ~ инструкция действий в аварийной ситуации
manual-acting приводимый в действие вручную
manual-automatic с переключением с ручного управления на автоматическое
manufacture 1. выпускать, производить; изготовлять 2. производство; изготовление; обработка 3. изделие; продукция; оборудование
manufacturer производитель; (завод-)изготовитель
map 1. карта ‖ составлять карту; картографировать, наносить на карту 2. план ‖ составлять план
   areal ~ карта с оконтуренными залежами нефти
   base ~ рабочая схематическая карта
   block ~ блок-диаграмма *(геологического строения)*
   contour ~ карта с нанесенными горизонталями, структурная карта; план в горизонталях; карта в изолиниях *или* изогипсах
   convergence ~ карта схождения
   depth contour ~ карта глубин в изолиниях, карта изобар
   field ~ карта месторождения
   field development ~ карта разработки месторождения
   isopachous ~ карта равных мощностей *(пласта)*
   oil-bearing formation structural ~ структурная карта нефтеносного пласта
   oil-field ~ карта нефтяного месторождения

   outline ~ контурная карта
   reconnaissance ~ схематическая [эскизная] карта
   sand ~ карта нефтяного пласта
   sea ice ~ морская ледовая карта
   sketch ~ схематическая карта
   topographic ~ топографическая карта
   underground structure contour ~ структурная карта опорного горизонта
   well location ~ карта расположения скважин
m. a. p. [manifold air pressure] давление на всасывании
mapping 1. картирование; нанесение на план, на карту; составление карты; топография 2. планирование
   aerial ~ аэросъемка, воздушное картирование
   close ~ детальная съемка
   conformable ~ конформное отображение
   geological ~ геологическое картирование
Maq [Moquoketa] *геол.* макокета *(свита цинциннатского отдела миссисипской системы)*
Mar [Maroon] *геол.* мэрун *(свита нижнего отдела пенсильванской системы)*
marg [marginal] краевой; зарамочный
margas [marine gasoline] судовой бензин
margin 1. полоса; край; грань; кайма 2. (допускаемый) предел; граница, допуск 3. запас *(напр. прочности)* ‖ оставлять запас
   continental ~ континентальная граница
   power ~ избыток [запас] мощности
   safety ~ коэффициент безопасности; запас прочности; запас надежности
   trip ~ запас увеличения скорости при подъеме *(бурильной колонны из скважины)*
marginal боковой, краевой; оградительный; зарамочный; пограничный
marine 1. морской 2. судовой
mark 1. метка; отметка; знак; клеймо; марка ‖ ставить знак, отличать; размечать 2. штамп, штемпель; маркировать ‖ штамповать, штемпелевать; маркировать 3. ориентир; стойка; веха ‖ ставить вехи
   ~ off откладывать отрезок *(прямой)*
   ~ out размечать
   bench ~ опорная отметка уровня, репер; отметка высоты над уровнем моря
   brand ~ *см.* trade mark
   datum ~ репер, метка; контрольная точка
   gage ~ отметка, контрольная риска
   identification ~ клеймо; марка; опознавательный знак
   land ~ межевой столб; межа; веха; ориентир
   manufacturer's ~ *см.* trade mark
   polarity ~ знак [обозначение] полярности
   punch ~ исходная точка при измерении
   reference ~ начало отсчета, нуль (условной) шкалы
   tool ~ фабричная маркировка
   trade ~ товарный знак; заводская марка; клеймо *или* марка фирмы-изготовителя

marker 1. знак, метка 2. указатель, индикатор; указательная веха 3. маркер, маркерный маяк 4. *геол.* маркирующий горизонт 5. инструмент для разметки
   reliable ~ надежный маркирующий горизонт
   screen ~ экранный указатель
   well ~ маркерный [опознавательный] буй (*для обозначения устья подводной скважины в случае ее временного оставления*)
marking 1. маркировка, разметка, отметка 2. клеймо; клеймение 3. след инструмента (*на обработанной поверхности*) 4. *св.* вмятина (*от электрода*)
   die-stamp ~ маркировка (*деталей оборудования*) *при помощи штампа*)
marl мергель; глинистый известняк; известковистая глина
   argillaceous ~ глинистый мергель
   calcareous ~ известковый мергель
   clay ~ *см.* argillaceous marl
   lime ~ *см.* calcareous marl
   sandy ~ песчанистый мергель
   shell ~ ракушечный мергель
marlaceous мергелистый
marlstone мергель; глинистый известняк
Marm [Marmaton] *геол.* марматон (*группа отдела демойн пенсильванской системы, Среднеконтинентальный район*)
mashed смятый (*о трубах в местах контакта с плашками [клиньями] захвата*)
mask:
   breathing ~ респиратор; противогаз
   gas ~ противогаз
   welding ~ маска [шлем] для защиты лица сварщика
mass [massive] массивный
mass-produced серийного производства, производимый [выпускаемый] серийно
mass-transfer массообмен; массоперенос; массопередача
mast 1. мачта 2. столб; стойка; опора; подпорка
   A- ~ А-образная мачта; двухопорная мачта
   A-frame ~ *см.* A-mast
   A-shape ~ *см.* A-mast
   cantilever ~ консольная мачта; складывающаяся мачта
   collapsing ~ складная мачта; телескопическая мачта
   double pole ~ двухстоечная мачта
   free standing ~ мачта без оттяжек, свободностоящая мачта
   full view ~ двухконсольная мачта с наружным расположением несущих элементов нижней части; А-образная мачта
   guyed ~ мачта с оттяжками
   hollow steel ~ стальная мачта из труб
   I-beam-type ~ двухопорная мачта
   jack-knife drilling ~ *см.* collapsing mast
   lattice column ~ решетчатая мачта
   portable ~ передвижная мачта
   single pole ~ односветная мачта
   single tower ~ однобашенная мачтовая вышка
   telescope ~ телескопическая мачта
   telescoping ~ *см.* telescope mast
   twin ~ *см.* A-mast
master 1. мастер; квалифицированный рабочий 2. начальник; управляющий 3. главный; ведущий; основной 4. образцовый, эталонный
mat опорная плита; опорный понтон (*для уменьшения удельного давления опор на грунт*)
   bottom ~ донная подушка (*самоподнимающихся оснований*)
   grid ~ опорная донная плита для колонного стационарного основания гравитационного типа
mat [matter] вещество
match 1. согласовывать; выравнивать; подбирать 2. пригонять, подгонять
matched 1. согласованный; выравненный; подобранный 2. пригнанный, хорошо прилегающий
matching 1. согласование; выравнивание; подбор 2. подгонка; калибровка
mate парная деталь; сопряженная деталь ‖ сопрягать, соединять; сцепляться (*о зубчатых колесах*)
material материал, вещество
   abrasive ~ абразивный материал, абразив
   absorbing ~ поглощающее вещество, поглотитель
   activated ~ активированное вещество
   active ~ активное вещество
   adding ~ присадочный материал; присадочный металл
   alternate ~s заменители (*материалов*)
   asphaltic ~ природный асфальт
   asphaltic membraneous ~ гидроизоляционный асфальтовый рулонный материал
   base ~ *св.* основной материал; основной металл
   binding ~ связующее вещество; цементирующее вещество
   bridging ~ наполнитель для борьбы с поглощением бурового раствора; экранирующий [тампонажный] материал
   bulk ~ сыпучий материал; материал, хранящийся навалом *или* насыпью
   buoyancy ~ вещество с низкой плотностью для покрытия судов *или* водоотделяющей колонны
   carrier ~ материал-носитель, вещество-носитель
   caustic degreasing ~ щелочное обезжиривающее вещество
   cement additive ~s добавки к цементному раствору
   cementing ~ цементирующее вещество; вяжущий материал
   clay ~ глинистая порода
   density controlling ~ добавка, снижающая *или* повышающая плотность (*бурового или цементного раствора*)

material

ferrous ~ черный металл
fibrous ~ волокнистый материал
fill ~ 1. заполняющий материал *(в трещинах породы)* 2. наполнитель
filler ~ 1. присадочный металл 2. наполнитель
filling ~ *см.* fill material
flaky ~ хлопьевидный [чешуйчатый] материал
fluxing ~ шлакообразующее вещество; компонент флюса; флюсующее вещество
gelling ~ гелеобразующий материал, структурообразующий реагент, загуститель
high-density weighting ~ утяжеляющая добавка *(для буровых растворов)*, имеющая высокую плотность
insulating ~ изоляционный материал
jointing ~ связывающий [цементирующий] материал; материал для заполнения швов *или* стыков
lignitic ~ гумат *(для обработки буровых растворов)*
loose ~ сыпучий материал; рыхлый материал
lost circulation ~ наполнитель для борьбы с поглощением *(бурового раствора)*
matrix ~ 1. основная масса, основа 2. матрица 3. форма, шаблон 4. вяжущее вещество 5. кристаллическая решетка
matrix solid ~ скелет породы
membraneous ~ листовой [рулонный] материал
non-combustible ~ негорючий материал
original ~ *см.* base material
plastic ~ пластический материал; пластмасса, пластик
plugging ~ экранирующий [тампонажный] материал
raw ~ исходный материал, сырье
sea floor ~ материал грунта морского дна
weighting ~ утяжелитель *(для буровых и тампонажных растворов)*
weld ~ 1. свариваемый материал; свариваемый металл 2. металл шва; наплавленный металл

math [mathematics] математика
matl [material] материал, вещество
matrix 1. *геол.* материнская порода, основная масса; жильная порода 2. цементирующая среда; вяжущее вещество 3. матрица *(алмазной коронки)*
bit ~ материал для крепления алмазов в долоте
flow ~ система фильтрационных каналов в пласте
formation ~ скелет пласта (горной) породы
rock ~ скелет породы
matter вещество
cementitious ~ вяжущее вещество
dead ~ *см.* inorganic matter
foreign ~ постороннее вещество, примесь
inorganic ~ неорганическое вещество
insoluble ~ нерастворимое вещество
organic ~ органическое вещество
solid ~ твердое вещество
suspended ~s взвешенные вещества
MAW [mud acid wash] промывка глинокислотой
max [maximum] максимум, максимальное значение ‖ максимальный
maximize увеличивать до крайности, доводить до максимума, максимизировать
maximum максимум; максимальное значение ‖ максимальный
gravity ~ гравитационный максимум
May [Maywood] *геол.* мэйвуд *(свита нижнего отдела девонской системы)*
MB 1. [methylene blue] метиленовая синь 2. [Moody's Branch] *геол.* мудис-бранч *(свита группы джексон эоцена третичной системы)*
mbc [maximum bearing capacity] максимальная грузоподъемность; максимальная подъемная сила
M. B. P. D. [mille barrels per day] тысяч баррелей в сутки
mbr [member] *геол.* сочленение; колено складки; бедро складки
MBT [methylene blue test] измерение катионообменной емкости метиленовой синью
MBTU [thousand British thermal units] тысяча британских тепловых единиц
MC [mud-cut] загрязненный буровым раствором
MCA 1. [mud cleanout agent] реагент для очистки от бурового раствора 2. [mud-cut acid] кислота, загрязненная буровым раствором
McC [McClosky lime] известняк макклоски
McEl [McElroy] *геол.* макэлрой *(свита группы джексон эоцена третичной системы)*
MCF [mille cubic feet] тысяч кубических футов
MCF(C)D [mille cubic feet per (calendar) day] тысяч кубических футов в (календарные) сутки
mchsm [mechanism] механизм
McL [McLeash] *геол.* маклиш *(свита средненижнего ордовика, Среднеконтинентальный район)*
MCO [mud-cut oil] нефть, загрязненная буровым раствором
mcr-x [microcrystalline] микрокристаллический
MCSW [mud-cut salt water] соленая вода, загрязненная буровым раствором
MCW [mud-cut water] вода, загрязненная буровым раствором
MD [measured depth] измеренная глубина *(скважины)*
MDDO [maximum daily delivery obligation] максимальная обязательная суточная поставка
MDF [market demand factor] фактор рыночного спроса
mdl [middle] средний
md wt [mud weight] плотность бурового раствора

Mdy [Muddy] *геол.* мадди (*свита серии колорадо нижнего отдела меловой системы*)
ME 1. [Middle East] Ближний Восток 2. [mining engineer] горный инженер
Me [megacycle] мегагерц
mean средняя величина, среднее ‖ средний
arithmetic ~ среднее арифметическое
geometric ~ среднее геометрическое
means 1. ресурсы 2. средство; способ; средства
skidding ~ for BOP салазки для перемещения превенторов
meas 1. [measure] мера ‖ измерять 2. [measured] измеренный 3. [measurement] измерение, замер
measure 1. мера ‖ измерять 2. доза 3. *pl геол.* пласты, отложения
anti-pollution ~s борьба с загрязнением окружающей среды
fire-protection ~s меры пожарной безопасности
metrical ~ метрическая мера
oil ~s нефтяные пласты
precautionary ~ мера предосторожности
preventive ~ предупредительная мера
protective ~s меры предупреждения *или* защиты
safety ~s меры безопасности; мероприятия по охране труда
tape (line) ~ мерная лента; рулетка
measurement 1. измерение, замер; вычисление 2. система мер 3. *pl* размеры
acoustic position ~ акустическое измерение местоположения
actual ~ измерения в натуре
borehole ~s скважинные измерения
bottom-hole flowing pressure ~ измерение гидродинамического забойного давления
directional permeability ~s измерения проницаемости по различным направлениям
distance ~ телеизмерение
downhole ~s замеры в скважине *или* на забое
kelly bushing ~ определение длины части колонны, спущенной в скважину, с помощью отметок на трубах у входа во вкладыш ведущей трубы
multiple-hole ~s многоскважинные измерения
oil ~ замер нефти
pendulum ~s маятниковые измерения
rock physical ~ измерение физических характеристик горных пород
rotary bushing ~ измерение на роторе
seismic ~s сейсмические измерения
well ~s *см.* borehole measurements
measurer измерительный прибор, измеритель
measuring 1. измерение, замер ‖ измерительный 2. дозирующий
~ while drilling измерение (*технологических параметров*) в процессе бурения
mech 1. [mechanic] (слесарь-)механик; техник 2. [mechanical] механический 3. [mechanism] механизм

mechanic 1. (слесарь-)механик; техник 2. машинист; оператор
mechanical 1. механический; с силовым приводом 2. автоматический
mechanics механика
~ of expulsion of oil механизм вытеснения нефти
applied ~ прикладная механика
fluid ~ гидромеханика
fluid flow ~ гидравлика
rock ~ механика горных пород
soil ~ механика грунтов
mechanism механизм; устройство; прибор, аппарат
actuating ~ исполнительный механизм; приводной механизм
air-actuated slip ~ пневмоклиновый захват
arresting ~ тормозящий механизм; выключающий механизм
block retractor ~ механизм для отвода талевого блока
cam ~ кулачковый механизм
clamping ~ *св.* зажимное приспособление (*машины для стыковой сварки*)
desludging ~ устройство для удаления осадка
driving ~ 1. механизм подачи 2. механизм привода
expulsion ~ механизм вытеснения (*нефти*)
feed ~ 1. механизм подачи, механизм питания 2. загрузочный механизм
hoisting ~ *см.* lifting mechanism
lifting ~ подъемный механизм
operating ~ приводной механизм; рабочий механизм
overload-alarm ~ механизм, сигнализирующий о перегрузке
pipe handling ~ трубный манипулятор; механизм подачи и укладки труб
pipe kick-off ~ трубосбрасывающий механизм
production ~ of the field механизм добычи нефти из месторождения
rack ~ храповой механизм
recovery ~ механизм нефтеотдачи
reservoir drive ~s механизмы вытеснения нефти из пласта
reservoir producing ~ механизм добычи нефти из пласта
starting ~ механизм запуска; пусковой механизм
timing ~ 1. механическое реле времени; механический регулятор времени 2. механический прерыватель (*тока*)
travel ~ механизм передвижения
trip ~ расцепляющий механизм; выключающий механизм
mechanized механизированный; автоматизированный
mech DT [mechanical down time] время простоя оборудования
Med [Medina] *геол.* медайна (*отдел силура, западный район Скалистых гор*)

med FO [medium fuel oil] моторное масло средней плотности
med-gr [medium-grained] среднезернистый
medium 1. среда; обстановка, окружающие условия 2. средство; агент; способ; путь 3. средний, умеренный 4. среднее (*число, значение*)
 absorbing ~ поглощающая [абсорбирующая] среда
 actuating ~ рабочая среда, рабочее тело
 anisotropic ~ анизотропная среда
 aqueous ~ водная среда
 binding ~ вяжущая среда; вяжущее вещество
 circulating ~ промывочная среда (*жидкость или газ*)
 circulation ~ *см.* circulating medium
 dispersing ~ дисперсионная среда
 dispersion ~ *см.* dispersing medium
 driving ~ 1. вытесняющий агент 2. звено, передающее усилие (*ремень, цепь, тяга и т.п.*)
 filter(ing) ~ фильтрующая среда, фильтрующий материал
 fine ~ утяжелитель, суспензоид
 porous ~ пористая среда
 refracting ~ преломляющая среда
 repressuring ~ вытесняющий агент, закачиваемый в пласт агент
medium-duty предназначенный для нормального режима работы, работающий в средних эксплуатационных условиях
medium-grained среднезернистый
medium-hard средней твёрдости
medium-sized среднего размера
medium-soft средней мягкости
Meet [Meeteetse] *геол.* мититс (*свита серии монтана верхнего отдела меловой системы*)
meet удовлетворять, обеспечивать
 ~ a requirement удовлетворять требованию, удовлетворять техническому условию
 ~ service conditions удовлетворять условиям эксплуатации
MEG [methane-rich gas] газ, богатый метаном
megger *эл.* мегомметр, меггер
MEK [methyl ethyl keton] метилэтилкетон
melt 1. плавка || плавиться, расплавляться 2. таять 3. растворяться
melting 1. плавка, плавление; расплавление || плавкий; плавящийся; плавильный 2. таяние
member 1. звено; член, компонент, элемент (*конструкции*), деталь; часть; звено 2. *геол.* сочленение; колено складки; бедро складки 3. *мат.* член уравнения
 ~ of equation член уравнения
 bracing ~ 1. ферма вышки 2. связывающий элемент (*конструкции опорной колонны решетчатого типа*)
membrane 1. мембрана, диафрагма 2. перепонка; оболочка; плёнка 3. тонкий поверхностный слой
 porous ~ пористый фильтр, пористая мембрана (*для разделения газов*)
 steel caisson ~ стальная кессонная мембрана
Men [Menard] *геол.* известняк менард (*свита отдела честер миссисипской системы*)
mender:
 hose ~ муфта для ремонта шланга
menstruum растворитель, растворяющее средство
 oil ~ нефтяной растворитель
m. e. p. [mean effective pressure] среднее эффективное давление
MER 1. [maximum efficiency of reservoir] максимальная производительность пласта 2. [maximum efficient rate] а) максимальная эффективная норма (*отбора нефти и газа*) б) максимальная пропускная способность
Mer [Meramec] *геол.* мерамек (*серия миссисипской системы*)
mercap [mercaptan] меркаптан
mercury ртуть (*Hg*)
merid [meridian] меридиан || меридианный
MERP 1. [maximum efficient rate of penetration] максимальная эффективная скорость проходки 2. [maximum efficient rate of production] максимальная эффективная норма отбора (*нефти или газа из пласта*)
mesh 1. ячейка, отверстие сетки 2. меш (*число отверстий сита на 1 линейный дюйм*) 3. сеть, сетка 4. зацепление || зацеплять(ся); сцеплять(ся)
 wire ~ проволочная сетка
meshed имеющий отверстия; решётчатый
 fine ~ с мелкими ячейками, тонкий (*о сите*)
 square ~ с квадратными *или* прямоугольными ячейками
Meso [Mesozoic] *геол.* мезозойская эра, мезозой || мезозойский
Mesozoic *геол.* мезозойская эра, мезозой || мезозойский
messenger несущий трос, кабель *или* канат
Mesuco-Bar *фирм.* баритовый утяжелитель
Mesuco-Ben *фирм.* бентонит
Mesuco-Sorb *фирм.* нейтрализатор сероводорода
Mesuco Super Gel *фирм.* высококачественный бентонитовый глинопорошок
Mesuco Workover-5 *фирм.* смесь высокомолекулярного полимера и карбоната кальция (*наполнитель для борьбы с поглощением бурового раствора*)
metacenter метацентр
metal металл || металлический
 alkali ~ щелочной металл
 alkali-earth ~ щёлочноземельный металл
 alloying ~ легирующий металл
 antifriction ~ антифрикционный сплав
 base ~ *св.* основной металл
 cast ~ литой металл
 ferrous ~ чёрный металл; сплав на основе железа
 ferrous-base ~ сплав на основе железа

hard ~ твердый сплав
hard facing ~ твердый сплав для наварки
heavy ~ тяжелый металл
high-density ~ *см.* heavy metal
light ~ легкий металл
non-ferrous ~ цветной металл
parent ~ основной металл сплава
reactive ~ химически активный металл
reinforcing ~ *св.* металл, образующий усиление шва
sheet ~ листовой металл
upset ~ *св.* выдавленный металл (*в стыке*)
waste ~ отходы металла; металлический лом; скрап
weld ~ металл сварного шва; наплавленный металл
welding ~ *см.* weld metal
yellow ~ латунь

metalwork металлоконструкции
template ~ металлоконструкции плиты

metalworking обработка металлов

metamorphism *геол.* метаморфизм

metaphosphate метафосфат
sodium ~ метафосфат натрия ($NaPO_3$)

meter 1. счетчик, измерительный прибор, измеритель; расходомер 2. дозировать 3. измерять, замерять
airflow ~ расходомер для воздуха
alternating current ~ счетчик переменного тока
amper-hour ~ счетчик ампер-часов
batch ~ дозатор
borehole deformation ~ измеритель деформации скважины
check ~ контрольный (измерительный) прибор
density ~ плотномер
displacement ~ *см.* positive displacement meter
down-the-hole flow ~ глубинный [скважинный] расходомер
field ~ промысловый расходомер
float-type ~ поплавковый уровнемер
flow ~ расходомер, измеритель расхода жидкости *или* газа
gas ~ газовый счетчик, газомер
heave ~ указатель перемещения (*для определения положения поршня компенсатора качки бурового судна*)
indicating flow ~ показывающий расходомер
large capacity ~ расходомер с большой пропускной способностью
mass flow ~ весовой расходомер
master ~ контрольный расходомер *или* датчик
nuclear density ~ радиоактивный плотномер
oil ~ счетчик *или* емкость для замера нефти; расходомер для нефтепродуктов
orifice ~ *см.* orifice flow meter
orifice flow ~ диафрагменный расходомер
panel ~ щитовой (измерительный) прибор
pocket ~ малогабаритный измерительный прибор
positive displacement ~ расходомер объемного типа (*в отличие от вертушечного,*

пропеллерного типа), расходомер с принудительным наполнением
power ~ ваттметр, измеритель мощности
pressure ~ манометр
proportional gas ~ пропорциональный газовый счетчик
rate-of-flow ~ расходомер, измеритель расхода жидкости *или* газа
recording ~ регистрирующий счетчик, самопишущий прибор, самописец
recording flow ~ записывающий расходомер
remote dial flow ~ дистанционный циферблатный расходомер
rotary gas ~ крыльчатый газовый счетчик
rotational torque ~ индикатор крутящего момента
sled velocity and distance ~ измеритель скорости движения салазок и пройденного расстояния (*при заглублении подводного трубопровода*)
torque ~ измеритель крутящего момента
V-G ~ вискозиметр с непосредственной индикацией
well production ~ измеритель дебита скважины
wide range orifice ~ газовый диафрагменный счетчик для больших колебаний давления

metering 1. измерение; снятие показаний || измерительный 2. дозировка || дозирующий
fiscal ~ бюджетные измерения (*дебита для определения величины налога*)
remote ~ телеметрия

meth [methane] метан

methane метан (CH_4), болотный газ

methanol метанол

meth-bl [methylene blue] метиленовая синь

meth-cl [methyl chloride] метилхлорид

method 1. метод; способ; прием 2. технология
~ of mirror *см.* image method
~ of successive corrections способ последовательных поправок
~ of successive exclusions метод последовательных исключений
~ of successive substitutions метод последовательных подстановок
~ of testing метод испытания (*пластов*); метод исследования
absorption ~ метод абсорбции
advanced recovery ~ метод увеличения нефтеотдачи пластов
alcohol-slug ~ метод применения спиртовой оторочки (*вытесняющего вала; для улучшения нефтеотдачи пласта*)
approximation ~ метод последовательных приближений
bailer ~ of cementing тампонаж заливочной желонкой
barrel per acre ~ способ определения производительности месторождения с единицы площади
borehole ~ скважинный метод

method

bottom-packer ~ тампонаж через заливочные трубы с нижним пакером
bottom pull ~ способ протягивания по дну (*при строительстве трубопроводов*)
casing-pressure ~ метод затрубного давления (*для управления скважиной путем регулирования затрубного давления*)
catenary pipe laying ~ метод укладки трубопровода по цепной линии
color band ~ способ окрашенных струй (*метод Рейнольдса при исследовании двух видов движения жидкости*)
concurrent ~ параллельный метод борьбы с выбросом: глушение скважины при непрерывной промывке
constant casing pressure ~ метод борьбы с выбросом поддержанием постоянного давления в затрубном пространстве
constant drillpipe pressure ~ метод контролирования скважины путем удерживания постоянного давления на бурильных трубах
correlation ~ корреляционный метод
countercirculation-wash-boring ~ метод бурения с обратной промывкой
cut and try ~ *см.* trial-and-error method
cylinder ~ способ цементирования скважины с помощью цилиндрических контейнеров (*обычно картонных или бумажных, в которых цементный раствор спускают в скважину отдельными порциями*)
direct fluorimetric ~ прямой люминесцентный метод
displacement ~ of plugging цементирование через заливочные трубы (*без пробок, с вытеснением бурового раствора*)
driller's ~ метод бурильщика (*метод управления скважиной при угрозе выброса*)
driller's well control ~ *см.* driller's method
drilling ~ метод бурения
drop weight ~ метод взвешенных капель (*для определения поверхностного натяжения*)
DTA ~ метод дифференциально-термического анализа, метод ДТА
electrical conductivity ~ метод удельной проводимости
estimating ~ for weight parameters метод оценки весовых показателей
fire flooding ~ третичный метод добычи нефти созданием движущегося очага горения в пласте
firing line ~ сварка нескольких нефтепроводных труб у траншеи (*для спуска их секциями*)
gas-drive liquid propane ~ процесс закачки в пласт газа под высоким давлением с предшествующим нагнетанием жидкого пропана
hesitation ~ способ цементирования, при котором цементный раствор закачивается в скважину с выдержкой во времени
image ~ метод зеркального отображения (*скважины*)

indirect ~ косвенный метод
integrated deck mating ~ метод установки интегральной палубы
interval change ~ метод угловых несогласий (*определение изменений мощности слоя*)
least-square ~ метод наименьших квадратов
long interval ~ *сейсм.* метод длинных интервалов
long radius design ~ способ искривления скважины с кривой радиуса в 2–10° на 100 футов
magnetic-particle ~ магнитный метод дефектоскопии (*для труб*)
measurement ~ способ измерений
micrometric ~ of rock analysis количественно-минералогический метод анализа
"miscible plug" ~ *см.* gas-drive liquid propane method
moving plug ~ of cementing метод цементирования скважин с верхней пробкой
mud-balance ~ метод определения плотности бурового раствора на рычажных весах
multiple detection ~ метод группирования сейсмографов
offset ~ метод определения остаточной деформации
oil drive ~ метод вытеснения нефти
oil production ~ метод добычи нефти
oil recovery ~ *см.* oil production method
oil withdrawal ~ метод отбора нефти
pendant drop ~ метод висячей капли (*для определения поверхностного натяжения*)
penetrating fluid ~ метод гидроразрыва пласта
Penn State ~ определение относительной проницаемости пенсильванским методом
Perkins ~ цементирование скважин методом Перкинса (*с двумя пробками*)
physical-chemical ~s of increasing oil recovery физико-химические методы повышения нефтеотдачи
primary oil recovery ~ первичный метод добычи нефти
producing ~ метод эксплуатации (*скважины*)
punching ~ метод ударного бурения
recovery ~ метод добычи (*нефти или газа*)
reflection ~ *сейсм.* метод отраженных волн
refraction correlation ~ *сейсм.* корреляционный метод преломленных волн, КМПВ
repressuring ~ метод восстановления давления (*в пласте*)
roll-on ~ накатный способ (*приема и снятия тяжеловесных грузов при перевозках на специальных морских судах*)
safety ~s техника безопасности; способы предохранения [защиты]
sand jet ~ гидропескоструйный метод (*для разбуривания цементных пробок*)
saturation ~ объемный метод определения полного запаса нефти, содержащейся на месторождении

migration

secondary oil recovery ~ вторичный метод добычи нефти
sectorial pipe-coupling ~ сборка трубопровода участками (*с последующим их соединением*)
short-cut ~ сокращенный метод
short hole ~ метод коротких скважин (*для цементирования при углублении разведочных выработок*)
single-core dynamic ~ динамический метод определения относительной проницаемости по отдельному образцу
tertiary oil recovery ~ третичный метод добычи нефти
testing ~ метод испытания; метод опробования
thermal recovery ~ термическое воздействие на пласт
top-packer ~ тампонаж через заливочные трубки с верхним пакером
transient ~ of electrical prospecting метод электроразведки, использующий неустановившиеся электрические явления
trial-and-error ~ метод проб и ошибок
tubing ~ of cementing тампонаж через заливочные трубки
weight-saturation ~ метод определения насыщенности керна
well-casing ~ метод крепления скважин обсадными трубами
well-completion ~ метод заканчивания скважин
well-operation ~ метод эксплуатации скважин
X-ray diffraction ~ рентгеноструктурный анализ
X-ray powder ~ порошковый метод рентгеноскопии
methol [methanol] метанол
metr [metric] метрический
meuble рыхлый
MeV [million electron volts] миллион электрон-вольт
MF 1. [manifold] манифольд 2. [mud filtrate] фильтрат бурового раствора
MFA [male to female angle] угол между охватываемой и охватывающей деталями
mfd [manufactured] изготовленный
mfg [manufacturing] 1. производство 2. обработка
MFP [maximum flowing pressure] максимальное динамическое давление
MG 1. [marginal] предельный 2. [motor-generator] двигатель-генератор 3. [multigrade] состоящий из многих фракций, многофракционный
MgH [magnesium hardness] магниевая жесткость (*воды*)
m'gmt [management] 1. руководство 2. администрация
mgr [manager] управляющий; менеджер
m-gr [medium-grained] среднезернистый

MH [manhole] люк, смотровое отверстие
MHD [magnetohydrodynamic] магнитогидродинамический, МГД
MHF [massive hydraulic fracturing] массированный гидроразрыв (*пласта*)
mho мо, сименс (*единица проводимости*)
MHz [megaherz] мегагерц
MI 1. [malleable iron] ковкий чугун 2. [mile] миля 3. [moving in] доставка на буровую (*напр. оборудования*)
mi 1. [mile] миля 2. [minute] минута
MIK [methyl isobuthyl ketone] метилизобутилкетон
mic 1. [mica] слюда 2. [micaceous] слюдистый, слюдяной
mica 1. слюда 2. эл. миканит (*изоляционный материал*)
micaceous слюдистый, слюдяной
micanite эл. миканит (*изоляционный материал*)
Micatex *фирм.* пластинки слюды (*нейтральный наполнитель для борьбы с поглощением бурового раствора*)
micfos [microfossil] микроокаменелость
microcorrosion микрокоррозия, структурная коррозия
microcrack микротрещина
microcrystalline микрокристаллический
microexamination микроисследование, исследование микроструктуры
microflaw микродефект; волосовина
microflora микрофлора
microgage микрометр
microhardness микротвердость
microlog метод микрозондирования, микрокаротаж
micropore микропора
microporous микропористый
microscopic(al) микроскопический
microsection шлиф
microstructure микроструктура
microswitch микровыключатель; миниатюрный переключатель
microwave микроволна
micro-xln [microcrystalline] микрокристаллический
MICT [moving in cable tools] доставка на буровую оборудования для ударного бурения
MICU [moving in completion unit] доставка на буровую оборудования для заканчивания (*скважин*)
MIDDU [moving in double drum unit] доставка на буровую установки с двухбарабанной лебедкой
migration 1. миграция, движение (*нефти или газа через поры породы*) 2. перенос; перегруппировка, перемещение
capillary ~ капиллярная миграция, капиллярное движение воды
cross ~ движение (*пластовой смеси*) поперек напластования
lateral ~ миграция в сторону обнажения
oil ~ миграция [движение] нефти

migration

seismic ~ сейсмическая миграция
mil мил (*единица длины, равная 25,4 мкм*)
Mil-Bar *фирм.* баритовый утяжелитель
Mil-Cedar Plug *фирм.* волокно кедровой древесины (*нейтральный наполнитель для борьбы с поглощением бурового раствора*)
Milchem MD *фирм.* поверхностно-активное вещество для буровых растворов
Mil-Con *фирм.* нейтрализованный лигнит, модифицированный тяжелыми металлами
mile миля (*английская = 1609 м, географическая = 1853 м*)
mileage протяженность [расстояние] в милях
Mil-Fiber *фирм.* отходы сахарного тростника (*нейтральный наполнитель для борьбы с поглощением бурового раствора*)
Milflake *фирм.* целлофановая крошка (*нейтральный наполнитель для борьбы с поглощением бурового раствора*)
Mil-Free *фирм.* ПАВ, используемое в смеси с дизельным топливом для установки ванн с целью освобождения прихваченных труб
milg [milling] фрезерование ‖ фрезерный
Mil-Gard *фирм.* нейтрализатор сероводорода для буровых растворов
Milgel *фирм.* вайомингский бентонит
mill 1. завод, фабрика 2. фрезер 3. фреза, шарошка ‖ фрезеровать 4. мельница, дробилка; *pl* бегуны
  ball ~ шаровая мельница
  casing section ~ фрезер гидравлического действия для вырезания секций в трубах
  crushing ~ дробилка; *pl* бегуны
  drill ~ фрезер, применяемый при ловле оставшегося в скважине инструмента
  drill collar ~ фрезер для утяжеленных бурильных труб
  drill pipe ~ фрезер для бурильных труб
  edge(-runner) ~s *см.* runner mills
  end ~ 1. концевое сверло 2. лобовая [концевая] шарошка
  grinding ~ мельница; *pl* бегуны
  hammer ~ молотковая дробилка
  junk ~ сплошной торцевой фрезер
  kneading ~ мешалка
  packer ~ фрезер для разбуривания пакеров
  pipe ~ трубопрокатный завод
  runner ~s бегуны
  taper ~ конусный фрезер
milliammeter миллиамперметр
millibar миллибар (*0,001 бара*)
millidarcy миллидарси (*0,001 дарси*)
milling 1. фрезерование ‖ фрезерный 2. фрезеровочные работы (*в скважине*) 3. измельчение; помол, размол
  ~ up junk in the hole фрезерование металлического лома, попавшего в скважину
  ball ~ размол на шаровой мельнице
millivoltmeter милливольтметр
Milmica *фирм.* слюдяная крошка (*нейтральный наполнитель для борьбы с поглощением бурового раствора*)

Mil-Natan 1-2 *фирм.* экстракт коры квебрахо (*разжижитель и понизитель водоотдачи буровых растворов*)
Mil-Olox *фирм.* мыло растворимых жиров (*ПАВ*)
Mil-Plate 2 *фирм.* заменитель дизельного топлива (*смазывающая добавка к буровым растворам*)
Mil-Plug *фирм.* шелуха арахиса (*нейтральный наполнитель для борьбы с поглощением бурового раствора*)
Mil-Polymer 302 *фирм.* биологически разрушаемый полимерный загуститель (*для буровых растворов на водной основе*)
Mil-Temp *фирм.* сополимер сульфированного стирола с малеиновым ангидридом (*стабилизатор реологических свойств и понизитель водоотдачи буровых растворов на водной основе при высокой температуре*)
MIM [moving in materials] доставка на буровую материалов
MI Min E [Member of the Institute of Mining Engineers] член Института горных инженеров
min 1. [minerals] минералы 2. [minimum] минимум, минимальное значение ‖ минимальный 3. [minute] минута
mine 1. шахта; рудник; подземная выработка ‖ производить горные работы; разрабатывать месторождение 2. залежь; пласт
mineral минерал ‖ минеральный
  clay ~ глинистый минерал
  heavy ~ тяжелый минерал
  pitch ~ битум, асфальт
mineralization 1. минерализация 2. оруденение
mineralize 1. минерализовать, насыщать минеральными солями 2. оруденять
mineralogical минералогический
mineralogy минералогия
minimum минимум; минимальное значение ‖ минимальный
  gravity ~ гравитационный минимум
mining 1. разработка недр; горное дело 2. добыча, выемка 3. горный, рудный; шахтный
  offshore ~ разработка шельфовых месторождений
  oil ~ добыча нефти шахтным способом
  seabed ~ морская добыча
  surface borehole ~ скважинная добыча с поверхности
Minl [Minneluse] *геол.* миннелуза (*свита верхнего отдела пенсильванской системы*)
min P [minimum pressure] минимальное давление
Mio [Miocene] *геол.* миоцен
Miocene *геол.* миоцен
MIOP [Mandatory Oil Import Program] обязательная программа импорта нефти
MIPU [moving in pulling unit] доставка на буровую установки для капитального ремонта
MIR [moving in rig] доставка на буровую бурового станка

MIRT [moving in rotary tools] доставка на буровую оборудования для роторного бурения

MIRU [moving in and rigging up] доставка на буровую и монтаж (*оборудования*)

misadjustment неверная регулировка; неправильная установка; неточная настройка

misalignment 1. прямолинейность 2. смещение [отклонение] осей, несоосность 3. разрегулированность; рассогласованность; расстройка

misarrangement неправильное размещение

miscalculation ошибка [погрешность] в вычислении; неверный расчёт

miscibility смешиваемость
 liquid-liquid ~ смешиваемость жидкостей

misconnection неправильное соединение; неправильное включение

Mise [Misener] *геол.* мизнер (*свита верхнего девона, Среднеконтинентальный район*)

misinterpretation ошибка при расшифровке (*каротажной диаграммы*)

mismatching 1. рассогласование; расстройка 2. несовпадение; несоответствие

misoperation неправильная работа; неправильное обращение

MISR [moving in service rig] доставка на буровую установки для профилактического ремонта

Miss [Mississippian] миссисипский период, миссисипий

MIST [moving in standard tools] доставка на буровую стандартного оборудования

mist туман
 oil ~ масляный туман

MIT 1. [Massachusets Institute of Technology] Массачусетский технологический институт (*США*) 2. [moving in tools] доставка на буровую оборудования

MIU [moisture, impurities and unsaponifiables] влажность, примеси и неомыляемые вещества (*при испытании консистентных смазок*)

mix смесь ‖ мешать, смешивать
 base ~ исходная [основная, базисная, первоначальная] смесь

mix [mixer] смеситель

mixer 1. смеситель; мешалка; смешивающий аппарат 2. смесительная камера
 arm ~ 1. смеситель с лопастной мешалкой 2. лопастная мешалка
 batch ~ 1. мешалка [смеситель] периодического действия, порционная мешалка 2. смесовой барабан 3. бетономешалка
 blade ~ лопастная мешалка
 cement ~ цементомешалка, мешалка для цементного раствора
 clay ~ *см.* mud mixer
 concrete ~ бетономешалка
 cone and jet type cement ~ струйная цементомешалка с бункером
 cone-jet ~ струйная глино- или цементомешалка с бункером
 continuous ~ мешалка [смеситель] непрерывного действия
 drilling mud ~ смеситель для бурового раствора
 drum ~ смеситель барабанного типа
 gravity ~ смеситель гравитационного типа
 grout ~ *см.* cement mixer
 horizontal ~ горизонтальная мешалка
 hydraulic jet ~ гидравлический струйный смеситель
 jet vacuum ~ гидравлическая мешалка, работающая на принципе вакуума
 mechanical blade ~ механическая лопастная мешалка
 mud ~ глиномешалка
 paddle ~ *см.* blade mixer
 propeller mud ~ глиномешалка лопастного типа
 static ~ статическая мешалка
 traveling paddle ~ передвижная лопастная мешалка
 truck ~ автобетономешалка

Mixical *фирм.* кислоторастворимый понизитель водоотдачи и наполнитель для борьбы с поглощением бурового раствора

mixing образование [приготовление] смеси, смесеобразование, смешивание; перемешивание
 ~ of cement приготовление цемента
 drilling mud ~ смешивание бурового раствора

mixture 1. смесь 2. смешивание
 air-fuel ~ топливовоздушная смесь; горючая смесь
 air-petrol ~ *см.* air-fuel mixture
 binary ~ бинарная система; двойная смесь
 buffer ~ буферная смесь; смесь, обладающая буферным действием
 combustible ~ горючая смесь
 complex ~ сложная смесь
 deicing ~ противообледенительная смесь
 explosive ~ взрывчатая смесь
 gas ~ 1. газовая смесь 2. горючая смесь
 gas-liquid ~ газожидкостная смесь
 gas-oil ~ смесь газообразных и жидких нефтяных продуктов
 gas-vapor ~ паровоздушная смесь
 heterogeneous ~ гетерогенная [разнородная] смесь
 homogeneous ~ гомогенная [однородная] смесь
 multicomponent ~ многокомпонентная смесь
 sand-cement ~ песчано-цементная смесь
 trial ~ пробная смесь, пробный замес

mkt 1. [market] рынок 2. [marketing] маркетинг

Mkta [Minnekahta] *геол.* миннеката (*свита отдела леонард пермской системы*)

ML 1. [maintenance level] уровень технического обслуживания, уровень ТО 2. [microlog] микрокаротаж 3. [mud logger] установка для контроля состояния и свойств бурового раствора

mld [milled] фрезерованный

mlg [milling] фрезерование
MLS [mud line suspension] подвеска колонн на уровне дна моря
ml TEL [milliliters of tetraethyl lead per gallon] миллилитров тетраэтилсвинца на галлон
MLU [mud logging unit] установка для контроля состояния и свойств бурового раствора
MLW-Plat [mean low water to platform] расстояние от уровня малой воды до низа буровой платформы
mly [marly] мергельный, мергелистый
MM [motor medium] рабочая среда двигателя
MMBTU [million British thermal units] миллион британских тепловых единиц
MMCF [millions of cubic feet] миллионов кубических футов
MMCFD [millions of cubic feet per day] миллионов кубических футов в сутки
mm Hg [millimeters of mercury] миллиметров ртутного столба
MMSCFD [millions of standard cubic feet per day] миллионов нормальных кубических футов в сутки
mnrl [mineral] минерал || минеральный
MO 1. [motor oil] моторное масло 2. [moving out] вывоз (*оборудования*) с буровой
mo [month] месяц
mob [mobile] мобильный; подвижный; самоходный
mobile мобильный; подвижный; самоходный
mobility подвижность, маневренность
　differential ~ разная подвижность (*жидкости в пласте*)
　fluid ~ подвижность жидкости
　oil ~ подвижность нефти (*в пласте*)
MOCT [moving out cable tools] вывоз с буровой инструмента для ударного бурения
MOCU [moving out completion unit] вывоз с буровой установки для заканчивания скважин
mod 1. [model] модель 2. [moderate] умеренный 3. [moderately] умеренно 4. [modification] модификация 5. [modulus] модуль
mode 1. способ, метод 2. форма, вид
　~ of deposition *геол.* условия осаждения [отложения]
　~ of occurrence *геол.* условия залегания; форма залегания
　~ of transport условия переноса (*частиц при седиментации*)
　conversational ~ диалоговый режим
　dead ship ~ нерабочий режим [нерабочее состояние] судна
　listening ~ режим приема (*напр. подводного приемника*)
　operating ~ рабочий режим
model модель, макет; образец; шаблон; копия || моделировать
　advanced ~ усовершенствованная модель
　analog ~ аналоговая модель
　blotter-type electrolytic ~ электролитическая модель из фильтровальной бумаги
　computational ~ принятая при расчетах модель
　dimensionally scaled ~ масштабная модель
　geological ~ геологическая модель
　hydrodynamical ~ гидродинамическая модель
　mathematical ~ математическая модель
　network ~ ячеистая модель
　peg ~ колышковая модель
　potentiometric ~ потенциометрическая модель
　scaled ~ динамически подобная модель (*залежи*)
　sheet conduction ~ модель с листовым проводником
　simplified ~ упрощенная модель
　space ~ пространственная модель
　static reservoir ~ статическая модель пласта
modeling моделирование
　computer ~ компьютерное моделирование
　failure ~ моделирование отказов
　scaled physical ~ моделирование с учетом критериев подобия
moderator замедлитель (*схватывания тампонажных растворов*); регулятор
modification 1. модификация, модернизация; (видо)изменение 2. обогащение (*глины, барита*)
　crystalline ~ перекристаллизация
modifier 1. модификатор 2. обогащающий агент
modify 1. модифицировать; (видо)изменять 2. обогащать (*глину, барит*)
MODU [mobile offshore drilling unit] подвижная [мобильная] морская буровая установка
modu [modular] модульный; разборный
modular модульный; разборный
modulation *рад., геофиз.* модуляция
　amplitude ~ амплитудная модуляция
　frequency ~ частотная модуляция
　pulse ~ импульсная модуляция
module модуль
　accommodation ~ жилой модуль (*на плавучей буровой*)
　drilling ~ буровой модуль (*комплект оборудования для бурения*)
　drilling system ~ модуль бурового оборудования (*на плавучем и стационарном основаниях*)
　power supply ~s силовые модули
　production ~ эксплуатационный модуль, модуль эксплуатационного оборудования
　riser buoyancy ~ *см.* riser pipe buoyancy module
　riser pipe bouyancy ~ модуль плавучести секции водоотделяющей колонны
　separation ~s сепараторные модули
modulus 1. модуль; коэффициент; показатель степени 2. масштаб; степень
　~ of compressibility *см.* modulus of compression
　~ of compression модуль упругости при сжатии

~ of elasticity модуль упругости, модуль Юнга
~ of elasticity in compression модуль упругости при сжатии
~ of elongation коэффициент (относительного) удлинения
~ of rupture модуль разрыва; сопротивление излому
~ of shearing модуль упругости при сдвиге, модуль сдвига, модуль поперечной упругости
~ of torsion модуль упругости при кручении
bulk ~ (of elasticity) модуль объемной деформации
compressibility ~ модуль объемной упругости
hydraulic ~ гидравлический модуль (*цемента, глины при подсчете выхода объема из тонны порошка*)
shear ~ модуль сдвига
Young's ~ модуль Юнга, модуль упругости

MOE [milled other end] с фрезерованным вторым концом

Moen [Moenkopi] *геол.* моенкопи (*свита нижнего отдела триасовой системы*)

moist влажный || увлажнять

moisture влага; влажность; сырость
hygroscopic ~ гигроскопическая влага
residual ~ остаточная влажность

moisture-impermeable влагонепроницаемый

moisture-proof влагостойкий; гидроизолированный

Mojave Seal *фирм.* гранулированный перлит

Mojave Super Seal *фирм.* смесь грубоизмельченного бентонита с перлитом и древесными опилками (*нейтральный наполнитель для борьбы с поглощением бурового раствора*)

Mol [Molas] *геол.* молас (*свита отделов атока и морроу пенсильванской системы*)

mol моль, грамм-молекула

mol 1. [molecular] молекулярный 2. [molecule] молекула

molar молярный

mold 1. пресс-форма; заливочная форма; мульда; кокиль; изложница 2. форма, лекало; шаблон || формовать; делать по шаблону

molded 1. фасонный 2. формованный, отлитый в форме, отформованный

moldy *геол.* рыхлый; выветрившийся; разложившийся

molecular молекулярный

molecule молекула

mol wt [molecular weight] молекулярная масса

moment момент
~ of couple момент пары сил
~ of deflection изгибающий момент, момент изгиба
~ of flexure *см.* moment of deflection
~ of force момент силы, статический момент
~ of friction момент (сил) трения
~ of inertia *см.* inertia moment
~ of resistance момент сопротивления
~ of rotation *см.* rotative moment
~ of rupture критический [разрушающий] момент
~ of setting момент схватывания (*цементного раствора, гипса*)
~ of torsion крутящий момент
bending ~ изгибающий момент
braking ~ момент торможения, тормозной момент
breaking ~ разрушающий момент
counterbalance ~ момент противовеса, уравновешивающий момент
design ~ расчетный момент
inertia ~ момент инерции
resisting ~ момент сопротивления
rotary ~ *см.* rotative moment
rotative ~ вращающий момент
torsional ~ *см.* moment of torsion
twisting ~ крутящий момент

momentum количество движения; кинетическая энергия; импульс
~ of nozzle fluid кинетическая энергия жидкости, вытекающей из насадки (*долота*)

MON [motor octane number] октановое число двигателя

Mon-Det *фирм.* биологически разрушаемое поверхностно-активное вещество (*смазывающая добавка*)

Mon-Ex *фирм.* сополимер (*флокулянт и модификатор глин*)

Mon Foam *фирм.* вспенивающий агент для пресноводных и соленых растворов

Mon Hib *фирм.* пленкообразующий амин для предотвращения коррозии бурильных труб

monitor 1. контрольно-измерительный прибор; управляющее устройство; контрольный аппарат; монитор; регистратор 2. защитное устройство; предохранительное устройство 3. датчик; индикатор 4. гидромонитор 5. дежурный; контролер 6. контролировать; управлять
anchor line ~ монитор якорного каната (*следящий за натяжением, стравленной длиной, скоростью стравливания и т.д.*)
fire ~ пожарный монитор
hydraulic ~ гидромонитор
mud density ~ прибор для измерения плотности бурового раствора
TV ~ пульт управления телевизионной установкой

monitoring (текущий) контроль; наблюдение; мониторинг
~ of process variables регулирование параметров технологического процесса
environmental ~ экологический мониторинг, мониторинг окружающей среды
marine riser ~ контроль положения водоотделяющей колонны
process ~ регулирование технологического процесса

monkey 1. верховой рабочий 2. небольшой, малогабаритный (*о машинах и инструментах*) 3. вспомогательный; промежуточный

monkey

derrick ~ верховой рабочий на буровой вышке
tower ~ *см.* derrick monkey
monkey-board полати для верхового рабочего
Mon Lube *фирм.* пленкообразующая смазка для условий высоких давлений
monocline *геол.* флексура, моноклинальная складка
Monoil Concentrate *фирм.* концентрат для приготовления инвертных эмульсий
monopod одиночная опора (*морского стационарного основания*)
Mont [Montoya] *геол.* монтоя (*свита отдела цинциннати верхнего ордовика*)
montmorillonite монтмориллонит
moonpool буровая шахта (*на буровом судне*)
moonwell *см.* **moonpool**
Moor [Mooringsport] *геол.* мурингспорт (*свита зоны тринити серии команче меловой системы*)
mooring швартовка || швартовный
chain anchor leg ~ якорная швартовная система с цепью
exposed location single buoy ~ (ELSBM) швартовка с одиночным незащищенным буем
single-chain anchor leg ~ одноточечная якорная швартовная система с цепью
MOP [maximum operating pressure] максимальное рабочее давление
MOR [moving out rig] вывоз с буровой бурового станка
Mor [Morrow] *геол.* морроу (*серия и свита нижнего отдела пенсильванской системы*)
Morr [Morrison] *геол.* моррисон (*свита верхней юры западных штатов США*)
Mor-Rex *фирм.* природный полимер (*диспергатор для известковых растворов, ингибитор неустойчивых глин*)
MORT [moving out rotary tools] вывоз с буровой инструмента для роторного бурения
mortar строительный раствор
mos [months] месяцы
mot [motor] двигатель
motion 1. движение, перемещение; подача, ход 2. механизм, устройство
accelerated ~ ускоренное движение
alternate ~ *см.* reciprocal motion
angular ~ угловое перемещение
back ~ обратное движение; задний [обратный] ход
continuous ~ непрерывное движение
laminar ~ ламинарное движение
lever ~ 1. рычажный механизм 2. движение посредством рычажного механизма
lifting ~ 1. подъем 2. подъемный механизм
longitudinal ~ продольное движение, продольное перемещение
lost ~ мертвый ход; холостой ход
oscillating ~ колебательное движение; качательное движение

oscillatory ~ *см.* oscillating motion
reciprocal ~ возвратно-поступательное движение
reciprocating ~ *см.* reciprocal motion
reverse ~ *см.* back motion
undulatory ~ волнообразное движение
uniform ~ равномерное движение
unsteady ~ неустановившееся движение
up-and-down ~ *см.* reciprocal motion
upset ~ осадка; ход осадки
variable ~ равномерно-переменное движение
vessel ~ перемещение судна
wave ~ волнообразное движение
motive 1. движущий 2. двигательный
motor 1. двигатель, мотор 2. электродвигатель
ac ~ двигатель переменного тока
air ~ пневматический двигатель
air-operated downhole ~ пневматический забойный двигатель
auxiliary ~ вспомогательный двигатель
back geared type ~ мотор с редукционной передачей
bottom-hole ~ *см.* downhole motor
dc ~ двигатель постоянного тока
downhole ~ забойный двигатель
gear ~ мотор с зубчатой передачей
induction ~ асинхронный двигатель
series(-wound) ~ (электро)двигатель с последовательным возбуждением
shunt(-wound) ~ (электро)двигатель с параллельным возбуждением
mount крепление; опора; монтажная стойка || устанавливать; монтировать; собирать
mounted смонтированный, установленный; закрепленный; насаженный (*на что-либо*)
crawler ~ смонтированный на платформе с гусеничным ходом
truck ~ смонтированный на автомобиле
mounting 1. крепление; монтаж; установка; сборка 2. установка (*агрегат*) 3. подставка; рама; стойка 4. *pl* монтажная арматура, оснастка 5. схема включения
casing ~s оснастка обсадной колонны
mousing предохранительное приспособление на крюке подъемника (*против соскальзывания груза*); замок крюка подъемника
mouth 1. устье (*скважины*) 2. входное отверстие; входной патрубок; штуцер 3. горловина; сужение; раструб, рупор
~ of the well устье скважины
mov [moving] перемещение; передвижение
movable подвижный; передвижной; движущийся; переносный
drilling ~s принадлежности для бурения
move 1. перетаскивание (*буровой установки*); передвижение; перемещение || передвигать, перевозить 2. манипулировать, управлять (*рычагами, выключателями*)
~s of rig перетаскивание буровой установки
movement движение, перемещение, ход (*механизма*)

~ of water into the reservoir продвижение воды в пласт
downward ~ нисходящее движение; движение вниз
earth ~ движение земной коры
irregular ~ неравномерное движение
play ~ зазор (*стыков*)
reciprocating ~ возвратно-поступательное движение
rotational ~ вращательное движение
rotary ~ *см.* rotational movement
to-and-fro ~ *см.* reciprocating movement
upward ~ восходящее движение; движение вверх

mover двигатель; движитель
prime ~ 1. первичный двигатель 2. тягач 3. приводной двигатель

moving 1. перемещение; передвижение 2. подвижный; передвижной; движущийся; переносный
~ in доставка на буровую (*оборудования*)
~ in and rigging up доставка на буровую и монтаж
~ in a rig перетаскивание буровой установки на данную точку
~ in cable tools доставка на буровую оборудования для ударного бурения
~ in completion unit доставка на буровую установки для заканчивания скважин
~ in double drum unit доставка на буровую установки с двухбарабанной лебедкой
~ in materials доставка на буровую материалов
~ in pulling unit доставка на буровую установки для капитального ремонта
~ in rotary tools доставка на буровую оборудования для роторного бурения
~ in service rig доставка на буровую установки для профилактического ремонта
~ in standard tools доставка на буровую стандартного оборудования
~ of the derrick перемещение буровой вышки
~ out вывоз с буровой (*оборудования*)
~ out cable tools вывоз с буровой оборудования для ударного бурения
~ out completion unit вывоз с буровой установки для заканчивания скважин
~ out rig вывоз с буровой установки для бурения
~ out rotary tools вывоз с буровой инструмента для роторного бурения
free ~ свободно движущийся

Mow [Mowry] геол. маури (*свита нижнего отдела мела*)

MP 1. [maximum pressure] максимальное давление 2. [melting point] точка плавления 3. [Moineau-type pump] насос Муано 4. [multipurpose] многоцелевой

m. p. 1. [manifold pressure] давление на всасывании 2. [medium pressure] среднее давление 3. [melting point] точка плавления

MPB [metal petal basket] лепестковая корзина с металлическими лепестками

MPGR-Lith [multipurpose grease, lithium base] многоцелевая консистентная смазка на литиевой основе

MPGR-Soap [multipurpose grease, soap base] многоцелевая консистентная смазка на основе мыла

mph [miles per hour] миль в час

mpm 1. [meters per minute] метров в минуту 2. [miles per minute] миль в минуту

MPS [mobile power station] передвижная электростанция

mps [meters per second] метров в секунду

MPT [male pipe thread] наружная трубная резьба

MPY [mills per year] милов в год (*измерение скорости коррозии*)

MR 1. [marine rig] морская буровая установка, морское буровое основание 2. [medium radius] средний радиус 3. [meter run] рейс измерительного зонда в скважину

mrlst [marlstone] глинистый известняк

MRP [mean reservoir pressure] среднее пластовое давление

MRS [marine regulation sheet] ведомость регулирования морского движения

MS [margin of safety] запас прочности; коэффициент безопасности

m/s 1. [meters per second] метров в секунду 2. [miles per second] миль в секунду

MSA [multiple service acid] многоцелевая кислота для профилактического ремонта скважин (*смесь уксусной кислоты с поверхностно-активным веществом*)

MSB [most significant bit] наибольший значащий разряд числа

MSFL [microspherically focused log] микрокаротаж со сферической фокусировкой тока

MSP [maximum surface pressure] максимальное давление на устье

mstr [master] главный

MT 1. [macaroni tubing] насосно-компрессорные трубы диаметром менее 50 мм 2. [marine terminal] портовая нефтебаза 3. [mean time] среднее поясное время 4. [metric ton] метрическая тонна

M/T [marine terminal] портовая нефтебаза

Mt [mountain] гора || горный

MTBF [mean time between failures] средняя наработка на отказ

MTD 1. [mean temperature difference] средняя разность температур 2. [measured total depth] измеренная конечная глубина (*скважины*)

mtd [mounted] смонтированный

MTE [mud testing equipment] оборудование для исследования буровых растворов

mtg [mounting] крепление; монтаж; установка; сборка

mtl 1. [material] материал, вещество 2. [metal] металл || металлический

mto метрическая тонна
MTP 1. [maximum top pressure] максимальное давление в верхней части (*сосуда, установки*) 2. [maximum tubing pressure] максимальное давление в насосно-компрессорной колонне
mtr [meter] счетчик, измеритель
MTS [mud to surface] восходящий поток бурового раствора
M. Tus [Marine Tuscaloosa] *геол.* морской тип тускалусы (*группа серии галф меловой системы*)
mtx [matrix] 1. *геол.* материнская порода, основная масса; жильная порода 2. матрица (*алмазной коронки*)
MU [measurement unit] а) единица измерения б) измерительное устройство
muck 1. отстой, грязь (*в отстойнике для бурового раствора*) 2. (отбитая) порода; вынутый грунт ‖ убирать породу (*с забоя*) 3. отвал 4. шлам
mud 1. буровой раствор; промывочная жидкость; глинистый раствор 2. буровая грязь, извлекаемая желонкой *или* песочным насосом (*при ударно-канатном бурении*)
~ off заглинизировать стенки скважины, закупорить проницаемый пласт, закупорить продуктивный горизонт
~ up заглинизировать; подавать буровой раствор (*в скважину*), переходить на промывку раствором (*при бурении*)
acid-cut ~ содержащий кислоту буровой раствор
active ~ активный буровой растор
aerated (drilling) ~ аэрированный [газированный] буровой раствор
agitated drilling ~ перемешанный буровой раствор
alkaline drilling ~ щелочной буровой раствор
alkaline-lignite drilling ~ щелочной лигнитовый буровой раствор
aqueous base drilling ~ буровой раствор на водной основе
base ~ исходный [первоначальный, необработанный] буровой раствор
bentonite drilling ~ бентонитовый буровой раствор
bentonitic ~ бентонитовый буровой раствор; промывочная жидкость, приготовленная на бентонитовой глине
bore ~ буровой шлам
brine ~ буровой раствор на соленой воде
bulk ~ рассыпной глинопорошок, глинопорошок насыпью *или* навалом
cement cut ~ буровой раствор, загрязненный цементом
clay ~ глинистый буровой раствор
clayless ~ безглинистый буровой раствор
clean ~ очищенный буровой раствор
colloidal ~ коллоидальный глинистый раствор

conventional ~ нормальный буровой раствор, состоящий из воды и глины
cut ~ *см.* gas cut mud
cuttings laden ~ буровой раствор, насыщенный обломками выбуренной породы; зашламованный буровой раствор
degassed drilling ~ дегазированный буровой раствор
displaced ~ откачанный буровой раствор
drilling ~ буровой раствор; промывочная жидкость
dry ~ глинопорошок для приготовления бурового раствора
emulsion ~ эмульсионный буровой раствор
fluffy ~ буровой раствор, насыщенный пузырьками газа, выделяемого из пластов
flushing ~ промывочная жидкость
gas cut ~ газированный буровой раствор
gel-water ~ глинистый раствор на водной основе (*без реагентов и утяжелителей*)
gyp ~ гипсовый буровой раствор
heavy ~ утяжеленный буровой раствор
high pH ~ буровой раствор с высоким pH
high solids ~ буровой раствор с высоким содержанием твердой фазы
initial ~ исходный буровой раствор
invert emulsion ~ инвертный эмульсионный раствор
junk ~ зашламованный буровой раствор
kill ~ раствор для глушения скважины
kill-weight ~ *см.* kill mud
light ~ *см.* light-weight mud
light-weight ~ легкий буровой раствор (*малой плотности*)
lime (base) ~ известковый буровой раствор
lime treated ~ *см.* lime (base) mud
liquid ~ *см.* **mud** 1.
loss mud mature ~ продиспергированный буровой раствор
low colloid ~ низкоколлоидальный буровой раствор
low fluid loss ~ буровой раствор с низкой водоотдачей
low solids ~ буровой раствор с низким содержанием твердой фазы
low toxicity ~ малотоксичный буровой раствор
low viscosity ~ маловязкий буровой раствор
low water loss ~ *см.* low fluid loss mud
native ~ естественный буровой раствор, образующийся в процессе бурения
natural ~ *см.* native mud
non-weighted ~ неутяжеленный буровой раствор
oil ~ *см.* oil-base mud
oil and gas-cut ~ буровой раствор, загрязненный нефтью и газированный
oil and sulphur water-cut ~ буровой раствор, загрязненный нефтью и сероводородной водой
oil-base ~ буровой раствор на углеводородной основе, РУО; буровой раствор на неводной [нефтяной] основе, РНО

oil-cut ~ буровой раствор, загрязненный нефтью
oil emulsion ~ нефтеэмульсионный буровой раствор
partially hydrolized polyacrilamide ~ частично гидролизованный полиакриламидный буровой раствор
polymer ~ полимерный буровой раствор
poor ~ жидкий буровой раствор
premium ~ улучшенный буровой раствор
ready-made ~ порошок для приготовления бурового раствора
reconditioned ~ регенерированный буровой раствор
red ~ красный буровой раствор (*с добавлением квебрахо*); щелочно-таннатный раствор
red lime ~ красный известковый буровой раствор
regenerated ~ *см.* reconditioned mud
regular ~ нормальный буровой растор
relax fluid loss ~ буровой раствор с нефтяным фильтратом
return ~ возвратный поток бурового раствора; отработанный буровой раствор
rotary ~ буровой раствор для вращательного бурения
salinity ~ буровой раствор на основе соленой воды
salt water ~ *см.* salinity mud
salty ~ *см.* salinity mud
sand laden ~ буровой раствор, содержащий песок
sea water ~ буровой раствор на основе морской воды
shale control ~ буровой раствор, не вызывающий разбухания встреченных при бурении вспучивающихся сланцевых глин
shale laden ~ буровой раствор на глинистой основе
slightly gas-cut ~ слабогазированный буровой раствор
slightly oil and gas-cut ~ буровой раствор со следами нефти и газа
solids-free ~ буровой раствор, не содержащий твердой фазы
stiff foam ~ буровой раствор с устойчивой пеной
synthetic base ~ буровтой раствор на синтетической основе
thick ~ густой буровой раствор
thin ~ жидкий буровой раствор
very heavily oil-cut ~ буровой раствор с очень высоким содержанием пластовой нефти
very slight gas-cut ~ буровой раствор с очень слабыми признаками газа
waste ~ отработанный буровой раствор
water ~ *см.* water-base mud
water-base ~ буровой раствор на водной основе
water-base oil emulsion ~ эмульсионный буровой раствор на водной основе
water-cut ~ обводненный буровой раствор
weighted ~ утяжеленный буровой раствор

Mudbac *фирм.* бактерицид, антиферментатор крахмала
Mudban *фирм.* разжижитель и диспергатор буровых растворов на углеводородной основе
mudded заглинизированный
mudding глинизирование, глинизация
~ in спуск обсадной колонны с нижним клапаном в скважину, заполненную густым глинистым раствором
~ in a well закачивание бурового раствора в скважину
~ off закупоривающая глинизация
Mudflush *фирм.* реагент для удаления бурового раствора
Mud-Kil *фирм.* химический реагент, добавляемый в цементный раствор для снижения влияния загрязнения его органическими веществами, являющимися составной частью бурового раствора
mudline профиль дна, уровень дна моря
mud-loss поглощение бурового раствора
Mud-Mul *фирм.* неионный эмульгатор для растворов на водной основе
Mud Seal *фирм.* волокна целлюлозы (*нейтральный наполнитель для борьбы с поглощением бурового раствора*)
Mud-Sol *фирм.* глинокислота
mudst [mudstone] аргиллит
mudstone аргиллит
muff 1. муфта; втулка муфты; гильза; цилиндр 2. воздушная заслонка
muffle 1. муфель || муфельный 2. (шумо)глушитель || заглушать (*шум*)
muffler 1. глушитель, звукопоглощающее устройство 2. муфельная печь
multirams многоплашечные системы
muse [muscovite] мусковит
muzzle 1. сопло; насадка 2. мундштук
M/V 1. [motor vehicle] автомобиль; транспортное средство 2. [motor vessel] теплоход
mV [millivolt] милливольт
Mvde [Mesaverde] *геол.* месаверде (*свита верхнего отдела меловой системы*)
MVFT [motor vehicle fuel fax] налог на бензин для транспортных средств
MVT [mud volume totalizer] сумматор объемов бурового раствора
MW 1. [microwave] микроволновый 2. [molecular weight] молекулярная масса 3. [muddy water] илистая вода
MWD [measuring while drilling] измерение (*забойных параметров*) в процессе бурения
MWE [manned work enclosure] обитаемая рабочая камера (*устанавливаемая на подводном устье скважины с целью размещения в ней персонала*)
MWP [maximum working pressure] максимальное рабочее давление
MWPE [mill wrapped plain end] гладкий конец (*трубы*) с заводской обмоткой

MWY [Midway] *геол.* мидуэй (*группа палеоцена третичной системы*)

mxd [mixed] смешанный; приготовленный (*о растворе*)

mxdth [maximum depth] максимальная глубина

mxtp [maximum temperature] максимальная температура

mxwd [maximum wind] максимальный ветер

My-Lo-Gel *фирм.* желатинизированный крахмал

MYP [multiyear procurement] *эк.* закупки на несколько лет

N

N [North] север

n 1. [n] частота вращения 2. [net] чистый вес 3. [normal] перпендикулярный 4. [number] а) число; количество б) номер

N/2 [North half] северная половина

N/4 [North quarter] северная четверть

NA 1. [not applicable] неприменимый, непригодный 2. [not available] нет данных; нет в наличии

Nac [Nacatoch] *геол.* накаточ (*свита группы наварро серии галф меловой системы*)

nac [nacreous] перламутровый

NACE [National Association of Corrosion Engineers] Национальная ассоциация инженеров-специалистов по коррозии (*США*)

NAG [no appreciable gas] газ в непромышленных количествах

naked 1. открытый, неизолированный, необсаженный 2. голый, неизолированный; зачищенный (*о проводе*)

nameplate марка (*изготовителя*), реквизиты; паспорт оборудования; табличка с заводской маркой, фирменное клеймо

Naminagil *фирм.* ингибитор коррозии, обладающий бактерицидными свойствами

nap [naphtha] нафта; лигроин; тяжелый бензин

naphtha нафта; лигроин; тяжелый бензин; бензинолигроиновая фракция
  blending ~ разбавитель нефтяных фракций
  gas ~ газовый бензин
  petroleum ~ лигроин; бензинолигроиновая фракция

naphthenes *хим.* нафтены, углеводороды нафтенового ряда, циклопарафины

narcosis наркоз
  nitrogen ~ азотный наркоз

narrow-meshed мелкоячеистый (*о сетке, сите*)

nat [natural] природный, натуральный; естественный

Nat'l [national] 1. национальный 2. государственный

natural природный, натуральный; естественный

nature 1. природа 2. характер 3. свойство, качество, происхождение 4. род; сорт; класс; тип
  ~ of flow режим потока
  corrosive ~ коррозионные свойства

Nav [Navajo] *геол.* навахо (*свита группы глен-каньон среднего и нижнего отделов юры*)

nav [naval] морской

Navr [Navarro] *геол.* наварро (*группа верхнего отдела меловой системы*)

NB [new bit] новое долото

nbp [normal boiling point] нормальная точка кипения

NBS [National Bureau of Standards] Национальное бюро стандартов (*США*)

NC 1. [National coarse (thread)] американская крупная (резьба) 2. [no change] без изменений 3. [no core] без отбора керна 4. [normally closed] нормально закрытый (*о клапане*); нормально замкнутый (*о контакте*)

NCT [non-contiguous tract] несоприкасающийся участок

ND 1. [non-detergent] не обладающий поверхностной активностью 2. [not determined] неизмеряемый, некритический (*о величине*); неопределенный (*о параметре*) 3. [not drilling] простаивающий (*в процессе бурения*)

n. d. [no date] без числа, без даты

NDBOPs [nipple down blowout preventers] противовыбросовые превенторы с ниппельной частью соединения внизу

NDE [non-destructive examination] неразрушающий контроль

NDP [non-dispersed dual-action polymer] недиспергирующийся полимер двойного действия

NDS [navigation drilling system] навигационная система бурения (*горизонтальных скважин*)

NDT [non-destructive testing] испытание без разрушения (*образца*); неразрушающий контроль

NE [non-emulsifying (agent)] неэмульгирующий (агент)

N/E, N. E. [non-effective] недействительный, непригодный

NE/4 [North-East quarter] северо-восточная четверть

NEA [non-emulsion acid] неэмульгируемая кислота

near-shore прибрежный

neat чистый; натуральный, неразбавленный; без примесей

NEC [North-East corner] северо-восточный угол

neck 1. шейка, цапфа; выточка, заточка, кольцевая канавка 2. горловина, горлышко 3. насадка; мундштук
  filler ~ наливная горловина (*резервуара*)

fishing ~ 1. шейка для захвата ловильным инструментом (*в насосе*) 2. ловильная шейка на защитном колпаке подводного устья (*служащая для соединения с ним инструмента*)
goose ~ горловина вертлюга
rubber ~ резиновый (ремонтный) хомут (*для трубопроводов*)
necked имеющий шейку *или* выточку, суженный
necking образование шейки, местное сужение; уменьшение поперечного сечения (*образца*) при растяжении
needle 1. стрелка прибора, указатель 2. подпорная балка (*при подведении фундамента*)
neg 1. [negative] отрицательный 2. [negligible] незначительный, несущественный (*о малых величинах*)
negative 1. негатив 2. отрицательный электрод (*гальванического элемента*) 3. знак минус 4. отрицательный
negligible незначительный, несущественный (*о малых величинах*)
NEL [North-East line] северо-восточная линия
Neocen *геол.* неоцен ‖ неоценовый
neoprene неопрен, полихлоропрен (*синтетический хлоропреновый каучук*)
NEP [net effective pay] суммарные извлекаемые запасы (*нефти*)
nest:
crow's ~ полати буровой вышки
duck's ~ топка; огневое пространство топки
net 1. сетка, сеть; схема 2. чистый вес, вес нетто 3. суммарный
net-shaped сетчатый
network 1. сеть, сетка 2. сетка размещения скважин 3. сеть электрических линий *или* проводов 4. решетчатая система 5. расчетная *или* опытная схема
~ of coordinates сетка координат, координатная сетка
~ of pipelines сеть трубопроводов, система труб
electric ~ электрическая цепь
equivalent ~ эквивалентная схема, схема замещения
piping ~ *см.* network of pipelines
neut 1. [neutral] нейтральный 2. [neutralization] *хим.* нейтрализация
Neut. No. [neutralization number] число нейтрализации
neutral 1. нейтраль, нейтральная точка; нейтральный провод; нулевой провод ‖ нейтральный, средний 2. безразличный (*о равновесии*)
neutralization *хим.* нейтрализация
New Alb [New Albany shale] *геол.* сланец нью-олбани (*свиты верхнего девона*)
NF 1. [National fine (thread)] американская мелкая (резьба) 2. [natural flow] естественный приток, естественное течение; фонтанирование 3. [no fluid] флюид отсутствует 4. [no fluorescence] флуоресценция отсутствует 5. [no fuel] нет топлива
NF-1 *фирм.* жидкий пеногаситель
NFD [new field discovery] открытие нового месторождения
NFP *фирм.* порошкообразный пеногаситель
NFW [new field wildcat] разведочная скважина-открывательница нового месторождения
NG 1. [natural gas] природный газ 2. [no gage] диаметр меньше номинального
NGAA [Natural Gasoline Association of America] Американская ассоциация по газобензиновому производству
N-Gage *фирм.* калиевый лигносульфонат (*ингибитор неустойчивых глин*)
NGL [natural gas liquids] природный газоконденсат, газоконденсатные жидкости
NGS [natural gamma-ray spectrometry log] спектрометрический каротаж по естественному гамма-излучению
NGTS [no gas to surface] газ на поверхность не поступает
NHP, nhp [nominal horsepower] номинальная мощность в л. с.
NIC [not in contract] контрактом не предусмотрено
nichrom нихром (*высокоомный сплав*)
nick 1. шейка, местное сужение, пережим 2. бороздка; шлиц, прорезь 3. зарубка ‖ делать зарубки 4. забоина, вмятина
nicked имеющий надрезы *или* зазубрины
nicking 1. образование шейки, местное сужение; уменьшение поперечного сечения (*образца*) 2. прорезание канавок, прорезей, шлицев
Nig [Niagara] *геол.* ниагара (*серия силура в штатах Нью-Йорк, Мичиган, Огайо, Висконсин и Иллинойс*)
nigger трубная насадка на рукоятке ключа (*для удлинения*)
ni-hard нихард (*износостойкий мартенситовый чугун*)
Niob [Niobara] *геол.* ниобара (*свита верхнего отдела меловой системы*)
nip 1. тиски; захват, зажим ‖ захватывать; сжимать 2. место зажима 3. перегиб (*проволоки*) 4. сдавливание, сжатие 5. степень плотности посадки 6. *геол.* выклинивание (*пласта*); обрушение кровли
~ out выклиниваться (*о пласте*)
nip [nipple] ниппель
nipped затертый, зажатый, защемленный
nipple 1. ниппель; соединительная гайка, штуцер 2. соединительная втулка, патрубок 3. конусообразный прилив 4. сопло 5. наконечник с резьбой
air inlet ~ воздушный входной патрубок
bell ~ патрубок с воронкой; ниппель обсадной колонны, устанавливаемый на превенторе

NPS [nominal pipe size] номинальный размер труб
NPT 1. [National standard taper pipe thread] нормальная коническая трубная резьба (*США*) 2. [non-productive time] непродуктивное время
n. p. t. [normal pressure and temperature] нормальные давление и температура
NPTF [National pipe thread, female] внутренняя нормальная коническая трубная резьба (*США*)
NPTM [National pipe thread, male] наружная нормальная коническая трубная резьба (*США*)
NPW [new pool wildcat] разведочная скважина-открывательница нового месторождения
NPX [new pool exempt] не подлежащая обложению налогом добыча на новом месторождении
NR 1. [non-returnable] срабатываемый полностью; затрачиваемый; невозвратный 2. [no recovery] нулевой выход керна 3. [no report] отчета нет 4. [not reported] не сообщается 5. [no returns] отсутствие выхода циркуляции, катастрофическое поглощение
NRB [National Resources Board] Национальное управление стратегических ресурсов (*США*)
NRC 1. [National Research Council] Национальный научно-исследовательский совет 2. [National Resources Committee] Национальный комитет стратегических ресурсов (*США*)
NREC [National Resources Evaluation Center] Национальный центр по оценке ресурсов (*США*)
NRS [non-rising stem] заело стержень (*в клапане*)
NRSB [non-returnable steel barrel] невозвратная стальная бочка
NRSD [non-returnable steel drum] невозвратная стальная бочка
NS [no shows] проявления в скважине отсутствуют
NSC [necessary and sufficient condition] необходимое и достаточное условие
NSG [no shows of gas] газопроявления отсутствуют
NSO [no shows of oil] нефтепроявления отсутствуют
NSO & G [no shows of oil and gas] нефте- и газопроявления отсутствуют
NSS [navigation satellite system] система спутниковой навигации
N/S S/S [non-standard service station] нестандартная станция обслуживания
nstd [non-standard] нестандартный
NT 1. [net tons] тонн нетто 2. [no time] нет времени
NTD [new total depth] новая конечная глубина
n t p [normal temperature and pressure] нормальные температура и давление

NTS [not to scale] не в масштабе
N / tst [no test] испытания не проводились
NU 1. [nipple up] с ниппельной деталью соединения в верхней части 2. [non-upset] с невысаженными концами
NUBOPs [nipple up blowout preventers] противовыбросовые превенторы с ниппелем в верхней части
NUE [non-upset ends] невысаженные концы
Nujol *фирм.* медицинское масло, светлое нефтяное масло глубокой очистки
number 1. число; количество || считать, насчитывать 2. номер || нумеровать 3. клеймить; маркировать 4. цифра
~ 1, 2, 3, 4, 5, and 6 топливо 1, 2, 3, 4, 5 и 6 (*классификация используется для жидкого топлива в США*)
acid ~ кислотное число, коэффициент кислотности
assembly ~ заводской номер (*изделия*)
atomic ~ атомный номер, порядковый номер элемента
ball hardness ~ *см.* Brinell (hardness) number
Brinell (hardness) ~ число твердости по Бринеллю
bromine ~ бромное число
cetane ~ цетановое число
cetane ~ in borderline предельное цетановое число
cetene ~ цетеновое число
chemical octane ~ октановое число этилированного бензина
clear octane ~ октановое число неэтилированного бензина
hardness ~ показатель [число] твердости (*по шкале*); число жесткости (*воды*)
impact ~ значение ударной вязкости
Izod ~ значение ударной вязкости по Изоду
neutralization ~ число нейтрализации, кислотное число
octane ~ октановое число
Reynolds ~ число Рейнольдса (*безразмерная характеристика течения жидкости*)
Rockwell (hardness) ~ число твердости по Роквеллу
serial ~ номер партии
sieve ~ номер сита
n-uple умноженный на *n*, *n*-кратный
nut 1. гайка 2. муфта 3. шестерня, составляющая одно целое с валом
adjusting (screw) ~ установочная [регулировочная] гайка
back ~ *см.* lock nut
binding ~ зажимная гайка
blind ~ *см.* cap nut
butterfly ~ крыльчатая [барашковая] гайка, гайка-барашек
cap ~ глухая гайка; колпачок с резьбой
captive ~ накидная гайка
check ~ *см.* lock nut
collar ~ соединительная гайка, гайка с буртиком

coupling ~ 1. гайка стяжного винта 2. винтовая стяжная муфта
cup ring ~ кольцевая гайка для манжет
fastening ~ крепежная гайка
gland ~ *см.* packing nut
jam ~ *см.* lock nut
joint ~ стяжная муфта
lock ~ контргайка; зажимная гайка, стопорная гайка; гаечный замок
locking ~ *см.* lock nut
packing ~ нажимная гайка сальника, уплотнительная [герметизирующая] гайка
piston ~ гайка поршня
retaining ~ *см.* lock nut
ring ~ кольцевая гайка, круглая гайка с вырезами под штифтовый [вилочный] ключ
safety ~ *см.* lock nut
screw ~ винтовая гайка
set ~ стопорная гайка; установочная [регулировочная] гайка
slit ~ разрезная гайка
tapered cup ~ коническая гайка для манжет
union ~ соединительная гайка, накидная гайка
wing ~ *см.* butterfly nut
yoke cup ~ зажимная манжетная гайка

Nut Plug *фирм.* шелуха арахиса (*нейтральный наполнитель для борьбы с поглощением бурового раствора*)

nutshell ореховая скорлупа
ground ~ измельченная ореховая скорлупа (*нейтральный наполнитель для борьбы с поглощением бурового раствора*)

NVP [no visible porosity] без заметной пористости

NW 1. [North-West] северо-запад 2. [no water] вода отсутствует

NW/4 [North-West quarter] северо-западная четверть

NW/C [North-West corner] северо-западный угол

NWL [North-West line] северо-западная линия

N-W-S collar [no wall stick collar] утяжеленная бурильная труба со спиральной канавкой

NWT [Northwest Territories] северо-западные территории (*Канада*)

NYA [not yet available] пока нет данных; пока нет в наличии

Nymcel *фирм.* карбоксиметилцеллюлоза

O [oil] нефть
OA [overall] общий, полный
oad [overall dimension] полный размер
OAH [overall height] общая высота
Oakv [Oakville] *геол.* оуквил (*свита нижнего отдела миоцена*)

OAL [overall length] общая длина
O & G [oil and gas] нефть и газ
O & GCM [oil and gas-cut mud] газированный буровой раствор, загрязненный нефтью
O & GC SULW [oil and gas-cut sulphur water] сероводородная вода, содержащая нефть и газ
O & GCSW [oil and gas-cut salt water] соленая вода, содержащая нефть и газ
O & GCW [oil and gas-cut water] вода, содержащая нефть и газ
O & GL [oil and gas lease] участок, сдаваемый в аренду для добычи нефти и газа
O & SW [oil and salt water] нефть и соленая вода
O & SWCM [oil and sulphur water-cut mud] буровой раствор, загрязненный нефтью и сероводородной водой
O & W [oil and water] нефть и вода
oatmeal овсяная мука, овсянка (*тампонирующий материал*)
OAW [old abandoned well] истощенная ликвидированная скважина
OB [off bottom] на расстоянии от забоя, вне забоя
OB Acid Pyro *фирм.* кислый пирофосфат натрия
OB Bengel *фирм.* вайомингский бентонит
OB Clay *фирм.* суббентонит
OB Clorogel *фирм.* аттапульгитовая глина
OB Gel *фирм.* концентрат для улучшения структуры растворов "Black Magic"
OB Hevywate *фирм.* барит
OB Hexaglas *фирм.* гексаметафосфат натрия
OB Hi-Cal *фирм.* гидроксид кальция
oblique 1. раскос 2. диагональный, косой, наклонный, отклоняющийся от горизонтали *или* вертикали 3. непрямой (*об углах*)
obliquity 1. косое направление; отклонение от прямого пути 2. наклонное положение 3. скос; конусность
OBM [oil-base mud] буровой раствор на углеводородной основе, РУО
OB Mix Fix *фирм.* понизитель вязкости растворов "Black Magic"
OB PFA *фирм.* регулятор тиксотропных свойств для пакерных жидкостей на углеводородной основе
observation наблюдение; измерение
~ of depth gage наблюдение за колебанием уровня
experimental ~s экспериментальные наблюдения
observer топограф-полевик; геодезист-полевик
obsolescence моральный износ; устарелость (*конструкции*)
obsolescent *см.* obsolete
obsolete морально устаревший, изъятый из эксплуатации, вышедший из употребления
obstruction препятствие; преграда; засорение; закупорка; пробка (*в трубах*)

oil

initial ~ in place начальные запасы [начальное содержание] нефти в пласте
in-place ~ пластовая нефть
inspissated ~ выветрившаяся нефть
insulating ~ трансформаторное масло
irreducible ~ остаточная нефть
lean ~ регенерированное абсорбционное масло
lease ~ *см.* crude oil
light ~ дизельное топливо, легкие фракции нефти
live ~ подвижная нефть; газированная нефть
load ~ нефть, закачиваемая в скважину для вызова притока
lock ~ *см.* crude oil
low-gravity ~ тяжелая нефть
lubricating ~ жидкая смазка, смазочное масло
migratory ~ мигрировавшая нефть
mineral ~ нефть, нефтяное топливо
mixed asphaltic base ~ нефть смешанного асфальтового основания
mixed base ~ нефть смешанного основания
mother ~ первичная нефть
net ~ добыча нефти нетто
net residual ~ объем остаточной нефти нетто
nonsulphurous ~ бессернистая нефть
occluded ~ поглощенная породой нефть
offshore ~ нефть, залегающая под дном моря
original ~ in place *см.* initial oil in place
persistent ~ стойкие нефтяные остатки
pipeline ~ чистая (*годная к сдаче*) нефть
power ~ рабочая жидкость (*в гидравлических механизмах*)
produced ~ добытая нефть
prospective ~ вероятные [геологические] запасы нефти
raw ~ *см.* crude oil
reclaimed lubricating ~ *см.* lean oil
recoverable ~ промышленные запасы нефти; нефтеотдача пласта
refined ~ светлый нефтепродукт, керосин; очищенное масло
residual ~ остаточная нефть, мазут
residual ~ and brine остаточная водонефтенасыщенность
retained ~ удержанная (в пласте) нефть; оставшиеся в пласте целики нефти
rich ~ насыщенный *или* обогащенный абсорбент (*в газобензиновой установке*)
rock ~ нефть
roily ~ загрязненная нефть; эмульсия нефти и воды, встречающаяся в породе
saturated ~ нефть, насыщенная газом
seep ~ нефть, просачивающаяся на выходах
separator ~ товарная нефть (*на промысле*)
shale ~ сланцевое масло, продукты перегонки сланцев
shrinked ~ отстоявшаяся нефть
slush ~ отходы, получаемые при чистке скважины (*вода, песок, буровой раствор, нефть*)
slushing ~ масло, предохраняющее от ржавчины
solar ~ *см.* diesel oil

soluble ~ растворимое масло (*специальная рабочая жидкость для открытой системы гидравлического управления подводным оборудованием; легко растворяется в морской воде, безвредно для морской среды*)
sour ~ нефть с высоким содержанием серы, сернистая нефть
tank ~ товарная нефть; нефть, приведенная к нормальным условиям
tar ~ гудрон
tarry ~ тягучая смолистая нефть
thinned ~ газированная нефть
unrecovered ~ остающаяся в пласте [остаточная] нефть (*после окончания разработки определенным методом*)
water cut ~ *см.* watered oil
watered ~ нефть с большим содержанием воды, обводненная нефть
wet ~ нефть, содержащая воду
white ~ белое медицинское [вазелиновое] масло

Oil Con *фирм.* вторичный эмульгатор и смачивающий агент для инвертных эмульсий и РУО
Oil Cr [Oil Creek] *геол.* ойл-крик (*свита средненижнего ордовика, Среднеконтинентальный район*)
oiled смазанный маслом; промасленный
oiler 1. нефтяная скважина 2. лубрикатор, масленка, тавотница 3. смазчик 4. нефтевоз, нефтеналивное судно, танкер
Oilfaze *фирм.* концентрат для приготовления растворов на углеводородной основе
oil-field нефтепромысловый
oil-fielder рабочий на нефтяных промыслах
oil-fired работающий на жидком топливе (*о двигателе*)
Oilfos *фирм.* тетрафосфат натрия
oiling смазывание маслом
hot ~ промывка скважин горячей нефтью
oilman нефтепромышленник
Oil Mul *фирм.* стабилизатор инвертных эмульсий
Oil Patch *фирм.* дробленая ореховая скорлупа (*нейтральный наполнитель для борьбы с поглощением бурового раствора*)
Oil-Seal *фирм.* гранулированный углеводородный материал, применяемый для борьбы с поглощением бурового раствора
oil-soluble растворимый в нефти; маслорастворимый
Oilsperse *фирм.* аминосоединение (*эмульгатор для растворов на углеводородной основе*)
Oilsperse-1 *фирм.* реагент для удаления бурового раствора
Oilspot *фирм.* концентрат для приготовления ванн с целью освобождения прихваченных труб
oil-stained пропитанный нефтью
oil-tight нефте- *или* маслонепроницаемый
Oiltone *фирм.* понизитель фильтрации для растворов на углеводородной основе

Oilvis *фирм.* загуститель и структурообразующий реагент для растворов на углеводородной основе и инвертных эмульсий

Oilwet *фирм.* гидрофобизатор для растворов на углеводородной основе и инвертных эмульсий

oily масляный, маслянистый, жирный

OIM [offshore installation manager] менеджер по морским установкам

OIMS [Operations Management Integrity System] система управления надежностью операций, СУНО

OIP [oil in place] пластовая нефть, нефть в пласте

OIPA [Oklahoma Independent Petroleum Association] Ассоциация независимых нефтедобывающих фирм штата Оклахома (*США*)

ole [olefin] олефин

oleic 1. масляный 2. олеиновый (*о кислоте*)

Olig [Oligocene] *геол.* олигоцен, верхний отдел палеогена

Oligocene *геол.* олигоцен, верхний отдел палеогена

oligoclase *геол.* олигоклаз

Olox *фирм.* нейтрализованное мыло (*эмульгатор для растворов на водной основе*)

OMC [oil mud conditioner] стабилизатор бурового раствора на углеводородной основе

omission:
~ of beds *геол.* перерыв в напластовании, выпадение пластов

O. N. [octane number] октановое число

on 1. «открыто» || открытый 2. «включено» || включенный

one-piece цельный; неразъемный

onlap *геол.* несогласное трансрегрессивное залегание

O-notch нулевая отметка

ONR [octane number requirement] требование к октановому числу

ONRI [octane number requirement increase] увеличение требований к октановому числу

onshore на суше

on-stream в процессе эксплуатации, в действии

OO [oil odor] запах нефти

OOC [Offshore Operators Committee] Комитет подрядчиков по бурению скважин в море

ooc [oolicastic] ооликастический (*о пористости*)

ool [oolitic] оолитовый (*яйцевидного или зернистого строения*)

oolite *геол.* оолит

oolitic *геол.* оолитовый

oom [oolimoldic] с яйцеобразными раковинами

OP 1. [oil pay] нефтяной коллектор 2. [outpost (well)] оконтуривающая (скважина) 3. [overproduced] добытый сверх установленной нормы

opacity непрозрачность; матовость

opalescence опалесценция

opalescent опалесцирующий

OPBD [old plug-back depth] глубина (*скважины*) до установки цементного моста (*с целью эксплуатации вышележащего горизонта*)

OPC [Oil Policy Committee] Комитет по нефтяной политике (*США*)

OPEC [Organization of Petroleum Exporting Countries] Организация стран-экспортеров нефти, ОПЕК

open 1. открывать || открытый; открытого типа (*о машине или аппарате*) 2. размыкать || разомкнутый 3. пористый; сильнотрещиноватый; водоносный (*о породе*) 4. *pl* открытые трещины *или* каверны
~ a hole прочистить скважину (*удалить пробку, обвалившийся материал*)
~ out 1. открывать; раздвигать; разводить 2. рассверливать; развальцовывать
~ to atmosphere сообщающийся с атмосферой
~ up вводить в эксплуатацию, вскрывать

opener расширитель
hole ~ расширитель для значительного (*в 1,5—2 раза*) увеличения диаметра скважины
rock bit-type hole ~ шарошечный расширитель для значительного (*в 1,5—2 раза*) увеличения диаметра скважины

open-flow:
absolute ~ potential теоретический дебит скважины (*при отсутствии противодавления*)

opening 1. отверстие; окно; щель; расщелина; пора; пустота (*в породе*) 2. зазор между кромками; расстояние; проем; раствор 3. устье (*канала*)
~ of channel устье канала (*в породе*)
~ of discission *геол.* тектоническая трещина
circulating ~s промывочные [циркуляционные] отверстия
clear ~ просвет; свободное сечение (*напр. трубы, клапана и пр.*)
exhaust ~ выхлопное отверстие
roof ~ отверстие [люк] в крыше (*резервуара*)
rotary table ~ проходное отверстие ротора
screen pipe ~s отверстия фильтра
water table ~ сечение верхней рамы вышки (*в свету*)

opening-out *горн.* вскрытие, нарезка, открытие (*месторождения*)

opening-up *горн.* подготовка; вскрытие (*нового горизонта*)

oper 1. [operate] эксплуатировать 2. [operations] операции 3. [operator] оператор

operate действовать, работать; приводить в действие; управлять (*машиной*); эксплуатировать

operated приводимый в действие; управляемый
cable ~ с канатным приводом; с тросовым управлением

operated

fluid ~ с гидравлическим приводом
hand ~ с ручным приводом; с ручным управлением
motor ~ с приводом от двигателя
power ~ с механическим приводом, приводной; моторный
pressure ~ действующий под вакуумом *или* давлением

operation 1. операция, действие; цикл [процесс] обработки 2. обслуживание, управление 3. разработка, эксплуатация 4. режим; рабочий процесс
air-lift well ~ эксплуатация скважин с применением эрлифта
automatic ~ автоматическая работа; автоматическое управление
batch ~ периодическая операция; периодическая загрузка
continued ~ непрерывная эксплуатация; непрерывная работа
continuous ~ *см.* continued operation
diving in support of offshore ~s водолазное обслуживание на шельфе
dual ~ двойное управление
finishing ~ окончательная операция; окончательная обработка
fishing ~s ловильные работы в скважине
hand ~ *см.* manual operation
handling ~s погрузочно-разгрузочные работы (*на складе*); работы, выполняемые при хранении и транспортировке нефтепродуктов
heat-treating ~ термообработка
launchway ~ операция спуска (*трубопровода с трубоукладочной баржи*)
live boat ~ водолазные работы с сопровождающим катером
manual ~ ручная работа; ручная операция; ручное управление
no-load ~ холостой ход
offshore ~ работа на шельфе
one-way ~ одноходовая [однорейсовая] операция
plant ~ работа [эксплуатация] установки
products pipeline ~ последовательная перекачка нефтепродуктов по трубопроводу
push-button type ~ кнопочное управление
remote-controlled ~ дистанционное управление
safe ~ безопасная работа
unit ~ совместная разработка несколькими фирмами одной нефтеносной площади
wash-over fishing ~ обуривание прихваченного инструмента промывной колонной, снабженной башмаком-коронкой
water flood ~ эксплуатация месторождения с применением заводнения
wireline ~ операция в скважине, осуществляемая с помощью вспомогательного талевого каната

operator 1. рабочий, обслуживающий технику; оператор 2. промышленник, владелец горного предприятия 3. механик; машинист 4. исполнительный механизм 5. автоматический предохранительный клапан
unit ~ нефтяная компания-оператор, представляющая участников, ведущих разработку нефтяного *или* газового месторождения

OPI [oil payment interest] доля от продажи нефти
opm [operations per minute] операций в минуту
opn 1. [open] а) открытый; открытого типа (*о машине или аппарате*) б) разомкнутый 2. [opened] открытый 3. [opening] отверстие
OPT [official potential test] официальные испытания на потенциальный дебит
order 1. порядок; последовательность || приводить в порядок 2. *матем.* порядок; степень 3. заказ || заказывать 4. приказ, распоряжение
~ for oil заказ на нефть
~ of accuracy степень точности
~ of deposition *геол.* порядок напластования
~ of equation степень *или* порядок уравнения
Ordovician *геол.* ордовикский период, ордовик || ордовикский
ore руда; минерал
orf [orifice] отверстие
org 1. [organic] органический 2. [organization] организация
organic органический
Organization:
~ of Arab Petroleum Exporting Countries (ОАРЕС) Организация арабских стран-экспортеров нефти
~ of Petroleum Exporting Countries (OPEC) Организация стран-экспортеров нефти, ОПЕК
organization 1. организация 2. устройство
orientation ориентирование; ориентация
core ~ ориентация керна
dimensional ~ пространственная ориентация
oblique ~ of spread установка сейсмографов под углом к линии падения пластов
random ~ дезориентированность
orifice 1. отверстие; проход 2. устье, выход 3. сопло; насадка; жиклер 4. измерительная диафрагма
discharge ~ разгрузочное отверстие; выпускное отверстие
escape ~ выпускное отверстие
inlet ~ диафрагма на входе
jet ~ инжекционное отверстие
pipeline ~ диафрагма (*расходомера*), установленная в трубопроводе
origin 1. происхождение; начало; источник, исходный пункт 2. начало координат
~ of force точка приложения силы
~ of petroleum *см.* oil origin
oil ~ происхождение нефти
petroleum ~ *см.* oil origin

Orisk [Oriskany] *геол.* орискани (*свита нижнего девона восточных штатов США*)
orogen *геол.* ороген, складчатая область
orogenesis *геол.* орогенез, горообразование
orogenic орогенический, горообразующий
orography орография
orth [orthoclase] ортоклаза
orthogeosyncline *геол.* ортогеосинклиналь
OS [oil show] признак нефти
O/S [out of service] неработающий
Os [Osage] *геол.* осейдж (*серия нижнего карбона миссисипской системы*)
OS-1L *фирм.* жидкий ингибитор кислородной коррозии для буровых растворов
OSA [oil soluble acid] растворимая в масле [нефти] кислота
OS & F [odor, stain and fluorescence] запах, цвет и флуоресценция
OS & Y [outside screw and yoke (*valve*)] с наружным винтом и направляющей траверсой (*о вентиле*)
oscillation колебание, колебательное движение; качание; тряска; отклонение (*стрелки прибора*), вибрирование; осцилляция
  continuous ~s незатухающие колебания
  damped ~ затухающее колебание; заглушенное колебание
  dying ~s затухающие колебания
  electromagnetic ~s электромагнитные колебания
  forced ~s вынужденные колебания
  full-wave ~ полное колебание
  natural ~s собственные [свободные] колебания
  self-sustained ~s незатухающие колебания
  torsion ~ крутильное колебание
  undamped ~s *см.* self-sustained oscillations
oscillator осциллятор, излучатель, вибратор; генератор колебаний, гетеродин
oscillograph осциллограф
  loop ~ шлейфовый осциллограф
  rapid record ~ многошлейфовый осциллограф
oscilloscope осциллоскоп; осциллограф
O sd [oil sand] нефтеносный песчаник
OSF [oil string flange] фланец эксплуатационной колонны
OSHA [Occupational Safety and Health Administration] Управление профессиональной безопасности и здравоохранения (*США*)
OSI [oil well shut-in] нефтяная скважина с закрытым устьем
OSIS [oil spill information system] информационная система по разливам нефти
osmosis осмос
  reverse ~ обратный осмос
osmotic осмотический
Ostex *фирм.* ингибитор кислородной коррозии для буровых растворов и жидкостей для ремонта и заканчивания скважин
OSTN [oil stain] нефтяное пятно

OSTOIP [original stock tank oil in place] первоначальные запасы нефти, приведенные к нормальным условиям
Osw [Oswego] *геол.* освего (*группа отдела демойн пенсильванской системы, Среднеконтинентальный район*)
OT 1. [oil tanker] танкер; нефтевоз 2. [open tubing] открытая насосно-компрессорная труба
OT & S [odor, taste and stain] запах, вкус и цвет
OTC [Offshore Technology Conference] Конференция по технологии морского бурения
OTD [old total depth] конечная глубина (*до углубления*)
otl [outlet] выпускное отверстие
OTS [oil to surface] нефть, поступающая на поверхность
OTS & F [odor, taste, stain and fluorescence] запах, вкус, цвет и флуоресценция
out 1. выключенный 2. внешний, наружный
outage 1. простой; перерыв [перебой] в работе, бездействие (*машины*) 2. утруска, утечка; потери (*нефти или нефтепродукта при хранении или транспортировке*) 3. выпуск; выпускное отверстие
  tank ~ потери в резервуаре от испарения и утечки
outbreak *геол.* 1. выход пласта на поверхность 2. извержение, выброс
outburst 1. взрыв 2. *геол.* выход (*пласта*); выброс; прорыв
  gas ~ выброс газа
  instantaneous ~ мгновенный выброс
outcome 1. результат, исход 2. выход; выпускное отверстие
outcrop *геол.* выход на дневную поверхность, обнажение || выходить на поверхность, обнажаться
outfit агрегат, установка, устройство, оборудование, прибор; набор (*инструментов*), принадлежности
  acetylene welding ~ автогенный сварочный аппарат
  cementing ~ оборудование для цементирования скважин
  pumping ~ насосное оборудование
outflow выход; расход; истечение || вытекать, истекать
outgas дегазировать, освобождать от газа
outgassing дегазация
outlay капитальные затраты, издержки, расходы || тратить, расходовать
outlet 1. выпускное отверстие; выход, выпуск 2. сток; выходная труба; выходной канал 3. штепсельная розетка
  gas ~ газоотвод, выпуск газа
  nozzle ~ выпускное отверстие сопла
  oil ~ выпуск масла
  side ~ боковой выход, боковое отверстие
outlier *геол.* останец (*тектонического покрова*); покровный лоскут
outline контур, очертание, абрис, эскиз; кроки || набросать; оконтурить; очерчивать

outline

initial oil-pool ~ первоначальный контур нефтеносности
linear pinch ~ линейный контур выклинивания
output 1. продукция; продукт; выпуск; выработка; добыча 2. пропускная способность; емкость 3. мощность; выработка (*электроэнергии*); производительность; отдача; дебит (*скважины*) 4. *матем.* результат вычисления 5. выход || выходной
actual ~ 1. фактическая добыча 2. полезная отдача *или* производительность; эффективная [полезная] мощность
apparent ~ кажущаяся мощность
available ~ располагаемая мощность
average ~ средняя добыча; средняя производительность
daily ~ суточная производительность [добыча]
effective ~ эффективная [полезная] мощность; эффективная производительность, отдача
energy ~ *см.* power output
heat ~ теплота сгорания, теплопроизводительность, теплоотдача
horsepower ~ эффективная мощность двигателя в л. с.
indicated ~ индикаторная мощность, производительность
maximum ~ максимальная производительность, максимальный выход; максимальная [предельная] мощность
minimum ~ минимальная производительность
momentary ~ кратковременная производительность; кратковременная мощность
nominal ~ номинальная производительность; номинальная мощность
peak ~ пиковая производительность; пиковая мощность
power ~ мощность на выходе, отдаваемая мощность
rated ~ 1. нормальная мощность; номинальная отдаваемая мощность 2. нормальная добыча; нормальный выход
tonnage ~ добыча в тоннах
total ~ полная мощность, полная производительность
ultimate ~ *см.* maximum output
useful ~ полезная мощность; полезная производительность
yearly ~ годовая добыча
outwash *геол.* смыв; наносы, перемещенные водой || вымывать; перемещать водой
outwear изнашиваться, делаться негодным (*к дальнейшему употреблению*)
overall 1. полный, общий, суммарный; предельный 2. габаритный (*о размерах*) 3. *pl* рабочий халат; спецодежда; комбинезон
overburden 1. *геол.* наносы, перекрывающие породы; вскрыша 2. перегружать, грузить сверх меры

overcapacity запасная производительность
~ of pump запасная подача насоса
overcut увеличение диаметра скважины вследствие эксцентричного вращения снаряда
overdesigned с завышенным запасом прочности
overfault *геол.* взброс
overflow 1. перелив; перевыполнение; слив || переливать; перевыполнять 2. разлив || заливать; затоплять; разливаться (*о реке*) 3. сливная труба; сливное отверстие, слив
overflush чрезмерная промывка
overfold *геол.* опрокинутая *или* перевернутая складка
overgrinding очень тонкое измельчение, переизмельчение
overground 1. наземный, устанавливаемый на поверхности 2. тонкоизмельченный
overhang свес; выступ; нависание || нависать; свешиваться
overhaul 1. капитальный ремонт || капитально ремонтировать 2. тщательный осмотр || тщательно осматривать 3. превышенное расстояние перевозки
general ~ *см.* overhaul 1.
maintenance ~ *см.* overhaul 1.
top ~ *см.* overhaul 1.
overhauling переборка; капитальный ремонт
overhead 1. надземный; верхний; воздушный; подвесной 2. накладные расходы; административно-хозяйственные расходы
overheat перегрев || перегревать, перекаливать
overlain *горн.* залегать над (пластом), образовывать кровлю || перекрывающий, залегающий над чем-либо; образующий кровлю
overlap 1. перебуренный интервал скважины по цементу, осыпи *или* для обхода аварийного инструмента 2. нахлестка; перекрытие; напуск || соединять внахлестку 3. *геол.* несогласное прилегание; трансгрессивное залегание; перекрытие пластов
overlay *св.* наплавленный слой || наплавлять
overload перегрузка; нагрузка выше допустимой || выключающий при перегрузке (*о механизме*); максимальный, перегрузочный (*о реле*) || перегружать
operating ~ эксплуатационная перегрузка
overlying вышележащий (*о породах*)
overpressure избыточное давление
override:
mechanical ~ узел механического отсоединения
overshot шлипс с промывкой, овершот (*ловильный инструмент*)
~ with bowl овершот с направляющей воронкой
circulating ~ овершот с промывкой
multiple-bowl ~ многоступенчатый овершот
releasing and circulating ~ освобождающийся овершот с промывкой

oversize увеличенный (*сверх номинального*) размер; размер с припуском; нестандартный размер ‖ превышать номинальный размер

overstep *геол.* надвиг, трансгрессивное несогласное перекрытие

overstock излишний запас; избыток ‖ делать чрезмерные запасы (*на складе*)

overstrain остаточная деформация, перенапряжение; перегрузка ‖ перегружать

overthrust *геол.* складка-взброс, переброс, надвиг, эпипараклаз

overtighten перетянуть, затянуть слишком сильно (*напр. гайку*)

overtonging слишком сильная затяжка (*при свинчивании труб*), слишком сильное крепление

overtravel инерционное увеличение длины хода (*плунжера*); переход за установленное предельное положение

overturn 1. перевернуть, опрокинуть 2. перекрутить, перетянуть (*резьбу*) 3. обсчет; продажная стоимость реализованной продукции 4. оборот
~ the thread сорвать резьбу (*труб*)

overweight 1. избыточный вес ‖ перегружать 2. перевес, преобладание

overwork тяжелая работа; дополнительная работа; сверхурочная работа ‖ перегружать работой

ovhd [overhead] 1. надземный 2. накладные расходы

OWC [oil-water contact] водонефтяной контакт, ВНК

OWDD [old well drilled deeper] углубленная старая скважина

OWF [oil well flowing] фонтанирующая нефтяная скважина

OWG [oil well gas] попутный газ из нефтяной скважины

OWPB [old well plugged back] старая скважина с мостом, установленным для разработки вышележащего горизонта

OWWO [old well worked over] старая скважина после капитального ремонта

ox 1. [oxidation] окисление 2. [oxidized] окисленный

oxidability *см.* **oxidizability**

oxidant окислитель, оксидант

oxidate окислять(ся)

oxidation окисление

oxidation-resistant устойчивый к окислению

oxide оксид
  acid ~ кислотный оксид
  aluminum ~ оксид алюминия, глинозем (Al_2O_3)
  basic ~ основной оксид
  calcium ~ оксид кальция (CaO)
  carbonic ~ оксид углерода (CO_2)
  chrome ~ оксид хрома (Cr_2O_3)
  copper ~ оксид меди (CuO)
  cupric ~ *см.* copper oxide
  cuprous ~ *см.* copper oxide
  ferric ~ оксид железа (Fe_2O_3)
  ferrous ~ оксид железа (FeO)
  high ~ высший оксид
  hydrated ~ гидроксид
  iron ~ 1. железная руда (*применяется как утяжелитель для буровых растворов*) 2. оксид железа (FeO) 3. оксид железа (Fe_2O_3) 4. треть четырехоксид железа ($Fe \cdot Fe_2O_3$)
  low ~ низший оксид
  magnesium ~ оксид магния, магнезия (MgO)
  manganese ~ оксид марганца (MnO)
  manganous ~ монооксид марганца
  potassium ~ оксид калия (K_2O)
  silicon ~ диоксид кремния, кремнезем (SiO_2)
  sodium ~ оксид натрия (Na_2O)
  titanium ~ диоксид титана (TiO_2)
  trapped ~ оксидное включение

oxide-free не содержащий оксидов

oxidic оксидный

oxidizability окисляемость, способность окисляться

oxidizer окислитель

oxy [oxygen] кислород

oxy-acetylene ацетиленокислородный

oxybenz *см.* **oxygasolene**

oxycellulose оксицеллюлоза

oxy-cutting *св.* газопламенная [кислородная] резка

oxygasolene бензинокислородный

oxygen кислород

oxygen-bearing содержащий кислород

oxygen-free бескислородный

oxyhydrogen водородокислородный

oxyhydroxide гидроксид

oz [ounce] унция (=*28,3 г*)

P

P [producing] эксплуатационный (*о скважине*)

p 1. [page] страница 2. [pint] пинта (*мера объёма жидкости, =0,568 л в Великобритании и 0,473 л в США, для сыпучих тел = 0,55 л*) 3. [power] мощность 4. [pressure] давление

P$_{fm}$ [formation pressure] пластовое давление

PA [pressure alarm] сигнал о превышении давления

p. a. *лат.* [per annum] в год, ежегодно

PAB [per acre bonus] добавочная арендная плата за акр участка, оказавшегося нефте- или газоносным

PAC [polyanionic cellulose] полианионная целлюлоза

pack 1. набивка сальника; уплотнение ‖ набивать; уплотнять 2. кипа; тюк; упаковка; пакет; пачка ‖ упаковывать 3. искусственный керн 4. узел; блок

pack

~ off закупоривать
casing ~ уплотнение обсадной колонны
dry ~ сухая смесь (*для приготовления бетона*)
gravel ~ гравийная набивка
multizone open hole gravel ~ гравийный фильтр ствола многопластовой скважины (*под башмаком обсадной колонны*)
oil sand ~ слой песка, моделирующий пласт
power ~ блок питания; силовой блок

package 1. герметизированный блок (*оборудования*) 2. компактное устройство 3. тюк; кипа; пакет; пачка 4. тара; упаковка; контейнер ‖ упаковывать
communications ~ оборудование связи; блок связи
lower marine riser ~ нижний узел морской водоотделяющей колонны
oil ~ тара для хранения и транспортировки нефтепродуктов
plug-in ~ съемный [вставной] блок *или* модуль
production testing equipment ~ *см.* test equipment package
test equipment ~ блок оборудования для пробной эксплуатации

packaged 1. блочной конструкции; сборный 2. компактный 3. упакованный

packed 1. упакованный 2. уплотненный 3. снабженный прокладкой; снабженный уплотнением 4. слежавшийся

packer 1. пакер ‖ пакеровать 2. сальник; уплотнитель
~ with expanding shoe пакер с уплотняющим башмаком
anchor ~ якорный забойный пакер для скважин
auxiliary ~ вспомогательный пакер
bottom ~ нижний сальник; нижний пакер
bottom-hole ~ забойный пакер; башмачный сальник
bottom-hole plug ~ забойная пробка-пакер для скважины
bottom, wall and anchor ~ комбинированный забойный пакер
cam-set ~ пакер с кулачковыми захватами
casing ~ трубный пакер
casing anchor ~ трубный сальник, устанавливаемый в колонне обсадных труб (*для закрытия притока воды*)
cementing ~ пакер для цементирования
collet-type ~ пакер с зажимным устройством
combination wall and anchor ~ комбинированный подвесной и якорный пакер
crossover ~ пакер с циркуляционным переходником
disk bottom-hole ~ дисковый пакер на забое скважины
disk-wall ~ дисковый внутриколонный пакер
downhole ~ скважинный пакер

drillable ~ разбуриваемый пакер
drillable permanent ~ разбуриваемый стационарный пакер
dual-string ~ двухколонный пакер
emergency ~ предохранительный пакер
external casing ~ затрубный пакер
formation ~ ствольный пакер (*устанавливаемый в необсаженном стволе скважины*)
gas ~ газовый сальник
gas anchor ~ газовый якорный пакер
hold-down ~ *см.* hook wall packer
hook wall ~ подвесной извлекаемый пакер (*снабженный устройством, удерживающим его на стенках скважины или колонны труб*)
hook wall flooding ~ подвесной пакер для нагнетательных скважин
hook wall pumping ~ подвесной пакер для насосных скважин
hydraulic-set production ~ гидравлический эксплуатационный пакер
hydromechanical ~ гидромеханический пакер
impression ~ пакер с печатью
inflatable ~ пакер гидравлического действия; надувной пакер
inflatable liner hanger ~ пакер подвесной головки хвостовика с надувным элементом
isolation ~ изоляционный пакер
kelly ~ превентор с плашками под квадратную штангу
liner hanger ~ пакер подвески хвостовика
liner hanger external casing ~ наружный трубный пакер подвески хвостовика
liner tie-back ~ пакер надставки хвостовика
main drilling ~ основной пакер
multiple ~s группа [серия] пакеров
multiple completion ~ пакер для многопластовых скважин
multistage cementing ~ пакер для многоступенчатого цементирования
open-hole ~ *см.* formation packer
plug ~ пакер-пробка
pony ~ пакер малого диаметра (*для насосной или эксплуатационной колонны*)
pressure ~ расширяющийся пакер
production ~ эксплуатационный пакер
production injection ~ эксплуатационный нагнетательный пакер
pump-down ~ закачиваемый пакер
pumping ~s сальники, применяемые при насосной эксплуатации скважин
ratchet type ~ зубчатый пакер
removable ~ съемный пакер
resettable ~ многократно устанавливаемый пакер
retainer production ~ подвесной пакер с обратным клапаном (*типа хлопушки*), устанавливаемый на любой глубине в скважине при помощи бурильных труб и предназначенный для различных видов эксплуатации

retrievable ~ съемный [извлекаемый] пакер
retrievable test-treat-squeeze ~ извлекаемый пакер для опробования, обработки призабойной зоны и цементирования под давлением
rotating kelly ~ противовыбросовый превентор под ведущую трубу с вращающимся уплотнителем
RTTS ~ *см.* retrievable test-treat-squeeze packer
screw ~ винтовой подвесной пакер; сальник винтового типа
screw casing anchor ~ освобождающийся якорный пакер
shoe ~ башмачный пакер
single ~ одинарный пакер
single-end wall ~ одноконечный [одинарный] пакер
single set ~ пакер однократного пользования
tapered ~ конусный пакер
tension ~ натяжной пакер
tubing ~ сальник [пакер] для насосно-компрессорных труб
twin ~ двойной [сдвоенный] пакер
wall ~ подвесной пакер
wall-hook ~ *см.* wall packer
water ~ 1. водяной сальник 2. расширяющийся пакер
wireline ~ пакер, спускаемый на канате
zone separation ~ пакер для разобщения пластов

packer-plug пакер-пробка
packing 1. сальниковая набивка; уплотнение; прокладка; набивочное кольцо (*поршня*) 2. сальникообразование, наматывание сальника на долоте
~ of drilling mud with solids перенасыщение бурового раствора твердой фазой
~ of pipe joints уплотнение стыков труб
~ of spheres укладка сферических зерен (*при исследовании пористости пласта на моделях*)
bearing ~ уплотнение подшипника
cup leather ~ манжетное уплотнение, манжетная набивка
flanged ~ уплотнение манжетой
gland ~ набивка сальника
gravel ~ заполнение (*скважинного фильтра*) гравием, гравийная набивка
hydraulic ~ гидравлическое уплотнение
joint ~ прокладка между фланцами, уплотнение стыка
leakage ~ *см.* hydraulic packing
line ~ аккумулирующая способность газопровода
liquid ~ *см.* hydraulic packing
oil well ~ уплотнение между трубами и стенками нефтяной скважины
piston ~ набивка для поршня
piston rod ~ набивка сальника поршневого штока
plunger ~ плунжерная набивка
pump ~ сальниковая набивка; уплотнение насоса
random ~ случайное [беспорядочное] расположение зерен (*напр. в искусственном керне*)
ring ~ кольцевое уплотнение; кольцевая набивка
screen ~ сетчатая насадка
wall ~ налипание шлама, образование сальника из налипшего шлама на стенках скважины; кольматация
water-seal ~ *см.* hydraulic packing
watertight ~ *см.* hydraulic packing

packless бессальниковый; не имеющий сальника, набивки *или* уплотнения
packoff уплотнение
casing ~ уплотнение обсадной колонны
compression ~ *см.* weight-set packoff
positive ~ принудительное уплотнение
weight-set ~ уплотнение весом (*уплотнение подвесной головки под действием веса бурильной колонны*)

Pactex *фирм.* загуститель для утяжеленных пакерных жидкостей и жидкостей для заканчивания скважин
PAD [Petroleum Administration for Defense] Нефтяное стратегическое управление (*США*)
pad 1. подушка 2. прокладка; набивка; подкладка ǁ набивать; подкладывать 3. буртик; прилив; бобышка; фланец 4. наплавленный слой (*металла*) ǁ наплавлять 5. лапа
concrete ~ бетонная подушка
foundation ~ опорная плита
landing ~ опорная лапа
oil ~ шерстяная набивка для масла
PAH [polyaromatic hydrocarbons] полиароматические углеводороды
Paha [Pahasapa] *геол.* пахасапа (*свита среднего отдела миссипской системы*)
Pal [Palaxy] *геол.* палакси (*свита зоны тринити серии команче меловой системы*)
Palco Seal *фирм.* обработанное волокно красного дерева (*нейтральный наполнитель для борьбы с поглощением бурового раствора*)
Palcotan *фирм.* лигносульфонат
Paleo 1. [paleontology] палеонтология 2. [Paleozoic] *геол.* палеозойская эра, палеозой ǁ палеозойский
Paleogene *геол.* палеоген
Paleolithic *геол.* палеолит
paleontology палеонтология
Paleozoic *геол.* палеозойская эра, палеозой ǁ палеозойский
Pal-Mix 100-B *фирм.* органический полисахарид (*загуститель для буровых растворов на водной основе*)
Pal-Mix 110-R *фирм.* комплексный сополимер, используемый для борьбы с поглощением во всех системах буровых растворов
Pal-Mix 150 *фирм.* антиферментатор и диспергатор для всех систем буровых растворов

Pal-Mix 200 *фирм.* соляная кислота
Pal-Mix 210 *фирм.* жидкий пеногаситель для растворов на водной основе
Pal-Mix 225 *фирм.* поверхностно-активное вещество, ПАВ *(диспергатор)*
Pal-Mix 235-A *фирм.* х-альдегид *(бактерицид и ингибитор коррозии)*
Pal-Mix 255 *фирм.* щелочной катализатор, регулятор щелочности и pH *(наполнитель для борьбы с поглощением бурового раствора)*
Pal-Mix 305 *фирм.* карбонат кальция
Pal-Mix 375 *фирм.* гидроксиэтилцеллюлоза
Pal-Mix 380-A *фирм.* смесь полимеров *(многофункциональный реагент)*
Pal-Mix AZ 32 *фирм.* биологически разрушаемый нефлуоресцирующий жидкий сополимер *(ингибитор неустойчивых глин)*
Pal-Mix Bridge Bomb *фирм.* смесь гранулированного полимера с глиной *(наполнитель для борьбы с поглощением бурового раствора в трещиноватых породах)*
Pal-Mix Floc-An *фирм.* анионный полимерный флокулянт
Pal-Mix Floc-Onic *фирм.* неионный полимерный флокулянт
Pal-Mix Lubra-Glide *фирм.* понизитель трения и ингибитор глин гумбо
Pal-Mix Pronto-Plug *фирм.* смесь водорастворимых полимеров и целлюлозы *(понизитель водоотдачи и закупоривающий агент)*
Pal-Mix RD-3 *фирм.* бисульфит аммония *(ингибитор коррозии)*
Pal-Mix RD-21 *фирм.* жидкий щелочной катализатор *(регулятор щелочности и pH)*
Pal-Mix RD-22 *фирм.* нефтерастворимый понизитель фильтрации для растворов на основе соленой воды
Pal-Mix RD-26 *фирм.* смесь полимеров *(ингибитор неустойчивых глин)*
Pal-Mix RD-27 *фирм.* понизитель фильтрации для условий высоких температур
Pal-Mix RD-28 *фирм.* синергическая жидкая полимерная смазка
Pal-Mix Shur-Plug *фирм.* обезвоженная целлюлоза *(нейтральный наполнитель для борьбы с поглощением и понизитель фильтрации буровых растворов)*
Pal-Mix Super-Fac *фирм.* поверхностно-активное вещество, ПАВ
Pal-Mix Super-X *фирм.* буровой раствор на основе комплексного сополимера
Pal-Mix X-Tender-B *фирм.* смесь фосфатов
pan:
  oil ~ маслосборник
pan and tilt поворотный механизм подводной телекамеры
pancake 1. круговая, горизонтальная трещина в пласте *(при гидроразрыве)* 2. плоский, сплюснутый
P & A [plugged and abandoned] ликвидированный с установкой мостовой пробки *(о скважине)*

P & L [profit and loss] прибыль и убыток
P & NG [petroleum and natural gas] нефтяной и природный газ
P & P [porosity and permeability] пористость и проницаемость
panel 1. панель; пульт 2. распределительный щит; приборная доска; щит управления 3. комиссия; группа экспертов
  air operated driller's ~ *см.* driller's panel
  auxiliary remote control ~ вспомогательный дистанционный пульт управления
  BOP control ~ пульт управления противовыбросовым превентором
  control ~ распределительный щит; пульт управления
  depth measuring ~ пульт измерения глубины *(бурения)*
  diverter ~ пульт управления отводным устройством
  driller's ~ 1. пульт бурильщика 2. пульт управления подводным оборудованием с поста бурильщика
  driller's control ~ *см.* driller's panel
  master control ~ главный пульт управления
  motion compensator ~ пульт управления компенсатора перемещения
  riser tensioner control ~ пульт управления натяжным устройством водоотделяющей колонны
Pan L [Panhandle lime] пэнхэндлский известняк
PAO [polyalphaolefin] полиальфаолефин
paper бумага
  abrasive ~ абразивная [наждачная] бумага, *проф.* шкурка
  blotting ~ фильтровальная бумага, пропитанная электролитом *(в электролитических моделях)*
  cross-section ~ бумага, расчерченная в клетку
  emery ~ *см.* abrasive paper
  filter ~ фильтровальная бумага
  finishing ~ *см.* abrasive paper
  graph ~ диаграммная бумага; миллиметровая бумага, *проф.* миллиметровка
  heliographic ~ светокопировальная бумага
  litmus test ~ лакмусовая бумага
  log ~ логарифмическая бумага
  log-log ~ логарифмическая бумага с двойной сеткой
  plotting ~ миллиметровая бумага, *проф.* миллиметровка
  profile ~ клетчатая бумага
  recording ~ бумажная лента самописцев
PAR [per acre rental] сумма арендной платы за акр
paraffin парафин; парафиновый углеводород || парафинировать, пропитывать парафином
  native ~ озокерит
paragenesis *геол.* парагенез
parageosyncline *геол.* парагеосинклиналь
paragneiss *геол.* парагнейс

Paragon *фирм.* растворитель органических отложений в эксплуатационной колонне
paraliageosyncline *геол.* паралиагеосинклиналь
parallel 1. параллельная линия ‖ параллельный 2. параллель 3. *эл.* параллельное соединение ‖ соединять параллельно, шунтировать
paralleling *эл.* параллельное включение, *проф.* запараллеливание
parameter параметр; характеристика
  critical drilling ~s предельные параметры режима бурения
  dynamic ~s of the structure and its compliance динамические параметры конструкции и ее податливость
  mud system ~s параметры режима промывки и свойств бурового раствора
Park C [Park City] *геол.* парк-сити (*свита верхнего отдела пермской системы*)
parkerization паркеризация (*метод фосфатирования в растворе для предохранения стали от ржавчины*)
part 1. часть, доля ‖ распадаться на части; разделять; отделять; расходиться (*об обсадной колонне*) 2. запасная часть; деталь
  ~ the casing отделять в скважине верхнюю часть обсадной колонны от нижней
  basal ~s of the dome основание купола
  caisson foundation ~ базовая часть кессона
  caisson skirt ~ юбочная [расширяющаяся] часть кессона
  component ~s составные части; детали; запасные части
  fixed ~ неподвижная [несъемная] деталь
  integral ~ деталь, представляющая одно целое с чем-либо
  interchangeable ~s взаимозаменяемые детали
  machined ~s детали, обработанные на станках
  motion ~s движущиеся части (*механизма*)
  recessed ~ скрытая [потайная] часть (*отливки*)
  repair ~s *см.* spare parts
  replacement ~ запасная часть; взаимозаменяемая деталь
  reserve ~s *см.* spare parts
  service ~s *см.* spare parts
  spare ~s запасные части
  wearing ~s части, подверженные износу
  wear-prone ~s *см.* wearing parts
particle 1. частица 2. *геол.* включение
  bridging ~s закупоривающие добавки к раствору (*для борьбы с поглощением*)
  clay ~ глинистая частица
  colloidal ~ коллоидная частица
  foreign ~ инородная [посторонняя] частица, частица примеси
  rock ~s частицы породы
  suspended ~s взвешенные частицы, взвесь
parting 1. разрыв, обрыв (*труб*) 2. разделение, отделение; прослой 3. *геол.* кливаж, трещиноватость
  ~ of casing разрыв [нарушение целостности] обсадной колонны
  clay ~ расслоение глинистых частиц; глинистый прослой
  drill string ~ обрыв бурильной колонны
  impermeable ~ непроницаемый прослой
  impervious ~ *см.* impermeable parting
  irregular ~ неправильная отдельность, неправильная трещиноватость
  pressure ~ разрыв пласта нагнетанием жидкости под давлением
partition 1. расчленение; разделение ‖ расчленять; разделять 2. перегородка, переборка, стенка
party 1. группа, партия, отряд 2. бригада (*рабочих*)
  geological field ~ геологическая партия
  offshore ~ *геофиз.* морская партия
  research ~ разведочная партия
pass 1. проход; переход ‖ проходить 2. *св.* слой (*многослойного шва*) 3. *св.* проход (*наложение одного слоя при многослойной сварке*)
  actual ~ *сейсм.* истинный путь (*волны*)
  band ~ полоса пропускания
passage 1. прохождение, проход; переход 2. промывочный канал *или* канавка (*в коронке*) 3. отверстие 4. трубопровод
  circulation ~ канал [канавка] для промывочной жидкости
  fluid ~ промывочная канавка (*алмазной коронки*)
  oil ~ отверстие для смазки, смазочное отверстие
  production flow ~s эксплуатационные каналы (*подводной фонтанной арматуры; предназначены для транспортировки продукции скважины*)
  return ~ перепускной канал
  transfer ~ *см.* return passage
  water ~ 1. канавка [канал] для промывочной жидкости 2. водовод; водовыпуск
passivation пассивирование (*образование на поверхности металла защитной пленки, предохраняющей от коррозии*)
paste 1. паста; мастика, замазка 2. (цементное) тесто
  key ~ смазка из черной патоки и графита (*не смывающаяся нефтепродуктами*)
  jointing ~ замазка для уплотнения (*трубного соединения*)
  sealing ~ герметизирующая [уплотняющая] паста, герметик
pat 1. [patent] патент ‖ патентовать; брать патент 2. [patented] запатентованный
patch 1. заплата; накладка, пластырь ‖ ставить заплаты 2. *геол.* включение (*породы*); пачка (*угля*); рудный карман 3. пятно неправильной формы
  oil ~ 1. нефтяное пятно; масляное пятно 2. нефтяная ванна (*в строящейся скважине*) 3. нефтеносный участок 4. участок, заня-

patch

тый трубопроводом 5. *проф.* нефтяная промышленность
   slab ~ трубная заплата (*для корродированного трубопровода*)
patching наложение заплаты; заварка
patent патент ‖ патентовать; брать патент
path 1. путь; траектория 2. пробег (*частиц*) 3. эл. ветвь (*обмотки*) 4. курс, маршрут
   ~ of rays прохождение лучей
   closed ~ замкнутый контур; замкнутая цепь
   flow ~ пути проникновения потока
   refraction ~ *сейсм.* путь преломленной волны
   seismic wave ~ траектория сейсмической волны
   time ~ годограф; кривая времени пробега сейсмических волн
   wave ~ путь (сейсмических) волн
   well ~ траектория ствола буровой скважины
pattern 1. образец; шаблон; эталон; калибр 2. форма; модель; трафарет 3. контур (*заводнения*); система (*размещения скважин*) 4. структура; строение 5. диаграмма; схема 6. характеристика
   ~ of flow сетка фильтрации, гидродинамическая сетка течения
   ~ of spacing *см.* pattern of well spacing
   ~ of wells расположение [размещение, расстановка] скважин
   ~ of well spacing размещение скважин по типовым сеткам
   anchor ~ схема размещения якорей
   breakthrough ~ контур прорыва (*при заводнении*)
   contact ~ отпечаток контакта (*зубьев долота на забое*)
   diamond shaped ~ ромбическая сетка (*размещения скважин*)
   drilling ~ расстановка скважин при разбуривании месторождения
   five spot ~ пятиточечная сетка (*размещения скважин*)
   flood ~ система заводнения
   flooding ~ *см.* flood pattern
   flow ~ структура потока
   four spot ~ четырехточечная сетка (*размещения скважин*)
   interference ~ интерференционная картина
   inverted five spot ~ обращенная пятиточечная сетка (*при которой нагнетание проводится в центральную скважину ячейки*)
   lattice ~ строение кристаллической решетки
   line ~ линейная расстановка, линейное расположение
   line drive ~ линейный режим заводнения
   nine spot ~ девятиточечная сетка (*размещения скважин*)
   normal well ~ типовая сетка размещения скважин
   oil ~ нефть, остающаяся в пласте при размещении скважин по определенной сетке

   random ~ of wells бессистемное расположение скважин
   reservoir drainage ~ схема дренирования коллектора
   seven spot ~ семиточечная сетка (*размещения скважин*)
   spacing ~ 1. сетка [система расстановки] скважин 2. схема размещения алмазов (*на буровой коронке*)
   spread mooring ~s расстановка швартовной системы
   square ~ квадратная сетка (*размещения скважин*)
   time ~ диаграмма времени
   ultimate spacing ~ максимальная площадь дренирования (*приходящаяся на каждую скважину*)
   wave ~ волновая картина
   well ~ система расстановки скважин; размещение [расположение, расстановка] скважин
   X-ray ~ рентгенограмма
pav [paving] прокладка дороги
PAW [Petroleum Administration for War] Нефтяное управление военного времени (*США*)
pawl защелка, собачка; кулачок ‖ защелкивать; запирать
pay 1. плата, выплата, уплата 2. залежь *или* пласт промышленного значения, продуктивный пласт 3. промышленный; рентабельный; выгодный для разработки
   deep ~ глубокозалегающая продуктивная формация
   effective ~ продуктивный пропласток (*в пласте с чередующимися пропластками глин и другими плохо проницаемыми пропластками*), продуктивная часть пласта
   main ~ основной продуктивный горизонт [пласт]
   net ~ эффективная мощность [толщина] нефтенасыщенного коллектора
payback окупаемость
payment оплата, платеж
   ~ of costs оплата издержек
   contract footage rate ~ пометровая оплата подрядчику (*по бурению*)
   day rate ~ поденная оплата (*подрядчику*)
   footage rate ~ *см.* contract footage rate
payoff скважина с промышленным содержанием нефти
payt [payment] оплата, платеж
PB [plugged back] затрамбована для эксплуатации вышележащего горизонта (*о скважине*)
PBD [plugged back depth] глубина скважины после трамбования нижнего горизонта
PBHL [proposed bottom-hole location] предполагаемое местонахождение забоя
PBP [pulled big pipe] поднятая длинная колонна
PBR [packer bore receptacle] приемное гнездо пакера

PBS [pressure balanced stem] регулятор приравнивания давлений
PBW [pipe, buttweld] труба со стыковым швом
PC [perforated casing] перфорированная обсадная колонна
P/C, p/c [prices current] прейскурант, действующие цены, прайс-лист
pct [per cent] процент
pcu [power control unit] блок управления энергоснабжением
PCV 1. [positive crankcase ventilation] принудительная вентиляция картера 2. [pressure control valve] регулятор давления
pcv [pollution control valve] клапан предотвращения загрязнения окружающей среды
PD 1. [per day] в сутки 2. [paid] оплачено 3. [potential difference] разность потенциалов 4. [pressure difference] разность [перепад] давлений
p. d. [per day] в сутки
PDC 1. [polycrystalline diamond cutter] поликристаллический алмазный резец 2. [pressure differential controller] регулятор перепада давления
PDE [producer durable equipment] оборудование с длительным сроком службы; капитальное оборудование
PDET [production department exploratory test] испытание разведочной скважины отделом эксплуатации
PDI [pressure differential indicator] индикатор разности [перепада] давлений
PDIC [pressure differential indicator controller] регулятор индикатора разности [перепада] давлений
pdp [power distribution panel] панель распределения электропитания
PDR [pressure differential recorder] регистратор разности [перепада] давлений
PDRC [pressure differential recorder controller] регулятор регистратора разности [перепада] давлений
PE 1. [petroleum engineer] инженер-нефтяник 2. [plain end] гладкий [ненарезанный] конец 3. [pumping equipment] насосное оборудование
peak 1. пик, остроконечная вершина; острие 2. высшая точка, максимум; вершина (*кривой*)
production ~ максимальная добыча
Peat Moss *фирм.* торфяниковый мох (*нейтральный наполнитель для борьбы с поглощением бурового раствора*)
PEB [plain end beveled] гладкий конец со снятой фаской
pebble галька; мелкие камешки
rounded ~s *см.* water-worn pebbles
water-worn ~ s окатанная галька
pebs [pebbles] галька; мелкие камешки
pedal педаль; ножной рычаг
pedestal опорная подкладка, подушка, нормальный трансмиссионный подшипник

pee [pressure environment equipment] оборудование, работающее под давлением
peg 1. (деревянная) шпилька, штифт, колышек 2. отметка; веха; пикет; ориентир || разбивать линию на местности
~ out отмечать границу, производить разбивку
Pelite-Six *фирм.* добавка для снижения плотности цементного раствора
pellet 1. шарик; катышек; гранула; таблетка 2. дробинка 3. *мет.* окатыш
pelleted таблетированный
Peltex *фирм.* феррохромлигносульфонат
PEMEX [Petroleos Mexicanos] государственная нефтяная корпорация Мексики «Петролеос Мехиканос»
pen перо
recorder ~ перо самопишущего прибора
pen [penetration] проникновение; углубление
pendage *геол.* падение пластов
pendulum 1. маятник 2. крючок для подвески
field ~ маятниковый прибор для полевой гравиметрической съемки
penetrability проницаемость
penetrant 1. вещество, применяющееся при люминесцентном *или* цветном методах контроля 2. *хим.* смачивающий реагент, смачивающее вещество 3. проникающий, пропитывающий
penetrate 1. проходить (*при бурении*); углубляться 2. пропитывать 3. проплавлять
penetration 1. проникновение; углубление; проходка (*в бурении*); глубина проходки 2. проницаемость; проникание 3. *св.* проплавление, провар; глубина проплавления, глубина провара 4. протыкание (*пород соляным штоком*)
bit ~ механическая скорость проходки
bottom ~ заглубление в дно (*опорной колонны самоподнимающейся платформы*)
drilling mud ~ проникновение бурового раствора
heat ~ глубина прогрева
penetrator пенетратор
cone ~ конусный пенетратор
penetrometer пенетрометр
cone ~ конусный пенетрометр (*прибор для определения несущей способности грунта дна моря*)
Penn [Pensylvanian] *геол.* пенсильванская система, соответствующая среднему и нижнему карбону
pentane пентан ($C_{15}H_{12}$)
pentoxide пентоксид
people:
drilling ~ буровики
producing ~ эксплуатационники
PEPA [Petroleum Electric Power Association] Ассоциация производителей электроэнергии с использованием нефти
peptization пептизация
Peptomagic *фирм.* эмульгатор для буровых растворов на базе сырой нефти

percentage процентное соотношение, процентное содержание
~ by volume объемная концентрация в процентах
~ by weight массовая концентрация в процентах
~ of error ошибка в процентах
~ of submergence погружение в процентах
~ of voids относительный объем пустот (*в породе*) в процентах
perco [percolation] фильтрование
percolation 1. фильтрование 2. просачивание
capillary ~ капиллярное просачивание; капиллярная фильтрация
water ~ просачивание воды
percussion столкновение, удар, толчок ‖ ударный
percussive 1. ударный, ударного действия 2. вибрационный (*об инструменте*)
perf 1. [perforate] перфорировать 2. [perforated] перфорированный 3. [perforating] перфорирование 4. [perforator] перфоратор
perf csg [perforated casing] перфорированная обсадная колонна
Perfheal *фирм.* смесь полимера и лигносульфоната (*загуститель и понизитель водоотдачи для безглинистых буровых растворов*)
perforate перфорировать, простреливать (*обсадные трубы*); пробивать *или* просверливать отверстия
perforation 1. отверстие; перфорация 2. перфорирование, простреливание; сверление
flush ~ неудачная [несквозная] перфорация
gun ~ перфорация пулевым перфоратором
perforator 1. перфоратор 2. пневматический бурильный молоток 3. сверло, бурав
abrasive jet ~ пескоструйный перфоратор
bullet ~ пулевой перфоратор
casing ~ перфоратор для обсадных труб
gun ~ пулевой перфоратор; скважинный перфоратор
jet ~ кумулятивный перфоратор; беспулевой перфоратор
selective bullet gun ~ пулевой перфоратор селективного действия
shaped charge ~ *см.* jet perforator
simultaneous bullet gun ~ пулевой перфоратор одновременного действия
tubing ~ трубный перфоратор
performance 1. поведение, характеристика (*работы машины*); эксплуатационные качества 2. производительность; отдача; работа
~ of a well поведение скважины
~ of the reservoir *см.* reservoir performance
~ of water drive reservoir поведение пласта с водонапорным режимом
average ~ средняя производительность
bit ~ показатели работы долота *или* коронки
depletion ~ of reservoir разработка пласта без искусственного поддержания давления
drilling ~ буровая характеристика (*бурового судна или плавучей буровой установки*)
estimated ~ расчетная характеристика
field ~ 1. эксплуатационная характеристика 2. работа в полевых условиях
long-life ~ длительный срок службы
oil reservoir ~ поведение нефтяного пласта
oil sand ~ производительность нефтяного пласта
operating ~ эксплуатационная характеристика
operational ~ *см.* operating performance
predicted reservoir ~ рассчитанное [предсказанное, прогнозированное] поведение пласта (*в процессе последующей разработки*)
pressure depletion ~ поведение пласта, эксплуатирующегося при режиме истощения (*или растворенного газа*)
production ~ 1. отдача пласта 2. методы эксплуатации 3. динамика [характер] изменения добычи (*нефти или газа*)
reservoir ~ поведение пласта; отдача пласта; динамика эксплуатации пласта
service ~ эксплуатационные качества
top ~ наивысшая производительность (*машины*)
turbodrill ~ показатели работы турбобура
waterflooding ~ показатели процесса заводнения
perimeter периметр
wetted ~ смоченный периметр
period 1. период; промежуток времени; цикл 2. время отложения осадков геологической системы; эпоха
~ of depletion срок рентабельной эксплуатации (*месторождения*)
braking ~ период торможения
building-up ~ время нарастания
Cambrian ~ кембрийский период, кембрий
Carbonic ~ *см.* Carboniferous period
Carboniferous ~ каменноугольный период, карбон
Cretaceous ~ меловой период, мел
Devonian ~ девонский период, девон
flow production ~ период фонтанной эксплуатации
free swing ~ период собственного колебания маятника (*сейсмографа*)
frequency ~ период колебаний
glacial ~ ледниковый период
heat-on ~ период [время] нагрева
heave ~ период вертикальной качки
idle ~ период [время] холостого хода
Jurassic ~ юрский период, юра
natural ~ период собственного колебания
Permian ~ пермский период, пермь
purge ~ период очистки (*скважины*)
Ordovician ~ ордовикский период, ордовик
Quarternary ~ четвертичный период
Silurian ~ силурийский период, силур
recent ~ современный [послеледниковый] период

test ~ испытательный срок
transient ~ время переходного процесса
Triassic ~ триасовый период, триас
under-stream ~ рабочий [межремонтный] период

periodic периодический; циклический
peripheral периферийный, окружной; внешний
periphery периферия, окружность
perlite перлит (*кислое вулканическое стекло*)
expanded ~ вспученный перлит
Perm [Permian] *геол.* пермский период, пермь ‖ пермский
perm перм (*единица измерения проницаемости*)
perm 1. [permanent] постоянный 2. [permeability] проницаемость 3. [permeable] проницаемый
permafrost вечная мерзлота, многолетнемерзлые породы
permalogger прибор и метод непрерывного проведения каротажа
Perma-Lose *фирм.* неферментирующийся крахмал
Permamagic *фирм.* концентрат для приготовления раствора на углеводородной основе для проходки вечной мерзлоты
permanent 1. постоянный; неизменный; долговременный 2. остаточный
permeability проницаемость
~ of oil нефтепроницаемость
~ of strata проницаемость пород
~ to phase фазовая проницаемость
absolute ~ абсолютная проницаемость
absolute magnetic ~ абсолютная магнитная проницаемость
blocked ~ ухудшенная проницаемость (*вследствие закупорки пор*)
bottom-hole zone ~ проницаемость у забоя скважины
commercial relative ~ относительная проницаемость, учитываемая при эксплуатации
composite ~ суммарная проницаемость
cross bedding ~ проницаемость в поперечном направлении (*к простиранию пласта*)
directional ~ неодинаковая проницаемость (*по различным направлениям*)
effective ~ эффективная проницаемость
effective horizontal ~ эффективная горизонтальная проницаемость
fluid ~ проницаемость породы для жидкости
gas ~ газопроницаемость
gas-oil ~ газонефтепроницаемость
high ~ высокая проницаемость
horizontal ~ горизонтальная проницаемость
hydraulic ~ гидравлическая проницаемость, способность пропускать жидкость под давлением
in-place ~ проницаемость пласта
low ~ низкая проницаемость
matrix ~ первичная проницаемость; проницаемость нетрещиноватого известнякового коллектора

relative ~ относительная проницаемость; фазовая проницаемость
return oil ~ обратная проницаемость по нефти
rock ~ проницаемость горной породы
specific ~ удельная проницаемость
vertical ~ вертикальная проницаемость
water ~ водопроницаемость
permeable проницаемый (*о породах*)
permeameter пермеаметр, измеритель (магнитной) проницаемости
permeate проникать, проходить сквозь; пропитывать
Permian *геол.* пермский период, пермь ‖ пермский
permit разрешение (*на ведение разведки или добычи на участке*)
overside work ~ разрешение на проведение работ за пределами установки
work ~ разрешение на проведение работ
perp [perpendicular] перпендикуляр ‖ перпендикулярный
pers [personnel] персонал, кадровый состав
personnel персонал, кадровый состав
operating ~ технический состав
Perspex *фирм.* органическое стекло, оргстекло
perturbation возмущение; нарушение; искажение; отклонение от нормы
pervious проницаемый, неплотный; водопроницаемый (*о породе*)
PESA [Petroleum Equipment Suppliers Association] Ассоциация поставщиков нефтяного оборудования (*США*)
PET, pet [petroleum] нефть ‖ нефтяной
petcock спускной кран, краник
Pet. E [petroleum engineer] инженер-нефтяник
pet. prod [petroleum products] нефтепродукты
petrf [petroliferous] нефтеносный; нефтяной
petrifaction 1. окаменение 2. окаменелость
petro [petroleum] нефть ‖ нефтяной
petrochemical нефтехимический
petrochemistry нефтехимия
petrocurrency 1. нефтедоллары; нефтевалюта (*валютные долларовые доходы от экспорта нефти*) 2. валюта, курс которой связан с рынком нефти
petrodollar нефтедоллар
petrofabrics *геол.* петротектоника
petrol *англ.* бензин
petroleum 1. нефть ‖ нефтяной (*см. тж* oil) 2. нефтепродукт; керосин
asphalt-base ~ нефть асфальтового *или* нафтенового основания
crude ~ неочищенная нефть; сырая нефть
paraffin-base ~ нефть парафинового основания
petroliferous нефтеносный; нефтяной
petrolift топливный насос
petrolize обрабатывать нефтью; пропитывать нефтью
petrology петрология

petrotectonics *геол.* петротектоника
Petrotone *фирм.* органофильная глина, используемая в качестве структурообразователя в РУО
PEW [pipe electric weld] электросварная труба
PF, pf [power factor] коэффициент мощности
PFD [process flow diagram] схема технологического процесса
PFM, pfm [power factor meter] измеритель коэффициента мощности
PFT [pumping for test] пробная откачка, испытание откачкой
PG [Pecan Gap] *геол.* пекан-гэп (*свита группы тейлор серии галф меловой системы*)
PGB [polymer gelled block] пачка, загущенная полимером
PGC 1. [Pecan Gap Chalk] мел пекан-гэп 2. [programmed gain control] программный регулятор усиления
PGPL [prepacked gravel-packed liner] эксплуатационный хвостовик с гравийной набивкой заводского изготовления
PGS [pregelatinized starch] предварительно желатинизированный крахмал
PGW [producing gas well] эксплуатационная газовая скважина
pH показатель концентрации водородных ионов
ph [phase] фаза
p. h. [per hour] в час
phase фаза
   aqueous ~ водная фаза
   continuous ~ дисперсионная среда (*в эмульсии*)
   dispersed ~ дисперсная фаза
   fluid ~ жидкая фаза
   gas ~ газовая фаза
   gas liquid ~ газожидкостная фаза
   homogeneous ~ однородная фаза
   initial ~ начальная форма
   internal water ~ внутренняя водная фаза
   liquid ~ *см.* fluid phase
   multiple ~ многокомпонентная фаза
   multiple condensed ~s многофазная конденсированная система
   nonwettable ~ несмачиваемая фаза
   nonwetting ~ несмачивающая фаза
   opposite ~ противоположная фаза
   solid ~ твердая фаза
   wettable ~ смачиваемая фаза
   wetting ~ смачивающая фаза
phasing регулирование фазы, фазировка
phenolics фенольные смолы
phenolphtalein фенолфталеин, диоксифталофенон
phenomenon явление
   ~ of polarization явление поляризации
   transient ~ переходный процесс; явление неустановившегося режима (*в электрической цепи*)
Pheno Seal *фирм.* стружка термореактивного смолоподобного материала (*наполнитель для борьбы с поглощением бурового раствора*)
PHG [prehydrated gel] гидратированный бентонит
Phos [Phosphoria] *геол.* фосфория (*свита пермской системы*)
phosphate 1. фосфат, соль (орто)фосфорной кислоты 2. фосфорнокислый
   trisodium ~ ортофосфат натрия ($Na_3PO_4 \times 12H_2O$)
photoactive светочувствительный
photocell фотоэлемент
photomicrograph микрофото(графия)
PHPA [partially hydrolyzed polyacrylamide] частично гидролизованный полиакриламид
physiography физическая география, геоморфология
PI 1. [penetration index] показатель углубления 2. [pressure indicator] индикатор давления 3. [productivity index] коэффициент продуктивности; коэффициент производительности
PIB [polyisobutylene] полиизобутилен
pibd [pounds per inch of bit diameter] нагрузка в фунтах на дюйм диаметра долота
PIC 1. [person in charge] ответственный 2. [pressure indicator controller] регулятор индикатора давления
Pic Cl [Pictured Cliff] *геол.* пикчерд-клифф (*свита группы монтана верхнего мела*)
pick :
   ~ up the casing подхватывать обсадные трубы (*для спускоподъемных операций*)
   ~ up the pipe 1. затаскивать трубы (*на вышку*) 2. давать небольшую натяжку (*инструмента*) 3. подхватывать (*трубы подъемным хомутом*)
pick-up 1. замер глубины скважины 2. чистка нефтяной скважины продувкой газом 3. захватывающее приспособление 4. датчик 5. *pl* ловильные инструменты
   seismic ~ сейсмограф
picnometer пикнометр
PIEA [Petroleum Industry Electrical Association] Ассоциация по электрооборудованию для нефтяной промышленности (*США*)
piece деталь, обрабатываемое изделие
   bracing ~ связь жесткости
   bridging ~ шунтирующая перемычка
   connecting ~ соединительная деталь
   insertion ~ вставка; вкладыш
   junction ~ соединительный патрубок
   manu-kwik male ~ ниппельная часть муфты «мануквик»
   reducing ~ переходный ниппель, переходная муфта
   safety ~ предохранитель
   snore ~ сапун [храпок] насоса
   tail ~ хвостовая часть; наконечник; хвостовик (*бура*)
   T- ~ тройник
   U- ~ вилкообразная деталь; развилок, сошка

piedmont подножье горы; предгорье; предгорная область || предгорный

pier 1. эстакада (*соединяющая берег моря с буровыми вышками*) 2. свая; бык; устой (*моста*) 3. пирс; мол; пристань 4. дамба, плотина
 concrete ~s железобетонные тумбы (*под опоры вышки*)
 foundation ~s фундаментные тумбы (*подвышечного основания*)

pierce пробуравливать, просверливать; пробивать отверстие

piercing:
 jet ~ метод проходки путем разрушения пород огневой струей

pig 1. скребок для очистки труб || чистить трубы скребками 2. болванка, чушка; брусок
 pipeline inspection ~ приспособление для проверки трубопровода на дефекты, утечку и т.д.
 pipeline scraper ~ скребок для чистки трубопроводов
 sealing ~ уплотняющая пробка (*для сварки*)

pigging внутренняя очистка трубопроводов скребками

piggyback якорь оттяжки

pigtail 1. гибкий проводник 2. короткий кусок шланга

pile свая || вбивать [вколачивать] сваи
 add-on ~ наращиваемая свая
 anchor ~ анкерная свая
 batter ~ подкосная [наклонная] свая
 bearing ~ несущая свая
 bored ~ винтовая свая
 built ~ составная свая
 bulb ~ набивная свая с расширенным основанием
 drilled and cemented ~ бурозаливная свая
 drilled-in ~ *см.* drilled and cemented pile
 drill-in anchor ~ забуриваемая анкерная свая
 driven ~ забивная свая
 foundation ~ фундаментная свая, кондуктор (*свайной платформы*)

pilework свайное сооружение; свайное основание

piling крепление *или* установка сваи || свайный
 anchor ~ якорное крепление свай (*к морскому дну*)

pilot 1. направляющее устройство; центрирующее устройство (*цапфа, выступ*); «пилот»; направляющий стержень (*расширителя для разбуривания на следующий диаметр*) 2. алмазный бескерновый наконечник с выступающей средней частью торца 3. вспомогательный механизм; регулируемое приспособление; управляющее устройство
 reaming ~ направляющая часть расширителя с конусной коронкой

pin 1. шпилька; штифт; чека; шплинт; палец; цапфа; ось || соединять на штифтах 2. пробойник || пробивать 3. штырь; вывод 4. ниппельная часть трубы *или* штанги; секция инструмента с внешней резьбой
 ~ and box ниппель и муфта замка; концы труб с наружной и внутренней резьбой, соединяемые без помощи муфт
 ~ together скреплять *или* соединять болтами
 breaking ~ срезаемый [срезной] штифт
 cone ~ цапфа (*шарошки*)
 crank ~ палец *или* цапфа кривошипа; шатунная шейка коленчатого вала
 do-well ~ соединительный шип, штифт
 end ~ соединительный *или* замыкающий болт (*цепи*)
 fulcrum ~ болт *или* ось вращения, поворотная цапфа, шкворень
 hinge ~ штифт [шпилька, болт] шарнирного сочленения
 index ~ установочный штифт делительного механизма; фиксатор; указатель
 joint ~ ось, палец шарнира, шарнирный болт; соединительная шпилька
 knuckle ~ ось шарнира
 locating ~ установочный штифт; установочная шпилька; штифт-фиксатор
 lock ~ *см.* locking pin
 locking ~ стопорный штифт, чека, шпилька, палец
 metering ~ калибровочный штифт
 piston ~ поршневой палец
 plunger ~ пружинный штифт, пружинный фиксатор
 register ~ установочный штифт; центрирующий штифт
 retaining ~ закрепляющий [удерживающий] штифт; шпилька, удерживающая замок
 riser coupling ~ ниппель соединения водоотделяющей колонны
 riser lock ~ *см.* riser coupling pin
 safety ~ предохранительный стопорный штифт
 shear ~ срезаемый [срезной] штифт
 sledge ~ вставной стержень
 split ~ шплинт
 taper ~ конический штифт
 tool joint ~ конус [ниппель] замка
 wrist ~ поршневой [кривошипный] палец; цапфа

pinch 1. сужение; сжатие; защемление || защемлять 2. лом 3. *геол.* выклинивание; пережим 4. *геол.* проводник (*жилы*)

pincher:
 pipe ~ трубные клещи (*приспособление для сплющивания и отрезания трубчатых элементов металлоконструкций*)

pinching заклинивание (*напр. долота*)

pinching-out *геол.* выклинивание, выжимание (*пласта*)
 porosity ~ выклинивающаяся пористая зона

pinion шестерня, ведущее зубчатое колесо пары
 bevel ~ коническая ведущая шестерня

pint

pint пинта (*мера объема в Великобритании = 0,57 л; в США = 0,47 л для жидкости и 0,55 л для сыпучих тел*)

PiP 1. [production-injection packer] эксплуатационный нагнетательный пакер 2. [pump-in pressure] давление нагнетания

pip 1. выброс, выступ, пик, резкое изменение (*кривой*) 2. импульс (*на экране индикатора*)

pipe 1. труба, трубка; трубопровод ‖ оборудовать системой трубопроводов; транспортировать по трубопроводу 2. *геол.* сужение рудного тела

air ~ воздухопровод, воздушная труба
aluminum drilling ~ алюминиевая бурильная труба
anchor ~ хвостовик; перфорированная труба под пакером
automatic wet ~ автоматическая водяная труба (*один из пяти видов разбрызгивателей воды, используемых на шельфовых установках*)
bent ~ *см.* elbow pipe
blank ~ труба без боковых отверстий
blow ~ горелка, паяльная трубка
blow-down ~ продувочная труба, труба для быстрого опорожнения емкости
blow-off ~ спускная труба
bottom ~ морской [подводный] трубопровод; дюкер
box-to-box ~ труба с муфтами на обоих концах, соединяемых при помощи двухниппельного переводника
brake ~ воздухопровод пневматического тормоза
branch ~ патрубок; ответвление трубы [трубопровода], отвод; тройник
buried ~ заглубленный трубопровод
bypass ~ перепускная труба; отводная [обводная] труба
capillary ~ капиллярная трубка
casing ~ обсадная труба
casing drill ~ обсадные трубы, служащие одновременно бурильными
coated ~ изолированная труба
coil ~ змеевик
compensating ~ уравнительная труба
connecting ~ соединительная [промежуточная] труба, патрубок; штуцер
delivery ~ подающая труба; нагнетательная [напорная] труба
dip ~ гидравлический затвор (*на газовой линии*)
discharge ~ выкидная линия; напорная [нагнетательная] труба; отводная [выпускная] труба
drill ~ бурильная труба
drive ~ обсадная труба; забивная труба (*для скважин*); направляющая труба, направление
eduction ~ спускная труба; отводная [выпускная] труба; выхлопная труба (*двигателя*)
elbow ~ колено (трубы)
exhaust ~ отводная [выпускная] труба; выхлопная труба (*двигателя*)
extension ~ хвостовик
external upset drill ~s бурильные трубы с высаженными наружу концами
extra-heavy ~ утолщенная труба
extruded ~s трубы, изготовленные на прессах непрерывного выдавливания
feed ~ питающая [питательная] труба
fitting ~ патрубок
flange ~ труба с фланцами
flexible ~ гибкий рукав, шланг
flow ~ напорная [нагнетательная] труба
flush joint ~ труба с гладкопроходным соединением
frozen ~ прихваченная труба (*в скважине*)
gas ~ 1. газовая труба 2. *амер.* бензопровод
gasoline ~ *амер.* бензопровод
grout ~ заливочная труба
grouting ~ *см.* grout pipe
hose ~ шланг
induction ~ впускная труба
injector blow ~ инжекторная горелка
inlet ~ подающая [вводящая, подводящая] труба
interior upset ~ труба с внутренней высадкой концов
internal flush drill ~ бурильная труба равнопроходного сечения
internal upset drill ~ бурильная труба с высаженными внутрь концами
junction ~ *см.* junction piece
lap-welded ~ труба, сваренная внахлестку
large-diameter ~ труба большого диаметра
light-weight ~ облегченная труба
line ~ трубопровод
loop expansion ~ уравнительная [компенсационная] петля, петлевой компенсатор (*трубопровода*)
macaroni ~ трубы малого диаметра
main ~ главный трубопровод, магистральная труба, магистраль
marine riser ~ секция водоотделяющей колонны
nozzle ~ труба пескоструйного аппарата; инжекционная труба
outlet ~ отводная [выпускная] труба; выхлопная труба (*двигателя*)
overflow ~ контрольная трубка; перепускная трубка; сливная труба
oversize ~ труба, имеющая диаметр больше номинального
perforated ~ перфорированная труба
petrol ~ *англ.* бензопровод
pin-to-box ~ труба с приваренной муфтой на одном конце и ниппелем на другом
plain end ~s трубы с гладкими [ненарезанными] концами (*под сварку*); трубы с невысаженными концами
pressure relief ~ предохранительная труба; газоотводящая труба

pressure water ~ водонапорная труба
receiver ~ приемная труба
reducing ~ переходная труба
relief ~ предохранительная выпускная труба
return ~ возвратная труба; перепускная труба
rifled ~ ребристая труба; труба, имеющая внутри спиральную нарезку с большим шагом (*для перекачки вязких нефтепродуктов*)
riser ~ секция водоотделяющей колонны
rising ~ напорная труба насоса; стояк
river ~ утяжеленный трубопровод (*применяется при пересечении рек*)
rubbered ~ обрезиненная труба
run ~ *см.* flow pipe
run-down ~ сливная [спускная] труба
screen ~ фильтр; перфорированная труба с фильтрующей сеткой; перфорированный хвостовик
screened ~ труба с просверленными отверстиями, перфорированная труба
seamless ~ бесшовная [цельнотянутая] труба
shop-perforated ~ перфорированная труба промышленного производства (*в отличие от перфорированной в скважине*)
slotted ~ труба с щелевидными отверстиями
soil ~ направление, первая колонна обсадных труб
spiraled-well casing ~ обсадная труба со спиральной канавкой
stand ~ буровой стояк
structural ~ *см.* soil pipe
T- ~ тройник, трехходовая труба, Т-образная труба
tail ~ 1. хвостовая труба 2. высасывающая труба (*насоса*) 3. выхлопная труба (*двигателя*)
tapered ~ переходный патрубок
tee ~ *см.* T-pipe
thick-wall ~ толстостенная труба
thin-wall ~ тонкостенная труба
threaded line ~ винтовая труба
three-way ~ *см.* T-pipe
U- ~ двухколенчатая труба; сифонная труба
undersize ~ труба, имеющая диаметр меньше номинального
unthreaded ~ труба с ненарезанными концами
upset drill ~ бурильная труба с высаженными концами
wash ~ 1. промывочная колонна (*спускаемая с башмаком-коронкой для обуривания прихваченного инструмента*) 2. растворная труба вертлюга
washover ~ промывочная труба
waste ~ дренажная труба; спускная [выпускная] труба; отводная труба
welded ~ сварная труба
weldless ~ бесшовная [цельнотянутая] труба
worm ~ змеевик
piped 1. выполненный в виде трубы; полый 2. с усадочной раковиной

Pipe-Lax *фирм.* ПАВ, используемое в смеси с дизельным топливом для установки ванн с целью освобождения прихваченных труб
pipelayer 1. трубоукладчик 2. строитель трубопровода
pipeline трубопровод
active ~ действующий трубопровод
bare ~ неизолированный трубопровод
buried ~ заглубленный трубопровод
circular gas ~ кольцевой газопровод
gas ~ газопровод
high-pressure ~ трубопровод высокого давления
hot oil ~ трубопровод для горячей нефти
insulated ~ изолированный трубопровод
long-distance ~ магистральный трубопровод, магистраль
low-pressure ~ трубопровод низкого давления
offshore ~ морской [подводный] трубопровод; дюкер
off-stream ~ трубопровод, в котором продукт не движется
oil ~ нефтепровод
oil and gas ~ нефтегазопровод
oil products ~ нефтепродуктопровод
oil-trunk ~ магистральный нефтепровод
portable ~ переносный [полевой] трубопровод
products ~ продуктопровод
seagoing ~ трубопровод, проложенный по морскому дну
ship-to-shore ~ трубопровод для перекачки нефтепродуктов с судна на берег
shore ~ береговой трубопровод
submarine ~ морской [подводный] трубопровод; дюкер
twin ~ трубопровод в две нитки
underwater ~ *см.* offshore pipeline
pipelining 1. строительство трубопровода; прокладка трубопровода 2. подача по трубопроводу; транспортировка по трубопроводу
Pipe-Loose *фирм.* ПАВ, используемое в смеси с дизельным топливом для установки ванн с целью освобождения прихваченных труб
Pipe-Off *фирм.* ПАВ, используемое в смеси с дизельным топливом для установки ванн с целью освобождения прихваченных труб
pipe-scraper механический скребок для чистки труб
piping 1. трубопровод; трубы; система труб 2. *геол.* подпочвенная [туннельная] эрозия 3. трубная обвязка (*насоса и т. п*) 4. перекачка по трубопроводу
pressure ~ напорный [нагнетательный] трубопровод, трубопровод высокого давления
pump ~ насосный трубопровод
piston поршень, плунжер
air ~ поршень пневмоцилиндра

plastic

thermosetting ~ термореактивная пластмасса

plasticity 1. пластичность, подвижность (*напр. бетона*) 2. гибкость

plasticize пластифицировать, вводить пластификатор

plasticizer пластификатор

Plastic Seal *фирм.* стекловолокно (*нейтральный наполнитель для борьбы с поглощением бурового раствора*)

plastifier см. **plasticizer**

plat план (*в горизонтальной проекции*) поверхностных и подземных работ; съемка в горизонтальной проекции

plate 1. плита; пластина, лист 2. толстый лист (*металла*), листовая сталь, листовое железо || плющить (*металл*) 3. металлический электрод аккумулятора 4. сланцевая порода (*с крупной отдельностью*) 5. заводская марка (*на станке*) 6. *амер.* анод 7. наносить гальваническое покрытие; плакировать
~ out осаждаться, адсорбироваться
back ~ опорная плита
back-up ~ подкладка
baffle ~ 1. пробка при цементировании через перфорированное отверстие 2. перегородка (*в резервуаре или в сосуде для регулирования струи жидкости или газа*); отражатель; дефлектор
base ~ фундаментная [опорная, основная] плита; основание ноги вышки
bearing ~ опорная плита; башмак
break-out ~ приспособление для отвинчивания долота
butt ~ стыковая накладка
clutch ~ диск фрикционной муфты, фрикционный диск
connection ~ *св.* стыковая накладка; соединительная планка
corner ~ угловой лист, угловая накладка; косынка
cover ~ клапанная крышка (*бурового насоса*)
cut-off ~ задвижка
deflection ~ направляющий [поворотный] щиток; отклоняющая пластина; дефлектор; перегородка
foundation ~ фундаментная [опорная, основная] плита
landing ~ посадочная плита (*служащая фундаментом для подводного оборудования*)
low foundation ~ нижняя фундаментная плита
orifice ~ диафрагма
platform identification ~ идентификационная плита платформы (*прикреплена к платформе*)
rating ~ паспортная табличка (*на машине или аппаратуре*)
reinforcing ~ *св.* усиливающая накладка
returning ~ пластинка возврата (*в гравиметре*)
support ~ опорная плита
tilted ~ наклонная плита

plateau 1. плато, плоская возвышенность; плоскогорье 2. пологий участок кривой

plated покрытый слоем другого металла; плакированный, гальванизированный; с гальваническим покрытием

platf [platform] платформа; морское основание

platform 1. платформа; площадка, помост; полати; подвышечное основание; морское основание (*под буровую*) 2. *геол.* платформа; континентальное плато; континентальный шельф 3. перрон, платформа
accommodation offshore ~ жилое морское основание
ANDOC ~ платформа ANDOC (*большое гравитационное сооружение с основанием из ячеистого бетона для бурения, добычи и хранения нефти*)
articulated loading ~ погрузочная платформа, шарнирно закрепленная на дне
articulating ~ башенное основание, шарнирно закрепленное на дне
buoyant tower drilling ~ буровая платформа с плавучей башенной опорой
buoyant tower offshore ~ плавучая морская буровая платформа башенного типа
central processing [production] ~ главная морская платформа с сооружениями для сепарации, подготовки и подачи в трубопроводы нефти и/или газа
column fixed ~ колонное стационарное основание
column-stabilized semi-submersible offshore ~ полупогружное морское основание, стабилизированное колоннами
compliant ~ платформа с избыточной плавучестью
concrete marine ~ бетонное стационарное морское основание
construction ~ платформа, с которой ведется строительство (*баржа, судно или другое плавающее сооружение*)
derrick ~ подвышечное морское основание, морская платформа для установки буровой вышки
drilling ~ основание для морского бурения
drill-through-the-leg ~ морская буровая платформа с опорами-кондукторами
field terminal ~ платформа-терминал месторождения
fixed ~ стационарная платформа
fourble board working ~ полати (*вышки*) для верхового рабочего
gravity base offshore ~ морская платформа с гравитационным фундаментом
gravity base offshore production ~ морское эксплуатационное основание с гравитационным фундаментом
gravity storage ~ гравитационная платформа-хранилище (*нефти*)
gyrostabilized ~ гиростабилизированное основание

hybrid ~ платформа-гибрид (*гравитационная конструкция для глубоководных работ, при строительстве которой используются почти в равных пропорциях сталь и бетон*)
ice ~ искусственный ледовый фундамент (*для бурения в арктических условиях*)
iceberg-resistant drilling and production ~ буровая и эксплуатационная платформа, защищенная от столкновения с айсбергами
kelly ~ первая площадка лестницы (*вышки*)
ladder landing ~s промежуточные площадки лестницы (*вышки*)
living quarters ~ жилая платформа
loading ~ погрузочная площадка
marine research ~ морская исследовательская платформа
mat supported ~ платформа с опорной плитой
mat supported jack-up drilling ~ самоподнимающаяся буровая платформа с опорной плитой
mobile bottom-supported ~ передвижное основание, опирающееся на дно
modular ~ крупноблочное сборное основание
multiple well ~ кустовая эксплуатационная платформа
ocean-going ~ океанская буровая платформа
offshore ~ морское основание (*для бурения и добычи нефти*)
offshore drilling ~ морская буровая платформа
offshore oil production ~ морская эксплуатационная платформа
oil ~ нефтепромысловая платформа, нефтепромысловое основание
oscillating ~ башенное морское основание, шарнирно крепящееся ко дну
permanent offshore ~ стационарная морская платформа
piled steel ~ свайная стальная платформа
pile fixed ~ свайное стационарное основание
production ~ эксплуатационная платформа, эксплуатационное основание
pumpdown offshore ~ платформа [основание] для газлифтной эксплуатации морских скважин
quadruple board ~ полати вышки (*для верхового рабочего*)
racking ~ балкон верхового рабочего (*на вышке*), полати
research ~ исследовательская платформа
rigid ~ жесткая [стационарная] шельфовая платформа
satellite ~ платформа-спутник
self-contained drilling ~ независимое [автономное] морское буровое основание
self-contained fixed ~ автономная стационарная платформа
self-elevating ~ самоподнимающаяся платформа (*с выдвижными опорными колоннами и подъемными устройствами*)

self-mobilizing offshore ~ самоходное плавучее основание
self-setting ~ самоустанавливающаяся платформа
semi-submersible drilling ~ полупогружная буровая платформа; полупогружное буровое основание
semi-submersible production ~ полупогружная эксплуатационная платформа
sloping ~ наклонная платформа, наклонный помост
subtank ~ платформа с подводным хранилищем
template fixed ~ стационарное основание с донной опорной плитой
tended drilling ~ буровая платформа, обслуживаемая тендером
tender ~ тендерная [вспомогательная] платформа
tension leg ~ платформа с растянутыми опорами
tethered ~ привязная платформа
three-column steel gravity-based ~ трехколонная стальная гравитационная колонна
tilt-up jack-up ~ составное основание из свайной опоры и верхней самоподнимающейся палубы
timber ~ морская платформа на деревянных сваях
tower fixed ~ башенное стационарное основание
trestle ~ эстакадное основание
work ~ рабочая площадка; полати (*вышки*)
plating 1. гальваническое покрытие 2. нанесение гальванического покрытия; металлизация 3. листовая обшивка
chrome ~ хромирование
hard chrome ~ твердое хромирование
immersion ~ покрытие путем погружения
nickel ~ никелирование
silver ~ серебрение
tin ~ лужение (*оловом*)
zinc ~ цинкование
play 1. зазор; люфт 2. «мертвый» ход; холостой ход
~ out *геол.* выклиниваться
side ~ боковое отклонение, боковой зазор, боковая «игра»
playback *сейсм.* воспроизведение (*магнитной записи*)
PLCA [Pipeline Contractors Association] Ассоциация подрядчиков по строительству трубопроводов
pld [pulled] 1. натянутый 2. поднимаемый из скважины
PLE [plain large end] гладкий [ненарезанный] конец большого диаметра
Pleiocen *см.* **Pliocene**
Pleist [Pleistocene] *геол.* плейстоцен ‖ плейстоценовый
Pleistocene *геол.* плейстоцен ‖ плейстоценовый

pod

double female subsea (hydraulic) control ~ подводный (гидравлический) коллектор управления с двойным гнездом
dual ~ подводный коллектор управления с двойным гнездом
male ~ ниппельная [охватываемая] часть коллектора (*в системе управления подводным оборудованием*)
multiple pin type subsea control ~ подводный коллектор управления многоштырькового типа
retrievable BOP control ~ съемный (подводный) коллектор управления превентором
retrievable subsea control ~ съемный подводный коллектор управления
single female control ~ коллектор управления с одним посадочным гнездом
wedge type subsea control ~ клиновидный подводный коллектор управления

POE [plain one end] без нарезки на одном конце

POGW [producing oil and gas well] скважина, дающая нефть и газ

point 1. точка 2. наконечник; острие 3. режущая часть (*инструмента*) 4. забой скважины 5. вершина горы, пик
~ of application точка приложения
~ of batch end точка смены партий нефтепродуктов в трубопроводе (*при последовательной перекачке*)
~ of contact точка соприкосновения, точка касания
~ of discontinuity точка перегиба кривой; точка разрыва непрерывности
~ of divergence точка расхождения, точка раздела, точка разветвления
~ of fault место повреждения; точка короткого замыкания
~ of fracture место разрыва
~ of inflection точка перегиба
~ of intersection точка пересечения
~ of maximum load предел упругости при растяжении, временное сопротивление разрыву
~ of mixing точка смешивания
~ of no flow точка начала выброса (*в газлифте*); точка отсутствия дебита *или* подачи
~ of support точка опоры
~ of suspension точка подвеса
anchorage ~ точка крепления
bending yield ~ предел текучести при изгибе
boiling ~ точка [температура] кипения
break ~ 1. предел прочности 2. точка разрыва непрерывности 3. точка расслоения эмульсии; точка осветления мутной жидкости
breakdown ~ предел прочности
bubble ~ температура [точка] начала кипения
burning ~ температура воспламенения
capacity ~ полная проектная производительность
casing ~ глубина установки башмака обсадной колонны
cementing ~ интервал скважины, где произведено цементирование (*на разрезе скважины*)
cloud ~ температура помутнения (*нефтепродукта*)
condensation ~ *см.* dew point
critical ~ критическая точка, критическое значение; точка превращения
cross ~ крестообразное долото, долото с крестообразно расположенными шарошками *или* лезвиями
cut ~ 1. стык (*различных нефтепродуктов при их последовательной перекачке по трубопроводу*) 2. точка отсечки
cutoff ~ точка отсечки
datum ~ точка приведения, заданная точка
decimal ~ точка в десятичной дроби
delivery ~ сдаточный пункт; место выгрузки, подвоза *или* подачи; обменный пункт (*горючего*)
dew ~ точка росы, температура конденсации
drop-out ~ точка выпадения (*напр. парафина*)
equilibrium dew ~ равновесие фазовых состояний
fictive ~ of fixity фиктивная точка крепления (*заглубленной в дно моря опорной колонны самоподнимающейся платформы*)
filling ~ заправочный пункт; наливной пункт
fire ~ температура воспламенения (*нефтепродукта*)
flash ~ температура вспышки
flashing ~ *см.* flash point
focal ~ фокус
freeze ~ точка прихвата (*колонны*)
fusion ~ точка [температура] плавления
gage ~ точка замера [измерения]
ice ~ точка замерзания
initial ~ исходная точка
kick-off ~ точка изменения направления ствола скважины
load ~ точка приложения нагрузки
loading ~ погрузочный пункт (*причал, швартовочный блок*)
lower pick-up ~ нижнее положение талевого блока
melting ~ точка [температура] плавления
operating ~ рабочая точка
pipe departure ~ точка схода трубы, точка отрыва трубопровода (*со стингера трубоукладочной баржи*)
pour ~ точка [температура] текучести (*масла*); температура застывания (*нефти*)
reference ~ контрольная точка, точка приведения
saturation ~ предел [точка] насыщения
set ~ температура застывания (*нефти*)

setting ~ 1. глубина спуска обсадной колонны 2. температура застывания (*нефти*)
shot ~ *сейсм.* пункт взрыва
solidification ~ температура застывания *или* затвердевания
tapping ~ точка ответвления; точка отбора
tensile yield ~ предел текучести при растяжении
whipstock ~ место установки уипстока в скважине
withdrawal ~ зона извлечения жидкости из пласта
working ~ 1. точка приложения силы 2. рабочая точка
yield ~ предел текучести; предельное напряжение сдвига
zero ~ нулевая точка (*шкалы*)
pointed заостренный, остроконечный; зазубренный
round ~ с закругленным концом
pointer 1. стрелка 2. указатель
pois [poison] яд, отрава
poise 1. пуаз (*единица вязкости, равная 0,1 Па · с*) 2. равновесие; уравновешивание ‖ уравновешивать, балансировать
passive ~ пассивное позиционирование
poisoning отравление
oxygen ~ кислородное отравление
persistent ~ стойкое отравление
toxic gas ~ отравление токсичным газом
pol [polished] полированный
polar 1. полярный 2. полюсный
polarization поляризация
circular ~ круговая поляризация
hydrogen ~ водородная поляризация
induced ~ наведенная поляризация
spontaneous ~ спонтанная [самопроизвольная] поляризация
polarize поляризовать
Polco Seal *фирм.* волокнистый материал из коры (*нейтральный наполнитель для борьбы с поглощением бурового раствора*)
pole 1. штанга ударного бурения 2. полюс 3. столб; шест; мачта; веха 4. опора 5. дорн
casing ~ деревянный брус для крепления совместно с канатной петлей свинчиваемых обсадных труб
derrick ~ мачтовый кран; монтажная мачта
gin ~ 1. стойка [козлы] над кронблоком 2. опорная стойка для крыши резервуара 3. монтажная мачта; мачтовый кран
girder ~ решетчатая мачта
shear ~ стойка для усиления двуногой передвижной вышки
sucker ~ насосная мачта глубинного насоса
Polidril *фирм.* вспенивающий полимер для безглинистых буровых растворов
polish 1. шлифование; полирование ‖ шлифовать; полировать 2. политура; лак 3. отделка 4. *геол.* гладкая поверхность сброса, зеркало скольжения

polished шлифованный; полированный; гладкий, блестящий
poll [pollution] загрязнение (*окружающей среды*)
pollutant загрязняющее вещество
pollute загрязнять (*окружающую среду*)
pollution загрязнение (*окружающей среды*)
accidental ~ случайное [непреднамеренное] загрязнение
air ~ загрязнение воздуха
environmental ~ загрязнение окружающей среды
oil ~ загрязнение (*окружающей среды*) нефтью *или* нефтепродуктами
poly 1. [polymerization] полимеризация 2. [polymerized] полимеризованный
polyacrylamide полиакриламид
polyacrylonitrile:
sodium ~ полиакрилонитрил натрия (*понизитель водоотдачи буровых растворов*)
Poly-Ben *фирм.* полимер (*флокулянт и модифицирующий агент для глин*)
Polyblend *фирм.* полимерный загуститель для безглинистых буровых растворов
Polybrine *фирм.* смесь полимеров и карбонатов для повышения вязкости и снижения водоотдачи буровых растворов
polycl [polyvinylchloride] поливинилхлорид
polyel [polyethylene] полиэтилен
polyethylene полиэтилен
Polyflake *фирм.* нефтерастворимый пленкообразующий полимер, используемый для ликвидации поглощений в зоне продуктивных горизонтов
polygas [polymerized gasoline] полимеризованный бензин
Polylube *фирм.* понизитель трения и смазывающая добавка для условий чрезвычайно высоких давлений
Poly-Magic *фирм.* сополимер (*ингибитор неустойчивых глин*)
polymer *хим.* полимер
resinous ~s высокополимерные смолы
Polymer 214 *фирм.* реагент, осаждающий ионы кальция (*ингибитор окалинообразования*)
polymerization *хим.* полимеризация
Poly-Mul *фирм.* эмульгатор нефти в воде
polypl [polypropylene] полипропилен
Poly-Plastic *фирм.* стабилизатор неустойчивых глин
Poly S *фирм.* жидкий полиакрилат натрия (*понизитель водоотдачи для буровых растворов на водной основе всех систем*)
Poly-Sec *фирм.* селективный флокулянт и модифицирующий агент для глин
polyspast полиспаст; таль; сложный блок
polystyrene полистирол
Polytex *фирм.* порошкообразный понизитель водоотдачи на полимерной основе для хлоркальциевых и пресноводных буровых растворов

PONA

PONA [paraffins, olefins, naphtenes, aromatics] парафины, олефины, нафтены, ароматические соединения
pond пруд, водоем; бассейн
   settling ~ зумпф; отстойник
   skimming ~ водоем [бассейн] для отделения нефти от дренажных вод
   treating ~ водоочистительное сооружение
pontoon понтон, понтонная баржа
pony-size малого размера, уменьшенного габарита
POOH [pull out of hole] поднимать [извлекать] из ствола скважины
pool 1. залежь, месторождение; участок 2. резервуар; бассейн
   closed oil ~ замкнутая залежь нефти
   commercial ~ промышленная залежь
   deep-seated ~ глубокозалегающее месторождение
   moon ~ буровая шахта (*в корпусе бурового судна или платформы*)
   oil ~ нефтяное месторождение; нефтеносная площадь
   saturated ~ насыщенная залежь (*нефтяная залежь с газовой шапкой; нефть насыщена газом*)
   underground storage ~ истощенный пласт, используемый под хранение газа
   unit ~ месторождение, разрабатываемое под единым руководством
   water-flooded ~ заводненная залежь
poor 1. бедный (*о смеси*); слабый; тощий (*о руде*) 2. плохой, неудовлетворительный; недостаточный (*о снабжении или подаче*)
POP [putting on pump] пуск насоса
poppet 1. тарельчатый клапан, проходной клапан 2. копер
por 1. [porosity] пористость 2. [porous] пористый
pore пора (*в породе*)
   disconnected ~s изолированные поры
   evacuated ~s вакуумированные поры (*в керне*)
   gas ~ газовая пора
porosimeter порозиметр (*прибор для определения коэффициента пористости*)
porosity пористость, ноздреватость; скважинность
   absolute ~ общая пористость
   apparent ~ кажущаяся пористость
   coarse ~ крупная пористость
   cul-de-sac ~ изолированная [несообщающаяся] пористость
   differential ~ дифференциальная (*изменяющаяся по простиранию пласта*) пористость
   effective ~ эффективная пористость; действующая [открытая] пористость
   exposed ~ поверхностная пористость
   fine ~ мелкая пористость
   fraction ~ относительная пористость
   fractional ~ коэффициент пористости
   gas ~ газовая пористость
   gas-filled ~ газонасыщенная пористость
   induced ~ вторичная [наведенная] пористость
   in-situ ~ первоначальная пористость пласта
   intercrystalline ~ межкристаллитная пористость
   irregular ~ пустотная (незернистая) пористость
   net displacement ~ эффективная пористость при вытеснении
   scattered ~ рассеянная пористость
   shrinkage ~ усадочная пористость
   soil ~ пористость грунта
   weighted average ~ средневзвешенная пористость
   weld ~ *св.* пористость шва
porous пористый, проницаемый, ноздреватый; скважинный
   highly ~ высокопроницаемый, высокопористый
port 1. отверстие; прорезь; проход; промывной канал (*у коронки с выводом промывочной жидкости на забой*) 2. морской порт; причал; гавань
   burner ~ выходное отверстие горелки
   flushing ~ *см.* wash-out port
   induction ~ впускное отверстие
   puff ~ перепускной [уравновешивающий] канал
   screw ~ отверстие (*для заглушки*) с резьбой
   sheltered ~ порт укрытия
   wash ~ *см.* wash-out port
   wash-out ~ промывочное отверстие (*отверстие в испытательном инструменте для промывки водой посадочного гнезда уплотнительного узла подвесной головки обсадной колонны*)
port [portable] портативный, переносный, передвижной
portability портативность; удобство переноски [перевозки]
portable портативный, переносный, передвижной
port-hole отверстие, канал
portion часть, доля; участок || делить на части
   cave ~s кавернозные участки
   piggy-back ~ of electrohydraulic pod электрический блок сервосистемы электрогидравлического коллектора (*в системе управления подводным оборудованием*)
pos 1. [position] положение; расположение; позиция; место; местоположение 2. [positive] положительный
position 1. положение; расположение; позиция; место; местоположение 2. размещать; помещать, устанавливать; определять 3. координата
   ~ of bearing точка опоры
   center ~ центральное положение
   central ~ *см.* center position
   compensator stroke ~ положение компенсатора (*напр. бурильной колонны*)

driller's ~ пост бурильщика
drilling ~ положение при бурении (*плавучих буровых оснований*)
field transit ~ положение (*платформы*) для транспортировки в районе эксплуатации
initial ~ исходное положение
mid ~ центральное положение
ocean transit ~ положение (*полупогружной платформы*) для транспортировки по океану
operating ~ *см.* working position
original ~ первоначальное [исходное] положение
reference ~ основное положение
relative ~ относительное положение
released ~ выключенное положение
run-in ~ положение при спуске
set ~ рабочее положение
set on bottom ~ положение после установки на дно погружной буровой платформы
transit ~ положение (*полупогружной платформы*) для транспортировки
welding ~ 1. положение при сварке 2. место сварки
well ~ расположение скважины
working ~ рабочее положение

positioned:
dynamically ~ с динамическим позиционированием

positioner позиционер
air-operated ~ пневматический позиционер
valve ~ позиционер клапана

positioning 1. управление положением 2. позиционирование, установка в определенном положении; установка на место; удержание на месте стоянки
~ of piston operated valve контроль степени открытия задвижек с пневматическим *или* гидравлическим управлением
automatic ~ автоматическое позиционирование
dynamic ~ динамическое позиционирование

positive 1. положительный; позитивный 2. эл. положительный полюс 3. принудительный 4. нагнетательный 5. вращающийся по часовой стрелке 6. определенный, точный

possibilit/y:
bare ~ ненадежное [малопригодное] средство
oil ~ies возможная нефтеносность

post 1. стойка, столб; подпорка; мачта 2. мелкозернистый песчаник 3. известняк с тонкими прослойками сланца 4. клемма, соединительный зажим 5. целик угля или руды
BOP stack guide ~ направляющая стойка блока превенторов
guide ~ направляющая стойка
jack ~ стойка главного вала пенсильванского станка; стойка, поддерживающая подшипники барабана лебедки
knock-off ~ стойка расцепителя (*полевых тяг*)
rod ~s опорные столбы (*полевых тяг*)
samson ~ стойка балансира

slotted guide ~ направляющая стойка с прорезью
Post-Pliocene *геол.* постплиоцен ‖ постплиоценовый
Post-Tertiary *геол.* послетретичный период; послетретичная система ‖ послетретичный
pot 1. полость (*напр. в гидравлической части насоса*) 2. *геол.* купол 3. резервуар; 4. емкость; бачок; котел
dope ~ емкость для разведения уплотнительной замазки (*для покрытия подводного трубопровода*)
pot [potential] потенциал ‖ потенциальный
potash *хим.* поташ, углекислый калий
pot dif [potential difference] разность потенциалов
potential 1. потенциал ‖ потенциальный 2. эл. напряжение; потенциал
adsorption ~ адсорбционный потенциал
electric ~ электрический потенциал
electrochemical ~ электрохимический потенциал
field ~ потенциальная добыча из месторождения
flow ~ фильтрационный потенциал
gas drive ~ потенциальный отбор нефти при газонапорном режиме
gravity ~ гравитационный потенциал
initial ~ начальный дебит (*скважины*)
interfacial ~ потенциал на границе раздела фаз
oil and gas ~ перспективы нефтегазоносности
open flow ~ максимальный дебит скважины
operating ~ рабочее напряжение
oxidation-reduction ~ окислительно-восстановительный потенциал
production ~ потенциальный дебит (*скважины*)
redox ~ *см.* oxidation-reduction potential
thermodynamic ~ термодинамический потенциал
pothole 1. выбоина; котловина 2. *геол.* мульда
pound 1. фунт (*453,6 г*) 2. толочь; молоть 3. трамбовать 4. дрожать; вибрировать; сотрясаться
~s per cubic foot фунтов на куб. фут (*в США применяется при определении плотности; один фунт в куб. футе = 0,016 кг в 1 л*)
~s per gallon фунтов на галлон (*применяется при определении плотности бурового раствора; один фунт в галлоне = 0,1198 кг в 1 л*)
~s per square inch фунтов на кв. дюйм
~s per square inch gaged манометрическое давление в фунтах на кв. дюйм
POW [producing oil well] эксплуатационная нефтяная скважина
powder 1. порошок 2. порох; динамит 3. толочь; превращать в порошок; измельчать
power 1. сила; мощность; энергия 2. двигатель, мотор 3. механический; работающий

power

от привода 4. автоматический; машинный; силовой; энергетический; моторный 5. *матем.* степень 6. приводить (*в действие, в движение*), вращать

adhesive ~ сила сцепления, сила прилипания
adsorption ~ адсорбирующая способность
available ~ располагаемая мощность; действительная мощность
band wheel pumping ~ групповой привод для глубинных насосов с горизонтальным шкивом (*привод карусельного типа*)
bearing ~ 1. несущая способность 2. грузоподъемность; подъемная сила
binding ~ вяжущая способность
brake ~ эффективная мощность торможения; тормозная сила; сила торможения
cementation ~ вяжущая [цементирующая] способность
central ~ групповой привод
central pumping ~ групповой насосный привод
effective ~ эффективная [действительная] мощность (*двигателя*)
effective horse ~ эффективная [действительная] мощность в л. с.
fluid ~ гидравлическая мощность
hoisting ~ грузоподъемность лебедки
holding ~ 1. несущая способность 2. прочность крепления
hydraulic ~ *см.* fluid power
indicated ~ индикаторная мощность (*двигателя*)
input ~ приводная мощность
lifting ~ грузоподъемность; подъемная сила
motive ~ движущая сила; двигательная энергия
mud pump ~ мощность бурового раствора
net ~ полезная мощность
oil ~ нефтяной двигатель, нефтяной привод
propelling ~ движущая [толкающая] сила; двигатель
pumping ~ приводной двигатель глубинного насоса
rated ~ номинальная мощность
real ~ действительная [эффективная] мощность
reflective ~ отражательная сила [способность]
required ~ потребляемая мощность
required horse ~ потребляемая мощность в л. с.
reserve ~ запас прочности, избыточная мощность
resistance ~ сопротивляемость разрушению, прочность
resolving ~ разрешающая способность
thermal ~ теплота сгорания, теплопроизводительность
traction ~ тяговое усилие, тяговая мощность
useful ~ полезная мощность

power-actuated 1. с механическим приводом; приводной, механический 2. автоматический

powered механический; снабженный механическим приводом; снабженный энергией

POWF [producing oil well flowing] фонтанирующая эксплуатационная нефтяная скважина

POWP [producing oil well pumping] насосная эксплуатационная нефтяная скважина

Pozmix *фирм.* пуццолановый цемент, используемый в качестве добавки для снижения плотности цементных растворов

pozzolan пуццолан (*силикатные или силикатно-алюминатные материалы, в чистом виде не обладающие свойствами цемента*)

fly-ash-type ~ пеповидный пуццолан

PP 1. [production payment] оплата за продукцию 2. [pulled pipe] поднятая труба; натянутая труба

ppa [pounds of proppant added] фунтов расклинивающего агента (*в жидкости-носителе*)

p. p. a. [per cent per annum] процентов в год

ppb [pounds per barrel] фунтов на баррель

ppd [prepaid] предварительно оплаченный

ppf [pounds per foot] фунтов на фут, фунто-футов

ppg [pounds per gallon] фунтов на галлон

PPH [petroleum pipehead] приемная сторона нефтепровода

PPI [production payment interest] доля в оплате продукции

ppp [pin point porosity] очень малая пористость

ppt 1. [precipitate] осадок 2. [pounds per ton] фунтов на тонну

pptn [precipitation] осаждение

PR 1. [polished rod] полированный шток глубинного насоса 2. [pressure recorder] регистратор давления

practice техника ведения работ; технология

cementing ~ техника цементирования скважин, практика проведения цементировочных работ
drilling ~ режим бурения
drilling mud ~ технология применения буровых растворов
operating ~ методы эксплуатации; режим работы
production ~ методы эксплуатации; технология добычи

PR & T 1. [pulled rods and tubing] поднятые насосные штанги и насосно-компрессорные трубы 2. [pull rods and tubing] поднимать насосные штанги и насосно-компрессорные трубы

PRC [pressure recorder control] управление регистратором давления

prcst [precast] 1. заводского изготовления 2. сборного типа

prd [period] период

Pre Camb [Pre-Cambrian] *геол.* докембрий || докембрийский

pressure

Pre-Cambrian докембрий || докембрийский
precaution предохранение; защита; профилактическое мероприятие
  safety ~s меры предосторожности; техника безопасности
  welding ~s техника безопасности при сварке
precipitation осаждение; выпадение в осадок; выделение
  wax ~ выпадение [выделение] парафина
precipitator осадитель, осаждающее вещество
precision точность; верность
  ~ of analysis воспроизводимость результатов анализа
  ~ of instrument класс точности прибора
precoating предварительное покрытие, грунтовка
precompression предварительное сжатие
precooler холодильник предварительного охлаждения
prediction 1. прогноз; предсказание 2. предвычисление
  recovery ~ прогноз вероятной добычи
predrilling забуривание; бурение передовой [опережающей] скважины
prefabricated изготовленный заранее; сборный; заводского изготовления
preform 1. брикет, таблетка || брикетировать, таблетировать 2. заранее формовать, придавать предварительную форму
prefreezing предварительное замораживание
preglacial доледниковый
preheat подогревать, предварительно нагревать
preheater подогреватель
preheating предварительный подогрев, предварительное нагревание
prehtr [preheater] подогреватель
preload предварительный натяг; предварительная нагрузка || создавать предварительный натяг, устанавливать [монтировать] с предварительным натягом [нагружением]
preloading подготовительная установка платформы (*перед началом бурения*)
prem [premium] улучшенный, повышенного качества; высококачественный
Premium Gel *фирм.* высококачественный бентонитовый глинопорошок
premix предварительно приготовленная смесь || предварительно перемешивать
Pre-Mix Biocide B-12 *фирм.* бактерицид и ингибитор коррозии для буровых растворов на водной основе
Pre-Mix Biolube *фирм.* смазывающая добавка, не вызывающая загрязнения окружающей среды
Pre-Mix Bromical *фирм.* водный раствор хлористого и бромистого кальция
Pre-Mix Filmkote *фирм.* ингибитор коррозии для растворов на водной основе
Pre-Mix Lenox *фирм.* товарный бурый уголь
Pre-Mix Oxban *фирм.* ингибитор кислородной коррозии

Pre-Mix Wallkote *фирм.* жидкий асфальт (*понизитель водоотдачи и ингибитор неустойчивых глин для буровых растворов на водной основе всех систем*)
Pre-Mix Wate *фирм.* баритовый утяжелитель
Premul *фирм.* инвертная эмульсия
Premul A *фирм.* эмульгатор для инвертных эмульсий
Premul C *фирм.* утяжелитель для инвертных эмульсий
Premul Gellant *фирм.* структурообразователь для инвертных эмульсий
Premul X *фирм.* регулятор фильтрации инвертных эмульсий
Prepact A *фирм.* замедлитель схватывания цементного раствора
preparation 1. подготовка; предварительная обработка 2. *св.* подготовка кромок 3. приготовление, получение, обогащение 4. продукт, образец
  ~ of core samples техника изготовления искусственного керна (*для лабораторных исследований*)
  onshore pipe ~ береговой участок подготовки труб
  weld ~ подготовка кромок под сварку
prepolymerized предварительно полимеризованный
Presantil *фирм.* ПАВ, используемое в смеси с дизельным топливом для установки ванн с целью освобождения прихваченных труб
presentation 1. индикация 2. воспроизведение; представление
  graphical ~ графическое представление (*данных*)
preservative 1. консервирующее [антиферментативное] средство [вещество] 2. противокоагулятор, стабилизатор дисперсии 3. противостаритель, предохранитель от старения
preserve консервировать; сохранять; предохранять
preset 1. предварительная установка; предварительная наладка || предварительно устанавливать; предварительно налаживать 2. заданный
presetting предварительная установка; предварительная наладка
press пресс || прессовать
  filter ~ фильтр-пресс
press [pressure] давление
pressing 1. прессование, прессовка; штамповка 2. штампованное изделие
pressure давление; усилие; напор; напряжение; сжатие
  ~ above the atmospheric давление выше атмосферного; манометрическое [избыточное] давление, сверхдавление
  ~ all around давление со всех сторон
  ~ applied at the surface давление, создаваемое на устье скважины

pressure

~ at the economic level давление, определяемое экономичностью разработки
~ at the well bore забойное давление
~ on the bit давление [нагрузка] на долото
~ on the tool давление [нагрузка] на инструмент
~ pumped down понижение давления (*при откачке жидкости из скважины*)
~ up проверять плотность всех соединений (*перед кислотной обработкой скважины*)
abandonment ~ давление прекращения разработки залежи
abnormal ~ аномальное давление
abnormal high ~ аномально высокое пластовое давление, АВПД
abnormal low ~ аномально низкое пластовое давление, АНПД
above bubble point ~ давление выше давления насыщения
absolute ~ абсолютное давление
air ~ давление воздуха
annulus ~ давление в кольцевом пространстве
annulus casing ~ давление в межтрубном пространстве
applied ~ созданное [приложенное] давление
atmospheric ~ атмосферное давление
average ~ средневзвешенное давление
average reservoir ~ среднее пластовое давление
back ~ 1. противодавление (*на пласт*) 2. обратное давление 3. усилие отвода
base measuring ~ основное [эталонное] давление
bearing ~ опорное давление, реакция опоры
bit ~ давление на коронку (*при вращательном бурении*)
boost ~ повышенное давление (*в нагнетающей магистрали*); давление наддува
borehole ~ давление в скважине
bottom-hole ~ 1. забойное давление, давление на забое 2. нагрузка на долото при бурении 3. давление столба жидкости в скважине 4. давление пластовых флюидов у забоя скважины
bottom-hole differential ~ дифференциальное забойное давление
bottom-hole flowing ~ гидродинамическое забойное давление
boundary ~ давление на контуре, давление на контакте вода–нефть *или* вода–газ
breakdown ~ критическое давление, давление разрыва
bubble point ~ давление насыщения
bursting ~ давление разрыва (*трубы*)
capillary ~ капиллярное давление
casing ~ давление в межтрубном пространстве (*между эксплуатационной колонной и насосно-компрессорными трубами*)
casing head ~ давление на устье скважины
circulating ~ давление циркуляции

circulation ~ *см.* circulating pressure
closed ~ 1. максимальное давление в закрытой скважине 2. давление в нефтяном пласте
closed-in ~ давление в скважине после остановки
closed-in bottom-hole ~ статическое забойное давление в неработающей скважине
collapsing ~ сминающее давление
compression ~ давление сжатия; сжимающая нагрузка
confining ~ горное давление; ограничивающее давление; всестороннее давление
convergence ~ давление схождения
critical ~ критическое давление
delivery ~ давление, при котором газ поступает в газопровод (*обусловлено контрактом*)
developed ~ развиваемое давление
differential ~ перепад давления; дифференциальное давление (*разность между давлениями на забое при закрытой скважине и при эксплуатации*); депрессия на пласт
discharge ~ 1. давление [напор] на выкиде 2. давление нагнетания
displacement ~ давление вытеснения
disruptive ~ разрывное давление
dissociation ~ упругость диссоциации
down ~ давление сверху вниз
drilling ~ давление на буровое долото; давление на коронку
driving ~ давление вытеснения, вытесняющее давление
earth ~ горное давление
effective ~ полезное [рабочее] давление
end ~ опорное давление; осевое давление
equilibrium capillary ~ равновесное капиллярное давление
equilibrium reservoir ~ установившееся давление в пласте
excess(ive) ~ избыточное давление
exit ~ давление на выходе
external ~ внешнее давление
field ~ давление, характеризующее состояние пласта *или* залежи; средневзвешенное пластовое давление
filling ~ давление наполнения
final shut-in ~ конечное давление при закрытии (*скважины*)
flowing ~ гидродинамическое давление; давление при откачке; давление при заводнении; давление на выкиде; давление в напорном трубопроводе
flowing bottom-hole ~ динамическое забойное давление
flowing tubing head ~ давление на устье фонтанирующей скважины
flowline ~ давление на выкидной линии; давление в напорной линии
fluid ~ давление жидкости; гидростатическое давление
footing soil ~ давление башмака на грунт

pressure

formation ~ горное давление; пластовое давление
forward ~ напорное давление; усилие *или* давление подачи; усилие *или* давление сжатия
fractional ~ *см.* partial pressure
fracture ~ давление гидроразрыва пласта
gage ~ манометрическое [избыточное] давление, сверхдавление
gas ~ газовое давление; упругость газа
ground ~ горное давление; давление на грунт
head ~ напор
high ~ высокое давление (*более 1,0 МПа*)
highest primary ~ максимальное давление на входе
highest secondary ~ максимальное рабочее давление
hydraulic ~ гидравлическое давление
hydrostatic ~ гидростатическое давление
indicated ~ индикаторное давление; номинальное давление
initial formation ~ *см.* original formation pressure
initial reservoir ~ *см.* original formation pressure
injection ~ давление нагнетания, инжекционное давление; давление, необходимое для проникновения раствора в поры породы
inlet ~ давление на входе, давление на всасывании, давление впуска
intake ~ 1. давление на приеме (*насоса*) 2. давление на устье (*нагнетательной скважины*)
intake well head ~ давление на приеме нагнетательной скважины
kill-rate ~ давление глушения скважины
lateral ~ боковое давление
line ~ давление в трубопроводе
live ~ переменное [меняющееся] давление
load ~ давление нагрузки
low ~ низкое давление
low injection ~ низкое давление нагнетания
manometer ~ *см.* gage pressure
maximum allowable working ~ максимально допустимое рабочее давление
maximum initial field ~ максимальное первоначальное пластовое давление
mean effective ~ среднее эффективное давление
mean reservoir ~ среднее пластовое давление
mercury ~ давление, выраженное высотой ртутного столба
middle ~ среднее давление; средний напор
negative ~ отрицательное давление; давление ниже атмосферного; разрежение; вакуум
normal ~ нормальное давление
nozzle ~ давление в сопле *или* насадке
oil ~ давление нефти
oil column ~ давление столба нефти
oil vapor ~ давление паров нефти

open-flow ~ давление в пласте при свободном фонтанировании
open-hole ~ давление в открытой скважине
operating ~ рабочее давление
original average reservoir ~ первоначальное среднее пластовое давление
original formation ~ первоначальное [исходное] пластовое давление
original reservoir ~ *см.* original formation pressure
oscillatory ~ пульсирующее давление
outlet ~ давление на выходе
output ~ рабочее давление (*скважины*)
overburden ~ *см.* rock pressure
partial ~ парциальное давление (*данного газа в смеси*)
pipeline ~ давление в трубопроводе
piping ~ *см.* pipeline pressure
piston ~ давление на поршень
positive ~ давление выше атмосферного; принудительное давление; избыточное [манометрическое] давление, сверхдавление
predetermined ~ заданное [заранее определенное] давление
producing ~ рабочее давление (*скважины*)
proof-test ~ испытательное давление
pump ~ давление на выкиде насоса
rated ~ индикаторное давление
reaction ~ реактивное давление
reduced ~ приведенное [пониженное] давление
relative vapor ~ относительная упругость паров
relief ~ разгрузочное [критическое] давление
reservoir ~ пластовое давление
return ~ противодавление
rock ~ горное давление; давление вышележащей толщи; пластовое давление
safe working ~ допускаемое рабочее давление
sand ~ *см.* formation pressure
sand-face injection ~ забойное давление при нагнетании (*воды*)
saturated vapor ~ давление насыщенного пара
saturation ~ давление насыщения
service ~ нормальное рабочее давление
shut-in ~ статическое давление в скважине при закрытом устье
shut-in bottom-hole ~ забойное давление в закрытой скважине
shut-in casing ~ давление в затрубном пространстве при закрытом устье
shut-in drill pipe ~ давление в бурильной колонне при закрытом устье
side ~ боковое давление *или* усилие
specific ~ удельное давление
support ~ опорное давление, давление на опору, реакция опоры
terminal ~ конечное давление; давление в конце расширения; граничное давление

pressure

terrastatic ~ *см.* rock pressure
test ~ давление при испытании, пробное давление
top hole ~ давление на выкиде (*газлифта*)
total ~ полное давление; общая нагрузка; суммарная нагрузка (*на коронку*)
unbalanced ~ неустановившееся давление
underground ~ *см.* rock pressure
unit ~ *см.* specific pressure
unit ground ~ удельное давление на грунт
uplift ~ противодавление
upstream ~ давление перед клапаном
wellhead ~ давление на устье скважины
wellhead flowing ~ давление на устье фонтанной скважины
working ~ *см.* operating pressure
pressure-actuated приводимый в действие давлением
pressure-tight воздухонепроницаемый; герметичный
pressuring опрессовка
pressurization 1. герметизация 2. наддув
pressurized 1. герметичный 2. под давлением
pressurometer измеритель давления (*грунта в массиве*)
prest [prestressed] предварительно напряженный
prestressed предварительно напряженный
pretreatment предварительная [профилактическая] обработка
prev 1. [prevent] предотвращать 2. [preventive] предупредительный
preventer 1. превентор, противовыбросовое устройство (*на устье скважины*) 2. предохранитель 3. предохранительный [страхующий] трос
annular ~ кольцевой превентор, превентор кольцевого типа
annular type blowout ~ универсальный противовыбросовый превентор
bag type ~ универсальный превентор с упругим уплотнительным элементом
blowout ~ превентор, противовыбросовое устройство
double ram type ~ превентор с двумя комплектами плашек
drilling ram type blowout ~ плашечный противовыбросовый превентор
hydraulic blowout ~ превентор с гидравлическим приводом
inside blowout ~ внутренний [встроенный] противовыбросовый превентор (*устанавливаемый в бурильную колонну для предохранения от обратного давления бурового раствора*)
pressure packed type blowout ~ превентор с гидравлической системой уплотнения
ram type ~ превентор плашечного типа
revolving blowout ~ вращающийся противовыбросовый превентор, превентор с вращающимся вкладышем
shear ram ~ превентор со срезающими плашками
spherical blowout ~ противовыбросовый превентор со сферическим уплотняющим элементом
subsea blowout ~ подводный противовыбросовый превентор
stuffing box type blowout ~ превентор сальникового типа
three-stage packer type ~ превентор трехпакерного типа
wireline ~ превентор для вспомогательного талевого каната
prevention предупреждение; предотвращение; предохранение
accident ~ предупреждение [профилактика] несчастных случаев
corrosion ~ защита от коррозии, борьба с коррозией
fire ~ противопожарные мероприятия
rust ~ *см.* corrosion prevention
preventive предупредительный; профилактический
price цена; стоимость
contract ~ договорная цена
cost ~ себестоимость
wellhead ~ стоимость сырой нефти
PRF [primary reference fuel] первичное эталонное топливо
primary 1. *геол.* палеозой, палеозойская эра 2. *эл.* первичная обмотка
prime 1. заливать (*двигатель или насос перед пуском*) 2. грунтовать
primer 1. грунтовка; предохранительное покрытие (*металла*) 2. запал 3. приспособление для заливки (*двигателя горючим перед пуском*)
electric ~ патрон электродетонатора
engine ~ приспособление для заправки двигателя
priming 1. заливка (*двигателя или насоса перед пуском*); заправка 2. помещение детонатора в патрон ВВ, зарядка запала 3. грунтовка
ejector ~ эжекционный способ заливки (*насоса*)
manual ~ ручная заливка (*насоса*)
pump ~ заливка насоса
principle 1. принцип; закон; правило 2. источник 3. *хим.* составная часть, элемент
~ of design принцип конструирования; основы расчета
~ of redundancy принцип полного дублирования (*в системе управления подводным оборудованием*)
boring ~ метод бурения
cancellation ~ принцип гашения (*энергии ветра и волн при конструировании морских плавучих платформ*)
tension leg ~ принцип растянутой колонны (*применяется с целью создания плавучих платформ с минимальными перемещениями относительно подводного устья*)
print 1. оттиск; отпечаток 2. шрифт, печать

blue ~ «синька», светокопия
pris 1. [prism] призма 2. [prismatic] призматический
prmt [permit] разрешение на ведение разведки *или* добычи на участке
prncpl lss [principal lessee] основной арендатор
pro 1. [professional] профессионал 2. [pro-rated] разрешенный (о *дебите*)
probe 1. зонд, щуп, пробник, искатель; датчик || зондировать, пробовать 2. проба, образец 3. исследование || исследовать
gamma-ray ~ скважинный гамма-счетчик
probing зондирование, работа с ручным буром; разведка бурением *или* шурфованием
problem задача; проблема; сложность
constant rate ~ задача постоянного притока
field ~s промысловые задачи
hole ~s осложнения, встречающиеся при проходке ствола скважины
sand ~ проблема, связанная с песком (*вместе с жидкостью скважина дает много песка*)
procedure 1. операция; процедура; порядок действия 2. метод, методика; техника; приемы; порядок 3. технология, технологический процесс, процесс производства
bit break-in ~ процесс приработки (*нового*) долота
casing running and cementing ~ проект на спуск и цементирование колонны
operating ~s техника эксплуатации
operation ~ последовательность операций
pipeline-up ~ операция по выравниванию труб (*перед сваркой на трубоукладочной барже*)
supplementary ~ дополнительная техническая операция
test ~ техника [методика проведения] испытания
uniform test ~ унифицированный [стандартный] метод испытаний
weld(ing) ~ технология сварки; последовательность сварки; способ сварки
well-killing ~ операция по глушению скважины
working-up ~ методика обработки
process 1. процесс 2. технологический прием [способ] 3. обрабатывать
absorption ~ процесс абсорбции
absorption gasoline recovery ~ процесс извлечения бензина методом абсорбции
base exchange ~ процесс замещения обменного комплекса
batch ~ периодический процесс
breakdown ~ крекинг-процесс
cementing ~ цементирование
complex ~ многофазный процесс
displacement ~ процесс вытеснения (*нефти из пласта нагнетаемым в него агентом*)
gas conversion ~ переработка газов
high pressure ~ закачка газа в пласт под высоким давлением

hot dipping ~ нанесение покрытия путем погружения в горячую ванну
"miscible plug" ~ процесс закачки в пласт газа под высоким давлением с предшествующим нагнетанием жидкого пропана
oil recovery ~ технология добычи нефти
Orco- ~ усовершенствованный метод заводнения с закачкой в начальный период карбонизированной [сатурированной] воды
recovery ~ технология добычи
reversible ~ обратимый процесс
round-the-clock ~ непрерывный [круглосуточный] процесс
single ~ единый процесс
solvent flooding ~ вытеснение нефти растворителями
processing 1. обработка 2. технология
computer ~ компьютерная обработка (*данных*)
data ~ обработка данных
field ~ обработка на промысле
information ~ обработка информации
oil ~ нефтепереработка, переработка нефти
processor процессор
acoustic position indicator ~ акустический приемник индикатора местоположения (*бурового судна или плавучей полупогружной буровой платформы*)
acoustic riser-angle indicator ~ акустический приемник индикатора угла наклона водоотделяющей колонны [морского стояка]
procurement 1. приобретение, закупки 2. поставка 3. контракт на поставку
prod 1. [produce] производить, вырабатывать; добывать 2. [producing] продуктивный 3. [product] продукт; изделие 4. [production] производительность; выработка; добыча
produce 1. производить, вырабатывать; добывать; создавать 2. продукция 3. продукт; изделие
producer 1. эксплуатационная скважина 2. нефтепромышленник 3. генератор; газогенератор 4. изготовитель, производитель
dual ~ двухпластовая скважина; скважина, ведущая добычу с двух горизонтов
gas ~ газогенератор
idle ~ *см.* marginal producer
large ~ скважина с большим дебитом
marginal ~ малодебитная [близкая к истощению] скважина
non-commercial ~ непромышленная [малопродуктивная, нерентабельная] скважина
petroleum ~ нефтепромышленник
sand ~ скважина, в которую вместе с жидкостью поступает из пласта много песка
water ~ обводненная скважина
producing 1. продуктивный 2. производящий
~ on a salvage basis эксплуатация до предела рентабельности
product 1. продукт; изделие 2. результат 3. *матем.* произведение 4. *хим.* продукт реакции

product

blended ~ смесь, смешанный продукт
commercial ~ товарный продукт
end ~s товарные продукты; конечные продукты
oil ~s нефтепродукты
petrochemical ~s *см.* oil products
rock ~s нерудные ископаемые
waste ~s отходы производства

production 1. производство; изготовление 2. продукция; изделия 3. производительность; продуктивность; выработка; добыча 4. генерация (*частиц*)
allowable ~ контингент производства; допустимая норма добычи (*из скважины или участка*)
average daily ~ среднесуточная добыча
batch ~ серийное производство; выборка небольшими сериями
capacity ~ нормальная производительность
closed-in ~ 1. потенциальная добыча из временно остановленной скважины 2. временно остановленная эксплуатация скважины
commercial ~ промышленная добыча
controlled ~ регулируемая [контролируемая] добыча
crude ~*см.* oil production
cumulative ~ суммарная добыча
deep ~ добыча с глубоких горизонтов
deferred ~ замедленная добыча
first commercial ~ начало промышленной добычи
flush ~ *см.* initial production
follow-up ~ последующая добыча
forced ~ форсированная добыча
future well ~ будущая производительность скважины
gravity-flow ~ добыча нефти в гравитационном режиме
heat ~ выделение тепла
incremental oil ~ добавочное количество нефти
initial ~ начальный дебит
initial daily ~ начальная суточная добыча
oil ~ добыча нефти, нефтедобыча
oil and gas ~ нефтегазодобыча
past ~ суммарная добыча, полученная на данный момент
petroleum ~ *см.* oil production
potential ~ потенциальная добыча; потенциальная производительность (*скважины*)
quantity ~ массовое [крупносерийное] производство
serial ~ серийное производство
settled ~ установившийся дебит (*скважины*)
total daily ~ общая суточная добыча
ultimate ~ суммарная добыча, полученная из скважины *или* месторождения за данное время; суммарный выход
uncurtailed ~ неограниченная добыча

productive продуктивный

productivity производительность; продуктивность (*скважины*)
relative ~ удельная [относительная] производительность

proficiency опытность, умение, высокая квалификация

profile 1. профиль || профилировать 2. очертание, контур 3. вертикальный разрез, сечение 4. обрабатывать по шаблону
~ of pipeline route профиль трассы трубопровода
bottom ~ профиль дна
geological ~ геологический профиль, геологический разрез
injection ~ контур заводнения
input ~ профиль [характер изменения] приемистости (*нагнетательной скважины*)
offset seismic ~ сейсмический профиль, отклоненный от вертикали
pin ~ ниппельный профиль
pipe thread ~ профиль трубной резьбы
sea bottom ~ профиль морского дна
sub-bottom ~ разрез донных отложений
temperature ~ температурное поле
water injection ~ профиль приемистости (*скважины*) при закачивании воды

profiler профилометр
high-frequency ~ высокочастотный профилометр (*для определения твердого грунта дна моря*)
sub-bottom ~ профилометр твердого дна (*для определения твердого грунта под слоем ила*)

profiling составление раздела при сейсмометрии; профилирование
~ of boundaries профилирование контуров (*всех поверхностей штоков*)
continuous ~ непрерывное профилирование
electric ~ электропрофилирование (*в электроразведке*)

profit прибыль; доход || извлекать выгоду
excess ~ сверхприбыль

profitable полезный; выгодный; доходный

prog [progress] ход, течение, развитие

prograding *геол.* размывание

program график; программа; план || составлять программу, программировать
casing ~ конструкция скважины; проект крепления скважины
computer ~ компьютерная программа
diagnosis ~ диагностическая программа, программа обнаружения ошибок
drilling ~ план буровых работ
drilling assistance ~ вспомогательная программа бурения
mud ~ технологическая карта применения буровых растворов; график применения буровых растворов; запроектирование (*по интервалам проходки*) свойств бурового раствора
production ~ программа разработки, план добычи

progress 1. ход, течение, развитие 2. идти, протекать, развиваться
daily drilling ~ суточная проходка
drilling ~ ход буровых работ
prohibit запрещать; препятствовать
prohibitive чрезмерный; недопустимый; препятствующий
proj 1. [project] план; проект 2. [projection] а) проекция б) план; проект в) проектирование
project 1. план; проект || проектировать, составлять проект 2. выдаваться, выступать
joint industry ~ межотраслевой проект
unitized ~ разработка месторождения по единому проекту
projection 1. проекция 2. проект; план 3. проектирование 4. выступ, выступающая часть
azimutal ~ азимутальная проекция
horizontal ~ горизонтальная проекция
upright ~ боковой вид, вертикальный разрез, вид сбоку
prong 1. выступ; кулачок 2. вилка; зубец
clutch ~s and slots кулачки и пазы кулачковых соединений
Pronto-Plug *фирм.* смесь полимеров, используемая для борьбы с поглощением бурового раствора
proof 1. испытание, проба 2. непроницаемый; герметичный
proofing 1. испытание; испытание на проницаемость 2. придание непроницаемости
prop стойка; подпорка; опора; раскос; откос || поддерживать, подпирать
propagation распространение
crack ~ распространение [развитие] трещины
wave ~ распространение (сейсмических) волн
propane пропан (C_3H_8)
propellant 1. движущая сила 2. топливо (*для двигателей*)
propeller пропеллер; движитель
steerable ~ управляемый винтовой движитель (*на полупогружной буровой установке*)
propert/y свойство, особенность, качество, характеристика; параметр
antiflocculating ~ies пептизирующие [противофлокулирующие] свойства
bonding ~ies связующие [связывающие] свойства
bulk ~ies объемные свойства
capillary ~ капиллярная характеристика
cement slurry fluid ~ies текучесть цементного раствора
chemical ~ies химические свойства
colloidal ~ies коллоидные свойства
direction(al) ~ies анизотропия
elastic ~ies эластичные [упругие] свойства
filtration ~ies фильтрационные свойства
flow ~ies реологические свойства; текучесть
gelling ~ies гелеобразующие свойства
impact ~ies свойства сопротивления ударным нагрузкам
lubricating ~ies смазывающая способность
oil ~ies свойства нефтей *или* масел
phase boundary ~ies межфазные свойства
physical ~ies физические свойства
plastic-flow ~ies свойства пластического течения
pre-sheduled ~ies заранее заданные свойства
reservoir rock ~ies коллекторские свойства пород
sealing ~ies герметизирующие [уплотняющие] свойства
thermal ~ies теплофизические свойства
thixotropic ~ies тиксотропные свойства
torque ~ies пусковые свойства (*двигателя*)
wall-building ~ies коркообразующие свойства бурового раствора; фильтрационные характеристики бурового раствора
wall-plastering ~ies *см.* wall-building properties
proportion пропорция; соотношение; соразмерность || соразмерять
proportional 1. пропорциональный; соразмерный 2. *матем.* член пропорции 3. эквивалент
inversely ~ обратно пропорциональный
proportioner дозатор; пропорционирующее устройство
foam ~ дозатор пены
proppant расклинивающий агент (*в жидкости гидроразрыва*)
propping расклинивание (*при гидроразрыве*)
~ of fractures расклинивание трещин
propulsion 1. приведение в движение; движение вперед; сообщение движения 2. движущая сила 3. двигатель, силовая установка
propylene пропилен
propylene glycol пропиленгликоль
proration пропорциональная разверстка добычи (*нефти и газа*); централизованное регулирование добычи; искусственное ограничение добычи по закону (*в США*)
prospect поиски, разведка; изыскания || разведывать, производить поиски, исследовать
prospecting поиски, разведка; изыскания || проведение поисков и изысканий
aeromagnetic ~ аэромагнитная разведка
deep ~ разведка при помощи глубокого бурения
electrical ~ электроразведка
gas ~ разведка на газ
geochemical ~ геохимическая разведка
geological ~ геологическая разведка
geophysical ~ геофизическая разведка
geotechnical ~ геотехническая разведка
geothermal ~ геотермическая разведка
magnetic ~ магнитная разведка
minerals ~ разведка полезных ископаемых
offshore ~ морские изыскания, изыскания на море

prospecting

   oil ~ разведка на нефть
   petroleum ~ *см.* oil prospecting
   radioactive ~ радиоактивная разведка
   resistivity ~ электроразведка по методу сопротивления
   seismic ~ сейсмическая разведка, сейсморазведка

prot [protection] защита, предохранение

protection защита; предохранение
   anodic ~ анодная защита (*от коррозии*)
   cathodic ~ катодная защита (*от коррозии*)
   corrosion ~ защита от коррозии, борьба с коррозией
   environmental ~ защита [охрана] окружающей среды
   explosion ~ защита от взрыва
   fire and gas ~ защите (*персонала*) от огня и газа (*на морских конструкциях*)
   impressed-current ~ *см.* anodic protection
   labor ~ охрана труда
   magnesium anodes ~ антикоррозийная защита магниевыми анодами
   overload ~ защита от перегрузки
   passive fire ~ пассивная защита от пожара
   personnel ~ защита (*работающего*) персонала
   pipe ~ изоляция трубопровода; защита трубопровода (*от коррозии*)
   radiation ~ защита от облучения, радиационная защита
   rust ~ *см.* corrosion protection
   sacrifice ~ *см.* magnesium anodes protection
   wash-out ~ защита от размыва
   weather ~ защита от атмосферных воздействий
   X-ray ~ защита от облучения рентгеновскими лучами

Protectomagic *фирм.* асфальт, диспергированный в нефти, используемый в качестве углеводородной фазы в эмульсионных растворах

Protectomagic-M *фирм.* водорастворимый битум

Protectomagic-S *фирм.* измельченный битумный концентрат, используемый для приготовления эмульсионных буровых растворов

Protectomul *фирм.* концентрат для приготовления инвертной эмульсии

protector предохранитель, протектор; предохранительное устройство; защитное приспособление
   Bettis ~ резиновое предохранительное кольцо фирмы «Беттис» (*надеваемое на бурильные трубы для снижения их износа при трении о стенки обсадных труб*)
   bore ~ защитная втулка (*блока превенторов, подвесных и устьевых головок*)
   bowl ~ защитная втулка (*для рабочих поверхностей подвесной или устьевой головки обсадных колонн от износа*)
   casing ~ кольцевой протектор для обсадных труб
   crown-block ~ противозатаскиватель талевого блока
   drill-pipe ~ кольцевой протектор бурильных труб
   pin ~ защитный кожух ниппеля
   pipe thread ~ *см.* thread protector
   set ~ защитная втулка посадочного гнезда (*устьевых и подвесных головок*)
   thread ~ предохранитель [предохранительное кольцо] для трубной резьбы

Protectozone *фирм.* понизитель водоотдачи для буровых растворов на основе рассолов

Protero [Proterozoic] *геол.* протерозойская эра, протерозой ǁ протерозойский

Proterozoic *геол.* протерозойская эра, протерозой ǁ протерозойский

protobitumen протобитум (*первичная стадия превращения органического вещества в нефть*)

protopetroleum первичная нефть

prototype натуральный образец (*при опытах, в отличие от модели*); прототип

protractor транспортир, угломер

protrusion 1. *геол.* выступление, выдвигание, выпирание; протрузия 2. выступ

prove 1. выяснять (*путем разведки*) характер месторождения *или* залегания 2. испытывать; опробывать

proved *геол.* разведанный, достоверный (*о запасах*)

prover:
   pipe ~ прибор для проверки герметичности [для гидравлического испытания] труб

province область; провинция
   gas ~ газовая провинция
   geological ~ геологическая провинция
   oil ~ *см.* petroliferous province
   oil-bearing ~ *см.* petroliferous province
   petroliferous ~ нефтеносная провинция

proving 1. проверка (*прибора, счетчика*); испытание; опробование 2. разведка
   gravimetric ~ весовая проверка *или* калибровка (*напр. расходомеров*)

PRPT [preparing to take potential test] подготовка к испытанию на потенциальный дебит

PRT [petroleum revenue tax] налог с дохода от продажи нефти

prtgs [partings] 1. обрыв колонн 2. прослои

PS [pressure switch] реле давления

p. s. [per second] в секунду

PSA 1. [packer set at...] пакер установлен на (*такой-то глубине*) 2. [production sharing agreement] соглашение о долевом разделе добычи (*нефти*)

PSB [precision slurry blender] прецизионный цементосмеситель

PSD [permanently shut-down] полностью остановленный (*о скважине*)

PSE [plain small end] конец трубы малого диаметра без резьбы

pseudoanticline *геол.* ложная антиклиналь
psf [pounds per square foot] фунтов на квадратный фут
PSI [pollution standards index] показатель стандартов загрязнения окружающей среды
psi [pounds per square inch] фунтов на квадратный дюйм
psia [pounds per square inch absolute] абсолютное давление в фунтах на квадратный дюйм
psig [pounds per square inch gaged] манометрическое давление в фунтах на квадратный дюйм
PSL [profit sharing interest] проценты на долю прибыли
PSM [pipe, seamless] бесшовная труба
PSU [power supply unit] *эл.* блок питания
PSW [pipe, spiral weld] труба со спиральным швом
psychrometer психрометр
PT 1. [potential test] испытание на потенциальный дебит 2. [potential transformer] трансформатор напряжения
pt 1. [part] часть; доля 2. [pint] пинта 3. [point] точка
PTB [personnel transfer bell] колокол для транспортировки обслуживающего персонала (*к подводному устьевому оборудованию*)
PTC [personnel transfer chamber] камера для транспортировки обслуживающего персонала (*к подводному устьевому оборудованию*)
PTFE [polytetrafluoroethylene] политетрафторэтилен, ПТФЭ, тефлон
PTFM [platform] платформа
PTG [pulling tubing] подъем насосно-компрессорных труб
PTR [pulling tubing and rods] подъем насосно-компрессорных труб и насосных штанг
PTS pot [pipe to soil potential] разность потенциалов «труба–земля»
PTTF [potential test to follow] последует испытание на потенциальный дебит
PU 1. [picked up] приподнятый (*об инструменте, колонне*) 2. [power unit] единица мощности 3. [pulled up] натянутый вверх, растянутый 4. [pumping unit] насосная установка
puckering *геол.* плойчатость, микроскладчатость
puddling 1. пудлингование (*перемешивание цементного раствора с целью удаления пузырьков воздуха*) 2. расхаживание обсадной колонны (*при цементировании*)
puffer тяговая [подъемная] лебедка
puff-up 1. вздутие; выпуклость; вспучивание 2. *геол.* лавовый купол 3. *геол.* раздув (*жилы*)
pull 1. тяга 2. натяжение; тянущая сила; сила тяги; растягивающее усилие 3. растяжение 4. керн, извлеченный за один рейс 5. тянуть, тащить; натягивать; поднимать (*буровой снаряд из скважины*) 6. растягивать; разрывать
~ a well извлекать (*трубы и прочее оборудование*) из ликвидируемой скважины
~ a well in разбирать [снимать] буровую вышку
~ back 1. оттягивать назад 2. приподнимать снаряд над забоем
~ into derrick затаскивать (*трубы*) в вышку
~ into two рвать (*при натяжке*) на две части
~ on натягивать
~ out извлекать [поднимать] трубы (*из скважины*); вытаскивать; вынимать
~ up 1. поднять из скважины 2. подтянуть (*сальниковое уплотнение насоса*)
~ up the casing извлекать обсадные трубы
belt ~ натяжение ремня
chain ~ натяжение цепи (*в цепной передаче*)
tensile ~ растягивающая сила, растягивающее усилие
tight ~ затяжка (*инструмента*)
wireline ~ тяговое усилие на барабане
puller 1. экстрактор, съемник 2. выбрасыватель 3. инструмент для вытаскивания
bit ~ приспособление для отвинчивания долота
pulley шкив; блок ‖ поднимать при помощи блока *или* шкива
belt ~ ременный шкив
casing ~ шкив-ролик для талевого каната
driving ~ ведущий шкив
fast ~ рабочий шкив
free ~ *см.* loose pulley
friction ~ фрикционный шкив
loose ~ холостой шкив *или* блок
rope ~ желобчатый шкив
sand line ~ тартальный шкив
tandem rope ~s последовательно расположенные шкивы
pulling 1. подъем (*инструмента*) 2. натяжение 3. тяга 4. извлечение, выемка; выдергивание
~ and running the drill pipes спуск и подъем бурильных труб
~ out of the hole подъем инструмента из скважины
~ the tubing подъем насосно-компрессорных труб
pulp 1. пульпа, смесь тонкоизмельченного материала с жидкостью 2. шлам; ил 3. мягкая бесформенная масса; кашица
pulsate пульсировать; вибрировать
pulsation 1. пульсация, биение; вибрация 2. ход поршня
pulse 1. импульс, толчок, удар 2. вибрация, пульсация, биение 3. пульсация давления (*в трубопроводе*) 4. малая группа сейсмических волн
mud pump ~ пульсация давления, вызываемая работой поршней бурового насоса
reflected ~ отраженный импульс

pulverization

pulverization 1. пульверизация, распыление 2. измельчение; превращение в порошок
pulverize 1. измельчать; превращать в порошок 2. распылять
pulverizer 1. пульверизатор, распылитель, разбрызгиватель; форсунка 2. мельница для тонкого помола
  ball mill ~ шаровая мельница для тонкого помола
pump насос ‖ качать (*насосом*); нагнетать
  ~ by heads производить откачку с перерывами (*через неодинаковые промежутки времени*)
  ~ off откачивать
  ~ out выкачивать
  ~ over перекачивать
  ~ set at... насос установлен на глубине..., глубина подвески насоса...
  ~ up накачивать, нагнетать
  aerated jet ~ струйный насос для аэрирования
  air ~ воздушный насос
  American ~ американка (*специальный вид желонки для чистки скважин при ударном бурении*)
  ballast ~s насосы для балласта
  bilge ~ трюмный насос
  boiler feed ~ насос для питания котлов
  booster ~ насос высокого давления, дожимной насос, насос второй ступени; вспомогательный насос
  borehole ~ насос для буровых работ; погружной насос; глубинный насос
  boring ~ буровой насос
  bottom ~ *см.* bottom-hole pump
  bottom-hole ~ погружной (бесштанговый) насос (*с забойным двигателем или гидравлический*)
  built-on ~ насос, смонтированный вместе с двигателем
  cement ~ цементировочный насос
  centrifugal ~ центробежный насос
  centrifugal type ~ *см.* centrifugal pump
  chemical injection ~ инжекционный насос для химреагентов (*в системе пробной эксплуатации подводной скважины*)
  circulating ~ *см.* mud pump
  compounded ~s совместно работающие насосы
  constant displacement ~ насос постоянного объема (*в гидростатических передачах*)
  controlled volume ~ дозировочный насос
  crude ~ нефтяной насос
  deep well ~ глубинный насос, штанговый скважинный насос
  delivery ~ подающий *или* нагнетательный насос; питающий насос
  displacement ~ 1. поршневой насос 2. аппарат для перемещения жидкостей сжатым воздухом *или* газом.
  donkey ~ насос, питающий котлы
  double-acting ~ насос двойного действия
  double displacement ~ насос двойного действия
  double suction ~ насос двойного всасывания [хода]
  downhole engine ~ *см.* hydraulic pump
  duplex ~ двухцилиндровый насос, дуплекс-насос
  electrical centrifugal ~ погружной центробежный насос с забойным электродвигателем
  end suction ~ насос с торцевым всасыванием
  extraction ~ откачивающий насос
  feed ~ питающий насос
  fixed ~ стационарный насос
  fluid operated ~ гидравлический глубинный насос
  fluid packed ~ насос с жидкостным уплотнением
  free-type subsurface hydraulic ~ гидропоршневой погружной насос, приводимый в действие жидкостью, подаваемой с поверхности
  fuel ~ насос для подачи горючего, топливный насос, бензонасос
  gasoline ~ *амер.* бензоколонка (*насосная установка*)
  gear ~ шестеренный насос
  hydraulic ~ гидропоршневой насос
  hydraulic core ~ насос для извлечения керна из колонкового долота
  immersible ~ погружной насос
  injection ~ *см.* fuel pump
  inserted ~ вставной насос
  jack ~ промысловый насос (*для перекачки нефти из промысловых резервуаров в нефтехранилище или магистральный трубопровод*)
  jet ~ струйный насос, эжектор
  jet type ~ *см.* jet pump
  lift ~ всасывающий насос
  line ~ линейный насос; промежуточный насос
  liner ~ втулочный насос
  long-stroke ~ длинноходовой насос
  low-down type ~ ручной насос с горизонтальным поршнем
  lube ~ масляный насос
  metering ~ дозирующий насос
  monoblock ~ мотопомпа
  motor ~ насосный агрегат; мотопомпа
  motor driven slush ~ приводной буровой насос
  mud ~ буровой насос
  multicylinder ~ сдвоенный насос, дуплекс-насос; многоцилиндровый насос
  multistage ~ многоступенчатый насос
  non-inserted ~ невставной насос
  oil ~ 1. нефтяной насос 2. масляный насос
  oil-well ~ скважинный нефтяной насос
  petrol ~ *англ. см.* gasoline pump
  piston ~ поршневой [плунжерный] насос
  piston type ~ *см.* piston pump

plunger ~ плунжерный [поршневой] насос
positive displacement ~ *см.* piston pump
power ~ механический насос с приводом от двигателя, приводной насос
power driven ~ *см.* power pump
pressure ~ гидравлический [нагнетательный] насос
pressurizing ~ продавочный насос
priming ~ заливной насос; шприц
propeller ~ пропеллерный насос, лопастной насос осевого типа
proportioning ~ дозирующий насос
quintuplex ~ пятиплунжерный насос
ram ~ *см.* plunger pump
reciprocating ~ поршневой [плунжерный] насос; насос поршневого типа
reciprocating type ~ *см.* reciprocating pump
Reda ~ погружной центробежный насос с забойным электродвигателем фирмы «Реда»
relay ~ резервный *или* промежуточный насос; дожимной насос
rig ~ буровой насос
rod ~ вставной штанговый насос
rod liner ~ *см.* rod pump
rod traveling barrel ~ штанговый насос с подвижным цилиндром
rotapiston ~ ротационный поршневой насос
rotary ~ ротационный [центробежный] насос
rotary type ~ *см.* rotary pump
rough ~ вспомогательный насос
sand ~ песочный насос; желонка; шламовый насос
scavenger ~ продувочный насос; маслоотсасывающая помпа
simplex ~ одноцилиндровый насос
single-acting ~ насос одностороннего [простого] действия
single-suction centrifugal ~ центробежный насос одностороннего всасывания
sinking ~ погружной насос
sludge ~ шламовый насос; желонка
slush ~ *см.* mud pump
slush fitted ~ *см.* mud pump
solids ~ инжектор для твердых тел (*напр. для введения пенообразующих агентов в циркуляционную систему*)
supercharger ~ подпорный насос
tail ~ насос с приводом от балансира станка-качалки
three-throw ~ трехходовой насос, триплекс-насос
traveling barrel-type ~ глубинный насос с подвижным цилиндром [кожухом]
triplex ~ *см.* three-throw pump
tubing ~ трубный насос
twin ~ сдвоенный насос, насос-дуплекс
twin single ~ сдвоенный насос одинарного действия
two-stage ~ двухступенчатый насос
vacuum ~ вакуумный насос, вакуум-насос
vane ~ крыльчатый [лопастной] насос
variable-stroke ~ насос переменной подачи
water jet ~ струйный насос, эжектор
well service ~ насос для ремонта скважин
wireline ~ глубинный насос с канатной тягой (*вместо штанг*)

pumpability прокачиваемость, перекачиваемость, способность к перекачке

pumpable поддающийся перекачке насосом (*о цементном растворе*)

pumpage откачиваемое количество, подача насоса

pumper 1. скважина, эксплуатируемая глубинным насосом 2. рабочий насосной станции 3. оператор (*на промысле*)

pumping накачивание; перекачивание; откачка; насосная эксплуатация
air ~ компрессорная эксплуатация (*скважин*)
free piston ~ эксплуатация плунжерным лифтом
hesitation ~ прокачивание с выдержкой, замедленное прокачивание
high-volume ~ интенсивная откачка
single-stage ~ одноступенчатая откачка, откачка с одним понижением

pumping-over перекачка

punch 1. пробойник || пробивать (*отверстие*); выбивать (*клеймо*) 2. штамп || штамповать
belt ~ пробойник для сшивки ремней

pup корпус расширителя «пилот»

purchase 1. подъемное приспособление 2. захват (*груза крюком*) 3. точка опоры; точка приложения силы

pure чистый; беспримесный
chemically ~ химически чистый
commercially ~ технически чистый

purge очищать; прочищать; продувать

purging 1. прочистка; продувка; очистка 2. спускной кран; приспособление для спуска жидкости
pipeline ~ продувка трубопровода

purification очистка; рафинирование; ректификация
alkali ~ щелочная очистка

purifier 1. очиститель, очищающее вещество 2. очищающее приспособление

purity чистота; отсутствие примесей

purpose-made специально изготовленный, изготовленный по особому заказу

push удар; толчок; нажим; давление; напор || толкать; нажимать; надавливать

pusher 1. выталкиватель, выбрасыватель 2. эжектор 3. буровой мастер
core ~ выталкиватель керна
screw type core ~ выталкиватель керна винтового типа
tool ~ буровой мастер

put 1. класть; помещать 2. приводить в какое-либо состояние
~ a well on открыть фонтанный штуцер и пустить нефть

put

~ in 1. включать; вставлять 2. пускать в ход; вводить в эксплуатацию (*скважину*)
~ in repair ремонтировать; ставить на ремонт, отдавать в ремонт
~ in stalk производить наращивание бурильных труб
~ into gear 1. вводить в зацепление, сцеплять (*зубчатое зацепление*) 2. включать скорость
~ into operation вводить в действие [эксплуатацию]
~ into service *см.* put into operation
~ on 1. пускать в ход 2. надевать, насаживать; натягивать
~ on brake тормозить, включать тормоз
~ on production вводить в эксплуатацию (*скважину*)
~ on pump устанавливать насос у устья скважины; начинать насосную эксплуатацию
~ on stream пускать в эксплуатацию
~ out 1. выключать; останавливать (*машину, установку*) 2. выталкивать

puzzolan *см.* pozzolan
PV 1. [plastic viscosity] пластическая [структурная] вязкость 2. [pore volume] поровое пространство
PVC [polyvinylchloride] поливинилхлорид, ПВХ
PVR [plant volume reduction] снижение объема производства
PVT 1. [pit volume totalizer] сумматор полного объема резервуара 2. [pressure-volume-temperature] давление – объем – температура
PWC [permanent well completion] заканчивание скважины при стационарном оборудовании; заканчивание скважины после спуска НКТ
pwr [power] сила; мощность; энергия
PWRAMPL [power amplifier] усилитель мощности
PWRPLT [power plant] силовая установка
pwrsup [power supply] 1. энергоснабжение 2. источник (электро)питания
pycnometer пикнометр (*прибор для определения плотности жидкостей*)
pyls [pyrolysis] пиролиз
pyrbit [pyrobitumen] пиробитум
pyrclas [pyroclastic] пирокластический
pyrite *геол.* пирит, серный [железный] колчедан
pyrometer пирометр
optical ~ оптический пирометр
radiation ~ радиационный пирометр
resistance ~ пирометр сопротивления
sentinel ~ пироскоп; пирометрический конус, конус Зегера
pyrometry пирометрия
pyronaphta тяжелый керосин, пиронафт
pyroparaffin пиропарафин
pyrophosphate пирофосфат
tetra sodium ~ тетрапирофосфат натрия
pyrophyllite пирофиллит
pyroschist нефтеносный сланец
pyroshale горючий сланец

Q

Q [Q-factor] добротность
q [quantity] количество
QA/QC [quality assurance and quality control] гарантия и контроль качества
Q-Broxin *фирм.* феррохромлигносульфонат
QC [quality control] контроль качества
QCCV [quick closing control valve] быстрозакрывающийся контрольный клапан
Q. City [Queen City] *геол.* куин-сити (*свита группы клайборн эоцена третичной системы*)
qds [quick disconnect swivel] быстроразъемное шарнирное соединение
qdv [quick disconnect valve] быстроразъемный вентиль
QF [quality factor] добротность
qnch [quench] закалка || закаливать
qnty [quantity] количество
Q-Pill *фирм.* полимерный загуститель для безглинистых буровых растворов
QRC [quick ram change] быстрая смена плашек превентора
qry [quarry] карьер
qt [quart] кварта, 1/4 галлона (*в Великобритании = 1,1359 л; в США = 0,9464 л для жидкостей и 1,1012 л для сыпучих тел*)
qtr [quarter] четверть
Q-Trol *фирм.* ингибитор неустойчивых глин
qty [quantity] количество
qtz 1. [quartz] кварц 2. [quarzite] кварцит 3. [quartzitic] кварцитовый
qtzose [quartzose] содержащий кварц
quad [quadrant] квадрант; шкала (*на измерительных приборах*)
Quadrafos *фирм.* тетрафосфат натрия
quadrant квадрант; шкала (*на измерительных приборах*)
qual [quality] качество
Qualex *фирм.* натриевая карбоксиметилцеллюлоза, КМЦ
qualitative качественный; означающий [определяющий] качество
qualit/y 1. качество 2. свойство; характеристика 3. класс точности
~ of oil качество нефти
uniform ~ однородное качество
wearing ~ies износоустойчивость
weld ~ качество сварного шва, качество сварки
quan [quantity] количество
quant [quantitative] количественный
quant anal [quantitative analysis] количественный анализ
quantitative количественный
quantity 1. количество; размер 2. *матем.* величина 3. параметр

commercial ~ товарное количество
dimensionless ~ безразмерная величина
economical ~ies of oil промышленное количество нефти
produced ~ добытое количество

quantity-built серийно изготовленный

quantizer 1. квантующее устройство, импульсный модулятор 2. преобразователь непрерывных данных в дискретные *или* цифровые

quar крепкий (*каменноугольный*) песчаник

quarry карьер, каменоломня, открытая выработка || разрабатывать карьер

quart кварта, 1/4 галлона (*в Великобритании = 1,1359 л; в США = 0,9464 л для жидкостей и 1,1012 л для сыпучих тел*)

quarter 1. четверть 2. делить на четыре части (*при отборе проб*), квартовать

quartz кварц

quartzose кварцевый

quasi-stationary квазиустановившийся, квазистационарный

quebracho 1. квебрахо, квебраховое дерево 2. кора квебрахо 3. дубильный экстракт из коры квебрахо

Queen Seal *фирм.* смесь целлюлозного волокна с древесными опилками (*нейтральный наполнитель для борьбы с поглощением бурового раствора*)

quench 1. закалка || закаливать; резко охлаждать 2. закалочная жидкость

quenching 1. закалка; резкое охлаждение 2. гашение; тушение; демпфирование
water ~ закалка в воде

quest поиски || производить поиски, искать
~ for oil поиски нефти

quick плывучий, сыпучий (*о породе*)

quick-acting быстродействующий

quick-adjusting быстро устанавливающийся, быстро регулируемый

quick-aging ускоренное старение

quick-changing быстросменный

quick-detachable быстросъемный

quick-hardening быстротвердеющий (*о цементе*)

quicklime негашеная известь (*ускоритель схватывания портландцемента*)

quick-response малоинерционный; быстрореагирующий

quicksand зыбучий песок, плывун; рыхлая водоносная порода
dry ~ сухой зыбучий песок

quid расширитель

Quik-Foam *фирм.* биологически разрушаемый вспенивающий реагент для бурения с очисткой забоя газообразными агентами

Quik-Gel *фирм.* высококачественный бентонитовый глинопорошок

Quik-Mud *фирм.* концентрированный загуститель

Quik-Trol *фирм.* органический полимер (*ингибитор неустойчивых глин и загуститель*)

R

R 1. [range] диапазон 2. [Rankine] температурная шкала Рэнкина 3. [ratio] отношение, пропорция, соотношение 4. [Réaumur] температурная шкала Реомюра 5. [rock bit] шарошечное долото

r 1. [radical] радикал 2. [radius] радиус 3. [resistance] сопротивление 4. [river] река

RA 1. [radioactive] радиоактивный 2. [right angle] прямой угол

R/A [regular acid] стандартная кислота

rabbit скребок для очистки труб
jack ~ внутренний шаблон (*для обсадных и лифтовых труб*)
whirling ~ *см.* rabbit

rabbler скребок; скрепер; лопата

race 1. желобок, канавка качения; кольцо (*подшипника*) 2. путь, орбита 3. быстрое течение; быстрое движение; быстрый ход 4. проточный канал; подводящий канал; отводящий канал
ball ~ кольцо [обойма] шарикоподшипника; дорожка [выемка] для шариков (*подшипника*)
bearing ~ кольцо обоймы подшипника; беговая дорожка подшипника

rack 1. стапель, мостки; стеллаж (*для труб*), мостки (*на буровой*); козлы; рама 2. зубчатая рейка; кремальера || перемещать с помощью зубчатой рейки
anchor ~ якоредержатель (*ограждение в районе угловой колонны у понтона полупогружной буровой платформы для лап якоря в походном положении платформы*)
casing ~ стеллаж для обсадных труб
double service ~ двусторонняя наливная эстакада
gear ~ зубчатая рейка
loading ~ наливная эстакада
oil loading ~ нефтеналивная эстакада
pinion ~ зубчатая рейка
pipe ~s мостки для труб (*на буровой*); стеллаж для труб
power supply ~ силовая стойка, стойка питания
screw ~ рейка с косыми зубьями
service ~ *см.* loading rack
unloading ~ разгрузочная эстакада
work line ~ вьюшка для хранения талевого каната

racker:
automatic drill pipe ~ автомат для подачи свечей бурильных труб в вышку (*на буровом судне*)
power pipe ~ механизированный укладчик труб

racking перемещение с помощью реечной передачи

~ of drill pipe подтягивание [затаскивание] бурильных труб в вышку
~ of drum кантование бочек
rad 1. [radial] радиальный 2. [radian] радиан 3. [radiological] радиологический 4. [radius] радиус
radar радиолокатор, радиолокационная станция, РЛС ‖ радиолокационный
radial радиальный; лучевой; лучистый; звездообразный
radiation излучение, радиация
background ~ фоновое излучение
back-scattered ~ рассеянное обратное излучение; отраженное излучение
delayed ~ запаздывающее излучение (*в радиокаротаже*)
electromagnetic ~ электромагнитное излучение
gamma-ray ~ гамма-излучение
induced ~ наведенное излучение
infrared ~ инфракрасное излучение, ИК-излучение
nuclear ~ ядерная радиация
penetrating ~ проникающее излучение, проникающая радиация
prompt ~ мгновенное излучение
scattered ~ рассеянное излучение
thermal ~ тепловое излучение
ultraviolet ~ ультрафиолетовое излучение, УФ-излучение
radiator 1. излучатель, радиатор; конвертер излучения 2. ребристый охладитель
radical 1. *матем.* радикал, корень 2. *хим.* радикал 3. коренной, основной, радикальный
acid ~ кислотный радикал
radin [radiation] излучение, радиация
radio 1. радио ‖ передавать по радио; радировать 2. радиоустановка; радиоприемник
radioactive радиоактивный
radioactivity радиоактивность
induced ~ наведенная радиоактивность
natural ~ естественная радиоактивность
radio-controlled управляемый по радио
radiogram 1. рентгеновский снимок, рентгенограмма 2. радиотелеграмма, радиограмма
radiography рентгенография, радиография
radius 1. радиус 2. вынос, вылет (*стрелы крана*) 3. лимб (*угломерного инструмента*)
~ of action радиус действия
~ of curvature радиус кривизны
~ of extent радиус распространения
drainage ~ радиус дренирования
entry ~ входной радиус (*напр. поры*)
handling ~ вылет стрелы; радиус действия (*крана*)
hole curvature ~ радиус кривизны ствола скважины
root ~ радиус закругления впадины
well ~ радиус проводимости (нагнетательной) скважины
raft плот

floating ~ плавучий плот
rag 1. грат; заусенец ‖ снимать грат; снимать заусенцы 2. твердый строительный камень; крепкий [твердый] известняк, крепкая порода 3. дробить (*руду, камни*) 4. *pl* тряпье; ветошь
ragged неровный, шероховатый; зазубренный; рваный
ragstone крепкая порода, крепкий [твердый] известняк
rail 1. рельс ‖ прокладывать рельсы 2. перила, поручень; ограда ‖ обносить перилами *или* оградой 3. поперечина; перекладина; рейка, брусок
rack ~ зубчатая рейка; зубчатый рельс; кремальера
slide ~s направляющие салазки
railhead железнодорожный перевалочный пункт (*для перегрузки нефтепродуктов на другие виды транспорта*); конечная выгрузочная железнодорожная станция
rainbow радуга, радужная пленка
~ of oil радужная пленка нефти (*на поверхности воды*)
raise 1. подъем ‖ поднимать, повышать 2. выдавать, добывать; подрывать (*породу*) 3. сооружать, воздвигать (*здание*)
raiser ловитель
hell ~ магнитный ловитель
RALOG [running radioactive log] проведение радиоактивного каротажа
RAM [recirculating averaging mixer] рециркуляционный осреднительный смеситель
ram 1. плунжер (*насоса*) 2. плашка (*превентора, задвижки*) 3. штемпель (*пресса*) 4. баба; кувалда; трамбовка ‖ трамбовать; забивать
bit ~ кувалда для заправки долот (*при ударном бурении*)
blind ~s глухие плашки (*превентора*)
blind shear ~s остроконечные плашки превентора (*с целью отрезать трубу в скважине*)
bucking ~ приспособление для заправки долот (*при ударном бурении*)
double ~s сдвоенные плашки (*превентора*)
floating ~ плавающая плашка (*противовыбросового превентора*)
hydraulic ~ плунжер гидравлического домкрата
multistage ~ многоступенчатый домкрат
pipe ~s трубные плашки (*превентора*)
positioning ~ установочная рама (*для ремонта подводного трубопровода*)
shear ~s срезающие плашки (*превентора*)
tensioning ~ натяжное устройство (*для натяжения водоотделяющей колонны и направляющего каната*)
rammer 1. округляющее долото, долото для обработки стенок скважины 2. молот (*для забивки свай*); баба; трамбовка; забойник 3. досылающий стержень

ramming трамбование, трамбовка; уплотнение; забивка

ramp 1. скат; пандус; склон, уклон; укосина 2. рамка 3. *геол.* надвиг, взброс

rancidity разложение нефти от долгого хранения в открытой емкости (*вызываемое бактериями*)

R & D [research and development] исследования и разработка

randanite инфузорная земля, кизельгур, диатомит

R & L [road and location] дорожные работы и работы по подготовке площадки

R & LC [road and location complete] дорожные работы и работы по подготовке площадки окончены

R & M [repair and maintenance] ремонт и техническое обслуживание

R & T [rods and tubing] насосные штанги и трубы

range 1. ряд, линия ‖ устанавливать в ряд, линию 2. дистанция; дальность действия 3. диапазон; пределы 4. амплитуда 5. *матем.* точки, расположенные на одной прямой

~ of adjustment диапазон [пределы] регулирования

~ of application область применения

~ of control 1. диапазон шкалы (*измерительного прибора*) 2. диапазон регулирования

~ of current пределы изменения силы тока

~ of products номенклатура выпускаемых изделий

~ of regulation *см.* range of adjustment

~ of revolutions диапазон [пределы] частоты вращения

~ of sizes диапазон величин; серия типоразмеров

~ of stability пределы устойчивости

~ of stress амплитуда напряжений

~ of temperatures пределы колебания температур, температурный интервал

~ of temperatures and pressures интервал температур и давлений

critical ~ критическая зона, критический предел

depth ~ пределы колебания глубины

dividing ~ водораздел

effective ~ рабочий диапазон; область измерений; рабочая часть шкалы; эффективная зона

elastic ~ *сейсм.* упругая зона

fatigue ~ пределы усталости

feed ~ проходка (*одним долотом или коронкой*)

frequency ~ полоса частот, диапазон частот

measurement ~ *см.* measuring range

measuring ~ пределы измерений

operating ~ рабочий [эксплуатационный] диапазон

operating pressure ~ рабочий диапазон давлений

pipe ~ трубопроводная сеть; комплект труб

plastic ~ область пластической деформации

pressure ~ диапазон давлений

pressure-sensitive ~ давление, при котором нагнетательная скважина начинает принимать жидкость

production ~s продуктивные интервалы (*в скважине*)

rated ~ номинальный [рабочий] диапазон

speed ~ диапазон скоростей

temperature ~ диапазон температур, температурный интервал

tidal ~ амплитуда прилива

time base ~ диапазон временнóй развертки

timing ~ 1. диапазон регулировки (*часового механизма инклинометра*) 2. пределы регулирования времени

wave ~ диапазон волн

working ~ *см.* operating range

rap изоляционный материал (*для трубопроводов*)

Rapidril *фирм.* органический полимер (*модификатор глин и флокулянт*)

RAR [repair as required] ремонт по потребности

rasp ловильный инструмент

RAT [reliability assurance test] испытание на надежность

ratchel гравий, галька; бут, крупный камень; обломки

ratchet 1. храповой механизм, храповик; трещотка ‖ снабжать храповым механизмом; приводить в движение *или* останавливать при помощи храпового механизма 2. собачка

rate 1. норма; ставка; тариф ‖ нормировать; исчислять 2. степень 3. разряд; сорт; класс ‖ классифицировать 4. темп, скорость 5. величина, расход 6. отношение; пропорция 7. составлять смету 8. определять, измерять; устанавливать, подсчитывать

~ of absorption скорость поглощения

~ of advance скорость проходки; скорость бурения

~ of aeration степень [скорость] аэрации [аэрирования]

~ of compression сжимающее усилие, сила сжатия

~ of corrosion степень коррозии

~ of curves характер [наклон] кривых

~ of decline скорость падения пластового давления; темп истощения пласта

~ of delivery 1. степень [величина] отдачи пласта 2. расход, количество подаваемого материала

~ of deposition скорость отложения; скорость осаждения

~ of depreciation размер [норма] амортизации

~ of development 1. темп развития бурения *или* разработки 2. темп подготовительных

rate

работ 3. скорость бурения; скорость проходки
~ of deviation change скорость набора угла отклонения (*при бурении наклонных скважин*)
~ of dilution степень разбавления
~ of discharge 1. расход жидкости 2. скорость выпуска; скорость истечения
~ of displacement скорость вытеснения
~ of divergence *геол.* степень расхождения (*пластов*)
~ of drilling скорость бурения; скорость проходки
~ of evaporation скорость испарения, интенсивность парообразования
~ of fall скорость оседания (*тонкодисперсных частиц*)
~ of feed скорость подачи (*инструмента*)
~ of flow 1. скорость потока [истечения] 2. расход жидкости 3. дебит скважины 4. пропускная способность трубопровода
~ of grout acceptance скорость поглощения цементного раствора породой
~ of increase of angle приращение угла (*при направленном бурении*)
~ of inflow приток, величина притока
~ of injection скорость нагнетания, подача жидкости (*объем за единицу времени*)
~ of inspection норма контроля
~ of loading скорость возрастания нагрузки
~ of net drilling скорость чистого бурения
~ of oil recovery величина нефтеотдачи
~ of outflow скорость вытекания
~ of penetration 1. скорость проходки 2. скорость проникновения (*напр. цементного раствора в породу*)
~ of percolation скорость фильтрации
~ of piercing скорость прожигания (*при термическом бурении*)
~ of pressure rise скорость нарастания давления
~ of production 1. величина нефтеотдачи 2. норма отбора (*нефти из пласта*) 3. объем продукции; темп добычи; производительность
~ of profit норма прибыли
~ of propagation скорость распространения
~ of pumping скорость откачки; скорость нагнетания
~ of recovery темп отбора; дебит; величина нефтеотдачи
~ of revolution частота вращения
~ of sedimentation скорость оседания
~ of settling *см.* settling rate
~ of shear *см.* shear rate
~ of solidification скорость затвердевания
~ of speed ступени скорости, ускорение; величина скорости
~ of strain степень напряжения; относительная деформация; скорость деформации
~ of throughput расход *или* количество протекающей жидкости в единицу времени

~ of travel скорость подачи (*напр. долота на забой*)
~ of volume flow объемная скорость
~ of water injection скорость нагнетания [подачи] воды
~ of wear скорость истирания, степень износа
~ of yield *см.* rate of recovery
advance ~ скорость проходки; скорость бурения
angle-build ~ радиус кривизны наклонной скважины
circulation ~ подача бурового раствора [воздуха] в скважину (*объем за единицу времени*), скорость циркуляции
constant ~ 1. постоянный [установившийся] дебит, постоянный темп (*добычи*) 2. постоянный поток
counting ~ интенсивность излучения (*при радиокаротаже*)
creep ~ скорость ползучести
daily flow ~ суточный дебит
daily spread ~ расширенная суточная ставка
decline ~ скорость падения пластового давления; темп истощения пласта
depletion ~s нормы отбора
design flow ~ расчетный дебит
discharge ~ величина подачи промывочной жидкости (*насосом*)
drill ~ *см.* drilling rate
drilling ~ механическая скорость проходки
drilling ~ per hour механическая скорость проходки в час
drilling mud circulation ~ скорость циркуляции бурового раствора
effective decline ~ эффективный темп снижения дебита *или* добычи, коэффициент изменения дебита *или* добычи
field-wide ~ of production темп отбора по всей залежи
filtration ~ скорость фильтрации
flow ~ 1. расход жидкости; количество жидкости, протекающей за единицу времени 2. производительность (*напр. насоса*) 3. дебит (*скважины*)
flowing production ~ дебит фонтанирующей скважины
gas-flow ~ расход газа
injection ~ скорость закачки; объем закачиваемой жидкости в определенный промежуток времени
input ~ 1. норма закачки воды в пласт 2. скорость налива; скорость впуска
instantaneous ~ мгновенная скорость
interval ~ of production интервал *или* диапазон колебаний дебита
mass ~ массовая скорость (*отбора флюида из скважины*)
maximum efficient ~ максимально эффективная норма отбора
maximum recovery ~ максимальный темп добычи

mobilization ~ стоимость организационного этапа мобилизации оборудования, предшествующего бурению
oil flow ~ дебит нефти
oil production ~ *см.* oil flow rate
penetration ~ *см.* rate of penetration
producing ~ темп добычи
production ~ *см.* rate of production
productive ~ текущий дебит; производительность
pump ~ скорость нагнетания; подача насоса
pumping ~ *см.* pump rate
receiving ~ производительность по приему (*напр. нефтепродуктов*)
reduced ~ приведенный [сниженный] расход
rig day ~ суточная стоимость содержания буровой установки
settling ~ скорость осаждения (*твердых частиц в растворе*)
shear ~ скорость сдвига (*бурового раствора*)
summary ~ суммарный дебит (*скважины*)
tanker loading ~ производительность по погрузке танкера (*беспричального налива*)
unit ~ удельный расход (*потока*)
water influx ~ скорость продвижения (контурной) воды
water injection ~ норма [скорость] нагнетания воды
water-intake ~ приемистость, поглощающая способность (*скважины*)
weld(ing) ~ скорость сварки; производительность сварки
withdrawal ~ скорость извлечения; темп отбора

rated номинальный, расчетный, проектный; установленный заводом-изготовителем
double ~ *см.* dual rated
dual ~ переключаемый на два номинальных значения, имеющий две ступени регулирования, двухдиапазонный

rathole 1. ответвление ствола скважины 2. пилотная часть ствола скважины
kelly ~ шурф для ведущей бурильной трубы

rating 1. мощность; производительность; номинальная мощность; номинальная характеристика; паспортное значение 2. расчетная величина 3. нормирование; хронометраж 4. оценка; тарификация 5. *pl* цифровые данные
~ of engine номинальная нагрузка [мощность] двигателя
~ of pump производительность насоса
~ of well 1. производительность скважины 2. оценка дебита скважины
beam ~ нагрузка на головку балансира
capacity ~ расчет производительности *или* мощности
high-octane ~ высокое октановое число (*бензина*)

hook load ~ нагрузка на крюке
horsepower ~ мощность в л. с.
initial ~ начальная производительность (*скважины*)
load ~ номинальная [расчетная] нагрузка
nameplate ~ номинальное значение, указанное на паспортной табличке
octane ~ оценка детонационной стойкости (*бензина*)
one-hour ~ часовая мощность
power ~ 1. определение [вычисление] мощности 2. номинальная мощность
pressure ~ расчетное давление
test ~s данные испытания
torque ~ номинальный [расчетный] крутящий момент

ratio 1. отношение, соотношение, пропорция 2. степень; коэффициент 3. передаточное число
~ of expansion *см.* expansion ratio
~ of compression *см.* compression ratio
~ of gear *см.* gear ratio
~ of mixture состав смеси
~ of refraction тангенс угла отклонения
~ of stroke to diameter отношение длины хода поршня к диаметру цилиндра
absorption ~ коэффициент поглощения
air-oil ~ воздухонефтяное соотношение; воздухонефтяной фактор
associated gas-oil ~ сопутствующий газовый фактор
atmospheric gas-oil ~ газовый фактор, приведенный к атмосферным условиям
carbon ~ углеродный коэффициент
cement-water ~ *см.* water-cement ratio
circulated gas-oil ~ количество газа, вводимое в газлифтную скважину на каждую тонну добытой нефти
close ~ отношение при закрытии (*плашек плашечных превенторов; обозначает отношение площади приводного поршня к площади плашки, на которую действует давление скважины при закрытии плашек*)
compression ~ степень сжатия
condensate recovery ~ коэффициент извлечения конденсата
control ~ коэффициент усиления
direct ~ прямая пропорциональность
distribution ~ коэффициент распределения
equilibrium ~ равновесное соотношение (*фаз*); константа равновесия
expansion ~ степень [коэффициент] расширения (*газа*)
extraction ~ процент *или* степень извлечения полезного ископаемого из месторождения
feedback ~ коэффициент обратной связи
flowing fluid ~ отношение расходов флюидов
flowing gas-oil ~ газовый фактор при фонтанировании
formation gas-oil ~ пластовый газовый фактор

267

ratio

gas-oil ~ газовый фактор (*число кубических футов (м³) добытого газа, приходящихся на один баррель (м³) извлеченной нефти*)
gear ~ передаточное число, передаточное отношение
gross gas-oil ~ общий газовый фактор
injected gas-oil ~ отношение закачиваемого газа к добываемой нефти
input ~ норма закачки (*воды в пласт*)
input gas-oil ~ отношение количества закачиваемого газа к добываемой нефти
instantaneous gas-oil ~ мгновенный газовый фактор
interfacial viscosity ~ отношение вязкостей на границе раздела
inverse ~ обратная пропорция
jack ~ соотношение длин плеч в приводной качалке
mixture ~ соотношение компонентов в смеси
mobility ~ коэффициент подвижности
oil-steam ~ нефтепаровой фактор
oil-water ~ водонефтяной фактор
open ~ отношение при открытии (*плашек плашечных превенторов; обозначает отношение площади приводного поршня к площади плашки, на которую действует давление скважины при открытии плашек*)
operating gas-oil ~ рабочий газовый фактор
output-input ~ отношение отданной мощности к подведенной; кпд
pitch ~ отношение шага винта к диаметру
Poisson's ~ коэффициент Пуассона
power-to-volume ~ мощность на единицу рабочего объема
power-to-weight ~ мощность на единицу веса (*двигателя*)
pressure ~ коэффициент [степень повышения] давления
producing gas-oil ~ эксплуатационный газовый фактор
pump ~ степень сжатия (*пневматического насоса гидросиловой установки*)
ram ~ степень динамического сжатия (*газов*)
recovered gas-oil ~ средний газовый фактор за прошедший период разработки
recovery ~ *см.* extraction ratio
recycle ~ коэффициент рециркуляции
reduction ~ передаточное число, степень редукции
reduction gear ~ *см.* reduction ratio
relative permeability ~ удельная *или* фазовая проницаемость, отношение фазовых проницаемостей
reservoir gas-oil ~ пластовый газовый фактор
saturation ~ коэффициент насыщения (*керна*)
signal-to-noise ~ отношение сигнал–шум (*в измерительных приборах*)
slenderness ~ соотношение глубины и площади поперечного сечения скважины

solution gas oil ~ газовый фактор при растворенном газе
stock tank gas-oil ~ газовый фактор резервуарной нефти
total gas-oil ~ суммарный газовый фактор (*отношение общего объема газа, добытого за данное время, к общему количеству нефти, добытой за то же время*)
transformation ~ коэффициент трансформации
transmission ~ передаточное число, степень редукции
use ~ *см.* utilization ratio
utilization ~ расходное отношение
water ~ содержание воды в процентах
water-cement ~ водоцементный фактор, водоцементное отношение
water-oil ~ 1. водонефтяной фактор; водяной фактор 2. отношение вода–нефть (*при заводнении*)
water-to-cement ~ *см.* water-cement ratio
rationing нормирование
~ of petroleum products нормирование потребления нефтепродуктов
raw сырье ‖ сырой, неочищенный
ray 1. луч ‖ излучать; облучать 2. *pl* излучение
cathode ~s 1. поток электронов 2. катодные лучи
gamma ~s гамма-лучи, гамма-излучение
hard ~s жесткое излучение
heat ~s тепловое излучение
infrared ~s инфракрасное излучение, ИК-излучение
light ~s световые лучи
luminous ~s *см.* light rays
neutron capture gamma ~s захватные гамма-лучи (*гамма-лучи, возникающие при захвате нейтронов*)
roentgen ~s рентгеновские лучи, рентгеновское излучение
seismic ~ сейсмический луч; путь сейсмических волн
ultraviolet ~s ультрафиолетовое излучение, УФ-излучение
visible ~s видимые лучи
wave ~ сейсмический луч
X - ~s *см.* roentgen rays
Rayvan *фирм.* хромлигносульфонат
RB [rock bit] шарошечное долото
Rbls [rubber balls] резиновые шарики
RBM [rotary bushing measuring] проведение измерения на роторе
RBP [retrievable bridge plug] извлекаемая [съемная] мостовая пробка
rbr [rubber] резина ‖ резиновый
RBSO [rainbow show of oil] признаки нефти в виде радужной пленки
RBSOF [rubber balls-sand-oil fracturing] гидроразрыв пласта с применением резиновых шариков и песка в качестве расклинивающих агентов и нефти в качестве жидкости-носителя

RBSWF [rubber balls-sand-water fracturing] гидроразрыв пласта с применением резиновых шариков и песка в качестве расклинивающих агентов и воды в качестве жидкости-носителя

RC 1. [rapid curing] быстрое отверждение 2. [remote control] дистанционное управление 3. [reverse circulation] обратная промывка 4. [running casing] спуск обсадной колонны

rc 1. [rate of change] скорость изменения 2. [reaction coupling] обратная связь

RCB 1. [reinforced cement bonding] усиленное сцепление цементного камня 2. [retrievable cementing bushing] сменный цементировочный вкладыш

RCK [riser pipe with integral choke and kill lines] секция водоотделяющей колонны с выполненными заодно с ней линиями штуцерной и глушения скважины

RCO [returning circulation oil] нефть, поступившая из скважины при обратной промывке

RCR [reverse circulation rig] установка для бурения с обратной промывкой

RD 1. [rigged down] демонтированный 2. [rigging down] демонтаж

rd 1. [road] дорога 2. [round] круглый

RDACS [remote data aquisition and control system] система дистанционного сбора информации, контроля и управления

RDB [rotary drive bushing] вкладыш ротора под ведущую трубу

Rd Bds [red beds] глинистый красный песчаник; красноцветные отложения

RDB-GD [rotary drive bushing to ground] расстояние от низа вкладыша ротора под ведущую трубу до земли

rdd [rounded] скругленный

rdg [reading] показание (*прибора*)

Rd Pk [Red Peak] *геол.* ред-пик (*свита серии чагуотер триасовой системы*)

RDSU [rigged down swabbing unit] демонтированное свабирующее устройство

rd thd [round thread] резьба круглого профиля

rd tp [round trip] спускоподъемная операция, СПО

Re [Reynolds number] число Рейнольдса

reac [reactor] реактор

reacd 1. [reacidize] повторно проводить кислотную обработку 2. [reacidized] повторная кислотная обработка проведена 3. [reacidizing] повторное проведение кислотной обработки

reach 1. область действия; охват ‖ простираться; достигать; охватывать 2. длина плеча (*рычага*) 3. вылет стрелы (*крана*)
boom ~ максимальный вылет стрелы крана
cable ~ пружинящее растяжение бурильного каната в процессе канатного бурения

reactant реагент, реактив

reaction 1. реакция; противодействие; обратное действие 2. (химическая) реакция
alkaline ~ щелочная реакция
chemical ~ химическая реакция
deferred ~ заторможенная реакция
displacement ~ *см.* replacement reaction
electrolytic ~ электролитическая реакция
exchange ~ обменная реакция, реакция обмена
heat generating ~ экзотермическая реакция
incomplete ~ *см.* reversible reaction
pozzolanic ~ пуццолановая реакция (*химическое взаимодействие порошкообразных силикатных и алюмосиликатных веществ с гидроксидом кальция или известью в присутствии влаги*)
redox ~ окислительно-восстановительная реакция
replacement ~ реакция замещения
reversible ~ обратимая реакция
torque ~ реактивный крутящий момент

reactivation регенерация, восстановление активности, реактивация

reactive 1. реактивный 2. химически активный, реагирующий

reactivity способность вступать в реакцию, реактивность

reactor 1. направляющий аппарат (*в гидродинамическом трансформаторе*) 2. реактор 3. *эл.* стабилизатор

read 1. показывать (*о приборе*) 2. отсчитывать, производить отсчет (*показаний*) 3. снимать показания (*прибора*) 4. *вчт* считывать (*данные*)
~ off считывать; отсчитывать, отмечать (*по шкале или измерительной посуде*)

read [reacidizing] повторная кислотная обработка

reading 1. *pl* показания (*прибора*) 2. отсчет (*показаний*) 3. *pl* данные (*в таблице*)
direct ~ непосредственный (прямой) отсчет
directional ~s измерения азимута (*в скважинах*)
instrument ~s *см.* meter readings
meter ~s показания измерительного прибора
zero ~ нулевой отсчет

readjust 1. исправлять 2. подрегулировать, перерегулировать 3. перестанавливать, вновь устанавливать; повторно налаживать

readjustment 1. повторная регулировка, подрегулировка 2. починка, исправление 3. вторичная установка; повторное налаживание

read-out *вчт* выдача результатов; считывание данных; выборка информации

Reag [Reagan] *геол.* риган (*песчаник верхнего кембрия, Среднеконтинентальный район*)

reagent реагент, реактив
chemical ~s химические реактивы
coal-alkali ~ углещелочной реагент, щелочная вытяжка бурового угля
powdery ~s порошкообразные реагенты

ream 1. расширять [разбуривать] скважину 2. развертывать, обрабатывать отверстие разверткой 3. раззенковывать

ream

~ back расширять скважину от забоя к устью (*при подземном бурении восстающих скважин*)

reamer 1. расширитель (*ствола скважины*); фрезер-расширитель (*для обсадных труб*) 2. развертка (*инструмент*)

~s in tandem последовательное расположение расширителей (*один установлен над долотом, а другие — над удлинителем*)

blade ~ лопастный расширитель

drilling ~ буровой расширитель

expanding ~ раздвижной расширитель

key seat ~ расширитель для ликвидации желобов (*в стволе скважины*)

pilot ~ расширитель «пилот»

pilot shoulder ~ ступенчатый расширитель

pin-and-roller type ~ шарошечный расширитель

rock-type ~ *см.* pin-and-roller type reamer

roller ~ расширитель с цилиндрическими шарошками

self-opening ~ затрубный расширитель (*с резцами, выдвигающимися от давления инструмента на забой*)

stabilizing ~ центратор-калибратор

tapered ~ *см.* tapered ledge reamer

tapered ledge ~ 1. конусный расширитель (*для разбуривания на следующий диаметр*) 2. конусная мелкоалмазная коронка (*для обработки уступа под башмак обсадной колонны*)

three-point roller ~ расширитель с тремя боковыми шарошками

variable-diameter ~ расширитель регулируемого диаметра

winged hollow ~ полый ребристый расширитель (*для выпрямления упавшего в скважину инструмента*)

reaming расширение [разбуривание] скважины; калибровка ствола скважины

~ of hole расширение скважины

reverse ~ расширение [разбуривание] скважин снизу вверх

reassembling повторная сборка; переборка

rebar [reinforcing bar] усиливающий стержень

reblr [reboiler] котел для повторного нагрева

rebound 1. отражение; отскакивание; обратный ход; отдача; рикошет ‖ отскакивать; отражаться; рикошетировать 2. восстановление после деформации

rebuild восстанавливать (*напр. долото*)

rec 1. [recorder] регистрирующий прибор, самописец 2. [recording] запись ‖ записывающий 3. [recover] извлекать, добывать 4. [recovered] добытый, извлеченный 5. [recovering] ловильный (*об устройстве*) 6. [recovery] а) добыча; нефтеотдача б) восстановление в) утилизация (*отходов*)

receiver 1. приемник; приемный резервуар, ресивер (*в компрессоре*) 2. сейсмограф 3. (радио)приемник 4. телефонная трубка

acoustic ~ звуковой приемник

recementing вторичное цементирование; исправительный тампонаж

receptacle 1. приемник; сборник; резервуар 2. эл. гнездо; штепсельная розетка

control pod ~ гнездо коллектора управления (*устанавливаемое на блоке превенторов или на нижней секции водоотделяющей колонны*)

dual female pod stab ~ двойное стыковочное гнездо подводного коллектора

liner running tool ~ гнездо для подсоединения инструмента для спуска хвостовика

packer bore ~ приемное гнездо пакера

receptivity поглотительная способность, приемистость (*скважины*); восприимчивость

recess 1. паз, выточка; выемка; шейка; углубление; вырез, прорезь; глухое отверстие 2. заплечик, уступ

recessed утопленный, спрятанный заподлицо, углубленный

recessing растачивание внутренних поясков и уступов; протачивание канавок

recession *геол.* удаление; отступление (*моря, ледника*); спад, понижение

recip 1. [reciprocate] расхаживать (*колонну*) 2. [reciprocating] возвратно-поступательный

recipient 1. приемник; сборник; резервуар 2. получатель

reciprocal 1. взаимный 2. возвратно-поступательный 3. эквивалентный 4. *матем.* обратная величина ‖ обратный

reciprocate 1. расхаживать (*колонну*) 2. двигаться возвратно-поступательно

~ the casing расхаживать обсадную колонну

reciprocating возвратно-поступательный; совершающий возвратно-поступательные движения *или* движения качения; поршневой

reciprocation 1. расхаживание (*колонны*) 2. возвратно-поступательное движение

reciprocator агрегат с возвратно-поступательным движением

pipe ~ устройство для расхаживания колонны (*при цементировании скважин*)

recirc [recirculate] циркулировать в замкнутом цикле, рециркулировать

recirculate циркулировать в замкнутом цикле, рециркулировать

recirculation циркуляция в замкнутом цикле, рециркуляция

reclaim 1. регенерировать 2. восстанавливать; исправлять

reclaiming 1. восстановление, ремонт, исправление 2. извлечение (*напр. из дренажных вод*) нефти и нефтепродуктов 3. регенерация (*напр. барита*)

oil ~ by centrifuging регенерация масла центрифугированием

oil ~ by filtration регенерация масла фильтрацией

Reclaim Textile Fiber *фирм.* волокнистый материал из текстиля (*нейтральный наполнитель для борьбы с поглощением бурового раствора*)

reclamation 1. исправление, ремонт, восстановление 2. требование о возмещении убытков, рекламация 3. регенерация
mud ~ регенерация бурового раствора

recoil отскок; отдача, откат; обратный удар; отход ‖ отскакивать; отдавать, откатываться; отходить

recomp [recompleted] повторно законченный (*о скважине*)

recomplete повторно заканчивать
~ a well повторно заканчивать скважину (*при возврате на другой горизонт или изменении назначения скважины*)

recompletion 1. повторное заканчивание (*скважины*) 2. возврат на вышележащий горизонт при истощении скважины

recompression рекомпрессия

recond 1. [recondition] ремонтировать, восстанавливать 2. [reconditioned] отремонтированный, восстановленный

recondition ремонтировать; восстанавливать

reconditioning 1. ремонт, ремонтные работы, восстановление 2. регенерация 3. заточка, заправка
drilling-mud ~ регенерация бурового раствора

reconnaissance предварительная геологическая разведка, рекогносцировка

reconnection повторное подсоединение

reconstruct 1. реконструировать, перестраивать 2. восстанавливать

reconstruction 1. реконструкция, перестройка 2. восстановление

record 1. запись регистрирующих приборов; кривая на ленте самопишущих приборов 2. записывать, регистрировать, фиксировать, отмечать 3. отчет, данные 4. буровой журнал 5. акт, протокол (*испытания*)
casing ~ ведомость о спущенных в скважину обсадных трубах
drilling ~ буровой журнал
mud ~ запись параметров бурового раствора
oil production ~ ведомость добычи нефти
production ~ сведения по добыче; журнал добычи
seismographic ~ сейсмограмма, сейсмическая запись
trace ~s регистрирующие каналы
tubing ~ ведомость по спуску насосно-компрессорных труб

recorder 1. самописец, самопишущий [регистрирующий] прибор 2. записывающее устройство 3. рекордер
automatic ~ автоматический регистрирующий прибор, автоматический самописец
bottom-hole pressure ~ забойный манометр
capacitance ~ прибор для регистрации емкостного сопротивления (*на трубопроводах*)
depth ~ регистратор глубины
depth pressure ~ регистратор давления на глубине
downhole pressure ~ регистратор давления в скважине
drilling ~ регистратор параметров процесса бурения
drilling fluid weight ~ регистратор плотности бурового раствора
drillling mud level ~ регистратор уровня бурового раствора
drilling mud viscosity ~ регистратор вязкости бурового раствора
drilling time ~ прибор, регистрирующий скорость бурения
flow ~ регистрирующий расходомер
multipoint ~ многоточечный самопишущий [регистрирующий] прибор
pen ~ записывающее устройство
pressure ~ самопишущий [регистрирующий] манометр
receiver ~ регистрирующий прибор
single-point ~ одноточечный самопишущий прибор
temperature ~ прибор для регистрации температуры
time ~ контрольные часы
wave ~ регистратор волны

recorder-controller регистратор-регулятор

recording запись, регистрация ‖ регистрирующий, записывающий; самопишущий
bias ~ прямая запись на магнитную ленту
direct ~ прямая запись (*напр. на магнитную ленту*)
diversity ~ регистрация комбинированным группированием; сейсмозапись с перекрыванием
overlapping ~ *см.* diversity recording
replayable ~ воспроизводимая запись

recover 1. добывать 2. извлекать, вылавливать (*инструмент из скважины*) 3. восстанавливать; регенерировать; улавливать 4. получать (*керн*) 5. утилизировать (*отходы*)

recoverable извлекаемый; добываемый; промышленный (*о содержании ценного компонента в ископаемом*)

recovery 1. добыча, отбор (*нефти, газа*) 2. выемка; извлечение 3. восстановление; регенерация 4. утилизация (*отходов*) 5. упругое последействие 6. образцы, получаемые при желонировании, откачке, опробовании по шламу и *т. д.* 7. выход (*керна*) 8. выход [рекуперация] алмазов (*из отработанных коронок*)
~ of casing извлечение обсадных труб из скважины
~ of core отбор керна (*в процентах*)
~ of elasticity восстановление упругости
blowdown ~ нефтеотдача за счет снижения пластового давления
breakthrough ~ добыча (*нефти*) при подходе к скважине фронта нагнетаемой воды

recovery

или газа, добыча (*нефти*) при прорыве воды *или* газа
condensate ~ добыча газоконденсата
core ~ вынос [отбор] керна
cumulative ~ суммарная добыча
cumulative physical ~ потенциальная добыча
cumulative stock tank oil ~ суммарная нефтеотдача в пересчете на нормальные условия (*в резервуарах*)
economic ~ экономически целесообразная добыча
economic ultimate ~ экономически целесообразная суммарная добыча
enhanced oil ~ добыча нефти усовершенствованными методами
fractional ~ частичная добыча
gas ~ добыча газа; улавливание газа
gas drive ~ эксплуатация месторождения с закачкой газа в пласт
gross ~ общее количество извлечения (*нефти*), извлечение брутто
heat ~ регенерация тепла; утилизация тепла
improved oil ~ увеличение нефтеотдачи
initial breakthrough ~ добыча (*нефти*) к моменту подхода фронта нагнетаемой воды *или* газа к скважине, начальная добыча (*нефти*) при прорыве воды *или* газа
miscible phase ~ вытеснение нефти из пласта смешивающимися с ней агентами (*напр. сжиженным газом*)
natural gas ~ добыча природного газа
oil ~ нефтеотдача; добыча нефти
percentage ~ отношение добытой нефти к начальному содержанию в пласте в процентах
primary oil ~ добыча нефти первичными методами (*фонтанная или насосная*)
reservoir ~ нефтеотдача пласта
secondary oil ~ добыча нефти вторичными методами (*нагнетание газа, заводнение*)
tertiary oil ~ добыча нефти третичными методами (*обработка коллектора растворами ПАВ, полимеров, растворителями нефти*)
ultimate ~ суммарная [конечная, предельная] добыча
water flood ~ добыча нефти за счет заводнения
well ~ восстановление скважины

recp [receptacle] 1. эл. гнездо; (штепсельная) розетка 2. приемник; сборник; резервуар
rect 1. [rectangle] прямоугольник 2. [rectangular] прямоугольный 3. [rectifier] выпрямитель
rectangle прямоугольник
rectangular прямоугольный
rectification 1. эл. выпрямление (*тока*) 2. перегонка; ректификация; очищение
rectifier 1. эл. выпрямитель 2. хим. ректификатор; очиститель
rectify 1. выпрямлять (ток) 2. перегонять; очищать; ректифицировать

recy [recycle] рециркулировать
recycle 1. циклически нагнетать (*добываемый газ в пласт после отделения жирных фракций*); рециркулировать 2. перерабатывать вторичное сырье
recycling 1. циклическое нагнетание (*добываемого газа в пласт после отделения жирных фракций*); рециркуляция 2. переработка вторичного сырья
gas ~ нагнетание [рециркуляция] сухого газа в пласт
RED [rod end down] штоком вниз (*расположение цилиндра натяжного устройства*)
red 1. [reducer] переводник, переходный патрубок, переходная муфта 2. [reducing] понижающий
redeposition переотложение, повторное отложение
red-hard красностойкий
red-hot нагретый докрасна; раскаленный докрасна
redness красное каление; нагрев докрасна
Redou-Torque *фирм.* смазывающая добавка к буровым растворам на водной основе в условиях высоких давлений
redox окисление-восстановление ‖ окислительно-восстановительный
redrid [redrilled] повторно разбуренный; перебуренный
redrill повторно разбуривать; перебуривать, бурить новую скважину
redrilling повторное разбуривание; перебуривание, бурение новой скважины
red-short красноломкий
redshortness красноломкость
reduce 1. понижать, ослаблять, редуцировать; уменьшать; сокращать 2. *матем.* превращать; сокращать; приводить 3. *хим.* восстанавливать, раскислять 4. измельчать
reduced 1. уменьшенный, пониженный 2. приведенный (*о температуре или давлении*)
reducer 1. редуктор, понизитель 2. редукционная зубчатая передача; редукционный клапан 3. переводник, переходный патрубок, переходная муфта (*для соединения труб разного диаметра*) 4. подвеска, укорачивающая ход полевой штанги 5. *хим.* восстановитель, раскислитель 6. измельчитель
pipe ~ переходное соединение для труб разного диаметра
shock ~ буфер, амортизатор; демпфер
speed ~ редуктор скорости
reducibility восстановительная способность
reduction 1. понижение, ослабление, редукция; уменьшение, сокращение 2. *матем.* превращение; сокращение; приведение 3. *хим.* восстановление, раскисление 4. измельчение
redundancy 1. чрезмерность; избыточность 2. резервирование

acoustic ~ акустическое дублирование (*в ориентации системы позиционирования бурового судна или полупогружной буровой платформы*)
reduplication *геол.* стратиграфическая ширина взброса
reef риф, подводная скала
reel катушка; барабан; рулетка; бобина ‖ наматывать; сматывать; разматывать
~ off сматывать; разматывать; перематывать
~ on наматывать
~ up *см.* reel on
BOP ~ барабан шланга управления противовыбросовыми превенторами
hose ~ барабан для наматывания рукава [шланга]
measuring ~ рулетка
power hose ~ барабан силового шланга; барабан шланга управления
sand ~ тартальный [чистильный] барабан
TV cable ~ барабан телевизионного кабеля
reentry повторный ввод (*в устье подводной скважины после ее оставления*)
~ of drilling assembly повторный ввод бурового оборудования (*с бурового судна на больших глубинах моря*)
acoustic ~ повторный ввод с применением акустической системы локации
tool ~ повторный ввод инструмента
reeve оснастка (*талей*)
ref 1. [refine] очищать; рафинировать 2. [refined] очищенный; рафинированный 3. [refinery] нефтеперерабатывающий завод, НПЗ
refer. [refrigeration] охлаждение; замораживание
reference 1. эталон ‖ эталонный 2. нулевой; основной; условный (*об уровне, плоскости, точке*)
referg [refrigerant] охладитель, хладагент, охлаждающая среда ‖ охлаждающий
refg [refining] очистка, перегонка (*нефти*); рафинирование
refgr [refrigerator] 1. холодильник, рефрижератор 2. конденсатор
refine очищать; рафинировать; перерабатывать (*нефть*)
refinement рафинирование; очистка; переработка (*нефти*)
refiner химик-нефтяник; инженер-нефтяник
refinery нефтеперерабатывающий завод, НПЗ; нефтеперегонный завод, нефтезавод
oil ~ *см.* petroleum refinery
petroleum ~ нефтеперерабатывающий завод; НПЗ; нефтеперегонный завод, нефтезавод
refining очистка; перегонка (*нефти*); рафинирование; облагораживание
acid ~ кислотная очистка
oil ~ *см.* petroleum refining
petroleum ~ переработка [перегонка] нефти, нефтепереработка; нефтеочистка
refl 1. [reflection] отражение 2. [reflux] обратный поток

reflection отражение
composite ~s обменные отраженные волны
concentrated ~ *сейсм.* сгущенное отражение
multiple ~ многократное отражение
total ~ полное (*внутреннее*) отражение
usable ~s *сейсм.* полезные отражения
reflectivity коэффициент отражения; отражательная способность
reflow обратное течение ‖ течь обратно
reflux 1. отток; отлив 2. орошение (*ректификационной колонны*)
propane ~ пропановое орошение
refr 1. [refraction] преломление (*лучей*), рефракция 2. [refractory] огнеупорный, огнестойкий; тугоплавкий
refraction *сейсм.* преломление (*лучей*), рефракция
refractory огнеупорный, огнестойкий; тугоплавкий
refrigerant охладитель, хладагент, охлаждающая среда ‖ охлаждающий
refrigerator 1. холодильник, рефрижератор 2. конденсатор
refueller топливозаправщик, бензозаправщик
refuelling пополнение запаса топлива; дозаправка топливом
refusal 1. несрабатывание; отказ 2. замедление продвижения (*труб при забивке ударной бабой вследствие увеличения трения*); отказ (*при забивке свай*)
reg 1. [register] регистрирующий прибор; самописец 2. [regular] нормальный, обычный; стандартный 3. [regulation] правило 4. [regulator] регулятор
regelate смерзаться
regelation смерзание
regeneration регенерация
drilling mud liquid phase ~ регенерация жидкой фазы бурового раствора
weight material ~ регенерация утяжелителя
region район; область
crooked hole ~ район с условиями залегания и свойствами пород, ведущими к искривлению буримых скважин
gas ~ газоносный район
intermountain ~ межгорный район
oil ~ нефтяной [нефтеносный] район
oil producing ~ нефтедобывающий район
register 1. журнал учета, реестр; опись 2 регистр; сумматор; накопитель; счетчик ‖ регистрировать; суммировать; накапливать; считать 3. заслонка, задвижка; регулирующий клапан 4. регистрирующий прибор; самописец
Lloyd's ~ of shipping судоходный регистр Ллойда
registration регистрация; запись; показания (*прибора*)
regression регрессия, возврат; отступление
regrinding 1. вторичное дробление; вторичное измельчение 2. перезаточка 3. перешлифовка 4. притирка, шлифовка

regu [regulator] регулятор; регулирующее устройство; уравнитель
regular 1. нормальный, обычный; стандартный 2. регулярный; систематический
regulate регулировать, устанавливать, выверять
regulation 1. регулирование 2. стабилизация 3. правило; *pl* устав; инструкция 4. регламентирование
  close ~ точное регулирование
  conservation ~s правила по охране недр
  pollution ~ регламентирование загрязнения (*окружающей среды*)
  safety ~s правила техники безопасности
  service ~s правила по уходу, обслуживанию *или* эксплуатации
  technical ~s технические правила [условия]
regulator 1. регулятор; регулирующее устройство; уравнитель 2. редуктор; редукционный клапан 3. стабилизатор
  boiler ~ предохранительный клапан парового котла
  bottom-hole pressure ~ забойный регулятор давления
  feed water ~ регулятор подачи питательной воды
  flow ~ регулятор расхода (*жидкости, газа*)
  gas ~ (промысловый) газовый регулятор
  manifold ~ центральный [рамповый] редуктор
  oil-pressure ~ 1. регулятор давления нефти 2. регулятор давления масла
  pilot operated subsea ~ сервоуправляемый подводный регулятор (*для регулирования давления рабочей жидкости в системе управления подводным оборудованием*)
  pressure ~ регулятор давления, редуктор
  speed ~ регулятор скорости; вариатор
  temperature ~ терморегулятор
  tension ~ регулятор напряжения; регулятор натяжения
  water-flow ~ регулятор расхода воды
rehydration повторная гидратация
rein 1. водило, тяга (*центрального привода при насосной эксплуатации*) 2. звено яса
reinf 1. [reinforce] усиливать; армировать 2. [reinforced] усиленный; армированный 3. [reinforcing] усиливающий; армирующий
reinf cone [reinforced concrete] железобетон
reinforce усиливать; армировать
reinforcement 1. усиление; придание жесткости; армирование 2. усиливающая деталь; элемент жесткости; арматура 3. *св.* усиление шва; высота усиления шва
  ~ of weld усиление шва
reinjection обратная закачка
reinstall перемонтировать; вновь устанавливать
rej [reject] браковать; отсортировывать
reject 1. браковать; отсортировывать 2. *pl* хвосты, отходы
rejection 1. браковка; отсортировка 2. отходы (*обогащения*)

rej'n [rejection] 1. браковка; отсортировка 2. отходы (*обогащения*)
rejuvenation восстановление (*дебита скважины*)
REL 1. [relay] реле 2. [running electric log] проведение электрокаротажа
Rel [Relay] *геол.* рилей (*группа верхнего отдела кембрийской системы*)
rel 1. [relay] реле 2. [release] разъединение, расцепление 3. [released] разъединенный, освобожденный
relation 1. зависимость, отношение, соотношение, связь 2. *геол.* условия залегания
  phase ~ фазовое соотношение, соотношение фаз
  pressure-volume-temperature ~ соотношение объем — давление — температура
  PVT ~ *см.* pressure-volume-temperature relation
  relative permeability-saturation ~ зависимость фазовой проницаемости от насыщенности
relationship зависимость; отношения; соотношение; связь
  tectonic ~ тектоническая закономерность, тектонические отношения
relaxation 1. релаксация; затухание 2. ослабление; смягчение
relay 1. реле ‖ ставить реле 2. транслировать, передавать 3. резервный, промежуточный
  cut-off ~ выключающее реле
  jet ~ струйное реле
  mud pump pressure ~ ограничитель давления бурового насоса
  time ~ реле времени
relaying 1. релейное управление, релейная защита 2. трансляция, передача
release 1. разъединение; расцепление; размыкание; освобождение; ослабление ‖ разъединять; размыкать; освобождать; ослаблять 2. расцепляющий механизм, расцепитель 3. выделение; выпуск; испускание ‖ выделять; выпускать; испускать
  ~ of pressure *см.* pressure release
  back-up ~ резервное расцепляющее устройство (*для отсоединения элементов подводного оборудования в случае отказа основного устройства*)
  energy ~ выделение энергии
  gas ~ выброс газа
  heat ~ высвобождение тепла
  quick ~ быстрое размыкание
  pressure ~ давление разгрузки; уменьшение [сброс] давления
  secondary ~ аварийное отсоединение; отсоединение включением вспомогательного устройства в случае отказа основного
  shear ~ пробка со срезывающейся шпилькой (*применяется вместо предохранительного клапана*)
rel hum [relative humidity] относительная влажность
reliability надежность
reliable прочный; надежный (*в эксплуатации, работе*)

relict *геол.* реликт ‖ реликтовый
reliction *геол.* медленное и постепенное отступание воды с образованием суши
relief 1. облегчение, разгрузка; выпуск (*газа*), понижение, сброс (*давления*) 2. спускная пробка; спускное отверстие 3. рельеф
   gage ~ обратный конус, тыльная часть
   partial ~ частичная разгрузка
   subbotom ~ рельеф под дном (*моря*)
   submarine ~ рельеф дна
relieve 1. освобождать, разгружать, облегчать; выключать; понижать давление; удалять; сменять; выпускать (*газ*) 2. делать рельефным, выступать
relieving разгрузка от напряжений, снятие внутренних напряжений, уравновешивание; выпуск (*газа*); понижение, сброс (*давления*)
reloc 1. [relocate] перемещать 2. [relocated] перемещенный, передислоцированный
rem 1. [remains] остатки 2. [remedial] исправительный 3. [removable] съемный, сменный 4. [removal] а) перемещение б) удаление 5. [remove] перемещать; убирать
remote отдаленный; дистанционный; действующий на расстоянии
remov [removable] съемный, сменный
removable съемный, сменный; переносный; извлекаемый
removal 1. перемещение 2. удаление; извлечение; демонтаж; устранение; снос 3. выемка между зубьями долота
   ~ of core извлечение керна (*из керноприемной трубы*)
   ~ of cuttings удаление выбуренной породы с забоя *или* из скважины
   ~ of fine solids from drilling muds удаление мельчайших твердых частиц из буровых растворов
   ~ of heat отвод тепла
   ~ of pipe подъем [извлечение] труб из скважины
remover 1. съемник; приспособление для удаления *или* извлечения 2. растворитель
   dust ~ приспособление для удаления пыли
   grease ~ обезжиривающий состав
   oil ~ нефтеловушка
Remox *фирм.* катализированный сульфит натрия (*ингибитор коррозии*)
Remox L *фирм.* жидкий бисульфит натрия (*ингибитор коррозии*)
Ren [Renault] *геол.* рено (*свита отдела честер миссисипской системы, Среднеконтинентальный район*)
rent 1. трещина; щель; разрыв; разрез 2. арендная плата
   ~ of displacement *геол.* линия сброса
   acreage ~ арендная плата владельцу за разрабатываемый участок
rent [rental] 1. сумма арендной платы 2. оборудование, сдаваемое в аренду
rep 1. [repair] ремонт 2. [replace] заменять 3. [report] рапорт; отчет; сообщение

repack 1. сменять набивку (*сальника*) *или* уплотнение (*в пакере*) 2. снова упаковывать
repacking смена уплотнения (*в пакере*) *или* набивки (*сальника*)
repair ремонт, исправление, починка ‖ ремонтировать, исправлять, чинить
   full ~ капитальный ремонт
   major ~ *см.* full repair
   on-the-spot ~ ремонт на месте эксплуатации
   operating ~ *см.* running repair
   running ~ текущий ремонт
   well ~ ремонт скважины
repairability ремонтопригодность
repairable поддающийся ремонту; ремонтопригодный
repairman ремонтник; слесарь по ремонту; ремонтный рабочий
repeater передатчик; реле; усилитель
reperf [reperforated] вторично перфорированный (*о скважине*)
repl 1. [replace] заменять, замещать 2. [replacement] замена, замещение
replace заменять, замещать
replacement замена, замещение
report отчет; доклад; сообщение; рапорт ‖ докладывать; отчитываться; сообщать
   driller's tour ~ сменный рапорт бурильщика
   production ~ эксплуатационная ведомость
   repair ~ отчет о произведенном ремонте
   safety ~ отчет о мерах безопасности
   service ~ отчет об эксплуатации
   technical ~ технический отчет; отчет о состоянии техники
   test ~ протокол испытания
reprecipitation *геол.* переосаждение, переотложение, вторичное оседание
representation 1. изображение; обозначение; представление 2. имитация 3. *матем.* способ задания (*функций*) 4. моделирование
repressuring восстановление *или* поддержание пластового давления нагнетанием газа *или* воды в пласт; дренирование сжатым воздухом
   air ~ поддержание пластового давления нагнетанием воздуха в пласт
   gas ~ поддержание пластового давления закачкой газа в пласт
   gas cap ~ закачка газа в газовую шапку
   selective ~ селективное восстановление давления
required заданный; обусловленный; требуемый, необходимый; потребный (*о мощности*)
requirement 1. требование; необходимое условие 2. потребность 3. *pl* технические требования; технические условия
   accuracy ~ требование к точности
   current ~s минимальный ток, сила тока
   quality ~s 1. кондиции (*условия, определяющие качество и упаковку товара*) 2. требования, предъявляемые к качеству
res 1. [research] исследование, изучение, изыскание 2. [reservation] а) резервирование б)

res

заповедник 3. [reserve] запас, резерв 4. [reservoir] коллектор (*нефтяной или газовый*) 5. [resistance] сопротивление 6. [resistivity] удельное сопротивление 7. [resistor] резистор 8. [restricted] ограниченного пользования

resampling повторное опробование, повторный отбор проб

res bbl [reservoir barrels] баррели в пластовых условиях

research исследование, изучение, изыскание; научно-исследовательская работа ‖ производить изыскания, исследовать, изучать; заниматься научно-исследовательской работой

reserve запас, резерв ‖ запасать, резервировать ‖ запасный, резервный
~s of gas *см.* gas reserves
~s of oil *см.* oil reserves
actual ~s достоверные [активные] запасы
commercial ~s промышленные запасы
drilled ~s разбуренные запасы
drilled proved ~s разбуренные доказанные запасы
drilling mud ~s запасы бурового раствора
estimated ~s подсчитанные запасы
expected ~s предполагаемые запасы
explored ~s разведанные запасы
gas ~s запасы газа
geological ~s перспективные [геологические] запасы
hypothetical ~s предполагаемые запасы
known ~s достоверные запасы (*нефти, газа*)
oil ~s запасы нефти
petroleum ~s *см.* oil reserves
positive ~s достоверные запасы; разведанные запасы; подготовленные запасы
possible ~s возможные [вероятные] запасы
potential ~s потенциальные запасы
power ~ запас мощности
prepared ~s подготовленные запасы
probable ~s вероятные запасы (*полезного ископаемого*); частично подготовленные *или* разведанные запасы
proved ~s доказанные запасы
recoverable ~s извлекаемые запасы
total ~s общие запасы (*полезного ископаемого*)
total ultimate ~s общие промышленные запасы
ultimate ~s суммарные запасы (*полезного ископаемого*)
ultimate crude ~s промышленные запасы нефти
ultimate oil ~s *см.* ultimate crude reserves
undeveloped ~s неразработанные запасы
undiscovered possible ~s неоткрытые возможные запасы
undrilled ~s неразбуренные запасы
undrilled proved ~s неразбуренные доказанные запасы

reservoir 1. коллектор, нефтеносный *или* газоносный пласт 2. резервуар; хранилище; емкость 3. водоем; водохранилище; бассейн 4. *геол.* пористая порода
~ producing by water drive пласт, разрабатываемый при водонапорном режиме
blanket ~ пласт-коллектор с обширной горизонтальной площадью простирания
bottom water drive type ~ коллектор с активным напором подошвенных вод
bounded ~ ограниченный коллектор; замкнутый коллектор
bypassed ~ продуктивный пласт, расположенный выше разрабатываемого пласта
carbonate ~ нефтяной *или* газовый коллектор, сложенный карбонатными породами
closed ~ замкнутый коллектор
combination drive ~ залежь с комбинированным режимом
cone roof ~ резервуар с конической крышей
depleted ~ истощенный пласт
depletion drive ~ пласт [залежь] с режимом растворенного газа
depletion type ~ *см.* depletion drive reservoir
dipping ~s наклонные пласты
economically productive ~ коллектор с промышленными запасами
expansion type ~ пласт с упругим режимом
finite ~ ограниченный пласт
fractured ~ трещиноватый коллектор
gas-and-oil ~ газонефтяной коллектор
gas-saturated oil ~ нефтяной пласт, насыщенный газом
gravity-elastic water-drive ~ залежь с гравитационно-упругим водонапорным режимом
infinite ~ бесконечный пласт
linear ~ плоский резервуар
marginal ~s истощенные пласты; малорентабельные коллекторы нефти
multizone ~ многопластовое [пачечное] месторождение
oil ~ 1. нефтяной пласт, нефтяной коллектор 2. резервуар для нефти; нефтехранилище
oil-bearing ~ нефтеносный пласт
oil wet ~ гидрофобный пласт
original oil bearing ~ первоначальный объем, занятый нефтью в коллекторе
service ~ расходный резервуар; расходный бак
single phase ~ пласт с однофазным флюидом
storage ~ резервуар для хранения нефтепродуктов
undersaturated ~ залежь с пластовым давлением ниже давления насыщения
untapped ~ невскрытый пласт
water controlled ~ пласт с гидравлическим режимом
water drive ~ пласт с водонапорным режимом

reset 1. возврат в исходное положение ‖ возвращать(ся) в исходное положение 2. по-

второе включение ‖ повторно включать 3. установка на нуль ‖ устанавливать на нуль 4. перестановка ‖ переставливать 5. кнопка *или* рукоятка восстановления 6. притирка (*клапанов*); подтягивание; подрегулировка ‖ притирать (*клапаны*); подтягивать; подрегулировать
~ to zero возвращать в нулевое положение
resharpen заправлять (*долото*)
resid 1. [residual] остаток ‖ остаточный 2. [residual oil] *амер.* кубовые остатки нефти 3. [residue] осадок; твердый остаток; отстой
residue 1. осадок 2. твердый остаток (*при фильтрации или выпаривании*) 3. шлам; хвосты; отстой
heavy ~ тяжелая фракция (*минералов*), тяжелый остаток
light ~ легкая фракция (*минералов*), легкий остаток
oil ~ 1. осадок масла 2. нефтяные остатки; мазут
resilience 1. упругость, эластичность 2. работа деформации, упругая деформация 3. ударная вязкость
torsional ~ упругая деформация при кручении
ultimate ~ предельная работа деформации
resiliency *см.* **resilience**
resilient упругий, эластичный
resin 1. смола 2. смолистые вещества в нефтепродукте 3. канифоль
cured ~ *см.* hardened resin
epoxy ~ эпоксидный полимер; эпоксидная смола
hardened ~ отвержденная смола
petroleum ~s нефтяные смолы
phenolic-formaldehyde ~ фенолформальдегидная смола
polyamid ~ полиамидная смола
polyester ~s полиэфирные смолы
silicone ~ силиконовая смола
thermoplastic ~ термопластическая смола
thermosetting ~ термореактивный полимер
urea-formaldehyde ~ карбамидоформальдегидный полимер
Resin Cement *фирм.* смесь тампонажного цемента и термореактивных смол, применяемая при капитальном ремонте скважины
Resinex *фирм.* природная смола (*понизитель водоотдачи буровых растворов при высоких температурах*)
resist 1. кислотоупорный слой 2. сопротивляться; противостоять; отталкивать
resist 1. [resistance] эл. (активное) сопротивление 2. [resistor] резистор
resistance 1. сопротивление; сопротивляемость; стойкость 2. эл. (активное) сопротивление
~ of flow *см.* resistance to flow
~ of motion сопротивление движению
~ to abrasion *см.* abrasion resistance
~ to corrosion устойчивость против коррозии, коррозионная стойкость
~ to deformation сопротивление деформации
~ to flow сопротивление течению [протеканию]
~ to impact *см.* impact resistance
~ to indentation сопротивление вдавливанию
~ to lateral bend сопротивление продольному изгибу
~ to pit corrosion сопротивление язвенной [точечной] коррозии
~ to rupture сопротивление разрушению [разрыву]
~ to rust *см.* resistance to corrosion
~ to shear *см.* shear resistance
~ to shearing stress сопротивление напряжению сдвига; сопротивление срезу
~ to shock прочность на удар; сопротивление ударной нагрузке
~ to torsion сопротивление скручиванию
~ to wear *см.* wear resistance
~ to weather сопротивление атмосферному воздействию
abrasion ~ сопротивление истиранию
acid ~ кислотостойкость
alkali ~ щелочестойкость
apparent ~ кажущееся сопротивление
bearing ~ сопротивление смятию
bending ~ сопротивление изгибу
bending fatigue ~ сопротивление усталости при изгибе
bond ~ сопротивление стыкового соединения; сопротивление сцепления [связи]
brake ~ тормозное сопротивление
braking ~ *см.* brake resistance
buckling ~ сопротивление продольному изгибу
calibrated ~ калибровочное сопротивление
chemical ~ стойкость к химическому воздействию
contact ~ контактное сопротивление, сопротивление контакта
corrosion ~ коррозионная стойкость, устойчивость против коррозии
cracking ~ сопротивление образованию трещин
creep ~ сопротивление ползучести
driving ~ сопротивление заглублению сваи (*в грунт*)
elastic ~ упругое сопротивление
electric(al) ~ электрическое сопротивление
environmental ~ устойчивость к воздействию окружающей среды
equivalent ~ эквивалентное сопротивление
fatigue ~ усталостная прочность
fire ~ огнестойкость, огнеупорность
flame ~ *см.* fire resistance
flexing ~ стойкость при деформациях
flow ~ *см.* hydraulic resistance
freeze ~ морозостойкость
front ~ лобовое сопротивление
heat ~ 1. теплостойкость, термостойкость 2. окалиностойкость
hydraulic ~ гидравлическое сопротивление

resistance

impact ~ 1. ударная вязкость 2. сопротивление ударной нагрузке; ударопрочность
inherent ~ собственное сопротивление
interface ~ контактное сопротивление
load ~ сопротивление нагрузки
oxidation ~ 1. стойкость к окислению 2. окалиностойкость
penetration ~ сопротивление внедрению (*инструмента в грунт*)
pile ~ сопротивление сваи (*заглублению в грунт*)
shear ~ сопротивление сдвигу
sliding ~ сопротивление скольжению
specific ~ удельное сопротивление
static pile ~ статическое сопротивление сваи (*заглублению в грунт*)
tear ~ сопротивление разрыву *или* отрыву
tensile strength and collapse ~ прочность на разрыв и разрушение
ultimate static frictional ~ предельное сопротивление трению покоя (*напр. при забивке свай морских стационарных платформ*)
unit ~ *см.* specific resistance
wear ~ сопротивление износу, износостойкость
weld ~ сопротивление свариваемого изделия
working ~ рабочее сопротивление

resistant сопротивляющийся; стойкий, упорный; прочный
abrasion ~ износоустойчивый
acid ~ кислотостойкий
corrosion ~ не поддающийся коррозии, нержавеющий, коррозионностойкий
gas ~ газостойкий
high sulfate ~ обладающий высокой устойчивостью к воздействию сульфатов
moisture ~ влагостойкий, влагонепроницаемый
oil ~ нефтеупорный; маслостойкий
salt ~ солеустойчивый
weather ~ защищенный от действия неблагоприятных погодных условий

resistivity удельное сопротивление
apparent ~ кажущееся удельное сопротивление
formation water ~ удельное сопротивление пластовой воды
high ~ высокое удельное сопротивление
low ~ низкое удельное сопротивление
mud ~ удельное сопротивление бурового раствора
mud cake ~ удельное сопротивление фильтрационной корки
mud filtrate ~ удельное сопротивление фильтрата бурового раствора

resistor резистор
adjustable ~ регулируемый резистор, реостат
age ~ противостаритель

resoluble растворимый, разложимый

resolution 1. разложение (*на составляющие или компоненты*) 2. расцепление 3. растворение 4. разрешающая способность (*прибора*) 5. четкость, резкость 6. разборка, демонтаж
~ of forces разложение сил
~ of the instrument *см.* **resolution** 4.

resolve 1. разлагать(ся) 2. расцеплять 3. растворять

resolvent растворитель

resorb 1. поглощать 2. всасывать

resorption 1. поглощение 2. всасывание

resources ресурсы, запасы (*полезных ископаемых*)
energy ~ энергетические ресурсы
mineable ~ извлекаемые ресурсы
mineral ~ минеральные ресурсы
natural ~ естественные [природные] ресурсы
oil ~ нефтяные ресурсы, запасы нефти
recoverable ~ возобновляемые ресурсы
renewable natural ~ возобновляемые природные ресурсы
water ~ водные ресурсы

respir 1. [respiration] дыхание 2. [respiratory] дыхательный, респираторный

respirator респиратор; противогаз

response 1. реагирование, реакция 2. срабатывание 3. характеристика, кривая 4. чувствительность 5. приемистость (*скважины*)
neutron ~ *сейсм.* количество отмечаемых нейтронов (*при каротаже*)
transient ~ характеристика переходного *или* неустановившегося режима (*напр. теплового процесса*)

responsive чувствительный, легко реагирующий

responsiveness чувствительность (*механизма*)

REST 1. [representative scientific test] показательный [репрезентативный] научный эксперимент 2. [restriction] ограничение; запрет

restore 1. восстанавливать; реконструировать; реставрировать 2. возвращать на прежнее место 3. подтягивать (*пружину*)

restraint 1. сжатие, сжимание (*при охлаждении*); суживание, стягивание, сокращение 2. ограничитель 3. демпфер
close ~ строгое ограничение (*отбора нефти*)

restriction 1. ограничение; запрет 2. помеха, препятствие 3. сужение сечения
~ of flow ограничение потока
~ of output ограничение дебита
production ~ ограничение добычи в принудительном порядке

resultant результирующий вектор; результирующая сила; равнодействующая || результирующий, равнодействующий

ret 1. [retain] удерживать, задерживать 2. [retained] удержанный, задержанный 3. [retainer] цементировочный фонарь; стопор 4. [retaining] удерживающий 5. [retard] замедлять 6. [retarded] замедленный, с замедленным сроком схватывания 7. [return] выход (*бурового раствора на поверхность*)

Retabond *фирм.* селективный флокулянт
retainer 1. цементировочный фонарь 2. стопорное приспособление, стопор, замок; контрящая деталь; фиксатор; держатель 3. обойма, сепаратор (*подшипника*) 4. клапанная тарелка 5. *геол.* водонепроницаемый [водоупорный] слой, непроницаемая порода 6. маслосборник
 cement ~ 1. пробка для цементирования 2. цементировочный пакер с обратным клапаном 3. цементировочный фонарь
 drillable cement ~ разбуриваемый цементировочный пакер
 oil ~ маслоудерживающее кольцо; приспособление, удерживающее смазку
 seat ~ стопорная пробка седла клапана (*глубинного насоса*)
retard 1. замедлять, задерживать; тормозить (*реакцию или схватывание*) 2. отставать; запаздывать
retardant замедлитель
retardation 1. замедление, задерживание, задержка; торможение 2. помеха; препятствие 3. отставание; запаздывание; сдвиг по фазе
retarder 1. замедлитель (*реакции или схватывания*) 2. демпфер
 acid-reaction-rate ~ поверхностно-активное вещество для снижения скорости воздействия кислоты на породу
 cement (-setting) ~ замедлитель схватывания цементного раствора
retd [returned] вышедший на поверхность (*о буровом растворе*)
retemper 1. повторно перемешивать 2. изменять состав
retention сохранение; удержание
 screw ~ стопорное [предохранительное] устройство против самоотвинчивания резьбовых соединений
retest повторное испытание || производить повторное испытание
rethread вновь нарезать резьбу, прогонять резьбу метчиком *или* плашкой
retort 1. реторта || перегонять в реторте 2. муфель
retractor:
 block and hook ~ устройство для отвода талевого блока и крюка
retreatment повторная обработка
retrievable извлекаемый, съемный, освобождающийся
retrieve 1. поднять (*инструмент*) из скважины 2. восстанавливать; исправлять; возвращать в прежнее состояние
retriever устройство [приспособление] для извлечения
 junk ~ приспособление для извлечения мелких предметов из забоя
retr ret [retrievable retainer] извлекаемый (цементировочный) пакер
return 1. возврат; отдача || возвращать; отдавать 2. возвращение; обратный путь 3. обратный ход; движение назад 4. *pl* выход (*бурового раствора на поверхность*) 5. обратный канал 6. обратный провод; обратная сеть
 ~ of drilling mud выход на дневную поверхность циркулирующего бурового раствора
 ~ of stroke перемена хода
 drilling ~s буровой шлам
 full ~s полный возврат раствора (*при циркуляции*)
 gas ~ возврат газа (*в пласт*)
 lost ~s потеря циркуляции; уход (*бурового раствора*); поглощение (*бурового раствора*)
 oil ~ возврат нефти (*в пласт*)
REU [rod end up] штоком вверх (*расположение цилиндра натяжного устройства*)
reusability возможность повторного использования
reuse повторное использование || повторно использовать
rev 1. [reverse] обратный, противоположный || реверсировать 2. [reversed] с измененной полярностью 3. [revise] исправлять, перерабатывать 4. [revised] исправленный 5. [revision] а) переработка б) переработанное и исправленное издание 6. [revolution] оборот
revamp чинить, поправлять, ремонтировать
revamping частичное переоборудование
reversal 1. изменение; реверсирование; перемена направления движения на обратное 2. обратное движение, обратный ход 3. *эл.* перемена полярности
reverse 1. обратная [задняя] сторона || обратный; перевернутый, противоположный 2. реверсирование; изменение направления движения на обратное || реверсировать; изменять направление (*вращения, движения*); поворачивать на 180° 3. обратное движение, обратный [задний] ход || давать обратный [задний] ход 4. реверсивный механизм, реверс, механизм перемены хода 5. переключение, изменение полярности
 ~ of direction реверсирование, изменение направления (*движения, вращения*)
reversibility 1. реверсивность, реверсируемость; возможность обратного хода 2. обратимость (*процесса*)
reversible 1. реверсивный; имеющий обратный [задний] ход 2. поворотный, оборотный, переставной 3. обратимый 4. двусторонний
reversing реверсирование; изменение направления движения на обратное || реверсивный; имеющий обратный [задний] ход; переключаемый на обратный ход
revolution 1. вращение 2. оборот
 ~s per inch оборотов на один дюйм подачи
 ~s per minute оборотов в минуту
revolve 1. вращаться 2. периодически возвращаться *или* сменяться
reweld *св.* повторно сваривать
rewelding *св.* повторная сварка; заварка дефекта сварного шва

rework

rework 1. повторно обрабатывать; вторично перерабатывать 2. восстанавливать; ремонтировать 3. повторно разрабатывать (*месторождение*)
reworking 1. повторная обработка; вторичная переработка 2. восстановление; ремонт 3. повторная разработка (*месторождения*)
RF 1. [radio frequency] высокая частота, радиочастота 2. [raised face] торцом вверх 3. [rig floor] пол буровой (установки)
RFFE [raised face flanged end] фланцевый конец торцом вверх
rfl [refuel] пополнять запасы топлива; дозаправляться топливом
RFT [repeat formation tester] опробователь пластов многократного действия
RFWN [raised face weld neck] конец трубы под сварку торцом вверх
Rfy [refinery] нефтеперерабатывающий завод, НПЗ; нефтеперегонный завод, нефтезавод
RG [ring groove] кольцевая проточка
rg [ring] кольцо
RGD tool [resistivity-gamma-directional tool] каротажный прибор для измерения удельного сопротивления, проведения гамма-каротажа и измерения азимута ствола
Rge [range] а) диапазон б) дальность действия
rgh [rough] грубый; грубого помола
RH 1. [rat hole] а) шурф под ведущую трубу б) ствол малого диаметра 2. [right-hand] с правой резьбой; правосторонний
RHA [reduced height hydraulic actuator] гидравлический привод с уменьшенной высотой
RHC [remote hydraulic control] дистанционное гидравлическое управление
RHD [right-hand door] правосторонняя дверка
rheo [rheostat] реостат
rheology реология (*наука о пластической деформации и текучести*)
rheometer реометр, капиллярный вискозиметр
RHM [rat hole mud] буровой раствор, скопившийся в шурфе под квадрат
RHN [Rockwell hardness number] число твердости по Роквеллу
Rhodopol 23 *фирм.* ксантановая смола (*понизитель водоотдачи, ингибитор неустойчивых глин и загуститель буровых растворов*)
RHR [remote-hydraulically-releasable] дистанционно гидравлически отсоединяемый
RI [royalty interest] доля оплаты (*за право разработки недр*)
Rib [Ribbon sand] песчаник риббон
rib 1. ребро; острый край 2. фланец; буртик; поясок, реборда; прилив 3. простенок поршня (*для поршневых колец*) 4. *геол.* прослой, пропласток
reinforcing ~ усиливающее ребро, ребро жесткости
ribbing 1. ребра жесткости 2. усиление ребрами жесткости, оребрение

riddle 1. грохот; сито; решето ‖ просеивать; грохотить; разделять по крупности 2. экран; щит
ridge *геол.* хребет, горный кряж; гребень горы; водораздел
ridging образование вмятин (*на зубьях шестерен*)
Rier [Rierdon] *геол.* риердон (*свита серии эллис верхнего отдела юрской системы*)
rifling ребра на стенках скважины
rift *геол.* 1. трещина, щель, расселина 2. выход сброса на поверхность; отдельность, спайность, кливаж
rifting растрескивание; разрыв ‖ растрескивающийся
rig 1. буровая установка; буровой станок, буровой агрегат, буровая вышка 2. приспособление; устройство; аппаратура 3. оборудование; установка ‖ оборудовать; устанавливать 4. оснастка; снаряжение ‖ оснащать 5. испытательный стенд
~ down демонтировать буровую установку
~ out демонтировать, разбирать
~ up монтировать буровую установку
active ~s парк действующих станков
active drilling ~ действующая буровая установка
Arctic submersible ~ арктическая погружная буровая установка
blast hole ~ станок для бурения взрывных скважин
bob-tail ~ *разг.* компактная буровая установка
boring ~ буровая установка; буровая вышка, буровой станок
bottle-type semi-submersible ~ полупогружная буровая установка с опорными колоннами бутылочной формы
bottle-type submersible ~ погружная установка с опорными колоннами бутылочной формы
bottom-supported drilling ~ морское буровое основание, опирающееся на дно (*свайное погружное самоподнимающееся*)
cable ~ станок ударно-канатного бурения; вышка для канатного бурения
cable-tool ~ *см.* cable rig
caisson-type platform ~ платформа кессонного типа
cantilever derrick ~ буровая установка со складной мачтовой вышкой
cantilever mast ~ *см.* cantilever derrick rig
combination ~ комбинированная установка для канатного и вращательного бурения
completion ~ небольшая передвижная установка для заканчивания пробуренной скважины
concrete gravity platform ~ бетонная гравитационная буровая платформа
core drilling ~ станок для структурного бурения
deep drilling ~ буровая установка для строительства глубоких скважин (*4500–6000 м*)

drilling ~ буровая установка; буровая вышка, буровой станок
electric ~ электробуровая установка
expanding hanger ~ разжимное подвесное кольцо (*для подвешивания обсадных колонн у дна моря при бурении с самоподнимающихся оснований*)
exploratory oil ~ буровая установка для разведочного бурения на нефть
floating drill ~ плавучая буровая установка
floating offshore drilling ~ плавучая шельфовая буровая установка
gas electric ~ буровая установка с электроприводом от газового двигателя
guyed-tower platform ~ башенная буровая платформа на оттяжках
helicopterable drilling ~ буровая вышка, транспортируемая вертолётом
helicopter transportable ~ *см.* helicopterable drilling rig
ice-cutting ~ буровая установка-ледокол
inland barge ~ баржа для бурения на мелководье
jacket-type production ~ эксплуатационное основание с опорами решетчатого типа
jacknife ~ *см.* cantilever derrick rig
jack-up ~ самоподнимающаяся буровая установка, СПБУ
jack-up drilling ~ самоподнимающееся на домкратах морское буровое основание; самоподнимающаяся буровая установка, СПБУ
jack-up service ~ самоподнимающееся основание для обслуживания скважин
light ~ буровая установка лёгкого типа
marine drilling ~ морская буровая установка
mat jack-up ~ самоподнимающееся основание с опорной плитой
mechanical ~ буровая установка с механическим приводом
mobile drilling ~ 1. передвижная буровая установка 2. морская передвижная буровая установка, МПБУ
mobile production ~ морская передвижная эксплуатационная установка
modular ~ *см.* packaged rig
monopod drilling ~ одноопорная морская буровая установка
offshore ~ *см.* marine drilling rig
offshore jack-up service ~ морское самоподнимающееся основание для подземного ремонта скважин
offshore mobile exploration ~ морская передвижная установка для разведочного бурения
oil ~ нефтяная вышка; станок для бурения нефтяных скважин
packaged ~ блочная буровая установка
portable drilling ~ передвижная буровая установка
posted barge submersible ~ погружная буровая баржа с палубой на стойках
power ~ буровая установка с приводом от двигателя внутреннего сгорания
prospecting drilling ~ установка разведочного бурения
rotary ~ роторный станок; роторная буровая установка; установка для вращательного бурения
seabed drilling ~ установка для бурения дна моря с целью определения геотехнических характеристик грунта
seabed soil-sampling ~ установка для отбора проб донного грунта
self-contained drilling ~ автономная морская буровая установка; автономное передвижное морское буровое основание с выдвижными опорами
self-elevating drilling ~ самоподнимающаяся буровая установка
self-propelled drilling ~ самоходная буровая установка
semi-submersible catamaran drilling ~ полупогружное буровое основание типа катамаран
semi-submersible drilling ~ полупогружная буровая установка
service ~ установка для ремонта скважин
shipshape drilling ~ буровое судно
shot-hole ~ установка для бурения шпуров *или* взрывных скважин
slant ~ наклонная буровая установка
slant-leg jack-up ~ самоподнимающаяся буровая установка с наклонными опорами
steel-jacket rigid platform ~ стационарная буровая платформа со стальным опорным блоком
submersible drilling ~ погружная буровая установка
submersible pipe alignment ~ погружная установка для центрирования труб (*в строительстве трубопроводов*)
well ~ буровая установка; буровая вышка, буровой станок (*для глубокого бурения*)
workover ~ *см.* service rig

rigger 1. вышкомонтажник 2. бурильщик роторного бурения

rigging 1. сборка [монтаж] буровой установки 2. смонтированная буровая вышка 3. рычажная передача 4. подвеска (*напр. рессоры*) 5. колонка *или* рама для поддержания буровой машины; установочное приспособление (*при буровых работах*)
~ up монтаж [сборка] буровой установки

right право
mineral ~ право на добычу полезных ископаемых
oil ~ право на добычу нефти

right-of-way 1. трасса трубопровода 2. полоса отвода; полоса отчуждения

rigid 1. жёсткий, прочный; неподвижно закреплённый; устойчивый 2. стойкий

rigidity 1. жёсткость, прочность; устойчивость, крепость 2. стойкость
~ of mud структурная вязкость бурового раствора

rigidity

~ of rock стойкость [крепость] породы
dielectric ~ диэлектрическая прочность
flexural ~ жесткость при изгибе
torsional ~ жесткость при кручении

rig rel [rig released] освободившаяся (*от бурения*) буровая установка

RIH [ran in hole] спущенный в скважину

RIL [red indicating lamp] красная индикаторная лампочка

rim обод, край, закраина, реборда; бандаж (*обода*)
brake ~ тормозная шайба
oil ~ 1. ореол над нефтяными залежами 2. нефтяная оторочка (*коллектора газа*)
reaction ~ реакционная [коррозионная] кайма
tank ~ край резервуара

ring 1. кольцо, обруч, обод, ободок; фланец; хомут; обойма; проушина ‖ окружать кольцом; обводить кружком; надевать кольцо 2. обечайка; звено (*трубы*) 3. кольцевой желоб 4. *горн.* веерный комплект взрывных скважин 5. *pl* сальники из налипшего шлама
adjusting ~ установочное [регулировочное] кольцо
backing ~ подкладное кольцо, кольцевая подкладка (*при сварке труб*)
bottom ~ башмачное кольцо
bottom strengthening ~ стяжное кольцо (*днища нефтяного резервуара*)
C ~ разрезное кольцо
casing hanger lockdown ~ фиксирующее [замковое] кольцо подвесной головки обсадной колонны
cylinder ~ прокладка цилиндра
drive pipe ~ 1. забивной лафетный хомут 2. кольцо с клиньями для спуска обсадной колонны, клиновой захват
expanding hanger ~ разжимное подвесное кольцо (*для подвески обсадных колонн у дна моря при бурении с самоподнимающихся оснований*)
expansion ~ кольцеобразный компенсатор
eye ~ коуш, серьга
friction ~ упорное кольцо
gas ~ газовое уплотнительное [газоуплотнительное, компрессорное] кольцо
gasket ~ прокладочное [уплотнительное] кольцо
grip ~ зажимное кольцо
guy ~ кольцо, к которому крепится оттяжка
joint ~ уплотнительное [прокладочное] кольцо
landing ~ установочное кольцо; посадочное кольцо (*подвески скважинного насоса*)
leather valve ~ кожаная шайба для насосных клапанов
locating ~ установочное кольцо; стопорное кольцо
lower spacer ~ нижнее распорное кольцо
mud ~s отложения глинистой корки (*на отдельных интервалах ствола скважины*)
no-go ~ непроходное кольцо (*обсадной колонны*)
O ~ уплотнительное кольцо, уплотнение
obturator ~ обтюраторное кольцо, обтюратор
oil ~ нефтяное кольцо; нефтяная оторочка
oil seal ~ маслоуплотнительное кольцо, кольцо сальника
packer ~ резиновое кольцо сальника
packing ~ 1. уплотнительное кольцо; набивочное [сальниковое] кольцо; кольцевая прокладка 2. поршневое кольцо
piston ~ поршневое кольцо
pressure ~ уплотнительное [нажимное] кольцо
releasing ~ расцепное кольцо
retainer ~ удерживающее [стопорное] кольцо; бандаж
retaining ~ *см.* retainer ring
safety ~ предохранительное [запорное] кольцо
seal ~ *см.* packing ring 1.
sealing ~ *см.* seal ring
sliding ~ передвижное кольцо; запорное кольцо
slip ~ контактное [токосъемное] кольцо
space ~ распорное [дистанционное, прокладочное, разделяющее] кольцо
spaced ~ регулировочное кольцо
spacing ~ *см.* space ring
spider landing ~ кольцо для подвески на спайдере
telescoping joint tension ~ натяжное кольцо телескопической секции (*водоотделяющей колонны*)

ringing:
~ of joints проверка соединений трубопровода обстукиванием молотком

Ring Seal *фирм.* смесь волокнистого текстильного материала с древесными опилками (*нейтральный наполнитель для борьбы с поглощением бурового раствора*)

rip 1. разрыв; разрез; трещина ‖ разрывать; разрезать 2. скребок

ripper трубопорез(ка)
casing ~ продольный трубопорез для обсадных труб

rise 1. возвышение, подъем, поднятие; возрастание, нарастание ‖ подниматься, возвышаться; возрастать, нарастать 2. выход на поверхность ‖ выходить на поверхность 3. возвышенность, холм
capillary ~ капиллярный подъем
continental ~ континентальный подъем
oil ~ to surface подъем нефти на поверхность

riser 1. стояк, вертикальная труба 2. водоотделяющая колонна (*в строительстве морских скважин*) 3. разделительная колонна 4. трубопровод от морской платформы к подводному месторождению
completion ~ буровой хвостовик; хвостовик для заканчивания скважины

concentric ~ двойная водоотделяющая колонна (*состоящая из внутренней и наружной колонн*)

drilling marine ~ водоотделяющая колонна для бурения, морской стояк

flexible ~ гибкая водоотделяющая колонна (*для выноса продукта скважины на поверхность*)

floating marine ~ водоотделяющая колонна с модулями плавучести

hydrocouple ~ стояк с гидромуфтой (*для ремонта эксплуатационной водоотделяющей колонны*)

lower marine ~ нижняя часть водоотделяющей колонны

marine ~ водоотделяющая колонна; морской стояк; морской кондуктор

marine drilling ~ водоотделяющая колонна для бурения; морской стояк для бурения

mud marine ~ водоотделяющая колонна для морского бурения

pipe ~ 1. трубный подъемник, механизм для подъема труб 2. стояк

production ~ эксплуатационная водоотделяющая колонна

subsea ~ водоотделяющая колонна для бурения

underwater ~ *см.* subsea riser

upper marine ~ верхняя часть водоотделяющей колонны (*телескопическая секция с отводным устройством*)

rising 1. подъем, поднятие; увеличение; возрастание, нарастание 2. вспучивание 3. проходка снизу вверх

~ of oil area поднятие нефтеносной зоны

cement ~ выпучивание цемента

riv [rivet] заклепка ‖ клепать, соединять заклепками

rivet заклепка ‖ клепать, соединять заклепками

belt ~ заклепка для ремней

blind ~ глухая заклепка

field ~ монтажная заклепка

shop ~ заводская заклепка

site ~ *см.* field rivet

riveting 1. клепка 2. заклепочное соединение; заклепочный шов

RJ [ring joint] фланцевое соединение

RJFE [ring joint flanged end] фланцевый конец, присоединяемый с помощью приварного кольца

rk [rock] (горная) порода

RKB [rotary kelly bushing] роторный вкладыш для ведущей трубы

rky [rocky] каменистый; крепкий, твердый

RL [random length] разного класса по длине (*о трубах*)

RLB 1. [reliability] надежность 2. [reliable] надежный

rlf [relief] 1. сброс (*давления*) 2. рельеф

rlg [railing] перила, поручни; ограждение

rls [release] разъединение, размыкание

rlsd [released] разъединенный, разомкнутый

RLT [reservoir limit test] определение границ пласта, ОГП

RLY, rly [relay] реле

rm 1. [ream] расширять [разбуривать] скважину 2. [room] а) помещение; зал; камера б) место, пространство

RMC [remote control] дистанционное управление

rmn [remains] остаток, остатки

RMS [root mean square] среднеквадратичное значение

rmv [removable] съемный

rnd [rounded] скругленный; обкатанный

rng [running] спуск в скважину

RO 1. [recovery operations] спасательные операции 2. [reversed out] выкачанный (*из скважины*)

Ro [Rosiclair sand] песчаник розиклер

roarer фонтанирующая газовая скважина

robot робот

ocean space ~ робот для исследования океана

rock (горная) порода

~ the well to production возбуждать фонтанирование скважины (*при газлифтной эксплуатации*)

~ up повышать давление в скважине путем ее закрытия

asphaltic ~ асфальтовая битуминозная порода

associated ~s сопутствующие, сопровождающие *или* второстепенные породы

barren ~ *см.* waste rock

base ~ основная порода

basement ~ подстилающая порода фундамента

bed ~ подстилающая порода

bedded ~ слоистая порода

biogenic ~ биогенная порода

bituminous ~ битуминозная порода

buggy ~ порода с большим количеством пустот

calcareous ~ известковая порода

cap ~ оболочка [покрышка] купола, покров продуктивной свиты

carbonate ~ карбонатная порода

carbonate reservoir ~ карбонатный коллектор

chalk ~ меловая порода

clastic ~ обломочная порода

complex ~ сложная [неоднородная] порода

consolidated ~s сцементированные породы

contact ~ контактовая порода

container ~ *см.* reservoir rock

dense ~ плотная порода

effusive ~s *см.* eruptive rocks

eruptive ~s вулканические [изверженные] породы

gas-bearing ~ газоносная порода

hard ~ крепкая порода; твердая порода

igneous ~ *см.* eruptive rocks

impermeable ~ непроницаемая порода

impervious ~ *см.* impermeable rock

incompetent ~ некомпетентная [слабая, неустойчивая] порода (*требующая крепления стенок скважины*)
key ~ маркирующий горизонт
lime ~ *см.* calcareous rock
magnetic ~ магнитная порода
metamorphic ~s метаморфические породы
mother ~ материнская порода
native ~ *см.* mother rock
natural ~ естественная порода
oil-bearing ~ нефтеносная порода
oil reservoir ~ *см.* reservoir rock
oil-stained ~s пропитанные нефтью породы
original ~ *см.* bed rock
parent ~ *см.* mother rock
petroliferous ~ *см.* oil-bearing rock
plutonic ~s *см.* eruptive rocks
prestressed ~ порода в напряженном состоянии
primary ~ первичная порода
pyroclastic ~ обломочная изверженная порода
reservoir ~ порода-коллектор; вмещающая порода
resistant ~ труднобуримая [устойчивая] порода
rim ~ обрамляющая порода
seat ~ *см.* bed rock
secondary ~ вторичная порода
sedimentary ~s осадочные породы
shattered ~ раздробленная порода
source ~ *см.* mother rock
tight ~ непроницаемая [мелкозернистая] порода; порода с затампонированными *или* зацементированными трещинами
underlying ~ *см.* bed rock
wall ~ порода, образующая стенки скважины; вмещающая порода
waste ~ пустая порода
water-bearing ~ водоносная порода
rockburst обрушение породы
rockdust породная пыль, буровая мука
rocker 1. балансир; коромысло; кулиса; шатун 2. качающая стойка для подвески полевых тяг
rockfall обвал; камнепад
rockhole скважина в породе; породный шпур
rock-making породообразующий
rocky 1. каменистый; скалистый; породный 2. жесткий, крепкий, твердый
Rod [Rodessa] *геол.* родесса (*свита зоны тринити серии команче меловой системы*)
rod 1. штанга; стержень; шток; шатун; тяга 2. буровая штанга 3. *св.* пруток металла для наварки 4. род (*мера длины, равная 16,5 фута = 5,029 м*)
adjusting ~ регулирующая тяга
bore ~ 1. ударная штанга 2. буровая штанга
boring ~ *см.* bore rod
box-and-pin type sucker ~s насосные штанги с муфтовыми соединениями
brake ~ тормозная тяга

bucket ~ штанга насоса
catching ~ захватный шток (*скважинного насоса*)
connecting ~ шатун; соединительная тяга
connection ~ *см.* connection rod
control ~ тяга (*штурвала*) для закрытия фонтанной задвижки
dip ~ указатель уровня, щуп; измерительная рейка (*для измерения уровня жидкости в резервуаре*)
double pin sucker ~s насосные штанги с ниппельной нарезкой на обоих концах
drill ~ буровая штанга
drilling ~ *см.* drill rod
eccentric ~ эксцентриковая тяга
gage ~ *см.* dip rod
Garbutt ~ шток Гарбута (*для глубинных насосов*)
hollow ~ пустотелая штанга
jerker ~ полевая тяга
latch ~ замковый шток
lengthening ~ удлинитель
operating ~ переводная тяга
piston ~ шток поршня; шатун
polished ~ полированный шток (*глубинного насоса*)
pony ~ укороченная насосная штанга
pull ~ главная тяга (*группового привода станков-качалок*)
pump ~ шток поршня *или* плунжера; насосная штанга
pumping ~ *см.* pump rod
push ~ толкатель; шток толкателя
reciprocating ~ шатун
reinforcing ~ арматура (*железобетона*)
retrieving ~ штанга для извлечения предметов из скважины
shackle ~s составная тяга (*группового привода станков-качалок*)
tail ~ контршток (*насоса*)
telemeter ~ дальномерная рейка
welding ~ электрод; сварочный пруток
rodless бесштанговый (*о насосе*)
Rod Lube *фирм.* смазывающая добавка для буровых растворов для условий высоких давлений
ROL [rig on location] буровая установка на буровой площадке
roll 1. рулон, катушка 2. ролик; барабан; вал 3. *св.* наплыв (*дефект шва*) 4. роликовый стенд; валец 5. вращение; качение 6. *геол.* антиклиналь 7. *мор.* бортовая качка 8. катать; прокатывать; вальцевать
rolled прокатанный, катаный; вальцованный
roller 1. ролик; валик 2. *св.* роликовый электрод 3. *pl* роликовые лежки (*для поворота труб во время сварки*)
adjusting ~ регулировочный ролик
belt stretching ~ натяжной ролик, ленивец
casing ~ оправка для ремонта обсадных труб
end ~ концевой роульс (*у края платформы*)

guide ~ направляющий ролик
pressure ~s прижимные ролики (*автоматического бурильного ключа для развинчивания бурильных труб*)
pusher ~s передвигающие ролики; приводные ролики (*конвейера*)
roll-form вальцевать
rolling 1. вращение; качение 2. прокатка 3. вальцовка
~ out collapsed string исправление смятой колонны обсадных труб
cold ~ холодная прокатка
hot ~ горячая прокатка
plug ~ прокатка (*труб*) на оправке
ROM [run of mine] расположение пласта
roof 1. крыша; крышка 2. *геол.* кровля [потолок] выработки; верхнее [сводовое] крыло (*складки*)
breather ~ плавающая крыша (*резервуара*)
floating ~ *см.* breather roof
pool ~ свод залежи
tank ~ крыша резервуара
room 1. помещение; зал; камера 2. место, пространство
boiler ~ котельная
BOP control ~ помещение для оборудования управления противовыбросовыми превенторами
change ~ помещение для переодевания персонала
drilling data monitor ~ помещение контроля параметров процесса бурения
drilling vessel control ~ пост управления и контроля местоположения бурового основания относительно подводного устья скважины
mud ~ растворный узел
oil pump ~ насосное отделение (*нефтепровода*)
propulsion ~s отсеки для силовых установок (*на ППУ*)
pump ~ насосная
pumping ~ *см.* pump room
radio ~ радиорубка
sack ~ помещение для хранения сыпучих материалов
tool ~ кладовая для хранения инструмента
root 1. впадина (*профиля резьбы*) 2. основание (*зуба шестерни или шарошки*) 3. *св.* вершина сварного шва
~ of tthread канавка резьбы
~ of tooth 1. основание зуба (*зубчатого колеса*) 2. толщина основания зуба
ROP [rate of penetration] механическая скорость проходки
rope канат; трос || привязывать канатом; закреплять тросами
anchor ~ 1. удерживающий канат 2. оттяжка; расчалка
bull ~ приводной канат инструментального барабана (*в канатном бурении*)
cable ~ канат; трос

hoisting ~ подъемный канат
span ~ оттяжка (*вышки*)
towing ~ буксирный трос
traction ~ тяговый канат
wire ~ проволочный канат; трос
ROR [rate of return] скорость выходящего потока бурового раствора
Rosagil *фирм.* смесь акриловой смолы с катализатором, используемая для изоляции зон поглощения
ROSE [residium oil supercritical extraction] сверхкритическая экстракция остаточных нефтепродуктов
rose сетчатый фильтр (*на всасывающей линии*)
rot 1. [rotary] ротор, роторный стол; станок роторного бурения 2. [rotate] а) вращать(ся) б) бурить 3. [rotator] устройство для периодического проворачивания насосно-компрессорных труб (*при эксплуатации*)
rotary 1. ротор, роторный стол; станок роторного бурения || вращательный (*о бурении*); ротационный (*о компрессоре*) 2. вращающийся; поворотный
make-and-break ~ ротор станка вращательного бурения с приспособлением для свинчивания и развинчивания бурильных труб
oil-field ~ роторный станок для бурения на нефть
shaft driven ~ ротор с карданным приводом
rotate 1. вращать(ся) 2. бурить 3. приподнимать долото с забоя, не прекращая вращения
rotation 1. вращательное движение, вращение 2. периодическое повторение, чередование циклов
~s per minute число оборотов в минуту
anticlockwise ~ *см.* counterclockwise rotation
clockwise ~ вращение по часовой стрелке
counterclockwise ~ вращение против часовой стрелки
drilling tool ~ вращение бурового инструмента
drill string ~ вращение бурильной колонны
reverse ~ вращение в обратную сторону
rotator поворотное устройство
tubing ~ устройство для периодического проворачивания насосно-компрессорных труб (*при эксплуатации*)
valve ~ механизм поворота клапана
rotor 1. ротор 2. рабочее колесо (*турбины, насоса*)
downhole motor ~ ротор забойного двигателя
rod ~ штанговращатель (*приспособление для автоматического вращения штанг при насосной эксплуатации*)
roto-rabbit вращающийся скребок (*для чистки эксплуатируемой скважины*)
Roto-Tek *фирм.* специальный инструмент для цементирования обсадной колонны, позволяющий одновременное вращение и расхаживание колонны

rotten

rotten 1. разложившийся 2. разрушенный; выветрившийся (*о породе*)
rough 1. грубый, неровный, шероховатый 2. приблизительный; черновой 3. трудный; неблагоприятный 4. крупнозернистый
roughen придавать шероховатость (*поверхности*)
roughneck рабочий буровой бригады || работать в буровой бригаде
  iron ~ устройство для механизированной подвески и развинчивания труб (*при спускоподъемных операциях*)
roughneckproof прочный, рассчитанный на неосторожное обращение (*об инструменте, оборудовании*)
roughness шероховатость; неровность
round 1. круг, окружность || округлять; скруглять || круглый 2. круговое движение; цикл || круговой 3. обход 4. комплект шпуров; комплект скважин
  ~ of holes комплект скважин
roundtrip спускоподъемный рейс, спускоподъемная операция, спуск-подъем инструмента
roustabout неквалифицированный рабочий, разнорабочий (*на нефтепромысле*)
route путь, трасса
  line ~ трасса трубопровода
routine 1. установившийся режим работы; заведенный порядок (*работ, операций*) 2. повседневный; текущий
  ~ of work установившийся режим работы
ROV [remotely operated vehicle] машина с дистанционным управлением
ROW [right-of-way] а) трасса трубопровода б) полоса отвода; полоса отчуждения
royalty плата за право разработки недр
  oil ~ плата за право разработки нефтяных месторождений
RP 1. [reciprocation] расхаживание (*колонны*) 2. [rock pressure] пластовое давление 3. [rod pump] вставной штанговый насос
RPM, rpm [revolutions per minute] оборотов в минуту
rpmn [repairman] ремонтник
RPP [retail pump price] розничная цена насоса
rps [revolution per second] оборотов в секунду
RR 1. [railroad] железная дорога 2. [reliability requirement] требование к надежности 3. [rig released] освободившаяся (*от бурения*) буровая установка
RRA [Resource Recovery Act] Закон о восстановлении ресурсов (*США*)
RR & T [running rods and tubing] спуск насосных штанг и насосно-компрессорных труб
RRC 1. [Railroad Commission (Texas)] Комитет по управлению железными дорогами (*штата Техас*) 2. [ratcheting reclosable circulating (valve)] повторно закрываемый циркуляционный (клапан) с храповым механизмом

RS 1. [rig skidded] буровая установка, снятая со скважины 2. [rising stem (valve)] (задвижка) с выступающим из корпуса винтовым регулирующим стержнем
RSD [returnable steel drum] возвратная стальная бочка
rsns [resinous] смолистый
RSU [released swab unit] освобожденное свабирующее устройство
rsvr [reservoir] резервуар; хранилище; емкость
RT 1. [rotary table] роторный стол, ротор 2. [rotary tools] оборудование [инструмент] для роторного бурения
R test [rotary test] разведочная скважина, пробуренная вращательным [роторным] способом
RTG 1. [radioisotope thermoelectric generator] радиоизотопный термоэлектрический генератор 2. [running tubing] спуск (колонны) насосно-компрессорных труб
rtg [rating] мощность; производительность
RTJ 1. [ring tool joint] муфтовое замковое соединение 2. [ring type joint] соединение с двойной муфтой
RTLTM [rate too low to measure] слишком низкая для измерения скорость
rtnr [retainer] 1. цементировочный фонарь 2. стопор фиксатора
RTTS [retrievable test-treat-squeeze] извлекаемый (пакер), применяемый при испытании, обработке и цементировании скважин
RTU [remote terminal unit] пульт дистанционного управления
RU 1. [rigged-up] смонтированный (*об оборудовании*) 2. [rigging-up] монтаж (*оборудования*) 3. [rotary unit] установка для вращательного [роторного] бурения
rub [rubber] 1. резина || резиновый 2. резиновый скребок (*для снятия бурового раствора с наружной поверхности извлекаемых бурильных труб*)
rubber 1. резина || резиновый 2. резиновый скребок (*для снятия бурового раствора с наружной поверхности извлекаемых бурильных труб*)
  oil-resistant ~ 1. нефтестойкая резина 2. маслостойкая резина
  packer ~ резиновая прокладка [манжета] пакера
  packing ~ резиновая прокладка; резиновая набивка
  sectional ring ~s секционные резиновые кольца (*для составных пакеров*)
Rubber Seal фирм. крошка из автомобильных покрышек (*нейтральный наполнитель для борьбы с поглощением бурового раствора*)
RUCT [rigging up cable tools] монтаж оборудования для ударно-канатного бурения
RUDAC [remote underwater drilling and completion] подводное бурение и заканчивание

(*скважин*) с дистанционным управлением устьевым оборудованием
Ruff-Cote *фирм.* способ обработки поверхности обсадных труб гранулированным материалом (*для улучшения сцепления цементного камня с обсадной колонной*)
rugged 1. грубый, неровный, шероховатый 2. прочный, износостойкий; жесткий
rule 1. правило 2. норма; критерий 3. линейка
~s for building and classing offshore mobile drilling units правила постройки и классификации морских передвижных буровых установок
operating ~s правила эксплуатации
safety ~s правила техники безопасности
slide ~ логарифмическая линейка
RUM [rigging up machine] монтаж машины
run 1. пробег; рейс (*инструмента в скважину*); спуск (*труб в скважину*) 2. работа, режим работы; эксплуатация (*оборудования*) || эксплуатировать (*оборудование*) 3. интервал проходки (*после которого долото требует заправки или скважина требует очистки*) 4. спускной желоб, лоток 5. партия (*продукции*) 6. серия (*испытаний*) 7. трасса 8. фракция 9. *геол.* направление жилы, простирание пласта
~ a curve снимать характеристику (*напр. двигателя*)
~ away переходить «вразнос» (*о двигателе*); выходить из-под контроля
~ barefoot эксплуатировать скважину с открытым [необсаженным] продуктивным горизонтом
~ by gravity двигаться [течь] самотеком
~ free *см.* run idle
~ idle работать на холостом ходу
~ in 1. спускать (*трубы или инструмент в скважину*) 2. забуривать (*скважину*) 3. прирабатывать (*новую алмазную коронку на малых частотах вращения*) 4. закачивать (*жидкость в скважину*)
~ in parallel работать параллельно
~ in series работать последовательно
~ low иссякать, истощаться
~ off отводить (*жидкость*)
~ on choke ограничивать дебит скважины фонтанным штуцером
~ out стекать, вытекать
~ out of hole окончательно потерять диаметр скважины (*дальнейшее бурение становится нецелесообразным*)
~ over переливаться (*через край*)
~ the oil 1. измерять количество нефти в промысловых резервуарах 2. перекачивать нефть из промысловых резервуаров по трубопроводу
~s to stills количество нефти, поступающей в переработку
continuous ~ непрерывная работа (*оборудования*); режим длительной нагрузки

drilling bit ~ отработка бурового долота (*в процессе эксплуатации*)
full-load ~ работа при полной нагрузке
gear ~ зубчатая передача
oil ~ добыча нефти за определенный период
pipe ~ 1. нитка [ветвь] трубопровода 2. длина участка трубопровода
pipeline ~ количество перекачанного по трубопроводу нефтепродукта
short ~s подъем инструмента на несколько свечей (*для кондиционирования газированного бурового раствора*)
test ~ пробный рейс
vertical ~ вертикальный ввод (*подводной фонтанной арматуры*)
washover ~ рейс промывной колонны с башмаком-коронкой
runaround балкон буровой вышки
runner 1. рабочий шкив; ходовой ролик, подвижной блок; ходовой конец (*талевого каната*) 2. ротор (*турбины*) 3. ходовая втулка; ходовое кольцо 4. бурильщик; буровой мастер
marine conductor line ~ ходовая втулка водоотделяющей колонны под направляющие канаты
pump ~ колесо центробежного насоса
rig ~ бурильщик роторного бурения
rotary ~ *см.* rig runner
running 1. работа (*напр. станка*); процесс (*напр. бурения*) 2. спуск (*труб или инструмента в скважину*) 3. плывучий, сыпучий (*о породе*) 4. находящийся в работе, на ходу; действующий, эксплуатационный
~ against pressure спуск (*труб в скважину*) под давлением
~ the tools into the well спуск инструмента в скважину
~ under pressure см. running against pressure
anchor line ~ разводка якорных канатов
idle ~ холостой ход
no-load ~ *см.* idle running
reverse ~ обратный ход
running-in 1. спуск (*труб или инструмента в скважину*) 2. приработка (*новой алмазной коронки на малых частотах вращения*) 3. забуривание (*скважины*) 4. закачивание (*жидкости в скважину*)
running-off 1. сбегание (*ремня, каната*) 2. стекание (*жидкости*)
RUP [rigging up pump] монтаж насоса
rupt [rupture] разрушение; разрыв
rupture 1. разрушение; разрыв || разрушаться; разрываться 2. трещина 3. пробой (*изоляции*)
RUR [rigging up rotary (table)] монтаж ротора, монтаж роторного стола
RURT [rigging up rotary tools] монтаж оборудования для вращательного [роторного] бурения
RUSR [rigging up service rig] монтаж установки для профилактического ремонта скважин

RUST

RUST [rigging up standard tools] монтаж стандартного оборудования
rust ржавчина || ржаветь
rusting ржавление
rustless нержавеющий
rust-proof нержавеющий; коррозионностойкий
rusty покрытый ржавчиной, ржавый
RUT [rigging up tools] монтаж оборудования
RVS [rotary vibrating shale shaker] ротационное вибросито
rvs [reverse] 1. обратная сторона 2. реверсирование || реверсировать
rvsd [reversed] обратный, движущийся в обратном направлении
RVT [retrievable valve tester] извлекаемый испытатель пластов с клапанным устройством
R/W [right-of-way] 1. трасса трубопровода 2. полоса отвода; полоса отчуждения
rwk [rework] повторно разрабатывать (месторождение)
RWTP [returned well to production] скважина, возвращенная в число действующих
Ry [railway] железная дорога

S

S [suspended] взвешенный, суспендированный
S/ [swabbed] свабирована (о скважине); поршневание (скважины) проведено
s 1. [second] секунда 2. [shielded] экранированный, защищенный, закрытый
S_g [gas saturation] газонасыщенность
S_h [hydrocarbon saturation] нефтегазонасыщенность
S_o [oil saturation] нефтенасыщенность
S_{oi} остаточная (связная) нефтегазонасыщенность
S_{om} свободная (подвижная) нефтегазонасыщенность
S_u [undrained shear strength] прочность на сдвиг
S_w [water saturation] водонасыщенность
S/2 [South half] южная половина
s. a. 1. [sectional area] площадь поперечного сечения 2. [self-acting] автоматический
SAA [surface active agent] поверхностно-активное вещество, ПАВ
Sab [Sabinetown] геол. сэбинтаун (свита группы уилкокс третичной системы)
saddle 1. седло; башмак; подпятник 2. скоба для прикрепления трубы; трубный хомут; трубный зажим; промежуточная опора (трубопровода) 3. геол. седло, седловина; свод, антиклинальная складка
  fixed pipe ~ хомутовая неподвижная опора трубопровода

pipe ~ ремонтный хомут седельного типа; хомут или скоба для подвешивания трубопровода; хомутовая опора трубопровода
  skid pipe ~ хомутовая скользящая опора трубопровода
SAE [Society of Automotive Engineers] Общество инженеров-транспортников
saf [safety] безопасность; надежность; сохранность
safe 1. надежный; безопасный 2. допускаемый 3. в пределах габарита
Safeguard фирм. ингибитор коррозии на аминной основе для водных буровых растворов
safeguard ограждение (механизма), щиток; предохранительное приспособление || ограждать, предохранять
safety безопасность; надежность; сохранность
  ~ in offshore operations техника безопасности при работах на шельфе
  fire ~ пожарная безопасность
  personnel ~ безопасность персонала
  service ~ безопасность технического обслуживания
sag 1. провисание (ремня, трубопровода), слабина (каната), прогиб, провес; стрела прогиба || провисать; прогибаться 2. просадка, оседание; перекос 3. отклоняться, дрейфовать
  ~ of protecting coating отставание [отслаивание] защитного покрытия
  catenary ~ прогиб цепной линии
  rod ~ изгиб колонны штанг в скважине (под действием собственной массы)
sagging 1. прогибание; провисание; осадка 2. снос, дрейф 3. биение (ремня)
sal [salinity] соленость, минерализация (воды)
Salgite фирм. аттапульгитовый глинопорошок для приготовления солестойких буровых растворов
saliferous соленосный (о пласте); содержащий соль
salina 1. соляное болото или озеро 2. солончак; соленое озеро; соленый источник
saline 1. соленый 2. соляной, солевой 3. солончак; соленое озеро; соленый источник
Salinex фирм. эмульгатор для буровых растворов на основе соленой воды
saliniferous см. **saliferous**
salinity минерализация (воды), соленость
  primary ~ первичная соленость
  secondary ~ вторичная соленость
  soil ~ соленость почвы
salinometer ареометр для определения плотности рассола
SALS [single-anchor leg storage] хранилище (нефтепродуктов) с одноточечным якорем-опорой
salt 1. соль || солить 2. разг. добавлять ускоритель или замедлитель схватывания к цементному раствору
  acid ~ кислая соль

alkali ~ соль щелочного металла
basic ~ основная соль
common ~ поваренная соль
Epsom ~ соль Эпсома; сульфат магния ($MgSO_4 \times 7H_2O$) (*реагент для обработки глинистых буровых растворов*)
fused ~ расплавленная соль, расплавленный электролит
potassium ~ калийная соль
rock ~ каменная соль (*NaCl*)
sea ~ морская соль
soda ~ кальцинированная сода; углекислый натрий (Na_2CO_3)
sodium ~ хлорид натрия; натриевая соль
undomed ~ ненарушенная соль; соль, залегающая вне купола
salt-bearing соленосный
Salt Gel *фирм.* глинопорошок для приготовления бурового раствора на минерализованной воде
Salt Mud *фирм.* аттапульгитовый глинопорошок для приготовления солестойких буровых растворов
salvage отходы производства (*годные для переработки*); металлолом; скрап
salvaging утилизация; использование отходов
SAM 4(5) *фирм.* буферная жидкость
samp [sample] образец, проба (*породы, грунта, шлама*)
sample 1. образец; проба (*породы, грунта, шлама*); керн || отбирать образцы; брать пробы 2. шаблон; модель
average ~ средняя проба
bailer ~ образец, взятый при канатном бурении
bed ~ пластовая проба
bottom ~ донная проба
bottom-hole ~ образец, взятый из забоя скважины
check ~ контрольный образец, контрольная проба
chip ~ осколочная проба
composite ~ составная проба
core ~ образец керна
disturbed ~ образец с нарушенной структурой
ditch ~ образец (*шлама*) из желоба
drill ~s образцы (*пород*), взятые при бурении
formation ~s образцы пород
lab ~ *см.* laboratory sample
laboratory ~ лабораторная проба
oriented ~ ориентированный образец
recombined ~ рекомбинированная проба
representative ~ типичный [представительный] образец
rock ~ образец породы
sludge ~ шламовая проба, образец шлама
surface ~ отобранная на поверхность проба
tensile ~ образец для испытания на растяжение
test ~ образец для испытаний; проба

traverse ~ *геол.* проба по профилю
undisturbed ~ образец с ненарушенной структурой
welded test ~ сварной образец для испытаний
well ~ образец из буровой скважины
sampler 1. рабочий, отбирающий пробу 2. пробоотборник, грунтонос
automatic ~ автоматический пробоотборник
bottom ~ донный пробоотборник
bottom-hole ~ забойный пробоотборник
crude ~ *см.* oil sampler
downhole ~ пробоотборник
gas ~ газовый пробоотборник
oil ~ нефтяной пробоотборник
side-wall ~ боковой грунтонос
sampling 1. отбор [взятие] проб *или* образцов; опробование 2. выборочное исследование
bottom-hole ~ отбор пробы из забоя скважины
check ~ проверочное [контрольное] опробование
continuous ~ непрерывный отбор проб
gas ~ отбор проб газа
lab ~ отбор образцов для лабораторных исследований
mechanical ~ автоматический отбор проб
well ~ отбор образцов из скважины
Sana [Sanastee] *геол.* сэнэсти (*свита группы колорадо верхнего мела*)
sand 1. песок || посыпать песком; заплывать песком (*о скважине*) 2. нефтеносный песок; нефтеносный песчаный пласт 3. *pl* нефтеносные породы
asphaltic ~ асфальтовый песок
assorted ~ отсортированный песок
close ~ плотный [малопористый] песок
coarse ~ крупный [грубозернистый] песок
collecting ~s пески-коллекторы
concreting ~ песок для бетонной смеси
consolidated ~ сцементированный песок
dense silty ~ плотный илистый песчаник
dirty ~ заиленный песок
dry ~ непродуктивный песок
filter ~ фильтрующий песок
fine ~ мелкий [мелкозернистый, тонкозернистый] песок
fresh water ~ пресноводный пласт
gas ~ газоносный песок, газовый пласт
graded ~ сортированный песок
hard oil ~ твердый нефтеносный песок
heaving ~s плывуны
lenticular ~ линзовидный пласт
light ~ сыпучий песок
limestone ~ известковый песок
loose ~ рыхлый [несцементированный] песок
magnetite ~ магнетитовый песок
medium ~ среднезернистый песок
oil ~ нефтеносный песок; битуминозный песок
oil-bearing ~ *см.* oil sand

sand

oil-soaked ~ песок, пропитанный нефтью; нефтенасыщенный песок
oil-stained ~ *см.* oil-soaked sand
open ~ пористый песок
overlying ~ вышележащий песок
pay ~ промышленный [продуктивный] пласт
produced ~ песок, выносимый попутно с продукцией скважины
productive ~ *см.* pay sand
propping ~ расклинивающий песок (*закачиваемый с жидкостью разрыва в скважину для удержания трещины в раскрытом состоянии*)
round ~ скатанный песок
running ~ несвязанный [неустойчивый] песок; *pl* плывуны
sea ~ морской песок
semi-consolidated ~ слабосцементированный песок
settling ~ осыпающийся в скважину песок
shallow ~s нефтеносные породы, залегающие на небольшой глубине (*до 300 м*)
sheet ~ пластовая песчаная залежь
shifting ~ зыбучий песок; плывун
shoe-string ~s линзовидные пески
tar ~ битуминозный песчаник, смоляной песок
thief ~ пропласток песка, поглощающий нефть из другого горизонта
thin ~ тонкий пропласток, маломощный пласт
tight ~ плотный песок
top ~ верхний песок
underlying ~ нижележащий [подстилающий] песок
undersaturated ~ пласт, содержащий недостаточно насыщенную газом нефть (*при давлении ниже давления насыщения*)
water ~ водоносный песок
water-repellent ~ водоотталкивающий песок
water-sensitive ~ водовосприимчивый [водочувствительный] песок

sandblast 1. струя воздуха с песком 2. пескоструйный аппарат ‖ производить пескоструйную очистку
sandblasted подвергнутый пескоструйной обработке, обработанный пескоструйным аппаратом
sandblaster пескоструйный аппарат
sandblasting пескоструйная обработка
sand-carrier песконоситель (*при гидравлическом разрыве пласта*)
sanded-in зашламованный; засыпанный обвалившейся породой (*об инструменте*)
S & F [swab and flow] фонтанирование после поршневания (*скважины*)
sanding-up выпадение песка в скважине, образование песчаных пробок
Sandmaster *фирм.* 152-мм гидроциклонный песокотделитель
S & O [stain and odor] пятно и запах

s & s [spigot and spigot] труба, концы которой входят в раструб другой трубы
sandstone песчаник
argillaceous ~ глинистый песчаник
asphaltic ~ асфальтовый песчаник (*песчаник, пропитанный асфальтом, разновидность битуминозного песчаника*)
bituminous ~ битуминозный песчаник
calcareous ~ известковый песчаник
clayey ~ *см.* argillaceous sandstone
consolidated ~ сцементированный песаник
hard ~ твердый песчаник
quartzy ~ кварцевый песчаник
reservoir ~ нефтеносный песчаник
silicious ~ кремнистый песчаник
uniform ~ однородный песчаник
sandstorm песчаная буря
sandwasher устройство для отмывки шлама от нефти, шламопромыватель
sandy песчаный; песчанистый
Sanheal *фирм.* полимерлигносульфонатный комплекс для приготовления безглинистых буровых растворов
sap [saponification] омыление
Sap No. [saponification number] число омыления
saponification омыление
saponify омылять(ся)
SAPP [sodium acid pyrophosphate] кислый пирофосфат натрия
saprolite *геол.* сапролит, гнилой камень
sapropel *геол.* сапропель, сапропелевый ил
sapropelite *геол.* сапропелит, сапропелевый уголь
Sara [Saratoga] *геол.* саратога (*свита группы тейлор серии галф мелового системы*)
sat 1. [saturated] насыщенный 2. [saturation] а) насыщение б) насыщенность
saturability насыщаемость
saturant насыщающий агент; насыщающая фаза ‖ насыщающий
saturate 1. насыщать, пропитывать 2. *хим.* нейтрализовать
saturation 1. насыщение 2. насыщенность 3. пропитывание, пропитка
equilibrium ~ равновесная насыщенность
equilibrium gas ~ равновесная газонасыщенность
final water ~ конечная водонасыщенность
fractional ~ частичная насыщенность
hydrocarbon ~ насыщенность углеводородами
irreducible ~ остаточная насыщенность (*при лабораторных исследованиях керна*)
liquid ~ насыщение (*порового пространства*) жидкостью
oil ~ нефтенасыщенность
oil-and-gas ~ нефтегазонасыщенность
residual ~ остаточная насыщенность
residual gas ~ остаточная газонасыщенность
saver 1. предохранительное устройство 2. спасательное устройство 3. сальник

BOP stack ~ предохранитель (подводного) блока противовыбросовых превенторов
Christmas tree ~ предохранитель фонтанной арматуры (*устройство для предохранения от высокого давления, абразивной или коррозирующей жидкости при вызове притока из скважины*)
drilling mud ~ противоразбрызгиватель для бурового раствора
oil ~ сальник, предохраняющий от разбрызгивания нефти (*при подъеме инструмента*)
saving экономия
   energy loss ~ уменьшение потерь энергий
   fuel ~ экономия топлива
Saw [Sawatch] *геол.* сэуотч (*свита песчаников нижнего кембрия*)
saw:
   gasoline-powered ~ бензопила
sawdust древесные опилки (*наполнитель для борьбы с поглощением бурового раствора*)
SB 1. [saturated brine] насыщенный рассол 2. [sideboom] стрела, установленная у борта судна 3. [sleeve bearing] подшипник скольжения; опора скольжения (*долота*) 4. [stuffing box] сальник
sb [sub] переводник; переходник; втулка
SBA [secondary butyl alcohol] вторичный бутиловый спирт
SBHP [static bottom-hole pressure] статическое давление на забое
SBM [synthetic base mud] буровой раствор на синтетической основе
SC 1. [shows of condensate] признаки конденсата в скважине 2. [standard conditions] нормальные температура и давления
sc 1. [scale] шкала; масштаб 2. [science] наука 3. [scientific] научный
SCADA [supervisory control and data acquisition] система телеуправления и сбора данных
scaffold строительные леса; подмостки
   main and subsidiary ~ главные и вспомогательные подмостки
scale 1. шкала 2. масштаб || определять масштаб; наносить масштаб 3. масштабная линейка 4. накипь, окалина || удалять накипь *или* окалину 5. плена, чешуя; оксидная пленка
   ~ down уменьшать масштаб
   ~ off отслаиваться, отделяться чешуйками
   ~ of hardness *см.* hardness scale
   ~ of height вертикальный масштаб, масштаб высот
   ~ up увеличивать масштаб
   absolute temperature ~ шкала абсолютных температур, шкала Кельвина
   adjustment ~ регулировочная шкала
   API (hydrometer) ~ шкала Американского нефтяного института для плотности жидкостей
   Baumé gravity ~ шкала силы тяжести Боме
   Beaufort wind ~ шкала силы ветра, шкала Бофорта
   Celsius ~ *см.* centigrade scale
   centigrade ~ стоградусная шкала, шкала Цельсия
   commercial ~ промышленный масштаб
   conversion ~ таблица перевода мер
   coordinate ~ координатная [масштабная] сетка
   distance ~ 1. масштаб длины 2. фокусировочная шкала
   distorted ~ искаженный масштаб
   expanded saturation ~ растянутый масштаб насыщенности
   Fahrenheit ~ (температурная) шкала Фаренгейта
   hardness ~ шкала твердости (*минералов*)
   Kelvin temperature ~ *см.* absolute temperature scale
   large ~ большой масштаб
   mill ~ прокатная окалина
   Mohs ~ шкала твердости Мооса
   mud ~ прибор для измерения плотности бурового раствора
   natural ~ натуральная величина
   octane ~ октановая шкала
   pipe ~ отложения на внутренних стенках трубопроводов
   plotting ~ масштаб (*плана*)
   Réaumur ~ температурная шкала Реомюра
   recorder ~ масштаб записи
   reduced ~ уменьшенный [сокращенный] масштаб
   representative ~ условный масштаб
   rock drillability ~ шкала буримости горных пород
   Shore hardness ~ шкала твердости Шора
   temperature ~ температурная шкала
Scale-Ban *фирм.* ингибитор коррозии для водных буровых растворов
scaling 1. образование [осаждение] накипи; образование окалины 2. расслаивание, отслаивание 3. определение масштаба; нанесение масштаба; масштабное копирование 4. обмер
scan 1. развертка || развертывать 2. перемещать щуп (*ультразвукового дефектоскопа*) 3. сканировать
scanning 1. перемещение щупа 2. развертка; развертывание, разложение (*изображения*)
scattering 1. разброс; рассеяние 2. отклонение (*скважины*) от заданного направления
   ~ of the points разброс точек (*при построении кривой*)
scavenge 1. очищать; удалять (*отработанные газы*) 2. улучшать свойства
scavenger раскислитель; рафинирующая добавка
scavenging 1. выхлоп, выпуск, продувка (*отработанных газов*) 2. спуск, слив (*масла и т. п.*)
   bottom-hole ~ очистка забоя от выбуренной породы
SCBA [self-contained breathing apparatus] автономный дыхательный аппарат

scf [standard cubic foot] кубический фут в стандартных условиях, стандартный кубический фут

scfh [standard cubic feet per hour] стандартных кубических футов в час

scfm [standard cubic feet per minute] стандартных кубических футов в минуту

sch [schedule] план; график; режим

schedule 1. расписание || составлять расписание 2. программа; план; таблица; график; режим; маршрут; инструкция; предписание 3. перечень; формуляр; опись; инвентаризационная ведомость
 construction ~ график строительства
 decompression ~ декомпрессионный график
 fixed ~ твёрдо установленный график
 oil production ~ план добычи нефти
 pressure ~ режим давления
 production ~ производственный план *или* график
 proration ~ график темпа отбора; пропорциональное распределение отбора по скважинам
 servicing ~ график технического обслуживания, график ТО
 temperature ~ температурный режим

scheduling 1. планирование; составление программы; разработка графиков 2. технологическая проработка; разработка графика (*технологического процесса*)

schem [schematic] схематический

scheme 1. схема; чертёж; план; проект || составлять план, планировать; проектировать 2. система (*напр. энергетическая*), узел

schist (кристаллический) сланец

schistose сланцеватый; слоистый

schistosity сланцеватость
 bedding ~ сланцеватость, параллельная напластованию
 rock ~ сланцеватость породы

Schlumberger *фирм.* 1. прибор для электрокаротажа 2. диаграмма электрокаротажа

scintillation сцинтилляция; мерцание; вспышка

sclerometer склерометр (*прибор для измерения твёрдости*)

scoop:
 oil ~ желонка для нефти

score 1. задир; зазубрина; царапина || задирать; зазубривать; царапать 2. зарубка; метка

scored 1. шероховатый; с царапинами; с бороздками; с задирами 2. рифлёный, желобчатый

scoring 1. задирание (*поверхности*); образование рисок и задиров 2. рифление

scour чистка; очистка; промывка; размыв || чистить; очищать; промывать; размывать

scouring очистка (*стенок*); соскребание (*осадка*); размывание

scout инженер, проводящий предварительное обследование участка

scr 1. [scratcher] скребок (*для очистки стенок скважины*) 2. [screen] а) перфорированная труба б) сетка в) экран 3. [screw] винт

scrap 1. скрап; металлический лом, металлические отходы 2. браковать; выбрасывать

scrape скрести, соскребать, очищать
 ~ out a hole очищать ствол от бурового шлама

scraper скребок; ёрш
 casing ~ инструмент (*шарошечный или скребковый*) для очистки стенок обсадных труб от твёрдого осадка
 hydraulic wall ~ гидравлический скребок (*с выдвигающимися резцами*) для очистки стенок скважины от фильтрационной корки
 pipeline ~ механический скребок для очистки трубопровода
 pump-down rotating ~ закачиваемый вращающийся скребок
 wall ~ скребок [ёрш] для очистки стенок скважины от фильтрационной корки

scratch царапина; риска; насечка || царапать; насекать
 last ~ последняя риска (*база, от которой производятся отсчёты при измерениях калибром резьбы труб*)

scratchalizer скребок-центратор

scratcher скребок (*для очистки стенок скважины*)
 bristle type ~ скребок с проволочными рабочими элементами, проволочный скребок
 cable type ~ скребок с проволочными петлями
 rotating ~ вращающийся [поворотный] скребок
 rotating wall ~ вращающийся [поворотный] скребок для открытого ствола
 wire ~ проволочный скребок; проволочная щётка

scrd [screwed] свинченный, завинченный

screen 1. перфорированная труба, фильтр 2. сетка; сито, грохот || просеивать 3. экран; щит; ширма || экранировать; защищать
 ~ out отсеивать
 coarse ~ сетка с крупными отверстиями
 coarse-meshed ~ *см.* coarse screen
 fine ~ сетка с мелкими отверстиями; тонкая сетка; мелкоячеистая сетка
 fine-meshed ~ *см.* fine screen
 inlet ~ приёмный фильтр (*насоса*)
 intake ~ сетка на приёме насоса
 mud ~ вибросито для очистки бурового раствора
 oil ~ сетка для масла, сетчатый масляный фильтр
 oil-well ~ фильтр для нефтяной скважины
 oscillating ~ вибрационный грохот, вибрационное сито, вибросито
 plugged ~ 1. засорённый фильтр 2. закупоренная сетка
 pump ~ сетчатый фильтр насоса
 reciprocating ~ вибрационный грохот, вибрационное сито, вибросито
 revolving ~ вращающееся сито
 rotary mud ~ вращающееся сито для очистки бурового раствора

shaker ~ см. oscillating screen
slotted (pipe) ~ фильтр с щелевидными отверстиями
well ~ скважинный фильтр
wire wrapped sand ~ песочный фильтр с проволочной обмоткой
screened 1. экранированный 2. просеянный 3. защищенный
screening 1. очистка (*бурового раствора*) виброситом 2. просеивание, грохочение 3. экранирование
sand ~ выпадение песка (*из жидкости разрыва*)
screen-out выпадение песка (*из песконосителя при гидроразрыве пласта*)
screen-protected защищенный сеткой
screw 1. винт; болт; шуруп ‖ привинчивать; ввинчивать; скреплять болтами; нарезать резьбу 2. винтовой шпиндель; зажимной винт (*патрона шпинделя*) 3. змеевик 4. шнек 5. червяк
~ down подвинчивать, довинчивать
~ home завинчивать до отказа
~ in ввинчивать
~ off отвинчивать, развинчивать
~ on привинчивать; свинчивать; навинчивать
~ on cold навинчивать в холодном состоянии
~ out вывинчивать
~ together свинчивать; привинчивать
~ up завинчивать, затягивать
adjusting ~ регулировочный [установочный] винт
anchor ~ анкерный [фундаментный] болт
attachment ~ крепежный винт
backing-up ~ упорный винт
cap ~ 1. колпачковая гайка 2. крышка сальника с резьбой 3. винт с головкой под ключ *или* отвертку
check ~ регулировочный [установочный] винт; нажимной винт
clamping ~ зажимной [стопорный] винт
fastening ~ *см.* clamping screw
feed ~ 1. ходовой винт 2. шнек, подающий червяк, червячный транспортер
fixing ~ соединительный винт; зажимной [стопорный] винт
governing ~ регулирующий винт
jack ~ винтовой домкрат
pressure ~ нажимной винт
set ~ 1. зажимной [стопорный] винт; нажимной винт 2. утопленный винт
tapered ~ замок с конической резьбой
temper ~ уравнительный винт (*при канатном бурении*)
thumb ~ винт с рифленой *или* накатанной головкой
screw-driven с приводом от ходового винта
screwdriver отвертка
screwing свинчивание, скрепление [соединение] винтами *или* болтами
screw-shaped винтообразный, спиральный, геликоидальный

scroll 1. плоская резьба 2. спираль, плоская спиральная канавка 3. червяк
scrubber 1. скруббер, газоочиститель 2. скребок; проволочный ерш
air ~ очиститель воздуха
scrubbing:
oil ~ очистка нефти
SCSA [special cost schedule allowance] дополнительные расходы, связанные с риском
SCT [stage cementing tool] устройство для ступенчатого цементирования
sctrd [scattered] рассеянный, разбросанный
SD [shutdown] временная остановка; выключение
sd 1. [sand] а) песок б) нефтеносный песок 2. [sandstone] песчаник
SDA [shutdown to acidize] остановка скважины для проведения кислотной обработки пласта
sd & sh [sand and shale] песок и глинистый сланец
SD Ck [side door choke] штуцер с боковой дверцей
SDF [shutdown to fracture] прекращение испытания скважины для проведения гидроразрыва
sdfract [sand fracturing] гидроразрыв с применением песка в качестве расклинивающего агента
SDL [shutdown to log] прекращение работ с целью проведения каротажа
SDO 1. [shows of dead oil] признаки дегазированной нефти 2. [shutdown for orders] остановка работ в ожидании распоряжений
sdoilfract [sand and oil fracturing] гидроразрыв смесью нефти и песка
SDON [shutdown overnight] прекращение работ в ночное время
SDPA [shutdown to plug and abandon] прекращение работ для установки моста и ликвидации скважины
SDPL [shutdown for pipeline] прекращение работ для подключения к внутрипромысловой сети трубопроводов
SDR [shutdown for repairs] прекращение работ для проведения ремонта
Sd SG [sand showing gas] песчаник с признаками газа
Sd SO [sand showing oil] песчаник с признаками нефти
sdtrk [sidetracking] забуривание бокового ствола, обход боковым стволом
SDW [shutdown for weather] прекращение работ по погодным условиям
SDWO [shutdown awaiting orders] прекращение работ в ожидании распоряжений
sdwtrfract [sand and water fracturing] гидроразрыв смесью песка с водой
sdy [sandy] песчаный; песчанистый
sdy li [sandy lime] песчанистый известняк
sdy sh [sandy shale] песчанистая сланцевая глина

SE

SE 1. [secondary emulsifier] вторичный эмульгатор 2. [South-East] юго-восток
S/E [screwed end] конец (*трубы*) с резьбой
SE/4 [South-East quarter] юго-восточная четверть
sea море
  deep ~ большие глубины моря
  rough ~ сильное волнение на море
Seabar *фирм.* сульфат бария (*утяжелитель*)
Seaben *фирм.* бентонитовый глинопорошок
Sea Clay *фирм.* волокнистый асбест (*загуститель для солестойких буровых растворов*)
Seaflo *фирм.* алюминиево-лигносульфонатный комплекс (*ингибитор неустойчивых глин*)
Sea Free *фирм.* реагент для установки ванн с целью освобождения прихваченных труб
seal 1. сальниковое уплотнение, сальник; изолирующий слой 2. придавать непроницаемость (*стенкам скважины*); закрывать, закупоривать (*трещины цементированием*); уплотнять 3. заделка; запайка; закупорка 4. печать; пломба ‖ запечатывать; пломбировать
  ~ off заглинизировать; закупоривать, изолировать (*водоносный горизонт*); уплотнять; отделять (*водонепроницаемой перемычкой*)
  air ~ воздушная прослойка, герметическое уплотнение
  bentonite ~ бентонитовое уплотнение
  fluid ~ *см.* liquid seal
  gage ~ крышка замерного люка
  gas ~ газовый затвор
  hydraulic ~ 1. гидравлический предохранительный затвор 2. гидравлическое уплотнение; гидроизоляция
  labyrinth ~ лабиринтное уплотнение
  liquid ~ гидравлический затвор, жидкостное уплотнение
  mechanical ~ механическое уплотнение
  metal-to-metal ~ уплотнение «металл к металлу»
  oil ~ масляный затвор; масляное уплотнение
  packing water ~ гидравлическое уплотнение
  packless ~ бессальниковое уплотнение
  primary ~ 1. первичный затвор (*плавающей крыши резервуара*) 2. первое герметизирующее уплотнение
  ring ~ кольцевое сальниковое уплотнение; кольцевой затвор
  rotating ~ вращающееся уплотнение (*отводного устройства с вращающейся вставкой*)
  rubber ~ резиновый сальник, резиновое уплотнение; резиновое уплотнительное кольцо
  single ~ унифицированное уплотнительное устройство
  top ~ верхнее уплотнение
  water ~ водяной затвор; гидравлический затвор, гидрозатвор

sealed 1. герметически закупоренный; изолированный, перекрытый; уплотненный 2. запечатанный
Sealflake *фирм.* целлофановая стружка (*нейтральный наполнитель для борьбы с поглощением бурового раствора*)
sealing 1. уплотнение; изоляция; герметизация; заделка; запайка; заварка; закрытие, закупорка (*трещин породы*) 2. сварка (*термопластов*) 3. запечатывание; пломбирование
  ~ off отделение водонепроницаемой перемычкой
  effective ~ эффективная изоляция
  grout ~ изоляция цементным раствором; уплотнение цементным раствором
  pipe ~ уплотнение трубных соединений
  sand ~ уплотнение песком; изоляция песком
seam 1. *геол.* пропласток, прослой; пласт 2. трещина (*в породе или металле*) 3. шов; спай; стык, место соединения
  brazed ~ спаянный шов
  thick ~ мощный пласт
seamless бесшовный, цельнотянутый (*о трубах*)
Seamul *фирм.* ПАВ (*эмульгатор для соленой воды*)
seamy 1. *геол.* трещиноватый, слоистый 2. покрытый швами
search 1. изыскание, исследование 2. поиск ‖ искать
  ~ for oil поиски нефти
season 1. время года; сезон 2. выдерживать, подвергать старению (*металл*); стареть (*о металле*)
  open water ~ сезон открытой воды
  shipping ~ сезон навигации
seat 1. седло (*клапана*); гнездо 2. место установки *или* посадки ‖ установить, посадить (*насос и т. п.*) 3. опора, опорная поверхность; подушка; фундамент
  ball ~ седло шарового клапана
  casing ~ 1. упорное кольцо хвостовика 2. башмак обсадной колонны
  flat ~ гладкое седло (*насоса*)
  key ~ 1. шпоночный паз, шпоночная канавка 2. выработка [желоб] в стенке ствола скважины; уступ в стенке ствола
  landing ~ упор (*в скважине для башмака колонны*)
  mud valve ~ гнездо бурового клапана
  packer ~ место посадки пакера
  poor casing ~ плохо [неудовлетворительно] задавленный башмак обсадной колонны (*при закрытии воды*)
  pump ~ седло вставного насоса
  rib ~ седло с буртиком
  working barrel ~ гнездо цилиндра глубинного насоса
  working barrel valve ~ гнездо клапана цилиндра глубинного насоса

seated:
  deep ~ глубокозалегающий, глубокорасположенный
seating 1. крепление, установка, посадка (*насоса*) 2. гнездо 3. седло (*клапана*) 4. место установки
  key ~ 1. образование желобов в стенках скважины (*вращением бурильной колонны в искривленном стволе*) 2. прихваты инструмента, происходящие вследствие образования желобов на стенках скважины 3. шпоночный паз (*в маховике или шкиве*) 4. прорезание желобов, пазов
SE/C [South-East corner] юго-восточный угол
sec 1. [second] секунда 2. [secondary] вторичный, второстепенный 3. [section] сечение; профиль; разрез
section 1. сечение; разрез; профиль 2. сегмент; отрезок, интервал (*в скважине*) 3. шлиф (*минерала*) 4. участок в 640 акров = 256 га (*США*) 5. отдел; секция 6. профильная сортовая сталь
  ~ of belt поперечное сечение ремня
  ~ of reservoir элемент пласта
  angle ~ угловой профиль
  bench ~ поперечный профиль
  box ~ коробчатый профиль, коробчатое сечение
  buoyant riser ~ секция водоотделяющей колонны, обладающая плавучестью
  circular ~ круговое сечение
  columnar ~ нормальный разрез, стратиграфическая колонка
  composite ~ обобщенный разрез
  compound ~ сложный профиль
  cross ~ поперечное сечение; геологический профиль [разрез]
  dangerous ~ опасное сечение
  diagrammatic ~ схематическое сечение; схематический разрез [профиль]
  effective ~ полезная площадь сечения, рабочее сечение
  folded ~ гнутый профиль
  geological ~ *см.* geological cross section
  geological cross ~ геологический профиль [разрез]
  high-resolution ~ разрез с высоким разрешением
  horizontal ~ горизонтальное сечение
  ideal ~ схематический разрез
  inner female ~ промежуточная часть гнезда (*подводного коллектора системы управления подводным устьевым оборудованием*)
  lateral ~ поперечное сечение, поперечный разрез
  linear sand ~ линейный песчаный пласт
  longitudinal ~ продольное сечение
  male ~ ниппельная [охватываемая] часть
  net productive ~ эффективная мощность пласта
  pay ~ продуктивная толща
  pipe ~ секция трубы, трубная секция
  plain ~ ненарезанная часть (*трубы*)
  regulator ~ регулировочная секция (*на трубопроводе*)
  riser lower ~ нижняя секция водоотделяющей колонны
  root ~ 1. сечение по впадинам (*резьбы*) 2. сечение у основания (*напр. лопасти*)
  rotten shale ~ участок неустойчивых сланцев
  sample ~ интервал взятия проб
  seismic ~ сейсмический профиль
  seismogram ~ профиль, составленный на основе сейсмограмм
  shearing ~ сечение [площадь] среза
  solid ~ сплошное сечение
  thick producing ~ мощный продуктивный горизонт
  thin ~ шлиф; тонкий срез
  tight ~ плотный пропласток
  transverse ~ поперечное сечение, поперечный разрез
  uniform cross ~ постоянное поперечное сечение
  useful ~ полезное сечение; рабочее сечение
  weak ~ слабое сечение
  well ~ профиль скважины
sectional составной, разъемный, разборный, сборный, секционный; разрезной; секционированный
sectionalization секционирование; деление на участки
sectionalized составленный из отдельных секций [блоков]
sector 1. сектор 2. часть; участок
  foreign ~ of the continental shelf иностранный сектор континентального шельфа
security 1. безопасность, надежность 2. охрана, защита
  energy ~ энергетическая безопасность
sediment 1. осадок, отстой, гуща на дне 2. *pl* нанос; отложение 3. взвешенная частица 4. нефтяная эмульсия
  backreef ~s зарифовые осадочные отложения
  basic ~ осадок на дне резервуара, состоящий из эмульсии нефти, воды и грязи
  bottom ~s донные осадки
  offshore ~s осадки открытого моря
  plastic ~s пластичные отложения
  source ~s материнские осадки (*из которых образовались материнские породы*)
  terrigene ~s терригенные осадки
  water-borne ~s переносимые водой осадки
sedimentary *геол. pl* осадочные отложения || осадочный
sedimentation 1. *геол.* процесс отложения осадков; образование осадочных пород 2. осаждение; седиментация
  gravity ~ осаждение под действием силы тяжести
  slime ~ осаждение шлама
SEE [Society of Environmental Engineers] Общество инженеров по охране окружающей среды (*Великобритания*)

seep выход [высачивание] (*нефти*) ‖ сочиться, просачиваться; протекать

seepage высачивание [выход] (*нефти*); просачивание
gas ~ выделение [утечка] газа; выход газа на поверхность
oil ~ выход [высачивание] нефти на поверхность
water ~ просачивание воды, водопроявление

SEG [Society of Exploration Geophysicists] Общество специалистов по разведочной геофизике

segment 1. сегмент 2. пространство между сферической поверхностью резервуара и горизонтальной плоскостью 3. эл. ламель (*коллектора*)
clamp actuator ~ приводной сегмент замка (*муфты секции водоотделяющей колонны*)

segregation 1. разделение, расслоение; отделение 2. сегрегация; ликвация
~ of oil and water гравитационное разделение воды и нефти
gravitational ~ *см.* gravity segregation
gravity ~ расслоение [разделение] флюидов различной плотности под действием силы тяжести

seis 1. [seismic] сейсмический 2. [seismograph] сейсмограф; сейсмоприемник

seismic сейсмический

seismics сейсмическая разведка, сейсморазведка
borehole ~ скважинная сейсмическая разведка
offshore ~ морская сейсмическая разведка

seismogram сейсмограмма, сейсмическая запись

seismograph сейсмограф; сейсмоприемник
electromagnetic ~ электромагнитный сейсмограф
horizontal ~ горизонтальный сейсмограф
horizontal component ~ *см.* horizontal seismograph
reflection ~ сейсмограф для работы с отраженными волнами
refraction ~ рефракционный сейсмограф
short-period ~ короткопериодный сейсмограф

seismometer сейсмометр; сейсмоприемник
capacity ~ емкостный сейсмометр
duplex reluctance ~ электромагнитный сейсмометр с двойным зазором
electromagnetic inductance ~ электродинамический индукционный сейсмометр
hot-wire resistance ~ термомикрофонный сейсмометр
photoelectric ~ фотоэлектрический сейсмометр
shot point ~ сейсмоприемник вертикального времени
torsion ~ крутильный сейсмометр

seizing 1. обвязка (*канатом*) 2. заедание (*вследствие недостатка смазки и перегрева*), застревание

bit ~ застревание [прихват] бура [долота]

seizure *см.* seizing

selection 1. выбор 2. отбор, селекция
~ of drilling mud compositions подбор рецептур бурового раствора

Select-o-Ball *фирм.* резиновые *или* нейлоновые шарики, применяемые для временной закупорки перфорированных отверстий в интервале наиболее проницаемых зон пласта при его селективной обработке

Selectojel *фирм.* вязкая загущенная нефть с добавкой закупоривающих материалов для временной закупорки пласта при селективной обработке

self-acting автоматический

self-adjusting самоустанавливающийся; саморегулирующийся, с автоматической регулировкой

self-adjustment автоматическая регулировка

self-aligning самоустанавливающийся; самоцентрирующийся

self-balanced самоуравновешивающийся

self-centering самоцентрирующийся

self-cleaning самоочищающийся

self-contained автономный; саморегулирующийся, с автоматической регулировкой

self-feeding с автоматической подачей

self-geosyncline *геол.* самогеосинклиналь

self-governing саморегулирующийся, с автоматической регулировкой

self-ignition самовоспламенение

self-induction самоиндукция

self-potential естественный [скважинный] потенциал, самопроизвольная [спонтанная] поляризация

self-priming самозаполняющийся

self-propelled самоходный, самодвижущийся

self-recording самопишущий, регистрирующий

self-regulating саморегулирующийся, с автоматической регулировкой

self-releasing самоосвобождающийся; саморасцепляющийся

self-sealing самоуплотняющийся

self-sharpening самозатачивающийся (*о долоте*)

self-winding с автоматическим заводом, самозаводящийся

SEM [scanning electronic microscope] сканирующий электронный микроскоп

semi *разг.* полупогружная буровая платформа; полупогружное буровое основание

semi-automatic полуавтоматический

semi-consolidated слабосцементированный (*о породе*)

semi-liquid полужидкий

semi-solid полутвердый

semi-submersible полупогружная буровая платформа; полупогружное буровое основание ‖ полупогружной
concrete ~ бетонная полупогружная буровая платформа (*для работы в очень глубоких водах*)

drilling ~ полупогружная буровая платформа
propulsion assisted ~ полупогружная буровая платформа со вспомогательными гребными силовыми установками
tension leg ~ полупогружная платформа с избыточной плавучестью, образующейся за счет вертикально натянутой якорной системы; полупогружная платформа с растянутыми опорами
semi-unattended полуавтоматический
semi-wildcat эксплуатационно-разведочная скважина
SE NA [Screw End National Acme Thread] конец (*трубы*) с резьбой по стандарту Американского института инженеров-механиков
SE NC [Screw End National Coarse Thread] конец (*трубы*) с крупной резьбой по стандарту Американского института инженеров-механиков
SE NF [Screw End National Fine Thread] конец (*трубы*) с мелкой резьбой по стандарту Американского института инженеров-механиков
sensator преобразователь давления (*в индикаторе веса*)
weight ~ датчик веса
sense направление
~ of rotation направление вращения
sensibility чувствительность; точность (*прибора*)
sensitive чувствительный (*о механизме*); быстрореагирующий, восприимчивый
drilling mud ~ восприимчивый к буровому раствору
fracture ~ чувствительный к разрушению
highly ~ высокочувствительный
notch ~ чувствительный к зарубкам *или* царапинам (*напр. о высокопрочных сталях*)
sensitivity точность; чувствительность (*прибора*)
sensor чувствительный элемент; воспринимающий элемент, датчик
acoustic riser-angle ~ акустический датчик угла наклона водоотделяющей колонны
flow ~ датчик расхода
heave ~ датчик вертикальной качки
mud flow ~ датчик расхода бурового раствора
pit-level ~ датчик уровня в емкости
riser angle ~ датчик угла наклона водоотделяющей колонны
SEP [self-elevating platform] самоподнимающаяся буровая платформа
sep [separator] сепаратор
Separan *фирм.* флокулянт для буровых растворов с низким содержанием твердой фазы
Separan 273 *фирм.* гидролизованный полиакриламид (*ингибитор неустойчивых глин*)
separate отделять, разделять; сортировать ‖ отдельный; разъединенный
separation 1. отделение; разделение, разложение; сепарация; сортировка 2. разложение на части 3. обогащение

~ of emulsion разложение эмульсии
air ~ воздушная классификация
flash ~ контактное дегазирование нефти
gravitational ~ гравитационное разделение (*жидкостей*)
low temperature ~ низкотемпературная сепарация
oil ~ сепарация нефти
oil-and-water ~ отделение воды от нефти
subsea ~ подводная сепарационная система
vertical ~ *геол.* вертикальное разобщение; амплитуда сброса
separator 1. трап; сепаратор; сортировочный аппарат 2. решето, сито, грохот 3. прокладка, разделитель 4. распорка
air ~ фильтр-воздухоотделитель
air-oil ~ сепаратор для отделения воздуха от нефти
bottom-hole ~ забойный сепаратор; газовый якорь
centrifugal ~ центробежный сепаратор для очистки бурового раствора
cyclone ~ 1. циклонный сепаратор 2. пылеотделитель 3. илоотделитель 4. пескоотделитель
entrainment ~ ловушка; каплеотбойник
gas ~ газовый сепаратор
gas-and-oil ~ сепаратор для отделения газа от нефти
magnetic ~ магнитный сепаратор
mud ~ центрифуга для очистки бурового раствора и регенерации барита
mud-and-gas ~ газосепаратор для бурового раствора
oil ~ маслоотделитель; нефтяной сепаратор
oil-and-gas ~ сепаратор нефти и газа
oil water ~ сепаратор для отделения воды от нефти
production ~ эксплуатационный сепаратор
production testing ~ сепаратор для пробной эксплуатации
ratio ~ центробежный сепаратор
self-submerge subsea ~ самопогружной подводный сепаратор
solids ~ сепаратор шлама
well ~ скважинный сепаратор
wet ~ сепаратор для обводненной продукции
SEPM [Society of Economic Paleontologists and Mineralogists] Общество специалистов по экономической палеонтологии и минералогии
seq [sequence] разрез (*осадочных отложений*)
sequence 1. последовательность; чередование; следование 2. разрез (*осадочных отложений*)
~ of operations последовательность операций
~ of sedimentation последовательность осадконакопления
normal ~ *геол.* нормальный разрез
operating ~ последовательность операций
production ~ производственный цикл

sequence

testing ~ последовательность испытания
ser 1. [serial] а) серийный б) последовательный 2. [series] а) серия б) *геол.* свита (*пластов*); толща; отдел
series 1. серия (*в номенклатуре бурового оборудования — классификация по особенностям конструкции*); ряд, группа 2. ряд, порядок, последовательность 3. *геол.* свита (*пластов*); толща; отдел 4. партия алмазов, содержащая смесь разных сортов 5. эл. последовательное соединение
~ of curves семейство кривых
~ of strata свита пластов
formation ~ пачка пластов
productive ~ продуктивная толща
thick ~ мощная толща
series-wound сериесный, с последовательным возбуждением
Serp [serpentine] *мин.* серпентин, змеевик; офит
serrate зубчатый; зазубренный; пилообразный; пильчатый
serv [service] обслуживание
service 1. работа 2. обслуживание || обслуживать; производить осмотр и текущий ремонт 3. эксплуатация (*машины*) 4. вспомогательное устройство
clean oil ~ транспортировка светлых нефтепродуктов
fishing ~ партия, производящая ловильные работы
production ~ обслуживание при эксплуатации
utility ~ коммунальное обслуживание; подсобное обслуживание
well-kill ~ работы по глушению скважины
serviceability эксплуатационная надежность
serviceable пригодный к эксплуатации
servicing обслуживание (*установка, надзор, ремонт*), уход
~ of wells обслуживание скважин
oil ~ заправка топливом и маслом
well ~ обслуживание скважины
servodrive сервопривод
servogear сервомеханизм
servolubrication центральная смазка
servomechanism сервомеханизм; следящая система
SES 1. [Society of Engineers and Scientists] Общество инженеров и научных работников 2. [Standards Engineers Society] Общество инженеров-специалистов в области стандартизации (*США*)
set 1. комплект; набор; партия; ряд; группа 2. установка, агрегат 3. осадка || оседать 4. остаточная деформация 5. крепление || крепить, закреплять 6. устанавливать; ставить; располагать; размещать 7. твердеть; затвердевать; застывать; схватываться (*о цементном растворе*) 8. коробиться
~ free выделять в свободном виде
~ of conventional signs система условных знаков
~ of curves семейство кривых

~ of diagrams ряд диаграмм, снятых одновременно
~ of equations система уравнений
~ of faults *геол.* зона сбросов
~ of pulleys полиспаст
~ of readings таблица отсчетов показаний (*прибора*)
~ of rules свод правил, инструкция
~ with hard alloy армировано твердым сплавом (*о долоте*)
bearing ~ гнездо подшипника
casing string ~ комплект обсадных труб
close ~ 1. тесно расположенный 2. сплошной (*о креплении*)
drill ~ комплект буров
drilling equipment ~ комплект бурового оборудования
final ~ конец схватывания (*цементного раствора*)
flash ~ моментальная водоотдача цементного раствора (*вызывающая прихват колонны*)
gear ~ зубчатая передача, комплект зубчатых колес; коробка передач
initial ~ начало схватывания (*цементного раствора*)
normal ~ нормальное схватывание
permanent ~ 1. постоянная усадка 2. остаточная деформация 3. остаточное удлинение
quadruple coincidence ~ *сейсм.* установка для регистрации четырех квадратных совпадений
receiving tank ~ блок приемных резервуаров
set [settling] осаждение; отстаивание; седиментация
setback подсвечник (*в буровой*)
pipe ~ 1. подсвечник (*в буровой*) 2. свечи бурильных труб
setting 1. установка; регулировка; настройка 2. сгущение; твердение; застывание; схватывание (*цементного раствора*) 3. оседание, осадка 4. спуск, посадка (*обсадных труб*)
~ of casing спуск обсадной трубы до забоя
~ of liner установка хвостовика
~ of packer установка пакера; пакеровка
cement ~ схватывание цементного раствора
flash ~ мгновенное схватывание (*цементного раствора*)
manual ~ ручная настройка (*контрольно-измерительных приборов*)
premature ~ преждевременное схватывание (*цементного раствора*)
tension ~ установка усилия натяжения
zero ~ установка (*прибора*) на нуль
setting-up монтаж, установка, сборка; наладка (*станка*), настройка
settle 1. оседать; садиться 2. осаждаться; отстаиваться 3. устанавливаться (*о режиме*)
~ down 1. затвердевать 2. оседать, садиться под тяжестью собственного веса

~ out осаждаться; выпадать
settlement 1. осадка, оседание 2. поселок
settler отстойник, сепаратор, емкость для отстаивания
cyclone ~ циклонный сепаратор
primary ~ первичный отстойник (*для осаждения взвешенных частиц из сточных вод*)
settling 1. осадка, оседание 2. осаждение; отстаивание; седиментация 3. осадок; налет; отстой 4. стабилизация
anchor ~ установка якорей
bottom ~ донные осадки (*вода и грязь*) в резервуаре
set-up 1. устройство, установка 2. наладка; настройка; регулировка 3. организация; структура
~ of instruments расположение *или* установка приборов
~ of tool joint крепление замкового соединения
wellhead ~ оборудование устья скважины
sew [sewer] коллектор; сточная труба
sewage сточные воды
sewer коллектор; сточная труба
s. f. 1. [self-feeding] с автоматической подачей; с автоматическим питанием 2. [square foot] квадратный фут
SF-100 *фирм.* сухая сыпучая добавка (*используется для приготовления раствора, применяемого при освобождении прихваченной колонны, отборе керна, заканчивании скважин, ремонтных работах и в антикоррозионных набивках в обсадной колонне*)
sfc [surface] поверхность
SFL [starting fluid level] начальный уровень флюида (*в скважине*)
SFLU [slight fluorescence] слабая флуоресценция
SFO [shows of free oil] признаки свободной от газа нефти
sft [soft] мягкий, пластичный
SG 1. [shows of gas] признаки газа в скважине 2. [specific gravity] удельный вес 3. [standard gage] нормальный калибр 4. [surface geology] геология поверхности
SGA [stable gelled acid] стабильная загущенная кислота
SG & C [shows of gas and condensate] признаки газа и конденсата
SG & D [shows of gas and distillate] признаки газа и дистиллята
SG & O [shows of gas and oil] признаки газа и нефти
SG & W [shows of gas and water] признаки газа и воды
SGCM [slightly gas-cut mud] слабогазированный буровой раствор
SGCO [slightly gas-cut oil] слабогазированная нефть
SGCW [slightly gas-cut water] слабогазированная вода

SGCWB [slightly gas-cut water blanket] слабо газированная вода, закачиваемая в скважину для увеличения противодавления на пласт
sgls [singles] однотрубные свечи (*бурильных труб*), однотрубки
sh. 1. [shale] (глинистый) сланец; сланцеватая глина; уплотненная глина 2. [sheet] слой, пласт
shackle обойма, хомутик, скоба, дужка, серьга; вертлюг; карабин
shadow 1. тень; затенение 2. мертвая зона
shaft 1. вал, ось, стержень 2. рукоятка, ручка, черенок 3. шахта, ствол 4. тяга, привод
band wheel ~ главный вал; трансмиссионный вал станка канатного бурения
cat ~ катушечный *или* промежуточный вал
clutch ~ вал муфты сцепления
connecting ~ передаточный вал; трансмиссионный вал
diving ~ водолазная колонна (*системы беспричального налива башенного типа для спуска водолаза под воду*)
drilling ~ бурильная колонна; буровой инструмент, спущенный в скважину (*начиная от рабочей трубы и кончая долотом*)
driving ~ приводной вал; ведущий вал
drum ~ барабанный вал (*лебедки*)
flexible ~ гибкий вал
gear ~ передаточный вал, вал контрпривода
input ~ ведущий вал (*гидротрансформатора*)
jack ~ дополнительный [промежуточный] вал лебедки вращательного [роторного] бурения
line ~ трансмиссионный вал лебедки вращательного бурения
main drive ~ *см.* driving shaft
output ~ ведомый вал (*редуктора*)
pinion ~ вал шестерни; ведущая ось зубчатой передачи
pivot ~ ось шарнира
power ~ приводной [трансмиссионный, передаточный] вал
spigot ~ центрирующий вал
shaft-driven приводной, с приводом от вала
shafting трансмиссия, трансмиссионная передача; линия валов, валы
shake 1. толчок; встряхивание ‖ трясти; встряхивать; сотрясать 2. люфт, зазор; свободный ход
shake-proof виброустойчивый; вибростойкий
shaker 1. вибросито; вибрационный грохот 2. встряхиватель 3. вибростенд; вибратор
double deck ~ двухъярусное вибросито (*с расположением сеток одна над другой*)
high-speed shale ~ высокопроизводительное вибросито для бурового раствора
linear ~s последовательное соединение вибросит
rotary vibrating shale ~ ротационное вибросито для бурового раствора

shaker

screen ~ *см.* shale shaker
shale ~ вибросито для бурового раствора
shaking встряхивание; сотрясение, дрожание; вибрация; грохочение
shale (глинистый) сланец; сланцеватая глина; уплотненная глина
  barren ~ пустой (*негорючий*) сланец
  bentonitic ~ бентонитовый сланец
  bituminous ~ битуминозный сланец
  calcareous ~ известковый сланец
  caving ~ обваливающаяся сланцевая глина
  clay ~ глинистый сланец
  combustible ~ горючий сланец
  conchoidal ~ ракушечный сланец
  gas ~ битуминозный сланец, выделяющий газ при сухой перегонке
  heaving ~ обваливающийся глинистый сланец
  laminar ~ сланцеватая глина
  mud ~ глинистый сланец; уплотненная глина
  oil ~ горючий сланец, пропитанный нефтью; битуминозный сланец
  oil-forming ~ *см.* wax shale
  paraffin ~ нефтеносный сланец, содержащий парафиновые углеводороды
  petroliferous ~ *см.* wax shale
  problem ~s сланцевые глины, вызывающие осложнения при бурении (*обвалы, осыпи, вспучивание, прихваты*), неустойчивые сланцевые глины
  sandy ~ песчанистая сланцеватая глина, песчано-глинистый сланец
  sloughing ~ *см.* heaving shale
  soft ~ мягкая сланцеватая глина; мягкий сланец
  troublesome ~s *см.* problem shales
  wax ~ нефтеносный сланец
Shale-Ban *фирм.* ингибитор неустойчивых глин
Shale-Lig *фирм.* калиевый лигнит (*ингибитор неустойчивых глин*)
Shale-Rez *фирм.* смазывающая добавка к буровым растворам (*понизитель трения при высоких давлениях*)
Shale-Tone *фирм.* водорастворимая смесь асфальтов (*ингибитор неустойчивых глин*)
Shale-Trol *фирм.* органоалюминиевый комплекс (*ингибитор неустойчивых глин*)
shaliness глинистость
  formation ~ глинистость пласта
shaly сланцеватый
shank 1. шейка (*долота*); резьбовая головка 2. хвостовик (*инструмента*); корпус; стержень 3. *геол.* крыло складки
  bit ~ шейка долота; корпус долота
  drill ~ корпус долота; хвостовик сверла
shape 1. форма, вид; очертание; конфигурация || формовать 2. образец, модель 3. профиль 4. *pl* фасонные части; профильный [сортовой] материал
  ~ of the interfaces форма поверхностей раздела разных флюидов

shaped фасонный, фигурный, профилированный
  chisel ~ остроконечный, остроносый, долотообразный
  saddle ~ седловидный, седлообразный
sharpen затачивать, заострять; заправлять (*режущий инструмент*)
sharpener заточный станок
  bit ~ бурозаправочный станок
sharpening заправка (*напр. долот*); заточка (*инструмента*)
  drill bit ~ заправка долот
shattering 1. растрескивание (*напр. цементного кольца за трубами*) 2. разрушение, разрыхление (*породы взрывом*) 3. сотрясение 4. диспергирование
SHC [saturated hydrocarbons] насыщенные углеводороды
SHDP [slim hole drill pipe] бурильная труба малого диаметра
SHDT [stratigraphic high-resolution dipmeter tool] стратиграфическая наклонометрия с высокой разрешающей способностью
shear срез; сдвиг; скалывание || срезать; сдвигать; скалывать
  ~ off срезать; скалывать
  lateral ~ боковой сдвиг
shearing 1. скалывание; сдвиг; срезающее *или* сдвигающее усилие 2. резка, резание 3. деформация под действием боковых сдвигов
shearometer широметр (*прибор для измерения статического напряжения сдвига [структурной прочности] бурового раствора*)
sheath обшивка; оболочка; оплетка; кожух || покрывать; обшивать; армировать
  mud ~ фильтрационная корка на стенках скважины
  riser ~ защитный кожух водоотделяющей колонны
sheathe обшивать, заключать в оболочку; покрывать; армировать
sheathing обшивка; оболочка; оплетка; кожух
sheave шкив, блок; ролик с желобчатым ободом
  angle ~ направляющий ролик *или* шкив
  crown ~s ролики кронблока
  fast ~ ролик кронблока, через который перекинут ходовой конец талевого каната
sheet 1. *геол.* слой; пласт 2. схема, диаграмма; таблица; ведомость; карта 3. тонколистовой металл; тонколистовая сталь
  associated ~s сопряженные пласты
  flow ~ карта технологического процесса; схема технологического подъема потока; схема движения материала
  gusset ~ косынка [угольник] из листового металла
  ice ~ ледниковый покров
  topographic ~ топографический планшет
shelf 1. шельф, континентальная платформа, материковая отмель 2. пласт (*породы*) 3. выступ, закраина

continental ~ континентальный шельф
ice ~ шельфовый ледник
outer continental ~ внешняя зона континентального шельфа

shell 1. оболочка, кожух; корпус, остов; каркас; коробка (*сальника*); щека (*блока*) 2. трубная заготовка; трубчатая деталь; гильза 3. *проф.* алмазный расширитель 4. «мост» (*сужение ствола для установки сальника в водонепроницаемой породе при испытании пластов*) 5. торпеда (*для прострела скважины*) 6. тонкий прослой твердой породы (*встреченный при бурении*) 7. раковина; ракушечник
~ of compression зона сжатия (*земной коры*)
~ of tank корпус резервуара
bearing ~ корпус подшипника; вкладыш подшипника (*скольжения*)
core ~ оболочка керна (*при лабораторных исследованиях*)
cutter ~ корпус [тело] шарошки
drum ~ обечайка барабана
Earth ~ земная оболочка
fire box ~ топочный кожух
pump ~ кожух центробежного насоса
reaming ~ 1. калибрующий расширитель (*в колонковом снаряде алмазного бурения*) 2. корпус расширителя
ring-type reaming ~ алмазный калибрующий расширитель кольцевого типа
set reaming ~ мелкоалмазный калибрующий расширитель
slug-type reaming ~ калибрующий расширитель, армированный алмазосодержащими штабиками
steel outer ~ оконтуривающая стальная оболочка
thin ~ тонкостенная оболочка
walnut ~s скорлупа грецких орехов (*применяется для борьбы с поглощением бурового раствора*)

shell-and-tube кожухотрубный

shelling 1. отслаивание, выкрашивание слоями 2. образование плены на металле

shelter навес; укрытие; убежище
diving ~ укрытие водолаза (*колокол*)
driller's ~ укрытие бурильщика

shield 1. *геол.* щит 2. предохранительный кожух, колпак 3. защитное устройство, щиток; ограждение; экран || защищать; экранировать
face ~ ручной щиток; экран, защищающий лицо сварщика

shielding экранирование, защита || экранирующий, защитный

shift 1. сдвиг, смещение, перемещение; переключение || сдвигать, смещать, перемещать; переключать; переставлять 2. смена, вахта 3. *геол.* сдвиг, скольжение; смещение; амплитуда смещения
back ~ вторая смена (*на буровой*)
dip ~ перемещение по падению (*при сдвиге*)

dog ~ *см.* night shift
night ~ ночная смена
normal ~ горизонтальная составляющая амплитуды сброса, перпендикулярная к простиранию
phase ~ сдвиг фаз
zero ~ изменение нулевой точки, смещение [сдвиг] нуля

shifter 1. механизм переключения; рычаг переключения 2. фазовращатель

shifting 1. смещение, перемещение, сдвиг; перевод 2. переводной, переключающий(ся); перемещающий(ся)
gear ~ переключение скоростей
power ~ включение *или* переключение при помощи сервомеханизма

shim прокладка
bearing ~s тонкие прокладки для подшипников

Shin [Shinarump] *геол.* шайнарамп (*свита среднего отдела триасовой системы*)

ship 1. судно 2. перевозить; транспортировать; отгружать
anchor subsidiary ~ якорное вспомогательное судно
cargo ~ грузовое судно
clean ~ наливное судно для транспортировки светлых нефтепродуктов
drilling ~ буровое судно
fire-fighting ~ пожарное судно
geological survey ~ судно для геологических изысканий
mother ~ материнское судно
oil ~ танкер, нефтеналивное судно
pipe lay ~ трубоукладочное судно, судно-трубоукладчик
pollution control ~ судно-нефтесборщик
rectangular flat-bottomed ~ прямоугольное плоскодонное судно
replenishment ~ судно снабжения (*на морских буровых*)
research ~ исследовательское [изыскательское] судно
supply ~ *см.* replenishment ship
tank ~ *см.* oil ship

shipment отгрузка; транспортировка, перевозка
~ in bulk транспортировка груза насыпью *или* навалом
~ of crude oil отгрузка нефти морем; транспортировка нефти
oil ~ транспортировка нефти *или* нефтепродуктов

shirt-tail затылок [завес] лапы шарошечного долота

shld [shoulder] уступ в точке искривления скважины

shly [shaley] сланцеватый

shoal мель, мелководье, отмель || мелкий, мелководный

shock удар, толчок, сотрясение || ударять, толкать, сотрясать

shock-proof 1. устойчивый против ударов *или* толчков; амортизированный 2. эл. защищенный от прикосновения к токоведущим частям

shock-resistant *см.* **shock-proof**

shock-sensitive чувствительный к ударам

shoe 1. башмак; колодка; наконечник 2. ползун установки для электрошлаковой сварки 3. лапа (*станины*)
~ of tank башмак плавающей крыши резервуара
anchor ~ анкерный башмак; анкерная опора
base ~ опорный башмак ноги вышки
brake ~ тормозная колодка; тормозной башмак
casing ~ башмак обсадной колонны
cement ~ цементировочный башмак
cement float ~ башмачная насадка с обратным клапаном для цементирования
cement guide ~ направляющий цементировочный башмак
cementing ~ башмачная насадка для цементирования скважин
chisel ~ башмак (*желонки*), заканчивающийся зубилом
combination whirler float and guide ~ комбинированная направляющая башмачная насадка с вращающимся устройством (*для выхода цементного раствора*)
cross-over ~ переводник; узел перекрестного потока
drag ~ 1. башмак для дробового бурения 2. тормозной подкладной башмак
drive ~ башмачное кольцо (*обсадной колонны*); забивной башмак
finger type ~ башмак (*обсадной колонны*) с пальцами
flexible metal ~ гибкий металлический башмак (*в затворе плавающей крыши резервуара*)
float (casing) ~ башмак (*обсадной колонны*) с обратным клапаном
friction ~ фрикционный башмак
guide ~ направляющий башмак (*обсадной колонны*)
Larkin cementrol ~ цементировочный башмак-пакер (*для применения в любом интервале ствола скважины*)
milling ~ фрезер для обработки оставшегося в скважине инструмента
mill type ~ фрезерный башмак
pipe roller ~s роликовые башмаки [опоры] трубы (*для транспортировки на трубоукладочной барже*)
rotary ~ башмачная фреза; башмачное кольцо
seating ~ опорный башмак (*ноги буровой вышки*)
set ~ опорный башмак; цементировочный башмак
set casing ~ армированный (*алмазами*) трубный башмак; башмак-коронка
string ~ колонный башмак
stub-in ~ башмак с гнездом
washover ~ башмак промывочной колонны; кольцевой фрезер
whirler cement ~ вихревой цементировочный башмак
wireline ~ зажим для талевого каната

shoestring шнурковая залежь (*нефти*)

shoot 1. взрывать; палить шпуры 2. простреливать, перфорировать (*колонну, скважину*)
~ for oil вести сейсмическую разведку нефти
~ the well производить взрыв в продуктивном интервале скважины (*для увеличения дебита нефти*)

shooting 1. взрывание; паление шпуров 2. сейсморазведка 3. перфорирование (*скважины, колонны*) 4. торпедирование (*скважины или оборудования в ней*)
~ of oil wells торпедирование нефтяных скважин
air pattern ~ воздушные групповые взрывы
back ~ *сейсм.* обратный взрыв
detail ~ детальная прострелка (*в сейсморазведке*)
dip ~ сейсмозондирование, сейсмический метод определения падения пластов
fan ~ сейсморазведка с веерной расстановкой сейсмографов; сейсморазведка при расположении сейсмографов по дуге окружности
open hole ~ торпедирование забоя скважины, не закрепленной обсадными трубами
pattern ~ сейсморазведка с группированием
profile ~ сейсмическое профилирование
reflection ~ сейсморазведка по методу отраженных волн
refraction ~ сейсморазведка по методу преломленных волн
ring ~ сейсморазведка с расстановкой сейсмографов по радиусам окружности
trouble ~ поиск и устранение неполадок (*при эксплуатации*)
weathering ~ *сейсм.* определение зоны малых скоростей
well ~ 1. торпедирование [простреливание] скважин 2. сейсмокаротаж

shop мастерская; цех
adjusting ~ сборочная [монтажная] мастерская
blacksmith ~ кузница, кузнечная мастерская
field ~s промысловые мастерские
job welding ~ ремонтная сварочная мастерская
machine ~ механическая мастерская, механический цех
pipe ~ трубный цех
pipe control ~ трубная база (*на нефтепромысле*)
redressing ~ бурозаправочная; долотозаправочная
repair ~ ремонтный цех, ремонтная мастерская

service ~ *см.* repair shop
shop-made заводского изготовления
shore 1. берег; прибойная полоса 2. крепление, опора, подпорка
shortage нехватка, недостаток
   oil ~ недостаток [нехватка] нефти
short-lived с коротким сроком службы; недолговечный, быстро изнашивающийся
shortness хрупкость (*металла*)
   blue ~ синеломкость
   cold ~ хладноломкость
   hot ~ красноломкость; горячеломкость
shot 1. дробь 2. простреливание (*обсадных труб*) 3. взрыв, выстрел 4. запись показаний инструмента (*при геологической съемке*) 5. шпур 6. заряд взрывчатого вещества, заряд ВВ
   buried ~ взрыв в скважине
   frac ~ алюминиевая дробь для расклинивания трещин при гидроразрыве
   hole ~ *см.* buried shot
   small ~ буровая дробь
   snubbing ~ врубовый шпур
   string ~ торпеда
shotfiring взрывные работы
shothole шпур, взрывная скважина
shoulder 1. плечо; заплечик (*резинового соединения*); буртик; уступ (*стержня, болта*) 2. фланец 3. упорный диск; поясок; наружная кромка (*торца коронки*) 4. уступ в точке искривления скважины 5. выступ муфты над поверхностью труб
   ~ of box буртик замковой муфты
   ~ of hole уступ в стволе скважины
   ~ of tool joint торцовая поверхность замка
   ~ up сходиться при свинчивании (*о штангах бурильных замках*)
   beveled ~ скошенный заплечик [выступ]
   landing ~ посадочный заплечик; посадочный бурт (*подвесной головки обсадной колонны*)
   lapped ~ смятый торец (*напр. замка*)
   pin ~s заплечики наружной резьбы (*отрезок высаженной части штанг, расположенный между квадратной шейкой и резьбой*)
   shank ~ заплечик
show выход; проявление (*нефти или газа в скважине*)
   ~s of oil *см.* oil shows
   gas ~s признаки газа, газопроявления
   oil ~s признаки нефти, нефтепроявления
   sand ~s признаки нефти в песке
showings признаки (*нефти или газа в скважине*)
   ~ on the ditch признаки нефти [нефтяная пленка] в отводной канаве (*при бурении*)
   gas ~s признаки газа, газопроявления
   oil ~s признаки нефти, нефтепроявления
s. h. p. [shaft horse power] мощность на валу в л.с.
shpt [shipment] отгрузка; транспортировка; перевозка
shr [shear] срез; сдвиг; скалывание
shrinkage 1. сжатие; усыхание, уменьшение объёма; усадка 2. стягивание; коробление; сморщивание 3. потеря нефти от испарения
   ~ of tool joint усадка муфты замка (*при горячем навинчивании замков на бурильные трубы*)
   air ~ уменьшение в объёме при высыхании, воздушная усадка
   gas cap ~ сжатие газовой шапки
   heat ~ тепловая усадка
   linear ~ укорочение, линейная усадка
   liquid ~ усадка в жидком состоянии
   oil ~ усадка нефти
   solidification ~ усадка при затвердевании
SHT [straight hole test] испытание непосредственно в скважине
shthg [sheathing] обшивка; оболочка; оплётка
shunt ответвление; шунт; параллельное соединение || шунтовой, с параллельным возбуждением, с параллельной обмоткой
shunt-wound шунтовой, с параллельным возбуждением, с параллельной обмоткой
Shur-Plug *фирм.* обезвоженная гранулированная целлюлоза (*нейтральный наполнитель для борьбы с поглощением бурового раствора*)
shut 1. место спайки или сварки 2. обрушивающаяся кровля 3. запирать, закрывать
   ~ down останавливать; закрывать; прекращать (*работу*); выключать
   ~ in останавливать [закрывать] скважину
   ~ off 1. отключать, выключать 2. закрывать (*воду в скважине*); перекрывать (*водоносный горизонт*)
shutdown 1. неполадка, неисправность 2. временная остановка, выключение
   emergency ~ 1. аварийный выключатель 2. аварийная остановка
shutoff выключение, остановка
   automatic ~ автоматическое выключение
   selective water ~ химический способ закрытия воды в скважине одной операцией (*с оставлением нефтеносных пластов открытыми*)
   water ~ закрытие воды; изоляция *или* перекрытие водоносных горизонтов
SI [shut-in] закрытый, остановленный (*о скважине*)
SIBHP [shut-in bottom-hole pressure] статическое забойное давление
sickness:
   decompression ~ декомпрессионная болезнь
SICP [shut-in casing pressure] статическое давление в обсадной колонне
side 1. сторона; конец (*цепи, ремня*) 2. *геол.* крыло (*складки, сброса*)
   blind ~ бесштоковая полость (*цилиндра*)
   delivery ~ нагнетательная сторона (*насоса*)
   downstream ~ сторона выхода, сторона выпуска

side

face ~ лицевая сторона; верхняя *или* передняя грань
gage ~ калибрующий венец (*шарошки долота*)
high ~ *сейсм.* верхняя часть шкалы интенсивности
leadger ~ холостой конец (*каната*)
lower ~ нижняя стенка (*наклонной скважины*)
outlet ~ выкид насоса; напорная сторона насоса
pressure ~ сторона давления, сторона нагнетания
rod ~ штоковая полость (*цилиндра*)
slack ~ слабый [сбегающий] конец (*ремня*)
upstream ~ сторона входа, сторона впуска

side-door:
pump open sliding ~ шибер боковых отверстий, открываемый давлением

Siderite *фирм.* кислоторастворимый утяжелитель

side-tracking зарезка бокового ствола в скважине, уход в сторону боковым стволом (*напр. мимо оставшегося в скважине инструмента*)

siding 1. наружная обшивка 2. боковая обшивка (*бурового*)
external panel ~ in ice-cutting zone наружная обшивка панели ледорезной части

sieve 1. сито || просеивать через сито; сортировать 2. решето; грохот 3. сетчатый фильтр
close-meshed ~ сито с мелкими отверстиями
coarse ~ редкое сито, сито с крупными отверстиями

sieving просеивание (*через сито*); грохочение
sift просеивание; просев || просеивать
sifter сито; решето; грохот; сортировка
sig. [signal] сигнал
sign 1. знак; символ; отметка 2. признак
oil ~s признаки [проявления] нефтеносности
warning ~ предупреждающий знак

signal сигнал
acoustical ~ звуковой [акустический] сигнал
audible ~ *см.* acoustical signal
control ~ управляющий сигнал; контрольный сигнал
echo ~ отраженный сигнал
pilot ~ контрольный сигнал
"power-off" ~ сигнал о выключении (электро)питания
"power-on" ~ сигнал о включении (электро)питания
sound ~ *см.* acoustical signal

signaling 1. сигнализация 2. устройство сигнализации, централизации и блокировки, СЦБ

Sigtex *фирм.* смесь синтетических полимеров (*загуститель для буровых растворов на водной основе*)

SIGW [shut-in gas well] закрытая газовая скважина

Sil [Silurian] *геол.* силурийский период, силур || силурийский

silencer глушитель
blowdown ~ шумоглушитель на трубе, выпускающей газ высокого давления в атмосферу
exhaust ~ глушитель выхлопа
noise ~ шумоподавитель

silic 1. [silica] кремнезем 2. [siliceous] кремнистый; кремнийсодержащий

silica кремнезем, диоксид кремния (SiO_2)

silicate силикат, соль кремневой кислоты
manganese ~ силикат марганца ($MnO \cdot SiO_2$)
potassium ~ силикат калия, калиевое жидкое стекло
sodium ~ кремнекислый натрий, силикат натрия (Na_2SiO_3)
soluble ~ жидкое стекло

siliceous кремнистый; кремнийсодержащий

sill 1. фундаментный брус (*вышки*) 2. *геол.* сель || селевой 3. силл, пластовая интрузия; плоский плутон
floor ~s брусья пола вышки
side ~ боковой нижний рамный брус вышки

silt 1. ил; грязь; осадок 2. силт; алеврит
silt [siltstone] алевролит

Siltmaster *фирм.* 102-мм гидроциклонный илоотделитель

siltstone алевролит

Silurian *геол.* силурийский период, силур || силурийский

Silvacel *фирм.* волокнистый материал из коры (*нейтральный наполнитель для борьбы с поглощением бурового раствора*)

Silvaflake *фирм.* мелкая пробковая крошка (*нейтральный наполнитель для борьбы с поглощением бурового раствора*)

silver серебро
quick ~ *разг.* ртуть

Simp [Simpson] *геол.* симпсон (*свита серии шамплейн ордовикской системы*)

simulation моделирование
reservoir ~ моделирование пласта-коллектора

simulator моделирующее устройство; имитатор

Simulsol *фирм.* эмульгатор нефти в воде
single-cycle однотактный
single-flow однопоточный; однопроточный; прямоточный
single-phase однофазный
singles однотрубные свечи (*бурильных труб*), однотрубки
single-stage 1. одноступенчатый; однократный 2. одноярусный; одноэтажный
single-switch рубильник
sink 1. слив; сток; сточная труба; спускной желоб; грязеприемник 2. отстой, осадок (*грязи*) 3. *геол.* небольшая депрессия; впадина; карстовая воронка 4. углублять (*скважину*); бурить; загонять в грунт (*забивную трубу ударами бабы*); закладывать

скважину 5. опускаться; снижаться; погружаться 6. оседать
~ a well бурить скважину
pressure ~ депрессия, падение давления
sinker 1. ударный бур; перфоратор 2. забурник
casing cutter ~ грузовая штанга для труборезки
sinking 1. погружение, спускание; осадка, оседание 2. проходка (*вертикальных или наклонных выработок*); бурение (*скважин*) 3. обрушение
~ of borehole бурение скважины; углубление ствола скважины
well ~ углубление скважины
sinter 1. спекаться; агломерировать 2. *геол.* туф, натечные образования
sintered металлокерамический; полученный спеканием
sintering спекание; агломерация
SIOW [shut-in oil well] закрытая нефтяная скважина
SIP [shut-in pressure] давление в закрытой скважине
siphon сифон || сливать [откачивать] сифоном
siphoning сливание сифоном, сифонирование
capillary ~ вытекание жидкости под действием капиллярных сил; капиллярное сифонирование
site 1. склон; сторона 2. местоположение, местонахождение; место установки 3. строительный участок; строительная площадка, стройплощадка
construction ~ строительный участок; строительная площадка, стройплощадка
deep water ~ глубоководный участок
drill ~ буровая площадка, место бурения скважины
drilling ~ *см.* drill site
offshore ~ площадка для бурения морской скважины
well ~ место расположения скважины
siting выбор участка (*для возведения морской платформы, бурения и т. п.*)
SITP [shut-in tubing pressure] статическое давление в насосно-компрессорных трубах
situation:
field ~ условия месторождения
SIWHP [shut-in well head pressure] статическое давление на устье скважины
SIWOP [shut-in-waiting on potential] скважина закрыта для проведения испытания на потенциальный дебит
size 1. размер; величина; объем || доводить до требуемого размера 2. диаметр (*труб, скважины*) 3. зернистость (*алмазов*) 4. крупность || разделять по крупности, сортировать
actual ~ фактический размер
aggregate ~ размеры зерен заполнителя; гранулометрический [зерновой] состав заполнителя
choke ~ диаметр штуцера *или* шайбы

correct ~ надлежащий [правильный] размер
grain ~ размер зерен
hole ~ диаметр ствола (*скважины*)
nominal ~ номинальный размер
pore ~ размер пор
reasonable physical ~ умеренные габариты
standard ~ стандартный размер; стандартная величина
sizing 1. сортировка по крупности, разделение по величине (*зерен*) 2. измерение 3. калибровка, калибрование
~ of equipment расчет размеров оборудования
tank ~ расчет емкости резервуара
Sk Crk [Skull Creek] *геол.* скалл-крик (*свита нижнего отдела меловой системы*)
skeleton 1. остов, каркас 2. план; схема 3. ажурный; решетчатый
skelp прокатанная заготовка для сварных труб
tubing ~ полосовая заготовка для труб
skid 1. салазки, полоз; направляющий рельс || передвигать [перемещать] на салазках 2. рама (*станка*) 3. прижимной башмак каротажного зонда
BOP handing ~s салазки для перемещения блока превенторов (*на палубе бурового судна или платформы*)
skidding 1. перетаскивание, волочение, подтягивание 2. скольжение
skid-mounted смонтированный на салазках
skim [skimmer] судно-нефтесборщик
skimmer 1. судно-нефтесборщик 2. устройство для удаления нефти и других загрязняющих веществ с поверхности воды
belt type oil ~ нефтесборщик ленточного типа
oil ~ судно-нефтесборщик
skimming 1. сбор пролитой нефти с поверхности воды 2. удаление керосиновых фракций после извлечения бензина
skin 1. наружный слой; оболочка; покрытие 2. пленка; поверхностный слой || образовывать поверхностную пленку 3. наружная обшивка
skirt 1. юбка 2. фартук; борт; плинтус
caisson ~ юбочная часть кессона
dagger ~ упорная юбка, устанавливаемая на нижней стороне кессона гравитационной платформы
seabed platform ~ заглубляемая в дно юбка стационарного морского основания (*удерживаемого на месте за счет разрежения в пространстве под юбкой*)
Skot Free *фирм.* ПАВ для эмульгирования дизельного топлива в буровом растворе при установке ванн с целью освобождения прихваченных труб
skt [socket] ловильный колокол, раструб; овершот
SL 1. [sea level] уровень моря 2. [slotted liner] хвостовик с щелевидными отверстиями 3. [South line] южная линия; южная граница

4. [square-law] квадратичный 5. [straight-line] прямолинейный
sl [sleeve] втулка; гильза (*цилиндра насоса*)
slab 1. пластина, плитка, плита (*металла*) 2. нависающий слой породы 3. опорная плита гравитационной платформы
slack 1. слабина, провес; ненатянутость || провисший; ненатянутый 2. зазор, люфт, «игра» 3. ослаблять [сокращать] темпы работ; уменьшать производительность
chain ~ провес [слабина] цепи
slacking 1. расшатывание, ослабление (*соединения*) 2. вытягивание, опускание 3. *геол.* измельчение; отслаивание; выветривание (*породы*)
slacking-off посадка (*колонны*), разгружение
slag шлак, окалина || шлаковать
acid ~ кислый шлак
basic ~ основной шлак
blastfurnace ~ доменный шлак
porous ~ пористый шлак
sticky ~ вязкий шлак
slant 1. уклон; наклон; падение (*пласта*) 2. косой; наклонный
slate аспидный сланец; кровельный сланец
adhesive ~ липкий сланец
argillaceous ~ глинистый сланец
calcareous ~ известковый сланец
clay ~ *см.* argillaceous slate
slaty сланцевый; пластинчатый; слоистый
sld [sealed] герметически закупоренный
sled салазки
jet ~ гидромониторные салазки (*для погружения трубопровода в дно водоема*)
sledge 1. кувалда, ручной молот 2. сани, салазки
sleeve 1. рукав 2. втулка; гильза (*цилиндра насоса*); трубка; полый вал 3. муфта; золотник; ниппель; патрубок; штуцер 4. переходная коническая втулка; переходный конус 5. кожух (*муфты*) 6. эл. оплетка; трубчатая изоляция
bearing ~ опорная муфта
branch ~ соединительная муфта (*для ответвления*)
cable coupling ~ соединительная кабельная муфта
casing hanger releasing ~ отсоединительная втулка подвесной головки обсадной колонны (*от корпуса устьевой головки в случае необходимости подъема колонны*)
closing ~ запорная втулка (*для закрытия перепускных отверстий в цементировочной муфте при ступенчатом цементировании*)
end ~ концевая муфта
Jay circulating ~ «J»-образный циркуляционный клапан
oil-sealing ~ уплотняющая втулка
packer ~ пакерная втулка
perforated steel ~ перфорированная стальная башмачная насадка (*для цементирования*)

pre-packed gravel ~ набивной гравийный фильтр
pressure ~ нагнетательный шланг; нагнетательный трубопровод
protector ~ предохранительная муфта
rubber ~ резиновый шланг
shrink-fit ~ термоусадочная муфта
sliding ~ скользящая муфта [манжета]
socket ~ обойма
spacing ~ распорная [дистанционная] втулка
taper ~ коническая втулка
wear ~ (резиновый) протектор (*для бурильных труб*)
Sli [Sligo] *геол.* слиго (*свита зоны тринити серии команче меловой системы*)
slick 1. тонкая взвесь 2. нефтяное пятно (*на воде*)
oil ~ 1. нефтеносный горизонт; поверхность нефти (*в залежи*) 2. нефтяное пятно (*на воде*)
Slickpipe *фирм.* биологически разрушаемая нетоксичная смазывающая добавка к буровым растворам (*ингибитор коррозии и заменитель дизельного топлива*)
slide 1. салазки; каретка; суппорт 2. скольжение || скользить 3. ползун(ок); направляющие параллели 4. скользящая часть механизма 5. *геол.* рыхлая порода, покрывающая выход пласта
slider 1. ползун(ок); скользящий контакт; движок (*прибора*) 2. подвижная шкала
sliding скольжение; соскальзывание; проскальзывание || скользящий; двигающийся
slime шлам; тонкий шлам (*содержащий не менее 50 % по массе частиц крупностью менее 74 мкм*); ил, грязь; муть
organic ~ сапропелит
sling строп; грузоподъемная петля; такелажная цепь; приспособление для подвески (*груза*) || стропить; поднимать (*груз*)
hoist(ing) ~ *см.* lifting sling
lifting ~ подъемный канат *или* трос; подъемный строп
raising ~ *см.* lifting sling
slip 1. скольжение, проскальзывание; пробуксовка || скользить; пробуксовывать 2. падение частоты вращения 3. утечка, потери (*в насосе*) 4. сдвиг; перемещение (*при сбросе*); высота сброса 5. *pl* клинья [плашки] для захвата бурильных и обсадных труб; шлипс 6. канат || травить канат
belt ~ скольжение [проскальзывание, пробуксовка] ремня
casing ~s 1. плашки клинового захвата 2. клинья для обсадной трубы
casing hanger ~s клинья для удержания колонны обсадных труб (*в клиновом захвате*)
friction ~ фрикционная втулка
hold-down ~s удерживающие плашки захвата
inverted ~s обратные плашки
power ~s автоматический клиновой захват

rotary ~s плашки [клинья] для зажима бурильных труб в роторе
self-locking synchronized ~s самозаклинивающийся синхронизированный шлипс
serrated ~s зубчатые плашки
set ~ посадочные клинья (*напр. подвесного устройства хвостовика*)
trace ~ *геол.* параллельное смещение; величина смещения (*пласта*)

slippage 1. буксование 2. стравливание каната 3. проскальзывание (*газа через жидкость*)
~ past the plunger утечка по плунжеру
fluid ~ утечка жидкости
gas ~ проскальзывание газа
wireline ~ 1. стравливание каната 2. проскальзывание каната

slipping 1. стравливание каната 2. скольжение, проскальзывание (*в муфте*)

slit прорезь, щель, шлиц || прорезать, шлицевать

slope 1. наклон; уклон; скат; падение || наклонный, отлогий 2. откос (*насыпи*) || устраивать откос; скашивать край 3. наклон (*кривой*); крутизна (*характеристики*) 4. *матем.* угловой коэффициент
~ of curve крутизна кривой
~ of line наклон линии
~ of repose угол естественного откоса
back ~ продольный уклон; задний уклон
continental ~ континентальный склон
gentle ~ пологий скат, небольшой уклон

sloper переходный ниппель

slot 1. прорезь; паз; шлиц; канавка || прорезать пазы, канавки, шлицы; шлицевать 2. окно (*золотника*)
drilling ~ буровой вырез (*в корпусе самоподнимающейся платформы, предназначенный для бурения и крепления водоотделяющей колонны скважины*)
lock bar ~ паз замкового бруса (*на компенсаторе бурильной колонны*)
pick-up ~s прорези для защелок
well ~ специальная шахта для бурения с баржи

slough осыпь (*пород со стенок скважины в результате ее обрушения или расширения*) || осыпаться, обрушаться
~ of sand вынос песка (*из пласта в скважину*)

Slt Mt [Salt Mountain] *геол.* солт маунтин (*свита групп уилкокс и мидуэй эоцена или палеоцена третичной системы*)

sludge 1. промывочный раствор, смешанный с разбуренной породой 2. шлам, ил; отстой; буровая грязь
acid ~ кислый гудрон
drilling ~ буровой шлам
oil ~ нефтяной шлам, нефтешлам
tank ~ отстой в резервуаре

sludging зашламовывание; загрязнение осадками; осадкообразование

sluff глинистая корка, отделившаяся от стенок скважины

slug 1. *pl* местное скопление воды, водяная пробка (*в скважине между другими жидкостями или газами*); перемежающиеся скопления газа и жидкости (*в скважине с высоким пластовым давлением*) 2. твердосплавной штырь или резец (*для армирования долот*) 3. слаг (*техническая единица массы в английской системе мер*) 4. партия (*нефти, измеренная и закачанная в трубопровод*) 5. скребок для чистки трубопровода 6. закупоривать, забивать (*трещины породы цементом или инертными материалами, применяемыми для борьбы с потерей циркуляции*)
~ the mud доливать буровой раствор (*в скважину*)
bit ~ пластинка [резец, штырь, вставка] из твердого сплава в долоте *или* коронке

Sluggit *фирм.* гранулированный карбонат кальция для безглинистых буровых растворов

Sluggit-R *фирм.* гранулированная смола для безглинистых буровых растворов (*наполнитель для борьбы с поглощением*)

Slugheal *фирм.* полимерно-лигносульфонатный комплекс (*понизитель водоотдачи для буровых растворов*)

slump 1. оседание (*пластов*); осадка 2. оползень; оползание грунта || оползать (*о грунте*) 3. осадка конуса (*бетонной смеси*)

slur [slurry] 1. суспензия; пульпа 2. жидкий цементный раствор

slurry 1. суспензия; пульпа 2. жидкий цементный раствор 3. глинистый буровой раствор 4. грязь; шлам 5. жидкая глина
aerated cement ~ аэрированный цементный раствор
cement ~ цементный раствор (*густой консистенции, но поддающийся перекачке насосом*)
latex-cement ~ каучукоцементная смесь
lead ~ первая пачка цементного раствора
neat cement ~ чисто цементный раствор (*без минеральных добавок*)
oil-cement ~ нефтецементный раствор
slug-cement ~ шлакоцементный раствор
thin cement ~ жидкий цементный раствор

slush 1. жидкий цементный раствор 2. глинистый буровой раствор 3. осадок, грязь, отстой; ил; шлам 4. защитное покрытие 5. замазывать, глинизировать; покрывать водоизолирующим материалом

SM [surface measurements] наземные измерения

Smentox *фирм.* добавка, предохраняющая буровой раствор от загрязнения и порчи при разбуривании цементных пробок

Smk [Smackover] *геол.* смаковер (*свита верхнего отдела юрской системы*)

smls [seamless] бесшовный

smooth 1. гладкий, ровный; плавный 2. полировать, шлифовать; выравнивать; разглаживать; сглаживать
~ off сглаживать; разглаживать

smooth

~ out сглаживаться; выполаживаться (*о кривой*)
smoother графитовая присадка к смазке
smoothing 1. выравнивание, сглаживание 2. чистовая обработка; полировка; отделка; доводка
~ out «размыв» записи (*на сейсмограмме*)
SMP [sodium metaphosphate] метафосфат натрия
smth [smooth] гладкий, ровный
SN [seating nipple] посадка ниппеля в муфту
S/N [signal-to-noise] отношение сигнал/шум
snap 1. зажим; замок 2. защелка; застежка ∥ защелкивать; застегивать
snap-lock защелкивающийся замок, замок-защелка
snapping:
~ back 1. раскручивание (*бурильных труб*) 2. резкий рывок (*бурильной колонны*) при раскручивании
snappy 1. мгновенного действия 2. с пружинным устройством 3. защелкивающийся
snatching подхватывание (*при погрузке материалов на борт*)
SND [sand] песок
SNG, sng [synthetic natural gas] синтетический природный газ
sniffer:
gas ~ электронный газоанализатор (*в наземной части циркуляционной системы*)
snitch прибор для механического каротажа (*регистрирующий время бурения, время простоя и глубину скважины*)
SNP [sidewall neutron log] нейтронный каротаж по тепловым нейтронам
snub опускать (*инструмент*) в скважину под давлением
~ out производить подъем, удерживая буровой снаряд давильной головкой (*при высоком давлении в скважине*)
snubber 1. давильная головка 2. оборудование для спуска или подъема бурильных труб (*и подачи инструмента при наличии давления в скважине*) 3. стопорящее устройство (*канатной системы*) 4. амортизатор; демпфер
hydraulic hook ~ гаситель вибраций крюка
pipe ~ устройство для подачи труб в скважину под давлением
pressure ~ гаситель пульсаций давления (*насоса*)
snubbing спуск (*инструмента*) в скважину под давлением
SO 1. [shake out] удаленная (*с помощью вибросита*) твердая фаза 2. [shows of oil] признаки нефти 3. [South offset] ближайший в южном направлении
soak пропитка, пропитывание ∥ пропитывать
acid ~ кислотная очистка скважины
soakaway дренаж
SO & G [shows of oil and gas] признаки нефти и газа

SO & GCM [slightly oil and gas-cut mud] буровой раствор со следами нефти и газа
SO & W [shows of oil and water] признаки нефти и воды
soapstone *мин.* мыльный камень, жировик; тальковая порода
SOC [Standard Oil Company] нефтяная компания «Стандард ойл компани» (*США*)
SOCAL [Standard Oil Company of California] нефтяная компания «Стандард ойл компани оф Калифорния» (*США*)
society общество
~ of Petroleum Engineers Общество инженеров-нефтяников (*США*)
American ~ for Testing Materials Американское общество по испытанию материалов
socket 1. место посадки башмака (*обсадной колонны в скважине*) ∥ обсаживать (*скважину*) 2. овершот; ропсокет; канатный замок (*с серьгой*) 3. каверна, камера (*образовавшаяся в скважине в результате взрыва заряда ВВ*) 4. раструб; уширенный конец трубы 5. ловильный колокол 6. стакан (*невыпаленная часть шпура*); невзорванное дно шпура 7. муфта, гильза, втулка; серьга; зажим 8. впадина; гнездо; углубление
ball ~ шаровая муфта
bell ~ ловильный колокол
bit-and-mud ~ американский песочный насос с шаровыми клапанами
brace ~ башмак для стоек бурового станка
bulldog slip ~ 1. шлипс плашечного типа 2. клиновый ловильный колокол
center jar ~ ловильный шлипс для яса канатного бурения
circulating slip ~ шлипс с промывкой
collar ~ ловильный колокол для захвата муфты (*оставшегося инструмента*)
combination ~ комбинированный шлипс
combination bit-and-mud ~ песочный насос с долотообразным выступом под клапаном (*служит для очистки пробки в скважине*)
corrugated friction ~ набивная волнистая труба (*ловильный инструмент*)
drill-pipe bell ~ ловильный колокол для захвата бурильных труб
drive-down ~ оправка
fishing ~ *см.* friction socket
friction ~ ловильный колокол; ловильный шлипс
half-turn ~ ловильный отводной крючок
horn ~ глухой шлипс для ловли бурильного инструмента
jar ~ шлипс для ловли яса
mandrel ~ оправка с воронкой (*для ловли обсадных труб*)
mud ~ желонка для чистки скважины
pipe ~ раструб трубы; соединительная муфта трубопровода
reducing ~ переходная муфта, переходный ниппель

releasing ~ освобождающийся шлипс (*ловильный инструмент*)
rock bit cone fishing ~ инструмент для ловли шарошек долота
rope ~ ропсокет, канатный замок
slip ~ ловильный шлипс, шлипсокет
tube ~ раструб трубы
tubing ~ ловильный шлипс для насосно-компрессорных труб
tubing and sucker rod ~ шлипс для ловли насосных труб *или* штанг
welding ~ сварная муфта
wide-mouth ~ ловильный шлипс с направляющей воронкой
wire rope ~ ропсокет для проволочного каната; канатный замок

SOCM [slightly oil-cut mud] буровой раствор, содержащий небольшое количество пластовой нефти

SOCONY [Standard Oil Company of New York] нефтяная компания «Стандард ойл компани оф Нью-Йорк» (*США*)

SOCW [slightly oil-cut water] вода, слегка загрязненная нефтью

soda *хим.* сода, углекислый натрий
baking ~ бикарбонат натрия, двууглекислый натрий ($NaHCO_3$)
caustic ~ едкий натр, каустическая сода ($NaOH$)
granular ~ гранулированная сода
neutral ~ смесь кальцинированной соды и бикарбоната натрия

sod gr [sodium base grease] консистентная смазка на натриевой основе

SOE [screwed on one end] с резьбой на одном конце (*о трубе*)

SOF [sand and oil fracturing] гидроразрыв смесью нефти и песка

soft 1. мягкий; пластичный; ковкий; гибкий 2. слабый (*о грунте*) 3. мягкий (*о воде*)

softener пластификатор; мягчитель
water ~ умягчитель воды

softening смягчение; размягчение
water ~ смягчение *или* опреснение воды

SOH [shot open hole] перфорирование открытого [необсаженного] ствола

SOHIO [Standard Oil of Ohio] нефтяная компания «Стандард ойл оф Огайо» (*США*)

soil грунт; почва; почвенный слой
acid ~ кислая почва
alkaline ~ щелочная почва
aqueous ~ водонасыщенная почва
bottom ~ подпочва
clay ~ глинистая почва
cohesionless ~ *см.* loose soil
cohesive ~ связный грунт
compressible ~ грунт, дающий большую усадку
consolidated ~ консолидированный грунт
detrimental ~ *см.* unstable soil
disturbed ~ грунт с нарушенной структурой
dug ~ перемещаемый грунт
foundation ~ грунт основания
frost ~ мерзлый грунт
loose ~ несвязный [рыхлый] грунт
muddy ~ топкий [илистый] грунт
packed ~ слежавшийся [уплотненный] грунт
rocky ~ каменистый [скальный] грунт
sand ~ песчаный грунт
saturated ~ *см.* aqueous soil
soft ~ мягкий грунт; слабый грунт; нанос
surface ~ верхний слой грунта
tabet ~ оттаявший грунт над вечной мерзлотой
undisturbed ~ грунт с ненарушенной структурой
unstable ~ неустойчивый грунт

SOL [solid] твердое тело

sol 1. [solenoid] соленод 2. [solids] твердая фаза 3. [solubility] растворимость 4. [solvent] растворитель

SOLAS [safety of life at sea] безопасность [охрана жизни] людей на море

solder припой ǁ паять мягким [легкоплавким] припоем

soldering пайка мягким [легкоплавким] припоем

sole 1. основание; пята; подошва; постель; подушка; подкладка 2. продольный швеллер *или* брус, продольная балка
fault ~ нижняя поверхность [подошва] надвига

solid 1. твердое тело 2. целик, порода, массив 3. *pl* твердая фаза; частицы песка (*в буровом растворе*) 4. сплошной; цельный; неразъемный 5. массивный; монолитный 6. твердый; прочный; крепкий; нетрещиноватый; невыветренный (*о породе*); не имеющий видимых трещин (*об алмазе*) 7. трехмерный, пространственный, объемный
drilled ~s выбуренная порода, буровой шлам
foreign ~s посторонние механические примеси
light ~s легкий шлам (*в буровом растворе*)
low-density ~s твердая фаза малой плотности
low-gravity ~s *см.* low-density solids
mud ~s твердые частицы в буровом растворе
non-metallic ~ твердое неметаллическое вещество
particulate ~s измельченные твердые частички
reactive ~s химически активная твердая фаза (*бурового или цементного раствора*)
total ~s общее содержание твердой фазы (*в буровом растворе*)

solid-drawn цельнотянутый; бесшовный

solidification отвердение, затвердевание; застывание, загустевание, схватывание (*бетона*)

solidity 1. твердость; твердое состояние 2. плотность, массивность

Solidsmaster

Solidsmaster *фирм.* 76-мм гидроциклон для очистки бурового раствора
solifluction *геол.* солифлюкция (*движение или течение почвы*)
soln [solution] раствор
Soltex *фирм.* сульфированный остаток (*эмульгатор, смазка и ингибитор неустойчивых глин для всех типов буровых растворов, кроме растворов на углеводородной основе*)
solubility растворимость
  acid ~ растворимость в кислоте
  alkali ~ растворимость в щелочи
  preferential ~ избирательная растворимость
  solid ~ растворимость в твердом состоянии
  solvent ~ растворимость в растворителе
  water ~ растворимость в воде
solubilizer сжижающий реагент
soluble растворимый
  mutually ~ взаимно растворимые
  oil ~ растворимый в нефти *или* масле
  partly ~ неполностью [частично] растворимый
  readily ~ легкорастворимый
  slightly ~ малорастворимый, слаборастворимый
  water ~ растворимый в воде, водорастворимый
Soluble-Wate *фирм.* кислоторастворимый утяжелитель жидкостей для ремонта и заканчивания скважин
Solubreak *фирм.* понизитель вязкости для безглинистых буровых растворов
Solubridge *фирм.* сортированная по размеру смола (*наполнитель для борьбы с поглощением безглинистых буровых растворов*)
Solukleen *фирм.* полимерно-лигносульфонатный комплекс для жидкостей для заканчивания нефтяных и газоконденсатных скважин, содержащих закупоривающие материалы, растворимые в углеводородах
Solupak *фирм.* полимерный загуститель для безглинистых буровых растворов
solut [solution] раствор
solute растворенное вещество
solution 1. раствор 2. растворение
  acid ~ кислый раствор
  alkaline ~ щелочной [основный] раствор
  aqueous ~ водный раствор
  basic ~ *см.* alkaline solution
  brine ~ концентрированный соляной раствор, рассол
  cleaning ~ раствор для очистки
  colloidal ~ коллоидный раствор
  electrolyte ~ раствор электролита
  gas ~ газовый раствор
  liquid ~ жидкий раствор
  mud ~ глинистый раствор
  saturated ~ насыщенный раствор
  soil ~ почвенный раствор
  solid ~ твердый раствор
  water ~ водный раствор

solv [solvent] растворитель || растворяющий
Solvaquik *фирм.* эмульгатор для безглинистых инвертных эмульсий, понизитель фильтратоотдачи и загуститель буровых растворов
solvend растворимое вещество
solvent растворитель || растворяющий
  commercial~ технический растворитель
  oil~ растворитель нефти *или* масла
Solvitex *фирм.* природный полимер (*загуститель для водных буровых растворов*)
soly [solubility] растворимость
SOM [Standing Group on the Oil Market] Постоянная группа по вопросам нефтяного рынка, ПГНР
som [somastic] защитное покрытие для труб на асфальтобитумной основе
somastic защитное покрытие для труб на асфальтобитумной основе
somct [somastic coated] с покрытием на асфальтобитумной основе (*о трубах*)
sonar гидролокатор, сонар
  diver held ~ переносной гидролокатор водолаза
  re-entry ~ гидролокатор для повторного ввода бурильной колонны (*в устье плавучей буровой установки*)
  side-scan ~ гидролокатор с боковым сканированием, боковой гидролокатор
sonde (каротажный) зонд
  acoustic logging ~ акустический каротажный зонд
  logging ~ каротажный зонд
sonograph сонограф
SOP [standard operating procedure] стандартный способ эксплуатации
SOR [schedule of requirements] график выполнения (технических) требований
sorbate сорбат, сорбированное вещество
sorbent сорбент, сорбирующее вещество
sorption сорбция (*поглощение вещества из раствора или газовой смеси*)
  chemical ~ химическая сорбция
  selective ~ селективная [избирательная] сорбция
sort 1. [sorted] сортированный, классифицированный 2. [sorting] сортировка
sound 1. зонд, щуп || зондировать 2. звук; шум || звучать; давать сигнал 3. крепкий, прочный, монолитный; неповрежденный
sounder зонд
  bottom ~ донный зонд
  echo ~ эхолот
  sonic depth ~ *см.* echo sounder
  ultrasonic ~ ультразвуковой эхолот
sounding 1. зондирование; измерение глубины (*эхолотом*) 2. определение сопротивления грунта проникновению (*при помощи пенетрометра*)
  deep ~ глубинное зондирование
  geotechnical ~ геотехническое зондирование

seismic ~ сейсмическое зондирование
soundness равномерность изменения объема (*твердеющего цементного раствора*)
sour 1. кислый 2. сернистый, содержащий сероводород
source источник
~ of water troubles источник обводнения скважины
natural gas ~ источник природного газа
point ~ точечный источник
power ~ эл. источник питания
unit circle ~ единичный цилиндрический источник
sowback *геол.* 1. изоклинальный гребень 2. моренная гряда
SP 1. [self-potential] естественный потенциал 2. [self-propelled] самоходный, самодвижущийся 3. [set plug] установка временной мостовой пробки 4. [shot point] место перфорирования 5. [spontaneous polarization] спонтанная поляризация, СП 6. [straddle packer] сдвоенный пакер 7. [surface pressure] давление на устье скважины
Sp [Sparta] *геол.* спарта (*свита группы клайборн эоцена третичной системы*)
sp 1. [sample] образец; проба 2. [spare] запасной 3. [speed] скорость
sp. [specific] удельный
SPA [sodium polyactrylonitrile] полиакрилонитрил натрия
space 1. пространство 2. расстояние; интервал; промежуток; зазор ∥ расставлять с промежутками *или* с интервалами
annular ~ кольцевое пространство; затрубное [межтрубное] пространство; кольцевой зазор
box long ~ высота места установки ключа на муфте (*замка*)
dead ~ мертвая зона
delivery ~ диффузор, уширенный кольцевой канал (*центробежного насоса*)
evacuated ~ разреженное пространство, вакуум
floor ~ площадь пола (*вышки*)
gas ~ газовое пространство; объем газа
hollow ~ полое пространство; пустота
idle ~ вредное пространство
interstitial ~ *см.* pore space
long ~ высота места установки ключа (*на трубе или замке*)
net effective pore ~ чисто эффективное поровое пространство
oil ~ нефтяная [топливная] цистерна (*на морской буровой*)
pin long ~ высота места установки ключа на замке
pore ~ поровое пространство, объем пор
pressure ~ камера сжатия [нагнетания]
radial ~ радиальный [кольцевой] зазор
spaced расположенный [расставленный] на расстоянии
~ on centers с расстоянием между центрами

equally ~ равноотстоящий; с одинаковым шагом (*напр. о зубьях*)
spacer 1. распорка; распорная деталь; распорная гильза; промежуточное кольцо; шайба; прокладка 2. буферная жидкость (*закачиваемая перед цементным раствором*)
cross ~s поперечные крепления
joint ~ стыковая прокладка
Spacer 1000 *фирм.* буферная жидкость, обладающая низкой фильтратоотдачей
spacing 1. расстояние; интервал 2. расстояние между скважинами; расстановка скважин 3. размещение алмазов (*на режущей поверхности коронки*); расстояние между алмазами (*по радиусу или по направлению вращения*) 4. расположение [расстановка, размещение] с определенными промежутками *или* интервалами 5. шаг зубьев
~ of electrodes *см.* electrode spacing
~ of wells *см.* well spacing
borehole ~ *см.* well spacing
bottom-hole ~ размещение забоев скважин
close well ~ плотная сетка размещения скважин
critical ~ предельно допустимое расстояние между скважинами (*обеспечивающее извлечение всей промышленной нефти при эксплуатации*)
dense well ~ *см.* close well spacing
electrode ~ разнос электродов (*в электроразведке*)
fracture ~ расположение трещин
level ~ расстояние между горизонтами
off-bottom ~ расстояние от забоя (*скважины*)
pattern well ~ размещение скважин по типовым сеткам
well ~ размещение скважин
spaghetti *проф.* насосно-компрессорные трубы малого диаметра
spalling скалывание; выкрашивание; растрескивание; отслаивание; отпадание
span 1. раствор (*губок тисков*); зев (*гаечного ключа*) 2. расстояние между опорами, пролет 3. диапазон; интервал; пределы (*измерений*)
unsupported ~s безопорные пролеты трубопроводов
spanner гаечный ключ
adjustable ~ раздвижной [разводной] гаечный ключ
chain ~ цепной ключ (*для труб*)
pipe ~ трубный гаечный ключ
ratchet ~ ключ с трещоткой
straight ~ прямой гаечный ключ
spanning:
~ of river прокладка трубопровода через реку
spar 1. шпат 2. балка; перекладина; брус
calcareous ~ кальцит, известковый шпат
fluor ~ плавиковый шпат, флюорит (CaF_2)

spar

heavy ~ тяжелый шпат, барит
spare 1. запасная часть || запасной, резервный 2. нефтехранилище
offshore oil ~ морское нефтехранилище с беспричальным наливом
storage ~ башенное нефтехранилище, нефтехранилище башенного типа
spark искра; искровой разряд || искрить
sparker спаркер, электроискровой (морской сейсмический) источник
borehole ~ скважинный электроискровой источник
sparking 1. искрение, искрообразование 2. зажигание 3. эл. дуговой разряд
spcr [spacer] буферная жидкость
SPD [speed] скорость
Spd [spudder] легкий станок ударно-канатного бурения
spd 1. [spud] забуривать скважину 2. [spudded] забурена (*о скважине*) 3. [spudder] легкий станок ударно-канатного бурения
spdl [spindle] шпиндель; вал; ось
SP-DST [straddle packer drill stem test] опробование пласта испытателем, спущенным на бурильных трубах со сдвоенным пакером
SPDT [single-pole double-throw] однополюсный двухпозиционный (*о переключателе*)
SPE [Society of Petroleum Engineers] Общество инженеров-нефтяников Американского института горных инженеров
spear 1. труболовка 2. ловильный ерш; ловильный крючок 3. насосная штанга
anchor wash-pipe ~ ловильный инструмент на конце промывочной трубы
bore protector ~ инструмент для извлечения защитной втулки
bulldog casing ~ неосвобождаемая труболовка
casing ~ труболовка для обсадных труб
drill collar ~ труболовка для утяжеленных бурильных труб
drive down casing ~ освобождающаяся труболовка для обсадных труб
fishing ~ труболовка
hydraulic ~ гидравлическая труболовка
rope ~ ловильный крючок (*в канатном бурении*)
trip casing ~ освобождающаяся труболовка для обсадных труб
tubing ~ труболовка для насосно-компрессорных труб
twist-drill ~ ловильный инструмент
two-horn ~ двурогий ловильный ерш
washdown ~ труболовка с промывкой, промывная труболовка
washover ~ *см.* washdown spear
spearhead 1. промывочная жидкость, закачиваемая перед жидкостью гидроразрыва 2. головка для захвата ловильным инструментом
spearpoint копьевидная [зубчатая] вершина шарошки (*бурового долота*)

spec 1. [specification] технические условия; спецификация 2. [specimen] образец (*породы или грунта*)
Special Additive 47 *фирм.* невязкая органическая жидкость для обработки воды и буровых растворов на водной и углеводородной основе
Special Additive 47X *фирм.* порошок для обработки буровых растворов на углеводородной основе, загрязненных растворами на водной основе
Special Additive 58 *фирм.* стабилизатор утяжеленных буровых растворов с низким содержанием твердой фазы
Special Additive 81 *фирм.* стабилизатор буровых растворов на углеводородной основе
Special Additive 81-A *фирм.* концентрат стабилизатора буровых растворов на углеводородной основе
Special Additive 252 *фирм.* жидкий пеногаситель для буровых растворов на водной основе
specif. [specific] удельный
specific 1. удельный 2. специальный; специфический; характерный
specification 1. спецификация; стандарт; техническая характеристика 2. *pl* технические условия
API ~s технические условия Американского нефтяного института (*на нефтепродукты и нефтяное оборудование*)
gas sales ~ требования к поставляемому газу
installation ~ инструкция по сборке *или* монтажу
patent ~ описание патента
production ~s промышленные стандарты *или* нормали
pump ~s характеристики насоса
quality ~s требования, предъявляемые к качеству
technical ~s технические условия
specified 1. номинальный; паспортный 2. соответствующий техническим условиям
specimen образец (*породы или грунта*); проба
bore ~ образец грунта, взятый при бурении
rock ~ образец породы
test ~ контрольный образец; контрольная проба
spectrograph 1. спектрограф 2. спектрограмма
spectrography спектрография
vacuum ~ вакуумная спектрография
X-ray ~ рентгеноспектрография
spectrolog метод газового каротажа с применением спектроскопического способа (*определения газа в буровом растворе*)
spectrometer спектрометр
gamma ~ гамма-спектрометр
laser ~ лазерный спектрометр
radiation ~ спектрометр излучения
scanning ~ сканирующий спектрометр
spectrum спектр

absorption ~ спектр поглощения
band ~ полосатый спектр
continuous ~ сплошной [непрерывный] спектр
design wave ~ расчетный спектр волн
noise ~ спектр помех
Raman ~ спектр комбинационного рассеяния света
seismic ~ спектр сейсмических волн

SPEE [Society of Petroleum Evaluation Engineers] Общество инженеров по оценке запасов нефти и газа

speed 1. скорость 2. частота вращения
~ of paper скорость движения ленты (*регистрирующего прибора*)
~ of propagation скорость распространения (*волн*)
~ of response скорость срабатывания
~ of rotation частота вращения
~ of transmission *см.* speed of propagation
~ of welding скорость сварки
~ up ускорять; набирать [увеличивать] скорость
adjustable ~ регулируемая скорость
bit ~ частота вращения долота *или* коронки
constant ~ постоянная скорость
cutting ~ 1. скорость резки (*автогеном*) 2. скорость резания (*долота*) 3. скорость проходки
design wind ~ расчетная скорость ветра
drilling ~ скорость бурения
feed ~ скорость подачи
full ~ полный ход
hoisting ~ скорость подъема
idle ~ *см.* idling speed
idling ~ скорость холостого хода; число оборотов на холостом ходу
input ~ частота вращения входного вала; скорость на входе
jacking ~ скорость подъема подъемного устройства (*самоподнимающейся платформы*)
maximum ~ предельная [критическая] скорость
nominal ~ номинальная скорость; номинальная частота вращения
normal ~ *см.* operating speed
operating ~ эксплуатационная скорость
output ~ частота вращения выходного вала; скорость на выходе
overall drilling ~ коммерческая скорость бурения
penetration ~ механическая скорость проходки
peripheral ~ окружная скорость (*на периферии долота*)
pumping ~ число качаний насоса (*в минуту*)
rated engine ~ номинальная частота вращения двигателя в минуту
response ~ скорость срабатывания, скорость реагирования
rotary ~ частота вращения ротора *или* бурильных труб
rotating ~ частота вращения
rotational ~ *см.* rotating speed
running ~ скорость спуска инструмента в скважину
terminal ~ предельная [критическая] скорость
traveling ~ скорость движения
work ~ темп работ

Speeder-P *фирм.* смазка и смачивающий реагент для буровых растворов для условий высоких давлений

Speeder-X *фирм.* ПАВ, вводимое в дизельное топливо при установке ванн с целью освобождения прихваченного инструмента

Spek-Chek *фирм.* метод спектрального анализа для проверки концентрации химических реагентов в сухой цементной смеси

Spersene *фирм.* хромлигносульфонат

SPF [shots per foot] выстрелов на фут

Spf [Spearfish] *геол.* спирфиш (*свита нижнего отдела триасовой системы*)

spg 1. [specific gravity] удельный вес 2. [sponge] губка, губчатое вещество 3. [spring] пружина

sp gr [specific gravity] удельный вес

sphere 1. сферический резервуар (*для хранения газов и нефтепродуктов с большой упругостью паров*) 2. сфера; шар; шарик
Horton ~ сферический [шаровидный] резервуар (*для хранения нефтяных газов и газовых бензинов под давлением*)
microballoon ~s микросферические газоконтейнеры (*пластмассовые шарики, наполненные газом, напр. азотом; препятствуют испарению нефти в резервуарах*)
organic ~ биосфера
packed ~s плотно расположенные зерна (*в искусственном керне*)
rock ~ литосфера
steel ~s стальная буровая дробь

spherical сферический, шарообразный, круглый

spheroid сфероид; каплевидный [сфероидный] резервуар
Horton ~ каплевидный [сфероидный] резервуар (*для хранения нефтяных газов и газовых бензинов под давлением*)

sp ht [specific heat] удельная теплоемкость

spider 1. спайдер 2. лафетный хомут 3. клиновой захват 4. паук (*ловильный инструмент*)
casing ~ клиновой захват для удержания колонны обсадных труб на весу
inverted ~ клиновой захват с обратными плашками; перевернутый клиновой захват
marine riser handling ~ спайдер для монтажа и демонтажа водоотделяющей колонны
riser joint ~ *см.* marine riser handling spider
traveling ~ подвижной клиновой захват; подъемный лафетный хомут
tubing ~ клиновой захват для спуска и подъема насосно-компрессорных труб

spigot 1. втулка, втулочное соединение 2. конец трубы, заходящей в раструб другой трубы 3. центрирующий выступ *или* буртик; центрирующая цапфа
spill 1. разлив; утечка 2. проливать; расплёскивать
 mud ~s разлив бурового раствора
spillage разлив; утечка
 oil ~ разлив нефти
spin 1. осевое вращение || вращать 2. свивка (*каната*) || скручивать, закручивать (*канат*) 3. отвинчивать; свинчивать, завинчивать (*трубы*)
 ~ off отворачивать, отвинчивать (*резьбовые соединения*)
 ~ up свинчивать (*трубы*)
spindle 1. шпиндель; вал; ось 2. ходовой винт
 float ~ игла поплавка
spinner вращатель, вращающее устройство
 drill pipe ~ вращатель бурильной колонны (*приводной ключ для свинчивания и развинчивания бурильных труб*)
 kelly ~ вращатель для навинчивания ведущей бурильной трубы
spiral спираль || спиральный
 coaxial ~ спираль для центрирования обсадных труб в скважине
 tooth ~ линия зуба
splice 1. соединение внахлёстку || соединять внахлёстку 2. место сращивания (*каната*); сращивание; сплетение || сращивать; сплетать (*канат*)
 rope ~ канатное соединение; петля из каната
 wire ~ эл. соединение проводников
splitter:
 casing ~ продольный труборез
splitting квартование (*образца*)
sply [supply] снабжение; подача; питание
spm [strokes per minute] ходов плунжера в минуту
spool 1. катушка; бобина; барабан 2. корпус поршневого золотника 3. фланцевое соединение (*между противовыбросовым превентором и главной задвижкой*)
 drilling ~ буровая катушка (*элемент в виде муфты для соединения колонных головок с остальным устьевым оборудованием*)
 drum ~ барабан лебёдки
 manifold ~ катушка манифольда (*верхняя секция подводной фонтанной арматуры*)
 wye ~ *см.* "Y" spool
 "Y" ~ Y-образная катушка (*подводной фонтанной арматуры с циркуляционными каналами*)
spooling намотка (*каната на барабан*)
 counterbalance ~ уравновешенная намотка
spot 1. пятно || покрываться пятнами 2. место || ставить на место; устанавливать 3. определять место (*прихвата инструмента в стволе*) 4. точка
 barren ~ непродуктивная зона пласта
 dry ~ сухое [непродуктивное] пятно (*в нефтяной залежи*)
 hot ~ коррозионно-агрессивный участок (*почвы*)
 oil ~ 1. масляное пятно 2. нефтяное пятно
 reflection ~ *сейсм.* узел отражения
 tacked ~ *св.* прихватка, прихваточная сварная точка
 weld ~ сварная точка
 welding ~ место сварки; сварная точка
spotlight прожектор
spouter фонтанирующая скважина
 oil ~ открытый нефтяной фонтан
SPP [suspended particulate phase] взвешенная твёрдая фаза
spray 1. брызги; струя || разбрызгивать 2. распылитель || распылять
 oil ~ 1. распылённое масло; масляный туман 2. распылённая нефть
spread 1. протяжение; простирание; протяжённость 2. размах 3. разброс *или* рассеивание точек (*на диаграмме*) 4. диапазон отклонений 5. растягивать; расширять; вытягивать
 open ~ установка сейсмографов на расстоянии, при котором отражённые волны приходят раньше поверхностных
 right-angle ~ прямоугольная установка сейсмографов (*на профилях, образующих прямой угол друг с другом*)
 short ~ короткая расстановка сейсмографов (*до 300 м*)
 single-shot ~ расстановка сейсмографов с одним пунктом взрыва
 two-hole ~ двухскважинная установка сейсмографов
spreader 1. расширитель; разжимное приспособление *или* устройство 2. распорка; растяжка
Spring [Springer] *геол.* спрингер (*свита отдела честер миссисипской системы, Среднеконтинентальный район*)
spring 1. пружина; рессора || подвешивать на пружинах *или* рессорах 2. источник
 balance ~ балансирная [уравновешивающая] пружина
 blade ~ пластинчатая пружина
 bow ~ дугообразная (*листовая*) пружина (*центратора*)
 brake ~ тормозная пружина
 flat ~ плоская [ленточная] пружина (*сейсмографа*)
 latch ~ замковая пружина
 oil ~ нефтяной фонтан
 retarding ~ *см.* brake spring
 return ~ пружина обратного действия, оттяжная пружина
spring-actuated приводимый в действие пружиной
sprinkler разбрызгиватель
 pre-action ~ разбрызгиватель с дополнительным приводом

water ~s системы разбрызгивания воды
SPS [submerged production system] подводная система эксплуатации скважин
SPST [single-pole single-throw] однополюсный однопозиционный (*о переключателе*)
SPT [shallower pay test] испытание вышележащего коллектора
sptd [spotted] (*местонахождение*) установлено
spud 1. забуривать (*скважину*) 2. бурить с оттяжкой каната (*без балансира*)
~-in забуривание (*скважины*)
spudder 1. легкий станок ударно-канатного бурения 2. инструмент для обдалбливания инструмента, оставшегося в скважине (*при канатном бурении*)
spudding 1. забуривание (*скважины*) 2. бурение с оттяжкой каната
sputter 1. брызги ‖ брызгать 2. перебой (*в работе двигателя*)
spvn [supervision] контроль; наблюдение; надзор
sp. vol. [specific volume] удельный объем
SPWLA [Society of Professional Well Log Analysts] Общество специалистов по анализу данных промысловой геофизики
sq [squeezed] 1. закачанный под давлением 2. вытесненный давлением
sq. [square] квадрат ‖ квадратный
sq. ft. [square foot] квадратный фут
sq m [square meter] квадратный метр
sq ml [square mile] квадратная миля
sq pkr [squeeze packer] пакер для цементирования под давлением
square квадрат ‖ квадратный
wrench ~ квадратная шейка под ключ (*на бурильном инструменте*)
squeeze 1. задавливание, прокачка под давлением (*цементного раствора или кислоты*) 2. сжатие, сдавливание ‖ сжимать, сдавливать 3. обжимать; уплотнять, прессовать
block-~ изоляция горизонта задавливанием тампона в затрубное пространство
bradenhead ~ задавливание цемента через устьевую головку с сальниковым устройством
gunk ~ смесь бентонитового глинопорошка и дизельного топлива (*применяемая для изоляции зон поглощения*)
hesitation ~ продавливание цементного раствора с выдержкой во времени
slurry-oil ~ цементно-нефтяной раствор (*для изоляции пластовых вод*)
squib 1. пиропатрон 2. электрозапал, электровоспламенитель
casing ~ устройство для торпедирования при освобождении обсадных труб
line ~ торпеда
sq. yd [square yard] квадратный ярд
sqz [squeezed] 1. закачанный под давлением 2. вытесненный давлением
SR 1. [short radius] короткий радиус 2. [sieve residue] а) выбуренная порода (*на сетке вибросита*) б) ситовый остаток (*при лабораторных исследованиях*)
SR log [sieve residue log] каротаж по выбуренной породе
srt 1. [sort] сортировать, классифицировать 2. [sorting] сортировка
SS 1. [sandstone] песчаник 2. [service station] станция обслуживания 3. [single shot] одноточечный (*об инклинометре*) 4. [slow set] медленносхватывающийся 5. [small shows] незначительные признаки 6. [stainless steel] нержавеющая сталь 7. [string shot] небольшой заряд ВВ, взрываемый (*в случае прихвата*) для ослабления резьб труб, находящихся в скважине 8. [subsea] подводный 9. [subsurface] подземный
ss. 1. [sands] песчаники 2. [sections] секции, части; сечения
SSE [South-South-East] юго-юго-восток
SSG [slight shows of gas] слабые признаки газа
SSO [slight shows of oil] слабые признаки нефти
SSO & G [slight shows of oil and gas] слабые признаки нефти и газа
SSP [static self-potential] статический собственный потенциал
S/SR [sliding scale royalty] арендная плата по скользящей шкале
SSSV [subsurface safety valve] подводный предохранительный клапан
SST [string stabilizer] стабилизатор колонны
SSUW [salty sulphur water] соленая сернистая вода
SSW [South-South-West] юго-юго-запад
ST [short thread] короткая резьба
S/T [sample tops] верхняя граница интервалов, из которых взята проба
sta [station] 1. станция 2. *геод.* визирный пункт
STAB [stability] устойчивость; стабильность
stab [stabilizer] стабилизатор, стабилизирующее устройство
stabber 1. устройство, направляющее обсадную трубу при спуске колонны 2. рабочий, направляющий обсадную трубу при спуске колонны
automatic pipe ~ автоматический центрирующий манипулятор (*подает трубы к ротору, одновременно центрируя их относительно оси ствола ротора, и отводит их на подсвечник*)
kelly ~ устройство для ввода ведущей трубы (*в шурф*)
pipe ~ буровой рабочий, оперирующий трубами
stability устойчивость; состояние равновесия; стабильность; *мор.* остойчивость
arrow ~ устойчивость по траектории
buckling ~ продольная устойчивость; устойчивость в отношении продольного изгиба; устойчивость против выпучивания
corrosion ~ коррозионная стойкость
dynamic ~ динамическая устойчивость
elastic ~ упругая устойчивость

stability

emulsion ~ стойкость эмульсии
flow ~ устойчивость потока
hole ~ устойчивость ствола
inherent ~ собственная устойчивость
negative ~ неустойчивость; нестабильность
mud ~ стабильность бурового раствора
operational ~ устойчивая работа (*устройства, аппарата*)
platform shear ~ устойчивость платформы на сдвиг
positive ~ положительная стабильность
relative ~ относительная устойчивость
shear ~ сопротивление сдвигу, прочность на сдвиг
standing ~ устойчивость в рабочем положении; устойчивость (*самоподнимающейся платформы*) на опорных колоннах
static ~ статическая устойчивость
thermal ~ тепловая стойкость
tip ~ устойчивость против опрокидывания
vertical ~ вертикальная устойчивость
zero ~ нулевой запас устойчивости, отсутствие устойчивости

stabilization стабилизация; обеспечение устойчивости
soil ~ укрепление [стабилизация] грунта

stabilize стабилизировать; обеспечивать устойчивость

stabilizer 1. стабилизатор, стабилизирующее устройство 2. *хим.* антикоагулятор, антикоагулирующее средство, стабилизатор 3. центратор (*с жесткими планками*)
clay ~ стабилизатор неустойчивых глин
drill ~ стабилизатор для центрирования нижней части бурильного инструмента; фонарь для бурильных труб
drill collar ~ стабилизатор, установленный на УБТ
fulcrum ~ стабилизатор с призматическими планками
link ~ центратор штропов
replaceable wear-pad ~ трубный стабилизатор со сменными уплотнительными элементами
riser ~ конец водоотделяющей колонны
rubber sleeve ~ резиновый стабилизатор для бурильных труб
RWP ~ *см.* replaceable wear-pad stabilizer
sleeve type ~ стабилизатор рукавного типа
traveling block ~ стабилизатор талевого блока (*предназначенный для предотвращения раскачивания талевого блока при качке бурового судна или плавучей полупогружной буровой платформы*)
welded blade ~ стабилизатор с приваренными лопастями

stable стойкий; устойчивый; стабильный
heat ~ теплостойкий, термостойкий, термически стабильный
laterally ~ обладающий поперечной устойчивостью, устойчивый в поперечном направлении
longitudinally ~ обладающий продольной устойчивостью, устойчивый в продольном направлении

stack 1. набор; комплект (*труб, установленных в вышке*) 2. блок (*превенторов*) 3. штабель ‖ укладывать [складывать] в штабель
BOP ~ блок противовыбросовых превенторов (*сборка, состоящая из набора плашечных, одного или двух универсальных превенторов, соединительных муфт, выкидных линий с задвижками и т. д., установленных в единой раме*)
BOP lower ~ нижняя часть блока превенторов
BOP upper ~ верхняя часть блока превенторов
flare ~ факельная стойка (*для установки горелки*)
preventer ~ блок превенторов (*сборка в виде единого блока, включающая несколько типов противовыбросовых превенторов, манифольд, гидравлические линии управления и т. д.*)
riser ~ комплект водоотделяющей колонны
subsea BOP ~ подводный блок противовыбросовых превенторов

stage 1. ступень; цикл; этап; стадия; степень; фаза 2. подмостки; платформа; помост 3. каскад
buffer ~ 1. буферный [разделительный] каскад 2. промежуточный этап
construction ~s этапы строительства
diving ~ водолазная ступень (*для погружения*)
expansion ~ степень [период, фаза] расширения
flash trapping ~ одноступенчатое выделение газа в сепараторе
flush ~ фонтанный период (*скважины*)
high-pressure ~ ступень (*сжатия*) высокого давления
low-pressure ~ ступень (*сжатия*) низкого давления
pressure ~ ступень давления
research ~ стадия разработки

stalk свеча из нескольких труб

stall *горн.* забой; камера; рабочее пространство; широкая выработка (*при шахтной добыче нефти*)

Stan [Stanley] *геол.* стенли (*свита группы барнет миссисипской системы*)

stand 1. станина 2. подставка 3. стойка; подпорка; консоль; кронштейн 4. стенд; установка для испытаний 5. стеллаж
control ~ пульт управления (*бурильщика*)
control box ~ *см.* control stand
double ~ двухтрубная свеча бурильных труб
driller's ~ пост бурильщика
test ~ испытательный стенд

standard стандарт; норма ‖ стандартный; нормальный; обычный

antipollution effluent ~ стандарт чистоты для отводимой сточной воды
drilling-rig size ~ размерный ряд буровых установок
gas ~s газовые параметры
reference ~ единица измерения; эталон
test ~ стандарт на проведение испытаний

ST & C [short thread and coupling] короткая резьба и муфта (*обсадных труб*)

stand-off степень центрирования (*обсадной колонны в стволе*)

standpipe стояк

starch крахмал
modified ~ модифицированный крахмал
pregelatinized ~ желатинированный крахмал

starter стартер
casing ~ нижняя обсадная труба (*в колонне*)

state состояние; положение
colloidal ~ коллоидное состояние
flow ~ текучесть
gaseous ~ газообразное состояние
incipient ~ начальная стадия
limiting sea ~ ограничение по состоянию моря
liquid ~ жидкое состояние
nascent ~ состояние в момент выделения
solid ~ твердое состояние
steady ~ устойчивое состояние, состояние равновесия
transient ~ переходное состояние
unstable ~ нестабильный режим
unsteady ~ нестационарное [неустойчивое] состояние

station 1. станция 2. *геод.* визирный пункт
base pump ~ главная насосная станция
booster ~ вспомогательная передаточная станция (*на трубопроводе*)
bulk ~ базовая распределительная станция
compressor ~ компрессорная станция
concrete coating ~ пост покрытия бетоном (*на трубоукладочной барже, предназначенный для образования бетонной рубашки на участке стыковочного шва труб*)
control ~ контрольная станция
delivery measuring ~ газораспределительная станция
downstream pump ~ насосная станция, следующая по направлению потока
driller's ~ пост бурильщика
emergency ~ станция чрезвычайного положения
filling ~ *см.* gas filling station
finishing oil pump ~ дожимная нефтенасосная станция
flow ~ станция контроля и первичной переработки (*нефти и газа*)
fuel ~ *см.* gas filling station
gas filling ~ *амер.* автозаправочная станция, АЗС; бензоколонка
gas metering ~ газозамерная станция
gasoline filling ~ *см.* gas filling station
gathering ~ группа промысловых резервуаров
line-up ~ место линейной укладки труб
oil-marketing ~ нефтетоварная (*маркетинговая*) база
petrol ~ *см.* gas filling station
pipeline compressor ~ компрессорная станция трубопровода
pipeline pumping ~ насосная станция на трубопроводе
pipeline-up ~ пост центровки труб (*на трубоукладочной барже*)
power ~ силовая установка, силовая станция; электростанция
pump ~ насосная станция; перекачивающая станция (*на трубопроводе*)
pumping ~ *см.* pump station
push-button pipeline ~ автоматизированная перекачивающая станция на трубопроводе
radio-controlled pump ~ автоматическая насосная станция, управляемая по радио
receiving ~ станция назначения; приемная станция
recording ~ пункт наблюдения (*в сейсмической разведке*)
relay pump ~ промежуточная насосная станция (*на трубопроводе*)
remote-control ~ станция дистанционного контроля
robot ~ *см.* unattended station
service ~ 1. ремонтная база 2. автозаправочная станция, АЗС
source pump ~ головная насосная станция (*на трубопроводе*)
terminal ~ конечная [тупиковая] станция
terminal pump ~ конечная насосная станция (*на трубопроводе*)
unattended ~ автоматическая (*перекачивающая*) станция

STB [stock tank barrels] баррелей (*нефти*) в нормальных стандартных условиях на поверхности; нормальных баррелей (*нефти*), приведенных к стандартным условиям

STB/D [stock tank barrels per day] нормальных баррелей (*нефти*) в сутки

STC [short thread and collar] короткая резьба и муфта (*обсадной колонны*)

stcky [sticky] липкий

Std [standard] стандарт

stdg [standing] всасывающий (*о клапане скважинного насоса*)

stds [stands] свечи бурильных труб

STD WT [standard weight] стандартный вес

stdy [steady] устойчивый

steady-state 1. статический 2. установившийся

steam пар
dead ~ *см.* exhaust steam
dry ~ сухой пар
exhaust ~ отработавший [мятый] пар
live ~ острый [свежий] пар
moist ~ влажный пар
saturated ~ насыщенный пар

steam

still ~ пар для вторичной перегонки бензина
superheated ~ перегретый пар
wet ~ сырой пар

stearate стеарат, соль стеариновой кислоты
aluminum ~ стеарат алюминия (*пеногаситель*)

steel сталь ‖ стальной
acid-proof ~ кислотоупорная сталь
alloy(ed) ~ легированная сталь
band ~ ленточная [полосовая] сталь
carbon ~ углеродистая сталь
cast ~ литая сталь
cement ~ цементированная сталь
cold-drawn ~ холоднотянутая сталь
cold-rolled ~ холоднокатаная сталь
cold-short ~ хладноломкая сталь
commercial ~ сортовая сталь; торговая сталь
converter ~ конвертерная сталь
corrosion-resistant ~ *см.* stainless steel
forged ~ кованая сталь
hardened ~ закаленная сталь
heavy-duty ~ *см.* high-strength steel
high-strength ~ высокопрочная сталь
high-temperature ~ жаростойкая сталь
high-tensile ~ *см.* high-strength steel
hot-rolled ~ горячекатаная сталь
low-alloyed ~ низколегированная сталь
low-carbon ~ низкоуглеродистая сталь
mild ~ *см.* soft steel
nitrated ~ азотированная сталь
open-hearth ~ мартеновская сталь
pipe ~ трубная сталь
plough ~ первосортная сталь (*для подъемных канатов*)
quality ~ качественная сталь
rolled ~ катаная сталь
rustless ~ *см.* stainless steel
soft ~ мягкая (низкоуглеродистая) сталь
stainless ~ нержавеющая сталь
tungsten ~ вольфрамовая сталь
wrought ~ 1. кованая сталь 2. деформируемая сталь

stem 1. штанга; стержень 2. короткая соединительная деталь 3. ударная штанга (*при канатном бурении*) 4. буровой инструмент (*долото и бурильная колонна*)
auger ~ ударная штанга бура
drill ~ 1. ударная штанга (*для канатного бурения*) 2. бурильная колонна (*для вращательного бурения*)
drilling ~ *см.* drill stem
fluted grief ~ крестообразная рабочая штанга
grief ~ ведущая бурильная труба
swivel ~ ствол вертлюга

St. Gen. [Saint Genevieve] *геол.* сент-женевьев (*свита отдела мерамек миссисипской системы*)

stging [straigtening] выпрямление (*искривленного ствола*)

STH [sidetracked hole] скважина с боковым стволом

stick 1. палка; прут 2. рукоятка; ручка 3. заедать; прилипать; застревать

sticking 1. залипание; прилипание 2. прихват (*бурильной колонны*) 3. пригорание; спекание (*контактов*) 4. застревание; заедание 5. «примерзание» (*сварочного электрода*)
differential ~ *см.* differential pressure sticking
differential pressure ~ прихват под действием перепада давлений

stimulate возбуждать (*скважину*), интенсифицировать приток (*в скважине*)

stimulation возбуждение (*скважины*), интенсификация притока (*в скважине*)
acid ~ of bottom-hole zone кислотная обработка призабойной зоны
multistage ~ многоступенчатое возбуждение (*скважины при добыче*)
wave ~ of bottom-hole zone вибровоздействие на призабойную зону
well ~ возбуждение скважины

stinger стингер (*устройство на трубоукладочной барже, предотвращающее недопустимое напряжение изгиба в трубах при их спуске*)
cementing ~ цементировочный хвостовик из бурильных труб
choke ~ ниппельный стыковочный переводник штуцерной линии
drill pipe ~ хвостовик из бурильных труб (*для цементирования направления или гидромониторного бурения под направление*)
fixed curved ~ стингер постоянной кривизны
kill ~ ниппельный стыковочный переводник линии глушения скважины

stir мешать, размешивать, перемешивать

stirrer мешалка
arm ~ *см.* blade stirrer
blade ~ лопастная мешалка

stk 1. [stock] запас 2. [streaks] прожилки, прослойки, пропластки 3. [stuck] прихваченный (*об инструменте в стволе скважины*)

St L [Saint Louis lime] *геол.* известняк сент-луис (*свита отдела мерамек миссисипской системы*)

stl [steel] сталь ‖ стальной

STM [steel tape measurement] измерение рулеткой

stm [steam] пар

stn [stain] пятно

stn/by [stand-by] резервный, запасной

stnd [stained] загрязненный

stng [staining] загрязняющий

stnr [strainer] фильтр

stock 1. запас ‖ запасать; хранить на складе 2. исходное сырье 3. складские запасы (*нефти или нефтепродуктов*) 4. шток (*якоря*)
adjustable die ~s винторезные плашки
black ~ мазутное [остаточное] крекинг-сырье, сажевая смесь
bright ~ высоковязкое остаточное цилиндровое масло яркого цвета
cycle ~ продукт рециркуляции
oil ~ складские запасы нефти *или* нефтепродуктов

oil ~ in pipeline количество нефти в трубопроводе
pipeline ~s запасы нефти *или* нефтепродуктов в трубопроводе (*мертвый остаток*)
salt ~ соляной шток
tank-farm ~s складские запасы нефтепродуктов

STOIP [stock tank oil in place] запасы товарной нефти в пласте

stop 1. стоянка; остановка || останавливать 2. останов, ограничитель 3. стопор; упор; упорный штифт || стопорить 4. фиксатор || фиксировать
concrete ~ бетонный упор (*в цементировочной муфте, разбуриваемый после цементирования*)
decompression ~s декомпрессионные остановки
fire ~ отсекатель пламени (*в случае пожара в скважине при бурении с очисткой забоя газообразным агентом*)
plug ~ упор (цементировочной) пробки

stopper 1. пробка; заглушка, глухой фланец 2. запирающее устройство; вентиль 3. стопорное устройство, стопор
chain ~ цепной стопор; стопор для цепи (*якорного устройства*)

stor [storage] хранение

storage 1. склад; резервуар; хранилище 2. хранение
bottom-supported offshore oil ~ опирающееся на дно морское нефтехранилище
bulk ~ хранение в резервуарах
bulk oil ~ хранение нефтепродуктов в резервуарах
dry ~ сухое складирование
earth ~ земляной амбар (*для хранения нефти*)
explosive ~ 1. хранение взрывчатых веществ 2. склад взрывчатых веществ, склад ВВ
field ~ нефтехранилище на промысле
fuel ~ 1. склад горючего 2. хранение горючего
high-pressure ~ хранение под высоким давлением
line pack ~ хранение продукта в трубопроводе
long-term ~ длительное хранение
oil ~ хранение нефти *или* нефтепродуктов
outdoor ~ хранение под открытым небом
pipeline ~ количество нефти, содержащееся в трубопроводе (*при транспортировке к сборным резервуарам или непосредственно на заводе*)
rinser pipe ~ стеллаж для хранения секций водоотделяющей колонны (*на буровом судне или платформе*)
rock ~ of oil хранение нефтепродуктов в скально-грунтовых резервуарах
semi-submerged ~ полупогружное хранилище
shut-in ~ консервирование продуктивной скважины (*напр. при отсутствии сбыта*)

single-anchor leg ~ (SALS) хранилище (*нефтепродуктов*) с одноточечным якорем-опорой
single-buoy ~ одиночный буй-хранилище
sunken ~ заглубленный резервуар; подземный резервуар
underground ~ подземное хранение
water ~ водохранилище

store 1. запас || запасной || запасать 2. склад 3. *pl* имущество; запасы
gasoline ~ *амер.* бензохранилище
petrol ~ *англ.* бензохранилище

storeman кладовщик

storm буря; шторм
maximum ~ жестокий шторм
100-year ~ столетний жестокий шторм (*шторм, вероятность которого условно принята равной одному разу в сто лет*)

STP 1. [sodium tetraphosphate] тетрафосфат натрия 2. [standard temperature and pressure] нормальные температура и давление (*20 °C и 760 мм рт. ст.*)

stp [stopper] пробка, затычка

stpd [stopped] остановленный

St Ptr [Saint Peter] *геол.* сентпитер (*свита ордовикской системы*)

STR [strength] прочность

straddle 1. подставка; стойка 2. не совпадать с вертикальной осью (*о болтах и заклепках*)

straightening выпрямление (*искривленного ствола*)
hole ~ выпрямление искривленного ствола
well ~ исправление [выпрямление] ствола скважины

strain 1. усилие; нагрузка; напряжение 2. деформация; остаточная деформация; относительная деформация || вызывать остаточную деформацию 3. натяжение, растяжение || натягивать, растягивать 4. работа (*напр. на растяжение*)
angular ~ 1. угловая деформация 2. деформация кручения; работа на кручение
bearing ~ деформация смятия
bending ~ 1. деформация изгиба 2. работа на изгиб 3. изгибающее усилие
breaking ~ 1. разрушающее напряжение, напряжение при изломе 2. деформация в момент разрушения; разрушающая деформация 3. остаточная деформация
buckling ~ 1. деформация продольного изгиба 2. работа на продольный изгиб
clay ~ фильтрование через глину (*для очистки нефтепродуктов*)
compressing ~ *см.* compressive strain
compression ~ *см.* compressive strain
compressive ~ 1. деформация сжатия 2. сжимающее усилие; напряжение сжатия 3. работа на сжатие
contraction ~ сжатие, сокращение, усадка
cooling ~ деформация *или* усадка при охлаждении

strain

elastic ~ 1. упругое напряжение, напряжение сжатия 2. упругая деформация
extension ~ 1. удлинение 2. растягивающее усилие
failure ~ *горн.* 1. деформация разрушения 2. напряжение разрушения
flexion ~ *см.* bending strain
flexural ~ *см.* bending strain
internal ~ сила сцепления, внутреннее напряжение
lateral ~ поперечная деформация
linear ~ линейная деформация
plain ~ деформация в одной плоскости
plastic ~ пластическая деформация
rebound ~ упругая деформация
repeated ~ многократная деформация
residual ~ остаточная деформация
shearing ~ 1. напряжение при срезе, сдвиге *или* скалывании 2. деформация при срезе, сдвиге *или* скалывании 3. работа на срез *или* на сдвиг
shrinkage ~ усадочная деформация
tearing ~ разрывающее усилие; напряжение при разрыве
temperature ~ *см.* thermal strain
tensile ~ 1. деформация при растяжении 2. растягивающее усилие; напряжение при растяжении
tensional ~ растягивающее усилие
thermal ~ тепловая [температурная] деформация
torsional ~ деформация при скручивании, деформация скручивания
transverse ~ остаточная деформация при поперечном изгибе
twisting ~ 1. напряжение при кручении 2. остаточная деформация при кручении
ultimate ~ 1. предельное напряжение 2. критическая деформация
unit ~ деформация на единицу длины, удельная деформация

strainer 1. фильтр; сетка 2. стяжка; натяжное устройство
oil ~ масляный фильтр (*на приемной трубе насоса*)
well ~ скважинный фильтр; перфорированный хвостовик

straining 1. деформирование, деформация 2. напряжение; перегрузка 3. натяжение
plastic ~ пластическая деформация

strand проволока, пучок (*многожильного кабеля*), стренга; прядь; жила || скручивать, свивать
cable ~ стренга каната
pumping ~ проволочный канат, заменяющий полевые тяги (*при групповом приводе*)

stranded многожильный; витой; скрученный

strap 1. полоса, лента; ремень || стягивать ремнем 2. скоба; накладка; хомут; серьга
brake ~ тормозная лента
clutch ~ хомут для включения и выключения кулачковой муфты

strat [stratigraphic] стратиграфический
strata 1. *геол.* напластование, свита [серия] пластов 2. слои
adjacent ~ перекрывающие слои
compressible foundations ~ сжимаемые грунты основания
concordant ~ согласно залегающие пласты
oil(-bearing) ~ *см.* petroliferous strata
overlying ~ *см.* adjacent strata
petroliferous ~ нефтеносные слои
productive ~ продуктивные пласты
sedimentary ~ осадочные породы; осадочный горизонт

stratification стратификация; расслоение
cross ~ *см.* diagonal stratification
diagonal ~ косая слоистость
gravitational ~ гравитационное расслоение
linear ~ линейная слоистость
permeability ~ изменение проницаемости по пласту
rock ~ напластование горных пород

stratified слоистый; чередующийся; напластованный

stratigraphic стратиграфический
stratigraphy стратиграфия
stratum *геол.* пласт, слой; толща; формация
bearing ~ несущий пласт; пласт, содержащий полезное ископаемое
conducting ~ проводящий слой

streak 1. прожилок; прослой; слой; жила 2. пятно
gas ~ газовый пропласток
sand ~ песчаный прослой

stream поток; течение; струя || течь; струиться
continuous ~ непрерывный поток
effluent ~ выходящий наружу поток
gas ~ газовый поток
mud ~ поток бурового раствора
oil ~ поток (*движущегося в трубопроводе*) нефтепродукта
well ~ приток к скважине

streamline обтекаемость || обтекаемый || придавать обтекаемую форму
double ~ двойная обтекаемость (*бурильных замков*)

strength 1. прочность; сила; крепость 2. сопротивление 3. концентрация (*раствора*)
adhesion ~ сила прилипания; прочность сцепления, прочность адгезии
anchoring ~ прочность связи [анкеровки, сцепления] (*якоря с грунтом*)
bearing ~ 1. прочность на смятие 2. несущая способность 3. грузоподъемность
bending ~ прочность на изгиб, сопротивление изгибу
bond ~ прочность сцепления
bonding ~ *см.* bond strength
breakdown ~ пробивная прочность
breaking ~ 1. максимальное разрушение; максимальное разрывное усилие 2. сопротивление разрыву, прочность на разрыв

stress

buckling ~ сопротивление продольному изгибу
burst ~ сопротивление продавливанию; сопротивление разрыву
bursting ~ *см.* burst strength
cohesive ~ прочность [сила] сцепления, сила когезии
collapsing ~ прочность на смятие; сопротивление смятию
combined ~ прочность при сложной деформации
compressing ~ *см.* compression strength
compression ~ 1. предел прочности при сжатии 2. сопротивление сжатию, временное сопротивление сжатию
compression yield ~ предел текучести при сжатии
compressive ~ *см.* compression strength
creep ~ устойчивость против ползучести, сопротивление ползучести
crushing ~ сопротивление раздавливанию, прочность на раздавливание
early ~ начальная прочность (*цементного камня*)
elastic ~ предел упругости
endurance ~ предел выносливости
fatigue ~ усталостная прочность, предел выносливости; сопротивление многократным знакопеременным нагрузкам
field ~ напряженность поля
film ~ прочность пленки
flexural ~ прочность на изгиб, сопротивление изгибу
fracture ~ истинный предел прочности; сопротивление разрыву
full ~ прочность (*соединения*), равная прочности основного металла
gel ~ прочность геля; предельное статическое напряжение сдвига (*бурового раствора*)
high-tensile ~ высокая прочность на разрыв
impact ~ сопротивляемость разрушению при ударе; прочность на удар; ударная вязкость
repeated impact bending ~ предел выносливости при повторных ударных изгибающих нагрузках
repeated transverse stress ~ предел выносливости *или* усталости при повторном изгибе
resisting ~ сила сопротивления, сопротивляемость
set ~ прочность цементного камня
shear ~ сопротивление срезу, сдвигу *или* скалыванию; прочность на сдвиг, срез *или* скалывание; срезывающее *или* скалывающее усилие; статическое напряжение сдвига, СНС
shearing ~ *см.* shear strength
tearing ~ прочность на отрыв
tensile ~ предел прочности на разрыв; временное сопротивление при растяжении; сопротивление разрыву; прочность на растяжение; предел прочности при растяжении
tensile yield ~ предел текучести при растяжении
threshold ~ предел выносливости (*при асимметричных циклах*)
torsional ~ прочность на кручение; предел прочности при кручении; сопротивление скручиванию [кручению]
transverse ~ предел прочности при изгибе
tranverse bending ~ предел прочности при поперечном изгибе
twisting ~ *см.* torsional strength
ultimate ~ предел прочности; конечная прочность (*цементного камня после определенного времени выдержки в конкретных условиях*)
ultimate compression ~ предел прочности при сжатии
ultimate tensile ~ предел прочности при растяжении; сопротивление разрыву
uniform ~ равномерное сопротивление, равнопрочность
unit ~ удельная прочность
weld ~ прочность сварки; прочность [предел прочности] сварного шва
yield ~ предел текучести; предельное напряжение сдвига

strengthening укрепление, усиление; упрочнение

stress 1. напряжение, усилие; нагрузка; напряженное состояние ǁ подвергать напряжению 2. боковое [одностороннее] давление
actual ~ действующее напряжение
admissible ~ допускаемое [допустимое] напряжение; безопасное напряжение
allowable ~ *см.* admissible stress
bearing ~ напряжение смятия
bending ~ изгибающее усилие, напряжение при изгибе
biaxial ~(es) двухосное напряжение
bond ~ напряжение сцепления
breaking ~ 1. разрушающее напряжение, критическая нагрузка; предельное напряжение; предел прочности 2. предел прочности на растяжение, напряжение при разрыве
buckling ~ напряжение при продольном изгибе; критическая сила, вызывающая изгиб трубы
bursting ~ разрушающее напряжение (*при внутреннем давлении*); разрывающее напряжение
combined ~ *см.* composite stress
complex ~ *см.* composite stress
composite ~ сложное напряжение
compound ~ *см.* composite stress
compressive ~ напряжение сжатия; напряжение при сжатии; сжимающее усилие
contraction ~ усадочное напряжение; сжимающее напряжение

stress

dead-load ~ 1. напряжение, вызываемое статической нагрузкой 2. напряжение от собственного веса
design ~ расчетное напряжение
edge ~ краевое напряжение
effective ~ действующее напряжение
elastic ~ упругое напряжение, напряжение ниже предела упругости
fatigue ~ усталостное напряжение
flexural ~ изгибающее напряжение, напряжение при изгибе
flow ~ напряжение, вызывающее пластическую деформацию
hoop ~ 1. стягивающее усилие; сжимающее усилие 2. растягивающее напряжение от центробежных сил во вращающемся кольце 3. напряжение в стенке (*тонкостенного сосуда*), нормальное к меридиональному сечению
impact ~ 1. напряжение при ударе 2. ударная нагрузка
inherent ~ собственное напряжение
initial ~ начальное напряжение; предварительно созданное напряжение
internal ~ внутреннее напряжение; остаточное напряжение
limiting fatigue ~ напряжение предела усталости
linear ~ линейное [одноосное] напряжение
live ~ напряжение от переменной нагрузки
load ~ рабочее напряжение, напряжение от нагрузки
local ~ местное напряжение
normal ~ нормальное напряжение
notch ~ напряжение в надрезе
operating ~ рабочее напряжение
permissible ~ *см.* admissible stress
principal ~ главное [основное] напряжение
principal normal ~ главное нормальное напряжение
pulling ~ растягивающее напряжение, напряжение при растяжении
pulsating ~ пульсирующее напряжение
repeated ~ повторное напряжение; цикличное напряжение; повторяющееся напряжение
residual ~ остаточное напряжение
resultant ~ результирующее усилие; результирующее напряжение
reversed ~ знакопеременное напряжение
rupture ~ разрушающее [разрывающее] напряжение
safe ~ допустимое [безопасное] напряжение
secondary ~ дополнительное напряжение
shear ~ скалывающее, сдвигающее *или* срезывающее напряжение; полное касательное напряжение; срезывающее *или* скалывающее усилие; напряжение при сдвиге
shearing ~ *см.* shear stress
shock ~ *см.* impact stress
shrinkage ~ усадочное напряжение
simple ~ простое напряженное состояние

static ~ статическое напряжение
steady ~ длительное напряжение, напряжение при установившемся режиме
tangential ~ касательное [тангенциальное] напряжение; срезывающее усилие
temperature ~ температурное [термическое, тепловое] напряжение
tensile ~ растягивающее усилие; напряжение при растяжении
tension ~ *см.* tensile stress
test ~ напряжение при испытании
thermal ~ *см.* temperature stress
torsional ~ напряжение при кручении
torsional shearing ~ напряжение сдвига [среза] при кручении
transverse ~ напряжение при поперечном изгибе; изгибающее напряжение
true ~ истинное напряжение
true fracture ~ истинное напряжение при разрушении, истинный предел прочности
turbulent ~ турбулентное напряжение
twisting ~ *см.* torsional stress
ultimate ~ предел прочности; ломающее напряжение
unit ~ напряжение на единицу сечения [площади]; удельное напряжение; усилие, отнесенное к единице площади
upper yield ~ верхний предел текучести
volumetric ~ объемное напряжение
welding ~ сварочное напряжение, остаточное напряжение после сварки
wind ~ напряжение от ветровой нагрузки
working ~ рабочее напряжение
yield ~ напряжение, возникающее при текучести (*материала*); предел текучести
stretch вытягивание, растягивание, удлинение, растяжение; натяжение || растягивать, вытягивать, тянуть; удлиняться
rod ~ растяжение насосных штанг
stretcher натяжное устройство
belt ~ устройство для натяжения приводных ремней
strg 1. [storage] хранение 2. [stringer] а) стрингер б) прогон в) продольная балка г) трубоукладчик д) малодебитная скважина
stri [striated] бороздчатый; полосатый
striction сужение
strike *геол.* простирание
on the ~ по простиранию
fault ~ простирание сброса
string 1. колонна (*труб*) 2. струна; веревка; шнур 3. жила, прожилок
~ of casing колонна обсадных труб
~ of drilling tools буровой инструмент; колонна бурильных труб
~ of rods колонна насосных штанг
anchor ~ анкерная секция
capital ~ эксплуатационная обсадная колонна
casing ~ колонна обсадных труб
casing running ~ колонна для спуска обсадных труб (*в подводную скважину*)

combination ~ 1. комбинированная колонна, составленная из двух и более секций с разной толщиной стенок 2. обсадная колонна, выполняющая одновременно назначение водозакрывающей и эксплуатационной
conductor ~ направляющая труба
double ~ двухрядная колонна
drill ~ *см.* drilling string
drilling ~ колонна бурильных труб, бурильная колонна
drill pipe handling ~ вспомогательная колонна бурильных труб
drill pipe jetting ~ колонна бурильных труб для гидромониторного бурения
drill pipe running ~ спусковая колонна бурильных труб (*для спуска инструмента к подводному устью или в скважину*)
drive ~ забивная колонна
extention ~ колонна для наращивания, колонна-надставка
flexible drill ~ гибкая бурильная колонна
floating hose ~ плавучий шланг (*в системе беспричального налива нефти в танкеры*)
flow ~ 1. колонна насосно-компрессорных труб 2. фонтанная колонна 3. эксплуатационная колонна
graduated ~ обсадная колонна из нескольких секций, составленных из труб со стенками различной толщины *или* из стали разных марок
intermediate ~ промежуточная обсадная колонна
landing ~ колонна для спуска (*обсадной колонны большого диаметра*)
liner ~ обсадная колонна-хвостовик
loaded ~ колонна, заполненная жидкостью
long ~ эксплуатационная обсадная колонна
macaroni ~ колонна труб малого диаметра (*менее 50 мм*)
major ~ основная колонна (*основная часть испытательной колонны для пробной эксплуатации скважины*)
minor ~ вспомогательная колонна (*часть испытательной колонны для пробной эксплуатации скважины*)
oil ~ эксплуатационная колонна труб; нижняя секция эксплуатационной колонны
pay ~ колонна труб, входящая в продуктивный горизонт; эксплуатационная обсадная колонна
perforated ~ перфорированная обсадная колонна
pipe ~ 1. колонна труб 2. ветвь трубопровода
pipeline ~ плеть трубопровода
production ~ эксплуатационная (*обсадная*) колонна
protecting ~ *см.* protective string
protective ~ защитная промежуточная колонна
protector ~ *см.* protective string
riser ~ водоотделяющая колонна
rod ~ колонна насосных штанг
run-in ~ спусковая колонна (*для спуска подводного оборудования к подводному устью или в скважину*)
running ~ *см.* run-in string
salt ~ промежуточная колонна для перекрытия мощной толщи соленосных отложений
service ~ ремонтная колонна (*колонна из насосно-компрессорных труб для закачивания в подводную скважину специального гибкого инструмента для ремонта*)
single ~ однорядная колонна
sucker rod ~ колонна насосных штанг
tapered casing ~ комбинированная колонна обсадных труб (*с переменным диаметром*)
tapered rod ~ комбинированная колонна насосных штанг (*с переменным диаметром*)
test ~ испытательная колонна (*используемая при пробной эксплуатации скважины*)
washover ~ промывочная колонна, колонна промывочных труб
water ~ водозакрывающая колонна (*промежуточная, техническая*)
stringer 1. стрингер 2. прогон 3. продольная балка 4. малодебитная скважина 5. трубоукладчик
jetting ~ хвостовик для гидромониторного бурения
liner tie-back ~ надставка хвостовика
string-up оснастка (*талевой системы*)
line ~ оснастка талевой системы
strip 1. полоса; лента 2. сдирать (*оболочку*); очищать (*от изоляции*); срывать (*резьбу*) 3. разрабатывать открытым способом 4. разбирать на части, снимать; демонтировать 5. поднимать (*бурильную колонну из скважины*)
offshore ~ морская прибрежная полоса
offshore coastal ~ береговая полоса
recording ~ лента для самопишущего прибора
stripped 1. демонтированный; снятый 2. сорванный (*о резьбе*)
stripper 1. съемник; эжектор 2. раствор для удаления покрытия
stripping 1. отгонка легких фракций; отбензинивание (*нефти*); десорбирование 2. отогнанные легкие фракции; десорбат 3. демонтаж 4. срыв (*резьбы*)
oil ~ 1. дегазация нефти 2. десорбция поглотительного масла
stroke 1. ход (*поршня*) 2. удар, толчок 3. взмах; размах 4. такт (*двигателя*)
admission ~ ход [такт] впуска; ход всасывания
backward ~ задний ход (*поршня*)
compensation ~ ход компенсации (*компенсатора бурильной колонны, натяжного устройства или телескопической секции водоотделяющей колонны*)
double ~ двойной ход (*поршня*)

stroke

forward ~ прямой [передний] ход (*поршня*)
idle ~ холостой ход; пропуск
in ~ всасывающий ход (*насоса*)
induction ~ *см.* admission stroke
long ~ длинный ход (*поршня*)
net plunger ~ истинная длина хода плунжера
out ~ выпускной [выхлопной] ход (*насоса*)
piston ~ ход поршня *или* плунжера
plunger ~ длина хода плунжера
power ~ рабочий ход (*двигателя*), рабочий такт
pressure ~ ход давления [сжатия]; ход нагнетания
pump ~ ход поршня насоса
retracting ~ *см.* return stroke
return ~ обратный ход (*поршня*)
tensioner ~ ход натяжного устройства
working ~ рабочий ход

struc 1. [structure] структура; строение 2. [structural] а) структурный б) строительный

structural 1. структурный; конструктивный 2. строительный

structure 1. структура; строение 2. сооружение; строение; здание 3. текстура
all-welded ~ цельносварная конструкция
amorphous ~ аморфная структура
areal ~ *геол.* региональная тектоника
associated ~ обслуживающая конструкция (*по отношению к шельфовой установке — любое транспортное средство*)
atomic ~ строение атома
banded ~ полосчатая структура
basaltic ~ столбчатая отдельность
bearing ~ несущая конструкция
bedded ~ пластовая [слоистая] структура
BOP ~ рама блока превентора (*в которой собраны противовыбросовые превенторы, стыковочные муфты, выкидные линии с задвижками и т. д.*)
buried ~ *геол.* погребенная структура
cleavage ~ сланцеватость, сланцеватая структура; слоистая структура
close-grained ~ мелкозернистая структура
coarse-grained ~ крупнозернистая структура
concrete gravity ~ бетонное гравитационное сооружение
crystalline ~ кристаллическая структура
deep toothed cutting ~ конструкция (*шарошки долота*) с высоким зубом
diapir ~ *геол.* диапировая структура складок
domal ~ куполообразная структура
faulted ~ сбросово-глыбовое строение
favorable ~ благоприятная (*для нефтенакопления*) структура
fine-grained ~ мелкозернистая структура
fixed gravity ~ стационарная гравитационная конструкция (*опирающаяся на дно и удерживаемая на месте за счет силы тяжести*)
flaky ~ чешуйчатая структура
grain ~ *см.* granular structure
granular ~ зернистая структура
gravity ~ конструкция гравитационного типа (*удерживаемая на дне моря за счет силы тяжести*)
guide ~ направляющая конструкция (*металлоконструкция вокруг подводного оборудования с элементами для ориентированного спуска к подводному устью по направляющим канатам*)
honeycomb ~ сотовая [ячеистая] структура
honeycombed ~ *см.* honeycomb structure
hydrostatically supported sand ~ гидростатически поддерживаемая песчаная структура
laminated ~ пластинчатая структура
lattice ~ 1. строение [структура] кристаллической решетки 2. решетчатая конструкция
layer ~ слоистая структура
mesh ~ решетчатая [сетчатая] структура
net ~ *см.* mesh structure
offshore ~ морское буровое основание, морская платформа (*для бурения и эксплуатации*)
oil-bearing ~ нефтеносная структура
oil-field ~ структура нефтяного месторождения
open carrying ~ открытая несущая конструкция
original ~ первоначальная [исходная] структура
permanent guide ~ постоянная направляющая конструкция
protective guide ~ защитно-направляющая конструкция
refined ~ мелкозернистая структура
rigid ~ жесткая конструкция
ring ~ кольцевая структура
secondary ~ вторичная конструкция; вторичная структура
self-floating ~ плавучая конструкция (*использующая при транспортировке свою плавучесть*)
shallow dipping ~ *геол.* пологозалегающая структура
subsea production ~s подводные производственные сооружения
tower-base ~ конструкция башенного типа
ultimate ~ конечная структура
underground ~ 1. подземная структура 2. подземное сооружение
waterborne upper ~s отсеки плавучести верхней части сооружения (*водонепроницаемые элементы конструкции верхнего корпуса плавучей полупогружной буровой платформы, которые учитываются при расчете его остойчивости*)
weld ~ структура металла шва
welded ~ сварная конструкция
wellhead re-entry ~ устьевое оборудование для повторной установки

STTD [sidetracked total depth] конечная глубина бокового ствола

stub 1. выступ, короткая стойка 2. укороченная деталь || укороченный 3. короткая труба; патрубок

drill pipe ~ часть бурильной трубы, выступающая над ротором (*при колонне, подвешенной на роторе*)
stuck прихваченный (*об инструменте*), застрявший; заклиненный
stud 1. шпилька (*с резьбой на обоих концах*) ‖ соединять на шпильках 2. штифт; палец ‖ скреплять штифтами 3. болт, винт 4. распорка
  clamping ~ зажимной болт
  locating ~ установочный штифт
  locking ~ упорный [замыкающий] штифт
  set ~ установочная шпилька
stud/y работа, изучение, исследование
  analog model ~ исследование методом моделирования
  areal ~ies региональные исследования
  electrical model ~ исследование методом электроаналогии
  gravity ~ies изучение гравитационного поля
  optimization ~ies выбор оптимальных вариантов
  reservoir ~ies исследование коллектора
  time ~ хронометраж
stuff 1. материал; вещество 2. набивка; наполнитель ‖ набивать; наполнять
  loose ~ отслаивающаяся [сыпучая] порода
stump:
  test ~ испытательная тумба (*для испытания блока превенторов перед спуском к подводному устью*)
stv [stove oil] печное топливо
stwy [stairway] лестница
style тип; вид
  full-hole ~ с широким проходным отверстием
  regular ~ 1. обычного [стандартного] типа 2. с нормальным проходным отверстием
stylus пишущий штифт; перо; острие (*самописца*)
  receiving ~ пишущий штифт (*прибора*)
  recording ~ штифт регистрирующего прибора
sub переводник; переходник; втулка
  bent ~ скважинный кривой переводник (*для бурения наклонного ствола*)
  bit ~ переводник долота, наддолотный переводник
  bottom packer ~ нижний переводник пакера
  bumper ~ 1. ударный *или* отбойный переводник (*для выбивания прихваченного инструмента*) 2. амортизатор 3. яс 4. телескопический компенсатор 5. компенсирующий переводник
  casing ~ переводник обсадной колонны
  casing rotation ~ переводник для вращения обсадной колонны (*используется при цементировании с вращением и расхаживанием обсадной колонны*)
  catcher ~ переводник-трубодержатель (*находящийся непосредственно под пакером*)
  choke line male stab ~ ниппельный стыковочный переводник штуцерной линии
  clamp ~ зажимной переводник

cross-over ~ перепускной переводник
damping ~ амортизирующий переводник (*предотвращающий вибрацию бурильной колонны от работы долота*)
double pin ~ переводник с ниппельной нарезкой на обоих концах
downhole bent ~ *см.* bent sub
drill pipe ~ переводник бурильной колонны
drill string bumper ~ телескопический компенсатор бурильной колонны
jetting ~ хвостовик для гидромониторного бурения
kelly-saver ~ предохранительный переводник на рабочей *или* ведущей трубе
kill line male stab ~ ниппельный стыковочный переводник линии глушения
knocker ~ ударный переводник
lifting ~ подъемный переводник
male and female choke and kill stab ~s ниппельный и муфтовый стыковочные переводники линий штуцерной и глушения скважины
male stab ~ ниппельный стыковочный переводник (*для стыковки линий глушения и штуцерной на водоотделяющей колонне с такими же линиями на подводном блоке превенторов*)
marine riser handling ~ инструмент для монтажа и демонтажа водоотделяющей колонны
non-magnetic ~ переводник из немагнитного материала
orienting ~ ориентирующая труба (*используемая в системе повторного ввода или установки подводного оборудования*)
pin-to-box ~ переводник с наружной резьбы на внутреннюю
plain catcher ~ гладкий [ненарезной] переводник-трубодержатель
plug catcher ~ устройство для задержки цементировочной пробки
power ~ вращатель для навинчивания ведущей трубы
power drilling ~ силовой гидравлический переводник, соединенный непосредственно с вертлюгом (*заменяющий ротор и рабочую трубу при ремонтных работах в скважине*)
pressure balanced drilling bumper ~ бурильный амортизирующий переводник со сбалансированным давлением
retainer ~ фиксирующий переводник
retrieving ~ извлекаемый переводник
rotating liner top ~ вращающаяся головка хвостовика
saver ~ предохранительный [защитный] переводник (*устанавливаемый в нижней части рабочей трубы и предотвращающий разлив раствора при развинчивании*)
shock ~ амортизирующий переводник; ударный переводник
tool-joint locator ~ переводник для локатора замков бурильной колонны

tubing ~ переводник с насоса *или* инструмента на насосно-компрессорные трубы
universal bottom-hole orientation ~ универсальный забойный ориентирующий переводник
wear ~ *см.* saver sub
sub 1. [subsidiary] а) вспомогательный б) второстепенный 2. [substance] вещество
subassembly нижний блок
riser ~ нижний блок водоотделяющей колонны
sub-bentonite суббентонит (*бентонит низкого качества*)
sub-bottom твердое дно (*твердый грунт под слоем ила*)
Sub Clarks [Sub-Clarksville] *геол.* саб-кларксвил (*свита группы игл-форд серии галф меловой системы*)
submergence погружение (*в воду*), затопление
working ~ рабочее погружение (*в воду*), погружение под динамический уровень
submersible подводный аппарат, подводное судно || подводный; погружаемый
diver lock-out ~ (DLOS) привязное подводное судно помощи водолазам
drilling derrick ~ буровая полупогружная баржа
dry ~ судно для съемок, отбора образцов с морского дна и инспекций
personnel transfer ~ подводное судно для перевозки людей
tethered manned ~ привязное погружное судно с экипажем
unmanned ~ подводное судно без экипажа
subsea подводный
depth ~ глубина от абсолютного нуля
subsidence 1. оседание (*грунта*), осадка 2. осаждение (*суспензии*)
subsoil *геол.* 1. подстилающий слой грунта (*дна моря*) 2. подпочва
substa [substation] подстанция
substance вещество
antifoam ~ противовспениватель
foreign ~ постороннее включение, примесь
mother ~ исходное вещество, из которого образовалась нефть
resinous ~s смолообразные вещества
working ~ рабочее вещество; рабочая среда
substitute 1. переходник, переводник (*для соединения инструмента разного диаметра*) 2. заменитель
casing ~ переводник для обсадных труб
drilling tool ~ переводник бурового инструмента
mandrel ~ переводник (*с труб на инструмент*)
tools-to-tubing ~ переводник с инструмента на насосно-компрессорные трубы
winged ~ крестообразный переводник; переводник с фонарями
substitution замена, замещение

~ of oil for water замещение нефти водой
substructure основание, фундамент; нижнее строение
derrick ~ подвышечное основание
drawworks ~ основание под буровую лебедку
unitized ~ блочное основание
subsystem крупный узел [элемент] системы, подсистема
subzero низкий, ниже нуля; отрицательный (*о температуре*)
succession последовательность, ряд
~ of strata *геол.* стратиграфическая последовательность пластов
bed ~ *геол.* последовательность пластов
suck всасывать; засасывать (*о насосе*)
suct [suction] всасывание
suction всасывание; прием (*насоса*)
pump ~ прием насоса
suit костюм
abandonment ~ спасательный комплект (*для защиты рабочих в опасных ситуациях, возникающих на шельфовых установках*)
armored diving ~ бронированный водолазный скафандр
articulated diving ~ шарнирный легкий водолазный скафандр
atmospheric diving ~ шарнирный водолазный скафандр
diving ~ водолазный костюм
electrically heated ~ костюм водолаза с электроподогревом
heated ~ водолазный костюм с подогревом
oil-resistant ~ нефтезащитный костюм
survival ~ спасательный комплект с подогревом (*для летящих на морские платформы*)
wet ~ легкий водолазный костюм
sul [sulphure] сера
sulph [sulphonated] сульфированный
sulphate соль серной кислоты, сульфат
barium ~ сернокислый барий, сульфат бария ($BaSO_4$)
calcium ~ сернокислый кальций, сульфат кальция ($CaSO_4$)
magnesium ~ сернокислый магний, сульфат магния ($MgSO_4$)
sodium ~ сернокислый натрий, сульфат натрия (Na_2SO_4)
sulphide соль сероводородной кислоты, сульфид
barium ~ сернистый барий, сульфид бария (BaS)
hydrogen ~ сероводород, сернистый водород (H_2S)
sodium ~ сернистый натрий, сульфид натрия (Na_2S)
sulphite соль сернистой кислоты, сульфит
sodium ~ сернокислый натрий, сульфит натрия (Na_2SO_3)
sulphoacid сульфокислота
sulphonate соль сульфокислоты, сульфонат || сульфировать

mahogany petroleum ~s коричневые сульфо-нафтеновые кислоты
sulphonated сульфированный
sulphur сера (*в нефтепродуктах*)
 aliphatic ~ алифатическая сера
 elemental ~ свободная сера
 total ~ общее содержание серы
sulphurous сернистый
Sum [Summerville] *геол.* саммервил (*свита группы сан-рафаэль верхнего отдела юры*)
sump 1. отстойник, грязеотстойник 2. земляной амбар 3. зумпф 4. *авто* картер
 dirty mud ~ амбар для спуска загрязненного бурового раствора
 mud ~ приемный амбар [отстойник] для бурового раствора
 mud selling ~ *см.* mud sump
 oil ~ 1. нефтяной амбар 2. *авто* поддон картера
 rig waste ~ отстойник для сточных вод на буровой
 salvage ~ нефтяная ловушка
Sunb [sunburst] яркие солнечные лучи, неожиданно появившиеся из-за туч
Sund [Sundance] *геол.* санданс (*серия верхнего отдела юрской системы*)
supercharger компрессор наддува, нагнетатель
 centrifugal ~ центробежный нагнетатель
 piston ~ поршневой нагнетатель
superintendent руководитель
 diving ~ руководитель водолазных работ
 fuel ~ ответственный за заправку топливом (*в аэропорту*)
 marine ~ ответственный за повседневное обслуживание морского оборудования на судне
 rig ~ управляющий буровой установкой
superposition 1. *геол.* напластование 2. наложение, совмещение; суперпозиция
superstructure *мор.* надстройка
supervisor инспектор; контролер
supl 1. [supplier] поставщик 2. [supply] а) снабжение; подача; поставка; питание ‖ снабжать; подавать; поставлять; питать б) источник (электро)питания
supplier поставщик
 external ~ *см.* foreign supplier
 foreign ~ зарубежный [внешний] поставщик (*нефти, газа*)
 gas ~ поставщик газа
 oil ~ поставщик нефти
supply 1. снабжение; подача; поставка; питание ‖ снабжать; подавать; поставлять; питать 2. источник (электро)питания
 AC ~ 1. питание переменным током 2. источник переменного тока; сеть переменного тока
 air ~ подвод [подача] воздуха
 consumable ~ расходное оборудование (*списываемое при установке*)
 DC ~ 1. питание постоянным током 2. источник постоянного тока

electrical ~ 1. источник тока 2. подача электроэнергии
 gas ~ газоснабжение, подача газа
 mains ~ питание от (электро)сети
 oil ~ 1. снабжение нефтью 2. система подачи масла
 poor ~ недостаточное снабжение
 potable water ~ бытовое водоснабжение, снабжение питьевой водой
 power ~ подача энергии, снабжение энергией; передача мощности
 water ~ водоснабжение, подача воды
support 1. опора; мачта; опорная стойка; кронштейн 2. станина 3. суппорт (*станка*) 4. крепь, крепление 5. поддерживать; нести; подпирать
 engine ~ фундамент под машину *или* двигатель
 flowline ~ опора выкидной линии (*подводной фонтанной арматуры*)
 pipe ~ опора для труб, трубодержатель
 pivoting ~ шарнирная [вращающаяся] опора
suppt [support] опора; мачта; опорная стойка; кронштейн
suprv [supervisor] инспектор; контролер
supt [superintendent] руководитель
sur [survey] изыскание; съемка; разведка
surface 1. поверхность ‖ обрабатывать поверхность 2. крепить поверхность (*грунта*) 3. выдавать на поверхность (*о скважине*)
 abrasive ~ истираемая поверхность
 absorption ~ поглощающая поверхность
 available ~ свободные площади
 base ~ подошва (*пласта*)
 bearing ~ рабочая поверхность; опорная [несущая] поверхность; направляющая поверхность
 bedding ~ поверхность, сложенная осадочными породами
 boundary ~ 1. предельная поверхность 2. пограничная поверхность
 brake ~ поверхность торможения
 camming ~ кулачковая поверхность (*полукольцевые спиральные заплечики на внутренней поверхности ориентирующей втулки устьевой головки подводной скважины*)
 conducting ~ проводящая поверхность
 cone gage ~ калибрующая поверхность шарошки
 contact ~ контактная поверхность, поверхность соприкосновения
 emitting ~ поверхность излучения, излучающая поверхность
 end ~ лобовая поверхность; торцевая поверхность, торец
 equal travel time ~ поверхность равных времен пробега (*сейсмоволны*)
 fracture ~ поверхность излома; поверхность разрыва
 friction ~ поверхность трения
 gas-oil ~ граница раздела газа и нефти; газонефтяной контакт, ГНК

surface

gas-water ~ граница раздела газа и воды; газоводяной контакт, ГВК
ground ~ отшлифованная поверхность
groundwater ~ уровень подземных [грунтовых] вод
heating ~ поверхность нагрева
ice-cutting ~ ледорез-покрытие
metal-to-metal ~s поверхности контакта металла с металлом (*для плотного соединения*)
oil recovery ~ система сбора нефти (*разлившейся на поверхности моря*)
oil-water ~ граница раздела нефти и воды; водонефтяной контакт, ВНК
packing ~ площадь уплотнения; уплотняющая поверхность
reflection-time ~ *сейсм.* годограф, поверхность равных времен
rough ~ шероховатая поверхность
sand ~ вскрытая поверхность забоя и стенок скважины в песчаном пласте
sealing ~ уплотняющая поверхность
shear ~ поверхность среза; поверхность сдвига
slipping ~ поверхность скольжения
sloped ice-cutting ~ ледорезная грань
specific ~ удельная поверхность
water ~ водная поверхность
wearing ~ поверхность трения; поверхность износа
wear-resistant ~ износостойкая поверхность

surfacing 1. выравнивание 2. обработка поверхности
hard ~ 1. наварка твердым сплавом; азотирование, цементация (*металла*) 2. поверхностная закалка

surfactant поверхностно-активное вещество, ПАВ
anionic ~ анионогенное поверхностно-активное вещество
cationic ~ катионогенное поверхностно-активное вещество
drilling mud ~ поверхностно-активное вещество для обработки бурового раствора
nonionic ~ неионогенное поверхностно-активное вещество

surge 1. импульс; пульсация; неравномерный поток; пульсирующий поток 2. толчок; бросок; скачок 3. *эл.* выброс тока; выброс напряжения, перенапряжение 4. значительное колебание оборотов (*двигателя*) 5. *мор.* продольный снос (*при качке*)
current ~ выброс тока, экстраток
power ~ *эл.* выброс мощности
pressure ~ гидравлический удар; скачок давления
pump ~ пульсация в нагнетательном трубопроводе и бурильной колонне (*вызываемая работой поршней*)

surveillance:
air pollution ~ наблюдения за загрязнением воздуха

computerized ~ of drilling компьютерная обработка данных по бурению

Survey:
Geological ~ Служба геологического надзора (*США*)

survey 1. изыскание; съемка; разведка ‖ производить съемку *или* изыскание; разведывать 2. обследование, инспектирование ‖ обследовать, инспектировать 3. топографическая служба
aerial magnetic ~ аэромагнитная съемка
air ~ аэрофотосъемка
borehole ~ исследование скважины; каротаж
caliper ~ снятие кавернограммы
deviation ~ инклинометрия [измерение отклонения] скважины
flow meter ~ исследование профиля приемистости (*скважины*)
geological ~ геологическая съемка
geophysical ~ геофизическая съемка
gravitational ~ гравиметрическая съемка
gravity (meter) ~ *см.* gravitational survey
injectivity ~ определение приемистости (*скважины*)
location ~ трассировка; разбивка трассы
magnetic ~ магнитная съемка
marine ~ съемка на море
metallurgical ~ металлографическое исследование
offhire ~ осмотр (*буровой установки*) перед окончанием периода аренды
onhire ~ осмотр (*буровой установки*) в начале периода аренды
oriented ~ измерение азимутального направления скважины по методу ориентации с поверхности
pace method ~ глазомерная съемка
permeability ~ исследование [испытание] проницаемости
pipeline ~ съемка перед прокладкой трубопровода
preliminary ~ предварительная разведка, рекогносцировка
pressure ~ замер давления
pressure transducer ~ обнаружение зоны поглощения с помощью датчика давления
radiore ~ радиорная разведка (*метод геофизической разведки токами высокой частоты*)
reconnaissance ~ маршрутная съемка
seismic ~ сейсморазведка
self-potential ~ эквипотенциальная разведка
spinner ~ исследование вертушкой (*для обнаружения зоны поглощения*)
temperature ~ геотермическая съемка; температурный каротаж
well log ~ геофизические исследования скважины, ГИС; каротаж
well velocity ~ сейсмический каротаж
wireline ~ исследование (*скважины*), проводимое при помощи прибора, опускаемого на тросе

surveying топографическая съемка; изыскания; разведка ‖ съемочный; топографический
aerial ~ топографическая аэросъемка
borehole ~ 1. разведка скважинами 2. исследование скважины
directional ~ определение искривления [замер кривизны] скважин
directional well ~ *см.* directional surveying
geodetic ~ геодезическая съемка
marine ~ съемка на море
offshore seismic ~ морская сейсмическая разведка

SUS [Saybolt universal seconds] универсальные секунды Сейболта

susp [suspended] 1. взвешенный, суспендированный 2. временно оставленный (*о скважине*)

suspended 1. взвешенный, суспендированный 2. временно оставленный *(о скважине)*

suspension 1. подвеска 2. подвешивание 3. суспензия, взвесь 4. приостановка, отсрочка
casing ~ подвешивание обсадной колонны
mandrel ~ подвеска колонны на упорном заплечике стыковочного переводника
mudline ~ донная подвеска (*колонн*), подвеска (*колонн*) на уровне дна моря
riser ~ подвеска водоотделяющей колонны
slip ~ телескопическая подвеска колонны

svc [service] 1. работа 2. обслуживание 3. эксплуатация

svcu [service unit] установка для профилактического ремонта (*скважин*)

SVI [smoke volatility index] коэффициент летучести дыма

SW 1. [salt wash] промывка соленой водой 2. [sea water] морская вода 3. [sidewall] боковой 4. [South-West] юго-запад 5. [spiral weld] спиральный сварной шов

s w 1. [short wave] короткая волна 2. [specific weight] удельный вес

SW/4 [South-West quarter] юго-западная четверть

swab 1. сваб (*поршень для вызова притока нефти в скважину*) ‖ свабировать 2. поршень для откачивания скважины 3. проходной поршень ‖ поднимать жидкость проходным поршнем 4. чистить скважину
inverted ~ перевернутая [обратная] манжета (*инструмента для спуска и цементирования хвостовика*)
single ~ поршень с одним резиновым кольцом

swabbing свабирование (*поршневание скважины*)

swage 1. оправка 2. пуансон 3. матрица
casing ~ оправка для ремонта обсадных труб
fluted ~ оправка для исправления смятия труб в скважине
pipe ~ оправка для исправления смятия труб
roller ~ роликовая оправка для обсадных труб

swb [swab] подвергать свабированию, свабировать (*вызывать приток нефти из пласта поршневанием*)

swbd [swabbed] подвергнутый свабированию [поршневанию] (*о скважине*)

swbg [swabbing] свабирование (*поршневание скважины*)

SWC [side wall cores] керны, взятые боковым грунтоносом

SW/C [South-West corner] юго-западный угол

swc [side wall cores] керны, отобранные боковым грунтоносом

SWD [salt water disposal] утилизация соленой воды

SWDS [salt water disposal system] система утилизации соленой воды

SWDW [salt water disposal well] скважина для сброса соленой воды

sweep 1. колебание, качание ‖ колебаться, качаться 2. кривая; изгиб; поворот 3. *рад.* развертка 4. вылет стрелы (*крана*) 5. поворотный рычаг
areal ~ эффективность вытеснения нефти на площади
contracted time-base ~ укороченная временная развертка
delayed time-base ~ задержанная временная развертка
end-to-end ~ нагнетание воды с одного края залежи с постепенным передвижением к другому
expanded time-base ~ растянутая временная развертка
Hi-visc gel ~ высоковязкая пачка раствора
reservoir ~ охват пласта вытесняющим агентом

sweeper:
oil ~ судно-нефтесборщик

sweetening обессеривание, очистка (*нефтепродуктов*) от серы, сероочистка
gas ~ очистка газа от соединений серы
liquid petroleum gas ~ очистка сжиженного нефтяного газа от соединений серы

swell 1. утолщение, вздутие; разбухание ‖ разбухать, набухать 2. возвышение; выпуклость 3. буртик, заплечик

swelling набухание, разбухание, утолщение ‖ набухающий, разбухающий
clay ~ разбухание глин
shale ~ набухание сланцев

swet [sweetening] очистка (*нефтепродуктов*) от серы

SWF [sand and water fracturing] гидроразрыв смесью песка и воды

swg [swage] 1. оправка для ремонта труб 2. пуансон 3. матрица

swgr [switchgear] распределительное устройство

SWI [salt water injection] закачка соленой воды

swing 1. колебание; размах; амплитуда (*качания*) 2. поворот ‖ поворачивать 3. макси-

switch

мальное отклонение (*стрелки измерительного прибора*)
switch выключатель; переключатель ‖ переключать, коммутировать
branch ~ 1. групповой выключатель 2. выключатель на ответвлении
electromagnetic ~ электромагнитный контактор
electronic ~ электронное реле
float ~ поплавковый выключатель
flow ~ гидрореле; гидровыключатель
heat ~ тепловой выключатель; тепловое реле
oil ~ масляный выключатель
on-off ~ переключатель; тумблер
plug ~ штепсельный выключатель
power ~ силовой выключатель
push-button ~ кнопочный выключатель
range control ~ переключатель пределов
safety ~ аварийный рубильник (*для обесточивания вышки*); аварийный выключатель
thermal ~ тепловое реле
thermostatic ~ термостатический выключатель
traveling block limit ~ противозатаскиватель [конечный выключатель хода] талевого блока
swivel 1. вертлюг 2. шарнирное соединение; винтовая стяжка ‖ шарнирный, поворотный
casing ~ подъемный вертлюг для обсадных труб
casing water ~ трубный промывочный вертлюг
cementing manifold ~ вертлюг цементировочного манифольда; вертлюг цементировочной головки
clear water type ~ промывочный сальник для бурения с промывкой водой
marine ~ подводный вертлюг
marine support ~ подводный вертлюг для подвески (*инструмента на подводном устье*)
power ~ силовой [приводной] вертлюг
tubing ~ вертлюг для спуска и подъема насосно-компрессорных труб
tubing head ~ вертлюг головки насосно-компрессорных труб
washover ~ промывочный вертлюг; вертлюг для промывочной колонны
SWP [steam working pressure] рабочее давление пара
SWS [sidewall samples] пробы, взятые в стенке ствола скважины
SWTS [salt water to surface] соленая вода, поступающая на поверхность земли
SWU [swabbing unit] установка для свабирования [поршневания] (*скважины*)
Syc [Sycamore] *геол.* сикамор (*свита отделов мерамек и осейдж миссипской системы, Среднеконтинентальный район*)
Syl [Sylvan] сильван (*свита девона*)
sym 1. [symbol] обозначение; символ 2. [symmetrical] симметричный

symbol обозначение; символ
testing ~ условное [графическое] обозначение метода испытания
weld ~ условный [графический] знак типа сварного шва
welding ~ условное [графическое] обозначение сварки
syn 1. [synchronizing] синхронизирующий 2. [synchronous] синхронный 3. [synthetic] синтетический
syncline *геол.* синклиналь
regional ~ региональная синклиналь
syn conv [synchronous converter] синхронный преобразователь
sys [system] система
system 1. система 2. установка; устройство 3. *геол.* формация
accelerated cost recovery ~ (ACRS) система ускоренной амортизации оборудования и сооружений
acoustic back-up communications ~ вспомогательная акустическая система связи (*в системе управления подводным устьевым оборудованием*)
acoustic back-up control ~ вспомогательная акустическая система управления (*подводным оборудованием*)
acoustic command ~ *см.* acoustic control system
acoustic control ~ акустическая система управления (*подводным оборудованием*)
acoustic emergency back-up control ~ аварийная акустическая система управления (*подводным оборудованием*)
acoustic measuring ~ акустическая система измерения
acoustic positioning ~ акустическая система позиционирования; акустическая система удержания (*на месте бурового судна или плавучей полупогружной буровой платформы с акустической системой ориентации*)
active compensator ~ активная компенсирующая система
active drilling ~ действующее буровое оборудование
adaptive data recording ~ самонастраивающаяся система регистрации данных (*измерения параметров ветра, течений, волн и т. п. на плавучей буровой платформе для определения ее реакции на внешние воздействия*)
alarm ~ система сигнализации; аварийная сигнализация
amplifier-filter-recorder ~ усилительно-фильтрующая система регистрирующего прибора
artificial berthing ~ система искусственного причала
automated mud ~ автоматизированная система приготовления бурового раствора
automatic hydraulic pipe handling ~ автоматизированная гидросистема спусков – подъемов

system

automatic oil production ~ система автоматизированного регулирования нефтедобычи
automatic pipe racking ~ автоматическая система подачи труб в вышку
Baumé ~ система Боме для выражения плотности вещества
bifuel ~ система с двухкомпонентным топливом
binary ~ 1. двоичная система счисления 2. двухкомпонентная система
blowout preventer ~ система [блок] противовыбросовых превенторов
BOP ~ *см.* blowout preventer system
BOP cart ~ тележка для перемещения блока превенторов (*на буровом судне или плавучей буровой платформе с целью подачи его к центру буровой шахты*)
BOP closing ~ оборудование для закрытия противовыбросовых превенторов
BOP function position indicator ~ система индикации выполнения функций противовыбросовым оборудованием
BOP kill and choke line ~ система линий глушения скважины и штуцерной
BOP moonpool guidance ~ направляющее устройство блока превенторов в буровой шахте бурового судна (*служащее для спуска блока через буровую шахту без раскачивания*)
bow-loading ~ носовая загрузочная система (*бесприального налива нефти в танкеры*)
bucking-out ~ компенсирующее устройство
bulk products weighting ~ система измерения массы порошкообразных материалов (*системы пневмотранспорта барита, бентонита, цемента*)
cable correction ~ устройство для регулирования длины каната (*часть компенсатора вертикальной качки, встроенного под кронблок*)
caisson completion ~ система кессонного заканчивания скважин
Cambrian ~ *геол.* кембрийская система
casing hanger ~ узел подвесной головки обсадной колонны
choke ~ система штуцеров; штуцерный манифольд
circular drainage ~ радиальная система стока
circulating ~ циркуляционная система
closed ~ замкнутая система
closed circulation ~ закрытая циркуляционная система
closed pipeline ~ система перекачки по трубопроводу из насоса в насос (*без промежуточной емкости*)
collecting ~ система сбора нефти и газа
combination ~ комбинированный (*канатно-вращательный*) способ бурения
combination chain and wire rope mooring ~ комбинированная цепно-канатная якорная система
comprehensive database management ~ универсальная система управления базами данных
computerized control ~ автоматизированная система управления
concrete island drilling ~ (CIDS) буровая система на бетонном острове
continuous elevating and lowering ~ система непрерывного подъема и спуска (*на самоподнимающейся платформе*)
control ~ система управления, система регулирования; управляющее [регулирующее] устройство
cooling ~ система оборотного водоснабжения для охлаждения; система охлаждения
Cretaceous ~ *геол.* меловая система
data management ~ (DMS) система информационного менеджмента
deep diving ~ система глубоководного погружения
Devonian ~ *геол.* девонская система
disposal ~ система утилизации (*бурового раствора*)
distribution ~ распределительная система; разводка
diver held underwater TV ~ ручная подводная телевизионная система для водолаза
diverter ~ отводное устройство (*водоотделяющей колонны*)
diverter support ~ устройство для подвески отводного устройства (*водоотделяющей колонны*)
double mixing ~ двухфазная система смесеобразования
drawworks safety ~ предохранительное устройство лебедки
drilling information monitoring ~ система сбора информации о бурении, система контроля параметров процесса бурения
drilling line ~ талевая система
drill monitoring ~ система слежения за процессом бурения
drill string compensator ~ система компенсатора бурильной колонны
dual-agent fire extinguishing ~s двухкомпонентные системы тушения пожара
dual BOP stack ~ двухблочная система, состоящая из двух блоков превенторов и двух водоотделяющих колонн
early production ~ система ранней [ускоренной] эксплуатации
eight point mooring ~ восьмиточечная система швартовки
elevating ~ система подъема, подъемное устройство (*самоподнимающихся платформ*)
emergency acoustic closing ~ аварийная акустическая система закрытия (*подводных противовыбросовых превенторов*)
emergency diver transfer ~ система аварийной транспортировки водолаза
emergency shutdown ~ аварийная система закрытия; аварийный пульт ручного управления буровой

system

exponentially stratified ~ экспоненциальное распределение слоистости
field development ~ система разработки месторождения
fire alarm ~ система пожарной сигнализации
fire and gas control ~ система контроля огня и газа (*защита персонала на платформе*)
fire protection ~ система пожаробезопасности
flexible bottom coring ~ система бурения с отбором донного керна с использованием шлангокабеля (*при геологоразведочных работах на море*)
floating production ~s (FPS) плавучие эксплуатационные системы
flow ~ система регулирования потока
foam extinguishing ~ система пеногашения
focusing ~ фокусирующая система
fuel ~ система подачи топлива
gas gathering ~ газосборная система
gas supply ~ система газоснабжения
gas treating ~ газоочистительная установка
gathering ~ нефте- *или* газосборная система
geopositioning satellite (GPS) ~ спутниковая система геопозиционирования
gravity ~ система подачи *или* питания самотеком
gravity lubricating ~ гравитационная система смазки
guarded electrode ~ электрокаротаж с охранным *или* экранированным электродом (*разновидность метода СЭЗ с управляемым током*)
guidelineless completion ~ бесканатная система заканчивания (*скважин с подводным устьем*)
guidelineless drilling ~ бесканатная система бурения
guideline replacement ~ система повторного соединения направляющего каната (*подводного устьевого оборудования*)
high-pressure ~ система высокого давления
hydraulic ~ гидравлическая система
hydraulic fluid make-up ~ система приготовления рабочей жидкости гидросистемы (*для управления подводным оборудованием*)
hydraulic monitor ~ on sled гидромониторная система на салазках
hydrelic ~ электрогидравлическая система
hydroacoustic position reference ~ гидроакустическая система определения местоположения, гидроакустическая система ориентации
hyperbolic position ~s гиперболические системы определения местоположения (*плавсредств*)
inert gas extinguishing ~ система тушения пожара инертным газом
inflatable packer ~ система надувных пакеров

integral (marine) riser ~ система составной водоотделяющей колонны (*секции которой изготовлены как одно целое с линиями глушения скважины и штуцерной*)
integrated pile alignment ~ устройство для центровки свай
interconnected pipeline ~s сблокированные трубопроводные системы
interlock and emergency shutdowm ~ блокирующая и аварийная система отключения
interlocked control ~ система связанного *или* каскадного регулирования (*в которой несколько контрольных приборов связаны электрически друг с другом так, что каждый влияет на показания другого, внося свои коррективы*)
intermitting ~ периодическая система (*эксплуатации скважин*)
jacking ~ система подъема (*самоподнимающейся платформы*)
joint cathodic protection ~ единая система катодной защиты (*трубопроводов*)
key-well ~ способ увеличения продуктивности куста скважин путем бурения скважины для выкачивания воды из продуктивного горизонта
layered soil ~ слоистая структура грунта (*дна моря*)
life support ~s системы жизнеобеспечения
liquid additive ~ устройство для подачи жидкой фазы
liquid additive verification ~ система контроля жидкой добавки
liquid-gas ~ система жидкость — газ, газожидкостная система
liquid-liquid ~ система жидкость — жидкость
long-range navigation ~ система «Лоран» (*LORAN – импульсная дальномерная радионавигационная система, применяемая при геофизическом методе разведки нефтяных месторождений и для определения точного местоположения бурового судна*)
loop ~ замкнутая система
low-pressure ~ система низкого давления
manual fire alarm ~ система ручной пожарной сигнализации
marine drilling ~ система [оборудование] для морского бурения
marine LNG ~ морское оборудование для сжиженного природного газа
marine riser ~ система водоотделяющей колонны
marine riser buoyancy ~ система обеспечения плавучести водоотделяющей колонны
marine sewage treatment ~ морская система обработки сточных вод
microwave ~ система микроволновой радиосвязи
microwave control ~ система телеуправления на микроволнах
Mississippian ~ *геол.* миссисипская система (*нижний карбон, США*)

system

mooring anchor ~ швартовная система
motion compensator ~ система компенсатора бурильной колонны
mud ~ *см.* mud circulating system
mud circulating ~ система циркуляции бурового раствора, циркуляционная система
mud-flush ~ бурение с промывкой буровым раствором
mudline casing support ~ донная система подвески обсадных колонн
mud manifolding ~ оборудование глинохозяйства
mud recovery ~ система очистки бурового раствора
mud suspension ~ *см.* mudline casing support system
multiple wire ~ многопроводная система (*связи*)
multiplex communication ~ мультиплексная система связи
multiplex control ~ мультиплексная система управления (*подводным оборудованием*)
multiwire electrohydraulic control ~ электрогидравлическая система управления (*подводным устьевым оборудованием*)
natural-fracture ~ система естественной трещиноватости
Navy Navigation Satellite ~ (NNSS) морская спутниковая навигационная система
Neogene ~ *геол.* система неоген
ocean floor completion ~ система заканчивания (*скважин*) на дне океана
offloading ~ система отгрузки (*нефти*)
offshore loading ~ система налива (*нефти*) в морских условиях
offshore-mooring-buoy loading ~ морская система налива (*нефти*) с помощью буя-причала (*система бесшвартового налива*)
offshore test ~ оборудование для пробной эксплуатации на море
oil circulating ~ система циркуляции масла, система подачи масла
oil-in-water ~ водонефтяная система
oil recovery ~ нефтеулавливающая система (*на судне-нефтесборщике*)
oil-spill containment ~ система для сбора разлившейся нефти
on-bottom underwater robotic ~ подводный роботизированный комплекс для работы на дне моря
one-shot lubricating ~ централизованная система смазки
one-wire-per-function communication ~ система связи, при которой на каждую функцию управления и контроля имеется отдельный проводник
open hydraulic ~ открытая гидравлическая система (*отработанная рабочая жидкость не возвращается в гидросистему, а выпускается в море*)
Ordovician ~ *геол.* ордовикская система
Paleogene ~ *геол.* система палеоген

passive compensator ~ система пассивной компенсации (*работающая без подвода энергии*)
PCT offshore test ~ морская система опробования испытателем пласта, который управляется давлением (*бурового раствора в затрубном пространстве*)
Permian ~ *геол.* пермская система
pin and hole type jacking ~ подъемное устройство штыреоконного типа (*на самоподнимающихся опорах*)
pinion jacking ~ подъемная система шестеренного типа (*на самоподнимающихся платформах*)
pipe ~ *см.* piping system
pipe abandonment and recovery ~ система оставления и подъема труб при укладке подводного трубопровода
pipe handling ~ *см.* pipe racking and handling system
pipe racking and handling ~ система подачи и укладки труб
pipe tensioning ~ натяжная система для труб
piping ~ система трубопроводных линий, трубопроводная сеть
point feed ~ система точечной подачи (*жидкости*)
positioning ~ система позиционирования, система стабилизации положения (*бурового судна*)
position sensing ~ система ориентации (*бурового судна или плавучей платформы относительно подводного устья скважины*)
pressed-air ~ система подачи сжатого воздуха
pressure alarm ~ система сигнализации о повышении давления
process ~s технологические системы
production control ~ система регулирования добычи
push and pull ~ шатунная система
push-button control ~ кнопочная система управления
Quaternary ~ *геол.* четвертичная система
rack and pinion type jacking ~ подъемное устройство реечно-шестеренного типа (*на самоподнимающейся платформе*)
radius indicating ~ указатель вылета стрелы (*крана*)
redundant ~ дублирующая система (*в системе управления подводным оборудованием*)
re-entry ~ система повторного ввода (*инструмента в подводную скважину на больших глубинах моря*)
regulatory ~ система регулирования
remote control ~ система дистанционного управления
remote data acquisition and control ~ система дистанционного сбора данных, контроля и управления
remote maintenance ~ система обслуживания оборудования с дистанционным управлением

system

retrievable control ~ извлекаемая система управления (*подводным оборудованием*)
riser ~ узел [система] водоотделяющей колонны
riser acoustic tilt ~ акустический датчик угла наклона водоотделяющей колонны
riser buoyancy ~ система обеспечения плавучести водоотделяющей колонны
riser tensioning ~ система натяжения водоотделяющей колонны
rotary ~ вращательный способ (*бурения*)
safety ~ система защиты
SBS ~ система подводного хранения нефти (*предусматривающая загрузку танкеров с помощью буя или судна*)
seaboom ~ система морских бонов (*ограждение участка моря с разлившейся нефтью*)
secondary pore ~ вторичная пористость
self-elevating platform jacking ~ подъемная система самоподнимающейся платформы
semi-automated handling ~ полуавтоматическая система для работы с трубами
settling ~ отстойная система (*для бурового раствора*)
seven-spot flooding ~ семиточечная система заводнения
sheave-linkage ~ рычажная система блоков (*талевого каната*)
short-range navigation ~ система «Шоран» (*SHORAN – ближняя радионавигационная система, применяемая при геофизическом методе разведки нефтяных месторождений*)
Silurian ~ *геол.* силурийская система
single-anchor leg mooring ~ одноточечная швартовная система с якорем-опорой
single-buoy mooring ~ причальная система с буем
single-fluid ~ одножидкостная система
single-mixing ~ однофазная система смесеобразования (*система для приготовления рабочей жидкости для системы управления подводным оборудованием путем разбавления специального концентрата в пресной воде*)
single-point buoy mooring ~ (SPBMS) система швартовки с точковым буем-причалом, система налива нефти с помощью точкового буя-причала
single-stack ~ одноблочная система (*состоящая из одного блока превенторов и одной водоотделяющей колонны*)
single-stack and single-riser drilling ~ система для бурения с одним блоком превенторов и одной водоотделяющей колонной
single-well oil-production ~ односкважинная нефтедобывающая система (*танкер, который с помощью водоотделяющей колонны соединен с подводной скважиной*)
spar-buoy mooring ~ причальная система со столбовидным буем

stranded bell diver survival ~ спасательная система для водолазов в водолазном колоколе
submerged ballasting ~ погружная балластная система (*полупогружной буровой платформы*)
submudline ~ поддонная система (*устанавливаемая ниже уровня илистого дна моря*)
submudline completion ~ *см.* submudline type completion system
submudline type completion ~ система заканчивания морских скважин на твердом дне (*с донной плитой, заглубленной в илистый грунт*)
subsea completion ~ подводная система заканчивания скважин
subsea production ~ морская подводная эксплуатационная система
substructure control ~ система контроля состояния опорного блока
swimming underwater robotic ~ подводный плавающий роботизированный комплекс
tank level indicator ~ система замера уровня жидкости в емкости
telescoping joint support ~ устройство для подвески телескопической секции (*водоотделяющей колонны*)
tele-supervisory control ~ телеметрическая система управления
tensioner ~ система натяжного устройства
Tertiary ~ *геол.* третичная система
tie-to-ground compensation ~ компенсирующее устройство (*бурового судна*), связанное с дном моря
TLI ~ *см.* tank level indicator system
tooth and pawl type jacking ~ подъемная система зубчато-балочного типа (*самоподнимающихся платформ*)
torque control and monitoring ~ система контроля и регулирования вращающего [крутящего] момента
torque transmission ~ устройство для передачи вращающего [крутящего] момента
traffic surveillance ~ система наблюдения за движением транспорта
Triassic ~ *геол.* триасовая система
twin agent ~ система из двух компонентов
two-stack ~ двухблочная система (*состоящая из двух блоков превенторов и двух водоотделяющих колонн*)
underwater guideline ~ система подводных направляющих канатов (*связывающих подводное устье скважины с буровым судном или плавучим полупогружным буровым основанием и предназначенных для ориентированного спуска по ним оборудования и инструментов*)
underwater TV ~ система подводного телевидения
unloading ~ система отгрузки (*напр. нефти в танкеры при беспричальном наливе*)
utility ~ система общего назначения

ventilation and air heating ~s системы вентиляции и воздушного отопления
water ballasting ~ система балансировки водой
water distribution ~ водораспределительная система
water spray ~ водораспылительная система
water spray extinguishing ~ система пожаротушения водяным орошением
well control ~ система контроля скважины
well data ~ банк буровых данных
wellhead re-entry ~ система повторного ввода устьевой головки
wet-type ocean floor completion ~ система для заканчивания скважины на океанском дне (*в водной среде*)
withdrawal ~ система отвода (*напр. стингера трубоукладочной баржи*)
X-bracing ~ X-образная система связей (*раскосов, растяжек металлоконструкций морских оснований*)

sz [size] размер

T

T 1. [tee] а) Т-образное соединение; тавровое соединение б) тройник, Т-образная труба в) тавровая балка; тавровая сталь 2. [temperature] температура 3. [time] время
reducing ~ тройник с резьбой под трубы разных диаметров, переводной тройник

t 1. [tee] тройник, Т-образная труба 2. [testing] испытание 3. [time] время 4. [ton] тонна

T/ [top of formation] кровля пласта

TA [temporarily abandoned] временно остановленный, законсервированный (*о скважине*)

tab 1. [tabular] табличный 2. [tabulating] сведение в таблицу

table 1. роторный стол, ротор 2. плита 3. таблица 4. уровень (*воды в скважине*) 5. плоскогорье; плато
accuracy ~ таблица поправок
conversion ~ таблица [шкала] пересчета, таблица перевода мер
correction ~ *см.* reduction table
electric power ~ таблица режимов электронагрузки
gage ~s таблицы калибровочных данных
ground water ~ уровень [поверхность] грунтовых вод
International critical ~s Международные физико-химические таблицы основных показателей
lifting ~ подъемная площадка, подъемная платформа
outage ~s таблицы емкости незаполненного пространства в резервуарах
reduction ~ таблица поправок
reference ~ *см.* conversion table
rotary ~ роторный стол, ротор (*буровой установки*)
water ~ поверхность [уровень] грунтовых вод; зеркало воды

tabular 1. пластовый, пластообразный (*о месторождении*) 2. пластинчатый, слоистый 3. плоский, листообразный 4. табличный, в виде таблицы

tabulate сводить в таблицу, табулировать

tachometer тахометр, счетчик [указатель] оборотов

tack прихватка, прихваточный шов ‖ прихватывать, сваривать [соединять] прихваточными швами

tacking сварка [соединение] прихваточными швами

tackle 1. тали, полиспаст; сложный блок 2. снаряжение; принадлежности; оборудование

tack-welded прихваченный, соединенный [сваренный] прихваточными швами

TACV [tracked air cushion vehicle] гусеничное транспортное средство на воздушной подушке

tag 1. этикетка; бирка; ярлык ‖ прикреплять этикетку, бирку *или* ярлык 2. ушко, петля 3. кабельный наконечник 4. коллекторный гребешок

tagged 1. меченый (*радиоактивными изотопами*); помеченный 2. с металлическим наконечником

tagger вспомогательная пневматическая лебедка

tail 1. хвост, хвостовик; хвостовая часть ‖ сходить на нет ‖ задний, хвостовой 2. хвостовая [концевая] фракция нефтепродукта 3. *pl* хвосты (*обогащения*), отходы; остаток на сите
~ into the derrick затаскивать на буровую
shirt ~ козырек (*лапы*)

tailing-out *геол.* выклинивание

tailings *см.* tail 3.

tailor-made приспособленный (*для определенной цели*); правильно выбранный (*для данных условий*); сделанный на заказ

take 1. измерять 2. поглощать, впитывать влагу 3. добывать, извлекать
~ apart разбирать, демонтировать
~ a strain on pipe захватывать трубу и выбирать слабину
~ a stretch on pipe определять место прихвата колонны путем замера величины ее удлинения при натяжении
~ down 1. разбирать, демонтировать; снимать; отвинчивать 2. записывать, фиксировать
~ off 1. начинать бурение 2. снимать; разъединять
~ the readings снимать [считывать] показания прибора

335

take

~ the weight снимать нагрузку
~ to pieces разбирать на части
~ up 1. поднимать; захватывать 2. натягивать; подтягивать, выбирать слабину; устранять чрезмерный зазор, устранять мертвый ход 3. впитывать влагу, поглощать 4. наматывать
~ up shocks амортизировать, воспринимать удары
take-in:
quick grip ~ быстродействующее зажимное приспособление
take-off 1. отъем; отбор (*мощности*) 2. отвод, ответвление
power ~ отъем [отбор] мощности
taker:
sample ~ грунтонос
side-wall sample ~ боковой грунтонос
take-up натяжное приспособление; натяжной ролик [шкив]
tallow солидол; тавот, жир ‖ смазывать жиром
tally 1. бирка; этикетка; ярлык ‖ прикреплять бирку, этикетку *или* ярлык 2. копия, дубликат 3. подсчитывать 4. соответствовать, совпадать (*with*)
talus *геол.* осыпь, делювий
Tamp [Tampico] *геол.* тампико (*свита группы эллис среднего отдела юрской системы*)
tamp набивать, трамбовать, уплотнять
tamping трамбование, уплотнение
T & B [top and bottom] устьевой и забойный
T & BC [top and bottom chokes] устьевой и забойный штуцеры
T & C 1. [threaded and coupled] с резьбой и муфтой 2. [topping and coking] отгонка легких фракций и коксование
tandem 1. спаренные тележки для перевозки станка 2. сдвоенный; последовательно расположенный, последовательно соединенный 3. каскадно-соединенный
T & R [tubing and rods] насосно-компрессорные трубы и насосные штанги
T & W [tarred and wrapped] покрытый битумом и обернутый изоляционной лентой (*о трубопроводе*)
tangent 1. касательная (*к кривой*) ‖ касательный 2. тангенс ‖ тангенциальный
tangential 1. касательный 2. тангенциальный
tangible 1. реальный 2. *pl* прямые расходы; капитальные затраты, погашаемые амортизацией
tank 1. резервуар; емкость; хранилище; чан, бак, цистерна 2. водоем; водохранилище
above-ground oil storage ~ наземный резервуар для хранения нефти
accumulator ~ накопительный [сборный] резервуар
additive ~ емкость для добавок
air ~ 1. баллон [резервуар] со сжатым воздухом 2. пневматический резервуар

air pressure ~ 1. баллон [резервуар] со сжатым воздухом 2. воздушный колпак 3. пневматический резервуар
air weighted surge ~ воздушный компенсатор
atmospheric-pressure storage ~ емкость для хранения нефти и нефтепродуктов под давлением, близким к атмосферному
ballast ~ балластная емкость
blender ~ смесительная емкость
bottomless ~ резервуар без днища (*подводное хранилище, в котором закачанная нефть вытесняет морскую воду*)
breathing ~ резервуар с плавающей крышкой
buoyant ~ понтон
buried ~ заглубленная [подземная] емкость
cargo ~ грузовой танк (*танкера*)
cementing ~ цементировочный агрегат
cement surge ~ осреднительная емкость
clarifying ~ отстойная емкость, отстойник
compressed air ~ резервуар [баллон] со сжатым воздухом
cuttings ~ емкость для сбора шлама (*на морской буровой*)
cylindrical ~ цилиндрический резервуар (*для хранения нефтепродуктов*)
daily bulk cement ~ расходный бункер для цемента
daily bulk mud ~ расходный бункер для глинопорошка
day ~ расходная емкость, расходный резервуар
displacement ~ *см.* gage tank
drilling-mud settling ~ емкость для отстоя бурового раствора
drilling-mud storage ~ емкость для хранения бурового раствора
drilling-mud suction ~ приемная емкость для бурового раствора
drip ~ емкость для улавливания масла *или* жидкости
dump ~ сливная емкость
elevated ~ *см.* head tank
field ~ сборный промысловый резервуар
flow ~ мерник; отстойник, отстойная емкость
fuel ~ бак для горючего, топливный бак; бензобак
gage ~ мерник, мерный бак, мерный резервуар, мерная емкость
gaging ~ *см.* gage tank
gas ~ 1. газгольдер, газометр, резервуар для хранения газа 2. *амер.* бак для горючего, топливный бак; бензобак
gravity ~ водонапорный резервуар
gun barrel ~ отстойный резервуар, газосепаратор
head ~ напорная емкость
landing craft ~ (LCT) десантная баржа, применяемая для снабжения буровых
measuring ~ *см.* gage tank

metering ~ калибровочный резервуар; измерительная емкость
mud ~ резервуар [емкость] для бурового раствора
mud storage ~ 1. бункер для хранения глинопорошка 2. *см.* mud tank
mud surge ~ емкость для успокоения бурового раствора; осреднительная емкость
offshore storage ~ шельфовый резервуар для хранения нефти
oil ~ нефтяной резервуар; масляный бак
oil-field ~ промысловый нефтяной резервуар
oil storage ~ складской резервуар для нефти *или* нефтепродуктов
overflow ~ емкость для слива из мерника лишней жидкости
petrol ~ *англ.* бензобак
pipeline ~ сборный резервуар, резервуар на трубопроводе
precipitation ~ *см.* settling tank
preliminary sedimentation ~ первичный отстойник (*для осаждения взвешенных частиц из сточных вод*)
pressure ~ 1. сосуд [бак], работающий под давлением 2. камера для испытаний под давлением, автоклав
receiving ~ приемный резервуар, приемная емкость
relay ~ промежуточный резервуар
sedimentation ~ *см.* settling tank
separating ~ *см.* settling tank
service storage ~ вспомогательная емкость для хранения (*нефти или нефтепродуктов*)
settling ~ отстойный резервуар, отстойник
single compartment test ~ односекционный резервуар для испытания
skimming ~ емкость для сбора плавающих на поверхности воды веществ *или* предметов
slime ~ шламовый отстойник; отстойная емкость
sludge ~ илосборник, илонакопитель; шламосборник
slugging ~ доливная емкость; мерная емкость
slurry ~ 1. шламовый отстойник 2. резервуар для приготавливаемого цементного раствора; осреднительная емкость
stinger ballast ~ балластная цистерна стингера (*для создания требуемой плавучести*)
storage ~ резервуар для хранения (*нефти или нефтепродуктов*)
trip ~ доливочная емкость (*используемая при подъеме труб из скважины*)
twin compartment ~ двухсекционный испытательный резервуар
underwater storage ~ емкость на морском дне для сбора и хранения нефти
vented ~ резервуар, оборудованный дыхательным клапаном

waste ~ емкость для отходов бурения (*на морской буровой*)
tankage 1. вместимость резервуара, цистерны *или* бака 2. хранение (*нефтепродуктов*) в резервуаре; наполнение *или* налив резервуара 3. «мертвый» остаток в резервуаре; осадок в резервуаре, цистерне *или* баке 4. плата за хранение в резервуаре
oil ~ нефтехранилище
tanker 1. танкер, нефтеналивное судно 2. цистерна; автоцистерна
fuel ~ цистерна для топлива
ice-breaking ~ танкер-ледокол
oil ~ 1. tanker 1. 2. бензозаправщик
process ~ танкер для первичной обработки продукции скважины
shuttle ~ транспортный танкер снабжения (*морской буровой*)
Tannathin *фирм.* лигнит
Tannex *фирм.* смесь экстракта квебрахо с лигнитом (*разжижитель буровых растворов на водной основе*)
tannin танин
tap 1. ловильный метчик; ловильный колокол 2. метчик (*для нарезки резьбы*) || нарезать резьбу метчиком, нарезать внутреннюю резьбу 3. кран (*водопроводный*) 4. спускное отверстие; спускная трубка || выпускать жидкость 5. пробка, затычка 6. отвод, патрубок, ответвление 7. постукивать, слегка ударять; обстукивать 8. вскрывать пласт
~ a line 1. сверлить отверстия в трубе 2. делать ответвление (*трубопровода*)
~s and dies метчики и плашки
~ off спускать, выпускать (*жидкость*)
~ out делать винтовые нарезы
bell ~ ловильный колокол
box ~ *см.* bell tap
female ~ ловильный колокол
fishing ~ ловильный метчик
gage ~ пробный кран
gas pipe ~ метчик для нарезки газопроводных труб
male fishing ~ ловильный метчик с наружной резьбой
outside ~ *см.* bell tap
screw ~ *см.* taper(ed) tap
taper(ed) ~ ловильный метчик; ловильный колокол
wellhead ~ патрубок на устьевом оборудовании скважины
tape 1. лента, тесьма || обматывать лентой 2. мерная лента; рулетка 3. магнитная лента 4. клейкая лента
gage ~ *см.* measuring tape
measuring ~ мерная лента; рулетка
tracing ~ лента прибора-самописца
taper 1. конус || сводить [сходить] на конус; суживать; заострять || конический, конусообразный; суживающийся; заостренный 2. конусность, конусообразность; степень конусности 3. скос 4. уклон 5. труба с раструбом

taper

female ~ внутренний конус
male ~ наружный конус

tapered конический, конусообразный; суживающийся; скошенный, заостренный; клиновидный

tapering 1. конусность (*напр. шейки вала*); сведение на конус 2. заострение, утончение 3. *геол.* выклинивание, утончение || выклинивающийся, утончающийся

Tapon *фирм.* обычный кокс (*иногда в смеси с бентонитом*), применяемый для борьбы с поглощением бурового раствора

tapping 1. нарезание резьбы метчиком 2. выпуск жидкости; отцеживание 3. ответвление, отвод
pipeline ~ сверление и нарезка резьбы для соединения с действующим трубопроводом

TAPS [Trans-Alaska Pipeline System] система трансаляскинского нефтепровода

TAR [true-amplitude recovery] восстановление истинных амплитуд сигналов

tar смола; деготь; битум; гудрон, вар || покрывать дегтем; пропитывать дегтем; смолить
acid ~ кислый гудрон
coal ~ каменноугольный деготь, битум; каменноугольная смола
mineral ~ кир, выветрившаяся нефть
oil ~ деготь; гудрон
oil gas ~ смола нефтяного газа
rock ~ (сырая) нефть

target мишень (*шаровая пробка или глухой фланец на конце тройника для предохранения его от разъедания или размыва*)

tarnish тусклая поверхность; пленка побежалости; налет || тускнеть, лишаться блеска; вызывать потускнение

taxation налогообложение
oil ~ нефтяное налогообложение

Tay [Taylor] *геол.* тейлор (*группа верхнего отдела меловой системы*)

TB 1. [tank battery] резервуарный парк 2. [thin bedded] тонконапластованный, тонкослойный

tb [tube] труба

TBA 1. [temporary blocking agent] материал для временного блокирования поглощающего горизонта 2. [tertiary butyl alcohol] третичный бутиловый спирт 3. [tires, batteries and accessories] покрышки, аккумуляторы и вспомогательные приборы

TBE [threaded both ends] с резьбой на обоих концах

tbg [tubing] насосно-компрессорные трубы

tbg chk [tubing choke] штуцер насосно-компрессорной колонны

tbg press [tubing pressure] давление в насосно-компрессорной колонне

TBP [true boiling point] истинная точка кипения

TC 1. [temperature coefficient] температурный коэффициент 2. [temperature controller] регулятор температуры 3. [tool closed] (скважинный) инструмент закрыт 4. [top choke] верхний [устьевой] штуцер 5. [tubing choke] штуцер насосно-компрессорной колонны

T/C [tank car] (ж/д *или* авто) цистерна

TCA [time of closest approach] момент наибольшего сближения (*с навигационным спутником*)

TCC [thermoform catalytic cracking] каталитический крекинг с помощью термоформ-процесса

TCI [tungsten carbide inserts] вставки долота, изготовленные из карбида вольфрама

TCP 1. [tricresyl phosphate] трикрезилфосфат 2. [tubing conveyed perforating] перфорирование на НКТ

TCV [temperature control valve] клапан-регулятор температуры

TD 1. [target depth] контрольная глубина 2. [total depth] общая глубина; проектная глубина

TDI [temperature differential indicator] индикатор перепада температур

TDK [temperature differential recorder] регистратор перепада температур

TDS 1. [total dissolved salts] общее количество растворенных солей 2. [tubing double seal] резьба для насосно-компрессорных труб с двойным уплотнением

TDT 1. [thermal decay time] время термического распада 2. [thermal decay time log] импульсно-нейтронный каротаж (*по тепловым нейтронам*)

TE 1. [test equipment] контрольная аппаратура; испытательная аппаратура 2. [testing] испытание, проверка 3. [twin-engined] с двумя двигателями

team 1. бригада, звено, группа (*рабочих*) 2. (разведочная) партия

tear износ; разрыв || рвать, разрывать
~ and wear износ, порча
~ apart отрывать
~ down разбирать; сносить (*строение*)
~ off отрывать
~ out 1. разбирать, демонтировать 2. вырвать

tear(ing)-down разборка, демонтаж (*вышки или буровой установки*)

tearproof износостойкий

technicals технические подробности

technician 1. специалист 2. техник

technique 1. техника, технические приемы, технология; способ; метод 2. техническое оснащение, аппаратура, оборудование
balanced-pressure drilling ~ технология бурения при сбалансированных изменениях гидродинамического давления в скважине
completion ~ технология заканчивания скважин
experimental ~ 1. методика эксперимента 2. экспериментальное оборудование

improved ~ усовершенствованная технология

measuring ~ измерительная техника, техника измерений

N₂ fracturing ~ *см.* N₂ stable-foam frac technique

N₂ stable-foam frac ~ техника гидроразрыва пласта с использованием пенообразного агента, содержащего азот

"packed hole" ~ применение УБТ максимального наружного диаметра (*при бурении в почвах, предрасположенных к искривлению ствола скважины*)

"pin-point" ~ точная техника

production ~ 1. техника эксплуатации 2. техническое оснащение эксплуатационным оборудованием

research ~ 1. методика исследований 2. экспериментальное оборудование

restored state ~ воспроизведение пластовых условий при лабораторных исследованиях

simulation ~ техника моделирования

spill-cleaning ~ 1. техника очистки сбросов 2. оборудование для очистки сбросов

technological технологический

technologist технолог

mud ~ инженер по буровым растворам

technology техника, технические приемы; технология

applied drilling ~ практическая технология бурения

water ~ техника обработки воды

tectonic *геол.* тектонический

tectonics *геол.* тектоника

tee 1. Т-образное соединение; тавровое соединение 2. тройник, Т-образная труба 3. тавровая балка; тавровая сталь

~ off делать ответвления

cross ~ крестовина

union ~ трехходовое соединение для труб

teeth зубья

bit ~ зубья долота *или* коронки

chisel ~ остроконечные зубья (*шарошки долота*)

cutter ~ зубья шарошки

digging ~ зубья долота

heel ~ периферийные зубья (*шарошки*)

inner row ~ внутренний ряд зубьев шарошки

intermediate row ~ средний ряд зубьев шарошки

gear ~ зубья шестерни

reaming ~ расширяющие зубья долота

rock bit ~ *см.* cutter teeth

TEFC [totally enclosed-fan cooled] полностью изолированный и охлаждаемый вентилятором

Teflon *фирм.* тефлон, политетрафторэтилен, ПТФЭ

TEL [tetraethyl lead] тетраэтилсвинец

Tel-Bar *фирм.* баритовый утяжелитель

Tel-Clean *фирм.* водорастворимая смазывающая добавка к буровым растворам

Tel Cr [Telegraph Creek] *геол.* телеграф-крик (*свита верхнего отдела меловой системы*)

teleclinometer дистанционный прибор для измерения кривизны скважин, дистанционный инклинометр

electromagnetic ~ электромагнитный дистанционный прибор для измерения кривизны скважины

telecontrol дистанционное управление, телеуправление

telegage дистанционный измерительный прибор

telemeter телеметр, телеизмерительный прибор, дистанционный измерительный прибор; дальномер

telemetering телеизмерение, дистанционное измерение и управление, дистанционный замер (*расхода или уровня*) ‖ телеметрический

telemetry телеметрия

teleorienter телеориентир (*устройство для дистанционного контроля за отклонением скважины при наклонном бурении*)

telescope телескопическое [выдвижное] устройство

telescopic телескопический, выдвижной, раздвижной

televiewer:

borehole ~ скважинный акустический телевизор

television:

diver's ~ телевизионная камера водолаза

underwater ~ подводное телевидение

tell-tale устройство для сигнализации о работе электрического прибора *или* устройства

telluric теллурический, земной

Telnite *фирм.* щелочная вытяжка бурого угля

Temblock *фирм.* высоковязкая жидкость, применяемая для борьбы с поглощением бурового раствора

temp. [temperature] температура

temper 1. отпуск (*стали*) ‖ отпускать 2. закалка (*с последующим отпуском*) ‖ закаливать 3. смесь, раствор ‖ смешивать

temperature температура

~ of combustion *см.* combustion temperature

~ of fusion температура плавления

~ of reaction температура реакции

absolute ~ абсолютная температура, температура по шкале Кельвина

aging ~ температура (искусственного) старения

ambient ~ температура окружающей среды

bottom-hole ~ статическая температура на забое, забойная температура

bottom-hole circulating ~ динамическая температура на забое, температура на забое при циркуляции жидкости

centigrade ~ температура по стоградусной шкале, температура по шкале Цельсия

combustion ~ температура горения

discharge ~ температура нагнетания

temperature

dissociation ~ температура диссоциации
environment ~ *см.* ambient temperature
equilibrium ~ равновесная температура
Fahrenheit ~ температура по шкале Фаренгейта
flow ~ температура (*среды*) в подающем трубопроводе
freezing ~ температура затвердевания; температура замерзания; температура застывания
hardening ~ температура нагрева при закалке; температура твердения (*цементного раствора*)
heating ~ температура нагрева
normal ~ обыкновенная [комнатная] температура
operating ~ температурный режим работы; рабочая температура
original ~ первоначальная [природная] температура (*в пласте*)
outlet ~ конечная температура, температура при выходе
reservoir ~ *см.* rock temperature
rock ~ температура породы в скважине, пластовая температура
saturation ~ температура насыщения
service ~ *см.* operating temperature
solidification ~ температура затвердевания; температура кристаллизации
steady-state ~ температура установившегося процесса
subfreezing ~ температура ниже точки замерзания
subzero ~ температура ниже нуля, отрицательная температура
transient ~ неустановившаяся температура
uniform ~ ровная температура
welding ~ температура сварки
working ~ *см.* operating temperature
yield ~ температура текучести, температура растекаемости
zero ~ нулевая температура, абсолютный нуль

temperature-dependent зависящий от температуры

temperature-resistant жаростойкий

tempering 1. отпуск (*стали*) 2. закалка (*с последующим отпуском*) 3. искусственное старение 4. смешивание

template 1. опорная плита для бурения (*служащая временным якорем для направляющих канатов, связывающих дно моря с буровым судном или плавучей полупогружной буровой платформой*) 2. шаблон, лекало
anchor ~ якорная плита
base ~ опорная плита (*служащая основанием или базой для бурения морской скважины*)
drilling ~ опорная плита для бурения (*морской скважины*)
joint ~ калибр для замкового соединения (*бурового инструмента*)
multiwell ~ опорная плита для бурения куста скважины
pipe ~ трубный шаблон
sea floor ~ донная плита; донный направляющий блок; донный (*опорный*) кондуктор
well ~ опорная плита для бурения скважин

templet *см.* template

Tempojel *фирм.* вязкая, загущенная жидкость с добавкой закупоривающих материалов, применяемая для временной закупорки высокопроницаемых зон (*при селективной обработке пласта*)

tenacious вязкий, липкий, клейкий, тягучий

tenacity 1. вязкость, липкость, клейкость, тягучесть 2. сцепление, связность (*грунта*) 3. прочность на разрыв, сопротивление разрыву

tender 1. партия нефтепродукта (*перекачиваемого по трубопроводу*) 2. оператор, механик, рабочий, обслуживающий машину 3. заявка на подрядную работу 4. ассистент водолаза (*специалист, обеспечивающий работу водолаза и водолазного оборудования*) 5. тендер, тендерное судно (*обслуживающее морские буровые*)
cement ~ цементировочный тендер (*судно для цементирования скважин, пробуренных со стационарных платформ*)
diver ~ ассистент водолаза
drilling ~ буровой тендер, вспомогательное буровое судно (*для обслуживания морских буровых установок*)
offshore drilling ~ *см.* drilling tender

Tens [Tensleep] *геол.* тенслип (*свита верхнего отдела пенсильванской системы*)

tense напряжённый, туго натянутый

tensile 1. работающий на растяжение; растяжимый 2. прочный на разрыв, прочный на растяжение
high ~ обладающий высоким сопротивлением разрыву; повышенной прочности, высокопрочный

tensiometer тензиометр (*прибор для определения поверхностного натяжения жидкости*)

tension 1. напряжение; напряжённое состояние 2. растяжение; растягивающее усилие 3. натяжение 4. упругость, давление (*пара*) 5. *эл.* напряжение, потенциал
adhesion ~ адгезионное натяжение (*работа адгезии*)
anchor chain ~ натяжение якорной цепи
axial ~ растяжение по оси; напряжение при растяжении
belt ~ натяжение ремня
boundary ~ 1. поверхностное натяжение 2. натяжение поверхности раздела фаз
capillary ~ капиллярное давление
elastic ~ упругое растяжение
high ~ высокое напряжение
interfacial ~ поверхностное натяжение на границе раздела фаз, межфазное натяжение

interstitial ~ поверхностное натяжение
load ~ растяжение от нагрузки
low ~ низкое напряжение
riser ~ натяжение водоотделяющей колонны
surface ~ поверхностное натяжение
ultimate ~ 1. предельное растяжение; разрывное [разрушающее] усилие 2. пробивное напряжение 3. предел прочности при растяжении, временное сопротивление растяжению

tensioner натяжное устройство, приспособление для натяжения
compression type ~ натяжное устройство сжимающегося типа (*шток которого работает на сжатие*)
counterweight ~ натяжное устройство с противовесом
deadline ~ натяжное устройство мертвого [неподвижного] конца (*талевого каната*)
guideline ~ натяжное устройство направляющего каната
line ~ *см.* guideline tensioner
pod line ~ натяжное устройство каната коллектора
riser ~ натяжное устройство водоотделяющей колонны
TV guideline ~ натяжное устройство направляющего каната телевизионной установки

tent [tentative] опытный, экспериментальный; пробный

tentative 1. опыт, эксперимент; проба || опытный, экспериментальный; пробный 2. временный (*о стандарте или нормах*)

Ter [Tertiary] *геол.* третичный период || третичный

term 1. срок; период; продолжительность 2. предел, граница 3. *матем.* член (*уравнения*) 4. терм, энергетический уровень
~ of life срок службы
~s of payment условия платежа; срок платежа

term [terminal] 1. конечная станция; конечный пункт 2. (грузовой) терминал; сортировочная станция; перевалочная база; тупиковый склад

terminal 1. зажим, клемма; ввод, вывод 2. концевая муфта 3. конечная станция; конечный пункт 4. (грузовой) терминал; сортировочная станция; перевалочная база; тупиковый склад 5. плата за погрузочно-разгрузочные работы
gravity loading ~ гравитационный погрузочный причал (*для налива нефти в танкеры*)
marine ~ портовая база, перевалочная база с водного пути на железнодорожный
ocean ~ океанская перевалочная база
oil ~ базовый *или* перевалочный склад для нефти и нефтепродуктов
receiving ~ приемочная станция, конечный (резервуарный) парк
river ~ речная (перевалочная) база
shipping ~ морская перевалочная база; портовый склад
storage ~ портовый склад; перевалочная база
tanker loading ~ порт для налива танкеров (*нефтью*)

terminaling перевалка грузов; грузовые операции в конечных пунктах

terminus 1. конечная станция; конечный пункт 2. (грузовой) терминал; сортировочная станция; перевалочная база; тупиковый склад

terrain 1. почва, грунт 2. местность, территория; рельеф местности

terrestrial земной, наземный; сухопутный

territory территория; зона; площадь
proven ~ оконтуренная продуктивная площадь; разведанное месторождение

Tertiary *геол.* третичный период || третичный
late ~ верхнетретичный

test 1. испытание, проверка; исследование; тест || испытывать, проверять; исследовать; тестировать 2. опробование (*скважины*) || опробовать 3. определение угла наклона (*скважины*)
~ for soundness испытание (*цемента*) на равномерность изменения объема
~ to destruction испытание до разрушения (*образца*)
acceptance ~s приемные испытания
acid ~ проба на кислую реакцию
air (pressure) ~ испытание на герметичность сжатым воздухом; испытание под давлением; опрессовка
alkali ~ натровая проба
back pressure ~ исследование скважин методом противодавления
ball (indentation) ~ определение твердости по Бринеллю
bedrock ~ бурение скважины для определения мощности наносов и характера коренной породы
bench ~ стендовое испытание
bend ~ испытание на изгиб
bending ~ *см.* bend test
bend-over ~ *см.* bend test
breakdown ~ *см.* breaking test
breaking ~ 1. испытание с разрушением (*образца*); испытание до разрушения (*образца*) 2. испытание на излом; испытание на разрыв 3. *эл.* испытание на пробой (*изоляции*)
Brinell hardness ~ определение твердости по Бринеллю
buckling ~ испытание на продольный изгиб
build-up ~ метод восстановления пластового давления
bump ~ испытание на удар
burst ~ испытание на разрыв внутренним давлением

test

casing formation ~ испытание пласта через перфорированную обсадную колонну
cement hardening ~ испытание затвердевания цементного раствора
centrifuge ~ проба на центрифуге
Charpy (impact) ~ испытание на удар по Шарпи, определение ударной вязкости по Шарпи
check ~ контрольное [поверочное] испытание
compression ~ испытание на сжатие
corrosion ~ испытание на коррозию, коррозионное испытание
crack ~ испытание на склонность к образованию трещин
cracking ~ *см.* crack test
creep ~ испытание на ползучесть
DAP ~ определение содержания диаммонийфосфата в буровом растворе
deflection ~ испытание на изгиб
destructive ~ испытание с разрушением образца; разрушающий контроль
draw-down ~ исследование скважин методом понижения уровня
drift ~ проверка (*шаблоном*) постоянства внутреннего диаметра
drillstem ~ опробование пласта испытателем, спущенным на колонне бурильных труб
dry ~ испытание на эффективность тампонажа, цементирования *или* изоляции
dynamic ~ динамическое испытание
efficiency ~ проверка производительности (*оборудования*), определение коэффициента полезного действия
elongation ~ испытание на растяжение
endurance ~ испытание на выносливость; испытание на продолжительность работы (*установки*); испытание на усталость
evaluation ~ испытание для оценки качества
evaporation ~ испытание [проба] на испаряемость
factory ~ заводское испытание
fatigue ~ испытание на выносливость; испытание на усталость
field ~s промысловые испытания; испытания на месте установки
final ~ окончательное испытание; испытание готового изделия
fire ~ определение температуры воспламенения
flow ~ исследование на приток
foam ~ испытание цементного *или* бурового раствора на вспенивание
formation ~ опробование [испытание] пласта
fracture ~ испытание на излом; исследование излома
full-scale ~s натурные испытания
function ~ проверка работоспособности
gamma-ray ~ просвечивание гамма-лучами, гаммаграфия

gravity ~ определение плотности
hardness ~ определение твердости
high torque ~ испытание при максимальном крутящем моменте
hydraulic (pressure) ~ испытание под гидравлическим давлением, гидравлическое испытание
hydrostatic ~ гидростатическое испытание
impact ~ испытание на удар; ударное испытание
indentation ~ определение твердости вдавливанием шарика
indicator ~ снятие индикаторной диаграммы
injectivity-index ~ определение коэффициента приемистости (*скважины*)
insulation ~ испытание качества изоляции
interference ~ испытание (*скважин*) на интерференцию
Izod (impact) ~ испытание на удар по Изоду, определение ударной вязкости по Изоду
laboratory ~ лабораторное испытание
leak ~ испытание на герметичность
leakage ~ *см.* leak test
life ~ испытание на продолжительность работы (*установки*), определение срока службы
load ~ испытание под нагрузкой
loading ~ испытание нагрузкой, статическое испытание
maintenance ~ испытание в период эксплуатации, эксплуатационное испытание
mechanical ~ механическое испытание, испытание механических свойств
mill ~ заводское испытание
model flow ~ испытание на гидродинамической модели
moment ~ испытание на изгиб; испытание на моментную нагрузку
no-load ~ испытание на холостом ходу; испытание без нагрузки
non-destructive ~ испытание без разрушения образца; неразрушающий контроль
official ~s *см.* acceptance tests
open flow ~ испытание дебита (*скважины*) при полностью открытых задвижках
penetration ~ испытание на твердость при помощи пенетрометра, пенетрометрия
percent ~ выборочный контроль
performance ~ проверка производительности (*оборудования*); эксплуатационное испытание; проверка режима работы
periodic ~ периодическое испытание
permeability ~ испытание на проницаемость
physical ~ механическое испытание
pilot ~ пробное [проверочное] испытание
potential ~ испытание на определение потенциального дебита (*скважины*)
pressure ~ опрессовка; испытание на герметичность; испытание под давлением
pressure decline ~ исследование падения давления
producing ~ *см.* production test

production ~ 1. пробная эксплуатация (*скважины*), испытание на приток 2. заводское испытание
proof ~ пробное [проверочное] испытание
pulling ~ испытание на разрыв *или* на растяжение
repeated bending stress ~ испытание на усталость при повторных изгибах
repeated compression ~ испытание на усталость при повторных сжатиях
repeated dynamic stress ~ испытание на усталость при повторных динамических напряжениях
repeated impact ~ испытание на усталость *или* выносливость при повторных ударах
repeated impact tension ~ испытание на усталость при повторном ударном растяжении
repeated load ~ испытание повторной нагрузкой
repeated stress ~ испытание на усталость *или* выносливость при повторных переменных нагрузках
repeated tensile stress ~ испытание на растяжение при пульсирующей нагрузке
repeated torsion ~ испытание на усталость *или* выносливость при повторном кручении
reservoir limit ~ определение границ пласта, испытание цементного раствора на относительную текучесть
Rockwell hardness ~ определение твердости по Роквеллу
rule-of-thumb ~ грубый [приближенный] метод оценки
screen ~ *см.* sieve test
screening ~ 1. ситовый анализ 2. отборочное [предварительное] испытание, испытание на моделирующей установке
service ~ *см.* maintenance test
setting-time ~ испытание срока схватывания цемента
severe ~ испытание в тяжелых условиях эксплуатации
shear ~ испытание на сдвиг [срез]
shearing ~ *см.* shear test
shock ~ *см.* impact test
Shore dynamic indentation ~ определение твердости по Шору
sieve ~ ситовый анализ
site ~ испытание на месте установки
soil bearing ~ испытание грунта на несущую способность
soundness and fineness ~ испытание (*цемента*) на доброкачественность и тонкость помола
specific gravity ~ определения удельного веса
tensile ~ испытание на разрыв *или* растяжение
tensile and compression ~ испытание на разрыв и сжатие
tensile fatigue ~ испытание на усталость при растяжении

tensile impact ~ *см.* tensile shock test
tensile shock ~ ударное испытание на разрыв
tension ~ *см.* tensile test
thawing and freezing ~ испытание на замораживание и оттаивание
thickening time ~ определение времени загустевания (*цементного раствора*)
torque ~ определение крутящего момента; испытание на кручение [скручивание]
torsion ~ испытание на кручение [скручивание]
torsional ~ *см.* torsion test
torsion impact ~ испытание на ударное скручивание
toughness ~ испытание на ударную вязкость
trial ~ предварительное испытание
twisting ~ испытание на кручение [скручивание]
warranty ~s *см.* acceptance tests
water ~ 1. испытание закрытия воды 2. гидравлическое испытание
wear ~ испытание на износ; испытание на истирание
wearing ~ *см.* wear test
weld ~ 1. испытание сварного соединения; испытание сварного шва 2. пробная сварка
weldability ~ испытание [проба] на свариваемость
wireline formation ~ опробование пласта кабельным испытателем
wrapping ~ испытание (*провода*) на перегиб
X-ray ~ рентгеноскопический контроль
tested испытанный, проверенный, опробованный; протестированный; разведанный
tester 1. испытательный прибор; контрольно-измерительный прибор; тестер 2. щуп; зонд 3. испытатель, опробователь (*пласта*) 4. испытатель; лаборант 5. прибор для определения места течи в обсадных трубах
bool weevil ~ специальный инструмент для опрессовки (*подводного оборудования*)
casing ~ испытатель труб; контрольный прибор для исследования обсадной колонны труб на герметичность
deadweight ~ 1. испытатель пласта, управляемый весом бурильной колонны 2. грузовой испытатель (*пресс для испытания манометров*)
drillstem ~ испытатель пласта, спускаемый на бурильной колонне
flow ~ прибор для определения производительности пласта
formation ~ испытатель [опробователь] пласта
Izod ~ прибор для определения ударной вязкости по Изоду
megger earth ~ прибор для измерения электрического сопротивления грунта
orifice well ~ диафрагменный расходомер
pressure controlled ~ испытатель пласта, управляемый давлением
Rockwell ~ прибор для определения твердости по Роквеллу

tester

sand ~ испытатель нефтеносного пласта (*перфорированная труба в насосно-компрессорной колонне, помещаемая между пакерами*)
wall-building ~ прибор для определения коркообразующих свойств бурового раствора

testing 1. испытание, проверка; исследование, тестирование ‖ испытательный, проверочный 2. опробование
air ~ опрессовка (*труб*) воздухом
destructive ~ испытания с разрушением образца; разрушающий контроль
environmental ~ испытание в условиях, моделирующих эксплуатационные
full hole ~ испытание скважины при полном диаметре ствола (*без штуцера*)
hydrostatic ~ гидравлическая опрессовка (*трубопроводов*)
impact ~ испытание на ударную вязкость, динамическое испытание, ударная проба
liquid penetrant ~ испытание на герметичность методом проникающей жидкости
magnetic particle ~ магнитный метод дефектоскопии
non-destructive ~ (NDT) испытания без разрушения образца, неразрушающий контроль
openhole ~ опробование необсаженной скважины
pipe ~ опрессовка труб
pressure ~ опрессовка (*труб*)
production ~ пробная эксплуатация (*скважины*), испытание на приток
quality ~ испытание качества
ultrasonic ~ ультразвуковая дефектоскопия
well ~ опробование скважины
wellbore ~ *см.* well testing
well performance ~ исследование поведения скважин

Tetra *фирм.* тетрафосфат натрия

tetrachloride четыреххлористое соединение, тетрахлорид
carbon ~ тетрахлорид углерода (CCl_4)

tetraphosphate тетрафосфат
sodium ~ тетрафосфат натрия ($Na_6P_4O_{13}$)

Tetronic *фирм.* ПАВ для РУО и газообразных систем, являющееся эмульгатором и вспенивающим реагентом

tex [texture] структура, текстура; строение

Texcor *фирм.* тампонажный цемент для глубоких и горячих скважин

texture структура, текстура; строение
beam ~ лучистая структура
coarse ~ крупнозернистая текстура
filter cake ~ физические свойства фильтрационной корки
fine ~ тонкозернистая текстура
flaky ~ чешуйчатая структура

t. f. 1. [time factor] фактор времени 2. [true fault] относительная ошибка

TFE [tetrafluoroethylene] тетрафторэтилен, тефлон

TFks [Three Forks] *геол.* три-форкс (*свита верхнего отдела девонской системы*)

TFL [flow-line tool] инструмент для ремонта подводных скважин, закачиваемый через выкидную линию

tfs [tuffaceous] туфовый; туфогенный

TH [tight hole] 1. сужение ствола скважины 2. скважина с отсутствующей документацией

th 1. [thermal] тепловой, термический 2. [threshold] порог, граница, предел

thaw таять; оттаивать; протаивать

thawing оттаивание; протаивание; растепление (*вечной мерзлоты*)
straight ~ оттаивание (*грунта*)

thd 1. [thread] резьба 2. [threaded] снабженный резьбой, резьбовой

theory теория
~ of continental drift теория горизонтального перемещения материков
biochemical ~ биохимическая [органическая] теория (*происхождения нефти*)
coal ~ теория происхождения нефти из ископаемых углей
diastrophic ~ of oil accumulation структурная [диастрофическая] теория образования залежей нефти
diastrophic ~ of oil migration структурная [диастрофическая] теория миграции нефти
hydraulic ~ гидродинамическая теория
inorganic ~ неорганическая теория (*происхождения нефти*)
organic ~ органическая теория (*происхождения нефти*)
Woods-Lubinski ~ теория Вудса–Лубинского (*о маятниковом поведении бурильной колонны в скважине*)

therm терм (*единица теплосодержания газа, равная 105 британским тепловым единицам или 105,5 МДж*)

therm [thermometer] термометр

thermistor термистор

thermocouple термопара

thermometer термометр
alarm ~ сигнальный термометр
contact ~ контактный термометр
recording ~ самопишущий термометр, термограф
resistance ~ термометр сопротивления, резистивный термометр
submersible ~ погружаемый термометр
subsurface ~ глубинный термометр
thermistor ~ термисторный термометр

thermopile термоэлектрический элемент; термоэлектрическая батарея

thermoplastics термопласты, термопластические материалы; термопластические смолы

Thermo-Seal *фирм.* водорастворимый углеводородный понизитель водоотдачи в условиях высоких температур для всех систем буровых растворов

thermosets термореактивные материалы; термореактивные смолы

thermostability теплостойкость, термостойкость, теплоустойчивость
thermostat термостат; терморегулятор, стабилизатор температуры
Thermo-Trol *фирм.* смесь смолы и лигнита для регулирования реологических свойств и водоотдачи буровых растворов в условиях высоких температур и давлений
thermst [thermostat] термостат
THF [tubing head flange] фланец головки насосно-компрессорной колонны
THFP [top hole flow pressure] динамическое давление в верхней части скважины
THI [temperature-humidity index] показатель температуры и влажности
thick мощный (*о пласте*)
thicken густеть; твердеть; уплотняться
thickened загущенный, сгущенный
thickener загущающий агент, загуститель
 mud ~ загуститель бурового раствора
thickening загустевание
 ~ of mud загустевание бурового раствора
 transient ~ временное загустевание (*раствора*)
thickness 1. мощность (*пласта*) 2. загущенность, вязкость
 ~ of deposit мощность отложений
 actual ~ фактическая мощность (*пласта*)
 cake ~ толщина фильтрационной корки
 cover ~ мощность покрывающих пород
 ice ~ толщина льда
 gross reservoir ~ суммарная мощность пластов коллектора
 logged ~ мощность (*пласта*), отмеченная в буровом журнале
 net reservoir ~ мощность продуктивных пластов коллектора
 sand ~ мощность песчаного пласта
 wall ~ толщина стенки (*трубы*)
thief пробоотборник, прибор для отбора проб (*жидкостей или сыпучих материалов*)
 oil ~ пробоотборник [прибор для отбора проб] нефти (*из резервуара или трубопровода*)
 pressure ~ прибор для отбора проб с забоя скважины, определяющий количество газа в нефти при забойном давлении
 rod ~ пробоотборник с длинным стержнем
 sample ~ пробоотборник, прибор для отбора проб (*жидкостей или сыпучих материалов*)
thimble 1. серьга; коуш 2. наконечник; гильза
thin 1. жидкий; тонкий (*о пласте*) 2. утончаться 3. разжижать (*буровой раствор*)
 ~ away *геол.* выклиниваться
 ~ down разжижать (*буровой раствор*)
 ~ out 1. *см.* thin away 2. снижать вязкость (*нефти*)
thinner разбавитель; разжижитель, понизитель вязкости
thinning 1. утончение, выклинивание (*пласта*) 2. разжижение; разбавление || разжижающий; разбавляющий

Thix *фирм.* эмульгатор и понизитель водоотдачи для безглинистых буровых растворов
Thixolite *фирм.* облегченный тиксотропный цемент, применяемый для борьбы с поглощением бурового раствора
Thixoment *фирм.* тиксотропный цемент, применяемый для борьбы с поглощением бурового раствора
thixotropic тиксотропный
thixotropy тиксотропия (*явление обратимого процесса перехода гелей в жидкое состояние при механическом воздействии*)
Thix-Pak *фирм.* эмульгатор для безглинистых буровых растворов
Thixset *фирм.* тиксотропный цемент
thk 1. [thick] мощный (*о пласте*) 2. [thickness] мощность (*пласта*)
thorn ловильный метчик
thread 1. резьба; нарезка || нарезать резьбу 2. нитка; виток (*резьбы*) 3. шаг винта 4. *геол.* прожилок 5. *эл.* жила провода
 ~s per inch число ниток резьбы на один дюйм
 ~ up 1. заворачивать резьбу 2. свинчивать
 acme ~ трапецеидальная резьба (*с углом профиля 29°*)
 American National pipe ~ американская трубная резьба
 American standard pipe ~ *см.* American National pipe thread
 bastard ~ нестандартная резьба
 box ~ внутренняя резьба
 British Association (standard) ~ британская стандартная резьба (*с углом 47,5° для точной механики*)
 buttress ~ трапецеидальная резьба; упорная резьба
 casing ~ резьба обсадных труб
 conical ~ коническая резьба (*муфт бурильных труб*)
 deep ~ глубокая нарезка
 external ~ наружная резьба
 female ~ внутренняя нарезка [резьба]; гаечная резьба
 galled ~ смятая резьба
 gas (pipe) ~ газовая резьба, резьба для газовых труб
 heavy-duty ~ резьба для передачи значительных усилий, «силовая» резьба
 imperfect ~ неполная резьба
 left-hand ~ левая резьба
 left-hand tool joint ~ левая замковая резьба
 male ~ наружная нарезка [резьба]
 perfect ~ чистая резьба, нарезка с полным профилем
 pin ~ наружная резьба; замковый конус
 pipe ~ трубная резьба
 pipeline ~ соединительная резьба труб (*у трубопроводов*)
 recessed ~ углубленная нарезка
 right-hand ~ правая резьба
 round ~ резьба округленного профиля

thread

running ~ спусковая резьба (*на подвесной головке обсадной колонны для подсоединения к ней резьбового спускового инструмента*)
screw ~ винтовая нарезка [резьба]
sharp ~ остроугольная [коническая] резьба, резьба конического профиля
stripped ~ сорванная резьба
tapered ~ *см.* sharp thread
tool-joint ~ замковая резьба
trapezoidal ~ трапецеидальная резьба
tubing ~ резьба насосно-компрессорных труб
USA Standard ~ американская стандартная остроугольная резьба (*с углом профиля 60°; углубления и гребни, срезанные на плоскость, шириной 1/8 шага резьбы*)
work-hardened ~s наклеп резьбы, приобретенный по время работы

threaded снабженный резьбой; резьбовой

threading резьба; нарезание резьбы ‖ резьбонарезной
cross ~ заедание резьбы (*при навинчивании «через нитку»*)
false ~ фальшивая резьба (*для ловли инструмента*)

threadless без резьбы, ненарезанный

Threadlock *фирм.* специальная резьбовая смазка, устойчивая к воздействию высоких давлений и температур

three-dimensional трехмерный, пространственный, объемный

three-stage трехступенчатый; трехкаскадный

three-unit 1. трехагрегатный 2. трехсекционный

three-way 1. трехходовой (*о клапане*) 2. трехсторонний

thribble трехтрубная свеча (*бурильных труб*), трехтрубка ‖ тройной, строенный

thrm [thermal] термический, тепловой

throat 1. наименьшая толщина (*сварного шва*) 2. перехват, короткая соединительная часть (*в трубопроводе*)

throttle регулятор; дроссель, дроссельный клапан ‖ дросселировать, изменять подачу (*газа*)
~ down уменьшать подачу (*газа*), суживать сечение (*трубы*) дроссельным клапаном
~ down a well прикрывать задвижку на скважине

throttling дросселирование, регулирование ‖ дроссельный, регулирующий

throughflow поток; расход, количество протекающей (*через пласт*) жидкости
cumulative ~ общий [суммарный] поток жидкости в пласте
fractional ~ количество жидкости, протекающей через отдельный прослой (*пласта*)

throughput пропускная способность, производительность; расход

throw 1. бросок; толчок 2. радиус кривошипа 3. ход (*поршня, шатуна и т. п.*) 4. размах; эксцентриситет 5. бросок (*стрелки измерительного прибора*) 6. отклонение 7. *геол.* вертикальное перемещение, вертикальная высота сброса; упавшее крыло 8. кидать, бросать
~ off сбрасывать, расцеплять; сбрасывать нагрузку
~ off a belt сбрасывать ремень со шкива
~ of piston ход поршня
~ of pump высота подачи насоса; ход насоса
~ out of gear разъединять; расцеплять
~ out of motion остановить (*машину*); выключить перекидной переключатель *или* рубильник
~ the hole off искривить скважину
fault ~ амплитуда сброса

throw-off 1. механизм для автоматического выключения подачи, автоматический прерыватель подачи 2. сбрасыватель, разъединяющий тяги от группового привода к скважинам

thrust 1. осевое [аксиальное] давление; осевая нагрузка 2. упор, опора 3. противодействующая сила, противодавление 4. *геол.* надвиг, взброс 5. напор, нажим 6. тяга (*двигателя или винта*)
bit ~ давление механизма гидравлической подачи долота по манометру
end ~ 1. давление на выходе 2. осевое [аксиальное] давление
pump ~ напор, развиваемый насосом
shear ~ сдвигающее усилие; срезающее усилие

thruster 1. толкатель 2. домкрат
acoustical ~ движитель, не создающий помех, затрудняющих работу гидрофонной системы позиционирования
azimuthing ~ азимутальный поворотный движитель (*используемый совместно с системой динамического позиционирования для удержания судна на точке бурения без якорей*)
bow ~ носовой толкатель; носовой навигатор
stern ~ кормовой движитель
transverse ~ трансверсивный поворотный движитель

TI 1. [technical information] техническая информация, технические данные 2. [temperature indicator] индикатор температуры

ti [tight] плотный; непроницаемый; герметичный

TIC [temperature indicator controller] регулятор-индикатор температуры

ticket 1. ярлык; сертификат; этикетка 2. квитанция (*замерщика нефтепродуктов в резервуаре, цемента или химических реагентов на складе и т. д.*)

tidal зависящий от прилива и отлива; подверженный действию приливов; приливный

tide 1. морской прилив 2. поток, течение, направление

time

tie 1. связь; соединительная тяга; анкерная связь, распорка ‖ связывать, скреплять 2. поперечное ребро
~ down закреплять
~ in присоединять (*трубопровод*)
~ on свинчивать (*трубы*)
angle ~ угловая связь, угловое крепление
cross ~ поперечная связь, поперечина
wall ~ анкерная связь, анкер

tie-back 1. надставка 2. оттяжка
liner ~ надставка хвостовика

tie-bar соединительная тяга (*для подвески отводного устройства к подроторной раме*)

tie-in соединение плетей трубопровода

tie-rod стяжка; связь; соединительная тяга (*из круглого железа*); распорка; поперечина

tie-up:
underwater ~ подводная врезка (*в уложенный ранее трубопровод без нарушения транспортировки продукции*)

tight 1. плотный; непроницаемый; герметичный 2. тесный, тугой, крепко затянутый, закрепленный 3. крепкий; прочный; посаженный наглухо; собранный без зазора; заклиненный

tighten 1. натягивать (*ремень*); затягивать (*резьбу*) 2. уплотнять 3. закреплять; подчеканивать 4. нажимать, приводить в действие (*тормоз*)
~ up 1. затягивать (*резьбу*), подтягивать (*гайку*) 2. уплотнять, подчеканивать

tightener натяжное устройство, натяжной ролик; натяжной шкив
belt ~ натяжной шкив для ленты (*конвейера*); натяжной ролик для ремня

tightening 1. уплотнение; набивка; прокладка 2. закрепление, затяжка; подтягивание 3. натяжной, стяжной
~ of threads натяг при свинчивании резьбового соединения

tightness 1. плотность; герметичность 2. натяг (*в посадках*); степень затяжки, плотность затяжки
pressure ~ непроницаемость под давлением; плотность [герметичность], проверенная испытанием под давлением

TIH [trip in hole] спуск в скважину (*инструмента, зонда и т. д.*)

tilt 1. наклон; наклонное положение 2. угол наклона ‖ наклоняться; опрокидываться
trench wall ~ уклон стен траншеи

tiltable наклонный; опрокидывающийся; откидной

tilted-up опрокинутый

tilting 1. опрокидывание 2. наклон; качание ‖ наклонный, поворотный; устанавливающийся под углом; опрокидывающийся; качающийся; шарнирно прикрепленный
~ of beds *геол.* опрокидывание пластов

timber 1. деревянная крепь ‖ крепить, закреплять 2. бревно, брус; балка

time 1. время, продолжительность; период; срок ‖ рассчитывать по времени; отмечать время; хронометрировать 2. такт; темп
~ of advent *сейсм.* время вступления [прихода] (*волны*)
~ of arrival *см.* time of advent
~ of ascend время всплытия (*напр. полупогружной буровой платформы до транспортной осадки*)
~ of heat продолжительность нагрева
~ of running-in время, требуемое на спуск бурового инструмента
~ of setting *см.* setting time
~ of transit *сейсм.* время пробега (*волны*)
~ on trips *см.* trip time
arrival ~ *см.* time of advent
average mooring ~ среднее время постановки на якорь (*бурового судна или полупогружной установки*)
braking ~ длительность торможения
closed-in ~ продолжительность остановки (*скважины*)
connection ~ время, затрачиваемое на наращивание инструмента (*добавление свечи*)
decompression ~ декомпрессионное время, время декомпрессии
delay ~ время запаздывания, время задержки
delta ~ изменение [прирост] времени
development ~ время доводки (*конструкции*)
down ~ время простоя
drilling ~ *см.* net drilling time
equal travel ~ *сейсм.* равное время пробега (*волны*)
fiducial ~ опорное время
final setting ~ время окончания схватывания (*цементного раствора*)
finite ~ конечный промежуток времени
flush ~ время промывки (*скважины перед цементированием*)
idle ~ *см.* down time
infinite closed-in ~ бесконечное время с момента остановки (*скважины*)
initial setting ~ время начала схватывания [загустевания] (*цементного раствора*)
intercept ~ *сейсм.* отрезок на оси времени от начала координат до пересечения с продвижением ветви годографа
jelling ~ время загустевания (*раствора*)
lost ~ время простоя станка (*во время цементирования, ликвидации аварий, монтажа, демонтажа, ремонта и транспортировки*)
make-up ~ время на свинчивание и спуск обсадной или бурильной колонны
mean ~ среднее время
mooring ~ время постановки на якоря (*бурового судна или полупогружной установки*)
moving ~ время транспортировки (*бурового станка*)

time

net ~ on bottom время пребывания долота на забое

net drilling ~ время чистого бурения

operating ~ рабочее время

outage ~ время аварийного простоя

pipe abandoning ~ время на оставление трубы (*на дне моря в случае экстренной эвакуации судна-трубоукладчика*)

pipe recovery ~ время на извлечение трубы (*временно оставленной судном-трубоукладчиком на дне моря*)

production ~ время [продолжительность] отбора; продолжительность эксплуатации

pumping ~ время цементирования (*суммарное время, требуемое для процесса цементирования от начала приготовления цементного раствора до продавки его на требуемую глубину или окончания циркуляции при необходимости вытеснения излишков цементного раствора на поверхность*)

reaction ~ время срабатывания

readiness ~ время подготовки к работе

reciprocating ~ время непосредственного бурения *или* углубления (*при канатном бурении*)

recovery ~ время восстановления режима; время возврата в исходное [устойчивое] положение; длительность переходного режима

release ~ время отсоединения [разъединения]

removal ~ время на демонтаж (*буровой установки*)

repair and servicing ~ время на ремонт и обслуживание

response ~ время запаздывания, время срабатывания; инерционность (*прибора или устройства*)

rig ~ время бурения (*для расчета коммерческой скорости*)

rig-up ~ *см.* setup time 2.

running ~ фактическое время работы (*станка или установки*)

set ~ установленное [заданное] время

setting ~ время схватывания цементного раствора

setup ~ 1. *см.* setting time 2. время на монтаж буровой установки

shot hole ~ *сейсм.* время пробега волны вдоль взрывной скважины

shut-in ~ продолжительность остановки (*скважины*)

station ~ время стоянки (*бурового судна на точке бурения*)

tear-down ~ *см.* removal time

thickening ~ время загустевания [схватывания] (*цементного раствора*)

transit ~ *см.* travel time

travel ~ *сейсм.* время пробега (*волны*)

traveling ~ *см.* travel time

trip ~ время на спуск *или* подъем снаряда

unproductive ~ время простоя, непроизводительно затраченное время

uphole ~ поправка времени на глубину скважины

wait-on plastic ~ время ожидания затвердевания пластмассы (*при тампонировании скважины полимерами; до получения прочности, равной 7 МПа*)

timed 1. синхронный, синхронизированный 2. с выдержкой времени; рассчитанный по времени 3. хронометрированный

time-dependent связанный временной зависимостью, переменный по времени

time-lagged замедленный, с задержкой; с выдержкой времени

time-out перерыв, простой (*в работе*)

time-proof долговечный, прочный, с большим сроком службы

timer 1. таймер; автоматический прибор, регулирующий продолжительность операции; регулятор выдержки времени 2. реле времени 3. отметчик времени 4. программное устройство; программный регулятор 5. прерыватель; регулятор зажигания 6. хронометр 7. хронометражист, нормировщик

contactor ~ электромагнитный прерыватель

dashpot-type ~ *см.* pneumatic timer

electronic ~ электронный регулятор времени

magnetic relay ~ электромагнитный прерыватель

mechanical ~ механический регулятор времени; механический прерыватель

pneumatic ~ пневматический регулятор времени

program ~ программный регулятор (*прибор с автоматической регулировкой по заданной кривой*)

timing 1. согласование во времени; синхронизация, синхронизирование 2. настройка выдержки реле времени 3. хронометрирование; хронометраж 4. распределение интервалов времени 5. распределение [регулирование] моментов зажигания

Timpo [Timpoweap] *геол.* тимпоуип (*свита нижнего отдела триасовой системы*)

tin 1. олово ‖ покрывать оловом ‖ оловянный 2. белая жесть

tinned оловянный; покрытый оловом, луженый

tinning облуживание, лужение, покрытие оловом

tip 1. наконечник; гребень (*витка резьбы*); вершина (*зуба*); венец, вершина (*турбинной лопатки*); насадок; мундштук 2. *св.* рабочая часть электрода 3. приварной *или* припаянный конец режущего инструмента 4. головка штепселя 5. контакт (*реле*) 6. наклонять; опрокидывать; выгружать

~ of spud can наконечник опорного понтона (*облегчающий заглубление опоры в грунт дна моря*)

blade ~ конец лопасти; конец лопатки

burner ~ наконечник горелки
orifice ~ калиброванный наконечник
tipped 1. снабженный наконечником; заостренный 2. с наплавленной режущей кромкой; с пластиной, припаянной *или* приваренной к концу инструмента
tipper опрокидывающий механизм, опрокидыватель
tipping 1. опрокидывание 2. наплавка режущей кромки; припаивание *или* приварка пластины к концу инструмента 3. качающийся, откидной, наклонный
tk [tank] цистерна, резервуар
tkg [tankage] 1. вместимость резервуара, цистерны *или* емкости 2. хранение (*нефтепродуктов*) в резервуаре
tl [tool] инструмент
TLC 1. [temporary loss control] временная изоляция зоны поглощения 2. [tough logging conditions] жесткие условия проведения каротажа
TLDI [tubing load distribution indicator] индикатор распределения нагрузки на насосно-компрессорные трубы в двухпластовых скважинах
TLE [thread on a large end] с резьбой на конце большого диаметра (*о трубе*)
TLH [top of liner hanger] верх подвески хвостовика
TLI [tank level indicator] индикатор уровня жидкости в резервуаре
TLM [telemeter] телеметр, телеизмерительный прибор, дистанционный измерительный прибор; дальномер
TM 1. [technical manual] техническое руководство, техническая инструкция 2. [ton-miles] тонно-мили 3. [trade mark] торговая марка, товарный знак
t. m. [twisting moment] крутящий момент
TML [tetramethyl lead] тетраметилсвинец
tn [ton] тонна
tndr [tender] 1. партия нефтепродукта (*перекачиваемого по трубопроводу*) 2. тендерное судно, тендер
TNS [tight, no shows] полное отсутствие проявлений (*нефти*)
TO [tool open] (забойный) инструмент открыт
TOB [time on bottom] продолжительность нахождения инструмента на забое
TOBE [thread on both ends] с резьбой на обоих концах (*о трубе*)
TOC 1. [top of casing] верх цементной колонны 2. [top of cement] а) верхняя граница цементного кольца б) высота подъема цементного стакана 3. [total organic carbon] общее содержание органического углерода
TOCP [top of cement plug] верхняя граница цементной пробки
TOE [threaded one end] с резьбой на одном конце (*о трубе*)
toe 1. подножье; пята; подошва (*насыпи*); основание (*уступа*) 2. палец; кромка; пят-

ник 3. часть скважины, заполненная зарядом; минный карман 4. *св.* кромка наружной поверхности шва
TOF [top of fish] верх оставленного в скважине инструмента
TOH [trip out of hole] подъем инструмента из скважины
TOL [top of liner] верх хвостовика
tol 1. [tolerable] допустимый 2. [tolerance] допуск; зазор; допустимое отклонение (*от стандарта*)
Tol-Aeromer *фирм.* ингибитор кислородной коррозии для всех систем буровых растворов
tolerance 1. допуск; зазор; допустимое отклонение (*от стандарта*) 2. выносливость, устойчивость (*к вредным воздействиям*)
allowable ~ допуск
basic ~ основной допуск
close ~ допуск в узких пределах, жесткий допуск
temperature ~ интервал допустимых температур
ton тонна
~ of refrigeration тонна охлаждения
long ~ длинная [большая] тонна (*1016,6 кг*)
metric ~ метрическая тонна (*1000 кг*)
net ~ *см.* short ton
short ~ короткая (*американская*) тонна (*2000 англ. фунтов = 907,2 кг*)
tongs 1. трубный ключ 2. клещи; щипцы; плоскогубцы; захваты
automatic break-out ~ автоматический ключ для свинчивания и развинчивания труб
back-up ~ задерживающий ключ (*нижний ключ, применяемый при развинчивании труб*)
back-up chain ~ простой цепной ключ
break-out ~ трубный ключ
casing ~ ключ для обсадных труб
chain ~ цепной трубный ключ
chain pipe ~ *см.* chain tongs
eccentric ~ эксцентрический ключ для труб
hand ~ ручной ключ
pipe ~ трубный ключ
power ~ приводной [механический, машинный] трубный ключ
power tubing ~ механический трубный ключ гидравлического (*или пневматического*) действия
reversible chain ~ двусторонний цепной ключ
rotary ~ ключ для свинчивания и развинчивания бурильных труб
slide ~ клещи для труб
tubing ~ ключ для свинчивания насосно-компрессорных труб
tongue 1. язык; язычок 2. шпунт, шип, шпонка; гребень; выступ; ус; прилив || соединять в шпунт, соединять на шипах 3. лапка; лепесток 4. якорь электромагнитного реле 5. стрелка весов 6. *геол.* апофиза; быстровыклинивающийся пласт

tonnage тоннаж, грузоподъемность в тоннах; масса в тоннах
   tanker ~ грузоподъемность танкера в тоннах
tonne метрическая тонна (*1000 кг*)
tool 1. инструмент 2. станок; приспособление; устройство 3. скважинный прибор
   abrasive ~ абразивный инструмент
   auxiliary drilling ~ вспомогательный буровой инструмент
   backsurge ~ внутрискважинное устройство для очистки перфорации
   belling ~ расширитель продуктивного интервала скважины
   blasting ~ инструмент для взрывных работ
   blowout preventer test ~ инструмент для испытания противовыбросового превентора
   BOP stripping ~ инструмент для демонтажа блока противовыбросовых превенторов
   bowl protector running and retrieving ~ инструмент для спуска и подъема защитной втулки (*устанавливаемой в устьевую головку с целью предохранения рабочих поверхностей головки от повреждения при прохождении бурового инструмента*)
   cable ~ *см.* cable drilling tool
   cable drilling ~ буровой инструмент для ударно-канатного бурения; установка ударно-канатного бурения
   cable fishing ~ ловильный инструмент для ударно-канатного бурения
   cam actuated running ~ инструмент для спуска с гребенками; спусковой инструмент с гребенчатыми плашками
   casing hanger packoff retrieving and reinstallation ~ инструмент для съема и повторной установки уплотнения подвесной головки обсадной колонны
   casing hanger running ~ инструмент для спуска подвесной головки обсадной колонны
   casing hanger test ~ инструмент для опрессовки подвесной головки обсадной колонны
   choke and kill line pressure test ~ колпак для опрессовки линий штуцерной и глушения скважины
   choke and kill line stabbing ~ стыковочное устройство линий штуцерной и глушения скважины
   circulating TFL ~ инструмент, закачиваемый циркуляцией через выкидную линию
   combination ~ *см.* combination running and testing tool
   combination running and testing ~ комбинированный инструмент для спуска и опрессовки
   core drilling ~ керновый буровой инструмент
   crochet hook burial ~ инструмент для рытья *или* засыпки траншей в море
   crossover running ~ инструмент для спуска с шарниром (*используется для спуска опорной плиты и установки ее на дне моря; уклон дна компенсируется шарниром*)
   cutting ~ режущий инструмент, резец
   deflecting ~ отклоняющий инструмент
   deflection ~ *см.* deflecting tool
   diamond drilling ~ алмазный буровой инструмент
   differential fill-up ~ дифференциальный регулятор наполнения
   direct drive casing hanger running ~ специальный инструмент для одновременного спуска обсадной колонны и уплотнительного узла ее подвесной головки
   directional ~s инструменты для наклонного бурения
   downhole circulating ~ скважинный инструмент для циркуляции
   drilling ~ буровой инструмент
   drill pipe emergency hangoff ~ инструмент для аварийной подвески бурильной колонны (*на плашках одного из превенторов подводного блока превенторов*)
   drillstem test ~ испытатель пласта, спускаемый на бурильной колонне
   electromagnetic fishing ~ электромагнитный ловильный инструмент
   emergency ~ аварийный инструмент
   expandable drilling ~ раздвижной буровой инструмент
   fishing ~ ловильный инструмент
   grappling ~ ловильный инструмент с захватывающим устройством
   guideline connector installing ~ инструмент для установки соединителя направляющего каната (*подводного устьевого оборудования*)
   handling ~ подсобный инструмент
   "J" pin running ~ инструмент для спуска со штыря под J-образным пазом (*для спуска подводного оборудования к подводному устью скважины*)
   "J" slot type running ~ инструмент для спуска с J-образными пазами; инструмент с байонетными пазами (*для спуска и подъема подводного оборудования*)
   liner running-setting ~ инструмент для спуска и подвески хвостовика
   liner swivel ~ вертлюг хвостовика
   liner tie-back setting ~ инструмент для установки надставки хвостовика
   logging ~ скважинный зонд для каротажа
   lost ~ инструмент, оставленный в скважине
   machine ~ механический станок
   maintenance ~ ремонтный инструмент
   manu-kwik running ~ спусковой инструмент с соединителем типа «ману-квик»
   marine conductor stripping ~ инструмент для спуска и подъема водоотделяющей колонны
   measuring ~s измерительные инструменты
   mill ~ *см.* milling tool
   milling ~ фрезерный инструмент

packing ~ инструмент для набивки сальников

percussion ~ инструмент для ударного бурения

pipe alignment ~ инструмент для выравнивания труб в трубопроводе

pneumatic ~ пневматический инструмент

production tree running ~ инструмент для спуска фонтанной арматуры (*к подводному устью*)

pumpdown ~s закачиваемые инструменты (*спускаемые в подводную скважину по эксплуатационному трубопроводу с целью снятия характеристик, очистки от песчаных пробок, парафина и т. д*)

pump open circulating ~ инструмент для циркуляции, открываемый давлением

releasing ~ освобождающее приспособление

remote guideline connector releasing ~ инструмент для отсоединения дистанционно управляемого замка направляющего каната

retrievable ~ извлекаемый инструмент, инструмент для многократного применения

reversing ~ инструмент для развинчивания бурильных труб (*при ловле*)

riser handling ~ оборудование для монтажа и демонтажа водоотделяющей колонны

rock destruction ~ породоразрушающий инструмент

rotation release running ~ инструмент для спуска, отсоединяющийся вращением

running ~ спускной инструмент

running and handling ~ инструмент для спуска и монтажа (*подводного оборудования*)

running and testing ~ комбинированный инструмент для спуска и опрессовки

seal assembly retrieving ~ инструмент для извлечения уплотнительного узла (*в случае его неисправности*)

seal assembly running ~ инструмент для спуска уплотнительного узла (*для уплотнения подвесной головки обсадной колонны*)

seal setting ~ инструмент для установки уплотнения (*в подвесной головке обсадной колонны*)

seat protector running and retrieving ~ инструмент для спуска и извлечения защитной втулки

service ~s инструмент для технического обслуживания скважин

setting ~ установочное приспособление

shoe squeeze ~ оборудование для цементирования под давлением

single seal setting ~ инструмент для посадки унифицированного уплотнения

small-bore ~ каротажный прибор для скважин малого диаметра

stabbing ~ стыковочный инструмент; стыковочный замок (*для стыковки подводного оборудования*)

steering ~ отклоняющий инструмент (*встроенный в бурильную колонну*)

temporary abandonment cup running and retrieving ~ инструмент для спуска и извлечения колпака временно оставляемой морской скважины

temporary guide base running ~ инструмент для спуска направляющей опорной плиты

test ~ опрессовочный инструмент (*для опрессовки подводного оборудования*)

TFL ~ инструмент, закачиваемый в скважину через выкидную линию

threaded actuated running ~ резьбовой инструмент для спуска

torque ~ моментный инструмент, инструмент для вращения (*для выполнения операций по установке и закреплению элементов узла подводной обвязки обсадных колонн*)

two-trip running ~ двухрейсовый инструмент для спуска (*позволяющий производить спуск и установку обсадной колонны и узла уплотнения за два рейса*)

underwater wellhead running ~ *см.* wellhead running tool

universal running ~ универсальный инструмент для спуска (*для спуска, уплотнения и опрессовки подвесных головок обсадных колонн*)

wear-prone ~ износоустойчивый инструмент

wellhead casing hanger test ~ устьевой опрессовочный инструмент подвесной головки обсадной колонны

wellhead retrieving ~ устьевой инструмент для возврата оборудования с подводного устья скважины

wellhead running ~ инструмент для спуска подводного устьевого оборудования

wireline ~ инструмент, спускаемый в скважину на тросе

wireline operated circulation ~ управляемый тросом инструмент для циркуляции (*используемый при пробной эксплуатации скважины*)

toolpusher буровой мастер

senior ~ старший буровой мастер

tooth 1. зуб; зубец || нарезать [насекать] зубцы 2. зацеплять (*в зубчатых колесах*)

rack ~ зуб рейки

shallow ~ короткий зуб (*шарошки*)

toothed 1. зубчатый 2. зазубренный

TOP [testing on pump] испытание с помощью откачек насосом

top 1. верх, верхняя часть, верхушка, вершина || покрывать сверху || верхний 2. кровля (*пласта*) 3. достигать скважиной верхней границы горизонта

~ of cement высота подъема цементного раствора (*в затрубном пространстве*)

~ of formation кровля формации

~ of guide post головка направляющей стойки (*на постоянном направляющем основании*)

top

~ of oil horizon кровля нефтеносного пласта
~ of piston днище поршня
~ of stroke верхняя граница хода (*поршня*)
~ of well устье скважины
~ the oil sand вскрыть нефтеносный пласт
~ up заливать, доливать, наполнять
bed ~ кровля пласта
boot ~ наружная обшивка (*нижнего конца опоры платформы*)
casing head ~ головка скважины
landing ~ точка подвески (*колонны*)
lower hull ~ верх нижнего корпуса (*полупогружной буровой установки*)
rotating liner ~ вращающаяся головка хвостовика

topg [topping] отметка кровли пласта
topo 1. [topographic] топографический 2. [topography] топография
topography топография
basement ~ рельеф кровли фундамента
topped 1. встреченный (*скважиной; о пласте*) 2. усеченный, со срезанной верхушкой 3. покрытый; имеющий верхушку
torch 1. факел, факельное устройство 2. сварочная горелка 3. газовый резак 4. лампа; карманный фонарь
arc-plasma ~ плазменно-дуговой резак (*для подводных работ*)
cutting ~ резак для кислородной резки
welding ~ сварочная горелка
Torkease *фирм.* смазывающая добавка к буровым растворам на водной основе
Toro [Toroweap] *геол.* тороуип (*свита отдела леонард пермской системы*)
torque крутящий момент; вращающий момент
brake ~ крутящий момент при торможении; тормозной момент
breakdown ~ предельный [критический] вращающий момент
break-out ~ крутящий момент раскрепления
drag ~ момент сопротивления; тормозной момент
drill string ~ моментные нагрузки бурильной колонны
dynamic rotary ~ динамический вращающий момент на столе ротора
high ~ at slow speed большой вращающий момент при малой частоте вращения
high ~ on the drill string приложение высоких моментных нагрузок к бурильной колонне
high pulling ~ большой крутящий момент
low ~ малый вращающий момент
make-up ~ крутящий момент свинчивания (*труб*)
maximum permissible ~ максимально допустимый крутящий момент
motor ~ вращающий момент двигателя
output ~ крутящий момент на выводном валу

rotation ~ крутящий момент; момент вращения инструмента
running ~ крутящий момент
table ~ крутящий момент стола ротора
tightening ~ крутящий момент, необходимый для затяжки резьбового соединения
working ~ рабочий крутящий момент
torquemeter торсиометр, крутильный динамометр (*для измерения вращающего или крутящего момента*)
torsion кручение, скручивание; перекашивание, изгибание
TORT [tearing out rotary tools] демонтаж оборудования для роторного бурения
tortuosity извилистость, сложность (*поровых каналов*)
totalizer суммирующее устройство, сумматор, счетчик
mud volume ~ сумматор объема бурового раствора
pit volume ~ сумматор объема бурового раствора в амбаре
tough 1. жесткий; прочный; плотный; твердый, стойкий 2. вязкий, тягучий 3. крепкий (*о породе*)
toughness 1. прочность, крепость; жесткость; плотность 2. (ударная) вязкость; тягучесть
notch ~ ударная вязкость
tour 1. время работы одной смены 2. поездка, рейс 3. обращение, оборот; цикл
daylight ~ дневная смена
night ~ ночная смена
tow 1. буксирный канат ‖ буксировать; тащить 2. судно, баржа *или* прибор на буксире
bottom ~ донная буксировка трубопровода
tow-boat буксир (*судно*)
tower башня; вышка
adsorber ~ адсорбционная колонна
aligning ~ центровочная башня, центровочная вышка (*используется при строительстве морских стационарных сооружений*)
boring ~ буровая вышка, копер для бурения
buoyant (drilling) ~ 1. башенное (буровое) основание, шарнирно закрепленное на дне 2. плавучее (буровое) основание башенного типа
closed front ~ мачта, закрытая спереди
concrete articulated ~ (CONAT) бетонная башенная платформа, шарнирно закрепленная на дне
deaeration ~ деаэратор
flare ~ факельная башня (*для сжигания попутного газа эксплуатируемых скважин*)
mechanical cooling ~ градирня с искусственной тягой
tow-fish буксируемая капсула в форме рыбы (*для исследования дна моря, напр. гидролокатором*)
towing буксирование, буксировка ‖ буксирующий, прицепной
towmaster буксирный мастер

township тауншип (*квадратный участок площадью в 36 кв. миль = 93,2 кв. км*)
tox [toxic] токсичный, ядовитый
toxic токсичный, ядовитый
TP 1. [tool pusher] буровой мастер 2. [tubing pressure] давление в насосно-компрессорных трубах
tpa [tons per annum] тонн в год
T/pay [top of pay] кровля продуктивного пласта
TPC [tubing pressure-closed] статическое давление в насосно-компрессорных трубах, давление в НКТ при закрытом устье
TPF 1. [threaded pipe flange] трубный фланец с резьбой 2. [tubing pressure-flowing] динамическое давление в насосно-компрессорных трубах
tph [tons per hour] тонн в час
TPSI [tubing pressure, shut-in] статическое давление в насосно-компрессорных трубах в остановленной скважине
TR 1. [temperature recorder] регистратор температуры 2. [ton of refrigeration] тонна охлаждения
tr 1. [traces] следы 2. [tract] участок площадью 40 акров (*16 га*)
trace 1. след, путь; траектория || оставлять след; прослеживать 2. запись [кривая] прибора-самописца || записывать на приборе-самописце 3. незначительное количество (*вещества*), след, признак 4. чертёж [копия] на кальке || чертить; калькировать, копировать 5. линия пересечения поверхностей 6. намечать, трассировать; провешивать линию
fault ~ *геол.* линия сброса, выход сброса на поверхность
oil ~s следы [признаки] нефти
tracer 1. копир, копирное устройство; 2. отметчик; регистратор, регистрирующее устройство 3. прибор для отыскания повреждений 4. меченый атом, изотопный индикатор
radioactive ~ радиоактивный индикатор
tracing 1. прослеживание 2. запись (*регистрирующего прибора*) 3. провешивание, маркировка линии, трассирование 4. прочерчивание, нанесение (*кривой*) 5. скалькированный чертёж, калька 6. копирование на кальке, калькирование
go-devil ~ прослеживание пути скребка в трубопроводе
track 1. след || следить, прослеживать 2. рельсовый путь; рельсовая колея || прокладывать колею; укладывать рельсы 3. направляющее устройство 4. звено гусеничной цепи; гусеница 5. протектор покрышки [шины]
block retractor ~ направляющая отводного устройства талевого блока
open-hole side ~ забуривание нового ствола из необсаженного интервала

tracking 1. образование гребней на забое (*при работе шарошечного долота*) 2. рельсовые пути 3. настилка путей 4. слежение, сопровождение || следящий 5. наладка, регулирование
tract участок площадью 40 акров (*16 га*) (*в США этим термином обозначают участок, предлагаемый компаниям для разведки на нефть и газ*)
traction 1. тяга, тяговое усилие 2. передвижение; волочение 3. сила, требуемая для передвижения 4. сила сцепления
tractor трактор; тягач
pipe-laying ~ трактор-трубоукладчик
trailer прицеп; трейлер, тягач с прицепными тележками
dual ~ сдвоенный прицеп
mud pump ~ трейлер [автоприцеп] для транспортировки бурового насоса
trailer-mounted смонтированный [установленный] на прицепе
train 1. поезд, состав 2. *сейсм.* серия (*волн или колебаний*); последовательный ряд 3. ряд последовательно расположенных машин *или* устройств 4. система зубчатых передач 5. система рычагов, рычажный механизм 6. *геол.* вынос; шлейф 7. ход, течение
~ of waves группа *или* серия (сейсмических) волн; волновой пакет
block-hook-elevator ~ сборка талевый блок-крюк-элеватор
damped ~ серия затухающих волн
Garrett gas ~ газоанализатор Гаррета
power ~ силовой блок (*для обеспечения энергией системы управления подводным устьевым оборудованием*)
process ~ технологическая линия для начальной обработки скважинной продукции
wave ~ *см.* train of waves
tramp *геол.* ошибочная аномалия
transceiver *рад.* приёмопередатчик
transducer (первичный) измерительный преобразователь; датчик
interrogating ~ датчик-приёмник опроса (*в системе позиционирования*)
transfer перемещение; передача; перенос || перемещать; передавать; переносить
automatic custody ~ (АСТ) *см.* lease automatic custody transfer
heat ~ теплопередача, теплоперенос, теплообмен; теплопроводность
lease automatic custody ~ автоматическая откачка нефти с промысла потребителю по закрытой системе (*с учётом объёма, температуры, плотности, содержания донных осадков и воды*)
transference перемещение; передача; перенос
transform 1. трансформировать; преобразовывать; превращать 2. *матем.* преобразование; разложение в ряд || раскладывать в ряд
transformation 1. трансформация; трансформирование; преобразование; превращение

transformer

2. *матем.* преобразование; разложение в ряд

transformer трансформатор; преобразователь

transgression *геол.* трансгрессия, наступление моря на сушу

transgressive *геол.* трансгрессивный

transient переходное состояние, переходный процесс; неустановившийся режим || переходный, неустановившийся, нестационарный

   electrical ~s мгновенно возникающие неустановившиеся токи

   seismic ~s сейсмические колебания

transit 1. транзит; прохождение; переход || транзитный 2. проходить через точку; пересекать (*плоскость, линию*)

transition 1. переход; превращение 2. переходный участок

transitional переходный, нестационарный; неустановившийся, временный

translucent просвечивающий, полупрозрачный

transmission 1. передача 2. коробка передач 3. зубчатая передача 4. трансмиссия; привод 5. пропускание, прохождение (*частот, звука, света*)

   belt ~ ременная передача, ременный привод

   chain ~ цепная передача, цепной привод

   drawworks compound ~ трансмиссия буровой лебёдки

   hydraulic ~ гидравлическая передача

   measurements ~ передача показаний и замеров (*на приборный щит*)

   power ~ передача энергии; силовая передача

   torquematic ~ передача с гидротрансформатором

transmit 1. передавать, транслировать 2. посылать, отправлять

transmittance 1. прозрачность 2. коэффициент пропускания

transmitter 1. трансмиттер, передатчик 2. радиопередатчик, передающая радиостанция 3. датчик, преобразователь 4. выходной элемент

   pneumatic ~ пневмопередатчик (*в контрольно-измерительных приборах*)

transmittivity :

   acoustic ~ акустическая проницаемость породы

transparency прозрачность

transparent прозрачный, просвечивающий

transponder импульсный приёмопередатчик; импульсный повторитель

   acoustic ~ акустический импульсный приёмопередатчик

   tool ~ импульсный приёмопередатчик инструмента (*в системе повторного ввода инструмента в скважину*)

transport 1. перенос, перемещение; транспортировка || переносить, перемещать; перевозить, транспортировать 2. транспорт, средства сообщения

   ~ in bulk бестарная перевозка, перевозка навалом *или* насыпью, перевозка сыпучих грузов

   hovercraft ~ транспортные средства на воздушной подушке

transportable подвижной, передвижной, переносный, транспортабельный; компактный

transportation 1. перевозка, транспортировка 2. транспорт, средства сообщения

   ~ of oil and gas транспортировка нефти и газа

   ~ of sediments *геол.* перенос осадков

   pipeline ~ трубопроводный транспорт, перекачка по трубопроводу

transporter транспортёр, конвейер

   BOP ~ транспортёр блока противовыбросовых превенторов (*устройство для подъёма и перемещения блока превенторов*)

transposability взаимозаменяемость

transpose 1. перемещать 2. *матем.* транспонировать, переносить в другую часть уравнения с обратным знаком

transposition 1. перемещение, перестановка 2. *матем.* транспозиция

transversal секущая (линия) || поперечный; секущий; косой

transverse 1. поперечный; косой 2. длинная ось эллипса

trap 1. ловушка; трап; сепаратор; улавливатель, уловитель || улавливать; захватывать 2. заградитель; затвор 3. *геол.* складка, сброс, дислокация 4. *геол.* трапп, базальт, диабаз

   ~ for oil *геол.* ловушка для нефти

   ~ for scrapers *см.* pig trap

   air ~ воздушный сепаратор

   bucket ~ *см.* condensate trap

   combination ~ структурно-стратиграфическая (*комбинированная*) ловушка

   condensate ~ конденсационный горшок

   depositional ~ литологическая ловушка

   fault ~ ловушка (*скопление нефти*), обусловленная наличием сброса

   gas ~ газоуловитель; газосепаратор; газовый трап

   gravity ~ отстойник-ловушка

   nozzle sludge ~ сопловой (*увлажняющий*) шламоуловитель (*при бурении с продувкой забоя воздухом*)

   pig ~ ловушка для скребков (*на трубопроводе*)

   sample ~ *см.* sludge trap

   sand ~ песколовушка

   scraper ~ *см.* pig trap

   sludge ~ шламоуловитель, шламосборник

   slurry ~ *см.* sludge trap

   water ~ водоотделитель, конденсационный горшок

trapping улавливание; захватывание, захват; перехват

   ~ of oil 1. оставление целиков нефти в пласте 2. улавливание нефти

trap-up *геол.* взброс
trass *геол.* трасс, тонкий вулканический туф
travel 1. движение, перемещение; ход; подача || передвигаться, перемещаться 2. *геол.* миграция, передвижение || мигрировать, передвигаться
~ of grout распространение цементного раствора в породе при цементировании под давлением
~ of oil миграция нефти
~ of piston *см.* piston travel
~ of plunger ход плунжера
length ~ продольное перемещение
pen ~ 1. перемещение стрелки прибора 2. перемещение пера самописца
piston ~ ход поршня *или* плунжера
traveling подвижной, передвижной; ходовой
traverse 1. поперечина, траверса, поперечная балка 2. ход; поперечная подача || двигаться, перемещаться (*о каретке станка*) 3. пересечение; прохождение || пересекать; проходить 4. *геол.* ход; пересечение; поперечная съемка 5. *геол.* поперечная жила, поперечная трещина
pressure ~ линия профиля давления
traverser поперечина, траверса, поперечная балка
tray 1. лоток, желоб 2. корыто, поддон
core ~ ячейка для хранения кернов
TRC [temperature recorder-controller] регистратор-регулятор температуры
treat 1. обрабатывать, очищать (*буровой раствор, вещество*) 2. пропитывать 3. обогащать
treated 1. обработанный 2. пропитанный
heat ~ термически обработанный, подвергнутый термической обработке
treater сепаратор, очиститель
electrostatic ~ электростатический сепаратор
treating процесс обработки
emulsion ~ деэмульсация
treatment 1. обработка, очищение (*воды, бурового раствора*) 2. пропитка, пропитывание 3. обогащение 4. очистка
absorption gas ~ абсорбционная газоочистка
acid ~ кислотная обработка (*скважин*)
aging ~ (искусственное) старение, выдержка
alkali ~ обработка щелочью
anticorrosion ~ антикоррозионная обработка
chemical ~ химическая обработка
condensate ~ обработка конденсата
down-the-hole ~ внутрискважинная (химическая) обработка скважины
fracture ~ операции по гидроразрыву пласта
heat ~ термическая обработка
implosive ~ имплозивная обработка
mud ~ обработка бурового раствора
multistage fracture ~ многократный разрыв (*пласта*)
preventive ~ предупредительная обработка (*скважины*)

riverfrac ~ гидравлический разрыв (*пласта*) с применением чистой [незагущенной] воды в качестве жидкости разрыва
waste ~ обработка сточных вод
water ~ очистка [обработка] воды
waterfrac ~ гидравлический разрыв (*пласта*) с применением загущенной воды в качестве жидкости разрыва
treble свеча из трех бурильных труб, трехтрубка
tree фонтанная арматура, *проф.* елка
Christmas ~ фонтанная арматура; оборудование устья скважины для фонтанной *или* компрессорной эксплуатации, елка
completion ~ фонтанная арматура [елка] для заканчивания (*скважины*)
dry ~ сухая (*изолированная от воды*) фонтанная арматура
flange-type Christmas ~ фланцевая фонтанная арматура
insert ~ встроенная фонтанная арматура (*устанавливаемая в трубе большого диаметра ниже уровня дна моря*)
marine X-mas ~ морская фонтанная елка
production ~ *см.* Christmas tree
quick disconnect subsea test ~ быстросъемная подводная испытательная фонтанная арматура
satellite ~ фонтанная арматура скважины-спутника
service ~ подводная сервисная елка
subsea Christmas ~ подводная фонтанная арматура
subsea test ~ морское подводное контрольное оборудование
surface tubing test ~ надводная испытательная елка насосно-компрессорных труб
tubing test X-mas ~ фонтанная елка для испытания (*скважин*) с помощью насосно-компрессорных труб
X-mas ~ *см.* Christmas tree
Tren [Trenton] *геол.* трентон (*известняки отдела шамплейн ордовикской системы*)
trench 1. котлован; ров, канава; траншея || копать [рыть] рвы, канавы 2. *геол.* желоб; впадина
oceanic ~ океаническая глубоководная впадина
open ~ незасыпанная траншея (*с трубопроводом*)
trench-digger канавокопатель, траншеекопатель
trencher *см.* trench-digger
trenching 1. разведка канавами, опробование канавами 2. рытье котлованов, рвов, канав *или* траншей
underwater ~ подводное рытье траншеи (*для трубопровода*)
trend 1. *геол.* направление (*пласта*), простирание; уклон || направляться, простираться 2. тектоническая линия 3. тенденция, направление

anticlinal ~ простирание [направление] антиклинали
average ~ общее направление простирания
oil industry ~s перспективы [направления, тенденции] развития нефтяной промышленности

TretoUte *фирм.* многофункциональный реагент для буровых растворов на водной основе и инвертных эмульсий (*обладающий свойствами бактерицида, пеногасителя, смазки, понизителя водоотдачи, ингибитора и загустителя*)

Tri [Triassic] триасовый

trial испытание; проба; опыт || испытывать; пробовать || испытательный; пробный; опытный
purchase ~ приемочное испытание

Trias *геол.* триасовый период, триас; триасовая система

Triassic триасовый

tribble свеча из трех бурильных труб, трехтрубка

trier 1. испытательный прибор 2. инструмент для взятия проб; пробоотборник

trigger 1. собачка; защелка 2. тормоз 3. детонатор; взрывная машинка 4. пусковой сигнал; пусковое устройство || запускать; отпирать

triggering пуск, запуск || пусковой, запускающий

Trilex *фирм.* первичный эмульгатор для буровых растворов на углеводородной основе

Tril-G *фирм.* загуститель на асфальтовой основе для растворов на углеводородной основе

Tril-Ox *фирм.* вспомогательный эмульгатор для инвертных эмульсий

trim 1. уравновешенность, балансировка 2. обрезать кромку, делать фаску 3. снимать заусенцы 4. подстраивать; выравнивать; регулировать, настраивать 5. *мор.* дифферент (*судна*)
sour service ~ кислотоустойчивое исполнение (*оборудования*)

trimming 1. уравновешенность, балансировка; распределение груза 2. оторцовка; обрезка 3. снятие заусенцев 4. *рад.* подстройка; выравнивание || подстроечный
core ~ калибровка керна

Trimulso *фирм.* эмульгатор нефти в воде

trip 1. спуск и подъем (*бурового инструмента*), рейс; пробег 2. собачка; защелка 3. механизм для автоматического выключения, выключающее устройство; расцепляющее устройство || выключать; расцеплять; освобождать 4. опрокидывающий механизм, опрокидыватель; сбрасывающее устройство, сбрасыватель; разгрузочное устройство, разгрузчик || опрокидывать
horseshoe ~ канаторезка с подковообразным ножом
round ~ спускоподъемный рейс, спуск и подъем инструмента

trip [tripping] спускоподъемная операция, СПО

tripod тренога, треножник; трехногий копер

tripod-mounted установленный на треноге

tripper 1. механизм для автоматического выключения, выключающее устройство; расцепляющее устройство 2. опрокидыватель, опрокидывающий механизм; сбрасывающее устройство, сбрасыватель; разгрузочное устройство, разгрузчик

tripping 1. спускоподъемная операция, СПО 2. выключение; расцепление, размыкание, отключение || выключающий, отключающий 3. опрокидывание
drilling-tool (round) ~ спускоподъемная операция, СПО
wiper ~ шаблонирование

Trip-Wate *фирм.* крупномолотый барит (*утяжелитель и нейтральный наполнитель для борьбы с поглощением бурового раствора*)

Triton x-100 *фирм.* полиоксиэтилированный неионогенный детергент

trk [truck] грузовой автомобиль, грузовик

Trn *см.* **Tren**

trouble неполадка; затруднение; повреждение; авария; неисправность; помеха; осложнение
gas cutting ~ осложнение, вызываемое газированием бурового раствора
paraffin ~ осложнение, связанное с отложениями парафина
water ~s осложнения, связанные с притоком воды в скважину

trouble-free безаварийный; бесперебойный; безотказный

troublesome неисправный; ненадежный

trough 1. желоб, лоток, корыто 2. воронка 3. котловина; впадина; прогиб 4. *геол.* мульда, синклиналь
sample ~ перегородка в желобе для осаждения шлама

trt [treat] обрабатывать, очищать

truck 1. грузовой автомобиль, грузовик 2. вагонетка; тележка; ручная двухколесная тележка 3. открытая железнодорожная платформа; товарный вагон
flat bed ~ грузовая автомашина с безбортовой платформой
fork lift ~ вилочный подъемник
gas tank ~ автоцистерна для горючего; бензовоз
gravity tank ~ автоцистерна с самотечным сливом
mixing ~ автобетономешалка
oil ~ *см.* oil delivery truck
oil delivery ~ автоцистерна для перевозки нефтепродуктов, нефтевоз
oil tank ~ *см.* oil delivery truck
recording ~ сейсмическая станция, установленная на автомобиле
tandem ~ сдвоенный тягач
tank ~ автоцистерна; бензовоз

trucking (грузовые) автомобильные перевозки

oil ~ автомобильные перевозки нефтепродуктов

truss ферма, связь, распорка ‖ связывать; укреплять, придавать жесткость
diagonal ~ диагональная распорка (*опорной колонны решетчатой конструкции самоподнимающейся платформы*)

TS 1. [Tar Springs] *геол.* песчаник тар-спрингс (*свита отдела честер миссисипской системы*) 2. [tensile strength] предел прочности на разрыв 3. [test solution] стандартный раствор

T/S [top of salt] кровля соляного пласта

TSD [temporarily shut-down] временно остановленный (*о скважине*)

T/sd [top of sand] кровля песчаника

TSE [thread small end] с резьбой на конце малого диаметра (*о трубе*)

TSE-WLE [thread small end, weld large end] с резьбой на конце малого диаметра и разделкой под сварку на конце большого диаметра (*о трубе*)

TSI [temporarily shut-in] временно остановленный (*о скважине*)

TSITC [temperature survey indicated top cement at...] термометрия показала, что верх цементного кольца находится на глубине...

TSPP [tetrasodium pyrophosphate] тетрапирофосфат натрия

TSS [total suspended salts] общее количество солей, находящихся во взвешенном состоянии

tst [test] 1. опробование (*скважины*) 2. испытание, проверка; исследование; тест

tstd [tested] испытанный, проверенный

tstg [testing] испытание, проверка; тестирование

TSTM [too small to measure] слишком незначительный для замера

tstr [tester] 1. испытательный прибор 2. испытатель пласта

TT 1. [tank truck] автоцистерна; бензовоз 2. [through tubing] через насосно-компрессорные трубы

TTTT [turned to test tank] переключенный на испытательный резервуар

TU 1. [thermal unit] тепловая единица 2. [toxic unit] токсическая единица

tube труба, трубка ‖ придавать трубчатую форму; обсаживать скважину трубами общего назначения
bailing ~ желонка (*для очистки буровых скважин*)
basket ~ ловильный инструмент, паук
branch ~ отводная труба, отводник; патрубок
bended ~ изогнутая труба
Bourdon ~ трубка Бурдона в манометре
bulged ~ труба с выпучиной
capillary ~ капиллярная трубка
fire ~ дымогарная труба; жаровая труба
flared ~ труба, имеющая форму удлиненного конуса

Geiger ~ счетчик Гейгера
gravity ~ пикнометр
inner core ~ внутренняя керноприемная труба
inner riser ~ внутренняя колонна двойной водоотделяющей колонны
liner ~ труба втулки
manometer ~ соединительная трубка манометра
measuring ~ мензурка
Pitot's ~ трубка Пито
sleeved injection ~ нагнетательная труба с резиновыми рукавами (*при цементировании*)
test ~ пробирка
torque ~ карданная труба, карданный вал
U- ~ U-образная труба
vacuum ~ электровакуумный прибор
water-infusion ~ труба для нагнетания воды в пласт
weldless ~ цельнотянутая труба

tubing 1. подъемные трубы; насосно-компрессорные трубы, НКТ 2. система труб, трубопровод; труба 3. установка [монтаж] трубопровода, прокладка труб
coiled ~ насосно-компрессорные трубы на барабане
drill ~ насосно-компрессорные трубы, приспособленные для бурения
endless ~ гибкие насосно-компрессорные трубы
external upset ~ насосно-компрессорные трубы с высаженными наружу концами
flexible ~ гибкий трубопровод
graduated ~ *см.* tapered tubing
heavy-wall ~ толстостенные насосно-компрессорные трубы
oil well ~ насосно-компрессорные трубы, НКТ
reeling ~ гибкие подъемные трубы
tapered ~ 1. колонна подъемных [компрессорных] труб с переменным диаметром (*увеличивающимся от забоя к устью скважины*) 2. равнопрочная колонна насосно-компрессорных труб (*с переменной толщиной стенок*)
upset ~ трубы с высаженными концами

tubingless без (спуска) насосно-компрессорных труб

tuboscope дефектоскоп для проверки бурильных труб

tubular трубчатый, полый, пустотелый

Tuf-Plug *фирм.* ореховая скорлупа (*нейтральный наполнитель для борьбы с поглощением бурового раствора*)

tug 1. тянущее усилие, натяжение, рывок ‖ тянуть с усилием 2. буксирное судно, буксир ‖ буксировать
anchor handling ~ буксир для установки якорей (*бурового судна или полупогружной установки*)
towing ~ буксирное судно, буксир

tugboat буксирное судно, буксир

tugger лебедка
air ~ пневматическая лебедка

Tul Cr [Tulip Creek] *геол.* тьюлип-крик (*свита средне-нижнего ордовика, Среднеконтинентальный район*)
tumbler 1. перекидной *или* реверсивный механизм; опрокидыватель; качающаяся опора 2. *эл.* тумблер
tumulus *геол.* шлаковый купол, тумулус
tung carb [tungsten carbide] карбид вольфрама
turbid мутный; помутневший
turbidimeter прибор для определения тонкости помола цемента, турбидиметр, нефелометр
turbidity мутность; помутнение
turbine турбина
  air-driven ~ пневматическая турбина
  gas ~ газовая турбина
  mud-propelled ~ турбина, приводимая в действие движением бурового раствора
  transformer ~ 1. турботрансформатор 2. гидродинамический трансформатор
turbobit турбодолото
turbocharger *см.* **turbocompressor**
turbocharging турбонаддув
  series ~ последовательный турбонаддув
turbocompressor турбокомпрессор, турбонагнетатель
turbodrill турбобур
  sectional ~ секционный турбобур
turbodrilling турбобурение
turbogenerator турбогенератор
turbojet турбореактивный
turbosupercharger турбокомпрессор, турбонагнетатель
turbulator *см.* **turbulizer**
turbulence 1. завихрение жидкости, турбулентность 2. турбулентный поток
turbulent турбулентный, завихряющийся
turbulizer турбулизатор
turf 1. торф 2. дерн
turn 1. оборот; поворот ‖ поворачивать(ся), вращаться 2. изгиб (*трубопровода*); колено (*трубы*) 3. виток (*проволоки*) 4. точить, обрабатывать на токарном станке
  ~ about поворачивать кругом, разворачивать
  ~ back вращать в обратную сторону; отвинчивать
  ~ forward завинчивать; подвинчивать
  ~ into the line начинать перекачку из промысловых резервуаров по трубопроводу
  ~ off закрывать (*кран*); выключать (*рубильник*), размыкать
  ~ on включать (*рубильник*); замыкать
  ~ out 1. выключать 2. переворачивать
  ~ over 1. перекрывать (*кран*) 2. проворачивать (*двигатель*); поворачивать; переворачивать; опрокидывать 3. срывать резьбу
  natural spiral ~ правая спираль
turnaround планово-предупредительный ремонт; межремонтный срок службы
  tanker ~ оборачиваемость танкера
turnbuckle натяжная рамка (*для укорочения или удлинения полевых тяг*); стяжной *или* натяжной замок; натяжная муфта; стяжная гайка

turnover 1. оборачиваемость [смена] деталей 2. поворотный; опрокидывающийся
turnplate поворотный диск, поворотная плита, поворотный круг, поворотная платформа
turntable 1. роторный стол, ротор 2. турель якорного устройства (*системы позиционирования бурового судна*) 3. поворотная платформа, поворотный круг
turret башня, башенка
  mooring ~ турель якорного устройства (*системы позиционирования бурового судна*)
Tus [Tuscaloosa] *геол.* тускалуса (*группа серии галф меловой системы*)
TV 1. [television] телевидение 2. [terminal velocity] предельная [конечная] скорость; критическая скорость 3. [test vehicle] модель для испытаний
TVD [true vertical depth] фактическая вертикальная глубина (*скважины*)
TW [tank wagon] железнодорожная цистерна
Tw Cr [Twin Creek] *геол.* туин-крик (*свита нижнего отдела юрской системы*)
twist 1. шаг винта 2. кручение; крутка; скручивание ‖ крутить, скручивать 3. изгиб; поворот ‖ изгибаться 4. крученая веревка, шнур, жгут
twisting 1. кручение; скручивание 2. перекашивание; коробление
twist-off 1. обрыв штанг *или* бурильных труб в скважине вследствие скручивания 2. разрыв продольного шва труб 3. срыв резьбы
two-conductor двухжильный (*о кабеле*)
two-ply двухслойный
two-speed двухскоростной
two-unit двухсекционный; двухблочный
twst off [twisted off] поломанный вследствие скручивания (*о бурильной трубе*)
TWTM [too weak to measure] слишком слабый для измерения
ty [type] 1. тип; вид; категория; серия 2. типичный образец
tye *геол.* точка пересечения двух жил
type 1. тип; вид; категория; серия 2. типичный образец
  ~ of drive тип привода
  carbide ~ штыревое долото
  piercement ~ диапировый тип
  transition ~ промежуточный тип
T-Z Pill *фирм.* полимерный понизитель водоотдачи и загуститель безглинистых буровых растворов

U

U/ [upper] верхний
ual [upper acceptance limit] верхний допустимый предел

UAV [unmanned and autonomus vehicle] автономный аппарат без экипажа
UBHO [universal bottom-hole orientation sub] универсальный забойный ориентирующий переводник
U/C 1. [unclassified] несекретный, не имеющий грифа 2. [under construction] в стадии строительства, строящийся
u/c [under construction] в стадии строительства, строящийся
UCG [underground coal gasification] подземная газификация угля
UCH [use customer's hose] использовать шланг заказчика
UCL [uncemented liner] незацементированный хвостовик
UD [under digging] ведется рытье траншей (*при прокладке трубопровода*)
UG [under gage] 1. ниже номинального диаметра 2. потеря диаметра (*о долоте*)
UGL [universal gear lubricant] универсальная смазка для зубчатых передач
UHF [ultra high frequency] сверхвысокая частота
UHR [ultra high resolution] ультравысокое разрешение
UKOOA [The United Kingdom Offshore Operators Association] Ассоциация шельфовых фирм-операторов Великобритании
U/L [upper and lower] верхний и нижний
u/l [upper limit] верхняя граница; верхний предел
ULCC [ultralarge crude carrier] танкер водоизмещением свыше 400 тыс. т
ullage 1. определение объема нефтепродукта в резервуаре *или* цистерне путем измерения высоты паровоздушного пространства 2. утечка; нехватка 3. незаполненный объем (*цистерны, бака*)
tank ~ недолив цистерны
ULSEL [ultra-long spaced electric log] специальный сверхдлинный потенциал-зонд
ultrafiltration ультрафильтрация, сверхтонкая фильтрация
ultramicrobalance ультрамикровесы
Ultra Seal *фирм.* волокнистый материал из стекла (*нейтральный наполнитель для борьбы с поглощением бурового раствора*)
ultrasonic ультразвуковой
ultrasound ультразвук
ultraviolet ультрафиолетовое излучение || ультрафиолетовый
umbilical шлангокабель; составной шланг
armored electrohydraulic ~ бронированный электрогидравлический шлангокабель (*системы дистанционного управления подводным устьевым оборудованием*)
life-support ~ шланг жизнеобеспечения (*водолаза*)
un [unit] 1. *матем.* единица 2. установка; агрегат; аппарат; прибор 3. блок; узел 4. единица измерения

unaffected не подвергшийся воздействию
unassembled несобранный; несмонтированный
unattended автоматический; необслуживаемый; управляемый с диспетчерского пункта
unbaffled неэкранированный; не имеющий перегородки
unbalance нарушение равновесия; неуравновешенность; неравномерность; дисбаланс, рассогласование || выводить из равновесия; нарушать равновесие
unbalanced 1. неуравновешенный, неравномерный (*об износе*); несимметричный 2. неотрегулированный
unbalancing неуравновешенность (*насосной установки*)
unbend 1. разгибать; выпрямлять 2. выправлять; править; рихтовать
unc [undercurrent] глубоководное течение
uncased 1. необсаженный (*о стволе*) 2. распакованный, вынутый из ящика
unclamp разжимать, ослаблять зажим; освобождать
unclassified несекретный, не имеющий грифа
uncoil развертывать, разматывать; травить (*канат*)
uncondensible неконденсирующийся
unconf [unconformity] *геол.* несогласное напластование, несогласное залегание; угловое [непараллельное] несогласие
unconformability *геол.* несогласное напластование, несогласное залегание; угловое [непараллельное] несогласие
~ of dip угловое несогласие
~ of lap трансгрессивное несогласие
unconformity *геол.* несогласное напластование, несогласное залегание; угловое [непараллельное] несогласие
~ by erosion эрозионное несогласие
angular ~ угловое несогласие
chemical ~ химическое несогласие
discordant ~ *см.* angular unconformity
local ~ локальное [местное] несогласие
uncons [unconsolidated] несцементированный
unconsolidated неуплотненный; несвязанный; несцементированный; незатвердевший
uncontaminated незагрязненный, не имеющий (посторонних) примесей
uncontrollable неконтролируемый; нерегулируемый; неуправляемый
uncouple развинчивать (*трубы*)
uncoupling развинчивание (*труб*)
~ of pipes развинчивание труб
~ of rods развинчивание буровых штанг
uncover *геол.* обнажать; вскрывать
uncovering *геол.* вскрыша, вскрытие, обнажение
unctuous маслянистый, жирный
unctuousness 1. маслянистость, жирность 2. смазывающие свойства
undamaged неповрежденный, целый
undercoating подслой, грунтовка

undercrossing

undercrossing подводное пересечение реки трубопроводом
undercurrent глубоководное течение
undercut 1. зарубка 2. внутренняя выточка, заточка; подрез ‖ подрезать, образовывать подрезы 3. ослабленный (*о сварном шве*) mud ~ промывочная выемка (*на долоте*)
underfeed подача (*питания*) снизу
underground *геол.* подпочва, нижние слои грунта ‖ подпочвенный, подземный
underlay 1. основание 2. *геол.* подстилающий слой ‖ подстилать
underlayer 1. *геол.* нижний слой; подстилающий [нижележащий] слой 2. вертикальный ствол, пройденный до нижнего эксплуатационного горизонта
underload частичная [неполная, заниженная] нагрузка, недогрузка
underlying *геол.* подстилающий, нижележащий
underpressure разрежение; пониженное давление; вакуум
underpriming недостаточная заливка (*насоса*)
underream расширять ствол скважины (*ниже башмака обсадной колонны*)
underreamer раздвижной буровой расширитель (*ствола скважины*)
  drag-type ~ раздвижной лопастной расширитель
  expansible ~ раздвижной расширитель
  hydraulic ~ гидравлический расширитель
  rock drilling type ~ *см.* rock-type underreamer
  rock-type ~ раздвижной расширитель твёрдых пород
  rotary ~ расширитель для вращательного [роторного] бурения
  three-cutter ~ расширитель с тремя выдвижными режущими элементами [шарошками]
undersealing негерметичное [недостаточное] уплотнение
undersize 1. заниженный размер; уменьшенный диаметр (*скважины, колонны или расширителя*) 2. часть просеиваемого материала, проходящая через сито 3. кабель *или* провод недостаточного сечения
underthrust *геол.* поддвиг
undertighten затягивать слишком слабо (*гайку, винт*)
undertonging недокрепление труб (*при свинчивании*)
underwater подземные воды ‖ подводный
undeveloped неразбуренный; неразработанный (*о месторождении*)
undissolved нерастворенный, нерастворившийся
undisturbed 1. недислоцированный, неразрушенный, спокойный, невозмущенный; нетронутый 2. не бывший в эксплуатации
undo разбирать, демонтировать; развинчивать, отпускать (*резьбовое соединение*)
undrillable не поддающийся разбуриванию
undrilled неразбуренный, не затронутый бурением

undulated 1. волнистый, волнообразный 2. пологоскладчатый (*о пласте*)
undulation 1. волнистость; шероховатость (*поверхности*) 2. волнообразное движение
uneven 1. нечетный 2. неровный 3. неравномерный
unevenness 1. шероховатость; неровность; степень шероховатости 2. неравномерность
unexplored неразведанный (*о месторождении*)
unfair переходящий за предел упругости
unfasten ослаблять (*затяжку или крепление*), отпускать; развинчивать, отвинчивать; откреплять
unfinished неотработанный; неотшлифованный
unfreezing освобождение (*прихваченной колонны или инструмента*)
ungear выводить из зацепления, расцеплять; разъединять
uni [uniform] однородный; равномерный; постоянный (*о температуре*); сплошной (*о покрытии*)
uniclinal *геол.* моноклинальный
unidirectional работающий [действующий] в одном направлении (*напр. о перфораторе*), однонаправленный
uniform однородный; равномерный; постоянный (*о температуре*); сплошной (*о покрытии*)
uniformity равномерность; однородность
  ~ of texture однородность структуры
union 1. штуцер; патрубок 2. соединение; муфта (*трубопровода*)
  female ~ сгон, муфта с двусторонней внутренней резьбой
  flange ~ фланцевое соединение
  four-way ~ крест для соединения труб
  male ~ ниппель, муфта с наружной резьбой
  pipe ~ соединение трубопровода; муфта трубопровода; *pl* муфтовая (трубопроводная) арматура
  plumber's ~ муфта трубопровода
  quick ~ муфтовое *или* ниппельное соединение с многозаходной *или* ступенчатой резьбой
  screwed nipple ~ ниппель
unit 1. установка; агрегат; аппарат; прибор 2. узел; блок; элемент; секция 3. единица измерения 4. *матем.* единица 5. участок; забой
  ~ of consistency единица консистенции (*стандартная единица, соответствующая крутящему моменту, эквивалентному степени загустевания цементного раствора*)
  ~ of performance единица производительности
  ~ of valency единица валентности
  ~ of volume единица объема
  ~ of weight единица веса
  accumulator ~ аккумуляторная станция, аккумуляторная установка (*служащая для*

обеспечения рабочей жидкостью системы управления подводным оборудованием)
acoustic measuring ~ блок акустического измерения
air-balanced pumping ~ станок-качалка с пневматическим амортизатором
air-powered accumulator ~ аккумуляторная станция с пневмоприводом
automatic dewaxing ~ автоматическая установка для депарафинизации
automatic drilling control ~ узел автоматического контроля бурения
back-crank pumping ~ сдвоенная насосная установка
back-pressure control ~ установка для измерения и регулирования противодавления (*пласта*)
beam ~ *см.* beam-pumping unit
beam-pumping ~ станок-качалка с балансирным уравновешиванием, балансирный станок-качалка
BOP operating ~ оборудование для закрытия противовыбросовых превенторов
bottom-supported offshore drilling ~ буровая установка, опирающаяся на дно (*моря*)
box ~ коробчатая секция
British thermal ~ британская тепловая единица, БТЕ
caisson-type leg ~ установка с опорной колонной кессонного типа
casing hanger packoff ~ уплотнительный узел подвесной головки обсадной колонны
cementing ~ цементировочный агрегат
central control ~ центральный блок управления; центральная станция управления (*подводным устьевым оборудованием*)
column-stabilized drilling ~ буровое основание, стабилизированное колоннами (*плавучая полупогружная буровая платформа*)
combination powered accumulator ~ аккумуляторная установка с комбинированным приводом
compressor ~ компрессорная установка; компрессорный агрегат
conical drilling ~ (CDU) коническая буровая установка (*погружная, для арктических условий*)
control ~ узел [блок] управления; регулирующее устройство
conventional pumping ~ станок-качалка
diesel-electric power ~ дизель-электрическая силовая установка
drainage ~ участок, эффективно дренируемый одной скважиной
drill ~ буровой агрегат; буровая установка
drilling ~ *см.* drill unit
electric survey ~ электроизмерительный блок (*каротажного оборудования*)
emergency storage ~ аварийный резервуар для хранения
feed ~ подающий механизм, механизм подач; коробка подач

fixed drilling ~ стационарная буровая установка
fuel-control ~ агрегат подачи топлива
fuel metering ~ дозатор топлива
geared pumping ~ редукторный станок-качалка
gear reduction ~ редуктор с зубчатой передачей
geologic-time ~ шкала геологического времени
heat ~ тепловая единица, калория
hydraulic pumping ~ гидравлическая насосная установка
hydroblast concrete removal ~ устройство для гидроструйного снятия бетонной рубашки (*с подводного трубопровода в случае необходимости врезки отвода*)
idle ~ неработающая [простаивающая] установка
infrared analyzer ~ инфракрасный анализатор
jack-up drilling ~ морская самоподъемная буровая установка
lowering ~ выносное устройство (*одноточечного буя беспричального налива нефти в танкеры*)
low-speed pumping ~ тихоходный станок-качалка
mat supported jack-up ~ самоподнимающаяся платформа с опорной плитой
mobile ~ подвижная установка
mobile offshore ~ передвижное морское основание
mud pumping ~ буровой насосный агрегат
multiple well pumping ~ групповая насосная установка
non-lock-out ~ автономное подводное судно с экипажем
normalized ~ приведенная единица
offshore mobile drilling ~ морская передвижная буровая установка, МПБУ
off-stream ~ *см.* idle unit
oil well pumping ~ скважинная насосная установка для добычи нефти
open truss-type leg ~ платформа с опорами решетчатого типа
oxygen ~ кислородная единица (*атомного веса*)
pan-tilt control ~ пульт управления поворотным механизмом (*подводной телевизионной камеры*)
portable pumping ~ передвижная насосная установка
post head ~ головка направляющей стойки (*служащая для закрепления конца направляющего каната*)
power ~ 1. силовой агрегат; силовая установка 2. блок питания 3. энергоблок
power supply ~ блок питания
pressure ~ датчик [индикатор] давления
production and storage ~ установка для добычи и хранения нефти

proration ~ площадь, дренируемая скважиной

pumping ~ 1. насосный агрегат, насосная установка 2. станок-качалка

radiator-type cooling ~ охлаждающая установка радиаторного типа, радиаторная охлаждающая установка

rectifier ~ выпрямительная установка; выпрямительное устройство

refinery ~ нефтехимическая установка

remote pumping ~ насосная установка с дистанционным управлением

rotation set packing ~ уплотнительный узел, устанавливаемый вращением

sampler ~ пробоотборник (*для отбора пробы пластовой жидкости*)

seating and sealing ~ узел крепления насоса

self-propelled semi-submersible drilling ~ самоходная полупогружная буровая платформа

servicing ~ вспомогательная установка; установка для обслуживания и ремонта (*скважин*)

sewage treatment ~ установка для очистки сточных вод; установка для обработки сточных вод

silt master ~ установка тонкой очистки (*циркуляционной системы морских буровых установок*)

single reduction gear ~ одноступенчатый редуктор

skidding ~ салазочная (*напр. силовая*) установка

snubbing ~ установка для подачи труб в скважину с высоким давлением на устье

sonar ~ гидроакустическая установка, гидролокатор, сонар

speed reduction ~ редуктор

standard pumping ~ станок-качалка стандартного [нормального] ряда

test ~ испытательное устройство

test separator ~s замерные сепараторные установки

three-joint ~ свеча их трех бурильных труб, трехтрубка

timing ~ 1. регулятор времени; реле времени 2. прерыватель

twin-hulled column-stabilized drilling ~ двухкорпусная буровая установка, стабилизированная вертикальными колоннами

underwater drilling ~ подводная буровая установка

upstream pumping ~ насосная установка для подачи (*нефтепродукта*) вверх

weight-set packing ~ уплотнительный узел, устанавливаемый под действием веса бурильной колонны

wellhead casing hanger packing ~ уплотнительный узел подвески обсадной колонны на подводном устье

United Gel *фирм.* вайомингский (*высокодисперсный*) бентонит

Uni-Thin *фирм.* щелочная вытяжка бурого угля

unitization централизованная эксплуатация (*нефтяного или газового месторождения*)

unitized 1. объединенный; блочный, комплексный 2. унифицированный

Universal White Magic *фирм.* эмульгатор и разжижитель для эмульсионных буровых растворов

unladen ненагруженный, не имеющий нагрузки

unlatch отпирать, открывать (*запор или защелку*)

unload 1. выброс (*из скважины*) 2. разгружать, снимать нагрузку; выгружать

unloader 1. разгрузочное устройство, разгрузочная машина 2. понизитель давления

unloading 1. откачка (*для понижения уровня жидкости в скважине*) 2. разгрузка, опорожнение 3. слив

offshore ~ слив (*нефтепродуктов*) по подводному трубопроводу

unlock отпирать; размыкать; разъединять

unlocking 1. освобождение, спуск 2. размыкание; расцепление

unmachined необработанный; незаконченный, неотделанный

unmanned 1. работающий без обслуживающего персонала 2. автоматический

unmixing распадение смеси, расслаивание (*напр. бетона*)

unprofitable непромышленный, негодный для эксплуатации (*об участке месторождения*)

unreeve разобрать оснастку талевого блока

unrefined неочищенный, нерафинированный

unreliability ненадежность (*оборудования*)

unscrew развинчивать, отвинчивать, вывинчивать

unseat 1. поднимать (*клапан с седла*) 2. стронуть с места (*пакер*) 3. приподнимать с места посадки (*вставной насос*)

unserv [unserviceable] непригодный к работе; вышедший из строя; ненадежный в эксплуатации

unserviceable непригодный к работе; вышедший из строя; ненадежный в эксплуатации

unsettled неотстоявшийся; неосевший (*о грунте*)

unshielded незащищенный, неэкранированный

unsoluble нерастворимый

unsound дефектный, недоброкачественный

unstable 1. неустойчивый, неустановившийся; нестабильный 2. *хим.* нестойкий

chemically ~ химически неустойчивый (*напр. о буровом растворе*)

unstainable некорродирующий, нержавеющий

unsteady неустойчивый, неустановившийся; нестабильный

unstressed ненапряженный; без напряжения

unsupported безопорный; незакрепленный, свободный; без крепи
untapped не вскрытый (*скважиной*)
untested неразведанный, неопробованный; неиспытанный
unthreaded без нарезки, ненарезанный
untight негерметичный; незатянутый
untreated 1. необработанный; сырой 2. неочищенный 3. термически необработанный 4. непропитанный
untrue 1. отклоняющийся от образца; имеющий неточные размеры 2. эксцентричный; бьющий (*о вращающейся детали*)
unwatched 1. автоматический 2. работающий без обслуживающего персонала
unweldable *св.* несвариваемый
unwelded *св.* несваренный
UOP [Universal Oil Product company] нефтяная компания «Юниверсал ойл продакт компани» (*США*)
up 1. наверх; наверху; кверху, вверх 2. увеличивать производительность скважины
upbuilding *геол.* накопление, наращивание
updip вверх по восстанию (*пласта*)
upflow восходящий поток
upfold *геол.* антиклиналь, антиклинальная складка
upgrade 1. верхний предел 2. модернизировать 3. обогащать
upheaval *геол.* 1. поднятие (*земной коры*) 2. смещение (*пластов*); сдвиг
uphill *св.* на подъем (*о направлении сварки*)
uphole 1. восстающая скважина 2. вверх по стволу скважины
upkeep ремонт, наблюдение; уход, содержание (*в исправности*)
upleap *геол.* 1. взброс 2. верхнее [поднятое] крыло сброса 3. вертикальное перемещение пластов
uplift *геол.* 1. поднятие, поднятый участок (*земной коры*) 2. давление воды снизу
uprated завышенной мощности; с завышенными номинальными данными
upright 1. вертикальная стойка, вертикальный разрез ‖ прямой, отвесный, вертикальный 2. стойка, колонна
uprise 1. восходящая [вертикальная] труба ‖ восходящий, идущий вертикально вверх 2. подъем
~ of salt masses подъем соляных масс
UPS [uninterruptible power supply] система бесперебойного электропитания
upset 1. высадка ‖ высаженный (*о конце трубы, долота, бура*) ‖ осаживать, высаживать 2. опрокидывать, переворачивать 3. осадка; укорочение деталей при осадке ‖ производить осадку
interior ~ высадка конца труб внутрь
upslope вверх; по восстанию
upstream против течения; вверх по течению
upstroke движение [ход] вверх (*поршня, колонны или долота при ударном бурении*)

upswell *геол.* раздув, вздутие
UP TBG [upset tubing] насосно-компрессорные трубы с высаженными наружу концами
upthrow *геол.* 1. взброс 2. поднятое [верхнее] крыло сброса 3. вертикальное перемещение пластов
upthrust *геол.* взброс, крутой надвиг
uptrusion *геол.* направленная вверх интрузия
UR [underreaming] расширение ствола (*скважины*)
US 1. [unconsolidated sand] несцементированный песок 2. [unserviceable] непригодный к работе; вышедший из строя; ненадежный в эксплуатации
USBM [United States Bureau of Mines] Горнорудное управление США
USBS [United States Bureau of Standards] Бюро стандартов США
USDW [underground sources of drinking water] подземные источники питьевой воды
use использование, применение; употребление ‖ использовать, применять; употреблять
usea [undersea] подводный
used-up использованный до конца, отработанный, полностью изношенный
USEPA [United States Environmental Protection Agency] Управление охраны окружающей среды (*США*)
USERS [United States Environment and Resources Council] Совет США по окружающей среде и ресурсам
U/Simpson [Upper Simpson] верхний Симпсон
USP [United States Patent] патент США
utensils приборы; инструменты; аппаратура
utility 1. полезность 2. *pl* разные виды энергии, энергоисточники 3. подсобные цеха
utilization использование, применение; утилизация
UTS [ultimate tensile strength] предел прочности при растяжении
U/turn поворот на 180°; разворот
uwtr [underwater] подводный

V 1. [variable] переменная (величина) 2. [velocity] скорость 3. [volt] вольт 4. [volume] а) объем б) сила звука, громкость
v [valve] клапан; вентиль
VA [volt-ampere] вольт-ампер, ВА
VAC [volts of alternating current] вольт переменного тока
vac 1. [vacant] вакантный, свободный 2. [vacuum] вакуум
vacuum вакуум, разреженное пространство ‖ вакуумный, разреженный
high ~ высокий вакуум

vacuum

low ~ низкий вакуум
partial ~ *см.* low vacuum
perfect ~ полный [абсолютный] вакуум
ultrahigh ~ сверхвысокий вакуум
working ~ рабочий вакуум

val [value] величина, (числовое) значение

valency валентность
directional ~ направленная валентность
ionic ~ ионная валентность
polar ~ полярная валентность
principal ~ главная валентность
unsaturated ~ ненасыщенная валентность
zero ~ нулевая валентность

value 1. величина, (числовое) значение 2. оценка || оценивать 3. стоимость
absolute ~ абсолютное значение; абсолютная величина; модуль
acid ~ кислотное число
approximate ~ приближенная величина, приближенное значение
BTU ~ теплота сгорания газа в единицах БТЕ
calorific ~ теплотворная способность, теплотворность
cementing ~ вяжущая способность
clear blending ~ октановое число смешения неэтилированного бензина
commercial ~ промышленная ценность
correlation ~ корреляционное значение
delivery ~ пропускная способность
economic ~ промышленная стоимость *или* ценность
effective ~ действующее [эффективное] значение; действующая величина (*тока, напряжения*)
equilibrium ~ равновесное значение
estimated ~ расчетная величина
field ~s промысловые значения
gross ~ валовая ценность; валовая стоимость
heat ~ 1. теплотворная способность, теплотворность 2. теплота сгорания (*топлива*)
heating ~ *см.* heat value
hydrogen ionization ~ величина pH
incremental ~ прирост
instantaneous ~ мгновенное значение
knock ~ антидетонационная характеристика, октановое число (*бензина*)
limiting ~ предельное значение
mean-effective ~ среднее эффективное значение
numerical ~ числовое значение, числовая величина
observed ~ наблюденное значение, наблюдаемая величина
prospective ~ предполагаемая ценность (*месторождения*)
rated ~ номинальное значение, номинальная величина, номинал
rating ~ *см.* rated value
root-mean-square ~ среднеквадратичное значение
scale ~ цена деления шкалы
shear ~ величина срезывающего усилия, величина статического напряжения сдвига
slaking ~ of clay числовой показатель размокания глины по времени
thermal ~ тепловая характеристика
threshold ~ пороговое значение
virtual ~ 1. эффективное [действующее] значение 2. мнимое значение
working ~ рабочее значение
yield ~ динамическое сопротивление сдвигу (*бурового раствора*)

valve 1. клапан; вентиль 2. задвижка; шибер, заслонка 3. распределительный кран; золотник 4. (гидротехнический) затвор
adjusting ~ регулирующий клапан
admission ~ впускной [всасывающий] клапан
air ~ воздушный клапан, пневмоклапан
angle ~ угловой клапан, угловой вентиль
angle needle ~ угловой предохранительный клапан игольчатого типа
annular slide ~ кольцевой золотник
annulus ~ задвижка затрубного пространства
annulus safety ~ затрубный предохранительный клапан
atmospheric ~ клапан выпуска (пара) в атмосферу
automatic check ~ автоматический клапан
auxiliary ~ разгрузочный клапан; вспомогательный клапан
back ~ обратный клапан
back-pressure ~ предохранительный затвор; обратный клапан
back-pressure regulating ~ клапан для регулирования противодавления
bailer ~ желоночный клапан
ball ~ 1. шаровой клапан 2. поплавковый шаровой регулятор расхода
bleed ~ 1. выпускной клапан 2. пробоотборный клапан (*трубопровода или нефтяного резервуара*)
bleeder ~ *см.* bleed valve
block ~ клиновая задвижка
blow-off ~ 1. продувочный клапан; спускной клапан 2. вентиль для быстрого опоражнивания 3. затвор для выпуска наносов (*из трубопровода*)
bottom discharge ~ 1. забойный напорный клапан 2. затвор донного спуска
breather ~ дыхательный клапан (*резервуара*)
breathing ~ *см.* breather valve
bucket ~ клапан поршня насоса, поршневой клапан
butterfly ~ 1. дроссельная заслонка 2. дроссельный клапан 3. двухстворчатый клапан
bypass ~ 1. перепускной клапан; разгрузочный клапан 2. задвижка обводного трубопровода

valve

capacity control ~ клапан для контроля дебита скважины
casing-float ~ обратный клапан на обсадной колонне
cement float ~ цементировочный обратный клапан (*у башмака цементируемой колонны*)
center ~ *см.* four-way valve
change-over ~ многоходовой клапан
charging ~ загрузочный клапан
check ~ 1. обратный клапан 2. запорный [стопорный] клапан 3. контрольный клапан
chemical injector ~ клапан для нагнетания химических реагентов (*при пробной эксплуатации подводных скважин*)
Christmas-tree ~ задвижка фонтанной арматуры
circulating ~ промывочный [циркуляционный] клапан
circulation control ~ клапан управления потоком бурового раствора
clapper ~ *см.* flapper valve
clutch application ~ (гидравлический *или* пневматический) клапан управления муфтой сцепления
compensation ~ уравнительный [компенсационный] клапан
cone ~ 1. конический клапан 2. шаровой затвор
control ~ 1. распределительный [регулирующий] клапан 2. контрольный клапан
cross-over ~ трехходовой [перекидной] клапан
crude oil ~ нефтяная форсунка
cup ~ 1. насосная манжета глубинного насоса 2. чашечный [колокольный] клапан
cut-off ~ 1. запорный [стопорный] клапан 2. отсечный клапан
deadweight safety ~ предохранительный клапан с грузом (*противовесом*)
delivery ~ подводящий [снабжающий] клапан; напорный клапан, нагнетательный клапан
diaphragm ~ диафрагменный [мембранный] клапан
direct acting control ~ контрольный клапан прямого действия
discharge ~ 1. напорный клапан; нагнетательный клапан (*насоса*) 2. разгрузочный клапан
disk ~ тарельчатый [дисковый] клапан
displacement pump ~ 1. перемещающийся клапан (*в периодическом газлифте*) 2. клапан нагнетательного насоса
distribution ~ распределительный клапан; распределительный вентиль
double seat ~ двухопорный клапан, клапан с двойным седлом
drain ~ спускной клапан [вентиль]; продувочный [дренажный] клапан
drilling ~ бурильная задвижка
drill pipe safety ~ предохранительный клапан бурильной трубы
dry back-pressure ~ сухой предохранительный затвор
dual ~ двойная [спаренная] задвижка
dual guided slush service ~ клапан бурового насоса с двумя направляющими
dump ~ сбросный [разгрузочный] клапан
eduction ~ *см.* escape valve
electric solenoid ~ электрический соленоидный клапан
electrohydraulic control ~ электрогидравлический регулятор
electropneumatic ~ электропневматический клапан
emergency ~ 1. аварийный клапан 2. предохранительный клапан
emergency blowout-preventer ~ аварийная превенторная задвижка
emergency shut-down ~ аварийный автоматически срабатывающий клапан (*для перекрытия морского подводного трубопровода*)
equalizing ~ уравнительный клапан
escape ~ выпускной клапан; спускной клапан [вентиль]
feed ~ питательный клапан; впускной клапан
filling ~ *см.* feed valve
finger ~ распределительный клапан
flapper ~ шарнирный [откидной, створчатый] клапан; дроссельная заслонка
float ~ обратный клапан; поплавковый клапан
floating regulating ~ поплавковый регулятор
flow control ~ регулирующий вентиль
flow safety ~ фонтанный предохранительный клапан
fluid ~ клапан гидравлической части насоса
flush bottom dump ~ донный разгрузочный клапан (*шламовой емкости или емкости для бурового раствора на морской буровой*)
foot ~ клапан в нижнем конце трубы
four-way ~ четырехходовой клапан
fuel shut-off ~ клапан отсечки топлива
fuel supply ~ клапан подачи топлива
full-opening ~ полнопроходная задвижка
gage ~ водопробный кран
gas ~ газовый вентиль, газовый клапан
gas check ~ газовый запорный клапан
gas control ~ *см.* gas valve
gas lift ~ газлифтный клапан
gas relief ~ газоспускной клапан
gas-saving shutoff ~ экономайзер
gate ~ шиберная задвижка
geared ~ клапан с приводом; клапан, управляемый через систему рычагов
globe ~ 1. шаровой клапан 2. проходной вентиль
governor ~ регулирующий [дроссельный] клапан
grease ~ клапан для смазки
handwheel ~ вентиль с маховичком

valve

hydraulic ~ гидравлический затвор; водяной клапан, водяной вентиль; гидравлический клапан
hydraulic back-pressure ~ водяной предохранительный затвор; гидравлический обратный клапан
hydraulic remote-operated ~ задвижка с гидравлическим дистанционным управлением
hydrostatic back-pressure ~ *см.* hydraulic back-pressure valve
induction ~ *см.* inlet valve
inlet ~ всасывающий [впускной] клапан
intake ~ *см.* inlet valve
intercepting ~ отсекающий [прерывающий] клапан; многоходовой клапан [вентиль]
internal check ~ клапан (*резервуара*) с захлопкой
kelly ~ запорный клапан ведущей трубы
kick-off ~ пусковой клапан (*в газлифте*)
lever safety ~ предохранительный рычажный клапан
lift ~ подъемный клапан
linearized ~ трубопроводная задвижка с линейной характеристикой
lower ~ нижний клапан (*глубинного насоса*)
lower kelly ~ нижний клапан ведущей трубы (*закрываемый при ее подъеме*)
magnetic ~ электромагнитный клапан
main ~ главный распределительный клапан; главный распределительный вентиль; основной клапан редуктора
main air stop ~ главный воздушный (запорный) клапан
manifold ~s *см.* pipe manifold valves
master ~ 1. фонтанная задвижка 2. главный вентиль (*на трубопроводе*)
mechanical inlet ~ впускной клапан с механическим приводом
metering ~ дозировочный клапан
motorized ~ приводная задвижка
mud ~ задвижка на выкидной линии бурового насоса
mud check ~ запорный клапан бурового раствора (*устанавливается в нижней части рабочей трубы*)
mud pump ~ клапан бурового насоса
mud relief ~ предохранительный клапан бурового насоса
multiple ~ многоходовой клапан
needle ~ игольчатый клапан
non-return ~ обратный клапан
open and shut ~ двухпозиционный клапан («открыт — закрыт»)
operating ~ распределительный золотник
orifice control ~ клапан с регулируемым сечением
outlet ~ выпускной клапан; спускной кран
overflow ~ сливной клапан; перепускной клапан
oxygen ~ кислородный вентиль
pass ~ пропускной клапан

PCT ~ клапан для испытания (*скважины*) при контролируемом давлении
pilot ~ управляющий клапан
pipeline ~ задвижка для трубопровода
pipeline control ~s трубопроводная запорная и регулировочная арматура
pipe manifold ~s раздаточные гребенки, гребенки для раздачи нефтепродуктов
piston ~ поршневой золотник
piston operated ~ задвижка с пневматическим *или* гидравлическим приводом
plate ~ 1. плоский [пластинчатый, откидной] клапан (*в воздухораспределительном устройстве бурильного молотка*) 2. тарельчатый [дисковый] клапан
plug ~ 1. конический вентиль 2. пробковый кран
plug-type ~ *см.* plug valve
plunger ~ плунжерный клапан (*со штоком-толкателем*)
pod selector ~ клапан для выбора коллектора (*установленный на пульте управления подводным оборудованием*)
pop ~ *см.* pop-off valve
pop-off ~ пружинный клапан
poppet ~ 1. тарельчатый [дисковый] клапан 2. проходной [сквозной] клапан
poppet type check ~ обратный клапан тарельчатого типа
pop safety ~ предохранительный пружинный клапан
pressure ~ нагнетательный клапан
pressure-and-vacuum release ~ *см.* pressure vent valve
pressure control ~ редукционный клапан
pressure reducer ~ детандер, редукционный клапан; газовый редуктор
pressure release ~ клапан для снижения давления
pressure relief ~ разгрузочный клапан; регулятор давления; перепускной клапан
pressure vent ~ дыхательный клапан (*резервуара*)
quantity control ~ контрольный клапан (*напр. автоцистерны*) для проверки уровня жидкости
quick opening ~ быстродействующая задвижка, быстродействующий вентиль
rack bar sluice ~ задвижка с кремальерой
ratio plug ~ клапан с равнопроцентным золотником (*при равных приращениях хода обеспечивает одинаковый процент приращения расхода*)
reducing ~ редукционный клапан; регулятор давления
reduction ~ *см.* reducing valve
reflux ~ обратный клапан
regulating ~ распределительный [регулирующий] клапан; газовый редуктор
release ~ перепускной [предохранительный] клапан

relief ~ 1. выпускной [перепускной] клапан 2. предохранительный клапан 3. спускной кран
retaining ~ *см.* reflux valve
retrievable ~ съемный клапан
reverse flow ~ реверсивный клапан
reversing ~ золотник перемены хода (*поршня*), реверсивный золотник
rising stem ~ вентиль [задвижка] с выступающим из корпуса винтовым регулирующим стержнем
safety ~ предохранительный клапан; клапан-отсекатель
safety bleeder ~ предохранительный спускной кран
sand ~ противопесочный клапан (*скважинного насоса*)
self-closing ~ автоматический аварийный клапан, самозакрывающийся клапан
sequence ~ клапан, срабатывающий в определенной последовательности
shut-off ~ запорный [стопорный] клапан
shuttle ~ золотниковый клапан (*в системе управления подводным оборудованием*)
sleeve ~ клапан с гильзовым затвором
slide ~ задвижка; шибер; заслонка
sliding ~ *см.* slide valve
solenoid shear ~ соленоидный срезной клапан
speed control ~ 1. клапан, регулирующий скорость срабатывания (*пневматического или гидравлического устройства*) 2. дросселирующий клапан
stop ~ запорный [стопорный] клапан
subsea lubricator ~ подводный лубрикаторный клапан
subsea production ~ подводная эксплуатационная задвижка
subsea safety ~ подводный предохранительный клапан
suction ~ всасывающий клапан
T- ~ трехходовой клапан, трехходовой кран
tap ~ (водопроводный) кран
three-way ~ *см.* T-valve
throttle ~ дроссельный клапан, дроссель
transfer ~ перепускной клапан; отводной кран
transforming ~ редукционный клапан
traveling ~ нагнетательный [подвижный] клапан глубинного насоса
trip ~ верхний клапан опробователя
tubing lubricator ~ гидравлическая задвижка насосно-компрессорной колонны
unloading ~ разгрузочный клапан
water ~ водяная задвижка
water knockout ~ водоспускная задвижка
wellhead control ~ задвижка, установленная на устье скважины
wing ~ задвижка [вентиль] отводной линии (*фонтанной арматуры*)
wing guided ~ клапан с крыльчатым направлением

working ~ рабочий регулировочный вентиль
working barrel ~ клапан глубинного насоса
valving 1. клапанное устройство; клапанная система 2. клапанное управление
vane 1. лопасть, лопатка (*турбины*) ‖ лопастный 2. вертушка 3. вентилятор
rotating ~ поворотный движитель полупогружной буровой платформы
turbine ~ лопатка турбины (*турбобура*)
vap [vapor] пар
vapor пар ‖ испаряться
aqueous ~ водяной пар
saturated ~ насыщенный пар
tank ~ паровоздушная смесь в резервуаре
vaporization испарение; парообразование; выпаривание
equilibrium ~ равновесное испарение
flash ~ 1. однократное испарение 2. мгновенное испарение
var 1. [variable] переменная (величина), параметр ‖ переменный 2. [volt-ampere reactive] вольт-ампер реактивный
variable переменная (величина), параметр ‖ переменный
complex ~ комплексная переменная
controlled ~ регулируемая переменная; измеряемая переменная
dependent ~ зависимая переменная
independent ~ независимая переменная
random ~ случайная переменная
uncontrolled ~ переменная, не поддающаяся регулировке
variation 1. изменение; отклонение 2. вариант; разновидность 3. колебание
continuous ~ *геол.* постоянное изменение
cycle ~ циклическое [гармоническое] колебание
discontinuous ~ *геол.* прерывистое изменение
lateral ~s *геол.* изменчивость по простиранию; латеральные изменения
maximum storm tide ~ изменение прилива при жестоком шторме
permeability ~s различная проницаемость
permissible ~s допустимые отклонения
temperature ~ колебание температуры
variometer вариометр
H- ~ горизонтальный магнитный вариометр
VCP [vitrified clay pipe] остеклованная глиняная трубка
VD, vd [vapor density] плотность пара
VDU [visual display unit] *вчт* монитор
vec [vector] вектор ‖ векторный
vehicle 1. средство передвижения, транспортное средство, средство доставки 2. растворитель; связующее вещество
air-cushion ~ транспортное средство на воздушной подушке
autonomous underwater ~ автономный подводный аппарат

vehicle

hyperbaric rescue ~ гипербарическое спасательное судно (*предназначенное для эвакуации водолазов*)
manned underwater ~ подводное судно с экипажем
remote-controlled ~ дистанционно управляемый автономный погружной аппарат
remotely operated ~ *см.* remote-controlled vehicle
remote maintenance ~ аппарат для обслуживания оборудования с дистанционным управлением
work ~ рабочий аппарат, рабочая камера (*для доставки обслуживающего персонала к подводному оборудованию, трубопроводу и т. п.*)

vein *геол.* 1. жила 2. жильная интрузия
banded ~ ленточная [поясовая] жила
beaded ~ четковидная жила
bed ~ пластовая жила
bedded ~ *см.* bed vein
blanket ~ *см.* bed vein
blind ~ слепая жила

vel [velocity] скорость

velocity скорость
annular ~ *см.* annular return velocity
annular return ~ скорость восходящего потока бурового раствора в затрубном пространстве
annulus ~ *см.* annular return velocity
apparent ~ кажущаяся скорость
ascending ~ скорость восходящего потока
circulation ~ скорость возвратного потока [циркуляции] бурового раствора (*в кольцевом пространстве*)
descending ~ скорость нисходящего потока
discharge ~ скорость истечения
drilling cutting settling ~ in air скорость осаждения бурового шлама в воздухе
exploitation ~ эксплуатационная скорость
free ~ произвольная скорость
initial ~ начальная скорость
inlet ~ скорость при впуске; скорость на входе
jet ~ скорость истечения струи (*гидравлического долота*)
longitudinal ~ скорость продольных волн
nozzle ~ скорость струи в насадке
outlet ~ скорость на выходе; скорость истечения
radial ~ окружная [тангенциальная, касательная] скорость
reaction ~ скорость реакции
relative ~ относительная скорость
resultant ~ равнодействующая [результирующая] скорость
return ~ скорость восходящего потока (*бурового раствора*)
shear wave ~ скорость сдвиговых волн
slip ~ скорость проскальзывания (*частиц породы в промывочной жидкости*)
space ~ объёмная скорость

uphole ~ *см.* annular return velocity
upward ~ *см.* annular return velocity
washover ~ скорость выноса на поверхность (*напр. бурового шлама*)
water ~ скорость потока воды
wind ~ скорость ветра

vent 1. выпускное отверстие 2. вентиляционное отверстие, отдушина 3. удалять (*воздух*), выпускать (*газ*)
air ~ отверстие для спуска воздуха, отдушина; воздушный канал
free ~ свободный выпуск (*напр. в атмосферу*)
gas ~ вентиляционный выпуск газа; сброс газа

vent 1. [ventilation] вентиляция 2. [ventilator] вентилятор

vert [vertical] вертикаль, вертикальная линия || вертикальный

vertical вертикаль, вертикальная линия || вертикальный

VES [vertical electric sounding] вертикальное электрическое зондирование

ves [vesicular] пористый; ячеистый

vessel 1. сосуд; резервуар; баллон 2. судно
anchor handling ~ судно для установки якорей (*полупогружной буровой платформы, бурового судна или трубоукладочной баржи*)
catamaran-type drilling ~ буровое судно-катамаран
core-type drilling ~ судно для поискового бурения
diving support ~ (DSV) судно обслуживания водолазных работ
drilling ~ буровое судно
drilling research ~ буровое исследовательское судно (*типа «Гломар Челенджер»*)
emergency support ~ судно для обслуживания в аварийных ситуациях
exploration ~ разведочное судно
exploratory drilling ~ разведочное буровое судно
loading mooring storage ~ судно-хранилище с погрузочным причалом
mud settling ~ отстойник для бурового раствора
multifunction support ~ судно обслуживания подводных работ многоцелевого назначения
multipurpose supply ~ судно снабжения многоцелевого назначения
oil storage ~ складской нефтяной резервуар; нефтепродуктовая тара
pipe-laying & derrick ~ трубоукладочное крановое судно
pressure ~ сосуд под давлением
production maintenance ~ строительное судно для обслуживания добычи на шельфе
purpose support ~ специализированное судно обеспечения
reel ~ судно, предназначенное для работ с намотанным на барабан большого диаметра трубопроводом

viscosity

semi-submersible support ~ полупогружное обслуживающее судно
service ~ вспомогательное судно (*для морских буровых оснований*)
settling ~ отстойник (*для очистки бурового раствора*)
single column semi-submersible drilling ~ одноколонная полупогружная буровая платформа
single-hulled drilling ~ однокорпусное буровое судно
skim ~ судно-сборщик пролитой на водной поверхности нефти
special ~ специальное судно
standby ~ резервное судно
standby safety ~ резервное спасательное судно
storage ~ судно-хранилище
support ~ судно обслуживания
tank ~ цистерна
twin-hull semi-submersible drilling ~ двухкорпусное полупогружное буровое основание
well stimulation ~ судно, выполняющее работы по интенсификации притока в скважину
work ~ рабочее судно

VF, vf 1. [velocity factor] коэффициент скорости. 2. [viscosity factor] коэффициент вязкости
v-f-gr [very fine-grained] тонкозернистый, очень мелкозернистый
VHF [very high frequency] очень высокая частота
v-HOCM [very heavily oil-cut mud] буровой раствор с очень высоким содержанием пластовой нефти
VI [viscosity index] коэффициент вязкости
Vi [Viola] *геол.* виола (*свита верхнего и среднего ордовика*)
vibracorer вибрационный керноотборник (*для отбора керна с самого верхнего слоя под морским дном*)
vibrate вибрировать, колебаться; вызывать вибрацию
vibration вибрация; колебание
coupled ~s связанные колебания
elastic ~s упругие колебания
forced ~s вынужденные колебания
forced damped ~s вынужденные колебания при затухании
free harmonic ~s свободные гармонические колебания
lateral ~s поперечные колебания
limiting ~ предельно допустимая вибрация
longitudinal ~s продольные колебания
rod string ~ вибрация колонны штанг
seismic ~s сейсмические колебания
sustained ~ незатухающая вибрация
torsional ~s крутильные колебания
transverse ~s *см.* lateral vibrations
vibrodrill вибробур; вибробурильная установка
vibromixer вибросмеситель

view вид; изображение; проекция
back ~ вид сзади
bird's eye ~ вид с высоты птичьего полета
bottom ~ вид снизу
close ~ вид крупным планом
cutaway ~ *см.* sectional view
end ~ вид с торца
exploded ~ трехмерное изображение
plan ~ вид сверху; вид в плане; горизонтальная проекция
sectional ~ вид в разрезе
side ~ вид сбоку; профиль; боковая проекция
top ~ *см.* plan view
Virg [Virgelle] *геол.* вирджил (*серия верхнего отдела пенсильванской системы*)
vis 1. [viscosity] вязкость 2. [visible] видимый
visc [viscosity] вязкость
viscap [viscous and capillary forces] вязкостные и капиллярные силы
viscoelastic вязкоупругий
viscometer *см.* viscosimeter
viscometry *см.* viscosimetry
viscosifier загуститель (*бурового раствора*)
viscosimeter вискозиметр
capillary ~ капиллярный вискозиметр
downhole ~ скважинный вискозиметр
Engler ~ вискозиметр Энглера
Fann ~ вискозиметр Фэнна
field ~ промысловый вискозиметр
funnel ~ полевой вискозиметр, вискозиметр Марша
rotary ~ ротационный вискозиметр
rotational ~ *см.* rotary viscosimeter
Saybolt ~ вискозиметр Сейболта
tar ~ вискозиметр для смол
well ~ глубинный вискозиметр
viscosimetry вискозиметрия
viscosity вязкость
absolute ~ абсолютная вязкость
anomalous ~ аномальная вязкость
apparent ~ кажущаяся вязкость
bit ~ вязкость в насадке долота
dynamic ~ динамическая вязкость
effective ~ эффективная вязкость
Engler ~ вязкость в условных градусах, вязкость по Энглеру
funnel ~ условная вязкость, вязкость по вискозиметру Марша
gas-oil fluid ~ вязкость нефти, содержащей растворенный газ
initial ~ исходная вязкость
kinematic ~ кинематическая вязкость
low ~ малая вязкость
mud ~ вязкость бурового раствора
oil ~ вязкость нефти
plastic ~ пластическая [структурная] вязкость
relative ~ относительная вязкость
slurry ~ вязкость раствора (*бурового или цементного*)
specific ~ удельная вязкость (*отношение вязкости нефтепродукта к вязкости воды*)
surface ~ поверхностная вязкость

viscosity

turbulent ~ вязкость при турбулентном течении

vise 1. тиски ‖ зажимать в тиски 2. клещи 3. зажимной патрон
  chain pipe ~ цепные трубные тиски
  pipe ~ трубные тиски (*для гибки*)
  screw ~ тиски
vit [vitreous] стекловидный
Vks [Vicksburg] *геол.* виксберг (*группа нижнего олигоцена*)
V/L [vapor-liquid ratio] парожидкостное отношение
VLCC [very large crude carrier] танкер водоизмещением свыше 160 тыс. т
VLF [very low frequency] очень низкая частота
vlv [valve] клапан; вентиль
v m [volatile matters] летучие вещества
VOC 1. [variable operating costs] эксплуатационные расходы (*на промысле*) 2. [volatile organic compound] летучее органическое соединение
void полость; пора; пустота; карман (*в породе*)
voidage объем пустот; пористость
  reservoir ~ объем свободного порового пространства пласта
vol. [volume] 1. объем 2. сила звука, громкость
volatile летучий, улетучивающийся, быстро испаряющийся
vol. eff. [volumetric efficiency] объемный коэффициент полезного действия, объемный кпд
voltage *эл.* напряжение, разность потенциалов
  running ~ рабочее напряжение
voltammeter вольтамперметр
voltmeter вольтметр
volume 1. объем 2. сила звука, громкость
  ~ of information объем информации
  absolute ~ абсолютный объем
  apparent ~ объем сыпучего тела, кажущийся объем
  bulk ~ суммарный объем
  circulation ~ объем подаваемого в скважину бурового раствора *или* газа в минуту
  displacement ~ рабочий объем цилиндра
  drilling mud ~ количество бурового раствора
  gas ~ объем газа
  net ~ объем нетто
  net drilling mud ~ полезный объем бурового раствора
  net observed ~ замеренный объем нефти за вычетом объема механических примесей и воды
  nominal ~ номинальный объем
  oil production ~ объем добычи нефти
  partial ~ парциальный объем
  pore ~ объем порового пространства
  pore ~ of gas количество газа, выраженное в единицах объема пор
  pump ~ объемная подача насоса
  reservoir bulk ~ общий объем пласта
  reservoir face ~ объем (*нефти и газа*) у стенки скважины в продуктивном интервале

specific ~ удельный объем
tank ~ вместимость резервуара; объем нефти в резервуаре; объем нефти, приведенный к нормальным условиям
tank oil ~ объем нефти в резервуаре
unit ~ 1. единица объема 2. объем, равный единице
void ~ объем пустот (*в породах*)
water ~ объем воды (*прокачиваемой насосом за единицу времени*)
Volumemaster *фирм.* 305-мм гидроциклон для очистки буровых растворов
VP [vapor pressure] давление паров
VPS [very poor sample] очень плохой образец, очень плохая проба
VRM [viscous remanent magnetization] вязкая остаточная намагниченность
vrtl [vertical] вертикаль, вертикальная линия ‖ вертикальный
VRU [vertical reference unit] устройство для отсчета вертикальных перемещений (*напр. морского бурового основания*)
V/S [velocity survey] каротаж скорости
VSGCM [very slight gas-cut mud] буровой раствор с очень слабыми признаками газа
v-sli [very slight] очень слабый
VSP 1. [vertical seismic profile] вертикальный сейсмопрофиль 2. [very slightly porous] очень слабопористый
VSSG [very slight shows of gas] очень слабые признаки газа
VSSO [very slight shows of oil] очень слабые признаки нефти
vu [volume unit] объемная единица
vug впадина; пустота; каверна
vug [vugular] пористый; кавернозный

W

W 1. [wall] стенка (*скважины, трубы*) 2. [watt] ватт 3. [West] запад
w 1. [water] вода 2. [week] неделя 3. [weight] вес
W/2 [West half] западная половина
WAB [weak air blow] слабый порыв ветра
Wab [Wabaunsee] *геол.* уэбонси (*группа отдела вирджил пенсильванской системы, Среднеконтинентальный район*)
wagon 1. коляска; тележка 2. вагон
  casing ~ ручная тележка для подвоза труб к скважине
waist 1. сужение, суженная часть (*трубы*), шейка, перехват; горловина 2. уменьшать диаметр; делать шейку *или* перехват
wait:
  "~ and weight" метод ожидания и утяжеления (*метод управления скважиной в случае*

опасности выброса, при котором прекращают циркуляцию до приготовления бурового раствора необходимой плотности)
waiting ожидание
~ on cement ожидание затвердевания цемента, ОЗЦ
~ on plastic ожидание затвердевания пластмассы *(при тампонировании скважины полимерами до получения прочности 7,0 МПа)*
~ on weather ожидание погоды *(в море)*
walk *см.* walkway
walker 1. обходчик 2. шагающий экскаватор
line ~ *см.* pipeline walker
pipeline ~ линейный обходчик трубопровода
walkway мостки *(на буровой)*
wall 1. стенка *(скважины, трубы)*; стена; перегородка; переборка 2. *геол.* боковая порода
~ off закрывать, закупоривать *(трещины и пустоты в стенках скважины цементом или глиной)*; перекрывать *(обсадными трубами)*
~ up глинизировать стенки скважины
deflecting ~ отражательная поверхность; топочный экран
fire ~ брандмауэр, пожарная стенка *(в резервуарных парках)*
hanging ~ висячий бок *(пласта)*, верхнее крыло сброса
low ~ нижняя стенка *(наклонной скважины)*
pipe ~ стенка трубы
trench ~ стенка траншеи
walling-up глинизация [образование глинистой корки] на стенках скважины; налипание частиц шлама на стенки скважины; заполнение *(цементом)* трещин и пустот в стенках скважины
Wap [Wapanucka] *геол.* уапанука *(свита серии морроу пенсильванской системы)*
War [Warsaw] *геол.* уорсоу *(свита отдела мерамек миссисипской системы)*
warehouse пакгауз; склад; хранилище || помещать на склад; хранить на складе
warp 1. коробление; искривление; деформация || коробиться; искривляться; деформироваться 2. отклонение *(скважины от заданного направления)* 3. *геол.* нанос, аллювий; аллювиальная почва
Was [Wasatch] *геол.* уосатч *(красноцветная порода эоцена и палеоцена третичной системы)*
Wash [Washita] *геол.* уошито *(зона серии команче верхнего отдела меловой системы)*
wash 1. промывка *(скважины)* || промывать *(скважину)* 2. размыв *(напр. керна промывочной жидкостью)* || размывать 3. песок; аллювий; наносы 4. тонкий слой || покрывать тонким слоем 5. *св.* оплавлять поверхность шва
~ out soil вымывать почву
~ over вымывать *(породу вокруг прихваченного бурового инструмента)*

acid ~ промывка *(скважины)* кислотным раствором
alkali ~ промывка *(скважины)* щелочным раствором
blow ~ добавление струи воды в грязную нефть *(для лучшего отделения воды и грязи)*
fluid ~ размыв *(керна, матрицы алмазной коронки)*
oil ~ газойль для промывки нефтяных цистерн
wash-around цикл промывки
washer 1. промыватель; промывной аппарат; моечное устройство; мойка 2. шайба; прокладка; подкладка 3. скруббер
cuttings ~ устройство для промывки шлама *(на морских буровых)*
diaphragm ~ уплотнительное кольцо мембраны
gas ~ скруббер; газопромывочная установка
packing ~ нажимная шайба сальника
spacing ~ установочная шайба; распорная шайба; распорное кольцо
washing 1. промывка; очистка 2. *св.* оплавление поверхности сварного шва 3. обогащение мокрым способом
washout 1. размыв, промыв *(резьбовых соединений)*; эрозия *(ствола)*; смыв 2. отверстие, щель *(в бурильной трубе, обычно около замка; дефект высадки)*
wastage 1. потери *(от износа, утечки)* 2. отходы, отбросы
waste 1. отходы, отбросы 2. потери; ущерб; убыток; порча 3. пустая порода 4. обтирочный материал 5. негодный, бракованный 6. отработанный
heat ~ потери тепла
oily ~ нефте- *или* маслосодержащие сточные воды
power ~ потеря мощности
refinery ~ нефтезаводские отходы
utility ~ утиль
wasteline трубопровод для сброса сточных вод
water вода; воды
~ alone вода без добавок, чистая вода
~ in suspension вода во взвешенном состоянии
~ off прекращать подачу промывочной воды
~ of gelation вода, связанная в геле
~ of hydration гидратационная вода, вода гидратации
~ on включать подачу промывочной воды
~ out обводняться
absorption ~ абсорбционная вода
aerated ~ аэрированная вода
aggressive ~ агрессивная вода
artesian ~ артезианские [напорные] воды
ascending ~ восходящая вода
associated ~ попутная вода *(добываемая вместе с нефтью)*
backwash ~ вода для промывки фильтров
basal ~ основная вода, основной водоносный горизонт

water

bay ~ необработанная местная вода
bottom ~ 1. подошвенная вода (*в пласте*) 2. вода на дне (*нефтяного резервуара*)
bound ~ связанная вода
brine ~ пластовая вода
capillary ~ капиллярная вода
carbonated ~ карбонизированная вода
cavern ~ карстовая вода
circulating ~ промывочная вода (*при алмазном бурении*)
clear ~ 1. чистая вода 2. необоротная вода
combined ~ *см.* bound water
condensed ~ водяной конденсат
connate ~ реликтовая вода
cooling ~ оборотная [охлаждающая] вода
crystal ~ кристаллизационная вода
descending ~ нисходящая вода
dirty ~ 1. зашламованная вода 2. бедный [тощий] буровой раствор
discharge ~ отработанная [сточная] вода
drill ~ *см.* drilling water
drilling ~ вода для промывки скважин; промывочная вода
edge ~ краевая [контурная] вода
exposed deep ~ открытое глубокое море
extraneous ~ посторонняя вода (*отличающаяся по характеристике от нормальной пластовой*)
feed ~ питательная вода
film ~ плёночная вода
flood ~ нагнетаемая вода (*при контурном заводнении месторождения*)
flushing ~ *см.* drilling water
free ~ свободная [несвязанная] вода; гравитационная вода
fresh ~ пресная вода
fringe ~ вода в зоне водонефтяного контакта
ground ~ грунтовая [почвенная] вода
gun barrel salt ~ промысловые соленые воды
hard ~ жесткая вода
injected ~ вода, нагнетаемая в пласт
intermediate ~ промежуточная вода
internal ~ 1. глубинная вода 2. вода, подаваемая для промывки при бурении шпуров
interstitial ~ поровая вода
invading ~ вытесняющая [вторгающаяся] вода
irreducible ~ остаточная вода
jacket ~ *см.* cooling water
lead ~ порция воды, закачиваемой впереди цементного раствора
load ~ вода, закачиваемая в скважину при гидроразрыве
local ~ пластовая вода (*в скважине*)
make-up ~ добавляемая вода (*при размешивании или разжижении*); вода для затворения (*цементного раствора*)
minimum ~ минимальное содержание воды (*в цементном растворе*)
mix ~ *см.* mixing water
mixing ~ 1. вода для затворения (*цементного раствора*) 2. вода для замеса (*бетона*)

ocean ~ морская вода
oil ~ нефтяные воды
oil-field ~s воды нефтяных месторождений
optimum ~ оптимальное количество воды (*в цементном растворе, обеспечивающее необходимые свойства для выполнения определенных работ*)
over ~ верхняя вода (*в нефтяной скважине*)
planar ~ адсорбированная вода (*напр. на поверхностях структурных чешуек глины*)
primary ~s первичные воды (*в пласте до вскрытия его скважинами*)
process ~ *см.* service water
produced ~ пластовая вода; промысловая вода; попутно добываемая вода
rain ~ дождевая вода
recirculated ~ *см.* cooling water
recirculated cooling ~ оборотная охлаждающая вода
reclaimed waste ~s регенерированные сточные воды
return ~ обратная [отработанная] вода со шламом (*выходящая из скважины*); циркулирующая вода; *pl* сбросные воды
running ~ проточная вода
saline ~ *см.* salt water
salt ~ минерализованная вода; соленая вода
sanitary ~ вода для бытового потребления
scale producing ~ жесткая вода, образующая накипь
secondary ~s вторичные воды
service ~ техническая вода
shallow ~s мелководный участок, мелководье
sludge ~ обратная [отработанная] вода со шламом (*выходящая из скважины*)
soft ~ мягкая вода
sweet ~ *см.* fresh water
tide ~s приливные воды
top ~ *см.* over water
treated ~ очищенная вода
under ~ *см.* edge water
underground ~s подземные воды
upper ~ *см.* over water
wash ~ промывочная вода
wash-down ~ *см.* wash water
waste ~ *pl* сточные воды; конденсационная вода
wellbore ~ скважинная вода

water-absorbing гигроскопический
water-bearing *см.* **water-carrying**
water-carrying водоносный; содержащий воду (*о пласте, горизонте*)
watered содержащий воду; обводненный
waterflooding заводнение (*нефтяного месторождения*)
line drive ~ линейно-площадное заводнение
pattern ~ площадное заводнение
peripheral ~ кольцевое заводнение
selective ~ избирательное заводнение
structure axis ~ осевое заводнение
water-free безводный

watering разбавление водой (*напр. бурового раствора*)
waterline контур воды
  original ~ первоначальный контур воды
water-proof водонепроницаемый; водостойкий
water-resistant водостойкий
water-saturated водонасыщенный
water-sealed снабженный водяным затвором
watershed 1. водораздел 2. водосборный бассейн, водосбор
water-tight водонепроницаемый; водостойкий
waterway промывочная канавка (*алмазного бурового инструмента*)
  expanding ~ промывочная канавка алмазной коронки, сечение которой увеличивается от внутреннего края торца к наружному
  off-center ~ промывочная канавка, расположенная вне центра
  side ~ боковая промывочная канавка
  spiral ~ спиральная промывочная канавка
waterworn *геол.* размытый водой
wattage (активная) мощность в ваттах
watt-hour ватт-час
wave 1. *сейсм.* волна 2. колебание
  ~ of compression *см.* compression wave
  ~ of condensation *см.* compression wave
  ~s of distortion поперечные волны; волны сдвига, волны разрыва
  alternating ~s обменные [перемежающиеся] волны
  back ~ отраженная волна
  blast ~ взрывная волна; ударная волна
  compression ~ волна сжатия [сгущения], волна сжатия – расширения
  continuous ~s незатухающие колебания
  diagonal sea ~ морская волна, подходящая под углом к сооружению
  dilatational ~ *см.* compression wave
  discontinuous ~s затухающие колебания, затухающие волны
  distortional ~ волна деформации
  divergent ~ расходящаяся волна
  elastic ~ упругая волна
  longitudinal ~ продольная волна
  near-surface ~s околоповерхностные волны
  one-dimensional ~ одномерная волна
  operating ~ рабочая волна
  plane ~ плоская волна
  predetermined ~ расчетная волна
  pressure ~ волна давления при гидравлическом ударе (*напр. в напорном трубопроводе*)
  reflected ~ отраженная волна
  resultant shock ~ равнодействующая ударная волна
  seismic ~ сейсмическая волна
  shear ~ поперечная волна, волна смещения [сдвига]
  shock ~ ударная волна
  spherical ~ сферическая волна
  transformed ~s перемежающиеся [обменные] волны

  transversal ~ поперечная волна, волна смещения [сдвига]
  transverse ~ *см.* transversal wave
  traveling ~ 1. блуждающая волна (*перенапряжения*) 2. бегущая волна
  undamped ~ незатухающая волна
wavefront *сейсм.* волновой фронт
wax 1. парафин; воск 2. пластичная глина
  ceresine ~ аморфный парафин; микрокристаллический парафин
  earth ~ *см.* mineral wax
  fossil ~ *см.* mineral wax
  mineral ~ горный воск, озокерит
  rod ~ парафиновая пробка (*в насосно-компрессорных трубах*)
  sucker rod ~ парафин на штангах насосов, штанговый парафин
WB [Woodbine] *геол.* вудбайн (*песчаник верхнего мела*)
WBIH [went back in hole] вновь спущен в скважину (*об инструменте*)
WBM [water based mud] буровой раствор на водной основе
WBT [water breakthrough] прорыв воды
WC 1. [water cushion] водяная подушка (*при опробовании испытателем пласта на бурильных трубах*) 2. [water-cut] обводненный (*о нефти, буровом растворе*) 3. [wildcat] разведочная скважина 4. [tungsten carbide] карбид вольфрама
WCM [water-cut mud] обводненный буровой раствор
WCMC [World Conservation Monitoring Center] Всемирный центр мониторинга окружающей среды
WCO [water-cut oil] обводненная нефть
WCr [Wall Creek] *геол.* уолл-крик (*свита верхнего отдела меловой системы*)
WCTS [water cushion to surface] водяная подушка, доходящая до поверхности
WD 1. [water depth] глубина водного зеркала 2. [water disposal] сброс сточных вод 3. [wet drifter] колонковый бурильный молоток для мокрого бурения
Wdfd [Woodford] *геол.* вудфорд (*свита верхнего девона*)
wdg [winding] 1. *эл.* обмотка 2. навивка; намотка 3. изгиб
Wd R [Wind River] *геол.* уинд-ривер (*свита эоцена третичной системы*)
WE [weld ends] концы под сварку
wear износ, изнашивание; выработка; истирание; срабатывание ‖ изнашиваться; истираться; срабатываться
  ~ away *см.* wear off
  ~ off срабатываться; изнашиваться (*о долоте*)
  ~ out of gage срабатываться до потери диаметра (*о долоте*)
  abrasive ~ абразивный износ, истирание
  barrel ~ износ втулок насоса
  corrosive ~ коррозионный износ, износ от коррозии

even ~ *см.* uniform wear
one-sided ~ односторонний износ
service ~ эксплуатационный износ
undue ~ чрезмерный износ
uneven ~ неравномерный износ
uniform ~ равномерный износ
wear-and-tear износ, изнашивание; срабатывание; амортизация
wear-proof износоустойчивый, износостойкий; медленно срабатывающийся
weathering *геол.* выветривание
weather-proof защищенный от атмосферных воздействий; стойкий к атмосферным воздействиям; стойкий к выветриванию
Web [Weber] *геол.* вебер (*свита песчаников нижнего отдела пермской системы*)
wedge 1. клин 2. отклоняющий клин || отклонять (*скважину*) при помощи клина 3. *pl* клинообразные осколки керна (*заклинивающиеся в колонковой трубе*) || заклинивать
~ off отклонять скважину при помощи клина
~ out *геол.* выклиниваться
~ up заклинивать
casing cutter ~ клин труборезки
deflecting ~ отклоняющий клин
drive ~ забивной клин
retractable ~ извлекаемый отклоняющий клин
retrievable ~ *см.* retractable wedge
ring-type ~ отклоняющий клин с верхним монтажным кольцом
wedged заклиненный; застрявший; прихваченный
wedge-shaped клинообразный, клиновидный
wedging 1. отклонение (*скважины*) при помощи клиньев, искусственное искривление (*скважины*) 2. заклинивание (*в колонковой трубе*)
weigh 1. весить; взвешивать 2. поднимать (*якорь*)
weighing взвешивание
weight 1. вес; масса 2. плотность 3. тяжесть; груз; нагрузка 4. нагружать; утяжелять (*буровой раствор*)
~ applied to the bit осевое давление на коронку, нагрузка на долото
~ by volume per cent концентрация в граммах на 100 мл (*1 % weight by volume — соответствует концентрации 10 г/л*)
~ on the bit нагрузка на долото
apparent ~ кажущаяся масса
atomic ~ атомная масса
balance ~ противовес; уравновешивающий груз
bit ~ 1. нагрузка на долото 2. общий вес алмазов в коронке (*в каратах*) 3. вес бурового снаряда (*при бурении сверху вниз*)
brake ~ противовес тормоза
bulk ~ насыпная плотность, средняя плотность сыпучего тела
buoyant ~ вес бурового снаряда в заполненной жидкостью скважине

casing ~ масса обсадных труб
damper ~ противовес заслонки
dead ~ собственный вес
design ~ расчетный вес
drilling ~ осевая нагрузка на буровое долото
drilling tool ~ масса бурового инструмента
drop ~ освобождающийся груз (*для придания полупогружной установке большей плавучести*)
dry subsea ~ подводная скважина с изолированным устьевым оборудованием
kill ~ увеличенная плотность бурового раствора, достаточная для глушения скважины
laden ~ вес в нагруженном состоянии
lightship ~ вес незагруженного бурового судна
molecular ~ молекулярный вес
mud ~ 1. плотность бурового раствора 2. масса бурового раствора
mud ~ in плотность бурового раствора на входе в скважину
mud ~ out плотность бурового раствора на выходе из скважины
net ~ чистый вес, вес нетто
safety ~ 1. груз на предохранительном клапане (*парового котла*) 2. безопасная [допускаемая] нагрузка
shipping ~ вес с упаковкой, вес брутто
sole ~ нагрузка от собственного веса
specific ~ плотность
submerged ~ вес в воде, вес в погруженном состоянии
volume ~ объемная масса
weighted 1. утяжеленный 2. нагруженный 3. взвешенный
weighting 1. утяжеление (*раствора*) 2. взвешивание
~ of drilling mud утяжеление бурового раствора
bulk ~ весовой замер
withdrawal ~ выборочное взвешивание
weld сварной шов, сварное соединение || сваривать
~ on наваривать, приваривать
~ to... приваривать к...
~ together сваривать, соединять сваркой
~ up заваривать (*трещину*); сваривать; приваривать
all-around ~ сварной шов, наложенный по периметру
back ~ подварочный шов; контрольный шов
backing ~ *см.* back-up weld
back-up ~ подварочный шов
butt ~ стыковой шов, стыковое сварное соединение
cap ~ последний (*верхний*) слой многослойного шва
circular ~ кольцевой [круговой] шов
circumferential ~ *см.* circular weld
cracked ~ шов с трещинами
defective ~ дефектный [недоброкачественный] шов

welding

edge ~ торцевой шов
faulty ~ *см.* defective weld
flush ~ плоский сварной шов (*заподлицо с поверхностью основного металла*), шов без усиления
horizontal ~ горизонтальный шов
inside ~ внутренний шов
intermittent ~ прерывистый шов
intermittent tack ~ прерывистый прихваточный шов
joint ~ сварной шов, сварное соединение
lap ~ сварной шов внахлестку *или* внакидку
longitudinal ~ продольный шов
multilayer ~ многослойный шов
multipass ~ многопроходный шов
multiple-layer ~ *см.* multilayer weld
multiple-pass ~ *см.* multipass weld
multirun ~ *см.* multipass weld
narrow ~ узкий шов
normal ~ нормальный шов
one-pass ~ однопроходный шов
outside ~ внешний [наружный] шов
overlapping ~ *см.* lap weld
poor ~ *см.* defective weld
practice ~ *см.* trial weld
principal ~ основной [несущий нагрузку] шов
reinforced ~ усиленный шов
sample ~ *см.* trial weld
sealing ~ 1. подварочный шов 2. уплотняющий шов
single-pass ~ *см.* one-pass weld
single-row ~s однорядное точечное соединение
single-run ~ *см.* one-pass weld
sound ~ шов без дефектов; плотный [герметичный] шов
tack ~ прихваточный шов, прихватка
temporary ~ *см.* tack weld
tension ~ шов, работающий на растяжение
tentative ~ *см.* trial weld
test ~ шов, выполняемый при испытании *или* пробе
tight ~ плотный [герметичный] шов
trial ~ пробный шов
unsound ~ шов с дефектами; неплотный [негерметичный] шов
weak ~ непрочный [слабый] шов

weldability свариваемость
weldable поддающийся сварке, сваривающийся
welded сварной, сваренный; приваренный
arc ~ полученный дуговой сваркой
double ~ сваренный двусторонним швом; сваренный двумя швами
welder 1. сварщик 2. сварочная машина, сварочный агрегат; сварочный автомат 3. сварочный источник тока; сварочный трансформатор
arc ~ электросварщик, сварщик-дуговик
gas ~ газосварщик
manual ~ сварщик-ручник

welding сварка; сварочные работы || сварочный
~ of pipes in fixed position сварка неповоротных стыков труб
AC ~ сварка на переменном токе
acetylene ~ кислородно-ацетиленовая сварка
aluminothermic ~ термитная сварка
arc ~ (электро)дуговая сварка, электросварка
atomic-hydrogen ~ *см.* hydrogen arc welding
autogenous ~ *см.* gas welding
automatic ~ автоматическая сварка
automatic pressure butt ~ автоматическая стыковая сварка под давлением
automatic submerged arc ~ автоматическая сварка под слоем флюса
back hand ~ сварка слева направо
back-step ~ обратноступенчатая сварка; сварка «вперед»
backward ~ правая сварка
bead ~ сварка узким швом
bell hole ~ сварка секций трубопровода в траншее; потолочная сварка
bridge ~ сварка с накладками, сварка мостиками
built-up ~ наварка, наплавка
butt ~ сварка встык [впритык]
cold ~ холодная сварка (*давлением*)
continuous ~ сварка непрерывным швом
dry atmosphere ~ сварка в герметизированном пространстве (*при подводной сварке*)
electric ~ электросварка
electric arc ~ электросварка, (электро)дуговая сварка
electron-beam ~ электронно-лучевая сварка; сварка электронным лучом
electropercussive ~ ударная сварка
electroslag ~ электрошлаковая сварка
electrostatic ~ конденсаторная сварка
erection ~ сварка при монтаже
fire ~ *см.* forge welding
flame ~ *см.* gas welding
flash ~ сварка заподлицо; торцевая сварка
flash butt ~ сварка встык оплавлением
fluid ~ *см.* fusion welding
forge ~ кузнечная сварка
friction ~ сварка трением
fuse ~ *см.* fusion welding
fusion ~ сварка плавлением
gas ~ газовая [автогенная] сварка
girth ~ сварка круговых швов
hand ~ ручная сварка
heliarc ~ дуговая сварка в защитной атмосфере
high-frequency ~ высокочастотная сварка
hydrogen arc ~ атомно-водородная сварка
induction ~ 1. индукционная сварка, сварка с индукционным нагревом 2. сварка (*термопластов*) с нагревом проводником, находящимся в переменном магнитном поле
jam ~ *см.* butt welding
laser ~ сварка лазером, лазерная сварка
machine ~ механизированная сварка; автоматическая сварка

welding

manual ~ ручная сварка; полуавтоматическая (*дуговая*) сварка
metal arc ~ дуговая сварка металлическим электродом
overhead ~ потолочная сварка
oxy-acetylene ~ кислородно-ацетиленовая сварка
percussive ~ *см.* forge welding
pipe ~ сварка труб
pipeline ~ сварка трубопровода
point ~ точечная сварка
position ~ позиционная сварка
pressure ~ сварка под давлением
pressure contact ~ контактная сварка под давлением
pressure gas ~ газопрессовая сварка
repair ~ ремонтная сварка
resistance ~ сварка сопротивлением; контактная сварка
resistance butt ~ стыковая контактная сварка
rivet ~ пробочная (*сквозная*) сварка
roll ~ поворотная сварка; кузнечная сварка прокаткой между вальцами
seam ~ роликовая [шовная] сварка
semiautomatic ~ полуавтоматическая сварка
shielded arc ~ дуговая сварка в атмосфере защитных газов
shielded inert gas metal arc ~ дуговая сварка металлическим электродом в атмосфере инертных газов
shop ~ заводская сварка (*в отличие от монтажной*)
site ~ сварка на месте (*в отличие от заводской*)
spot ~ *см.* point welding
submerged arc ~ дуговая сварка под слоем флюса
submerged melt ~ дуговая сварка оплавлением под слоем флюса
tack ~ прихватка для временного скрепления свариваемых частей; узловая сварка
thermite ~ *см.* aluminothermic welding
torch ~ *см.* gas welding
tube ~ *см.* pipe welding
tungsten arc ~ дуговая сварка вольфрамовым электродом
twinarc submerged arc ~ дуговая сварка под слоем флюса с двумя металлическими электродами
underwater ~ подводная сварка
underwater cutting and ~ подводная резка и сварка
wet ~ 1. «мокрые» сварочные работы (*подводные*) 2. сварка «мокрым способом» (*с водяным охлаждением*)

weldless цельнотянутый, цельнокатаный, бесшовный

well 1. скважина 2. колодец 3. источник 4. отстойник, зумпф

~ in operation действующая скважина
~ off простаивающая скважина
~ out of control скважина с открытым фонтанированием
~ producing from... эксплуатационная скважина, проведенная на (*такой-то*) пласт
~ under control скважина с закрытым фонтанированием
abandoned ~ ликвидированная скважина
abandoned condensate ~ ликвидированная (газо)конденсатная скважина
abandoned gas ~ ликвидированная газовая скважина
abandoned oil ~ ликвидированная нефтяная скважина
abnormal pressure ~ скважина с аномально пластовым давлением
absorption ~ поглощающая скважина
adjoining ~ смежная скважина; соседняя скважина
air input ~ скважина для нагнетания воздуха
appraisal ~ оценочная скважина
barefoot ~ скважина с открытым забоем
barren ~ *см.* dry well
beam ~ скважина, эксплуатирующаяся глубинным насосом
bear ~ скважина с трудными условиями эксплуатации
belching ~ пульсирующая скважина; скважина, периодически выбрасывающая жидкость
blow ~ *см.* blowing well
blowing ~ артезианский колодец; артезианская скважина
borderline ~ краевая скважина
bore ~ 1. буровая скважина 2. артезианский колодец
branched ~ разветвленная скважина
breakthrough ~ скважина, к которой подошел фронт рабочего агента (*при заводнении или нагнетании газа*)
brine ~ скважина с минерализованной водой, скважина с рассолом
brine disposal ~ скважина для закачки в пласт рассола
brought-in ~ скважина, вступившая в эксплуатацию
cable tool ~ скважина, бурящаяся канатным способом
cased ~ обсаженная скважина
cased through ~ обсаженная до забоя скважина
cat ~ *см.* bear well
cemented-up ~ забитая цементом скважина (*когда цементный раствор не проник в затрубное пространство и схватился в колонне*)
center ~ центральная шахта (*в корпусе бурового судна или плавучем полупогружном буровом основании, служащая для спуска через нее бурового инструмента и оборудования к подводному устью скважины*)
closed-in ~ временно бездействующая продуктивная скважина

well

close-spaced ~s размещенные по плотной сетке скважины
commercial ~ скважина, имеющая промышленное значение
completed ~ 1. скважина, законченная бурением 2. освоенная скважина
condensate ~ конденсатная скважина
confirmation ~ доразведочная скважина
controlled directional ~ наклонно направленная скважина
converted gas-input ~ нефтяная скважина, превращенная в газонагнетательную
cored ~ скважина, пройденная с отбором керна
corrosive ~ скважина с агрессивной средой
curved ~ искривленная скважина
dead ~ заглохшая [истощенная] скважина
declined ~ *см.* dead well
deep ~ глубокая скважина (*глубиной от 4500 м и более*)
deep water ~ глубоководная скважина
development ~ эксплуатационная скважина; оценочная скважина
deviated ~ наклонно направленная скважина
directional ~ *см.* deviated well
discovery ~ скважина, открывшая новое месторождение; скважина-открывательница
disposal ~ скважина для поглощения сточных *или* промысловых вод
diving ~ водолазная шахта (*проем в корпусе бурового судна или плавучей полупогружной буровой платформы для спуска водолазного колокола*)
drill ~ буровая скважина
drilled gas-input ~ специально пробуренная газонагнетательная скважина
drilled water-input ~ специально пробуренная водонагнетательная скважина
drilling ~ буровая шахта (*в корпусе бурового судна или полупогружной буровой установки*)
drowned ~ обводненная скважина
dry ~ непродуктивная скважина (*не дающая промышленного количества нефти или газа*)
dual completion gas ~ газовая скважина, законченная в двух горизонтах
dual completion oil ~ нефтяная скважина, законченная в двух горизонтах
dually completed ~ двухпластовая скважина
dual pumping ~ скважина для одновременной раздельной насосной эксплуатации двух горизонтов
dual-zone ~ скважина, дающая нефть сразу из двух горизонтов; скважина с двумя продуктивными зонами
edge ~ краевая [приконтурная] скважина
effluent-disposal ~ скважина для сброса сточных вод
exhausted ~ истощенная скважина (*дебит которой ниже экономического предела эксплуатации*)
exploratory ~ разведочно-эксплуатационная скважина
extension ~ оконтуривающая скважина
field ~ эксплуатационная скважина
fill-in ~ *см.* injection well
flowing ~ фонтанирующая скважина
follow-up ~ нижняя часть ствола скважины, пробуренная долотом меньшего диаметра
gas ~ газовая скважина
geothermal ~ геотермальная скважина
gravel-packed ~ скважина с гравийным фильтром
gurgling ~ скважина с пульсирующим выбросом (*нефти*)
gusher ~ *см.* flowing well
high-flow-rate ~ высокодебитная скважина
highly deviated ~ скважина большой кривизны
high-pressure ~ скважина высокого давления, высоконапорная скважина
horizontal ~ горизонтальная скважина; скважина с углом к вертикали около 90 градусов
hypothetical ~ предполагаемая скважина
image ~ фиктивная скважина в системе зеркального отображения
imperfect ~ несовершенная скважина
inactive ~ бездействующая скважина
inclined ~ наклонная скважина
individual ~ отдельная скважина
infill ~ скважина, пробуренная при уплотнении первоначальной сетки размещения скважин
injection ~ нагнетательная скважина
injured ~ осложненная [поврежденная] скважина
input ~ *см.* injection well
intake ~ *см.* injection well
jack ~ насосная скважина (*с глубинным насосом*)
junked ~ 1. скважина, засоренная металлоломом 2. скважина, заброшенная вследствие безрезультатной ловли оборванного инструмента
key ~ 1. опорная скважина 2. нагнетательная скважина, скважина для нагнетания сжатого воздуха *или* газа (*в пласт*)
killed ~ заглушенная [остановленная] скважина
killer ~ глушащая скважина (*для глушения выброса или ликвидации пожара в соседней скважине*)
line ~s скважины, расположенные вдоль границ участка
long-radius horizontal ~ горизонтальная скважина с большим радиусом кривизны
long-reach horizontal ~ горизонтальная скважина с большой длиной горизонтального участка (*в продуктивном интервале пласта*)
low-pressure ~ скважина низкого давления, низконапорная скважина

well

marginal ~ малодебитная [близкая к истощению] скважина

monitor ~ контрольная скважина

mudded ~ скважина, бурящаяся с промывкой буровым раствором

mudded-up ~ скважина, заполненная густой смесью глинистого раствора и шлама (*препятствующей бурению*)

multipay ~ многопластовая скважина

multiple string small diameter ~ скважина, пробуренная для одновременной и раздельной эксплуатации нескольких продуктивных горизонтов, в которую спущено две и более эксплуатационных колонн малого диаметра

natural ~ скважина, выдающая нефть без кислотной обработки, гидроразрыва, прострела *или* без применения насосов

new-field wildcat ~ поисковая [разведочная] скважина, нацеленная на открытие месторождения

new-pool wildcat ~ поисковая [разведочная] скважина, нацеленная на открытие глубже залегающего продуктивного пласта

non-commercial ~ непромышленная [малопродуктивная] скважина

non-flowing ~ нефонтанирующая скважина

non-productive ~ *см.* dry well

observation ~ наблюдательная скважина

offset ~ 1. соседняя скважина; скважина, пробуренная вблизи другой скважины (*с расчетом подсоса нефти соседа или для уточнения контура рудного тела*) 2. скважина, расположенная вне нефтеносной структуры

offshore ~ морская скважина

off-structure ~ скважина, пробуренная за пределами нефтеносной структуры

oil ~ нефтяная скважина; скважина нефтяной залежи

on-structure ~ скважина, расположенная на нефтеносной структуре

operating ~ эксплуатационная скважина

outpost ~ оконтуривающая скважина

outpost extension ~ *см.* outpost well

parametric ~ параметрическая скважина

paying ~ рентабельная [экономически выгодная] скважина

payoff ~ скважина с промышленной добычей нефти

pinch-out ~ скважина, определяющая границу нефтяной залежи; малопродуктивная скважина на границе залежи

pioneer ~ поисковая [разведочная] скважина

pressure ~ *см.* injection well

pressure-relief ~ разгрузочная скважина

producing ~ 1. продуктивная скважина 2. эксплуатационная скважина

producing oil-and-gas ~ скважина, дающая нефть и газ

prolific ~ высокодебитная скважина

prospect ~ *см.* pioneer well

pumping ~ насосная скважина; нагнетательная скважина

recipient ~s скважины, на которые перераспределена норма отбора закрытых скважин

recovery ~ *см.* operating well

re-entry ~ скважина, введенная в эксплуатацию после ликвидации по каким-либо причинам

relief ~ 1. наклонная скважина, пробуренная для глушения другой скважины (*в случае открытого фонтанирования, пожаров*) 2. вспомогательная скважина; разгрузочная скважина

running ~ *см.* operating well

salt-dome ~ солянокупольная скважина

salt-up ~ скважина, забитая каменной солью (*требующая очистки или перебуривания*)

salt-water ~ скважина, выдающая соленую воду вместо нефти

salt-water disposal ~ скважина для сброса минерализованных сточных вод

sand(ed) ~ 1. скважина, в которой нефтеносным коллектором являются песчаники (*в отличие от скважины, где нефть содержится в известняках*) 2. скважина, в которую вместе с продукцией поступает песок

sanded-up ~ скважина, заплывшая [засыпанная] песком

sandy ~ скважина, в которую вместе с продукцией поступает песок

satellite ~ скважина-спутник (*автономная скважина в подводной системе разработки месторождения*)

seabed oil ~ нефтяная скважина с устьем на дне моря

service ~ вспомогательная скважина

shallow pool test wildcat ~ неглубокая поисковая скважина, нацеленная на открытие выше залегающего продуктивного пласта

shut-in ~ закрытая скважина (*с остановленным фонтанированием*)

steam ~ паронагнетательная скважина

step-out ~ законтурная скважина, скважина за пределами оконтуренной нефтяной площади

stripper ~ малодебитная скважина (*дающая менее 1,5 м³/сут нефти*)

subsalt ~ скважина на подсолевые отложения

superdeep ~ суперглубокая скважина (*глубиной от 6100 до 7500 м*)

suspended ~ законсервированная скважина

test ~ 1. разведочная скважина 2. испытательная [опытная] скважина

tight ~ скважина, разрабатываемая без документации

tubed ~ скважина, в которую спущены насосно-компрессорные трубы

turnkey ~ скважина, сдаваемая заказчику «под ключ» (*готовая к эксплуатации*)

twin ~ 1. скважина-близнец (*пробуренная в тех же условиях, что и другая скважина того же участка*) 2. скважина, эксплуатирующая два горизонта 3. скважина, пробуренная близко к соседней скважине
ultradeep ~ ультраглубокая скважина (*глубиной свыше 7500 м*)
unloading ~ *см.* flowing well
untubed ~ скважина, в которую не спущены насосно-компрессорные трубы
upstream ~ скважина, расположенная вверх по течению подземных вод
vertical ~ вертикальная скважина
waste disposal ~ скважина для закачки отходов (*сточных вод и т. п.*)
waste injection ~ *см.* waste disposal well
water ~ *см.* water supply well
water dependent ~ скважина с водонапорным режимом
water-free ~ безводная скважина
water supply ~ водозаборная скважина; скважина-водоисточник
wet ~ скважина с незакрытым притоком грунтовых вод
wide-spaced ~s скважины, размещенные по редкой сетке
wild ~ некаптированная скважина; неуправляемая скважина
wildcat ~ поисковая [разведочная] скважина
wild gas ~ некаптированный газовый фонтан
workover ~ скважина после капитального ремонта; поступившая в эксплуатацию скважина

Well [Wellington] *геол.* веллингтон (*свита отдела леонард пермской системы, Среднеконтинентальный район*)
wellbore ствол скважины
wellhead 1. устье скважины 2. оборудование устья скважины
  clamp hub ~ устьевая головка со стыковочной втулкой
  intermediate ~ промежуточное устьевое оборудование
  subsea ~ подводное морское устье скважины
  surface ~ надводное устье скважины
  underwater ~ *см.* subsea wellhead
well-spring 1. устье скважины 2. фонтан, самоизлив
wet 1. мокрый; влажный; сырой 2. смачивать; увлажнять, мочить
  oil ~ смачиваемый нефтью, олеофильный
  water ~ смачиваемый водой, гидрофильный
wettability смачиваемость
  fractional ~ *см.* preferential wettability
  preferential ~ избирательная смачиваемость
  relative ~ относительная смачиваемость
wetted 1. смоченный 2. смачиваемый
  preferentially ~ избирательно смачиваемый (*одной жидкостью из нескольких*)
wetting смачивание || смачивающий
  preferential ~ избирательное смачивание
  selective ~ *см.* preferential wetting
WF 1. [waterflood] заводнение 2. [wide flange] широкий фланец
W-F [Washita-Fredericksburg] *геол.* уошито-фредериксбург (*переходная зона серии команче верхнего отдела меловой системы*)
WFD [wildcat field discovery] открытие месторождения поисковой [разведочной] скважиной
WG, wg [wire gage] проволочный калибр
wgt [weight] вес
WH 1. [watt-hour] ватт-час 2. [wellhead] устье скважины
wheel 1. зубчатое колесо, ЗК; шестерня 2. маховик; маховичок 3. штурвал 4. *св.* роликовый электрод, сварочный ролик 5. дисковая пила
  band ~ 1. шкив ленточного тормоза 2. шкив главного привода (*станка канатного бурения*)
  bull ~ подъемный барабан, инструментальный [подъемный] вал, бульвер (*станка канатного бурения*)
  chain ~ цепное колесо, звездочка
  gear ~ зубчатое колесо, ЗК; шестерня
  hand ~ ручной маховичок
  idler ~ ведомый ролик; ведомое зубчатое колесо
  notch ~ *см.* rack wheel
  pinion ~ ведущее зубчатое колесо
  rack ~ храповик
  worm ~ червячное колесо
whip 1. хлестание (*штанг о стенки скважины при бурении*) 2. бить, хлопать (*о ремне*)
whip [whipstock] отклоняющий клин, скважинный отклонитель, *проф.* уипсток
whip-off повреждение *или* разрыв плохо зацементированных обсадных труб при подъемах бурильной колонны
whip-out местное расширение ствола, вызванное хлестанием штанг
whipstock отклоняющий клин, скважинный отклонитель, *проф.* уипсток || отклонять скважину
  circulating ~ скважинный отклонитель с промывкой
  collapsible ~ разъемный скважинный отклонитель
  permanent ~ неизвлекаемый скважинный отклонитель
  removable ~ извлекаемый скважинный отклонитель
  sidetracking ~ скважинный отклонитель для забуривания бокового ствола (*скважины*)
whipstocking искусственное отклонение (*ствола скважины при помощи отклоняющего клина*)
whse [warehouse] пакгауз; склад; хранилище
WI 1. [washing in] заглубление свай путем размыва дна моря 2. [water injection] нагнетание воды в пласт 3. [working interest] прямое долевое участие (*напр. в расходах*

Wich

на разработку и эксплуатацию месторождения)
Wich [Wichita] *геол.* уичита (*свита среднего отдела девонской системы*)
widowmarker пешеходный мостик «вдовьи слезы» (*на шельфовых буровых установках узкий пешеходный мостик между платформой и баржей*)
width ширина
 bed ~ мощность [толщина, ширина] пласта
 overall ~ габаритная ширина
 pore ~ радиус пор
 true ~ истинная мощность [толщина, ширина] (*пласта*)
WIH 1. [water in hole] вода в скважине 2. [went in hole] спущен в ствол скважины (*об инструменте*)
wildcat разведочная [поисковая] скважина
 new field ~ разведочная скважина-открывательница нового месторождения
 new pool ~ *см.* new field wildcat
wildcatting разведочное [поисковое] бурение (*на новых площадях*)
Willb [Willburne] *геол.* уилберн (*группа верхнего отдела кембрийской системы*)
Win [Winona] *геол.* уинона (*свита группы клайборн эоцена третичной системы*)
winch лебедка ‖ поднимать (*груз*) лебедкой
 abandonment ~ лебедка для временного спуска конца трубопровода (*на дно моря в случае шторма*)
 air ~ пневматическая лебедка
 automatic constant tension mooring ~ автоматическая швартовная лебедка постоянного натяжения (*в цепи, канате*)
 auxiliary ~ вспомогательная лебедка
 combine cargo and mooring ~ комбинированная грузовая и швартовная лебедка
 combined windlass and mooring ~ комбинированная цепная и канатная лебедка (*якорной системы различных нефтепромысловых плавсредств*)
 constant-tension mooring ~ якорная лебедка с постоянным натяжением
 hoisting ~ подъемная лебедка
 positioning ~ лебедка позиционирования
 recovering ~ лебедка для подачи буксирного троса на суда обслуживания
wind 1. ветер, поток [струя] воздуха 2. дуть, обдувать
 maximum storm one minute ~ скорость ветра жестокого шторма при одноминутном осреднении
winding 1. *эл.* обмотка 2. навивка; намотка 3. изгиб
 ~ up скручивание (*бурильных труб*)
windlass лебедка, ворот; брашпиль
 combined winch and ~ комбинированная лебедка-брашпиль (*для якорных тросов, состоящих из каната и цепи*)
 friction ~ фрикционная лебедка
window 1. окно 2. *геол.* тектоническое окно

 geological ~ *см.* tectonic window
 tectonic ~ тектоническое окно
 weather ~ погодное окно (*между промежутками плохой погоды*)
wing 1. перо (*головки крестового бура*) 2. *геол.* крыло (*антиклинали*)
 ~ of anticline крыло антиклинали
 bit ~ 1. лопасть долота 2. лезвие коронки бура
 core bit ~ резец колонкового лопастного долота
Winn [Winnipeg] *геол.* виннипег (*свита среднего отдела ордовикской системы*)
wiper скребок; приспособление для чистки; сальник
 drill pipe ~ приспособление для чистки бурильных труб (*на устье скважины*)
 kelly ~ сальник для очистки ведущей трубы (*при подъеме из скважины*)
 key seat ~ устройство типа расширителя для сглаживания резких перегибов ствола и желобов
 pipe ~ (резиновый) скребок для удаления бурового раствора с труб (*извлекаемых из скважины*)
 rod ~ 1. сальник для насосных штанг 2. грязесъемник штока (*гидроцилиндра*)
wire 1. проволока 2. трос 3. провод ‖ монтировать проводку
 bare ~ неизолированный [оголенный] провод
 guy ~ оттяжка, ванта; натяжной трос
 insulated ~ изолированный провод
 live ~ провод под напряжением
 pipeline ~ трубопроводный трос (*буя для маркировки уложенного временно на дне моря конца подводного трубопровода*)
 recovery ~ подъемный трос (*для извлечения предметов из-под воды*)
 well-measure ~ трос для измерения глубины скважины
wireline талевый стальной трос
wiring 1. электропроводка 2. армирование проволокой 3. (электрическая) монтажная схема, схема соединений
Witbreak *фирм.* деэмульгатор для буровых растворов
Witcamine *фирм.* ингибитор коррозии
Witcor *фирм.* ингибитор коррозии
withdrawal откачка, отбор, извлечение (*нефти из пласта*)
wk 1. [weak] слабый 2. [week] неделя
wkd [worked] обработанный
wkg [working] работа ‖ работающий
wko [workover] 1. капитальный ремонт скважины 2. операции для увеличения дебита скважины
wkor [workover rig] установка для ремонта скважин
WL 1. [water line] горизонт воды 2. [water loss] водоотдача 3. [West line] западная граница
W/L [water load] количество воды, нагнетаемой в скважину

WLC [wireline coring] отбор керна с помощью съемного керноотборника

wld 1. [welded] сваренный; приваренный 2. [welding] сварка; сварочные работы ‖ сварочный

wldr [welder] сварщик

WLS [wireline survey] исследование скважины инструментом, спускаемым на тросе

WLT [wireline test] опробование испытателем пласта, спускаемым на тросе

WLTD [wireline total depth] конечная глубина скважины, измеренная зондом, спущенным на тросе

WNSO [water not shut off] вода не перекрыта

WNW [West-North-West] запад-северо-запад

WO 1. [waiting on] ожидание 2. [washover] промывочный (*о трубах*) 3. [work order] наряд на работу 4. [workover] а) капитальный ремонт скважины б) операции для увеличения дебита скважины

W/O [West offset] соседний к западу

WOA 1. [waiting on acid] ожидание окончания кислотной обработки 2. [waiting on allowable] ожидание допустимой нормы добычи

WOAD [Worldwide Offshore Accident Databank] Всемирный банк данных об авариях на буровых судах и платформах

WOB 1. [waiting on battery] ожидание аккумулятора 2. [weight on bit] нагрузка на долото

WOC [waiting on cement] ожидание затвердевания цемента, ОЗЦ

WOCR [waiting on completion rig] ожидание установки для заканчивания скважин

WOCT 1. [waiting on cable tools] ожидание доставки на буровую оборудования для ударно-канатного бурения 2. [waiting on completion tools] ожидание доставки на буровую оборудования для заканчивания скважин

WODP [without drill pipe] без бурильной колонны

WOG [water, oil and gas] вода, нефть и газ

Wolfc [Wolfcamp] *геол.* вулфкэмп (*серия пермской системы, Западный Техас*)

WOO [waiting on orders] ожидание распоряжений

Wood [Woodside] *геол.* вудсайд (*свита глин нижнего отдела триасовой системы*)

Woodf *см.* **Wdfd**

wool 1. шерсть; шерстяная пряжа 2. вата
glass ~ стеклянная вата, стекловата
mineral ~ 1. шлаковая вата 2. минеральная вата (*заменитель асбеста*)
rock ~ минеральная силикатная шерсть

WOP 1. [waiting on permit] ожидание разрешения 2. [waiting on pipes] ожидание труб 3. [waiting on pump] ожидание насоса

WOPE [waiting on production equipment] ожидание оборудования для эксплуатации

WOPT [waiting on potential test] ожидание испытания на потенциальный дебит

WOPU [waiting on pumping unit] ожидание насосной установки

WOR 1. [waiting on rig] ожидание доставки буровой установки 2. [waiting on rotary] ожидание доставки роторной буровой установки 3. [water-oil ratio] водонефтяной фактор

work 1. работа; действие 2. обработка ‖ обрабатывать 3. (обрабатываемое) изделие 4. механизм 5. *pl* конструкция; сооружение 6. *pl* завод; фабрика; мастерская 7. двигаться, проворачиваться (*о подвижных частях механизмов*)
~ the pipes to free *см.* work the pipes up and down
~ the pipes up and down расхаживать прихваченные трубы
~ tight string up and down расхаживать туго идущую колонну
~ up обрабатывать
branch ~s подсобные мастерские
cable ~ канатная лебедка
downhole wireline ~ работы в скважине, осуществляемые инструментом, спускаемым на тросе
erection ~ *см.* installation work
field ~ разведка; работа в полевых условиях
gas ~s газовый завод
installation ~ работы по установке, монтажные работы
machine ~ механическая обработка; обработка на станке
maintenance ~ текущий ремонт; профилактический ремонт
preliminary ~ подготовительные работы
reclamation ~ восстановительные работы
reconnaissance ~ предварительное исследование (*района*)
remedial ~ текущий ремонт, ремонтные работы
repair ~ *см.* remedial work
research ~ исследовательская работа
schedule ~ работа по графику *или* плану, плановая работа
tail-in ~ последний [завершающий] этап работ
wire ~ проволочная сетка
wireline ~ работы в скважине, производимые при помощи инструментов, спускаемых на тросе

workability технологичность; обрабатываемость, способность поддаваться обработке

worker рабочий; работник
oil industry ~ нефтяник
petrochemical industry ~ нефтехимик
pipeline ~ линейный обходчик трубопровода

working 1. работа ‖ работающий 2. эксплуатация; разработка 3. обработка
abandoned ~s ликвидированный промысел
cold ~ наклеп (*холодная обработка*)

workover 1. капитальный ремонт скважины 2. операции для увеличения дебита скважины (*дополнительное углубление, прострел, кислотная обработка и т. п.*)

workover

wireline ~ ремонт при помощи инструмента, спускаемого в скважину на тросе
workpiece обрабатываемая деталь; обрабатываемое изделие
workship-pipelayer рабочее судно-трубоукладчик
workshop цех; мастерская
worm 1. червяк, червячный винт 2. шнек
rope ~ штопор для ловли оборванного каната
worn-out изношенный, сработанный, сработавшийся
WORT [waiting on rotary tools] ожидание оборудования для роторного бурения
WOS [washover string] промывочная колонна
WOSP [waiting on state potential] ожидание разрешенного потенциального дебита
WOST [waiting on standard tools] ожидание стандартного оборудования
WOT 1. [waiting on test] ожидание окончания испытания 2. [waiting on tools] ожидание оборудования [инструмента]
WOT & C [waiting on tank and connection] ожидание цистерны и ее подключения
WOW [waiting on weather] ожидание погоды (*в море*)
WP 1. [wash pipe] промывочная труба 2. [working pressure] рабочее давление
WPCF [Water Pollution Control Federation] Федерация организаций по борьбе с загрязнением воды (*США*)
wpr [wrapper] обмоточная машина
WPS [water phase salinity] соленость водной фазы
WR [White River] *геол.* уайт-ривер (*свита олигоцена*)
wrapping 1. изолирование, изоляция 2. упаковка; обмотка
pipeline ~ изоляционное покрытие трубопровода
wrap-up скручивание (*бурильной колонны*)
wreck 1. повреждение; поломка; авария 2. обрушение
wrecker 1. машина технической помощи 2. рабочий ремонтной *или* аварийной бригады
wrench гаечный ключ; гайковерт || заворачивать *или* отворачивать гаечным ключом
adjustable ~ раздвижной [разводной] гаечный ключ
air ~ пневматический гайковерт
alligator ~ раздвижной трубный ключ; ключ-аллигатор
back-up ~ фиксирующий ключ под неподвижной трубой
barrel ~ ключ для крепления седла клапана (*в корпусе глубинного насоса*)
bulldog ~ *см.* alligator wrench
chain type pipe ~ цепной ключ для труб
crescent ~ серпообразный ключ
monkey ~ *см.* adjustable wrench
pipe ~ *см.* chain type pipe wrench
ratchet chain ~ цепной ключ с храповиком
screw ~ разводной гаечный ключ

socket ~ торцевой ключ
spanner ~ 1. накидной ключ 2. ключ для круглых гаек
tool ~ ключ для инструмента при канатном бурении
wrinkle:
upset ~s дефекты высадки (*труб*)
wrp [wrapper] обмоточная машина
WS [whipstock] отклоняющий клин, скважинный отклонитель, *проф.* уипсток
ws [water supply] водоснабжение
WSD [whipstock depth] глубина (установки) скважинного отклонителя
WSF [water-soluble fraction] водорастворимая фракция
wshd [washed] размытый, промытый
wshg [washing] промывка; очистка
WSO 1. [water shut-off] закрытие [перекрытие] воды 2. [water-soluble organics] водорастворимая органика
WSONG [water shut-off no good] перекрытие воды проведено неудачно
WSOOK [water shut-off OK] вода перекрыта удачно
W/SSO [water with slight shows of oil] вода со слабыми признаками нефти
W/sulf O [water with sulphur odor] вода с запахом серы
WSW 1. [water supply well] водозаборная скважина; скважина-водоисточник 2. [West-South-West] запад-юго-запад
WT 1. [wall thickness] толщина стенки (*трубы*) 2. [winterization test] испытание на пригодность к эксплуатации в зимних условиях
wt [weight] вес
wtg [waiting] ожидание
wthd [weathered] выветренный (*о пласте*)
wthr [weather] погода
wtr [water] вода
WTS [water to surface] вода, поступающая на поверхность
W/V [weight/volume] отношение веса к объему
WVP [well vicinity profiling] сейсмическая разведка в окрестностях скважины
WW 1. [wash water] промывочная вода 2. [water well] водозаборная скважина; скважина-водоисточник
WWS [wire wrapped screen] проволочный фильтр
WX [Wilcox] *геол.* уилкокс (*серия отдела эоцена третичной системы*)

X 1. обозначение реактивного сопротивления 2. [experimental] экспериментальный, опытный

X-bdd [cross-bedded] косослоистый; перекрестно-наслоенный
X-bdding [cross-bedding] косая [диагональная] слоистость
XCSG [extreme line casing] обсадные трубы с трапецеидальной резьбой
X-hvy [extra heavy] сверхтяжелый
Xing [crossing] пересечение препятствия (*при прокладке трубопровода*)
Xlam [cross-laminated] косослоистый
X-line [extreme line] безмуфтовый с трапецеидальной резьбой (*о трубах*)
Xln [crystalline] кристаллический
XO [crossover] переводник
X-over [crossover] переходный, перепускной
X-Pel *фирм.* водорастворимый асфальтит [гильсонит] (*смазывающая добавка для буровых растворов*)
XR [extended range] увеличенный радиус действия
X-R [X-ray] рентгеновский
X-radiation рентгеновское излучение
X-radiography рентгенография
X-ray 1. *pl* рентгеновские лучи; рентгеновское излучение ‖ рентгеновский 2. просвечивать рентгеновскими лучами
X-rayed подвергнутый рентгеновскому контролю, просвеченный рентгеновскими лучами
X-raying просвечивание рентгеновскими лучами, рентгеновский контроль
XSECT [cross-section] поперечное сечение
x-stg [extra strong] сверхпрочный
xtal [crystal] кристалл ‖ кристаллический
X-tree [Christmas tree] фонтанная устьевая арматура, *проф.* елка
XX-hvy [double extra heavy] супертяжелый

Y

Y обозначение полной проводимости
yarding складирование (*укладка бурильных и обсадных труб на стеллажах бурового судна или плавучей полупогружной платформы*)
yaw рыскание; угол рыскания ‖ рыскать
~ of drilling platform рыскание буровой платформы (*отклонение плавучей буровой платформы от заданного направления*)
Yelflake *фирм.* целлофановая крошка (*нейтральный наполнитель для борьбы с поглощением бурового раствора*)
Yel-Oil *фирм.* буровой раствор на углеводородной основе
yd [yard] ярд (*=91,44 см*)
yield 1. текучесть (*металла*) 2. добыча; выход [выпуск] (*продукции*) ‖ выдавать; производить 3. пружинить, поддаваться

acre ~ производительность акра (*средняя добыча нефти или газа из одного акра продуктивного горизонта*)
current ~ суточный дебит [отбор], суточная добыча
elastic ~ упругая деформация
gas ~ 1. выход газа 2. количество добываемого газа
high ~ 1. высокий выход (*продукта*) 2. глинопорошок, дающий большой выход бурового раствора
plastic ~ пластическое растяжение
safe ~ надежные запасы (*полезных ископаемых*)
slurry ~ выход раствора (*объем раствора, получаемый из одного мешка цемента или бентонита при перемешивании его с необходимым количеством воды и добавками*)
specific ~ удельная водонасыщенность (*водоносного горизонта*)
torque ~ крутящий момент на пределе текучести
ultimate ~ суммарный *или* конечный выход (*продукта*)
well ~ дебит скважины
yielding 1. податливость ‖ податливый 2. выход (*продукции*) 3. прогиб 4. растекание, текучесть
YIL [yellow indicating lamp] желтая индикаторная лампочка
Y. O. [yearly output] годовая выработка; годовая добыча
Yoak [Yoakum] *геол.* иоахим (*свита среднего и нижнего ордовика, Среднеконтинентальный район*)
yoke 1. траверса (*механизма гидравлической подачи*) 2. вилкообразный [давильный] хомут (*для предупреждения выталкивания труб из скважины при цементировании под большим давлением*) 3. вилка; коромысло; скоба; серьга; обойма 4. направляющая траверса вентиля *или* задвижки
mooring ~ швартовная траверса (*связывающая судно с якорем-колонной стояка*)
pulling ~ скоба для извлечения (*труб или штанг*)
YP [yield point] предел текучести; динамическое сопротивление сдвигу; предельное напряжение сдвига
yr [year] год
Yz [Yazoo] *геол.* язоу (*свита группы джексон эоцена третичной системы*)

Z

Z 1. обозначение полного сопротивления 2. [zero] нуль 3. [zone] зона

ZD [zero defects] бездефектность
ZDOD [zero damages on delivery] отсутствие повреждений при доставке
Zeogel *фирм.* аттапульгитовый глинопорошок для приготовления солестойких буровых растворов
zero 1. нулевая точка; начало координат 2. нуль шкалы 3. нуль
 absolute ~ абсолютный нуль *(−273 °C)*
 scale ~ нуль шкалы
Zil [Zilpha] *геол.* зилфа *(свита группы клайборн эоцена третичной системы)*
Zip-Sticks *фирм.* твердое поверхностно-активное вещество, применяемое при бурении с очисткой забоя газообразными агентами
zonal зональный, поясной
zone 1. зона, пояс: участок, район 2. интервал *(в скважине)*
 ~ of capillarity зона просачивания
 ~ of cementation *геол.* зона сцементированных [монолитных] пород *(ниже зоны выветривания)*; зона цементации
 ~ of conductivity (токо)проводящая зона
 ~ of folding *геол.* зона складчатости
 ~ of fracture *геол.* зона разломов; трещиноватая зона
 ~ of intense fracturing *геол.* зона интенсивной трещиноватости
 ~ of loss *см.* lost-circulation zone
 ~ of oxidation зона окисления
 ~ of percolation зона просачивания
 ~ of production *см.* pay zone
 ~ of saturation зона насыщения
 ~ of uplift *геол.* зона поднятия
 abnormally pressured ~ зона аномально-высокого пластового давления, зона АВПД
 acidized ~ зона, подверженная воздействию кислоты
 aerated ~ аэрированный участок
 anomalous ~ аномальная зона
 barren ~ непродуктивная зона; непродуктивный интервал
 blind ~ слепая зона *(интервал скважины, из которого шлам при бурении не выступает на поверхность)*
 bottom-hole production ~ призабойная зона *(пласта)*
 contiguous ~ смежная зона; зона, граничащая со смежными концессионными участками *(принадлежащими одной или нескольким нефтепромысловым компаниям)*
 dead ~ мертвая зона
 detector ~ детекторная *(определяемая как опасная на платформе)* зона
 economic ~ экономическая зона *(прибрежная зона – 320 км от берега, на которую страна предъявляет исключительные права)*
 edge ~ краевая зона
 fault ~ зона сбросовых нарушений, пояс сбросов
 flushed ~ 1. промытая зона *(при заводнении)* 2. зона проникновения *(в электрокаротаже)*
 frontal ~ фронт продвижения воды *или* газа *(в пласте)*
 gas ~ газоносная зона; газовый [газоносный] участок
 hazardous ~ зона высокого риска
 ice-cutting ~ ледорезная часть *(судна)*
 intensity ~ зона интенсивности
 invaded ~ зона инфильтрации, зона проникновения фильтрата *(бурового раствора)*
 lost-circulation ~ зона поглощения; зона потери циркуляции *(бурового раствора)*
 marginal ~ периферийный участок месторождения; малорентабельный участок
 moving ice ~ зона плавучего льда
 oil ~ нефтеносная зона; нефтяной [нефтеносный] участок
 oil-bearing ~ *см.* oil zone
 overpressured ~ *см.* abnormally pressured zone
 pay ~ продуктивная зона; продуктивный интервал
 producing ~ *см.* pay zone
 prolific ~ богатая нефте- *или* газоносная зона
 seismic ~ зона сейсмичности
 shear ~ *геол.* зона смятия; зона скалывания; зона сдвига
 thief ~ *см.* lost-circulation zone
 tidal ~ зона прилива
 tide ~ *см.* tidal zone
 trailing ~ «отстающая» зона при заводнении
 transition ~ переходная зона
 troublesome ~ зона нарушений; зона осложнений *(при строительстве скважин)*
 wash ~ зона размыва
 weeping ~s зоны с просачивающейся *(в скважины)* водой
 weeping water ~s *см.* weeping zones
 weld ~ зона сварного шва
 wipe-out ~ промытая зона *(при заводнении)*
zoning распределение по зонам
ZVF [zero viscosity factor] показатель нулевой вязкости

СОВРЕМЕННЫЙ РУССКО-АНГЛИЙСКИЙ СЛОВАРЬ ПО НЕФТИ И ГАЗУ

Около 28 000 терминов

MODERN RUSSIAN-ENGLISH DICTIONARY ON OIL AND GAS

About 28 000 terms

РУССКИЙ АЛФАВИТ

Аа	Жж	Нн	Фф	Ыы
Бб	Зз	Оо	Хх	Ьь
Вв	Ии	Пп	Цц	Ээ
Гг	Йй	Рр	Чч	Юю
Дд	Кк	Сс	Шш	Яя
Ее	Лл	Тт	Щщ	
Ёё	Мм	Уу	Ъъ	

А

аберрация aberration
   зональная ~ zonal aberration
   остаточная ~ residual aberration
   сферическая ~ spherical aberration
   хроматическая ~ chromatic aberration
абразив abrasive
   глиноземный ~ aluminum oxide abrasive
   карборундовый ~ silicon carbide [carborundum] abrasive
   металлический ~ metallic abrasive
   синтетический ~ synthetic abrasive
абразивность abrasiveness, abrasivity, abrasive power
абразивный abrasive, abradant
абразия abrasion
   ветровая ~ wind abrasion
   водная ~ water abrasion
   волновая ~ wave abrasion
   ледниковая ~ glacial abrasion
   морская ~ marine erosion; wave abrasion
   речная ~ fluvial abrasion
абрис outline, contour, delineation
абсорбат absorbate
абсорбент absorbent
   насыщенный (*обогащенный*) ~ (*в газобензиновой установке*) rich oil
абсорбер absorber
   насадочный ~ packed absorber
   тарельчатый ~ plate absorber
абсорбированный absorbed
абсорбировать absorb, take up
абсорбируемый absorbable
абсорбирующий absorbing; absorbent
абсорбционный absorbing; absorptive
абсорбция absorption
   ~ газа gas absorption
   гигроскопическая ~ hygroscopic absorption
   капиллярная ~ capillary absorption
аварийность accidental rate, proneness to accident
аварийный faulted, faulty; abnormal; dangerous to use; alarm
авария accident; breakage, breakdown; casualty; collapse; crash; wreck, emergency; failure, hazard
   ~ в скважине downhole failure
   ~ двигателя engine failure
   ~ с бурильной колонной drill string failure, drill string breakdown
   ~ с буровым долотом drill bit failure, drill bit breakdown
   ~ с человеческими жертвами fatal accident
   дорожная ~ road accident
   крупная ~ major disaster
авиабензин *англ.* aviation petrol; *амер.* aviation gasoline
авиакеросин aviation kerosene
автобензин *англ.* petrol; *амер.* gasoline
автобензозаправщик fuel-servicing truck
автобензоцистерна *англ.* petrol tanker; *амер.* gasoline truck
автобетономешалка mix [agitator] truck
автоблокировка automatic block(ing) system, automatic interlocking, (automatic) lockout
автобрекчия autobreccia
автогенез autogenesis
автогенный autogenous, autogenic
автогидроочистка autohydrofining
автозаправщик refueler
автозатаскиватель (*ведущей трубы в шурф*) rathole kelly guiding device
автоклав autoclave, digester
   ~ для выщелачивания digester, leaching autoclave
автоклавировать autoclave, digest
автоклавный (*прошедший автоклавную обработку*) autoclave-cured, steam(-and-pressure) cured
автокомпенсатор self-compensator, self-balancing potentiometer
автокран autocrane; *амер.* truck-mounted crane; *англ.* lorry-mounted crane
автолебедка constant tension winch, autohoist, winch truck
автолестница (*пожарная*) fire motor ladder
автомастерская repair truck
автомат automatic device, automatic machine
   ~ для понижения устьевого давления wellhead pressure reducing automatic device
   ~ для свинчивания и развинчивания труб pipe makeup-breakout automatic device
   ~ защиты сети (automatic) circuit breaker
   ~ Молчанова *см.* автомат для свинчивания и развинчивания труб

автомат

~ повторного включения reclosing circuit breaker, automatic circuit recloser
~ подачи бурового долота drilling bit feed control device
~ подачи буровых труб automatic drill pipe racker
двухдуговой сварочный ~ two-head automatic arc-welding machine, twin-arc welder
дуговой сварочный ~ automatic arc-welding machine
многодуговой сварочный ~ multiarc welding [multihead automatic arc-welding] machine
однодуговой сварочный ~ one-head automatic arc-welding machine
пескоструйный ~ automatic sand-blasting machine
поплавковый ~ откачки automatic float-type pump-out unit

автоматизация automation, automatic control, automatization
автоматизированный automated
полностью ~ fully [entirely] automated
автоматизировать automate
автоматика automatics (*как отрасль науки и техники*); automation, (*оборудование*) automatic equipment, (*совокупность реле управления*) control relays
автоматический automatic, self-acting, self-contained, unattended
автомобиль car, motor vehicle, automobile; (*грузовой*) *амер.* truck; *англ.* lorry
аварийный грузовой ~ crash truck
буксирный грузовой ~ towing truck
грузовой ~ *амер.* truck; *англ.* lorry
грузовой ~ для перевозки цемента россыпью cement bulk truck
грузовой ~ для развозки труб по трассе трубопровода pipe stringing truck
грузовой ~ повышенной проходимости cross-country truck
грузовой ~ с безбортовой платформой flat-bed truck
пожарный ~ fire-engine [fire-fighting] vehicle, fire-truck
пожарный ~ пенного тушения foam tender
пожарный ~ порошкового тушения dry powder tender
пожарный ~ с насосной установкой fire pumper

автомобиль-нефтевоз oil tank truck
автомобиль-сейсмостанция seismic instrument truck
автомобиль-тягач *амер.* towing truck, truck tractor
автомобиль-цементовоз cement truck
автономный autonomous, independent, offline; (*о буровой установке*) self-contained, self-reacting
автоперевозка transport [carriage] by road
автопогрузчик *амер.* truck loader, lift truck
~ с вилочным захватом fork(-lift) truck

автоподача automatic feed
автоподъемник:
коленчатый пожарный ~ mobile aerial tower
автопоезд *амер.* truck convoy
автоприцеп:
~ с буровым насосом mud pump (truck) trailer
автосамосвал *амер.* dump truck; *англ.* tip-lorry
автотопливозаправщик refueller, refuelling truck
автотранспорт motor(-vehicle) transport
грузовой ~ *амер.* truck transport; *англ.* lorry transport
автотрансформатор autotransformer
~ с воздушным охлаждением dry-type autotransformer
~ трехфазного тока three-phase autotransformer
измерительный ~ instrument autotransformer
регулируемый ~ variable-ratio autotransformer
автотягач *амер.* towing truck, truck tractor
автохозяйство motor transport service
автоцементовоз cement truck
автоцистерна (road) tank car, tank(-body) truck, truck [road] tanker
~ для горючего gas tank truck
~ для перевозки нефтепродуктов oil delivery truck
~ с самотечным сливом gravity tank truck
дегазационная ~ decontamination watering tanker
пожарная ~ fire-extinguishing tank truck
агалит agilite
агглютинат agglutinate
агглютинировать agglutinate
агградация aggradation, shore deposition
агент 1. (*реактив*) agent, medium 2. (*работник*) agent
~ для удаления бурового раствора drilling mud cleanout agent
~, повышающий смачивающую способность wettability agent
~ по закупкам purchasing agent
~ по продажам sales agent
~ фрахтователя charterer`s agent
алкилирующий ~ alkylation agent
антипенный ~ antifoam agent
безглинистый буровой ~ для вскрытия продуктивного пласта clay-free completion drilling agent
буровой ~ drilling fluid, drilling agent
буровой ~ для вскрытия продуктивного пласта completion drilling fluid, completion drilling agent
взвешивающий ~ suspending agent
внешний ~ external agent, external factor
внутренний ~ internal agent, internal factor
вспенивающий ~ foaming agent
второстепенный ~ subagent
вулканизирующий ~ curing agent

агрегат

вытесняющий ~ displacement agent, driving [repressuring] medium
газообразный ~ gaseous agent
генеральный ~ general agent
дезактивирующий ~ decontaminant, decontamination agent
диспергирующий ~ dispersing agent
желатинизирующий ~ gelling agent, gellant
загрязняющий ~ pollutant
закупоривающий ~ blocking [bridging, plugging, squeezing] agent
корродирующий ~ corrosive agent
модифицирующий ~ extender
насыщающий ~ saturant
огеливающий ~ gelling agent, gellant
охлаждающий ~ coolant, cooling agent
очищающий ~ purifier
пенообразующий ~ air-foam agent
поверхностно-активный ~ surface-active agent, surfactant
продавочный ~ working substance, working agent
продувочный ~ blowing agent
рабочий ~ working substance, working [active] agent
расклинивающий ~ propping agent, proppant
регулирующий ~ control agent
смачивающий ~ wetting agent
страховой ~ insurance agent
тектонический ~ internal agent
торговый ~ commercial agent, dealer
транспортный ~ carrier agent
туманообразующий ~ misting agent
флокулирующий ~ flocculating agent, flocculant
экспортный ~ export agent
эмульгирующий ~ emulsifying agent, emulsifier

агломерат agglomerate
базальтовый ~ basalt agglomerate
жерловый ~ vent agglomerate
раковистый ~ shelly agglomerate

агломератопенобетон agglomerate-foam concrete
агломерация agglomeration, sintering
агломерировать agglomerate, sinter
агрегат 1. aggregate, assembly, gang, outfit, set, plant, unit, machine; (*часть установки*) plant item, unit 2. (*совокупность вещества*) aggregate
~ для заканчивания скважин well completion unit
~ для капитального ремонта скважин workover [derrick rod and tubing] rig
~ для механизированной погрузки и транспортирования глубинно-насосных штанг sucker-rod mechanized loading and transporting unit
~ для налива в бочки barrel packing [keg-filling] machine
~ для подземного ремонта скважины well servicing unit
~ для разбуривания цементных пробок cement plug drilling unit
~ для ремонта скважин, смонтированный на тракторе tractor-mounted well servicing unit
~ частиц particle aggregate
буровой ~ rig
буровой насосный ~ slush [mud] pump unit
газогенераторный ~ gas producer set
газомотокомпрессорный ~ gas engine-compressor unit
газоперекачивающий ~ gas compressor unit
газотурбинный силовой ~ gas-turbine power unit
глубинно-насосный ~ bottom-hole pump(ing) unit
двухбарабанный ~ для подземного ремонта скважин double-drum well servicing unit
дизель-генераторный ~ diesel-generator
дизель-гидравлический силовой ~ diesel-hydraulic power unit
забойный реактивно-турбинный ~ reactive turbine bottom-hole unit
запасной ~ auxiliary агрегат
зарядный ~ charger
компрессорный ~ packaged compressor
компрессорный ~ для освоения скважины well starting compressor
кристаллический ~ crystalline aggregate
насосный ~ pumping unit
насосный ~ с гидроприводом hydraulic pumping unit
однокорпусный ~ для электродуговой сварки one-body arc-welding set
опрессовочный ~ hydrostatic testing unit
пескосмесительный ~ sand blender unit
погружной вставной насосный ~ insert (type) submersible pump unit
погружной насосный ~ submersible drive pump unit
погружной электроцентробежный насосный ~ submersible electric centrifugal pump unit
подъемно-промывочный ~ well servicing pump-hoist unit
подъемный ~ hoist unit
промывочный ~, смонтированный на автомобиле pumping unit truck
простаивающий ~ off-stream unit
рамный насосный ~ pumping unit on skid
свабирующий ~ swabbing unit
сварочный ~ welder, welding set
сварочный ~ на автомобиле welding truck
силовой ~ power plant, power set, power machine
трубосварочный ~ pipe welding machine
турбокомпрессорный ~ turbocompressor unit
цементировочный ~ cementing unit, cementing trailer, cementing truck
цементно-смесительный ~ cement mixing unit

агрегат

электросварочный ~ electric welding machine, electric welder
агрегативный aggregative
агрегатный modular, building-block
агрегация aggregation
агрегирование *см.* **агрегация**
агрессивность aggressiveness, aggressivity
   коррозионная ~ corrosiveness, corrosion activity
   результирующая ~ resultant (corrosion) activity, resulting aggressiveness
   химическая ~ chemical aggressiveness
агрессивный (*о веществе, среде*) corrosive
агрессия :
   химическая ~ chemical attack
агриколит agricolite
адаптация adaptation
адаптер:
   ~ шарошек wheel carrier
адаптированность adaptedness
адгезиограмма adhesiogram
адгезионный adhesive
адгезия adhesion; adherence
   молекулярная ~ molecular adhesion
   удельная ~ specific adhesion
   электростатическая ~ electrostatic adhesion
адиабата adiabat, adiabatic line, adiabatic curve
   влажная ~ moist adiabat
   сухая ~ dry adiabat
   ударная ~ percussive [impact] adiabat
адиабатический adiabatic
адсорбат adsorbate
адсорбент adsorbent
   гидрофобный ~ hydrophobic adsorbent
   диспергированный ~ dispersed adsorbent
   кремнистый ~ silicon adsorbent
   природный ~ natural adsorbent
   твердый ~ solid adsorbent, dry desiccant
   химический ~ chemical absorbent
адсорбер adsorber
адсорбирование adsorption
адсорбированный adsorbed
адсорбировать adsorb
адсорбироваться на... to plate out on (upon)
адсорбируемый adsorbed
адсорбирующий adsorptive, adsorbing
адсорбция adsorption
   ~ газа на твердой поверхности gas solid adsorption
   ~ ионов adsorption of ions
   ~ почв adsorption of soils
   избирательная ~ preferential adsorption
   необратимая ~ irreversible adsorption
   низкотемпературная ~ low-temperature adsorption
   обратимая ~ reversible adsorption
   поверхностная ~ surface adsorption
   повторная ~ readsorption
   физическая ~ physical adsorption
   химическая ~ chemical adsorption, chemisorption
   хроматографическая ~ chromatographic adsorption

азимут azimuth
   ~ искривления compass direction of deviation
   ~ падения dip azimuth
   ~ привязки attachment azimuth
   ~ простирания strike [trend] azimuth
   ~ ствола скважины drift angle of hole
   видимый ~ apparent azimuth
   исходный ~ reference [initial] azimuth
   магнитный ~ magnetic azimuth
   обратный ~ reverse [back] azimuth
   прямой ~ forward azimuth
азимутальный azimuthal
азот nitrogen
   активный ~ active nitrogen
   аммиачный ~ ammonia nitrogen
   доступный ~ available nitrogen
   жидкий ~ liquid nitrogen
   общий ~ total nitrogen
   остаточный ~ residual nitrogen
   растворимый ~ soluble nitrogen
   связанный ~ fixed nitrogen
   усвояемый ~ available nitrogen
азотирование hard surfacing
азотировать nitrate
азотистокислый nitrite
азотистый nitrous, nitride
азотнокислый nitrate
азотный nitric, nitrogenous
азотометр nitrometer, azotometer
АЗС [автозаправочная станция] *амер.* gas(o-line) filling station; *англ.* petrol station
айсберг iceberg
акаустобиолит akaustobiolite, akaustobiolith
акватория water area, (defined) area of water
   прибрежная ~ offshore strip
аккумулировать accumulate, store
аккумулятор accumulator; (storage) battery
   ~ аварийного питания emergency battery
   ~ давления pressure accumulator
   ~ давления с направляемым поплавком guided float pressure accumulator
   ~ с контактом газа и жидкости hydropneumatic accumulator
   ~ с разделительной диафрагмой separator type accumulator
   ~ с эластичной разделительной диафрагмой bladder type accumulator
   беспоршневой гидравлический ~ diaphragm-type hydraulic accumulator
   гидравлический ~ hydraulic accumulator
   кислотный ~ lead-acid cell
   пневматический ~ air receiver
   поршневой гидравлический ~ plunger type hydraulic accumulator
   придонный ~ downhole accumulator
   свинцовый ~ *см.* кислотный аккумулятор
   сухой ~ dry battery
   сферический ~ с направляемым поплавком spherical guided float accumulator
   цилиндрический ~ с направляемым поплавком cylindrical guided float accumulator

щелочной ~ alkaline battery
аккумуляция accumulation
~ средств accumulation of funds
акр (*равный 0,405 га*) acre
акрил acryl
акриламид acrylamide
акрилат acrylate
акриловый acrilic
акрилонитрил acrylonitrile
акселератор accelerator
акт report; statement; act; certificate
~ об испытании certificate of proof
~ опробования пласта formation-test certificate
~ технического осмотра technical inspection report
аварийный ~ emergency statement
законодательный ~ legislative act
приемо-сдаточный ~ acceptance certificate
активатор activator, activating agent
~ катализатора promoter of a catalyst
~ полимеризации polymerization activator
~ химической реакции catalyst
~ цемента cement catalyst
активация activation
активирование *см.* **активация**
активированный activated
активировать activate
активность activity
~ брожения fermentation activity
~ бурового раствора drilling mud activity
~ земного магнетизма terrestrial magnetism activity
атмосферная ~ atmospheric activity
геодинамическая ~ geodynamic activity
коррозионная ~ corrosivity, corrosiveness
наведенная ~ induced activity
окислительная ~ oxidative activity
оптическая ~ optical activity
остаточная ~ residual activity
поверхностная ~ surface activity
равновесная ~ equilibrium activity
сейсмическая ~ seismic activity
смачивающая ~ wetting activity
химическая ~ chemical activity
фильтрационная ~ filtration activity
флотационная ~ flotation activity
электрохимическая ~ electrochemical activity
акт-рекламация notification of defects
акционер *англ.* shareholder; *амер.* stockholder
акционировать (*компанию*) turn into a joint-stock company
акция *англ.* share; *амер.* stock
обыкновенная ~ *англ.* ordinary share; *амер.* common stock
привилегированная ~ *англ.* preference share; *амер.* preferred stock
алебастр plaster of Paris, alabaster
алебастрит alabastrite, compact gypsum
алеврит silt, aleurite
алевролит siltstone, aleurolite

~ с высоким содержанием глины highly argillaceous siltstone
крупнозернистый ~ coarse siltstone
песчано-глинистый ~ sandy-argillaceous aleurolite
рыхлый ~ loose siltstone
среднеотсортированный ~ medium graded siltstone
алидада alidade
алит alite
алитирование (*порошкообразным алюминием*) aluminizing; (*жидким алюминием*) calorizing
диффузионное ~ в твердой среде alitizing
алитированный (*порошкообразным алюминием*) aluminized; (*жидким алюминием*) calorized
алитировать aluminize; calorize
алифатический aliphatic
алкалоид alkaloid
алкан alkane
алкен alkene
алкидный alkyd
алкил alkyl
алкилбензол alkyl benzene
алкилирование:
~ с разложением destructive alkylation
алкилировать alkylate
~ замещением alkylate by substitution
алломерия allomerism
аллопрен alloprene
аллотропия allotropy
аллювиальный alluvial
аллювий alluvium
алмаз diamond
~ для резки стекла glazier's diamond
буровой ~ drilling diamond
искусственный ~ synthetic diamond
мелкий ~ spark (diamond)
овализованный ~ rounded diamond
плоскогранный ~ plane-face [table] diamond
природный ~ natural diamond
рекуперированный ~ recovered diamond
синтетический ~ synthetic diamond
синтетический обычный ~ ordinary synthetic diamond
синтетический прочный ~ strong synthetic diamond
технический ~ commercial diamond
технический ~ сорта «Борт» commercial "Bort"
черный ~ black diamond, bort
черный технический ~ carbonado
альбертит albertite
альдегид aldehyde
альфа-излучение alpha radiation
альфа-частица alpha particle
алюминат aluminate
~ бария barium aluminate
трехкальциевый ~ tricalcium aluminate
алюминий aluminum
азотнокислый ~ aluminum nitrate

технически чистый ~ commercially pure aluminum
хлористый ~ aluminum chloride
алюмосиликат aluminosilicate (compound)
алюмоферрит alumina ferrite
четырехсальциевый ~ tetracalcium alumina ferrite
амальгама amalgam
амбар pit; storehouse
~ для бурового раствора drilling mud pit
~ для загрязненного бурового раствора dirty mud sump
~ для хранения бурового раствора (drilling) mud pit, mud ditch, mud sump
водяной ~ water storage pit
заборный ~ pump suction pit
земляной ~ earth storage, sump
нефтяной ~ oil storage pit
приемный ~ для бурового раствора clay pit, mud sump
резервный ~ reserve pit
амбар-отстойник settling pit
амид amide
производные ~ов жирных кислот гидрогенизованного сала hydrogenated tallow amides
амидопроизводные amide products, amide derivatives
амин amine
~ы жирного ряда fatty amines
отвержденный ~ами amines-cured
аминокислота amino acid
аминосоединение aminocompound
аминоспирт amino alcohol
аммиак ammonia
безводный ~ anhydrous ammonia
жидкий ~ liquid ammonia
технический ~ commercial ammonia
аммиачный ammoniac(al)
аммонал ammonal
амортизатор (shock) absorber; buffer; bumper; cushion; snubber; damp(en)er; load sharing block
~ бурильной колонны drill string vibration dampener
~ для гашения колебаний oscillation [vibration] dampener
~ кронблока crown-block bumper
воздушный ~ air shock absorber
гидравлический ~ oil pressure damper
гидравлический ~ бесштоковой полости blind end hydraulic cushion
гидравлический ~ крюка hydraulic bumper of hook
гидравлический ~ штоковой полости rod end hydraulic cushion
гидропневматический ~ hydropneumatic shock absorber
пневматический ~ air shock absorber
пружинный ~ spring shock absorber
раздвижной ~ collapsible shock absorber
регулируемый ~ adjustable shock absorber

резиновый ~ rubber shock absorber, rubber damper
фрикционный ~ friction shock absorber
амортизационный shock-absorbing, damping
амортизация 1. damping, shock absorption 2. depreciation, wear and tear
суточная ~ буровой установки daily rig depreciation
амортизированный buffered, damped, shockproof
амортизировать absorb, damp
аморфный amorphous
амперметр ammeter
~ детекторной системы rectifier ammeter
~ переменного тока alternating current [AC] ammeter
~ постоянного тока direct-current [DC] ammeter
индукционный ~ induction ammeter
перегрузочный ~ overload ammeter
самопишущий ~ recording ammeter
амплитуда amplitude, peak value
~ вероятности probability amplitude
~ возмущений disturbance range
~ импульса pulse amplitude
~ качания swing
~ колебаний amplitude of vibration, amplitude of oscillation
~ надвига overlap fault amplitude
~ отклонения deviation amplitude
~ отраженной волны reflection amplitude
~ поднятия земной коры amplitude of crustal recoil
~ прилива tidal range
~ сброса vertical separation, fault throw
~ сейсмических колебаний почвы seismic ground amplitude
~ смещения по плоскости apparent [net] slip
~ смещения по простиранию horizontal strike amplitude of a fault
относительная ~ relative amplitude
приведенная ~ reduced amplitude
стратиграфическая ~ разрыва stratigraphical throw
анабитум anabitumen
анаклинальный anaclinal
анализ analysis; test; examination
~ безопасности safety assessment
~ бурового раствора gas analysis of drilling mud
~ воздушной среды air medium analysis
~ в скважине downhole hydraulic analysis
~ горных пород rock analysis
~ керна core analysis
~ методом титрования titrimetric analysis, analysis by titration
~ напряжений stress analysis
~ нефти oil analysis
~ потребительского спроса marketing analysis
~ почвы soil analysis
~ разгонкой distillation test

~ размерностей dimensional analysis
~ сточных вод sewage analysis
абсорбционный ~ absorption analysis
адсорбционный ~ adsorption analysis
базисный ~ base analysis
бактериологический ~ bacteriological analysis
валовой ~ bulk [gross] analysis
весовой ~ gravimetric [weight] analysis
вискозиметрический ~ viscosimetric analysis
газовый ~ gas analysis
гидравлический ~ downhole hydraulic analysis
гранулометрический ~ grade [grading, grain-size, granulometric, sieve] analysis, gradation test
дискретный ~ sampling analysis
дифференциальный термографический ~ differential thermal analysis
калориметрический ~ calorimetric analysis
капельный ~ drop analysis
качественный ~ qualitative analysis
количественный ~ quantitative analysis
контрольный ~ check analysis
корреляционный ~ correlation analysis
кристаллографический ~ crystallographic analysis
литологофациальный ~ lithofacies analysis
люминесцентный ~ fluorescence analysis
магнитный ~ magnetic analysis
масс-спектрометрический ~ mass spectrometric analysis
механический ~ mechanical analysis
микроминералогический ~ micromineralogical analysis
микроскопический ~ microscopic analysis
мокрый ситовый ~ wet screen analysis
нефелометрический ~ nephelometric analysis
общий ~total [bulk, complete] analysis
объемный ~ measure [volumetric] analysis
объемный газовый ~ керна volumetric-gas analysis of core
полный элементарный ~ ultimate analysis
полосовой ~ band analysis
полярографический ~ polarographic analysis
приближенный ~ proximate analysis
проверочный ~ check analysis
промысловый ~ routine analysis
растровый ~ scanning analysis
рентгенографический ~ X-ray analysis
рентгеноспектральный ~ X-ray spectrographic analysis
рентгеноструктурный ~ roentgenostructural analysis
ретортный ~ retort analysis
седиментационный ~ sedimentation analysis
ситовый ~ grain-size [mesh, screen, sieve] analysis, sieve(ing) test
спектральный ~ spectral analysis
спектроскопический ~ spectroscopic analysis

структурный ~ structural [textural] analysis
сухой ситовый ~ dry screen analysis
термический ~ thermoanalysis
фазовый ~ phase analysis
флуоресцентный ~ fluoroscopy, fluorescence analysis
фракционный ~ fractional analysis; size [sizing] analysis
химический ~ chemical analysis
хроматографический ~ chromatographic analysis
численный ~ numerical analysis
шлифовой ~ thin-section [microsection] analysis
электронно-графический ~ electron diffraction analysis
анализатор analyzer
~ амплитуды импульсов pulse-amplitude [pulse-height] analyzer
~ взрывчатых газов explosive gas analyzer
~ воздуха air analyzer
~ гармоник harmonic analyzer
~ остойчивости stability analyzer
дифференциальный цифровой ~ digital differential analyzer
матричный ~ matrix analyzer
сейсмический ~ seismic analyzer
ситовый ~ testing sieve
анаморфизм anamorphism
анаэробиоз anaerobiosis
анаэробный anaerobic
ангидрид anhydride
~ азотной кислоты nitric anhydride
~ борной кислоты boric anhydride
~ кислоты acid anhydride
~ основания basic anhydride
~ сернистой кислоты sulfur dioxide
сернистый ~ disulfide
серный ~ sulfur trioxide
ангидрит anhydrite
анемограмма anemogram
анемометр anemometer
~ с мельничной вертушкой wind-wheel anemometer
индукционный ~ induction (type) anemometer
крыльчатый ~ propeller [vane] anemometer
сигнальный ~ alarm [warning] anemometer
чашечный ~ cup anemometer
электрический ~ electrical anemometer
анероид aneroid (barometer)
АНИ [Американский нефтяной институт] American Petroleum Institute, API
анизотропия anisotropy
~ по проницаемости permeability anisotropy
~ пород rock anisotropy
~ упругих свойств *см.* упругая анизотропия
кристаллографическая ~ crystal anisotropy
магнитная ~ magnetic anisotropy
скоростная ~ velocity anisotropy
упругая ~ elastic anisotropy
анизотропный anisotropic

анионирование

анионирование anion-exchange process
анионообменник anion exchanger
анкер anchor, stay, tie rod
анкерит ankerite, brown spar
анкеровать anchor, bolt
анкеровка anchorage, anchoring
анод anode
  ~ в системе протекторной защиты expandable anode
  защитный (расходуемый) ~ sacrificial anode
  магниевый ~ magnesium anode
анодирование anodizing, anodic oxidation, anodic treatment
анодировать anodize
анодный anodic
аномалия anomaly
  ~ воды water anomaly
  ~ давления pressure anomaly
  ~ интенсивности землетрясений earthquake intensity anomaly
  ~ силы тяжести gravity anomaly
  геофизическая ~ geophysical anomaly
  геохимическая ~ geochemical anomaly
  гравиметрическая ~ Буге Bouguer effect, Bouguer gravity anomaly
  гравитационная ~ gravity [gravitational] anomaly
  локальная ~ local anomaly
  магнитная ~ magnetic anomaly
  остаточная ~ силы тяжести residual gravity anomaly
  отрицательная гравитационная ~ negative gravity anomaly
  положительная гравитационная ~ positive gravity anomaly
  псевдогравиметрическая ~ pseudogravimetric anomaly
  радиоактивная ~ radioactive anomaly
  региональная ~ regional anomaly
  температурная ~ temperature anomaly
  топографическая ~ topographic anomaly
аномальный abnormal, anomalous
антеклиза anteclise
антенна *амер.* antenna; *англ.* aerial
антивспениватель antifoam agent, antifoamer
антидетонатор antiknock agent, antiknock component, antiknock additive, antiknock dope, antoknock compound
антидетонационный antiknock
антидетонация antiknock
антикатод anticathode, target cathode
антиклиналь anticline, anticlinal fold
  асимметричная ~ asymmetrical anticline
  веерообразная ~ fan-shaped anticline
  вытянутая ~ elongated anticline
  замкнутая ~ closed anticline
  килевидная ~ carinate anticline
  ложная ~ pseudoanticline
  нефтеносная ~ oil-bearing [petroliferous] anticline
  опрокинутая ~ recumbent anticline
  перевернутая ~ overturned anticline
  побочная ~ secondary [subsidiary] anticline
  погребенная ~ buried anticline
  погружающаяся ~ plunging anticline
  пологая ~ gentle anticline
  поперечная ~ cross anticline
  простая ~ single anticline
  прямая ~ upright anticline
  региональная ~ geoanticline, regional anticline
  сдвоенная ~ twin anticline
  симметричная ~ symmetrical anticline
  сложная ~ composite anticline
антиклинальный anticlinal
антиклинорий composite anticline, anticlinorium
антикоагулянт anticoagulant, anticoagulin
антикоагулятор stabilizer
антикоррозионный anticorrosive, corrosion-resisting, antirust, corrosion-preventive
антинакипин antiscaling composition
антиобледенитель anti-icing device, deicing [anti-icing] system, deicer
антиокислитель *см.* **антиоксидант**
антиоксидант antioxidant
  ~ для смазочных материалов lubricant antioxidant, lubricant inhibitor
антисейсмический earthquake-proof, earthquake-resistant, antiseismic
антистатик antistatic agent
антистатический antistatic
антиферментатор bactericide, preservative
антифриз antifreeze, antifreezing agent, antifreezing compound
  бензиновый ~ gasoline antifreezing mixture
антифрикционный antifrictional
антиэмульгатор demulsifier, demulsifying agent, demulsifying compound, emulsion breaker
антраксолит anthraxolite
антропоген Antropogene
апериодический aperiodic, nonperiodic
апериодичность aperiodicity
апертура aperture
аппарат apparatus, device; equipment; unit; item; instrument
  ~ для атомно-водородной сварки atomic-hydrogen welding apparatus
  ~ для встряхивания shaking apparatus
  ~ для нитрирования nitrator
  ~ для обслуживания оборудования с дистанционным управлением remote maintenance vehicle
  ~ для окисления oxidizer
  ~ для определения влажности moisture meter
  ~ для предварительного смешения premixer
  ~ для разрушения эмульсии *см.* **антиэмульгатор**
  ~ для ситового анализа sieve shaker
  ~ для термообработки (*нефти*) heat treater
  ~ Яковлева для исследования скважин wire line reel of Jakovlev for bottom-hole surveys
  автогенный сварочный ~ acetylene welding outfit, gas cutting welding machine

вакуум-экстракционный ~ vacuum extract still
взрывобезопасный ~ explosion-proof apparatus
водозащищенный ~ watertight apparatus
выпарной ~ evaporator
двухступенчатый ~ two-stage apparatus
дистанционно управляемый ~ remotely controlled vehicle, RCV
дозирующий ~ dosimeter, measuring apparatus
дробеструйный ~ blast(er)
дыхательный ~ breather, breathing apparatus
дыхательный подводный автономный ~ self-contained underwater breathing apparatus
каротажный ~ logging apparatus
лопаточный ~ ротора rotor blading
лопаточный ~ статора stator blading
лопаточный ~ турбины turbine blading
направляющий ~ guide apparatus
пескоструйный ~ sand jet, sandblast (apparatus), (sand) blast(er), sanding apparatus
подводный обитаемый ~ manned submersible apparatus
промывочный ~ washer
рабочий ~ work vehicle
сварочный ~ welding apparatus, welder
смесительный ~ mixer, stirrer
сортировочный ~ separator
теплообменный ~ heat exchanger
теплообменный кожухотрубный ~ shell and tube heat exchanger

аппаратура apparatus, equipment, set, outfit
~ автоматического управления automatic control equipment
~ акустического каротажа acoustic log equipment
~ бокового каротажа laterolog equipment
~ гамма-гамма каротажа gamma-gamma log equipment
~ дистанционного управления remote control equipment
~ для интерпретации сейсмограмм seismogram interpretation apparatus
~ для перезаписи сейсмических данных seismic transcribing system
~ для ремонта подводных трубопроводов submarine underwater pipeline repair apparatus, SUPRA
~ для сейсмической записи seismic recording apparatus
~ для сейсмической разведки seismic prospecting apparatus
~ индукционного каротажа induction log
~ контроля цементирования cement log equipment
~ микробокового каротажа microlaterolog equipment
~, обеспечивающая безопасность работы safety equipment
~ плотностного гамма-гамма каротажа density gamma-gamma log equipment
~ радиоактивного каротажа radioactivity log equipment
~ управления control equipment
~ электрического каротажа electric log equipment
~ ядерно-магнитного каротажа nuclear log equipment
контрольно-измерительная ~ instrumentation
наземная ~ surface equipment
промыслово-геофизическая ~ well log equipment
пусковая ~ start-up apparatus, starting equipment
регулирующая ~ control equipment
рентгеновская ~ X-ray equipment
сигнальная ~ monitoring [signaling] apparatus, alarm device
телеметрическая ~ telemetering equipment
экстрагирующая ~ extraction apparatus

аппроксимация approximation
апробация evaluation
апсидальный apsidal
аптечка medicine chest
~ первой медицинской помощи medical first-aid kit

арагонит aragonite
аргиллит argillite, soapstone
окремнелый ~ silicified claystone
аргиллитовый argillaceous
аргонодуговой argonarc
ареал зон нефтегазонакопления area of oil and gas accumulation
аренда lease
ареометр areometer, hydrometer
~ Баллинга Balling hydrometer
~ Боме Baumé hydrometer
~ для нефти oil hydrometer, elaeometer
~ для определения плотности рассола salinometer
аккумуляторный ~ battery densimeter
кислотный ~ acidometer, acidimeter
самопишущий ~ density recorder
ареометрия areometry, hydrometry
ареометр-пикнометр areopycnometer
Арктика Arctic zone, Arctic regions, Arctic realm
арктический Arctic
арматура 1. accessories; equipment; fittings 2. reinforcement; armoring
~ котла boiler fittings, boiler mountings
~ крестового типа cross-type fittings
~ тройникового типа tee-type (head) fittings
~ устья скважины для гидроразрыва fracturing head
~ устья скважины для паротеплового воздействия на пласт high-temperature head
газовая ~ gas fittings
запорная ~ valving
наземная ~ surface connections
осветительная ~ lighting fixtures
распределительная ~ distributing (steel) rods

арматура

сварная ~ welded reinforcement
соединительная ~ connecting equipment, connecting accessories
трубная ~ tubular goods
трубопроводная ~ pipeline fittings, pipeline accessories
трубопроводная регулировочная ~ pipeline control valves
ударопоглощающая ~ shock absorbing fixtures
устьевая ~ wellhead equipment, wellhead setup, flow head
фонтанная ~ Christmas [X-mas] tree
фонтанная ~ высокого давления high-pressure Christmas tree
фонтанная ~ для двухрядного подъемника dual completion Christmas tree, dual string production fittings
фонтанная ~ для заканчивания скважины completion Christmas tree
фонтанная ~ для испытания с помощью НКТ tubing test X-mas tree
фонтанная ~ для многорядного подъемника multiple completion Christmas tree
фонтанная ~ для однорядного подъемника single completion Christmas tree, single production fittings
фонтанная ~, изолированная от морской воды (*сухая*) dry Christmas tree
фонтанная ~ крестового типа cross-type Christmas tree
фонтанная ~, не изолированная от морской воды (*мокрая*) wet Christmas tree
фонтанная ~ скважины-спутника satellite Christmas tree
фонтанная ~ тройникового типа tee-type Christmas tree
фонтанная испытательная ~ test Christmas tree
фонтанная надводная ~ для пробной эксплуатации surface test Christmas tree
фонтанная подводная ~ underwater Christmas tree, production subsea head
фонтанная подводная быстросъемная испытательная ~ quick disconnect subsea test tree
фонтанная резьбовая ~ thread-type Christmas tree
фонтанная фланцевая ~ flange-type Christmas tree
армирование reinforcement, armoring
~ проволокой wiring
~ твердыми сплавами dressing, hard-facing, fortifying with hard alloys
армированный clad, reinforced, armored
~ твердым сплавом set with hard alloy
армировать sheath, armor, reinforce
арретир arrester, catch, detent, cage, clamp, locking device
арретирование detention, clamping, locking, caging
арретировать catch, arrest, lock, cage, clamp

артезианский artesian
Архей Archean
Археозой Archeozoic (era)
асбест asbestos; fossil flax
волокнистый ~ fibrous asbestos
листовой ~ sheet asbestos
поперечно-волокнистый ~ crossfiber asbestos
продольно-волокнистый ~ slip fiber asbestos
путанно-волокнистый ~ matted fiber asbestos
пылевидный ~ sprayed asbestos
асбобумага asbestos paper
асбокартон asbestos board
асботрубы asbestos-cement pipes
асбоцемент asbestos cement
аспиратор aspirator, suction apparatus
ассимиляция assimilation
глубинная ~ abyssal assimilation
краевая ~ marginal assimilation
магматическая ~ magmatic assimilation
периферическая ~ *см.* краевая ассимиляция
ассистент водолаза diver tender
ассортимент product line, range (*of products*), assortment
ассоциация association
~ по снабжению нефтяных компаний Oil Companies Materials Association
~ шельфовых фирм-операторов Великобритании The United Kingdom Offshore Operators Association, UKOOA
Американская ~ геологов-нефтяников American Association of Petroleum Geologists
Американская ~ по природному газу American Natural Gas Association
Американская ~ по стандартам American Standard Association
Американская газовая ~ American Gas Association
асфальт asphalt, mineral pitch
~ с примесями land asphalt
дорожный ~ road [paving] asphalt
мягкий ~ pit asphalt
нефтяной ~ petroleum [oil] asphalt
окисленный ~ oxidized asphalt
песчаный ~ sand asphalt
природный ~ asphalt stone, asphalt rock, native asphalt
смешанный с землистыми частицами ~ asphaltic earth
устойчивый ~ stable asphalt
эмульгированный ~ emulsified asphalt
асфальтен asphaltene
асфальтирование asphalting, asphalt work
асфальтированный asphalted, impregnated with asphalt
асфальтировать asphalt
асфальтит asphaltite
асфальтобетон asphalt concrete
асфальтоукладчик asphalt laying machine, asphalt spreader
атмосфера atmosphere

~ пара steam atmosphere
загазованная ~ gassed air, gas-laden atmosphere
окружающая ~ ambient atmosphere
пожароопасная ~ fire dangerous [fire hazard] atmosphere
разреженная ~ rarefied atmosphere

атмосферный atmospheric
атолл atoll
атом atom
  меченый ~ tracer element, tagged atom
атомарный atomic
аттапульгит attapulgite
аттенюатор attenuator
аттестовывать certify
аудиометр audiometer
аутригер outrigger, bracing jack
ацетилен acetylene
  газообразный ~ acetylene gas
ацетиленокислород oxyacetylene
аэратор aerator
аэрация *см.* **аэрирование**
аэрирование aeration
  ~ бурового раствора aeration of drilling mud
аэрировать aerate
аэроб aerobe
аэробный aerobic
аэрогенный aerogenic, eolian
аэрогеология aerogeology
аэрогеосъемка air [aerial] geological survey
аэроградиометр airborne gradiometer
аэрограф air compressor
аэрозоль aerosol
аэроизыскания airborne [aerial] survey
аэромагнитный aeromagnetic
аэромагнитометр airborne [aerial] magnetometer
аэрометр aerometer
аэрометрия aerometry
аэроразведка aeroprospecting
аэроснимок aerial photograph
аэросъемка aerial [airborne] survey; aerial mapping
аэрофотосъемка aerial [airborne] photographic survey, aerial photography
  картографическая ~ aerial mapping

Б

баб/а ram(mer), hammer; drop weight
  забивать ~ой hammer
  забивная ~ drive hammer
  копровая ~ drop hammer, ram(mer)
  ударная ~ hammer, jar block, jar sleeve, jar weight
баббит babbit

заливать ~ом babbit
залитый ~ом babbited
бабингтонит babingtonite
бабка stock, post; mandrel
бабочка (*передаточное устройство, изменяющее направление движения тяг в горизонтальной плоскости*) butterfly
бавенит bavenite
багор pike lever, pole, hitcher, (boat) hook
бадделеит baddeleyite
баденит badenite
бадья bucket, tub
  подъемная ~ hoist(ing) bucket
  проходческая ~ shaft [sinking] bucket
база 1. base, basis 2. (*склад*) base; depot; warehouse; station 3. (*основание*) datum; foundation
  ~ измерения spacing
  ~ обслуживания и снабжения service and supply facilities
  ~ по ремонту гидротурбинных забойных двигателей hydroturbine downhole motor repair shop
  ~ ресурсного resource [economic] base
  ~ сжиженного газа liquefied natural gas station
  ~ снабжения depot, warehouse
  береговая ~ coastal base
  долотная ~ drilling storehouse
  материально-техническая ~ material and technical base
  морская перевалочная ~ shipping terminal
  нефтетоварная ~ oil-marketing station
  океанская перевалочная ~ ocean terminal
  перевалочная ~ terminal (station)
  перевалочная ~ с водного пути на железнодорожный marine terminal
  плавучая ~ (*для снабжения*) depot ship
  полевая сварочная ~ field welding station
  ремонтная ~ repair base, repair depot, service station
  сырьевая ~ source of raw materials
  трубная ~ pipe (control) shop
  трубосварочная ~ pipe welding station
базальт basalt
  анальцимовый ~ analcite basalt
  излившийся ~ flood basalt
  меланократовый лейцитовый ~ batukite
  пикритовый ~ picrite basalt
  плагиоклазовый ~ plagioclase basalt
  порфировидный ~ anamesite porphyry
  слюдяной ~ banakite
  стекловидный ~ basalt glass
базальтит basaltite
базанит (*щелочной базальт*) basanite
базанитоид basanitoid
базидиомицет basidiomycete
базис 1. base, basis 2. base level, base line, basal plane
  ~ аэросъемки air base
  ~ денудации denudation base, base level of denudation

~ отложения base level of deposition
~ покрова lower sheet plane
~ эрозии base level of erosion
геодезический ~ geodesic base line
байкерит baikerite
байонетный bayonet, J-type
байпас bypass, equalizing line
байяит bahiaite
бак container; tank; pit; reservoir; vat
~ для введения добавок (*в буровой раствор*) additive tank
~ для дизельного топлива fuel oil tank
~ для жидкости гидросистемы hydraulic system tank
~ для конденсата condensate tank
~ для сбора бурового шлама cuttings tank
~ подачи топлива fuel supply tank
~ с поплавковым регулятором уровня float tank
аварийный ~ emergency tank
аварийный напорный ~ emergency head tank
аварийный топливный ~ emergency fuel tank
быстросъемный ~ quick-detachable tank
взрывобезопасный ~ explosion-proof tank
всасывающий ~ компрессора compressor suction tank
вспомогательный ~ auxiliary tank
вспомогательный ~ для хранения service storage tank
главный ~ main tank
жесткий ~ rigid tank
маслосборный ~ oil sump tank
масляный ~ двигателя engine oil tank
мерный ~ gage [gaging] tank
мягкий ~ flexible tank
напорный ~ head tank
несъемный ~ fixed tank
приемный ~ receiving reservoir, receiving box
расходный ~ filling [feed] tank
расширительный ~ expansion tank
самотечный топливный ~ fuel gravity tank
стальной ~ для бурового раствора drilling mud steel pit
съемный ~ detachable tank
топливный ~ fuel tank
уравнительный ~ surge tank
бак-дегазатор degassing tank
бакелит bakelite
бакен buoy, floating beacon
бакерит bakerite
бак-отстойник settling [sedimentation] tank
бактерии *pl* bacteria
анаэробные ~ anaerobic bacteria
аэробные ~ aerobic bacteria
гетеротрофные ~ heterotrophic bacteria
серные ~ sulfur bacteria
сульфатредуцирующие ~ sulfate-reducing bacteria
факультативно-аэробные ~ facultative aerobic bacteria

бактерицид bacillicide, bactericide, biocide
бакуин (*машинное масло из бакинской нефти*) bakuin
бакуликон baculicone
бакуоль (*горючее масло из бакинской нефти*) bakuol
баланс balance; equilibrium; budget
~ газа gas balance
~ календарного времени бурения скважины calendar time distribution of well drilling
~ масс mass balance
~ нефти oil balance
~ подземных вод groundwater budget
~ почвенной влаги soil moisture balance
~ увлажнения moisture budget
~ фосфора phosphorous balance
ионный ~ ionic balance
межотраслевой ~ intersectoral balance
солевой ~ salt balance
тепловой ~ heat [thermal] balance
топливно-энергетический ~ fuel and energy balance
топливный ~ fuel balance
энергетический ~ energy balance
балансир balance [equalizing] beam, equalizer
~ весов balance bob weight, balance beam
~ насосной установки (*станка канатного бурения*) oscillating [walking] beam
~ станка-качалки с удлиненным плечом oscillating [walking] beam with extended arm
~ тормоза brake equalizer
~ установки ударно-канатного бурения oscillating [walking] beam
балансировать compensate, balance
балансировка balancing, trim(ming)
~ на месте balancing in site, field balancing
~ ротора rotor balancing
весовая ~ mass balancing
динамическая ~ dynamic trim, dynamic balancing
моментная ~ couple [moment] balancing
статическая ~ static balancing
балансировочный balancing
балка beam; girder; joist; spar; balk; bar
~ жесткости stiffening girder
~ коробчатого сечения box beam, box girder
~ переменного сечения nonuniform beam
~ постоянного сопротивления beam of uniform strength
анкерная ~ tie-beam, balk
арочная ~ bow girder
бетонная ~ concrete beam
бетонная предварительно напряженная ~ prestressed concrete beam
выступающая ~ outrigger
грузовая ~ мостового крана main girder of traveling crane
двутавровая ~ flanged beam, H-beam, I-beam
двухпролетная ~ double-span beam
деревянная ~ wooden beam
железобетонная ~ (reinforced) concrete beam
консольная ~ cantilever beam

крановая ~ (crane) jib
многоопорная ~ continuous beam
направляющая срезная ~ breakaway guide arm
несущая ~ supporting beam
опорная ~ блока превенторов blowout preventer support beam
подкронблочная ~ crownblock [water table] beam
подпорная ~ needle
подроторная ~ rotary [support] beam
поперечная ~ crossbeam, cross-member, traverse girder
постоянного сопротивления ~ beam of uniform strength
продольная ~ sole, stringer, side-member, girth, longitudinal beam
промежуточная ~ intermediate beam
раскосная ~ tie girder
распорная ~ brace
решетчатая ~ lattice beam
сварная ~ welded girder
соединительная ~ bind (beam)
спайдерная ~ moonpool [spider, load] beam
тавровая ~ T-beam, T-bar
угловая ~ corner beam
универсальная направляющая ~ utility guide frame
ферменная ~ girder beam

балкон:
~ буровой вышки derrick working platform, runaround (platform)
~ буровой вышки для работы с четырехтрубными свечами fourble board(s)
~ верхового рабочего racking platform, monkey-board
верхний ~ буровой вышки crow`s nest

балласт ballast

балластировк/а ballasting
производить ~y ballast

баллон cylinder; vessel; bottle; balloon; container; flask
~ высокого давления high-pressure cylinder
~ со сжатым воздухом compressed air cylinder
~ с углекислым газом carbon dioxide [carbonic gas] cylinder
азотный ~ nitric cylinder
ацетиленовый ~ acetylene cylinder
водородный ~ hydrogen cylinder
воздушный ~ air collector
газовый ~ gas cylinder
дыхательный ~ tank balloon, breather bag
кислородный ~ oxygen cylinder
пластмассовый ~ plastic cylinder [balloon]
резиновый ~ муфты rubber tube
стальной ~ steel balloon

баллонный bottle-stored, cylinder-stored
банакит banakite
банальсит banalsite
банатит banatite
бандаж band, belt; binder, binding; sleeve

усиливающий ~ strengthening ring
бандажирование wrapping, banding, reinforcement
бандилит bandylite
банка bank, shoal
коралловая ~ coral shoal, coral bank
мелководная ~ flat
морская ~ bank
рифовая ~ reef bank
баня bath
водяная ~ water [steam] bath
песочная ~ sand bath
бар bar
погребенный ~ buried bar
прибрежный ~ offshore bar
барабан cylinder; drum; spool; reel
~ без канавок plain drum
~ буровой лебедки drawworks drum, drum spool
~ буровой лебедки со спиральной канавкой grooved drawworks drum
~ для индикаторной ленты indicator tape drum
~ для намотки рукава hose reel
~ для работы со съемным керноприемником core (barrel) reel
~ для спуска обсадных труб casing wheel
~ для хранения и перевозки талевого каната wire rope supply reel
~ индикатора indicator drum
~ лебедки winch barrel, winding hoist drum
~ ленточного тормоза band wheel
~ силового шланга управления power hose reel
~ станка канатного бурения bull wheel
~ с храповиком ratchet cylinder
~ телевизионного кабеля TV cable reel
~ тяжелого типа для спуска приборов в скважину heavy-duty instrumental reel
~ фрикционной катушки cathead drum
~ шланга управления противовыбросовыми превенторами blowout preventer hose reel
вращающийся ~ rotary drum
вспомогательный ~ auxiliary drum
главный ~ буровой лебедки main (hoisting) drum of drawworks
желоночный ~ bailing [sand-line] drum
кабельный ~ cable drum, cable reel
кабельный ~ с механическим приводом power-driver cable reel
картограммный ~ recording cylinder
магнитный ~ magnetic drum
натяжной ~ tensioning drum
пескоструйный ~ sand blast barrel
подъемный ~ лебедки hoisting drum
свободновращающийся ~ free spooling drum
смесительный ~ mixing drum
сушильный ~ desiccator, drier drum
талевый ~ calf wheel
тартальный ~ bailing [sand-line] drum; drawworks drum reel
тормозной ~ brake drum

барашек (*гайка*) wing nut; (*винт*) thumb screw
барбосалит barbosalite
барботаж bubbling
барботажный bubble, air-lift
барботировать bubble, sparge, pass through a liquid
барда:
   сульфитспиртовая ~ spent sulfite-alcohol liquor
баржа barge
   ~ для борьбы с пожаром fire-fighting barge
   ~ для бурения в мелководной и болотистой местности swamp barge
   ~ для бурения на плаву floating drilling barge
   ~ для глубоководного бурения deepwater drilling barge
   ~ для заглубления труб pipe burying barge
   ~ для заглубления трубопровода pipeline dredge
   ~ для морского бурения offshore drilling barge
   ~ для перевозки труб pipe barge
   ~ для прокладки подводных трубопроводов underwater pipe-lay derrick barge
   ~ для работ по (подземному и капитальному) ремонту скважин workover barge
   ~ для рытья траншей под трубопровод pipeline trenching barge
   ~ для сепарации газа gas separation barge
   ~ для спуска на воду морского стационарного оборудования launching barge
   ~ обеспечения supply barge
   ~ с буровой платформой, выдвинутой за борт over-the-side floating barge
   ~ снабжения *см.* баржа обеспечения
   буксирная ~ tow barge
   буровая ~ drilling barge
   буровая ~ для бурения на плаву floating drilling barge
   буровая ~ для внутренних водоемов inland water drilling barge
   водолазная ~ diving barge
   вспомогательная буровая ~ drilling tender
   грузовая ~ cargo barge
   десантная ~, применяемая для снабжения буровых landing craft tank, LCT
   крановая ~ derrick barge
   несамоходная ~ non-propelled [non-propelling, unpowered] barge
   нефтеналивная ~ bulk [oil (tank)] barge, bulk boat
   плавучая ~ flotation barge
   погружная ~ submersible barge
   погружная буровая ~ submersible drilling barge
   полупогружная ~ semi-submersible barge
   понтонная ~ pontoon barge
   прицепная ~ dumb barge
   рабочая ~ work barge
   размывочная ~ jetting barge
   самоподъемная рабочая ~ self-elevating work barge
   самоходная ~ self-propelled barge
   трубоукладочная крановая ~ pipe-lay derrick barge
баржа-нефтехранилище tank barge
баржа-трубоукладчик lay [reel] barge
барзовит barsowite
барий barium
   азотнокислый ~ barium nitrate
   борнокислый ~ barium borate
   едкий ~ caustic baryte
   сернистый ~ barium sulphide
   сернокислый ~ barium sulphate, cawk
   углекислый ~ barium carbonate
   хлористый ~ barium chloride
   хромокислый ~ barium chromate
   щавелевокислый ~ barium oxalate
барикальцит barytocalcite
барилит barylite
барисилит barysilite
барит baryte, barite, heavy spar
   ~ в массах округлой формы Bologna spar, Bologna stone
   белый ~ cawk, baryta white
   гребенчатый ~ crested barite
   землистый ~ earthy barite
   зернистый ~ granular barite
   мелкоразмолотый ~ finely grained barite
   пластинчатый ~ lamellar barite
баритофиллит barytophyllite
баритоцелестин barytocelestite
баркевикит barkevikite
барограмма barogram
барограф barograph
бароид (*состав для утяжеления бурового глинистого раствора*) baroid
барокамера pressure chamber
   подводная ~ pressure [underwater] habitat, diving bell, decompression [hyperbaric] chamber
баролит barolite
барометр barometer, weather gage
   ртутный ~ mercury barometer
барометр-анероид aneroid barometer
баррелей нефтяного эквивалента (*единица измерения энергии, эквивалентная 56604 куб. футам газа; 0,22 т угля*) barrels of oil equivalent, BOE
баррель (*мера вместимости: англ. = 163,3 л; амер. — 119 л; для нефти = 159 л; для цемента = 170,5 кг*) barrel
   объемный ~ barrel-bulk (*0,142 куб. м*)
барруазит barroisite
барьер barrier
   ~ проницаемости permeability barrier
   антикоррозионный ~ corrosion barrier
   водяной ~ water block
   непроницаемый ~ impermeable barrier
   пневматический ~ pneumatic barrier
   температурный ~ thermal barrier, temperature limit
   химический ~ (*препятствующий распространению разлившейся нефти*) chemical barrier

бассейн basin; field; catchment area
~ выдувания wind-formed basin
~ осадконакопления sedimentary basin
артезианский ~ artesian basin
бессточный ~ inland drainage basin
внутренний ~ inland basin
водонапорный ~ aquifer
водонапорный ~ со стационарным режимом steady-state aquifer
водосборный ~ catchment basin, watershed, drainage area
газоносный ~ gas (-bearing) basin
гидрогеологический ~ hydrogeological basin
глубокозалегающий ~ deep-seated chamber
дренирующий ~ drainage basin
железорудный ~ iron ore basin
замкнутый ~ closed basin
испытательный ~ testing [model] basin
ледниковый ~ glacial basin
межгорный ~ intermontane [intermount] basin
нефтегазоносный ~ oil and gas(-bearing) basin
нефтегазоносный вертикально-гетерогенный ~ vertical-heterogeneous oil and gas(-bearing) basin
нефтегазоносный латерально-гетерогенный ~ lateral-heterogeneous oil and gas(-bearing) basin
нефтегазоносный ~ постседиментационного образования post-sedimentation oil and gas(-bearing) basin
нефтеносный ~ oil [petroleum] basin
обнаженный ~ exposed basin
осадочный ~ sedimentary basin
отстойный ~ settling basin
питательный ~ region of alimentation
платформенный ~ platform basin
предгорный ~ piedmont basin
приливный ~ tidal basin
речной ~ river basin
седиментационный ~ sedimentary basin
синклинальный ~ synclinal basin
складчатый ~ fold basin
структурный ~ structural basin
тектонический ~ tectonic basin
шельфовый ~ offshore basin
батавит batavite
батарея bank; battery; gang
~ конденсаторов bank of condensers
~ скважин row of wells
аккумуляторная ~ accumulator [storage, secondary] battery
аккумуляторная стартерная ~ starter storage battery
добавочная ~ booster battery
замерная ~ gaging battery
кольцевая ~ скважин ring row of wells
прямолинейная ~ скважин rectilinear row of wells
батиметрия bathymetry
батискаф bathyscaph

батолит batholith
батометр для донных насосов bag dredge
бахада bajada
бахиаит bahiaite
бациллит bacillite
бацщит bazzite
бачок bucket, tank
~ для обмывания керна core washing bucket
~ для промывки проб sample bucket
~ для улавливания жидкости drip tank
башмак (drive) shoe; saddle; boot; seat; pad
~ внутренней трубы inner-tube shoe
~ для дробового бурения drag shoe
~ для стоек бурового станка brace socket
~ желонки, заканчивающийся зубилом chisel shoe
~ колодки bearing bracket
~ микрозонда insulated microlog sonde [microsonde] pad
~ насосно-компрессорной колонны tubing (string) shoe
~ ноги вышки reinforcing pad
~ обсадной колонны casing shoe
~ обсадной колонны для автоматического заполнения automatic fill-up float shoe
~ обсадной колонны с обратным клапаном float casing shoe
~ обсадной колонны с фаской beveled casing shoe
~ обсадной колонны-хвостовика liner shoe
~ плавающей крыши резервуара shoe of tank cover
~ промывочной колонны washover shoe
~ с воронкой bell-end shoe
~ с гнездом stub-in shoe
~ с косым срезом внизу muleshoe
~ с направляющей пробкой для обсадной колонны casing shoe with a guide plug
~ с обратным клапаном float shoe
~ с пальцами finger type shoe
~ стоек буровой установки drilling-unit brace socket
анкерный ~ anchor shoe
армированный ~ обсадной колонны hard alloy-set casing shoe
армированный (*алмазами*) трубный ~ set casing shoe
вихревой цементировочный ~ whirler cement shoe
гибкий металлический ~ flexible metal shoe
забивной ~ drive shoe
забивной ~ обсадной колонны casing drive shoe
колонный ~ string shoe
направляющий ~ guide shoe
направляющий ~ овершота overshot guide shoe
направляющий цементировочный ~ cement guide shoe
опорный ~ seating [set, leg, back-up] shoe, (support) footing
опорный ~ мачтовой вышки mast base shoe

башмак

опорный ~ самозаполняющегося типа fill-up type set shoe
плохо задавленный ~ обсадной колонны poor casing seat
подкладной ~ skid [drag] shoe
прижимающийся гидравлический ~ hydraulic pad
роликовый ~ roller block
скользящий ~ slide shoe
тормозной ~ brake block, brake shoe, drag
уплотняющий ~ expanding shoe
фрезерный ~ mill type shoe
фрикционный ~ friction shoe
цементировочный ~ cement shoe
цементировочный ~ с косыми выпускными отверстиями whirler cement shoe
башмак-коронка set casing shoe
башмак-пакер packer-type shoe
башня tower
~ вышки derrick tower
водонапорная ~ water tower
факельная ~ (*для сжигания попутного газа эксплуатируемых скважин*) flare tower
центровочная ~ aligning tower
беегерит beegerite
безаварийный accident-free, trouble-free, trouble-proof, failure-proof
безвихревой vortex-free, eddy-free
безводный anhydrous; arid; free of water, moisture-free, dry
бездействующий idle, inoperative, out of service, off-stream
безмоментный no-torque, momentless
безнапорный free-flow, open-flow
безопасность safety; security
~ в эксплуатации safety in operation
~ оборудования equipment safety
~ персонала personnel safety
пожарная ~ fire safety
энергетическая ~ energy security
безопасный fail-safe, safe, secure
~ в пожарном отношении fire-resistant, fireproof
безопорный unsupported
безотказный failure-proof, trouble-free, reliable, fail-safe
безрезьбовой threadless
безрессорный springless, unsprung
безрудный barren
безусадочный unshrinkable, nonshrinkable
бейделлит beidellite
беленит bielenite
бельтинг (*прорезиненная ткань для ремней*) belting
бемит boehmite
бензин *амер.* gasoline; *англ.* petrol
базовый ~ base gasoline
газовый ~ natural gasoline
компаундированный ~ gasoline pool
нестабилизированный газовый ~ raw natural gasoline
пусковой ~ starting gasoline

бензинокислородный oxybenz, oxygasoline
бензиномер gasoline gage
бензиностойкий *амер.* gasoline-resistant; *англ.* petrol-resistant
бензобак *амер.* gasoline [fuel] tank; *англ.* petrol tank
~ из прорезиненной ткани fabric gasoline [fuel] tank
бензовоз gasoline tanker, tank truck
бензозаправка *разг. амер.* gas [service] station; *англ.* filling [petrol] station
бензоколонка 1. (*насосная установка*) *амер.* gas(oline) pump; *англ.* petrol pump 2. *см.* **бензозаправка**
бензол benzene, benzole
насыщенное ~ом масло benzolized oil
бензоотстойник gasoline separator
бензопровод *амер.* gasoline line, fuel pipe lead; *англ.* petrol line
бензофильтр *см.* **бензоотстойник**
бензохранилище *амер.* gasoline storage, gasoline depot; *англ.* petrol storage, petrol depot
бензоцистерна gasoline tank
железнодорожная ~ gasoline tank car
бенитоит benitoite
бентогенный bentogene
бентонит bentonite
~ высокой распускаемости high yield bentonite
грубоизмельченный ~ coarse bentonite
кальциевый ~ calcium bentonite
натриевый ~ sodium bentonite
предварительно гидратированный ~ prehydrated bentonite
бентонитовый bentonitic
бентонный bentonic
бентос benthos
бераунит beraunite
бергинизация (*процесс Бергиуса для превращения угля в нефть*) berginization
берег bank; coast; shore
болотистый ~ boggy margin
намывной ~ alluvial [wave-built] shore
наносный ~ drift shore
отлогий ~ beach
покатый ~ shelvy coast
размываемый ~ erosible shore
сбросовый ~ fault shore-line
скалистый ~ cliffed coast
сползающий ~ caving bank
утесный ~ *см.* скалистый берег
березит beresite
беренгелит berengelite
беркит berkeyite
берма bench, banquette, berm
бернардинит (*разновидность ископаемой смолы*) bernardinite
бертонит berthonite
бескислородный oxygen-free, anoxic
беспакерный packerless
бестарный bulk, unpacked
беструбный pipeless, tubeless

бесфланцевый non-flanged
бесшовный jointless, seamless; solid-drawn
бесштанговый rodless
бета-излучение beta radiation
бета-кварц beta quartz
бета-пласт beta layer
бета-фактор beta factor
бетафит betafite
бета-частица beta particle
бетон concrete
~ заводского приготовления ready-mixed concrete
~ с заполнителем из вспученного шлака expanded slag concrete
армированный ~ armored concrete
быстросхватывающийся ~ fast-setting concrete
быстротвердеющий ~ early strength concrete
водоупорный ~ impermeable concrete
высокопрочный ~ high-strength concrete
кислотоупорный ~ acid-resisting concrete
мелкозернистый ~ fine concrete
монолитный ~ in-situ concrete
неармированный ~ plain concrete
плохо уплотненный ~ poorly compacted concrete
пористый ~ porous concrete
предварительно напряженный ~ prestressed concrete
свежий ~ green concrete
тощий ~ poor concrete
цементный ~ cement concrete
ячеистый ~ cellular concrete
бетонирование concreting, placing of concrete
бетонированный concreted
бетонировать concrete, place [cast, lay] concrete
~ на плаву concrete afloat
бетонит concrete stone
бетонный concrete
бетоновоз concrete hauler; ready-mix [concrete-delivery agitator] truck
~ с приспособлением для перемешивания ready-mix [concrete-delivery agitator] truck
бетономешалка concrete mixer
бетоноукладчик concrete placer
бефанимит befanamite
биалит bialite
биверит beaverite
биение beat; jumping; play; runout; sagging; slap; wobbing; whipping
~ бурильных труб wobbing [whipping] of drill pipes
~ вала shaft beat, shaft wobbing
~ колеса wheel runout
~ ремня belt whipping, flapping
~ фланца flange runout
~ цепи chain whipping
бикарбонат bicarbonate
биксбиит bixbyite
биметаллический bimetal(lic), duplex-metal, clad-metal
биоанализ bioassay

биогенез biogenesis
биогенный biogenic
биогерм bioherm
биокоррозия biological [bacterial] corrosion
биолит biogenic rock, biolith
биомасса biomass
биопленка biofilm
биополимер biopolymer
биоразлагаемость biodegradability
биосестон bioseston
биостратиграфия biostratigraphy
биота biota
биотит black mica, biotite
биофация biofacies
биофильтр bacteria (filter) bed
биохимия biochemistry
биоценоз biocoenosis
биркремит birkremite
битум bitumen, pitch mineral, tar
асфальтовый ~ asphaltic bitumen
водонепроницаемый ~ waterproof bitumen
высокоплавкий нефтяной ~ rubrax
вязкий ~ mineral tar, maltha
горный ~ mineral resin
дорожный ~ road asphalt
нефтяной ~ petroleum bitumen
окисленный ~ air blown asphalt
олифинитовый ~ oxiolefinite
первичный ~ protobitumen
полужидкий ~ pit asphalt, viscid bitumen
природный ~ native bitumen
связанный ~ fixed bitumen
сплошной ~ solid bitumen
твердый ~ hard bitumen, asphaltite
угольный ~ coal bitumen
битумизация bitumization
битуминозный bituminiferous, bituminous
битумный bituminous, asphalt(ic)
бить (о ремне) whip, (о колонне труб) wobble
~ струей jet, spout, spray
бифуркация bifurcation
бишофит bishofite
биэльцит bielzite
бланк card, form
~ полевого описания керна field core check list
бластомер blastomere
эндодермальный ~ endoblastomere
блеск glance, lustre
железный ~ hematite, iron glance
жирный ~ greasy lustre
марганцевый ~ alabandite, alabandine
медный ~ copper glance, chalcosine
свинцовый ~ galena, lead glance
селеново-висмутовый ~ guana-juatite
блок 1. (узел машины, прибора) assembly; block; pack; unit 2. (механизм в виде колеса с желобом по окружности) pulley, block 3. stack; gang; bank
~ аккумуляторов accumulator bank
~ акустического измерения acoustic measuring unit

блок

~ балансира counterweight beam unit
~ взвешивания (*регулятора нагрузки*) weighing block
~ выключения shutoff unit
~ главной задвижки master gate unit
~ горной породы (rock) slab
~ датчиков sensor unit
~ дистанционного управления remote control unit
~ запирающих импульсов block-out unit
~ записи – считывания read-write unit
~ измерения акустических сигналов acoustic measuring unit
~ имитации гистерезиса hysteresis unit
~ индексации indexing unit
~ манипулятора keying unit
~ масляного насоса oil pump unit
~ оборудования для пробной эксплуатации production testing equipment package
~ обработки processing block
~ обработки команд instruction control unit
~ памяти storage [memory] block
~ питания power (supply) unit, power plant, power package
~ посторонних данных forged block
~ превенторов blowout preventer [BOP] stack, BOP system
~ преобразования координат coordinate conversion unit
~ приема сигналов датчиков sensor signal input box
~ приемных емкостей receiving tank set
~ программного управления program control unit
~ программы block of code; program block
~ программы канала channel program block
~ противовыбросовых превенторов BOP system, blowout preventer [BOP] stack
~ развертки sweep [time-base] unit
~ разложения block of decomposition
~ расширения данных data extension block
~ сборки (*в памяти*) reassembly block
~ сборного железобетонного морского основания precast offshore platform member
~ сервомеханизма servomechanism unit
~ системного управления system control unit
~ с одной записью unirecord block
~ сообщений message block
~ сопряжения с каналами line interface unit
~ текущего контроля monitor unit
~ управления control block
~ управления выборкой команд command control block
~ управления данными data control block
~ управления задачей task control block
~ управления конфигурацией configuration control unit
~ управления устройством unit control block
~ управления цилиндров (*двигателя*) cylinder control block
~ установки коэффициентов coefficient unit
~ фокусирования focusing block

~ фонтанной задвижки Christmas-tree gate unit
~ формирования (*импульсов*) shaping unit
~ цилиндров (*двигателя*) cylinder block, bank of cylinders
~ шестерен cluster gear
безопасный якорный ~ safety anchor sheave
бетонный ~ concrete stone
вентильный ~ gate unit
взброшенный ~ thrust block
воспринимающий ~ input unit
входной ~ *см.* воспринимающий блок
высокочастотный ~ radio-frequency unit
вышечный ~ derrick unit
генераторно-усилительный ~ oscillator-amplifier unit
герметизированный ~ sealed-in unit
двойной ~ double block
двухвенечный ~ double-crown block
двухшкивный ~ double-sheave block
доломитовый ~ dolomite slab
единый ~ unitized package; unit piece
задающий ~ driver unit
записывающий ~ recording unit
исполнительный ~ actuating unit
контрольный ~ monitor unit
крупный ~ unitized package
лебедочный ~ drawworks unit
многороликовый ~ pulley block
насосный ~ pumping unit
неподвижный ~ (*полиспаста*) fixed block
нижний ~ водоотделяющей колонны riser subassembly, lower marine riser, lower riser assembly
ограниченный сбросами ~ fault block
одношкивный ~ single-sheave block
опрокинутый ~ tilted block
отводной ~ angle pulley
оттяжной ~ snatch block
перфораторный ~ gun block
подвижный ~ (*полиспаста*) fall block, running [traveling] unit
подвижный талевый подъемный ~ hoisting block
подводный ~ противовыбросовых превенторов underwater blowout preventer stack
подъемный цепной ~ chain block
роторный ~ rotary unit, rotary outfit
самоходный ~ манифольда self-propelled manifold unit
силовой ~ power (supply) unit, power plant, power package
силовой аварийный ~ emergency power package
стальной одиночный ~ mono-steel block
табличный ~ table block
талевый ~ casing (traveling) block
талевый одноосный ~ single-axle pulley block
талевый раздвоенный ~ split [dual speed] traveling block
талевый трехшкивный ~ triple-sheave traveling block

талевый эксплуатационный ~ tubing block
тартальный ~ bailing line sheave
транспортный ~ package (unit)
трехшкивный ~ triple-sheave block
функциональный ~ functional block
центральный ~ управления central control unit
блок-диаграмма block chart; (*геологического строения*) block map
~ рельефа relief block
блокировать block; engage; obstruct; disable; (inter)lock
блокировка blocking; (inter)locking
~ горизонтов level blocking
~ нормализации normalizing interlock
автоматическая ~ automatic (inter)locking
защитная ~ safety interlocking
механическая ~ mechanical locking
нулевая ~ zero blocking
электрическая ~ electric interlocking
блок-противовес counterweight block
блок-сополимер block copolymer
блок-схема block diagram, flowchart
блок-тали purchase tackle
бломстрандит blomstrandite
блочный unitized, packaged, modular, in blocks
бобина spool, bobin
бобышка boss
~ для ручного отцепления override boss
~ под промывочное сопло nozzle boss
богатый нефтью rich of oil
боек bullet, firing pin
~ взрывателя firing pin
~ грунтоноса bullet
~ пневмобура hammer of pneumatic drill
бок flank, side, wall
~ выработки wall of a working
~ почвы и кровли жилы wall of vein
висячий ~ (*пласта*) hanging wall
глинистый ~ wocheinite
лежачий ~ (*пласта*) footwall
боксит bauxite
болванка blank, pig
стальная ~ bloom
болезнь sickness, illness
декомпрессионная ~ decompression sickness
болоретин (*разновидность углеводородов*) boloretin
болотистый marshy, boggy
болото swamp, marsh, bog, muskeg
болт bolt
~ без нарезки blank bolt
~ большого сечения heavy gage bolt
~ для крепления крышки bonnet bolt
~ заземления grounding bolt
~ рессоры spring bolt
~ сальника stuffing box bolt
~ с гайкой nut bolt
~ с двойной нарезкой double-screw bolt
~ с квадратной головкой square-head bolt
~ с конической головкой cone-headed bolt
~ с костыльковой головкой hook [gib-headed] bolt
~ с крыльчатой гайкой thumb bolt
~ с нарезкой на обоих концах double-end bolt
~ с потайной головкой countersunk head bolt
~ с проушиной strap bolt; eyebolt
~ с ушком на одном конце и резьбой на другом eyebolt
~ с цилиндрической головкой cheese head bolt
~ с шестигранной головкой hexagon-head bolt
~ цепи chain pin
аварийный ~ patch bolt
анкерный ~ anchor bolt, staybolt, (*в оттяжках вышки*) anchor screw
анкерный ~ для фонтанной арматуры Christmas-tree anchor bolt
анкерный ~ эксплуатационных насосов pumping well anchor bolt
анкерный винтовой ~ screw anchor
анкерный заершенный ~ jag bolt
анкерный сквозной ~ through [crab] bolt
барашковый ~ butterfly [wing] bolt
вертлюжный ~ swivel bolt
вилочный ~ shackle bolt
зажимной ~ clamping stud
затяжной ~ draw bolt
контактный ~ contact bolt
крепежный ~ fastening bolt
крышечный ~ cap bolt
монтажный ~ assembling [erection] bolt
нажимной ~ pressure [thrust] bolt
нажимной ~ сальника packing bolt
нарезной ~ screw bolt
натяжной ~ adjuster bolt
нормальный ~ screw bolt
односрезный ~ single-shear bolt
откидной ~ pivoted [swing] bolt
подвесной ~ hanger bolt
подшипниковый ~ bearing bolt
получистый ~ semi-finished bolt
предохранительный ~ safety bolt
пригнанный ~ fitted bolt
распорный ~ stay [distance] bolt
расширительный ~ expansion bolt
регулирующий ~ adjusting bolt
ремонтный ~ patch bolt
сальниковый ~ packing bolt
соединительный ~ connecting [tie] bolt
срезной ~ shear bolt
стопорный ~ locking bolt
стяжной ~ tension [coupling] bolt
транспортный ~ shipping bolt
упорный ~ stop bolt
установочный ~ adjusting [set] bolt
фундаментный ~ foundation [anchor] bolt, staybolt
черный ~ black bolt
шарнирный ~ swing [link] bolt
шатунный ~ connecting rod bolt
шпоночный ~ key bolt
болт-барашек butterfly [wing] bolt
болтвудит boltwoodite

бомба (*сосуд высокого давления для лабораторных испытаний*) bomb
~ для измерения забойного давления bottom-hole pressure bomb
~ для сжигания нефтепродуктов combustion bomb
~ с часовым механизмом (*для торпедирования*) time bomb
калориметрическая ~ calorimetric bomb
качающаяся ~ rocking bomb
кислородная калориметрическая ~ oxygen calorimetric bomb
термометрическая ~ temperature bomb
бомбичит (*мягкий бесцветный кристаллический углеводород, имеющийся в лигните*) bombiccite
бон boom
нефтезадерживающий ~ oil boom
борат (*соль борной кислоты*) borate
~ бария barium borate
~ магния magnesium borate
~ натрия sodium borate
бордозит bordosit
борировать borate
бориславит (*твердая ломкая разновидность озокерита*) boryslavite, boryslawite
борозда channel, furrow
~ на плоскости сброса trail of fault
~ сглаживания leveling groove
бороздка flute, groove, nick, notch
~ на забое track, ridge
~ сброса fault groove
бороздчатый channeled, grooved
борокальцит borocalcite
борт 1. (*судна*) side, board 2. (*разновидность алмаза*) bort
~ карьера pit edge, flank of an opencast
~ кратера crater rim, lip of crater
~ лавы face edge, wall of a face
~ отложений deposit edge
~ террасы terrace edge
левый ~ (*судна*) port side
надводный ~ free board, free edge
перигеосинклинальный ~ perigeosyncline flange
платформенный ~ edge of a platform
правый ~ (*судна*) starboard (side)
борьба control
~ с авариями damage control
~ с водопритоками [водопроявлениями] в скважине water control
~ с выбросом из скважины blowout control
~ с высоким пластовым давлением formation pressure control
~ с гидратообразованием gas hydration control
~ с загрязнением pollution control
~ с запыленностью dust control
~ с засолением salinity control
~ с коррозией corrosion control
~ с образованием сальников из бурового шлама combatting the balling up of cuttings
~ с осложнениями prevention of troubles, complication control
~ с осложнениями в бурении solution of [combatting] drilling problems
~ с отложением парафина paraffin control
~ с пескопроявлениями sand control
~ с поглощением бурового раствора circulation loss control, solution of lost circulation problems
~ с пожаром fire control
~ с потерями loss control
~ с потерями нефтепродуктов при хранении oil stock losses control
~ с потерями нефти oil losses control
~ с проявлениями высокого давления пласта при бурении formation pressure control
~ с шумом noise control
~ с эрозией erosion control
бочка barrel; butt; drum; cask; quill
~ барабана drum spool, winding barrel
~ вместимостью 490, 96 л butt
~ главного барабана (*буровой лебедки*) main drum barrel
~ для нефтепродуктов oil drum
~ из толстолистовой стали heavy steel drum
металлическая ~ drum
швартовная ~ mooring buoy
бочконаполнитель barrel filler
бочкопогрузчик barrel lifter, barrel loader
бравоит bravoite
брайтсток (*высоковязкое остаточное цилиндровое масло яркого цвета*) bright stock
брак spoilage, reject, scrap, defect
бракераж grading, inspection
бракованный defective, waste, faulty
браковать discard, scrap, reject
брактея bract
брандмауэр (*пожарная стенка в резервуарных парках*) fire wall
брандспойт (*пожарный ствол*) fire-hose barrel; (*ручной насос*) high-pressure fire-fighting hose
брандтит brandtite
бранхитипный branchytypous
брахиантиклиналь brachyanticline
брахидиум brachidium
брахисинклиналь brachysyncline
брашпиль windlass
бревстерит brewsterite
брезент burlap, tarpaulin, canvas
огнеупорный ~ fireproof tarpaulin
брейтгауптит breithauptite, antimonnickel
брекчиевидный brecciated
брекчирование brecciation
брекчия (*обломочная порода*) breccia
~ обрушения slump [collapse] breccia
~ растворения solution [ablation] breccia
~ соляных куполов salt-dome breccia
береговая ~ beach breccia
валунная ~ boulder breccia
внутриформационная ~ intraformational breccia

изверженная ~ igneous breccia
карстовая ~ founder breccia
мелкотрещинная ~ crackle breccia
моренная ~ morainic breccia
оползневая ~ slide breccia
осадочная ~ sedimentary breccia
остаточная ~ residual breccia
сбросовая ~ fault breccia
сопочная ~ mud breccia
элювиальная ~ residual breccia
бремсберг brake [rope] incline, inclined drift
полевой ~ stone brake incline
бригада crew, work-team, gang
~, выполняющая работы по очистке скважин cleanout crew
~ капитального ремонта скважин workover crew
~ освоения скважин well stimulation crew
~ подсобных рабочих bull gang
~ по прокладке трубопровода pipe-laying gang
~ по чистке скважины cleanout crew
~ профилактического ремонта скважин well maintenance crew
~, расчищающая трассу трубопровода right-of-way gang
~ текущего ремонта maintenance [service] crew
аварийная ~ emergency crew
буровая ~ drilling crew
вышкомонтажная ~ rig-up team, rig-building crew
горноспасательная ~ mine rescue team
забойная ~ face team
подготовительная ~ auxiliary team
производственная ~ production team
проходческая ~ heading team
цементировочная ~ cementing crew
бригадир foreman
брожение fermentation
~ в осадках sedimentary fermentation
анаэробное ~ anaerobic fermentation
донное ~ bottom fermentation
направляемое ~ controlled fermentation
произвольное ~ spontaneous fermentation
сероводородное ~ hydrogen-sulfide fermentation
спиртовое ~ alcoholic fermentation
уксуснокислое ~ acetic fermentation
бромат bromate
~ бария barium bromate
~ натрия sodium bromate
бромид bromide
~ железа iron bromide
бромистоводородный hydrobromic
бромистый bromide
бромкрезол bromcresol
бромный bromine
бромфенол bromphenol
бронелента (*кабеля*) armoring tape
бронепроволока (*кабеля*) armoring wire
бронзит bronzite

бронированный clad, shielded; armored
броня armor
~ кабеля cable armor, cable sheath
бросок kick
~ стрелки измерительного прибора kick
брошантит brochantite
брус bar; beam; bolster; girder; joist; spar; sill
~ автосцепки shank of an automatic coupler
~ вышки (*нижний*) derrick mud sill; (*поперечный*) derrick girder; (*рамный*) derrick sill, floor joist; (*боковой нижний рамный*) side sill
~ для усиления ног вышки share pole
~ основного горизонта sill piece
~ пола вышки floor sill
~ фундаментной рамы tail sill
балансирный ~ equalizing [balance] beam
буферный ~ bumper
ограждающий ~ toeboard
отбойный ~ bumper bar, bumper beam
охранный ~ guard beam
поперечный ~ cross bar
посадочный ~ landing beam
продольный ~ рамы вышки subsill
продольный нижний ~ bottom stringer
роторный ~ skid beam
сцепной шарнирный ~ free draw bar
фундаментный ~ sill
эквивалентный ~ equivalent girder
брус-подкладка:
~ под домкрат jack board
брутто-тонна gross ton
брутто-фрахт gross freight
брызгонепроницаемый spray-tight
брызгоотражатель spray deflector
брызгоуловитель liquid trap
БТ [бурильная труба] drilling pipe
БТЕ [британская тепловая единица] British thermal unit, BTU
бугель clip; strap; loop
~ токоприемника bow collector
подъемный ~ stirrup
предохранительный ~ safety stirrup
бугор:
~ насыпания cumulose sands
~ развевания deflation hummock
будка booth; cabin; shed
~ бурильщика floorman's house
~ бурового мастера doghouse
газораспределительная ~ gas distributing booth
трансформаторная ~ transformer vault
буй buoy
гидроакустический ~ sonar buoy
головной ~ pop-up buoy
маркерный передний ~ bow position marker buoy
маркерный якорный ~ anchor position marker buoy
незащищенный одиночный ~ exposed location single buoy
одиночный ~ в открытом море exposed location single bouy

буй

опознавательный ~ скважины well marker buoy
опознавательный основной ~ heading marker buoy
передний маркерный ~ bow position marker buoy
причальный ~ mooring buoy
радиогидроакустический ~ radiosonobuoy
светящийся ~ light buoy
спасательный ~ life buoy
флажковый ~ pennant buoy
якорный ~ anchor chain buoy
буй-причал offshore mooring buoy
буй-хранилище (*одноточечный*) single buoy storage
одиночный ~ single buoy storage, SBS
букландит bucklandite
букса axle box
~ ведущей оси driving axle box
изолирующая ~ insulating axle box
осевая ~ nave box
разъемная ~ divided axle box
буксир 1. (*судно*) tug(boat), towboat 2. (*трос*) tow (line), towing hawser
брать на ~ take in tow
~ для установки якорей anchor handling tug, anchor handling vessel
жесткий ~ rigid tow
ледокольный ~ ice-breaking tug
морской ~ seagoing tug
спасательный ~ rescue [salvage] tug
буксировать haul, skid, tow, tug
~ платформу tow a platform
буксировка tow(ing), tugging, hauling
донная ~ трубопровода bottom tow
буксир-толкач pusher (tug), push boat, push-tug
буксование slippage
буксовать slip, spin
бульдозер bulldozer
~ с поворотным отвалом swinging bulldozer
скребковый ~ rake dozer
универсальный ~ angledozer
бульдозерист bulldozer operator
бумага paper
~ с двойной логарифмической сеткой log-log paper
~ с логарифмической сеткой log paper
~ с миллиметровой сеткой squared [plotting] paper
абразивная ~ abrasive paper
асбестовая ~ asbestos paper
бактерицидная ~ disinfectant [antiseptic] paper
водонепроницаемая ~ waterproof paper
вощеная ~ pitch paper
изоляционная ~ insulating paper
индикаторная ~ test (pH) paper
клетчатая ~ profile paper
лакмусовая ~ litmus paper
логарифмическая ~ log(arithmic) paper
малозольная ~ low-ash content paper
миллиметровая ~ squared [plotting] paper
наждачная ~ abrasive [emery] paper
парафинированная ~ paraffined [waxed] paper
расчерченная в клетку ~ cross-section paper
светокопировальная ~ heliographic paper
стеклянная ~ sand cloth, sandpaper
теплочувствительная ~ head-sensitive paper
упаковочная ~ packaging paper
упаковочная битумированная ~ bituminized packaging paper
фильтровальная ~ filter paper
фильтровальная ~, пропитанная электролитом blotting paper
шлифовальная ~ *см.* абразивная бумага
щелочестойкая ~ alkali-proof paper
электропроводящая ~ electrical conductive paper
бунзенит bunsenite
бункер bin, charger, bunker, hopper
~ основного горизонта station bin
~ струйной гидромешалки mixer cone
вибрационный ~ vibrating discharge hopper
герметичный ~ sealed bin
грануляционный ~ granulating bunker
дисковый щелевой ~ disk-slot hopper
дозирующий ~ metering [batching] bin [hopper]
загрузочный ~ batch hopper
засыпной ~ filling hopper
конусный ~ conical bunker; chance cone
мерный ~ measuring bin
перегрузочный ~ conveyer hopper, transfer bin
питательный ~ feed bin, loading hopper
разгрузочный ~ discharge hopper
распределительный ~ distributing bin
расходный ~ feed bin
складской ~ storage bin, storage bunker
сушильный ~ drying bin
цементный ~ cement bin
бункеровка bunkerage
бункер-смеситель blending hopper
бур auger; bore, borer; cutter; drill
акустический ~ sonic drill
алмазный ~ diamond drill
алмазный керновый ~ diamond core drill
взрывной ~ explosive drill
взрывокапсульный ~ explosive capsule drill
вращательный ~ rotary drill
высокочастотный электрический ~ high-frequency electric drill
горизонтальный ~ lateral drill
двухтурбинный ~ double-turbine drill
долотчатый ~ chisel [bull] bit, chisel jumper
дробовой ~ shot drill
затупленный ~ blunt drill
имплозионный ~ implosion drill
импульсный шариковый ~ pellet impact drill
индукционный ~ induction drill
канатный ~ churn [cable] drill
квадратный ~ square bit
керновый ~ core drill, core bit
ковшовый ~ bucket auger

бурение

колонковый ~ column drill
кольцевой ~ annular borer
корончатый ~ crown drill
крестообразный ~ cross-edged drill
лазерный ~ laser drill
ложечный ~ gouge auger, spoon bit
магнитострикционный ~ magnetostrictive drill
огневой ~ flame drill
огнеструйный ~ jet-piercing drill
пенетрационный ~ continuous penetrator
плазменный ~ plasma drill
пневматический молотковый ~ air-driven hammer drill
разрядно-ударный ~ spark percussion drill
ручной ~ jumper drill
ручной пневматический ~ plugger drill
спиральный ~ twist drill, worm auger
термический ~ thermal borer, thermic drill
термоударный ~ terra-jetter
ударно-волновой ~ shock-wave drill
ударный ~ anvil type percussion drill
ультразвуковой ~ ultrasonic drill
химический ~ chemical drill
цилиндрический ~ с зубчатой коронкой calix drill
шнековый ~ auger drill
штанговый ~ pole drill, rod bore
электрогидравлический ~ electrohydraulic rock splitter
электродезинтеграционный ~ electric disintegration drill
электродуговой ~ (electric) arc drill
электронно-лучевой ~ electron beam drill
электроразрядный тангенциальный ~ tangential [radial] spark drill
электротермический ~ electric heater drill
эрозионный ~ erosion drill
ядерный ~ nuclear drill

бурение drilling, boring, sinking
~ артезианских скважин water well drilling, boring for water
~ без принудительной подачи с поверхности nonpressure drilling
~ без промывки dry (hole) drilling
~ беструбным электробуром pipeless downhole electric motor drilling
~ верхней части ствола скважины upper hole drilling
~ в зоне высокого давления drilling into an abnormal pressure zone
~ взрывных скважин shothole drilling
~ в крепких породах tough drilling
~ в многолетнемерзлых породах permafrost drilling
~ в обход оставленного в открытом стволе инструмента open-hole side-tracking around the lost tool
~ восстающих скважин up-hole drilling
~ в открытом море offshore drilling
~ в продуктивном пласте drilling the pay, drilling-in operation
~ в твердых породах rough drilling
~ в условиях обильных водопроявлений wet drilling
~ в черте города town-lot drilling
~ газовых скважин gas well drilling
~ глубоких скважин deep(-well) drilling
~ для загущения проектной сетки размещения скважин infill drilling
~ долотом меньшего диаметра (*для образования уступа в стволе скважины*) rat-holing
~ до проектной глубины drilling to completion
~ кондукторной части ствола скважины surface hole drilling
~ на воду boring for water, water well drilling
~ на газ boring for gas
~ наклонно направленных скважин slant hole directional drilling, directional drilling of slant holes
~ наклонных скважин slant hole drilling
~ на малой глубине (*в море*) shallow drilling
~ на мелководье shelf drilling
~ на море marine drilling
~ на некотором расстоянии от берега offshore drilling
~ на нефть boring for oil, petroleum drilling
~ на плаву drilling afloat, floating drilliing
~ на равновесии balanced drilling
~ на стадии освоения месторождения developing drilling
~ на уступе bench drilling
~ на шельфе *см.* бурение на мелководье
~ нефтяных скважин oil well drilling
~ опорно-геологических скважин stratigraphic well (prospect) drilling
~ опорно-технологических скважин test [key] well drilling
~ отклонителя drilling off the whipstock
~ параметрических скважин appraisal drilling
~ подводных скважин drilling of submarine wells
~ под заданным углом controlled angle drilling
~ под фундамент foundation drilling
~ по контракту contract drilling
~ по коренным породам rock drilling
~ по крепким породам hard drilling
~ по обрушенной породе plug drilling
~ пород средней твердости moderate drilling
~ по трассе bench drilling
~ по уплотненной сетке dense drilling
~ при повышенном гидростатическом давлении в стволе скважины overbalanced drilling
~ при пониженном гидростатическом давлении в стволе скважины underbalanced drilling
~ при сбалансированных изменениях гидродинамического давления в скважине balanced drilling

бурение

~ при частично разгруженной бурильной колонне tension drilling
~ промежуточной части ствола скважины intermediate hole drilling
~ разведочных скважин exploration [exploratory] (well) drilling
~ разработочных скважин development well drilling
~ реактивным турбоагрегатом reactive turbine-unit drilling, reactive turbodrilling
~ ручным буром jumping
~ с баржи barge drilling
~ с бермы berm drilling
~ с буровой площадки, вынесенной за борт судна over-ship-side drilling
~ с вакуумной очисткой vacuum drilling
~ с веерным расположением скважин fan drilling
~ с выносом шлама пластовой жидкостью *или* газом self-cleaning drilling
~ сейсмических скважин shothole drilling
~ скважин well drilling, well boring, well sinking
~ скважин без предварительной геофизической разведки random drilling
~ скважин большого диаметра largehole drilling
~ скважин в шахматном порядке checkerboard drilling
~ скважин, заложенных наугад random drilling
~ скважин малого диаметра slim-hole drilling
~ скважин на небольших городских участках town-lot drilling
~ скважин на недостаточно разведанном месторождении wildcatting
~ скважин номинального диаметра calibration drilling
~ скважин по одной линии line drilling
~ скважин с подводным устьем submarine wells drilling
~ с нулевым перепадом давления в системе разбуриваемый пласт – ствол скважины balanced drilling
~ с обратной промывкой drilling with counterflow, reverse circulation [counterflush] drilling
~ со струйной промывкой под давлением jet bit drilling
~ с отбором керна coring
~ с отбором керна с использованием шлангокабеля (*при геолого-разведочных работах на море*) flexible bottom coring system
~ с отрицательным перепадом давления underbalanced drilling
~ с оттяжкой каната spudding
~ с очисткой забоя воздухом air drilling
~ с очисткой забоя воздухом и введением туманообразующих агентов mist drilling
~ с очисткой ствола пеной air and stable foam drilling

~ с очисткой ствола скважины глинистым буровым раствором clean drilling
~ с пирса pier drilling
~ с плавучих оснований floating drilling
~ сплошным забоем full diameter drilling
~ с полным поглощением бурового агента в стволе скважины blind drilling
~ с помощью высоконапорных струй жидкости high-velocity jet drilling
~ с потерей циркуляции blind drilling
~ с призабойной циркуляцией bottom-hole circulation drilling
~ с принудительной подачей (инструмента) с поверхности pressure drilling
~ с продувкой pneumatic drilling
~ с продувкой воздухом *или* газом air *or* gas drilling
~ с продувкой забоя природным газом высокого давления gas drilling
~ с промывкой аэрированными растворами aeration drilling
~ с промывкой буровым раствором drilling with mud
~ с промывкой водой water flush drilling
~ с промывкой обращенной эмульсией inverted oil emulsion drilling
~ с промывкой раствором на углеводородной основе drilling with oil
~ с промывкой соленой водой drilling with salt water
~ с промывкой утяжеленным буровым раствором heavy weight drilling
~ с промывкой эмульсионным раствором на углеводородной основе oil-emulsion drilling
~ с целью уплотнения сетки скважин infill drilling
~ шахтных стволов shaft drilling, shaft sinking
~ электровращательным забойным двигателем downhole electric motor drilling
акустическое ~ sonic drilling
алмазное ~ diamond drilling
алмазное картировочное ~ diamond drilling for structure
алмазное колонковое ~ diamond core drilling
бескерновое ~ full-hole [noncore] drilling
беспорядочное ~ scattered drilling
беструбное ~ pipeless drilling
вертикальное ~ vertical drilling
вертикально направленное ~ straight hole directional drilling
взрывное ~ explosion drilling
вибрационно-вращательное ~ vibratory rotary drilling
вибрационное ~ vibration drilling
виброударное ~ vibratory-percussion drilling
вращательное ~ rotary drilling, rotary boring
вращательное дробовое ~ shot boring
гидравлическое ~ (*способом размыва породы сильной струей жидкости высокого давления*) (water) jet [hydraulic] drilling, jetting

410

бурить

гидродинамическое ~ hydrodynamic drilling
гидромониторное ~ wash boring
гидроударное ~ hydropercussion drilling
глубоководное ~ deep-water drilling
глубокое ~ deep drilling
горизонтальное ~ horizontal drilling
двухствольное ~ double-barreled simultaneous drilling
двухствольное кустовое ~ dual bore cluster drilling
дробовое ~ shot drilling
индукционное ~ induction drilling
канатно-вращательное ~ cable rotary drilling
канатное ~ boring with line, churn drilling
картировочное ~ structure drilling
керновое ~ core drilling, coring
керновое ~ с обратной промывкой и доставкой керна давлением бурового раствора через бурильную колонну continuous [reverse-circulation] coring
керновое ~ со съемным керноприемником wireline [retrievable] coring
колонковое ~ core drilling, coring
комбинированное ~ combination drilling
контрольное ~ check boring
крелиусное ~ craelius core drilling
круглогодичное ~ year-round drilling
кустовое ~ cluster [multiple] drilling
лазерное ~ laser drilling
магнитострикционное ~ magnetostriction drilling
машинное ~ mechanized drilling
мелкое ~ shallow drilling
мелкокалиберное ~ small-bore drilling
механическое ~ mechanical drilling
многозабойное ~ multihole [branched hole] drilling
многоствольное ~ simultaneous drilling
морское ~ offshore drilling
морское ~ с опорой на дно bottom-supported offshore drilling
наземное ~ on-land drilling
наклонное ~ slant drilling
направленное ~ directional [directed, controlled-angle] drilling
огневое ~ flame drilling
однорядное ~ single row drilling
оптимизированное ~ optimized drilling
опытное ~ test drilling
пенетрационное ~ continuous penetration drilling
первоначальное ~ original drilling
плазменное ~ plasma drilling
пневматическое ~ air drilling
пневматическое ударно-вращательное ~ air hammer drilling
подводное ~ underwater drilling
подготовительное ~ rough drilling
подземное ~ underground drilling
подрядное ~ contract drilling
поисковое ~ wild-cat [prospect] drilling
разведочное ~ test boring, exploratory drilling
разветвленно-горизонтальное ~ horizontal drainhole [branch-hole] drilling
разветвленное ~ drainhole [branch(ed)-hole] drilling
реактивно-турбинное ~ reactive turbodrilling
роторно-гидроударное ~ hydropercussion rotary drilling
роторное ~ rotary drilling
роторно-магнитострикционное ~ magnetostriction rotary drilling
роторно-пневмоударное ~ air-hammer rotary drilling
роторно-турбинное ~ rotary-turbine drilling
роторно-ударное ~ rotary-percussion drilling
сверхглубокое ~ superdeep drilling
структурное ~ structure drilling
структурно-поисковое ~ test drilling
сухое ~ dry drilling
термическое ~ drilling by flame
трехствольное ~ triple-hole simultaneous drilling
турбинное ~ turbodrilling
ударно-вращательное ~ rotary percussion drilling
ударное ~ percussion drilling
ударное ~ с промывкой hydraulic percussion drilling
ударное высокочастотное ~ high-frequency percussion drilling
ударно-канатное ~ cable-tool [rope] drilling
ударно-огневое ~ churn flame drilling
ударно-пневматическое ~ percussion air drilling
ударно-штанговое ~ rod-tool [percussion-rod, Canadian] drilling
ультразвуковое ~ ultrasonic drilling
химическое ~ chemical drilling
шариковое импульсное ~ pellet impact drilling
шлангокабельное ~ flexodrilling
шнековое ~ auger drilling
шпиндельное ~ spindle feed drilling
штанговое ~ rod drilling
эксплуатационное ~ development drilling
электрогидравлическое ~ electrohydraulic drilling
электродуговое ~ electric arc drilling
эрозионное ~ erosion jet drilling
эрозионно-шариковое ~ pellet impact drilling
эстакадное ~ pier drilling
бур-желонка auger with valve
бурильный boring, drilling
бурильщик driller, borer, drill operator, drillman
автоматический ~ automatic driller
помощник ~a assistant driller, driller(`s) rotary helper
ученик ~a apprentice driller
буримость drillability
~ породы drillability of formation, rock drillability, drillability index
бурить bore, drill, sink

бурить
~ без механической подачи drill under the weight of the drilling string
~ в продуктивном пласте drill in, drill the pay
~ вручную dig, jump
~ всухую run dry
~ мимо drill by
~ на глубину drill to a depth of ...
~ ручным способом jump, dig
~ скважину drill a well, drill a borehole
~ с механической подачей drill with power feed
~ с оттяжкой каната spud
~ ствол скважины make hole
~ ствол скважины номинального диаметра drill (out) borehole to gage
~ ударным способом jar

буровая (*место бурения скважины*) drilling site; (*место расположения скважины*) well site

буровзрывной blasthole drilling
буровик boring [drilling] technician
буровой *см.* бурильный
буродержатель drill chuck
бурозем brown soil
бурт shoulder, bead, collar
~ цилиндровой втулки liner collar
посадочный ~ landing shoulder
упорный ~ замковой муфты thrust shoulder of the box
упорный ~ цапфы бурового долота thrust shoulder of drilling bit leg axle

буртик bead, chamfer, collar, fillet, shoulder, swell
~ замковой муфты shoulder of the box
делать ~ bead

бурун broken water, surf
буря storm
магнитная ~ magnetic disturbance, magnetic storm
песчаная ~ sand storm
пыльная ~ dust storm
снежная ~ snow storm

буссоль compass
~ магнитного склонения declinometer
горная ~ dip compass, clinometer
наклонная ~ inclinometer

бустамит bustamite
бут rubble (stone), quarrystone
бутадиен butadiene
бутан butane
бутилен butylene
бутить fill with rubble, pack
бутобетон rubble concrete
бутыреллит butyrellite, bog butter
буфер buffer; bumper; cushion
~ сжатия bump stop
воздушный ~ air dashpot, air buffer
гидравлический ~ hydraulic buffer
масляный ~ oil dashpot
паровой ~ steam cushion
пневматический ~ pneumatic [compression] bumper
пружинный ~ spring buffer

буфер-компенсатор compensating buffer
бухта 1. (*кабеля, провода*) bunch, bundle, coil, fake 2. (*залив*) bay
~ кабеля coil of cable
~ проволоки wire coil, wire bundle

бушинг bushing
бушит buszite
быстродействующий quick-acting
быстроотсоединяемый make-and-break, quick-release
быстроразъемный *см.* быстроотсоединяемый
быстрореагирующий quick-response, sensitive
быстросменный quick-changing
быстросхватывающийся quick-setting
быстросъемный quick-detachable
быстротвердеющий fast-hardening, quick-hardening
быстроустанавливающийся quick-adjusting
быстроток (*сооружение*) chute
бюкса weighing [sample] bottle
бюретка burette

В

вага lever, crowbar
вагон car, carriage
грузовой ~ freight car
саморазгружающийся ~ tipping [self-clearing] car

вагонетка *амер.* car; *англ.* van; carriage
~ с опрокидывающимся кузовом dump car

вагон-платформа flat car, wagon
вагон-цистерна tank car, tank wagon
вакуум vacuum
абсолютный ~ perfect vacuum
высокий ~ high vacuum
неполный ~ partial vacuum
низкий ~ rough vacuum
полный ~ *см.* абсолютный вакуум
предельный ~ ultimate vacuum
частичный ~ *см.* неполный вакуум

вакуум-бетон vacuum(-processed) concrete
вакуумирование degassing, evacuation, vacuum processing, vacuum treatment
вакуумировать treat under vacuum, vacuumize
вакуум-камера vacuum chamber
вакуум-клапан vacuum valve
вакуумметр vacuum gage
~ для измерения абсолютного давления absolute-pressure vacuum gage
вязкостный ~ viscosity(-type) vacuum gage
гидростатический ~ hydrostatic vacuum gage
молекулярный ~ molecular vacuum gage
регистрирующий ~ recording vacuum gage
ртутный ~ mercury vacuum gage
теплоэлектрический ~ thermal-conductivity vacuum gage

вакуум-мешалка vacuum mixer
вакуум-скважина vacuum hole
вакуум-упаковка vacuum packaging
вакуум-фильтр vacuum filter
вакуум-фильтрование vacuum filtration
вакуум-эксикатор vacuum desiccator
вал 1. shaft, spindle, arbor 2. (*насыпь*) bar(rier), rampart, embankment
~ барабана лебедки drawworks drum shaft
~ гидротурбинного забойного двигателя hydroturbine downhole motor shaft
~ грунта soil bank
~ двигателя engine shaft
~ инструментального барабана bull-wheel shaft
~ коробки передач transmission [gear] shaft
~ муфты сцепления clutch [engaging] shaft
~ отбора мощности power take-off shaft
~ переключения shifter shaft
~ редуктора gear box shaft
~ ротора rotary countershaft
~ с цапфами на концах double extended shaft
~ сцепления clutch [engaging] shaft
~ управления control shaft
~ шестерни pinion shaft
~ шнека auger shaft
береговой ~ beach ridge, offshore [beach] bar(rier)
боковой ~ marginal rampart
быстроходный ~ high-speed shaft
ведомый ~ driven shaft
ведущий ~ drive [driving] shaft
ведущий ~ в гидротрансформаторе input shaft
водяной ~ (*в пласте при заводнении*) water bank
вращающийся ~ torsion shaft
вторичный ~ main (output) [secondary] shaftt
входной ~ intake [input] shaft
высевающий ~ drill shaft
выходной ~ output shaft
гибкий ~ flexible shaft
главный ~ барабана лебедки main drum shaft
главный ~ привода main drive shaft
дополнительный ~ лебедки вращательного [роторного] бурения jack shaft
жесткий ~ stiff [rigid] shaft
карданный ~ cardan shaft
карданный промежуточный ~ intermediate cardan shaft
карданный телескопический ~ telescopic cardan shaft
катушечный ~ cathead shaft
качающийся ~ rocking shaft
коленчатый ~ crankshaft
коленчатый одноколейный ~ single throw crankshaft
коленчатый составной ~ built-up crankshaft
кривошипный ~ crankshaft
кулачковый ~ camshaft
лопастной ~ blade shaft
неподвижный ~ fixed spindle
нефтяной ~ (*в пласте при заводнении*) oil bank
первичный ~ primary shaft
передаточный ~ (*трансмиссионный*) connecting shaft; (*промежуточный*) gear shaft
песчаный ~ sand bar
подъемный ~ lifting [hoisting] shaft
полый ~ hollow shaft
приводной ~ drive [driving] shaft; power shaft
прижимной ~ pressure roller
промежуточный ~ intermediate shaft, countershaft
промежуточный ~ барабана лебедки drum countershaft
промежуточный ~ барабана лебедки высокой скорости high-speed drum countershaft
промежуточный ~ барабана лебедки малой скорости low-speed drum countershaft
распределительный ~ distributing shaft
реверсивный ~ reverse shaft
сплошной ~ solid shaft
ступенчатый ~ multidiameter [stepped] shaft
тектонический ~ tectonic rampart
термообработанный ~ heat-treated shaft
трансмиссионный ~ transmission [line] shaft
трансмиссионный ~ лебедки вращательного бурения drawworks line shaft
трансмиссионный ~ станка канатного бурения band wheel shaft
тросовый ~ cable shaft
трубчатый ~ tubular [quill] shaft
упорный ~ thrust shaft
фланцевый ~ flanged shaft
ходовой ~ feed shaft
холостой ~ idle shaft
центрирующий ~ (*цапфа*) spigot
цепной ~ chain pinion shaft
червячный ~ worm shaft
шарнирный ~ articulated shaft
шлифовальный ~ grinding shaft
шлицевый ~ spline shaft
шпилевой ~ spinning shaft
шпоночный ~ splined [fluted] shaft
эксцентриковый ~ eccentric shaft
валентность *амер.* valence; *англ.* valency
~ по водороду valence referred to hydrogen
~ по кислороду valence referred to oxygen
~ элемента в соединении active valence
главная ~ principal valence
ионная ~ ionic valence
направленная ~ directional valence
ненасыщенная ~ unsaturated valence
нормальная ~ normal [ordinary] valence
нулевая ~ zero valence
остаточная ~ residual valence
отрицательная ~ negative valence
положительная ~ positive valence
полярная ~ polar valence
валик roller; spindle, shaft

валик

~ дроссельной заслонки throttle valve shaft
~ тормозного кулака brake shaft
~ управления control shaft
~ холостого хода idler shaft
ведущий ~ drive [driving] shaft
выравнивающий ~ aligning roller
гладкий ~ pin
желобчатый ~ grooved [fluted] roller
контрольный ~ bead
нажимной ~ pressure roller
наплавленный ~ deposited [weld] bead
направляющий ~ guide roller
опорный ~ bearing [supporting] roller
отжимной ~ squeeze roller
передаточный ~ jackshaft
питающий ~ feed roller
стопорный ~ locking [retaining] roller
валун boulder, nodule; rubble
~ в галечнике head
ванна 1. (*содержимое*) bath 2. (*сосуд*) tank; tub; vat; bath
~ для жидкой цементации liquid carbonizing bath
~ для парафинирования paraffin tank, paraffiner
~ для цинкования spelter bath
водяная ~ water bath
восстановительная ~ reducing bath
гальваническая ~ (electro)plating bath
жировая ~ oil bath
каустическая ~ caustic bath
кислотная ~ acid bath
коагуляционная ~ coagulating tank
масляная ~ ротора rotary oil bath
нагревательная ~ heating pot
нефтяная ~ oil bath
осадительная ~ setting bath
сварочная ~ weldpool
соляная ~ salt bath
вапор (*нефтяное масло*) (steam-engine) cylinder oil
вар pitch, tar
асфальтовый ~ asphalt tar
черный ~ black pitch
вариаци/я variation
~ параметров variation of parameters
~ показаний (*прибора*) hysteretic error
~и силы тяжести gravity variations
барометрические ~и barometric variations
магнитная ~ magnetic variation
вариограмма variogram
вариограф variograph, recording variometer
вариометр variometer
~ для измерения местных аномалий local variometer
~ наклонения dip variometer
вертикальный ~ vertical variometer
гравитационный ~ gravitational variometer
крутильный ~ torsion balance
магнитный ~ magnetic variometer
варистор varistor
карбидокремниевый ~ silicon-carbide varistor
меднокупоросный ~ copper-sulphate varistor
объемный ~ bulk varistor
варить boil; (*под давлением*) autoclave
~ бокситы digest [autoclave] bauxites
вата (cotton) wool
металлическая ~ metal wool
минеральная ~ mineral wool
стеклянная ~ glass wool
целлюлозная ~ cellulose wool
шлаковая ~ slag (mineral) wool
ватерлиния waterline
ватерпас plumb bob, water level
ваттметр wattmeter
ваттность wattage
ватт · час watt · hour
вахта 1. watch (duty) 2. shift (team)
буровая ~ drill(ing) shift
вбивать hammer, drive, ram into
вбрасывать throw in
вбрызгивание spraying-in, sprinkling-in, injecting
вбрызгивать inject, spray in, sprinkle in
ВВ [взрывчатое вещество] blasting agent, explosive
вваривать weld in
ввинчивать screw (in)
ввод:
~ бурового комплекта (*в скважину*) drilling tool entry
~ в действие putting into operation
~ в разработку bringing into development
~ в эксплуатацию brinding into service, putting [setting, placing] on production
~ данных data input
~ данных в реальном времени real time data input
~ ингибитора inhibitor injection
~ пены foam introduction
~ скважины в эксплуатацию well putting on, bringing-in of well, placing of well on producnion
~ с клавиатуры keyboard input
вертикальный ~ vertical run
дистанционный ~ remote input
кабельный ~ cable inlet, cable lead-in
петлеобразный ~ loop entry
повторный ~ бурового оборудования re-entry of drilling assembly
вводить:
~ в действие commission
~ в эксплуатацию commission
~ скважину в эксплуатацию bring in a well
вдавливание bulging-in, forcing in(to), embedment, indentation, pressing in(to), forcing in(to)
~ штампа pressing-in of indenter
вдавливать press in, force in, indent, bulge in
вдувание blow(-in), injection
~ извести lime injection
~ кислорода oxygen blow
~ пара steam injection
веберметр fluxmeter

ведение:
~ отчетности accounting
безаварийное ~ буровых работ failure-free [trouble-free] drilling

ведомость sheet, list, record; bill (of materials)
~ добычи нефти oil production record
~ заказа материалов bill of materials
~ осмотра inspection record
~ о спущенных в скважину обсадных трубах casing record
~ по спуску насосно-компрессорных труб tubing record
дефектная ~ repair request form, repair list
инвентаризационная ~ schedule
комплектовочная ~ delivery list
отгрузочная ~ shipping list
ремонтная ~ maintenance record
упаковочная ~ packing list, packing slip
упаковочная сводная ~ master packing list
эксплуатационная ~ production report

веер:
~ взрывных скважин blast-hole ring

вездеход *авто* cross-country [all-terrain] vehicle, off-road truck

вектор vector
~ положения точки radius vector
~ поляризации polarization vector
~ силы force vector
~ скорости velocity vector
~ ускорения acceleration vector
аксиальный ~ axial vector, pseudovector
взаимные ~ы reciprocal vectors
волновой ~ wave vector
магнитный ~ magnetic vector
нулевой ~ null vector
полярный ~ polar vector
равные ~ы equipollent vectors
результирующий ~ resultant vector
свободный ~ free vector
составляющий ~ component vector
управляющий ~ control vector

величина 1. amount, degree; size; value; dimension; measure 2. magnitude, capacity, quantity
~ вязкости value of viscosity
~ горизонтального смещения horizontal displacement
~ градиента gradient value
~ зазора в кольцевом пространстве annulus clearance size
~ затухания damping ratio
~ зерна size of grain
~ износа magnitude of wear
~ напряжения magnitude of stress
~ нефтенасыщения degree of oil saturation
~ нефтеотдачи rate of oil recovery
~ осевой нагрузки (value of) axial load
~ относительного притупления (*инструмента*) relative blunting size
~ поглощения (*бурового раствора*) invading quantity
~ погрешности magnitude of error
~ подъема upward gradient
~ поправки extent of correction
~ разрушающего напряжения rupture stress value
~ самопроизвольной поляризации spontaneous polarization value
~ силы intensity of force
~ силы трения friction magnitude
~ скольжения slip value
~ скорости бурения drilling rate
~ смещения trace slip
~ статического напряжения сдвига [срезывающего усилия] shear value
~ уклона downward gradient
абсолютная ~ absolute value
абсолютная ~ скорости absolute value of velocity
абсолютная ~ скорости бурения absolute drilling rate
безразмерная ~ non-dimensional [dimensionless] quantity
входная ~ input (value)
выходная ~ output (value)
граничная ~ boundary value
действующая ~ effective value
дискретная ~ discrete quantity
допускаемая ~ permissible [allowable] value
заданная ~ specified [predetermined] value
интегральная ~ integral quantity
искомая ~ the unknown (quantity)
истинная ~ true value
конечная ~ finite quantity; finite value
критическая ~ critical value
натуральная ~ real (full) size, full scale
неизвестная ~ the unknown (quantity)
непрерывная ~ analog quantity
несоизмеримая ~ incommensurable quantity
номинальная ~ nominal value
обобщенная ~ generalized quantity
обратная ~ reciprocal quantity, inverse value
обратно пропорциональная ~ inversely proportional quantity
ограниченная ~ bounded quantity
ограничивающая ~ limiting value
относительная ~ relative value
переменная ~ variable (quantity)
периодически-переменная ~ fluctuating [periodically variable] quantity
пороговая ~ threshold (value)
постоянная ~ constant (quantity)
приближенная ~ approximate value
приведенная ~ corrected [reduced] value
проектная ~ design(ed) value
производная ~ derivative
расчетная ~ estimated [rating] value, design parameter
регулируемая ~ controlled quantity, controlled variable
случайная ~ random quantity, random variable
сопряженная ~ conjugate

величина

средневзвешенная ~ weighted average, weighted mean
среднеквадратичная ~ root-mean-square [rms] value
стохастическая ~ stochastic variable
угловая ~ angular value
удельная ~ specific quantity
условная ~ datum
фактическая ~ actual value
численная ~ numerical value
эффективная ~ effective value

венец ring, rim
~ зубьев шарошки rolling-cutter teeth row
~ крепи chaplet, crown
~ ствола шахты shaft crown
зубчатый ~ gear ring, ring gear
зубчатый ~ ротора ring gear of rotary table
калибрующий ~ gage side
калибрующий ~ зубьев шарошки gage [heel] (rolling-cutter) teeth row
опорный ~ foundation curb
основной ~ *см.* опорный венец
периферийный ~ heel row
периферийный ~ зубьев шарошки peripheral (rolling-cutter) teeth row
привершинный ~ third row; (*центральный*) hose row
средний ~ intermediate row

вентилирование aeration
вентилировать air, ventilate

вентиль (*трубопровода*) valve, stopper; plug cock
~ ацетиленового баллона acetylene cylinder valve
~ ацетиленовой горелки acetylene torch valve
~ кислородного баллона oxygen cylinder valve
~ с маховичком handwheel valve
~ со смазкой lubricated plug valve
~ со сферической пробкой ball [spherical] plug valve
~ с цилиндрической пробкой parallel plug valve
бесфланцевый ~ welding-end valve
бурильный ~ drilling valve
быстродействующий ~ quick-opening plug valve
водяной ~ hydraulic valve
выпускной ~ discharge valve
вытяжной ~ exhaust valve
газовый ~ gas control valve
главный распределительный ~ main valve
грязевой ~ mud valve
дренажный ~ drain valve
дроссельный ~ throttle valve
запорный ~ shut-off [stop] valve
игольчатый ~ needle valve
импульсный ~ pulse gate
кислородный ~ горелки oxygen torch valve
конический ~ plug valve
многоходовой ~ intercepting [multiport plug] valve
обводной ~ bypass valve
переключающий ~ switch valve
перепускной ~ relief [bypass, unloading] valve
продувочный ~ blow-off valve
проходной ~ straight-way [straight-through] valve
пусковой ~ starting valve
распределительный ~ distribution valve
регулирующий ~ control valve
ртутный ~ mercury-arc valve, mercury-arc rectifier
совместимый ~ compatible gate
трехходовой ~ three-way [crossover] valve
угловой ~ angle (plug) valve
управляющий ~ control valve
фланцевый ~ flanged valve
четырехходовой ~ four-way valve
шиберный ~ gate valve
электролитический ~ electrolytic rectifier
электропневматический ~ electropneumatic valve
электрохимический ~ chemotronic rectifier

вентиль-пробка valve-plug
вентилятор blower, fan
~ вытеснения positive displacement fan
~ для искусственной тяги induced-draught fan
~ на валу shaft-mounted fan
~ приточной вентиляции forced-ventilation [inlet] fan
~ с лопастным колесом paddle-wheel fan
~ с пневматическим приводом compressed-air operated fan
~ с увлажнителем wet-suction fan
всасывающий ~ drawing fan
вытяжной ~ exhauster, exhaust [suction, induced-draft] fan
газоочистный ~ gas-cleaning fan
дутьевой ~ blow [blast (air)] fan, blower
лопастный ~ blade-type fan
многолопастный ~ multiblade fan
нагнетательный ~ forced-draught fan
осевой ~ axial(-flow) fan
отсасывающий ~ *см.* вытяжной вентилятор
приточный ~ inlet fan
продувочный ~ scavenger fan
пылевой ~ dust exhaust fan
сушильный ~ drying fan
турбинный ~ turbine blower
центробежный ~ centrifugal fan

вентиляция 1. ventilation 2. (*система*) ventilation system
~ обдувом shell ventilation
~ с естественной тягой natural draft ventilation
~ с подпором overpressure ventilation
вспомогательная ~ secondary ventilation
вытяжная ~ exhaust ventilation
естественная ~ natural ventilation; uncontrolled ventilation
замкнутая ~ closed-circuit ventilation
искусственная ~ forced draft; artificial [induced] ventilation

независимая ~ independent ventilation
принудительная ~ forced ventilation
приточная ~ plenum ventilation
промышленная ~ industrial ventilation
фланговая ~ radical ventilation
центральная ~ central ventilation
верньер vernier, dial
вертикал/ь vertical
гравитационная ~ gravity vertical
отклоняться от ~и leave the vertical
вертикально vertically, upright, in an upright position
вертлюг swivel
~ головки насосно-компрессорных труб tubing head swivel
~ для бурения с продувкой забоя воздухом air swivel
~ для обсадной колонны casing swivel
~ для спуска и подъема насосно-компрессорных труб tubing swivel
~ с электроприводом electric powered swivel
~ цементировочного манифольда cementing manifold swivel
~ цементировочной головки cementing head swivel
бесштропный ~ bailless swivel
буровой ~ drilling swivel
подводный ~ для подвески marine support swivel
промывочный ~ washover swivel
силовой гидравлический ~ power hydraulic swivel
трубный промывочный ~ casing water swivel
эксплуатационный ~ tubing swivel
вертлюг-сальник eye-bolt swivel
вертлюжок (*уплотнение*) rotating seal, rotorseal; (*вращающееся соединение*) swivel
верх top
~ вышки derrick top, derrick crown
~ складки top of fold
верховой (*рабочий*) derrickman
верхушка сварочного шва crown of the weld
вершина apex; crest; crown; top; peak
~ антиклинали anticline apex
~ волны wave crest
~ вышки derrick [mast] head
~ зуба tooth point
~ кривой curve peak, top of a curve
~ мульды lower fold apex
~ резьбы crest of a thread
~ седла upper apex of fold
~ синклинали syncline apex
~ складки upper apex of fold
~ соляного купола top of salt dome
~ структуры structure crest
~ угла vertex of an angle
~ шарошки spearpoint
вес weight; load
~ брутто gross weight
~ бурового инструмента drilling tool weight
~ бурового снаряда в заполненной жидкостью скважине buoyant weight

~ в воде submerged weight
~ в градусах Боме Baumé gravity
~ в нагруженном состоянии laden weight
~ конструкции deadweight
~ незагруженного бурового судна lightship weight
~ нетто net weigth
~ палубного груза deckload capacity
~ с упаковкой shipping weight
атомный ~ atomic weight
избыточный ~ overweight
кажущийся ~ apparent weight
мертвый ~ deadweight
насыпной ~ bulk weight
общий ~ алмазов в коронке bit weight
объемный ~ unit weight
полезный ~ net load
расчетный ~ design weight
собственный ~ deadweight
удельный ~ specific gravity
удельный ~ в градусах АНИ API gravity
удельный ~ товарной нефти tank stock specific gravity
чистый ~ net weight
весы balance, scales
~ для грубого взвешивания gross weigher
~ для замера плотности бурового раствора mud balance, mud scales
~ Мора—Вестфаля specific gravity balance
~ с дистанционной передачей и регистрацией показаний remote-indicating balance
~ со счетным устройством computing weighing scales
аналитические ~ analytical balance
гидравлические ~ hydraulic scales
гидростатические ~ specific gravity balance
дозировочные ~ batching scales
крутильные ~ *см.* торсионные весы
магнитные ~ magnetic balance
микроаналитические ~ microchemical balance
настольные ~ bench scales, table balance
поплавковые гидростатические ~ buoyancy balance
прецизионные ~ precision balance
пружинные ~ spring balance
пружинные ~ для определения плотности по методу взвешивания в воде и воздухе Jolly balance
регистрирующие ~ recording balabce
рычажные ~ beam balance
рычажные гидростатические ~ beam density balance
технические ~ counter balance
торсионные ~ torsion balance
электронные ~ electronic balance
весы-дозатор hopper scales
ветвь:
~ кривой branch of a curve
~ обмотки path of a winding
~ разлома fault branch
~ ременной передачи side of a belt transmission

ветвь

~ трубопровода branch of a pipeline
~ цепного привода chain strand
ведомая ~ ременной передачи belt loose side
ведущая ~ ременной передачи belt tight [driving] side

ветер wind
акустический ~ acoustical wind
береговой ~ offshore wind
боковой ~ cross [side] wind
господствующий ~ prevailing [reigning] wind
морской ~ onshore wind
попутный ~ tail [fair] wind
солнечный ~ solar wind

ветромер wind gage, anemometer
ветроуказатель wind cone, wind indicator
веха marker post, survey stake, landmark
~ участка обводнения encroachment zone stake

вешка surveyors' stake, beacon, way-mark, guide-post

вещество agent, substance, material, matter
~, вызывающее коррозию corrosive agent
~, вызывающее образование хелатных соединений chelating agent
~, обеспечивающее плавучесть buoyancy material
~, поддающееся коррозии corroding agent
~, растворяющее нефть oil dissolving solvent
абразивное ~ abrasive agent, abrasive material
абсорбируемое ~ absorbate
абсорбирующее ~ absorbent
адсорбированное ~ adsorbed substance
адсорбирующее ~ adsorptive agent
активированное ~ activated material
активное ~ active material
аморфное ~ amorphous substance
антидетонационное ~ antidetonant, antiknock substance
антикоррозионное ~ anticorrosive agent, corrosion inhibitor
асфальтовое ~ asphalt matter
битуминозное ~ (*встречающееся в нефтяных сланцах, мергелях, известняках*) bitumiol
буферное ~ buffer
взвешенные ~a suspended matters, suspended solids
взрывоопасное ~ explosive material
взрывчатое ~ blasting agent, explosive
взрывчатое бризантное ~ high explosive
взрывчатое водонаполненное ~ explosive slurry
взрывчатое инициирующее ~ initiator
вредное ~ harmful [noxious] substance
вспенивающее ~ foaming agent
вспучивающее ~ bloating agent
высокомолекулярное ~ high-molecular substance
вяжущее ~ binding agent, binder, matrice material, cementitious matter
вяжущее глинистое ~ clay binder
газообразное ~ gas, gaseous substance
гелеобразующее ~ gelling agent
гетероатомное ~ heteroatomic matter
гетерогенное ~ heterogeneous substance
гигроскопическое ~ absorbent, absorber
гидравлическое вяжущее ~ hydraulic binder
гомогенное ~ homogeneous substance
горючее ~ combustible
гуминовое ~ humic degradation matter, humic compound
гумусовое ~ humus
дегазирующее ~ decontaminating agent
дегидратирующее ~ dehydrating agent
дезинфекционное ~ disinfectant agent
дезинфицирующее ~ detergent
декантирующиеся ~a settleable solids
делящееся ~ fissile material
диспергирующее ~ continuous phase
дисперсное ~ disperse material
едкое ~ caustic substance
жидкое ~ liquid substance, liquid (matter)
жировое ~ fatty matter
загрязняющее ~ contaminant, contaminating agent, contamination material
инородное ~ (*примесь*) foreign matter
исходное ~ (*из которого образовалась нефть*) mother substance, source material
канцерогенное ~ carcinogenic substance
капиллярно-активное ~ capillary active substance
клейкое ~ adhesive
коллоидное ~ dispersoid
консервирующее ~ preservative agent
контактное ~ contact agent
корродирующее ~ corrosive agent, corrosive material
красящее природное ~ natural dye-stuff
легковоспламеняющееся ~ highly inflammable matter
летучее ~ volatile matter
мелко раздробленное ~ dispersoid
моющее ~ cleansing agent; detergent
нейтрализующее ~ neutralizer
неоднородное ~ heterogeneous substance
неорганическое ~ inorganic matter
нерастворимое ~ insoluble matter
обезвоживающее ~ dehydrating agent
обезжиривающее ~ degreasing agent
обогащённое ~ enriched material
огнеопасное ~ inflammable
огнестойкое ~ fire-proof agent
однородное ~ homogeneous substance
окисляющее ~ oxidizing agent, oxidant
омыляемое ~ saponifiable matter
органическое ~ organic matter
органическое материнское ~ parent organic matter
органическое разлагающееся ~ decaying organic matter
осаждающее ~ precipitating agent, precipitant
основное ~ base material
осушающее ~ desiccant

отверждающее ~ hardener
отработавшее ~ depleted material
отравляющее ~ toxic agent, toxic substance
охлаждающее ~ cooling agent
очищающее ~ purifier
пахучее ~ odorous material
пенообразующее ~ frothing agent
пламягасящее сухое ~ dry chemical
поверхностно-активное ~ surface active agent, surfactant
поверхностно-активное анионное ~ anionic surfactant
поверхностно-активное неионогенное ~ non-ionic surfactant
поглощающее ~ absorbent (material)
поликристаллическое ~ polycrystalline material
пропитывающее ~ impregnant, impregnating material
противокоррозионное ~ corrosion inhibitor, anticorrosive agent
радиоактивное ~ radioactive material
разбавляющее ~ diluent
разжижающее ~ thinning agent, thinner
разъедающее ~ corrosive substance
распадающееся ~ decaying substance
растворенное ~ dissolved material
растворимое ~ soluble (substance)
самовоспламеняющееся ~ self-igniting substance
связующее ~ binder, binding material, bond
связывающее ~ adhesive (material)
смазочное ~ lubricant, lubricating material
смачивающее ~ wetting agent
смолистое ~ resinous substance
смолообразное ~ *см.* смолистое вещество
сорбирующее ~ sorbent
твердое ~ solid substance, solid matter
фальсифицирующее ~ adulterant
химическое ~ chemical agent
цементирующее ~ cementing agent
чистое ~ (*без примесей*) pure substance
щелочное обезжиривающее ~ caustic degreasing material
экстрагируемое ~ extractable substance
взаимодействие interaction
 ~ залежей reciprocal influence of deposits
 ~ отраженных волн reflection interaction
 ~ скважин well interference, well interaction
внутримолекулярное ~ intramolecular interaction
конструктивное ~ structural interaction
магнитоупругое ~ magnetoelastic interaction
физико-химическое ~ physicochemical interaction
взаимозависимость interdependence
взаимозаменяемость interchangeability
взаимообмен interchange
взаиморастворимость intersolubility
взаимосвязь (inter)relation, interconnection, intercoupling
 ~ массы и энергии mass-energy relation

гидродинамическая ~ hydrodynamic [hydraulic] communication
взбалтывание agitation
взбалтывать agitate, shake (up)
взброс jump, overfault; *геол.* reverse [thrust] fault, upthrust
взвесь suspension
тонкая ~ slick
взвешенный suspended, in suspension; weighted
взвешивать balance, weigh
 ~ разновесами weigh against weights
взмучивать make turbid; (*в пробирке*) muddle, stir up; rouse
взорвать blast, blow up
 ~ шпур fire the hole
взрыв blast; explosion; shooting
 ~ в замкнутом пространстве confined explosion
 ~ в резервуаре explosion in tank
 ~ в скважине (*производимый для интенсификации притока*) underground explosion
 ~, направленный внутрь implosion
воздушный ~ air shooting
групповой ~ pattern shooting
затяжной ~ hangfire
направленный ~ pin-point explosion
обратный ~ back shooting
подземный ~ underground explosion
ядерный ~ nuclear explosion
взрываемость explosibility
взрывание firing, shooting
 ~ без вруба no-cut-hole blasting
 ~ по породе rock blasting
короткозамедленное ~ short-delay firing
множественное ~ multiple shot-firing
непрерывное ~ continuous shot-firing
взрыватель blaster, detonator, fuse
взрывать blast, shoot, blow up, detonate, explode
взрываться explode, blow up, blast
взрывник blaster, shot-firer
взрывной bursting, explosive, exploding
взрывобезопасный explosion-proof, flame-resistant, flame-proof
взрывозащищенный explosion-proof, blast-proof
взрывоопасный (dangerously) explosive, explosible
взрывопожароопасный fire and explosion dangerous
взрывостойкий *см.* взрывозащищенный
взрывчатый explosive, explosible
взятие:
 ~ керновой пробы coring
 ~ пробы sampling
вибратор 1. exciter, oscillator 2. shaker, shaking apparatus 3. vibrator
асинхронный ~ non-synchronous [asynchronous] vibrator
высокочастотный ~ high-speed vibrator
гидродинамический ~ hydrodynamic vibrator
глубинный ~ internal vibrator
забойный ~ bottom-hole vibrator

вибратор

кварцевый ~ crystal transducer
магнитострикционный ~ magnetostriction vibrator
пассивный ~ passive dipole
пневматический ~ air-operated vibrator
пьезоэлектрический ~ piezoelectrical vibrator
сейсмический ~ seismic vibrator
ударный электромагнитный ~ electromagnetic impact vibrator
штыковой ~ rod [poker] vibrator

вибраци/я vibration
~ бурильного каната kick
~ бурильных труб drill string wobbling, drill pipe chattering
~ бурового долота bit chattering
~ в бурильных трубах *см.* вибрация бурильных труб
~ каната rope vibration
~ клапана valve chattering
~ колонны штанг rod-string vibration
~ штанг rod vibration
вызвать ~ю vibrate, set in vibration
ликвидировать ~ю eliminate the vibration
ответная ~ sympathetic vibration

вибрирование *см.* вибрация
вибрировать chatter, oscillate, vibrate
вибробур vibratory drill
вибробурение vibration [air-hammer] drilling
~ со звуковыми частотами drilling with sound vibration

виброграф vibrograph
вибродатчик vibration pickup
виброметр vibrometer
вибропрочность vibration strength, vibration survival
вибросито shale shaker
~ для очистки бурового раствора от шлама shale shaker
двухъярусное ~ double-deck shale shaker
одноярусное ~ single-deck shale shaker
ротационное ~ rotary shale shaker
сдвоенное ~ dual shale shaker

вибростойкий shake-proof, vibration-proof, vibration-resistant
виброуплотнять compact, consolidate by vibration
виброустойчивый *см.* вибростойкий
виброцентрифуга vibrating centrifuge
виброшумы vibronoise
виброщуп vibroprobe

вид 1. form, shape 2. view, projection
~ вблизи close-up view
~ в разрезе sectional view
~ горных изверженных пород facies
~ излома appearance [form] of fracture
~ колебаний mode
~ сбоку side view
~ сверху plan [top] view
~ сзади back view
~ снизу bottom view

видоискатель finder

визир 1. hairline 2. (view)finder 3. sight, sighting device
визирование sighting
~ через несколько точек alignment
двустороннее ~ reciprocal sighting
тахеометрическое ~ tacheometric sighting

вилка 1. yoke; fork; jaw 2. (*штепсельная*) plug
~ выключения сцепления clutch fork, clutch throw-out yoke
~ для подтаскивания насосно-компрессорных труб gripping fork for pulling tubing pipes in
~ переключения передач gear shifting fork
~ рычага yoke end of lever
~ шнекового бура auger fork
выдвижная ~ telescopic fork
двухконтактная ~ two-pin plug
двухлучевая ~ two-prong(ed) fork
маятниковая ~ тянущего типа trailing fork
маятниковая короткорычажная ~ leading link fork
переходная ~ plug adapter
подкладная ~ key
подкладочная ~ fork
тяговая ~ towing yoke
штепсельная ~ plug

винил vinyl
цианистый ~ acrylonitril

виннокислый tartrate

винт screw
~ подвески suspension screw
~ с головкой под ключ *или* отвертку cap screw
~ с квадратной головкой square-head screw
~ с накатанной головкой knurled-head screw
~ со сферическим концом oval-point screw
~ со шлицевой головкой headless set screw
~ с сорванной резьбой slipped screw
~ с шестигранной головкой hexagon(-head) screw
барашковый ~ (*с рифленой головкой*) thumb screw
двухзаходный [двухходовой] ~ double-threaded screw
зажимной ~ *геод.* clamping screw
закрепляющий ~ fastening screw
запирающий ~ locking screw
исправительный ~ *геод.* reticule adjusting screw
крепежный ~ cap (machine) [attachment] screw
нажимной ~ pressure screw
натяжной ~ slack adjuster
подающий ~ lead screw
подъемный ~ foot [leveling] screw
потайной ~ countersunk screw
регулировочный ~ adjusting screw
регулирующий ~ check [governing] screw
самоконтрящийся ~ self-lapping screw
соединительный ~ fixing screw
стопорный ~ set [lock, stop] screw
стяжной ~ tightening-up [swivel, coupling] screw

упорный ~ abutment [backing-up] screw
уравнительный ~ temper screw
утопленный ~ recessed screw
ходовой ~ feed [lead] screw
винтовой helical, spiral
винтообразный screw-shaped, spiral
винт-стяжка turnbuckle screw
винт-толкатель tappet adjusting screw
вискозиметр viscosimeter
~ для бурового раствора drilling fluid viscosimeter
~ Марша funnel viscosimeter, Marsh funnel
~ Оствальда *см.* капиллярный вискозиметр
~ с вращающейся чашкой rotating-cup viscosimeter
~ Сейболта Saybolt viscosimeter
~ с падающим шариком falling-ball [falling-sphere, Stokes] viscosimeter
~ Стормера Stormer viscosimeter
~ Фэнна Fann viscosimeter
~ Энглера Engler viscosimeter
капиллярный ~ capillary viscosimeter
капиллярный ~ с переменным напором variable-head capillary viscosimeter
полевой ~ *см.* вискозиметр Марша
промысловый ~ field viscosimeter
ротационный ~ rotational [rotary] viscosimeter
ротационный многоскоростной ~ multi-speed rotational viscosimeter
скважинный ~ downhole viscosimeter
виток coil; turn; wrap
~ каната (wire) rope coil, (wire) rope wrap
вихреобразование eddy generation; vortex formation
вихрь eddy, vortex
~ в потоке flow edge
вкладыш backing; bush(ing); insert
~ гидроциклона bladder
~ для вращения ведущей трубы kelly drive
~ плашки превентора preventer ram block
~ подпятника bearing disk
~ под рабочую трубу kelly bushing
~ подшипника bearing shell, bearing liner
~ подшипника коренного вала main shaft brass
~ подшипника скольжения plain (friction) bearing liner
~, работающий на истирание wear bushing
~ спайдера spider bushing
~ с элеватора elevator bushing
~ шатуна насоса pump connecting rod liner
боковой ~ side brass
буртовой ~ подшипника flanged bearing liner
главный ~ ротора master [main] rotary busher
кольцевой ~ collar step
конусный ~ bowl
малый ~ в стволе ротора drill stem bushing
направляющие ~и ротора drive bushings
ориентирующий ~ orienting bushing
основные ~и master bushings

сменный ~ replaceable brass, replaceable [wear] bushing
составной ~ split bushing
толстостенный ~ подшипника thick-walled bearing liner
шаровой ~ spherical bushing
вклиниваться wedge
~ между пластами wedge between formations
включатель circuit closer, switch
включать 1. close, engage, switch in, switch on, put in, throw in, start, turn on, energize, cut in 2. (*о горных породах*) include
~ двигатель start [fire] an engine
~ компрессор turn on a compressor
~ муфту throw in [engage] a clutch
~ параллельно *эл.* connect in parallel, connect in shunt
~ питание energize
~ повторно reset, reclose
~ последовательно *эл.* connect in series
~ ток energize
~ тормоз set [put on, apply] the brake
~ трансмиссию put in [throw into] gear
~ электрический двигатель switch on [switch in, turn on, energize, cut in] electric motor
~ электрическую цепь close an electric circuit
включение 1. closing, connection, engagement, starting 2. *геол.* nodule, spot; inclusion, incorporation
~ графита carbon spot
~ крепкой породы bastard
~ минерала *см.* минеральное включение
~ муфты clutch engagement
~ нефти oil inclusion
~ при помощи сервомеханизма power shifting
~ рычага engaging the lever
куполообразное ~ в кровле bell
минеральное ~ concretion, mineral spot
остаточное ~ residual nodule
параллельное ~ *эл.* parallel connection
плавное ~ smooth [gradual] engagement
породное ~ famp
последовательное ~ *эл.* series connection
вкрапление dissemination, impregnation
влага moisture
гигроскопическая ~ hygroscopic moisture
капельная ~ condensed moisture
капиллярная ~ capillar moisture
коллоидная ~ colloid moisture
конденсированная ~ condensed moisture
остаточная ~ residual moisture
поверхностная ~ surface moisture
влагоемкость moisture capacity
~ горных пород rock moisture capacity
абсолютная ~ absolute moisture capacity
весовая ~ gravimetric moisture capacity
капиллярная ~ capillary moisture capacity
молекулярная ~ molecular moisture capacity

полезная ~ available moisture capacity
полная ~ total moisture capacity
влагоизоляция moisture insulation, moisture seal
влагомер moisture meter, moisture tester, hydrometer
скважинный ~ bottom-hole sludge and water monitor
влагонасыщенность water saturation
влагонепроницаемость moisture impermeability, moisture resistance
влагонепроницаемый fluid-tight, moisture-impermeable, moisture-proof
влагообмен moisture exchange
влагоотдача water yielding capacity
влагоотделитель moisture separator, water trap, drier
~ для газа с жидким осушителем liquid desiccant drier
~ для газа с твердым осушителем solid desiccant drier
~ жидкой фазы liquid phase drier
~ паровой фазы vapor phase drier
абсорбирующий ~ absorbent drier
комбинированный ~ combination drier
конденсирующий ~ condensing drier
контактный ~ filtering drier
наружный ~ line moisture separator
силовой ~ force drier
влагоперенос moisture transfer
влагопоглотитель desiccant, desiccator
влагопоглощение moisture absorption
влагосодержание moisture content
влагостойкий moisture resistant, moisture-proof, waterproof
влагостойкость moisture resistance, water proofness
влагоудерживающий water-holding, water-retentive
влагоуловитель moisture trap
влажность humidity, moisture content, dampness
~ воздуха air humidity
~ газа gas humidity
~ горных пород humidity of rocks
~ пара vapor wetness
абсолютная ~ absolute humidity
атмосферная ~ atmospheric humidity
весовая ~ gravimetric humidity
избыточная ~ excess moisture content
критическая ~ critical humidity
остаточная ~ residual moisture content
относительная ~ relative humidity
полезная ~ available moisture content
равновесная ~ equilibrium moisture content
удельная ~ specific humidity
влажный humid, moist, wet, damp, moisture-laden
влияние effect, influence
~ бурового раствора drilling mud effect
~ веса бурильной колонны effect of drilling string weight

~ вмещающих горных пород influence of enclosing rock
~ глинистой корки mud cake effect
~ диаметра скважины borehole effect
~ зоны проникновения influence of invaded zone
~ масштаба scale effect
~ мощности пласта bed thickness effect
~ окружающих условий influence of ambient conditions
~ рельефа topographic effect
~ ствола скважины borehole effect
~ температуры temperature effect
~ усадки effect of shrinkage
~ условий залегания formation factor
возмущающее ~ perturbation
вредное ~ adverse [harmful, unfavorable] effect
побочное ~ side effect
экранирующее ~ shield effect
вмерзать freeze in(to)
вместимость 1. bulk; capacity; content 2. (*судна*) tonnage
~ вышки stocking capacity of derrick
~ резервуара tankage
~ стеллажей для труб standback capacity
валовая ~ gross tonnage
полная ~ *см.* валовая вместимость
регистровая ~ register tonnage
удельная ~ specific capacity
чистая ~ танкера net tanker tonnage
вмешивать stir into, mix in
вмонтировать build in(to), mount, incorporate into
вмывание inwash
~ сваи water jet pile driving
вмятина dinge, dent, nick, tool mark
~ от клиньев slip mark
~ от ключа tongs mark
внахлестку lapping over, overlapping
внедорожник *см.* вездеход
внедрение intrusion, penetration
~ воды water intrusion
~ индентора indentor penetration
~ краевой воды в залежь advance of edge water
ВНК [водонефтяной контакт] water-oil contact
внутриатомный subatomic
внутрикристаллический intracrystalline
внутримолекулярный intramolecular
внутрипластовый intrastratal
внутриплатформенный intraplatform
внутрипромысловый intrafield
вовлечение entrainment
~ воздуха (*естественное*) air entrapment; (*искусственное*) air entrainment
вода water
~ без добавок water alone, clear water
~ в зоне водонефтяного контакта fringe water
~ во взвешенном состоянии water in suspension

~ гидратации water of hydration
~ для приготовления бурового раствора mud make-up water
~ для промывки скважин drilling water
~ для промывки фильтров backwash water
~ для размыва каверн cavern wash water
~, закачиваемая в скважину (*для увеличения противодавления на пласт*) water blanket
~ затворения mixing water
~ нефтяных пластов oil formation water
~, обогащенная углекислотой carbonated water
~ с абразивом abrasive water
~, связанная в геле water of gelation
абсорбционная ~ absorption water
агрессивная ~ aggressive [corrosive] water
артезианская ~ artesian [confined ground] water
атмосферная ~ atmospheric [meteoric] water
аэрированная ~ aerated water
балластная ~ ballast water
безнапорная ~ free [gravity, gravitational] water
буровая ~ drill water
верхняя ~ headwater
внутрипоровая ~ interstitial [pore] water
водопроводная ~ tap water
возвратная ~ return(ed) water
вытесняемая ~ water being displaced
газированная ~ gas-cut [aerated] water
гидратная ~ water of hydration
гравитационная ~ *см.* безнапорная вода
грунтовая ~ (under)ground water
деаэрированная ~ deaerated water
дистиллированная ~ distilled water
добываемая ~ produced water
дождевая ~ rain water, rainwash
дренажная ~ drainage water
жесткая ~ hard water
загрязненная ~ polluted water
загущенная ~ thickened water
закачиваемая ~ injection water
законтурная ~ edge water
застойная ~ stagnant water
зашламованная ~ dirty water
избыточная ~ excessive water
известковая ~ lime water
инфильтрационная ~ infiltration water
капиллярная ~ capillary water
карбонизированная ~ carbon(ated) water
карстовая ~ karst water
кислая ~ acidic water
конденсированная ~ condensed water
контурная ~ *см.* краевая вода
краевая ~ edge water
кристаллизационная ~ crystal water
ливневая ~ storm water
местная ~ bay water
мигрирующая ~ migratory water
минерализованная ~ brine, mineralized [saline] water
морская ~ sea water
мягкая ~ soft water
нагнетаемая ~ flood [injected] water
наземная ~ surface water
напорная ~ pressure [head] water
наступающая ~ encroaching water
необработанная ~ untreated water
несвязанная ~ free water
нефтепромысловая ~ oil-field water
нижняя ~ bottom water
обводняющая ~ invading water
оборотная ~ cooling [circulating, recirculated] water
опресненная ~ desalinated water
осветленная ~ clarified water
основная ~ basal water
остаточная ~ bond [residual] water
отработанная ~ discharge [waste] water
отстойная ~ settling-vat water
отходящая ~ discharge [waste] water
охлаждающая ~ cooling water
охлажденная ~ chilled [cooled] water
очищенная ~ treated water
питательная ~ feed water
питьевая ~ potable [drink] water
пластовая ~ brine water
пленочная ~ film water
погребенная ~ connate water
подошвенная ~ bottom water
подпочвенная ~ subsoil water
попутная ~ accociated [produced] water
поровая ~ void water
посторонняя ~ extraneous water
почвенная ~ soil water
пресная ~ fresh [sweet] water
промывочная ~ circulating [drilling, flushing] water
промышленная ~ industrial water
просачивающаяся ~ seepage [leakage, percolating] water
проточная ~ running water
реликтовая ~ connate [native, fossil, relict] water
свободная ~ free water
связанная ~ bound [combined, connate] water
седиментационная ~ sediment water
сернистая ~ sulfur water
соленая ~ *см.* минерализованная вода
солоноватая ~ brackish water
термальная ~ thermal water
техническая ~ service [process] water
технологическая ~ *см.* техническая вода
трещинная ~ fracture water
хлорированная ~ chlorinated water
циркуляционная ~ circulation water
чистая ~ clear water, water alone
шахтная ~ mine water
шламовая ~ slime water
щелочная ~ alkaline water
водный aqueous; hydrous
водовод conduit
водогазонефтенасыщенность water, gas and oil saturation

водоем basin, reservoir, pond, pool
  внутренний ~ inland water
  естественный ~ naturally impounded body [reservoir]
  искусственный ~ artificially impounded reservoir
  подземный ~ underground reservoir

водоемкость water-retaining [water-holding] capacity

водозабор *амер.* water inlet; *англ.* water intake
  ~ закрытого типа undersurface water intake
  ~ открытого типа free water intake
  безнапорный ~ free-flow intake
  индивидуальный ~ individual water intake
  напорный ~ pressure intake

водоизмещение deadweight, displacement; (*судна*) tonnage
  ~ в процессе бурения displacement at drilling draft
  ~ в режиме выживания survival displacement
  ~ в транспортном положении displacement in transit condition
  ~ при буксировке в районе эксплуатации field tow displacement
  ~ при бурении drilling displacement
  ~ при эксплуатации *см.* рабочее водоизмещение
  ~ танкера tanker tonnage
  весовое ~ displacement tonnage
  рабочее ~ operating displacement

водолаз diver
  легкий ~ skin diver
  обслуживающий ~ attendant diver
  резервный ~ standby diver

водомер flowmeter, water gage

водонасыщенность water saturation
  истинная ~ actual water saturation
  конечная ~ final water saturation
  критическая ~ critical water saturation
  начальная ~ пласта initial water in place in reservoir
  остаточная ~ *см.* конечная водонасыщенность

водонасыщенный water-saturated

водонепроницаемость watertightness

водонепроницаемый watertight

водонефтенасыщенность water and oil saturation
  остаточная ~ residual oil and brine

водоносный aqueous, aquiferous, water-bearing

водоопреснитель water-desalination apparatus

водоотдача filtration, filter [fluid, water] loss
  ~ в динамических условиях dynamic fluid loss
  моментальная ~ цементного раствора flash set
  низкая ~ low water loss
  удельная ~ specific water loss

водоотделитель dehydrator, water separator, water trap
  ~ для газовой скважины gas well drip
  ~ для нефти oil dehydrator
  гликолевый ~ для газа glycol dehydrator for gas
  нефтепромысловый ~ oil-field dehydrator
  подвесной ~ suspended water trap

водоотлив water drainage

водоотстойник water sedimentation tank

водоотталкивающий water-repelling, moisture-repellent

водоохладитель water-cooling system, water cooler

водоохлаждаемый water-cooled

водоочиститель water purifier

водоочистка water treatment

водопоглощающий hygroscopic, water absorbing

водоподготовка water treatment, water conditioning

водоподогреватель water heater
  газовый ~ gas water heater
  емкостный ~ storage water heater
  паровой ~ steam water heater
  солнечный ~ solar water heater
  стационарный ~ stationary water heater
  трубчатый ~ tube water heater
  электрический ~ electric water heater

водопользование water management

водопотребление water consumption
  питьевое ~ drinking water consumption
  производственное ~ industrial water consumption
  сельскохозяйственное ~ agricultural water consumption
  хозяйственное ~ domestic water consumption

водопотребность water requirements

водоприток water influx, water production
  ликвидировать ~ shut off water production

водопровод water conduit, water (pipe)line
  кольцевой ~ circular water line
  магистральный ~ water main
  промышленный ~ industrial water line
  противопожарный ~ fire main, fire line
  разводящий ~ distribution water line

водопроницаемость water permeability, permeability to water
  относительная ~ relative permeability to water
  эффективная ~ effective permeability to water

водопроявление water seepage, water inflow, water ingress, water entry
  слабое ~ water seepage

водораздел:
  ~ между дренирующими бассейнами drainage divide
  ~ речных бассейнов drainage divide

водораспределение water distribution

водорастворимый water soluble

водорез cutwater

водород hydrogen
  атомарный ~ atomic hydrogen
  жидкий ~ liquid hydrogen
  сернистый ~ hydrogen sulphide

хлористый ~ hydrogen chloride
водородсодержащий hydrogenous
водоросль water plant, alga
   морская ~ sea weed
водосборник water tank, water (drain) sump; water header; water collector
водоснабжение water supply
   ~ из подземных источников underground water supply
   ~ промысла oil-field water supply
   бытовое ~ potable water supply
   горячее ~ hot water supply
   оборотное ~ circulating water supply
   питьевое ~ drinking water supply
   техническое ~ process water supply
водосодержание water content
   истинное ~ actual water content
   объемное ~ volumetric water content
водосодержащий water-bearing
водостойкий water-resistant, waterproof
водостойкость water resistance, water-resisting property, stability in water
водосток (*система труб*) drain system, drain(age)
   дренажный ~ drain(age)
   канализационный ~ sewage
водоуказатель water gage
водохранилище water storage basin, water storage reservoir
воды waters
   ~ нефтяных и газовых месторождений oil-field waters
   агрессивные пластовые ~ corrosive formation waters
   аэрированные пластовые ~ aerated formation waters
   буровые ~ oil-field brine
   верхние ~ top waters
   верхние ~ со свободной поверхностью top surface waters
   вторичные ~ secondary waters
   краевые верхние ~ upper edge waters
   краевые нижние ~ bottom edge waters
   напорные ~ pressure [head] waters
   нефтесодержащие ~ oily waste waters
   паводковые ~ flood waters
   первичные ~ primary waters
   пластовые ~ formation [stratal, reservoir] waters
   пластовые щелочные ~ alkaline formation waters
   посторонние ~ extraneous waters
   прибрежные ~ coastal waters
   промежуточные ~ middle waters
   промысловые соленые ~ gun barrel salt waters
   сточные ~ sewage, waste waters
   сточные нефтесодержащие ~ oily waste waters
   сточные регенерированные ~ reclaimed waste waters
водянистый aqueous, aquatic; watery

возбудитель:
   ~ брожения fermenter
   ~ пласта formation incinerator
возбуждать energize, excite, stimulate
возбуждение 1. *эл.* actuation; excitation; energizing 2. (*скважины*) stimulation
   ~ сейсмического сигнала producing [causing] of seismic signal
   ~ скважины well stimulation
   ~ тока excitation of current
   многоступенчатое ~ multistage stimulation
   независимое ~ separate excitation
   параллельное ~ shunt excitation
   последовательное ~ series excitation
   постороннее ~ separate excitation
   термическое ~ скважины thermal well stimulation
   ударное ~ impact [pulse, shock] excitation
возбужденный excited, stimulated, induced
возведение (*сооружений*) erection, construction
возводить build, construct, erect
   ~ опалубку encase
возвратно-поступательный reciprocating
возвышенность elevation, height, upland, hill
   подводная ~ submarine elevation
   скрытая ~ covered [buried] hill
   топографическая ~ topographic elevation
возгонять sublimate, sublime
возгораемость combustibility, inflammablity, ignitability
возгорание inflammation, ignition, combustion
   ~ газа gas inflammation
возгораться ignite, catch fire, get inflamed
возгорающийся inflammable, ignitable
воздействие action; effect; exposure, influence; attack; impact
   ~ на окружающую среду environmental impact
   ~ на пласт bed stimulation
   ~ на призабойную зону bottom-hole zone treatment
   ~ растворителя attack by solvent
   бактериальное ~ bacterial attack
   внешнее ~ external attack
   возмущающее ~ disturbing influence, disturbance
   динамическое ~ impact, dynamic action
   искусственное ~ на пласт artificial action on bed
   термическое ~ на пласт thermal bed stimulation
   термохимическое ~ heat and chemical effect
   физическое ~ physical action
   электрогидравлическое ~ electrohydraulic effect
   электротермическое ~ на пласт electrothermal bed stimulation
воздух air
   ~ для пневматического контрольного оборудования instrument air
   ~ при нормальных условиях free air

воздух

~ управления control air
атмосферный ~ free air
влажный ~ damp [humid, moist] air
вовлечённый ~ entrained air
возмущённый ~ turbulent air
загрязнённый ~ contaminated [polluted] air
засосанный ~ induced air
захваченный ~ entrapped air
избыточный ~ excess air
ионизированный ~ ionized air
кондиционированный ~ conditioned air
морской ~ sea air
наружный ~ outdoor air
насыщенный паром ~ vapor-saturated air
насыщенный пылью ~ dusty air
неподвижный ~ still [stagnant] air
окружающий ~ ambient [surrounding] air
отработанный ~ used [returned] air
охлаждающий ~ cooling air
подземный ~ subsurface air
поступающий ~ incoming air
почвенный ~ soil air
предварительно подогретый ~ preheated air
продувочный ~ scavenging air
рабочий ~ пневматической системы управления control air
разрежённый ~ rarefied air
рудничный ~ mine air
свежий ~ fresh air
свободный ~ free air
сжатый ~ compressed air
сухой ~ dry air
чистый ~ uncontaminated [clean, pure] air
воздуховод air conduit, air duct, ventilating flue
приточный ~ forced air duct
воздуходувка (air) blower, blast blower, blast [blowing] engine
нагнетающая ~ pressure blower, blast engine
поршневая ~ piston blower
ротационная ~ rotary blower
смесительная ~ blower-agitator
струйная ~ jet blower
воздухонагреватель air heater
воздухонепроницаемый air-tight, airproof, impermeable to air
воздухообмен air exchange
воздухоотвод air offtake
воздухоотделитель air separator, deaerator
воздухоохладитель air cooler
воздухоочиститель air cleaner, air purifier
воздухоподогреватель *см.* **воздухонагреватель**
воздухоприёмник air inlet, air intake, air receiver, air reservoir
воздухопровод air line, air pipe, air main
впускной ~ air inlet pipe
воздухосборник air collector, air receiver
воздухоулавливатель air trap
воздушно-сухой air-dry
воздушный air; overhead; aerial
воздымание резервуара rise [bulging-up] of reservoir

возможност/ь chance, opportunity
~и добычи из месторождения capacity of field to produce
возмущение disturbance, perturbation
~ поля давления disturbance in the pressure field
~ потока flow disturbance
адиабатическое ~ adiabatic perturbation
асимптотически затухающее ~ subsidence
волновое ~ wave disturbance
земное ~ terrestrial disturbance
линейно нарастающее ~ ramp disturbance
магнитное ~ magnetic disturbance
малое ~ течения small disturbance of flow
приливное ~ tide-gage disturbance
скачкообразное ~ step disturbance
точечное ~ point disturbance
упругое ~ elastic disturbance
возраст age
~ газа gas age
~ минерализации age of mineralization
~ нефти oil age
~ по гелию helium age
~ пород rock age
~ складчатости age of folding
~ фундамента (*бассейна*) basement age
геологический ~ geological age
геохимический ~ нефти geochemical age of oil
относительный ~ пород relative age of beds [formation]
относительный геологический ~ relative geological age
хронологический ~ chronological age
войлок felt
водорослевый ~ algal felt
микролитовый ~ microlitic felt
технический ~ technical felt
волн/а wave
~ вероятности probability wave
~ деформации distortional wave
~ы на поверхности жидкости capillary waves
~ напряжений stress wave
~ разрыва wave of distortion
~ сгущения compression wave
~ сдвига shear [displacement] wave
~ сжатия compression wave
~ смещения shear [displacement] wave
акустическая ~ acoustic [sonic, sound] wave
бегущая ~ traveling wave
блуждающая ~ stray wave
боковая ~ refraction wave
взрывная ~ blast wave
взрывная воздушная ~ air blast wave
вторичная ~ secondary wave
гармоническая ~ harmonic wave
гидродинамическая ~ H-wave
глубоководная ~ deep-water wave
звуковая ~ acoustic [sonic, sound] wave
когерентная ~ coherent wave
незатухающая ~ undamped wave
неотражённая ~ direct [non-reflected] wave

нестационарная ~ transient wave
обменная ~ alternating [transformed] wave
одномерная ~ one-dimensional wave
околоповерхностные ~ы near-surface waves
отраженная ~ reflected [back] wave
падающая ~ incident wave
первичная ~ primary wave
перемежающаяся ~ alternating [transformed] wave
плоская ~ plane wave
поверхностная ~ surface [circumferential] wave
поперечная ~ transverse [transversal] wave; shake wave
посторонняя ~ extraneous wave
преломленная ~ refracted wave
продольная ~ compressional [longitudinal] wave
пространственная ~ space [spatial] wave
рабочая ~ operating wave
равнодействующая ~ resultant wave
расходящаяся ~ divergent wave
расчетная ~ predetermined wave
результирующая ~ resultant wave
сейсмическая ~ earthquake [seismic] wave
синусоидальная ~ sine wave
спадающая ~ decaying [collapsing] wave
стоячая ~ standing wave
сферическая ~ spherical wave
ударная ~ compression [shock] wave
упругая ~ elastic wave
электрическая ~ electric wave
электромагнитная ~ electromagnetic wave
волнение 1. (*моря*) sea(s), heaving, seaway, sea condition 2. disturbance
~ моря heaving
беспорядочное ~ random sea
сейсмическое ~ seismic disturbance
сильное ~ rough sea
волнистость corrugation, buckle(s); waviness
волнограф wave recorder
волнолом breakwater pier; wave splitter
волномер wave meter
волокно fiber; filament
асбестовое ~ asbestos fiber
гелифицированное ~ gelified fiber
древесное ~ wood fiber
волосность capillarity, capillary attraction
волосовина check [flake, hair] crack, craze, flake, hairline
волосок fiber, filament, hair
волочение dragging, skidding
волочить draw, drag, trail, pull, haul
вольтметр voltmeter
вооружение бурового долота drilling bit cutting structure
воронка 1. cone, crater 2. funnel; hopper
~ вискозиметра viscosimeter orifice
~ депрессии cone of depression
~ для направления ловильных инструментов bowl
~ для обсадных труб casing adapter
~ для перемешивания agitation cone
~ для повторного ввода re-entry cone, re-entry funnel
~ для приготовления бурового раствора drilling mud funnel
~ для фильтрования filtering funnel
~ ловителя fishing tool bell [bowl]
~ Марша Marsh funnel, funnel viscosimeter
~ осушения funnel of desiccation
~ поглощения funnel of absorption
~ фильтра strainer funnel
~ центрирующего приспособления centering device funnel
~ шлипса slip-socket bowl
башмачная ~ shoe funnel
взрывная ~ blasting cone, explosion funnel; crater
делительная ~ separating [separatory] funnel
дозировочная ~ measuring hopper
загрузочная ~ feed hopper, filling funnel
капельная ~ dropping funnel
карстовая ~ funnel [limestone] sink
наливная ~ filling funnel
направляющая ~ bell guide, fair-lead
направляющая ~ для шлипса slip socket bowl
направляющая ~ ловителя bell guide of fishing tool
подроторная ~ bell nipple
приемная ~ loading hopper
разгрузочная ~ discharge hopper
раструбная ~ flared bell, flared bowl
смесительная ~ для приготовления бурового раствора mud mixing funnel
смесительная ~ для цементного раствора cement mixing hopper
термокарстовая ~ thermokarst funnel
ворот gin
ворота вышки derrick V-window, derrick V-door
вороток tap wrench, screw stock
воск wax
горный ~ ozocerite, mineral [earth, fossil] wax
морской ~ sea wax
натуральный ~ natural sea
парафиновый ~ paraffin wax
воспламенение combustion, ignition
воспламенитель blasting cap, igniter
~ детонатора fuse
воспламеняемость *амер.* flammability; *англ.* inflammability, ignitability, combustibility
воспламеняемый combustible, *амер.* flammable; *англ.* inflammable
легко ~ deflagrable
воспламенять(ся) ignite, fire, kindle, set on fire
воспламеняющийся ignitable, inflammable, combustible
восприимчивость susceptibility
~ к буровому раствору drilling mud susceptibility
магнитная ~ magnetic susceptibility

восприимчивость

обратимая ~ reversible susceptibility
обратная ~ inverse susceptibility
объемная ~ volume susceptibility
восприимчивый sensitive
~ к буровому раствору drilling mud sensitive
воспроизведение reproduction; generation; (re)presentation; playback
~ данных data reproduction, data presentation
~ данных на экране data display
~ запаздывания delay simulation
~ звука sound reproduction
~ магнитной записи playback
~ процесса разработки simulation of development
~ сейсмических сигналов playback of seismic signals
дискретное ~ данных digital data presentation
воспроизводить reproduce, regenerate, simulate
~ циркуляцию restore circulation
восстанавливать 1. *хим.* deoxidate; reduce **2.** recover; restore
восстани/е rise
~ пласта seam pitch, rise of seam
по ~ю up dip, to the rise
восстановитель deoxidant, deoxidizer, reducing agent
восстановление 1. restoration; rebuilding; recovery; regeneration **2.** *хим.* reduction; deoxidation
~ в кислой среде acid reduction
~ давления pressure recovery
~ забойного давления bottom-hole pressure build-up
~ напряжения voltage recovery
~ необходимой концентрации recommended reconcentration
~ пластового давления repressuring, pressure build-up
~ пластового давления закачкой газа repressuring with natural gas
~ пластового давления закачкой сжатого воздуха repressuring with compressed air
~ поврежденной изоляции damaged insulation recovery
~ прежних свойств reconditioning
~ скважины well recovery, well reworking
~ ствола shaft recovery
~ упругости recovery of elasticity
~ устьевого давления wellhead pressure build-up
~ формы импульса pulse recovery
пластическое ~ при ударе plastic recovery
химическое ~ reduction, deoxidation
восходящий ascending, upgoing, rising
впадина cavern; cavity; depression, basin, trough
~ между зубьями (*шестерни*) tooth space
~ профиля резьбы thread root
~ резьбы gap, bottom
глубоководная ~ oceanic depression, abyss

краевая ~ foredeep; marginal depression
межгорная ~ intermountain trough, intermountain basin
межскладчатая ~ interfold depression
моноклинальная ~ monoclinal ravine
нефтегазоносная ~ oil-and-gas bearing basin
океаническая ~ oceanic trough, oceanic basin
орогенная ~ orogenic basin, orogenic trough
платформенная ~ platform depression
синклинальная ~ synclinal basin
структурная ~ structural basin
тектоническая ~ tectonic depression
впаивание soldering-in
впитываемость absorbability
впитывание imbibition, absorption, soaking
капиллярное ~ capillary imbibition
впитывать absorb, soak up, imbibe, take up
впитывающий absorbing, absorptive, imbibing
впластованный embedded, interstratified
впотай flush, level (with)
впрессованный pressed-in, embedded (in), press-fitted
впритык end-to-end, abutting, butt-jointed
впрыск injection
~ масла oil injection
впрыскиватель injector
впуск inlet, intake, admission, induction
~ масла oil intake
односторонний ~ single admission
вращатель boring [rotary] head, spinner, rotator, rotary mechanism
~ бурильной колонны drill pipe spinner
~ бурового станка swivel head
~ бурового станка роторного типа rotor-type swivel head
~ для навинчивания ведущей трубы kelly spinner, power sub
~ шнековой установки auger-drill head
~ шпиндельного типа spindle-type rotary head
гидравлический ~ для насосно-компрессорных труб hydraulic power sub
механический ~ для насосно-компрессорных труб rotating head
передвижной ~ movable rotary mechanism
вращать spin, rotate, turn
~ по кругу gyrate
вращающийся gyratory, swivel, rotatable, rotating
вращение rotation, rotary motion; turning
~ бурильной колонны drill string rotation
~ бурового долота drill bit rotation
~ бурового инструмента drilling tool rotation
~ в обратную сторону backing, reverse rotation
~ вокруг неподвижного центра gyration
~ вокруг оси revolution, rotation
~ по часовой стрелке clockwise rotation
~ против часовой стрелки counter-clockwise rotation
~ с переменным изгибом universal joint-like rotation

время

жесткое ~ rigid rotation
круговое ~ revolution, rotation
осевое ~ spin, axial rotation
принудительное ~ forced turning
пространственное ~ spatial rotation
равномерное ~ uniform rotation
собственное ~ proper rotation
трехмерное ~ three-dimensional rotation
установившееся ~ steady-state rotation
вред damage, harm; adverse effect
вредный adverse, detrimental, deleterious, harmful
врезаться cut in, set in, bite; run into; dig in
~ в породу dig in
врезка cutting-in, incision, setting-in
~ ответвления в трубопровод branch joint
подводная ~ (*в трубопровод*) underwater tie-in
время time
~ бурения rig time
~ бурения скважины одним долотом drilling time per bit
~ ввода в эксплуатацию putting on production time
~ возврата в исходное положение recovery time; return time
~ восстановления давления pressure build-up time
~ восстановления режима recovery time
~ всплытия (*основания*) time of ascend
~ вступления волны wave arrival time
~ выборки access time
~ выдержки curing [holding] time
~ года season
~ декомпрессии decompression time
~ демонтажа буровой установки rig-down time
~ деформации образца sample deformation time
~ доводки development time
~ жизни нейтронов lifetime of neutrons
~ загустевания gelling [thickening] time
~ задержки *см.* время запаздывания
~ задержки контрольно-измерительного прибора lag
~ запаздывания delay [response] time, time lag
~ заполнения fill-up time
~, затраченное на бурение скважины well drilling time
~, затраченное на подсобные операции unproductive time
~, затрачиваемое на наращивание инструмента connection time
~, затрачиваемое на подъем инструмента из скважины pulling-out time
~, затрачиваемое на спуск инструмента в скважину running-in time
~ колебаний time of vibration
~ механического бурения net time on bottom
~ монтажа rig-up time
~ на демонтаж removal time
~ на извлечение трубы pipe recovery time
~ на монтаж буровой установки set-up time

~ на оставление трубы на дне моря (*в случае экстренной эвакуации судна-трубоукладчика*) pipe abandoning time
~ на ремонт и обслуживание repair and servicing time
~ на свинчивание и спуск обсадной *или* бурильной колонны make-up time
~ на смену бурового долота drilling bit change period, drilling bit changing time
~ на спуск *или* подъем снаряда trip time
~ начала схватывания цемента initial cement setting time
~ непосредственного бурения *или* углубления reciprocating time
~ одного цикла промывки circulation cycle time
~ ожидания затвердевания пластмассы waiting on plastic time
~ ожидания затвердевания цемента waiting on cement time
~ окончания схватывания цемента final cement setting time
~ опорожнения (*емкости, резервуара*) discharge time
~ остановки скважины well shut-in time
~ отбора production time
~ отработки бурового долота time on bottom
~ отсоединения release time
~ охлаждения cooling time
~ перераспределения давления (*в пласте*) pressure readjustment time
~ переходного режима transient period
~ подготовки к работе readiness time
~ покоя quiescent time
~ постановки на якоря (*бурового судна*) mooring time
~ приработки (*инструмента*) cutting-in time
~ пробега time of transit, traveling [transit] time
~ пробега волны wave transit time
~ пробега волны вдоль взрывной скважины shothole time
~ промывки flush time
~ простоя down [lost] time
~ проходки net drilling time
~ прохождения промывочного раствора (*от насоса к забою или от забоя на поверхность*) lag
~ прохождения шкалы periodic time
~ работы долота на забое time on bottom
~ разгона acceleration time
~ разработки нефтяного месторождения oil field development time
~ распада decay time
~ распространения propagation time
~ ремонта repair time
~ спуско-подъемных операций round trip time
~ срабатывания reaction [response] time
~ стоянки station [stay] time
~ схватывания (*цементного раствора*) setting time

время

~ считывания read-out time
~ технического обслуживания servicing time
~ транспортирования бурового станка rig moving time
~ установления равновесия equilibrium time
~ фильтрации filtration time
~ хранения storage time
~ цементирования cementing time
~ цикла cycle period
~ цикла памяти memory cycle time
~ чистого бурения actual drilling time
~ эксплуатации скважины productive life of a well
безразмерное ~ dimensionless time
бесконечное ~ с момента остановки infinite closed-in time
единичное ~ unit time
заданное ~ preset time
машинное ~ machine time
непрерывное ~ continuous time
непроизводительное ~ unproductive time
общее ~ бурения total rig time
общее ~ замера total gaging time
производительное ~ productive time
рабочее ~ operating time
расчетное ~ estimated time
светлое ~ суток daylight (time)
спорное ~ fiducial time
среднее ~ mean time
суммарное ~ ремонта total time of repair
установленное ~ set time
фактическое ~ работы (*станка*) running time
чистое ~ бурения actual drilling time
вровень flush, level (with)
всасываемость absorbability
всасывание absorption, imbibition, suction, intake
всасывать draw in, soak, suck (in)
прекратить ~ (*о насосе*) lose its prime
вскипание effervescence, boiling, ebullition
бурное ~ ebullition
вскипать bubble up, come to the boil
вскрывать uncover, strip, drill in, tap, open up, break down
~ нефтегазовую залежь tap the oil and gas pool
вскрытие:
~ водоносного горизонта tapping of underground reservoir
~ месторождения opening-out of a field
~ пласта drilling-in [stripping[of bed, formation exposure
~ продуктивного пласта drilling-in, tailing-in
вскрыша capping, overburden, uncovering, stripping
вспенивание foaming, frothing
вспениватель foaming [frothing] agent
вспенивать foam, froth, churn
всплывание emersion, floating-up
~ баржи barge refloating
~ трубопровода line floating (up)

всплывать float up, emerge, come [rise] to the surface
вспучивание (in)tumescence, swelling, bloating, bulking, heaving, expansion, foaming
вспучиваться slough, bloat, expand, foam, heave, swell
вспыхивание flashing
вспыхивать burst, flash, flare up, blaze up
вспышка burst, explosion, flash(ing), ignition
вставка insert, insertion (piece)
~ в штыревые долота compacts
~ из твердого сплава в долоте или коронке bit insert
амортизирующая ~ bumper stab
асбестовая ~ asbestos insert
вращающаяся ~ rotating insert
защитная~ protecting compact, protecting insert
кольцевая ~ ring insert(ion)
плавкая ~ предохранителя fuse link
соединительная ~ connecting piece
сопловая ~ nozzle lining
съемная ~ removable insert
встряхивание agitation, jarring, shaking
встряхиватель shaker, agitator
встряхивать agitate, shake (up), jolt
вступление *геол.* arrival
~ волны wave arrival
~ отраженных волн reflection arrival
~ преломленных волн refraction arrival
последующее ~ late arrival
встык butted
вторжение воды water encroachment, water influx
втулка 1. bush(ing), collar, sleeve 2. (*насоса*) liner, barrel, sub
~ буродержателя chuck bush(ing)
~ глубинного насоса barrel of oil well pump
~ для ориентации подвесной головки насосно-компрессорной колонны tubing hanger orienting bushing
~ колеса boss
~ концевого шипа инструментального барабана bull wheel box
~ муфты coupling box
~ насоса liner, barrel
~ нижней опоры (*турбобура*) lower bearing bush(ing)
~ пальца крейцкопфа crosshead pin bushing
~ плунжера plunger bushing
~ подшипника скольжения friction bearing bush
~ полированного штока polished rod liner
~ поршневого пальца piston pin bush
~ с заплечиком collar bush
~ с подшипниками качения cartridge
~ средней опоры (*турбобура*) middle bearing bush(ing)
~ цепи chain bush
~ цилиндра cylinder liner
вводная ~ inlet bush
глухая ~ штуцера blank choke bean

ВЫВОДИТЬ

зажимная ~ clamping sleeve
запорная ~ closing sleeve
защитная ~ wear bushing
защитная ~ корпуса устьевой головки well-head body wear bushing
защитная ~, устанавливаемая в один прием one-step wear bushing [protector]
изолирующая ~ insulating bushing
конусная зажимная ~ collet
нажимная ~ сальника follower, gland
направляющая ~ guide bushing
направляющая ~ для обсадной колонны casing stabbing basket
осевая ~ axle box
отсоединительная ~ releasing sleeve
пакерная ~ packer sleeve
палубная ~ deck socket
переходная ~ adapter
переходная ~ ротора rotary bushing
переходная коническая ~ sleeve
плавающая ~ floating bush
разрезная ~ split bush(ing)
распорная ~ distance [spacing] sleeve, spacer
регулируемая ~ adjustable bush(ing)
сменная ~ (*цилиндра*) changeable liner
соединительная ~ nipple
стопорная ~ locking sleeve
стыковочная ~ clamp hub
съемная ~ loose bushing
твердосплавная ~ вспомогательного подшипника скольжения hard-alloy nose bushing of auxiliary bit bearing
уплотнительная ~ sealing bush, sealing sleeve
упорная ~ thrust bush(ing)
уравнительная ~ equalizing sub
фрикционная ~ friction slip
ходовая ~ runner
шлицевая ~ splined bush(ing)
эксцентриковая ~ eccentric bush(ing)
вулканизатор 1. (*вещество*) vulcanizing agent 2. (*устройство*) vulcanizer
вулканизация cure, curing, vulcanization
вулканизировать cure, vulcanize
вулканический eruptive, volcanic
вход 1. entry, inlet; (*электросхемы*) input 2. (*разрешение на впуск*) admission
~ расходомера inlet of flowmeter
~ синхронизации sync input
~ сопла nozzle entrance
симметричный ~ balanced input
входить в зацепление gear
выбивать:
~ клеймо на... stamp a mark on...
~ прихваченный снаряд jar
выбирать:
~ слабину (*ремня, каната, цепи*) take up [haul in] slack
выбоина dent, dint, pot-hole
выбор selection
~ буровых долот drilling bit selection
~ местоположения скважины well site selection

~ оптимальных вариантов optimization study
~ подходящего участка selection of suitable ground
~ режима бурения selection of drilling parameters
~ типа буровой установки selection of drilling rig
~ участка siting
выбрасывать:
начать ~ (*о скважине*) get out of control
выброс (*нефти, газа в скважине*) blowout; (*газа, пламени в шахте*) outburst; (*воды в шахте*) outrush
~ бурильных труб (*из вышки на мостки*) laying-down of drill pipes
~ воды water kick
~ газа gas blowout; gas outburst
~ горных пород rock outburst
~ нефти oil blowout
~ пламени fire outburst, ejaculation of flame
~ с небольшой глубины shallow blowout
внезапный ~ blowout; (sudden) outburst; outrush
газовый ~ *см.* выброс газа
мгновенный ~ instantaneous outburst
открытый ~ uncontrolled blowout, wild blowing
парогазовый ~ vapor-gas burst
выбуривание drilling out
~ керна coring, drilling out of core
выбуривать bore [drill[out
вывал inrush
~ горной породы rock inrush
вываливаться (*о горной породе*) rush in
выверка:
~ на вертикальность plumbing
~ на горизонтальность leveling
выверять:
~ положение станка для забуривания скважины line in
~ по отвесу plumb
~ по уровню level
выветривание weathering, disintegration, erosion, degradation
~ пород rock decay, rock weathering
атмосферное ~ atmospheric weathering
биохимическое ~ biochemical weathering
подводное ~ submarine weathering
выветриваться disintegrate, weather, erode
вывинчивать undo, unscrew, screw out
вывод (*устройство*) outlet; (*соединительный провод*) lead
~ данных на экран data display
анодный ~ anode lead
сеточный ~ grid lead
экранированный ~ shielded lead
выводить:
~ из зацепления disengage
~ из равновесия unbalance
~ из строя damage, disable, put out of action
~ из эксплуатации remove from [take out of] service

ВЫВОДИТЬ

~ концы bring out leads
вывоз moving out
~ с буровой инструмента для роторного бурения moving out rotary tools
~ с буровой установки для заканчивания скважин moving out completion unit
вывозка hauling away, moving out
выгружать discharge, empty, unload
выгрузка discharge, handling, unloading
выдавливание:
~ резиновых деталей extrusion of rubber parts
выдалбливание slotting, hollowing, caving
выдача 1. delivery 2. (*сигнала*) generation, readout 3. (*выработка*) output, production
~ свидетельства certification
выдвижение extension
~ стрелы крана crane boom extension
выдвижной telescopic, extension-type
выделение 1. (*в свободном состоянии*) liberation, release, escape 2. (*принудительное*) segregation, separation; extraction 3. (*испускание*) emission, emanation, exhalation
~ влаги exudation of moisture
~ всплыванием buoyant segregation
~ газа evolution [flow] of gas, gas liberation, gas emission, gas emanation
~ конденсата condensate separation
~ метана methane liberation, methane emission
~ нефти из керна oil bleeding from core
~ паров vapor liberation
~ тепла evolution [liberation] of heat, heat release
~ флюида fluid release
~ энергии energy release
бурное ~ газов effervescence
бурное ~ флюида expulsion [release] of fluid
вредное ~ poisonous [deleterious] emanation
одноступенчатое ~ газа в сепараторе flash trapping stage
частичное ~ partial separation
выделять (*извлекать*) extract, derive, separate; (*испускать*) evolve, exude, emanate
~ в свободном виде set free
~ газ (evolve) gas
~ газы fume
выдерживание aging, cure; holding; maintenance
выдерживать 1. age; cure, season 2. (*переносить*) bear, withstand
~ перегрузки withstand overloads
~ тяжелую нагрузку take [endure, withstand] a load
выдержка aging; curing; seasoning
~ времени (time) delay, time lag
~ при высокой температуре high-temperature curing [aging]
выдувание deflation; blowing-out
~ почвы soil blowing, land retirement
выемка:
~ в станине crank

~ грунта excavation
глубокая ~ cut-through
краевая ~ marginal notch
продольная ~ cannelure
промывочная ~ mud undercut
выжимание squeezing-out
~ пластичных горных пород squeezing-out of plastic strata
выкид discharge
~ бурового насоса mud pump discharge
~ жидкости fluid discharge
~ насоса pump discharge
~ пламени discharge of flame
выкладка (*изнутри*) lining; (*снаружи*) facing; siding
деревянная ~ wooden [timber] matting
поперечная ~ cross-laid planking
щитовая ~ ground matting
выклинивание:
~ нефтяного пласта pinching-out of oil stratum
выклиниваться:
~ по восстанию pinch out up the dip
выключатель эл. switch; cutout; breaker
~ в цепи управления control switch
~ на ответвлении branch switch
~ питания power switch
~ с перекидной головкой toggle switch, tumbler (switch)
~ с часовым механизмом clock-controlled switch, time cutout
аварийный ~ emergency shutdown, safety [emergency] switch
автоматический ~ automatic cutout, circuit breaker
быстродействующий ~ high-speed circuit breaker
взрывозащищенный ~ explosion-proof switch
групповой ~ branch switch
дистанционный ~ remote switch
дифференциальный ~ давления differential pressure switch
закрытый ~ safety [enclosed] switch
кнопочный ~ push-button switch
конечный ~ хода талевого блока traveling block limit switch
контактный ~ contact switch
концевой ~ limit switch
масляный ~ oil switch, oil circuit breaker
многопозиционный ~ multiposition switch
пакетный ~ rotary switch
перекидной ~ toggle switch, tumbler (switch)
пневматический ~ air-pressure switch
поплавковый ~ float switch
предохранительный ~ *см.* аварийный выключатель
пусковой ~ starting switch
ручной ~ manual switch
силовой ~ power switch
тепловой ~ heat switch; thermal relay
термостатический ~ thermostatic switch
штепсельный ~ plug-in switch

выражение

электромагнитный ~ solenoid switch
выключать cut out, deenergize, disconnect, disengage, stop, switch [turn] off, switch out, uncouple, shut down
выключение cut-off, deenergization; disengagement; shut-down; shut-off
~ муфты disengagement of clutch
~ тока current cut-off
аварийное ~ emergency cut-out, emergency shut-down
автоматическое ~ automatic shut-off
выколачивать drive [knock] out
выкрашивание pitting, flaking, chipping
~ кристаллов алмаза diamond break-out
~ слоями shelling
точечное ~ pitting
вылавливать инструмент из скважины fish up
вылеживать (*глину, клинкер*) age, weather
вылет boom, extension, overhang
~ балки beam overhang
~ подсвечника overhang of tubing board
~ стрелы крана boom-out
вымораживатель freeze-out device
вымораживать freeze out
вымывание wash-out, erosion
вымывать outwash, wash over, wash away, hollow out
вынос:
~ бурового шлама cuttings lifting
~ керна core recovery
~ материала evacuation of material
~ на поверхность bringing to the surface
~ нефти газом carry-over
~ песка sand production
~ песка из пласта в скважину sloughing of sand, sand recovery
~ пыли dust escape
~ тепла (*нефтью или газом*) heat efflux
неконтролируемый ~ песка unchecked sand production
выносить:
~ буровой шлам на поверхность carry up cuttings to the surface
выносливость endurance, durability
акустическая ~ acoustic [sonic] endurance
вибрационная ~ vibration endurance, vibration strength
ударная ~ impact endurance
усталостная ~ fatigue strength
выпадать:
~ в осадок precipitate
~ хлопьями flocculate
выпадение fallout; precipitation; setting; sedimentation
~ в осадок settling out, precipitation
~ вставных зубьев шарошки loss of roller [rolling] cutter inserts
~ парафина wax deposition, wax precipitation
~ песка sand fallout
~ примесей precipitation of impurities
~ хлопьями flocculating

~ штропа (*из проушины*) fall out of link
выпаривание evaporation
выпаривать evaporate, boil off
~ досуха boil dry
выпирание protrusion
~ грунта flow of ground
выпирать protrude, bulge out
выполаживание dropoff; (*кривой*) flattening
выполаживать flatten, smooth out, level out
выправлять 1. (*разгибать*) unbend 2. (*исправлять*) correct, set right 3. (*расправлять*) straighten, flatten, smoothen
выпрямление (*ствола, труб*) straightening
~ искривленного ствола hole straightening
~ смятых труб straightening of bended pipes
~ ствола скважины well straightening
выпуск:
~ воды water discharge
~ воздуха air discharge, air exhaust
~ газа gas outlet
~ газов breathing
~ масла oil outlet
~ пара bleeding
~ продукции yield
выпускаемый (*промышленностью*) off-the-shelf
выпускать discharge, drain off, draw off, eject, empty, exhaust, release
~ воздух bleed
выпучивание:
~ глин clay warping
вырабатывать 1. (*производить*) deliver, make, manufacture, produce 2. (*создавать*) develope, generate 3. (*истощать*) exhaust, deplete
выработка 1. (*производительность*) capacity, delivery, production 2. (*поверхности*) galling; 3. (*объем*) output 4. (*истощение*) exhaustion, depletion
~ в стенке ствола скважины key seat
~ по пласту headway
~ энергии power generation
горизонтальная ~ gallery
горная ~ excavation
открытая ~ quarry
выравнивание 1. (*по линии*) alignment 2. (*по величине*) equalization 3. (*сглаживание*) flattening, smoothing, surfacing 4. (*по уровню*) grading, leveling
~ давления equalization of pressure
~ данных каротажа log data smoothing
~ кривизны поля изображения flattening of image field
~ температур temperature equalization
изостатическое ~ isostatic compensation
выравнивать 1. (*располагать в линию*) align 2. (*по величине*) equalize 3. (*сглаживать*) flatten, smooth
выражение expression
алгебраическое ~ algebraic expression
аналитическое ~ analytical expression
степенное ~ exponential expression

выражение
  усреднённое ~ average expression
  численное ~ numerical expression
вырез notch; slot; cutout
  буровой ~ drilling slot
вырезать:
  ~ окно в обсадной колонне cut window in casing
вырывать:
  ~ инструмент (*из скважины*) jerk tool loose
вырываться:
  ~ на поверхность (*о газе, воде, грязи*) erupt
высадка:
  ~ головки заклёпки rivet heading
  ~ головок heading
  ~ концов труб pipe end upset
  внутренне-наружная ~ концов труб internal-external pipe end upset
  внутренняя ~ концов труб internal pipe end upset
  горячая ~ концов труб hot pipe end upset
  наружная ~ концов труб external pipe end upset
высаженный (*о концах труб*) upset
высаживание jumping, upsetting
высачивание seep(age)
  ~ воды water seepage, outcrop of water
  ~ нефти на поверхность земли oil seepage, oil filtration
выскальзывание труб из муфт pipe unzippering
высокодебитный high-output
высокомощный heavy-duty
высоконапорный high-head, high-pressure
высокопроизводительный highly productive, high-output
высокопроницаемый high-permeable
высокосернистый sour, high-sulfur
высокочувствительный highly sensitive
высота height; altitude; elevation
  ~ алмазосодержащего слоя depth of diamond layer
  ~ борта буровой платформы platform depth
  ~ бурового алмаза над матрицей diamond exposure
  ~ буровой вышки derrick height
  ~ вруба cutting height
  ~ всасывания height of lift, suction head
  ~ в свету clear [free, inner] height
  ~ вышки *см.* высота буровой вышки
  ~ газовой шапки gas-cap height
  ~ гидростатического давления hydrostatic head
  ~ головки зуба tooth addendum
  ~ залежи reservoir depth
  ~ зуба tooth depth, tooth projection
  ~ козел вышки height of gin pole
  ~ ловушки (*в нефтяной залежи*) trap height
  ~ места установки ключа на муфте box tong space
  ~ нагнетания height of lift, delivery head
  ~ нагнетания насоса pump delivery, pump displacement
  ~ над уровнем моря elevation, absolute height
  ~ налива нефтепродукта (*в резервуаре*) oil level
  ~ наполнения filling depth
  ~ напора pressure height
  ~ падения бабы hammer drop
  ~ подачи *см.* высота нагнетания
  ~ подачи насоса lift of a pump
  ~ подъёма height of lift
  ~ подъёма крюка hook lifting
  ~ подъёма труб pulling depth of drilling pipes
  ~ подъёма цементного раствора в затрубном пространстве annular cement top, annular cement level
  ~ пола буровой над уровнем земли derrick floor elevation
  ~ полюса вязкости viscosity pole height
  ~ по прибору instrumental height, indicated altitude
  ~ по прибору с внесённой поправкой corrected altitude
  ~ поршня piston depth
  ~ по температуре temperature altitude
  ~ профиля резьбы depth of thread
  ~ расположения верхнего торца вкладыша под ведущую трубу kelly drive bushing elevation
  ~ серьги вертлюга для крюка hook clearance of swivel
  ~ складки fold height
  ~ столба жидкости height of liquid column
  ~ уровня стояния воды elevation of water table
  ~ устья скважины над уровнем моря wellhead elevation
  ~ фланцев тормозных шкивов буровой лебёдки drawworks brake drum flange depth
  ~ цементного кольца cement top
  барометрическая ~ barometric [pressure] altitude
  вакуумметрическая ~ всасывания vacuum gage suction lift
  габаритная ~ clearance [overall, loading] height
  истинная ~ absolute altitude
  истинная ~ сброса net [total] slip
  наклонная ~ сброса displacement
  общая ~ буровой вышки overall height of derrick
  полезная ~ useful height
  полезная ~ вышки ultimate derrick height
  пьезометрическая ~ piezometric head, piezometric level
  рабочая ~ вышки clearance in the derrick
  расчётная ~ rated altitude
  фактическая ~ наполнения actual filling depth
  эффективная ~ useful height
высотомер altimeter
  полевой ~ field altimeter
выставлять 1. (*обнажать*) expose 2. (*демонстрировать*) display 3. (*устанавливать*) adjust, set
выступ protrusion, projection; *геол.* nose; (*прилив*) lug

ВЫХОД

~ антиклинали anticlinal nose
~ клина wedge nose
~ муфты (*над поверхностью труб*) shoulder
~ поверхности protrusion of surface
~ подъемного барабана буровой лебедки (*для каната*) drawwork drum riser
~ самоцентрирующейся плашки self-centering die lug
кольцевой ~ ring lug
рифовый ~ knoll, reef nose
структурный ~ nose
центрирующий ~ spigot
эрозионный ~ erosion scrap
выступание цементного молока bleeding
выталкивание ejection, expulsion
капиллярное ~ capillary expulsion
выталкиватель ejector, pusher, push rod
вытекание efflux, escape, outflow
~ жидкостей под действием капиллярных сил capillary siphoning
~ смазки lubricating oil efflux
вытекать escape, flow out, outflow, run out, discharge
вытеснение displacement, drive, driving-out, sweep-out
~ воздухом air drive
~ жидкости fluid displacement
~ нефти oil displacement
~ нефти водой water-oil displacement
~ нефти водой, насыщенной углекислотой carbonated water drive of oil
~ нефти воздухом air drive [displacement] of oil
~ нефти выхлопными газами exhaust-gas drive of oil
~ нефти газом gas-oil displacement
~ нефти давлением расширения газовой шапки gas-cap drive of oil
~ нефти из пласта за счет напора подошвенных вод bottom water drive of oil
~ нефти *или* газа водой water displacement of oil or gas
~ нефти нагнетанием жидкостей, смешивающихся с нефтью miscible displacement of reservoir oil
~ нефти непрерывно нагнетаемым паром continuous oil displacement by injected steam
~ нефти обогащенным газом condensing [enriched] gas drive of oil
~ нефти оторочкой жидкого пропана miscible plug process
~ нефти оторочкой серной кислоты oil displacement by sulfuric acid plug
~ нефти оторочкой сжиженного газа oil displacement by liquid gas plug
~ нефти паром oil displacement by steam
~ нефти пеной oil displacement by foam
~ нефти при заводнении oil drive by flooding
~ нефти при циклическом закачивании углекислого газа cyclic oil displacement by carbon dioxide, cyclic carbon dioxide drive

~ нефти продуктами сгорания combustion oil drive
~ углекислым газом carbon dioxide drive (of oil)
~ флюида fluid expulsion
взаимное ~ жидкостей liquid-liquid displacement
искусственное ~ нефти *или* газа artificial oil or gas displacement
линейное ~ нефти linear drive (of oil)
радиальное ~ нефти radial drive (of oil), radial (oil) sweeping [displacement]
фронтальное ~ нефти frontal advance, frontal drive (of oil)
вытеснять:
~ буровой раствор displace mud
выточка groove, undercut; recess
~ под элеватор elevator recess
внутренняя ~ undercut
двусторонняя ~ под ключ (*на насосных штангах*) rench flat
вытравлять erode, etch away, remove by etching
вытягивание creep, draw, drawing, extension, slacking, stretch
~ ремня belt creep, belt stretching
вытягивать 1. (*удлинять*) draw, extend, stretch; (*расширять*) spread 2. (*извлекать*) withdraw
вытяжка 1. *хим.* extract 2. (*удлинение*) stretching
~ гуминовой кислоты humic acid extract
водная ~ aqueous extract
щелочная ~ alkaline extract
выхлоп discharge; eduction; exhaust; expulsion; scavenging
~ отработанных газов waste gas exhaust
выход 1. (*производительность*) discharge, outflow, output; (*объем конечного продукта*), yield(ing) 2. (*выпускное отверстие*) exit, orifice, outcome, outlet 3. (*пласта*) outburst 4. (*флюида*) seep, show 5. (*выпуск*) eduction, escape
~ газа gas discharge, gas yield
~ газа на поверхность gas seepage
~ двигателя из строя engine failure
~ жилы *или* отложений basset
~ жилы *или* пласта на поверхность beat
~ из-под контроля run-away
~ из строя collapse
~ из строя оборудования breakdown
~ на дневную поверхность crop-out, outcrop, outbreak
~ на поверхность emergence, emersion, exposure
~ на работу attendance
~ нефтеносного слоя на поверхность oil break
~ нефти oil seepage
~ пласта на поверхность outbreak, outcrop, crop-out
~ пластов basset
~ по напряжению voltage efficiency

435

ВЫХОД

~ раствора в пресной воде fresh water solution yield
~ соли salt outcrop
боковой ~ side outlet
валовой ~ gross yield
высокий ~ high yield
суммарный ~ total [ultimate] yield
функциональный ~ functional output

выходить:
~ из строя fail
~ на поверхность expose, outcrop

выцвет efflorescence, bloom
~ нефти oil bloom
~ соли salt efflorescence

вычерпывать bail [scoop] out

вычислени/е calculation
промысловые ~я field calculations

вышка tower; derrick; drilling rig
~ для бурения на нефть oil well derrick
~ для канатного бурения cable derrick
~ для кустового бурения multiple well derrick
~ для многоствольного бурения multiple-well derrick
~ из профильного проката angle derrick
~ из стальных труб tubular derrick
~ с боковыми карманами bulge derrick
~ с механическим подъемом power-raised mast
~ с открытой передней гранью open face mast
башенная ~ tower derrick
башенная ~ для кустового бурения multiple-well tower derrick
буровая ~ boring frame, derrick
двухбашенная мачтовая ~ twin-tower mast
двухопорная мачтовая ~ double pole mast
динамическая ~ с ногами в виде ферм beam-leg dynamic derrick
консольная мачтовая ~ cantilever mast
мачтовая ~ mast, mast (-type) derrick
мачтовая ~ без оттяжек guyless mast
мачтовая ~, перевозимая на одном прицепе single-trailer mast
мачтовая ~ с оттяжками guyed mast
мачтовая А-образная ~ full-view [A-(shape), double-leg] mast
мачтовая двухбашенная ~ twin-tower mast
мачтовая эксплуатационная ~ production mast
необшитая ~ unboarded derrick
нерасчлененная ~ guyless derrick
однобашенная мачтовая ~ single tower mast
оставленная ~ abandoned derrick
передвижная мачтовая ~ portable mast
раскосная ~ girder frame
решетчатая мачтовая ~ lattice mast
свободностоящая ~ unguyed derrick
свободностоящая мачтовая ~ free standing mast
секционная ~ sectional derrick
складная мачтовая ~ jack-knife [folding] mast
телескопическая двухсекционная мачтовая ~ double telescoping mast
телескопическая мачтовая ~ mechanically telescoping [collapsing] mast
треногая мачтовая ~ tripod mast
центровочная ~ (*используется при строительстве морских стационарных сооружений*) aligning tower
эксплуатационная ~ pumping [production] derrick

вышка-мачта mast
вышкомонтажник rig-builder
вышкостроение rigging-up operations
выщелачивание leaching
выщелачивать leach, lixivate, digest
вяжущее (*вещество*) binding [cementing] agent, binder
вяжущий binding, cementing, cementitious
вязкий ductile, viscous, stringy; (*о твердых телах*) tough

вязкость viscosity
~ бурового раствора mud viscosity
~ в насадке долота bit viscosity
~ воды water viscosity
~ в условных градусах Engler viscosity
~ газа gas viscosity
~ нефти oil viscosity
~ нефти, содержащей растворенный газ gas-oil fluid viscosity
~ ползучести creep viscosity
~ по Маршу funnel viscosity
~ по Редвуду Redwood viscosity
~ по Сейболту Saybolt viscosity
~ по Стормеру Stormer viscosity
~ по Энглеру Engler viscosity
~ при турбулентном течении turbulent viscosity
~ флюида fluid viscosity
абсолютная ~ absolute viscosity
аномальная ~ anomalous viscosity
динамическая ~ dynamic viscosity
естественная ~ natural viscosity
истинная ~ intrinsic [internal] viscosity
исходная ~ initial viscosity
кажущаяся ~ apparent viscosity
кинематическая ~ kinematic viscosity
критическая ~ ultimate viscosity
малая ~ low viscosity
начальная ~ initial viscosity
нормальная ~ Newtonian viscosity
объемная ~ volume viscosity
относительная ~ relative viscosity
пластическая ~ plastic viscosity
сдвиговая ~ shear viscosity
структурная ~ structural viscosity
турбулентная ~ eddy [turbulent] viscosity
турбулентная ~ бурового раствора turbulent viscosity of drilling mud
ударная ~ impact elasticity
удельная ~ specific viscosity
упругая ~ elastic viscosity

условная ~ funnel viscosity
эффективная ~ effective viscosity
вязкотекучий viscous-flow, plastic
вязкоупругий viscoelastic

Г

габарит clearance, dimension; *амер.* limits
~ по высоте height clearance, clear height
~ по глубине depth clearance
~ погрузки loading gage
~ по ширине width clearance, clear width
допускаемый ~ safe clearance
подмостовой ~ bridge clearance
габбро *геол.* gabbro
мелкозернистое ~ microgranular gabbro
рудное ~ magnetite gabbro
слоистое ~ layered gabbro
соссюритовое ~ allalinite
шаровое ~ spheroidal gabbro
гавань harbor
газ gas
~, богатый бензиновой фракцией gas distillate
~ в пластовых условиях gas in-situ
~ в пустотах пород occluded [included] gas
~, выделившийся из раствора free gas
~ высокого давления high-pressure gas
~, вышедший из-под контроля flush gas
~ газовой шапки cap gas
~ грязевых вулканов mud-volcanic gas, gas of mud volcano
~ дальнего транспорта long distance [grid] gas
~ дегазации separator gas
~, закачиваемый в пласт после отбензинивания recirculated gas
~ из подземного хранилища underground storage gas
~, нагнетаемый в пласт injected gas
~, нагнетаемый в скважину для газлифтной добычи input gas
~, подаваемый по трубопроводу pipeline gas
~ после отпалки fume
~, поступающий из пласта во время подъема инструмента trip gas
~, поступающий на очистку crude gas
~, поступающий с небольших глубин shallow gas
~, применяемый для газлифта lift gas
~ химического происхождения gas of chemical origin
агрессивный ~ corrosive gas
адсорбированный ~ adsorbed gas
активный ~ (*подземного хранилища*) active gas
баллонный ~ bottled [cylinder] gas
бедный ~ lean gas
бедный нефтяной ~ lean [dry] petroleum [oil] gas
богатый ~ rich gas
болотный ~ marsh gas, methane
буферный ~ cushion gas
бытовой ~ domestic [town] gas
включенный ~ included [occluded] gas
влажный ~ wet gas
водолазный ~ diving gas
водяной ~ water gas
вредный ~ noxious [harmful, dangerous] gas
высококоррозионный ~ highly corrosive gas
высокосернистый ~ sour gas
вытесняющий ~ drive gas
выхлопной ~ exhaust gas
генераторный ~ power [producer] gas
горючий ~ gas fuel, inflammable [combustible] gas
гремучий ~ oxyhydrogen [fire-damp, detonating] gas
грязный ~ crude gas
диспергированный ~ dispersed gas
добываемый ~ produced gas
добываемый без нефти ~ nonassociated gas
дымовой ~ combustion [flue] gas
естественный ~ natural [rock] gas
жидкий ~ liquid gas
жирный ~ rich [combination, fat] gas
жирный попутный ~ wet field gas
затрубный ~ annular gas
захваченный ~ trapped gas
защемленный ~ occluded [included] gas
идеальный ~ perfect [ideal] gas
извлекаемый ~ recoverable gas
инертный ~ inert [noble] gas
кислый ~ acid gas
коксовый ~ coke oven gas
коммунальный ~ domestic [town] gas
мгновенно выделяющийся ~ flash gas
местный ~ native gas
нагнетаемый ~ injected gas
неизвлекаемый ~ nonrecoverable gas
нейтральный ~ indifferent gas
неконденсирующийся ~ fixed gas
некоррозионный ~ noncorrosive gas
неотбензиненный ~ non-stripped petroleum gas
неочищенный ~ raw natural [non-purified] gas
непластовой ~ extraneous gas
неподвижный ~ immobile gas
нерастворенный ~ undissolved gas
нефтезаводской ~ refinery gas
нефтяной ~ oil [petroleum] gas
нефтяной ~ в пласте in-place petroleum gas
нефтяной ~ высокого давления high-pressure petroleum gas
нефтяной ~ низкого давления low-pressure petroleum gas
нефтяной осушенный ~ dehydrated petroleum gas

газ

нефтяной отбензиненный ~ stripped petroleum gas
обогащённый ~ enriched gas
обработанный ~ treated gas
окклюдированный ~ occluded [included] gas
опасный ~ *см.* вредный газ
остаточный ~ residual gas
отработавший ~ exhaust gas
отходящий ~ end [waste] gas
очищенный ~ processed [conditioned] gas
пластовой ~ formation [blanket] gas, gas in reservoir
попутный ~ associated [casing head, accompanying] gas
посторонний ~ extraneous gas
природный ~ natural [rock] gas
продувочный ~ blow-down gas
промышленный ~ industrial [commercial] gas
рабочий ~ lift gas
рассеянный ~ dispersed gas
растворённый ~ gas in solution, dissolved [solution] gas
растворённый в воде ~ water-dissolved gas
растворённый в нефти ~ oil-dissolved gas
реальный ~ actual [imperfect] gas
рудничный ~ mine gas
свободный ~ free gas
сернистый ~ sulfur (di)oxide, sulfurous gas
сжатый ~ compressed gas
сжигаемый в факеле ~ flare gas
сжиженный ~ liquefied gas
сжиженный нефтяной ~ liquefied petroleum gas, LPG
сжиженный природный ~ liquefied natural gas, LNG
сжимаемый ~ coercible gas
скважинный ~ trip gas
сорбированный ~ retained gas
сухой ~ dry [residue, lean] gas
сырой ~ unstripped gas
товарный ~ tank gas
токсичный ~ toxic gas
топливный ~ fuel gas
тощий ~ *см.* бедный газ
увлечённый ~ entrained gas
угарный ~ carbonic oxide, carbon monoxide, carbonyl
углеводородный ~ hydrocarbon gas
углекислый ~ carbon dioxide, carbonic acid gas
удушливый ~ chokedamp, blackdamp
улетучивающийся ~ escaping gas
уловленный ~ trapped gas
фоновый ~ background gas
чистый ~ pipeline (quality) gas
ювенильный ~ juvenile gas
ядовитый ~ poisonous gas

газгольдер gasholder, gas tank; (*лабораторный*) gasometer
~ Виггинса Wiggins gasholder
~ высокого давления для сжиженных нефтяных газов liquefied petroleum gas high-pressure holder
~ переменного объёма variable volume gasholder
~ постоянного объёма constant volume gasholder
~ с жидкостным затвором dish gasholder
~ с сухим затвором Wiggins gasholder
горизонтальный ~ horizontal gasholder
мокрый ~ wet gasholder
секционный ~ multisphere gasholder
спиральный ~ screw-type gasholder
сухой ~ dry gasholder
сферический ~ ball [spherical] gasholder
телескопический ~ telescopic gasholder
уравнительный ~ relief gasholder
цилиндрический ~ cylindrical gasholder

газирование aeration, gas-cutting
~ бурового раствора cutting of mud by gas

газированный gas-cut, aerated, gassed

газировать aerate, bubble up, bubble through

газификатор evaporator, gas generator

газификация 1. (*снабжение газом*) gasification; provision of gas supply, supplying with gas 2. (*превращение в газ*) gasification
~ нефти oil [petroleum] gasification
подземная ~ underground [in-situ] gasification
промышленная ~ gas supply

газифицировать 1. (*проводить газ*) install gas (in), supply with gas 2. (*превращать твёрдое топливо в газ*) gasify, extract gas (from)

газлифт gas lift
бескомпрессорный ~ natural pressure [straight, non-compressor] gas lift
внутрискважинный ~ intrawell type gas lift
естественный ~ natural gas lift
искусственный ~ artificial gas lift
камерный ~ chamber gas lift
комбинированный ~ combination gas lift
компрессорный ~ compressor-type gas lift
непрерывный ~ continuous gas lift
перемежающийся [периодический] ~ intermittent gas lift

газлифтный gas-lift

газ-носитель carrier gas

газоанализатор gas analyzer, gas detector
~ с термоэлементом hot-wire gas analyzer
абсорбционный ~ absorption gas analyzer
акустический ~ acoustic gas analyzer
вакуумный ~ vacuum cap gas analyzer
воздушный ~ air analyzer
денситометрический ~ densimetric gas analyzer
магнитовискозиметрический ~ magnetoviscosimetric gas analyzer
оптический ~ optical gas analyzer
регистрирующий ~ recording gas analyzer
фотоколориметрический ~ photocolorimetric gas analyzer
химический ~ chemical gas analyzer
хроматографический ~ gas chromatograph, chromatographic gas analyzer

газораспределение

газоаппаратура gas equipment, gas fittings
газобаллон gas cylinder
газобезопасность 1. prevention of gas poisoning 2. prevention of gas explosions
газобетон aerated concrete
газовоздухопровод gas-air duct, gas-air conduit
газовоздушный air-gas
газовщик gas fitter; (*контролер*) gasman
газовыделение gas emission, gas evolution
газовый gaseous, gassy
газогенератор gas producer, gas generator
 ~ со взвешенным слоем suspension-bed gas producer
 ~ с плотным слоем fixed-bed gas producer
 свободнопоршневой ~ free-piston gas generator
газогенераторный gas-producing
газогидрат gas hydrate
газоемкость gas capacity
газойль gas oil
 ~ для промывки нефтяных цистерн oil wash
 легкий ~ light gasoil
 тяжелый ~ heavy gasoil
газокомпрессор gas compressor
газоконденсат gas condensate
газолин gasoline
газомер gas (flow)meter
газометр gasometer
 диафрагменный ~ diaphragm gasometer
 крыльчатый ~ impeller gasometer
 стеклянный ~ glass gasometer
газометрия gasometry
газомобиль gas engine vehicle
газомотор gas engine
газонакопление gas accumulation
газонаполненный gas-filled
газонасыщенность gas saturation
 ~ пластовой нефтью formation gas-oil factor [ratio]
 начальная ~ initial gas saturation
 остаточная ~ residual gas saturation
 равновесная ~ equilibrium gas saturation
 расходная ~ consumed gas saturation
газонасыщенный gas-saturated
газонепроницаемость gas impermeability, gas tightness
газонепроницаемый gas-proof, gastight, gas-impermeable
газонефтеводопроявления gas, oil and water shows
газонефтеносность gas and oil presence
газонефтепроницаемость gas-oil permeability
газоносность gas content, gas presence
газоносный gas-bearing, gas-containing
газообильность volume of gas
газообмен gas exchange
газообразный gaseous, gas-like, gasiform
газообразование (*выработка газа*) development of gas, gas generation; *хим.* (*превращение в газ*) gasification

 бурное ~ boiling, violent gassing
газоотборник gas sampler
газоотвод gas outlet, offtake, gas bleeder, gas bypass
газоотдача gas recovery
 ~ на единицу площади unit gas recovery
 долевая ~ fractional gas recovery
 конечная ~ ultimate gas recovery
 промышленная ~ commercial gas recovery
газоотделитель knock-out box, gas separator, gas trap
газоохладитель condenser, gas cooler
газоочиститель gas cleaner; (gas) scrubber
 ~ полутонкой очистки primary gas cleaner
 ~ тонкой очистки secondary gas cleaner
 мокрый ~ wet gas cleaner, gas washer, gas scrubber
 центробежный ~ centrifugal gas cleaner
 электростатический ~ electrical precipitator, electric dust filter
газоочистка gas cleaning, gas purification
 ~ методом разделенного потока divided gas flow purification
 абсорбционная ~ absorbtion gas treatment
 мокрая ~ wet gas purification
 сухая ~ dry gas purification
газопоглотитель gas absorber
газопоглощение gas absorption, gas occlusion
газоподогреватель gas heater
газоприемник gas receiver
газопровод gas conduit, gas pipeline; (*магистральный*) gas main
 ~ в насыпи gas pipeline in the embankment
 ~ высокого давления high-pressure gas pipeline
 ~ низкого давления low-pressure gas pipeline
 ~ системы сжигания flare gas circuit
 двухниточный ~ twin pipe gas line
 кольцевой ~ loop gas pipeline
 магистральный ~ gas main
 наземный ~ ground [surface] gas pipeline
 подводный ~ underwater [subsea] gas pipeline
 подземный ~ underground gas pipeline
 распределительный ~ distribution gas pipeline
 сборный ~ gas collecting main
 трехниточный ~ triple pipe gas line
 тупиковый ~ lateral gas line
газопроизводительность gas capacity, gas throughput
газопромысловый gas-field
газопроницаемость gas permeability, permeability to gas
 относительная ~ relative permeability to gas
 эффективная ~ effective permeability to gas
газопроницаемый gas permeable, permeable to gas
газопроявлени/е gas show(ing)
 затрубные ~я annulus gas showings
газораспределение gas distribution

газораспределитель gas disributor
газорезчик gas burner, gas cutter
газосборник gas collector
газосварка gas welding
газосварщик gas welder, gas welding operator
газосепаратор gas separator
~ для бурового раствора mud and gas separator
замерный ~ testing [gaging] gas separator
нефтепромысловый ~ field gas separator
нефтепромысловый ~ с радиально-щелевым вводом field gas separator with radial slot inlet
нефтепромысловый ~ с тангенциальным вводом field gas separator with tangential inlet
рабочий ~ operating gas separator
центробежный циклонный ~ cyclon gas separator
газосигнализатор gas alarm, gas indicator
газосиликат gas silicate
газоснабжение gas supply, gas service
газосодержание gas content
массовое ~ stock gas content
объёмное ~ volumetric gas content
расходное ~ consumption gas content
газосодержащий gas containing, gas-bearing, gassy
газосушитель gas dryer
абсорбционный ~ absorption gas dryer
газотурбокомпрессор centrifugal gas compressor, gas turbocompressor, gas turboblower
газоуловитель gas collector, gas trap, gas catcher
газоупорный gas-resistant, gas-proof
газохранилище gas storage; (*для распределения газа*) *англ.* gasometer
~ большого объёма large capacity gas storage
~ высокого давления high-pressure gas storage
~ низкого давления low-pressure gas storage
подводное ~ underwater gas storage
подземное ~ underground gas storage
подземное ~ в водоносных пластах aquifer underground gas storage
подземное ~ в истощенных коллекторах газа underground gas storage in depleted gas reservoirs
подземное ~ высокого давления в соляных отложениях high-pressure gas storage in salt caverns
подземное искусственное ~ artificial underground gas storage
гайка nut
~ клина задвижки lifting nut
~ поршня piston nut
~ с буртиком collar nut
~ с левой резьбой left-handed nut
~ стержня крюка hook stem nut
~ стяжного винта coupling nut
~ ходового винта sliding nut
~ штока stem nut
анкерная ~ anchor nut
барашковая ~ wing [butterfly] nut
винтовая ~ screw nut
герметизирующая ~ gland [packing] nut
глухая ~ blind nut
зажимная ~ back [binding, check, jam, lock(ing), retaining] nut
зажимная манжетная ~ yoke cup nut
квадратная ~ square nut
колпачковая ~ cap nut
кольцевая ~ ring nut
кольцевая ~ для манжет cup ring nut
коническая ~ для манжет cup tapered nut
корончатая ~ castle [slotted] nut
крепёжная ~ fastening nut
круглая ~ circular [round] nut
круглая ~ с вырезами под штифтовый ключ ring nut
крыльчатая ~ *см.* барашковая гайка
нажимная ~ сальника gland [packing] nut
накидная ~ union nut
потайная ~ countersunk nut
предохранительная ~ safety nut
разрезная ~ slit nut
регулировочная ~ adjusting nut
рифлёная ~ knurled nut
соединительная ~ union nut
стопорная ~ *см.* зажимная гайка
стяжная ~ turnbuckle nut
уплотнительная ~ *см.* герметизирующая гайка
установочная ~ set nut
шестигранная ~ hexagon nut
шлицевая ~ slotted nut
гайковёрт nut-turner, power nut-driver
галенит galena, galenite
галерея gallery
дренажная ~ drainage gallery
инфильтрационная ~ infiltration gallery
галечник bench [coarse] gravel, pebble-bed
крупный ~ cobble roundstone
галит halite
галлон gallon (*амер. 3,785 л; англ. 4,546 л*)
английский ~ imperial gallon (*4,546 л*)
галлуазит halloysite
галоген halogen
галоид *см.* **галоген**
галолит halogen rock
галометр halometer
гальванизация galvanizing, electroplating
гальванизировать galvanize, electroplate
гальванический galvanic
гальванометр galvanometer
~ Дарсонваля d'Arsonval galvanometer
~ с успокоенной стрелкой dead-beat galvanometer
абсолютный ~ absolute galvanometer
апериодический ~ dead-beat galvanometer
астатический ~ astatic galvanometer
баллистический ~ ballistic galvanometer
зеркальный ~ reflecting [mirror] galvanometer
регистрирующий ~ recording galvanometer
тепловой ~ hot-wire galvanometer

электромагнитный ~ moving-iron galvanometer
галька rubble, shingle, pebble(s)
  береговая ~ beach pebble, beach shingle
  кварцевая ~ quartz rubble
  кремневая ~ flint
  песчаная ~ sand peoble
  прибрежная ~ *см.* береговая галька
  скатанная ~ rounded [water worn] pebble
гамма-гамма-каротаж gamma-gamma logging
  плотностной ~ (formation) density [density gamma-ray] logging
  селективный ~ selective gamma-gamma logging
  спектрометрический ~ spectrometric gamma-gamma logging
гаммаграфия gammagraphy
гамма-дефектоскоп gamma-ray flaw detector
гамма-дефектоскопия gamma radiography, gamma-ray flaw detection
гамма-дозиметрия gamma monitoring
гамма-зонд gamma sonde
гамма-излучатель gamma emitter, gamma radiator
гамма-излучение gamma radiation, gamma rays
  вторичное ~ secondary gamma radiation
  естественное ~ natural gamma radiation
  захватное ~ capture gamma radiation
  мгновенное ~ prompt gammas
  рассеянное ~ scattered gamma radiation
гамма-каротаж gamma-ray logging
  нейтронный ~ neutron gamma-ray logging
  селективный ~ scattered [selective] gamma-ray logging
гамма-лучи gamma rays, gamma radiation
гамма-плотномер gamma densitometer
  радиоактивный ~ radioactive gamma densitometer
гамма-спектрометр gamma-ray spectrometer
  полевой ~ field gamma-ray spectrometer
  скважинный ~ downhole gamma-ray spectrometer
гамма-съемка gamma-ray surveying
гамма-цементомер gamma-cement log
гамма-цементометрия gamma-cement logging
ганксит hanksite
ганомалит ganomalite
ганушит hanusite
гаранти/я guarantee, warranty
  ~ изготовителя manufacturer's warranty
  ~ иностранного банка foreign bank guarantee
  ~ качества quality assurance
  безотзывная ~ irrevocable guarantee
  безусловная ~ unconditional guarantee
  вывозная ~ export guarantee
  договорные ~и contractual guarantees
гарболит harbolite
гареваит garewaite
гарполит harpolith
гаррисит harrisite
гарстигит harstigite
гарцбургит harzburgite
гарь (*дым*) smoke, fume
гаситель:
  ~ вибраций vibration damper
  ~ пульсаций pulsation damper
  гидравлический ~ вибраций крюка hydraulic hook snubber
гассулит ghassoulite
гастингсит hastingsite
  железистый ~ ferrohastingsite
  щелочной ~ alkali hastingsite
гать dike, levee, log-road
гаусманнит hausmannite
гашение suppression, dampening, killing
  ~ вибраций vibration dampening
  ~ магнитного поля field killing
  ~ пены foam suppression
  ~ энергии dissipation of energy
гаюинит hauynite
гвардиаит guardiaite
ГВК [газоводяной контакт] gas-water contact
гезерлит hatherlite
гексан hexane
гекторит hectorite
геленит helenite, gehlenite
гелеобразный gelatinous, jelly-like
гелеобразование gelation, gelling
гелигнит gelignite
геликоид helicoid
  наклонный ~ oblique helicoid
геликоидальный screw-shaped, helicoid(al)
геликтит helictite
гелиолит heliolite
гелиотроп *мин.* bloodstone, heliotrope
гелофит helophyte
гель gel
  водный ~ aqueous gel
  обратимый ~ reversible gel
  плотный ~ firm [dense] gel
  рыхлый ~ loose gel
  силикатный ~ silica gel
гель-осушитель silica gel
гель-цемент gel-cement
гематит hematite
  бурый ~ brown hematite
  глинистый ~ argillaceous hematite
  губчатый ~ sponge hematite, iron froth
  кристаллический ~ specular hematite
  слоистый ~ flag ore
  слюдистый ~ micaceous hematite
  черный ~ black hematite
гемиабиссит hemiabyssite
генезис genesis
  ~ нефти oil genesis
генератор generator; oscillator
  ~ импульсного напряжения high-voltage impulse generator
  ~ колебаний oscillator
  ~ низкой частоты audio oscillator

генератор

~ пены froth generator
~ переменного тока alternating current generator
~ повышенной частоты rotary frequency changer
~ постоянного тока direct current generator
~ развертки sweep oscillator
~ релаксационных колебаний relaxation oscillator
~ синусоидальных колебаний harmonic [sinusoidal] oscillator
~ с независимым возбуждением separately excited oscillator
~ с последовательным возбуждением series oscillator
~ с самовозбуждением self-excited oscillator
ацетиленовый ~ большой производительности heavy-duty acetylene generator
ацетиленовый ~ высокого давления high-pressure acetylene generator
ацетиленовый ~ малой производительности low-output acetylene generator
ацетиленовый ~ низкого давления low-pressure acetylene generator
ацетиленовый ~ системы погружения dipping acetylene generator
ацетиленовый ~ среднего давления medium-pressure acetylene generator
ацетиленовый ~ сухого типа dry-residue acetylene generator
двухтактный ~ push-pull oscillator
задающий ~ master [driving] oscillator
запирающий ~ blanking-pulse generator
звуковой ~ acoustic [sonic] generator
измерительный ~ test oscillator
импульсный ~ pulse oscillator
сварочный ~ welding generator
синхронный ~ synchronous generator
тахометрический ~ tacho(meter-)generator
тепловой ~ heat generator
транзисторный ~ transistor oscillator
трехточечный ~ с емкостной обратной связью Colpitts oscillator
трехточечный ~ с индуктивной обратной связью Hartley oscillator
шунтовой ~ shunt generator
генерировать generate, produce, oscillate
геоантиклиналь regional anticline, geoanticline
геогенезис geogenesis
геогидрология geohydrology
геодезический geodetic, geodesic
геоизотермический geoisothermal
геокронит geocronite
геолог geologist
полевой ~ field geologist
промысловый ~ oil- *or* gas-field geologist
шахтный ~ mining geologist
геологический geologic(al)
геология geology
~ газа gas geology
~ изверженных пород igneous geology
~ каустобиолитов caustobiolith geology
~ континентальных окраин geology of continental margins
~ коренных пород bedrock geology
~ моря geology of sea, marine geology
~ нефти petroleum [oil] geology
~ полезных ископаемых *см.* геология рудных месторождений
~ рудных месторождений mining [ore] geology
~ шельфовой зоны offshore geology, geology of shelf
динамическая ~ dynamic geology
инженерная ~ engineering geology
историческая ~ historical geology
ледниковая ~ glacial geology
нефтепромысловая ~ oil-field geology
подводная ~ submarine geology
подземная ~ subsurface geology
прикладная ~ applied [practical] geology
региональная ~ areal [regional] geology
рекогносцировочная ~ reconnaissance geology
структурная ~ structural geology
тектоническая ~ tectonic geology
физическая ~ physical geology
экономическая ~ economic geology
геолог-нефтяник oil [petroleum] geologist
геолог-подводник submarine geologist
геолог-разведчик prospector
геомагнетизм geomagnetism, terrestrial magnetism
геомагнитный geomagnetic
геометрия geometry
~ бурового долота drilling bit geometry
~ зуба бурового долота drilling bit tooth geometry
~ лопасти бурового долота drilling bit blade geometry
~ месторождения field geometry
~ пласта bed [formation] geometry
~ порового пространства geometry of void [pore] space
~ потока geometry of flow
~ течения *см.* геометрия потока
~ шарошки cone geometry
геомирицит geomyricite
геоморфология geomorphology
морская ~ marine geomorphology
геономия geonomy
геосинклиналь geosyncline
внутриконтинентальная ~ intracontinental geosyncline
вторичная ~ secondary geosyncline
двусторонняя ~ bilateral geosyncline
континентальная ~ continental geosyncline
линейная ~ linear geosyncline
многофазовая ~ polycyclic geosyncline
первичная ~ primary geosyncline
рифтовая ~ rift geosyncline
геосонограф geosonograph
геоструктура geostructure
геосфера geosphere

геотектогенез geotectogenesis
геотектоклиналь geotectocline
геотектоника tectonic geology, geotectonics
  общая ~ general geotectonics
  региональная ~ regional [areal] tectonics
геотектонический geotectonic
геотемпературный geothermal
геотермика geothermy, geothermometry
геотермический geothermal
геотермометр geothermometer
геофизик geophysicist
геофизика geophysics
  прикладная ~ applied geophysics
  промысловая ~ (geophysical) well logging
  разведочная ~ exploration geophysics
  рудная ~ mining geophysics
  структурная ~ structural geophysics
геофизический geophysical
геофон geophone
геохимия geochemistry
  ~ газов пластовых вод geochemistry of stratal water
  ~ глубинных сланцев geochemistry of deep shales
  ~ каустобиолитов caustobiolith geochemistry
  ~ нефти petroleum geochemistry
  ~ нефтяных месторождений oil field geochemistry, geochemistry of oil field
  ~ песчаников geochemistry of sandstones
  ~ природных газов natural gas geochemistry
  органическая ~ organic geochemistry
  региональная ~ regional [areal] geochemistry
геохронологический geochronological
геохронология geochronology, geochronometry
геоцентрический geocentric
гептан heptane
гепторит heptorite
гергардтит gerhardtite
герметизация sealing; packing
  ~ кольцевого пространства annulus sealing, annulus packing
  ~ сбора нефти и газа oil and gas gathering under pressure
  ~ устья скважины wellhead sealing
герметизировать seal, make tight
герметичность (air) tightness, seal(ing)
герметичный airproof, air-tight; fluid-tight
гернезит hoernesite
гиалосидерит hyalosiderite
гиббсит gibbsite, hydrargillite
гибка труб bending of pipes
гибкость flexibility
  ~ талевого каната wireline flexibility
гигрограф hygrograph, recording hygrometer
гигрометр hygrometer
  весовой ~ balance hygrometer
  волосной ~ hair hygrometer
  конденсационный ~ dew-point hygrometer
  электролитический ~ electrolytic hygrometer
гигрометрия hygrometry, psychrometry
гигроскопический hygroscopic

гигроскопичность hygroscopicity, water-absorbing capacity
гидравлика hydraulics, hydraulic system
  ~ бурения долотами со струйной промывкой jet-bit drilling hydraulics
  ~ бурового долота drilling bit hydraulics
  ~ сооружений engineering hydraulics
  инженерная ~ см. гидравлика сооружений
  подземная ~ underground [reservoir] hydraulics
гидравлический hydraulic
гидразин hydrazine
гидрант hydrant
  пожарный ~ fire hydrant
гидраргиллит hydrargillite, gibbsite
гидрат hydrate
  ~ газа gas hydrate
  ~ оксида калия potassium hydroxide
  ~ оксида марганца manganese hydroxide
  ~ хлора chlorine hydrate
гидратация aquation, hydration
гидратированный hydrated
гидратировать hydrate
гидратообразование hydrating
гидратор hydrator
гидратцеллюлоза hydrated cellulose
гидрид hydride
  ~ кальция calcium hydride
гидрирование hydrogenation
гидрированный hydrogenated
гидроаккумулятор hydraulic accumulator
гидробиос hydrobiosis
гидробур hydrodrill, water-jet borer
гидровибратор hydrovibrator
гидровисмутит hydrobismutite
гидровскрыша hydraulic stripping
гидровыключатель flow switch
гидрогалит hydrohalite
гидрогель hydrogel
гидрогематит turgite, hydrohematite
гидрогенератор hydraulic-turbine generator
гидрогенизация hydrogenation
гидрогенизировать hydrogenate, hydrogenize
гидрогенолиз hydrogenolysis
гидрогеология hydrogeology
гидрогетеролит hydrohetaerolite
гидрограф hydrograph(er)
гидрография hydrography
гидродинамика hydrodynamics
гидродинамический hydrodynamic
гидродобыча hydraulic mining
гидродомкрат hydraulic jack
гидродроссель throttle valve
гидрожидкость hydraulic fluid
гидрозакись hydroxide
гидрозакладка *амер.* hydraulic stowing; *англ.* hydraulic filling
гидрозатвор hydraulic seal
гидрозахват hydraulic claw
гидрозащита hydroprotection
гидрозоль hydrosol
гидроизогипса water-table contour
гидроизоляция water-proofing, damp-proofing

гидроизоплета hydroisopleth
гидроионизатор hydroionizer
гидрокарбонат hydrocarbonate
гидрокинетика kinetics of liquids
гидрокинетический hydrokinetic
гидрокрекинг hydrocracking
гидроксиапатит hydroxyapatite
гидроксид hydrated oxide, hydroxide
~ бария barium hydroxide
~ железа ferric hydrate, iron hydroxide
~ кальция calcium hydroxide
~ щелочноземельного металла alkaline earth hydroxide
гидроксил hydroxyl
гидроксиламин hydroxylamine
гидроксилион hydroxylion
гидроксилирование hydroxylation
гидроксилировать hydroxylate
гидролатерит hydrolaterite, flavite
гидролиз hydrolysis
гидролизер hydrolyzer
гидролизовать hydrolyze
гидрология hydrology
химическая ~ chemical hydrology
гидролокатор sonar
активный ~ active [echo-ranging] sonar
боковой ~ side-scan sonar
глубоководный ~ deep-water [deep-sea] sonar
пассивный ~ passive [listening] sonar
переносной ~ водолаза diver-held sonar
гидролокация sonar
гидрометр flowmeter, hydrometer
гидрометрия hydrometry
гидромеханика hydromechanics, mechanics of liquids
подземная ~ subsurface hydromechanics
гидромешалка jet [hydraulic] mixer
гидромонитор jet; hydraulic monitor; giant
врубовой ~ cutting giant
ручной ~ hand-jetting nozzle
самоходный ~ self-propelled giant
смывной ~ sluicing giant
гидромотор hydraulic motor
гидромуфта fluid coupling
гидронасос hydraulic pump
гидрообогащение hydraulic ore dressing
гидроотвал hydraulic-mine dump
гидроочистка hydrofining, hydraulic cleaning
гидропередача hydraulic transmission
гидроперфоратор erosion perforator
гидроперфорация erosion perforation
гидропневматический hydropneumatic, pneumohydraulic
гидроподъемник hydraulically operated hoist
гидропомпа hydraulic pump
гидропресс hydraulic press
гидропривод hydraulic drive, hydraulic power
~ поступательного движения linear hydraulic drive
динамический ~ fluid-coupling [torque-converter] drive

следящий ~ hydraulic servo system
гидропроводность пласта water permeability of bed
гидропульпа pulp, slurry
гидропята hydraulic balancing device
гидроразрыв hydraulic fracturing, hydrofrac
~ пласта кислотой acid fracturing
гидрораспределитель hydraulic control valve
гидрорезак hydrocutter
гидросеть drainage system
гидросистема hydraulic system
гидрослюды hydromicas
гидросмесь slurry
гидростабилизация stabilization by hydrogenation
гидростатика hydrostatics
гидростатический hydrostatic
гидросульфат hydrosulphate
гидросульфид hydrosulphide
гидросульфит hydrosulphite
гидротермальный hydrothermal
гидротехника hydraulic engineering
гидротранспорт hydrotransport
напорный ~ pressurized hydrotransport
гидротранспортер hydraulic conveyer
гидротрансформатор hydraulic torque converter
гидротурбина hydraulic turbine
гидротурбогенератор hydroelectric generator
гидротурботахометр hydraulic turbine tachometer
гидроударник hydraulic hammer
гидроусилитель booster, hydraulic actuator
гидрофильность hydrophilicity, wetting ability
гидрофильный hydrophilic, water-receptive, lyophilic
гидрофобизатор water-repelling agent, water repellent
гидрофобизация water-repellency treatment
гидрофобность hydrophobicity, water repellency
гидрофобный hydrophobic, water-repellent
гидрофон hydrophone
гидрофосфат hydrophosphate
гидрохимия hydrochemistry
гидроцианит hydrocyanite
гидроциклон hydrocyclone
~ для илоотделения desilting hydrocyclone
~ для пескоотделения desanding hydrocyclone
гидроцилиндр hydraulic cylinder
~ с запирающим клапаном-ограничителем hydrostop cylinder
моментный ~ single-vane hydraulic actuator, rotary ram
силовой ~ hydraulic power cylinder, ram
гидроэкстрактор hydroextractor, whizzer
гидроэкструзия hydrostatic extrusion
гидроэлеватор hydraulic elevator, jet pump
гильза:
разрезная ~ collet

гильсонит gilsonite
гинсдалит hynsdalite
гипан hydrolyzed polyacrylonitrile
гипербазит ultrabasite
гипербарокамера hyperbaric chamber
гиперсорбция hypersorption
гиперстенит hypersthenite
гипокристаллический hypocrystalline
гипосульфит sodium thiosulphate
гипотеза hypothesis
～ заполнения газом пустот gas-pocket hypothesis
～ происхождения нефти hypothesis of oil origin
～ скольжения земной коры crust sliding hypothesis
～ смещения полюсов hypothesis of polar shifting
астенолитная ～ asthenolith hypothesis
волновая ～ wave hypothesis
изостатическая ～ isostatic theory
контракционная ～ contraction hypothesis
кренетическая ～ crenetic hypothesis
осмотическая ～ osmotic hypothesis
пластовая ～ source-bed concept
пульсационная ～ pulsation hypothesis
гипотермальный hypothermal
гипотермия hypothermia
гипофосфат hypophosphate
гипофосфит hypophosphite
～ калия potassium hypophosphite
～ натрия sodium hypophosphite
гипохлорит hypochlorite
гипоцентр hypocenter
гипс gypsum
безводный ～ anhydrite, karstenite, anhydrous gypsum
высокосортный ～ ground gypsum, terra alba
глинистый ～ clayey gypsum
землистый ～ earthy gypsum
кристаллический ～ crystallized gypsum
плотный ～ massive gypsum
тонковолокнистый ～ satin spar
гипсобетон gypsum concrete
гипсодонт hypsodont
гипсоцемент gypsum cement
гирнантит hirnantite
гироазимут directional gyroscope
гирогонит gyrogonite
гирогоризонт gyrohorizon
гиродатчик gyro(scopic) sensor
гирокомпас gyrocompass
лазерный ～ laser gyrocompass
маркшейдерский ～ survey gyrocompass
гиролит gyrolite
гиромаятник gyroscopic pendulum
гирометр gyrometer
гирсит hyrcite
ГИС [геофизические исследования в скважине] borehole geophysics
гистерезиметр hysteresimeter
гистерезис hysteresis
～ смачивания wetting hysteresis
вязкий ～ viscous hysteresis
капиллярный ～ capillary hysteresis
сорбционный ～ sorption hysteresis
упругий ～ elastic hysteresis
гистограмма bar chart, histogram
гифолит hypholite
глауконит glauconite
глиммерит glimmerit
глин/а clay
～ высокой распускаемости high-yield clay
～, диспергируемая в соленой воде salt-water-dispersible clay
～, пригодная для приготовления бурового раствора drilling clay
～, расположенная в пластах боксита bauxitic clay
～ раствора mud clay
автохтонные ～ы autochthonous clays
активированная ～ activated clay
аттапульгитовая ～ attapulgite clay
белая ～ white clay, argil
бентонитовая ～ bentonite
бокситовая ～ bauxitic clay
валунная ～ boulder clay
вспучивающаяся ～ expansive clay
высококоллоидная ～ highly colloidal clay
высокопластичная высококоллоидная ～ (состоящая в основном из монтмориллонитовых минералов) bentonite
высокопластичные ～ы high-plasticity clays
вязкая ～ sticky clay
вязкопластичная ～ tough [gumbo] clay
гидрофильная ～ water sensitive clay
гипсоносная ～ gypsiferous clay
голубые ～ы blue clays, blue ground
грубоизмельченная бентонитовая ～ coarse bentonite
железистая ～ ferruginous clay
жидкая ～ slurry
жирная ～ rich [fat] clay
зеленые ～ы green clays
известковая ～ marl
известняковая сланцеватая ～ limestone shale
карманная ～ pocket clay
квасцовая ～ alum clay, alumyte
кислая ～ acid clay
комовая ～ ball clay
красная ～ red clay
кремнистая ～ siliceous clay
мергелистая ～ clay marl
местная ～ native clay
моренная ～ morainic clay, till
морская ～ marine clay
мягкая ～ soft clay
мягкая черная углистая ～ black-jack
непроницаемые ～ы impervious clays
обваливающаяся ～ caving-in clay
огнеупорная ～ refractory clay, fire-clay
органофильная ～ organophilic clay
осадочные ～ы sedimentary clays
осажденная ～ sedimentary [precipitated] clay

глин/а

отмученная ~ elutriated clay
перемятые ~ы broken clays
пестрые ~ы speckled [mottled] clays
песчаная сланцеватая ~ sandy shale
пластичная ~ plastic clay
почвенная ~ soil clay
природная ~ natural clay
разбухающая ~ swelling clay
речная ~ fluviatile clay
сланцевая ~ shale
соляная ~ saline clay
спекающаяся ~ baking clay
сукновальная ~ fulling clay, Fuller's earth
тонкодисперсная ~ fine-dispersed clay
тощая ~ sandy [lean] clay
тяжелая ~ heavy [rich] clay
уплотненная ~ consolidated clay
цементирующая ~ bond clay
цементная ~ cement clay
элювиальная ~ eluvial clay

глинизация clay grouting; silting; argillization, mudding off
~ (*изоляция*) mudding off the bed

глинизировать slush, mud off, mud up
~ стенки скважины wall up, mud off, mud up

глинисто-известковый argillo-calcareous
глинисто-песчаный argillo-arenaceous
глинистый argillaceous
глинозавод mud plant
глинозем alum earth, alumina, aluminum oxide
глиноземный aluminous
глинокислота mud acid
глиномешалка (mud) agitator, clay [mud] mixer
~ лопастного типа propeller mud mixer
~ непрерывного действия continuous mud mixer
вихревая гидравлическая ~ whirling hydraulic mud mixer
гидравлическая ~ со струйным смесителем jet mud mixer
двухвальная ~ с электроприводом twin-shaft mud mixer with electric drive
многовальная ~ multishaft mud agitator
струйная ~ jet mud mixer

глиноотделитель clayjector, mud cleaner
глинопорошок mud [gel] powder
модифицированный бентонитовый ~ beneficiated bentonite

глинопровод mud line
глобула воды water globule
глокерит glockerite
гломерогранулитовый glomerogranular
глохнуть (*о двигателе*) fail, stall, choke
глубина depth
~ бурения drilling depth
~ взрыва shot depth
~ забоя bottom-hole depth
~ заделки сваи depth of pile setting
~ залегания occurence depth
~ залегания продуктивного горизонта producing reservoir depth

~ заложения трубопровода pipeline laying depth
~ заложения фундамента foundation depth
~ замораживания freezing depth
~ зондирования penetration depth
~ исследования depth of investigation; (*в скважине*) logging depth
~ моря sea depth
~, на которой зацементирована обсадная колонна casing cemented depth
~ нарезки (*резьбы*) depth of thread
~ осадки танкера tanker draft
~ отбора проб sampling depth
~ от уровня моря subsea depth
~ по вертикали true depth
~ погружения (*в воду*) immersion depth
~ подвески насоса depth of plunger
~ подвески обсадной колонны-хвостовика (casing) liner hanger setting depth
~ посадки пакера packer setting depth
~ провара depth of penetration
~ промерзания depth of freezing, frost penetration
~ проникновения depth of penetration
~ проникновения фильтрата filtrate ingress depth
~ прострела perforator bullet penetration
~ резания cutting depth
~ скважины hole depth
~ скважины до установки цементного моста old plugged back depth
~ скважины по контракту contract depth
~ скважины после установки моста plugged back total depth
~ складчатости depth of folding
~ спуска running [setting] depth
~ спуска насоса pump setting [running] depth
~ спуска насосно-компрессорных труб tubing setting depth
~ спуска обсадной колонны casing setting depth
~ спуска обсадной колонны труб landing depth
~ траншеи под трубопровод pipeline trench depth
~ установки башмака обсадной колонны casing depth
~ установки моста plugged back depth
~ фокуса землетрясения depth of seismic focus, focal [focus] depth
~ шпура hole depth
высокотемпературная ~ hot interior
доступная водолазу ~ diver depth
забойная ~ скважины total depth
заданная ~ selected [predetermined] depth
измеренная ~ бурения measured drilling depth
измеренная конечная ~ (*скважины*) measured total depth
истинная ~ (*скважины*) true depth
конечная ~ borehole bottom, old total depth
конечная ~ бурения drilling total depth
конечная ~ каротажа log total depth

конечная ~ скважины total well depth
максимальная ~ проникновения сейсмических лучей maximum depth of seismic rays
новая конечная ~ new total depth
общая ~ overall [total] depth
окончательная ~ бурения drilled out depth
отвесная ~ vertical depth
предельная ~ спуска насоса ultimate pump setting [running] depth
предполагаемая ~ proposed depth
прогнозная ~ predicted depth
проектная ~ budgeted [project] depth
проектная ~ бурения project drilling depth
рабочая ~ моря operating water depth
расчетная ~ моря design water depth
средняя ~ моря mean sea depth
фактическая ~ бурения actual drilling depth
фактическая вертикальная ~ true vertical depth

глубинный deep-seated; abyssal; subsurface
глубиномер depthometer, depth gage, odometer
глубоководный deep-sea, deep-water; abyssal
глубокозалегающий deep-seated
глушение:
 ~ выброса blowout killing
 ~ скважины killing of a well
глушитель:
 ~ выхлопа exhaust silencer, exhaust muffler
 ~ звука noise silencer
 ~ пульсаций pulsation dampener
 ~ шума всасывания intake silencer, intake muffler
глушить choke; kill; shut down; cut; muffle; silence
 ~ скважину kill the well
глыба block, clod, lump
гляциогенный glaciogenous
гнездо:
 ~ балки beam housing
 ~ бурового клапана mud valve seat
 ~ клапана цилиндра глубинного насоса working barrel valve seat
 ~ коллектора управления control pod receptacle
 ~ подшипника bearing seat
 ~ цилиндра глубинного насоса working barrel seat
 ~ штепсельного разъема female contact, female connector
 верхнее ~ upper female contact
 рудное ~ ore pocket, ore bunch
 стыковочное двойное ~ подводного коллектора dual female pod stab receptacle
 штекерное ~ pin jack
гнейс gneiss
гнейсовый gneissic
ГНК [газонефтяной контакт] gas-oil contact
говардит howardite
годограф locus; hodograph, travel-time curve
 ~ постоянного времени constant-time locus
 амплитудный ~ amplitude locus
 вертикальный ~ time-depth curve
 горизонтальный ~ time-distance curve
 нагоняющий ~ overtaking travel-time curve
 обратный ~ inverse travel-time curve
 прямой ~ direct travel-time curve
 сводный ~ resulting travel-time curve
головка cap; knob; head
 ~ балансира horsehead
 ~ болта bolt head
 ~ бура (jack)bit
 ~ горелки для сжигания газа (*в отводе морской скважины*) burner head
 ~ для подвески колонны landing head (*for tubing*)
 ~ для сбрасывания (цементировочных) пробок (cementing) plug dropping head
 ~ для спуска обсадной колонны casing handling head
 ~ зуба face; point of a tooth
 ~ керноизвлекателя core plunger
 ~ колонны-хвостовика liner top
 ~ мачты pole top
 ~ насосной штанги head of sucker rod
 ~ насосно-компрессорных труб tubing head
 ~ обсадной колонны casing (string) head
 ~ обсадной колонны с клиновой подвеской для насосно-компрессорной колонны casing head with slip tubing hanger
 ~ паяльника soldering iron bit
 ~ пласта face of bed
 ~ промежуточной обсадной колонны intermediate casing head
 ~ спускаемого инструмента running neck
 ~ стрелы крана boom tip
 ~ съемного керноприемника core receiver retrieving head
 ~ шатуна connecting rod head
 алмазная бурильная ~ diamond head
 амортизирующая ~ latch bumper head
 бурильная ~ drilling head
 вертлюжная ~ НКТ tubing head swivel
 вращающаяся ~ колонны-хвостовика rotating liner top
 газовая ~ gas head
 гидромониторная ~ jet head
 глухая цементировочная ~ swage cementing head
 давильная ~ snubber
 двойная ~ балансира dual horsehead
 двухрядная ~ обсадной колонны lowermost casing head
 дистанционно управляемая ~ направляющей стойки remote post head
 дренажная ~ кернового снаряда core barrel strainer cap
 дуговая откидная ~ балансира arched folding horsehead
 дуговая поворотная ~ балансира arched swing horsehead
 зажимная ~ drip head
 заливочная ~ filling head
 запальная ~ shooting head
 кабельная ~ cable head
 ловильная ~ fishing head

головка

направляющая ~ guide head
обмоточная ~ wrapping head
обсадная ~ casing head
опрессовочная ~ test head
поворотная ~ swivel head
подвесная ~ (*перфоратора*) connection head
подвижная ~ movable head
подъемная ~ lifting head
посадочная ~ setting head
промывочная ~ circulating head
размывочная ~ washout head
регулировочная ~ adjusting knob
режущая ~ cutter [cutting] head
режущая ~ бурового инструмента boring head
резьбовая ~ shank
сварочная ~ welding head
сменная бурильная ~ detachable drill head
специальная ~ на устье скважины offset tubing head
сферическая ~ button
токоподводящая ~ current supply head
трубная ~ cap, casing head
трубосварочная ~ pipe welding head
укладочная ~ racking head
цементировочная ~ cementing casing head
цементировочная ~ вращающегося типа rotating cementing head
цементировочная ~ для цементирования при подземном ремонте grout nipple
цементировочная ~ с двумя цементировочными пробками double-plug container cementing head
циркуляционная ~ hydraulic circulating head
шлифовальная ~ (mounted) (grinding) wheel, mounted (grinding) point

голосидерит holosiderite
голоцен Holocene, Holocenic system
гольденит holdenite
гомогенизация homogenization
гоннардит gonnardite
горб:
~ кривой bulge of a curve
гордунит gordunite
горелка 1. burner 2. (*сварочная*) torch
~ для полного сжигания нефти clean burning oil burner
~ для пробной эксплуатации well test burner
~ для сжигания сырой нефти crude burner
ацетиленовая ~ acetylene torch
водородно-кислородная ~ oxydric torch
вспомогательная ~ pilot burner
газовая ~ gas burner, gas jet
забойная газовая ~ downhole gas burner
мазутная ~ oil burner
многопламенная ~ multijet [multiflame] torch
нефтяная ~ oil burner
сварочная ~ blowpipe (welding) torch
сварочная газовая ~ gas welding torch
скважинная очистительная ~ well clean-up burner

горение 1. combustion 2. (*сжигание*) burning
~ нефти в пласте in-situ combustion
влажное ~ (*метод повышения нефтеотдачи пласта*) wet burning
внутрипластовое ~ fire-flooding; in-situ combustion
поверхностное ~ surface combustion
погружное ~ immersion combustion
противоточное ~ 1. backward burning 2. backward combustion

горизонт floor; horizon; level
~ вышележащих пород overlying formation
~ нефтяного пласта oil reservoir horizon
~ относимости reference horizon
~ подстилающих пород basement floor
~ приведения *см.* горизонт относимости
~ профиля profile horizon
~, свободный от напряжений level of no strain
~ съемки рудного тела surveyor's level
артезианский ~ artesian horizon
висячий водоносный ~ perched water table
водоносный ~ aquifer, water-bearing horizon, water-bearing stratum
выщелоченный ~ leached layer
газоносный ~ gas-bearing horizon, gas-bearing stratum
главный продуктивный ~ main producing horizon
глубокий ~ deep level
заводняемый ~ input horizon
иллювиальный ~ (*почвы*) illuvial horizon, horizon C
маркирующий ~ key [marker, reference] bed
непродуктивный ~ non-productive stratum
нефтеносный ~ oil(-bearing) horizon, oil-bearing stratum
нефтесодержащий ~ *см.* нефтеносный горизонт
ограничивающий ~ confining bed
опорный ~ key bed
основной водоносный ~ basal water [basal aquifer] horizon
песчаный ~ sand level
поглощающий ~ lost circulation horizon
погребенный ~ почвы buried soil horizon
преломляющий ~ refracting horizon
продуктивный ~ pay [producing, production] horizon
промежуточный ~ intermediate level, transition horizon
сплошной ~ continuous horizon
стратиграфический ~ stratum
фонтанный ~ gushing horizon
эксплуатируемый ~ production [mining] level
элювиальный ~ eluvial horizon

горизонталь contour (line), horizontal
горизонтально-залегающий flat-lying
горизонтальный flat, horizontal, lateral, aclinal
горловина neck; waist; throat; nozzle
~ вертлюга swivel gooseneck

~ ротора rotary table neck
наливная ~ bung hole
наливная ~ топливного бака tank filler neck
горн forge, furnace
горнодобывающий mining
горнозаводский mining
горнорабочий miner, mineworker
горнорудный mining
горноспасатель (mine) rescuer
горообразование orogenesis, orogeny
горообразующий orogenic
гортонолит hortonolite
горючее combustible, fuel
легкое ~ high-gravity fuel
тяжелое ~ bunker oils (fuels)
горючесмазочный fuel-and-lubricant
горючесть combustibility; (*воспламеняемость*) inflammability
горючий combustible
горячеломкость hot brittleness, hot shortness
госселетит gosseletite
готовность readiness
~ оборудования к пуску в эксплуатацию readiness for putting into operation, readiness for commissioning
гоутонит houghtonite
гофр flute, corrugation
гофрированный corrugated, fluted
гофрировать corrugate, flute
гофрировка corrugation
грабен graben, trough
взбросовый ~ ramp valley
круглый ~ ring cataclase
сбросовый ~ rift valley
срединный ~ median graben
флексурный ~ trough bend
гравелит gritstone, gravelite
гравий gravel
бурый ~ iron-stained gravel
дробленый ~ crushed gravel
известковистый ~ calcareous gravel
карьерный ~ pit gravel
крупный ~ coarse gravel
ледниковый ~ glacial gravel
мелкий ~ fine [pea] gravel, grit
наносный ~ run gravel
насыпной ~ loose gravel
обваливающийся ~ caving gravel
промышленный ~ pay gravel
речной ~ bank [river] gravel
скатанный ~ gravel pebbles
террасовый ~ bench gravel
угловато-зернистый ~ grit
гравиметр gravimeter, gravity meter
~ гидрометрического типа hydrometer-type gravimeter
~ с температурной компенсацией temperature-compensated gravimeter
~ с электрической измерительной схемой electric-gage-type gravimeter
астазированный ~ *см.* астатический гравиметр

астатический ~ astatic gravimeter
геодезический ~ geodetic gravimeter
индукционный ~ eddy-current gravimeter
крутильный ~ torsion gravimeter
маятниковый ~ gravity pendulum
наземный ~ surface gravimeter
подводный ~ underwater gravimener
пружинный ~ spring gravimeter
скважинный ~ downhole [borehole] gravimeter
статический ~ static gravimeter
электромеханический ~ mechanical-electrical gravimeter
гравиметрия gravimetry
гравиметроскоп gravimetroscope
гравиразведка gravity prospecting
гравитационный gravitational
гравитация gravitation
градация gradation
~ плотностей нефти oil density gradation
градиент gradient
~ атмосферного давления baric gradient
~ влажности moisture [humidity] gradient
~ водного зеркала gradient of water table
~ газонасыщенности gas saturation gradient
~ гидравлического гравитационного давления hydraulic gravitational gradient
~ гидродинамического давления fluid pressure gradient
~ гидроразрыва hydrofrac gradient
~ горного давления overburden gradient
~ давления pressure gradient
~ давления бурового раствора mud-pressure gradient
~ давления гидроразрыва пласта frac(ture) gradient
~ давления при движении жидкости flowing pressure gradient
~ насыщенности saturation gradient
~ пластового давления formation pressure gradient
~ поля field gradient
~ потенциала potential gradient
~ рассеяния dispersion gradient
~ растворимости газа gas solution gradient
~ силы тяжести gradient of gravity
~ скорости velocity gradient
~ твердости hardness gradient
~ удельного сопротивления resistivity gradient
~ фильтрации filtration gradient
адиабатический ~ скорости adiabatic lapse rate
геотермический ~ geothermic degree, geothermal depth, geothermal gradient
геохимический ~ geochemical gradient
гидравлический ~ hydraulic gradient
гидростатический ~ hydrostatic gradient
критический ~ внешнего давления critical external pressure gradient
крутой ~ steep gradient
малый ~ flat [low] gradient
напорный ~ pressure gradient
начальный ~ давления initial pressure gradient
отрицательный ~ negative differential

градиент

температурный ~ thermal [temperature] gradient
градиент-зонд lateral (three-electrode) device, lateral (three-electrode) sonde
   кровельный ~ inverted lateral device, inverted lateral sonde
   малый ~ short lateral device, short lateral sonde
   подошвенный ~ standard lateral device, standard lateral sonde
   симметричный ~ five-electrode device, limestone sonde
градиент-микрозонд microlateral [microimmerse] sonde
градирня cooler
   ~ с искусственной тягой mechanical cooling tower
градуированный calibrated, graduated
градуировать calibrate, graduate
   ~ шкалу mark out a scale
градуировка calibration, graduation
градус degree
   ~ Боме Baumé degree
   ~ жесткости degree of hardness
   ~ Кельвина Kelvin degree, K
   ~ Фаренгейта Fahrenheit degree, F
   ~ Цельсия Celsius degree, C
   электрический ~ electrical degree
гранит granite
   розовый ~ pink granite
   серый ~ grey granite
границ/а boundary, border, margin; limit
   ~ водонефтяного контакта oil-water boundary
   ~ газ — вода gas-water interface
   ~ газ — нефть gas-oil surface, gas-oil interface
   ~ залежи pool boundary
   ~ интервала изменений переменной bound on a variable
   ~ месторождения (*нефти, газа*) field boundary
   ~ нефть-вода oil-water interface, oil-water surface
   ~ области дренирования drainage front
   ~ пластов bed boundary
   ~ поиска search limit
   ~ раздела фаз interface
   ~ разрушения interfacial failure
   ~ распространения залежи вверх по восстанию up-dip limit of pool
   ~ фаз phase boundary
   ~ формации formation boundary
   внешние ~ы пласта external boundary of reservoir
   внешняя ~ бесконечного пласта external boundary at infinity
   выходная ~ outflow boundary
   континентальная ~ continental margin
   литологическая ~ lithological border
   сейсмическая ~ seismic boundary
   стратиграфическая ~ stratigraphic line
   фазовая~ phase border
гранолит granolite
гранула granule, grain
гранулометрия granulometry, grain sizing
грануляция granulation
   каталитическая ~ catalytic granulation
грань edge, face, facet, flat
   ~ зуба tooth flank
   ~ кристалла crystal face
   боковая ~ вышки derrick side panel
   доматическая ~ dome plane
   единичная ~ unit face
   передняя ~ резца face of tool
   рабочая ~ reaming edge
график 1. (*расписание, план*) schedule 2. (*изображение, чертеж, кривая*) curve; plot; graph; chart
   ~ изменения плотности бурового раствора mud density schedule
   ~ использования буровых растворов drilling mud program
   ~ отгрузок shipping schedule
   ~ платежей schedule of payments
   ~ поставок schedule of deliveries
   ~ строительства construction schedule
   ~ суммированной добычи нефти cumulative oil plot
   ~ текущего ремонта буровой установки rig-maintenance program
   ~ темпа отбора proration schedule progress chart
   ~ хода работ progress chart
   декомпрессионный ~ decompression schedule
   производственный ~ production schedule
   тарировочный ~ calibration chart
   твердо установленный ~ fixed schedule
   эксплуатационный ~ operating schedule
графит graphite
   аморфный ~ amorphous graphite
   землистый ~ earth graphite
   кристаллический ~ crystalline graphite
   кусковой ~ bulk graphite
   пластинчатый ~ flaked graphite
   чешуйчатый ~ *см.* пластинчатый графит
   эвтектический ~ eutectic graphite
гребенка:
   распределительная ~ manifold valves
гребень crest; edge; fillet; flange; ridge
   ~ антиклинали fold axis, crest line
   ~ витка резьбы thread tip
   ~ водораздела dividing crest
   ~ высокого давления ridge of high pressure
   ~ жилы apex
   ~ месторождения field ridge
   ~ свода crest of fold
   ~ синклинали through line
   ~ складки apex of fold
   вторичный кальцитовый ~ choma
   горный ~ ridge
   изоклинальный ~ hogback, isoclinal ridge
гребешок:
   коллекторный ~ tag
грейтонит gratonite
грифон spring
   газовый ~ gas spring
   грязевой ~ mud spring, mud gryphon
   нефтяной ~ oil spring
грозозащита lightning protection

грохот (*устройство*) screen, separator, sieve, sifter
  вибрационный ~ shaker
грохочение screening, shaking, sieving
грубоволокнистый coarse-fibered
грубозернистый coarse-grained
грубообломочный rudaceous, psephytic
груженый loaded
груз freight, load, cargo
  ~ без маркировки unmarked cargo
  ~ без упаковки bulk freight, bulk cargo
  ~ в кипах bailed goods
  ~ внавал *см.* груз насыпью
  ~, выброшенный за борт jettison
  ~ навалом *см.* груз насыпью
  ~ на поддонах palletized cargo
  ~ насыпью bulk freight, bulk cargo
  ~, не оплаченный пошлиной bonded goods, goods in bond
  ~ отвеса bob
  ~, поврежденный при транспортировке cargo damaged in route
  ~, поврежденный при хранении cargo damaged in storage
  ~ россыпью loose cargo; bulk cargo, bulk freight
  автотранспортный ~ motor freight
  адресованный ~ directed cargo
  беспошлинный ~ duty-free cargo
  бестарный ~ loose cargo; bulk cargo
  габаритный ~ cargo within loading gage
  длинномерный ~ long goods
  застрахованный ~ insured goods
  каротажный ~ coring load
  навалочный ~ bulk freight, bult cargo; loose cargo
  наливной ~ tanker cargo
  намывной ~ *см.* навалочный груз
  насыпной ~ *см.* навалочный груз
  негабаритный ~ oversize cargo
  незатаренный ~ unpacked cargo
  незаявленный ~ undeclared cargo
  опциональный ~ optional cargo
  освобождающийся ~ drop weight
  палубный ~ deck cargo
  полезный ~ net [operating, service] load
  рабочий ~ useful load
  складской ~ warehouse goods, goods in store
  сосредоточенный ~ single load
  транзитный ~ cargo in transit
  упакованный ~ packed cargo
  ценный ~ valuable cargo
  штабелированный ~ stacked cargo
грузило plumb bob, plummet
грузить ship, load; (*на судно*) embark
грузовик *англ.* lorry; *амер.* truck
  ~ для перевозки цемента россыпью cement bulk truck
  ~ для развозки труб по трассе трубопровода pipe stringing truck
  ~, оборудованный подъемной стрелой и лебедкой bob-tail
  ~ с безбортовой платформой flat bed truck

грузовладелец freight owner
грузовой *амер.* freight; *англ.* cargo
грузооборот freight [goods] turnover
грузоотправитель consigner, shipper
грузоперевозка cargo carriage, cargo transportation, haulage
грузоподъемность load(-carrying) capacity; (*судна*) deadweight
  ~ башенной вышки load derrick capacity
  ~ в тоннах tonnage
  ~ компенсатора вертикальной качки heave compensator force
  ~ на крюке hook load capacity
  ~ подъемника hoisting [jacking] capacity
  ~ системы натяжения водоотделяющей колонны riser tensioner system capacity
  ~ танкера tanker tonnage
  безопасная ~ башенной вышки safe load derrick capacity
  динамическая ~ dynamic load capacity
  допустимая ~ башенной вышки *см.* безопасная грузоподъемность башенной вышки
  максимальная ~ maximum carrying capacity
  номинальная ~ башенной вышки rated derrick load capacity
  общая ~ мачтовой вышки gross column capacity
  статическая ~ башенной вышки dead load derrick capacity
грузополучатель consignee, receiver of cargo
грузопоток freight transport
грузчик loader
грунт ground, earth, soil
  ~ с нарушенной структурой disturbed soil
  болотистый ~ marshy soil
  водонасыщенный ~ saturated soil
  глинисто-песчаный ~ argillaceous sand ground
  глинистый ~ clayey soil
  известняковый ~ chalky [limy] soil
  илистый ~ slimy [muddy] ground, silt
  лессовый ~ loessial soil
  многолетнемерзлый ~ permafrost
  мергельный ~ loamy ground
  мягкий ~ soft ground
  наносный ~ alluvial soil
  насыпной ~ fill(ed)-up ground
  плотный ~ solid ground
  ракушечный ~ shelly ground
  рыхлый ~ loose ground
  скалистый ~ rocky ground
  слоистый ~ stratified soil
  торфяной ~ peaty soil
грунтовка coat, (under)coating, priming
грунтонос corer, sampler, core barrel
  боковой ~ side-wall sampler
  короткий ~ (*для отбора керна при канатном бурении*) biscuit cutter
группа:
  ~ одинаковых деталей battery
  ~ осадочных пластов sedimentary complex
  ~ пластов series [group] of strata
  ~ сбросов fault bundle

группа

~ трансформаторов bank of transformers
внутренняя ~ соляных куполов interior domes
прибрежная ~ соляных куполов coastal domes

группирование:
~ сейсмографов pattern shooting
комбинированное ~ overlapping combination

гряда ridge
изоклинальная ~ isoclinal ridge, hogback
моренная ~ morainic ridge
песчаная ~ sand ridge

грязевик sediment box
грязеотстойник mud settling sump
грязеприемник sink
грязь dirt, silt, slurry, slush, mud
буровая ~ sludge, bore mud
вулканическая ~ volcanic mud
минеральная ~ mineral mud
парафиновая ~ paraffin dirt
природная ~ natural mud

гуаринит guarinite
губка 1. jaw 2. (вещество) sponge
зажимная ~ jaw
известково-роговая ~ calcareocorneous sponge
каменная ~ lithistid

губчатый spongy, spongeous
гудзонит hudsonite
гудрон tar, asphaltum oil
кислые ~ы acid sludge (tar)
масляный ~ residual tar

гуллит hullite
гулсит hulsite
гумат humate
гумбо gumbo (clay)
гумбольдтит humboldtine
гумидный humid
гумин humin, ulmin
гумификация humification
гуммигут gamboge
гуммирование gumming, rubberizing
гуммировать gum
гумми-смола gummed tar
гуммит gummite
гумодит humodite
гумус humus
морской ~ marine humus
почвенный ~ gein

гумусовый humic
гунгаррит hoongarrite
гунтилит huntilite
густеть solidify; thicken
густозернистый close-grained, densely grained
густой dense; thick

Д

давать:
~ газ produce gas

~ заниженные показания (о приборе) underrate
~ нефть produce oil
~ проходку make hole
~ усадку shrink

давидит davidite
давин davyne
давление pressure
~ башмака на грунт footing soil pressure
~ бурового насоса mud [slush] pump pressure
~ бурового раствора drilling mud pressure
~ бурового раствора на забой drilling mud bottom-hole pressure
~ в бурильной колонне при закрытом устье shut-in drill pipe pressure
~ в выкидной линии flow-line pressure
~ в газопроводе gas pipeline pressure
~ в закрытой скважине shut-in [closed-in] pressure
~ в залежи reservoir pressure, pressure in-place
~ в затрубном пространстве при закрытом устье shut-in casing pressure
~ в зоне контакта contact pressure
~ в кольцевом пространстве annulas pressure
~ в кольцевом пространстве на устье скважины wellhead annulus pressure
~ в конце нагнетания compression pressure
~ в конце расширения terminal pressure
~ в манифольде manifold pressure
~ в межтрубном пространстве casing pressure
~ в нагнетательном трубопроводе discharge (line) pressure
~ в напорной линии flowline pressure
~ в напорном трубопроводе flowing pressure
~ в направлении течения upstream pressure
~ в насадке бурового долота drill bit-nozzle pressure
~ в невскрытом пласте virgin pressure
~ внешней среды ambient pressure
~ в обсадных трубах casing pressure
~ в открытой скважине open hole pressure
~ в пласте при свободном фонтанировании open-flow pressure
~ в пневматической системе управления air control system pressure
~ всасывания suction pressure
~ в сепараторе separator pressure
~ в скважине borehole pressure
~ в скважине после остановки closed-in pressure
~ в сопле nozzle pressure
~ в трубопроводе (pipe)line pressure
~ в условиях естественной тяги natural draught pressure
~, выраженное высотой ртутного столба mercury pressure
~ вытеснения driving pressure

давление

~ вытеснения нефти oil displacement pressure
~ выше атмосферного pressure above the atmospheric, positive pressure
~ выше давления насыщения above double point pressure
~ вышележащей толщины rock pressure; pressure of overlying beds
~ газа head, gas pressure
~ газа в газовой шапке gas cap pressure
~ газа в пласте gas reservoir pressure
~ газлифта gas-lift pressure
~ гидроразрыва пласта hydraulic fracturing [hydrofracturing] pressure
~ глушения скважины kill-rate pressure
~ горных пород rock pressure
~ грунта soil [earth, ground] pressure
~ жидкости fluid pressure
~ замещения replacement pressure
~ заполнения inflation pressure
~ конденсации dew-point pressure
~ краевых вод edge water pressure
~ кровли roof pressure
~ на внешнем контуре пласта external boundary pressure
~ на входе inlet pressure
~ на выкиде top hole pressure
~ на выкиде насоса pump (discharge) pressure
~ на выкидной линии flowline pressure
~ на выходе exit [outlet] pressure
~ на выходе из газлифтной установки top hole gas-lift pressure
~ на выходе из компрессора compressor discharge [outlet] pressure
~ нагнетания injection pressure
~ на границе фаз front [interface] pressure
~ нагрузки load pressure
~ на грунт ground pressure
~ наддува boost pressure
~ на долото pressure on the bit
~ на единицу поверхности specific [unit] pressure
~ на забое bottom-hole pressure, pressure at the well-bore
~ на инструмент pressure on the tool
~ на контуре boundary pressure
~ на конце трубопровода terminal pipeline pressure
~ на коронку bit pressure
~ на опору support pressure
~ наполнения filling pressure
~ на поршень piston pressure
~ на приеме насоса intake pressure
~ насыщения saturation [bubble-point] pressure
~ насыщения пластового флюида bubble-point pressure of reservoir fluid
~ насыщенного пара saturated vapor pressure
~ на устье нагнетательной скважины intake pressure
~ на устье скважины casing head [wellhead] pressure
~ на устье фонтанирующей скважины flowing tubing head pressure
~ на устье фонтанной скважины wellhead flowing pressure
~, необходимое для сохранения трещины раскрытой (*при гидроразрыве*) propping pressure
~ ниже атмосферного underpressure, negative pressure
~ обработки treatment pressure
~ образования трещин fracturing pressure
~, определяемое экономичностью разработки pressure at the economic level
~ пластовых флюидов у забоя скважин bottom-hole fluid pressure
~ полного перепуска full overflow pressure
~ потока flow stream pressure
~ прекращения разработки залежи abandonment pressure
~, приведенное к нормальным условиям surface [standard] pressure
~ при заводнении flooding pressure
~ при испытании test pressure
~ при откачке flowing [pumping-out] pressure
~ притока inflow pressure
~ прокачиваемой жидкости circulating fluid pressure
~ прорыва воды *или* газа water *or* gas inrush pressure
~ разрыва (*о трубах*) bursting pressure; (*о пласте*) fracturing pressure
~ раскрытия трещины fracture opening pressure
~ сверху вниз down pressure
~ сжатия compression pressure
~ смешивания mixing pressure
~ смятия труб pipe collapsing pressure
~, создаваемое на устье скважины pressure applied at the surface
~ столба бурового раствора drilling mud column pressure
~ столба жидкости head pressure
~ столба жидкости в скважине bottom-hole [hydrostatic] head pressure
~ столба нефти oil column pressure
~ «стоп» (*при цементировании*) shutoff pressure
~ схождения convergence pressure
~ точки росы dew-point pressure
~ фонтанирования скважины well flowing pressure
~, характеризующее состояние пласта field pressure
~ циркуляции circulating pressure
абсолютное ~ absolute pressure
аномально высокое ~ газа abnormal gas pressure
аномально высокое (пластовое) ~ abnormal high pressure
аномальное ~ abnormal pressure
аномально низкое (пластовое) ~ abnormal low pressure

давление

атмосферное ~ atmospheric pressure
атмосферное нормальное ~ standard (atmospheric) pressure
барометрическое ~ barometric pressure
боковое ~ lateral [side] pressure; (*стенки выработки*) wall pressure
буферное ~ при прокачивании surface squeeze pressure
вакуумметрическое ~ vacuum-gage pressure
внешнее ~ external pressure
внутреннее ~ internal pressure
возможное ~ available pressure
всестороннее ~ confining pressure
гидравлическое ~ hydraulic pressure
гидродинамическое ~ flowing pressure
гидростатическое ~ head of water, fluid [hydrostatic] pressure
горное ~ confining [formation, ground, rock] pressure
граничное ~ boundary pressure
динамическое ~ working pressure
динамическое забойное ~ flowing bottom-hole pressure
дифференциальное ~ differential pressure
дифференциальное ~ газлифта gas-lift differential pressure
допустимое ~ permissible [safe] pressure
забойное ~ bottom-hole pressure, pressure at the well-bore
забойное ~ в закрытой оставленной скважине shut-in bottom-hole pressure
забойное ~ в эксплуатируемой скважине producing bottom-hole pressure
забойное ~ при нагнетании sand-face injection pressure
забойное гидродинамическое ~ bottom-hole flowing pressure
заданное ~ predetermined pressure
затрубное ~ annulus pressure
избыточное ~ overpressure, excessive [gage] pressure
измеренное ~ measured pressure
индикаторное ~ indicated [rated] pressure
испытательное ~ proof-test [testing] pressure
истинное ~ actual pressure
капиллярное ~ capillary pressure
когезионное ~ cohesive pressure
конечное ~ final [terminal] pressure
конечное ~ при тампонировании squeeze cementing pressure
критическое ~ critical [breakdown] pressure
максимально допустимое рабочее ~ maximum allowable working pressure
максимальное ~ в закрытой скважине closed pressure
максимальное ~ на входе highest primary [intake] pressure
максимальное первоначальное пластовое ~ maximum initial field [maximum initial formation] pressure
максимальное рабочее ~ *см.* максимально допустимое рабочее давление

манометрическое ~ gage pressure
напорное ~ forward [head] pressure
наружное ~ *см.* внешнее давление
начальное ~ в залежи initial reservoir pressure
начальное ~ газа в пласте original reservoir gas pressure
начальное ~ гидроразрыва initial hydrofracturing pressure
начальное пластовое ~ initial formation pressure
неустановившееся ~ transient [unbalanced] pressure
низкое ~ low pressure
низкое ~ нагнетания low injection pressure
нормальное ~ normal pressure
нормальное рабочее ~ service pressure
обратное ~ back pressure
одностороннее ~ stress (pressure)
опорное ~ bearing [end] pressure
основное ~ base measuring pressure
остаточное ~ residual pressure
остаточное ~ в залежи final [residual] reservoir pressure
отрицательное ~ negative [subatmospheric, subnormal] pressure
падающее ~ falling pressure
парциальное ~ fractional [partial] pressure
первоначальное пластовое ~ original formation pressure
переменное ~ live pressure
пластовое ~ reservoir [formation] pressure
пластовое ~ к моменту истощения пласта abandonment formation pressure
пластовое ~ на дату подсчета reservoir pressure as on date of appraisal
пластовое ~ при закрытом устье shut-in formation pressure
пластовое установившееся ~ equilibrium formation [steady-state reservoir] pressure
поверхностное ~ surface pressure
повышенное ~ boost pressure
подземное ~ subsurface pressure
полезное ~ effective pressure
полное ~ total pressure
пониженное ~ reduced pressure
поровое ~ pore pressure
поровое ~ флюида pore [interstitial] fluid pressure
пороговое ~ threshold pressure
постоянное ~ constant pressure
предельно допустимое ~ maximum safe [maximum allowable] pressure
предельное ~ limit pressure
предельное ~ нагнетания насоса maximum pump pressure
приведенное ~ reduced pressure
приложенное ~ applied pressure
принудительное ~ positive pressure
пробное ~ test pressure
продавочное начальное ~ start(ing) pressure
псевдокритическое ~ pseudocritical pressure

данные

пульсирующее ~ oscillatory pressure
пусковое ~ starting pressure
рабочее ~ working [operating, output, producing] pressure
рабочее ~ насоса head of pump
равновесное ~ equilibrium pressure
радиальное ~ radial pressure
развиваемое ~ developed pressure
разгрузочное ~ relief pressure
расчетное ~ rated [design] pressure; calculated [estimated] pressure
реактивное ~ reaction pressure
сминающее ~ collapsing pressure
средневзвешенное пластовое ~ weighted average reservoir pressure
среднее ~ middle pressure
среднее пластовое ~ average [mean] reservoir pressure
среднее эффективное ~ mean effective pressure
статическое ~ в скважине при закрытом устье shut-in pressure
статическое забойное ~ в неработающей скважине closed-in bottom-hole pressure
текущее ~ current pressure
удельное ~ unit pressure
удельное ~ на грунт unit ground pressure
уравновешивающее ~ balancing pressure
установившееся ~ в пласте equilibrium reservoir pressure
фильтрационное ~ filtration pressure
эффективное ~ effective pressure
давсонит davsonite
дайка *геол.* dike
  обломочная ~ clastic dike
  плитообразная ~ tabular dike
  побочная ~ satellite [associated, complementary] dike
  полая ~ hollow dike
  расходящаяся ~ diverging dike
  секущая ~ transverse dike
  сопряженная ~ conjugate dike
  сходящаяся ~ converging dike
дальность:
  ~ действия coverage
дальмационит dalmatianite
дамб/а dam, dike, dyke
  береговая ~ embankment, levee
  возведение ~ы damming
  защитная ~ dyke, dike
  намывная ~ hydraulic-fill dam
  насыпная ~ rock (fill) embankment
  обвалованная ~ river embankment
  оградительная ~ dike
дамурит damourite
даналит danalite
данные data
  ~ анализа бурового раствора drilling mud logs
  ~ бурения drilling record, drilling logs
  ~ бурения грунта soil boring data
  ~ геофизической разведки geophysical data
  ~ испытаний test findings
  ~ исследования продуктивного пласта reservoir engineering data
  ~ каротажа logging data
  ~ кернового анализа core data
  ~ контрольных испытаний check test results
  ~ лабораторных исследований laboratory data [findings]
  ~ наблюдений observational data
  ~ наблюдения по крестам data from crossed lines
  ~ об азимуте (*ствола скважины*) azimuth data
  ~ об условиях выполнения сварки welding data
  ~ об эксплуатации в условиях промысла field operation data
  ~ об эксплуатационной долговечности долота bit service life data
  ~ о промысловых отказах field failure data
  ~ о режиме сварки welding data
  ~ о скважине well data
  ~ по добыче production data
  ~ приемо-сдаточных испытаний acceptance data
  ~ промыслово-геофизических исследований field geophysical survey data
  ~ промысловых исследований field-test data
  ~, сведенные в таблицу tabulated data
  ~ ситового анализа grain size [mesh analysis] data
  ~ скважинных измерений well figures
  ~, характеризующие соотношение жидкости и газа liquid-gas ratio datum
  аналоговые ~ analog data
  базисные ~ basic data
  входные ~ input data
  выходные ~ output data, read-out
  геологические ~ geological data
  геомагнитные ~ geomagnetic data
  графические ~ graphic data
  дискретные ~ digital data
  исходные ~ basic [initial] data
  количественные ~ quantitative data
  лабораторные ~ laboratory data, laboratory findings
  опытные ~ test [experimental, empirical] data
  полевые ~ field data, field evidence
  поправочные ~ correction data
  предварительные ~ tentative data
  промысловые ~ production [(oil-) field] data
  расчетные ~ design [calculated] data
  сейсмологические ~ seismological evidence
  систематизированные ~ regular [systematic] data
  справочные ~ reference data
  суммарные ~ summarized data
  технические ~ engineering data
  цифровые ~ digital [numerical] data
  экспериментальные ~ *см.* опытные данные
  эксплуатационные ~ operation [performance, service] data

дата

дата date
~ вступления в силу effective date
~ заложения в скважину date of location
~ истечения срока expiration [expiry] date
~ начала бурения spud date
~ поставки оборудования delivery date
даттонит duttonite
датчик sensor; transmitter; transducer; pickup
~ активного сопротивления variable resistance transducer
~ вертикальной качки (*бурового основания*) heave sensor
~ веса weight sensor
~ веса для взвешивания глинопорошка в бункере tank mud weighing load cell
~ вибрации vibration pickup
~ времени timer
~ глубины depth sensor
~ горизонта horizon scanner
~ давления pressure pickup, pressure transducer, pressure cell
~ давления всасывания suction pressure transmitter
~ давления почвы soil pressure cell
~ импульсов pulser, pulse transmitter
~ индикатора веса diaphragm of weight indicator
~ контактного сопротивления contact-resistance transducer
~ крутящего момента torque sensor
~ нагрузки load-sensing element, load cell
~ массы бурового глинопорошка mud weighting load cell
~ налива filling pickup
~ натяжения tension transducer
~ перемещения displacement transducer
~ перепада давления differential pressure pickup
~ положения position pickup
~ потока flow transducer
~ прямого действия direct acting transducer
~ расхода flow sensor
~ расхода бурового раствора mud flow sensor
~ системы управления control sensor
~ скорости velocity-type transducer, speed pickup
~ следящей системы monitoring system sensor
~ температуры temperature pickup, temperature sensor
~ угла наклона водоотделяющей колонны riser angle sensor
~ уровня level gage
~ уровня в емкости pit-level sensor
~ уровня налива filling pickup
~ усталостных разрушений fatigue failure gage
~ утечки leak sensor
~ циклов cycler
акустический ~ угла наклона водоотделяющей колонны acousting riser-angle sensor
генераторный ~ self-generating transducer
гидравлический ~ hydraulic pickup
дистанционный ~ remote pickup
емкостный ~ capacity pickup
забойный ~ давления bottom-hole pressure gage
импульсный ~ pulse transducer
индукционный ~ variable reluctance [induction] pickup
кодовый ~ coder
магнитный ~ magnetic transducer
магнитострикционный ~ magnetostriction transducer
магнитоупругий ~ magnetoelastic transducer
мембранный ~ diaphragm pickup
пневматический ~ pneumatic transmitter
поплавковый ~ уровня float level gage
потенциометрический ~ potentiometer pickup, potentiometer transmitter
программный ~ program transmitter
проточный ~ flow-type transducer, flow-type sensor
расходомерный ~ flow transducer
резистивный ~ resistance transducer
скважинный ~ borehole caliper
струйный ~ flapper nozzle transducer
температурный ~ temperature sensitive element, temperature sensor
тензометрический ~ strain-gage transducer
тепловой ~ heat sensor
даусонит dausonite
дацит dasite
дверь door; gate
водонепроницаемая ~ watertight door
двигатель engine, motor
~ без вспомогательных агрегатов bare engine
~ буровой установки drilling engine
~ внутреннего сгорания internal combustion engine
~ внутреннего сгорания с продувкой scavenging engine
~ для привода бурового насоса rear engine
~ привода ротора rotary drive engine
~, работающий на двух видах топлива dual fuel engine
~, работающий на тяжелом топливе oil engine
~, работающий с постоянной нагрузкой constant duty engine
~ с воздушным охлаждением air cooled engine
~ с редуктором geared engine
~ с торможением throttle engine
~ с турбокомпрессором для наддува turbo-supercharged engine
~ с умеренной частотой вращения medium speed engine
асинхронный ~ с короткозамкнутым ротором squirrel-cage induction motor
асинхронный электрический ~ asynchronous electric motor
бензиновый ~ *амер.* gasoline engine; *англ.* petrol engine
буровой ~ drilling engine

движение

быстроходный ~ high-speed engine
вибрационный забойный ~ downhole vibrator
вспомогательный ~ booster
высокомоментный пневматический ~ high-torque air motor
газовый ~ gas engine
газовый ~ с турбонаддувом *или* турбонагнетателем turbocharged gas engine
гидролопаточный забойный ~ vane borer
гидротурбинный забойный ~ hydraulic turbine downhole motor, turbodrill
дизельный ~ diesel (engine)
забойный ~ downhole [bottom-hole] motor
забойный ~ с плавающим валом floating shaft hydraulic turbine downhole motor, floating shaft turbodrill
забойный гидравлический ~ hydraulic downhole motor
забойный гидровинтовой ~ screw hydraulic downhole motor
забойный объемный ~ volumetric [positive displacement] downhole motor
забойный электровращательный ~ electric (rotation) downhole motor
керновый гидротурбинный забойный ~ core hydraulic turbine downhole motor, core turbodrill
короткоходный ~ short-stroke engine
малооборотный ~ low-speed engine
нефтяной ~ oil engine
пневматический ~ air motor
погружной маслонаполненный электрический ~ oil filled submersible electric motor
поршневой ~ piston [reciprocating] engine
приводной ~ prime mover
работающий ~ fired engine
реактивный ~ jet engine
редукторный ~ gearmotor, geared engine
спаренный ~ twin engine
тормозной ~ engine brake
тяговый ~ traction engine
ходовой ~ самоходного бурового агрегата propelling motor
четырехтактный ~ four-cycle [four-stroke] engine
шунтовой ~ shunt-wound motor
электрический ~ переменного тока alternating current electric motor
электрический ~ постоянного тока direct current electric motor
электрический ~ с вентиляционным охлаждением fan-cooled electric motor
электрический ~ с контактными кольцами slip-ring electric motor
двигатель-генератор engine-generator, motor-generator
двигаться:
~ возвратно-поступательно reciprocate
~ плавно glide
~ под действием собственного веса move by gravity
~ по спирали gyrate
~ по траектории move in a path
~ прямолинейно move rectilinearly
~ равномерно move uniformly
~ рывками jerk
~ самотеком flow by gravity, gravitate
движение motion, movement; travel; (*жидкости*) flow
~ в обратную сторону reverse motion
~ водных масс movement of water masses
~ вперед headway
~ газа flow of gas
~ жидкости flow of fluid
~ земной коры crustal movement
~ подачи на глубину depth feed motion
~ подземных вод travel of underground water
~ посредством рычажного механизма level motion
~ по часовой стрелке clockwise motion
~ почвы soil flow, ground movement
~ против часовой стрелки counter-clockwise motion
~ свободного тела free motion
~ сплошной среды motion of continuum
~ флюидов (*в пласте*) fluid flow
апериодическое ~ aperiodic motion
безвихревое ~ vortex-free [steady] flow
беспорядочное ~ random motion
боковое ~ lateral motion
броуновское ~ Brownian motion
быстрое ~ race
видимое ~ apparent motion
вихревое ~ eddying, vortex [swirl] motion
возвратно-поступательное ~ alternate [reciprocal] motion
возмущенное ~ perturbed motion
волнообразное ~ undulatory motion
восходящее ~ upward movement
вращательное ~ rotary motion, rotation
гармоническое ~ harmonic motion
гравитационное ~ gravity movement
замедленное ~ decelerated [retarded] motion
затухающее ~ damped motion
импульсное ~ impulsive motion
капиллярное ~ capillary flow
качательное ~ wobbling [swinging] motion
колебательное ~ oscillation, oscillating motion
коловратное ~ gyration
круговое ~ circulation, circular motion
ламинарное ~ laminar flow
линейное ~ linear motion
мгновенное ~ instantaneous motion
межзерновое ~ intergranular movement
направленное ~ ordered [directed] motion
непрерывное ~ continuous motion
неравномерное ~ irregular motion, non-uniform movement
неустановившееся ~ unsteady motion
неустойчивое ~ unstable motion
нисходящее ~ downward motion
обратное ~ reverse [back] motion

движение

одномерное ~ one-dimensional motion
оползневое ~ earth slide, soil slip
переменное ~ variable motion
периодическое ~ periodic motion
плавное ~ glide
поступательное ~ headway, translational motion
продольное ~ longitudinal motion
пространственное ~ three-dimensional motion
прямолинейное ~ straight-line [rectilinear] motion
равномерное ~ uniform motion
равномерно-переменное ~ uniform variable motion
резкое ~ jerk, jerky motion
скачкообразное ~ jumping
тектоническое ~ tectonic movement
турбулентное ~ eddying, vortex [swirl] motion
ускоренное ~ accelerated motion
установившееся ~ steady-state motion
хаотическое ~ random motion
электроосмотическое ~ electroosmosis

движитель:
кормовой ~ stern thruster
поворотный ~ thruster, rotating vane

движок:
~ переключателя switch arm
~ потенциометра wiper

двойник twin (crystal)
~ позднейшего изменения alteration twin
~ скольжения gliding twin
альбитовый ~ albite twin
коленчатый ~ geniculated twin
периклиновый ~ pericline twin
смежный ~ juxtaposition twin

двумерность two-dimensionality
двумерный two-dimensional
двунаправленный bilateral
двунога bipod, shear-legs
двуокись *см.* диоксид
двууглекислый bicarbonate
двухлористый dichloride
двухлорный bichloride
двухосность biaxiality
двухосный (*о системе координат*) biaxial, two-axial; (*о транспорте*) four-wheeled
двухполюсный bipolar
двухслойный double-layer, two-layer
двухступенчатый two-stage, double-stage
двухтактный two-cycle, two-stroke; push-pull
двухтрубка double; (*бурильных труб*) pipe joint
деактиватор deactivator
деалкилирование dealkylation
деаэратор deaerator
~ барботажного типа direct-contact deaerator
десорбционный ~ desorption deaerator
струйный ~ jet-type deaerator
тарельчатый ~ tray-type deaerator
циклонный ~ cyclone deaerator

деаэрация deaeration
~ воды water deaeration
химическая ~ scavenging, chemical deaeration

деаэрировать deaerate
дебит 1. output, production rate, yield 2. (*потока*) discharge
~ воды water discharge
~ газа gas flow rate
~ колодца well discharge, well flow rate
~ конденсата condensate production rate
~ на отработанный скважино-месяц average well monthly production rate
~ нефти oil production [oil flow] rate, oil yield
~ общего отбора (*газа, нефти и воды из пласта*) voidage rate
~ пластовых флюидов formation fluid withdrawal rate
~ потока stream discharge
~ скважины well flow [well production] rate, well yield
безводный ~ water-free production rate
безгазовый ~ gas-free production rate
безразмерный ~ dimensionless production rate
действительный ~ actual production rate
допустимый ~ allowable [admissible] flow rate
единичный ~ unit production rate
конечный ~ final production [final flow] rate
критический ~ critical production rate
малый ~ low production rate
массовый ~ mass discharge
начальный ~ initial production [initial flow] rate
неограниченный ~ скважины open-flow capacity
неустановившийся ~ unsteady production rate
общий ~ total production rate
оптимальный ~ optimum production [optimum flow] rate
переменный ~ variable production rate
потенциальный ~ potential production rate, productive flow potential
приблизительный ~ estimated flow rate
свободный ~ open flow potential
среднесуточный ~ average daily flow rate
суммарный ~ total production, total flow, total discharge
суточный ~ current yield
текущий ~ current production rate
теоретический ~ скважины (*при отсутствии противодавления*) absolute open-flow potential
эффективный ~ efficient production rate

дебитограмма flowmeter curve
дебитомер flowmeter
~ переменного перепада давления variable pressure-drop flowmeter
~ с пакерующим элементом packer flowmeter
весовой ~ mass flowmeter
газовый ~ gas flowmeter

глубинный ~ downhole flowmeter
дистанционный глубинный ~ remote indication downhole flowmeter
компенсационный ~ compensation-type flowmeter
лифтовый глубинный ~ tubing flowmeter
нефтепромысловый ~ oil-field flowmeter
объёмный ~ displacement-type flowmeter
поверочный ~ master flowmeter
поплавковый глубинный ~ float-type downhole flowmeter
скважинный ~ *см.* глубинный дебитомер
термоэлектрический ~ thermoelectric flowmeter
ультразвуковой ~ ultrasonic flowmeter

девиация deviation
девитрификация devitrification
девон *геол.* Devonian (period)
девонский Devonian
дегазатор degasser
  ~ бурового раствора drilling-mud degasser
  вакуумный самовсасывающий ~ vacuum suction degasser
  гидроциклонный ~ hydrocyclone degasser
  повторный ~ after-degasser
  поплавковый ~ float degasser
дегазация degassing
  ~ бурового раствора drilling mud degassing
  ~ нефти oil degassing
  вакуумная ~ vacuum degassing
  дифференциальная ~ differential gas separation
  термовакуумная ~ thermal vacuum degassing
дегазирование *см.* дегазация
дегазировать degas, outgas
дегидратация dehydration
  необратимая ~ irreversible dehydration
дегидрировать dehydrogenate
дегидрогенизация dehydrogenation
  ~ нефтепродуктов hydroforming
  каталитическая ~ catalytic dehydrogenation
  окислительная ~ oxidative dehydrogenation
дегидрогенизировать dehydrogenate
дёготь tar
  первичный ~ primary tar
  сырой ~ crude tar
  торфяной ~ peat tar
дегтебетон tar-macadam
дезактивация deactivation
дезинтегратор disintegrator
дезинтеграция disintegration
дезинфекция disinfection
  газовая ~ gassing
дезориентирование random orientation
деионизация deionization
действи/е 1. action, effect 2. function, operation, work
  ~ атмосферы atmospheric attack
  ~ буровых ножниц при ловильных работах jarring
  ~ взрыва explosive action, shot effect
  ~ вращающихся масс flywheel action
  ~ вулканических сил volcanic action
  ~ капиллярных сил capillary force effect
  ~ магнитных сил magnetic(al) stress
  ~ струи jet action
  ~ эрозии erosion
  абразивное ~ abrasive [grinding] action
  абразивно-режущее ~ abrasive cutting operation
  бризантное ~ high-explosive action
  вымывающее ~ washing action
  гидромониторное ~ jetting action
  глинизирующее ~ mudding action
  дробящее ~ breaking [crushing] action
  закупоривающее ~ bridging action
  замедленное ~ delayed [time-lag] action
  истирающее ~ abrasive [grinding] action
  капиллярное ~ capillary action
  коррозионное ~ corrosive action, corrosive effect, corrosion attack
  местное ~ local action
  непрерывное ~ continuous action
  осаждающее ~ precipitating action
  осмотическое ~ osmotic action
  периодическое ~ batch operation
  поверхностное ~ skin-effect, surface action
  поворотно-скалывающее ~ шарошек twisting tearing action
  размывающее ~ струи jetting action
  разобщающее ~ disagglutinating action
  разрушающее ~ destructive action; *хим.* attack
  расклинивающее ~ wedging-out action
  растворяющее ~ solvent action
  сглаживающее ~ махового колеса flywheel damping effect
  скалывающе-дробящее ~ chipping-crushing action
  скоблящее ~ scouring action
  скоблящее ~ наружной поверхности периферийного ряда зубьев шарошек долота (*способствующее сохранению диаметра ствола скважины*) gouging action
  скручивающее ~ twisting action
  смазывающее ~ lubricating effect
  совместное ~ joint action
  срезывающее ~ shear(ing) action
  тепловое ~ heating action
  тормозящее ~ braking effect
  ударное ~ impact [percussive, shock] action
  химическое ~ chemical action
  цементирующее ~ cementing action
  штукатурящее ~ plastering effect
дека (*настила*) deck
декальцинация decalcination
декальцинировать decalcify
декантация decantation, elutriation
декантировать decant, elutriate
декарбоксилировать decarboxylate
декарбонизация decarbonization
деклинатор declinometer, declinator, declination compass

декомпрессия decompression
  взрывная ~ explosive decompression
  поверхностная ~ surface decompression
декомпрессор decompressor
декристаллизация decrystallization
декстрин dextrin, starch gum
делени/е 1. division 2. (*на шкале*) division point, graduation mark
  ~ геологического времени geological scale, geological time table
  ~ индикатора веса division of weight indicator scale
  ~ на участки sectionalization
  ~ шкалы scale division [point, unit], graduation mark
делитель (*прибор*) divider
  ~ напряжения voltage divider
  ~ частоты frequency divider
дело:
  водолазное ~ diving
  горное ~ mining (art)
  маркшейдерское ~ mine surveying
  морское ~ seamanship
  нефтепромысловое ~ petroleum engineering
  нефтепромысловое водолазное ~ oil-field diving
дельта (*реки*) delta
дельтовый deltaic
делювий diluvium, drift
деметилирование demethylation
деминерализатор demineralizer
деминерализация demineralization, desalting
демонтаж disassembly; dismantling
  ~ буровой установки rig disassembly
  ~ вышки derrick dismounting, derrick teardown
демонтировать disassemble; dismantle
демпфер damper, shock absorber
  ~ колебаний vibration [oscillation] damper
  ~ крутильных колебаний двигателя engine snubber
  ~ манометра snubber of pressure gage
  ~ пульсаций pulsation damper
  акустический ~ acoustic damper
  воздушный ~ air damper
  гидравлический ~ hydraulic shock absorber, liquid damper
демпфирование damping
  ~ колебаний vibration damping
  пневматическое ~ pneumatic damping
денатурат denatured alcohol
денситометр densi(to)meter
денситометрия densitometry
денудация denudation
  химическая ~ corrosion
депарафинизация dewaxing, paraffin removal
  ~ скважины well dewaxing
  механическая ~ mechanical dewaxing
  термическая ~ thermal dewaxing
  термохимическая ~ скважины thermochemical dewaxing
депарафинизировать dewax

депо:
  пожарное ~ fire department
деполимеризация depolymerization
депрессант depressant, depressor, depressing agent
депрессиометр depression meter
депрессия depression
  ~ горизонта horizontal depression
  ~ на пласт differential pressure, drawdown
  ~ подземных вод drop [decline] of underground water level
  барометрическая ~ barometric depression
  небольшая ~ sink
  синклинальная ~ basin
  тектоническая ~ tectonic depression
депрессор *см.* депрессант
держатель:
  ~ для установки насосно-компрессорных труб tubing catcher
  ~ клиньев slip ring
  ~ насосно-компрессорных труб tubing support
  ~ пробки, забитой в ликвидированную скважину wall grip
дериват:
  нефтяной ~ petroleum derived
деррик-кран derrick (crane)
десорбировать desorb
десорбция desorption
десульфуратор desulfurizer
десульфурация desulfuration
детал/ь component, member, part, piece
  ~ конструкции structural member
  ~ крепления fastening part, fastener
  арматурная ~ reinforcing member
  бракованная ~ rejected part
  быстроизнашивающаяся ~ high-wear part
  ведомая ~ driven member
  ведущая ~ driving member
  взаимозаменяемые ~и interchangeable parts
  вращающаяся ~ rotating [revolving] part
  вставная ~ insertion component
  готовая ~ finished part, finished piece
  закрепленная ~ fixed part
  запасная ~ spare (part)
  износостойкая ~ wear-resisting part
  изношенная ~ worn element, worn part
  комплектующая ~ accessory, component, part
  крепежная ~ fastening part, fastener
  литая ~ molded piece
  направляющая ~ guide
  незакрепленная ~ loose part
  неисправная ~ failed part
  ненужные ~и odd accessories
  неподвижная ~ stationary part
  обработанная ~ finished part
  основная ~ basic part
  отбракованная ~ rejected part
  переходная ~ adapter, reducer
  поддерживающая ~ keeper
  распорная ~ spacer
  свариваемая ~ weldment

деформаци/я

сломанная ~ broken part
сменная ~ change [replacement] part
соединительная ~ bind, connection (part)
соединительная ~ трубопроводов fitting
стандартная ~ standard part, standard component
съемная ~ removable part
тонкостенная трубчатая ~ shell
трущаяся ~ rubbing part
укороченная ~ stub
уплотняющая ~ sealing part, sealer
фиксирующая ~ retainer
детандер expander
детектор detector
 ~ горючих газов combustible gas detector
 ~ давления pressure detector, pressure pickup
 ~ напряжений stress detector
 ~ пламени flame detector
 ~ угла наклона tilt detector
 ~ утечки leak detector
 газовый ~ gas detector
 магнитный ~ magnetic detector
 мощный ~ power detector
 пожарный ~ fire detector
 пороговый ~ threshold detector
 поясной ~ (*сероводорода*) belt detector
 ультрафиолетовый ~ ultraviolet detector
 фазовый ~ phase(-sensitive) detector, phase discriminator
 электрический ~ electric detector
детергент detergent
детонатор detonator
 ~ замедленного действия delay detonator
 ~ короткозамедленного действия short-delay detonator
 ~ мгновенного действия instantaneous detonator
 электрический ~ electric detonator
детонация detonation
детонировать detonate
детритовый detrital
дефект damage, defect, fault, flaw
 ~ конструкции design imperfection
 ~ литья casting defect
 ~ отливки *см.* дефект литья
 ~ от смятия обсадной трубы collapse of casing
 ~ прокатки rolling defect
 ~ сварки welding [weldment] defect
 ~ сварного соединения *см.* дефект сварки
 выявленный ~ discovered defect
 крупный ~ macroscopic defect
 литейный ~ casting defect
 предельно допустимый ~ tolerance limit defect
 производственный ~ manufacturing defect
 скрытый ~ hidden flaw
 точечный ~ point defect, pin-hole
 химический ~ chemical defect
дефектный defective, faulty
дефектоскоп defectoscope, flaw detector
 ~ для обнаружения трещин crack test instrument, crack detector

гамма-лучевой ~ gamma-ray flaw detector
индукционный скважинный ~ pipe inspection logging tool
магнитный ~ magnetic detector
рентгеновский ~ X-ray flaw detector, X-ray test instrument
ультразвуковой ~ ultrasonic (flaw) detector
электроиндуктивный ~ magnetic-field flaw detector
дефектоскопия flaw [crack] detection
 ~ методом магнитного порошка magnaflux examination
 ~ швов weld crack detection
 акустическая ~ sonic testing
 индукционная ~ eddy-current testing
 инфракрасная ~ infra-red testing
 люминесцентная ~ fluoroscopic flaw detection
 магнитная ~ magnetic crack detection
 рентгеновская ~ radioscopic [X-ray] flaw detection
 ультразвуковая ~ ultrasonic flaw detection
дефицит deficiency, deficit, shortage, scarcity
 ~ влажности moisture deficit
 ~ мощности power shortage
 ~ насыщения saturation deficit
 ~ энергии energy gap
дефлектометр deflectometer
дефлектор baffle, deflector
дефлокулированный deflocculated
дефлокулянт defloculant
дефлокуляция deflocculation
деформация deformation; strain
 ~ в момент разрушения breaking strain
 ~ в одной плоскости plane strain
 ~ в холодном состоянии cold deformation
 ~ горных пород rock deformation
 ~ за пределом упругости hyperelastic deformation
 ~ изгиба bending [flexion, flexural] strain
 ~ конструкции structural deformation
 ~ кручения angular strain
 ~ под действием боковых сдвигов shearing
 ~ при охлаждении cooling strain
 ~ при пределе текучести flowing deformation; yield strain
 ~ при растяжении tensile deformation, tensile strain
 ~ при сдвиге shear(ing) deformation
 ~ при сжатии *см.* деформация сжатия
 ~ при скручивании torsional deflection
 ~ продольного изгиба buckling strain
 ~ растяжения *см.* деформация при растяжении
 ~ сжатия compressing [compression, compressive] strain
 ~ смятия bearing strain
 ~ текучести flowing deformation
 внутренняя ~ internal strain
 знакопеременная ~ alternating strain
 исчезающая ~ elastic deformation
 критическая ~ ultimate deformation

деформаци/я

линейная ~ linear deformation, linear strain
местная ~ local distortion
неупругая ~ inelastic deformation
обратимая ~ reversible deformation
объемная ~ volumetric deformation
остаточная ~ residual deformation, residual strain
остаточная пластическая ~ afterflow
относительная ~ relative deformation, strain
относительная объемная ~ volumetric deformation
пластическая ~ plastic deformation, plastic strain
пластическая ~ бетона concrete plastic deformation
пластическая ~ грунта flow of ground
плоская ~ plane deformation
поперечная ~ lateral deformation, lateral strain
постоянная ~ permanent deformation
продольная ~ longitudinal strain
разрушающая ~ breaking strain
разрывная ~ ruptural deformation
тектоническая ~ tectonic deformation
тепловая ~ thermal deformation
угловая ~ angular deformation, angular strain
упругая ~ elastic deformation, elastic [rebound] strain
усадочная ~ shrinkage deformation
усталостная ~ fatigue deformation

деформированный:
~ в холодном состоянии cold-worked

деформируемость deformability

деэмульгатор demulsifying agent, demulsifier, emulsion breaker
водорастворимый ~ water-soluble demulsifier
нефтерастворимый ~ oil-soluble demulsifier

деэмульгирование *см.* деэмульсация

деэмульгировать demulsify

деэмульсация demulsification
~ нефти oil demulsification
термическая ~ thermal treating
электрохимическая ~ chemical-electric treating

диагностика нефтематеринских свит diagnostics of source rock

диаграмма 1. diagram, chart 2. (*каротажная*) log
~ акустического каротажа acoustic [sonic] log
~ акустического каротажа по скорости velocity acoustic log
~ акустического цементомера cement log
~ бокового каротажа side wall log
~ бокового каротажного зондирования lateral log, laterlog
~ бокового микрокаротажа microlaterlog, trumpet log
~ времени time pattern
~ газового каротажа mud log
~ гамма-гамма-каротажа gamma-gamma log
~ гамма-каротажа gamma-ray log
~ гамма-нейтронного каротажа gamma-neutron log
~ геохимического каротажа geochemical (well) log
~ гранулометрического состава grain-size [granulometric composition] diagram
~ естественного потенциала self-potential log
~ записи record diagram
~ индикатора веса drillometer diagram
~ индукционного каротажа induction electric log
~ испытания test chart
~ каротажа потенциалов самопроизвольной поляризации spontaneous polarization [SP] log
~ каротажа сопротивления resistivity log
~ микрокаротажа microlog, contact log
~ направленности directivity pattern
~ нейтронного гамма-каротажа neutron-gamma log
~ нейтронного каротажа neutron log
~ непрерывного акустического каротажа по скорости continuous velocity acoustic log
~ объем — давление pressure-volume diagram
~ опробования испытателем пласта на колонне бурильных труб drillstem-test chart
~ остойчивости stability curve
~ плотностного каротажа density log, densilog
~, полученная при исследовании пластоиспытателем formation tester log
~ радиоактивного каротажа radioactivity [nuclear, radiation] log
~ распределения нагрузки loading chart
~ распределения потока flux pattern
~ с изолиниями contour diagram
~ сил stress diagram
~ скоростей velocity diagram
~ скорости бурения rate-of-penetration [drilling-time] log
~ состава composition diagram
~ состояний constitution(al) diagram
~ состояний двойной системы binary diagram
~ термометрии temperature log
~ электрокаротажа electric log, electrolog
~ ядерно-магнитного каротажа nuclear-magnetic log
гравитационная ~ gravity diagram
индикаторная ~ indicator card
каротажная ~ (well) log
керновая ~ coregraph
линейная ~ linear chart
магнитная ~ magnetogram
петротектоническая ~ petrofabric diagram
пространственная ~ block-diagram
сводная ~ collective [cumulative] diagram
фазовая ~ phase diagram
характеристическая ~ performance diagram
хронометражная ~ бурения drilling-time log

диаклаз fracture without displacement

динамика

диаметр diameter; size
~ бурового долота drill bit diameter, drill bit size
~ бурового инструмента drilling tool diameter
~ в свету bore [inner, inside, internal] diameter
~ входа inlet diameter
~ делительной окружности pitch diameter
~ забуривания spudding diameter
~ зерна grain size
~ зоны проникновения invasion zone diameter
~ керна core diameter
~ кернового бурового долота core bit diameter, core bit size
~ колонны подъемных труб flow [tubing] string size
~ колонны фонтанных труб *см.* диаметр колонны подъемных труб
~ кольцевого пространства annulus diameter
~ лопаток турбины turbine blade diameter
~ метчика tap diameter
~ навивки (*каната*) spooling diameter
~ насоса pump diameter
~ насосной штанги sucker rod diameter, sucker rod size
~ окружности наматывания coiling diameter
~ отверстия bore
~ отверстия в столе ротора rotary table opening
~ пор pore diameter
~ резьбы thread diameter
~ скважины well bore
~ ствола скважины hole diameter, hole size
~ струи jet diameter
~ струйной насадки долота bit nozzle [bit jet] size
~ устья скважины wellhead [mouth] diameter
~ частиц particle size
~ шарошки cone diameter
~ шкива sheave [pulley] diameter
~ штуцера choke size
внутренний ~ bore [inner, inside, internal] diameter
внутренний ~ обсадной трубы inside casing diameter
внутренний ~ трубы pipe bore
калибрующий ~ шарошки gage tip diameter of the cone
наружный ~ external [full] diameter
наружный ~ обсадной трубы outside casing diameter
номинальный ~ rated diameter
проходной ~ drift diameter
расчетный ~ навивки (*каната*) nominal spooling diameter
сопряженные ~ы conjugate diameters
средний геомагнитный ~ geomagnetic mean diameter
увеличенный ~ бурового долота oversize diameter of a drilling bit
условный ~ колонны подъемных труб rated flow string size
диапазон range; band

~ величин range of sizes
~ волн wawe range
~ временно́й развертки time base range
~ давлений pressure range
~ длин волн wavelength range
~ длин труб range of pipe lengths
~ дросселирования throttling range
~ изменения регулируемой величины control range
~ измерений effective range, range of measurements
~ мощности power range
~ настройки range of adjustment; range of alignment
~ ошибок error range
~ показаний scale range, range of readings
~ работы working range
~ регулирования range of adjustment; range of control
~ скоростей velocity range
~ температур temperature range
~ частот frequency band
~ частоты вращения range of revolutions
~ чувствительности sensitivity range
~ шкалы range of control
номинальный ~ rated range
рабочий ~ effective [operating, useful] range
диатомит bergmeal, ceyssatite, diatomite
диафрагма diaphragm; membrane
~ предохранительного клапана safety-valve rupture disk
~ сцепления clutch diaphragm
апертурная ~ aperture diaphragm
гибкая ~ flexible diaphragm, flexible membrane
дисковая ~ plate orifice
емкостная ~ capacitive window
острая ~ sharp edge orifice
поворотная ~ revolving diaphragm
регулирующая ~ grid valve
резиновая ~ rubber diaphragm
щелевая ~ slot [slit] diaphragm
дивинил-ректификат rectified butadiene
дивинилэритрен butadiene
дизелист motorman
дилатометр dilatometer
динамика dynamics
~ адсорбции adsorption dynamics
~ газов gas dynamics
~ жидкостей fluid dynamics
~ изменения добычи на промысле field production performance
~ истощения коллектора reservoir depletion dynamics
~ материальной точки particle dynamics
~ нелинейных систем non-linear dynamics
~ обводнения water encroachment dynamics, water flooding development
~ показателей работы скважины behavior of well
~ показателей разработки месторождения field performance

динамика

~ показателей разработки нефтяного пласта oil-sand performance
~ твердого тела rigid-body dynamics
~ эксплуатации пласта performance of the reservoir
динамит blasting gelatine
динамограмма dynamometer chart
динамограф dynamograph
динамографирование скважины well dynamography
динамометр dynamometer
  гидравлический ~ hydraulic dynamometer
  регистрирующий ~ dynamograph
диоксид dioxide
  ~ азота nitrogen dioxide
  ~ кремния silicon dioxide
  ~ серы sulfur dioxide
  ~ углерода carbon dioxide
дисбаланс unbalance
  допустимый ~ acceptable [permissible] unbalance
  достижимый ~ controlled unbalance
  удельный ~ specific unbalance
диск disk
  ~ для очистки бурильных труб drill pipe wiper
  ~ дозатора feeding disk
  ~ долота с волнообразной режущей кромкой marcel disk
  ~ муфты сцепления clutch disk
  ~ поршня piston disk
  ~ с делениями index dial
  ~ с прорезями slotted disk
  градуированный ~ dial
  зубчатый ~ ratched [toothed] disk
  кривошипный ~ crank plate
  кулачковый ~ cam plate
  опорный ~ bullhead
  поворотный ~ revolving [swivel] plate
  самоустанавливающийся ~ self-aligning disk
  тормозной ~ brake disk
  фрикционный ~ clutch disk
дислокация dislocation
  ~ слоев strata dislocation
  вулканическая ~ volcanic dislocation
  глубинная ~ deep-seated dislocation
  дизъюнктивная ~ faulting
  криогенная ~ cryogenic dislocation
  ледниковая ~ glacial dislocation, dislocation by glacier
  оползневая ~ dislocation by rockslide, landslide dislocation
  пликативная ~ plicated dislocation
  складчатая ~ *см.* пликативная дислокация
  соляная ~ dislocation by salt plugs, salt dislocation
  тангенциальная ~ horizontal dislocation
диспергатор dispersant, dispersing agent, dispersion medium
  гидравлический ~ для активации лежалого цемента activator
диспергирование dispersion, shattering

~ агломерата на индивидуальные частицы disagglutinating action
диспергировать disperse
дисперсия dispersion
  внутренняя ~ intrinsic dispersion
  коллоидно-химическая ~ colloidal-chemical dispersion
  тонкая ~ fine dispersion
дисперсность degree of dispersion, dispersivity
  высокая ~ high dispersion ability
диспетчер dispatcher, operator
диспетчеризация dispatching, traffic control
диспетчерская control room
дисплей display
  визуальный ~ visual display
  имитационный ~ mimic display
  матричный ~ matrix display
диссипация dissipation
диссоциация dissociation
  термическая ~ thermal dissociation
  фотохимическая ~ photodissociation, photochemical dissociation
  электролитическая ~ electrolytic dissociation
диссоциировать dissociate
дистиллировать distill, distillate
дистиллят distillate
  масляный *или* нефтяной ~ oil distillate
дистилляция distillation
дифильный oil and water sensitive
дифлектор knuckle guide
дифманометр manometer, differential pressure gage
  бесшкальный ~ differential pressure transmitter
  жидкостный ~ liquid manometer
  кольцевой ~ ring-balance manometer
  мембранный ~ diaphragm differential pressure gage
  самопишущий ~ recording differential pressure gage
дифрактометр diffractometer
дифференциация differentiation
  ~ горных пород differentiation of rock
  ~ по плотности gravitational differentiation
  фильтрационная ~ filtration differentiation
  химическая осадочная ~ chemical differentiation of sediments
диффузия diffusion
  ~ воды water diffusion
  ~ газов gas diffusion
  взаимная ~ interdiffusion
  вихревая ~ eddy diffusion
  вынужденная ~ forced diffusion
  ионная ~ ionic diffusion
  молекулярная ~ molecular diffusion
  обратная ~ reverse diffusion
  объемная ~ volume diffusion
  последовательная ~ sequential diffusion
  свободная ~ free diffusion
  термическая ~ thermal diffusion
  управляемая ~ controlled diffusion
  электролитическая ~ electrolytic diffusion

диффузность diffusivity
диффузный diffuse
диффузор atomizing cone, diffusor
диффундировать diffuse
дихромат натрия sodium dichromate
диэлектрик dielectric
диэлектрический dielectric
диэтиленгликоль diethylene glycol
длина length
~ в футах footage
~ в ярдах yardage
~ каната на барабане payout of rope
~ керна length of core
~ колонны труб string length
~ моста span
~ НКТ tubing (string) length
~ обсадной трубы length of casing
~ однотрубки length of joint
~ окружности резервуара tank circumference
~ свечи (*бурильных труб*) length of stand
~ трубы length of pipe
~ хода (*поршня*) stroke
~ хода плунжера plunger stroke
~ части ведущей трубы квадратного сечения length of kelly square section, kelly length in the clear
измеренная ~ measured length
истинная ~ хода плунжера net plunger stroke
общая ~ overall [total] length
суммарная ~ режущей кромки linear cutting edge
установочная ~ extension (length)
днище bottom, end, head
~ бочки barrel head
~ нижнего корпуса полупогружного бурового основания lower hull bottom
выпуклое ~ dished head, convex end
коническое ~ conical [taper] end
коробовое ~ torispherical head
неотбортованное ~ unbeaded bottom
откидное ~ flap [drop] bottom
плавающее ~ floating bottom
плоское ~ flat bottom
эллиптическое ~ ellipsoidal head
дно bottom, floor, bed
~ моря sea floor, sea bottom
~ океана ocean [deep-sea] bottom
илистое ~ muddy [silty] bottom
каменистое ~ rocky bottom
морское ~ *см.* дно моря
невзорванное ~ шпура socket
ступенчатое ~ shelvy bottom
твердое ~ sub-bottom
добавк/а 1. addition agent, additive, dope, admixture 2. (*действие*) addition
~ буферных смесей buffering
~ воды water addition
~ для борьбы с загрязнением цементного раствора cement contamination additive
~и для борьбы с поглощением бурового раствора wall-sealing compounds

~ для размола цемента cement-dispersion admixture
~и для снижения вязкости раствора shear thinning fluid
~, изменяющая смачиваемость reverse-wetting additive
~ к цементу admixture to cement, cement additive
~, повышающая прочность схватывающегося цементного раствора bonding additive
~, снижающая водоотдачу fluid loss additive
антикоррозионная ~ anticorrosive additive
антипенная ~ antifoaming agent
антифрикционная ~ antifriction additive
биологически разрушаемая нетоксичная ~ biodegradable nontoxic additive
вспучивающая ~ expansion agent
газообразующая ~ gas-generating agent
гидрофобная ~ water-repelling agent
диспергирующая ~ dispersing agent
закупоривающая ~ lost circulation material, bridging agent
моющая ~ detergent (additive)
пенообразующая ~ foaming agent
пластифицирующая ~ plasticizer
поверхностно-активная ~ surfactant (admixture)
поверхностно-активная ~ к буровому раствору drilling mud surfactant
противобродильная ~ antifermentating additive
рафинирующая ~ scavenger
стабилизирующая ~ stabilizing agent
структурообразующая ~ structure-forming additive
сухие ~и к цементу bulk additives
тампонирующие ~ well-sealing compounds
утяжеляющая ~ weighting additive
шлакообразующая ~ slag-forming addition
добавка-загуститель thickener
добавка-замедлитель retarder
добавка-ускоритель accelarator
добротность quality, durability
добуривание drilling-in
добуривать до подошвы bottom
добывать:
~ нефть produce oil, produce petroleum
добыча (*нефти, газа*) production; (*результат*) output, yield, production
~ высокосернистого газа sour gas production
~ газа gas production
~ из глубокозалегающих пластов deep production
~ из двух горизонтов по двум параллельным насосно-компрессорным колоннам dual tubing string-two zones flow production
~ из морских месторождений offshore [marine] production
~ из нескольких горизонтов multiple zone [multizone] production
~ нефти extraction of oil, crude oil production [output]; (*наука*) oil production engineering

добыча

~ нефти брутто gross oil production, gross oil output
~ нефти брутто после отстаивания жидкости и спуска воды gaged oil production
~ нефти в гравитационном режиме gravity-flow production
~ нефти в режиме растворенного газа dissolved-gas drive production
~ нефти вторичными методами secondary oil discovery
~ нефти в упругом водонапорном режиме elastic water-drive production
~ нефти к моменту прорыва вытесняющего агента в добывающую скважину breakthrough oil recovery
~ нефти нетто net oil production, net oil output
~ нефти при помощи рециркуляции газообразного агента cycling
~ обводненной нефти watery oil recovery
~ с применением метода внутрипластового горения oil recovery by in-situ combustion, oil recovery by fire flooding
~ третичными методами tertiary oil recovery
валовая ~ gross production, gross [total] output
вторичная ~ afterproduction
годовая ~ annual production
дополнительная ~ за счет применения вторичных методов воздействия на пласт *см.* вторичная добыча
контролируемая ~ controlled production
непрерывная ~ continous production
нормальная ~ rated output
одновременная ~ simultaneous production
падающая ~ declining production
первичная ~ primary depletion
подводная ~ underwater production
потенциальная ~ нефти availability of oil
предельная ~ ultimate production, ultimate output
расчетная ~ estimated [rated] output
среднесуточная ~ average daily production
средняя ~ average output
текущая ~ нефти current [present] oil production
удельная ~ specific production
фактическая ~ actual output
форсированная ~ forced production
доведение:
~ до требуемых параметров conditioning
~ трубопровода до берега beaching a pipeline
довинчивать screw down
доворачивать draw up tight
договор contract; agreement
~ о фрахтовании (*напр. судна*) charter
дозатор batcher, dosimeter, proportioner
~ с автоматическим управлением autoproportioner
весовой ~ weighing hopper, weighing batcher
объемный ~ volume batcher, volume proportioner

дозиметр *см.* дозатор
дозирование batching, dosing, dosage
весовое ~ weigh(t) batching
объемное ~ volume batching
док dock
наливной ~ flooding dock
плавучий ~ floating dock
сухой ~ dry dock
транспортный ~ transport dock
докембрий Pre-Cambrian
докреплять бурильные замки make up [torque up] tool joints
документация documentation, documents
проектная ~ design specifications and forms
техническая (эксплуатационная) ~ technical [service] papers
долговечность durability; life(time)
~ долота bit life
~ зубьев шарошки cone teeth life
~ оборудования useful life of equipment
гарантийная ~ warranty life
доливать (*резервуар, бак*) top [fill] up
долина valley
~ без выхода caldron, blind valley
сбросовая ~ fault valley
доломит dolomite
известковый ~ calcareous dolomite
кремнистый ~ cherty dolomite
песчаный ~ sandy dolomite
доломитизация dolomitization
долото (drilling) bit, boring cutter
~ для бурения в вязких глинах gumbo bit
~ для бурения в глине mud bit
~ для бурения кремнистых горных пород chert bit
~ для бурения мягких горных пород soft formation bit
~ для бурения пород средней твердости medium formation bit
~ для бурения с обратной промывкой reverse circulation bit
~ для бурения твердых пород rock [hard formation] bit
~ для вращательного бурения rotary drill bit
~ для перебуривания ствола redrill bit
~ для роторного бурения rotary drill bit
~ для ударно-канатного бурения spud drilling bit
~ для ухода в сторону (*нового ствола*) side tracking bit
~, наваренное твердым сплавом hard-faced bit
~, подготовленное к заправке алмазами blank bit
~ режущего типа winged scraping bit
~ «рыбий хвост» *см.* двухлопастное буровое долото
~ с воронкой в верхней части для выноса образцов породы basket bit
~ с длинными зубьями long toothed bit
~ с нижней промывкой jet bit
~ со вставными штырями из карбидов вольфрама tungsten-carbide insert bit

ДОЛОТО

~ со съемной грунтоноской wireline core bit
~ ударного действия impact [percussion] drilling bit
алмазное буровое ~ diamond drilling bit
алмазное буровое ~ с вогнутой рабочей поверхностью concave diamond drilling bit
алмазное буровое импрегнированное ~ impregnated diamond drilling bit
алмазное буровое керновое ~ diamond core drilling bit, diamond core head
алмазно-лопастное буровое ~ diamond blade drilling bit
алмазно-твердосплавное буровое ~ diamond-set hard alloy [diamond-insert] drilling bit, polycrystalline diamond compact bit
бескерновое ~ coreless bit
бросовое ~, поднимаемое на канате wireline bit
буровое ~ drilling bit
буровое ~, армированное твердым сплавом hard-faced drilling bit
буровое ~ для работы малыми вращающими моментами low-torque drilling bit
буровое ~ дробящего типа crushing drilling bit
буровое ~, изношенное по вооружению dull drilling bit
буровое ~ истирающе-режущего типа scraping-cutting type drilling bit
буровое ~, не полностью сработанное green drilling bit
буровое ~ с боковой струйной промывкой jet drilling bit
буровое ~ скалывающего типа chipping type drilling bit
буровое ~ с образовавшимся на нем сальником balled-up drilling bit
буровое ~ со вставными зубьями из карбидов вольфрама tungsten-carbide teeth drilling bit
буровое ~ с самоочищающимися шарошками self-cleaning cone rock drilling bit
гидромониторное ~ *см.* струйное долото
двухлопастное буровое ~ fishtail drilling bit
двухшарошечное ~ two-cone bit
дисковое ~ disk bit
дифференциальное ~ Зублина (*для проходки глинистых сланцев*) Zublin differential bit
импрегнированное буровое ~ impregnated drilling bit
керновое алмазное буровое ~ *см.* алмазное буровое керновое долото
керновое буровое ~ core drilling bit, core(-cutting) head
керновое буровое ~ для работы со съемным керноприемником wireline core drilling bit
колонковое ~ hollow [core] bit
колонковое ~ с керноврателем trigger bit
комбинированное ~ combination pilot, drilling and reaming bit
корпусное ~ box type bit
крестообразное ~ cross [four-point] bit
крестообразное шарошечное ~ cross-section cone bit
лопастное буровое ~ blade drilling bit
лопастное пикообразное буровое ~ point(ed) drilling bit
многолопастное буровое ~ multiblade drilling bit
направляющее ~ pilot bit
неармированное буровое ~ unfaced drilling bit
ненаваренное ~ «рыбий хвост» plain fishtail
одношарошечное ~ one-cutter rock drilling bit
оправочное ~ dress drilling bit
остроконечное ~ diamond point bit
отклоняющее ~ deflecting bit
отработанное буровое ~ worn-out drilling bit
пикообразное ~ *см.* остроконечное долото
пилотное ~ *см.* направляющее долото
пилотное ~ с расширителем pilot reaming bit
пирамидальное ~ bull point bit
полноразмерное отклоняющее ~ full gage deflecting bit
полукруглое ~ gouge
прихваченное ~ stuck bit
проверочное ~ reamer
разборное ~ demountable bit
раздвижное буровое ~ collapsible [expandable] drilling bit
режуще-скалывающее буровое ~ cutting-shearing type drilling bit
самозатачивающееся буровое ~ self-sharpening drilling bit
сработанное ~ dull [worn] bit
струйное ~ jet bit
трехлопастное буровое ~ three-way bit
трехшарошечное ~ three-roller [three-cone, tricone] rock drilling bit
тупое ~ blunt bit
ударное ~ chopping drilling bit
ударное плоское ~ chisel drilling bit
ударно-канатное крестообразное буровое ~ four-wing churn drilling bit
ударно-режущее буровое ~ percussion-drag drilling bit
универсальное ~ со сменной головкой all-purpose bit
универсальное ~ с переменным диаметром expansion bit
фрезерное ~ hard-alloy drilling bit
центрированное ~ balanced bit
центровое ~ center bit
четырехлопастное ~ four-roller bit
четырехшарошечное буровое ~ four-cone [four-cutter] rock drilling bit
шарошечное ~ roller [(cone) rock] bit
шарошечное ~ с расположением шарошек в двух взаимно перпендикулярных направлениях cross roller rock bit
шарошечное бескорпусное буровое ~ bodyless rolling-cutter drilling bit

шарошечное самоочищающееся буровое ~ self-cleaning cone rolling drilling bit
штыревое ~ insert bit; (*с округленными вставками из карбида вольфрама*) button bit
эксцентричное ~ eccentric drilling bit
долото-расширитель redrill
доля fraction
~ извлеченной нефти fraction of oil recovered
~ компонента fraction of component
~ нефти fractional oil content
молярная ~ mole fraction
объемная ~ нефти в продукции скважины в данный момент времени oil holdup
домкрат jack
~ для обсадных труб casing puller
~ рычажного типа lever-type jack
винтовой ~ jack-in-the-box
гидравлический ~ hydraulic jack
механический ~ mechanical jack
многоступенчатый ~ multistage ram
пневматический ~ pneumatic [air] jack
реечный ~ rack and gear jack
телескопический ~ telescopic jack
шарнирный ~ articulated jack
домол (*грубый*) recrushing; (*средний*) regrinding; (*тонкий*) remilling
доочистка tertiary treatment
допалеозойский Pre-Paleozoic
допуск allowance; limit; tolerance
~ на диаметр отверстия hole tolerance
~ на изготовление manufacturing tolerance
~ на износ wear tolerance
~ на коррозию corrosion allowance
~ на течь leak tolerance
~ посадки fit tolerance
жесткий ~ close [stringent] tolerance
минусовый ~ negative tolerance
основной ~ basic tolerance
плюсовой ~ positive tolerance
эксплуатационный ~ operating tolerance
доразведка supplementary exploration
доразработка further development
дорн core, mandrel, pole, drift
дорнодержатель mandrel holder
дорожка path, race
~ для шариков ball race
беговая ~ подшипника bearing race
доска panel; table; board
~ для отвинчивания бурового долота bit breakout plate, bit breaker
приборная ~ instrument panel, panel board
доспуск stepwise running
~ колонны stepwise running of string
~ лифтовой колонны stepwise setting of lift string
~ насоса stepwise setting of pump
доставка delivery, handling, haul(age)
~ на буровую moving in
~ нефти oil delivery
~ оборудования equipment delivery
достоверность reliability

достpeл reperforating
доступ access
~ воздуха air access
~ к получению информации access to information
доступность availability
ДОТ [давление, объем, температура] pressure, volume, temperature, PVT
дрель drill
дренаж drain(age), soakaway
дренирование drainage
гравитационное ~ gravity drainage
естественное ~ natural drainage
закрытое ~ underdrainage
открытое ~ open-cut drainage
установившееся ~ equilibrium drainage
дренировать drain
дриллограф drillograph
дрифтметр driftmeter
дробилка crushing mill, crusher; breaker; grinder
дисковая ~ disk breaker
конусная ~ крупного дробления primary cone crusher
конусная ~ среднего дробления secondary cone crusher
маятниковая ~ blade crusher
молотковая ~ hammer crusher, hammer mill
щековая ~ jaw crusher
дробление crush(ing); fracturing; grinding
~ горной породы shattering [crushing, fracturing] of rock
крупное ~ coarse crushing
мелкое ~ fine grinding, milling
мокрое ~ wet crushing
первичное ~ *см.* крупное дробление
тонкое ~ *см.* мелкое дробление
дробь shot
алюминиевая ~ для расклинивания трещин при гидроразрыве aluminum frac shot
буровая ~ small shot
дросселирование:
~ конденсата до атмосферного давления flashing to atmosphere
дроссель butterfly governor; choke; throttle (valve)
закрывать ~ throttle down
дублирование duplication; redundancy
акустическое ~ acoustic redundancy
дуга arc
~ обхвата (*ленты тормоза*) grip hold arc
~, соответствующая одному шагу pitch arc
вольтова ~ electric [power] arc
сварочная ~ welding arc
дугогаситель *эл.* blowout
дужка shackle, bail
~ желонки bailer bail
перекрестная ~ cross-over bend
дуплекс-насос duplex pump
дуть blast, blow
дутье (air)blast, blasting, blow, draft
дым smoke, fume
дымоход flue

дыхание breathing
~ вентиля valve breathing
~ резервуара tank breathing
дышать breathe
дышло rod; shaft; draft bar
дюйм inch
дюкер (*подводный трубопровод*) offshore pipeline
дюна dune, sand drift

Е

единиц/а unit
~ веса unit of weight
~ времени unit of time
~ вязкости unit of viscosity
~ геологического времени unit of geological time
~ груза unit of cargo
~ давления pressure unit
~ измерения unit of measurement
~ консистенции unit of consistency
~ массы mass unit
~ мощности power unit
~ объема unit of volume
~ площади unit of area
~ проницаемости unit of permeability
абсолютная ~ absolute unit
атомная ~ массы atomic mass unit
безразмерная ~ dimensionless unit
британская тепловая ~ British thermal unit
гравитационная ~ gravity unit
двоичная ~ binary unit
метрические ~ы metric units
нормированная ~ *см.* приведенная единица
основная ~ basic [fundamental] unit
относительная ~ relative unit
приведенная ~ adjusted [reduced] unit
производная ~ derived unit
произвольная ~ arbitrary [random] unit
радиационная ~ radiation unit
таксономическая ~ taxonomic unit, taxon
тепловая ~ heat [thermal] unit
условная ~ arbitrary unit
хозяйственная ~ resident unity
едкий corrosive; caustic; acrid
елка (*фонтанная арматура*) Christmas [X-mas, production] tree; bradenhead
~ для заканчивания скважин completion tree
морская фонтанная ~ marine X-mas tree
надводная испытательная ~ насосно-компрессорных труб surface tubing test tree
подводная сервисная ~ service tree
фонтанная ~ bradenhead
фонтанная ~ для испытания с помощью насосно-компрессорных труб tubing test X-mas tree; bradenhead

емкость 1. (*вместимость*) capacity 2. (*сосуд*) reservoir, tank, vessel 3. эл. capacitance
~ аккумуляторной батареи battery capacity
~ анода anode capacitance
~ вышки racking capacity of derrick
~ газопровода gas pipeline volume capacity
~ горной породы water-absorbing capacity of rock
~ граничного слоя boundary capacitance
~ для бурового раствора mud tank, mud pit
~ для добавок additive tank
~ для замера нефти oil meter
~ для отбора проб газа gas sample bottle
~ для отстаивания settler
~ для отходов waste tank
~ для сбора и хранения нефти, расположенная на морском дне underwater storage tank
~ для сбора плавающих на поверхности веществ и предметов skimming tank
~ для сбора шлама cuttings tank
~ для слива из мерника лишней жидкости overflow tank
~ для транспортировки проб нефти и газа transfer bottle
~ для улавливания масла *или* жидкости drip tank
~ для успокоения бурового раствора mud surge tank
~ для успокоения цементного раствора cement surge tank
~ для хранения горючего fuel tank
~ для хранения жидкости accumulator
~ для хранения нефти и нефтепродуктов при атмосферном давлении atmospheric-pressure storage tank
~ запоминающего устройства *вчт* memory [storage] capacity
~ коллектора reservoir storage capacity
~ поглощения base exchange capacity
~ потока stream capacity
~ резервуара tank capacity
~ резервуарного парка (oil) storage tank volume capacity
~ трубопровода pipeline volume
~ хранилища (*склада*) storage capacity
~ цистерны *см.* емкость резервуара
балластная ~ ballast tank
барьерная ~ barrier capacitance
буферная ~ buffer vessel
вспомогательная ~ для хранения service storage tank
действующая ~ effective capacitance
диффузионная ~ diffusion capacitance
доливная ~ slugging tank
доливочная ~ trip tank
заглубленная ~ buried tank
замерная ~ gage(ing) [measuring] tank
измерительная ~ metering tank
капиллярная ~ capillary capacity
катионообменная ~ cation exchange capacity
конденсаторная ~ capacitance

емкость

   мерная ~ *см.* замерная емкость
   напорная ~ head tank
   нефтеналивная ~ oil tankage
   номинальная ~ rated capacity
   общая ~ total capacity
   осреднительная ~ mud surge tank
   отстойная ~ clarifying [flow, slime] tank; (*для бурового раствора*) settling box
   полезная ~ useful capacity
   полезная ~ газгольдера dischargeable capacity of gasholder
   приемная ~ receiving tank
   расходная ~ day tank
   сливная ~ dump tank
   смесительная ~ blender tank
   сорбционная ~ пород sorptive capacity of rocks
   удельная ~ specific capacity
   эксплуатационная ~ service capacity
ерш scraper; (wire) brush; wireline grab
   ~ для каната wireline rope grab
   ловильный ~ spear
   проволочный ~ wire brush

Ж

жаропрочность high-temperature strength
жаропрочный heat-resistant
жаростойкий *см.* **жаропрочный**
жаростойкость heat-resistance, refractoriness
жароупорный heat-proof, refractory
жгут:
   ~ набивки сальника packing material
желатин(а) gelatin(e), blasting gelatin(e)
желатинизация *см.* **желатинирование**
желатинирование gelation, gel formation
желвак nodule
   ~ оксида марганца manganese nodule
   кремнистый ~ flint nodule
   рудный ~ ore nodule
железистый ferruginous, ferriferous; ferric
железнокислый ferrate
железный ferrous
железняк iron ore, ironstone
   бурый ~ limonite, brown (iron) ore
   глинистый ~ clay ironstone
   известковый ~ calcareous ironstone
   красный ~ red iron ore, hematite
   магнитный ~ magnetite, magnetic (iron) ore
   шпатовый ~ siderite, spathic iron (ore)
железо iron
   брусковое ~ bar iron
   волнистое ~ corrugated iron
   губчатое ~ sponge iron
   двухвалентное ~ ferrous iron
   двухсернистое ~ iron bisulphide
   закисное ~ ferrous iron
   закисное хлористое ~ protochloride of iron
   карбидное ~ carbide iron
   ковкое ~ malleable iron
   мягкое ~ soft iron
   некондиционное ~ off-grade iron
   оксидное ~ ferric iron
   полосовое ~ *см.* брусковое железо
   сернокислое ~ ferrous sulphate
   сортовое ~ profiled iron
   углекислое ~ ferrous carbonate
   угловое ~ angle iron
   хлористое ~ ferrous chloride
   чистое ~ pure iron
железобактерия iron bacterium
железобетон reinforced concrete, ferroconcrete
   монолитный ~ cast in-situ reinforced concrete
   предварительно напряженный ~ prestressed ferroconcrete
   ячеистый ~ wire-mesh reinforced concrete
железосодержащий ferriferous
желоб canal; channel; chute; flume; slot; launder; trough; (*в стенке ствола*) keyseat
   ~ для бурового раствора drilling mud channel, drilling mud flow ditch
   ~ для шлама cutting ditch
   ~ отстойной системы mud launder
   ~ с перегородками для осаждения песка из бурового раствора sand box
   выкидной ~ для бурового раствора drilling mud circulation ditch
   загрузочный ~ charging chute, charging trough
   распределительный ~ distribution chute
   сливной ~ discharge channel [trough], overflow launder
   спускной ~ sink
   шламовый ~ cutting ditch
желобить groove; flute
желобок fillet; flute; notch; race; groove
   ~ блока pulley groove
   ~ для набивки packing groove
   ~ для шпонки key seat, key groove
   ~ на боковой поверхности буровой коронки *или* расширителя flute
   ~ треугольного сечения V-groove, chamfered groove
   ~ шкива sheave [pulley] groove
   направляющий ~ guiding groove
   промывочный ~ washing chute
желобчатый channeled; fluted; scored; grooved
желонка bailer
   ~ для выкачивания жидкости dump bailer
   ~ для заливки цементного раствора в скважину cement dump
   ~ для углубления скважины bailer conductor
   ~ для чистки скважин cleanout bailer; mud socket
   ~ с клапаном valve bailer
   ~ с центратором guided bailer
   автоматическая ~ automatic bailer
   буровая ~ dart bailer
   грейферная ~ clam-shell bailer
   очистительная ~ cleanout bailer

пневматическая ~ air bailer
поршневая ~ piston bailer
секционная ~ sectional bailer
тартальная ~ oil bailer
цементировочная ~ dump bailer
жесткосвязанный rigidly connected
жесткость (*воды*) hardness; (*твердых тел*) rigidity, stiffness
~ воды hardness of water
~ каната горе rigidity
~ колонны бурильных труб stiffness of a drill string
~ при изгибе flexural rigidity
~ при кручении torsional rigidity
~ при растяжении rigidity in tension
~ при сжатии rigidity compression
кальциевая ~ воды calcium hardness of water
карбонатная ~ воды carbonated hardness of water
общая ~ воды total hardness of water
постоянная ~ воды permanent hardness of water
сульфатная ~ воды sulphatic hardness of water
устранимая ~ воды temporary hardness of water
жидкост/ь fluid; liquid
~, вызвавшая выброс kick liquid
~, вызывающая коррозию *см*. агрессивная жидкость
~ гидравлического затвора sealing fluid
~ гидроразрыва на кислотной основе acid-base fracturing fluid
~ для воздействия на пласт stimulation fluid
~ для гидравлического тормоза braking fluid
~ для гидроразрыва пласта breakdown agent, breakdown fluid
~ для глушения скважин kill fluid
~ для заканчивания скважин completion fluid
~ для заполнения системы гидравлической передачи hydraulic transmission fluid
~ для отбора керна coring fluid
~ для ремонта скважин workover fluid
~, заливаемая в скважину для увеличения противодавления на пласт load fluid
~ и газ, притекающие к скважине well effluents
~, применяемая в гидротрансформаторе torque converter fluid
~ разрыва breakdown agent, breakdown fluid
агрессивная ~ aggressive [corrosive] liquid
антикоррозионная ~ anticorrosive liquid
аэрированная ~ aerated fluid
буровая ~ drilling mud, drilling fluid
буферная ~ spacer [displacement] fluid
высоковязкая ~ plastic fluid, high-viscosity liquid
вытесняемая ~ forced-out [displaced] fluid
вытесняющая ~ displacing [overflush] liquid
вязкая ~ thick liquid, viscous fluid
вязкопластичная ~ viscous-plastic [non-Newtonian] fluid
вязкоупругая ~ viscoelastic fluid, viscoelastic liquid
газированная ~ gas-cut [gassy] fluid

газоконденсатные ~и natural gas liquids
гелеобразная ~ jelly-like liquid
гелеобразующая ~ gel-forming liquid
гидравлическая ~ pressure fluid
горючая ~ flammable liquid
добываемая ~ produced fluid
затвердевающая ~ solidifying liquid
защитная ~ protective fluid
защитная ~ на нефтяной основе oil-base protective fluid
истинная ~ Newtonian fluid
капельная ~ dropping liquid
контактирующие ~и interfacial fluids
легковоспламеняющаяся ~ inflammable fluid
легкоиспаряющаяся ~ highly volatile liquid
меченая ~ tracer fluid
нагнетаемая ~ injection fluid
надпакерная ~ (behind-the-)packer fluid
напорная ~ power fluid
неагрессивная ~ nonaggressive fluid
неньютоновская ~ non-Newtonian [viscoplastic] fluid
неоднородная ~ heterogeneous fluid
несжимаемая ~ incompressible fluid
несмешивающиеся ~и immiscible fluids
нетиксотропная ~ nonthixotropic fluid
низковязкая ~ low-viscosity fluid
ньютоновская ~ Newtonian fluid
обработанная ~ treated fluid
однородная ~ single [homogeneous] fluid
остаточная ~ residual liquid
отработавшая ~ discharged [spent] fluid
отфильтрованная ~ filtered liquid
охлаждающая ~ refrigerating [cooling] fluid, coolant
пакерная ~ packer fluid
пластическая ~ plastic fluid
продавочная ~ chaser; displacing [overflush] fluid
промывочная ~ circulating [drilling, flushing] fluid
псевдопластичная ~ pseudoplastic fluid
рабочая ~ working [drive] fluid
разъедающая ~ *см*. токсичная жидкость
смешивающиеся ~и miscible fluids
тиксотропная ~ thixotropic fluids
токсичная ~ toxic liquid
топливная ~ oil fuel
тормозная ~ braking fluid
упругая ~ elastic fluid
утяжеленная ~ weighted fluid
циркулирующая ~ *см*. промывочная жидкость
жидкость-носитель carrying fluid
жидкость-песконоситель sand-carrier
жидкотекучесть fluidity; flowability
жиклер jet (nozzle), orifice
жила *горн*. vein; lode
~ асфальтита asphaltic vein
~ замещения substitution [metasomatic] vein
~ изверженной породы intrusive vein
~ между слоями сланцевой породы interfoliated vein

жила

~ под углом к общему простиранию жил counter-lode
~, сохраняющая свою мощность и протяженность persistent lode
~ с пустотами hollow lode
барито-флюоритовая ~ baritic-fluorite vein
бедная ~ coarse lode
богатая ~ pay streak
брекчиевидная ~ brecciated vein
гильсонитовая ~ gilsonite vein
главная ~ mother lode, master [main] vein
глубокая трещинная ~ true fissure vein
глубокозалегающая ~ deep-seated vein
горизонтальная ~ lode plot, run
крутопадающая вертикальная ~ rake vein
ленточная ~ banded vein
минералоносная ~ mineral-bearing vein
наиболее продуктивная ~ champion lode
наклонная ~ underlay lode
непромышленная ~ dead lode
озокеритовая ~ ozokerite stone
пластовая ~ bedded [blanket, sheet] vein
продуктивная ~ productive vein
слепая ~ blind vein
ступенчатая ~ ladder vein
четковидная ~ lenticular vein

жила-проводник lead vein

жилет:
спасательный ~ life jacket, life vest

жир fat
гидрогенизированный ~ hydrogenated fat
дубильный ~ tanners' oil
животный ~ animal fat
растительный ~ vegetable fat
расщепленный ~ splint fat
синтетический ~ artificial fat
технический ~ inedible [industrial] fat
чистый ~ refined fat

жирность:
~ бетона fatness of concrete
~ почвы richness of soil

жировик steatite, soapstone, soap rock
~ со слюдой и хлоритом pot stone

жиронепроницаемый grease-proof

журнал log (book)
~ добычи production record
~ регистрации данных анализа кернов core analysis [core sample] log
буровой ~ drilling record, drilling log (book), driller's log
водолазный ~ diving log

З

забивание 1. (*засорение*) clogging, plugging, blocking 2. (*гвоздя, свай*) hammering, driving
~ свай piling, pile driving

~ трубопровода pipeline plugging, pipeline blockage
~ фильтра filter clogging

забивать (*сваи*) drive in, ram; (*гвозди*) nail down

забиваться (*засоряться*) block up, clog up, choke up

забоина nick

забой bottom(-hole)
~ буровой скважины borehole bottom
глухой ~ dead face
действующий ~ active face
искусственный ~ artificial bottom plug
наклонный ~ slanted bottom-hole
необсаженный ~ ствола скважины open bottom-hole
обсаженный ~ ствола скважины cased bottom-hole
очистной ~ по восстанию raise face
очистной ~ по диагонали oblique face
проектный ~ ствола скважины hole target
сплошной ~ ствола скважины circle-shaped bottom-hole

забойк/а 1. tamping 2. safety bridge, stem bag
производить ~у шпура tamp the charge into a hole

забойник tamping stick, tamping bar

заболачивание (*почвы*) bogging, swamping

забор:
~ воздуха air intake
~ воды water intake

заборник:
~ воздуха air scoop
~ цементного раствора cement slurry intake

забортовка beading

забрасыватель:
~ топлива spreader

забуривание spudding(-in)
~ нового ствола spudding(-in) of new borehole
~ нового ствола из необсаженного интервала open-hole side tracking
~ нового ствола из обсаженной скважины cased-hole side tracking
~ свай drilling-in of piles
~ скважины spudding(-in) of well

забуривать скважину hole in, spud a hole
~ на некотором расстоянии от намеченной точки offset a well

забурник borer

забутовка backing
~ скважины backfilling

завальцовывать expand into

завершение completion; termination
~ бурением скважины на морском дне (*при котором устьевое оборудование соприкасается с морской водой*) wet completion
~ скважины well completion
беструбное ~ нефтяных скважин tubingless completion

завинчивать:
~ до отказа screw down, screw home

зависание hanging-up
~ обсадной колонны при спуске casing catching, casing hanging-up
зависимость relation(ship); dependence
~ давление – объем – температура pressure-volume-temperature relation(ship)
~ плотности от давления pressure-density relation
~ фазовой проницаемости от насыщенности relative permeability-saturation relation
временна́я ~ time dependence
газоэнергетическая ~ gas-energy relationship
квадратичная ~ quadratic dependence
линейная ~ linear dependence
непрерывная ~ continuous dependence
обратная ~ inverse relationship
однозначная ~ unique dependence
прямая ~ direct relation
случайная ~ random dependence
угловая ~ angular dependence
функциональная ~ functional dependence
частотная ~ frequency dependence
завихрение eddy(ing), swirling
завод plant, works
~ по сжижению природного газа liquefied natural gas plant
бетонный ~ concrete-mixing plant
газобензиновый ~ gasoline plant
газовый ~ gas works
машиностроительный ~ engineering works
нефтеперегонный ~ oil refinery
нефтеперерабатывающий ~ *см.* нефтеперегонный завод
нефтехимический ~ petrochemical plant
опытный ~ pilot plant
цементный ~ cement plant
завод-изготовитель manufacturing plant, manufacturer
заводнение (water) flood(ing)
~ по геометрической сетке (water) flooding
~ с применением ПАВ surfactant (water) flooding
~ с углекислым газом carbonated (water) flooding
барьерное ~ barrier (water) flooding
внутриконтурное ~ contour flooding
естественное ~ natural water flooding
законтурное ~ edge [perimeter] water flood
искусственное ~ artificial water flooding
кислотное ~ acid flooding
линейное ~ line flood
опытное ~ pilot flood
площадное ~ pattern flooding
подземное ~ underground flooding
полимерное ~ polymer flooding
преждевременное ~ premature flooding
приконтурное ~ marginal flood
приконтурное кольцевое ~ peripheral flooding
сводовое ~ *см.* центральное заводнение
центральное ~ center-to-edge flood
циклическое ~ cyclic water flooding
частичное ~ fractional flooding
щелочное ~ alkaline flooding
завод-поставщик supplier (plant)
завод-смежник subcontractor
завышать:
~ номинал overrate
~ оценку overestimate
~ стоимость overvalue
загазованность gas pollution, gas contamination
загазованный (*об атмосфере*) gas-polluted
загибание:
~ кромки beading, flanging
заглинизировать seal off
заглубление:
~ в дно (*опорной колонны самоподнимающейся платформы*) bottom penetration
~ трубопровода (*в землю*) burying of line
заглубляемость:
~ сваи pile driveability
прогнозная ~ сваи predictory pile driveability
заглублять (*в землю*) bury
~ в землю на ... метров bury under ...m of earth
заглушать:
~ скважину kill the well
~ трубопровод block a line
заглушенный damped, drowned; (*о скважине*) killed
заглушк/а blank [blind] flange, choke, closer, end cap
~ трубопрвода bullnose
перекрывать ~ой blank off
резьбовая ~ screw(ed) plug
загонять:
~ в грунт забивную трубу sink
заготовка blank
крупная ~ bloom
заграждать block, bar, obstruct
заграждение block, obstruction
загружать charge, load
загрузка charging, loading
~ балласта ballasting
~ нефти в танкер методом «нефть сверху» load on top
~ сырья batch
~ танкера tanker loading
периодическая ~ batch operation
загрунтовывать prime, apply a prime coating (to)
загрязнение contamination, fouling, pollution
~ атмосферы atmospheric pollution
~ берегов (*моря*) shore pollution; (*реки, озера*) bank pollution
~ бурового раствора drilling mud contamination
~ водоема нефтью oil pollution of water body
~ воды water pollution
~ воздуха air pollution
~ клапана valve fouling
~ контактов greasing of contacts
~ нефтепродуктами oil pollution
~ окружающей среды environmental contamination, environmental pollution

загрязнение

~ пласта formation contamination
~ пласта буровым раствором formation contamination by drilling mud
~ пласта водой watering off the formation
~ поверхности (*земли или воды*) нефтью oil pollution
~ продуктивной зоны горизонта pay zone contamination
~ фильтра filter clogging
подземное ~ subsurface pollution
сильное ~ severe contamination

загрязненный foul, contaminated, polluted, impure

загрязнять contaminate, foul, pollute
~ керн foul the core

загустевание jelling, gelation; solidification, thickening
~ нефти oil gelation
~ цементного раствора cement slurry thickening

загуститель thickening agent, thickener

задавить kill (down)
~ скважину (*утяжеленным буровым раствором*) kill the well

задвижка (gate) valve
~ байпаса bypass valve
~ высокого давления high-pressure valve
~ для трубопровода pipeline valve
~ на всасывающей линии насоса suction-line valve of pump
~ на выкиде насоса (*на напорной линии*) discharge gate
~ на отводящей линии wing valve
~ с выдвижным шпинделем rising-stem valve
~ с гидравлическим дистанционным управлением hydraulic remote operator valve
~ с гидравлическим приводом hydraulically-driven valve
~ с кремальерой rack bar sluice valve
~ с пневматическим приводом piston operated [pneumatically driven, air-driven] valve
~ с поплавковым управлением float-controlled valve
~ с разъемным клином splint wedge valve
~ с ручным управлением hand-operated valve
~ с уравновешенным штоком balanced stem valve
~ с фланцами на боковых отводах flanged end gate
~ с цельным клином solid wedge valve
~ с электрическим приводом electrical valve
~, установленная на устье скважины wellhead control valve
~ фонтанной арматуры Christmas-tree valve
~ штуцерного манифольда choke manifold valve
аварийная ~ emergency valve
аварийная превенторная ~ emergency blowout-preventer valve
автоматическая ~ automatic valve, self-closing gate
бурильная ~ drilling valve
быстродействующая ~ quick opening valve
водяная ~ water valve
входная ~ inflow gate
гидравлическая ~ hydraulic valve, hydraulic gate
гидравлическая ~ насосно-компрессорный колонны tubing lubricator valve
двухклиновая ~ dual block valve
дроссельная ~ butterfly valve
запасная ~ reserve gate
запорная ~ shutoff gate
клиновая ~ plug wedge
плоская ~ flat valve
подводная ~ underwater gate
подводная эксплуатационная ~ subsea production valve
полнопроходная ~ full-opening valve
приводная ~ motorized valve
проходная ~ straight-way valve
пусковая ~ starting gate
распределительная ~ distributing valve
спаренная ~ dual valve
спускная ~ blowoff gate
стволовая ~ фонтанной арматуры master Christmas-tree valve
трубопроводная ~ с линейной характеристикой linearized valve
фонтанная ~ master [control] gate
шандорная ~ sluice gate
шаровая ~ ball gate
шиберная ~ gate
эксплуатационная ~ production gate

задвижка-переводник:
~ ведущей трубы kelly cock

заделка:
~ конца каната eye splice of rope
~ свай fixing the piles

заделывать (em)bed; encase; dress

задержание detention
~ груза detention of cargo
~ судна detention of a vessel

задержка delay; detention; retardation; lag
~ в отгрузке delay in shipment
~ в поставке delay in delivery
~ в разгрузке delay in discharge
~ платежа delay in payment, delayed payment

задир score, scoring, scratch, scuffing

задирать score, tear up, scratch, scuff

задросселировать throttle back, throttle down

заедание binding; freeze; jam(ming); seizing, seizure
~ замковой резьбы jamming of tool joint thread
~ плунжера plunger seizure
~ подшипника seizing of a bearing
~ поршневых колец seizing of piston rings
~ резьбы thread jamming
~ тормоза brake sticking

заедать bind (up); catch; freeze; jam; seize

зажигание ignition; (*искусственное*) firing
искровое ~ spark ignition
искусственное ~ нефтеносного пласта firing of oil-bearing formation

закачивание

самопроизвольное ~ нефтеносного пласта oil-bearing formation inflammation
зажим 1. clamp, clip; fastener; snap 2. *эл.* terminal
~ для каната rope clamp
~ для насосных тяг rod clamp
~ для насосных штанг adjuster grip
~ для центровки труб line-up clamp
~ы под ведущую трубу kelly bushings
~ тягового каната pulling rope clamp
~ шланга hose clamp
винтовой ~ screw clamp
кабельный ~ cable clamp
канатный ~ drilling [wire rope] clamp
клиновой ~ wedge socket
кулачковый тангенциальный ~ eccentric clamp
наборный ~ terminal block
перемещающийся трубный ~ traveling pipe clamp
специальный ~ unit clamp
тормозной ~ brake clip
заземление *амер.* grounding, ground connection; *англ.* earthing, earth connection
заземлять *амер.* ground, connect to the ground; *англ.* earth(en), connect to the earth
зазор clearance, gap
~ в бетонном покрытии gap in concrete coating
~ в подшипнике bearing space
~ в соединении joint gap
~ между кромками opening
~ между свариваемыми кромками joint gap
~ между стенкой ствола скважины и обсадной колонной hole-casing clearance
~ перфоратора gun standoff
боковой ~ backlash
воздушный ~ air gap
донный ~ (*плавучего основания*) bottom clearance
искровой ~ spark gap
кольцевой ~ annular gap
продольный ~ axial gap
регулируемый ~ adjustable clearance
зазубрина notch, score, serration
заиленный silted
заиливание silting
заказ order
~ по образцу sample order
государственный ~ state order
приоритетный ~ first-priority order
пробный ~ trial order
разовый ~ single order
экспортный ~ export order
закаливать quench, harden
закалк/а quench(ing), hardening
~ в воде water quenching
~ с охлаждением в воздухе normalizing
подвергать поверхностной ~е case-harden
заканчивание (*скважины*) completion
~ для одновременной эксплуатации четырех продуктивных горизонтов quadruple completion
~ морской скважины marine well completion
~ морской скважины с опорой на дно bottom supported marine completion
~ скважины (well) completion
~ скважины в двух горизонтах dual completion
~ скважины гравийной набивкой gravel-pack completion
~ скважины для одновременной совместной эксплуатации нескольких продуктивных горизонтов multiple completion
~ скважины для одноколонного газлифта one-string pumpdown completion
~ скважины над водой surface completion
~ скважины на дне океана ocean floor completion
~ скважины открытым забоем barefoot completion
~ скважины открытым стволом в интервале продуктивного пласта open-hole completion
~ скважины после спуска насосно-компрессорных труб permanent (well) completion
~ скважины при необсаженном забое open-hole completion
~ скважины при стационарном оборудовании *см.* заканчивание скважины после спуска насосно-компрессорных труб
~ скважины с обсаженным забоем cased-hole well completion
~ скважины с открытым подводным устьевым оборудованием wet subsea completion
многопластовое ~ скважины multiple (zone) completion
морское ~ marine completion
морское подводное ~ subsea completion
однопластовое ~ single zone completion
повторное ~ скважины well recompletion
заканчивать (*скважину*) complete
~ скважину для промышленной эксплуатации complete a well for commercial production
~ скважину с заданным расположением конечного забоя complete a well in a desired target area
закачивание injection; pumping-in, pumping-down
~ бурового раствора mud pumping-in
~ буферной жидкости spacer [displacement fluid] pumping-in
~ воды water injection
~ водяного пара steam injection
~ газа gas injection
~ газа в газовую шапку gas injection into the gas cap, external gas injection
~ газа в нижнюю часть пласта downdip gas injection
~ газа в сводную часть пласта gas injection into upper zone of formation
~ газа высокого давления high-pressure gas injection
~ горячей воды hot water injection

закачивание

~ карбонизированной воды carbonized water injection
~ кислоты acid injection
~ кислых сточных вод в пласт acid sewage-water injection
~ несмешивающихся жидкостей immiscible fluid injection
~ пара steam injection
~ сточных вод sewage water injection
~ теплоносителя heat transfer agent injection
~ углекислого газа carbon dioxide injection
~ цементного раствора cement squeezing
обратное ~ газа gas cycling
периодическое ~ intermittent injection
повторное ~ reinjection
приконтурное ~ газа marginal gas injection
пробное ~ pilot injection
равномерное ~ газа по площади uniform dispersed gas injection
раздельное ~ воды selective water injection

закачивать pump in, pump down, inject
закачка *см.* **закачивание**
закладывать:
 ~ взрывчатку load a charge
 ~ фундамент lay a foundation
заклепка rivet
заклинивание fastening, jamming; (*клином*) wedging
 ~ бурового инструмента jamming of drilling tool
 ~ в колонковой трубе wedging
 ~ долота bit jamming, bit stall
 ~ керна в керноприемнике core jamming in the inner barrel
 ~ шарошки бурового долота locking of a drilling bit rolling cutters
заклинивать jam, seize, lock
заключать в оболочку sheathe
заключение:
 ~ эксперта expert's findings
 инженерно-геологическое ~ engineering geological estimate
заключенный в кожух jacketed
закон law, rule, principle
 ~ Авогадро Avogadro's law
 ~ Благдена Blagden's law
 ~ Бойля—Мариотта Boyle's law
 ~ Брейтгаута Breithaupt law
 ~ Бэра Baer law
 ~ Вейса Weiss law
 ~ всемирного тяготения law of universal gravitation
 ~ Гаюи Hauy law
 ~ Генри Henry's law
 ~ грани normal twin law
 ~ Гука Hooke's law
 ~ Дарси Darcy's law
 ~ действия масс law of mass action, mass law
 ~ идеального газа ideal gas law
 ~ индукции induction law
 ~ Кюри Curie's law
 ~ы об охране нефтяных и газовых месторождений oil and gas conservation laws
 ~ оси parallel twin law
 ~ падения сферических частиц Stokes' formula
 ~ парциальных давлений (Dalton's) law of partial pressure
 ~ подвижного равновесия law of mobile equilibrium
 ~ подобия law of similarity
 ~ постоянства отношений law of definite proportions
 ~ равного объема law of equal volume
 ~ распределения distribution law
 ~ регрессии law of filial regression
 ~ Снелла Snell's law
 ~ соответственных состояний corresponding states law
 ~ сохранения энергии law of energy conservation
 ~ Стокса Stokes' law
 ~ фильтрации filtration law
 ~ Хагена — Пуазейля Hagen-Poiseuille's law
 ~ четверти длины волн quarter wavelength law
 ~ эквивалентных отношений law of reciprocal proportions
 альбитовый ~ albite law
 логарифмической ~ вероятности log probability law
 степенной ~ power law
законсервировать 1. preserve 2. treat for preservation 3. remove from operation
 ~ скважину suspend a well
закраина bead; collar; fillet
закрепление:
 ~ грунтов grouting
 ~ грунтов битуминизацией asphalt grouting
 ~ грунтов глинизацией clay grouting
 ~ трубопровода securing of pipeline
 ~ цементацией soil stabilization by cement injection
 ~ шпонками keying
закрепленный:
 ~ наглухо dead-ended
 ~ оттяжками guyed
закреплять:
 ~ намертво anchor
 ~ план-шайбой chuck
 ~ устье скважины collar
закруглять round (off), make round
закрытие:
 ~ воды water shut-off
 ~ противовыбросового превентора blowout preventer closing
 ~ скважины capping, closing-in
 ~ скважины колпаком capping the well
 ~ трубопровода колпаком pipe capping
 принудительное ~ positive closing
закрыт/ый blocked; close(d), enclosed, shielded; shut
 герметически ~ bottletight
 наглухо ~ dead

закрыть:
~ пробкой cap
~ трубами case off

закупк/а *эк.* purchase
встречная ~ counter-purchase
массовые ~и bulk purchases
оптовые ~и wholesale purchases
экстренная ~ emergency purchase

закупоренный sealed, encapsulated

закупоривание bridging; capping; clogging; plugging
~ песком sand-up bridging
~ пор призабойной зоны well bore damage
~ призабойной зоны congestion of bottomhole zone
~ трещин crevasse [fracture] plugging
~ трубопровода pipeline plugging

закупоривать:
~ трещины (*в скважине*) wall off [plug in] joints [fractures]

залегание 1. (*о залежах нефти или газа*) occurrence 2. (*о пластах, горных породах*) bedding, folding, overlap, position
~ нефти occurrence of oil [petroleum]
~ пласта bed position, bedding
~ природного газа occurrence of natural gas
несогласное ~ горных пород discordance, non-conformity, unconformability
прямое ~ складок aclinal folding
регрессивное ~ горных пород offlap, regressive overlap
синклинальное ~ складок syncline folding
складчатое ~ горных пород folding
складчатое ~ пластов continuous bed folding
слоистое ~ laminar bedding
согласное ~ горных пород concordance, conformability, conformity
согласное ~ пластов concordant [regular] bedding
трансгрессивное ~ горных пород onlap, transgressive overlap
центриклинальное ~ пластов centroclinal bedding

залегать embed, occur, lie
~ вниз dip
~ между пластами interlay
~ над пластами overlay
~ под пластами underlay
~ под углом dip
~ с небольшим наклоном dip gently, dip at low angle
~ среди пластов embed
~ среди слоев в пласте imbed

залегающий buried, laying, occurring
глубоко ~ deep-laying, deep-seated
горизонтально ~ flat-laying
несогласно ~ discordant, non-conformable
почти горизонтально ~ gently dipping
правильно ~ bedded
согласно ~ conformable, concordant

залежь 1. (*нефти или газа*) accumulation, reservoir, pool 2. (*полезного ископаемого*) deposit, occurrence

~ вдоль сбросовой линии fault-line accumulation
~ в рифовом выступе reef reservoir
~ высоковязкой нефти high-viscosity oil pool
~ высокосернистого газа sour gas pool
~ газа gas reservoir, gas accumulation, gas pool
~ горючих сланцев oil-shale deposit
~ замещения replacement deposit
~ кира brea deposit
~ легкой нефти low-density oil pool
~ нефти oil accumulation, oil [petroleum] deposit
~ нефти и газа oil-and-gas reservoir
~ нефти с высоким содержанием растворенного газа oil reservoir with high dissolved gas content
~ нефти с газовой шапкой gas-cap oil reservoir
~ нефти с гидравлическим режимом water-controlled oil reservoir
~ нефти с гравитационно-водонапорным режимом gravity water-drive oil reservoir
~ нефти с гравитационно-упругим водонапорным режимом gravity-elastic water-drive oil reservoir
~ нефти с первоначальным режимом растворенного газа dissolved-gas drive oil reservoir
~ нефти с приобретенным режимом растворенного газа depletion drive oil reservoir
~ нефти с упруго-водонапорным режимом expansion-type elastic water drive oil reservoir
~ с водонапорным режимом water drive reservoir
~ с газонапорным режимом gas-drive reservoir
~ с гравитационно-упругим водонапорным режимом gravity-elastic water-drive reservoir
~ с комбинированным режимом combination drive reservoir
~ с пластовым давлением ниже давления насыщения undersaturated reservoir
~ с подошвенной водой reservoir with bottom water
~ тяжелой нефти high-density oil pool
антиклинальная ~ anticline pool, saddle-reef
антиклинальная асимметричная ~ asymmetric anticline deposit
баровая ~ bar reservoir
безводная ~ water-free reservoir
брахиантиклинальная ~ brachyanticline reservoir
вертикальная интрузивная ~ vertical intrusion, vertical intrusive body
висячая ~ нефти handing oil deposit
впластованная ~ intraformation sheet
вторичная ~ нефти secondary oil reservoir
газогидратная ~ hydrated gas accumulation
газоконденсантная ~ gas-condensate reservoir

залежь

газонефтяная ~ gas-and-oil reservoir
гомогенная интрузивная ~ homogeneous sill
дифференцированная интрузивная ~ differentiated sill
заводненная ~ water-flooded pool
закупоренная ~ нефти sealed oil pool
замкнутая ~ нефти closed oil pool
идиогенная ~ idiogenous deposit
интрузивная ~ sill, sole injection
истощенная ~ depleted reservoir, depleted pool
козырьковая ~ peaked monoclinal reservoir
конденсатная ~ condensate reservoir
коническая ~ cone sheet
куполовидная ~ dome-shaped reservoir
лакколитоподобная интрузивная ~ laccolite-like intrusive body
линзовидная ~ lenticular reservoir, lenticular deposit, lens, lentil
линзовидная ~ нефти lens oil pool
литологическая ~ нефти lithological oil pool
литологически экранированная ~ lithologic screened accumulation
лополитовая интрузивная ~ lopolithic intrusive body
массивная ~ massive deposit, massive reservoir
минеральная ~ mineral deposit, mineral field
многократная интрузивная ~ multiple sill
моноклинальная ~ monoclinal deposit, monoclinal pool
мощная ~ нефти thick oil reservoir
наклонная интрузивная ~ dipping sill
наперсткообразная ~ thimble-like deposit
насыщенная ~ saturated pool
небольшая ~ bunch
недонасыщенная ~ нефти undersaturated oil pool
неразрабатываемая ~ undeveloped reservoir
несцементированная ~ noncemented reservoir
нефтегазовая ~ oil-and-gas reservoir
обводненная ~ water-flooded reservoir
обособленная нефтяная ~ separated oil reservoir
первичная ~ нефти primary oil reservoir
пластовая ~ blanket [sheet] deposit
пластовая ~ нефти sheet oil pool
пластовая песчаная ~ sheet sand deposit
пластовая рудная ~ sheet ore deposit
пластообразная ~ sheet-like [tabular] deposit
плоская ~ sheet, blanket, sheet-like [tabular] deposit
подземная ~ underground deposit
пологая ~ flat deposit
полуоткрытая ~ нефти half-closed oil pool
приконтактная ~, экранируемая соляным штоком salt core screened pool, salt screened accumulation
промышленная ~ газа commercial gas pool
промышленная ~ нефти commercial oil pool
разрабатываемая ~ developed pool
рукавообразная ~ нефти channel [shoestring] pool
русловая ~ placer deposit
секущая интрузивная ~ cross-cutting intrusive body
сингенетичная ~ syngenetic reservoir
синклинальная ~ synclinal pool, synclinal accumulation
сложная интрузивная ~ composite intrusive body, composite sill
стратиграфически экранированная ~ stratigraphically screened accumulation
структурная ~ structural pool
структурно-литологическая ~ lithologically screened structural pool
структурно-стратиграфическая ~ stratigraphically screened structural pool
сцементированная ~ cemented reservoir
тектонически экранированная ~ tectonically screened accumulation, tectonically screened reservoir
трещинно-пластовая ~ газа fractured sheet gas reservoir
чечевицеобразная ~ *см.* линзовидная залежь
шнурковая ~ shoestring deposit
экранированная ~ нефти screened oil accumulation

заливать:
~ топливом fuel up

заливка:
~ забоя (bottom-hole) plugging back
~ кислоты acid spotting
~ насоса pump priming
недостаточная ~ underpriming
цементно-нефтяная ~ под давлением slurry-oil squeeze

заложение скважины location of well

заложить скважину sink

зальбанд:
~ с зернами ценного минерала deaf ore
глинистый ~ clay parting, clay band, clay course
плотный ~ (*между измененной коренной породой и рудой*) cab

замазка cement, plaster, paste, putty
~ для уплотнения (*трубного соединения*) jointing paste
асфальтовая ~ asphalt cement
влагоустойчивая ~ waterproof cement
глётовая ~ litharge cement, lead monoxide putty
железосуриковая ~ iron putty
изоляционная ~ insulating cement
менделеевская ~ Mendeleev's cement
смоляная ~ resin putty

замедлитель retarder, inhibitor
~ коррозии corrosion retarder, corrosion inhibitor
~ реакции reaction inhibitor
~ схватывания цементного раствора cement retarder
~ твердения цемента cement hardening retarder

замена:
~ бурового раствора drilling mud substitution
~ изношенных частей replacement of worn parts
~ клапана revalving
~ оборудования equipment replacement
~ талевого каната replacement of wireline

замер gaging, measuring
~ высоты налива нефтепродукта (*в резервуаре*) gaging
~ замер добычи по скважинам gaging of wells

замерзание freezing
~ нефти oil congelation
повторное ~ freezeback, refreezing

замес batch
~ бетона batch of concrete
~ раствора batch of mortar
пробный ~ trial batch

замещение replacement, substitution; (*вытеснением*) displacement
~ нефти водой substitution of oil for water
~ по границам зерен replacement along grain boundaries
~ по плоскости спайности replacement along cleavage plane
~ элементов substitution of elements
выборочное ~ selective replacement
жилообразное ~ tabular replacement
ионное ~ ionic substitution
литологическое ~ lithologic replacement
центробежное ~ centrifugal replacement

замок lock; latch; (*трубный*) joint
~ быстрого соединения quick lock connector
~ для бурильных труб tool joint
~ для бурильных труб, выполненный заодно с трубами integral tool joint
~ для внутренней трубы inner barrel lock
~ для подводного оборудования marine latch
~ зажигания ignition lock
~ клапана valve lock ring
~ коллектора для его фиксации в гнезде pod latch
~ коллектора управления control pod connector
~ ловушки trap hinge
~ направляющего каната wireline latch
~ свода keystone
~ седла бара jibhead lock
~ секции водоотделяющей колонны (*с секциями линий штуцерной и глушения скважины, выполненными заодно с этой секцией*) RCK riser connection
~ складки curve of fold
~ с нормальным проходным отверстием regular tool joint
~ стойки трения friction prop lock
~ с увеличенным проходным отверстием для бурильных труб internally flush tool joint
~ с увеличенным проходным отверстием с конической расточкой tapered bore internally flush tool joint
~ с широким проходным отверстием для бурильных труб full hole tool joint
~ циреноидного типа cyrenoid-type hinge
армированный ~ для бурильных труб hard-faced tool joint
безопасный ~ для бурильных труб drill pipe safety tool joint
гаечный ~ back [check, jam, lock(ing), retaining, safety] nut
дистанционно управляемый ~ направляющего каната remote guideline connector
желоночный ~ bailer dump
захватывающий ~ catch
канатный ~ rope socket
криптодонтный ~ cryptodont hinge
люциноидный ~ lucinoid hinge
морской ~ (*для соединения элементов подводного оборудования*) marine latch
обваренный по торцу ~ для бурильных труб counterbore welded tool joint
полугладкий внутри ~ для бурильных труб semi-internal flush tool joint
предохранительный ~ safety lock
приваренный ацетиленовой сваркой под давлением ~ для бурильных труб pressure welded tool joint
приваренный стыковой электросваркой ~ для бурильных труб flash welded tool joint
приварной ~ для бурильных труб weld(ed) tool joint
пружинящий ~ snap-lock
разнозубый ~ heterodont hinge
разрезной конусный ~ collet
рядозубый ~ taxodont hinge
соединительный ~, составляющий единое целое с трубой unitized [integral] joint
соединительный ~ с проходным отверстием меньше нормального slim-hole joint
стяжной ~ swivel; tension shackle; coupling nut
съемный ~ направляющего каната retrieving guideline latch, replaceable guideline [retrievable cable] anchor

замораживание freezing, glaciation
~ горных пород freezing of formations
~ кернов freezing of cores
~ поверхностного слоя surface freezing
вторичное ~ freezeback, refreezing
вторичное заколонное ~ external freezeback
вторичное межколонное ~ internal freezeback

замораживать congeal, freeze, ice

замыкание:
~ на землю эл. ground connection
~ слоев closure of beds
короткое ~ эл. short circuit
принудительное ~ positive closing

замыкатель closer, contactor

замыкать эл. close
~ выключатель close a switch
~ контакты close [make] contacts

замыкать

~ накоротко short-circuit, short out
занесение:
~ иловыми наносами silting, accumulation of mud
~ снегом accumulation of snow
заострять edge, sharpen, point
запаздывание lag
~ во времени time lag
~ закрытия клапана valve closing retard
~ клапана valve lag
~ показаний приборов instrument lag
~ по скорости velocity [rate] lag
~ по фазе phase lag
~ реагирования response lag
~ регулирования control lag
запаивать solder; braze (up); seal off
запал blasting cap, fuse
запальник выкидной линии flowline end pilot light
запарафинирование paraffin deposition
запас reserve; resource; stock
~ бурового раствора drilling mud reserve
~ длины опоры spare lag
~ы морских месторождений offshore reserves
~ мощности power reserve, power margin
~ нефтяного газа petroleum gas reserves
~ плавучести reserve buoyancy
~ы подземных вод underground water storage
~ полезных ископаемых (*детально разведанные*) explored and blocked-out reserves
~ по усилению gain margin
~ по фазе phase margin
~ прочности degree of safety, factor of assurance [of ignorance], safety margin
~ товарной нефти stock tank oil
~ увеличения скорости при подъеме бурильной колонны trip margin
~ устойчивости stability margin
~ устойчивости сооружения stability of structure
~ флюида в пласте fluid reserves in place
~ хода насоса pump stroke reserve
~ хода по топливу fuel distance endurance
~ энергии energy reserve, store of energy
аварийный ~ emergency reserve
активные ~ы positive reserves
вероятные ~ы probable reserves
вторичные ~ы secondary reserves
гарантийные ~ы security stocks
геологически вероятные ~ы probable resources
геологические ~ы geological reserves
действительные ~ы actual reserves
достоверные ~ы proved [known] reserves
забалансовые ~ы resources
извлекаемые ~ы recoverable reserves
излишний ~ overstock
кавитационный ~ positive suction head
наличный ~ available supplies
начальные ~ы нефти в пласте initial oil in place, initial oil in reservoir

начальные объемные ~ы нефти в пласте initial reservoir oil volume
начальные подсчитанные ~ы нефти estimated original oil in place
неразведанные ~ы undiscovered reserves
неразработанные ~ undeveloped reserves
нефтяные ~ oil resources, oil in place
нефтяные начальные ~ oil initially-in-place
перспективные ~ы за пределами разведанных площадей inferred reserves
плановые ~ы planned stocks
подсчитанные ~ы estimated reserves
предварительно разведанные ~ *см.* разведанные запасы
предполагаемые ~ы possible [supposed] reserves
прогнозные ~ы hypothetical [expected] reserves
производственные ~ы stores, distributed stocks
промышленные ~ы commercial reserves
промышленные извлекаемые ~ нефти economically recoverable oil
разведанные ~ы explored [prospected] reserves
резервные ~ы reserve supplies, just-in case inventories
сверхплановые ~ы stocks above plan
сезонные ~ы seasonal stocks
складские ~ы нефтепродуктов tank-farm stocks
страховой ~ reserve stock
товарно-материальные ~ы inventory holdings, materials and stocks
товарные ~ы commodity stocks
запирание blocking, occlusion
запирать choke; shut; lock; close
запись recording
~ данных data recording
~ параметров бурового раствора drilling mud log [recording]
~ переменной длины variable length recording
~ показаний инструмента record of instrument readings
~ с насыщением saturation record
~ фиксированной длины fixed length recording
автоматическая ~ automatic recording
магнитная ~ magnetic recording
прямая ~ direct recording
прямая ~ на магнитную ленту bias recording
расширенная ~ spanned recording
сейсмическая ~ seismic recording, seismogram
цифровая ~ digital recording
заплечик shoulder
~ наружной резьбы pin shoulder
~ под элеватор elevator shoulder
посадочный ~ landing shoulder
скошенный ~ beveled shoulder
заподлицо flush
заполнение:
~ водой water filling-up

~ кольцевого пространства цементным раствором filling-up of annulus with cement
~ приема насоса flood of the pump suction
~ ствола скважины (*при подъеме бурильного инструмента*) backfilling, mudding of well
~ трещин и пустот в стенках скважины walling-up
~ трубопровода нефтью filling a pipeline with oil
~ фильтра гравием gravel packing of filter
заполнитель aggregate; filling material, filler
~ бетона concrete aggregate
~ непрерывной гранулометрии fully graded aggregate
~, не разделенный на фракции ungraded aggregate
~ трещин crack [fissure] filler
~ швов joint filler
активный ~ reactive aggregate
естественный ~ natural aggregate
инертный ~ inert aggregate, mineral filler
мелкий ~ fine aggregate
многофракционный ~ multiple size aggregate
рыхлый ~ loose filler
шлаковый ~ cinder aggregate
щебеночный ~ crushed-stone aggregate
запорновыпускной shut-off
запотевание clouding-over
запотевать fog, mist (up)
заправка 1. charge; filling; loading 2. (*заточка*) sharpening
~ бурового долота bit sharpening
~ бурового инструмента tool dressing
~ гидросистемы hydraulic system filling(-in)
~ горючим fuelling
~ коронок *см.* заправка бурового долота
~ сработанного инструмента dressing
~ топливом и маслом oil servicing
заправлять:
~ горючим fuel up, gas
~ долото dress a bit
~ топливом fill in
запрессованный pressed-in, press-fitted
запрессовывать press in, press on, embed, press-fit
запруда dam, dike, weir
запруживать bank, dam (up)
запуск:
~ скребка (*в трубу*) scraper pig injection
запускать actuate, energize, start, trigger
запчасти spare parts, spares
зарезка:
~ бокового ствола branching
~ бокового ствола в скважине side-tracking
заряд charge
~ аккумуляторной батареи battery charge
~ атома atomic charge
~ бризантного взрывчатого вещества high-explosive charge
~ взрывчатого вещества blasting charge, shot

~ капсюля-детонатора detonating charge
~ шпура charge
буровой подрывной ~ borehole charge
глубоко заложенный ~ deep seated charge
групповой ~ group charge
детонирующий ~ priming charge
единичный ~ unit charge
избыточный ~ surplus charge
инициирующий ~ initiating charge, priming explosive
камерный ~ chamber charge
капсюльный кумулятивный ~ capsule jet charge
кольцевой кумулятивный ~ ring jet charge
котловой ~ sprung hole charge
кумулятивный ~ jet charge
линейный ~ linear charge
наведенный ~ induced charge
невзорвавшийся ~ unexploded charge
нулевой ~ zero charge
объемный ~ space charge
остаточный ~ residual charge, electric residue
отрицательный ~ negative charge
подрывной ~ blast
положительный ~ positive charge
пороховой ~ powder charge
предельный ~ charge limit
пространственный ~ *см.* объемный заряд
разноименные ~ы unlike charges
рассредоточенный ~ decked charge
результирующий ~ net charge
свободный ~ free charge
связанный ~ bound charge
скважинный ~ deep-hole charge
собственный ~ self-charge
сосредоточенный ~ concentrated charge
статический ~ electrostatic charge
точечный ~ point charge
удлиненный ~ extended charge
зарядка charging
заряжать charge
засасывание suction
~ воздуха air entrainment
засасывать suck in, draw in
засланцованный shaly
заслонка valve, damper, flap
воздушная ~ choke
дроссельная ~ baffler, butterfly
дроссельная двухстворчатая ~ butterfly valve
отклоняющая ~ deflecting gate
отражательная ~ deflector
засоление salinization, salting
засоленность salinity
засорение:
~ трубопровода line clogging
засоряться clog, foul
застежка fastener, snap
ременная ~ belt fastener
застревание:
~ бура bit seizure
~ шариков в клапанах balling up of valves

застудневание

застудневание jellification, gelation
застудневать jel(ate), set to a gel
застывание freezing; jelling; setting; solidification, congelation
застывать congeal; freeze; set; solidify
засушливый arid, barren
засыпка backfill, backing
~ траншей backfilling
затаривать (*в бочки*) pack in barrels; (*в мешки*) bag [sack] up
затаривание
~ бочек barrel filling
затаскивание:
~ бурильных труб (*в вышку*) picking up drill pipes
~ трубопровода line tow
затаскивать pull in, draw
~ на буровую tail into the derrick
затачивать sharpen, grind
затвердевание solidification; hardening; setting
~ бетона concrete hardening
~ цементного раствора cement slurry thickening
затвердевать harden; set; solidify
затвердевающий в воздушных условиях air-setting
затвердение *см.* **затвердевание**
затвор gate, valve; catch
аварийный ~ emergency gate
автоматический ~ automatic gate
байонетный ~ bayonet catch
быстродействующий ~ rapid-acting gate
гидравлический ~ hydraulic gate
глубинный ~ deep gate
донный ~ bottom gate
дроссельный ~ butterfly gate
клапанный ~ flap gate
предохранительный ~ arrester
регулирующий ~ control gate
самоуплотняющийся ~ self-packing seal
шаровой поплавковый ~ ball float
затворение:
~ гипса tempering
~ цемента mixing of cement
затворять mix, add
~ цемент mix cement
затопление flooding
~ опор (*морского основания*) flooding-down of footing
затор congestion, jam(ming), blockage
ледяной ~ ice jam
затормаживать 1. brake 2. slow down, retard 3. inhibit
заторможенный blocked, braked
затраты expenditures, costs, expenses
~, зависящие от времени time depending costs
~, зависящие от объема проходки footage depending costs
~ мощности на разрушение породы horsepower input to formation
~ на воспроизводство expenditures of reproduction
~ на восстановление экологического равновесия expenditures for restoration of ecological balance
~ на выплату процентов interest costs
~ на инфраструктуру infrastructure costs
~ тепла heat input
~ труда labor costs
~ энергии energy consumption
~ энергии и материалов energy and materials consumption
аварийные ~ accident costs
годовые ~ annual charges
денежные ~ cash expenditures
капитальные ~ capital expenditures, first [capital, initial, investment] costs
косвенные ~ indirect expenses
материальные ~ material costs
непроизводительные ~ unproductive expenses
непроизводительные ~ времени при строительстве скважины nonproductive rig time
нераспределенные ~ unallocated costs
общие административные ~ general administrative expenditures
первоначальные ~ initial outlay, initial costs
переменные ~ variable expenditures
производительные ~ productive costs
прямые ~ direct costs
скрытые ~ hidden costs
суммарные ~ total expenditures
текущие производственные ~ current inputs into production
фактические ~ actual costs
затрубный (*межтрубный*) annular
затуплять (*инструмент*) blunt, dull
затухание:
~ колебаний oscillation damping
затылок лапы шарошечного долота shirt-tail
затычка bung, plug
затягивать fasten down, tighten, screw up; draw in
слишком сильно ~ overtighten
затяжка tensioning, tightening
~ бурильной колонны drill string [drill pipe] drag, drag on drill string
~ ремня belt tensioning
~ уплотнения tightening of seal
осевая ~ axial drawing-up
слишком сильная ~ (*при свинчивании труб*) overtonging
затянутый до отказа dead
заусен/ец burr, rag
снимать ~цы rag
захват 1. (*действие*) engagement, gripping, catching, clamping 2. (*устройство*) catch(er), hold, clamp, grip, grapple
~ грунтовыми водами intake
~ колодца intake of well
~ нейтронов neutron capture
~ нефти oil trapping

~ свечей stand racker
верхний ~ свечей upper stand racker
вильчатый ~ fork lift
инфильтрационный ~ колодца seepage area of well
клещевой ~ tongs
клиновой ~ spider
клиновой ~ для бурильных *или* обсадных труб drill pipe *or* casing power slip
клиновой ~ для спуска *или* подъема НКТ tubing spider
корзиночный ~ труболовки basket grapple
нижний ~ свечей lower stand racker
пневматический клиновой ~ pneumatic wedge clamp
рычажный ~ lever tongs
спиральный ~ труболовки spiral grapple
трубный ~ pipe grapple
захватывать:
  ~ бурильные трубы (*в скважине*) take hold of drill pipes
захлест (*каната*) backlash
захлопка flapper
заход pass; overshoot; entry (*of a thread*)
зацементированный cemented
зацементировать cement
  ~ обсадную колонну в скважине cement casing (string) in place
зацеплени/е catching; engagement; hooking; mesh(ing)
  вводить в ~ engage
  выводить из ~я disengage
зацеплять catch, engage, hook on
зацепляться cog, catch, hook on, engage
зачеканить:
  ~ алмазы в коронку crown sets of diamonds
зачистка 1. (*стержней*) grinding 2. (*удаление изоляции с проводов*) stripping, skinning 3. dressing
  ~ грата заусенцев trimming
  ~ емкости tank cleanout
  ~ кромки edge dressing
зачищать 1. (*стержни*) grind 2. (*поверхность*) condition 3. (*удалять изоляцию с проводов*) strip, skin 4. dress
  ~ контакты dress contacts
  ~ провод strip a wire
зашкаливать (*о приборе*) go [read] off-scale
зашлаковывание slagging
зашламованный sanded-in, sludge bound
зашламовывание sludging
  ~ скважины well sludging, sludging-up of well
защелка arresting device, catch, detent, dog, snap, latch, pawl
  ~ зева крюка hook mouth latch
  ~ ротора locking pawl of rotary table
  ~ сцепления clutch interlock
  ~ элеватора elevator latch
  безопасная ~ safety latch
  запорная ~ locking cam
  откидная ~ крюка hook catch
  падающая ~ falling pawl

подпружиненная ~ элеватора spring-loaded latch of elevator
предохранительная ~ *см.* безопасная защелка
разобщающая ~ disengaging latch
храповая ~ ratchet lock
защелкивание detention, engagement
защемление arrest, binding, jam(ming)
  ~ троса (*в канавке шкива*) pinch of cable
защемлять bind, jam, pinch
защита protection
  ~ глаз eye protection
  ~ обслуживающего персонала personnel protection
  ~ от атмосферного воздействия weather protection
  ~ от взрывов explosion protection
  ~ от коррозии corrosion prevention, corrosion protection
  ~ от коррозии с применением магниевых анодов sacrifice (corrosion) protection
  ~ от облучения рентгеновскими лучами X-ray protection
  ~ от огня и газа fire and gas protection
  ~ от перегрузки overload protection
  ~ от размыва wash-out protection
  ~ трубопровода pipe protection
  ~ цементным раствором grout protection
  аварийная ~ emergency shutdown control
  автоматическая ~ automatic protection
  анодная ~ (*от коррозии*) impressed-current (anodic) protection
  антикоррозионная ~ corrosion protection, corrosion prevention
  пассивная ~ от пожара passive fire protection
  противопожарная ~ fire protection
  релейная ~ relay protection
  релейная ~ с независимой выдержкой времени definite time graded protection
  релейная резервная ~ back-up protection
  тепловая ~ thermal protection
  токовая ~ current protection
  электрическая ~ electric protection
защитный shielding, protective, guard
защищать sheathe, shield, protect
защищенн/ый protected, sheathed, shielded
  ~ от неосторожного обращения [от повреждения при неправильном обращении] foolproof
  ~ от прикосновения к токоведущим частям shock-proof
  ~ от пыли dust-proof
  ~ сеткой screen-protected
  ~ футляром encased
заявка:
  ~ на изобретение claim for a discovery, claim for an invention
  ~ на перевозку грузов application for freight transportation
  ~ на получение подряда bidding
  ~ на регистрацию товарного знака application for registration of a trade mark

заявка

~ на участие в торгах offer for a tender
авторская ~ inventor's application
зарегистрированная ~ patented claim
заявление application, statement
~ морского протеста noting sea protest
~ на открытие счета request for a bank account
~ об обратном вывозе application for return
~ о выдаче разрешения application for a permit, application for a license
~ о переносе сроков погашения долга roll-over announcement
исковое ~ statement of claim
заявление-жалоба appeal
заявление-обязательство statement of obligation
заякоривание anchorage, anchoring
звездообразный radial
звездочка sprocket
~ цепной передачи chain sprocket
ведущая ~ цепной передачи drive chain sprocket
натяжная ~ tension sprocket
звено link, member, section
~ бурильных труб, заканчивающееся замком joint of drill pipe
~ гусеницы track link, track shoe
~ для временного соединения оборванной цепи repair link
~ клинового захвата power slips link
~ кривой segment of a curve
~ обсадных труб joint of casing
~ приведения reduction link
~ ходовой цепи track lug
~ цепи chain link
ведомое ~ driven member
ведущее ~ driving member, driver
вертлюжное ~ swivel link
взрывное ~ explosive link
запаздывающее ~ time-lag element
мономерное ~ полимера monomeric unit of polymer
переходное ~ offset link
промежуточное ~ intermediate joint
расцепное ~ disconnecting link
соединительное ~ coupling [roller] link; connector
стабилизирующее ~ equalizer
звук sound
~ с преобладанием высоких частот all-top sound
~ с преобладанием низких частот all-bottom sound
высокий ~ high-pitched sound
глухой ~ dull sound
диффузный ~ diffused sound
отраженный ~ reflected sound
проникающий ~ entrant sound
рассеянный ~ scattered [random] sound
слабый ~ faint sound
стационарный ~ steady-state sound
звукозонд sonoprobe

звукоизлучатель acoustic radiator
звукоизоляция sound-proofing
звукометрия sound ranging
звуконепроницаемость sound-proofness
звуконепроницаемый sound-proof
звукопередатчик sound transmitter
звукопередача sound transmission
звукопоглотитель 1. sound absorber 2. (*материал*) sound-absorbing lagging
звукопоглощающий sound-absorbing
звукоприемник sound detector, hydrophone
звукопроводность sound conductivity
звукопроницаемость acoustic permeability
зев:
~ валков roll gap
~ гаечного ключа mouth of a spanner
~ дробилки mouth of a grinder
~ клещей long jaw
~ крюка hook mouth
зейбертит seybertite, clintonite
зейрингит zeyringite
зелигманнит seligmannite
землепользование land use, land tenure
землетрясение earthquake
континентальное ~ inland earthquake
местное ~ local earthquake
отдаленное ~ distant earthquake, teleseism
подводное ~ submarine earthquake, seaquake
тектоническое ~ tectonic [dislocation] earthquake
землеустройство land management
землечерпалка dredge
земля earth, soil, ground
бесперспективная ~ impossible land
бесплодная ~ barren oil
диатомовая ~ diatomaceous earth, tellurine
залежная ~ layland
известковая ~ calcareous earth
инфузорная ~ infusorial earth, kieselguhr
квасцовая ~ alumina, alum earth
кирпичная ~ brick earth
красная ~ reddle, red chalk
красящая ~ earth color, mineral paint
кремнистая ~ siliceous earth
меловая ~ white land
мерзлая ~ frozen earth
наносная ~ derelict land, alluvion
осушенная ~ reclaimed land
отбеливающая ~ bleaching earth
растительная ~ overburden, sod, turf
рухляковая ~ marl earth
рыхлая ~ loose ground
свинцовая ~ lead earth
соляная ~ saltern
торфяная ~ peat mold, clod, peat soil
цериевая ~ cerite earth
черная болотная ~ muck
щелочная ~ alkali(ne) earth
зенковка bit
зеркало 1. mirror 2. (*воды*) table 3. (*поверхность*) surface
~ воды water table, water plane

~ горения firebed surface
~ грунтовых вод groundwater table
~ золотника slide valve face
~ испарения evaporation [disengagement] surface
~ микроскопа illuminating mirror
~ объемного резонатора cavity mirror
~ поляризации polarizer
~ системы складок fold system level
~ скольжения friction [gliding] plane, slicken-side
висячее водное ~ (semi)perched water table
ложное ~ скольжения false gliding surface
подвешенное водное ~ *см.* висячее водное зеркало
прерванное водное ~ interrupted water table
свободное ~ free water table
зернистость granularity, graininess
зернистый granular, granulated, grained
зерн/о grain
~a карбидов вольфрама tungsten-carbide splinters
~ неправильной формы irregular grain
~ с воздушными мешками saccate grain
ангедральное ~ angedral grain
бороздопоровое ~ fossa-aperturate grain
вкрапленное ~ nodule
вмещающее ~ host grain
кристаллическое ~ rugate grain
минеральные ~a mineral grains
морозобойное ~ frosted grain
морщинистое ~ crystal grain
несрезанное ~ unsectioned grain
окатанные ~a rounded grains
песчаное ~ sand grain
пластинчатое ~ platy grain
почти сплющенное ~ suboblate grain
продолговатое ~ prolate grain
пыльцевое ~ pollen grain
равноразмерное ~ equidimensional grain
редкоячеистое ~ oligobrochate grain
слабокатанные ~a poorly rounded grains
сплющенное ~ oblate grain
шаровидное ~ globular grain
щитовидное ~ aspidate grain
ячеистое ~ brochate grain
змеевик (pipe) coil
знак character, note, sign, mark(er)
~ кривизны sense of curvature
~ минерала optic sign
~ объединения sign of aggregation, symbol of grouping
~ полярности polarity mark, polarity sign
~ порядка exponent sign
~ течения flow [current] mark
~ функциональной зависимости functional symbol
береговой ~ land mark
буквенно-цифровой ~ alphanumeric character
буквенный ~ alphabetic character
ветровой ~ ряби wind ripple

геодезический ~ geodetic beacon
дорожный ~ road sign
концентрический ~ нарастания annulation
маркшейдерский ~ vane, sight survey mark
предупреждающий ~ warning sign
разделительный ~ separator symbol, separating character
товарный ~ brand; trade mark
товарный ~ завода-изготовителя manufacturer's trade mark
управляющий ~ control character
условный ~ symbol, conventional sign
фабричный ~ manufacturing mark
фирменный ~ trade mark, brand
цифровой ~ digital character
значение value, magnitude; quantity
~ абсциссы abscissa [X-coordinate] value
~ ординаты ordinate [Y-coordinate] value
абсолютное ~ absolute value
заданное ~ preassigned value
заниженное ~ conservative figure
пиковое ~ crest, peak value
приближенное ~ approximate value
промышленное ~ commercial importance
сглаженное ~ smoothed value
собственное ~ characteristic value
средневзвешенное ~ weighted mean value
среднее ~ mean [average] value
среднее арифметическое ~ arithmetic mean
среднее эффективное ~ mean effective value
среднеквадратичное ~ root-mean-square [rms] value
стационарное ~ steady-state value
уточненное ~ improved value
характерное ~ representative value
целочисленное ~ integral value
частное ~ particular value
численное ~ numerical value
экстраполированное ~ estimated value
эффективное ~ effective value
зола ash
внешняя ~ free [extraneous] ash
внутренняя ~ constitutional [organic] ash
вторичная ~ secondary ash
древесноугольная ~ charcoal ash
летучая ~ fly ash
остаточная ~ residual ash
первичная ~ intrinsic ash
свободная ~ segregated ash content
связанная ~ intrinsic [fixed, inherent, constitutional] ash
тугоплавкая ~ high-fusing ash
золотник (slide) valve
~ перемены хода reversing valve
~ с начальным осевым зазором open-center valve
~ с начальным осевым перекрытием closed-center valve
~ с перекрытием overlapping valve
главный ~ main slide valve
дроссельный ~ throttle valve
коробчатый ~ plain slide valve

ЗОЛОТНИК

крановый ~ cock plug
поворотный ~ rotary slide valve
поршневой ~ piston slide valve
разгруженный ~ balanced valve
распределительный ~ distributing slide valve
цилиндрический ~ spool valve

золь sol, colloidal solution
глинистый ~ clay sol
силикатный ~ silica sol

зольность ash content
~ на сухую массу ash on dry basis

зольный high-ash

зона (*площадь*) area, zone; (*полоса*) band, belt
~ аномальных давлений abnormal pressure area
~ аэрации aeration zone
~ безопасности safety zone
~ брекчирования brecciated zone
~ влияния affected area
~ влияния скважины zone of well influence
~ водяного конденсата condensed water zone
~ воздействия кислоты acidized zone
~ волнистого угасания undulatory zone
~ вспучивания zone of swelling
~ выветривания zone of weathering
~ выклинивания пласта fringe zone of a bed
~ выклинивания пласта вверх по восстанию updig wedge-bed
~ выклинивания проницаемого пласта wedge-belt of permeability
~ высоких давлений high-pressure zone
~ высокого риска hazardous [troublesome] zone, dangerous area
~ вытеснения drive [displacement] zone
~ выщелачивания leached zone
~ гладкого трения laminar friction zone
~ горения combustion zone
~ действия coverage
~ диагенеза diagenetic zone
~ дренирования скважины drainage area of well
~ дробления shatter [crush] zone
~ естественного искривления ствола crooked hole zone
~ заводнения flooding zone
~, загрязненная буровым раствором mud contaminated area
~ закирования tar zone
~ замещения *см.* зона вытеснения
~ заплеска воды splash zone
~, заполненная дислокационной брекчией shatter zone
~ затопления flooding area
~ излома zone of fracture
~ интенсивной трещиноватости zone of intense fracturing
~ интенсивно рассланцованных пород shear zone
~ интенсивности intensity zone
~ инфильтрации infiltration [invaded] zone
~ исключительного права zone of exclusive rights
~ истечения zone of discharge
~ квадратичного закона сопротивления square resistance law zone
~ конденсации condensation zone
~ контакта contact zone
~ контакта фундамент – основание bottom surface
~ межкупольной складчатости intercupola folding area
~ многолетней мерзлоты continuous permafrost zone
~ напластования sheeted zone
~ напряжений zone of stresses
~ нарушений troublesome zone
~ насыщения zone of saturation
~ неисключительного права zone of non-exclusive rights
~, не охваченная вытеснением inswept zone
~, не подвергающаяся влиянию unaffected zone
~ нефтегазонакопления oil-and-gas accumulation area
~ нефтеобразования oil formation area
~ низких давлений low-pressure zone
~ низкой проницаемости low permeability zone
~ обваливающихся сланцев heaving shale belt
~ обводнения zone of invasion
~ обломочных россыпей rubble zone
~ окаменения fossilization zone
~ окисления zone of oxidation
~ осадконакопления zone of sedimentation
~ осаждения settling zone
~ осложнений troublesome zone
~ оттаивания thawed zone
~ перемятых и перетертых горных пород zone of clastic and abraded rocks
~ поглощения lost-circulation [thief] zone
~ погружений с аквалангом scuba diving zone
~, подверженная действию кислоты acidized zone
~ поднятия zone of uplift
~ подпора подземных вод zone of subterranean backwater
~ пониженного давления depression zone
~ почвенной воды belt of soil water
~ преференциальных тарифов preferential tariff zone
~ прилива tidal zone
~ промерзания zone of freezing
~ проникновения zone of penetration, invaded zone
~ пропитывания zone of percolation
~ просачивания zone of capillarity
~ равновесия zone of equilibrium
~ разгрузки zone of discharge
~ разломов zone of fracture
~ размыва wash zone
~ разрыва fractured [ruptured] zone
~ распространения трещиноватости zone of fissure spread

зона

~ растворения zone of solution
~ региональных несогласий regional disconformity area
~ сбросов zone of faults, fault zone
~ сварного шва weld zone
~ свободной торговли free trade zone
~ сжатия pressure zone, zone of compression
~ скалывания shear zone
~ складчатости zone of folding
~ слабости zone of weakness
~ слабых водопроявлений wet zone
~ смешанного трения mixed friction zone
~ смещения shift zone
~ совместного предпринимательства zone of joint enterprise
~ соленосной формации area of saline formation
~ с промышленной нефтегазоносностью pay [productive] zone
~ с просачивающейся водой weeping zone
~ сульфидов sulphide zone
~ сцементированных пород zone of cementation
~ текучести zone of flowage
~ теплового возмущения heat disturbance zone
~ тонкого переслаивания thin interbedded zone
~ трения friction zone
~ трещиноватых пород zone of rock fracture, fractured zone
~ фонтанирования flowing area
~ форсированного эпигенеза area of forced epigenesis
~ цементации cementation zone
~ эпигенеза area of epigenesis
~ эпицентра epicentral region
~ эрозии erosion zone
абиссальная ~ abyssal zone
антиклинальная ~ anticlinal zone
аридная ~ arid zone
арктическая ~ Arctic zone
аэрированная ~ aerated zone
батиальная ~ bathyal zone
безопасная ~ safety [safe] area
береговая ~ littoral zone
беспошлинная ~ duty-free zone
биогеохимическая ~ biogeochemical zone
богатая нефтью ~ oil prolific zone
более глубокая ~ земной коры infrazone of the crust
вадозная ~ vadose zone
валютная ~ currency area
внешняя ~ fringe zone; outer zone
внутренняя ~ inner zone
водонефтяная ~ oil-water zone
водоносная ~ water-bearing zone
выклинивающаяся ~ pinching-out zone
газоносная ~ gas(-bearing) zone
геосинклинальная ~ geosynclinal belt
гидратная ~ hydrate zone
главная ~ разрезов кристаллов principal section of crystals

глубинная ~ abyssal zone
глубокая жильная ~ deep vein zone
глубоководная морская ~ deep-sea zone
гольцовая ~ zone of bald mountains
жилковатая ~ stringer zone
жилообразная импрегнированная ~ impregnation vein zone
жильная ~ vein [stringer] zone
загрязненная ~ пласта damaged formation zone
закаленная контактная ~ chilled contact zone
закаленная краевая ~ chilled margin
законтурная ~ пласта aquifer
замороженная ~ frozen zone
застойная ~ системы водоподготовки stagnant section of water treatment system
захватная ~ колодца intake zone of well
защитная ~ protective belt
зрелая ~ mature region
капиллярная ~ zone of capillarity
климатическая ~ climatic zone
коровая ~ crustal zone
краевая ~ marginal [edge] zone
краевая ~ пористой породы edge belt of porosity
ксенотермальная ~ xenothermal zone
литоральная ~ littoral zone
мертвая ~ dead zone, dead area
местная климатическая ~ edaphic climatic zone
метаморфическая ~ metamorphic zone
метаморфическая ~ высокой степени high-grade metamorphic area
наружная ~ кристалла outer rim of crystal
нарушенная ~ shear zone
незрелая ~ immature zone
нейтральная ~ level of no strain
непродуктивная ~ barren zone
нефтеносная ~ oil(-bearing) zone
нефтяная ~ bank of oil
океаническая ~ oceanic [deep-sea] zone
окраинная ~ borderland
опасная ~ troublesome [hazardous] zone, dangerous area
ослабленная ~ zone of weakness
отстающая ~ при заводнении trailing zone
охранная ~ safeguard zone
пелагическая ~ pelagic zone
первичная ~ заводнения stabilized zone, primary phase of flood
перемещающаяся нефтяная ~ oil bank
переходная ~ transition zone
перигляциальная ~ periglacial zone
периодическая ~ oscillatory zone
перфорированная ~ perforated zone
песчаная ~ sandy zone
поднадвиговая ~ subthrust zone
подчиненная ~ заводнения subordinate phase of flood
пожароопасная ~ fire dangerous area
пористая ~ porous zone
почвенная ~ soil zone

зона

призабойная ~ пласта critical area of formation
приливно-отливная ~ tidal flat zone
проводящая ~ zone of conductivity
продуктивная ~ pay [productive] zone
промежуточная ~ intermediate zone
промытая ~ flushed [wipe-out] zone
промышленная ~ *см.* продуктивная зона
рабочая ~ working area
раздробленная ~ crush [shatter] zone
рифтовая ~ rift zone
свободная экономическая ~ free economic zone
сейсмическая ~ seismic zone, seismic belt
симатическая ~ simatic zone, sima
синклинальная ~ synclinal belt
складчатая ~ belt of folded strata
слоистая ~ sheeted zone
смежная ~ (*океан за пределами территориальных вод*) contiguous zone
средняя дискоидальная ~ median zone
статическая ~ static zone
структурно-фациальная ~ structure-facies zone
субкрустальная ~ subcrustal zone
сублиторальная ~ sublittoral zone
субметаморфическая ~ submetamorphic area
тектоническая ~ tectonic zone
токопроводящая ~ zone of conductivity
трещиновато-пластичная ~ zone of rock fracture and flowage
турбулентная ~ turbulent zone
угрожаемая ~ *см.* опасная зона
умеренная ~ temperate zone
упругая ~ elastic zone
шарнирная ~ hinge zone
шельфовая ~ shelf zone
экономическая ~ economic area
эксплуатационная ~ production zone
зональность zoning, zonation, zonality
~ подземных вод zoning of ground waters
вторичная ~ secondary zoning
геологическая ~ geological zonation
гипогенная ~ hypogene zoning
климатическая ~ climatic zonation
обратная ~ reverse zoning
первичная вертикальная ~ primary downward changes
повторная ~ oscillatory zoning
зональный zonal, zoned
зонд sound, sonde, probe
~ для замера кривизны ствола скважины hole curvature measuring apparatus
~ самопроизвольной поляризации spontaneous polarization logging sonde
~ сопротивления resistivity logging sonde
~ электродных потенциалов electrode potentials sonde
акустический двухэлементный каротажный ~ two-element acoustic logging sonde, single receiver logging device
акустический каротажный ~ acoustic logging sonde
боковой двухполюсный каротажный ~ dipole lateral logging sonde
боковой девятиэлектродный каротажный ~ nine-electrode lateral logging sonde
боковой дивергентный каротажный ~ divergent lateral logging sonde
боковой каротажный ~ lateral logging sonde
боковой микрокаротажный ~ microlaterologging sonde
боковой однополюсный каротажный ~ direct lateral logging sonde
буферный каротажный ~ logging sonde with insulating ring
диэлектрический каротажный ~ dielectric logging sonde
донный ~ bottom sounder
забивной ~ driving penetrometer, driving rod
каротажный ~ logging sonde, logging device
нормальный ~ normal probe
пенетрационный ~ cone penetrometer
прямой ~ direct sound
радиоактивный ~ radioactivity sonde
скважинный ~ downhole surveying device, well log sonde, sonde for well logging
электрический каротажный ~ electric logging sonde
электромагнитный каротажный ~ electromagnetic logging sonde
зондирование sounding
~ вращательным зондом vane test
боковое каротажное ~ lateral logging sounding
глубинное сейсмическое ~ deep seismic sounding
зондировать sound
зонт canopy, hood
зуб dent, dog; tooth, *мн.* teeth
~ья бурового долота drilling bit teeth
~ья бурового долота в форме зубила chisel drilling bit teeth
~ья бурового долота с большим углом заострения drilling bit teeth with big angle of throat
~ья бурового долота с полусферической рабочей поверхностью drilling bit teeth with hemispherical working surface
~ья бурового долота с призматической рабочей поверхностью drilling bit teeth with prismatic working surfacc
~ья долота digging teeth
~ья коронки bit teeth
~ья шарошки cutter teeth
~ья шарошки, армированные зернистым твердым сплавом cutter teeth reinforced with grained hard alloy
~ья шарошки в форме острого зубила sharp chisel-shaped teeth
~ья шарошки в форме тупого зубила blunt chisel-shaped teeth
~ья шарошки с округленной вершиной rounded [ovoid-end] inserts
~ья шарошки с пулевидной вершиной projectile-shaped inserts

~ья шестерни gear teeth
вставные ~ья бурового долота inserted drilling bit teeth
вставные ~ья шарошки cutter inserts
гипсодонтный ~ hypsodont tooth
замочный ~ hinge tooth
замыкающий ~ dog
карбидовольфрамовые вставные ~ья шарошки tungsten-carbide teeth, tungsten-carbide compacts, tungsten-carbide buttons, tungsten-carbide inserts
короткие ~ья шарошки short [shallow] cutter teeth
литые ~ья бурового долота cast drilling bit teeth
остроконечные ~ья chisel teeth
периферийные ~ья бурового долота heel drilling bit teeth
полусферические ~ья шарошки hemispherical-shaped teeth
размещенные с большим шагом ~ья бурового долота widely spaced drilling bit teeth
размещенные с малым шагом ~ья бурового долота closely spaced drilling bit teeth
расширяющие ~ья долота reaming teeth
ребристые ~ья бурового долота webbed drilling bit teeth
твердосплавные ~ья hard-alloy teeth, hard-alloy compacts, hard-alloy inserts, hard-alloy buttons
фрезерный ~ knife
фрезерованные ~ья шарошки milled cutter teeth
храповой ~ ratchet tooth
шевронный ~ herring-bone tooth
зубец dent, tooth
зубило chisel
зубчатый serrate
зуммер buzzer
зумпф sump
~ для глинистого раствора clay pit

И

ивернит ivernite
игла needle
~ Вика (*для определения консистенции бетона*) Vicat needle, Vicat apparatus
~ клапана valve needle
~ распылителя nozzle needle
~ с пяткой butted needle
дроссельная ~ throttle needle
крючковая ~ spring beard needle
магнитная ~ magnetic needle
ориентированная ~ oriented needle
ощупывающая ~ sensing needle
проволочная ~ wire needle
регулировочная ~ adjustment needle
иглофильтр well point
игольчатый needle-like
игра (*свободный ход детали*) backlash; play
~ цветов нефти change of oil color
идентификатор identifier
~ данных data descriptor
идентификация identification
~ зон identification of zones
~ пластов identification of seams
идриалит idrialite
избирательность selectivity; discrimination
~ катализатора discrimination of a catalyst
~ колебательного контура discrimination of a tuned circuit
~ фильтра discrimination of a filter
избыток excess, surplus
~ воздуха excess air
жидкостный ~ liquid surplus
известегаситель lime slaker
известкование liming, calcification
известково-глинистый calcareo-argillaceous
известково-доломитовый limestone-dolomitic
известково-натриевый calcosodic
известково-роговой calcareocorneous
известково-щелочной calc-alkali
известковый calcareous, calciferous, limy
известняк chalkstone, limestone
~ с зернами кальцита calcarenite
асфальтовый ~ asphaltic limestone
битуминовый ~ bituminous limestone
верхнеюрский ~ upper Jurassic limestone
гидравлический ~ hydraulic limestone
глинистый ~ marlstone, clayey limestone, cement stone
грубый ~ coarse limestone
девонский ~ Devonian limestone
доломитизированный ~ dolomitic limestone
железистый ~ ferruginous limestone
железосодержащий ~ *см.* железистый известняк
закарстованный ~ karst limestone
зернистый ~ granular limestone
кавернозный ~ cavern(ous) limestone
каменноугольный ~ carboniferous limestone
комковатый ~ ballstone
кремнистый ~ cherty [siliceous] limestone
кристаллический ~ crystalline limestone
магнезиальный ~ magnesian limestone
мергилистый ~ marly limestone
морской ~ marine limestone
нижнемеловой ~ Lower Cretaceous limestone
низкопористый ~ poor porous limestone
обломочный ~ fragmental limestone
оолитовый ~ oolitic limestone
органогенный ~ organic limestone
пелитоморфный ~ pelitomorphic limestone
пенистый ~ foamy [pumaceous] limestone
первоначальный ~ original limestone
песчанистый ~ arenaceous limestone
плотный ~ compact [massive] limestone
пористый ~ porous limestone

известняк

разложившийся ~ decomposed limestone
ракушечный ~ shell limestone, coquina
рифовый ~ reef limestone
скрытокристаллический ~ cryptocrystalline limestone
сланцевый ~ shaly limestone
слоистый ~ laminated limestone
твердый ~ hard limestone
тонкокристаллический ~ fine-crystalline limestone
тонкослоистый ~ thinly laminated limestone
трещиноватый ~ fissured [fractured] limestone
чистый ~ straight limestone
известняк-ракушечник shell limestone, coquina
известь lime
быстрогасящаяся ~ quick-slacking lime
воздушная ~ common [air-hardening] lime
гашеная ~ hydrated [slaked] lime
гидравлическая ~ hydraulic [water] lime
гидратная ~ hydrated lime
едкая ~ caustic lime, quicklime
жирная ~ rich [fat] lime
кусковая ~ lump lime
натровая ~ soda lime
негашеная ~ *см.* едкая известь
обожженная ~ burned [calcined] lime
порошкообразная ~ pulverized lime
связанная ~ combined lime
сернокислая ~ gypsum, calcium sulfate
тощая ~ lean [meager, poor] lime
углекислая ~ carbonate of lime
хлорная ~ bleaching powder, hypochloride lime
чистая ~ pure [neat] lime
извещатель:
автоматический пожарный ~ automatic fire alarm
пожарный ~ fire detector
пожарный дымовой ~ smoke detector
ручной пожарный ~ manual alarm
световой пожарный ~ light detector
тепловой пожарный ~ heat detector
извилистость tortuosity
~ поровых каналов pore tortuosity
извилистый sinuous, flexuous, tortous, winding
извлекать 1. extract 2. (*инструмент из скважины*) withdraw, pull, retrieve, remove 3. (*нефть, газ из недр*) recover, yield
извлечение 1. extraction 2. (*инструмента из скважины*) withdrawal, pulling, removing, retrieving 3. (*нефти, газа из недр*) recovery
~ бокового керноотборника side-wall core sampler withdrawal
~ бурильной колонны pulling of drill string
~ бурильных труб через закрытый универсальный противовыбросовый превентор stripping of drill pipes through the closed universal blowout preventer
~ инструмента tool withdrawal

~ керна core extraction
~ кислых компонентов из газа sour gas stripping
~ масла oil extraction
~ насоса pump withdrawal
~ нефти oil recovery
~ нефти за счет естественного истощения пластовой энергии blowdown recovery
~ обсадных труб recovery of casing
~ пробы sampling
~ свай pulling of piles
~ сероводорода hydrogen sulfide removal
~ флюида fluid recovery
абсорбционное ~ absorption extraction
промышленное ~ commercial recovery
изгиб bend(ing), flexure
~ земной коры earth bend
~ зерна grain bend
~ кривой knee of curve
~ кривой насыщения saturation bend
~ пласта bending of stratum
~ пласта по падению drag dip
~ пласта по простиранию drag strike
~ под прямым углом elbow [knee] bend
~ синклинали synclinal bowing
~ складки knee of fold
антиклинальный ~ anticlinal flexure
знакопеременный ~ alternating bending
крутой ~ sharp bend
односторонний ~ пласта one-limbed flexure of stratum
продольный ~ колонны buckling of string
резкий ~ kink
упругий ~ elastic bending
изгибание bending, flexing
изгибать bend, curve
~ в виде колена crank
~ на... градусов bend through... degrees
изглаживание erasure, obliteration
изготовитель manufacturer, producer
изготовленный made
~ вручную hand-made
~ из твердотельных элементов solid-state
~ на заводе factory-made
~ по заказу custom-made
издели/е article; product; item
взаимопоставляемые ~я mutually supplied articles
годное ~ effective product
готовое ~ finished product, finished article
комплектующие ~я complementary parts
марочные ~я top-quality articles
металлические ~я hardware
некондиционные ~я off-standard [substandard] products
обрабатываемое ~ work(piece)
патентоспособные ~я patentable products
промышленные ~я manufactured goods
ремонтопригодное ~ maintainable item
серийное ~ stock-produced item
сопутствующие ~я related products
трубные ~я tubular goods

издержки costs, expenditure, expenses (*см. тж* **затраты**)
~ по упаковке packing expenses
~ при погрузке loading expenses
~ производства costs of production
~ производства в промышленности industrial costs
аварийные ~ accident costs
исчисленные ~ estimated expenses
косвенные ~ indirect expenses
материальные ~ material costs
предусмотренные ~ anticipated expenses
сметные ~ *см.* исчисленные издержки
судебные ~ legal costs
торговые ~ sales expenses
фактические ~ actual costs

изливаться flow [pour] out, erupt

излиш/ек excess, surplus
~ки товаров surplus commodities
~ цемента excessive cement, excess of cement

излом break(ing), fracture
~ в характеристике break in a characteristic curve
~ кривой break of a curve
~ при растяжении tension fracture
~ при сжатии compression fracture
~ при срезе shear fracture
вогнутый ~ concave fracture
волокнистый ~ fibrous fracture
выпуклый ~ convex fracture
вязкий ~ tough fracture
гладкий ~ even fracture
землистый ~ earthy fracture
зернистый ~ granular fracture
косой ~ oblique fracture
крупнозернистый ~ coarse-grained fracture
мелкозернистый ~ fine-grained fracture
неровный ~ irregular fracture
плоский ~ plane fracture
поперечный ~ transverse fracture
раковистый ~ conchoidal fracture
ровный ~ *см.* гладкий излом
свежий ~ керна fresh core break
сланцеватый ~ slaty fracture
усталостный круговой ~ circumferential fatigue break
хрупкий ~ brittle fracture
чешуйчатый ~ laminated fracture

излучатель radiator
звуковой ~ acoustic radiator
инфракрасный ~ infrared source
линейный ~ linear radiator
полосковый ~ радиоволн strip-line radiator
рамочный ~ радиоволн loop radiator
точечный ~ point radiator
щелевой ~ радиоволн slot radiator

излучать beam, emit, radiate

излучение emission, radiation
~ альфа-частиц alpha-radiation, alpha-ray emission
~ бета-частиц beta-radiation, beta-ray emission
~ газа gaseous radiation
~ гамма-частиц gamma-radiation, gamma-ray emission
~ горных пород rock radiation, rock emission
~ дуги arc rays
~ звука sound emission
~ малой энергии low-energy radiation
~ света light emission, luminous radiation
анизотропное ~ anisotropic emission
безопасное ~ nonhazardous emission
вторичное ~ secondary radiation, secondary emission
естественное ~ natural radiation, natural emission
запаздывающее ~ delayed radiation
земное ~ terrestrial [earth] radiation
импульсное ~ pulsed radiation
интенсивное ~ strong radiation
инфракрасное ~ infrared [IR] radiation
ионизирующее ~ ionizing radiation
исходящее ~ emergent radiation
когерентное ~ coherent radiation
корпускулярное ~ corpuscular [particle] radiation
магнитное ~ magnetic radiation
малоинтенсивное ~ low-level radiation
нисходящее ~ downwelling radiation
остаточное ~ residual radiation
отражённое ~ reflected radiation
падающее ~ incident radiation
поражающее ~ injurious radiation, injurious rays
радиоактивное ~ radioactive radiation
самопроизвольное ~ spontaneous radiation
световое ~ luminous radiation, light emission
тепловое ~ heat [thermal] radiation, heat emission
электромагнитное ~ electromagnetic radiation
эмиссионное ~ emission radiation

измельчать comminute, grind, crush
~ в порошок crush to powder
~ в пыль pulverize

измельчение comminution, crushing, grinding; (*в пыль*) pulverization
~ породы буровым долотом grinding rock at the bit
сухое ~ dry milling
тонкое ~ fine crushing

изменение alteration, variation, change; (*преобразование*) transformation
~ величины давления pressure change
~ вертикальной неоднородности коллектора по пористости vertical reservoir porosity stratification
~ вертикальной неоднородности коллектора по проницаемости vertical reservoir permeability stratification
~ в поведении продуктивного пласта change in reservoir behavior
~ гидродинамического забойного давления bottom-hole flowing pressure change

изменение

~ глубины подвески насоса pump setting depth change
~ дебита скважины productivity change, change in rate of productivity
~ забойного давления bottom-hole pressure change
~ кривизны inclination [deviation] change
~я литологического состава lithological changes
~ магнитного поля Земли change in Earth's magnetic field
~ масштаба change of a scale
~ механической скорости бурения penetration rate variation, change of drilling rate
~ направления падения reversal of dip
~ направления скважины (*в градусах на сто футов замеренной глубины*) dogleg severity
~ направления ствола скважины crook(ing)
~ направления течения в трубопроводе *или* фильтре (*для очистки*) backflush
~ направления течения при заводнении cross-flooding
~ объема газа changing of gas volume
~ осевой нагрузки на долото weight-on-bit variation
~ потенциала potential gradient
~ прилива при жестком шторме lateral variation
~ проницаемости горной породы rock permeability alteration, rock permeability variation
~ проницаемости коллектора по вертикали reservoir permeability stratification, vertical reservoir permeability change
~ проницаемости коллектора по площади lateral [areal] reservoir permeability change
~ режимов работы *или* эксплуатации operational changes
~ сечения change in cross-section
~ силы тяжести gravity change
~ скорости бурения change of drilling speed
~ толщины пласта change in thickness of bed
~ угла между касательной ствола скважины в одной точке, отнесенной к другой (*включает в себя изменение угла и направления*) dog-leg
~ фазы на 180° phase reversal
биофациальное ~ biofacies change
внезапное ~ abrupt [sudden] change
гидротермальное ~ hydrothermal alteration
литофациальное ~ lithofacies change
скачкообразное ~ discontinuous variation
температурные ~я temperature variations, temperature changes
фациальные ~я facies changes
циклические ~я температуры thermal cycling, temperature cyclic changes
изменчивость variation, variability
~ по простиранию lateral variation
действительная ~ actual variability
постоянная ~ continuous variation
прерывистая ~ discontinuous variation

скачкообразная ~ saltatory variation
изменять окраску decolorize
измерени/е (*процесс и результат*) measurement; (*только процесс*) measuring, metering, gaging
~ больших глубин deep-sea sounding
~ в натуре actual measurement
~ во время бурения (*датчик измеряет и передает на поверхность данные о процессе бурения*) measuring while drilling, MWD
~ восстановления давления pressure build-up measurement, shut-in pressure test
~ восстановления уровня level rise measurement
~ в процессе бурения *см*. измерение во время бурения
~ времени chronometry, time keeping, time measurement
~ высоты налива нефти oil gaging
~ вязкости viscosity measurement
~ вязкости при высокой температуре high-temperature viscosity measurement
~ гидродинамического забойного давления bottom-hole flowing pressure measurement
~ глубинным манометром depth gage [downhole pressure] measurement
~ глубины depth measurement
~ горного давления overburden rock pressure measurement
~ давления pressure measurement, pressure gaging
~ давления на устье скважины measurement of wellhead pressure
~ дебита measurement of production rate, measurement of production output
~ дебита газа gas production [gas yield] measurement
~ дебита нефти oil production measurement
~ дебита скважины well production measurement
~ дебитомером flowmeter measurement
~ дебитомером с пакерующим элементом packer-flowmeter measurement
~ депрессии differential pressure measurement
~ забойного давления bottom-hole pressure measurement
~ излучения radiation measurement
~ искривления ствола скважины directional survey
~ конечного забойного давления в закрытой скважине final shut-up bottom-hole pressure measurement
~ методом вытеснения measurement by displacement
~ мутности turbidimetry
~ на забое downhole measurement
~ на роторе rotary bushing measurement
~ начального дебита скважины initial well potential measurement
~ начального забойного давления в закрытой скважине initial shut-up bottom-hole pressure measurement

~ перелива overflow measurement
~ перепада давления pressure drop [pressure differential] measurement
~ пескосодержания measurement of sand content
~ пластового давления measurement of formation pressure
~ плотности жидкостей areometry
~ поглощающей способности absorptiometry
~ предельного статического напряжения сдвига gel strength measurement
~ при радиальном потоке radial flow test
~ притока flow test
~ проницаемости пласта bed permeability measurement
~ проницаемости по различным направлениям directional permeability measurement
~ радиоактивности radioactivity measurement, radiometry
~ разности потенциалов potential difference measurement
~ расхода жидкости flow measurement
~ содержания соли halometry
~ толщины пласта measurement of stratum thickness
~ точки росы dew-point measurement
~ удельного сопротивления бурового раствора measurement of mud resistivity
~ уровня level gaging
~ уровня продукта в резервуаре tank gaging
~ щелочности alkalinity measurement
~ щелочности (фильтрата) бурового раствора pH measurement
абсолютное ~ absolute measurement
акустическое ~ acoustic measurement
дистанционное ~ remote measurement
инструментальное ~ instrumental measurement
количественное ~ metering
рентгенометрическое ~ X-ray diffraction measurement
сейсмическое ~ seismic measurement
скважинные ~я well [downhole] measurements, well shooting
топографическое ~ land surveying
точечное ~ point-by-point measurement
ультразвуковое ~ ultrasonic measurement
электрометрическое ~ electrometric measurement
измеритель meter, gage, tester
~ выхода output meter
~ глубин bathometer, sonic depth meter
~ дебита скважины well production meter, well tester
~ деформации strain gage
~ диаметра скважины hole calipering gage
~ наклона буровой скважины borehole dipmeter
~ натяжения каната cable-tension meter
~ поляризации поля field-polarization meter
~ проницаемости керна core permeameter
~ расхода жидкости flowmeter

~ силы взрыва explosimeter
~ скорости движения салазок и пройденного расстояния *(при заглублении подводного трубопровода)* sledge velocity and distance meter
~ скорости испарения evaporimeter
~ скорости течения current meter
~ сопротивления изоляции insulation tester
~ сопротивления почвы soil-resistance meter
~ угла наклона dipmeter
~ удельного сопротивления resistivity meter
~ уровня level gage
измерять measure
~ вязкость measure viscosity
~ глубину measure [determine] depth, take soundings, sound
~ дебит скважины test a well
~ pH бурового раствора measure mud pH
изнашиваемость wearability
изнашивание wear; deterioration; aging
~ от трения attrition
~ при заедании seizure wear
абразивное ~ abrasive wear
быстрое ~ high-speed wear
газоабразивное ~ gas abrasion wear
гидроабразивное ~ hydroabrasive wear
кавитационное ~ cavitation wear
коррозионное ~ corrosion wear
коррозионно-механическое ~ mechanochemical wear
коррозионно-эрозионное ~ erosion-and-corrosion wear
механическое ~ mechanical wear
окислительное ~ oxidative wear
постепенное ~ progressive wear
усталостное ~ fatigue wear
фрикционное ~ friction wear
эрозионное ~ erosive wear
изнашиваться deteriorate, wear
полностью ~ wear out
износ wear; deterioration *(см. тж* **изнашивание**)
~ бура по диаметру drill-gage wear
~ в период приработки run-in [initial] wear
~ втулок насоса barrel wear
~ зубьев бурового долота по вершинам flat-crested wear of drilling bit teeth
~ зубьев бурового долота с эффектом самозатачивания self-sharpening wear of drilling bit teeth
~ истиранием attrition wear
~ основных средств fixed assets depreciation
абразивный ~ бурового долота abrasive drill bit wear
естественный ~ natural wear
коррозионный ~ corrosive wear
желобообразный ~ зубьев долота cupping of bit teeth crest
золовой ~ ash wear
моральный ~ functional wear
нарастающий ~ cumulative wear
неравномерный ~ uneven [unbalanced] wear

ИЗНОС

односторонний ~ one-sided wear
пикообразный ~ зубьев бурового долота peak-shaped wear of drilling dit
равномерный ~ regular [uniform] wear
слабый ~ reduced wear
чрезмерный ~ undue wear
эксплуатационный ~ service wear
износостойкий wear-resistant, wear-proof
износостойкость wear resistance, resistance to wear
 ~ долота по диаметру gage holding capacity of bit
относительная ~ comparative wear resistance
удельная ~ specific wear resistance
изобара isobar, constant-pressure line
 ~ нормального давления mesobar
изобата isobath, isobathic line, depth contour
изобатитерма isobathytherm
изображение image; representation
 ~ в рентгеновских лучах X-ray image
 ~ источника source image
 ~ подземного рельефа subsurface relief representation
 ~ рельефа representation of topographic relief
 ~ условными знаками symbolic representation
аксонометрическое ~ axonometric drawing
видимое ~ visible image
внеосевое ~ off-axis image
графическое ~ graphic representation; drawing
действительное ~ real image
дифракционное ~ diffraction image
масштабное ~ scale representation
мнимое ~ virtual image
нечеткое ~ blind [indistinct] image
обратное ~ reversed [inverted] image
объемное ~ three-dimensional presentation, 3-d image
панорамное ~ panoramic scan
параксиальное ~ paraxial image
перевернутое ~ reversed image
побочное ~ false image
пространственное ~ *см.* объемное изображение
размытое ~ diffuse [blurred] image
расплывчатое ~ blurred image
схематическое ~ diagrammatic representation
точечное ~ point image
изобутан isobutanol
изогала isogal
изогама isogam
изогеотерма isogeotherm
изогипса contour line
 ~ пласта bed contour line
изогнутый:
 ~ в горячем состоянии hot bent
 ~ внутрь inward bent
 ~ в холодном состоянии cold bent
изоградиент isogradient
изограмма isogram
изоклиналь isocline, isoclinal line

изолиния isoline, contour line
изолированный sealed, insulated
 ~ поливинилхлоридом PVC-insulated
 ~ полиэтиленом insulated with polyethylene, polyethylene-covered
 ~ тефлоном insulated with teflon, teflon-insulated
 ~ трубами cased off
изолировать:
 ~ водоносный горизонт seal off
 ~ зону осложнений seal off troublesome zone
изолирующий non-conducting
изолятор insulator
вводной ~ bushing
проходной ~ *см.* вводной изолятор
распределительный ~ switch-gear insulator
изоляционный insulating, isolating
изоляция 1. *эл.* insulation 2. isolation; separation 3. (*материал*) insulation, insulator
 ~ воды water shutoff
 ~ горизонтов zonal segregation, zone isolation
 ~ из стекловолокна и битума fiberglass-bitumen sheath
 ~ кабеля cable insulation, cable jacket
 ~ пласта цементным раствором под давлением (*в затрубном пространстве*) block squeezing
 ~ пластов insulation of beds
 ~ подошвенных вод bottom water shutoff
 ~ трубопроводов pipeline sheathing, pipe wrapping
акустическая ~ sound insulation
антикоррозионная ~ anticorrosive [corrosion-resistant] insulation
асбестовая ~ asbestos insulation
битумная ~ bitumen coating, bitumen insulation
бумажно-масляная ~ paper-oil insulation
воздушная ~ air insulation
внутренняя ~ (*трубопровода*) inner lining
газообразная ~ gaseous insulation
герметизирующая эффективная ~ effective isolation
жидкая ~ liquid insulation
жильная кабельная ~ cable core insulation
конденсаторная ~ capacitor insulation
масляная ~ oil insulation
междуфазная ~ phase-to-phase insulation
многослойная ~ (*трубопроводов*) без взаимной связи между слоями unbonded coatings
наружная ~ outer insulation
огнеупорная ~ refractory insulation
пластмассовая ~ plastic insulation
поглощающая ~ absorbent insulation
полиуретановая ~ polyurethane insulation
противопожарная ~ fire-resistant insulation
тепловая ~ thermal [heat] insulation
теплостойкая ~ *см.* тепловая изоляция
термопластическая ~ thermoplastic insulation
фазовая ~ электродвигателя phase insulation

изомер isomer
изомеризация isomerization
изометрия isometry
изометрический isometric
изотерма isotherm, isothermal line
~ наименьших температур isocrine
изотермический isothermal, isothermic
изотипность isotipism
изотоп isotope
делящийся ~ fissionable isotope
долгоживущий ~ long-lived isotope
естественный ~ natural isotope
искусственный ~ man-made isotope
короткоживущий ~ short-lived isotope
легкий ~ light isotope
радиоактивный ~ radioactive isotope, radio-isotope
стабильный ~ stable isotope
тяжелый ~ heavy isotope
устойчивый ~ *см.* стабильный изотоп
чистый ~ pure isotope
изотропия isotropy, isotropism
изотропность *см.* изотропия
изотропный isotropic
изоуглеводороды isohydrocarbons
изохора isochore
изохрома isochrome
изохронизм isochronism
изучение study; analysis; research
~ бурового шлама (drill) cuttings analysis
~ гравитационного поля gravity study
~ залежи reservoir analysis
~ керна core analysis
~ конъюнктуры business cycle research
изъятие (*из употребления, со склада*) withdrawal
изыскания 1. (*исследования*) research, investigation 2. (*поиски*) prospecting 3. (*съемка*) survey, reconnaissance
буровые ~ borehole surveying
геологические ~ geological survey
гидротехнические ~ hydraulic engineering research
инженерно-геологические ~ geological engineering survey
морские ~ offshore prospecting
полевые ~ field reconnaissance
предварительные ~ preliminary survey
иксолит ixolyte
ил 1. silt, mud, slime, ooze 2. sludge; pulp
абиссальный ~ *см.* глубоководный ил
вулканический ~ volcanic mud
вязкий ~ taugh silt
глубоководный ~ deep-sea [abyssal] ooze
грубый ~ silt
диатомовый ~ diatomaceous ooze
донный ~ bottom mud
жидкий ~ slurry
зоогенный ~ ooze
известковый ~ lime mud, calcareous ooze
кальциевый ~ *см.* известковый ил
органический ~ organic ooze, sapropel

отвердевший ~ mudstone
парафиновый ~ paraffin soil, paraffin dirt
плотный известковый ~ firm limestone mud
терригеновый ~ terrigenous [green] mud
илистый silty, slimy, uliginous, oozy, muddy, slimy
иллит illite
илонакопитель sludge tank
илоотделение desilting
илоотделитель cyclone separator, desilter, silt master unit
илоотстойник silt-settling tank
илоочиститель desilter
илосборник *см.* илоотстойник
илоуловитель silt pit
ильменит ilmenite
иммерсия immersion
импеданс impedance
~ трубопровода pipeline impedance
акустический ~ acoustic impedance
механический ~ mechanical impedance
импеллер impeller
~ насоса pump impeller
гуммированный ~ rubberized impeller
импорт import
дополнительный ~ complementary import
конкурирующий ~ competitive import
специальный ~ retained import
импортер importer
~ газа gas importer
~ нефти oil [petroleum] importer
~ сырья importer of raw materials
импортозамещение import substitution
импрегнация impregnation
избирательная ~ selective impregnation
импрегнированный impregnated
~ алмазами impregnated with diamonds
~ металлическими солями metalline
импульс pulse; (*количество движения*) momentum
~ газового ионизационного детектора gas ionization detector pulse
~ давления pressure pulse
~ помехи interfering pulse
~ сброса reset pulse
~ сдвига shift pulse
~ смещения biasing pulse
~ счета count pulse
~ считывания read pulse
ионизационный ~ ionization pulse
испытательный ~ test pulse
командный ~ command pulse
коммутирующий ~ switching pulse
мощный ~ high-power pulse
опознавательный ~ identification pulse
опорный ~ reference pulse
остаточный ~ afterpulse
отраженный ~ echo [reflected] pulse
периодический ~ repetitive [periodic] pulse
пороговый ~ threshold pulse
селекторный ~ gate pulse
синхронизирующий ~ sync(hronizing) pulse

сопряженный ~ conjugate momentum
сопутствующий ~ *см.* остаточный импульс
суммарный ~ total pulse
ударный ~ impact momentum
удельный ~ specific pulse
управляющий ~ control [drive] pulse
эталонный ~ standard pulse
инвентаризация:
 ~ в натуре physical stock-taking
 ~ запасов stocks survey
инверит inverite
инверсия inversion
 ~ влажности humidity inversion
 ~ входных сигналов input inversion
 ~ геотектонических условий inversion of tectonic movements
 ~ намагниченности magnetization reversal
 ~ рельефа relief inversion
 ~ температуры temperature inversion
 геологическая ~ geological inversion
 медленная ~ sluggish inversion
 общая ~ general inversion
 относительная ~ inversion ratio
 пороговая ~ threshold inversion
 частичная ~ partial inversion
 частная ~ local inversion
инвестирование investment
 ~ валютных фондов investment of foreign currency funds
инвестиции investments
 государственные ~ state investments
 зарубежные ~ foreign investments
 прямые ~ direct investments
 совместные ~ joint investments
 частные ~ private investments
ингибитор inhibitor
 ~ атмосферной коррозии atmospheric corrosion inhibitor
 ~ воспламенения flammable inhibitor
 ~ кислотной коррозии acid corrosion inhibitor
 ~ коррозии corrosion [rust] inhibitor
 ~ образования гидратов hydrate inhibitor
 ~ образования эмульсии emulsion inhibitor
 ~ окислительных реакций antioxidant
 ~ полимеризации polymerization inhibitor
 ~ смолообразования antigum inhibitor
 ~ ферментации fermentation inhibitor
 ~ щелочной коррозии alkali corrosion inhibitor
 анодный ~ anodic inhibitor
 катодный ~ cathodic inhibitor
 контактный ~ contact inhibitor
 кроющий ~ covering inhibitor
 летучий ~ коррозии vapor corrosion inhibitor
 универсальный ~ universal inhibitor
 эффективный ~ effective inhibitor
ингредиент ingredient, component
 второстепенный ~ minor component
индекс index
 ~ буримости drillability index
 ~ вязкости viscosity index
 ~ граней кристаллов index of crystal faces
 ~ инфильтрации infiltration index
 ~ испаряемости vaporability [volatility] index
 ~ кристаллизации crystallization index
 ~ модуляции modulation index
 ~ объема производства production index
 ~ очистки decontamination index
 ~ преломления refraction index
 ~ прерывания interruptibility index
 ~ продолжительности разработки запасов месторождения reserve life index
 ~ продуктивности productivity index
 ~ растворимости нефти oil solubility index
 ~ свободного флюида free-fluid ratio
 ~ суммарного излучения total ray index
 ~ частотной модуляции frequency modulation index
 ~ энергии energy index
 биотический ~ biotic index
 биржевой ~ stock index
 геомагнитный ~ geomagnetic index
 младший ~ fine index
 составной ~ aggregative index
 старший ~ main index
индиго indigo
 медное ~ copper indigo, covelline
индиголит indigolite
индикатор indicator; detector
 ~ биения beat indicator
 ~ вакуума vacuum indicator
 ~ веса load [weight] indicator
 ~ веса с линейной шкалой line-scale weight indicator
 ~ влажности hygrometer, moisture indicator
 ~ газа gas indicator, gas detector
 ~ глубины depth indicator
 ~ границы прихвата колонны free point indicator
 ~ грузового момента крана (*бурового судна*) crane load moment indicator
 ~ грунтовых вод groundwater tracer
 ~ давления pressure indicator
 ~ для титрования в неводной среде non-water medium titration indicator
 ~ зонда sonde indicator
 ~ излучения radiation indicator
 ~ колебаний oscillation indicator
 ~ концентрации водородных ионов acid base indicator
 ~ крутящего момента torque indicator
 ~ крутящего момента на ключе tongs-torque indicator
 ~ местоположения position indicator
 ~ метана methanometer
 ~ мощности power-level indicator
 ~ нагрузки на буровой инструмент weight indicator, drillometer
 ~ нагрузки на зацеп (*стрингера*) hitch load indicator
 ~ нагрузки с верньером vernier weight indicator

~ нагрузки с линейной шкалой line scale weight indicator
~ направления direction indicator
~ натяжения вспомогательного каната wire rope tension monitor
~ натяжения каната line tension gage
~ натяжения якорного каната anchor line tension indicator
~ натяжения якорной цепи anchor chain tension indicator
~ объема бурового раствора в емкостях drilling mud pit gain loss [drilling mud pit volume] indicator
~ остановки программы program stop light
~ перегрева overheat detector
~ перегрузки overload detector
~ переключения диапазонов band-selector indicator
~ перелива overflow detector
~ плотности и температуры бурового раствора mud density and temperature indicator
~ положения position detector
~ положения компенсатора compensator position indicator
~ положения компенсатора бурильной колонны drill string compensator position indicator
~ положения компенсатора вертикальной качки heave compensator position indicator
~ положения крюка hook position indicator
~ положения опорной плиты template level indicator
~ положения плашек противовыбросового превентора blowout preventer ram position indicator
~ предварительного натяжения pretension indicator
~ радиоактивности radiotracer, radioactivity indicator
~ расхода flow indicator
~ с автоматической записью automatic recording indicator
~ с круговой шкалой dial-type indicator
~ стравливания каната cable payout indicator
~ температуры бурового раствора drilling mud temperature indicator
~ точки росы dew-point indicator
~ угла наклона slope indicator
~ угла наклона водоотделяющей колонны riser angle indicator
~ угла наклона плавающего основания floating vessel tilt detector
~ угла наклона шарового шарнира ball joint angle indicator
~ угла поворота turning angle indicator
~ уровня жидкости в резервуаре tank level indicator
~ утечки leak detector
акустический ~ aural indicator
визуальный ~ visual indicator
газоразрядный ~ gas-discharge indicator
гидравлический ~ веса hydromast weight indicator

дифференциальный ~ нагрузки на буровой инструмент differential-type weight indicator
жидкостный ~ liquid indicator
знаковый ~ character display
ионизационный ~ ionization indicator
калориметрический ~ calorimetric detector
каталитический ~ catalytic indicator
лазерный ~ laser indicator
линейный аналоговый ~ linear analog indicator
ложный ~ нефти false oil indicator
многоточечный ~ multipoint [multireading] indicator
световой ~ lamp [light] indicator
стрелочный ~ scaler [pointer] indicator
химический ~ chemical tracer
химический ~ окислительно-восстановительной реакции redox indicator
химический кислотно-щелочной ~ acid-base indicator
циферблатный ~ dial indicator
цифровой ~ digital indicator

индикатриса indicatrix, characteristic curve
~ поверхности spherical representation of a surface
оптическая ~ optical indicatrix

индикация indication, presentation, display
~ данных read-out
~ направления sensing
~ по прибору meter display
визуальная ~ visual indication
графическая ~ graphic display
световая ~ light indication
цифровая ~ digital read-out

индуктивность эл. inductance
~ вывода lead inductance
~ контура circuit inductance
взаимная ~ mutual inductance
динамическая ~ dynamic inductance
дифференциальная ~ incremental inductance
кажущаяся ~ apparent inductance
нагрузочная ~ load inductance
последовательная ~ series inductance
управляемая ~ controlled inductance

индукция induction
~ насыщения saturation induction, saturation flux density
магнитная остаточная ~ residual magnetic induction, remanence

инерция inertia
~ вращающихся масс flywheel damping effect
~ прибора instrument lag
механическая ~ mass inertia
тепловая ~ thermal lag

инжектор injector
цементировочный ~ cement injector

инженер engineer
~ баржи barge engineer
~ по буровым растворам mud engineer
~ по морскому подводному оборудованию subsea engineer

инженер

~ по технике безопасности safety engineer
~ по цементированию cementing engineer
~, проводящий предварительное обследование участка scout
главный ~ chief engineer
горный ~ mining engineer
инженер-буровик drilling engineer, driller-engineer
инженер-геолог geological engineer
инженер-гидравлик hydraulic engineer
инженер-механик mechanical engineer
инженер-нефтяник oil [petroleum] engineer
инженер-производственник production [works] engineer
инженер-промысловик field engineer
инженер-разработчик (*нефтяных и газовых месторождений*) reservoir engineer
инженер-строитель civil engineer
инженер-химик chemical engineer
инженер-эксплуатационник maintenance engineer
инженер-электрик electrical engineer
инклинометр inclinometer
~ непрерывного действия continuous inclinometer
~ с плавиковой кислотой hydrofluoric acid bottle inclinometer
забойный ~ bottom-hole inclinometer
импульсный ~ inclinometer with impulse sender
индукционный ~ induction inclinometer
канатный ~ taut wire inclinometer
многоточечный ~ ударного действия multiple shot inclinometer
одноточечный ~ single-shot inclinometer
регистрирующий ~ deviation angle recorder
стрелочный ~ dip-circle
электромагнитный ~ electromagnetic inclinometer
инклинометрия скважины well directional [deviation] survey
инклюзия inclusion
инспектирование survey, inspection
~ на месте on-site inspection
инспектор superviser, inspector
~ по буровым растворам и промывке скважины mud superviser
~ по технике безопасности safety inspector
инструкци/я instruction
~ действий в аварийной ситуации emergency procedure manual
~ по монтажу mounting instruction
~ по обслуживанию и эксплуатации maintenance and operating instruction
~ по ремонту overhaul manual
~и по технике безопасности safety instructions
~ по техническому обслуживанию maintenance manual
~ по упаковке packing instruction
~ по эксплуатации operating instruction

ведомственные ~и departmental instructions
действующие ~и standing instructions
должностная ~ duty regulation
заводская ~ manufacturer's instruction
противопожарная ~ fire regulation
инструмент (*буровой*) tool
~, армированный алмазами diamond(-set) tool
~ для аварийной подвески бурильной колонны (*на плашках одного из превенторов*) drill-pipe emergency hangoff tool
~ для буровзрывных работ blasting tool
~ для вращения (*при установке и закреплении элементов узла подводной обвязки обсадных колонн*) torque tool
~ для выпрямления долота bit hook
~ для выравнивания труб в трубопроводе pipe alignment tool
~ для демонтажа блока превенторов BOP slipping tool
~ для извлечения уплотнительного устройства seal assembly retrieving tool
~ для испытаний противовыбросового превентора blowout preventer test tool
~ для канатного бурения cable drilling tool
~ для ловли шарошек долота rock bit cone fishing socket
~ для многократного применения retrievable tool
~ для монтажа и демонтажа водоотделяющей колонны riser handling tool, marine riser handling sub
~ для набивки сальника packing tool
~ для наклонного бурения directional tool
~ для нарезки внешней винтовой резьбы die
~ для опрессовки подвесной головки обсадной колонны casing-hanger test tool
~ для отсоединения дистанционного управляемого замка направляющего каната remote guideline connector releasing tool
~ для очистки стенок обсадной трубы от твёрдого осадка casing scraper
~ для пневмоударного бурения air percussion tool
~ для подземного и капитального ремонта скважин service tool
~ для посадки унифицированного уплотнения single seal setting tool
~ для разведки prospecting tool
~ для развинчивания бурильных труб reversing tool
~ для разрыва обсадных труб в скважине collar buster
~ для спуска и извлечения колпака временно оставляемой морской скважины temporary abandonment cup running and retrieving tool
~ для спуска и монтажа running and handling tool
~ для спуска и подвески хвостовика liner running-setting tool

~ для спуска и подъема водоотделяющей колонны marine conductor stripping tool
~ для спуска и подъема защитной втулки bowl protector running and retrieving tool
~ для спуска направляющей опорной плиты temporary guide base running tool
~ для спуска подвесной головки обсадной колонны casing hanger running tool
~ для спуска подводного устьевого оборудования wellhead running tool
~ для спуска с гребенками cam actuated running tool
~ для спуска с J-образными пазами "J" slot type running tool
~ для спуска со штырями под J-образные пазы "J" pin running tool
~ для спуска с шарниром (*для спуска и установки опорной плиты на дне моря*) crossover running tool
~ для спуска уплотнительного узла seal assembly running tool
~ для спуска фонтанной арматуры production tree running tool
~ для съема и повторной установки уплотнения подвесной головки обсадной колонны casing hanger pack-off retrieving and reinstalling tool
~ для ударного бурения percussion tool
~ для ударно-канатного бурения cable drilling tool
~ для ударно-канатного бурения, применяемого для вскрытия пласта в скважине, пробуренной вращательным способом bobtail
~ для установки надставки хвостовика liner tie-back setting tool
~ для установки соединителя направляющего каната guideline connector installing tool
~ для установки уплотнителя seal setting tool
~ для фрезеровочных работ milling tool
~ для цементирования cementing tool
~ для циркуляции, открываемой давлением pump open circulating tool
~ для циркуляции, управляемой тросом (*используется при пробной эксплуатации скважин*) wireline operated circulation tool
~ для чистки забоя clean-out bit
~ы, закачиваемые в подводную скважину (*для оценки ситуации, очистки от парафина, песчаных пробок*) pumpdown tools
~, закачиваемый в скважину через выкидную линию TFL tool
~ крючкового типа (*для засыпки кабелей на морском дне*) crochet hook burial tool
~ы, спускаемые в скважину на тросе wireline tools
абразивный ~ abrasive tool
аварийный ~ emergency tool
алмазный буровой ~ diamond drilling tool
буровой ~ drilling tool

вспомогательный буровой ~ auxiliary drilling tool
закачиваемые ~ы pumpdown tools
ловильный ~ basket, bitch, catch-all, jack latch
ловильный ~ для бурильных штанг crowfoot
ловильный ~ для захвата оставшегося инструмента за муфту collar socket
ловильный ~ для подъема оставшихся в скважине труб die nipple
ловильный ~ для работы с ясом jar bumper
ловильный ~ на конце промывочной трубы anchor washpipe spear
нормализованный ~ standardized tool
отклоняющий ~ deflecting tool
подводный буровой ~ undersea driller
подсобный ~ handling tool
породоразрушающий ~ rock destruction [rock cutting] tool
ремонтный ~ maintenance tool
спуско-подъемный ~ для труб pipe handling tool
устьевой ~ для спуска подводного оборудования wellhead running tool
фрезерный ~ milling tool
инструментальная (*помещение*) tool store
инсулат (*изоляционный материал типа эбонита*) insulate
интегратор integrator
~ тока current integrator
аналоговый ~ analog integrator
гидравлический ~ hydraulic integrator
импульсный ~ pulse integrator
пневматический ~ pneumatic integrator
сеточный ~ net integrator
суммирующий ~ summing integrator
цифровой ~ digital integrator
электронный ~ electronic integrator
электрохимический ~ solution integrator
интенсивность intensity
~ гамма-излучения gamma-ray intensity
~ горения combustion rate
~ загрязнения pollution intensity; pollution density
~ излучения radiation intensity
~ изменения угла наклона ствола скважины rate of hole angle change
~ изнашивания wear-out rate
~ ионизации ionization rate
~ искривления dog-leg severity; curving [deviation] intensity
~ испарения evaporation rate
~ потока flux level
~ притока жидкости к забою скважины fluid conductivity of well
~ сигнала signal strength
~ сушки drying rate
~ тока current intensity
~ турбулентности turbulence intensity
~ ударной волны intensity of a shock wave, shock wave strength
~ флотации flotation rate

интенсивность

~ шума noise level
~ эксплуатации exploitation rate
интегральная ~ integrated intensity
магнитная ~ magnetic intensity
пороговая ~ threshold intensity
фоновая ~ background intensity
интенсификатор intensifier
интенсификация intensification
~ добычи stimulation of production
~ притока stimulation of inflow
интервал interval; range
~ бурения drilling interval
~ в скважине zone
~ глубин depth interval
~ импульсов momentum range
~ кипения boiling range
~ концентрации concentration range
~ кристаллизации crystallization range
~ между горизонталями contour interval
~ между проверками inspection cycle
~ нарастающего искривления ствола скважины build-up
~ насыщения saturation range
~ обслуживания service cycle
~ опробования testing period, interval of sampling
~ отбора керна coring period
~ перфорирования perforated interval, perforated zone
~ пластичности plastic range
~ полиморфного превращения polymorphic inversion interval
~ превращения transformation range
~ проходки drilling interval
~ ствола скважины (bore)hole section
~ цементирования (*на разрезе скважины*) cementing point
временной ~ time interval
дискретный ~ discrete interval
замкнутый ~ closed interval
зацементированный ~ ствола скважины cemented hole section
испытываемый ~ ствола скважины test section
критический ~ critical range
необсаженный ~ barefoot interval, uncased hole section
нефтеносный ~ producing interval
обводненный ~ watered interval
обсаженный ~ ствола скважины cased hole interval, cased hole section
опробуемый ~ interval under test
продуктивный ~ producing interval
продуктивный газовый ~ gas-bearing interval, gas-bearing zone
продуктивный нефтяной ~ oil-bearing interval, oil-bearing zone
температурный ~ temperature range
интерпретация interpretation
~ данных data interpretation
~ данных каротажа log interpretation
~ данных поисковых работ searching data interpretation
~ данных электрокаротажа electric log interpretation
геологическая ~ данных geological data interpretation
интерференция interference
~ волн wave interference
~ гармонических колебаний harmonic interference
~ давления pressure interference
~ скважин drill-hole [well] interference
деструктивная ~ destructive interference
ослабляющая ~ *см.* деструктивная интерференция
устойчивая ~ coherent interference
интерферограмма intrferogram
интерферометр interferometer
акустический ~ acoustic interferometer
щелевой ~ slit interferometer
интрагранулярный intragranular
интрузив intrusive
интрузивный intrusive, irruptive, plutonic
интрузия intrusion
~ воды water intrusion, water encroachment; water inrush
базальтовая ~ basalt intrusion
глубинная ~ plutonic [deep-seated] intrusion
линзовидная ~ lenticular intrusion
направленная вверх ~ uptrusion
пластовая ~ intrusion sheet, sill
инфильтрат infiltrate
инфильтрация infiltration, seepage
капиллярная ~ capillary seepage, percolation
инфильтрометр infiltrometer
инфлюация inflow
инъекция injection
пластовая ~ sole injection
рудная ~ ore injection
согласная ~ concordant injection
иодирование iodination, iodization
ион ion
~ внедрения interstitial ion
активный ~ active ion
атомарный ~ ionized atom, atomic ion
биполярный ~ bipolar ion
блуждающий ~ vagabond ion
водородный ~ hydrogen ion
гидратированный ~ aquated ion
гидроксильный ~ hydroxyl ion
заряженные одноименно ~ы likely charged ions
заряженные разноименно ~ы ions of opposite charge
исходный ~ parent ion
кислотный ~ acid ion
комплексный ~ complex ion
молекулярный ~ ionized molecule
примесный ~ foreign ion
ионизатор ionizer
ионизация ionization
ионизированный ionized
ионизировать ionize
ионный ion(ic)

ионометр ionometer
ионообмен ion exchange
ионообменник ion exchanger
искажение distortion
~ вследствие переходных процессов transient distortion
~ импульса pulse distortion
~ каротажных данных, вызванных влиянием скважины borehole effect
~ масштаба distortion of scale
~ профиля shape distortion
амплитудное ~ amplitude distortion
гармоническое ~ harmonic distortion
допустимое ~ tolerable distortion
фазочастотное ~ phase-frequency distortion
частотное ~ frequency distortion
ископаем/ое fossil, mineral
~ в первичном залегании fossil in-situ
главное полезное ~ essential mineral
крупное ~ macrofossil
мелкое ~ microfossil
нерудное ~ non-metallic mineral
окаменелое ~ petrified [mineralized] fossil
органическое ~ organic fossil
полезные ~ые mineral deposits
рудное ~ ore mineral
искра spark
~ зажигания ignition spark
~ размыкания spark at breaking
пробивающая ~ disruptive spark
искривление curvature; deviation
~ грани face curving
~ кристаллов в минералах distortion of mineral crystals
~ осевых плоскостей в вертикальном сечении vertical curvature of axial planes
~ скважины hole deviation, side-tracking
~ скручиванием torsional warping
азимутальное ~ ствола скважины azimuth borehole deviation
допустимое ~ ствола скважины allowable borehole deviation
естественное ~ ствола скважины hole crooking
зенитное ~ ствола скважины zenith (bore) deviation
искусственное ~ ствола скважины deflecting of hole, curving of (bore)hole
резкое ~ ствола скважины dog-leg
искрогаситель blowout, spark-killer
искрообразование sparking
испарени/е evaporation; fume, vapor
~ воды из почвы soil evaporation
~ нефти oil evaporation
~ под уменьшенным давлением reduced-pressure evaporation
~ твердых веществ sublimation
вредные ~я polluting exhalation
обратное ~ retrograde evaporation
относительное ~ relative evaporation
поверхностное ~ surface evaporation
повторное ~ re-evaporation
потенциальное ~ evaporativity
ядовитые ~я noxious fumes, deadly gas
испаритель evaporator
испаряемость evaporability, volatility
испаряемый evaporable, volative
исполнение construction; version; model
~ договора execution of a contract
~ заказа execution of an order
~ платежей effecting payments
брызгозащищенное ~ splash-proof construction, splash-proof enclosure
взрывобезопасное ~ explosion-proof construction
взрывозащищенное ~ explosion-proof version
герметическое ~ watertight construction
кислотоустойчивое ~ acid-proof construction
пожаробезопасное ~ flame-proof construction
пыленепроницаемое ~ dust-tight construction
стандартное ~ standard model
тропическое ~ tropical version
экспортное ~ export model, export version, export quality
использование utilization, use, usage
~ отходов salvaging, waster utilization
~ подержанного оборудования salvage
использовать utilize, employ, use
~ силовую установку одной скважины для эксплуатации другой dual a well
испускание emission, release
испускать emit, give up, release
~ лучи beam
~ энергию emit energy
испытани/е experiment, test(ing), trial
~ без разрушения образца non-destructive testing, NDT
~ бетона на подвижность slumping
~ в море (*морского основания*) marine exposure test
~ в рабочих условиях field experience
~ в режиме вытеснения external-drive test
~ газа gas test
~ газовой скважины на приток gas flow test
~ дебита скважины при полностью открытых задвижках open flow test
~ керна на заводнение waterflood core test
~ на взаимную смешиваемость contamination test
~ на газопроницаемость gas impermeability test
~ на герметичность leakage test
~ на герметичность методом проникающей жидкости liquid penetrant testing
~ на изгиб bending, flexing
~ на коррозию морской водой sea-water corrosion test
~ на модели model experiment
~ на морозостойкость freezing test
~ на приток production test
~ на производительность performance test

испытани/е

~ на свариваемость welding [weldability] test
~ на серу sulfur test
~ на стабильность stability test
~ на удар blow test
~ пласта formation test
~ пласта методом противодавления back-pressure formation test
~ пласта через перфорированную обсадную колонну casing formation test
~ проб нефти test of oil samples
~ сварного соединения weld test
~ скважины postcompletional flow test
~ с разрушением образца destructive testing
~ трубопровода (pipe)line test
~ цемента на затвердевание cement hardening test
автоклавное ~ autoclave expansion
динамическое ~ shock test
лабораторные ~я laboratory experiments
полевые ~я field experience
пробное ~ pilot test
промысловые ~я field tests
ультразвуковое ~ ultrasonic testing
испытанный tested, proven
~ в лабораторных условиях lab-tested
~ на герметичность pressure-tested
~ на модели model-tested
испытатель tester
~ герметичности обсадной колонны casing tester
~ нефтеносного пласта sand tester
~ пластов многократного действия multiple fluid formation tester
~ пластов на геофизическом кабеле logging-cable formation tester
~ пластов с двумя пробоотборными камерами dual-chamber formation tester
~ пластов с опорным якорем formation tester with anchor
~ пластов, спускаемый на бурильной колонне drill-stem tester
~ пластов, управляемый весом бурильной колонны dead weight formation tester
~ пластов, управляемый давлением pressure controlled formation tester
~ прохождения сигнала signal tracing instrument
~ труб casing tester
гидравлический ~ пластов hydraulic formation tester
гидравлический комбинированный ~ пласта combination hydraulic formation tester
гидропружинный ~ hydrospring formation tester
механический ~ пластов mechanical formation tester
поинтервальный ~ пластов formation tester
испытатель-опробователь пласта formation tester
испытываемый tested, under test
испытывать examine, test

~ давлением test for pressure
~ на утечку test for leaks
исследовани/е study; investigation; test; exploration; survey, research
~ бурового раствора drilling mud testing
~ буровой скважины drill-hole survey, drill-hole research
~ буровой скважины методом подкачки drill-hole research by pumping method
~ буровой скважины при неустановившемся притоке unsteady-state flow drill-hole research
~ буровой скважины при установившемся притоке steady-state flow drill-hole research
~ взаимодействия скважин well interference research
~ в эксплуатационной скважине production well logging
~ газообразной эманации testing of gaseous emanation
~ дебита фонтанирующей скважины open flow test
~ коллекторских свойств пласта reservoir properties study
~ кривизны скважины well deviation test
~ надежности reliability research, reliability test
~ на приемистость injectivity test
~ нефти test on (crude) oil
~ образцов породы rock specimen test, rock sample examination
~ пласта formation evaluation
~ пласта-коллектора reservoir study
~ пласта методом противодавления back-pressure test
~ продуктивности пласта formation productivity test
~ профиля приемистости скважины flowmeter survey
~ режима бурения в скважине drill-off test
~ скважины borehole survey; logging
~ скважины акустическим телевизором borehole televiewer logging
~ скважины вертушкой spinner survey
~ скважины на приток flow test
~ фильтрационных свойств (*бурового раствора*) filtration [water loss] test
газогидродинамическое ~ буровой скважины drill-hole gas hydrodynamic research
геологическое ~ geological exploration
геологическое ~ грунта geological ground survey
гидродинамическое ~ буровой скважины drilling-hole hydrodynamic research
гравиметрические ~я gravimetrical survey
двуполюсное ~ bipolar-probe research
качественное ~ qualitative examination
количественное ~ quantitative examination, quantitative analysis
лабораторное ~ laboratory research
лабораторное ~ газа laboratory test on crude gas

ИСТОЧНИК

лабораторное ~ нефти laboratory test on crude oil
макроскопическое ~ macroexamination
пилотные ~я pilot study, pilot research
площадное ~ areal study
прикладное ~ applied research
промысловые ~я field research, field study
промысловые геофизические ~я downhole logging
радиометрические ~я radiometric surveying
рентгеноструктурное ~ X-ray diffraction study, X-ray diffraction analysis
сейсмометрическое ~ seismic survey
теоретические ~я *см.* фундаментальные исследования
термодинамическое ~ буровой скважины drill-hole thermodynamic research
фундаментальные ~я basic [fundamental] research
экспериментальное ~ experimental investigation
электрометрические ~я electrometric survey
исследовать examine, explore, study, investigate, test, analyze
~ керн на признак нефти test a core for shows of oil
иссякать dry out, be exhausted, fade out
истекать outflow, flow out, expire, become void
истекающий effluent, outflowing
истечение efflux, outflow, discharge, escape
~ газа gas escape, gas seepage
затопленное ~ submerged efflux
свободное ~ free discharge
истирание abrasion, deterioration, attrition, grinding
~ ветром wind abrasion
~ водой water abrasion
~ металла galling
истирать abrade, grind, grade
истираться deteriorate, abrade, wear out, wear off
истирающий abrasive
исток effluent, efflux, source, headwater
история history
~ добычи production history
~ залежей нефти и газа history of oil and gas reservoirs
~ магматизма plutonic history
~ нефти petroleum history
~ осадконакопления depositional history, history of sedimentation
~ разработки коллектора первичными способами primary-producing history of reservoir
~ формирования структур structural history
~ эксплуатации performance history; (*скважины*) well producing history
геологическая ~ geological history
геоморфологическая ~ geomorphic history
естественная ~ natural history
источник 1. source 2. (*минеральный*) spring
~ водоснабжения water supply source
~ возмущения perturbation source
~ газовзрывного звука combustible gas sound source
~ газовыделения gas emission source
~ загорания ignition source
~ излучения radiation source
~ излучения радиоактивного каротажного зонда radiation source of radioactivity logging device
~ информации information source
~ ионизации ionization source
~ ионов ion source
~ напряжения эл. voltage source
~ обводнения source of water encroachment
~ питания эл. power supply (source)
~ пластовой энергии field [reservoir] energy source
~ поля field source
~ постоянного напряжения эл. constant-voltage source
~ происхождения нефти source of oil origin
~ радиоактивности radioactive source
~ рентгеновского излучения X-ray source
~ сейсмических сигналов seismic signal source
~ тепла heat source
~ шума noise source
~ энергии energy [power] source
артезианский ~ artesian spring
бесконечный ~ infinite source
бьющий ~ spouting spring
вадозный ~ vadose spring
внешний ~ питания external power supply (source)
восходящий ~ ascension spring
временный ~ intermittent spring
высокотемпературный ~ горения high-temperature combustion source
газированный ~ aerated spring
газоотдающий ~ gas discharging source
глубинный ~ deep spring
годовой непрерывный ~ perennial spring
горячий ~ hot spring
гравитационный ~ gravity spring
депрессионный ~ depression spring
дуговой ~ arc source
единичный цилиндрический ~ unit circle source
железистый ~ chalybeate spring
затопленный ~ drowned [submerged] spring
извергающийся ~ erupting spring
импульсный ~ pulsed source
искровой ~ spark source
кипящий ~ boiling [bubbling] spring
кислый минеральный ~ acidulous spring
линейный ~ line(ar) source
минеральный ~ mineral well, mineral spring
неиссякаемый ~ perennial spring
нестационарный ~ transient source
нефтяной ~ (mineral) oil spring
объемный ~ volume source
пароотдающий ~ vaporizing spring

ИСТОЧНИК

первичный ~ hypogene spring; primary source
поверхностный ~ surface spring
просачивающийся ~ filtration [seepage] spring
протяженный ~ distributed source
пульсирующий ~ pulsating spring
самоистекающий ~ gravity spring
самотечный ~ *см.* самоистекающий источник
сернистый ~ sulphurous spring
соленый ~ saline, brine spring
стационарный ~ stationary source
точечный ~ point source
углекислый ~ carbonated spring
щелевой ~ slit source
эрозионный ~ depression spring
эталонный ~ standard source
истощать deplete, waste, exhaust
~ запас exhaust supply
истощаться fail, be depleted, be exhausted
истощение depletion, exhaustion
~ отдельных участков пласта differential depletion
~ пласта depletion of formation
~ пластового давления reservoir pressure depletion
~ скважины depletion of well
волюметрическое ~ пластового давления volumetric depletion of reservoir pressure
истощенный depleted, spent, exhausted
исчезать die out, disappear
исчезновение disappearance
~ магнитного поля collapse of the magnetic field
~ набухания deswelling
исчерпывать deplete, exhaust
исчисление calculus
~ вероятностей calculus of probability
вариационное ~ calculus of variations
векторное ~ vector calculus, vector analysis
дифференциальное ~ differential calculus
интегральное ~ integral calculus
операционное ~ operational calculus
тензорное ~ tensor calculus
исчислять calculate, determine, evaluate, reckon

К

кабелеискатель cable locator
кабелепровод (cable) conduit
кабелеукладчик cable layer, cable laying machine
кабель cable
~ в металлической оболочке metal-sheathed cable
~ высокого напряжения high-tension [high-voltage] cable
~ парной скрутки paired cable
~ сверхвысокого напряжения extra-high-voltage cable
~ связи communication cable
~ с датчиками температуры thermistor cable
~ с несущим тросом self-supporting cable
~ с нефтестойкой изоляцией cable with oil-resistant insulation
~ с постоянной изоляцией belted cable
~ с резиновой изоляцией rubber-insulated cable
~ управления control cable
бронированный ~ armored cable
взрывной ~ blasting [shot-firing] cable
газонаполненный ~ gas filled cable
геофизический ~ logging cable
гибкий ~ flexible cable
двухжильный ~ double-conductor [twin] cable
детонаторный ~ shot-firing [cartridge] cable
изолированный ~ insulated cable
каротажный ~ borehole [logging] cable
коаксиальный ~ coaxial cable
компенсационный ~ compensating cable
контрольный ~ pilot [control] cable
магистральный ~ main cable
многожильный ~ multicore [multiple conductor] cable
неизолированный ~ bare cable
одножильный ~ single core [single conductor] cable
особо гибкий ~ flexible trailing cable
палубный соединительный ~ deck jumper cable
питающий ~ feeder cable
плоский ~ flat cable
подвесной ~ overhead cable
подводный ~ underwater [subsea, submarine] cable
подземный ~ buried [underground] cable
проводящий ~ conducting cable
сварочный ~ (arc-)welding cable
сверхпроводящий ~ superconducting cable
сигнальный ~ bell cable; signal cable
силовой ~ power cable
силовой подводный ~ underwater [subsea, submarine] power cable
соединительный ~ connecting cable
экранированный ~ screened [shielded] cable
электрический ~ electrical cable
электрогидравлический подводный ~ electrohydraulic underwater [subsea, submarine] cable
кабина:
погружная ~ обслуживания service capsule
каботаж coastal [coasting] shipping
большой ~ large coastal shipping
каберит cabrerite
каверна cavity, cavern
~ в отложениях каменной соли salt bed cavern
~ в пласте pocket
~ в породе rock cavity, cavern

~ вымывания washout cavity
~ выщелачивания *см.* каверна растворения
~, заполненная глиной clay pocket
~ растворения solution cavity
газовая ~ gas nest, gas pocket
нефтеносная ~ oil-bearing cave
эрозионная ~ erosion pocket
каверна-газохранилище gas cavern storage
~ высокого давления high-pressure gas cavern storage
каверна-нефтехранилище oil cavern storage
каверна-хранилище cavern storage
~ в отложениях каменной соли salt bed cavern storage
~ для сжиженного нефтяного газа liquefied petroleum gas cavern storage
кавернограмма caliper log
кавернозность cavernosity
кавернозный cavernous
кавернометр caliper, downhole gage
~ башмачного типа pad-type caliper
~ малого диаметра slim-hole caliper
акустический ~ sonic caliper
индуктивный ~ variable-inductance caliper
механический ~ mechanical [expanding-cage logging] caliper
пружинный ~ spring caliper
раскрывающийся каротажный ~ expanding logging caliper
ультразвуковой ~ ultrasonic caliper
кавернометрия caliper logging, caliper survey
~ скважины well caliper logging, well caliper survey, borehole gaging
кавернообразование caving, hole enlargement
кадмий cadmium
йодистый ~ cadmium iodide
сернокислый ~ cadmium sulphate
уксуснокислый ~ cadmium acetate
кадмирование cadmium plating
казанскит kazanskite
казвеллит caswellite
казоит kasoite
казолит kasolite
каинит kainite
кайвекит kaiwekite
кайма border, margin, rim
боковая ~ lateral border
задняя ~ posterior border
капиллярная ~ capillary fringe
коррозионная ~ corroded margin, corrosion rim
краевая ~ frontal rim
передняя ~ anterior border
фронтальная ~ frontal rim
кайнозит cenosite
кайнозой Cainozoic [Cenozoic, Kainozoic] era
кайнозойский Cainozoic, Cenozoic, Kainozoic
какирит kakirite
какоксенит cacoxenite
какортокит kakortokite
калаверит calaverite
калафатит calafatite

каледонит caledonite
кали kali, potash
азотнокислое ~ niter
двууглекислое ~ potassium bicarbonate
едкое ~ caustic potash, potassium hydroxide
калиборит kaliborite
калибр caliber, jig, gage
~ бурового долота drilling bit gage
~ для диаметра начальной окружности pitch diameter gage
~ для замкового соединения бурового инструмента joint template
~ для резьбы обсадных труб casing gage
~ы резьбы по стандартам АНИ API thread gages
~ с индикатором indicator gage
~ толщины feeler
заточный ~ grinding gage
кольцевой ~ ring gage
контурный ~ contour gage
непроходной резьбовой ~ no-go thread gage
обжимной ~ roughing pass
охватывающий ~ female gage
предельный ~ limit gage
резьбовой ~ thread gage
трубный ~ tubular gage
цилиндрический ~ plug gage
шлицевый ~ spline gage
калибратор:
буровой цилиндрический ~ cylinder reamer
кварцевый ~ crystal calibrator
наддолотный ~ above-bit calibrator, above-bit gager
шарошечный ~ roller gager
калибрование *см.* калибровка
~ ствола скважины smoothing of borehole reaming
калибровка adjustment, sizing, calibration, verification
~ инструмента adjustment of instrument
~ резервуара tank calibration
~ ствола скважины перед спуском обсадной колонны gaging scrapping action
калибр-пробка plug gage
калибр-толщиномер thickness measuring gage
калий potassium
азотнокислый ~ potassium nitrite
бромистый ~ potassium bromide
бромноватокислый ~ potassium bromate
виннокислый ~ potassium tartrate
едкий ~ caustic potash
йодистый ~ potassium iodide
сернокислый ~ potassium sulphate
углекислый ~ potassium carbonate
фтористый ~ potassium fluoride
хлористый ~ potassium chloride
цианистый ~ potassium cyanide
калинит kalinite
калицинит kalicinite
каллаинит callainite
калориметр calorimeter
калориметрический calorimetric

калориметрия calorimetry
калория calorie
  большая ~ kilocalorie, large calorie
  малая ~ gram-calorie, small calorie
  техническая ~ *см.* большая калория
кальдера caldera, cauldron
  ~ обрушения collapse caldera
  взрывная ~ explosion caldera
  двойная ~ nested caldera
  погрузившаяся ~ sunken caldera
  эрозионная ~ erosion caldera
кальций calcium
  азотнокислый ~ calcium nitrate
  кислый углекислый ~ calcium bicarbonate
  углекислый ~ calcium carbonate
  фтористый ~ calcium fluoride
  хлористый ~ calcium chloride
кальцийлигносульфонат calcium lignosulfonate
кальцинирование calcination, calcifying
кальцинировать calcine, calcinate, calcify
кальцит calc spar, calcite
каменноугольный carbonaceous, carboniferous
каменоломня stone quarry
камень stone
  булыжный ~ boulder
  котельный ~ scale
  мыльный ~ soapstone, soap rock
  твердый строительный ~ rag
камера chamber; compartment
  ~ всасывания suction chamber
  ~ горения combustion chamber
  ~ давления pressure chamber
  ~ для выдержки образцов цементного раствора curing chamber
  ~ для запуска скребков scraper pig injecting chamber
  ~ для контроля control chamber
  ~ для масла oil box
  ~ для приема скребков scraper pig receiving chamber
  ~ для сварки в воздушной среде dry welding habitat
  ~ для транспортировки людей personnel transfer chamber
  ~ дробления crusher chamber
  ~ нагнетания pressure space
  ~ накопления downhole chamber
  ~ пробоотборника sampler chamber, sampler container
  ~ сгорания combustion chamber
  ~ сжатия delivery [compression] chamber
  ~ центрального манифольда central manifold chamber
  буферная ~ buffer chamber
  воздушная ~ air chamber
  газовая ~ gas chamber
  грязевая ~ mud chamber
  дезактивационная ~ decontamination chamber
  декомпрессионная ~ decompression chamber
  дистилляционная ~ distillation chamber
  загрузочная ~ loading chamber
  закалочная ~ hardening chamber
  замерная ~ measuring chamber
  зарядная ~ powder chamber
  ионизационная ~ ionization chamber
  ионизационная проточная ~ flow-type ionization chamber
  клапанная ~ valve chamber
  кольцевая ~ annular chamber
  компрессионная ~ compression chamber
  напорная ~ pressure chamber
  насосная ~ pump chamber
  обитаемая рабочая ~ personnel work enclosure
  одноатмосферная ~ one-atmosphere chamber
  одношлюзовая ~ single-lock chamber
  осадительная ~ settling chamber
  отсасывающая ~ exhaust chamber
  отстойная ~ settling chamber
  палубная компрессионная ~ deck compression chamber
  переливная ~ overflow chamber, overflow weir
  подводная ~ для водолаза submersible diving chamber, SDC
  подводная ~ для сварки в воздушной среде underwater dry welding habitat
  подводная сварочная ~ underwater welding habitat
  подводная телевизионная ~ underwater television camera
  поплавковая ~ bowl
  поровая ~ vestibule
  пороховая ~ powder chamber
  посадочная ~ скважинного предохранительного клапана flow safety valve landing nipple
  приемная ~ inlet [feed] chamber
  пробозаборная ~ sampling chamber
  промежуточная ~ intermediate chamber
  промывочная ~ washing chamber
  рабочая ~ working chamber, work enclosure
  рабочая ~ с экипажем manned work enclosure
  разгрузочная ~ discharge [relief] chamber
  сепараторная ~ separation chamber
  скважинная телевизионная ~ borehole televiewer
  смесительная ~ mixing chamber
  сопловая ~ nozzle chamber
  спиральная ~ центробежного насоса pump case
  сушильная ~ drying chamber
  телевизионная ~ TV camera
  телевизионная ~ водолаза diver's television camera
  топочная ~ furnace chamber
  тормозная ~ brake chamber
  уравнительная ~ surge [equalizing] chamber
  устьевая ~ wellhead chamber
  устьевая ~ с атмосферным давлением atmospheric wellhead chamber

канат

фильтровальная ~ filtration chamber
циклонная ~ vortex chamber
часовая ~ watch case
камера-дегазатор degassing chamber
камера-регистратор monitor chamber
камиокалит kamiokalite
камнедробилка stone crusher
кампилит campylite
камптонит camptonite
камселлит camsellite
канава ditch
   сточная ~ sewage channel
канавк/а channel, flute, slot, groove
  ~ качения race
  ~ шкива sheave groove
  кольцевая ~ cannelure, neck
  плоская спиральная ~ scroll
  продольная ~ furrow
  промывочная ~ fluidway; (*в буровой коронке*) chipway
  смазывающие ~и oil ducts
  шпоночная ~ key bed, key seat
канавокопатель trench excavator
канал channel, conduit, duct
  ~ в керноприемнике airhole
  ~ в кислородном резаке bypass
  ~ для выхода бурового раствора water course
  ~ перфорации perforation channel
  ~ размыва washout channel
  ~ растворения solution channel
  ~ связи communication channel
  ~ с обратной связью feedback channel
  вентиляционный ~ air drain
  воздушный ~ air duct
  входной ~ access duct, access port
  выводящий ~ effluent channel
  выпускной ~ exhaust port
  выходной ~ discharge channel, outlet
  капиллярный ~ capillary channel
  кольцевой ~ ring channel
  направляющий ~ guide channel
  осевой ~ axial channel
  отводящий ~ offtake; race
  подводящий ~ flume; race
  поровый ~ pore canal
  продольный ~ gallery
  промывочный ~ (*в долотах струйного гидромониторного типа*) jet-type water course
  проточный ~ race
  распределительный ~ distribution channel
  рудный ~ ore channel
  самотечный ~ gravity-flow conduit
  сбросной ~ *см.* сливной канал
  сверхкапиллярный ~ supercapillary channel
  секреторный ~ secretory channel
  сифональный ~ siphonal channel
  сливной ~ escape [discharge] channel
  сообщающиеся ~ы communicated channels
  сопловой ~ nozzle passage
  спускной ~ drainage channel
  сточный ~ *см.* сливной канал

суживающийся ~ tapered channel
управляющий ~ pilot channel
фильтрационный ~ filtration channel
эксплуатационные ~ы (*подводной фонтанной арматуры*) production injection passages
канализация waste water disposal system, sewage, drain(age)
  ~ сточных вод промысла field waste-water drain, field sewage disposal
каналообразование channeling
  ~ в цементе cement channeling
канат cable, rope, line
  ~ для работ по креплению ствола скважины casing line
  ~ для работ с безопасной катушкой catline, cathead line
  ~ для свинчивания spinning cable, spinning rope
  ~ коллектора pod line
  ~ крестовой свивки regular lay rope
  ~ параллельной свивки lang-lay rope
  ~ правой свивки right regular lay cable
  ~ продольной свивки lang-lay line
  ~ прямой свивки lang-lay wire rope
  ~ распределительной коробки pod line
  ~ с независимым проволочным сердечником wire line with independent wire-rope core
  ~ с пеньковым сердечником hemp center wire line
  буксирный ~ towing rope, hawser, tow
  бурильный ~ drilling cable, rig line
  витой ~ twisted rope
  временный направляющий ~ temporary guideline
  грузоподъемный ~ hoisting rope
  джутовый ~ jute rope
  извлекающий ~ retrieving cable
  многопрядный ~ stranded rope
  направляющий ~ guy; guideline
  направляющий ~ телевизионной камеры TV guideline
  натяжной ~ водоотделяющей колонны riser tensioning line
  основной направляющий ~ master guideline
  отбойный ~ balance rope
  пеньковый ~ hemp rope
  пеньковый ~ для работы на катушке лебедки вращательного бурения jerk line
  плетеный ~ plaited rope
  плоский ~ flat rope
  подъемный ~ hoisting cable, hoisting rope
  предохранительный ~ safety line
  приводной ~ инструментального барабана bull rope
  проволочный ~ с постепенно уменьшающимся диаметром taper rope
  рабочий ~ work line
  сращенный ~ spliced wire rope, spliced cable
  стальной ~ steel cable
  стальной ~ из высококачественной проволоки plow steel cable

канат

стравливать ~ pay out a rope
талевый ~ rotary [drilling, hoist] line
талевый ~ для насосно-компрессорных труб tubing line
тартальный ~ bailing line
трехстренговый ~ three-stranded rope
тросовый ~ plain-laid rope
удерживающий ~ anchor rope
хвостовой ~ tail rope
якорный ~ anchor cable

канатоемкость барабана reeling capacity
канаторезка cutter
~ с подковообразным ножом horse-shoe trip
ловильная ~ wireline knife cutter
канатоукладчик wireline guide assembly, wireline spooler
~ для талевого каната wireline stabilizer
канистра can
канифоль rosin
каолин kaolin
каолинит kaolinite
капилляр capillary
капиллярность capillarity, capillary attraction
капиллярный capillary
капитал *эк.* capital, funds, stock
~ предприятия funds of an enterprise
акционерный ~ joint stock, share capital
заемный ~ borrowed capital
инвестированный ~ invested capital
иностранный ~ foreign capital
ликвидный ~ available capital
оборотный ~ circulating capital
основной ~ fired capital stock
резервный ~ reserve funds
собственный ~ ownership capital
ссудный ~ loan capital
уставной ~ authorized capital
капиталовложения capital investment, investment cost
капиталоемкий capital-intensive
каплевидный drop-shaped
каплезащищенный drip-proof
каплеобразование pendular configuration
каплеотбойник entrainment separator
каплеуказатель drop sight glass
каплеуловитель drip pan
капсул/а capsule
заключать в ~y encapsulate
спасательная ~ life saving capsule
капсюль cap
капсюль-детонатор blasting cap
каптаж capping
~ скважины capping of well
карабин (*защелка*) shackle, clasp
карачаит karachaite
карбазид carbazide
карбамид carbamide
карбапатит carbapatite
карбены carbens
карбид carbide
~ вольфрама tungsten carbide
~ железа ferric carbide, cementite
~ кальция calcium carbide
~ кремния carbon silicide, silicon carbide
технический ~ кальция commercial calcium carbide

карбоксил carboxyl
карбоксиметилгидроксиэтилцеллюлоза carboxymethylhydroxyethyl cellulose
карбоксиметилцеллюлоза carboxymethyl cellulose
натриевая~ sodium carboxymethyl cellulose
карболат carbolate
карболит carbolite
карбон Carbonic [Carboniferous] period
карбонадо black diamond, carbonado
карбонат carbonate
~ бария barium carbonate
~ железа carbonate of iron
~ извести carbonate of lime
~ кальция chalk
~ натрия sodium carbonate
~ щелочи alkaline carbonate
безводный ~ anhydrous carbonate
бурый ~ brown carbonate
кислый ~ acid carbonate
основной ~ basic carbonate
тонкозернистый ~ кальция drewite
карбонатит carbonatite
карбонатность пород rock carbonate content
карбонизация carbonization
карбонизировать carbonate
карбюризация carburizing
кардан universal joint
каретка carriage, slide
~ вращательной бурильной машины rotary drill jumbo
~ глубинного манометра carriage of subsurface manometer, carriage of subsurface pressure gage
~ для спуска трубопровода на воду launching dolly
~ параллаксов parallax slide
~ талевого блока traveling block guide dolly
~ трубного ключа pipe tongs carriage
буровая ~ track-mounted drill
каркас:
~ перфоратора carrier
карман pocket
~ гидравлического затвора pocket of hydraulic seal
~ под термометр thermometer pocket
~ под термопару thermocouple pocket
богатый рудный ~ bonanza
водяной ~ water pocket
воздушный ~ air pocket
газовый ~ gas pocket
геологический ~ bonney, bunny
грязевой ~ mud pocket
клапанный ~ valve pocket
пустой ~ в породе void
рудный ~ ore pocket, bed of ore
сегментный ~ segmentary pocket
сливной ~ drain pocket

карта

эрозионный ~ erosion pocket
карналлит carnallite
карниз cornice
  ~ вышки derrick cornice
  соляной ~ overhang
карнотит carnotite
каротаж log(ging), log survey
  ~ ближней зоны proximity logging
  ~ в необсаженном стволе open-hole logging
  ~ в обсаженном стволе cased-hole logging
  ~ методом захвата импульсных нейтронов pulsed neutron capture logging
  ~ методом измерения времени термического распада thermal decay time log
  ~ методом кажущегося сопротивления apparent resistivity logging
  ~ механической скорости проходки rate-of-penetration log
  ~ обсаженной скважины cased-hole logging
  ~ по выбуренной породе sieve residue log
  ~ по методу радиоактивных изотопов radioactive tracer logging
  ~ по методу сопротивления resistivity logging
  ~ потенциалов самопроизвольной поляризации spontaneous potential logging
  ~ проводимости conductivity logging
  ~, проводимый с целью определения продуктивности пласта evaluation logging
  ~ с использованием фокусировки тока current focusing log
  ~ с целью оценки пористости fracture-evaluation log
  ~ с экранированными электродами shielded-electrode logging
  активационный ~ activation logging
  акустический ~ acoustic [sonic] logging
  акустический ~ двухэлементным зондом single-receiver acoustic logging
  акустический ~ для контроля цементирования cement-bond acoustic logging
  акустический ~ зондом большой длины long-spaced acoustic logging
  акустический ~ контроля качества цементирования acoustic cement-bond log
  акустический ~ по затуханию acoustic amplitude logging
  акустический ~ по скорости continuous velocity acoustic logging
  акустический ~ с компенсацией влияния скважины borehole compensated acoustic logging
  акустический ~ трехэлементным зондом dual-receiver acoustic logging
  боковой ~ lateral logging, laterolog
  боковой двухзондовый ~ dual laterolog
  боковой колонковый ~ side-wall coring, side-wall sampling
  боковой семиэлектродный ~ seven-electrode laterolog, laterolog 7
  боковой трехэлектродный ~ three-electrode laterolog, guard-electrode logging, laterolog 3
  боковой электрический ~ shielded-electrode logging
  брон-нейтронный ~ neutron-Brons logging
  газовый ~ mud logging
  индукционный ~ induction logging, induction electrical log
  индукционный двухзондовый ~ dual induction logging
  интервальный ~ long-interval logging
  колонковый ~ coring
  комплексный ~ combination logging
  магнитный ~ magnetic logging
  микробоковой ~ microlaterolog survey
  микробоковой ~ со сферической фокусировкой тока microspherically focused logging
  нейтрон-нейтронный ~ neutron-neutron logging
  нейтрон-нейтронный ~ по тепловым нейтронам thermal neutron-neutron logging
  нейтронный ~ neutron logging
  нейтронный ~ с различным расстоянием между источником нейтронов и индикатором излучения multispaced neutron logging
  нейтронный импульсный ~ pulsed neutron logging
  плотностной ~ density logging
  псевдобоковой ~ pseudolaterolog survey
  радиоактивный ~ radiation [radioactivity] logging
  спектрометрический ~ spectrometry, spectrometric survey
  спектрометрический ~ по кислороду oxygen logging
  спектрометрический ~ по углероду carbon logging
  спектрометрический ~ по хлору chlorine logging
каротажник logger
каротировать log
карпатит carpathit
карролит carrollite
карст karst
  глинистый ~ clay karst
  погребенный ~ buried karst
  покрытый ~ mantled karst
карта chart; sheet; map
  ~ в горизонталях contour map
  ~ ветров wind map
  ~ водонефтяного контакта water-oil contact map
  ~ выходов outcrop map
  ~ газового фактора gas-oil ratio chart
  ~ гидропроводности hydraulic permeability map
  ~ глубин в изолиниях depth contour map
  ~ грунтовых вод depth-to-water map
  ~ земного магнетизма magnetic chart
  ~ земной поверхности (*с оконтуренными залежами нефти или газа*) areal map
  ~ изменений земного магнетизма isoporic chart

карта

~ изобар isobar map
~ изогон isogonic chart
~ изономал силы тяжести map of gravity isonomals
~ изопахит isopach map
~ изопор isoporic chart
~ изохор isochore map
~ интерполяций interpolation map
~ коренных пород solid map
~ месторождения field [deposit] map
~ начальных дебитов initial production chart
~ нефтегазоносности oil-gas map
~ нефтяного месторождения oil-field map
~ нефтяного пласта oil-bearing bed map
~ обслуживания service chart
~ перспектив нефтегазоносности map of oil and gas prospects
~ поверхностной тектоники surface structure contour map
~ подземного рельефа subsurface map
~ полезных ископаемых mineral resources map
~ пористости porosity map
~ проводимости почвы surface conductivity map
~ проницаемости permeability map
~ пьезопроводности pressure conductance map
~ равных мощностей isopachous map
~ разработки месторождения field development map
~ распределений isopleth map
~ склонений variation [declination] chart
~ смазки lubrication chart
~ с обозначением элементов залегания strike-and-dip symbol map
~ с оконтуренными залежами нефти areal map
~ суммарных дебитов cumulative productive map
~ схождения convergence map, convergence sheet
~ съемки survey sheet
~ технологического процесса flow sheet, process [flow] chart
аэромагнитная ~ aeromagnetic map
батиметрическая ~ bathymetric map
бланковая ~ outline map
геологическая ~ geological map
геолого-геофизическая ~ geologic-geophysical map
геоморфологическая ~ geomorphological map
гидрогеологическая ~ hydrogeological map
гипсометрическая ~ layered [hypsometric] map
гравиметрическая ~ gravimetric map
депрессионная ~ ventilation map
дорожная ~ highway [route] map
изомагнитная ~ isomagnetic chart
историческая ~ period map
контурная ~ contour [outline] map
крупномасштабная ~ large-scale map
магнитная ~ magnetic chart
немая ~ outline map
обзорная ~ sketch [areal] map
объективная ~ actual map
ориентированная ~ orientation chart
пластовая ~ map of seams, map of beds
площадная ~ areal map
подземная структурная ~ underground structure map
полевая ~ field map
приземная прогностическая ~ prebaratic map
прогнозная ~ prognostic [divining] map
рабочая ~ working map
рабочая схематическая ~ blank map
региональная ~ regional map
рельефная ~ relief map
сейсмотектоническая ~ seismotectonic map
синоптическая ~ meteorological map
структурная ~ нефтеносного пласта contour of oil sand
структурная подземная ~ underground structure contour map
схематическая ~ sketch [reconnaissance] map
схематическая рабочая ~ base map
схематичная почвенная ~ soil reconnaissance map
тектоническая ~ tectonic map
технологическая маршрутная ~ *см.* карта технологического процесса
типовая ~ model map
топографическая ~ topographic [surface contour] map
фациальная ~ facies map

картина pattern, picture
~ поля field pattern
~ распределения distribution pattern
волновая ~ wave pattern
гидродинамическая ~ flow pattern

картирование mapping; plotting; charting
~ фундамента basement survey
воздушное ~ aerial mapping
геологическое ~ geological mapping
детальное ~ close mapping
площадное ~ areal mapping
подземное ~ subsurface mapping
полевое ~ field mapping
почвенное ~ soil mapping
рудничное ~ mine mapping
стереоструктурное ~ stereostructural mapping
структурное ~ structural mapping

картировать map

картограф map-maker, cartographer

картография mapping, cartography

картон (paper)board, pressboard, cardboard
асбестовый ~ asbestos board
водонепроницаемый ~ waterproof cardboard
многослойный ~ pasteboard
прокладочный ~ gasket board
фильтровальный ~ filter board
электроизоляционный ~ electrical insulating board
электротехнический ~ electrical pressboard

квадратура

карьер quarry, pit
каска helmet
  защитная ~ safety helmet
кассета:
  плёночная ~ инклинометра film can of inclinometer
кассианит cassianite
кассинит cassinite
касситерит cassiterite
кастиллит castillite
катабитум katabitumen
катаболизм katabolism
катаклаз cataclasis
катаклазит cataclasite
катаклинальный cataclinal
катализ catalysis
  гетеролитический ~ acid-base catalysis
  гомогенный ~ homogeneous catalysis
  гомолитический ~ oxidation-reduction catalysis
  ионообменный ~ ion-exchange catalysis
  кислотно-основный ~ acid-base catalysis
  мокрый ~ wet catalysis
  окислительно-восстановительный ~ redox catalysis
катализатор catalyst, catalytic agent, catalyzer
  ~ отверждения curing agent
  ~ полимеризации polymerization catalyst
  кислый ~ acid catalyst
  оксидный ~ oxide catalyst
  отработанный ~ dead [spent] catalyst
  псевдоожиженный ~ fluidized catalyst
катализировать catalyze
категория:
  ~ буримости drillability index
  ~ нефтяных скважин oil well category
катер-нефтесборщик oil-sweeper
катион cation
  многовалентный ~ polyvalent cation
  одновалентный ~ monovalent cation
катионообмен base exchange reactions
каткинит cathkinite
катод cathode
  ~ дугового разряда arc cathode
  ~ прямого накала filamentary cathode
  ~ с запасом активного вещества dispenser cathode
  действующий ~ virtual cathode
  жидкий ~ pool cathode
  оксидный ~ oxide-coated cathode
  точечный ~ point cathode
  трубчатый ~ sleeve cathode
катодный cathodic
каток dolly
катушка:
  ~ вторичной обмотки эл. secondary coil
  ~ для подвески НКТ tubing hanger spool
  ~ для развинчивания труб breakout cathead
  ~ манифольда (верхняя секция подводной фонтанной арматуры) manifold spool
  ~ обмотки возбуждения эл. exciting [magnetizing] coil
  ~ обмотки якоря эл. armature coil
  ~ обсадной колонны casing spool
  ~ первичной обмотки эл. primary coil
  ~ реле relay coil
  ~ электромагнита electric magnet coil
  автоматическая ~ Залкина Zalkin automatic cathead
  автоматическая безопасная ~ automatic cathead
  безопасная ~ cathead
  дополнительная безопасная ~ для развинчивания труб breakout cathead
  дроссельная ~ choke coil
  намагничивающая ~ magnetizing [exciting] coil
  устьевая ~ для бурения drilling spool
  фланцевая ~ flanged spool
  фрикционная шпилевая ~ friction cathead
  шпилевая ~ cathead
каустик caustic
каустобиолит caustobiolith
каучук rubber, caoutchouc
  износостойкий ~ abrasion-resistant rubber
  изопреновый ~ isoprene rubber
  латексный ~ latex rubber
  минеральный ~ mineral caoutchouc
  синтетический хлоропреновый ~ neoprene
  смолонаполненный ~ resin-filled rubber
  сополимерный ~ copolymer caoutchouc
качалка упрощенного типа (для глубинных насосов, работающих от группового привода) pump jack
качание oscillation; rocking; (накачивание насосом) pumping
качество quality
  ~ изготовления workmanship
  ~ продукции quality of products
  ~ сварки weld quality
  ~ сварного шва см. качество сварки
  ~ хранения storage quality
  коммерческое ~ marketable quality
  надлежащее ~ proper quality
  ненадлежащее ~ inadequate quality
  нормативное ~ standard quality
  однородное ~ uniform quality
  среднее справедливое ~ fair average quality
  эксплуатационное ~ performance, functional quality
качка:
  ~ на попутном волнении pitching in a following sea
  бортовая ~ rolling
  вертикальная ~ heave
  килевая ~ pitching
  расчётная вертикальная ~ significant heave
квадрант quadrant
  противоположный ~ counter quadrant
квадрат square
  нижний ~ вышки derrick base square
квадратура quadrature
  ~ во времени time quadrature
  ~ в пространстве space quadrature

квадратура

численная ~ numerical quadrature
квазиимпульс quasi-momentum
квазиразмах semirange
квазистационарный quasi-stationary
квазиустановившийся quasi-stationary
кварц quartz
   аморфный ~ fusible quartz
   высокотемпературный ~ high quartz
   давленый ~ stressed quartz
   коррозионный ~ corrosion quartz
   плавленый ~ fused quartz
   пористый ~ floatstone
   халцедоновый ~ flint
кварцевый quartzous, quartzose, quartzy
кварцин quartzine
кварцит quartzite
   вторичный ~ secondary quartzite
   железистый ~ ferruginous quartzite
   известковый ~ calcareous quartzite
   халцедоновый ~ chalcedony quartzite
кварцитовый quartzitic
кварцсодержащий quartziferous
квасцевание aluming
квасцы alum, potassium aluminum sulphate
   алюмокалиевые ~ potassium alum
   аммиачные ~ ammonia alum
   железные ~ iron alum
   жженые ~ alum flower
   калиевые ~ potassium [potash] alum, kalinite
   кристаллические ~ alum glass
   магниевые ~ magnesia alum
   марганцевые ~ manganese alum
   натровые ~ soda alum
   хромовые ~ chrome alum
квебрахо quebracho
квелузит queluzite
квенселит quenselite
кверцетин quercetin
квершлаг crosscut
квитанция receipt
   грузовая ~ goods receipt
   депозитная ~ deposit receipt
   железнодорожная ~ railway receipt
   складская ~ warehouse receipt
   товаросопроводительная ~ freight warrant
квота *эк.* quota
   импортная ~ import quota
   налоговая ~ tax quota
   рыночная ~ marketing quota
   тарифная ~ tariff quota
   экспортная ~ export quota
кедабекит kedabekite
кембрий Cambrian (period), Cambrian system
кембрийский Cambrian
кепрок (*порода-покрышка*) cap rock
керабитум kerabitumen
керазин kerasine, phosgenite
керамзит expanded clay aggregate
керамзитобетон expanded-clay lightweight concrete
керамика ceramics
керамицит ceramicite
керамогалит keramohalite
кераргирит cerargyrite
керит kerite
кермезит kermesite
кермет cermet
керн core (sample), test [drill] core
   ~ в восстановленном состоянии restored-state core
   ~ в естественном состоянии native-state core
   ~, взятый грунтоносом ударного бурения *или* боковым грунтоносом punch core
   ~, насыщенный нефтью oil-base core
   ~, не загрязненный фильтратом uncontaminated core
   ~, отобранный при дробовом бурении calyx core
   ~, отобранный при ударно-канатном бурении cable-tool core
   ~, получаемый при ударном бурении percussion core
   ~, пропитанный нефтью bleeding core
   ~, смачиваемый нефтью oil wet core
   гидрофильный ~ water wet core
   гидрофобный ~ oil wet core
   забойный ~ bottom-hole sample
   искусственный ~ pack, target core
   нарушенный ~ broken [shattered] core
   ориентированный ~ oriented core
   спеченный ~ burned core
   сплошной ~ full hole core
   типичный ~ representative core
   характерный ~ *см.* типичный керн
   хрупкий ~ friable core
кернодержатель core holder
керноизвлекатель core extractor
   гидравлический ~ hydraulic core extractor
кернокол core splitter
керноловитель core catcher, core picker
керноотборник core sampler
   ~ с дистанционным управлением controlled release corer
   автоматический ~ automatic sampler
   боковой ~ side-wall core sampler
   вдавливаемый ~ punch-type core sampler
   вибрационный ~ vibrocorer
   вращающийся ~ rotary-type sampler
   забойный ~ bottom-hole sampler
   стреляющий ~ percussion [gun] sampler
керноподъемник core lifter
   ~ корзиночного типа core basket, basket core lifter
керноприемник core receiver
   ~ кернового снаряда core receiver, inner barrel
   съемный ~ retrievable [removable] core receiver
кернорватель core retainer, core catcher, core breaker
   ~ клинового типа slip-type core catcher
   ~ пружинного типа spring-ring core catcher
   ~ рычажного типа toggle-type core catcher
   ~ с подпружиненными плашками core catcher with spring-actuated pivoted dogs

КИСЛОТНОСТЬ

лепестковый ~ spring finger core catcher
кернохранилище core storage, core shack, core library
кероген kerogen
керосин kerosene, kerosine
кессон caisson
   ~ для подводных работ coffer
   передвижной арктический ~ mobile Arctic caisson, MAC
кизельгур kieselguhr, infusorial earth, mountain meal
киль keel
   ~ синклинали syncline trough
   периферический ~ peripheral keel
киматолит cymatolite
кимберлит kimberlite, blue ground
кип (*общепринятая американская единица, используемая при бурении на шельфе, равная 100000 фунтам*) kip
кипение boiling, ebullition
кипеть boil
кипятильник boiler
кир brea, kir
кирпич brick
   ~ пластического формования stiff-mud brick
   доломитовый ~ dolomite brick
   дырчатый ~ perforated brick
   кислотоупорный ~ acid-proof brick
   кислый ~ acid brick
   клинкерный ~ clinker brick
   легкий ~ light-weight brick
   недожженный ~ pale brick
   необожженный ~ green [unburnt] brick
   огнеупорный ~ refractory [fire] brick
   отработанный ~ used brick
   силикатный ~ lime-and-sand brick
   стеновой ~ wall brick
   строительный ~ building brick
   шлаковый ~ slag brick
   ячеистый ~ cellular brick
кислот/а acid
   ~, растворяющая силикаты silicate control acid
   азотистая ~ nitrous acid
   азотистоводородная ~ hydrazoic acid
   азотная ~ nitric acid, caustic water
   азотноватистая ~ hyponitrous acid
   активированная ~ intensified acid
   аминовая ~ amino acid
   бензойная ~ benzoic acid
   борная ~ boric acid
   бромистоводородная ~ hydrobromic acid
   винная ~ tartaric acid
   водорастворимые сульфонафтеновые ~ы green acids
   высокомолекулярная ~ high molecular weight acid
   галловая ~ gallic acid
   гептановая ~ heptanoic acid
   глутаминовая ~ glutamic acid
   гремучая ~ fulminic acid
   грязевая ~ mud acid
   гуминовая ~ humic acid
   двухосновная ~ dihydric acid
   дубильная ~ tannic acid
   жирная ~ fatty acid
   загущенная ~ gelled [thickened] acid
   ингибированная ~ inhibited acid
   йодистоводородная ~ hydroiodic acid
   карбаминовая ~ carbamic acid
   карболовая ~ carbolic acid
   карбоновая ~ carboxylic acid
   концентрированная ~ concentrated acid
   кремнефтористоводородная ~ hydrofluosilicic acid
   крепкая серная ~ strong sulfuric acid
   ледяная уксусная ~ glacial acetic acid
   лигносульфоновая ~ lignosulphonic acid
   лимонная ~ citric acid
   минеральная ~ mineral acid
   многоосновная ~ polybasic acid
   молочная ~ lactic acid
   муравьиная ~ formic acid
   нафтеновая ~ naphthenic acid
   неорганическая ~ inorganic acid
   нефтяная ~ petroleum acid
   нуклеиновая ~ nucleic acid
   одноосновная ~ monobasic acid
   октановая ~ octanoic acid
   органическая ~ organic acid
   ортофосфорная ~ orthophosphoric acid
   отработанная ~ waste [spent] acid
   очищенная ~ refined acid
   плавиковая ~ hydrofluoric acid
   предельная ~ saturated acid
   свободная ~ free acid
   связанная ~ combined acid
   серная ~ sulphuric acid
   сернистая ~ sulphurous acid
   сероводородная ~ hydrosulfuric acid
   сильная ~ strong acid
   слабая ~ weak acid
   соляная ~ hydrochloric [muriatic] acid
   стеариновая ~ stearic acid
   сульфаниловая ~ sulfanilic acid
   сульфонафтеновая ~ green [sulfonic] acid
   сульфоновая ~, растворимая в нефтепродуктах mahogany acid
   титрованная ~ titrated acid
   уксусная ~ acetic acid
   фосфорная ~ phosphoric acid
   фтористоводородная ~ hydrofluoric acid
   хлористоводородная ~ hydrochloric [muriatic] acid
   хлорная ~ perchloric acid
   хлорноватистая ~ hydrochlorous acid
   хлоруксусная ~ chloracetic acid
   щавелевая ~ oxalic acid
кислотность acid value, acidity
   актуальная ~ actual acidity
   гидролитическая ~ hydrolytic acidity
   обменная ~ exchange acidity
   общая ~ total acidity
   титруемая ~ titratable acidity

кислотный acidic
кислотовоз (*автомобиль-цистерна*) acid tank truck
кислотоизмерение acidimetry
кислотомер acidometer, acidimeter
кислоторастворимость solubility in acid
кислотостойкий acid-proof
кислотостойкость acid resistance
кислотоупорность *см.* **кислотостойкость**
кислотоупорный *см.* **кислотостойкий**
кислотоустойчивость acid fastness; acid resistance
кислый acidic, sour
клапан valve
~ бурового насоса mud pump valve
~ бурового насоса с двумя направляющими dual guided slush service valve
~ ведущей трубы kelly cock
~ в нижнем конце трубы foot valve
~ выключателя ротора rotary switch valve
~ высокого давления high-pressure valve
~ гидравлической части насоса fluid [hydraulic] valve
~ глубинного насоса working barrel valve
~ для выбора коллектора pod selector valve
~ для запуска трубопроводного скребка pipeline scraper pig injection [scraper pig launching] valve
~ для испытаний при контролируемом давлении pressure-control test valve
~ для контроля дебита capacity control valve
~ для нагнетания химических реагентов chemical injector valve
~ для регулирования противодавления backpressure control valve
~ для смазки grease valve
~ для снижения давления pressure release valve
~ продувания blow-down [blow(ing), blow-off, blow-out] valve
~ регулирования расхода flow-control valve
~ сброса давления dump valve
~ с гидравлическим управлением hydraulically-operated valve
~ со срезным штифтом shear-pin [shear-nail] type valve
аварийный ~ emergency valve
аварийный перекрывающий ~ emergency shutdown valve, ESDV
автоматический ~ automatic [self-acting] valve
автоматический аварийный ~ закрытия self-closing valve
автоматический аварийный ~ открытия self-opening valve
автоматический газлифтный ~ pressure controlled gas-lift valve
быстродействующий ~ quick-acting valve
вакуумный ~ vacuum valve
верхний ~ испытателя пласта trip tester valve
верхний ~ опробователя trip valve

водоспускной ~ drain valve
воздуховыпускной ~ air cock
воздушный ~ air valve
впускной ~ admission [delivery, inlet] valve
впускной ~ с механическим приводом mechanical inlet valve
впускной регулируемый ~ inlet control valve
вращающийся противовыбросовый ~ (*модифицированный превентор*) diverter (valve)
всасывающий ~ suction [inlet] valve
входной ~ in gate (valve)
выпускной ~ outlet [vent] valve
выхлопной ~ exhaust valve
газлифтный ~ gas-lift valve
газлифтный ~ обратного действия tubing pressure operated gas-lift valve
газлифтный ~ прямого действия casing pressure operated gas-lift valve
газлифтный съемный ~ retrievable gas-lift valve
газлифтный управляемый ~ surface-controlled gas-lift valve
газовый ~ gas (check) [gas control] valve
гидравлический обратный ~ hydraulic back-pressure valve
гидромеханический ~ hydromechanical valve
главный ~ main valve
главный воздушный ~ main air stop valve
двустворчатый ~ butterfly valve
двухопорный ~ double seat valve
двухпозиционный ~ open-and-shut [double-position] valve
двухходовой ~ two-way valve
декомпрессионный ~ compression-release valve
демпфирующий ~ damp valve
диафрагменный ~ diaphragm valve
дифференциальный газлифтный ~ differential gas-lift valve
дозировочный ~ metering valve
донный разгрузочный ~ flush bottom dump valve
дроссельный ~ throttle [butterfly] valve
дыхательный ~ breather
запорный ~ check valve
запорный ~ бурового раствора mud check valve
золотниковый ~ (*в системе управления подводным оборудованием*) shuttle valve
нижний ~ песочного насоса bottom valve
обратный ~ float (collar)
обратный ~ бурильной колонны string float
обратный ~, применяемый при спуске колонны обсадных труб casing float
обратный ~, установленный в бурильных трубах drill pipe float
обратный цементировочный ~ cement float-valve
отключающий ~ cutoff valve
перепускной ~ (safety) bypass (valve)
плунжерный ~ plunger valve
пневматический ~ *см.* воздушный клапан

подводный ~ underwater [subsea] valve
подводный лубрикаторный ~ subsea lubricator valve
поплавковый (*обратный*) ~ float valve
предохранительный ~ safety bypass, relief [safety] valve
предохранительный подводный ~ (*обычно устанавливается на блоке противовыбросовых превенторов в фонтанной арматуре*) subsea safety valve
предохранительный фонтанный ~ flow safety valve
пробоотборный ~ bleeder valve
промывочный ~ circulating valve
пусковой ~ starting valve
пусковой редукционный ~ starter reducing valve
разгрузочный ~ discharge [relief, vent] valve
распределительный ~ distribution [distributing] valve
регулирующий ~ adjusting [regulating, control] valve
редукционный ~ (pressure) reducing valve
скважинный ~ downhole valve
спускной ~ bleedoff valve
ступенчатый ~ step valve
тарельчатый ~ disk [plate, lift, poppet] valve
трехходовой ~ three-way [crossover] valve
угловой ~ angle valve
угловой предохранительный ~ игольчатого типа angle needle valve
циркуляционный ~ (safety) bypass (valve); circulation valve
шаровой ~ ball [globe, spherical] valve
шиберный ~ gate [vane] valve
электромагнитный ~ electromagnetic valve
клапан-отсекатель cutoff valve, flow breaker
класс class; grade; rate
~ асимметричных кристаллов asymmetrical crystal class
~ геодезических работ position order
~ крупности grade according to size
~ точности accuracy rating, accuracy class
~ы цементов Американского нефтяного института API cement classes
классификатор classifier
воздушный ~ air classifier
гравитационный ~ gravity classifier
конусный ~ cone classifier
механический ~ mechanical classifier, mechanical shaker
обезвоживающий ~ dewatering classifier
центробежный ~ centrifugal classifier
классификация classification
~ горных пород classification of rocks
~ запасов reserves classification
~ зон площади шельфовой установки на опасные зоны area classification
~ нефтегазоносных бассейнов oil-and-gas basins classification
~ нефтей oil [petroleum] classification [grading]
~ нефтяных и газовых месторождений classification of oil and gas fields
~ природных газов classification of natural gases
воздушная ~ air separation
геохимическая ~ geochemical classification
гидравлическая ~ hydraulic classification
мокрая ~ wet classification
осадительная ~ setting classification
систематическая ~ taxonomy
сухая ~ dry classification
кластический clastic, detrital, fragmental
кластогенный clastogene
кластоморфный clastomorphic
клей adhesive, glue
клейкий adhesive
клейкость adhesiveness
клеймо mark of identification, stencil impression
~ приемного контроля acceptance stamp
поверочное ~ mark of certification
приемочное ~ *см.* клеймо приемного контроля
фирменное ~ nameplate
клемма cleat; эл. terminal
клетка cage
~ всасывающего клапана насоса pump suction-valve cage
~ клапана закрытого типа closed cage
~ клапана открытого типа open cage
~ клапана скважинного насоса cage of subsurface pump valve
~ нагнетательного клапана насоса pump traveling-valve cage
~ плунжера plunger cage
клетчатка cellulose, fiber
клеть вышки, спасательная derrick safety [derrick rescue] cage
клещи extractor; jaw; tongs
~ для перетаскивания труб pipe-carrying tongs
зажимные ~ clip, dog
клапанные ~ valve remover
ловильные ~ fishing tongs; devil's (pitch) fork
трубные ~ pipe pinchers
кливаж cleavage
вертикальный ~ facing
главный ~ basal cleavage
тонкий ~ close-joint cleavage
клин:
~ья для захвата бурильных и обсадных труб slips
~ья для удержания колонны обсадных труб casing hanger slips
вставные ~ья insert slips
посадочные ~ья set slips
установочный ~ doctor
шарнирные ~ья dog slips
клинкер clinker
портландцементный ~ portland cement clinker
цементный ~ cement clinker
клинкерование clinkering
клиренс clearance

клиренс

~ в вышке clearance in the derrick
донный ~ (*расстояние от днища плавучего основания хранилища до дна моря*) bottom clearance
ключ key, wrench; (*трубный*) tongs
~ для НКТ tubing tongs
~ для свинчивания и развинчивания бурильных труб breakout tongs
~ для свинчивания обсадных труб casing tongs
~ для свинчивания штанг rod key
гаечный ~ wrench
керновый ~ core tongs
машинный ~ power tongs
накидной ~ spanner wrench
нижний (*задерживающий*) ~ при развинчивании труб и штанг back-up tongs
раздвижной цепной трубный ~ adjustable screw wrench
торцовый ~ socket wrench
кнопка (push) button
аварийная ~ danger [emergency] button
контактная ~ press [push] button
нажимная ~ *см.* контактная кнопка
коагулировать coagulate
коагулируемость coagulability
коагулянт coagulant, coagulating agent, coagulator
коагулятор 1. (*агент*) coagulant, coagulating agent, coagulator 2. (*аппарат для коагулирования*) coagulator
коагуляци/я coagulation
вызывающий ~ю coagulating
коаксиальный coaxial, concentric
коалесценция coalescence
ковалентность covalence
кованый forged
ковать forge, hammer
~ вхолодную forge cold
ковер:
~ бурения скважин well drilling program
~ испытания скважин well test program
~ эксплуатации скважин well production program
ковит covite
ковка forging
ковкий forgeable
ковкость forgeability
ковочный forging
ковш bin, bucket
когезия cohesion
кожура хлопковых семян cotton-seed hulls
кожух case; sheath(ing); shell
~ насоса pump case
~ центробежного насоса pump shell
~ шкивов талевого блока traveling block sheave guard
защитный ~ водоотделяющей колонны riser sheath
предохранительный ~ shield
топочный ~ fire box shell
кожухотрубный shell-and-tube

козлы (*для труб*) rack
~ вышки derrick gin pole
козырек:
~ поршня baffle
кокс coke
нефтяной ~ oil [petroleum] coke
коксуемость coking (behavior)
коксующийся coking
колба bottle, flask
измерительная ~ к вискозиметру viscosimeter receiving flask
приемная ~ receiving flask
колебани/е fluctuation, oscillation
~ давления pressure fluctuation
~ уровня fluctuation of level
вертикальные ~я (*долота*) bouncing
вынужденные ~я constrained [forced] oscillations
гармонические ~я бурильной колонны drill string bouncing
годовое ~ магнитных отклонений annual variation of magnetic declination
затухающие ~я dying [damped] oscillations
крутильное ~ torsion oscillation
незатухающие ~я continuous [self-sustained, undamped] oscillations
полное ~ full-wave oscillation
свободные [собственные] ~я natural oscillations
устойчивые ~я stable oscillations
электромагнитные ~я electromagnetic oscillations
колебаться fluctuate, oscillate
~ в продольном направлении bounce
колено bend, elbow, knee
~ от трубы с углом normal bend
~ с боковым отводом side outlet elbow
двойное ~ double bend, twin elbow
обходное ~ cross-over bend
прямое ~ quarter bend, el
соединительное ~ connecting bend [elbow, fitting]
коленчатый angular, articulate, bent, elbowed
колесо wheel
зубчатое ~ gear (wheel), toothed wheel
маховое ~ flywheel
тормозное ~ brake rim, brake wheel
количество quantity
~ бурового раствора drilling mud volume
~ закачанной воды water injection
~ нефти, содержащееся в трубопроводе pipeline storage
~ перекачанного по трубам нефтепродукта pipeline run
добытое ~ produced quantity
промышленное ~ commercial quantity
товарное ~ *см.* промышленное количество
экономически целесообразное ~ нефти economical quantity of oil
коллектор (*пласт*) reservoir; (*трубопровод*) header
~ в сборной системе main oil line

~ газа gas reservoir
~ дистанционного управления подводным оборудованием control pod
~ естественного скопления нефти collecting basin
~ труб pipe manifold
газоконденсатный ~ gas-condensate reservoir
газо(нефте)промысловый ~ gas(oil)-field gathering main
гидравлический ~ pod
замкнутый ~ bounded [closed] reservoir
карбонатный ~ carbonate reservoir rock
карстовый ~ karst reservoir
мощный ~ thick reservoir
напорный ~ discharge manifold
нефтенасыщенный ~ oil-saturated reservoir
нефтяной ~ oil reservoir
однофазный ~ single-phase reservoir
песчаный ~ sand reservoir
подводный ~ управления многоштырькового типа multiple pin type subsea control pod
подводный ~ управления с двойным гнездом double female subsea control pod
подводный гидравлический ~ управления с двойным гнездом double female subsea hydraulic control pod
подводный клиновидный ~ управления wedge-type subsea control pod
подводный съемный ~ управления превентором retrievable BOP control pod
продуктивный ~ productive reservoir
сборный ~ скважинной продукции gathering main
трещиноватый ~ fractured reservoir
коллоид colloid
коллоидальность colloidity
коллоидный colloid(al)
колодец well, sump, pit
~ для бурения с баржи well slot
сточный ~ drain sump
колодка block, shoe
~ для ловли обсадных труб casing bowl
тормозная ~ brake block, brake shoe
упорная ~ backing block
фрикционная ~ friction block
колокол bell
~ газгольдера gas-holder bell
~ для транспортировки людей (*к подводному устьевому оборудованию*) personnel transfer bell
~ мокрого газгольдера floating bell
водолазный ~ diving bell
водолазный ~ для осмотра подводного оборудования control chamber
ловильный ~ bell socket, box tap, die collar
плавающий ~ floating bottom
колокол-калибр gage die collar, gage die coupling
колокол-фрезер milling die collar, milling die coupling

колонка:
~ алмазного бурения diamond drill core
~ перфоратора bar
~ породы core (sample)
бензозаправочная ~ (fuel) filling station
геологическая ~ geological column
литологическая ~ lithological column
пожарная ~ fire standpipe
колонна column; (*труб*) string
~ бурильных труб string of drilling tools
~ для глушения скважин kill string
~ насосно-компрессорных труб (НКТ) tubing
~ насосных штанг string of rods, rod string
~ обсадных труб string of casing
~ труб string
~ труб, входящая в продуктивный горизонт pay string
~ труб малого диаметра macaroni string
~ утяжеленных бурильных труб диаметром, близким к диаметру долота oversize drill-collar string
абсорбционная ~ absorber, absorption tower
адсорбционная ~ adsorber, adsorption tower
бурильная ~ drillstem, drill string
водозакрывающая ~ water shutoff string
водоотделяющая ~ для бурения drilling [mud] marine riser
вспомогательная ~ бурильных труб drill-pipe handling string
гибкая бурильная ~ flexible drillstem
гибкая водоотделяющая ~ для выноса продукта скважины на поверхность flexible riser
двойная водоотделяющая ~ (*внутренняя и внешняя*) concentric riser
двухрядная ~ double string
забивная ~ drive string
заполненная жидкостью бурильная ~ loaded string
зацементированная ~ cemented string
комбинированная ~ combination string
ловильная ~ fishing string
морская водоотделяющая ~ marine riser
направляющая ~ conductor
насосно-компрессорная ~ tubing (string)
обсадная ~ casing (string)
обсадная ~, состоящая из нескольких секций со стенками разной толщины *или* из стали разных марок graduated string
однорядная ~ single string
опорная ~ кессонного типа caisson-type leg
опорная ~ сквозного типа truss-type leg
основная обсадная ~ для эксплуатации скважин major casing string
перфорированная обсадная ~ perforated casing string
подъемная ~ eductor
прихваченная ~ труб stuck string
промежуточная ~ intermediate casing (string)
промывочная ~ washover string
равнопрочная ~ uniform-strength string

колонна

спусковая ~ бурильных труб (*для спуска инструмента к подводному устью или в скважину*) drill-pipe running string
стабилизирующая ~ (*спускаемая с плавучего корпуса ППБ*) stabilizing column
тампонажная ~ для изоляции водоносных пластов waterproof casing
ходовая ~ mobile rig (string)
четырехсекционная обсадная ~ four-section casing string
эксплуатационная водоотделяющая ~ production riser
эксплуатационная обсадная ~ production casing string
экстракционная ~ extraction column
эксцентрично расположенная обсадная ~ off-centered casing string

колонна-хвостовик liner
колорадоит coloradoite
колориметр colorimeter
~ погружения immersion colorimeter
дифференциальный ~ color-difference meter
спектрографический ~ spectrographic colorimeter
трехцветный ~ trichromatic colorimeter
химический ~ chemical colorimeter

колориметрия colorimetry
колосник boiler grate bar
колпак cup; dome; lid; hood
~ временно оставляемой морской скважины temporary abandonment cap
~ для опрессовки линий штуцерной и глушения скважины choke and kill line test cap
~ с гидроуплотнением hydrocap
~ фонтанной арматуры подводной скважины Christmas-tree cap of underwater well
антикоррозионный ~ corrosion cap
воздушный ~ air chamber
защитный резьбовой ~ thread protector
предохранительный ~ safety cap
пылезащитный ~ dust cap
устьевой ~ (*для герметизации устья скважины при ее временной остановке*) wellhead cap

колпачок cover, cap
~ для предохранения резьбы бурового инструмента lifting cap
~ с резьбой blind [cap] nut

кольматаж colmatage
кольцевой annular, circular, circumferential
кольцо ring
~ лафетного хомута spider bushing
~ сальника packing gland ring
~ шарикоподшипника ball race
башмачное ~ drive [rotary] shoe
зажимное ~ loose collar
запорное ~ lock ring
калибровочное ~ для определения степени износа долота bit gage
опорное ~ race
предохранительное ~ guard collar, safety ring
предохранительное ~ для бурильных труб drill-pipe protector
предохранительное ~ для насосных штанг sucker-rod protector
предохранительное ~ для обсадных труб casing protector
предохранительное ~ для резьбы thread protector
прокладочное ~ *см.* уплотнительное кольцо
распорное ~ spacing washer
резиновое ~ сальника rubber packing gland ring
стопорное ~ stop [retainer, lock(ing), check] ring
уплотнительное ~ sealing [packing, gasket] ring
упорное ~ thrust ring, thrust collar
упорное ~ для задержки пробок при цементировании скважин (*установленное в муфте обсадных труб*) cement baffle collar
упорное ~ хвостовика casing seat
установочное ~ loose collar
центрирующее ~ centering ring

комбайн:
очистно-изоляционный ~ (*для трубопровода*) pipe-cleaning and insulation machine

комбинация:
~ расширителей с желобчатыми удлинителями packed hole assembly

комбинезон overall
комиссия commission
Междуштатная нефтяная координирующая ~ (*США*) Interstate Oil Commission (*USA*)

комитет committee
~ по технике безопасности safety committee
Европейский ~ водолазных технологий European Diving Technology Committee

коммуникации:
подземные ~ underground pipelines

компания *эк.* company
государственная ~ state company
дочерная ~ subsidiary company
инвестиционная ~ investment company
консалтинговая ~ consulting company
независимая нефтяная ~ independent petroleum company
нефтегазовая ~ operating petroleum and gas company
нефтяная ~-оператор, представляющая участников, ведущих разработку нефтяного или газового месторождения unit operator
транспортно-экспедиционная ~ forwarding company
холдинговая ~ holding company
частная ~ private company

компас compass
гироскопический ~ gyroscopic compass
горный ~ dip(ping) compass, dip needle
дистанционный ~ transmitting compass
магнитный ~ magnetic compass

компаундирование compounding
компаундировать compound
компенсатор compensator; dampener; equalizer

~ бурильной колонны drill string [drilling heave, motion] compensator
~ бурильной колонны с двумя цилиндрами dual cylinder motion compensator
~ вертикальной качки deadline heave compensator
~ вертикальной качки плавучей буровой платформы, обусловливаемой передвижением судна motion compensator
~ давления pressure compensator
~ качки, установленный в линию с талевым блоком и крюком in-line heave compensator
~ перемещения с двумя цилиндрами dual cylinder motion compensator
~ пульсаций давления pulsation dampener
~ пульсаций насоса pump shock absorber, discharge surge chamber, pulsation dampener
~ расширения expansion bend
воздушный ~ air compensator
гидравлический ~ hydraulic compensator
забойный ~ вертикальной качки downhole heave compensator
кронблочный ~ crown-block [crown mounted heave] compensator
одноцилиндровый ~ single-cylinder compensator
петлевой ~ (*трубопровода*) loop expansion pipe
сильфонный ~ expansion bellows, bellows joint
скважинный ~ вертикальной качки downhole heave compensation
компенсация balancing, compensation, equalization, equalizing
~ перемещения от волнового воздействия wave motion compensation
комплекс complex; assembly
~ жилой камеры living chamber complex
призабойный ~ оборудования bottom-hole assembly
свайный ~ pile assembly
комплексон chelating agent
комплект assembly, set
~ бурильного оборудования drilling equipment set
~ водоотделяющей колонны riser assembly
~ запасных частей set of spare parts
~ зубчатых колес gear set
~ инструментов tools' kit
~ обсадных труб casing string set
бурильный ~ drilling tools
спасательный ~ abandonment [survival] suit
компонент component
~ газа gas component
~ нефти oil component
компрессия compression
компрессометр compressometer
компрессор compressor
~ второй ступени high-stage compressor
~ высокого давления high-pressure compressor
~ двойного действия double-acting compressor

~ низкого давления low-pressure compressor
~ с газотурбинным приводом gas turbine centrifugal compressor
~ с приводом от вала отбора мощности power take-off compressor
~ с угловым расположением цилиндров angle compressor
воздушный ~ air compressor
вспомогательный ~ auxiliary compressor
газовый ~ gas compressor
гидравлический ~ hydraulic compressor
двухступенчатый ~ одностороннего действия two-stage single-acting compressor
дожимной ~ booster [high-stage] compressor
многоступенчатый ~ multistage compressor
объемный ~ displacement compressor
одноступенчатый ~ single-stage compressor
осевой ~ axial-flow compressor
поршневой ~ piston [reciprocating] compressor
ротационный ~ rotary [sliding vane] compressor
ротационный ~ вытеснения rotary displacement compressor
струйный газовый ~ gas jet compressor
центробежный ~ centrifugal [non-positive, radial flow, turbine] compressor
компрессорная (*помещение*) compressor compartment [room, station]
компьютер computer
конвейер conveyor
винтовой ~ helical [screw, spiral] conveyor
канатный ~ со скребками cable conveyor
ковшовый ~ bucket conveyor
ленточный ~ belt conveyor
скребковый ~ chain conveyor
цепной ~ chain conveyor
конвекция convection
вынужденная ~ forced convection
естественная ~ free [natural] convection
конгломерат aggregation, conglomerate
конгломерация conglomeration
конго (*промышленный алмаз*) congo
конденсат condensate
~ из попутного газа lease condensate
водяной ~ condensed water
жидкий ~ углеводородов liquid hydrocarbon condensate
конденсатор эл. capacitor
~ переменной емкости adjustable capacitor
~ постоянной емкости fixed capacitor
~ фильтра filter capacitor
шунтирующий ~ bypass capacitor
конденсация condensation
конденсированный condensed
кондуктор jig, casing, guide
конец end
~ водоотделяющей колонны riser stab
~ талевого каната line of drilling rope
~ трубы pipe end
~ трубы с внутренней резьбой internally-threaded pipe end

конец

~ трубы с наружной резьбой externally threaded pipe end
~ схватывания final set
мертвый ~ талевого каната dead line
неподвижный ~ талевого каната см. мертвый конец талевого каната
ниппельный ~ pin end
раструбный ~ трубы bell end
слабый ~ slack side
соединительный ~ connecting end
тупиковый ~ (*трубопровода*) dead end
удлиненный ~ extension
уширенный ~ трубы socket
холостой ~ leader side

конистонит conistonite
конихальцит conichalcite
конкреция concretion
известковая ~ calcareous concretion
пустотелая ~ tubule
сплюснутая ~ flattened concretion

конкурентоспособность competitiveness
конкуренция *эк.* competition
рыночная ~ market competition
скрытая ~ latent competition
ценовая ~ price competition

коннарит connarite
коннелит connelite
коноид conoid
коносамент consignment
транспортный ~ consignment note, waybill
чистый ~ clean bill of lading

консервант preservative
консервация conservation; preservation
~ залежи conservation of reservoir
~ обезвоживанием preservation by dehydration
~ скважины conservation of well
длительная ~ long-term preservation

консистенция consistency
~ грунта soil consistency
~ густых смазочных материалов grease consistency
~ шлама sludge density

консистометр consistometer
~ погружения dipping consistometer

консоль:
заделанная ~ cantilever beam
монтажная ~ mounting bracket
опорная ~ bearing bracket

консольный cantilever
константа constant
~ заводнения water influx constant
~ прибора instrument constant
~ равновесия equilibrium constant, equilibrium ratio
~ равновесия реакции affinity constant
~ упругости elastic constant
газовая ~ gas characteristic, gas law constant
оптическая ~ optical constant
почвенная ~ soil constant

конструирование design(ing)
агрегатное ~ unit design

конструкция 1. (*сооружение*) construction, structure 2. (*устройство машины, прибора*) design
~, выполненная в одном блоке unit design
~ оборудования, представляющая собой сварную комбинацию стальных отливок fabriform
~ сварного изделия weldment design
~ скважины well design, well [casing-bit-cement top] program
~ соединения joint design
~ с покрытием и изоляцией coat-and-wrap design
балочная ~ girder construction
блочная ~ unit(ized) [panelized] construction; block design
вторичная ~ (*палуба или другие дополнительные модули*) secondary structure
гравитационная ~ (*серия глубоководных тяжелых сооружений*) gravity structure
двухколонная ~ скважины double casing string well program
жесткая ~ girder construction
защитно-направляющая ~ protective guide structure
несущая ~ carriage, load-bearing frame, supporting structure
облегченная ~ light-weight construction
одноблочная ~ unit design
опорная многокамерная ~ железобетонного основания cellular base
плавучая ~ self-floating structure
плавучая шельфовая ~ floater
постоянная направляющая ~ permanent guide structure, permanent guide base
пространственная ~ space frame
рамная ~ frame construction, frame structure
решетчатая ~ lattice frame
сварная ~ welded construction, welded structure
типовая ~ series design
цельная ~ one-piece construction
цельнометаллическая ~ all-metal structure
цельносварная ~ all-welded construction, all-welded structure

контакт contact
~ жидкостей liquid-liquid contact
~ жидкость — газ liquid-gas [fluid-gas] contact
~ жидкость—твердое тело liquid-solid contact
~ между стратиграфическими комплексами contact between stratigraphic series
~ на массу frame connection
~ нефть — порода oil-rock contact
~ формации formation contact
безрудный ~ barren contact
вакуум-плотный ~ gas-tight contact
водонефтяной ~ water-oil contact
газоводяной ~ gas-water contact
газонефтяной ~ gas-oil contact
гнездовой ~ female contact

контур

двусторонний ~ bilateral contact
заземленный ~ earthed [grounded] terminal
закаленный ~ chilled contact
замыкающий ~ make contact
магматический ~ magmatic [igneous] contact
межфлюидный ~ fluid contact
наклонный ~ tilted [plunging] contact
ненормальный ~ abnormal contact
неплотный ~ loose contact
несогласный ~ unconformable contact
омический ~ ohmic contact
оптический ~ optical contact
пальцевый ~ finger contact
плотный ~ intimate contact
плохой ~ poor contact
поверхностный ~ surface contact
погребенный ~ buried contact
подвижный ~ movable contact
поляризованный ~ polarized contact
пружинный ~ spring contact
рабочий ~ load-carrying contact
размыкающий ~ break contact
сбросовый ~ fault contact
скользящий ~ slider, sliding contact
согласный ~ conformable contact
тектонический ~ tectonic contact
точечный ~ point contact
трущийся ~ sliding contact, slider
холостой ~ dead contact, dummy stud
штепсельный ~ wedge contact
штыковой ~ bayonet contact
штырьковый ~ male contact
контактор contactor
~ возбуждения excitation contactor
~ ускорения accelerating contactor
двухполюсный ~ double-pole contactor
магнитный ~ magnetic [magnetically operated] contactor switch
пусковой ~ starting contactor
силовой ~ power contactor
контейнер container
~ для образцов проб sample container
~ для цементировочных пробок cementing plug container
контракт contract
~ на бурение drilling contract
~ на сдачу в аренду большого района для разработки blanket lease
~ на строительство под ключ turnkey contract
~ о закупке газа gas purchase contract
контрбукса bottom [lower] box
контргайка lock(ing) [check, pinch] nut
контргруз counterweight, counterbalance
~ балансира станка-качалки crank counterbalance
~, закрепленный на кривошипе качалки crank counterbalance
роторный ~ crank counterbalance
контролер checker, inspector
контролировать check, control, monitor, inspect

контролируемость controllability
контроллер controller
~ ввода-вывода input-output controller
~ с программным управлением programmable controller
главный ~ master controller
пусковой ~ starting controller
реверсивный ~ reversing controller
контроль check(ing), control, examination, inspection; (*постоянный*) monitoring
~ без разрушения (*образца*) non-destructive examination, non-destructive test
~ гидравлического разрыва пласта checking of fracturing operation
~ добычи production control
~ искривления ствола скважины hole deviation control
~ качества quality control
~ качества цементирования (*скважин*) cementing quality check, cement bond logging
~ напряжения (*методика измерения напряжений в больших конструкциях шельфовых установок*) stress analysis
~ обсадных колонн casing string testing
~ подъема цементного раствора checking of cement tops, cemotop logging
~ положения водоотделяющей колонны marine-riser monitoring
~ просвечиванием гамма-лучами gamma-ray examination
~ процесса бурения drilling process control
~ процесса разработки месторождения producing well control
~ работы трубопровода pipeline control
~ скважин высокого давления control of high-pressure wells
~ содержания твердой фазы solids control
~ с разрушением (*образца*) destructive examination, destructive test
~ степени открытия задвижек positioning of piston operated valve
~ с частичным разрушением (*образца*) semi-destructive examination
автоматический ~ automatic control, automatic gaging
акустический ~ цементирования cement-bond acoustic logging
выборочный ~ selection control, selection check
магнитный ~ magnetic inspection
неразрушающий ~ non-destructive examination, non-destructive test
приемочный ~ inspection control
разрушающий ~ destructive examination, destructive test
рентгеновский ~ X-ray inspection
ультразвуковой ~ ultrasonic flaw detection
контрпривод countershaft
контрфланец counterflange
контрфорс abutment, buttress
контршток (*насоса*) tail rod
контур 1. contour, outline 2. эл. circuit

контур

~ внедрения краевой воды encroachment line
~ водоносности water boundary
~ газоносности gas pool outline
~ дренирования drainage boundary
~ краевой пластовой воды edge-water line
~ нефтеносности oil-water boundary
~ области дренирования drainage boundary
~ питания пласта external boundary of reservoir
~ пласта reservoir boundary
~ прорыва breakthrough pattern
внешний ~ external outline
внешний ~ нефтеносности wet line
входной ~ input circuit
выравнивающий ~ leveling circuit
выходной ~ output circuit
газонефтяной ~ gas-oil outline
задающий ~ exciter
замкнутый ~ closed circuit
линейный ~ выклинивания linear pinch outline
линейный ~ заводнения line flood
первоначальный ~ воды original waterline
первоначальный ~ нефтеносности initial oil-pool outline
разомкнутый ~ open circuit
фильтрующий ~ filtering circuit

конус bevel, cone, taper
~ выноса detrital cone
~ для испытания цементного раствора на растекаемость grout flow cone
~ муфты сцепления clutch bevel
~ обводнения elevating of oil-water interface, water cone
~, образованный грязевым вулканом mud cone
~ хвостовика shank taper
~ шарошки (roller) cutter cone
алмазный ~ diamond cone
брезентовый ~ basket
вихревой ~ vortex cone
газовый ~ gas cone
делительный ~ pitch cone
круговой ~ dial
основной делительный ~ pitch cone
переходный ~ sleeve
распыляющий ~ atomizing cone
усеченный ~ truncated cone

конусность obliquity, taper
конусообразный tapered, cone-shaped
конфигурация configuration
базовая ~ base-line configuration
пространственная ~ spatial configuration
седлообразная ~ saddle-point configuration

концентрат concentrate
известково-битумный ~ lime-bitumen concentrate

концентратомер consistency meter
концентрация concentration, density
~ алмазов diamond concentration
~ в объемных процентах percentage by volume
~ водородных ионов hydrogen ion concentration
~ напряжений stress concentration
~ по массе mass concentration
~ примесей impurity concentration
~ раствора solution strength, solution concentration
~ химического реагента chemical agent concentration
безопасная ~ safe concentration
весовая ~ weight concentration
долевая ~ по массе weight-part concentration
долевая объемная ~ volume-part concentration
избыточная ~ excess concentration
критическая ~ critical concentration, critical density
молярная ~ mole concentration, molarity
молярная долевая ~ mole-fraction concentration
молярно-объемная ~ volumetric molar concentration
объемная ~ volume concentration
остаточная ~ residual concentration
предельная ~ огнеопасного газа limit of inflammability of gas
предельно допустимая ~ maximum permissible concentration
процентная ~ по массе percentage by mass
равновесная ~ equilibrium concentration

концепция concept
модульная ~ (*метод сооружения морских платформ из готовых блоков*) modular concept

коолгардит coolgardite
координат/а coordinate
~ сетки grid coordinate
безразмерные ~ы dimensionless coordinates
входная ~ input coordinate
выходная ~ output coordinate
географические ~ы geographic coordinates
геодезические ~ы geodesic coordinates
декартовы ~ы Cartesian coordinates
декартовы прямоугольные ~ы Cartesian rectangular coordinates
косоугольные ~ы oblique coordinates
криволинейные ~ы curvilinear coordinates
начальные ~ы coordinates of the origin
полные ~ы full coordinates
полярные ~ polar coordinates
пространственные ~ы space coordinates

копалин copaline
копать dig; excavate
~ котлован excavate
копер pile driver
плавучий ~ floating [marine] pile driver
коппит koppite
копрогенный coprogene, coprogenous
копролит coprolite, fossil droppings
кора (*дерева*) bark
~ квебрахо quebracho (bark)
~ красного дерева redwood bark

коррозия

~ мангрового дерева mangrove bark
древесная ~ tree bark
земная ~ crust of Earth
корзина basket
цементировочная ~ petal basket
коринит corynite
корка cake, crust, peel
~ выветривания weathering rind
~ на стенке ствола скважины wall [filter] mud cake
глинистая ~ clay coating, clay cake
глинистая ~, отделившаяся от стенок скважины sluff
мерзлая ~ frozen crust
соляная ~ pellicular salt
твердая ~ solid crust
фильтрационная ~ бурового раствора на стенке скважины filter [wall] mud cake
фильтрационная ~ на стенках скважины cake, sheath
цементная ~ slurry cake
коркит corkite
корковидный crustose
корковый crusted, crustal
коркомер microcaliper
корнелит kornelite
корнетит cornetite
коробиться deform, distort; (*в продольном направлении*) buckle
коробка:
~ выводов *см.* клеммная коробка
~ передач gear [speed] box, gear set
~ плавких предохранителей fuse box
~ скоростей *см.* коробка передач
быстроразъемная соединительная ~ quick disconnect junction box
входная ~ inlet box
клапанная ~ valve box, valve chest, valve housing
клеммная ~ junction [terminal] box
мембранная ~ bellows
огневая ~ fire box
ответвительная ~ junction [terminal] box
подводная распределительная ~ underwater pod
подшипниковая ~ axle box
раздаточная ~ гидродомкратов hydraulic jack distributing box
раздаточная встроенная ~ integral transfer case
распределительная ~ подводного оборудования (*в системе управления*) pod
соединительная ~ *см.* клеммная коробка
штепсельная ~ plug box
коробление buckling, deformation, distortion, shrinkage, warpage
королек bead, button
коксовый ~ coke button
металлический ~ metal bead
коромысло balance arm, (balance) beam, equalizer, yoke
~ вариометра torsion balance beam
~ весов weight beam

нижнее ~ lower yoke assembly
коронка crown, (drill) bit
буровая ~ crown [core] (drilling) bit, jackbit
буровая ~ с подачей бурового раствора на режущую поверхность bottom discharge bit
буровая алмазная ~ diamond crown bit
буровая твердосплавная ~ hard-alloy crown bit
зубчатая ~ basket bit
короткобороздный brevicolpate
короткоконусный brevicone
короткоплечий short-armed
корпус body; case; frame; housing
~ двигателя engine body, motor frame
~ долота bit body, bit frame, bit [drill] shank
~ кернорвателя core catcher adapter
~ манжетного уплотнения крепления sealing cup body
~ машины machine frame
~ подвесной головки обсадной колонны casing hanger body
~ подшипника bearing shell
~ поршня piston body
~ резервуара shell of tank, tank bed
~ сальника packing box
~ самоподъемного бурового основания jack-up [self-elevating] drilling unit hull
~ судна hull
~ танкера tanker hull
~ устьевого оборудования wellhead body, wellhead housing
~ шарошки cutter shell
~ элеватора elevator body
коррекция compensation; correction
~ по скорости rate action
амплитудно-частотная ~ frequency-response equalization
коррелятор correlator
корреляция correlation
~ разрезов стволов скважин correlation of borehole profiles
геотермическая ~ geothermal correlation
минералогическая ~ mineralogic correlation
стратиграфическая ~ stratigraphic correlation
тектоническая ~ tectonic correlation
удаленная ~ long-range correlation
упорядоченная ~ ordered correlation
фазовая ~ phase correlation
коррозиеустойчивый corrosion-proof, corrosion-resistant, rust-proof
коррозионный corrosive, corrodent
коррозия corrosion
~ блуждающим током stray-current [leakage current] corrosion
~ в ненапряженном состоянии stress-free corrosion
~ внешним током external current supply corrosion
~ металлов metal corrosion
~ по ватерлинии corrosion at the waterline
~ под действием бурового раствора corrosion by drilling mud

коррозия

~ под напряжением stress corrosion
~ при воздействии конденсата condensate corrosion
~ при неполном погружении partial immersion corrosion
~ при переменном погружении variable immersion corrosion
~ при полном погружении full immersion corrosion
~ при трении *см.* коррозия трущихся поверхностей
~ пятнами spot corrosion
~ сернистой нефтью sour oil corrosion
~ с образованием глубоких язв honeycomb corrosion
~ трущихся поверхностей fretting corrosion
~ цемента corrosion of cement
атмосферная ~ atmospheric corrosion
ветровая ~ wind corrosion
внутрискважинная ~ down-the-hole corrosion
водородная ~ hydrogen corrosion, hydrogen attack
высокотемпературная ~ high-temperature corrosion
газовая ~ gas corrosion
защитная ~ sacrificial corrosion
избирательная ~ selective attack
катодная ~ cathodic corrosion
кислородная ~ oxygen corrosion
кислотная ~ acid corrosion, acid attack
контактная ~ contact [bimetallic] corrosion
межкристаллитная ~ grain-boundary [intergranular] corrosion
местная ~ isolated [local(ized)] corrosion
микробиологическая ~ microbiological corrosion
морская ~ marine [seawater] corrosion
наружная ~ external corrosion
неравномерная ~ nonuniform corrosion
нитевидная ~ channeling corrosion
ножевая ~ knife-line attack
общая ~ general corrosion
поверхностная ~ surface corrosion
подводная ~ underwater [immersed] corrosion
подземная ~ underground corrosion
послойная ~ layer corrosion
почвенная ~ soil corrosion
пятнистая ~ *см.* точечная коррозия
равномерная ~ uniform corrosion
сероводородная ~ hydrogen-sulfide corrosion
скважинная ~ downhole corrosion
сквозная ~ penetration [through] corrosion
солевая ~ salt attack
сплошная ~ massive [total surface] corrosion
структурная ~ structural corrosion
точечная ~ pit [point(ed)] corrosion, pitting
транскристаллитная ~ transcrystalline [transgranular] corrosion
ударная ~ impingement attack
фрикционная ~ *см.* коррозия трущихся поверхностей

химическая ~ chemical corrosion, chemical attack
щелевая ~ crevice corrosion
электролитическая ~ electrolytic corrosion
электрохимическая ~ electrochemical [galvanic] corrosion, galvanic attack
эрозионная ~ erosion corrosion
косослоистый cross-bedded, obliquely laminated
косослой (*залегание породы*) oblique bed
косоугольный oblique-angled, bevel
костюм suit
~ водолаза с электроподогревом electrically heated diver's suit
защитный ~ с системой жизнеобеспечения survival suit
легкий водолазный ~ wet suit
нефтезащитный ~ oil-resistant suit
нефтеморозостойкий ~ oil-and-frost resistant suit
котел boiler
~ высокого давления high-pressure boiler
~ низкого давления low-pressure boiler
~ с принудительной циркуляцией forced-circulation boiler
грязевой ~ mud pot
паровой ~ steam boiler, steam generator
серный ~ sulphur pool
котел-утилизатор exhaust heat boiler
котельная boiler house, boiler room
котировка *эк.* quotation
~ акций share quotation
биржевая ~ exchange quotation
валютная ~ currency quotation
попозиционная ~ itemized quotation
предварительная ~ proforma quotation
рыночная ~ market quotation
котлован (*под резервуар*) foundation pit, foundation trench
~ под шахтное направление cellar
котловина hollow, basin, cavity
~ выдувания deflation basin
~ опускания cauldron subsidence
вершинная ~ headwater basin
глубоководная ~ deep-sea basin
депрессионная ~ kettle depression
карстовая ~ karst cavity
межгорная ~ intermontane basin
сбросовая ~ fault basin
коуш (dead)eye, thimble
коффинит coffinite
коцинерит cocinerite
коэффициент coefficient, factor, index, ratio
~ безопасности safety factor, safety margin
~ диффузии diffusivity, diffusion coefficient
~ запаса прочности degree of safety, safety factor
~ извлечения газа gas recovery ratio [factor]
~ изменения дебита *или* добычи effective decline rate
~ использования efficiency, utilization rate
~ кислотности acid number, acid value
~ корреляции correlation factor

~ коррозии corrosion ratio
~ лобового сопротивления drag coefficient
~ морозостойкости freeze-proof factor
~ нагрузки load factor
~ надежности reliability factor [coefficient]
~ наполнения насоса (operating) efficiency of a pump
~ насыщения saturation exponent, saturation coefficient
~ непрозрачности opacity factor
~ несовершенства скважины well imperfection coefficient
~ нефтенасыщенности oil saturation factor
~ нефтеотдачи oil recovery factor, productive index
~ остаточной водонасыщенности residual water saturation factor
~ остаточной газонасыщенности residual gas saturation factor
~ остаточной нефтенасыщенности residual oil saturation factor
~ отношения воды к цементу water-cement ratio
~ охвата вытеснением до прорыва breakthrough sweep efficiency
~ охвата вытеснением по площади areal sweep efficiency
~ охвата пород вытесняющей фазой areal sweep efficiency
~ охлаждения ветром chill factor
~ поглощения absorptivity, absorption coefficient
~ подвижности mobility ratio
~ полезного действия efficiency, coefficient of performance
~ пористости porosity ratio [factor]
~ приведения объема нефти и газа к пластовым условиям formation-volume factor
~ приемистости injectivity index
~ продуктивности скважин well productivity [production] factor
~ проницаемости нефтяного пласта oil-bed permeability coefficient
~ Пуассона Poisson's ratio
~ пьезопроводности пласта formation pressure conductivity factor
~ растворимости solubility factor
~ расхода discharge coefficient
~ расширения expansivity, factor [coefficient] of expansion
~ сжимаемости породы formation compressibility factor
~ совершенства скважины well perfection coefficient
~ суммарной нефтеотдачи ultimate oil recovery factor
~ сцепления factor of adhesion, adhesion coefficient
~ теплового расширения thermal expansion coefficient
~ теплопроводности thermal conductivity factor
~ трения потока flow friction characteristic
~ усиления gain factor
~ фазовой проницаемости phase permeability factor
~ фильтрации filtration factor
~ цементации cementation factor
~ шероховатости roughness factor
~ шума noise factor
~ экранирования screening constant
~ эффективной пористости effective porosity factor
объемный ~ пластовой нефти reservoir volume factor
пластовый ~ formation factor
средний ~ полезного действия average efficiency
теплофизический ~ thermal constant
числовой ~ numerical constant
край edge
режущий ~ cutting edge
скошенный ~ bevel edge
кран 1. (*трубная арматура*) cock 2. (*подъемный*) crane
~ высокого давления high-pressure cock
~ для заправки долот bit dressing crane
~ для перемещения блока превенторов BOP (traveling) crane
~ отсечки cut-out cock
~ с талями gaff
водопроводный ~ *амер.* water faucet; *англ.* water tap
водоспускной ~ water cock
воздушный ~ air cock
грузоподъемный ~ (hoisting) crane
двухходовой ~ two-way cock
дроссельный ~ throttle cock
запорный ~ stop cock
индикаторный ~ indicator cock
консольный ~ в буровой wall bracket crane
мостовой ~ loading bridge
перепускной ~ by-pass cock
плавучий ~ floating crane
подъемный ~ (hoisting) crane
пожарный ~ fire cock, hydrant
полноповоротный ~ full revolving crane
пробный ~ test cock
пробоотборный ~ gage [sampling] cock
продувочный ~ blow-off cock
пьедестальный ~ pedestal crane
разобщающий ~ cut-out cock
распределительный ~ distribution cock
регулировочный ~ by-pass [control, regulating] cock
самоходный ~ self-propelled crane
спускной ~ bleeder, blow-off [drain] cock
трехходовой ~ three-way cock
угловой ~ angle cock
шаровой ~ ball cock
кран-балка jib, beam crane
кран-трубоукладчик pipelayer crane
красноломкость hot shortness, hot [red] brittleness

кремальера rack-and-pinion
кремень flint
кремнезём silica, silicon earth
кремнеземистый siliceous, silicic
кремнезит kremnesite
кремнистый flinty, cherty
крен (*судна*) heel(ing)
крепить:
 ~ винтом secure by means of screw
 ~ замковые соединения make [set] up tool joints
 ~ обсадными трубами case off
 ~ скважину обсадной колонной line the hole, line with casing
 ~ ствол скважины трубами case off, case the borehole
крепление:
 ~ долота bracing the bit
 ~ замкового соединения set-up of the tool joint
 ~ конца подъемного каната anchorage
 ~ к фундаменту basing
 ~ муфтового соединения tight coupling
 ~ наглухо anchorage
 ~ намертво *см.* крепление наглухо
 ~ насоса pump seating
 ~ неподвижного конца (*талевого каната*) dead line anchorage
 ~ ног вышки leg base anchorage
 ~ обсадными трубами casing
 ~ призабойной зоны stabilizing of production formation, producing sand consolidation
 ~ сваи к опорной оболочке pile-to-jacket link
 ~ ствола скважины обсадными трубами well casing and cementing
 амортизирующее ~ shock-absorbing mounting
 анкерное ~ anchorage, anchoring
 безболтовое ~ boltless fastening
 диагональное ~ diagonal bracing
 жесткое ~ rigid attachment
 машинное ~ муфтового соединения power tight coupling
 тросовое ~ cable bracing
 угловое ~ angle bracing
 шарнирное ~ hinged fastening
 якорное ~ свай к морскому дну anchor piling
крестовидный four-way, cross-shaped
крестовик с наружной и внутренней нарезкой male and female cross
крестовина brace, cross(head), spider, cross-member
кривая curve
 ~ восстановления давления pressure-build-up curve
 ~ времени проходки drilling time log
 ~ вытеснения нефти водой water-into-oil curve
 ~ давление – температура pressure-temperature curve
 ~ добычи yield curve
 ~ зависимости graphical chart
 ~ зависимости объема от температуры volume-pressure curve
 ~ нагрузки (*на долото*) load diagram
 ~ нарастания build-up curve
 ~ отбора (*нефти из пласта*) draw-down curve
 ~ падения добычи production curve
 ~ подпора backwater curve
 ~ проницаемости для газа permeability-to-gas curve
 ~ соотношения соленого раствора и воздуха в пористой среде в зависимости от капиллярного давления air-brine capillary pressure curve
 ~ суммарной добычи cumulative production curve
 ~ течения flow curve
 оценочная ~ appraisal curve
 резко выраженная ~ pronounced curve
 реологическая ~ rheological curve
 суммарная ~ accumulation curve
кривизна curvature
 ~ кривой degree of curvature
 ~ поверхности раздела interfacial curvature
криволинейный curvilinear
кривошип crank
 составной ~ built-up crank
 спаренный ~ twin crank
криконденбара cricondenbar
криконденерма cricondentherm
криптокластический cryptoclastic
криптокристаллический cryptocrystalline
криптолит cryprolite
кристалл crystal
кристаллизатор crystallizer, crystallizing evaporator
кристаллизация crystallization
 ~ в равномерных условиях equilibrium crystallization
 ~ из газовой фазы gaseous-phase crystallization
 ~ из раствора solution crystallization
 ~ солей salt crystallization
 второстепенная ~ minor crystallization
 дробная ~ fractional crystallization
 многократная ~ repeated crystallization
 направленная ~ oriented crystallization
 первичная ~ primary crystallization
 последовательная ~ successive crystallization
 принудительная ~ coercive [forced] crystallization
 самопроизвольная ~ spontaneous crystallization
 собирательная ~ collective crystallization
кристаллизованный crystallized, crystalline
кристаллизовать crystallize
кристалл-спектрометр crystal-spectrometer
критерий criterion
 ~ подъема долота criterion of bit lifting
кровля cover, roof, top
 ~ пласта top [roof] of formation
 крепкая ~ hard [solid, strong] roof
 неустойчивая ~ unstable roof

обрушающаяся ~ deteriorating roof, collapsible top
устойчивая ~ firm [fast] roof
кромка bead, edge
~ зуба crest
~ на входе из насадки down-stream nozzle edge
входная ~ (*лопатки турбины*) leading edge
выходная ~ (*лопатки турбины*) trailing edge
задняя ~ trailing edge
калибрующая ~ gage edge
наружная ~ shoulder
передняя ~ leading edge
режущая ~ bit, cutting edge, nose
режущая ~ лопастного долота bit blade edge
скошенная ~ beveled edge
кронблок crown-block
~ с компенсацией качки motion compensated crown-block
~ трехшкивной конструкции triple-sheave crown-block, crown-block of three-sheave design
двухэтажный ~ double-deck crown-block
многоосный ~ multiaxis crown-block
одновальный ~ in-line crown-block
одноосный ~ single-axis crown-block
перемещающийся ~ sliding crown-block
кронштейн arm; bracket
~ для рукавов hose arm
стопорный ~ torque arm
крошка crumb
каучуковая ~ rubber crumb
металлическая ~ metallic grift
круг:
~ кривизны circle of curvature
~ сходимости circle of convergence
абразивный ~ abrasive wheel
азимутальный ~ azimuth circle
градуированный ~ graduated circle
шлифовальный ~ grinding wheels
крупнозернистый coarse-grained
крупнопористый coarse-pored, macroporous
крупность size
гидравлическая ~ fall diameter, fall velocity
конечная ~ product size
начальная ~ feed size
крупноячеистый large-meshed, wide-meshed
крутизна slope, steepness
~ кривой slope of curve
~ отсечки фильтра rate of filter cutoff
~ уклона gradient
крутопадающий steeply dipping, steeply pitching
крутоскладчатый closely folded
крыло flank, limb, wall
~ антиклинали anticline flank, anticline limb
~ вентилятора blade
~ залежи pool side, pool limb
~ купола domal flank
~ мульды trough limb
~ сброса fault limb, fault wall
~ свода arch limb
~ синклинали syncline limb, slope of syncline
~ складки limb [slope] of fold

~ с наименьшим падением flank of least dip
~ структуры flank
верхнее ~ сброса hanging wall
взброшенное ~ upthrown side
лежачее ~ lying side, lying wall
опущенное ~ сброса lowered [downthrown] fault wall
сброшенное ~ downthrown side
крыша roof
~ резервуара tank deck, tank roof
дышащая ~ резервуара breather tank roof
плавающая ~ резервуара floating tank roof
прогибающаяся ~ bending roof
свежеобнаженная ~ fresh roof, green rocks
слабая ~ soft [loose, weak] roof
сланцевая ~ slate roof
устойчивая ~ пласта firm formation top, hard [solid] formation roof
эродированная ~ eroded roof, eroded top
крышка bonnet, cap, cover, lid, hood
~ бурового насоса mud-pump frame hood
~ насоса pump cover
~ подшипника bearing cap
~ сальника gland cap
~ цилиндра (*насоса*) fluid cylinder head
нижняя ~ base cap
складная ~ люка (*танкера*) folding-type hatch cover
крэгмонтит craigmonttite
крэгнурит craignurite
крюк hanger, hook
~ балансира beam hanger
~ балансира станка-качалки walking beam hanger
~ для подвески штопоров elevator link, suspension hook
~ для спуска и подъема насосно-компрессорных труб tubing hook
~ для спуска и подъема насосных штанг sucker rod hook
~ для спуска обсадных труб casing hook
~ для сшивания ремней belt hook
~ с предохранительной защелкой safety hook
безрезьбовой ~ threadless hook
буксирный ~ towing hook
буровой ~ drilling hook
вертлюжный ~ swivel [shackle] hook
вспомогательный ~ catline hook
двурогий ~ double [duplex] hook
канатный ~ rope hook
ловильный ~ fishing hook
однорогий ~ single hook
отводной ~ wall hook
пластинчатый ~ lamellar hook
подъемный ~ hoist(ing) [pulling, lifting] hook
пружинный ~ spring hook
талевый ~ tackle hook
крюк-блок block-hook, hook-block
крючок:
~ для извлечения набивки из сальника packing drawer
ловильный отводной ~ half-turn socket

кряж:
  береговой ~ bank chain
ксилол xylol
ксилолит xylolite
ксилометр xylometer
ксонотлит xonotlite
куб cube
  ~ непрерывной перегонки continuous still
кувалда ram, sledge
  ~ для заправки долот на буровой bit ram
кузелит kuselite
кукерсит kuckersite
кулачок cam
  ~ расцепления deflecting cam
  ~ режущей цепи pick box
  ~ тормоза brake cam
  зажимной ~ chuck jaw
  управляющий ~ control cam
  эксцентриковый ~ eccentric cam
кумбраит cumbraite
куменгит cumengite
купол dome
  ~ в кровле back saddle
  ~ изверженной породы plutonic plug
  ~ с широким сводом broad topped dome
  антиклинальный ~ anticlinal dome
  вершинный ~ summit dome
  глубокозалегающий ~ deep-seated dome
  мелкозалегающий ~ shallow dome
  непротыкающий ~ nonpiercement dome
  пробкообразный ~ plug dome
  продуктивный ~ producing dome
  проткнутый ~ perforated dome
  протыкающий ~ piercement dome
  равноосный ~ equiaxial dome
  соляной ~ salt dome
  экструзивный ~ blister cone
куполообразный dome-shaped, domed
куполообразование doming action
куполообразующий doming
купорос vitriol, copperas
  железный ~ iron vitriol, ink-stone
  кобальтовый ~ cobalt vitriol
  красный ~ red vitriol
  медный ~ copper vitriol
  свинцовый ~ lead vitriol, lead sulphate
  цинковый ~ zink vitriol, zink sulphate
кусковатость lumpiness
куст cluster
  ~ скважин well cluster
  свайный ~ pile cluster
кювет ditch

Л

лаанилит laanilite
лаборант laboratory assistant

лаборатория laboratory, lab
  ~ для проведения экспресс-анализов express-laboratory
  ~ контроля глинистых растворов mud-testing laboratory
  ~ механических испытаний materials-testing laboratory
  заводская ~ works laboratory
  каротажная ~ log processing laboratory
  научно-исследовательская ~ research laboratory
  отраслевая ~ applied-research laboratory
  передвижная ~ mobile laboratory
  передвижная блочная ~ skid-mounted mobile laboratory
  передвижная газоконденсатная ~ portable gas condensate laboratory
  промысловая ~ field laboratory
лабрадит labradite
лабрадофир labradophyre
лава lava, (long) face
  агломератовая ~ agglomeration lava
  андезитовая ~ andesitic lava
  анортитовая ~ anorthite lava
  волнистая ~ ropy lava
  вязкая ~ viscous lava
  грубая пузырчатая ~ rough cellular lava, asperite
  грязевая ~ mud lava
  диагональная ~ oblique face
  донная ~ bench lava
  жидкая ~ fluid lava
  обломочная ~ block lava
  основная ~ basic lava
  подушечная ~ pillow lava
  спаренная ~ double face
  текучая ~ *см.* жидкая лава
  текущая ~ flowing [effluent] lava
  шлаковая ~ slag lava
лавина avalanche
  грунтовая ~ ground avalanche
  каменная ~ rock avalanche
  песчаная ~ sand avalanche
  сухая ~ dust [powdery] avalanche
лаг log
  гидродинамический ~ pitometer log
  донный ~ ground log
  самопишущий ~ recording log
лазер laser
  ~ бегущей волны traveling wave laser
  ~ взрывного типа explosion type laser
  ~ непрерывного излучения continuous wave laser
  ~ с химической накачкой chemically pumped laser
  газовый ~ gas laser
  жидкостный ~ liquid laser
  задающий ~ initiating laser
  ионный ~ ion laser
  одночастотный ~ single-frequency laser
  полупроводниковый ~ semiconductor laser
  термостатированный ~ temperature-controlled laser

химический ~ chemical laser
лазулит lazulite
   кальциевый ~ calcium lazulite
лак varnish, lacquer
   ~ горячей сушки stoving varnish
   акриловый ~ acrylic lacquer
   алкидный ~ alkyd lacquer
   асфальтовый ~ asphalt varnish
   ацетилцеллюлозный ~ cellulose-acetate lacquer
   бесцветный ~ clear varnish
   битумный ~ bituminous [asphalt] varnish
   влагостойкий ~ moisture-proof varnish
   грунтовочный ~ undercoating [priming] varnish, primer
   кислотоупорный ~ acid-resistant varnish
   кремнийорганический ~ silicone lacquer
   летучий ~ volatile solvent varnish
   масляный ~ oil varnish
   нитроцеллюлозный ~ nitrocellulose lacquer
   полиакриловый ~ polyacrylic lacquer
   синтетический ~ synthetic varnish
   спиртовой ~ spirit varnish
   фенольно-масляный ~ spar varnish
   щелочестойкий ~ alkali-resistant varnish
   эмульсионный ~ emulsion varnish
   эпоксидный ~ epoxy lacquer
лакколит laccolith
   ~ прорыва extrusion by deroofing
   межформационный ~ interformational laccolith
   однородный ~ homogeneous laccolith
   разорванный ~ upfaulted laccolith
   эруптивный ~ eruptive [extrusive] laccolith
лакмус litmus
лакоткань varnished cloth
ламель эл. bar, lamel
   ~ коллектора segment
   ~ переключателя commutator bar
   ~ потенциометра potentiometer section
ламинарность laminarity
ламинарный laminar
ламинированный laminated
лампа 1. (*электрическая*) lamp, light 2. (*электронная*) *амер.* tube; *англ.* valve
   ~ аварийной сигнализации alarm lamp, alarm light
   ~ дугового разряда arc-discharge lamp
   ~ накаливания incandescent [filament] lamp
   ~ накачки pump lamp, pump tube
   ~ переменной емкости variable-capacitance valve
   ~ подсветки шкалы dial lamp
   ~ с сеточным управлением grid-control valve
   вентильная ~ rectifier valve, valve tube
   взрывобезопасная ~ explosion-proof lamp
   вольфрамовая ~ tungsten lamp
   высоковакуумная ~ high-vacuum tube, high-vacuum valve
   газоразрядная ~ gaseous-discharge lamp
   головная ~ head lamp
   двуханодная ~ double-anode valve
   двухлучевая ~ double-beam tube
   индикаторная ~ indicator lamp, signal light
   переносная ~ portable [hand] lamp
   предохранительная ~ safety lamp
   разрядная ~ discharge lamp
   ртутная ~ mercury-vapor lamp
   светодиодная ~ light-emitting diode [LED] lamp
   стробирующая ~ gate tube, gate valve
   флуоресцентная ~ fluorescent lamp
   электронная ~ vacuum tube, vacuum valve
ланаркит lanarkite
лангит langite
ландезит landesite
ландшафт landscape, topography
   вулканический ~ volcanic topography
   карстовый ~ karst landscape
   неразвитый ~ juvenile landscape
   пересеченный ~ dissected landscape
   сглаженный ~ subdued landscape
лапа:
   ~ бурового долота drilling bit leg
   ~ якоря anchor blade
   загрузочная ~ loading arm
ларсенит larsenite
латекс latex
   искусственный ~ artificial latex
   карбоксилатный ~ carboxylated butadiene latex
   натуральный ~ natural latex
   синтетический ~ synthetic latex
   щелочной ~ alkali latex
латерит laterite
латунь brass
   высокопрочная ~ high-tensile brass
   ковкая ~ wrought brass
   листовая ~ sheet brass
   литейная ~ cast brass
   патронная ~ cartridge brass
   специальная ~ alloy brass
лебедка winch, hoist
   ~ главного подъема (*крана бурового судна*) main line hoist drum
   ~ для временного спуска трубопровода на дно abandonment winch
   ~ для подачи буксирного троса на суда обслуживания recovering winch
   ~ для подъема съемного керноприемника coring winch
   ~ для работы с водолазным колоколом bell handling winch
   ~ для ремонта скважин well servicing winch
   ~ изменения вылета стрелы boom hoist drum
   автоматическая швартовная ~ постоянного натяжения automatic constant tension mooring winch
   буксирная ~ towing winch, tugger
   буксирная пневматическая ~ air tugger
   буровая ~ drawworks
   буровая ~ на раме skid-mounted drawworks
   буровая двухбарабанная ~ double drum drawworks

лебедка

буровая двухскоростная ~ two-speed draw-works
буровая трехвальная ~ three-shaft draw-works
вспомогательная ~ auxiliary winch, cat-works, auxiliary hoist
гидравлическая ~ hydraulic winch
грузовая ~ cargo winch
грузошвартовная ~ combined cargo and mooring winch
кабельная ~ cable winch
канатная ~ rope winch
каротажная ~ logging winch
комбинированная цепная и канатная ~ combined windlass and mooring winch
маневровая ~ auxiliary winch
монтажная ~ mounting winch
передняя тракторная ~ front tractor winch
подъемная ~ hoisting [lifting] winch
реверсивная ~ reversible winch
самоходная ~ для каротажа well-logging winch truck
скреперная ~ scraper winch
тракторная ~ tractor-mounted winch
фрикционная ~ friction winch
цепная ~ chain winch
швартовная ~ mooring [docking] winch
якорная ~ anchor winch
якорная ~ с постоянным натяжением constant-tension mooring winch

левинит levynite
легкоплавкий easily fusible
легкоплавкость ready fusibility
легость catline, cathead line
лед ice

~ с химическими добавками chemical ice
барьерный ~ barrier ice
береговой ~ ice foot, ice belt
битый ~ slough ice
блочный ~ block ice
грунтовый ~ ground ice
донный ~ bottom ice
дрейфующий ~ drifting ice
каменный ~ ice-formed rock
кристаллический ~ crystal ice
крупнокусковой ~ chunk [coarse] ice
паковый ~ pack (ice)
погребенный ~ buried ice
подземный ~ subsurface ice
поровый ~ interstitial ice
рассольный ~ brine ice
свободный ~ loose ice
сланцеватый ~ shale ice
сплошной ~ compact ice
сухой ~ dry ice, solid carbon dioxide
тяжелый ~ heavy [thick] ice

ледник glacier
ледниковый glacial
ледокол ice-breaker
ледорез-покрытие ice-cutting surface
ледяной glacial, icy
лезвие bit, blade, cutting [knife] edge

~ долота nose of a chisel
~ кернового бурового долота drilling head edge
~ фрезера mill blade
режущее ~ долота cutting blade

лейдлеит leidleite
лейкоксен leucoxene
лейкопирит leucopyrite
лейкофит leucophyte
лекало gage, template

резьбовое ~ profile gage

лембергит lembergite
леникс (belt) idler, tension roller
лента:

~ руды ribbon of ore
~ самописца recorder chart, recorder strip
~ ситоконвейера screen [wire-mesh] belt
~ сульфида ribbon of sulphide
~ транспортера conveyer belt
абразивная ~ abrasive band
агломерационная ~ sinter belt
армированная ~ armored belt
асбестовая ~ asbestos tape
бумажная ~ paper tape
герметизирующая ~ sealing tape
гибкая стальная ~ flexible strap
диаграммная ~ chart strip, diagram chart
изоляционная ~ insulating tape
конвейерная ~ conveyer belt
лакотканевая ~ varnished tape
мерная ~ measuring tape
мерная геодезическая ~ geodetic surveying tape
многослойная ~ multiply band, multilayer tape
нивелировочная ~ leveling tape
перфорированная ~ punched tape
проволочная ~ wire tape
пустая ~ blank tape
тормозная ~ brake band
транспортерная ~ conveyer belt
упаковочная ~ sealing tape
уплотнительная ~ sealing tape
чистая ~ virgin tape

лерка chaser
лесс loess, eolian soil
лессовый loessial
лестница ladder; stairs

~ вышки derrick ladder, derrick stairs
~ на верхнем поясе резервуара tank catwalk
~ туннельного типа tunnel-type ladder
винтовая ~ spiral [winding] stairs
выдвижная ~ extension ladder
маршевая ~ stairway
монтажная ~ erecting ladder
пожарная ~ fire excape

летучесть volatility, volatileness

~ нефти oil volatility

ливерит liverite
ливнесброс rainwater drainage
лигамент ligament
лигнин lignin

замещенный ~ substituted lignin
модифицированный ~ modified lignin
пиролизный ~ pyrolized lignin
лигнит lignite, wood coal
  волокнистый древесный ~ xylite
  землистый ~ earthy lignite
  низкосортный ~ brown coal
  рыхлый ~ moor coal
  черный ~ black lignite
лигнитовый lignitiferous, lignite-bearing
лигносульфонат lignosulfonate
  ~ железа и хрома ferrochrome lignosulfonate
  модифицированный ~ modified lignosulfonate
лидит Lydian stone, touchstone
лиеврит lievrite, ilvaite
ликвация liquation, segregation
  ~ по удельному весу gravity segregation
  зональная ~ zonal segregation
  макроскопическая ~ macroscopic segregation
  обратная ~ inverse segregation
ликвидация liquidation, elimination, abandonment
  ~ аварий accident elimination
  ~ гидратов hydrate elimination
  ~ контракта closing out a contract
  ~, оговоренная уставом liquidation stipulated by statutory documents
  ~ поглощения lost circulation control
  ~ предприятия closing-down of an enterprise
  ~ прихвата труб releasing of stuck pipes
  ~ пробки в стволе скважины borehole bridge elimination
  ~ скважины well abandonment, abandonment of a well
  ~ совместного предприятия dissolution of a joint venture
  ~ утечек leakage elimination
  ~ филиала dissolution of a branch
  ~ фондов liquidation of funds
  окончательная ~ скважины permanent well abandonment
  полная ~ complete liquidation
  реальная ~ actual liquidation
  условная ~ conditional liquidation
ликвидированный (*о скважине*) abandoned
ликвидировать abandon, eliminate; (*закрывать*) close down
  ~ скважину abandon a well
лиман silted estuary
лимб dial, limb
  ~ магнитного компаса main azimuth plate
  ~ установки скорости подачи feed dial
  азимутальный ~ azimuth dial, azimuth circle
  нониусный ~ vernier dial
  подвижный ~ movable target
  экваториальный ~ limb
лимит limit
  ~ капитальных вложений limit of investments
  ~ кредитования credit limit
  ~ ответственности limit of liability
  ~ расходов limit of expenses
  ~ скольжения limit of escalation
  ~ скорости speed limit
  ~ страхования limit of insurance
  ~ тока current limit
  ~ угла наклона стрелы boom angle limit
  ~ уровня налива loading level limit
  ~ финансирования limit of financing
  ~ хода end stop, stop block
лимниграф limnograph, limnometer
лимнолог limnologist
лимнология limnology
лимонит limonite, brown hematite
  бурый землистый ~ brown umber
  губчатый ~ bog iron [morass] ore
  плотный ~ compact limonite
линарит linarite
линдакерит lindackerite
линдокит lyndochite
линейка rule
  ~ высот height arm, height slide
  ~ направлений direction arm
  ~ параллаксов parallax arm, parallax measurer
  визирная ~ aiming rule, azimuthal lever
  визирная ~ мензулы alidade
  литографическая ~ litho rule
  логарифмическая ~ slide rule
  масштабная ~ scale
  разметочная ~ marking rule
линейность linearity
линейный lineal, linear
линза lens
  ~ Бертрана Bertrand lens
  ~ замещения replacement lens
  ~ колчедана sulphur kidney
  ~ песчаника sand lens
  ~ пирита pyrite lens, lenticular pyrite
  ~ с аномально высоким давлением abnormal pressure lens
  акустическая ~ acoustic lens
  асферическая ~ aspherical lens
  вогнутая ~ concave lens
  выпуклая ~ convex lens
  вытянутая ~ elongated lens
  глинистая ~ clay gall
  двояковыпуклая ~ biconvex lens
  длиннофокусная ~ long-focus lens
  замедляющая ~ decelerating lens
  иммерсионная ~ immersion lens
  исправляющая ~ correcting lens
  кавернозная ~ cavernous lens
  катодная ~ cathode lens
  конденсорная ~ condenser lens
  контактная ~ contact lens
  магнитная ~ magnetic lens
  отрицательная ~ *см.* рассеивающая линза
  плоско-вогнутая ~ flat-concave lens
  плоско-выпуклая ~ flat-convex lens
  полевая ~ field lens
  положительная ~ collecting lens

линза

пористая ~ porous lens
рассеивающая ~ diverging [negative] lens
решетчатая ~ lattice lens
собирающая ~ collecting lens
уплощенная ~ flattened lens
фокусирующая ~ focusing lens
цилиндрическая ~ cylindrical lens
щелевая ~ slit lens
эквипотенциальная ~ equipotential lens
электростатическая ~ electrostatic lens
линзовидный lenticular, lens-shaped
линия line
 ~ азимута azimuth line
 ~ акустической связи acoustic communication line
 ~ взрывных пунктов shot point line
 ~ видимости line of sight
 ~ визирования axis of sight, observing line
 ~ влияния influence line
 ~ впуска admission [upstream, suction] line
 ~ выборки selection line
 ~ высокого давления high-pressure line
 ~ глин shale (deflection) line
 ~ глушения водоотделяющей колонны riser kill line
 ~ глушения скважины kill line
 ~ гранулометрического состава grain-size curve
 ~ действительного горизонта true horizon line
 ~ действия силы тяжести gravitational vertical
 ~ для заводнения water flood line
 ~ для закачки инструмента (*в подводную скважину*) tool injection line
 ~ для обратной промывки backwash line
 ~ для создания противодавления back-pressure line
 ~ долива скважины fill-up line
 ~ задержки delay line
 ~ зубчатого зацепления gear line
 ~ инфильтрации line of percolation
 ~ искаженных масштабов zero line
 ~ касания line of contact
 ~ конденсат—вода condensate-water line
 ~ краевой воды edge-water line
 ~ малого сопротивления line of weakness
 ~ манифольда manifold line
 ~ напластования stratification line
 ~ нарастания line of growth
 ~ нарушения line of dislocation
 ~ наступания encroachment line
 ~ насыщения saturation line
 ~ начала отсчета reference line
 ~, не имеющая магнитного склонения *см.* линия нулевого склонения
 ~ нулевого склонения zero [agonic] line
 ~ нулевых напряжений neutral axis
 ~ обратной промывки reverse circulation line
 ~ обрушения line of caving
 ~ обтекания streamline

 ~ отвеса plumb-bob line
 ~ откоса shoulder [slope] line
 ~ относимости reference line
 ~ от скважины до мерника lead line
 ~ отсчета reference [datum] line
 ~ падения dip line
 ~ перегиба crest [hinge] line
 ~ передачи данных data line
 ~ передачи электроэнергии power mains, power line
 ~ перелива (*резервуара*) overflow line
 ~ пересечения line of intersection
 ~ поверхности рельефа terrain line
 ~, подводящая раствор для глушения скважины kill line
 ~ потока current line
 ~ приведения reference line
 ~ прогиба line of deflection
 ~ продольного профиля grade line
 ~ промерзания frost line
 ~ простирания line of strike, line of bearing
 ~ простирания жилы line of lode
 ~ прострела shot line
 ~ пунктов взрыва shot point line
 ~ пьезометрической поверхности isopiestic line
 ~ равного интервала isochor [equal-space] line
 ~ равного магнитного склонения isogonic line, irogon
 ~ равного содержания воды isohume
 ~ равной величины силы тяжести isogal
 ~ равной глубины isobathic line, isobath
 ~ равной солености isosalinity line
 ~ равной температуры isotherm (line)
 ~ равной теплотворной способности isocal
 ~ раздела boundary line
 ~ разлома line of fracture
 ~ размыва denudation line
 ~ раскалывания line of split
 ~ распространения line of propagation
 ~ расходимости divergence line
 ~ регулирования давления pressure control line
 ~ сброса fault line, fault trace
 ~ сброса воды water drainage line
 ~ сброса газа gas blowoff line
 ~ сварки line of welding
 ~ связи connecting link
 ~ сетки координат grid line
 ~ сжатия compression line
 ~ скольжения flow [slip, glide] line
 ~ смещения displacement line
 ~ сопротивления line of resistance
 ~ спектра поглощения absorption line
 ~ сходимости convergence line
 ~ текучести flow line
 ~ тока streamline, flow path
 ~ тяги draft line
 ~ удара line of impact
 ~, указывающая размер dimension line
 ~ управления control [pilot] line

532

~ уровня contour line, level curve
~ фронта наступающей воды encroachment line
~ центров давления center-of-pressure line
~ штуцерная и глушения скважины integral choke and kill lines
~ электропередачи (power) transmission line
аварийная ~ emergency line
аварийная сливная ~ emergency drain [emergency drop-out] line
агоническая ~ agonic [zero] line
азимутальная ~ azimuth line
антиклинальная ~ anticlinal line
антистоксова ~ anti-Stokes line
базовая ~ datum [base] line
береговая ~ shore [coast] line
береговая ~ в начальной стадии young shore line
береговая ~ опускания shore line of depression
береговая ~ погружения shore line of submergence
береговая ~ поднятия shore line of emergence
бесконечная ~ infinite line
визирная ~ hairline
винтовая ~ helix, spiral [helical] line
вихревая ~ vortex line
водоспускная ~ water-disposal line
волосная ~ *см.* визирная линия
всасывающая (приемная) ~ upstream line
вспомогательная ~ booster line
входная ~ input line
выкидная ~ delivery [discharge, flow] line
выкидная~ для бурового раствора drilling mud flow line
выкидная ~ для выбуренной породы при бурении с очисткой забоя воздухом blowing line
выкидная ~ для газообразного бурового агента exhaust [blooie] line
выкидная ~ резервуара tank flow [tank shipping] line
выпуклая ~ raised line
выпускная ~ exhaust line
газоотводная ~ gas outlet [outgoing gas] line
газоотводная ~ для сжигания flare line
газоприемная ~ gas inlet [incoming gas] line
газосборная ~ gas gathering line
газоуравнительная ~ gas equalizing line
грязевая ~ flow line
демаркационная срединная ~ median line
заданная ~ datum [base] line
запальная ~ pilot (igniting) line
изобатическая ~ isobath, isobathic line
изогональная ~ isogonic line, isogon
изодинамическая ~ isodynamic line
изоклинальная ~ isoclinal [isoclinic] line
изопиестическая ~ isopiestic line
испытательная ~ test line
исходная ~ *см.* заданная линия
канализационная ~ effluent [disposal] line

коаксиальная ~ coaxial line
контактная ~ contact line
контурная ~ contour line
корреляционная ~ line of correlation
косейсмическая ~ coseismal line
котектическая ~ cotectic line
магистральная ~ load line
магнитная ~ magnetic line
мертвая ~ dead line
нагнетательная ~ discharge [delivery] line
наземная ~ overland [surface] line
наклонная базисная ~ sloping base line
наливная ~ loading [filling] line
напорная ~ pressure line
неискаженная ~ line of no distortion
неразрешенная ~ unresolved peak
нефтесборная ~ oil gathering line
обводная ~ bypass line, loop
обсеквентная ~ obsequent line
опорная ~ глин shale base
осевая ~ axial [center] line
осевая ~ складки fold axis
отводная ~ diverter [exhaust] line
откачивающая ~ pumping-out line
передаточная ~ transfer line
питающая ~ feeder line
полуденная ~ magnetic North line
поточная ~ production line
приемная ~ intake line
проверочная ~ reference [datum] line
промышленная ~ электропередачи commercial power line
пунктирная ~ broken [dash-and-dot, dashed] line
рабочая ~ процесса operating line
разрешенная ~ resolved peak
распадающаяся ~ decomposed line
растворная ~ mud return line
ресеквентная ~ сброса resequent fault line
сборная ~ gathering line
сейсмическая ~ seismic line
сейсмотектоническая ~ tectoseismic line
секущая ~ secant
силовая ~ power [field] line, line of force
сливная ~ drain [drop-out] line
сплошная ~ full [solid] line
сточная ~ overflow line
тектоническая ~ trend [tectonic] line
технологическая ~ production line
трансмиссионная ~ transmission line
транспортная ~ transportation line
управляющая ~ control [pilot] line
уравнительная ~ balance [equalizing] line
факельная ~ flare line
цементировочная ~ cementing line
центровая ~ line of centers, pitch line
циркуляционная вспомогательная ~ circulation booster line
штуцерная ~ choke line
штуцерная ~ водоотделяющей колонны riser choke line
эквипотенциальная ~ equipotential line

линнеит linneite
  никельсодержащий ~ siegenite
линозит linosite
линтонит lintonite
лиотропный lyotropic
лиофильный lyophile, lyophilic
лиофобный lyophobe, lyophobic
липарит liparite, rhyolite
  щелочной ~ comendite
липкий adhesive, gummy, sticky, glutinous
липкость adhesion, adhesiveness, stickiness, glueyness
липнуть stick, adhere
лист sheet, plate
  ~ жесткости stiffening plate
  ~ пояса резервуара girth [ring] tank sheet
  ~ резервуара tank sheet
  гофрированный ~ corrugated sheet
  клепаный ~ резервуара stave [riveted] tank sheet
  направляющий ~ diverter
  перфорированный ~ grit
  сборочный ~ index chart
  свальцованный ~ rolled sheet
  рифленый ~ checker [corrugated] plate
  упорный ~ thrust sheet
литификация lithification
литогенез lithogenesis, lithogeny rock formation
литогенетический lithogeneous, lithogen(et)ic
литоидальный lithoidal, stony
литоидный lithoidal
литоклаз lithoclase
литологический lithological
литология lithology
литолого-петрографический lithologic and petrographic
литолого-стратиграфический lithologic and stratigraphic
литолого-фациальный lithologic and facies
литоралит littoralite, littoral rock
литосидерит lithosiderite
литосфера rock sphere, lithosphere
литофация lithofacies
литье casting, molding
  металлическое ~ casting
  стальное ~ steel casting
лифт elevator, lift
лицензирование эк. licensing
  взаимное ~ mutual licensing
  договорное ~ contractual licensing
  пакетное ~ package licensing
  перекрестное ~ cross licensing
лицензия эк. license
  ~ без права передачи non-transferable license
  ~ на продажу [сбыт] license to sell
  генеральная ~ general license
  договорная ~ contractual license
  импортная ~ import license
  индивидуальная ~ individual license
  исключительная ~ exclusive license
  общая ~ blanket license
  ограниченная ~ limited license
  патентная ~ patent license
  перекрестная ~ cross license
  простая ~ ordinary [open] license
  таможенная ~ customs license
  экспортная ~ export license
лоб:
  ~ надвига front of thrust
  ~ складки crown
  ~ шарьяжа overthrust front
ловитель catcher
  ~ всасывающего клапана standing valve catcher
  ~ для насосно-компрессорных труб tubing overshot
  ~ для насосных штанг sucker rod overshot
  ~ для насосных штанг плунжерного типа plunger-type rod catcher
  ~ с промывкой wash-over circulating overshot
  ~, спускаемый на канате wireline fishing overshot
  двухступенчатый ~ double-slip catcher
  клиновой ~ slip-type catcher
  магнитный ~ magnetic catcher
  наружный ~ overshot
  одноступенчатый ~ single-slip catcher
  отсоединяемый ~ releasing overshot
ловить:
  ~ бурильный инструмент fish
ловля:
  ~ обсадных труб fishing for casing
ловушка trap
  ~ для конденсата condensate trap
  ~ для нефти oil trap
  ~ для нефти с коалесцирующими фильтрами oil trap with coalescing filters
  ~ для нефти с нефтесливом oil trap with oil drain
  ~ для нефти с подвесными стенками oil trap with hanging walls
  ~ для скребков scraper pig trap
  ~, обусловленная наличием сброса fault trap
  ~, экранированная сбросами fault-screened trap
  антиклинальная ~ anticlinal trap
  вакуумная ~ vacuum trap
  всасывающая ~ suction trap
  вторичная ~ secondary trap
  газовая ~ gas trap
  гидродинамическая ~ hydrodynamic trap
  глубинная ~ deep-seated trap
  дрейфующая ~ drifting trap
  комбинированная ~ combination trap
  комплексная ~ complex trap
  конимерсионная ~ conimmersion trap
  литологическая ~ depositional [lithological] trap
  локально-структурная ~ local structural trap
  магнитная ~ magnetic trap
  масляная ~ oil trap

незамкнутая ~ misclosure
первичная ~ primary trap
плавучая ~ для нефти floating oil trap
поверхностная ~ shallow trap
промысловая ~ field trap
пылевая ~ dust trap
региональная ~ regional trap
самоочищающаяся ~ self-purging [self-cleaning] trap
сводовая ~ dome trap
стратиграфическая ~ stratigraphic [porosity] trap
структурная ~ structural [deformational] trap
тектоническая ~ tectonic trap
экранированная ~ screened [truncated] trap

ложе bed
~ породы bed
~ потока stream bed
~ сброса foot of a fault
~ трубопровода (underlying) (pipe)line bed

ложнокристаллический pseudocrystalline
локализатор повреждений fault detector, fault indicator, fault finder
локализация localization
~ нефти habitat of oil
локализовать:
~ пожар bring the fire under control
локатор detector, locator
~ верхней точки прихвата free-point indicator
~ замковых соединений (*бурильной колонны*) tool joint locator
~ зоны поглощения lost circulation detector, lost circulation locator
~ муфт (*обсадной колонны*) collar locator
акустический ~ sonic locator, sonar
звуковой ~ *см.* акустический локатор
магнитный ~ муфт (*в скважине*) magnetic collar locator

локация location
~ муфт casing-collar logging
акустическая ~ acoustic location
акустическая ~ устья подводной скважины acoustic reentry

лом (*материал*) scrap
бытовой ~ household scrap
высоколегированный стальной ~ high-alloy scrap
габаритный ~ standard-size scrap
кондиционный ~ specification scrap
крупногабаритный ~ bulky scrap
кусковой ~ lump scrap
металлический ~ scrap metal
низкокачественный ~ low-grade scrap
сортный ~ graded scrap
товарный ~ saleable scrap

ломаный (*о линии*) broken, dog-leg
ломкий breakable, brittle, fragile, friable
ломкость brittleness, fragility, friability
ломонтит laumontite, caporcianite
лопасть:
~ вентилятора fan blade

~ долота bit blade, bit wing
~ долота с твердосплавными вставками carbide-inserted bit blade
~ кернового долота core bit wing
~ мешалки agitator blade, mixing paddle
~ расширителя underreamer blade
антисифонная ~ antisiphonal lobe
направляющая ~ lead blade

лопата spade, shovel
лопатка blade; vane
~ вентилятора fan blade
~ компрессора compressor blade
~ ротора rotor blade, rotor vane
~ статора stator blade, stator vane
~ турбины turbine blade, turbine vane
активная ~ impulse blade
направляющая ~ guide vane
профилированная ~ profile blade

лорандит lorandite
лоранскит loranskite
лоренсит lawrencite
лоссенит lossenite
лоток chute, flume, trough, tray
~ для хранения керна core tray
вибрационный ~ vibrating chute
водосточный ~ spouting chute
железобетонный ~ concrete flume
закалочный ~ quenching trough
инструментальный ~ tool tray
металлический ~ metal tray, metal flume
подводящий ~ feed tray
приемный ~ charging trough
спускной ~ chute
травильный ~ etching trough

лубрикатор lubricator, oil cup, oiler
~ высокого давления high-pressure lubricator
~ для глушения скважины буровым раствором mud lubricator
~ для насосно-компрессорных труб tubing wireline lubricator
~ каната wireline lubricator
~ полированного штока polished rod lubricator
~, спускаемый в обсадную колонну на канате casing wireline lubricator
пружинный ~ spring oil cup, spring lubricator
скважинный ~ downhole lubricator

лугарит lugarite
лудламит ludlamite
лундиит lundyite
лунка:
~ износа crater
опорная ~ bearing hitch
луч beam; ray
~ наведения guide beam
~ трубопровода pipeline branch
азимутальный ~ azimuth beam
визирный ~ collimating [directional] ray
глиссадный ~ glide slope
записывающий ~ writing beam
направленный ~ directed ray

луч

нормальный ~ normal ray
обращенный ~ reversed ray
остаточные ~и residual rays
отклоненный ~ deflected [diffracted] beam
отраженный ~ reflected ray
падающий ~ incident beam, incident ray
полый ~ hollow beam
преломленный ~ refracted ray, refracted beam
прерывистый ~ chopped beam
проектирующий ~ projecting ray
прямой ~ direct ray
радиоактивный ~ radioactive ray
развертывающий ~ scanning beam
расходящийся ~ divergent beam
световой ~ light beam
сейсмический ~ seismic ray
смещенный ~ shifted [offset] beam
стабилизирующий ~ holding beam
стирающий ~ erasing beam
сходящийся ~ convergent beam
управляющий ~ control beam

лучеиспускание radiation, emission
лучепреломление refraction, refringence
двойное ~ birefringence
низкое ~ weak refraction

лыска:
~ под ключ (*насосных штанг*) wrench flat

льгот/а *эк.* privilege
~ по новизне grace for novelty
налоговая ~ tax privilege, tax allowance, tax rebate
преференциальные ~ы preferential advantages
таможенные ~ы customs privileges
тарифные ~ы tariff preference
финансовые ~ы cost benefit
фрахтовые ~ы freight reduction

льдина ice cake
льюисит lewisite
льюистонит lewistonite
любецкит lubeckite
люгарит lugarite
люк hatch, manhole
~ бункера bunker [hopper] hatch
~ в крыше резервуара tank roof manhole
~ для очистки cleanout opening
~ со съемной крышкой manhole with removable cover
аварийный ~ emergency hatch
вентиляционный ~ ventipane
выпускной ~ pull chute, chute door
грузовой ~ cargo hatch
двойной ~ two-way chute
замерный ~ (*резервуара*) hand-gage hatch
замерный чугунный ~ cast iron gage hatch
пробоотборный ~ sampling hatch
сварной ~ welded manhole
смотровой ~ sight [inspection] hole, access hatch
спасательный ~ escape hatch

люлька cradle
~ верхового (*рабочего*) derrickman cradle lift, monkey board
~ для пересадки boarding basket
передвижная ~ traveling cradle
подвесная ~ suspended cradle
спасательная ~ safety box, safety cradle
стационарная ~ stationary cradle

люминесценция luminescence
люнет rest
люсакит lusakite
люсианит lusianite
люстра для подвески штанг sucker-rod hanging device
лютеций lutecium
люфт play
боковой ~ side play
осевой ~ end [axial] play

люцонит luzonite

М

магазин 1. *маш.* magazine, hopper, dispenser 2. (*для бурильных труб*) rack 3. (*измерительный*) box
~ емкостей capacitance box
~ индуктивностей inductance box
~ сопротивлений resistance box
дисковый ~ disk magazine, cartridge drum
измерительный ~ box
разгрузочный ~ takeup elevator

магазинирование (*сырья*) shrinkage
полное ~ block shrinkage
частичное ~ skeleton shrinkage

магистраль 1. (*главная дорога*) main road, highway 2. (*трубопровод*) trunk (line), main (line), pipeline, manifold
~ движения main traffic artery
~ сжатого воздуха pressed-air system
водопроводная ~ water main
воздушная ~ air (-pressure) line
впускная ~ induction manifold
газовая ~ *см.* газопроводная магистраль
газопроводная ~ gas main(s), gas trunk
кабельная ~ cable trunk
кольцевая ~ ring main
командная ~ instruction [command] line
масляная ~ oil line
нагнетающая ~ feed [pressure] line
напорная ~ pressure line, delivery pipe, pump main
осветительная ~ lighting trunk
паровая ~ steam main
питающая ~ supply main (line)
пожарная ~ fire main
распределительная ~ distributing manifold, distributing main (line)
сигнальная ~ signal line
силовая ~ power trunk
сливная ~ drain pipe, drain line

смазочная ~ lubrication manifold
топливная ~ fuel main (line)
тормозная ~ brake line
магма magma
магнезит magnesite, magnesium carbonate
магнезия magnesia, magnesium oxide
  белая ~ magnesia alba
  водная ~ magnesia hydroxide
  жженая ~ deadburned magnesia
магнетизм magnetism
  ~ пород rock magnetism
  естественный ~ natural [spontaneous] magnetism
  земной ~ terrestrial [earth] magnetism, geomagnetism
  наведенный ~ induced magnetism
  остаточный ~ remanent [residual] magnetism, remanence
  ядерный ~ nuclear magnetism
магнетик (*материал*) magnetic
магнетит (*магнитный железняк*) magnetite, loadstone, lodestone
магнийкатионирование magnesium zeolite softening process
магнит magnet
  ~ возвращения стрелки control(ling) magnet
  ~ вращения rotary magnet
  девиационный ~ corrector magnet
  демпфирующий ~ damping magnet
  естественный ~ natural [native] magnet
  искусственный ~ artificial magnet
  компенсационный ~ compensating magnet
  ловильный ~ fishing magnet
  отклоняющий ~ deflecting magnet
  подковообразный ~ C-magnet, horseshoe magnet
  подъемный ~ lifting magnet
  порошковый ~ powder magnet
  постоянный ~ permanent magnet
  стержневой ~ bar magnet
  тормозной ~ braking magnet
  удерживающий ~ holding magnet
  эталонный ~ reference magnet
магнитоаэродинамика magnetoaerodynamics
магнитогазодинамика magnetogasodynamics
магнитогидродинамика magnetohydrodynamics, MHD
магнитограмма magnetogram
магнитограф magnetograph
магнитодержатель magnet support, magnet cradle
магнитометр magnetometer
  вертикальный ~ vertical magnetometer
  дефлекторный ~ deflection magnetometer
  индукционный ~ induction magnetometer
  крутильный ~ torsion magnetometer
  наземный ~ ground magnetometer
  скважинный ~ downhole magnetometer
  электромагнитный ~ electromagnetic magnetometer
магнитометрия magnetometry
магнитопровод magnetic circuit
  ~ броневого типа shell-type magnetic circuit, shell-type magnetic core
  двухстержневой ~ two-leg magnetic core
  сложный ~ composite magnetic circuit
магниторазведка magnetic prospecting
  скважинная ~ downhole magnetic survey
магнитоскоп magnetoscope
магнитосопротивление magnetoresistance
магнитостатика magnetostatics
магнитострикционный magnetostrictive
магнитострикция magnetostriction
  объемная ~ volume [bulk] magnetostriction
магнитосфера magnetosphere
мазут (residual) fuel [boiler, black] oil
  высокосернистый ~ high-sulphur residual oil
  маловязкий ~ low-viscous residual oil
  малосернистый ~ low-sulphur residual oil
  топочный ~ furnace [industrial] fuel oil
мазутопровод fuel oil line
мазутохранилище fuel oil storage tank
макет (*модель*):
  ~ в натуральную величину full-scale model
  объемный ~ finished layout
  полупромышленный ~ brassboard (model)
  технологический ~ engineering mock-up
макетирование breadboarding
макетировать breadboard
макроанизотропия macroanisotropy
макроисследование macroexamination
макрокластический macroclastic
макроконцентрация macroscopic concentration
макрокоррозия macrocorrosion
макрометр macrometer
макромолекула macromolecule
макронапряжение macrostress
макронеоднородность macroheterogeneity
макрополость macrocavity, macrovoid
макропора macropore
макропористость macroporosity
макропроцесс large-scale process
макрореология macrorheology
макросейсмический macroseismic
макросистема macrosystem, macroscopic system
макроструктура macrostructure
макросхема macrocircuit
макротвердость macrohardness
макротрещина macrofissure
макротурбулентность macroturbulence
макрошлиф macrosection
максимум maximum, peak
  ~ нагрузки peak load
  ~ поглощения maximum absorption
  гравитационный ~ gravity maximum
  резонансный ~ resonance peak
малахит malachite
маловязкий low-viscous, low-viscosity
малогабаритный small-sized
малозольный low-ash, of low-ash content
малоинерционный quick-response, low-inertia
малоинтенсивный low-intensity, of low intensity

мальм malm, washed clay, marl
мальта malta
манжета:
 ~ глубинного насоса downhole pump cup
 ~ для плунжерных клапанов working barrel cup
 ~ для уплотнения крепления seating cup
 ~ из прорезиненного ремня rubberized belting seal
 ~ насоса pump cup, pump disk
 ~ пакера packer cup, packer seal
 ~ поршня piston cup
 ~ против износа wear sleeve
 ~ сальника packing gland, packing ring
 ~ тормозного поршня brake piston cup
 армированная ~ armored collar
 гидравлическая ~ packer
 заливочная ~ cementing basket
 кожаная ~ leather cup
 опрессовочная ~ test cup
 резиновая ~ rubber cup, rubber collar
 самоуплотняющаяся ~ self-sealing packing
 скользящая ~ sliding sleeve
манипулятор manipulator
 ~ для труб pipe handling mechanism
 ~ с дистанционным управлением remote control [unmanned] manipulator
 подающий ~ feed-in arms
 рельсовый ~ track-riding manipulator
 сварочный ~ welding positioner
 телескопический ~ racking arms
 трубный ~ pipe handling mechanism
манипуляция manipulation, handling operation
манифольд manifold
 ~ буровых насосов mud pump manifold(ing) system
 ~ выкидной линии outtake manifold
 ~ высокого давления high-pressure manifold
 ~ донного шланга lease hose manifold
 ~ дренажа топливной системы fuel vent manifold
 ~ конца трубопровода pipeline end manifold, PLEM
 ~ резервуара tank manifold, tank header, tank connection
 ~ управления control manifold
 ~ управления противовыбросовыми превенторами blowout preventer control manifold
 ~ циркуляционной системы mud (circulation) manifold(ing) system
 аварийный ~ emergency manifold
 балластный ~ ballast manifold
 воздушный ~ air manifold
 впускной ~ intake manifold
 всасывающий ~ suction manifold
 вспомогательный ~ auxilliary manifold
 газовый ~ gas manifold
 газораспределительный ~ gas distribution manifold
 газосборный ~ gas collecting manifold
 гидравлический ~ hydraulic control manifold
 нагнетательный ~ pressure discharge manifold
 носовой ~ bow [fore] manifold
 обводной ~ bypass manifold
 одноштуцерный ~ single-choke manifold
 подводный ~ underwater [subsea] manifold
 подводный ~ для фонтанной эксплуатации underwater production manifold
 приемный ~ inlet manifold, inlet header
 рабочий ~ working manifold
 разгрузочный ~ (pressure-)relief manifold
 распределительный ~ distribution manifold
 цементировочный ~ cementing manifold
 штуцерный ~ choke manifold
 эксплуатационный ~ production manifold
мановакуумметр compound pressure and vacuum gage
манометр pressure gage, manometer
 ~ абсолютного давления absolute pressure gage
 ~ Бурдона Bourdon tube [Bourdon (spring pressure)] gage
 ~ гидросистемы hydraulic system pressure indicator
 ~ давления бурового раствора drilling mud pressure gage
 ~ с демпфирующим устройством dampened pressure gage
 бесшкальный ~ pressure transmitter
 вакуумный ~ vacuum manometer, vacuum gage
 водяной ~ water pressure gage
 воздушный ~ air pressure gage
 геликсный ~ helix pressure gage
 гидравлический ~ hydraulic pressure gage
 глубинный ~ bottom-hole [subsurface] pressure gage
 глубинный лифтовый ~ subsurface lift pressure gage
 глубинный прецизионный ~ precision subsurface depth pressure gage
 дистанционный ~ remote (control) pressure gage
 дифференциальный ~ differential pressure gage
 дифференциальный дистанционный ~ remote (control) differential pressure gage
 дифференциальный колокольный ~ bell-type differential pressure gage
 дифференциальный поплавковый ~ float-type differential pressure gage
 жидкостный ~ liquid-column pressure gage
 жидкостный U-образный ~ U-tube pressure gage
 забойный ~ bottom-hole pressure gage
 забойный регистрирующий ~ recording bottom-hole pressure gage
 контрольный ~ test pressure gage
 масляный ~ oil pressure gage
 мембранный ~ diaphragm [membrane] pressure gage

масло

пневматический ~ pneumatic pressure gage
показывающий ~ indicating pressure gage
поршневой ~ piston pressure gage
пружинно-поршневой ~ spring-piston pressure gage
регистрирующий ~ recording pressure gage, pressure recorder, manograph
самопишущий ~ индикатора нагрузки weight-indicator recording pressure gage
сигнальный ~ alarm pressure gage, pressure warning unit
сильфонный ~ bellows(-element) manometer
скважинный ~ downhole [bottom-hole] pressure gage
скважинный дифференциальный ~ gradiomanometer
скважинный регистрирующий ~ borehole [subsurface] pressure recorder

манометр-расходомер flowmeter manometer

манотермограф:
  скважинный ~ combination downhole pressure gage-thermograph

мантия Земли Earth's mantle, Earth's shell, mantle of the Earth

мареограф tide [depth] gage
  поплавковый ~ float depth gage

марка:
  ~ геодезического пункта mark station
  ~ кабеля cable grade
  ~ масла oil grade
  ~ нефти mark of oil
  ~ стали steel grade, steel quality
  ~ топлива grade of fuel
  ~ угля mark of coal
  ~ цемента cement brand
  базисная ~ base mark
  грузовая ~ load [freeboard] mark
  измерительная ~ adjusting [floating] mark
  производственная ~ maker's label
  торговая ~ trade mark, brand
  установочная ~ adjusting [focusing] mark
  фабричная ~ brand
  фирменная ~ label

маркировка marking, stamping; (*по трафарету*) stenciling; grading
  ~ (бурового) инструмента tool mark
  ~ условным обозначением identification marking
  монтажная ~ match marking
  радиоактивная ~ radioactive labeling, radioactive tagging
  цветная ~ code color

маркшейдер mining surveyor

марш:
  ~ лестницы вышки flight of derrick stairs
  боковой ~ лестницы вышки side flight of derrick stairs

маршрут:
  ~ перекачки flow circuit

маска mask
  дыхательная ~ face mask
  защитная ~ face guard, protective mask

кислородная ~ oxygen mask
кислородная аварийная ~ emergency oxygen mask
сварочная ~ welder's helmet

масленка grease cup, oil cap, grease box, lubricator, oiler
  ~ для консистентной смазки grease cup, grease lubricator
  ~ для подачи смазки под давлением alemite (grease) fitting
  ~ с длинным носиком banjo oiler
  ~ с принудительной подачей масла force-feed lubricator
  автоматическая ~ self-acting lubricator
  игольчатая ~ needle lubricator
  капельная ~ oil feeder
  пружинная ~ spring grease cup
  пружинная шариковая ~ spring ball lubricator

масло oil
  ~ для воздушного компрессора air compressor oil
  ~ для консервации slushing oil
  абсорбционное ~ absorbent oil
  абсорбционное регенерированное ~ lean oil
  антифрикционное подшипниковое ~ antifriction bearing grease
  водорастворимое ~ water-soluble lubricant
  вязкое ~ thick oil
  горное ~ naphtha
  дизельное ~ diesel oil
  дистиллятное ~ distillate oil
  закалочное ~ annealing [quenching] oil
  индустриальное ~ industrial oil
  машинное ~ machine oil
  минеральное ~ mineral [petroleum] oil
  морозостойкое ~ nonfreezable oil
  моторное ~ engine oil
  нефтяное ~ petroleum oil
  остаточное ~ residual oil
  отработавшее ~ used [waste] oil
  растворимое ~ soluble oil
  смазочное ~ для воздушных фильтров air filter oil
  смазочное автомобильное ~ automobile oil
  смазочное веретенное ~ spindle [loom] oil
  смазочное дизельное ~ diesel lubricating oil
  смазочное зимнее ~ winter [subzero] oil
  смазочное компрессорное ~ compressor oil
  смазочное летнее ~ summer oil
  смазочное машинное ~ machine(ry) [engine] grease
  смазочное моторное ~ motor oil
  смазочное моторное универсальное ~ all-purpose motor oil
  смазочное отработавшее ~ scavenge [waste] oil
  смазочное трансмиссионное ~ transmission (gear) [crankcase] oil
  смазочное цилиндровое ~ cylinder oil
  смоляное ~ resin [tar] oil
  соляровое ~ solar [straw] oil

масло

сульфированное ~ sulfonated oil, sulfonated petroleum
талловое ~ tall oil
технологическое ~ process oil
турбинное ~ turbine oil
тяжелое ~ из нефти pyronaphta
углеводородное ~ hydrocarbon oil
универсальное моторное ~ all-purpose engine oil
эмульсионное ~ cutting oil

маслобак oil container, oil tank
маслобензостойкость oil-and-petrol resistance
масловлагоотделитель oil-and-moisture separator
масловлагоуловитель oil-and-moisture trap
маслоемкость oil absorption
масломер oil(-level) gage
маслонагреватель oil heater
маслонаполненный oil-filled
маслонепроницаемый oil-tight, oil-proof, oil-resistant
маслоотделитель oil separator
маслоотражатель oil baffle, oil deflector
маслоотстойник oil settler, oil sump
маслоохладитель oil cooler
маслоочиститель oil cleaner, oil purifier
центробежный ~ centrifugal oil cleaner
маслопоглотитель oil absorber
маслопровод oil pipe, oil line, oil duct, oil conduit
~ всасывающей линии oil feed pipe
нагнетательный ~ oil pressure pipe, oil pressure line
маслопрочность oil resistance
маслорадиатор oil cooler
маслораспределитель oil distributor
маслорастворимый oil-soluble
маслосборник oil catcher
маслосистема oil system
маслослив oil drain
маслостойкий oil-resistant, oil-resisting, oil-proof
маслоудерживающий oil-retaining
маслоуказатель oil indicator, oil level gage
~ с круговой шкалой dial oil indicator
трубчатый ~ tubular oil indicator
маслоуловитель oil catcher
маслянистость 1. oiliness, greasiness 2. unctuousness
маслянистый 1. oleaginous, emulsive, oily 2. unctuous
масляный oil, oily, oleic
масса mass
~ в буровом растворе mass in drilling mud
~ газа при...°C mass of gas at...°C
~ колонны mass of string
~ колонны в воздухе hanging string mass
~ колонны обсадных труб mass of casing (string)
~ кубометра газа mass of cubic meter of gas
~ на единицу длины mass per unit of length
~ неподвижного столба газа mass of stationary column of gas

~ погонного метра труб pipe mass per meter
~ покоя rest [stationary] mass, mass at rest
~ полезной нагрузки payload mass
~ породы body of rock
~ столба воздуха air column mass
автохтонная ~ autochtonous mass
гравитационная ~ gravitation mass
действующая ~ active mass
инертная ~ inertial mass
конечная ~ final mass
крахмальная ~ starch composition
критическая ~ critical mass
молярная ~ molar [molecular] mass
насыпная ~ bulk density
начальная ~ initial mass
номинальная ~ колонны НКТ nominal mass of tubing
общая ~ total [overall] mass
объемная ~ bulk density
относительная атомная ~ atomic weight
относительная молекулярная ~ relative molecular mass, molecular weight
переменная ~ variable mass
предельная ~ critical mass
приближенная ~ approximate mass
расчетная ~ calculated [estimated] mass
собственная ~ own mass
точечная ~ point mass, mass point
фактическая ~ actual mass
фильтровальная ~ filter stock
эквивалентная ~ mass equivalent
масс-анализатор mass analyzer
массив (*горных пород*) mass, block
~ горных пород rock mass
~ плотных известняков compact limestone block
автохтонный ~ terrain
бетонный ~ mass concrete
моноклинальный ~ monoclinal block
погребенный ~ buried mass
рифовый ~ reef mass
рифогенный ~ *см.* рифовый массив
срединный ~ median mass
эрозионный ~ erosion mass
массивность solidity
массообмен mass transfer
массопередача *см.* массообмен
массосодержание mass content
масс-спектр mass spectrum
масс-спектрограмма mass spectrogram
масс-спектрограф mass spectrograph
масс-спектрометр mass spectrometer
масс-эквивалент mass equivalent
мастер foreman
буксирный ~ tow master
буровой ~ drilling foreman, tool pusher
сменный ~ shift foreman
старший буровой ~ chief [senior] tool pusher
мастерская (work)shop
~ зарядки перфораторов perforator charging shop
авторемонтная ~ auto repair shop, motor workshop

кузнечная ~ blacksmith shop
механическая ~ machine shop
монтажная ~ *см.* сборочная мастерская
промысловая ~ field shop
ремонтная сварочная ~ job welding shop
сборочная ~ adjusting shop
электроремонтная ~ electric repair shop

мастика mastic
~ для заделки стыков труб pipe joint compound
асфальтовая ~ asphalt mastic
битумная ~ bitumastic
цементная ~ mastic cement

масштаб scale
~ записи recorder scale
~ картографирования plotting scale
~ моделирования modeling scale
~ построения plotting scale
вертикальный ~ scale of height
искаженный ~ distorted scale
крупный ~ large scale
линейный ~ scale line, graphical scale
логарифмический ~ logarithmic scale
мелкий ~ small scale
натуральный ~ natural scale
относительный ~ relative scale
уменьшенный ~ reduced scale
условный ~ representative scale

материал material, product, substance
~ для крепления алмазов в долоте bit matrix
~ для приготовления бурового раствора drilling mud [drilling fluid] material
~ы и детали бурового оборудования, полностью расходуемые в процессе бурения drilling expendables
абразивный ~ abradant, abrasive
анизотропный ~ anisotropic material
антикоррозионный ~ anticorrosive material
антифрикционный ~ antifrictional material
асб(ест)оцементный ~ asbestos-cement material
битумный ~ asphaltic material, asphaltic product
взрывчатый ~ explosive (material)
волокнистый ~ fibrous material
всплывающий ~ floatable material
вспучивающий ~ bloating material
вяжущий воздушный ~ air binder
вяжущий гидравлический ~ hydraulic binding material
вяжущий магнезиальный ~ magnesia binding material
вяжущий минеральный ~ mineral binding material
вяжущий органический ~ organic binding material
дорожно-строительный ~ road-building material
закупоривающий ~ plugging material
заполняющий ~ filler, filling material
защитный ~ protective material
звукоизоляционный ~ sound-insulating material
зернистый ~ granular material
изоляционный ~ insulating material, insulator
инертный ~ inert material
ионообменный ~ ion exchanger
мелкодисперсный ~ fine material, fines
набивочный ~ packing (material)
наплавочный ~ facing material
негорючий ~ non-combustible material
обтирочный ~ waste material
прокладочный ~ jointing
расходные ~ы expendables, expendable materials
связующий ~ binding material, binder
строительный ~ construction material
сыпучий ~ free-flowing material
тампонирующий ~ bridging [plugging] material
твердосплавный ~ hard-alloy material
теплоизоляционный ~ heat-insulating [thermoinsulating, heat-protective] material, heat insulator
ударопрочный ~ impact-[shock-]proof material
уплотнительный ~ packing (material)
упругий ~ elastic material
фрикционный ~ friction(al) material
фрикционный эластичный ~ flexible friction material
хлопьевидный ~ flaky material
цементирующий ~ cementing material

материал-носитель carrier material
материалоемкость consumption of materials
матрац:
теплоизоляционный ~ heat-insulating blanket

матрица matrix
~ алмазного бурового долота diamond (drilling) bit matrix
~, изготовленная методом порошковой металлургии powdered-metal matrix
~ преобразования transformation matrix
алмазосодержащая ~ diamond-containing matrix
литая ~ cast matrix
медно-вольфрамовая ~ copper-tungsten matrix
стальная ~ steel matrix
стандартная ~ standard [normal] matrix
твердосплавная ~ hard-alloy matrix

маховик flywheel, handwheel
~ двигателя engine flywheel
~ с зубчатым венцом toothed flywheel

маховик-регулятор flywheel governor
маховичок khob
мачта mast
аварийная ~ jury mast
буровая ~ mast
монтажная ~ mast gin pole, erectic mast
осветительная ~ lighting mast
разборная ~ knock-down mast
раздвижная ~ telescope mast

мачта

  складывающаяся ~ буровой установки jack-knife drilling mast
  телескопическая ~ *см.* раздвижная мачта
машина machine
  ~ для засыпки канав back filler
  ~ для засыпки траншей back filler
  ~ для затворения цемента и перемешивания раствора cement mixer
  ~ для изоляции трубопроводов line travel wrapping machine
  ~ для покрытия изоляцией (*трубопроводов*) coating machine
  ~ для присыпки трубопроводов padding machine
  ~ для стыковой сварки butt-welding machine
  ~ для тончайшего измельчения atomizer
  ~ для точечной сварки spot welder
  ~ для точечной двухсторонней сварки duplex spot welder
  ~ для установки столбов электролиний pole-hole digger
  ~ для чистки труб pipe cleaning machine
  автоматическая ~ для стыковой сварки automatic butt welding machine, automatic butt welder
  автоматическая сварочная ~ automatic welding machine, automatic welder
  бетонирующая ~ concreting machine
  бетоноукладочная ~ concrete-placing machine
  брикетировочная ~ tableting machine
  бурильная ~ boring [drilling] machine
  бурильная вращательная ~ rotative drill, rotative drilling machine
  бурильная колонковая ~ air-leg rock drill
  бурильная пневматическая ~ compressed-air drill, compressed-air drilling machine
  бурильная подводная ~ underwater drilling machine, undersea driller
  бурильная ударно-вращательная ~ rotative-percussive drill, rotative-percussive drilling machine
  вычислительная ~ calculator; computer
  газорезательная автоматическая ~ automatic gas-cutting machine
  газосварочная ~ gas welding machine
  гибочная ~ bender
  грузоподъёмная ~ hoisting [lifting] machine
  испытательная ~ testing machine
  канавокопательная ~ ditching machine
  контактная электросварочная ~ resistance welding machine
  листосварочная стыковая ~ straight-line seam welder
  морозильная ~ ice machine
  очистная ~ cleaning machine
  песокосмесительная ~ sand mixer
  пожарная ~ fire truck
  поршневая ~ reciprocating engine
  правильная ~ для труб pipe straightener
  сварочная ~ welding apparatus, welding machine, welder
  смесительная ~ mixer
  трубогибочная ~ pipe bender
  трубосварочная ~ pipe welder
  цементно-смесительная ~ cement mixer
  шнекобурильная ~ auger
машинист driver; operator
машинка:
  ~ для стягивания втулочно-роликовых цепей sprocket chain tightening device
  взрывная ~ exploder
машиностроение mechanical engineering, machine building, machine manufacturing, engineering industry
  тяжёлое ~ basic [heavy] engineering industry
  энергетическое ~ power engineering industry
маяк beacon
  акустический подводный ~ subsea acoustic beacon
  маркерный ~ marker
  радиолокационный ~ radar beacon
маятник pendulum
  вспомогательный ~ auxiliary pendulum
  компенсированный ~ compensated pendulum
  конический ~ conical pendulum
МГД [магнитогидродинамический] magnetohydrodynamic, MHD
меднение copper-plating
медный cupric, copper
медь copper
  белая ~ German silver
  катодная ~ cathode copper
  листовая ~ sheet [flat] copper
  прутковая ~ bar copper
межзернистый intergranular
межзональный interzonal
межкристаллический intercrystalline, intergranular
межпластовый interstratal
межскважинный interwell
межтрубный (*затрубный*) annular
межфазный interphase
межформационный interformational
мезозой Mesozoic era
мезозойский Mesozoic
мел (*меловой период*) Cretaceous period
мелководье shoal
мелковолокнистый fine-fibrous
мелкозернистый compact-grained, fine-grained
мелкокристаллический fine-crystalline
мелкопористый fine-pored
мелкоячеистый fine-meshed, narrow-meshed
меловой (*о периоде*) Cretaceous
мелочь fines, chips
  буровая ~ (drilling) cuttings
мель shoal, shallow, bank
мельница mill
  ~ грубого помола coarse-grinding [crushing] mill
  ~ мелкого помола *см.* мельница тонкого помола
  ~ тонкого помола pulverizing mill, pulverizer

барабанная ~ rattler, tumbling barrel
барабанная шаровая ~ ball-tube mill
бегунковая ~ runner mill
валковая ~ roller mill
вибрационная ~ vibratory mill
дисковая ~ disk mill
коллоидальная ~ colloidal mill
многокамерная ~ multiple-compartment mill
молотковая ~ hammer mill
струйная ~ jet(-type) [air-stream] mill
ударная ~ impact mill
фрезерно-метательная ~ (*для комковых глин*) centrifugal cutter-pulverizer
фрезерно-струйная ~ jet cutter-pulverizer
центробежная ~ centrifugal mill
шаровая ~ ball mill

мембрана diaphragm, membrane
~ клапана valve diaphragm
~ микрофона microphone diaphragm
~ цементировочной пробки cementing plug diaphragm
армированная ~ reinforced diaphragm
гармониковая ~ bellows
гофрированная ~ corrugated membrane
диффузионная ~ diffusion membrane
жесткая ~ rigid membrane
ионообменная ~ ion-exchange membrane
катионная ~ cationic membrane
пористая ~ porous membrane

менеджер по морским установкам offshore installation manager, OIM

мензула plane [surveyor's] table

мензурка measuring tube, measuring glass, graduated cylinder

мениск meniscus
вогнутый ~ concave meniscus
отрицательный ~ negative [diverging] meniscus
положительный ~ positive [converging] meniscus

мер/а 1. (*величина*) measure, standard 2. (*степень*) extent 3. (*размерность*) dimension 4. (*калибр*) gage
~ безопасности safety measure
~ вместимости measure [standard] of capacity
~ защиты protective measure
~ площади measure of area
~ы предосторожности precautionary measures, precautions
~ы предупреждения *или* защиты protective measures
~ разброса measure of spread
~ сыпучих тел dry measure
~ точности modulus of precision
~ эффективности measure of effectiveness
аддитивная ~ additive measure
антизагрязнительные ~ы antipollution measures
градусная ~ grade measure
линейная ~ linear measure
противопожарные ~ы fire prevention

метрическая ~ metric measure
образцовая ~ reference standard
предупредительная ~ preventive measure
угловая ~ angular measure, angle standard

мергелевание marling, marl application
мергелистый marly, marlaceous
мергель marl, chalky clay
глинистый ~ clay marl
глобигериновый ~ globigerine marl
известковый ~ calcareous marl

мерзлота:
вечная ~ permafrost
многолетняя ~ *см.* вечная мерзлота

мерзлотоведение permafrostology
мерзлотомер cryopedometer
меридиан meridian
географический ~ geographic meridian
гринвичский ~ Greenwich meridian
магнитный ~ magnetic meridian
местный ~ local meridian
нулевой ~ prime meridian

мерник measuring [gage, gaging] tank, batch box
~ для бурового раствора mud tank
~ для жидкости liquid measuring [liquid metering] vessel, liguid measuing [liquid metering] tank
~ товарной нефти stock oil tank

мероприятия:
~ по поддержанию пластового давления formation pressure maintenance measures
аварийно-профилактические ~ accident preventive measures
организационно-технические ~ administrative and technical measures
противопожарные ~ fire preventive [antifire] measures

мерцание:
~ катода thicker effect
~ света twinkle, glimmer

мерцать flicker, scintillate, blink, twinkle
месилка mixer
месить mix; (*глину*) puddle
мессдоза load-cell strain gage, force cell, pressure capsule
местность terrain; ground; country
~ с уклоном sloping site
горизонтальная ~ level ground
лесистая ~ woodland
пересеченная ~ rugged terrain
равнинная ~ flat ground
холмистая ~ rolling country

место location, site, position, place
~ бурения скважины drilling site
~ заложения скважины well spud-in place
~ захвата трубы ключом tongs area of pipe
~ изгиба bent section
~ крепления attaching point
~ линейной укладки труб line-up station
~ назначения destination
~ обрыва (*каната, колонны*) spot of rupture
~ отклонения угла ствола скважины от вертикали kick-off point

место

~ перегрева (*в металле*) hot spot
~ пересечения point of intersection
~ посадки башмака обсадной колонны в скважине socket
~ посадки пакера packer seat
~ приема receiving end
~ прикрепления *см.* место крепления
~ прихвата stuck point
~ причала moorage
~ расположения скважины well site
~ свалки dump
~ сварки welding spot
~ спая junction
~ строительства construction site
~ установки морского бурового основания offshore drilling site
~ установки пакера packer seat
~ утечки point of leakage
геометрическое ~ точек locus
рабочее ~ work place

местонахождение occurance, site, location

местоположение location, position, site
~ скважины well location
~ трубы в колонне pipe position in the string
географическое ~ geographical position

месторождение deposit, field, occurance; (*нефти*) pool
~ газа gas field
~ глины clay deposit
~ минерального сырья mineral deposit
~, находящееся в разработке producing field, field under development
~, начинающее обводняться field going to water
~ нефти oil deposit, oil field, oil pool
~ нефти и газа oil and gas field
~ нефти с газонапорным режимом gas-controlled oil field
~ нефти с гидравлическим режимом water-controlled oil field
~ нефти с гравитационным режимом gravity-controlled oil field
~ нефти с режимом растворенного газа depletion drive(-type) oil field
~ полезных ископаемых mineral deposit
~, пригодное для разработки workable [minable] deposit
~ промышленного значения commercial [workable] deposit
~ с высоким пластовым давлением high-pressure field
~ сернистого газа sour gas pool
~ с нарушенной структурой dislocated [faulted] deposit
~ угля coal deposit, coal field
аллювиальное ~ alluvial deposit
антиклинальное ~ нефти anticlinal oil deposit
бедное ~ low-grade deposit
богатое ~ high-grade [rich] deposit
брахиантиклинальное ~ нефти brachianticlinal oil deposit

газоконденсатное ~ gas-condensate field
газонефтяное ~ gas-and-oil field
глубинное ~ abyssal deposit
глубокозалегающее ~ deep-seated pool
истощенное ~ depleted field
камерное ~ chambered deposit
конденсатное ~ condensate field
конденсатное двухфазное ~ two-phase condensate pool
конденсатное насыщенное ~ saturated condensate pool
конденсатное ненасыщенное ~ undersaturated condensate pool
конденсатное однофазное ~ one-phase condensate pool
крупное ~ large (scale) deposit
куполовидное ~ нефти dome(-shaped) oil deposit
массивное ~ ore body
мелкое ~ small deposit
многоколлекторное ~ multireservoir field
многопластовое ~ multihorizon [multilayer] field
моноклинальное ~ нефти monoclinal oil deposit
морское ~ offshore field, marine [sea] deposit
морское ~ на небольших глубинах shallow-water field
напластованное ~ bedded deposit
нарушенное ~ dislocated [disturbed] deposit
непосредственно примыкающие ~я adjacent fields
неразбуренное ~ undrilled field
неразработанное ~ maiden [virgin] field
нефтегазоконденсатное ~ oil-gas condensate field
нефтяное ~ oil [petroleum] deposit
обводненное ~ drowned [watered, flooded] field, water-bearing [water-logged] deposit
обнаруженное ~ find deposit
однопластовое ~ single-horizon [single-layer] field
осадочное ~ sedimentary deposit
пластовое ~ bedded [stratified] deposit
пластообразное ~ blanket deposit
полиметаллическое ~ complex deposit
разбуренное ~ developed field
разведанное ~ нефти proven oil field
рудное ~ ore deposit
слепое ~ blind deposit
среднее ~ medium (size) field

металл metal
~ высокой чистоты high-purity metal
~ сварочного шва weld metal
~ усиления (сварного) шва weld-reinforcement metal
волнистый ~ corrugated metal
высокосортный ~ high-test metal
вязкий ~ tough metal
готовый ~ finished metal
жаропрочный ~ high-temperature metal
кислотоупорный ~ acid-proof metal

кислотоустойчивый ~ acid-resistant metal
коррозионностойкий ~ non-corrosive metal
легирующий ~ alloying metal
легкий ~ light [low-density] metal
легкоплавкий ~ low-melting-point metal
листовой ~ sheet metal
наплавленный ~ built-up metal
основной ~ base [basic] metal
полосовой ~ flat bar
порошковый ~ powdered metal
связующий ~ binding metal
тонколистовой ~ sheet metal
тугоплавкий ~ refractory metal
химически активный ~ reactive metal
химически чистый ~ chemically pure metal
хрупкий ~ brittle metal
цветной ~ non-ferrous metal
черновой ~ crude metal
черный ~ ferrous metal
металлизация metal coating
металловедение physical metallurgy; metal science
металлография metallography
металлоемкий metal-intensive
металлоемкость specific quantity [amount] of metal
удельная ~ specific metal content
металлоизделия metal specialities, fabricated metal products
металлоискатель metal locator, metal detector
металлокерамика cermet (material)
металлоконструкция metal structure, metal framework, metalwork
металлолом junk, scrap metal
~ в скважине junk in hole
металлообработка metal working
металлопокрытие metal coating
металлоразрушитель junk shot
забойный ~ downhole junk shot
забойный кумулятивный ~ shaped-charge junk shot, shaped-charge fragmentizer
металлотермия metallothermy
металлоуловитель iron catcher; junk basket
~ для мелких предметов junk basket
~ с обратной циркуляцией reverse circulation [back-flow] junk basket
забойный гидравлический ~ jet boot junk basket
магнитный ~ magnetic junk [magnet fishing] basket, bottom-hole magnet
метаморфизм metamorphizm
~ горных пород rock metamorphizm
динамический ~ dynamic metamorphizm
контактный ~ contact metamorphizm
метан methane
сорбированный ~ occluded methane
метанизация methanization
~ нефти oil methanization
метанол methanol
метастабильность metastability
метафосфат натрия sodium methaphosphate
метеообстановка см. **метеоусловия**

метеорология meteorology
синоптическая ~ synoptic meteorology
метеослужба meteorological service
метеостанция weather station
метеоусловия weather conditions
метил methyl
метилакрилат methyl acrylate
метилцеллюлоза methyl cellulose
метод method, procedure, technique
~ баланса площадей (при заводнении) balancing of areas technique
~ бурения drilling method
~ вертикальной рамки vertical loop method
~ внутрипластового очага горения in-situ combustion method
~ воздействия на пласт stimulation method
~ восстановления (забойного) давления bottom-hole pressure build-up method
~ вскрытия продуктивного горизонта drilling-in method
~ выпрямления искривившегося ствола за счет маятникового эффекта pendulum technique
~ вытеснения нефти oil drive method
~ вытеснения нефти горячей водой hot water drive method
~ вытеснения нефти паром steam oil drive method
~ гармонического баланса describing function method
~ геофизической разведки method of geophysical prospecting
~ гидравлического разрыва (пласта) hydraulic fracturing method
~ глушения скважины при непрерывной промывке concurrent method of well killing
~ дефектоскопии flaw detection method
~ дифференциального дегазирования differential liberation method
~ добычи газа gas recovery method
~ добычи нефти oil production [oil recovery] method
~ добычи нефти нагнетанием теплоносителя heat-injection secondary oil recovery method
~ заводнения water flooding method
~ заканчивания скважины well completion method
~ закрепления стенки ствола скважины borehole wall consolidation method
~ замораживания freezing method
~ запаса прочности (при расчете конструкций) load factor method
~ зарезки бокового ствола side-tracking method
~ избыточных концентраций (напряжений) immersion-transfer method
~ извлечения нефти из пласта oil production [oil recovery] method
~ измерения насыщенности (пласта) жидкостью method of liquid saturation determination

метод

~ измерения пористости (*пласта*) насыщением saturation method of pore volume measurement
~ изолинии для подсчета запасов isoline method of reserves estimation
~ изоляции подошвенных вод bottom water isolation [bottom water shutoff] method
~ изохронных испытаний isochronous test method
~ импульсного исследования (*скважины*) pulse testing method
~ импульсов momentum-transfer method
~ инверсий inversion method
~ интенсификации добычи primary stimulation technique
~ интенсификации добычи нефти method of stimulating production, stimulation technique, enhanced oil recovery
~ инфильтрации infiltration method
~ исправительного цементирования remedial [squeeze] cementing method
~ испытаний testing method, testing procedure
~ испытания пластов method of formation testing
~ исследования в эксплуатируемой скважине producing well testing method, production logging technique
~ каротажа logging method
~ кольца и шара ball-and-ring method
~ конечных разностей finite difference method
~ контролирования скважины путем удерживания постоянного давления на бурильных трубах constant drill pipe pressure method
~ контроля емкости capacity control method
~ контроля качества quality control method
~ конуса cone method
~ корреляции разрядов скважин method of borehole section correlation
~ красок dye-penetrant method
~ крепления скважин обсадными трубами well casing method
~ кривых восстановления давления pressure transient technique
~ крупноблочного монтажа large-size section assembly
~ линейной интерполяции method of proportional parts
~ магнитного порошка magnetic particle [magnetic powder] method
~ магнитно-порошковой дефектоскопии magnetic-particle flaw detection method
~ материального баланса material balance method
~ меченых атомов tracer method
~ многоступенчатого испытания (*скважины*) multirate method
~ монтажа вышки derrick assembling [derrick erection] method
~ монтажа вышки снизу вверх from-the-bottom upward method of derrick assembling
~ мощных внутрипластовых взрывов method of strong formation explosions
~ нагнетания водного раствора поверхностно-активного вещества surfactant water solution injection method
~ нагнетания жидкого растворителя liquid solvent injection method
~ нагнетания обогащенного газа enriched gas injection method
~ нагнетания сухого газа высокого давления high-pressure dry gas injection method
~ наименьших квадратов method of least squares, least-squares technique
~ наложения method of superposition
~ обезвоживания dewatering method
~ обессоливания desalting method
~ ограничения дебита скважины method of limiting well production rate
~ определения дебита production rate measuring technique, production test method
~ определения дебита газовой скважины gas production test method
~ определения критической водонасыщенности (*пласта*) method of measuring critical water saturation
~ определения критической водонасыщенности (*пласта*) воспроизведением пластовых условий restored state method of measuring critical water saturation
~ определения критической водонасыщенности (*пласта*) нагнетанием ртути mercury injection method of measuring critical water saturation
~ определения места притока воды (*в скважину*) water influx location method
~ определения относительной водосмачиваемости (*пород*) method for determining relative water wettability
~ определения смачиваемости method for determining wettability
~ определения фракционного состава седиментометрическим способом sedimentology method of measuring particle size distribution
~ осаждения sedimentation method
~ отбора нефти oil withdrawal method
~ отбора образцов породы при канатном бурении chop coring
~ отбора проб method of sampling
~ откачивания (*вызов притока*) pump-out [swabbing] method
~ отражения reflection method
~ оценки весовых показателей estimating method for weight parameters
~ оценки неоднородности пласта method of formation non-uniformity analysis, method of formation heterogeneity analysis
~ оценки неоднородности пласта восстановлением давления pressure build-up method of formation heterogeneity analysis
~ оценки повреждения пласта (*при вскрытии*) method of formation damage analysis

~ оценки повреждения пласта (*при вскрытии*) восстановлением давления pressure build-up method of formation damage analysis
~ оценки продуктивного пласта formation evaluation method
~ переменной интенсивности variable intensity method
~ переменной плотности variable density method
~ перфорирования perforation method
~ площадного закачивания газа pattern-type [dispersed] gas injection method
~ повторений method of reiteration, repetition method
~ повышения нефтеотдачи enhanced oil recovery
~ повышения нефтеотдачи пластов, основанный на вытеснении нефти оторочкой спирта alcohol-slug method
~ повышения подвижности нефти method of increasing oil mobility
~ поглощения absorption method
~ поддержания пластового давления method of maintaining reservoir pressure
~ поддержания пластового давления путем нагнетания воздуха method of maintaining reservoir pressure by air injection
~ поддержания пластового давления путем нагнетания газа method of maintaining reservoir pressure by gas injection
~ подобия similitude method
~ подсчета запасов method of defining [evaluating] reserves
~ подсчета запасов газа method of computing [calculating] gas reserves
~ подсчета запасов газа по падению давления pressure-drop method of estimating gas reserves
~ подсчета запасов нефти и газа method of defining [evaluating, estimating] petroleum [oil] reserves
~ понижения температуры застывания freezing point depression method
~ проб и ошибок trial-and-error [cut-and-try] method
~ промывки circulating [washing] method
~ противоточного горения opposite-flow in-situ combustion method
~ прямоточного горения direct-flow in-situ combustion method
~ равных деформаций equal-strain method
~ разбавления dilution method
~ разделения separation method
~ расчета по допустимым нагрузкам working stress design [WSD] method
~ расчета по разрушающим нагрузкам ultimate-strength design [USD] method
~ рентгеноструктурный X-ray diffraction method
~ сборки трубопроводов участками sectorial pipe-coupling method

~ сечений method of sections
~ слоев (*прогнозирование поведения коллектора*) band method
~ средних квадратов mid square method
~ тампонирования squeezing method
~ теневой рентгенографии (*определение положения фронта заводнения*) X-ray shadowgraph technique
~ теплового воздействия на пласт thermal treatment of formation
~ы увеличения нефтеотдачи пластов advanced recovery methods
~ угловых несогласий interval change method
~ укладки трубопровода по цепной линии catenary pipe-laying method
~ управления скважиной с поддержанием постоянного давления в межтрубном пространстве constant casing-pressure method for well control
~ усреднения averaging [smoothing] method
~ установки интегральной палубы integrated deck mating method
~ фронтального вытеснения нефти газом frontal advance gas-oil displacement method
~ цементирования cementing method
~ центрифугирования cenrifuge method
вариационный ~ variational method
вторичный ~ добычи нефти secondary oil recovery method
вторичный ~ добычи нефти циклической паропропиткой cyclic steam-soak(ing) secondary oil recovery method
вторичный ~ интенсификации добычи secondary stimulation technique
геологические ~ы поисков нефти geological petroleum exploration [petroleum prospecting] methods
геофизические ~ы поисков нефти geophysical petroleum exploration methods
гидродинамический ~ расчета добычи нефти hydrodynamic method of calculating oil production
графический ~ graphical method
графоаналитический ~ semigraphical method
дистилляционный ~ измерения насыщенности пласта жидкостью distillation method of liquid saturation determination
иммерсионный ~ immersion method
капиллярный ~ определения смачиваемости capillarymetric method for determining wettability
качественный ~ qualitative method
количественный ~ quantitative method
колориметрический ~ colorimetric method
комплексометрический ~ (*при определении жесткости воды*) complexometric method
кондуктометрический ~ conductance-measuring method
корреляционный ~ correlation method
лабораторный ~ laboratory method
люминесцентно-битумнологический ~ luminescent-bitumen method

метод

магнитный ~ геофизической разведки magnetic method of geophysical prospecting
магнитный ~ дефектоскопии magnetic flaw detection method
магнитометрический ~ (*поисков нефти*) magnetometrical method
магнитоэлектрический ~ (*контроля*) magnetoelectrical method
модульный ~ (*строительства морских оснований*) modular concept
наземный ~ геофизической разведки surface method of geophysical prospecting
неразрушающий ~ non-destructive method, non-destructive testing
объемно-генетический ~ подсчета запасов volumetric-genetic method of estimating reserves
объемно-статистический ~ подсчета запасов volumetric-statistic method of estimating reserves
объемный ~ подсчета запасов volumetric [volume] method of estimating reserves
оптический ~ исследований напряжений optical stress analysis
первичный ~ добычи нефти primary oil recovery method
порошковый ~ powder method
приближенный ~ approximate method
радиационный ~ radiation method
радиоактивный ~ геофизической разведки radioactive method of geophysical prospecting
радиоактивный ~ индикаторов tracer method
сейсмический ~ определения падения пластов dip shooting method
спектроскопический ~ spectroscopic method
статистический ~ statistical method
статистический ~ расчета добычи нефти statistical method of calculating oil production
термокислотный ~ обработки пласта thermal-acid formation treatment method
третичный ~ добычи нефти tertiary oil recovery method
третичный ~ интенсификации добычи tertiary stimulation technique
ультразвуковой ~ дефектоскопии ultrasonic flaw defection method
упругий ~ расчета elastic method
физико-химический ~ закрепления стенки ствола скважины physico-chemical method of borehole wall consolidation, physico-chemical method of borehole wall lining
флотационный ~ flotation method
химический ~ закрепления стенки ствола скважины chemical method of borehole wall consolidation, chemical method of borehole wall lining
численный ~ numerical method
электрический ~ геофизической разведки electric method of geophysical prospecting
электрохимический ~ закрепления ствола скважины electrochemical method of borehole wall consolidation, electrochemical method of borehole wall lining

методика technique, procedure
~ взятия образцов sampling technique
~ измерений measurement procedure
~ расчета design procedure
~ расчета обсадной колонны casing string design procedure
~ эксперимента experimental technique

метр *амер.* meter; *англ.* metre
~ водяного столба meter of water column
~ ртутного столба meter of mercury
квадратный ~ square meter
кубический ~ cubic meter
погонный ~ running meter
складной ~ folding rule

метраж metreage
~ бурения metreage drilled
~ кернового бурения metreage cored
общий ~ total metreage

метрология metrology

метчик tap
~ для зачистки нарезанных отверстий baser
~ для трубной резьбы pipe tap
гаечный ~ nut tap
конический ~ tapered tap
ловильный ~ fishing [rotary taper] tap
ловильный ~ для захвата ниппеля pin [male] fishing tap
ловильный ~ для насосных штанг sucker rod spear
ловильный ~ для обсадных труб casing fishing tap
ловильный ~ с левой резьбой left-hand thread fishing tap
ловильный ~ с правой резьбой right-hand thread fishing tap
ловильный ~ с удлиненным конусом fishing tap with long taper
ловильный ~ с укороченным конусом fishing tap with short taper
машинный ~ machine tap
плашечный ~ die tap
прямой ~ straight tap
раздвижной ~ collapsible tap
ручной ~ hand tap
трубный ~ die nipple
универсальный ~ all-purpose [universal] tap

метчик-калибр tag-gage

метчик-колокол combination tap and die collar

механизация mechanization
~ погрузочно-разгрузочных работ material-handling mechanization
комплексная ~ integrated [large-scale, overall] mechanization
малая ~ small-scale mechanization

механизированный (*об эксплуатации скважин*) artificial

механизировать mechanize

механизм mechanism, gear, device
~ автоматического отсоединения скважинного инструмента automatic tripping mechanism of subsurface tools

механизм

~ автоматического регулирования подачи (*бурового инструмента*) automatic feed-off mechanism
~ автоматической регулировки состава топлива automatic mixture control
~ включения engaging [starting] mechanism
~ включения—выключения on-off mechanism
~ включения гидротормоза hydraulic brake switching gear
~ вращения долота bit rotation device
~ выгрузки discharge device
~ выключения disengaging mechanism
~ вытеснения нефти oil expulsion [oil displacement] mechanism
~ газораспределения valve gear
~ действия коррозии corrosion mechanism
~ для отвода талевого блока block retractor mechanism
~ для свинчивания и развинчивания (*труб*) make-and-break device
~, запирающий секцию телескопической мачтовой вышки pawl mechanism of telescopic mast
~ захвата вертлюга swivel catching device
~ захвата свечи stand catching mechanism
~ извлечения нефти oil recovery mechanism
~ качания tilting mechanism
~ крепления неподвижной ветви талевого каната wireline anchor
~ обратной связи feedback mechanism
~ переключения shifter, shifting mechanism
~ переключения передач [скоростей] gear shift(ing) [speed control] mechanism
~ перемены направления движения reversing gear
~ переноса свечи stand transfer mechanism
~ поворота swinging mechanism
~ подачи долота bit feed(ing) mechanism
~ подачи и укладки труб pipe handling mechanism
~ подачи электродов electrode feed-off mechanism
~ подъема вышки derrick raising device
~ подъема свечи stand raising mechanism, stand riser
~ подъема труб pipe hoisting device
~ раздвигания долота bit expanding mechanism
~ разрушения горной породы rock failure mechanism
~ расстановки свечей stand sitting mechanism, stand racking device
~ регулировки тормоза brake adjusting gear
автономный ~ self-reacting device
блокировочный ~ latching mechanism
блокирующий ~ lock gear, blocking mechanism
ведомый ~ follower
ведущий ~ driving mechanism, driving gear, driving device
вибрационный ~ vibratory mechanism, vibrator
вращающий забойный ~ bottom-hole rotation device
временной ~ timing equipment, timing device, timer, timing [time] mechanism
вспомогательный ~ doctor, donkey
грузоподъемный ~ hoisting [lifting] device, hoister
движущий ~ driving mechanism
дифференциальный ~ differential gear
дозирующий ~ batching device
забойный ~ подачи долота bottom-hole bit feed(ing) mechanism, bottom-hole bit feed(ing) gear
загрузочный ~ charging device, charger
зажимной ~ clamping device, clamping mechanism
запирающий ~ locking device
заряжающий ~ loading apparatus, charging device
зубчатый ~ gear train, gear mechanism
исполнительный ~ actuator, operator
кулисный ~ link gear
лентопротяжный ~ paper tractor mechanism, tape drive
маятниковый ~ pendulum motion mechanism
отводящий ~ deflecting mechanism
отсоединяющий ~ releasing [disengaging] device
отсоединяющий гидравлический ~ hydraulic releasing device
очистительный ~ cleaning mechanism
палубный ~ deck mechanism
парораспределительный ~ valve-gear mechanism, steam distributor
передаточный ~ transmission mechanism, transfer device, traversing gear
перфорирующий ~ perforating mechanism
питающий ~ feeder, feeding mechanism
планетарный ~ planetary train, planetary gear
поворотный ~ indexing [traversing] mechanism
подающий ~ *см.* питающий механизм
подъемный ~ *см.* грузоподъемный механизм
рабочий ~ operating [working] mechanism
растягивающий ~ stretcher
реверсивный ~ reversing gear
регулирующий ~ adjusting gear, control mechanism
реечный ~ rack
режущий ~ cutter, cutting mechanism
рычажный ~ lever motion, leverage linkage
самопишущий ~ recording mechanism
следящий ~ detector; follower
спускоподъемный ~ pulling-and-running mechanism
стопорный ~ arrester, arresting device
счетный ~ counting mechanism
считывающий ~ reading mechanism
тормозной ~ brake [braking] gear
трубосбрасывающий ~ pipe kick-off mechanism
удерживающий ~ holding device, restraining element

механизм

уравнительный ~ тормоза brake equalizing mechanism
ходовой ~ carrier
храповый ~ arresting device, arrester
часовой ~ clockwork
часовой ~ глубинного манометра clockwork of bottom-hole pressure gage
чувствительный ~ sensing mechanism, sensor
шлипсовый ~ slip socket mechanism

механик mechanic, engineer, operator
~ буровой установки rig mechanic
старший ~ chief engineer

механика mechanics
~ горных пород rock mechanics
~ грунтов soil mechanics
~ деформируемых тел mechanics of deformable bodies
~ жидкостей и газов mechanics of fluids, fluid mechanics
~ пласта reservoir mechanics
~ сплошных сред mechanics of continua
~ сыпучих сред soil mechanics
~ твердого тела mechanics of solids
волновая ~ wave mechanics
квантовая ~ quantum mechanics
классическая ~ classical mechanics
ньютоновская ~ Newtonian mechanics
прикладная ~ applied mechanics
статистическая ~ statistical mechanics
строительная ~ structural mechanics

мехи bellows

мешалка mixer, agitator, stirrer
~ бурового раствора mud agitator
~ для приготовления цементного раствора cement mixer
~ дозатора agitator
~ непрерывного действия continuous mixer
~ периодического действия batch mixer
барабанная ~ drum mixer
бункерная ~ chance cone agitator
вертикальная ~ vertical mixer
вибрационная ~ oscillating agitator
гидравлическая ~ hydraulic mixer
двухвальная ~ double-shaft mixer
качающаяся ~ *см.* вибрационная мешалка
кулачковая ~ cam agitator
маятниковая ~ balance agitator
механическая ~ для перемешивания бурового раствора в резервуарах drilling mud tank agitator
одновальная ~ single-shaft mixer
передвижная ~ traveling agitator
планетарная ~ planet stirrer, planet mixer
приводная ~ mechanical stirrer
пропеллерная ~ propeller blade mixer
струйная ~ jet mixer
турбинная ~ turbine mixer
якорная ~ anchor agitator

мешковытряхиватель bag shaker
мешковязатель bag closer .
мешкозашиватель sack sewing machine, sack stitcher
мешконаполнитель sack filling machine
мешкопогрузчик sack handling machine
мешкоподъемник sack hoist
мешок bag, sack
~ для сыпучих продуктов bulk bag
~ с полиэтиленовым покрытием polyethylene-coated bag
~, устойчивый к воздействию УФ-лучей UV-resistant bag
бумажный ~ paper bag
бумажный многослойный ~ multilayer paper bag

миграция migration, travel
~ газа migration of gas
~ жидкости по порам fluid flow [fluid travel] through pores
~ жидкости по трещинам fluid flow [fluid travel] along fractures
~ на больших глубинах deep migration
~ нефти oil migration, oil travel
~ нефти вверх oil up-rise
~ природных флюидов fluid travel, migration of fluids
~ углеводородов hydrocarbon travel, migration of hydrocarbons
~ энергии energy migration
боковая ~ lateral migration
вертикальная ~ upright [vertical] migration, upright [vertical] travel
внутриматеринская ~ initial [primary] migration
внутрирезервуарная ~ *см.* вторичная миграция
вторичная ~ secondary migration
геохимическая ~ geochemical migration
двухфазная ~ two-phase migration
капиллярная ~ capillary migration
локальная ~ local migration
многократная ~ multiple migration
начальная ~ initial [primary] migration
первичная ~ *см.* начальная миграция
подземная ~ воды subsurface water flow, subsurface water migration
поперечная ~ transverse migration
продольная ~ longitudinal migration
региональная ~. regional travel
сингенетическая ~ syngenetic migration
эпигенетическая ~ epigenetic migration

мигрировать migrate
~ вверх migrate upward
~ в ловушку migrate into a trap
~ вниз migrate downward
~ в стороны migrate laterally
~ из пласта *или* ловушки escape

мидель midsection
~ танкера tanker beam

микобактерия mycobacterium, slime-forming bacterium, slime former
микровесы microbalance
крутильные ~ torsion microbalance
микроволна microwave
микровязкость microviscosity

минералогия

микроградиент-зонд microgradient sonde
микродеформация microdeformation, microstrain
микродобавки microadditives
микродозиметрия microdosimetry
микродолото:
 буровое ~ drilling microbit
микрозагрязнение micropollution
микрозонд microprobe
 каротажный ~ microlog sonde
микрозондирование micrologging, contact log
микроисследование microexamination, microanalysis
 ~ на растворимость microsolubility test
микрокаротаж microlog [minilog, microresistivity] survey
 боковой ~ microlaterolog survey
 боковой ~ со сферической фокусировкой поля microspherically focused log survey
 боковой сфокусированный ~ focused microlaterolog survey
микрокаротаж-кавернометрия minilog-caliper survey, microcaliper logging
микроколориметр microcolorimeter
микрокоррозия microcorrosion
микроманипулятор micromanipulator
микроманометр micromanometer, micropressure gage
 жидкостный ~ liquid micromanometer
микромасштаб microscale
микромельница microgrinder
микрометр micrometer
 емкостный ~ capacitance micrometer
 резьбовой ~ thread micrometer
 рычажный ~ lever-type micrometer
микронапряжение microstress
микронутромер inside micrometer
микрообработка micromachining
микрообъем microvolume, microscopic volume
микропалеонтология micropaleontology
микропереключатель microswitch
микропланктон microplankton
микроползучесть microcreep
микрополость microcavity
микропора micropore, microscopic pore
микропорция microportion
микропотенциометр micropotentiometer
микропрерыватель microchopper
микропривод miniature drive motor
микрореология microrheology
микрорезание (*горной породы*) microcutting
микросистема microsystem, microscopic system
микроскоп microscope
 голографический ~ holographic microscope
 измерительный ~ measuring microscope
 иммерсионный ~ immersion microscope
 интерференционный ~ interference microscope
 инфракрасный ~ infra-red microscope
 лазерный ~ laser microscope
 люминесцентный ~ fluorescence microscope
 магнитный ~ magnetic microscope
 оптический ~ light [optical] microscope
 проекционный ~ projection microscope
 растровый ~ scanning [flying-spot] microscope
 рентгеновский ~ X-ray microscope
 электронный ~ electron microscope
микроснимок micrograph
микроспектрометр microspectrometer
микроструктура microstructure
микросфера balloon
микросхема integrated circuit, IC, microcircuit
микротвердость microhardness
микротрещина microcrack, microfissure, hair crack
микротурбулентность microturbulence
микрофильтрация microfiltration
микрофотография micro(photo)graphy
микрошарики microballoons, tiny balloons
микрошлиф microsection
микроэлемент trace element
миксер mixer, blender
миллиметр *амер.* millimeter; *англ.* millimetre
 ~ водяного столба millimeter of water (column)
 ~ ртутного столба millimeter of mercury (column)
миллиметровка (*бумага*) cross-section [profile] paper
минерал mineral
 аморфный ~ amorphous mineral
 водосодержащий ~ hydrous mineral
 вторичный ~ secondary mineral
 гидратируемый ~ hydratable mineral
 глинистый ~ clay mineral
 жильный ~ gouge [vein] mineral
 игольчатый ~ needle mineral
 ионообменный ~ ion-exchange mineral
 искусственный ~ artificial [manufactured] mineral
 коллоидно-дисперсный ~ colloid-dispersed mineral
 легкий ~ light mineral
 ломкий ~ friable mineral
 набухающий ~ swelling mineral
 оксидный ~ oxide mineral
 определяющий ~ *см.* основной минерал
 основной ~ essential mineral
 пластинчатый ~ platy mineral
 породообразующие ~ы rock constituents
 промышленный ~ commercial [industrial] mineral
 тяжелый ~ heavy mineral
 хрупкий ~ fragile mineral
минерализация 1. mineralization 2. salinity
 ~ бурового раствора salt contamination of drilling mud
 ~ воды salinity of water
 ~ подземных вод salinity of subsurface water
 высокая ~ high salinity
 эквивалентная ~ equivalent salinity
минералогия mineralogy

минералообразование mineral formation
минеральный mineral
минимум minimum
~ аномалии anomaly minimum
барический ~ barometric depression
гравитационный ~ gravity minimum
резко выраженный ~ sharp minimum
МКТ [манифольд конца трубопровода] pipeline end manifold, PLEM
ММБУ [морская мобильная буровая установка] mobile offshore drilling unit
многожильный stranded
многоступенчатый multistage
множитель factor, multiplier
весовой ~ weighting factor
масштабный ~ scale factor
общий ~ common multiplier
переводной ~ conversion factor
поправочный ~ correction factor
численный ~ numerical factor
моделирование 1. modeling 2. simulation
~ пластов-коллекторов reservoir simulation
аналоговое ~ analog simulation
математическое ~ mathematic modeling
цифровое ~ digital simulation
моделировать model; simulate
модель model, pattern, simulator
~ газовой залежи gas reservoir model
~ Бингхэма Bingham model
~ для испытаний test(ing) model
~ математического обеспечения software simulator
~ месторождения field model
~ пласта formation [reservoir] model
~ разработки development simulation model
аналоговая ~ analog model
базисная ~ base model
вероятностная ~ *см.* стохастическая модель
геометрически подобная ~ geometrically similar model
двухмерная ~ two-dimensional [plane] model
двухслойная ~ two-layer model
детерминированная ~ deterministic model
динамическая ~ dynamic model
дискретная ~ discrete model
крупномасштабная ~ large-scale model
математическая ~ mathematical model
модифицированная ~ modified model
плоская ~ *см.* двухмерная модель
прогнозирующая ~ predictive model
пространственная ~ *см.* трехмерная модель
сеточная ~ network model
стохастическая ~ stochastic [probabilistic] model
трехмерная ~ three-dimensional [space] model
упрощенная ~ simplified pattern, simplified model
цифровая ~ digital model
электрическая ~ electrical model
модернизация modernization
модернизировать modernize

модулировать modulate
~ по фазе phase-modulate, modulate in phase
~ по частоте frequency-modulate, modulate in frequency
модулируемость modulability
модуль 1. (*абсолютная величина*) modulus, magnitude, absolute value 2. (*элемент конструкции*) module, component, block
~ бурового оборудования drilling system module
~ вектора length [modulus, absolute value, magnitude] of a vector
~ всестороннего сжатия compressibility [bulk] modulus
~ естественной упругости modulus of natural elasticity
~ жесткости shear [rigidity] modulus
~ затухания decay modulus
~ комплексного числа complex number modulus
~ конструкции module of design
~ крупности gradation factor
~ нормальной упругости modulus of elongation
~ объемного сжатия modulus of dilatation
~ основания foundation modulus
~ плавучести водоотделяющей колонны riser buoyancy module
~ пластичности modulus of plasticity
~ сдвига shear [rigidity] modulus
~ сжимаемости bulk [compressibility] modulus
~ упругости modulus [coefficient] of elasticity, elastic modulus
~ упругости второго рода shear [rigidity] modulus
~ упругости первого рода modulus of elongation
~ упругости при кручении torsion modulus
~ упругости при сжатии modulus of compression
~ эксплуатационного оборудования production module
буровой ~ drilling module
гидравлический ~ hydraulic index
жилой ~ accommodation block
контрольно-измерительный ~ instrument capsule
насосный ~ pumping module
объемный ~ bulk modulus
объемный ~ упругости bulk [compressibility] modulus
сепараторный ~ separation module
силовой ~ power supply module
модульный modular
модуляция modulation
~, вызываемая окружающей средой environmental modulation
~ по поляризации polarization modulation
~ по фазе phase modulation
~ проводимости conductivity modulation
амплитудная ~ amplitude modulation

неискаженная ~ undistorted modulation
частотная ~ frequency modulation, FM
мол jetty, pier
молекула molecule
   дипольная ~ dipole molecule
   жесткая ~ rigid molecule
   неполярная ~ non-polar molecule
   свободная ~ free molecule
   связная ~ tied molecule
   хелатная ~ chelate molecule
   цепная ~ chain molecule
молекула-донор donor molecule
молекулярность molecularity
молодой (*о горных породах*) recent
молоко:
   известковое ~ lime milk, milk of lime
   цементное ~ laitance
молот hammer, sledge
   ~ для забивки свай pile driver
   ~ для заправки буровых долот drilling bit dresser
   бурильный ~ drill, jack(drill), jack hammer, hammer drill
   гидравлический ~ hydraulic hammer
   дробильный ~ granulating hammer
   испытательный ~ drop tester
   кузнечный ~ forging hammer
   механический ~ power hammer
   отбойный ~ pick
   пневматический ~ air-operated hammer
   подводный ~ для забивки свай underwater pile driver
   ручной ~ sledge
   свайный ~ pile-driving hammer, pile driver
   свайный гидравлический ~ hydroblock hammer
   свайный пневматический ~ pile driving air hammer
   свайный подводный ~ underwater pile driver
молоток hammer
   бурильный ~ *см.* бурильный молот
   геологический ~ prospecting [geological] hammer
момент moment
   ~ выключения двигателя cut-off time
   ~ выпрямления righting moment
   ~ инерции inertia moment
   ~ инерции относительно оси moment of inertia with respect to axis
   ~ кручения torsional moment
   ~ нагрузки load moment, load torque
   ~ отгрузки load moment
   ~ остойчивости stability moment
   ~ остойчивости массы weight-stability moment
   ~ от собственного веса dead-load moment
   ~ пары сил moment of couple
   ~ подхода нефтяной зоны к скважине oil bank breakthrow
   ~ противовеса counterbalance moment
   ~ раскрепления breakout torque
   ~ силы moment of force
   ~ сопротивления resisting moment, moment of resistance
   ~ сопротивления поперечного сечения cross-section modulus
   ~ схватывания setting moment
   ~ торможения braking moment
   ~ трения friction torque, moment of friction
   ~ упругости moment of elasticity
   балочный ~ girder moment
   ветровой ~ wind moment
   возмущающий ~ disturbing moment
   вращающий ~ torque, rotative moment
   вращающий ~ двигателя engine torque
   вращающий ~ до крепления make-up torque
   вращающий ~ на столе ротора rotary table torque
   вращающий ~ при полном затормаживании torque at stall
   грузовой ~ (*крана*) load moment
   дестабилизирующий ~ destabilizing [disturbing] moment
   динамический вращающий ~ на столе ротора dynamic rotary table torque
   изгибающий ~ bending moment, moment of deflection, moment of flexure
   кинетический ~ angular momentum, moment of momentum
   критический ~ moment of rupture, critical moment
   критический вращающий ~ breakdown torque
   крутящий ~ torque, moment of torsion
   крутящий пусковой ~ starting torque
   максимальный вращающий ~ maximum torque
   маховой ~ flywheel action
   номинальный вращающий ~ torque rating
   одноосный ~ single-axis torque
   опорный ~ moment of support
   переходный ~ transient torque
   полярный ~ инерции polar moment of inertia
   приведенный ~ инерции equivalent moment of inertia
   пусковой ~ starting torque
   разрушающий ~ breaking moment, moment of rupture
   расчетный ~ design moment
   реактивный ~ reaction torque
   результирующий ~ net moment
   скручивающий ~ twisting moment
   статический ~ static moment
   тормозной ~ braking moment
   угловой ~ angular moment
   удельный ~ specific torque
   уравновешивающий ~ counterbalance moment
моментомер torque gage
   роторный ~ rotary torque gage
   роторный ~ с гидромеханическим датчиком hydromechanical torque meter
монитор monitor
   ~ якорного каната anchor line monitor

монитор

   пожарный ~ fire monitor
моноблок monoblock
   стальной ~ monosteel block
моноклиналь monocline, homocline
монолит monolith; rough block of stone
монолитный solid, monolithic
монтаж erection; mounting; installation; assembly
   ~ буровой вышки derrick erection
   ~ буровой установки rig(ging)-up
   ~ интегральной палубы assembly of integrated topside
   ~ на салазках skid mounting
   ~ резервуара erection of tank
   повторный ~ re-erection
монтажник erector, installer
монтер mounter, fitter
   ~ связи communication technician
   кабельный ~ cableman, cable splicer
   линейный ~ line(s)man
монтировать assemble; build up; erect, install; mount
монтмориллонит montmorillonite
море sea
   береговое ~ shelf-sea
   бурное ~ rough sea
   глубокое ~ deep sea
   мелкое ~ shallow sea
   наступающее ~ invading [transgressing] sea
   открытое ~ open [high] sea
   открытое глубокое ~ exposed deep water
   отступающее ~ retreating sea
морозостойкий frost-resistant, frost-proof
морозостойкость frost resistance
морской marine; offshore
морщина (*дефект металла*) fold
мост 1. bridge 2. (*ось*) axle
   автодорожный ~ motor-road bridge
   ведущий ~ axle
   ведущий ~ (*автомобиля*) drive axle
   временный цементный ~ temporary cement plug
   задний ~ (*автомобиля*) back axle
   ликвидационный цементный ~ abandonment cement plug
   передний ~ (*автомобиля*) front axle
   песчаный ~ sand bridge
   постоянный цементный ~ permanent cement plug
   трубопроводный ~ piping bridge
   цементный ~ cement plug
мостик bridge
   ~ с поручнями elbow bridge
   кормовой ~ after bridge
   переходный ~ (*на судне*) catwalk, flying bridge
   переходный откидной ~ gangway
мостки:
   ~ для труб (*на буровой*) pipe rack
   боковые ~ catwalk
   горизонтальные ~ для труб pipe ramp
   наклонные ~ slope rack
   наклонные ~ для труб pipe slide gangway
мотопомпа engine-driven pump
   пожарная ~ fire power pump
мотор motor, engine
моторесурс двигателя engine service life
моторист motorist
моторный power-operated
мощность 1. power, capacity 2. (*в лошадиных силах*) horsepower 3. (*толщина пласта*) thickness, magnitude
   ~ бурового насоса mud pump power
   ~ буровой лебедки drawworks horsepower
   ~ водоносного горизонта thickness of water-bearing horizon
   ~ вскрыши thickness of stripping, cover thickness
   ~ газонасыщения gas saturation capacity
   ~ гидравлического привода hydraulic drive-power
   ~ горизонта horizon thickness
   ~ двигателя engine capacity, engine horsepower
   ~ залежи reservoir [pay] thickness
   ~ звука sound [acoustic] power
   ~ излучения radiating [emissive] power
   ~ компрессора compressor output horsepower
   ~ механических потерь friction horsepower
   ~ на буровом долоте drilling bit horsepower
   ~ на валу power shaft horsepower
   ~ на входе input power
   ~ на выходе output power
   ~ на единицу массы power-to-weight ratio
   ~ на испытании trial horsepower
   ~ на крюке hook horsepower
   ~ на муфте coupling
   ~ нефтенасыщения oil saturation capacity
   ~ облучения exposure rate
   ~ перекрывающих пород overlying rock thickness
   ~ пласта bed [formation] thickness
   ~ подогрева heater power
   ~ пород thickness of rock
   ~ потока rate of flow
   ~ продуктивного пласта productive formation thickness
   ~, расходуемая непосредственно на бурение power used in actual drilling
   ~ турбины turbine power
   ~ установки plant [rig, unit] capacity
   ~ холостого хода shut-off capacity
   аварийная ~ emergency power
   базисная ~ base power
   буксировочная ~ tow-rope horsepower
   видимая ~ apparent [observed] thickness
   водонасыщенная ~ пласта thickness of water-saturated formation
   входная ~ input power
   выходная ~ output power
   гидравлическая ~ hydraulic power
   гидравлическая ~ на буровом долоте hydraulic horsepower at drilling bit
   действительная ~ actual efficiency, real power

муфт/а

допустимая ~ power-carrying capacity
забойная ~ power on bottom-hole
индикаторная ~ indicating power
используемая ~ useful efficiency
истинная ~ пласта true bed [true formation] thickness
кажущаяся ~ apparent output
крюковая ~ hook horsepower
мгновенная ~ instantaneous power
механическая ~ на буровом долоте drilling bit horsepower
нефтенасыщенная ~ пласта thickness of oil-bearing formation
номинальная ~ nominal capacity, rated power
номинальная ~ крана crane rating
номинальная потребляемая мощность ~ rated input (power)
нормальная ~ rated output
общая ~ пластов aggregate bed [total formation] thickness
общая ~ продуктивного пласта net productive (formation) thickness
подводимая ~ input power
полезная ~ useful [effective] power; (в лошадиных силах) effective [actual] horsepower
полная ~ total power
потребляемая ~ demand [consumption] power
потребная ~ power demand
предельная ~ ultimate power
приведенная ~ пласта reduced bed thickness
приводная ~ input power
производственная ~ productive capacity
располагаемая ~ available output
расчетная ~ rated capacity, actual output, design horsepower
резервная ~ reserve [standby] power, spare capacity
средневзвешенная ~ пласта weighted mean bed thickness
средняя ~ average [mean] power
тормозная ~ brake horsepower
тяговая ~ tractive power, tow rope horsepower
удельная ~ power density, specific power
установленная ~ installed capacity, installed power
фактическая ~ пласта actual bed thickness
электрическая ~ electric power
эффективная ~ actual efficiency, actual output
эффективная ~ пласта effective bed thickness
эффективная ~ торможения effective brake power

мощный (*о двигателе, установке*) heavy

МПБУ [морская подвижная буровая установка] mobile offshore drilling unit

мульда *геол.* trough
~ синклинали synclinal trough

МУН [методы увеличения нефтеотдачи] enhanced oil recovery

мундштук cap, neck, nozzle

мусковит muscovite

мусор debris
строительный ~ (*водолазная терминология*) cellar dirt

мусоросборщик (*на морских промыслах*) clean sweep device

мутность turbidity, muddiness

муть sludge

муфель muffle, retort

муфт/а 1. (*соединительная для труб*) (pipe) coupling, (pipe) connection, (pipe) joint; (*соединительная для валов*) (shaft) coupling 2. (*сцепная для валов*) clutch 3. (*кабельная*) box, sleeve
~ барабана drum clutch
~ блока превенторов для соединения с устьем скважины BOP stack [BOP wellhead] connector
~ бурильного замка box of tool joint
~ включения master clutch
~ включения барабанного вала буровой лебедки drum clutch
~ включения маховика flywheel clutch
~ включения механизма подачи feed clutch
~ включения ротора rotary clutch
~ включения трансмиссии transmission clutch
~ водоотделяющей колонны (marine) riser connector
~ выключения release clutch
~ выключения малой скорости low-drive cutoff clutch
~ двигателя engine clutch
~ы для индивидуальных качалок unit power clutches
~ для обсадных колонн casing coupling
~ для подвешивания головки НКТ tubing head landing collar
~ для подвешивания труб landing collar
~ для соединения подводного устьевого оборудования с устьем подводной части скважины wellhead collect connector
~ для соединения шлангов hose coupling
~ для ступенчатого цементирования multiple stage cementer
~ задвижки с перегородками gate valve baffle collar
~ замка box connector
~ замка секции водоотделяющей колонны (*с секциями линий штуцерной и глушения скважины, выполненными заодно с этой секцией*) RCK box connector
~ замкового соединения tool joint box, female tool joint half
~ и ниппель box and pin
~ насосно-компрессорной колонны tubing (string) coupling
~ насосных штанг sucker rod coupling
~ обсадной колонны casing (string) coupling
~ обсадной колонны с обратным клапаном float collar
~ обсадной колонны со стоп-кольцом baffle collar

муфт/а

~ обсадной колонны с перегородкой (*для задержки пробки при цементировании*) baffle collar
~ переключения коробки отбора мощности power takeoff shifting clutch
~, применяемая при цементировании cementing collar
~ с автозатвором autolock connector
~ свечи бурильных труб drill pipe coupling
~ с внутренней резьбой female union
~ с защелкой bayonet clutch
~ с наружной резьбой male union
~ с ненарезными концами coupling with plain ends
~ с обратным клапаном float collar
~ соединительного замка box
~ со срезной шпилькой shear-pin coupling, shear pin clutch
~ с резьбой thread collar joint
~ с упором landing [latch-in] collar
~ с фиксатором *см.* муфта с упором
~ сцепления clutch, half-coupling
~ увеличенного диаметра oversize collar
~ хвостовика liner coupling
~ цилиндра (*глубинного насоса*) working barrel coupling
байонетная ~ bayonet clutch
безрезьбовая ~ threadless coupling
быстросоединяемая ~ обсадной колонны quick-lock casing connector
вертлюжная ~ swivel union, swivel socket
винтовая ~ threaded sleeve
винтовая стяжная ~ coupling nut
водонепроницаемая ~ water-proof collector
вращающаяся ~ swivel union, swivel socket
втулочная ~ swivel coupling
гидравлическая ~ fluid clutch
гидродинамическая ~ fluid coupling
главная фрикционная ~ master clutch
глухая ~ end cap
двойная ~ double box
двухконусная ~ double-cone clutch
дисковая ~ disk [plate] clutch
жесткая ~ positive clutch
жидкостная ~ hydraulic [fluid] coupling
забивная ~ drive collar
заливочная ~ cementing collar
замковая ~ tool joint box
замковая ~ водоотделяющей колонны riser lock box
зубчатая ~ tooth-type [gear-type] clutch
кабельная ~ cable box
кабельная концевая ~ cable terminal [cable sealing] box, cable sealing end, cable head, cable shoe
кабельная соединительная ~ cable connector, cable coupler, cable joint box, cable sleeve
канатная ~ rope coupling
коническая ~ *см.* конусная муфта
конусная ~ cone clutch
концевая ~ end sleeve

крестовая ~ double-slider coupling
крестовидная ~ four-way connection, crossing box
кулачковая ~ jaw clutch
кулачковая ~ с прямоугольными кулачками square-jaw clutch
кулачковая ~ с трапецеидальными кулачками spiral-jaw clutch
кулачковая двухсторонняя ~ double-faced jaw clutch
механическая ~ mechanical coupling
многодисковая ~ multidisk clutch
направляющая ~ guide sleeve
неразъемная ~ fixed coupling
нестандартная ~ bastard box
обгонная ~ overrunning [free-wheeling] clutch
опорная ~ bearing sleeve
пальцевая ~ bolt [pin] coupling
переводная ~ adapter (bushing), bushing
переходная ~ bowl, collar, hose connection, reducing socket
переходная коническая ~ conical adapter
плавающая ~ double-slider coupling
пневматическая ~ pneumatic coupling
подвижная ~ movable [shifting] coupling
постоянная ~ fixed coupling
предохранительная ~ safety clutch, protector sleeve
приводная фрикционная ~ (*для станков-качалок*) power pinion clutch
пружинная ~ spring coupling
раздвижная ~ extension [extending] clutch
реверсивная ~ reversing [reverse] clutch
реверсивная зубчатая ~ reverse gear clutch
саморегулирующаяся ~ self-aligning coupling
соединительная ~ adapter, sleeve, connector, coupling
соединительная ~ двух колонн разного диаметра casing adapter
соединительная ~ для НКТ tubing joint
соединительная ~ для рукавов hose connection
соединительная ~ наливного рукава с приемным нефтепроводом filling connection
соединительная ~ обсадных труб casing collar
соединительная ~ трубопровода pipe tie strap
соединительная ~ шланга hose coupling
соединительные ~ы насосных штанг pump rod joints
стягивающая ~ slack adjuster
стяжная ~ buckle, joint nut
сцепная ~ claw [coupling, dog] clutch
термоусадочная ~ shrink-fit sleeve
тормозная ~ brake coupling
трубная ~ pipe [tube] coupling
угловая (*трубная*) ~ conduit elbow
упругая ~ flexible [elastic] coupling
устьевая ~ wellhead collector
фрикционная ~ friction coupling, friction clutch

фрикционная ~ привода качалки power pinion clutch
фрикционная барабанная ~ friction drum clutch
фрикционная дисковая ~ plate [disk] friction clutch
цанговая ~ collet connector
цанговая ~ водоотделяющей колонны riser collet connector
цементировочная ~ cementer, cementing collar
цементировочная ~ гидравлического действия hydraulic-actuated cementing collar
шарнирная ~ articulated coupling
шаровая ~ ball socket
шинно-пневматическая ~ air clutch
электромагнитная ~ magnetic clutch
мыло soap
~ жирной кислоты fatty acid soap
жидкое ~ liquid soap
нефтерастворимое ~ oil-soluble soap
техническое ~ industrial soap
мылонафт naphthenate soap
мягчитель softener
мять (*глину*) knead, pug

Н

набивание staffing, packing
набивать pack, stuff, tamp
набивка packing, stuffing
~ плунжера plunger packing
~ сальника packing
~ сальника вертлюга swivel packing
~ сальника полированного штока polished rod packing
~ сальника поршневого штока piston rod packing
~ фильтра filter medium
асбестовая ~ asbestos packing
асбестовая кислотоупорная ~ acid-proof asbestos packing
водонепроницаемая ~ water-tight packing
воздухонепроницаемая ~ air-tight packing
войлочная ~ felt packing
гравийная ~ gravel pack
графитовая ~ graphitized packing
жгутовая ~ cord (rope) packing
манжетная ~ cup packing
пеньковая ~ hemp packing
поршневая ~ piston packing
резиновая ~ rubber packing
шнуровая ~ cord (rope) packing
наблюдение observation
~ за колебанием уровня observation of depth gage
аэровизуальное ~ aerovisual observation
визуальное ~ visual observation
геофизическое ~ geophysical observation
гравиметрическое ~ gravity measurement
параметрическое ~ parameter observation
полевое ~ field observation
набор:
~ данных data set
~ деталей kit
~ инструментов tool kit
~ ключей wrench set, wrench kit
~ сит bank of screens
наброска:
каменная ~ enrockment
наброс нагрузки load surge
набросок draft, sketch
набухаемость swelling (ability)
~ глин clay swelling
предотвращать ~ сланцев inhibit shale swelling
навалка loading
~ вручную hand loading
навалочный (*о грузе*) bulky
наваренный deposited
~ твердым сплавом hard-faced
наваривать (*изменять форму сваркой*) build [weld] up
~ одну деталь на другую weld on
~ режущую кромку tip
~ слой на поверхность детали face
~ твердый слой на более мягкий hard-face
навес shed, shelter
навивать:
~ на барабан wind
~ на катушку reel
~ пружину coil a spring, wind a spring into a coil
навивка:
~ на барабан winding
~ на катушку reeling
навигация navigation
воздушная ~ air navigation
морская ~ sea navigation
навинчивание screwing-on
~ бурового замка tool joint screwing-on
~ в горячем состоянии shrinking-on
~ вручную hand screwing-on
~ ключами tonging-on
~ муфт (*обсадных труб*) coupling screwing-on
~ от руки screwing-on finger-tight
плотное ~ screwing-on tightly
навинчивать screw on, screw up
наводить:
~ мост bridge
наводка:
~ шлака slag formation
наводнение flood
наволакивание (*металла при трении*) galling
нагар carbon (deposit)
~ в выхлопной трубе carbon cake
~ в двигателе carbon deposit, carbon lay-down
нагарообразование carbonization
нагартованный cold-worked

нагартовка

нагартовка cold deformation
нагнетание:
  ~ воздуха в пласт air drive
  ~ пара steaming, steam injection
  ~ сжатого воздуха в пласт air flooding
  ~ скважины на конец года injection at year end
нагнетатель blower; pump
нагнетать charge, deliver, feed
наголовник для забивки обсадных труб *или* **свай** drivehead
нагрев heating, warming (up)
  ~ с помощью водяной оболочки jacket heating
нагреватель heater
  забойный ~ bottom-hole heater
  забойный ~, работающий на жидком топливе liquid fuel bottom-hole heater
  забойный ~ с газовой горелкой gas-burner bottom-hole heater
  забойный беспламенный ~ flameless bottom-hole heater
  забойный огневой ~ fire [flame] bottom-hole heater
  забойный огневой газовоздушный ~ air-gas mixture fire bottom-hole heater
  забойный паровой ~ steam bottom-hole heater
  забойный электрический ~ electric bottom-hole heater
  индукционный ~ induction heater
  косвенный ~ indirect heater
  огневой ~ fire [flame] heater
  промежуточный ~ external heater
  прямой ~ direct heater
  трубчатый ~ tube heater
нагревостойкость heater resistance, thermal endurance
нагружаемость load-carrying capacity
нагружать load
  ~ до разрушения load to destruction
  ~ равномерно load uniformly
  ~ статически load quescently
нагружение:
  трехосное ~ triaxial compression
нагруженный loaded
  неравномерно ~ unequally loaded
  равномерно ~ equally loaded
нагрузка load
  ~ аварийного режима emergency load
  ~, вызывающая продольный изгиб buckling load
  ~ выше предела withstand load
  ~ массы mass load
  ~ на буровое долото weight on drilling bit, bit load, drilling weight
  ~ на головку балансира beam load
  ~ на долото weight on bit, WOB
  ~ на долото во время бурения bit load
  ~ на единицу длины linear load, load per unit length
  ~ на единицу мощности power loading
  ~ на единицу площади поперечного сечения load per unit of cross-section
  ~ на канат cable load
  ~ на колесо wheel load
  ~ на коронку coring weight
  ~ на крюк hook load
  ~ на опору bearing load
  ~ на поверхность surface load
  ~ на подшипники bearing load
  ~ на полированный шток polished rod load
  ~ на устье скважины при подвеске обсадной колонны wellhead landing load
  ~ на шкив в радиальном направлении radial sheave load
  ~ от порывов ветра gust load
  ~ при испытаниях test load
  ~ при торможении brake load
  ~ при транспортировке carrying capacity
  ~, создающая напряжение ниже предела упругости elastic loading
  ~ уплотнения consolidation load
  ~ фильтра (*скважины*) filter load
  ~ ходового режима cruising load
  активная ~ *эл.* resistive load
  базисная ~ base [normal] load
  базовая ~ *см.* базисная нагрузка
  балластная ~ ballast load
  безопасная ~ safe load
  быстроменяющаяся ~ discontinuous load
  ветровая ~ wind load
  вибрационная ~ vibration(al) load
  внезапно приложенная ~ sudden load
  внешняя ~ external load(ing)
  волновая ~ wave load
  временная ~ temporary load
  гидродинамическая ~ hydrodynamic load
  гидростатическая ~ hydrostatic load
  действующая ~ actual load
  динамическая ~ dynamic [impact, live] load
  длительно действующая ~ sustained load
  допускаемая ~ allowable [permissible, admissible] load
  допускаемая динамическая ~ impact allowance load
  допускаемая максимальная ~ proof load
  допустимая ~ *см.* допускаемая нагрузка
  емкостная ~ capacitive load
  знакопеременная ~ alternating [reversal, reversed] load
  избыточная ~ overload
  изгибающая ~ bending [buckling] load
  импульсная ~ (im)pulse load
  инерционная ~ mass [internal] load
  испытательная ~ test load
  колеблющаяся ~ fluctuating [oscillating] load
  консольная ~ cantilever load
  кратковременная ~ instantaneous [momentary, short-time] load
  критическая ~ breaking stress
  ледовая ~ ice load
  ледовая опрокидывающая ~ (*на основании*) overturning ice load
  максимальная ~ maximum [peak] load
  максимальная безопасная ~ на крюке maximum safe hook load rating

надувной

максимальная вертикальная ~ (*при которой буровая вышка еще не разрушается*) dead load capacity
мгновенная ~ instantaneous [momentary, short-time] load
неподвижная ~ quiescent load
неполная ~ light load
неравномерная ~ unbalanced load
неравномерно распределенная ~ irregulary distributed load
несимметричная ~ *эл.* unbalanced load
номинальная ~ nominal [rated] load
нормальная ~ normal load
нормативная ~ proof load
нулевая ~ no-load
осевая ~ abutment; axial load
осевая ~ на буровое долото axial weight on drilling bit
палубная переменная ~ variable deck load
переменная ~ variable [changing] load
периодическая знакопеременная ~ intermittent load
пиковая ~ peak [maximum] load
полезная ~ usefull load, payload
постоянная ~ steady [permanent, fixed] load
постоянно действующая ~ continuous load
предельная ~ ultimate load
предельная ~ на вышку derrick collapsing load
приложенная ~ applied [imposed] load
принудительная ~ forced load
пробная ~ test load
пульсирующая ~ pulsating load
рабочая ~ work(ing) [operating] load
рабочая безопасная ~ recommended safe working load
равномерная ~ uniform load
равномерно распределенная ~ evenly [uniformly] distributed load
радиальная ~ radial load
разрушающая ~ cracking [collapse] load
разрывающая ~ breaking [bursting] load
распределенная ~ distributed load
растягивающая ~ tensile load
расчетная ~ design load; specified [calculated] load
сжимающая ~ compressive [compression] load
силовая ~ power load, power demand
симметричная ~ balanced load
систематическая ~ systematic load
скручивающая ~ torsional load
сминающая ~ collapsing load
сосредоточенная ~ concentrated [point, lumped] load
сплошная ~ continuous load
средняя ~ average load
статическая ~ static [dead, permanent] load
статическая допустимая ~ dead-load capacity
статическая основная ~ basic load
статическая постоянная ~ dead load
страгивающая ~ (*соединения труб*) ultimate joint strength
тепловая ~ heat demand, heat duty
тормозная ~ brake load
ударная ~ impact stress, impulsive [shock] load
удельная ~ load per unit, unit [specific] load
удельная ~ на долото bit weight per unit area
удельная ветровая ~ unit wind load
уравновешивающая ~ balancing load
усталостная ~ fatigue load
центрально приложенная ~ centered load
циклическая ~ cyclic load
частичная ~ underload
эксцентрическая ~ off-center [eccentric] load

надбавка:
~ за повышенное качество quality bonus
~ за тропическое исполнение surcharge for tropical version
~ за экспортное исполнение surcharge for export quality

надвиг *геол.* (over)thrust
~ покрова sheet thrust
~ по напластованию bedding thrust, bedding glide
~ разлома fracture thrust
~ разрыва break thrust
~ растяжения stretch thrust, stretch fault
~ сжатия compression thrust
~ складки fold carpet
~ срыва strip thrust
антиклинальный ~ break thrust
краевой ~ marginal overthrust
крутой ~ upthrust
пластовой ~ bedding thrust
пологий ~ overthrust, low angle thrust
послеэрозионный ~ posterosional thrust
складчатый ~ folded fault

наддолотник bottom drill collar
наддув boost(ing), pressure charging, supercharging
надежность reliability
эксплуатационная ~ serviceability
надежный (fail-)safe, secure, solid, reliable
надземный elevated, above-ground, overhead
надзор supervision, inspection
геологический ~ geological supervision
горнотехнический ~ mining inspection
санитарный ~ sanitary inspection
надкислота peracid
надлом incipient fracture, incipient break
надпил score
надпись sign
предупреждающая ~ warning sign
надрез notch, nick, cut
надрезанный notched
надрубать score
надсечка incision
надставка tie-back
~ хвостовика liner tie-back
надстройка (*на судне*) superstructure
надтепловой epithermal
надувать inflate, blow up, fill with air
надувной (*о пакере*) inflatable

надфиль needle file
наем:
  ~ судна chartering of a vessel
нажатие pressure, depression
наждак (*наждачная бумага*) emery (cloth), emery paper
накал filament, glow
накаливать:
  ~ добела bring to white heat
  ~ докрасна bring to red heat
накернивать centerpunch
накипеобразование scaling, scale formation
накипеобразователь scale-forming substance, scale-forming constituent
накипеочиститель scaler
накипь deposition, scale
  удалять ~ descale
накладка (cover)plate
  ~ в сварном соединении strap
  ~ крейцкопфа crosshead slide
  противоизносная ~ wearing pad
  ремонтная ~ (*обсадной колонны*) patch
  стыковая ~ butt strap
  теплоотводящая ~ chill bar
  фрикционная ~ (friction) lining
накладная bill of lading, consignment note
  грузовая ~ invoice
  сквозная ~ through bill of lading
  транспортная ~ waybill, bill of lading
наклеп cold deformation
наклепанный cold-worked
наклон:
  ~ в градусах degree of inclination
  ~ линии slope of line
  ~ пласта bed [formation] dip
  ~ ствола скважины borehole incline
наклонение:
  магнитное ~ magnetic inclination
наклономер dipmeter
  многокаротажный пластовой ~ непрерывного действия microlog continuous dipmeter
  пластовой ~ dipmeter
  пластовой ~, основанный на измерении сопротивления resistivity dipmeter
  пластовой ~, основанный на применении кавернометра caliper dipmeter
  пластовой ~ с высокой разрешающей способностью high-resolution dipmeter
  пластовой ~ с кавернометром caliper dipmeter
наклонометрия dipmeter log
  ~ скважины dipmetering
наконечник:
  ~ бура drill (bit) point
  ~ внутренней труболовки bull nut of spear
  ~ газового резака cutting (torch) tip
  ~ клапана valve bonnet
  ~ плунжера plunger tip
  ~ провода wire lug, wire tag
  ~ с резьбой nipple
  ~ с ушком pipe eye
  ~ шнура cord terminal

  буровой ~ drilling end
  вентиляционный ~ vent fitting
  кабельный ~ cable shoe, cable thimble
  кабельный каротажный ~ logging cable thimble
  конический ~ tapered tip
  отсоединяющий ~ (*для снятия защитного колпака с устья подводной скважины*) unlocking dart
  съемный ~ facing
  шаровой ~ ball point
  шланговый ~ hose nozzle
накопитель accumulator
накопление accumulation
  ~ бурового шлама accumulation of cuttings
наладка (*оборудования*) adjustment, sett(ing)-up
налегание:
  морское подошвенное ~ marine onlap
  несогласное регрессивное ~ onlap
налив:
  ~ в бочки barreling
  ~ снизу bottom loading
  ~ танкера tanker loading
  ~ через рукав hosing
налипание:
  ~ разбуренной породы на трубы и долото balling
  ~ частиц шлама на стенки скважины walling-up
налипать stick, adhere, cling
наличие:
  ~ мертвых зон между скважинами при существующей сетке размещения well pattern dead aquagel
  ~ окаменелостей fossil evidence
  ~ органических остатков organic fossil evidence
налог *эк.* tax
  ~ на добавленную стоимость (НДС) value added tax, VAT
  ~ на прибыль profit tax
  ~ на сверхприбыль excess profit tax
  ~ с оборота sales tax
  дополнительный ~ tax surcharge
  таможенный ~ customs duty
налогообложение taxation
налогоплательщик tax payer
наматывание reeling, spooling, winding
  ~ каната rope winding, rope spooling
  уравновешенное ~ counterbalanced winding, counterbalanced spooling
наматывать:
  ~ глинистый сальник на долото ball up
  ~ на барабан spool on the drum
  ~ на катушку spool on the cathead
намыв alluviation, inwash
  ~ грунта hydraulic filling, hydraulic deposition of soil
нанесение:
  ~ на карту charting
  ~ покровного слоя coating
  ~ покрытия (application of) coating

направление

~ покрытия разбрызгиванием application (of a coating) by spraying
  гальваническое ~ electroplating
нанос bank, deposition, drift, sediment, warp
наносить:
  ~ деления divide
  ~ на карту chart
  ~ покрытие coat
наносный alluvial, detrital
наносы alluvium, alluvion, blanket, burden, cover, debris, dirt, drifts, overburden, sediment, wash
  гранитные ~ granite wash
  донные ~ settled sediments
  несцементированные ~ incoherent sediments
  отложившиеся ~ settled sediments
  потоковые ~ torrential waste
  речные ~ river drifts
  слоистые ~ stratified drifts
напаивать solder on, solder to, braze to, tin
напайка soldering on, brazing to
напильник file
  драчевый ~ bastard file
  квадратный ~ square file
  круглый ~ round file
  личной ~ smooth file
  трехгранный ~ three-square file
напитывать saturate
наплавка facing, surfacing, overlaying, welding on
  ~ валика beading
  ~ поверхности facing
  ~ режущей кромки долота bit tipping
  ~ твердым сплавом hard-facing
наплавленный deposited
наплавлять overlay, face
  ~ валик bead
  ~ твердым сплавом face
напластование bedding, deposition, stratification
  диагональное ~ false bedding
  изоклинальное ~ isoclinal bedding, isoclinal stratification
  косое ~ false bedding
  неправильное ~ false bedding
  несогласное ~ nonconcordant bedding, unconformability, unconformity
  неясное ~ obscure stratification
  обратное ~ inverted bedding, inversion
  первичное ~ primary [original] bedding
  первоначальное ~ *см.* первичное напластование
  перемежающееся ~ interstratification
  поперечное ~ cross bedding
  скрытое ~ blind bedding
  согласное ~ concordance, conformity
  тонкое ~ lamination
напластованный:
  согласно ~ concordant, conformable
наплыв:
  ~ вокруг термитного шва collar
наполнение admission, filling

~ пласта нагнетаемой водой fill-up
~ резервуара tank filling, tank loading
~ скважины жидкостью fill-up, loading of the well with fluid
максимальное ~ full admission
нулевое ~ zero admission
полное ~ full stroke admission
частичное ~ partial admission
эффективное ~ effective admission
наполнитель filler, filling agent
  активный ~ active filler
  армирующий ~ reinforcing filler
  проволочный ~ каната wire rope filler, wire seal
наполнять:
  ~ газом gas
  ~ скважину жидкостью load the well with fluid
напор head, thrust
  ~ бурового раствора drilling mud head
  ~ в пласте bottom drive
  ~ жидкости fluid head
  ~ краевых вод edge-water drive
  ~ на выходе насоса discharge head of pump
  ~ подошвенных вод bottom water drive
  артезианский ~ artesian-pressure head
  гидравлический ~ hydraulic head
  гидродинамический ~ hydrodynamic head
  водяной ~ hydrostatic head
  динамический ~ dynamic head
  заданный ~ жидкости predetermined fluid head
  малый ~ low head
  полезный ~ effective head
  постоянный ~ constant head
  потенциальный ~ potential head
  потерянный ~ lost head
  пьезометрический ~ piezometric head
  рабочий ~ working head
  скоростной ~ velocity head
направление:
  ~ ветра bearing of apparent wind
  ~ волокна (*металла, цемента*) grain flow
  ~ вращения sense of rotation
  ~ вытеснения нефти sweepout pattern
  ~ движения флюидов fluid stream course
  ~ движения цепи direction of chain travel
  ~ действия силы force direction
  ~ набегающего потока drag direction
  ~ оси координат direction of the axis
  ~ падения direction of incidence, direction of dip
  ~ по компасу bearing
  ~ по часовой стрелке clockwise direction
  ~ простирания direction of strike
  ~ простирания пласта line of bearing
  ~ против часовой стрелки anticlockwise [counterclockwise] direction
  ~ ствола скважины course of the hole
  ~ трещины fracture direction
  ~ ходового конца каната wireline (runner) guide

561

направление

азимутальное ~ наклонной скважины line of bearing
внешнее ~ (*первая колонна*) outer conductor
выделенное ~ referential [preferred] direction
заданное ~ azimuth direction
косое ~ obliquity
морское (*первая обсадная колонна*) ~ marine conductor
наружное ~ outer conductor
обратное ~ return direction
подводное ~ subsea conductor
прямое ~ forward direction
шахтовое ~ cellar pit

направленный:
~ в русло channeled
~ наружу outward
~ согласно падению пластов consequent

направляющая guide
~ клапана valve guide
~ крейцкопфа crosshead slide, crosshead guide
~ поршневого штока piston rod guide
~ талевого блока traveling-block guide
~ фреза guide of mill
~ шпинделя задвижки gate stem guide
~ шурфа под ведущую трубу rathole guide

напряжени/е 1. stress, effort, tension 2. эл. voltage
~ бетона concrete stress
~ внутреннего трения viscous [viscosity] stress
~ возбуждения excitation voltage
~, возникающее при текучести материала yield stress
~ в рабочей точке quiescent voltage
~, вызываемое статической нагрузкой dead-load stress
~, вызывающее пластическую деформацию flow stress
~ выше предела усталости fatigue stress
~ короткого замыкания трансформатора impedance voltage of a transformer
~ нагрузки load voltage
~ на зажимах terminal voltage
~ накала filament voltage
~ от ветровой нагрузки wind stress
~ от собственного веса deadload stress
~ переменного тока alternating voltage
~ питания supply voltage
~ предела усталости limiting fatigue stress
~ при изломе breaking strain
~ при испытании test stress
~ при кручении torsional stress
~ при поперечном изгибе transverse stress
~ при растяжении axial tension
~ при сдвиге shear(ing) stress
~ при сжатии compressive stress
~ при срезе *см.* напряжение при сдвиге
~ при ударе impact stress
~ пробоя breakdown voltage
~ сдвига shear(ing) stress
~ смятия bearing stress

~ холостого хода no-load [open-circuit] voltage
аномальное ~ abnormal stress
безопасное ~ safe stress
внутреннее ~ internal stress
вторичное ~ secondary voltage
входное ~ input voltage
выпрямленное ~ rectified voltage
высокое ~ high voltage
выходное ~ output voltage
вязкостное ~ viscous stress
геостатическое ~ geostatic stress
гидростатическое ~ hydrostatic stress
двухосное ~ biaxial stress
действительное ~ true [actual] stress
динамическое ~ dynamic stress
длительное ~ steady stress
дополнительно наложенное ~ superimposed stress
допустимое ~ admissible [allowable] stress
изгибающее ~ flexural stress
испытательное ~ test voltage
касательное ~ shear [tangential] stress
кольцевое ~ circular voltage
линейное ~ linear voltage
межзерновые ~я intergranular stresses
межфазовые ~я interphase stresses
местное ~ local stress
начальное ~ сдвига yield stress
низкое ~ low voltage
номинальное ~ rated [nominal] voltage
объемное ~ volumetric stress
одноосное ~ uniaxial stress
осевое ~ axial stress
осесимметрическое ~ axisymmetric stress
основное ~ basic stress
остаточное ~ residual stress
остаточное ~ после сварки welding stress
первичное ~ primary voltage
переменное ~ 1. alternating stress 2. alternating voltage
пиковое ~ peak voltage
поверхностное ~ surface stress
полное ~ combined [compound, composite, total] voltage
постоянное ~ 1. constant stress 2. constant voltage
предельное ~ ultimate strain
предельное ~ сдвига бурового раствора gel strength
пробивное ~ breakdown voltage
пульсирующее ~ pulsating stress
рабочее ~ operating [working] stress
раздавливающее ~ crushing stress
разрушающее ~ breaking strain, breaking stress
собственное ~ inherent stress
тангенциальное ~ tangential stress
температурное ~ temperature stress
тепловое ~ heat [thermal, temperature] stress
термическое ~ *см.* тепловое напряжение
тормозящее ~ braking [retarding] voltage

насос

удельное ~ specific stress
упругое ~ elastic stress
усталостные ~я fatigue stresses
фазовое ~ phase voltage
электрострикционное ~ piezoelectric stress
напряженность density
~ магнитного поля magnetic density
~ поля field strength
напыление spraying
наработка operating time, running, life(time)
~ до капитального ремонта overhaul life(time)
~ до первого отказа *или* ремонта mean-time-to-first-failure
~ на отказ failure interval
гарантийная ~ guaranteed [warranty] life(time)
полная ~ terminal life
нарастание:
~ импульса pulse rise
~ прочности затвердевающего цементного раствора-камня increase in strength development of set cement, strength gain of set cement
~ тока current build-up
~ фазы emergence of phase
наращивание jointing, build-up, make-up
~ бурильных труб drill-pipe connection
~ давления pressure build-up
~ инструмента connection
наращивать:
~ бурильную колонну add a length of drill pipe to the drill string
~ канат splice
~ колонну труб add new joint
~ колонну штанг add rods
~ материал по толщине build up
~ трубой колонну stab
нарезание:
~ зубьев toothing
~ внутренней резьбы internal threading
~ канавок grooving
~ наружной резьбы external threading
~ резьбы chasing, threading
нарезать резьбу screw
нарезка:
~ на резце build-up edge
наркоз narcosis
азотный ~ (*состояние оцепенения водолаза*) nitrogen narcosis
нарост:
шлаковый ~ slag crust
нарушать break down, disturb
~ равновесие dislocate, unbalance, disturb [upset] balance
~ регулировку disturb the control setting(s)
~ целостность break, cause damage
нарушение disturbance, failure, fault
~ герметичности leakage, loss of sealing
~ герметичности сосуда vessel sealing failure
~ контакта contact fault
~ непрерывности discontinuity
~ нормальной работы disturbance of operation

~ однородности жидкости *или* газа fluctuation
~ работоспособности malfunction
~ равновесия bias, unbalance
~ радиосвязи blackout
~ соединений joint distortion
~ сплошности струи cavitation
~ стационарного режима steady-state disturbance
~ сцепления debonding
~ целостности обсадной колонны casing integrity damage
~ цементного кольца breakdown of cement column
~ эксплуатационных качеств пласта formation damage
структурное ~ structural failure
насадка:
башмачная ~ для цементирования скважин cementing shoe
головная ~ для забивных труб drive [driving] cap
инжекторная ~ injection nozzle
комбинированная направляющая башмачная ~ combination guide shoe
направляющая ~ башмака casing shoe
неподвижная ~ fixed bed
нижняя ~ bottom bullnose
перфорированная башмачная ~ perforated steel sleeve
промывочная ~ flushing nozzle
струйная гидромониторная ~ jet nozzle
трубная ~ на рукоятке ключа nigger
цементировочная башмачная ~ с обратным клапаном cement float shoe
эжекционная ~ ejection nozzle
насекать scratch, cut
насеченный notched
наслоение bedding
насос pump
~ высокого давления high-pressure [high-head] pump
~ высокой (приводной) мощности high horsepower (input) pump
~ для горячей нефти hot oil pump
~ для нагнетания воды в пласт water injection pump
~ для подачи химических реагентов дозами chemical proportioning pump
~ для ремонта скважины well-service pump
~ для химических реагентов chemical injection pump
~ на нефтепроводе oil line pump
~ низкого давления low-pressure [low-head] pump
~ одинарного действия single-acting [single-action] type pump
~ с жидкостным уплотнением fluid-packed pump
~ с металлическим уплотнением packed plunger pump
~ с пневмоприводом air-driven pump

насос

~ с постоянной производительностью constant flow [constant displacement] pump
~ с червячным приводом worm-driven pump
американский песочный ~ с долотообразным выступом под клапаном combination bit and mud socket
американский песочный ~ с шаровыми клапанами bit and mud socket
бесштанговый электропогружной ~ electrically-driven oil well [electrically-driven subsurface oil, submersible electric oil] pump
буровой ~ mud [slush] pump
буровой ~ с приводом от электромотора постоянного тока direct-current motor-driven pump
буровой поршневой ~ positive displacement [piston-type] mud pump
буровой приводной ~ power mud [power slush] pump
вакуумный ~ vacuum pump
винтовой ~ screw pump
водяной ~ water pump
всасывающий ~ suction [lift] pump
вставной ~ insert [sucker-rod] pump
глубинный ~ deep well pump
горизонтальный ~ horizontal-type pump
двухвинтовой ~ two-screw pump
двухплунжерный ~ double [two] plunger pump
двухцилиндровый ~ two-cylinder [duplex] pump
двухшиберный ~ double-vane pump
дозировочный ~ proportioning [controlled volume] pump
дренажный ~ drain(age) pump
забойный ~ downhole pump
забойный гидроприводной ~ hydraulic downhole pump
забойный гидроприводной свободно подвешенный ~ free hydraulic downhole pump
кислотный ~ acid treatment pump
кулачковый ~ cam-driven pump
маслоотсасывающий ~ oil-suction [oil-drain] pump
маслоподкачивающий ~ oil-feed [oil priming] pump
масляный ~ oil pump
многоступенчатый ~ multistage pump
многоцилиндровый ~ multicylinder pump
нагнетательный ~ injection [delivery] pump
небольшой нагнетательный ~ forcer
небольшой поршневой ~ donkey
нефтяной ~ oil pump
нефтяной автоматически сцепляемый ~ tubing pump with automatic coupling device
нефтяной наземный ~ surface oil pump
нефтяной наземный многоступенчатый ~ multistage surface oil pump
нефтяной скважинный ~ subsurface [deep-well, bottom-hole] oil pump
нефтяной скважинный бесштанговый ~ rodless oil-well pump

нефтяной скважинный винтовой ~ screw oil-well pump
нефтяной скважинный гидроприводной ~ hydraulic [fluid-operated] oil-well (plunger) pump
нефтяной скважинный гидроприводной ~ со свободно движущимся плунжером free-type hydraulic [fluid-operated] plunger oil-well pump
нефтяной скважинный штанговый ~ oil-well sucker-rod pump
нефтяной скважинный штанговый ~ с безвтулочным цилиндром oil-well sucker-rod pump with unlined working barrel
нефтяной скважинный штанговый ~ с втулочным цилиндром oil-well sucker-rod pump with lined working barrel
нефтяной скважинный штанговый вставной ~ insert (oil-well sucker-rod) pump
нефтяной скважинный штанговый вставной ~ с замком внизу insert (oil-well sucker-rod) pump with bottom hold-down
нефтяной скважинный штанговый вставной ~ с замком наверху insert (oil-well sucker-rod) pump with top hold-down
нефтяной скважинный штанговый вставной ~ с неподвижным корпусом stationary barrel insert (oil-well sucker-rod) pump
нефтяной скважинный штанговый вставной ~ с подвижным корпусом traveling barrel insert (oil-well sucker-rod) pump
нефтяной скважинный штанговый двухплунжерный ~ double-plunger oil-well sucker-rod pump
нефтяной скважинный штанговый двухступенчатый ~ double-stage oil-well sucker-rod pump
нефтяной скважинный штанговый невставной ~ tubing oil-well sucker-rod pump
нефтяной скважинный штанговый невставной ~ с ловителем tubing oil-well sucker-rod pump with retrieving device
нефтяной скважинный штанговый одноплунжерный ~ single-plunger oil-well sucker-rod pump
нефтяной скважинный штанговый одноступенчатый ~ single-stage oil-well sucker-rod pump
нефтяной скважинный штанговый плунжерный ~ plunger oil-well sucker-rod pump
нефтяной скважинный штанговый поршневой ~ piston oil-well sucker-rod pump
нефтяной скважинный штанговый трехклапанный ~ three-valve oil-well sucker-rod pump
нефтяной скважинный центробежный ~ centrifugal oil-well pump
нефтяной скважинный электроприводной ~ electrically-driven oil-well pump
нефтяной устьевой вертикальный ~ vertical oil pump
одновинтовой ~ single-screw pump

однопоршневой ~ single-cylinder pump
одноступенчатый ~ single-stage pump
одношиберный ~ single-vane pump
осевой ~ axial flow pump
перекачивающий ~ transfer pump
песочный ~ sand pump
питающий ~ delivery [feed, supply] pump
питающий паровой котел ~ donkey pump
плунжерный ~ plunger [ram] pump
погружной ~ down-pump, submersible [submerged, immersible] pump
погружной ~ для небольших глубин low down-pump
подпорный ~ booster pump
пожарный ~ fire pump
пожарный передвижной ~ portable fire pump
поршневой ~ piston pump
приводной ~ power pump
продавочный ~ pressurizing pump
промывочный ~ washing [washover] pump
промысловый ~ jack pump
пятиплунжерный ~ five-plunger pump
пятицилиндровый ~ quintuplex pump
работающие последовательно ~ы pumps operating in series
работающие совместно ~ы compounded pumps
растворопокачивающий ~ drilling mud transfer pump
резервный ~ standby pump
ручной ~ hand pump
самовсасывающий ~ self-priming pump
сдвоенный ~ twin pump
соединенные параллельно ~ы parallel pumps
спаренные скважинные нефтяные ~ы two-zone deep-well pumps
стационарный ~ stationary [fixed] pump
струйный ~ ejector [jet] pump
струйный ~ для аэрирования aeration jet pump
струйный вакуумный ~ ejector
топливный ~ fuel (-feed) pump
топливоперекачивающий ~ fuel oil pump
трехплунжерный ~ triplex plunger pump
трехцилиндровый ~ triplex pump
трюмные ~ы bilge pumps
цементировочный ~ cementing pump
центробежный ~ centrifugal pump
четырехплунжерный ~ quadruplex plunger pump
четырехцилиндровый ~ quadruplex pump
шестеренчатый ~ gear pump
шиберный ~ sliding-vane pump
шламовый ~ sludge pump
штанговый ~ crude oil pump
электроцентробежный ~ electric(al) centrifugal pump
насос-качалка pumping unit
насосная (*помещение*) pump house
наставление manual
~ по эксплуатации maintenance manual
настил floor(ing), deck(ing); (*из досок*) boarding; (*из плит*) plating

брусчатый ~ planking
деревянный ~ timber boarding
дощатый ~ board flooring
палубный ~ (*морского основания*) decking
решетчатый ~ grating, grill(e) flooring
настройка:
~ системы натяжения tension setting
автоматическая ~ automatic adjustment
ручная ~ manual setting
наступление advance, invasion
~ воды water encroachment
~ краевой воды encroachment of edge water
~ моря sea invasion
насыпь bank; fill; embankment
высокая ~ deep fill
гравийная ~ gravel fill
дорожная ~ road embankment
земляная ~ earth fill, earth bank
намывная ~ hydraulic fill
противопожарная ~ fire dike
насыщаемость saturability
насыщать saturate
~ газом aerate, gas
насыщение saturation
~ бетона водой concrete inundation
~ водой water saturation
~ воздухом aerating
~ вытесняющей фазой displacing phase saturation
~ газом aeration, gas saturation
~ жидкостью liquid saturation
~ нефтью oil saturation
~ пластовой водой strata water saturation
~ рынка market saturation
~ солью salt saturation
~ спроса demand saturation
~ углекислотой carbonation
~ углеродом carburization
~ флюидом fluid saturation
неоднородное ~ nonuniform saturation
полное ~ total saturation
предварительное ~ presaturation
частичное ~ partial saturation
насыщенность saturation
~ двумя флюидами saturation by two fluids
~ пласта saturation of formation
~ пласта погребенной водой connate water saturation of formation
~ углеводородами hydrocarbon saturation
~ флюидами fluid saturation
начальная ~ initial saturation
остаточная ~ irreducible [residual] saturation
равновесная ~ equilibrium saturation
частичная ~ fractional saturation
натр soda
едкий ~ caustic soda, sodium hydroxide
натрий sodium
углекислый ~ soda
натяг negative allowance, tightness (of fit)
~ посадки interference
~ резьбового соединения threaded joint tightness

натяг

~ резьбы thread tightness
предварительный ~ preload
натяжение drag, tension, tightening, stretching
~ арматуры tensioning of the steel
~ водоотделяющей колонны riser tension
~ кабеля cable tension
~ каната line pull, line load
~ на границе раздела воды и нефти oil-water interfacial tension
~ на поверхности раздела interfacial tension
~ неподвижного конца талевого каната dead-line pull, dead-line load
~ пружины spring tension
~ ремня belt tension, belt pull
~ тормозной ленты brake band pull, brake band tension
~ ходового конца талевого каната running line and pull, running line and load
~ цепи chain pull-up
~ якорной цепи anchor chain tension
капиллярное ~ capillary tension
межфазное ~ interfacial tension
межфазное ~ нефти oil interfacial tension
поверхностное ~ surface tension
натяжка pulling
~ бурильной колонны pull(ing) [straining] of drill string
~ обсадной колонны pull(ing) [picking-up] of casing string
науглероживание carbonization, carburizing
нафта naphtha
нафталин naphthalene
нафтены naphthenes
начало:
~ забуривания скважины (*внедрение направляющей трубы в морское дно*) spudding
~ координат origin
~ отсчета reference point
~ схватывания initial set
начальник chief, manager, supervisor
~ буровой drilling foreman
~ ОТК chief quality inspector, quality control chief
~ смены shift supervisor, shift superintendent
начерно:
вычерчивать ~ rough-draw
обрабатывать ~ rough-machine
растачивать ~ rough-bore
неабразивный nonabrasive
небаланс (*энергосистемы*) imbalance
небьющийся shatter-proof
неводный non-aqueous
невоспламеняющийся flame-resistant, flame-proof
невыветренный (*о породе*) solid
негабарит oversize, outsize
негерметичный nonhermetic, untight
негодность unfitness, unsuitability
негорючий noncombustible
недетонирующий knock-free
недовес underweight

недогрев underheating
недогрузка underload
недожог incomplete burning
недокрепление (*труб при свинчивании*) undertonging of pipes
недостаток:
~ нефти oil shortage
~ газа gas shortage
недра bowels, subsurface; mineral resources
недренируемость nondrainability
незагрязненный uncontaminated, non-polluted
незаземленный earth-free, off-ground
незамерзающий non-freezing
неизолированный bare, naked
неионогенный non-ionogenic
неисправность breakdown, defect, failure, fault
неоген (*система, период*) Neogene (period)
неоднородность discontinuity, non-uniformity, heterogeneity, inhomogeneity
~ коллектора heterogeneity of reservoir
~ коллектора по мощности reservoir heterogeneity in thickness
~ коллектора по площади lateral [areal] heterogeneity of reservoir
~ коллектора по пористости porous heterogeneity of reservoir
~ коллектора по проницаемости permeable heterogeneity of reservoir
~ нефтяного коллектора heterogeneity of oil reservoir
~ пород heterogeneity of formation
~ раствора (mud) slurry heterogeneity
~ смеси mixture heterogeneity
вертикальная ~ коллектора vertical heterogeneity of reservoir
гранулометрическая ~ коллектора granulometric heterogeneity of reservoir
зональная ~ коллектора lateral [areal] heterogeneity of reservoir
литологическая ~ коллектора lithological heterogeneity of reservoir
магнитная ~ magnetic inhomogeneity
объемная ~ коллектора volumetric heterogeneity of reservoir
петрофизическая ~ коллектора petrophysical heterogeneity of reservoir
поровая ~ коллектора pore heterogeneity of reservoir
упаковочная ~ коллектора packing heterogeneity
цементационная ~ коллектора cementing heterogeneity of reservoir
неоднородный (*по составу*) heterogeneous, inhomogeneous; (*по форме*) nonuniform
неоседающий non-settling
неотрегулированный unbalanced
неотстаивающийся non-settling
неоцен *уст. см.* **неоген**
неочищенный crude
непараллельность nonparallelism, error in parallelism, out-of-parallelism
непарафинистый nonparaffinaceous

неплотный (*о соединениях*) leaky
неповрежденный sound, undamaged
неполадк/а:
~и технического характера technical bugs
механическая ~ mechanical trouble
технические ~и technical bugs
эксплуатационная ~ operational problem
непотопляемость floodability
непровар:
~ в корне шва incomplete [lack of] root penetration
~ между слоями lack of interpenetration
~ по кромке lack of side fusion
~ по сечению incomplete joint penetration
непроводник non-conductor, insulator
непроводящий non-conducting
непрозрачность opacity
непромышленный non-commercial
неработающий idle
неравновесие disbalance, unbalance
неравномерность unbalance
~ работы fluctuation
остаточная ~ offset
неразбуриваемый undrillable
неразбухающий non-swelling
неразработанный (*о месторождении*) undeveloped
неразрешенный unauthorized
неразрушающий non-destructive
неразрывность continuity
неразъедаемый non-corrosive
неразъемный one-piece, solid
нерастворимость insolubility
нерастворимый non-soluble, unsoluble
нерегулируемый uncontrollable
нерегулярность irregularity
нержавеющий corrosion-proof, non-corrosive
несгораемый fire-resistant, fire-proof
несжимаемый incompressible
несимметричный asymmetrical, unbalanced
несмачиваемый non-wettable
несмешиваемость immiscibility
несмешивающийся immiscible
несовершенство imperfection
~ скважины well imperfection
~ скважины из-за способа заканчивания well imperfection due to the method of completion
~ скважины по степени вскрытия well imperfection due to partial penetration
гидродинамическое ~ скважины hydrodynamic(al) imperfection
несовместимость incompatibility
несовместимый incompatible
несовпадение discrepancy, noncoincidence
несогласие discordance, nonconformity, unconformity, disconformity
~ падения unconformity of dip
параллельное ~ parallel unconformity
скрытое ~ nonevident disconformity
стратиграфическое ~ stratigraphic disconformity
тектоническое ~ tectonic [structural] disconformity
угловое ~ angular unconformity, angular displacement
эрозионное ~ unconformity by erosion, erosional unconformity
нестационарный non-stationary, non-steady
несцементированный uncemented, loose
нетрещиноватый solid
неуплотненный unconsolidated
неуправляемый uncontrollable
неуравновешенность imbalance, unbalance, unbalancing
неуравновешенный out-of-balance, unbalanced
неустановившийся non-stationary
неустойка *эк.* penalty
договорная ~ penalty under a contract
неустойчивость instability
~ потока flow instability
~ при трении viscous instability
вертикальная ~ vertical instability
термическая ~ thermal instability
нефтеаппаратура oil-production machinery
нефтебаза tank farm, petroleum storage depot
морская ~ (*в открытом море*) offshore reloading store
перевалочная ~ transfer tank farm
портовая ~ marine terminal
распределительная ~ distribution oil depot, distribution tank farm
тупиковая ~ terminal tank farm
нефтеводогазопроявления shows of oil, gas and water
нефтеводопроявления oil-water shows
нефтевоз (*автомобиль*) oil tank truck
нефтегазоводоотделитель three-phase separator
нефтегазовый oil-and-gas
нефтегазодобывающий oil-and-gas producing
нефтегазодобыча oil and gas production
нефтегазонакоплени/е oil and gas accumulation
возможности ~я possibilities of oil and gas accumulation
нефтегазонасыщенность oil and gas saturation
нефтегазоносность oil and gas content, presence of oil and gas
~ акватории мира oil and gas content of world's water area
промышленная ~ commercial oil and gas content
нефтегазоносный oil and gas bearing
нефтегазообразование oil and gas formation
нефтегазопровод oil and gas pipeline
нефтегазопроявления oil and gas shows
нефтегазосодержание oil and gas content
кажущееся ~ пласта apparent oil and gas reservoir content
остаточное ~ пласта residual oil and gas reservoir content
нефтедобывающий oil producing

нефтедобыча oil [petroleum] production, oil extraction
нефтедоллары petrodollars
нефтеёмкость capacity for oil, oil capacity
нефтезавод oil refinery
нефтезаводской oil-refinery
нефтезалежь oil pool
   висячая ~ hanging oil pool
   обособленная ~ separated oil pool
   пластовая ~ sheet oil pool
   тектоническая экранированная ~ tectonic screened oil pool
нефтеловушка oil trap
нефтенакопление oil accumulation
нефтеналивной oil-loading, bulk-oil
нефтенасыщенность (*коллектора*) oil saturation
   конечная ~ final oil saturation
   остаточная ~ residual oil saturation
   первоначальная ~ initial oil saturation
   текущая ~ current oil saturation
нефтенасыщенный oil-saturation
нефтенепродуктивный barren
нефтенепроницаемый oiltight
нефтеносность oil bearing capacity, oil content
   пятнистая ~ spotted presence of oil
нефтеносный oil-bearing, petroliferous
нефтеобразующий oil-forming, oil-generating
нефтеотдача oil recovery
   ~ при заводнении waterflood (oil) recovery
   конечная ~ ultimate recovery
   конечная ~ при заводнении ultimate waterflood recovery
   промышленная ~ commercial oil recovery
   суммарная ~ cumulative [ultimate] oil recovery
нефтеотстойник oil settling tank, precipitator
нефтеочистка oil refining
нефтеперегонка oil distillation
нефтеперерабатывающий oil-[petroleum-] refining, oil-[petroleum-] processing
нефтепереработка oil [petroleum] refining, oil [petroleum] processing
нефтеподогреватель oil heater
нефтепоиски oil-search
нефтепорт oil harbor
   ~ тупикового типа terminal [dead-end] oil harbor
нефтепровод oil (pipe) [crude (oil)] line
   выкидной ~ (*от скважины к сепаратору*) oil flow (pipe)line
   действующий ~ active [operating] oil (pipe)line
   магистральный ~ oil main, oil long-distance (pipe)line
   подводный ~ underwater oil (pipe)line
   приёмный ~ filling [inlet] (pipe)line
   сливной ~ rundown [outlet] (pipe)line
нефтепродуктопровод oil products (pipe)line
нефтепродукты oil [petroleum, petrochemical] products
   ~ наливом oil bulk
   светлые ~ light oil products, refined oil
   тёмные ~ dark oil products
   тяжёлые ~ heavy oil products
нефтепроизводящий oil-yielding, oil-producing
нефтепромысел oil field
   морской ~ offshore oil field
нефтепромысловый oil-field, oil-development
нефтепромышленник oil-industry businessman, oilman
нефтепромышленность oil [petroleum] industry
нефтепроницаемость permeability to oil
   ~ керна core permeability to oil
   относительная ~ пласта relative permeability of formation to oil
   эффективная ~ пласта effective permeability of formation to oil
нефтепроницаемый (*о горной породе*) permeable to oil, oil-permeable
нефтепроявление oil show, oil seepage, show [ingress] of oil
   ~ в стволе скважины (bore) hole oil show
   ~ на поверхности surface oil show, surface oil seepage
   ~ по керну oil-bleeding from core
нефтесборник (*хранилище*) (crude) oil collector, initial oil storage tank
нефтесборный oil-gathering
нефтесборщик (*судно*) oil skimmer, oil-spill boat, pollution control ship
нефтесклад tank farm, bulk plant, petroleum depot
   портовый ~ shipping terminal
нефтесодержание oil content
   истинное ~ real oil content
   объёмное ~ volumetric oil content
нефтестойкий oil-resistant
нефтетопливо oil fuel
нефтеудерживающий oil-retaining
нефтехимик petrochemical industry worker
нефтехимический petrochemical
нефтехимия petrochemistry
нефтехранилище oil storage (tank), oil reservoir
   ~ на промысле field storage
   ~, опирающееся на морское дно bottom-supported offshore oil storage
   морское ~ offshore oil storage
   морское ~ с беспричальным наливом offshore oil spar
   надводное морское ~ above-water offshore oil storage
   наземное ~ surface oil storage
   плавучее морское ~ floating offshore oil storage
   подводное морское ~ underwater oil storage
   подземное ~ underground oil storage
нефть oil, petroleum
   ~ ароматического основания aromatic base crude (oil)
   ~ асфальтового основания asphalt-base crude (oil)

нефть

~ без легких фракций reduced [topped] crude (oil)
~ в рассеянном капельно-жидком состоянии dispersed oil
~ в растворенном состоянии dissolved oil
~ в резервуаре oil in bulk
~ в свободном состоянии free oil
~ в сорбированном состоянии sorbed [occluded] oil
~, залегающая на некотором расстоянии от берега offshore oil
~ из известковых отложений limestone oil
~ местного происхождения lease crude
~ морских месторождений offshore oil
~ наливом oil in bulk
~, не содержащая растворенного газа dead oil
~, оставшаяся в целиках пласта при заводнении bypassed oil
~ парафинового основания light [paraffin-base] crude
~, приведенная к нормальным условиям tank oil
~ с высоким значением плотности high-gravity oil
~ с высоким содержанием серы sour crude
~ с высокой температурой застывания high pour-point crude (oil)
~ смешанного основания mixed-base [hybrid-base, polybase] crude (oil)
~, содержащая воду wet oil
абсорбционная ~ absorbed oil
безводная ~ pure oil
беспарафиновая ~ nonparaffinous oil
бессернистая ~ nonsulfurous oil
вторичная ~ secondary [allochthonous] oil
высоковязкая ~ high-viscosity oil
высокосернистая ~ sour oil, sour crude
высокосмолистая ~ highly resinous oil
вязкая ~ viscous oil
газированная ~ live crude, live [thinned] oil
газонасыщенная ~ bubble-point [gas-saturated] oil
деасфальтированная ~ deasphalted oil
дегазированная ~ degassed crude
дистиллируемая паром ~ steam-distillable oil
добываемая ~ produced oil
добываемая внутри страны ~ domestic oil
добытая ~ produced oil
желатинизированная ~ gelled crude
загрязненная ~ contaminated oil
загустевшая ~ thickened oil
избыточная ~ (*на нефтебазах*) surplus [redundant] oil in storage
извлекаемая ~ recoverable oil
импортная ~ imported [foreign] oil
концессионная ~ equity crude (oil)
легкая ~ light crude, high-gravity [low-density] oil
маловязкая ~ low-viscosity oil
малопарафиновая ~ low-paraffinicity oil
малосернистая ~ sweet crude (oil)

малосмолистая ~ low-resin(ous) oil
мертвая ~ dead oil
метановая ~ methane oil
нафтено-ароматическая ~ naphtheno-aromatic crude (oil)
нафтеновая ~ naphthenic [naphthenoid] crude (oil)
недонасыщенная газом ~ undersaturated oil
неизвлеченная ~ unrecovered oil
некондиционная ~ low-quality oil
необводненная ~ water-free oil
неочищенная ~ base [raw] crude (oil)
неперерабатываемая ~ unrefinable oil
неподвижная ~ immobile oil
низколетучая ~ low-volatility oil
низкосортная ~ low-grade oil
обводненная ~ water-cut [watery] oil
обезвоженная ~ dewatered oil
обеспарафиненная ~ dewaxed oil
обессеренная ~ desulfurized oil
обессоленная ~ desalted oil
обработанная ~ treated oil
огелившаяся ~ gelled crude (oil)
остающаяся в пласте ~ (*при размещении скважин по определенной сетке*) pattern oil
отбензиненная ~ reduced crude
отсепарированная из эмульсии ~ breakout oil
отстоявшаяся ~ shrinked oil
очень легкая ~ extremely high-gravity crude
очищенная ~ refined oil
парафинисто-асфальтовая ~ paraffin-asphalt crude (oil)
парафинисто-смолистая ~ paraffin-resin(ous) crude (oil)
парафиновая ~ paraffin-base crude (oil)
парафино-нафтено-ароматическая ~ paraffin-naphtheno-aromatic crude (oil)
парафинонафтеновая ~ paraffin-naphthene crude (oil)
парафиносодержащая ~ paraffin-bearing crude oil
первичная ~ mother [primary] oil, protopetroleum
пластовая ~ oil in place, base oil
поступающая в трубопровод ~ pipeline oil
приведенная к нормальным условиям ~ tank oil
промывочная ~ flush oil
промышленная ~ economically recoverable oil
свободная ~ free oil
сгустившаяся ~ inspissated oil
сернистая ~ sour crude
сингенетическая ~ syngenetic oil
содержащая воду ~ watered oil
стабильная ~ stabilized oil
сырая ~ crude (oil), base [raw] oil
товарная ~ stock-tank oil
топливная ~ fuel oil
транспортируемая ~ cargo oil
тяжелая ~ low-gravity [heavy] oil, heavy crude (oil)

умеренно-летучая ~ volatile oil
черная ~ black oil
чистая ~ pure [clean] oil
чистая ~, готовая к сдаче pipeline oil
эмульгированная ~ emulsified oil
нефтьсодержащий oil-bearing, petroliferous
нефть-сырец crude oil
нефтяник oilman, oil-industry worker
нефтяной oil, petroleum
неэмульгированный nonemulsifying
нивелир level
ручной ~ hand level
нивелировать run a level, do level(ing)
нивелировка leveling
низ bottom, lower part
жесткий ~ бурильной колонны stiff bottom-hole assembly of drilling string
жесткий утяжеленный ~ rigid bottom-hole assembly
тяжелый ~ бурильной колонны bottom-hole drill string assembly
тяжелый ~ бурильной колонны диаметром, близким к диаметру ствола скважины packed-hole drill collar string, packed-hole drill collar assembly
ниппель nipple, pin
~ бурильного замка pin [male half] of tool joint, tool joint pin
~ высокого давления high-pressure nipple
~ для подвески насосно-компрессорной колонны tubing hanger nipple
~ для смазки grease nipple
~ долота drilling bit snack
~ замка секции водоотделяющей колонны (*с секциями линий штуцерной и глушения скважины, выполненными заодно с этой секцией*) RCK pin connector
~ низкого давления low-pressure nipple
~ обсадных труб casing nipple
~ с заглушенным входным отверстием close nipple
~ скважинного насоса oil-well collar bushing
~ с колоколообразным корпусом bell nipple
~ с обратным клапаном (насосно-компрессорной колонны) no-go nipple
~ соединения водоотделяющей колонны marine riser lock pin
~ со сплошной нарезкой close nipple
~ турбобура turbodrill nipple
башмачный ~ обсадной колонны casing shoe nipple
вдвижной ~ slip nipple
двойной ~ double nipple
капиллярный ~ (*глубинного манометра*) capillary nipple
короткий ~ со сплошной нарезкой close nipple
короткий соединительный ~ union nipple, connector
переводной ~ bushing
переходный ~ reducing nipple, rod adapter
посадочный ~ landing nipple

посадочный ~ для обсадной колонны casing landing nipple
редукционный ~ reducing nipple
резьбовой ~ threaded nipple
соединительный ~ joining nipple
стыковочный ~ bullnose
уплотнительный ~ пакера packer seal nipple
уплотняющий ~ seal nipple
упорный ~ (*глубинного насоса*) thrust nipple
шланговый ~ hose connection, threaded hose
нисходящий descending, downward
нисхождение descent
нитка 1. (*резьбы*) thread 2. (*трубопровода*) line
~ резьбы thread of screw
~ резьбы, находящаяся в зацеплении engaged thread
~ трубопровода (pipe) line
двухтрубная ~ трубопровода double line
полная ~ свободной резьбы full stand of thread
последняя ~ резьбы, находящаяся в зацеплении the last engaged thread
трехтрубная ~ трубопровода triple line
нитрат nitrate
нитрид nitride
нитрирование nitriding
нитробензол nitrobenzene
нитрование nitration
нитровать nitrate
нитроглицерин nitroglycerine
нитрокраска nitrocellulose enamel
нитролак nitrocellulose lacquer
нитрофосфат nitrophosphate
нить fiber, filament
~ накала filament
кварцевая ~ quartz fiber
кордная ~ cord
нихард ni-hard
нихром nichrom
НКТ [насосно-компрессорные трубы] tubing
новакулит novaculite
нога leg
~ башенной вышки derrick leg
~ мачтовой вышки mast leg
~ морского основания offshore platform leg
~ морского основания решетчатого типа truss-type offshore platform leg
~ самоподъемного морского основания jack-up offshore platform leg
выдвижная ~ морского основания extending offshore platform leg
задняя ~ башенной вышки derrick rear leg
передняя ~ башенной вышки derrick front leg
телескопическая ~ telescopic leg
нож knife; blade; cutter
~ бульдозера bulldozer blade
~ грейдера grader blade
~ для резки каната в скважине hook [wire] rope knife
~ для резки талевого каната wire-rope knife
~ канавокопателя ditching blade

~ ковша bucket lip
~ наружной труборезки knife of external pipe cutter
ножк/а:
мерные ~и кавернóмера feelers
ножницы scissors, shears
буровые ~ rotary jar
ножны sheath
номенклатура nomenclature
~ продукции nomenclature of products
~ услуг nomenclature of services
единая ~ uniform nomenclature
закрепленная ~ fixed range
номер number
атомный ~ atomic number
заводской ~ assembly number
номинальный basic, nominal, rated
номограмма alignment chart, nomogram
~ для расчета потерь давления pressure-loss conversion chart
нория bucket conveyer, bucket elevator
норм/а rate
~ выгрузки rate of discharge
~ нагнетания воды (*при заводнении*) water injection rate
~ отбора withdrawal rate, rate of production
~ погрузки rate of loading
~ прибыли rate of profit
~ы техники безопасности safety regulations
допустимая ~ отбора allowable (rate of) production
противопожарные ~ы fire protection regulatuons
нос:
~ складки nose of fold
НПЗ [нефтеперерабатывающий завод] oil [petroleum] refinery
нуль zero
~ отсчета datum
~ шкалы scale zero
абсолютный ~ absolute zero
нутромер caliper

О

обвал:
~ стенок скважины caving
горный ~ rock fall; mountain creep
обваливаться:
~ внутрь cave in
обвалование banking; diking
~ буровой площадки drilling site banking
противопожарное ~ резервуара fire diking of tank
обваловывать bank, dike
обводнение water encroachment, water invasion

~ законтурной водой edge water encroachment
~ испытываемого пласта water blockade of the formation tested
~ краевой водой *см.* обводнение законтурной водой
~ месторождения water content of a deposit, rate of water encroachment of a pool
~ пласта drowning
~ продуктивного горизонта water encroachment of pay horizon
~ продукции скважины water cutting of well production, well stream watering
полное ~ пласта total water encroachment of bed
преждевременное ~ premature flooding
обводненность water cutting
обводненный drowned, watercut, watery, (water-)encroached
обводнять encroach
обвязка 1. (*упрочняющая арматура*) binding, framing, framework 2. (*трубопроводами*) fitting, piping, connections
~ буровой pressure pipeline system [pressure piping] of drilling site
~ буровых насосов mud pump manifold system
~ подводного устья скважины underwater wellhead equipment, underwater wellhead connections
~ резервуара tank connections
~ устья скважины wellhead setup, wellhead connections
~ устья скважины для гидравлического разрыва wellhead fracturing manifold
трубопроводная ~ piping arrangement
обгорание burning
~ изоляции insulation burning
~ клапана valve scorching
~ контактов burning of contacts, contact spark wear
обдирка abrasion
обдувка blow
обеднение depletion
обедненный depleted
обезвоживание dehydration, dewatering
~ нефти dehydration of oil, oil dehydrating
~ нефти с использованием электрического поля промышленной частоты electric dehydration of oil
~ нефти с использованием электростатического поля electrostatic dehydration of oil
~ отстоя sludge dewatering
термохимическое ~ нефти thermochemical dehydration of oil
обезвоживать dehydrate; desiccate
обезжиривание deoiling, degreasing, defatting
обезжириватель degreaser, degreasing agent
обезжиривать deoil, degrease
обезжиривающий deoiling
обеззараживать disinfect
обеззоливать delime
обезмасливание deoiling

обезмасливающий

обезмасливающий deoiling
обезуглероженный carbon-free
обеспечение эк. provision, security
~ в виде банковской гарантии security in the form of a bank guarantee
~ в виде векселей security in the form of bills of exchange
~ в виде облигаций security in the form of bonds
~ воспроизводства guarantee of reproduction
~ долга security for a debt
~ займа security for a loan
~ иска security for a claim
~ кредита security for credit
~ сохранности preservation
~ ссуды security for a loan
~ топливом fuelling
валютное ~ currency security
денежное ~ cash security
материально-техническое ~ logistics
патентное ~ patent cover
программное ~ software
страховое ~ финансового покрытия insurance coverage
финансовое ~ financial security
обеспеченность provision, reserve
~ добычи запасами reserve life index
обессеривание desulphurization, desulphuration
~ нефти oil desulphurization
~ природного газа natural gas desulphurization
~ сжиженного нефтяного газа petroleum gas sweetening
обессеривать desulphurize
обессоливание desalting
~ нефти desalting of oil, oil demineralization
~ нефти с использованием электрического поля промышленной частоты electric desalting of oil
~ нефти с использованием электростатического поля electrostatic desalting of oil
термохимическое ~ нефти thermochemical desalting of oil
обесточенный эл. dead
обесточивать эл. deenergize, kill
обечайка course, shell
~ барабана drum shell
~ корпуса резервуара tank course
~ трубы pipe course
цилиндрическая ~ cylinder course
обжатие compression
обжимка closer
круглая ~ dolly
обкатка:
~ двигателя engine running-in
обкладка armature
облагораживание ennobling
~ жил vein ennobling
~ топлива fuel ennobling
область area, zone, field
~ влияния скважины area of well influence
~ волнообразования wave generation area
~ вторжения воды water-invaded zone
~ вторжения газа gas-invaded zone
~ дренирования extent of fluid
~ исследования research area [field]
~ нагнетания injection zone
~ нагрузки loaded zone
~ науки field of science
~ нефтегазонакопления oil and gas accumulation region [area]
~ образования ветровых волн fetch
~ пластичности plastic range
~ проникновения (фильтрата) invaded zone
~ сжатия compression zone
законтурная ~ edge water zone
затопляемая ~ flood region [area]
материковая ~ land area
нефтегазоносная ~ oil and gas-bearing region [area]
складчатая ~ orogen
упругая ~ elastic range
фронтальная ~ foreland
обледенение icing
облицованный faced, coated, lined
облицовка coat(ing), encasement; lining, facing
антикоррозионная ~ anticorrosive lining
бетонная ~ concrete lining, concrete facing
облицовывать coat, encase; line, face
обломки мн. debris, fragments, waste
~ в породе cognate enclosures, homogeneous enclaves
~ выбуренной породы cutting
~ мелких льдин pancake ice
~ породы rock waste
~ пустой породы debris
~ твердосплавных вставок долота bit insert junk
крупные ~ coarse waste
мелкие ~ small waste
скопившиеся на забое металлические ~ junk
шлаковые ~ slags
обломочный clastic, detrital, fragmental
обмазка coating
огнезащитная ~ fire-resisting coating
термическая ~ труб lagging of pipes
обмазывать coat, cover, smear with
обматывать wrap, leap, tape,
~ трубопровод tape a pipeline
обмен exchange
~ валюты currency exchange
~ данными data exchange
~ лицензиями exchange of licenses
~ на коммерческой основе exchange on a commercial basis
анионный ~ anion exchange
бартерный ~ barter swapping
внешнеторговый ~ forreign trade exchange
изотопный ~ isotopic exchange
ионный ~ ion exchange
катионный ~ base exchange

оборудование

неэквивалентный ~ non-equivalent exchange
приграничный ~ border trade
прямой ~ direct exchange
технологический ~ technological exchange
товарный ~ exchange of commodities
химический ~ chemical exchange
обмер:
~ обсадной колонны casing measurement
~ резервуара strapping of tank
обмерзание frosting-up
обмерзать frost up, ice up, ice over
обмотка:
~ конца троса seize
~ трубопровода pipeline taping
~ управления эл. control winding
вторичная ~ эл. secondary winding
катушечная ~ эл. coil winding
параллельная ~ эл. parallel winding
силовая ~ эл. power control winding
обнажать expose, uncover
~ смывом denude
обнажаться outcrop, be exposed
обнажение геол. exposure, (out)crop, uncovering
~ горной породы rock outcrop(ping)
~ кровли roof exposure
~ пласта bed outcrop(ping)
~ смывом denudation
~ трубопровода exposure [uncovering] of pipeline
естественное ~ natural exposure
искусственное ~ artificial exposure
кольцевое ~ annular outcrop
скрытое ~ buried [concealed] outcrop
обнаженный bare, exposed
обнаружение detection; discovery, finding
~ выноса песка detection of sand production
~ залежи нефти oil pool discovery
~ звуковых волн detection of sound waves
~ нарушения работоспособности malfunction detection
~ неисправности fault detection
~ неплотности leak detection
~ нефти oil detection
~ ошибки error detection
~ повреждений breakage [trouble] detection
~ пожара fire detection
~ течи leak detection
~ трещин crack detection
обнаруживать detect, discover, find
~ залежь (нефти, газа) discover a pool, find a deposit
обогащать (руду) concentrate
обогащение concentration, enrichment
~ газа gas enrichment
гравитационное ~ gravity concentration
сухое ~ dry concentration
обогрев heating, warming(-up)
обод rim
~ блока sheave rim
~ зубчатого колеса gear rim
~ шкива pulley rim

неразъемный ~ one-peace rim
обозначение designation, identification, marking, sign, symbol
условное ~ character
обойма:
~ подшипника bearing race
оболочка envelope, sheath, shell
~ кабеля cable sheath
~ керна (при лабораторных исследованиях) core shell
~ натяжения shell of tension
~ сжатия shell of compression
~ складки fold covering
водная ~ (частиц глины) water net envelope
водонепроницаемая ~ water-proof jacket
газовая ~ gas blanket
гелевая ~ gel coating
защитная ~ protective sheath [envelope]
многослойная ~ multilayer envelope
оконтуривающая стальная ~ steel outer shell
сольватная ~ solvent net [solvated hull] envelope
цементная ~ cement sheath
цилиндрическая ~ cartridge tube
оборачиваемость (транспорта) turnaround
~ танкера tanker turnaround
оборот revolution
~ в минуту revolution per minute
~ месторождения development
~ на дюйм подачи revolution per inch
оборудование equipment, facilities, outfit
~ аварийной постановки на якорь emergency mooring equipment
~ буровой установки drilling rig machinery
~ водоснабжения feedwater equipment
~ выкидной линии flowline equipment
~ для алмазного бурения diamond drilling equipment
~ для бетонных работ concrete handling equipment
~ для бурения на море offshore drilling equipment
~ для взрывных работ blasting equipment
~ для возбуждения внутрипластового горения in-situ combustion equipment
~ для вращательного бурения rotary drilling equipment
~ для временного якорного крепления temporary mooring drilling equipment
~ для газлифта gas-lift equipment
~ для газовой сварки gas-welding equipment
~ для геофизической разведки equipment for geophysical prospecting
~ для гидравлического разрыва пласта equipment for formation hydraulic fracturing
~ для глубокого бурения deep-drilling equipment
~ для дистанционного управления remote control equipment
~ для забивки свай pile-driving equipment
~ для заканчивания многорядной скважины multiple completion equipment

оборудование

~ для заканчивания одиночной скважины single-way completion equipment
~ для заканчивания скважин completion equipment
~ для заканчивания скважины в водной среде wet-type completion equipment
~ для закачивания пара steam-flooding equipment
~ для закачивания поверхностно-активных веществ и полимеров surfactant-polymer flooding equipment
~ для закачивания углекислоты carbon dioxide flooding equipment
~ для закачивания щелочи caustic flooding equipment
~ для закрытия противовыбросовых превенторов BOP control panels
~ для испытания testing equipment
~ для капитального ремонта workover equipment
~ для кислородной резки flame-cutting equipment
~ для кислотной обработки acid treatment equipment
~ для комбинированного бурения combination drilling equipment
~ для компенсации вертикальной качки heave-compensation equipment
~ для ликвидации продукции скважины при пробной эксплуатации well production disposal equipment
~ для монтажа и демонтажа водоотделяющей колонны marine riser handling equipment
~ для налива нефтепродуктов oil loading facilities
~ для направленного бурения directional drilling equipment
~ для обработки бурового раствора drilling mud treatment equipment
~ для обслуживания блока превенторов BOP (stack) handling equipment
~ для обслуживания и ремонта service equipment
~ для очистки бурового раствора drilling mud cleaning equipment
~ для пайки (*твердым припоем*) brazing equipment
~ для переработки газа gas processing equipment
~ для переработки нефти oil refining equipment
~ для повышения нефтеотдачи equipment for enhanced recovery of crude oil
~ для подвески обсадных колонн на устье скважины casing hanger equipment
~ для подготовки воды water treatment [water conditioning] equipment
~ для подготовки газа gas conditioning equipment
~ для подготовки нефти crude oil treating equipment

~ для поддержания пластового давления formation pressure maintenance equipment
~ для последовательного цементирования series cementing equipment
~ для приготовления бурового раствора drilling mud mixing equipment
~ для приготовления глинистых растворов mud mixing appliances
~ для приготовления сухих смесей bulk mixing equipment
~ для пробной эксплуатации (*на море*) (offshore) production test equipment
~ для прожигания ствола скважины borehole piercing equipment
~ для промывочных работ washover equipment
~ для работы с буровым раствором drilling mud handling equipment
~ для работы с незатаренными материалами bulk handling equipment
~ для работы с обсадной колонной casing handling equipment
~ для работы с противовыбросовыми превенторами BOP stack handling equipment
~ для разгрузки нефтепродуктов oil unloading facilities
~ для разделения и очистки пластовых флюидов formation fluid processing equipment
~ для ремонта скважины well service [well workover] equipment
~ для слежения за местоположением position monitoring equipment
~ для спуска running equipment
~ для спуска бурильных труб и подачи инструмента (*при наличии давления в скважине*) snubbing equipment
~ для спуска трубопровода на воду pipeline launching equipment
~ для ступенчатого цементирования multistage cementing equipment
~ для технического обслуживания в промысловых условиях field maintenance equipment
~ для технического обслуживания и текущего ремонта maintenance-and-support equipment
~ для транспортировки, хранения и приготовления бурового раствора mud-handling facilities
~ для ударно-канатного бурения cable tool drilling outfit, cable tool drilling equipment
~ для укладки трубопровода pipe-laying equipment
~ для хранения нефтепродуктов oil storage facilities
~ для цементирования скважин cementing outfit
~ для чистки резервуаров tank cleaning outfit, tank cleaning equipment
~ для чистки трубопроводов pipeline scraping equipment

оборудование

~ жизнеобеспечения life-support equipment
~ и устройства для ведения добычи production facilities
~ многократного использования reusable drilling equipment
~ надставки tie-back equipment
~ нефтебазы tank farm facilities
~ нефтебазы *или* перевалочной базы terminal facilities
~ низа бурильной колонны bottom-hole assembly of drill string
~ обсадной колонны casing equipment, casing accessories
~ связи communication equipment
~ секции водоотделяющей колонны riser pipe equipment
~ слежения за местоположением position monitoring equipment
~ с обратным клапаном floating equipment
~ трубопровода pipeline equipment
~, устанавливаемое вне помещения outdoor equipment
~ устья скважины wellhead set-up
~ фонтанирующей скважины flowing well equipment
~ хвостовиков tie-back equipment
~ циркуляционной системы mud circulation equipment
~ шахты скважины well cellar hook-up equipment
аварийное ~ emergency equipment
буксирное ~ towing equipment
буровое ~ drilling equipment
буровое и нефтепромысловое ~ oil-field drilling equipment
буровое палубное ~ on-board drilling equipment
буровое подводное ~ underwater drilling equipment
взрывобезопасное ~ explosion-proof equipment
воздухоочистное ~ air pollution control equipment
восстанавливаемое ~ repairable equipment
вскрышное ~ stripping equipment
вспомогательное ~ accessory [auxiliary] equipment
вышечное ~ derrick equipment
вышкомонтажное ~ rig hoisting equipment, rig builder's outfit
газлифтное ~ gas-lift equipment
геологоразведочное ~ geology-prospecting equipment
гидроакустическое ~ hydroacoustic equipment
глубинно-насосное ~ downhole pumping equipment
горное ~ mining equipment
горно-спасательное ~ miner-rescue equipment
действующее буровое ~ active drilling system

дистанциометрическое ~ distance measuring equipment
дозиметрическое ~ dosimetric equipment
дополнительное ~, не входящее в стандартный комплект optional [non-standard] equipment
дробильное ~ crushing equipment
забойное ~ bottom(-hole) equipment
защитное ~ protective equipment
испарительное ~ vaporization equipment
испытательное ~ testing equipment
карьерное ~ quarry equipment
комплектующее ~ accessory equipment
компрессорное ~ compressor equipment
компрессорное блочное ~ skid-mounted compressor equipment
компрессорное стационарное ~ stationary compressor equipment
контрольное ~ inspection equipment
контрольно-измерительное ~ test equipment
лабораторное ~ laboratory equipment
ловильное ~ fishing equipment
металлообрабатывающее ~ metal-working equipment
механическое ~ для очистки бурового раствора solids control equipment
монтажное ~ installation equipment, erection facilities
надводное ~ above-water [surface] equipment
надежное ~ reliable equipment
наземное ~ surface equipment, ground installation
насосное ~ pumping facilities, pumping outfit
насосно-компрессорное ~ pump-and-compressor equipment
натяжное ~ tensioning equipment
неисправное ~ out-of-order equipment
нестандартное ~ non-standard [optional] equipment
нефтегазодобывающее ~ oil and gas production equipment
нефтепромысловое ~ oil-field equipment
нефтяное ~ oil equipment
опорное ~ (*для подвески подводного трубопровода*) support equipment
палубное буровое ~ on-board drilling equipment
переносное подъемное ~ portable jacking equipment
погружное ~ submersible equipment
погрузочно-разгрузочное ~ handling equipment
подводное ~ underwater equipment
подводное буровое ~ underwater drilling equipment
подводное контрольное морское ~ subsea test equipment
подводное устьевое ~ underwater wellhead equipment
подземное ~ underground equipment
подъемное ~ hoisting [lifting] equipment
портовое погрузочно-разгрузочное ~ harbor handling equipment

оборудование

придонное ~ sea-floor equipment
прицепное ~ towing equipment
противовыбросовое ~ blowout equipment
противопожарное ~ fire safety [fire-fighting] equipment
резервное ~ stand-by equipment
ремонтное ~ reconditioning [workover] equipment
сварочное ~ welding equipment
сепарационное ~ separation equipment
серийное ~ standard [off-the-shelf] equipment
силовое ~ power equipment, power facilities
скважинное ~ downhole equipment, downhole tools
спусковое ~ set(ting) assembly
спуско-подъемное ~ round trip [pulling and running] equipment
стационарное ~ fixed equipment
технологическое ~ production equipment
транспортное ~ hauling [transportation] equipment
устьевое ~ для газлифтной эксплуатации gas-lift flow head equipment
устьевое ~ для закрытия скважины surface shut-in wellhead equipment
устьевое ~ для обсадной колонны-хвостовика extended casing wellhead equipment
устьевое ~ крестового типа cross-type wellhead assembly
устьевое ~ облегченного типа light-duty wellhead assembly
устьевое ~ тройникового типа tee-type wellhead assembly
устьевое буровое ~ drilling wellhead equipment, drilling wellhead assembly
устьевое герметизирующее ~ drilling control hookup
устьевое фонтанное ~ Christmas tree
цементировочное ~ cementation pumping equipment, cementing outlift
швартовное ~ mooring equipment
эксплуатационное ~ production equipment
электронное ~ для измерения углов отклонения electronic yaw equipment
энергетическое ~ power generating equipment
якорное ~ позиционирования position mooring equipment

оборудовать equip
обрабатывать process, treat, work
 ~ кислотой acidize
 ~ начисто finish
 ~ паром steam-treat
 ~ скважину кислотой acidize
обработанный:
 ~ пескоструйным аппаратом sand-blasted
 ~ резанием на станке machine-cut
обработка treatment; processing; conditioning; (*на станке*) working, machining
 ~ амином amine treating
 ~ бурового раствора drilling mud treatment, mud conditioning
 ~ воды water treatment, water conditioning
 ~ газа gas conditioning, gas treatment
 ~ горячей нефтью hot oil treatment
 ~ данных data processing
 ~ данных в реальном масштабе времени real-time data processing
 ~ изопропанолом isopropanol treatment
 ~ ингибитором inhibitor treatment
 ~ информации information [data] processing
 ~ керна core handling
 ~ метанолом methanol treatment
 ~ на промысле field processing
 ~ нефти oil treatment
 ~ пенящейся нефти treatment of foaming oil
 ~ пласта formation treatment
 ~ пласта горячей нефтью hot oil formation treatment
 ~ пласта дегазированной нефтью formation treatment with dead oil, oil formation fracturing
 ~ пласта жидкостью, нагреваемой в скважине volcanic formation treatment
 ~ пласта песчано-цементной смесью formation treatment with sand-cement mixture
 ~ пласта пластмассами plastic treatment of formation
 ~ пласта поверхностно-активными веществами surfactant treatment of formation
 ~ пласта под давлением hydraulic pressure treatment of formation
 ~ пласта углеводородными растворителями treatment of formation with hydrocarbon solvents
 ~ поверхности finishing (operation)
 ~ полости chambering
 ~ после сварки treatment after welding
 ~ призабойной зоны полимерами polymer bottom-hole treatment
 ~ приствольной зоны well treatment
 ~ результатов поисковых работ search data processing
 ~ сточных вод sewage [waste water] treatment
 ~ экспериментальных данных evaluation of test data
абразивная ~ abrasive treatment
автоматическая ~ данных automatic data processing
автоматическая ~ результатов каротажа automatic computation of logs
анодно-химическая ~ electrochemical machining
антикоррозионная ~ anticorrosive treatment
бактериологическая ~ bacteriological treatment
биологическая ~ biologic treatment
виброкислотная ~ пласта vibroacid treatment
внутрискважинная ~ downhole treatment
гидравлическая ~ призабойной зоны hydraulic bottom-hole treatment
двухрастворная ~ пласта mud-acid formation treatment

образовани/е

двухступенчатая ~ пласта two-stage formation treatment
дробеструйная ~ blasting
избирательная ~ пластов selective formation treatment
избирательная кислотная ~ пластов selective formation acidizing
имплозивная ~ implosive treatment
кислотная ~ acidizing
кислотная ~ пласта под давлением pressure acidizing of formation
кислотная ~ призабойной зоны bottom-hole acidizing
кислотная ~ скважин acidizing of wells
комбинированная ~ пласта combined formation treatment
нефтекислотная ~ пласта oil-acid treatment of formation
окончательная ~ finishing (operation)
паротепловая ~ пласта thermal steam treatment of formation
пенокислотная ~ пласта foam-acid treatment of formation
пескоструйная ~ sand blasting
последующая ~ aftertreatment
предварительная ~ pretreatment
предупредительная ~ preventive treatment
сернокислая ~ пласта sulfuric acid treatment of formation
солянокислотная ~ пласта hydrochloric acid treatment of formation
статистическая ~ statistical processing
струйная кислотная ~ пласта jet acidizing of formation
тепловая ~ пласта heat [thermal] treatment of formation
тепловая ~ пласта глубинными огневыми нагревателями thermal formation treatment with flame downhole heaters
тепловая ~ пласта глубинными электрическими нагревателями thermal formation treatment with electric downhole heaters
тепловая периодическая ~ пласта cyclic thermal treatment of formation
термокислотная ~ thermal acidizing, thermal acid treatment
термохимическая ~ thermochemical treatment
химическая ~ chemical treatment
химическая ~ бурового раствора drilling mud chemical treatment
чистовая ~ finishing, smoothing
щелочная ~ alkali [caustic] treatment
электронная ~ данных electronic data processing
электрохимическая ~ electrochemical treatment

образ/ец sample, specimen
~, взятый при канатном бурении bailer sample
~, взятый с забоя скважины bottom-hole sample
~ в натуральную величину full-size sample
~ выбуренной породы drill sample
~ для анализа assay sample
~ для испытаний test sample
~ для испытания на кручение torsion-test specimen, torsion-test piece
~ для испытания на растяжение tensile sample
~ для испытания на сжатие compression specimen, compression test piece
~ для испытания на срез shear-test specimen
~ для испытания на удар impact specimen
~ донного грунта bottom sample
~ из желоба ditch sample
~ из маркирующего горизонта key horizon specimen
~ из скважины well sample
~ каротажной диаграммы log sample
~, не выдержавший испытания failed test piece
~цы пород formation samples
~цы пород, взятые при бурении drill samples
~ с высокой радиоактивностью high radioactive sample
~ с долота bit-sample
~ с забоя скважины bottom-hole sample
~ с ископаемыми sample with fossils
~ смоченного бурового шлама wet sample of cuttings
~ с нарушенной структурой disturbed sample
~ с ненарушенной структурой undisturbed sample
~ с признаками нефтеносности sample with oil shows
~ шлама sludge sample
буровой ~ drill sample
влажный ~ wet sample
выбранный ~ picked sample
газовый ~ gaseous sample
грубый ~ bulk sample
дефектный ~ defective specimen
жидкий ~ liquid sample
исследуемый ~ test specimen, sample under investigation
контрольный ~ check [pilot] sample
натуральный ~ natural sample
опорный ~ key sample
опытный серийный ~ serial [batch] test specimen
ориентированный ~ oriented sample
представительный ~ керна representative core
промышленный ~ industrial sample, production prototype
сварной контрольный ~ pilot joint
стандартный ~ standard sample, type specimen
твердый ~ solid sample
типичный ~ representative sample

образовани/е formation
~ агрегатов development of aggregation

образовани/е

~ брекчий brecciation
~ взбросов thrusting
~ водного барьера water blocking
~ волн wave generation
~ волосных трещин crazing, hairing
~ впадин basining
~ в скважине водяного конуса coning
~ вязко пенистого шлака sponging
~ газовых пробок vapor locking
~ газовых пузырьков gas bulb generation
~ газовых языков chaneling of gas
~ геля gelation
~ гидратов hydrate formation
~ глинистого сальника ball-up
~ глинистой корки cake formation, walling-up
~ горных пород formation of rocks
~ гребней (*на забое*) tracking
~ донных осадков (*в резервуаре*) bottom sediments accumulation
~ желобов в стенках скважины key seating
~ жилы veining
~ залежи pool formation
~ каверн caving, cavitation
~ камеры chambering
~ каналов (*в цементе*) by-passing
~ каналов или протоков в пласте (*в цементном растворе за обсадными трубами*) channeling
~ клинкера clinkering
~ конуса обводнения water coning
~ месторождений deposit formation, formation of pools
~ микротрещин generation of microfractures
~ микроэмульсии formation of microemulsion
~ накипи fouling; scaling
~ нефти evolution of petroleum; oil formation, oil origin
~ нефтяного вала (*при вытеснении*) oil banking
~ окалины scaling
~ осадков sedimentation
~ отложений formation of deposits
~ отложений парафина (*в емкостях*) paraffin accumulation; (*в трубах*) paraffin deposition
~ оторочки (*перед фронтом вытеснения*) banking
~ пены foaming
~ перемежающейся нефтяной зоны (*перед фронтом наступающего агента*) oil banking
~ песчаных пробок sanding-up
~ петель каната kinking
~ плены на металле shelling
~ поверхностной пленки skinning
~ пробки в скважине bridging of a well
~ псевдоожиженного слоя fluidization
~ пузырей ebullition
~ пустот caving, cavitation
~ разрывов fracturing
~ рисок и задиров scoring
~ сальника на долоте balling-up of a bit
~ сбросов faulting
~ свода arching
~ складок folding
~ слоистости jointing
~ статического электричества building-up of static electricity
~ тепла development of heat
~ трещин cracking
~ трещин в основном металле base-metal cracking
~ хлопьев flocks formation, flocculation
~ эмульсии emulsification
~ языков заводнения water tonguing
~ языков обводнения water fingering
делювиальное ~ diluvium
наносные ~я alluvium
натечные ~я sinter
остаточное ~ residual formation, perluvium

образовывать:
~ кровлю overlain
~ складки corrugate, fold
~ суспензию fluidize

обрастание корпуса (*шельфовой установки*) fouling

обратимость reversibility

обратноконический obconical

обрезиненный rubberized, rubber-covered

обрезинивание rubberizing, rubber-covering

обрешетка (*фермы вышки*) bracing
горизонтальная ~ horizontal bracing
диагональная ~ diagonal bracing

обрушаться cave, slough, crush, fall

обрушение caving; crushing; downfall; collapse
~ грунта cave [fall] of ground
~ забоя face fall
~ кровли overhead sloping, roof caving
~ породы caving
~ руды ore caving
~ стенок ствола скважины sloughing of hole walls
~ стенок траншей collapse of trench side walls
блоковое ~ block caving
задержанное ~ arrested sloping
самопроизвольное ~ downfall

обрыв break(age), breaking, discontinuity
~ бурильной колонны drill string breakdown [parting]
~ насосно-компрессорных труб tubing string parting
~ насосных штанг sucker rod breakage, sucker rod parting
~ обсадной колонны casing (string) parting
~ по последнему витку резьбы у замка last-thread facing
~ талевого каната wireline rupture, wireline breakage

обсадка:
~ концов beading
~ скважины well casing

объем

обсаживать case
~ интервал case interval
~ скважину case [line] a well
обследование examination, survey
~ местности area survey
~ трассы трубопровода pipeline route survey
дозиметрическое ~ radiation exposure survey
предварительное ~ exploratory survey
обслуживание service, servicing, maintenance
~ в процессе эксплуатации на промысле field service
~ перевозок service of carriage
~ при эксплуатации production service
~ скважин servicing of wells, well servicing
~ трубопровода pipeline maintenance
аварийное техническое ~ emergency maintenance, emergency service
брокерское ~ broking
внеплановое техническое ~ occasional [off-schedule] maintenance
водолазное ~ на шельфе diving in support of offshore operations
гарантийное ~ guarantee maintenance, warranty service
информационное ~ information service
коммунальное ~ utility service
кредитно-расчетное ~ credit and settlement services
лизинговое ~ leasing
периодическое ~ periodic servicing
периодическое техническое ~ periodic maintenance
плановое ~ scheduled servicing
планово-предупредительное техническое ~ planned preventive maintenance
погрузочно-разгрузочное ~ cargo-handling service
профилактическое ~ routine maintenance, preventive protective service
сервисное ~ servicing, maintenance
текущее ~ running servicing, routine servicing
техническое ~ servicing, maintenance
техническое ~ перед эксплуатацией before operation service
техническое ~ при хранении storage maintenance
техническое ~ скважины при эксплуатации well production service, servicing of well under operation, servicing of well under production
техническое ~ трубопровода pipeline maintenance
транспортное ~ transport service
обстановка condition
геологическая ~ geological condition
ледовая ~ ice condition
метеорологическая ~ meteorological [synoptical] condition
обугливание carbonization
обуривание:
~ прихваченного инструмента промывной колонной (*снабженной башмаком-коронкой*) wash-over fishing operation

обустройство:
~ газового промысла gas-field construction
~ нефтяного промысла construction of oil field surface facilities, oil-field construction
~ промысла construction of surface field facilities
~ территории site development
~ устья скважины well-head equipment installing and connecting
обучение training, instruction
~ промыслового персонала training of field personnel
программированное ~ programmed instruction
обход by-passing, bypass, diversion
обходчик walker, inspector
линейный ~ трубопровода pipeline walker
обшивать coat, encase, jacket, lag, sheathe; (*досками*) board, plank
обшивка (*наружная*) covering, coating, casing, lagging; (*внутренняя*) facing, lining
~ вышки lagging of derrick
~ палубы deck plating
боковая ~ siding
деревянная ~ planking, boarding
защитная ~ sheathing
наружная ~ covering, coating, casing, lagging
Общество Society
~ инженеров-нефтяников Society of Petroleum Engineers
Американское ~ по испытанию материалов American Society for Testing Materials
объект object, facility
~ обустройства нефтяного *или* газового промысла oil *or* gas field surface facility
~ разработки productive formation
вышележащий ~ разработки overlying productive formation
многопластовой ~ разработки multilayer productive formation
нефтепромысловый ~ oil-field facility
нефтепромысловый морской ~ offshore oil-field facility, offshore oil-field structure
нефтепромысловый строящийся ~ oil-field facility under construction
первоочередной ~ разработки production formation to be produced first
эксплуатационный ~ production facility
объем volume; capacity
~ активного газа active gas volume
~ бурения footage [metreage] drilled
~ бурового раствора в резервуарах pit drilling mud volume
~ буферного газа cushion gas volume
~ в галлонах gallonage
~ взаимных поставок volume of reciprocal deliveries
~ в кубических ярдах yardage
~ воды (*прокачиваемой насосом за единицу времени*) water volume
~ выборки sample size
~ выручки от реализации продукции volume proceeds from marketing products

объем

~ вытесняемой воды displaced water volume
~ газа gas volume
~ газа в пласте volume of reservoir gas
~ газа в поверхностных условиях surface volume of gas, volume of gas at surface conditions
~ газа в хранилище gas storage volume
~ газа, приведенный к нормальным условиям standard gas volume
~ добычи нефти oil recovery, oil output, oil production volume
~ жидкой фазы liquid phase volume
~ жидкости, закачанной при гидроразрыве пласта fracturing liquid volume
~, занимаемый газом gas space
~ зерен grain volume
~ каверны cavern volume
~ коллектора reservoir capacity
~ кольцевого пространства annulus volume
~ наполнения admission space
~ начальной газовой шапки initial reservoir free gas [initial gas cap] volume
~ нетто net volume
~ нефти oil volume
~ нефти в пластовых условиях barrels of reservoir crude
~ нефти в резервуаре tank oil volume
~ нефти и газа из стенки скважины в продуктивном интервале reservoir-face volume
~ остаточной нефти (нетто) net residual oil
~ партии lot size
~ перевозок traffic volume
~ плунжера plunger displacement
~ подаваемого в скважину бурового раствора *или* газа в минуту circulation volume
~ полезной нагрузки payload volume
~ пор pore volume
~ порового пространства volume of pore space, volume of void
~ поровой воды volume of pore water
~ поставки scope of delivery
~ при обратном расширении reexpanded volume
~ продаж volume of sales
~ продуктивного пласта reservoir volume
~ продуктивной части коллектора bulk productive volume of reservoir
~ производства output, volume of production
~ пустот в продуктивном пласте reservoir voidage
~ пустот в продуктивном пласте в процентах percentage of reservoir voids
~ рабочего газа active gas volume
~, равный единице unit volume
~ свободного порового пространства reservoir voidage
~ скелета породы matrix [solid material] volume
~ ствола скважины borehole volume
~ стока volume of runoff
~ тары container capacity
~ твердой фазы solid volume

~ трубного пространства tubing volume
~ услуг scope of services
~ утечки leak rate
~ хранилища storage volume
~ цилиндра displacement [piston-swept] volume
~ экспортно-импортных поставок volume of export and import deliveries
абсолютный ~ absolute volume
атомный ~ atomic volume
внутренний ~ трубопровода line inventory
вытесняемый ~ displaceable volume
газодинамический ~ gas dynamic volume
гидродинамический ~ hydrodynamic volume
дренирующий ~ drainage volume
замеренный ~ нефти (*за вычетом механических примесей и воды*) net observed volume
измеряемый ~ volume to be measured
истинный ~ real volume
истираемый ~ алмаза abrasion size of diamond
кажущийся ~ apparent volume
молекулярный ~ molecular volume
молярный ~ molar volume
наливной ~ liquid capacity
незаполненный ~ ullage
номинальный ~ nominal volume
общий ~ total volume
общий ~ горной породы bulk volume of rock
общий ~ пласта reservoir bulk volume
общий ~ порового пространства gross pore [gross void] space
общий ~ продуктивного пласта bulk reservoir volume
откачиваемый ~ pumped volume
полезный ~ net volume
полезный ~ хранилища net storage volume
поровый ~ продуктивного пласта reservoir void space
приведенный ~ reduced volume
рабочий ~ цилиндра displacement [piston-swept] volume
свободный ~ outage
суммарный ~ cumulative [bulk] volume
суммарный ~ закачанной воды cumulative injected water volume
удельный ~ specific volume
циркулирующий ~ circulation volume
обязательств/о *эк.* obligation
взаимные ~a mutual obligations
гарантийное ~ guarantee obligation
денежные ~a liabilities
договорные ~a contractual obligations
долгосрочные ~a long-term obligations
контрактные ~a contract obligations
краткосрочные ~a short-term obligations
отсроченные ~a deferred liabilities
платежные ~a payment obligations
ОВ [отравляющее вещество] toxic agent, toxic substance
овальность ovality, out-of-roundness

~ труб out-of-roundness of pipes
оверит overite
овершот overshot
~ для ловли каната *или* кабеля cable head overshot
~ для насосных штанг sucker-rod overshot
~ с защёлками dog-type overshot
~ с направляющей воронкой overshot with bowl
~ с промывкой circulating overshot
клиновой ~ bulldog-type slip socket
многоступенчатый ~ multiple-bowl overshot
освобождающийся ~ с промывкой releasing and circulating overshot
огеливание gelation, gelatination, gelling
оглинение argillization
огнезадерживающий fire-retardant
огнезащита fire barrier
огнеопасность fire hazard
огнеопасный fire hazardous
огнестойкий fire-resistant, fire-proof, flame-resistant, flame-proof
огнестойкость fire-resistance, flame-resistance
огнетушитель fire extinguisher
аварийный ~ first-aid fire extinguisher
воздушно-пенный ~ air-foam fire extinguisher
жидкостный ~ wetting agent fire extinguisher
лафетный ~ wheeled fire extinguisher
пенный ~ foam fire extinguisher
пенный химический ~ chemical-foam fire extinguisher
переносный ~ portable fire extinguisher
порошковый ~ powder-type fire extinguisher
углекислотный ~ carbon-dioxide fire extinguisher
огнеупорность refractoriness
огнеупорный fire-proof, fire-resistant, refractory
оговорка *юр.* clause
~ о всех рисках all risks clause
~ о наибольшем благоприятствовании most favored nation clause
~ о падении цен fall price clause
~ о повышении цен rise price clause
~ о форс-мажоре force majeure clause
арбитражная ~ arbitration clause
безоборотная ~ "without recourse" clause
валютная ~ currency clause
мультивалютная ~ multiple carrency clause
огонь 1. (*пламя*) fire, flame 2. (*свет*) light
левый бортовой ~ port position light
опознавательный ~ identification light
открытый ~ open flame, open fire
правый бортовой ~ starboard position light
фарватерный ~ fairway light
ходовой ~ running light
якорный ~ anchor light
ОГП [определение границ пласта] reservoir limit test, RLT
ОГР [отверждаемый глинистый раствор] time setting clay

ограждение railing, rails; (safe)guard, shield, fence
~ крыши резервуара tank roof railing
~ цепной передачи chain guard
дуговое ~ arched guard
защитное ~ protective enclosure, protective guard, safeguard, guard rails
леерное ~ rails
металлическое ~ steel guard
ограничени/е restriction, limitation, constraint
~ в режиме работы operating limitation
~ высоты подъёма limitation of rising height
~ давления pressure limitation
~ дебита restriction of output
~ добычи (*нефти*) conservation
~ добычи в принудительном порядке production restriction
~ масштаба буровых работ curtailment of drilling
~ отбора нефти limitation of oil production
~ отклонения deviation limitation
~ по волнению моря limiting wave condition
~ по спуску обсадной колонны casing running limitation
~ размера size restriction
~ размера прибыли restriction on profit margin
~ скорости limitation of speed
~ спускоподъёмных операций tripping limitation
~ суточного дебита cutback in daily production rate
валютное ~ exchange restriction
весовое ~ weight restriction
допустимое ~ feasible constraint
обоюдное ~ mutual boundary
принудительное ~ потока restriction of flow
тарифные ~я tariff restrictions
торговые ~я trade restrictions
эксплуатационное ~ operating limitation
ограничитель limiter; stop
~ буссоли compass needle stop
~ верхнего уровня жидкости upper liquid level limiter
~ грузоподъёмности safe load indicator
~ давления бурового насоса mud pump pressure relay
~ движения limit stop
~ напряжения *эл.* voltage limiter
~ подъёма lift stop
~ подъёма талевого блока traveling block limit switch
~ скорости speed limiter
~ тока *эл.* current limiter
~ угла наклона стрелы boom angle limiter
~ хода end stop, stop block, arrester, arresting device
автоматический ~ грузоподъёмности automatic safe load indicator
автоматический ~ момента automatic limiter of torque
плавучий ~ (*разлившейся нефти*) floating terminal

ограничитель

регулируемый ~ хода adjustable stop
одежда:
   защитная ~ protective clothing
одинит odinite
одновалентный univalent, monovalent
одноканальный single-channel
одноколонный single-casing
одноминеральный monomineral, monogenic
одномолекулярный monomolecular
одноосновный monobasic
одноосность uniaxiality
одноосный uniaxial, single-axle, single-pin
однопоточный single-flow
однопроточный single-flow
однородность consistency
   ~ гранулометрического состава uniformity of grain size
   ~ коллектора reservoir homogeneity
однослойный single-layer
одноступенчатый single-stage
однотактный single-cycle
однотрубка single (pipe)
однофазный single-phase
одноцилиндровый single-cylinder
одонтограф odontograph
одорант odorant
   ~ природного газа natural gas odorant
одоризатор odorizer
   ~ с расходомером odorizer with gas meter
   байпасный ~ bypass odorizer
   барботажный ~ barbotage odorizer
   диафрагменный ~ diaphragm odorizer
   капельный ~ drip odorizer
   фитильный ~ wick odorizer
одоризация odorization
   ~ природного газа natural gas odorization
одоризованный odorized
одориметр odorimeter
ожидание: waiting
   ~ затвердевания цемента waiting on cement, WOC
   ~ погоды waiting of weather
ожижать fluidize
ожижение fluidization
ожижитель liquefier
озанит osanite
озаркит osarkite
озеро lake
   асфальтовое ~ pitch lake
   грязевое минеральное ~ mineral mud lake
   соленое ~ saline [salt] lake, salina
озокерит ozokerite, native paraffin, mineral [earth] wax
озоление ashing
   мокрое ~ wet ashing, wet combustion
   сухое ~ dry ashing, dry combustion
озолять ash
озон ozone
ОЗЦ [ожидание затвердевания цемента] waiting on cement, WOC
оказание первой помощи first-aid treatment
окалин/а scale
   удалять ~у descale
окалинообразование scaling
окалиностойкость resistance to scaling
окаменелость fossil
   зональная ~ zone fossil
   наземная ~ land fossil
   руководящая ~ index, reference [guide] fossil
   устойчивая ~ persistent fossil
   фациальная ~ facies fossil
окаменелый petrified, fossil, fossilized
окаменение fossilization, petrifaction, lithification
   ~ осадка sediment lithification
   ~ песка sand lithification
окантовка:
   ~ лаза manhole frame
окатанность roundness
окатанный rounded, rolled
   слабо ~ poorly rounded
окатыш pellet
окварцевание silicification
океан ocean
океанография oceanography
окисел oxide
   ~ металла metal oxide
   безразличный ~ indifferent oxide
   кислотный ~ acid oxide
   основный ~ basic oxide
окисление oxidation
   ~ в нейтральной среде neutral oxidation
   ~ углеводородов oxidation of hydrocarbons
   анаэробное ~ нефти anaerobic oil oxidation
   аэробное ~ нефти aerobic oil oxidation
   быстрое ~ rapid oxidation
   медленное ~ quiescent oxidation
   непосредственное ~ direct oxidation
   фракционное ~ selective oxidation
   электролитическое ~ electrolytic oxidation
   электрохимическое ~ electrochemical oxidation
окислитель oxidant, oxidizer
окисляемость oxid(iz)ability
окислять acidize, oxidate
окисляться oxidate
окклюдировать occlude
окклюзия occlusion
окно window; aperture
   погодное ~ weather window
   разгрузочное ~ unloading aperture
   смотровое ~ observation [viewing] port, inspection hole
околошовный adjacent, adjoining
оконтуривание contouring, delimitation, delineation
   ~ нефтяных месторождений delineation of oil fields
окраина margin
   ~ геосинклинали geosynclinal margin
окремнение silicification, silicifying
окремнивать silicify
окристаллизованность crystallinity
окружность circumference

операци/я

внутренняя ~ inside circumference
наружная ~ outside circumference
оксакальцит oxacalcite
оксалат oxalate
оксаммит oxammite
оксиальдегид hydroxyaldehyde
оксибитум oxybitumen
оксид oxide
~ алюминия alumina, aluminum oxide
~ железа iron [ferric] oxide
~ калия potassium oxide
~ кальция calcium oxide, quicklime
~ кремния silicon oxide
~ магния magnesium oxide
~ натрия sodium oxide
~ углерода carbon monoxide, carbonic oxide
~ хрома chromium oxide
~ цинка zinc oxide, zink bloom
безводный ~ железа anhydrous oxide of iron, red hematite
водный ~ hydroxide, hydrate
кислотный ~ acid oxide
основный ~ basic anhydride
полуторный ~ sesquoxide
сернокислый ~ железа ferric sulphate
оксидация oxidation
оксидиметрия oxidimetry
оксидирование oxidation
оксидный oxidic
оксикарбонит oxicarbonite
оксикислота oxyacid, hydroxy acid
оксимагнетит oxymagnetite, maghemite
оксинат oxinate
оксисульфид oxysulphide
оксихлорид oxychloride
оксицеллюлоза oxycellulose
октан octane
октановый octane
окупаемость *эк.* pay-back, recoupment
~ вклада в уставной фонд recoupment of contributions to the authorized fund
~ капиталовложений recoupment of capital investment
олеиновый oleic
олеофильность oil receptivity, water repellance
олефинит olefinite
олефины olefines
олигозит oligosite
олигоклаз oligoclase
олигонит oligonite
олигоцен *геол.* Oligocene (epoch)
омбpометр ombrometer
омеднённый copper-plated
омеднять copper(-plate)
омметр ohmmeter
омыление saponification
омылитель saponifier
омыляемость saponifiability
омылять saponify
ондометрия ondometry
онихит onychite

онкилонит onkilonite
онтогенез ontogeny, ontogenesis
оолит oolite
оолитовый oolitic
опалесценция opalescence
опалесцирующий opalescent
опалубка encasing, shutter(ing), forms
~ для бетона casing
абсорбирующая ~ absorbent shutter
деревянная ~ timber shutter, timber forms
инвентарная ~ traveling forms
переставная ~ *см.* инвентарная опалубка
разборная ~ knock-down forms
скользящая ~ slip forms
щитовая ~ panel forms
опасность danger, risk, hazard
~ аварии breakdown hazard, danger of failure
~ воспламенения danger of ignition
~ для жизни danger to life
~ для здоровья hazard to health
~ загрязнения contamination hazard
~ заноса skid hazard
~ искрения risk of sparkling
~ падения пакера danger of packer dropping
~ повреждения damage risk
~ повреждения трубопровода pipeline damage risk
~ при работе с трубами pipe handling danger
~, создаваемая углеводородами hydrocarbon hazards
~ утечки газа gas escape risk
пожарная ~ fire hazard, fire risk
предельная ~ аварии hazard exposure
ОПЕК [Организация стран – экспортеров нефти] Organization of Petroleum Exporting Countries, OPEC
оператор operator; (*насоса*) pumper; (*диспетчер*) switcher
операторская control room
операци/я job, operation
~ бурения drilling operation, drilling procedure
~ в скважине, осуществляемая с помощью вспомогательного талевого каната wireline operation
~ глушения скважины well-killing procedure
~ добычи producing operation
~ наращивания (*труб*) making of connection
~ по выравниванию труб pipeline-up procedure
~ по гидроразрыву пласта hydraulic fracturing operation
~ подъема (*трубы*) pulling-out operation
~ по капитальному ремонту скважин well workover operation
~ по профилактическому ремонту скважины well service operation
~ по уходу в сторону из главного ствола sidetracking operation
~ по хеджированию hedging
~ по центровке труб pipeline-up procedure
~ развинчивания breakout operation

операци/я

~ свинчивания make-up operation
~ смазки grease job
~ спуска (*трубопровода*) launchway operation
~ технического обслуживания maintenance operation
биржевая ~ exchange business
внедренческие ~и commissioning operations
внешнеторговая ~ foreign trade operation
вспомогательная ~ secondary operation
вычислительная ~ computation
денежные ~и monetary operations
контрольная ~ checkout operation
лизинговые ~и leasing transactions
ловильная ~ fishing job
однократная ~ single job
одноходовая ~ one-way operation
окончательная ~ finishing operation
основная ~ primary operation
периодическая ~ batch operation
подготовительная ~ prior [preparatory] operation
посредническая ~ mediation of business
ручная ~ manual operation
спускоподъемная ~ round trip
технологическая ~ process operation
товарообменные ~и exchange of commodities
торговые ~и trade operations
транспортно-экспедиторские ~и forward operations
транспортные ~и transport operations
финансовые ~и financial operations
экспортно-импортные ~и export-import operations

опесчаненный *геол*. arenaceous

опилки:
древесные ~ sawdust
металлические ~ filings

опирающийся на дно bottom-supported

описание description
~ бурового шлама drill cutting description
~ керна core description
~ патента patent specification
двухмерное ~ коллектора two-dimensional reservoir description
литологическое ~ керна lithologic description of core

оплавление:
~ поверхности сварного шва washing

оплавлять поверхность шва wash

оплата payment
поденная ~ daily wage
пофутовая ~ буровых работ footage rate
почасовая ~ hourly wage

оплетка sheath, braid(ing)
металлическая ~ wire braiding
нитяная ~ textile braiding
пропитанная ~ impregnated braid
противогнилостная ~ imputrescible braid
хлопчатобумажная ~ cotton braid

оплывина mud-flow, mud-stream

оползание:
~ грунта slump
~ породы в трещине creep in the fracture

оползать slough, slump, creep, slide, slip

оползень creep, falling, slump

опор/а bearing, support
~ балансира walking beam saddle, walking beam support
~ бурового долота drill bit bearing assembly
~ бурового долота без смазки non-lubricated drill bit bearing assembly
~ бурового долота с главным подшипником скольжения journal drill bit bearing assembly
~ бурового долота со смазкой lubricated drill bit bearing assembly
~ бурового инструмента drilling tool bearing assembly
~ вала shaft bearing
~ для домкрата jack pad
~ для насосных штанг pull rod carrier
~ для ноги footing
~ качения rolling-contact bearing
~ керноприемника core barrel inner tube bearing
~ кессонного типа caisson-type leg
~ морского бурового основания offshore drilling platform footing
~ наземного резервуара tank supporting structure
~ ноги вышки derrick leg pedestal structure
~ ножа труборезки casing knife [pipe cutter] bearing
~ оси axle bearing
~ подвески suspension support
~ы под полевые тяги rod line carriers
~ трубопровода pipeline support
~ шарошки долота bit leg
~ шкива sheave bearing
А-образная ~ A-frame
вспомогательная ~ auxiliary bearing
герметизированная ~ бурового долота sealed drill bit bearing assembly
задняя ~ rear support
качающаяся ~ swing [pivoted] bearing
лотковая ~ (*для трубопровода*) cradle
маятниковая ~ pendulum bearing
монтажная ~ erection support
неподвижная ~ fixed bearing, fixed support
несгораемая ~ fire-proof support
несущая ~ supporting pillar bearer
нижняя ~ пакера wall packer bottom seat
нижняя ~ ротора hold-down bearing of rotary table
нижняя ~ шатуна станка-качалки wrist-pin bearing
нижняя радиальная ~ lower radial bearing
ножевая ~ knife edge
однорядная свайная ~ single-pile trestle
осевая ~ axial [thrust] bearing
основная ~ ротора main rotary table bearing
открытая ~ бурового долота unsealed drill bit bearing assembly

определение

плавучая ~ flotation jacket
плавучая решетчатая ~ self-floating jacket
пневматическая ~ bellows
подвижная ~ movable [sliding] support
поперечная ~ lateral bracing
приварная ~ weld support
призматическая ~ knife-edge [fulcrum] bearing
промежуточная ~ saddle
промежуточная радиальная ~ intermediate radial bearing
рамная ~ frame trestle
регулируемая ~ adjustable support
роликовые ~ы трубы pipe roller shoes
скользящая ~ slide bearing, sliding base
сплошная ~ solid support
фундаментная ~ foundation pier
хомутовая ~ трубопровода pipe saddle
хомутовая скользящая ~ трубопровода slide [expansion] pipe saddle
шарикороликовая ~ бурового долота ball and roller drill bit
шарнирная ~ pivoting support
шаровая ~ spherical bearing
опорожнение discharge, emptying
~ трубопровода pipeline emptying
опорожнять discharge, empty
~ резервуар bleed
оправка drift, mandrel
~ для исправления смятых труб tube expander
~ для насосно-компрессорных труб tubing rollers
~ для ремонта обсадных труб casing roller
~ с воронкой mandrel socket
~ фрезера mandrel of mill
калибрующая ~ swage
контрольная ~ drift mandrel
раздвижная ~ expanding mandrel
рифленая ~ fluted swage
эксцентрическая ~ eccentric mandrel
определение determination
~ абсолютного возраста absolute age determination
~ азимутального отклонения azimuth determination
~ ареала geographical demarcation
~ благоприятных площадей favorable areas definition
~ величины пористости пласта estimating of porosity
~ влажности moisture determination
~ водонефтяного контакта oil-water boundary determination
~ водоотдачи filter loss test
~ возраста радиоизотопными методами age determination by radioactivity
~ времени загустения thickening time test
~ высоты подъема цементного раствора cement top location
~ вязкости viscosity determination, viscosity test

~ границ пласта reservoir limit test
~ гранулометрического состава particle size determination, grain-size analysis
~ давления насыщения нефти газом bubble-point pressure determination
~ дебита при фонтанировании open flow test
~ запасов нефти determination of oil-in-place
~ зоны малых скоростей weathering shooting
~ капиллярного давления capillary pressure test
~ капиллярности capillary test
~ качества цементирования обсадной колонны casing string cementing quality control, evaluation of casing string cementing quality
~ концентрации ионов хлора chloride ion concentration determination
~ концентрации солей в нефти determination of salt content in oil
~ координат точек determination of position
~ коэффициента полезного действия efficiency test
~ коэффициента приемистости скважины injectivity-index test
~ крутящего момента torque test
~ масштаба scaling
~ места для размещения буровой drill site location
~ места повреждения fault location
~ места притока газа gas inflow location
~ места утечки leak location
~ местоположения location
~ местоположения верха цементного кольца cement top location
~ местоположения муфт обсадной колонны casing collar location
~ местоположения скважины well location
~ мощности пласта bed thickness determination
~ насыщенности керна core saturation determination
~ насыщенности пласта флюидами determining of reservoir fluid saturation
~ нефтенасыщенности oil saturation determination
~ нефтеносной структуры геофизическими методами determining of oil-bearing structure by geophysical methods
~ объема determination of volume
~ объема нефтепродукта в резервуаре *или* цистерне (*путем измерения высоты паровоздушного пространства*) ullage
~ относительной проницаемости relative permeability determination
~ падения пласта методом расчета estimating a drip of bed
~ пластового давления determining of reservoir pressure
~ плотности density determination
~ плотности бурового раствора drilling mud density test

определение

~ погрешности error estimation
~ положения determination of position
~ пористости porosity determination
~ предельного статического напряжения сдвига gel strength determination
~ производительности газовой скважины gas flow test
~ производительности нефтяной скважины oil well potential test
~ проницаемости горных пород rock permeability determination
~ проницаемости керна core permeability determination
~ размеров dimensioning
~ реологических свойств rheometric test
~ силы сцепления cohesion test
~ содержания воды в нефти determination of water content in oil
~ содержания воды и нефти water and oil content test
~ содержания диаммонийфосфата (*в буровом растворе*) DAP test
~ содержания механических примесей в нефти determination of bottom sludge content in oil
~ содержания свободной воды в нефти determination of free water content in oil
~ сопротивления грунта проникновению (*при помощи пенетрометра*) sounding
~ срока службы life test
~ структуры горной породы conditioning of rock texture
~ твердости hardness test
~ твердости вдавливанием шарика ball indentation test
~ твердости по Бринеллю Brinell hardness test
~ твердости по Роквеллу Rockwell hardness test
~ твердости по Шору Shore dynamic indentation test
~ текучести бурового раствора drilling mud fluidity test
~ текущего дебита current production rate test
~ температуры воспламенения fire test
~ температуры застывания нефти oil pour point determination
~ температуры конденсации dew point determination
~ точки росы bubble-point test
~ ударной вязкости по Изоду Izod impact test
~ ударной вязкости по Шарпи Charpy impact test
~ удельного сопротивления бурового раствора drilling fluid resistivity logging
~ щелочности pH test
весовое ~ газопроницаемости gas-permeability determination
гравиметрическое ~ gravimetric determination
количественное ~ quantitative determination
спектральное ~ spectrographic determination
спектрофотометрическое ~ spectrophotometric determination
точное ~ местонахождения pinpointing
электрометрическое ~ electrometric determination

опреснение desalting, desalinization
опреснитель desalter, desalting unit
опрессованный pressure-tested
опрессовка pressure testing
~ водой water pressure testing
~ воздухом air pressure testing
~ манифольда hydrostatic pressure testing of manifold
~ нефтью oil pressure testing
~ труб pipe pressure testing
~ труб воздухом air pressure testing of pipes
~ трубопровода pipeline pressure testing
гидравлическая ~ hydraulic [hydrostatic] pressure testing
повторная ~ repeated pressure testing
опрессовывать pressure testing
опробование sampling; testing
~ без нагрузки off-load testing
~ в необсаженном стволе *см.* опробование в открытом стволе
~ в открытом стволе open hole testing
~ испытателем пластов на бурильной колонне drill stem formation testing
~ испытателем пластов на кабеле wireline formation testing
~ компонентов арматуры hardware components testing
~ пласта formation testing
~ скважины well(bore) testing
~ скважины методом снизу вверх up-the-hole testing
бороздовое ~ trenching
минералогическое ~ mineralogical sampling
последовательное ~ скважин снизу вверх up-the-hole testing
проверочное ~ check sampling
шпуровое ~ pit sampling
опробователь tester
~ пласта formation tester
опробовать test; sample
опрокидывание tilting; tipping; overturning; dumping
~ вышки overturning of derrick
~ мачтовой вышки overturning of mast
~ пласта tilting of stratum
~ слоев tilting of beds
~ судна capsizing of ship
~ фазы phase reversal
~ циркуляции reversal of circulation
опрокидыватель dumper; tipper
опрокидывать dump, overturn
оптимизация optimization
~ процесса бурения drilling process optimization
~ размеров трубопровода optimization of pipeline size

~ технических характеристик performance optimization
~ управления control optimization
опускание:
~ трубопровода (*в траншею*) lowering(-in) the pipeline
глыбовое ~ block faulting
изостатическое ~ isostatic sinking
предельное ~ ultimate subsidence
самопроизвольное ~ spontaneous sinking
тектоническое ~ tectonic subsidence
опускать:
~ инструмент на забой run tools to bottom
~ обсадную колонну run casing string in
~ трубы в скважину run pipes into a well
~ трубы в скважину под давлением snub
опцион option
~ на закупку option to purchase
~ на продажу option to sell
~ покупателя call option
~ продавца put option
валютный ~ option of exchange
грузовой ~ cargo option
опыт 1. experience 2. experiment, trial
~ бурения drilling experience
~ в промысловых условиях field experiment
~ проведения испытаний practice in testing
~ работы operational experience, service experiment
~ эксплуатации operating experience
достоверный ~ significant experiment
контрольный ~ check experiment
лабораторный ~ laboratory trial
лабораторный ~ по заводнению flood-pot experiment
показательный ~ model experiment
полевой ~ field experiment
промысловые ~ы на площади, разбуренной сплошной сеткой скважин pattern type field experiments
промысловый ~ field experience
управленческий ~ managerial experience
широко поставленный ~ large-scale experiment
орган:
~ы местного управления bodies of local government
грузонесущий ~ load-carrying unit
рабочий ~ tool, working unit
регулирующий ~ control unit
сертификационный ~ certifying authority
Организация:
~ арабских стран – экспортеров нефти Organization of Arab Petroleum Exporting Countries, OAPEC
~ стран – экспортеров нефти Organization of Petroleum Exporting Countries, OPEC
организация organization
~ производства management
базовая ~ base institution
буровая ~ drilling organization, drilling enterprise
внедренческая ~ commissioning organization
внешнеторговая ~ foreign trade organization
внешнеэкономическая ~ foreign economic organization
международная ~ international organization
нефтедобывающая ~ oil producing organization, oil producing enterprise
подрядная ~ contractor
транспортно-экспедиторская ~ forwarding organization
хозрасчетная ~ self-financing [self-sustained] organization
органический biogenic, organic
органогенный organogenous, orgenic
органолит organolith, organic rock, biolith
ордер *эк.* order
~ на погрузку shipping note
грузовой ~ shipping order
фрахтовый ~ chartering order
ордовик *геол.* Ordovician (period)
ордовикский *геол.* Ordovician
оребренный finned
орендит orendite
ореол halo
~ рассеяния азота scattering halo of nitrogen
~ рассеяния газа gas scattering halo
~ рассеяния полезных ископаемых mineral scattering halo
вторичный ~ рассеяния secondary [exogenetic] scattering halo
газовый ~ gas halo
геохимический ~ geochemical halo
первичный ~ рассеяния primary [endogenetic] scattering halo
ориентация orientation
~ зерен горной породы rock grain orientation, rock grain packing
~ керна core orientation
~ напластования attitude of bedding
~ по форме shape orientation
преимущественная ~ preferred orientation
произвольная пространственная ~ зерен горной породы random space rock grain orientation, random space rock grain packing
пространственная ~ dimensional orientation
пространственная ~ зерен горной породы space rock grain orientation, three-dimensional rock grain packing
ориентир reference point, landmark
ориентирование orientation
~ бурильной колонны orienting of drill pipe
~ зерен алмаза diamond orientation
~ керна core orientation
~ на местности terrain orientation
~ отклонителя orientation [facing] of whipstock
~ расчалки вышки guyline orientation
забойное ~ отклонителя whipstock bottom-hole orientation
наземное ~ отклонителя surface whipstock orientation
стереоскопическое ~ spatial orientation

ориентировать:
~ отклоняющий инструмент orient a deflecting tool
ориентировка orientation
линейная ~ lineation
пространственная ~ dimensional orientation
реликтовая ~ relict orientation
случайная ~ random orientation
ориентит orientite
орилеит orileyite
орнитин ornithine
орноит ornoite
ороген orogen
орогенез orogenesis
орогенический orogenic
орография orography
орометрия orometry
оросинклиналь orosyncline
орт breakthrough, cross-cut
ортит orthite, allanite
ортлерит ortlerite
ортогенез orthogenesis
ортогенный orthogene, orthogenic
ортогеосинклиналь orthogeosyncline
ортогональный orthogonal
ортокислота orthoacid
ортоклаз orthoclase
бариевый ~ barium orthoclase, hyalophane
натриевый ~ soda orthoclase
ортокластический orthoclastic
ортолит ortholith
ортоось ortho-axis
ортопорода orthorock
ортосиликат orthosilicate
ортоскоп orthoscope
ортоскопия orthoscopy
ортосланец orthoschist
ортотектит orthotectite
ортохлорит orthochlorite
осадитель precipitant
осадка (*судна, бурового основания*) draft
~ в режиме выживания survival draft
~ нагруженного танкера tanker-loaded draft
~ плавучего бурового основания draft of floating rig
~ платформы при бурении draft of platform in drilling condition
~ полупогружного основания draft of semi-submersible unit
~ при буксировке towing draft
~ при бурении drilling draft
~ судна draft
грузовая ~ load draft
грузовая расчетная~ designed load draft
рабочая ~ operating draft
транспортная ~ transit draft
эксплуатационная ~ *см.* рабочая осадка
осадкообразование sedimentation
~ на суше terrestrial sedimentation
морское ~ marine sedimentation
озерное ~ lacustrine sedimentation
осад/ок deposit, sediment; *pl* (*метео*) precipitation
~ бурового шлама sludge settling
~ из кислого масла coke
~ на дне резервуара, состоящий из эмульсии нефти basic sediment
~ открытого моря offshore sediments
~ твердых углеводородов solid hydrocarbon scale
абиссальные ~ки abyssal deposits
алевритовые ~ки aleurite sediments
атмосферные ~ки atmospheric precipitation
бассейновые ~ки basin sediments
биогенный ~ biogenic [biogenous] sediment
глинистый ~ argillaceous sediment
глубоководные ~ки deep-sea sediments
годовые ~ки annual precipitation
доломитовые ~ки dolomitic sediments
донные ~ки bottom settings, bottom sediments
донный ~ в резервуаре bottom sludge, bottoms
известковый ~ calcareous sediment, lime deposit
карбонатные ~ки carbonaceous sediments
кластические ~ки clastic [detrial] sediments
комковатые ~ки lumpy .sediments
конвекционные ~ки convective precipitation
консолидированные ~ки consolidated [compacted] sediments
массивные ~ки massive sediments
материнские ~ки source sediments
мелководные ~ки shallow-water sediments
механические ~ки mechanical sediments
молодые ~ки recent sediments
морские ~ки marine sediments
непроницаемые ~ ки impervious sediments
отжатый ~ на фильтре cake
отфильтрованный ~ strained sediment
пегнитогенные ~ки pegnitogene sediments
пелагические ~ки pelagic sediments
пелитовые ~ки pelitic sediments
переносимые водой ~ки water-born sediments
пушистый ~ fluffy precipitation
речные ~ки fluviatile, fluvial deposits
рифовые ~ки reef deposits
рыхлый ~ loose precipitation
слоистый ~ bedded [stratified] sediment
терригенные ~ки terrigene sediments
уплотненный ~ compacted [consolidated] sediment
флокулированный ~ flocks
хемогенный ~ chemical sediment
хлопьевидный ~ flocculated sediment
осадочный sedimentary
осаждаться settle, deposit, precipitate
~ на поверхности пласта bridge across the face of the formation
~ хлопьями flocculate
осаждение settling, precipitation, deposition
~ накипи scaling
~ отстаиванием sedimentation, settling
~ парафина wax [paraffin] precipitation

~ хлопьями flocculation
адсорбционное ~ adsorptive precipitation
вторичное ~ reprecipitation
дробное ~ fractional precipitation
замедленное ~ hindered settling
непрерывное ~ continuous sedimentation
одновременное ~ coprecipitation
свободное ~ gravity sedimentation
стесненное ~ crowded precipitation
химическое ~ твердой фазы в пласте chemical deposition of solid in formation
электростатическое ~ electrostatic precipitation
осажденный deposited, sedimented
освещение lighting, illumination
 аварийное ~ emergency lighting
 верхнее ~ overhead lighting
 внутреннее ~ interior lighting
 прожекторное ~ floodlight
 прямое ~ direct illumination
 рассеянное ~ diffused illumination
освещенность illumination intensity
освобождать:
 ~ инструмент release the tool
 ~ от газа outgas
 ~ цистерну empty the tank
освобождение:
 ~ инструмента с помощью яса jarring of tool
 ~ нефти из сланцев releasing of oil from the shale
 ~ оставшегося в скважине инструмента jarring of tool
 ~ от налогов exemption from taxes
 ~ пакера release of packer
 ~ прихваченного инструмента freeing of stuck tool
 ~ прихваченной колонны getting stuck pipe loose
освоение:
 ~ залежи нефти и газа reservoir management
 ~ скважины well completion
оседание *геол.* subsidence, settlement, sinking
 ~ в результате растворения solution subsidence
 ~ горных пород subsidence of rock
 ~ горных пород под давлением compression subsidence of rocks
 ~ грунта land subsidence
 ~ грунта при протаивании soil thaw-subsidence
 ~ сооружения structure subsidence
 кальдерообразное ~ cauldron subsidence
 неравномерное ~ differential subsidence
 поверхностное ~ surface subsidence
 подземное ~ underground subsidence
 стесненное ~ crowded precipitation
оскол/ок:
 ~ки породы chipping
 ~ки породы, откалываемые долотом bit cuttings
 алмазные ~ки bort
ослабление:
 ~ вакуума loss of vacuum
 ~ давления release of pressure
 ~ коррозии corrosion mitigation
 ~ крепления вставных зубьев шарошки loosening of rolling cutter inserts
 ~ напряжения stress release
 ~ натяжения расчалок bracing slackness
 ~ натяжения талевого каната slackening of wireline
 ~ породы rock slackening
 ~ сварного шва concavity
 ~ сжатия decompression
 ~ сигнала attenuation of signal
ослаблять:
 ~ зажим unclamp
 ~ затяжку ease off
ослаицевание rock dusting
осложнение complication, trouble, problem
 ~ в процессе бурения drilling trouble, drilling problem
 ~ в процессе ловильных работ complication of fishing operations
 ~ в стволе скважины hole trouble, hole problem
 ~, вызываемое газированием бурового раствора gas cutting trouble
 ~ с буровым раствором drilling mud trouble
 ~, связанное с отложением парафина paraffin trouble
 ~, связанное с притоком воды в скважину water troubles
осмос osmosis
 обратный ~ reverse osmosis
осмотический osmotic
осмотр examination, inspection, survey
 ~ в начале периода аренды onhire survey
 ~ и ремонт service
 ~ местности field reconnaissance
 ~ перед окончанием периода аренды offhire survey
 ~ с демонтажом strip inspection
 визуальный ~ visual inspection
 выборочный ~ spot-check [sampling] inspection
 детальный ~ overhaul(ing)
 ежегодный ~ annual inspection
 ежемесячный ~ monthly inspection
 контрольный ~ check
 наружный ~ visual examination
 основной технический ~ major inspection
 периодический ~ periodic [cyclic] inspection
 подробный ~ *см.* детальный осмотр
 приемо-сдаточный ~ acceptance inspection
 профилактический ~ preventive inspection
 регулярный ~ routine inspection
 таможенный ~ customs check, customs inspection
 текущий ~ daily inspection
 технический ~ maintenance, engineering inspection
оснастка equipping, tooling reeving, string-up
 ~ обсадной колонны external casing attachments
 ~ талевого блока reeving of traveling block

оснастка

~ талевой системы wireline string-up
восьмиструнная ~ талевой системы eight-line string-up
крестовая ~ талевой системы cross-line string-up

оснащать:
~ скважину НКТ tube the well

оснащение:
~ измерительной аппаратурой instrumentation
~ скважины equipping of a well

основа:
~ бурового раствора base of drilling mud
~ вкладыша подшипника backing, supporting shell
~ матрицы matrix base
~ нефти base of petroleum
геодезическая ~ geodetic base, geodetic datum

основание 1. foundation, substructure, base 2. (*в разработке морских месторождений*) platform, vessel, unit 3. *геол., хим.* base
~ зуба root of tooth
~ из пространственных ферм trussed-type substructure
~ канавки bottom of groove
~ кессона caisson foundation
~ колонны column foot
~ надвига fault sole
~ на железобетонных сваях concrete-pile foundation
~ насосного блока pump platform
~ нефти oil [petroleum] base
~ ноги вышки base plate of derrick leg
~ под буровую лебёдку drawworks substructure
~ подшипника bearing block
~ свиты base of a series
~ ферменного типа truss-type substructure
~ ферменной конструкции substructure of truss frame type
автономное буровое морское ~ self-contained drilling platform
автономное морское передвижное ~ с выдвижными опорами self-contained drilling rig
алюминиевое буровое морское ~ aluminum drilling offshore substructure
башенное ~, шарнирно закреплённое на дне articulated tower offshore platform
башенное стационарное морское ~ tower fixed offshore platform
бетонное ~ concrete foundation
блочное ~ unitized substructure
блочное морское ~ modular-type [unitized] offshore platform
блочное морское буровое ~ modular rig
блочное подвышечное ~ prefabricated derrick substructure
буровое крупногабаритное морское ~ king-sized drilling offshore platform
буровое малогабаритное морское ~ minimum-sized drilling offshore platform

буровое морское ~ drilling offshore platform
буровое морское ~ башенного типа tower drilling offshore platform
буровое морское ~, обслуживаемое тендером tended drilling offshore platform
буровое морское ~, опирающееся на дно bottom-supported drilling offshore rig
вспомогательное морское ~ tender offshore platform
гиростабилизированное морское ~ gyrostabilized offshore platform
глубоководное морское ~ deep-water offshore platform
грунтовое ~ subgrade
двухкорпусное полупогружное буровое морское ~ twin-hulled semi-submersible drilling vessel
деревянное свайное морское ~ timber offshore platform
донное направляющее постоянное ~ permanent sea-bed guide base
жилое морское ~ living quarters offshore platform
исследовательское морское ~ marine research platform
колонное стационарное морское ~ column fixed offshore platform
консольное подвышечное ~ cantilever derrick substructure
крупногабаритное ~ modular offshore platform
металлическое подвышечное ~ steel derrick substructure
морское ~ offshore [marine] platform, offshore [marine] vessel
морское ~ гравитационного типа gravity offshore platform
морское ~ для газлифтной эксплуатации pump-down offshore platform
морское ~ для добычи нефти offshore oil production platform
морское ~ островного типа man-made island
морское ~ с гравитационным фундаментом gravity base offshore platform
морское ~ с затапливаемым опорным понтоном и свайным креплением elevated-deck pile-fixed submersible offshore platform
морское ~ с колоннами решётчатого типа open truss-type leg unit
морское ~ с опорным матом mat-supported offshore platform
морское ~ с оттяжками guyed tower offshore platform
морское ~ с подводным хранилищем sub-tank offshore platform
морское ~, шарнирно крепящееся ко дну oscillating offshore column
морское буровое ~, опирающееся на дно bottom-supported drilling offshore rig
надводное ~ above-water platform
направляющее ~ landing [permanent guide] base
неподвижное ~ fixed base

нефтепромысловое ~ oil platform
одноопорное стационарное морское ~ monopod fixed offshore platform
передвижное буровое морское ~ mobile drilling offshore unit
передвижное морское ~, опирающееся на дно mobile bottom-supported offshore platform
плавучее буровое ~ башенного типа buoyant drilling tower
плавучее буровое морское ~ floating drilling offshore unit
плавучее морское ~ floating offshore platform, floating offshore vessel
погружное морское ~ submersible offshore platform
погружное морское ~ с поднимающейся палубой elevating-deck submersible offshore platform
погружное морское ~ с фиксированной палубой fixed-deck submersible offshore platform
подводное ~ subsea platform
подвышечное ~ derrick substructure, derrick subbase platform
подвышечное ~, регулируемое по высоте adjustable height derrick substructure
подвышечное морское ~ derrick platform
полупогружное буровое ~ semi-submersible drilling platform
полупогружное буровое ~ типа катамаран semi-submersible catamaran drillng rig
полупогружное буровое двухкорпусное ~ twin-hull semi-submersible drilling vessel
полупогружное буровое морское ~ с избыточной плавучестью vertically constrained [tension leg] semi-submersible offshore platform
полупогружное морское ~ со стабилизирующими колоннами column-stabilized semi-submersible offshore platform
полупогружное факельное ~ semi-submersible flare platform
самоподъемное ~ jack-up (platform)
самоподъемное ~ для обслуживания скважин service jack-up
самоподъемное ~, обслуживаемое тендером tender-assisted jack-up
самоподъемное ~ с консолью cantilever jack-up
самоподъемное буровое морское ~ self-elevating [jack-up] drilling offshore unit
самоподъемное морское ~ для подземного ремонта скважин offshore jack-up service rig
самоустанавливающееся морское ~ self-setting offshore platform
самоходное морское ~ self-propelled offshore vessel
свайное ~ piling foundation
свайное деревянное морское ~ timber piling-supported offshore platform
свайное морское ~ piling-supported offshore platform

свайное морское ~ с самоподъемной палубой tilt-up piling-supported offshore platform
сильное ~ strong base
слабое ~ weak base
стационарное башенное ~ tower fixed platform
стационарное буровое морское ~ fixed drilling offshore platform
стационарное колонное ~ column fixed platfom
стационарное морское ~ с донной опорной плитой template fixed offshore platform
стационарное морское бетонное ~ concrete marine platform
стационарное свайное ~ pile fixed platform
ступенчатое ~ stepped substructure
четвертичное аммониевое ~ quaternary ammonium compound
эксплуатационное ~ с опорами решетчатого типа jacket type production rig
эксплуатационное морское ~ offshore production platform
эстакадное ~ trestle platform
основание-спутник:
морское ~ satellite platform
осолонение salinization
осолоненность salinity
оставление (*скважины*) abandonment
временное ~ temporary abandonment
оставлять (*скважину*) abandon
останавливать (*скважину*) shut in, stop
останец outlier
останов (*устройство*) arrester, stop
остановк/а shut-off, shut-down, stoppage
~ бурового насоса mud pump shut-down
~ скважины well shut-in, well shut-down, well shut-off
аварийная ~ emergency shut-down
временная ~ shut-down
декомпрессионные ~и decompression stops
полная ~ deadlock
остат/ок residue
~ на сите tails
~ окалины draw-in scale
битуминозные ~ки asphaltum residue
водный ~ hydroxyl
ископаемые ~ки во вторичном залегании drifted fossils
кислотный ~ acid residual
коксообразный ~ solid residue
кубовые ~ки black oil
макроскопические органические ~ки macrofossils
микроскопические органические ~ки microfossils
нерастворимый ~ insoluble residue
несливаемый ~ в резервуаре tankage
нефтяной ~ petroleum [oil] residue
нефтяной сульфированный ~ sulfonated oil [sulfonated petroleum] residue
нефтяные стойкие ~ки *см.* нефтяные тяжелые осадки

остат/ок

нефтяные тяжелые ~ки persistant oil
общий ~ total residue
органический ~ fossil

острие:
~ долота nose of a chisel
~ кривой cusp

остров island
барьерный ~ barrier island
гравийный ~ gravel island
искусственный ~ artificial [man-made] island
ледовый ~ ice island
намывной ~ gravity island
океанический ~ oceanic island
свайный ~ с ячеистой оболочкой cellular sheet pile island
стальной кессонный ~ steel caisson island
шельфовый ~ shelf island

остудневание gelatination, jellification
остукивание кровли roof knocking
остывать cool down
осушать drain, dry, dewater, desiccate
осушение drainage
осушитель 1. (*вещество*) desiccant, drier 2. (*устройство*) drier, dehumidifier
химический ~ chemical drier

осушка dehydration; dewatering; drainage
~ гликоля reconcentration of wet glycol
~ и очистка природного газа гликольамином glycolamine dehydration and sweetening of natural gas
~ природного газа впрыскиванием гликоля glycol injection dehydration of natural gas
~ природного газа вымораживанием natural gas dehydration with freeze-out technique
~ природного газа жидким поглотителем liquid desiccant dehydration of natural gas
~ природного газа охлаждением natural gas dehydration with refrigeration, natural gas dehydration with cooling
~ природного газа охлаждением в аммиачных абсорбционных установках natural gas refrigeration and dehydration in ammonia absorption units
~ природного газа охлаждением в механических холодильных установках natural gas dehydration in mechanical refrigeration units
~ природного газа охлаждением за счет расширения natural gas dehydration in expansion refrigeration units
~ природного газа раствором хлористого кальция calcium chloride brine dehydration of natural gas
~ природного газа твердым поглотителем dry desiccant dehydration of natural gas
~ природного газа твердым хлористым кальцием solid bed calcium chloride dehydration of natural gas
абсорбционная ~ природного газа absorption natural gas dehydration
адсорбционная ~ природного газа бокситами adsorption natural gas dehydration with bauxites
глубокая ~ природного газа thorough dehydration of natural gas
низкотемпературная ~ природного газа low-temperature dehydration of natural gas

осциллограмма oscillogram
осциллограф oscillograph
вибраторный ~ vubration oscillograph
каротажный ~ logging oscillograph
многошлейфовый ~ rapid record oscillograph
шлейфовый ~ loop oscillograph
электронный ~ electron [cathode-ray] oscillograph

осциллометр oscillometer
осциллоскоп oscilloscope
стробоскопический ~ sampling oscilloscope
электронный ~ electron [cathode-ray] oscilloscope

осыпание sloughing, heaving
осыпаться crumble, slough, heave
осыпь hillslide, talus, waste, debris; (*в скважине*) caving

ос/ь 1. axis 2. (*деталь машины*) axle, shaft, pin, pivot
~ абсцисс axis of abscissas
~ антиклинали anticlinal axis
~ балансира saddle pin
~ буровой скважины center of borehole
~ вращения axis of rotation, revolution axis
~ вращения мачтовой вышки mast pivot axis
~ качания axis of oscillation
~ керна core axis
~ ключа hinge pin
~и координат coordinate axes
~ кривошипа crane axle
~ мульды saddle [trough] axis
~ опоры мачтовой вышки mast support pin
~ отверстия hole axis
~ синклинали axis of syncline
~ скважины hole axis
~ складки fold axis
~ складчатости axis of folding
~ талевого блока center pin of traveling block
~ шарнира pivot shaft, hinge pin
~ шарошки cone axis
~ шкива sheave pin
базисная ~ reference axis
брахидиагональная ~ brachidiagonal axis
винтовая ~ spiral [helical] axis
главная ~ principal [critical] axis
диагональная ~ diagonal axis
зеркально-поворотная ~ симметрии axis of mirror rotation symmetry
коленчатая ~ crane axle
несущая ~ *см.* опорная ось
общая ~ common axis, coaxis
опорная ~ axial rod, supporting axle
погружающаяся ~ plunging [pitching] axis
полая продольная ~ станка-качалки longitudial axle of beam pumping unit
поперечная ~ lateral axis
продольная ~ longitudinal axis; (*судна*) fore-and-aft axis

отверсти/е

совпадающая ~ coincident axis
сопряженная ~ associated axis
структурная ~ fabric axis
тектоническая ~ tectonic axis
тормозная ~ brake axle

ОСЭН *см.* **ОПЕК**
отбензинивание газа gas-gasoline processing
отбор selection; sampling
 ~ бурового шлама formation (cutting) sampling
 ~ воды water production
 ~ газа gas extraction
 ~ грунтов soil sampling
 ~ давления pressure tap
 ~ жидкости drainage
 ~ и анализ образцов lab sampling and analysis
 ~ керна в процессе бурения bottom coring, coring while drilling
 ~ керна с применением съемной грунтоноски wireline coring
 ~ мощности power take-off
 ~ нефти oil withdrawal
 ~ образцов sampling
 ~ образцов боковым грунтоносом side-wall coring
 ~ образцов горных пород в скважинах downhole rock sampling
 ~ образцов из скважины well sampling
 ~ проб sampling
 ~ проб выбуренной горной породы chip sampling, sampling of cuttings
 ~ проб газа gas sampling
 ~ проб пластового флюида sampling [pumping-out] of formation fluid, formation fluid withdrawal
 ~ пробы с забоя скважины bottom-hole sampling
 автоматический ~ проб mechanical sampling
 взвешенный ~ weighted sampling
 допустимый ~ allowable production, allowables
 естественный ~ natural selection
 непрерывный ~ керна continuous coring
 непрерывный ~ проб continuous sampling
 одновременный раздельный ~ флюида simultaneous separate fluid withdrawal
 равномерный ~ проб uniform sampling
 сплошной ~ керна *см.* непрерывный отбор керна
 суммарный ~ воды cumulative water production
 форсированный ~ флюида forced fluid withdrawal, forced pumping-out of fluid

отбортовывать bead, flange
 ~ трубы discard [lay down] pipes
отбраковка rejection
отбраковывать reject
отбрасывание kick
отбросы tailings, wastage, waste
отвал dump
 внешний ~ external dump, external spoil heap
 внутренний ~ internal dump, internal spoil heap
 карьерный ~ spoil bank
 породный ~ waste dump, rock spoil heap
отвердевать harden, consolidate, solidify
отвердение hardening, consolidation, solidification
 ~ под действием высоких температур high-temperature solidification
отверждение cure, curing
отверсти/е aperture, hole, opening, orifice
 ~ башмака колонны string shoe opening
 ~ большой головки шатуна crank bore
 ~ верхней рамы вышки water table opening
 ~ глубинного фильтра screen pipe opening
 ~ вала shaft hollow
 ~ для дросселирования orifice hole
 ~ для манометра pressure gage connection opening
 ~ истечения discharge orifice
 ~, обработанное разверткой counterbore
 ~ с резьбой threaded [tapped] hole
 ~ трубы pipe mouth
 апикальное ~ apical aperture
 боковое ~ side outlet
 болтовое ~ bolt hole
 вентиляционное ~ vent hole
 впускное ~ inlet [admission] opening, entrance hole
 всасывающее ~ suction port
 входное ~ *см.* впускное отверстие
 выпускное ~ escape [discharge] orifice, outlet, bleed hole
 выпускное ~ сопла nozzle outlet
 высверленное ~ bore
 выхлопное ~ exhaust port
 газоотводное ~ gas escape hole
 глухое ~ blind [dead-end] hole
 дренажное ~ для слива масла oil drain
 дренажное ~ с пробкой plug drain
 загрузочное ~ charging opening
 заливочное ~ filling hole, filling orifice
 замерное ~ gage hole, gaging hatch
 запальное ~ blasting aperture, priming hole
 инжекционное ~ jet orifice
 калиброванное ~ calibrated [gage] orifice
 коническое ~ flare
 коррозионное ~ rust hole
 маслозаправочное ~ oil filler
 маслоналивное ~ oil-filling hole
 мерное ~ measuring orifice
 нагнетательное ~ насоса pump discharge
 наливное ~ bung hole
 небольшое ~ или щель в бурильной трубе (*обычно около замка*) washout
 нижнее сливное ~ гидроциклона apex
 очистное ~ cleanout port
 продувочное ~ blowdown [scavenge] port
 промывочное ~ water port
 промывочное ~ в долоте slush nozzle
 проходное ~ bore, orifice
 проходное ~ ротора rotary table opening
 равномерно расположенные ~я equally spaced holes

отверсти/е

разгрузочное ~ *см.* выпускное отверстие
расточенное ~ bore
сигнальное ~ (*бурового насоса*) telltale opening
сквозное ~ through [open-end] hole
сливное ~ weir port
смотровое ~ inspection hole, observation port
спускное ~ discharge [drain] hole
спускное ~ в полу floor drain
цементировочное ~ cementing port
широкопроходное ~ full hole
штуцерное ~ bean hole
отвертка screwdriver
отвес plumb bob
ответвление branch(ing)
~ жилы branch
~ трубопровода branch pipe
ответственность liability, responsibility
~ держателей акций liability of shareholders
материальная ~ material responsibility
солидарная ~ joint liability
ответственный:
~ за перемещение грузов краном crane chaser
~ за повседневное обслуживание морского оборудования на борту судна marine superintendent
~ за эксплуатацию установки installation manager
отвинчивание unscrewing
~ бурового долота breakout of a drilling bit
~ насосной штанги unscrewing of sucker rod
~ резьбовых соединений unscrewing of threaded connections
самопроизвольное ~ self-unscrewing
отвинчивать uncouple, screw off, unscrew
~ одну трубу от другой back off
отвод:
~ вертлюга swivel gooseneck
~ воды water drainage
~ воды в приборе overflow in instrument
~ газа gas withdrawal
~ газометра tap of gas meter
~ для отбора проб sample outlet
~ жидкости liquid extraction, fluid removal; (*по трубопроводу*) tapping
~ к манометру pressure gage tap
~ с гидроуплотнением hydrotap
~ тепла heat removal, heat withdrawal, heat extraction
~ трубопровода pipeline branch, pipeline bend
~ трубопровода с гидроуплотнением pipeline hydrotap
~ трубы pipe branch, pipe offset
~ центробежного компрессора diffuser
боковой ~ универсального превентора annular blowout preventer side outlet
боковой заглушенный ~ трубопровода deadend lateral pipeline
главный ~ трубопровода branch main (line)
литой ~ cast branch, cast outlet
литой фланцевый ~ cast flanged branch
муфтовый ~ female thread(ed) branch, female thread(ed) outlet
приварной ~ welded branch
радиальный ~ трубы radial pipe bend
резьбовой ~ с фланцем flanged outlet, flanged branch
отгонка:
~ легких фракций topping
отгрузка shipment
~ нефти морем shipment of crude oil
отдача efficiency, kickback, output, useful effect, yield
~ продуктивного пласта reservoir performance, productive capacity of pay
полезная ~ actual output
отдел department, division
~ бурения drilling department
~ гражданского строительства civil engineering department
~ добычи production division [department]
~ опытно-конструкторских работ (ОКР) development department
~ разведочных работ exploration department
~ технического контроля inspection department
исследовательский ~ research department
конструкторский ~ design(ing) department [division]
проектный ~ engineering department
производственный ~ бурения и освоения скважин operations department
отделение 1. (*помещение*) compartment; department 2. (*процесс*) segregation, separation, parting
~ вещества separation [evacuation] of material
~ жидкой фазы из цементного раствора (*отстаиванием*) bleeding
~ песка от бурового раствора на вибросите screening
~ под действием силы тяжести gravitational segregation
котельное ~ boiler compartment
машинное ~ machine [engine] room
насосное ~ pumping compartment; (*нефтепровода*) oil-pump room
отделитель separator
~ жидкости liquid trap
~ твердых частиц solids separator
отделка:
наружная ~ facing
окончательная ~ finishing
отдельность *геол.* cleavage, jointing, parting
~ растяжения tension jointing
~ сжатия compression jointing
~ сокращения contraction jointing
брекчиевидная ~ breccia jointing
вертикальная ~ dip jointing
зияющая ~ fissure jointing
конусовидная ~ cone-like cleavage
параллельная простиранию ~ strike jointing

пластинчатая ~ platy [slab] parting
поперечная ~ transverse [cross] jointing
скрытая ~ blind jointing
слоистая ~ laminated jointing
шарнирная ~ ball-and-socket jointing
отделять:
~ водонепроницаемой перемычкой seal off
~ нефть от воды knock down the oil
отделяться чешуйками scale off
отдушина air drain, vent (hole)
ОТК [отдел технического контроля] quality control department, QCD
отказ failure
~ в процессе эксплуатации in-service [operational] failure
~ в работе failure
~, вызванный изнашиванием wear-out failure
~ двигателя engine failure
~ системы system breakdown
внезапный ~ sudden failure
вторичный ~ *см.* зависимый отказ
зависимый ~ dependent failure
конструкционный ~ design error failure
кратковременный ~ short-time failure
критический ~ critical failure
первичный ~ independent [primary] failure
полный ~ complete [total] failure
преждевременный ~ premature failure
приработочный ~ running-in failure
скрытый ~ latent failure
случайный ~ random [unpredictable] failure
усталостный ~ fatigue [endurance] failure
частичный ~ partial failure
отказываться от концессии abandon a claim
откачивание pumping-out, evacuation
~ жидкости fluid pumping-out, dry-up job
~ насосом-качалкой beam pumping-out
~ поршнем swabbing
~ скважины до получения чистой нефти clean-up
автоматическое ~ automatic pumping-out
интенсивное ~ high-volume pumping-out
непрерывное ~ continuous pumping-out
одноступенчатое ~ single-stage pumping-out
периодическое ~ intermittent pumping-out
пробное ~ pumping test
форсированное ~ fast [rapid] pumping-out
откачивать:
~ буровой раствор displace mud
~ воду pump out water
~ воздух evacuate air
~ жидкость из скважины dry up a well
~ конденсат draw off condensate
отклонение deflection, departure, derivation, deviation, divergence, diversion, drift
~ бурового долота drilling-bit drift
~ бурового долота по восстанию пласта up-dip drift of drilling bit
~ бурового долота по падению пласта down-dip drift of drilling bit
~ в процентах deviation in per cent
~ долота bit deflection, bit drift
~ долота от оси скважины deflection of the bit
~ жилы dog-leg, kink
~ магнитной стрелки от географического меридиана magnetic declination
~ от вертикали vertical deviation
~ от заданного направления scattering
~ от заданной сетки при бурении drilling scattering
~ от закона A non-A behavior
~ от прямого пути obliquity
~ пласта devergence of bed
~ по горизонтали horizontal deflection, horizontal deviation
~ потока baffling
~ размеров dimensional defect
~ регулирования offset
~ свечи swinging of stand
~ ствола branching
~ ствола скважины в трех измерениях hole wandering in three dimensions
~ ствола скважины с помощью направляющего клина whipstocking of hole
~ стрелки прибора needle deflection
азимутальное ~ azimuthal deviation
вероятное ~ probable deviation
верхнее ~ размера upper limit of size
допустимое ~ admissible deviation
положительное ~ position departure
принятое ~ от стандарта accepted tolerance
стандартное ~ выборки sample standard deviation
стандартное ~ оценки standard error of estimate
отклонитель deflecting tool, deflector, whipstock
~ для зарезки вторых стволов sidetracking whipstock
~ для турбинного бурения deflector for turbodrilling
~ с промывкой circulating whipstock
отклонять decline, divert, deflect, deviate
~ буровое долото deflect the drilling bit
отклоняться:
~ от вертикали deviate from the vertical
~ от вертикальной оси (*о вышке*) be out of plumb
отключение deenergization, disconnection, switching-off, cutting-off; shutting-down
~ источника питания disconnection of electric power
~ механизма mechanism shut-off
~ скважины well shut-in
аварийное ~ emergency shut-down
откос dip, slope
открывать:
~ жилу strike a lode
~ месторождение discover a deposit
открытие:
~ газового месторождения gas-field discovery
~ месторождения discovery of deposit

открытие

~ месторождения скважиной, построенной без детальной предварительной разведки wildcat field discovery
~ нового месторождения new pool discovery
~ промышленного месторождения discovery of commercial pool
~ резервуара opening-up a tank
полное ~ дросселя full throttle

отложени/е deposit(ion), sediment
~я береговой зоны shore deposits
~ гипсовых осадков gypsum precipitation
~ ледникового происхождения drift deposit
~ накипи scale deposit
~ на стенке ствола скважины wall building-up
~ осадков deposition of sediments
~ отмелей beach deposits
~ парафина в насосно-компрессорной колонне wax accumulation in tubing
~ парафина в системе сбора нефти wax accumulation in oil gathering system
абиссальные ~я abyssal deposits
аллювиальные ~я alluvial deposits
атмогенные ~я atmogenic deposits
батиальные ~я bathyal deposits
береговые ~я shore deposits
бессернистые ~я sulphur-free deposits
биогенные ~я biogenic deposits
болотные ~я boggy deposits
валунные ~я boulder beds
верхнемеловые ~я Upper Cretaceous deposits
водные ~я aqueous [hydrogenic] deposits
водоносные ~я water-bearing deposits
вышележащие ~я overlying deposits
гемипелагические ~я hemipelagic deposits
гетеромезические ~я heteromesical deposits
гетеротаксальные ~я geterotaxic deposits
гидротермальные ~я hydrothermal deposits
гипосептальные ~я hyposeptal deposits
глинистые ~я argillaceous deposits
глубоководные ~я deep-water deposits
глубоко погребенные ~я deeply buried sediments
гляциальное ~ drift deposit
грубообломочные ~я coarse deposits
дельтовые ~я deltaic deposits
делювиальные ~я deluvial deposits
донные ~я bottomset beds
железистые ~я ferruginous deposits
зарифовые осадочные ~я backreef sediment
изомезические ~я isomesical deposits
карбонатные ~я carbonate deposits
кировые ~я brea beds
конгломератные ~я conglomerate
континентальные ~я continental deposits, terrestrial beds
корковые ~я crusted deposits
красноцветные ~я red beds
кремнистые ~я siliceous deposits
кумулятивные ~я cumulose deposits
лагунные ~я lagoonal deposits
ледниковое ~ drift; *мн.* diluvium, glacial deposits

литоральные ~я littoral deposits
мезозойские ~я Mesozoic deposits
мезотермальные ~я mesothermal deposits
мелководные ~я shallow-water deposits
меловые ~я 1. chalk deposits 2. (*мелового периода*) Cretaceous deposits
многослойные ~я multilayer deposits
молассовые ~я molassal deposits
молодые ~я *см.* современные отложения
морские ~я marine deposits
надсолевые ~я oversaline [salt-cap] deposits
намывные ~я aggradational deposits
наносные ~я silting deposits
напластованные ~я bedded deposits
натечные ~я sinter deposits
неотвердевшие ~я unconsolidated deposits
нефтегазоносные ~я oil-and-gas bearing deposits
нижнепалеозойские ~я Lower Paleozoic deposits
обломочные ~я fragmental deposits
одновозрастные ~я coeval deposits
окаймляющие ~я flanking deposits
органогенные ~я organic deposits
осадочные ~я sediments, sedimentary deposits
остаточные ~я residual deposits
пелитовые ~я pelitic deposits
перемежающиеся ~я alternating deposits
пермские ~я Permial deposits
пирокластические ~ pyroclastic deposits
поверхностные ~я superficial deposits, mantle rock
подсолевые ~я subsalt deposits
подстилающие ~я underlying deposits
позднетретичные ~я Late Tertiary deposits
покрывающие ~я cover beds
послетретичные ~я Post-Tertiary deposits
почвенные ~я soil deposits
прибрежные ~я offshore deposits
ракушечные ~я shell deposits
речные ~я fluvial deposits
рыхлое ~ loose deposit, unconsolidated sediment
сапропелевые ~я sapropel deposits
связанные ~я coherent deposits
сингенетические ~я syngenetic deposits
синхронные ~s synchronous deposits
сифональные ~s siphonal deposits
складчатые ~s folded deposits
слоистые ~я stratified deposits
смятые ~я contorted [crumpled] deposits
современные ~я recent beds, recent sediments
солевые ~я saline deposits
сцементированные ~я cemented deposits
терригенные ~я terrigenous deposits
третичные ~я Tertiary deposits
хемогенные ~я beds of precipitation
чередующиеся ~я alternating deposits
четвертичные ~я overburden
элювиальные ~я eluvial deposits
эоловые ~я aeolian [wind] deposits

эпигенетические ~я epigenetic deposits
отмель bank, bar, shoal
  материковая ~ shelf
  песчаная ~ sand bar
отметка mark
  ~ глубины depth mark
  ~ шкалы scale mark
  абсолютная ~ устья скважины (*над уровнем моря*) elevation of well
  высотная ~ altitude [elevation] mark
  высотная ~ репера bench mark
  высотная ~ устья скважины wellhead elevation
  калибровочная ~ calibration mark
  контрольная ~ gage mark
  нулевая ~ datum, zero mark
  опорная ~ уровня bench mark
  проектная ~ design reference mark
  юстировочная ~ adjustment mark
отметчик времени timer
отношение ratio, relation(ship)
  ~ вязкостей на границе раздела interfacial viscosity ratio
  ~ длины хода поршня к диаметру цилиндра stroke-to-diameter ratio
  ~ закачиваемого газа к добываемой нефти injected gas-oil ratio
  ~ количества закачиваемого газа к добываемой нефти input gas-oil ratio
  ~ общей толщины нефтенасыщенного пласта к его эффективной толщине net-to-gross [net/gross] ratio
  ~ отданной мощности к подведенной output-input power ratio
  ~ поверхности к объему surface-to-volume ratio
  ~ подвижностей mobility ratio
  ~ при открытии задвижки open ratio
  ~ расходов флюидов в потоке flowing fluid ratio
  ~ сигнала к помехам signal-to-noise ratio
  ~ фазовых проницаемостей relative permeability ratio
  ~ шага винта к диаметру pitch ratio
  атомное ~ atomic ratio
  водонефтяное ~ water-oil ratio
  водоцементное ~ water-cement ratio
  газонефтяное ~ gas-oil ratio
  гармоническое ~ harmonic ratio
  двучленное ~ binary relation
  обратное ~ inverse ratio
  парагенетические ~я paragenetic relations
  передаточное ~ gear [transmission] ratio
  процентное ~ percentage ratio
  равновесные ~я equilibrium relations
  расходное ~ use ratio
  секущие ~я cross-cutting relations
  структурные ~я structure relationship
  тектонические ~я tectonic relationship
отолит otolith
отопление heating
  ~ с естественной циркуляцией gravity heating
  водяное ~ hot-water heating
  паровое ~ steam heating
оторочка fringe; (*перед фронтом вытеснения*) bank
  ~ месторождения fringe of pay
  ~ растворителя solvent margin, solvent bank
  ~ с кольцом точечных углублений punctate ring margin
  водяная ~ water fringe
  водяная ~, вытесняющая нефть oil-driving water margin, oil bank
  глинистая ~ gouge salvage
  нефтяная ~ oil fringe
  пленчатая ~ filmy margin
  прерывистая ~ discontinuous margin
  смешивающаяся ~ miscible margin, miscible bank
отпечаток:
  ~ зубьев долота на забое bit teeth drilling pattern
  ~ окислителей oxide printing
отправитель груза consignor, shipper
отправка (*морем*) shipment
отправлять ship; dispatch
  ~ автодорожным транспортом dispatch by truck
  ~ водным транспортом ship by water
  ~ железнодорожным транспортом dispatch by rail
отпуск (*металла*) tempering, drawing
отпускать loosen; release
  ~ гайку loosen a nut
  ~ кнопку release a button
  ~ тормоз release a brake
отработка:
  ~ бурового долота (*работа*) drilling bit run; (*результат работы*) drilling bit wear
отравление poisoning
  ~ газом gas poisoning
  кислородное ~ oxygen poisoning
  смертельное ~ газом lethal gas poisoning
  стойкое ~ persistent poisoning
отравляющий poisoning, toxic
отражатель:
  ~ бурового насоса mud baffle
  ~ звука sound baffle
  ~ конической формы conical baffle
  ~ струи jet deflector
  ~ частиц repeller
  ~ эрлифтной установки diverting device
отражение reflection
  ~ звука sound reflection
  базисное ~ basal reflection
  ложное ~ false echo
  многократное ~ multiple reflection
  однократное ~ single reflection
  рассеянное ~ diffuse reflection
  сгущенное ~ concentrated reflection
отрасл/ь branch
  ~и высокой технологии high-technology industries
  нефтеперерабатывающая ~ oil-refining branch of industry

отрезок:
~ интегрирования interval [range] of integration
~ кривой curve portion
~ прямой line segment
отсекаемый ~ на оси абсцисс X-intercept
отсадка (*способ обогащения полезных ископаемых*) jigging
крупная ~ coarse jigging
отсев 1. (*процесс*) screening, riddling 2. (*продукт отсеивания*) riddings, screenings
отсек:
~и для силовых установок propulsion rooms
~ для якорной цепи chain locker
~ плавучести верхней части сооружения waterborn upper structure
~и танкера partitions of tanker
отсекатель:
~ пламени fire stop
автоматический ~ automatic shut-down
забойный ~ скважины subsurface safety valve, storm choke
забойный ~ скважины, управляемый потоком subsurface controlled downhole safety valve
забойный ~ скважины, управляемый с поверхности surface controlled subsurface safety valve
поверхностный ~ потока flow [surface] safety valve
отсечка cutoff, shutoff, shut-down
~ газа gas cutoff
~ огня fire shutoff
~ пакера packer shutoff
~ пара vapor cutoff
~ тока current cutoff
~ трубопровода pipeline shutoff
отслаивание flaking, scaling
отсоединение 1. detaching, disconnection, release, disengagement, detachment 2. switching-off
~ без заедания non-galling disconnection
~ водоотделяющей колонны riser disconnection
аварийное ~ emergency disconnection
отсоединять detach, disconnect, uncouple, disengage, detach
~ трубы disconnect pipes
отсос suction
~ пограничного слоя boundary layer suction
~ под разрежением vacuum suction
~ через пористую поверхность porous suction
отсрочка postponement
~ платежа postponemnet of payment
~ погашения ссуды deferment of load repayment
~ поставки postponement of delivery
отстаиваться settle
отстой sediment, sludge, bottom(s), residue
отстойник:
~ для песка sand collector

~ перед вибросcитом possum belly
первичный ~ primary settler
шламовый ~ slurry [sludge] tank
отсутствие:
~ потока no-flow condition
~ примесей freedom from impurities
~ притока на контуре пласта closed boundary
~ равновесия imbalance
~ соединения lack of bond
~ сцепления lack of adhesion
~ токсичности nontoxicity
отсчет (*показаний*) reading, readout
~ азимута azimuth reading
~ давления pressure reading
~ показаний счетчика meter reading
~ по компасу compass bearings
~ по шкале scale reading
визуальный ~ eye reading
конечный ~ end readout
непосредственный ~ direct reading
нулевой ~ zero reading
цифровой ~ digital reading
отсыпь:
каменная ~ enrockment
оттаивание defrosting, thawing
отталкивание repulsion
взаимное ~ mutual repulsion
электростатическое ~ electrostatic repulsion
оттартывать bail down, bail out
~ скважину досуха bail the well dry
оттяжк/а guy rope, guy wire, brace, guy (line), tie-back
~ вышки derrick guy, mast guy line
~ опоры pole guy
анкерная ~ anchor guy, ahchor stay, anchor cable
ветровая ~ guy wire
канатные ~и cable braces
поперечная ~ side guy
продольная ~ head guy
рабочая ~ operation guy
страховая ~ safety guy line
якорная ~ anchor guy (line)
отходы tailings, wastage, waste
~ нефтепродуктов oil product waste
~ очищения скважины slush oil
~ производства salvage, processing waste
газообразные ~ gaseous waste, off-gas
жидкие ~ liquid waste
металлические ~ scrap
отцеплять detach, disengage, uncouple, release
отчет report
~ об эксплуатации operational report
~ о неисправности defect report
~ о ходе работы progress report
балансовый ~ balance sheet
бухгалтерский ~ accounting report, accounting balance sheet
годовой ~ annual report
ежесуточный ~ day-to-day report
лабораторный ~ laboratory report
ликвидационный ~ liquidation statement

ревизионный ~ auditor's report
сводный ~ consolidated report
технический ~ engineering [technical] report
финансовый ~ financial report
отчисления *эк.* allocation, deductions
~ в государственный бюджет payment to the state budget
~ в резервный фонд deductions to the reserve fund
~ от прибыли deductions from profit
~ от прибыли до налогообложения deductions from profit before tax
амортизационные ~ depreciation deductions, depreciation charges
валютные ~ currency allocations, currency deductions
комиссионные ~ commissions
процентные ~ percentage deductions
офикальцит ophicalcite
офимагнезит ophimagnesite
офиолит ophiolite
офит ophite
охват coverage, sweep
~ зоной горения coverage by combustion zone
~ пласта вытесняющим агентом reservoir coverage
~ по мощности vertical sweep
~ по площади horizontal sweep
охладитель 1. (*устройство*) cooler 2. (*среда*) coolant, cooling agent
~ воздуха air cooler
~ конденсата condensate cooler
вакуумный ~ vacuum-type cooler
жидкостный ~ liquid cooler
закрытый ~ enclosed cooler
змеевиковый ~ coil-in-box cooler
низкотемпературный ~ low-temperature cooler
пластинчатый ~ plate cooler
продувочный ~ blow-down cooler
противоточный ~ countercurrent cooler
прямоточный ~ uniflow cooler
ребристый ~ radiator
термоэлектрический ~ thermoelectric cooler
форсуночный ~ spray cooler
охлаждать chill, cool
охлаждение chilling, cooling
~ бурового долота drilling bit cooling
~ водяной рубашкой water-jacket cooling
~ испарением evaporative cooling
~ обдувом blast [blower] cooling
~ погружением immersion cooling
~ по замкнутому циклу closed-cycle cooling
~ природного газа natural gas chilling
~ противотоком counterflow cooling
~ рассолом brine cooling
~ расширением expansion cooling
~ с помощью водяной бани water-jacket cooling
~ у контакта contact cooling
адиабатическое ~ adiabatic cooling
вакуумное ~ vacuum cooling

внешнее ~ external cooling
водяное ~ water cooling
воздушное ~ air cooling
глубокое ~ deep cooling
естественное ~ natural cooling
жидкостное ~ liquid [fluid] cooling
искусственное ~ artificial cooling
конвекционное ~ convective cooling
краевое ~ marginal cooling
масляно-водяное ~ oil-water cooling
парофазное ~ ebullition cooling
пленочное ~ film cooling
поверхностное ~ surface cooling
предварительное ~ precooling
принудительное ~ forced cooling
промежуточное ~ intercooling
проточное ~ direct-flow cooling
регулируемое ~ controlled cooling
резкое ~ quenching
эффузионное ~ effusion cooling
охрана:
~ водных ресурсов water resources conservation
~ запасов газа gas conservation
~ недр conservation of mineral resources
~ окружающей среды environment control, environment protection
~ природных богатств conservation of natural resources
~ труда labor protection
пожарная ~ fire-fighting service
оценка estimation, evaluation
~ вероятных запасов definition of probable reserves
~ в условиях эксплуатации field evaluation
~ выборки sample estimation
~ дебита скважины rating of a well
~ запасов estimation of reserves
~ затрат cost estimation
~ износа бурового долота по вооружению evaluation of dulling characteristics of drilling bit
~ месторождения deposit evaluation, deposit estimation
~ месторождения нефти evaluation of oil pool
~ нефтеотдачи oil recovery estimation
~ объема пластового газа estimation of gas in place
~ пласта formation evaluation
~ пористости appraisal of porosity
~ свойств нефти и газа evaluation of oil and gas properties
~ уровня качества estimation of quality level
визуальная ~ visual evaluation
геолого-экономическая ~ economic-geological evaluation
граничная ~ boundary evaluation
грубая промысловая ~ rough field appraisal
инженерно-геологическая ~ engineering-geological estimation
количественная ~ пластовых флюидов accounting for quantities of reservoir fluids

оценка

перспективная ~ perspective [long-term] evaluation
поинтервальная ~ interval estimation
промышленная ~ месторождения commercial evaluation of deposit
стоимостная ~ cost estimate
оцинковывать galvanize, plate with zink
очаг:
~ заводнения flood striating point
~ пожара seat of fire
влажный внутрипластовый движущийся ~ горения combination of forward combustion and water flooding
очередность priority, sequence
~ ввода залежей в разработку sequence of developing pools
~ ввода скважин в эксплуатацию sequence of putting wells on production
очиститель:
~ воздуха air scrubber
очистить:
~ ствол от бурового шлама scrape out a hole
очистка:
~ бурового раствора mud cleaning
~ воды water treating
~ воды отстаиванием water settling
~ воздуха air purification
~ газа gas treating, gas sweetening
~ газа алканамином alkaneamine gas treating
~ газа в скруббере gas scrubbing
~ газа гликольамином glycolamine gas treating
~ газа диэтаноламином diethanolamine gas treating
~ газа молекулярными ситами molecular sieve gas treating
~ газа моноэтаноламином monoethanolamine gas treating
~ газа от кислых компонентов до уровня требований его транспортирования по газопроводам acid gas removal to meet pipeline specifications for gas
~ газа от сероводорода gas desulfurization, hydrogen sulfide removal from gas
~ желонкой bailing-up
~ забойного фильтра промывкой backwash of subsurface filter
~ забоя face [bottom-hole] cleaning
~ забоя воздухом air-cleaning of bottom-hole
~ забоя продувкой bottom-hole scavenging
~ морской воды для заводнения conditioning of sea water for flooding
~ от диоксида углерода carbon dioxide removal
~ от окалины descaling
~ от парафина paraffin removal
~ от песка desanding
~ от сероводорода hydrogen sulfide stripping
~ от частиц, имеющих размер ила desilting
~ от шлама desludging
~ паром steam cleaning
~ поверхностных вод для заводнения conditioning of surface water for flooding
~ подземных вод для заводнения conditioning of subsurface water for flooding
~ раствором этаноламина ethanolamine treating
~ резервуара tank cleaning
~ скважины well clean-up
~ скважины горячей нефтью hot-oil cleaning of well
~ скважины желонкой bailing of well
~ скважины скребками cleaning of well with scrapers
~ ствола скважины borehole cleaning
~ ствола скважины от бурового шлама cleaning of hole from cuttings, removal of cuttings from hole
~ стенок scouring
~ сточных вод sewage treatment
~ топлива fuel purification
~ труб без демонтажа in-place pipe cleaning
~ трубопровода скребками pipeline pigging
~ уложенных трубопроводов in-place pipe cleaning
~ шпура hole cleaning
абсорбционная ~ газа absorption gas treating, absorption gas sweetening
аспирационная ~ suction cleaning
биологическая ~ biological cleaning
гидропескоструйная ~ sand-water cleaning
гравитационная ~ газа gas cleaning by gravity separation
грубая ~ primary purification
двухступенчатая ~ two-stage cleaning, two-stage treating
дробеструйная ~ shot-blast cleaning
кислотная ~ acid refining
кислотная ~ скважины acid soaking
кислотная ~ сырой нефти acid treating of crude oil
механическая ~ mechanical cleaning
мокрая ~ wet cleaning
мокрая ~ от сернистых соединений wet desulfurization
обратная ~ ствола скважины reverse circulation flushing of borehole
пескоструйная ~ abrasive jet [blast] cleaning, sand blasting
пневматическая ~ air blasting
противоточная ~ (*воды от кислорода*) countercurrent stripping
сернокислотная ~ сырой нефти sulfuric acid refining of crude oil
струйная ~ blast cleaning
сухая ~ от сернистых соединений dry desulfurization
термохимическая ~ забоя thermochemical bottom-hole cleaning
тонкая ~ газа fine gas cleaning
ультразвуковая ~ ultrasonic cleaning
химическая ~ chemical cleaning, chemical treating
щелочная ~ alkali cleaning
щелочная ~ масла alkali-refining of oil

электролитическая ~ electrolytic cleaning
очищать:
~ абразивным материалом abrade
~ на центрифуге centrifuge
~ от масла unoil
~ от примесей clarify
~ промывкой wash (back)
очищенный cleaned; purified; refined
ошвартовывание mooring
ошибка error
~ в измерении mismeasurement, measurement error
~ в согласовании error of adjustment
~ в шаге lead error
~, выраженная в процентах percentage error
~ при отсчете reading error
~ способа подсчета запасов error of resources estimating method
вероятная ~ probable error
грубая ~ appreciable error
допустимая ~ admissible error
накопленная ~ accumulated [aggregate] error
систематическая ~ systematic error, systematic bias
случайная ~ accidental error
ощелачивание alkalization
ощелачивать alkalize

П

ПАВ [поверхностно-активное вещество] surfactant
павдит pawdite
паводок flood, freshet, high water
падать *геол.* dip, decline, hade
несогласно ~ hade against the dip
согласно ~ hade with the dip
падающий dipping, drooping, falling, hading
падение 1. *геол.* dip, hade, pitch 2. drop, decrease, fall
~ бурильной колонны fall of drill string, fall of drill stem
~ бурового инструмента fall of a drilling tool
~ давления decompression, drop of pressure, pressure breakdown, pressure drop
~ давления вдоль керна *см.* падение давления в керне
~ давления в керне pressure drop across the core
~ давления в месте утечки pressure decrease at leak
~ дебита production rate decrease, production rate decline
~ добычи production decline, decline of well
~ жилы vein dip, vein pitch
~ мощности power decrease

~ напряжения drop of potential, potential [voltage] drop
~ напряжения на участке сети partial drop of voltage [potential]
~ обсадной колонны casing string fall
~ пласта seam pitch, bed dip
~ пластового давления formation pressure decrease
~ плашмя flatwise fall
~ плоскости сброса fault dip
~ ребром edgewise fall
~ температуры temperature drop
~ уровня воды water level decline
~ уровня жидкости fall of fluid level
~ частоты вращения slip
аномальное ~ (*пласта*) abnormal dip
видимое ~ apparent dip
истинное ~ true dip
крутое ~ dip at high angle, high [heavy] dip
куполообразное ~ quaquaversal dip
ложное ~ apparent dip
местное ~ local dip
местное ~ давления partial drop of pressure
моноклинальное ~ monoclinal dip
наклонное ~ gentle [easy, moderate] dip
несогласное ~ hade against the dip
обратное ~ reverse dip
омическое ~ напряжения *эл.* ohmic drop of potential
отклоняющееся ~ deviating dip
первоначальное ~ primary [original] dip
пологое ~ dip at low angle, low [moderate] dip
региональное ~ regional dip, regional slope
резкое ~ fall off
свободное ~ free fall
согласное ~ hade with the dip
стесненное ~ hindered settling
центроклинальное ~ centroclinal dip
паз slot, groove, recess
~ замкового бруса lock bar slot
~ кулачковой муфты clutch slot
~ шлицевого соединения groove
байонетный ~ J-slot, jay
боковой ~ lateral slot
криволинейный ~ cam
левый байонетный ~ left-hand jay
несквозной ~ blind slot
правый байонетный ~ right-hand jay
продольный ~ cannelure, longitudinal slot
скошенный ~ beveled slot
Т-образный ~ T-slot
шпоночный ~ key slot, key seat(ing)
пайка soldering
~ легкоплавким припоем *см.* пайка мягким припоем
~ мягким припоем soldering
~ серебряным припоем silver brazing
~ твердым припоем brazing
ультразвуковая ~ ultrasonic soldering
пак (*паковый лед*) ice-pack
пакгауз warehouse, storehouse; freight house

пакер

пакер packer
- ~ винтового типа screw packer
- ~ в сборе packing assembly
- ~ двойной фиксации double-drop packer
- ~ для заводнения waterflood packer
- ~ для заканчивания многопластовых скважин multiple completion [multiple string] packer
- ~ для многоступенчатого цементирования multistage cementing packer
- ~ для насосно-компрессорных труб tubing packer
- ~ для необсаженных трубами скважин open hole packer
- ~ для обработки пласта treat packer
- ~ для опрессовки pressure test packer
- ~ для разобщения пластов zone separation packer
- ~ забойного фильтра gravel pack packer
- ~, используемый при термическом воздействии на пласты thermal recovery packer
- ~ малого диаметра (*для насосной или эксплуатационной колонны*) pony packer
- ~ надставки tie-back packer
- ~ надставки хвостовика liner tie-back packer
- ~ обсадной колонны casing packer
- ~ одинарной фиксации single-grip packer
- ~ однократного пользования single-set packer
- ~ подвески обсадной колонны-хвостовика liner hanger packer
- ~ подвески обсадной колонны-хвостовика с надувным элементом inflatable liner hanger packer
- ~ сбрасываемого типа drop-type packer
- ~ с зажимным устройством collet-type packer
- ~ с кулачковыми захватами cam-set packer
- ~ со шлипсовым упором packer with slip stop
- ~ с печатью impression packer
- ~, спускаемый на канате wireline packer
- ~ с циркуляционным переводником cross-over packer
- ~ с уплотняющим башмаком packer with expanding shoe
- ~ хвостовика liner packer
- ~ якорного типа для обсадных колонн casing anchor packer

аварийный ~ emergency packer
башмачный ~ shoe packer
верхний ~ top packer
внешний ~ обсадной колонны external casing packer
внутриколонный ~ hook-wall packer
внутриколонный ~ для скважин с насосной установкой hook-wall pumping packer
внутриколонный ~, фиксируемый от движения вверх hold-down hook-wall packer
внутриколонный винтовой ~ screw-wall packer
внутриколонный дисковый ~ disk-wall packer
вспомогательный ~ auxiliary packer
газовый якорный ~ gas anchor packer

гидравлический ~ hydraulic packer
гидравлический эксплуатационный ~ hydraulic-set production packer
гидромеханический ~ mechanical-hydraulic packer
гидростатический ~ hydrostatical set packer
глубинно-насосный ~ pumping packer
двойной ~ dual [twin] packer
двухколонный ~ dual-string packer
двухманжетный ~ double-cup packer
дисковый ~ на забое скважины disk bottom-hole packer
забойный ~ bottom-hole packer
забойный комбинированный ~ bottom wall-and-anchor packer
закачиваемый ~ pump-down packer
затрубный ~ external casing packer
зубчатый ~ ratchet-type packer
извлекаемый ~, применяемый при испытании, обработке и цементировании скважин retrievable test-treat-squeeze packer, RTTS
извлекаемый цементировочный ~ removable cementer
изоляционный ~ isolation packer
испытательный ~ testing packer
комбинированный подвесной и якорный ~ combination wall and anchor packer
конический ~ tapered [cone] packer
манжетный ~ cup packer
механический ~ mechanical set packer
механический ~, приводимый в действие канатом wireline set packer
механический ~, устанавливаемый под действием массы колонны weight set packer
механический винтовой ~ screw packer
многоколонный ~ multistring packer
многократно устанавливаемый ~ надставки обсадной колонны-хвостовика liner tie-back packer
надувной ~ inflatable [expanding] packer
надувной конический ~ tapered [cone] inflatable packer
наружный трубный ~ подвески хвостовика liner hanger external casing packer
натяжной ~ tension packer
нижний ~ bottom packer
одинарный ~ single(-end wall) packer
одноколонный ~ single-string packer
освобождающийся якорный ~ screw casing anchor packer
основной ~ main drilling packer
подвесной ~ hold-down [(hook) wall] packer
подвесной ~ для нагнетательных скважин (hook) wall flooding packer
подвесной ~ для насосных скважин hook (wall) pumping packer
подвесной извлекаемый ~ hook (wall) packer
подводный ~ subsea packer
постоянный ~ permanent packer
предохранительный ~ emergency packer
разбуриваемый ~ drillable packer

разбуриваемый стационарный ~ drillable permanent packer
расширяющийся ~ water [pressure] packer
резиновый ~ rubber packer
самоуплотняющийся ~ self-sealing packer
сдвоенный ~ straddle [twin] packer
скважинный ~ downhole packer
ствольный ~ open-hole packer
ствольный цементировочный ~ open-hole squeeze packer
съемный ~ retrievable packer
термостойкий ~ thermal packer
трубный ~ casing packer
трубный ~ для обсаженных скважин wall-hook packer
цементировочный ~ cementing packer, cementer
цементировочный ~ нижней обсадной колонны shoe packer
цилиндрический ~ cup packer
шлипсовый ~ slips packer
эксплуатационный ~ production packer
эксплуатационный гидравлический ~ hydraulic-set production packer
эксплуатационный нагнетательный ~ production injection packer
якорный забойный ~ для скважин anchor packer

пакеровка setting of packer
пакер-пробка plug packer
пакер-якорь anchor packer
пакет:
~ акций share holdings
~ документов package of documents
контрольный ~ акций controlling block of shares
трубный ~ tube bank
пакетирование packaging
пакля oakum, hemp
палагонит palagonite
палатинит palatinite
паление:
~ шпуров shooting
палеоандезит paleoandesite
палеобиология paleobiology
палеобиохимия paleobiochemistry
палеогеография paleogeography
палеогеология paleogeology
палеозой *геол.* Paleozoic (era)
палеолит *геол.* Paleolithic
палеонтология paleontology
палеосейсмограмма paleoseismogram
палеотектонический paleotectonic
палетка:
~ максимальных кривых зондирования (МКЗ) maximum departure curve
~ теоретических кривых бокового зондирования lateral logging departure curve
точечная ~ dot chart
пал/ец pin, finger, stud
~ для бурильных свечей stabbing finger
~ долота finger of bit

~цы долот режущего типа fingers of drag bits
~ крейцкопфа crosshead pin, crosshead stud
~ кривошипа crankpin
~ ролика roller pin
~ секционного фрезера section mill pin
~ цепи chain pin
~ шарикоподшипника шарошки ball plug
~ шарнира joint pin
~ штока-ловителя rod-overshot stud
~ штропа link pin
~ штропа вертлюга bail [trunnion] pin of swivel
верхний ~ плашки slip upper finger
дистанционно управляемый ~ remotely controlled finger
кривошипный поршневой ~ wrist pin
направляющий ~ guide finger
отводной ~ tracer pin, follower
поршневой ~ piston pin
съемный вставной ~ removable inserted pin
съемный шарнирный ~ removable hinge pin
шарнирный ~ hinge [link] pin

палить:
~ шпуры shoot, fire a shot
палуба deck
~ вибрационного сита shale shaker deck
~ для якорных устройств anchoring deck
~ манифольда manifold deck
~ штуцерного манифольда choke manifold deck
вертолетная ~ helideck, helistop, heliport, helicopter platform
вторая ~ (*морского основания*) cellar deck
интегральная ~ integrated deck
надшахтная ~ cellar deck
нескользкая ~ non-slip deck
несущая ~ bearing deck
основная ~ (*морского основания*) main deck
рабочая ~ working deck
спайдерная ~ spider deck
третья ~ (*морского основания*) sub-cellar deck A
четвертая ~ (*морского основания*) sub-cellar deck B
якорная ~ (*полупогружного основания*) anchoring deck
палыгорскит palygorskit
память *вчт* memory, storage
~ большой емкости mass storage
~ с малым временем выборки quick-access memory
~ с произвольной выборкой random-access memory
автономная ~ offline storage
буферная ~ buffer storage
быстродействующая ~ high-speed memory
главная адресная ~ addressable bulk storage
двусторонняя ~ read-write memory
матричная ~ matrix memory
односторонняя ~ read-only memory
оперативная ~ online storage

последовательная ~ serial storage
панель panel, board
~ вышки panel of derrick
~ глубин depth-indicating [depth-measuring] panel
~ диспетчера dispatcher's panel, dispatcher's supervision board
~ дистанционного управления remote-control panel
~ индикации данных data display panel
~ контрольно-измерительных приборов instrument panel
~ контроля натяжения якорных цепей anchor tension central
~ контроля параметров бурения drill central
~ контроля свойств бурового раствора drilling mud central
~ переключения switching board, switching panel
~ управления control panel
~ управления наливом control panel of filling
главная ~ управления master [main] control panel
измерительная ~ measuring panel
каротажная ~ logging panel
кнопочная ~ управления push-button control panel
сигнальная ~ signal panel
пар steam; vapor
~ высокого давления high-pressure steam
~ низкого давления low-pressure steam
барботирующий ~ bubbling steam
влажный ~ wet [damp] steam
водяной ~ water vapor
вредный ~ harmful vapor
мятый ~ dead [spent, exhaust] steam
насыщенный ~ saturated steam
острый ~ live [open, direct] steam
отработавший ~ *см.* мятый пар
перегретый ~ superheated [overheated] steam
переохлажденный ~ supercooled vapor
пересыщенный ~ supersaturated steam
рабочий ~ *см.* острый пар
сухой ~ dry steam
сырой ~ wet steam
технологический ~ process steam
пара pair; couple
~ сил force couple
~ трения friction pair
~ шарик – седло ball-and-seat
винтовая кинематическая ~ screw pair
вращающаяся ~ сил turning couple
замкнутая кинематическая ~ closed pair
зубчатая ~ gear wheel and pinion
кинематическая ~ kinematic pair
коррозионная ~ corrosion couple
открытая кинематическая ~ unclosed pair
плунжерная ~ plunger pair
парабитуминозный parabituminous
парагеосинклиналь parageosyncline
парадамит paradamite

парадиорит paradiorite
парадоксит paradoxite
паракварцит paraquartzite
параклаза paraclase
паракристаллический paracrystalline
паралиагеосинклиналь paraliageosyncline
параллелизация:
~ пластов identification of strata
параллель parallel
~ касания parallel of tangency
геодезическая ~ geodetic parallel
земная ~ parallel of latitude
направляющая ~ slide
стандартная ~ standard parallel
параллельно parallel to (*or* with)
идущий ~ concurrent
соединенный ~ paralleled
параллельно-последовательно in parallel-series
параллельность parallelism
параллельный collateral, parallel
парамагнетизм paramagnetism
параметр characteristic, parameter, variable
~ы бурового раствора drilling mud characteristics
~ы для подсчета запасов нефти characteristics for estimating oil in place
~ добычи production parameter
~ кристаллической решетки lattice constant
~ы, не соответствующие требуемым ill-conditioned parameters
~ пара steam condition
~ы пласта reservoir characteristics
~ пористого пласта formation porosity factor
~ потока flow parameter
~ промывки буровым раствором mud system parameter
~ распределения distribution parameter
~ режима бурения drilling operating variable, drilling parameter
~ы режима промывки и свойств бурового раствора mud system parameters
~ рефракции refraction parameter
~ сопротивления parameter of resistance
~ состояния state variable
газовые ~ы gas standards
газодинамический ~ gas dynamic property
геометрический ~ geometrical parameter
гидродинамические ~ы пласта hydrodynamic reservoir characteristics
динамические ~ы конструкции и ее податливость dynamic parameters of structure and its deformability
определяющий ~ diagnostic variable
оптимизируемый ~ objective variable
переменный ~ variable
пластометрический ~ plastometric parameter
предельные ~ы режима бурения critical drilling parameters
рабочие ~ы operating parameters
расчетный ~ design variable, rated parameter
регулируемый ~ controlled variable

стабилизированные ~ы steady-state conditions
стохастический ~ stochastic parameter
термический ~ thermal property
термодинамический ~ thermodynamic parameter
параметрика parametrics
парапороды para-rocks
парапроцесс para-process
парасепиолит parasepiolite
парасит parasite
парасланец paraschist
парастиха parastichy
паратектонический paratectonic
парафин paraffin (wax), wax
~ с открытой цепью open-chain paraffin
аморфный ~ amorphous paraffin, noncrystalline wax
борированный ~ borated paraffin
воскообразный ~ wax-like paraffin
донные ~ы tank bottom waxes
жидкий ~ fluid paraffin
инертный ~ nonreactive paraffin
кристаллизованный ~ crystalline wax
микрокристаллический ~ microcrystalline wax
неочищенный ~ *см.* сырой парафин
нефтяной ~ petroleum paraffin
пластичный ~ plastic paraffin
растворимый ~ dissolving paraffin
сырой ~ crude paraffin
твердый ~ hard [paraffin] wax
технический ~ commercial paraffin, commercial wax
парафинирование paraffining
~ керна core paraffining
парафинированный paraffined, waxed with paraffin
парафинировать paraffin
парафинистый paraffinaceous
парафиноотделитель wax separator
параформальдегид paraformaldehyde
паредрит paredrite
паритет *эк.* parity
валютный ~ parity of currency
интервалютный ~ parity of exchange
обменный ~ exchange parity
скользящий ~ sliding parity
твердый ~ fixed parity
парк:
~ действующих буровых установок active rigs
~ нефтяных резервуаров oil tank farm
~ обслуживания service park
основной бензиновый резервуарный ~ petrol tank farm
промысловый товарный ~ field tank farm, field gate battery
резервуарный ~ tank battery, tank farm
парналит parnallite
пароводоснабжение steam-water supply
парогазогенератор steam-gas generator

парогенератор steam generator
~ высокого давления high-pressure steam generator
блочный ~ skid mounted steam generator
пароконденсат steam condensate
паронепроницаемый steam-tight, vapor-tight
паронит paronite
вулканизированный ~ cured paronite
кислотостойкий ~ acid-proof paronite
парообразный steamlike, vaporous
парообразование evaporation, steam generation
пароосушитель steam drier
пароотвод steam discharge pipe
пароотделение steam separation
пароотделитель steam separator, vapor eliminator
пароохладитель desuperheater
пароочиститель steam purifier
пароперегрев superheating
пароперегреватель steam superheater
~ с противотоком counter-current superheater
~ с прямотоком co-current superheater
вторичный ~ reheater
конвективный ~ convection superheater
основной ~ primary superheater
промежуточный ~ *см.* вторичный пароперегреватель
пароприемник steam receiver
паропровод steam line, steam main, steam conduit
~ системы отопления heating steam line
подогревательный ~ (*в нефтепроводе*) gut
паропроизводительность steam rating, steam generating capacity
~ нагревателя heater evaporation
паропроницаемость water vapor permeability
парораспределение steam distribution
парораспределитель steam distributor
паросборник steam collector, steam header, steam chest
паросепаратор steam separator
циклонный ~ cyclone steam separator
пароснабжение steam supply
паросодержание steam content
паросушитель steam drier
паротерма steam jet
паротурбогенератор steam turbine generator
пароувлажнение steam humidification
партия:
~ алмазов (*содержащая смесь разных сортов*) series
~ груза consignment, shipment
~, исполняющая [производящая] ловильные работы fishing service
~ товара consignment of goods
геологическая ~ geological field party
каротажная ~ logging crew
опытная ~ initial lot
перфораторная ~ perforation crew
пробная ~ trial consignment

партия

разведывательная ~ exploration crew
сейсморазведочная ~ seismic prospecting crew
партнер partner
~ по совместному предпринимательству partner in a joint venture
деловой ~ business partner
потенциальный ~ potential partner
теневой ~ silent [shadow] partner
торговый ~ partner in trade
партнеры-учредители founding partners
парциальный partial, fractional
паскаль pascal, Pa
паспорт:
~ выработки chart of working
~ на буровзрывные работы blasting chart
заводской ~ factory [manufacturer's] certificate
патентный ~ patent form
технический ~ technical passport
паста paste, compound
~ для уплотнения резьбовых соединений joint paste
герметизирующая ~ sealing paste, sealant
глиноцементная ~ cement-clay paste
притирочная ~ abrasive [grinding] paste
тефлоновая герметизирующая ~ teflon sealing paste
уплотняющая ~ *см.* герметизирующая паста
патент patent
~ на изобретение patent for an invention
~ на промышленный образец patent for a design
~ на усовершенствование patent for improvement
действующий ~ patent in force
патентовладелец patent holder
патрон 1. cartridge 2. (*зажимной*) chuck
боевой ~ priming cartridge
быстросменный ~ quick-change chuck
ведущий ~ driving chuck
взрывной ~ blasting cartridge
вращающийся ~ rotating chuck
зажимной ~ collet, chuck
кабельный ~ cable connector
оксиликвитный ~ liguid-oxygen cartridge
переходный ~ doctor
пневматический ~ air chuck
рычажный ~ level-operated chuck
самоцентрирующий ~ sell-centering chuck
цанговый ~ collet chuck
патрубок connection (pipe), branch pipe, (pipe) nipple, sleeve
~ для выравнивания давления pressure equalizing branch pipe
~ для компенсации расширения expansion joint
~ для насосно-компрессорных колонн blast tubing nipple
~ для обсадных колонн casing nipple
~ для рукава hose connection, hose nipple

~ с боковым отверстием side-port nipple
~ с воронкой bell nipple
~ с фланцем flange branch
башмачный ~ shoe-type nipple
буферный ~ buffer connection
вентиляционный ~ vent branch pipe
впускной ~ inlet connection
всасывающий ~ inlet pipe
входной ~ inlet elbow
выпускной ~ outlet connection
гибкий ~ flexible hose connection
замерный ~ gage nipple
коленчатый ~ elbow pipe
нагнетательный ~ *см.* напорный патрубок
наливной ~ filling nipple
напорный ~ ascending pipe, discharge manifold
направляющий ~ bell nipple
отбортованный ~ beveled nipple
перфорированный ~ perforated nipple
песочный ~ sand nipple
посадочный ~ seating nipple
сливной ~ drain connection
соединительный ~ junction pipe, junction piece
спускной ~ drain
удлинительный ~ extension nipple
установочный ~ landing nipple, landing joint
установочный ~ для скважинного насоса subsurface pump seating nipple
штуцерный ~ choke bean sleeve
патрубок-удлинитель extension nipple
паук (*металлоуловитель*) basket
пачка bench, bunch, pack, stack, bundle
~ переслаивания interbedded member
~ пласта bank
верхняя ~ пласта top bench, upper leaf
вторая ~ цементного раствора tail slurry
высоковязкая ~ раствора Hi-visc gel sweep
карбонатная ~ carbonate member
нижняя ~ пласта bottom bench
первая ~ цементного раствора lead slurry
подстилающая ~ underlying member
эмульсионная ~ emulsion stack
паять:
~ мягким припоем solder
~ твердым припоем braze
ПВП [противовыбросовый превентор] blowout preventer, BOP
пеганит peganite
пегматит pegmatite
педаль pedal
~ сцепления clutch pedal
~ управления control pedal
тормозная ~ brake pedal
пек pitch
асфальтовый ~ tar pitch
битумный ~ pitch
буроугольный ~ lignite-tar pitch
каменноугольный ~ coal-tar pitch
мягкий битумный ~ soft pitch
нефтяной ~ petroleum pitch

переводить

полутвердый битумный ~ medium-soft pitch
твердый битумный ~ hard [residual] pitch
пектолит pectolite
пелагит pelagite, halobolite
пеленг (*истинный*) true bearing
пелит pelite
   глинисто-кварцевый ~ argillaceous quartz pelite
   глинистый ~ argillaceous pelite
   диатомовый ~ diatomite
пелитизация pelitization
пелитоалеврит alevropelite
пелитовый pelitic, lutaceous
пелитоид pelitoid
пелитолит lutite, lutaceous clay
пелитоморфный pelitomorphic
пеллит pellite
пеллодит pellodite
пемвитид pemwithite
пемза pumice
пемзовидный pumiceous
пена foam, froth
   ~ для тушения пожаров fire foam
   двухфазная ~ two-phase foam
   латексная ~ latex froth
   марганцевая ~ wad, manganese oxide
   устойчивая ~ stable foam
   флотационная ~ froth
   фтористо-протеиновая ~ (*для тушения пожаров*) fluoroprotein foam
пенвитит penwithite
пенеплен peneplain
   вскрытый ~ stripped peneplain
   погребенный ~ buried peneplain
   расчлененный ~ dissected peneplain
   усеченный ~ truncated peneplain
пенесейсмический peneseismic
пенетрация penetration
пенетрометр penetrometer
   ~ для консистентных смазок grease penetrometer
   гидравлический ~ wash point penetrometer
   конусный ~ cone penetrometer
   пластинчатый ~ strip penetrometer
   ступенчатый ~ step penetrometer
пенетрометрия penetrometry
пенистость foaminess, frothiness
пенистый foamy, frothy
пениться foam, froth
пенка scum, skimmings
пеннантит pennantite
пеноалюминий foam aluminum
пенобетон foam concrete
   ~ с мелким заполнителем agglomerate-foam concrete
пеногаситель antifoaming [defoaming] agent, foam suppressant, foam breaker, defoamer
пеногасящий defoaming, antifoaming
пеногашение foam killing, foam breaking, foam suppression, defoaming
пеногенератор foam generator, foamer
пеногипс foamed gypsum

пеноловитель foam catcher
пенообразование foaming, frothing
пенообразователь foamer, foam generator
пенообразующий foaming
пенопласт foamed plastics
   жесткий ~ rigid foamed plastics
пеносмеситель foam mixer
пеносниматель skimmer
пеностойкость froth resistance
пеноструктура foam structure
пенотушение (*огня*) foam fire-fighting, foam fire extinguishment
пеноудаление defoaming
пеноудаляющий defoaming
пенрозеит penroseite
пентилен pentylene
пентландит pentlandite
пентомерный pentomerous
пентомероидный pentomeroid
пенфильдит penfieldite
пенька hemp
пенящийся foaming
пепел ash, cinder
   вулканический ~ lava ash
   пластовый ~ ash bed
паперин peperine
паперит peperite
пеплолит peplolite
пептид peptide
пептизатор flocculent, peptizing agent
пептизация peptization
перацидит peracidite
пербитуминозный perbituminous
перебазирование move, relocation
   ~ буровой установки relocation of drilling rig
   ~ морского бурового основания relocation of offshore drilling platform
перебазировать move, relocate
перебои:
   ~ в работе двигателя engine miss
переборка 1. (*перегородка*) partition, bulkhead 2. (*действие*) reassembly
   водонепроницаемая ~ water-tight bulkhead
   газонепроницаемая ~ gas-tight bulkhead
   нефтенепроницаемая ~ oil-tight bulkhead
   поперечная ~ transverse bulkhead
   продольная ~ longitudinal bulkhead
переброс:
   ~ стока run-off diversion
перебуривание (*скважины*) redrilling
перебуривать (*скважину*) redrill
перевалка transfer
   ~ груза cargo transfer
перевод:
   ~ в метрическую систему metric conversion
   ~ мачтовой вышки в транспортное положение mast lay-down job
   ~ скважины на другой вид эксплуатации well shifting
переводить:
   ~ в газообразную форму aerify

переводник

переводник (*в бурении*) sub(stitute); adapter, crossover (XO)
~ вертлюга swivel sub
~ для бурильной трубы drilling coupling
~ для вращения обсадной колонны casing rotation sub
~ для обратной промывки reverse circulation sub
~ для работы с утяжеленными бурильными трубами drill collar lifting sub
~ для утяжеленных бурильных труб drill collar sub
~ для шлипса slip socket sub
~ насосно-компрессорной колонны tubing sub
~ обсадной колонны casing sub
~ овершота overshot sub
~ с левой резьбой left-hand (thread) sub
~ с обратным клапаном float-sub
~ с переходной фаской reducing taper sub
~ с правой резьбой right-hand (thread) sub
~ с центратором winged sub
~ ударника knocker sub
~ утяжеленного низа wear drill collar sub
~ цилиндрической конфигурации cylinder-shaped sub
~ шарового соединения ball joint extension assembly
~ штока rod subcoupling
выравнивающий ~ equalizing sub
гидравлический силовой ~, соединенный с вертлюгом power drilling sub
глухой ~ blind sub
двухмуфтовый ~ double-box sub
защитный ~ wear sub
короткий ~ bent [kick] sub, pup joint
кривой ~ bent sub
муфтовый ~ box sub
наддолотный ~ bit sub
ниппельный ~ pin sub
освобождающийся ~ releasing sub; safety joint
отклоняющий ~ orienting sub
отсоединительный ~ safety sub; safety joint
посадочный ~ landing adapter
предохранительный ударный ~ bumper [jar] safety joint
разъединительный ~ safety joint
срезной ~ shear pin sub
стабилизирующий ~ stabilizing sub
ступенчатый ~ step sub
стыковочный ~ stab sub
стыковочный ~ линий штуцерной и глушения скважины choke and kill tubing guide
стыковочный муфтовый ~ female stab sub
стыковочный ниппельный ~ male stab sub
стыковочный подводный ~ subsea adapter
трубный ~ pipe sub
удлиненный ~ elongated sub
цементировочный ~ cementing adapter
циркуляционный ~ circulating sub
перевозк/а haul(age), shipment, transportation
~ автотранспортом road haulage, carriage by road, carriage by truck, trucking
~ воздухом carriage by air
~ грузов морем carriage by sea, sea transportation
~ грузовым автотранспортом *см.* перевозка автотранспортом
~ на баржах barging
~ навалом bulk carriage, bulk delivery, bulk haulage
~ на дальние расстояния long-distance haulage
~ нефтепродуктов баржей oil barging
~ по бездорожью off-road haulage
~ по железной дороге carriage by rail, rail transportation
~ сухопутным транспортом carriage by land
автомобильная ~ нефтепродуктов oil trucking
бестарная ~ (*сыпучего груза*) bulk carriage, bulk delivery, bulk haulage
внешнеторговая ~ foreign trade transportation
встречные ~и backhaul(age)
грузовые ~и transportation of cargo
дальняя ~ long haul(age)
железнодорожные ~и carriage by rail, rail transportation
контейнерные ~и container carriage
короткопробежная ~ short-distance runs
международная ~ international transportation
морская ~ sea transportation, carriage by sea
перегиб *геол.* turn, bend, kink
~ кабеля cable kink
~ кривой curve knee, curve bend
~ мульды synclinal bend, synclinal turn
~ пластов bend [turn] of strata
~ рукава hose bend, hose kink
~ свода crest
~ свода складки saddle bend
~ склона slope discontinuity
антиклинальный ~ anticlinal bend, anticlinal turn, crest of anticline
коленчатый ~ geniculation
резкий ~ kink
резкий ~ в проволочном канате dog-leg, wireline kink
синклинальный ~ synclinal turn, synclinal bend
перегной mould, humus
перегонка *хим.* distillation; (*нефти*) refining
~ над адсорбентом *см.* контактная перегонка
~ нефти oil refining
~ под давлением compressive distillation
~ с водяным паром steam distillation
вторичная ~ redistillation
деструктивная ~ dry [destructive] distillation
контактная ~ contact distillation
молекулярная ~ molecular distillation
непрерывная ~ continuous distillation
однократная ~ flash distillation

периодическая ~ batch distillation
равновесная ~ flash distillation
фракционная ~ fractional distillation
экстрактивная ~ extractive distillation
перегонять *хим.* distill; (*нефть*) refine
перегородка 1. (*отражательная*) baffle (plate) 2. partition; (*на судне*) bulkhead
~ в желобах (*служащая для очистки бурового раствора от породы или изменяющая направление потока*) ditch baffle, watertight partition
~ в желобе наземной циркуляционной системы mud baffle
~ в цистерне tank baffle plate
вентиляционная ~ air partition
водонепроницаемая ~ water-tight partition
воздухонепроницаемая ~ air-tight partition
межпоровая ~ interpore partition
направляющая ~ diverter
поперечная ~ (*теплообменника*) cross baffle
продольная ~ (*теплообменника*) longitudinal baffle
противопожарная ~ fire break, fire bulkhead
перегрев overheat
местный ~ hot spot
перегревать overheat(ing)
перегреваться run hot
перегретый overheated; (*о паре*) superheated
перегруженность (*порта*) (port) congestion
перегрузка 1. overcharging, overload(ing) 2. transfer, transshipment
~ буровой установки overload of drilling rig
~ груза cargo transshipment
~ по напряжению voltage overload
~ экосистемы ecosystem overburden
длительная ~ sustained overload
допустимая ~ permissible overload
кратковременная ~ short-time overload
недопустимая ~ prohibitive overload
предельная ~ limit overload
эксплуатационная ~ operation overload
передатчик transmitter
аварийный ~ emergency transmitter
взрывозащищённый ~ explosion-proof transmitter
полевой ~ field transmitter
полупроводниковый ~ transistorized transmitter
преобразующий ~ converter transmitter
телеметрический ~ telemetering transmitter
передача drive, gear; transmission
~ данных data transfer, data transmission
~ движения через шарнирный механизм link drive
~ доли участия transfer of drive share
~ нагрузки на стыке load transfer at splice
~ перемещений поплавка transmission of float displacement
~ показаний и замеров measurements transmission
~ с гидротрансформатором torquematic transmission

~ сигналов signaling, signal transmission
~ тягами rodding, rod gear
~ электроэнергии power transmission, transmission of electric energy
безвозмездная ~ gratuitous transfer
бесступенчатая ~ variable-speed gear
бесшумная цепная ~ silent chain drive
блокированная ~ interlocking gear
высокоскоростная зубчатая ~ high-speed gear
гидравлическая ~ oil gear, hydraulic transmission
гидродинамическая ~ hydrodynamic transmission
дифференциальная ~ equalizer, jack-in-the-box
закрытая цепная ~ enclosed chain drive
зубчатая ~ gear transmission, gear(ing) drive
карданно-цепная ~ universal-chain transmission, chain-cardan drive
клиноременная ~ V-belt drive
коническая зубчатая ~ bevel gear drive
косозубая цилиндрическая ~ helical gear
механическая ~ mechanical transmission
многократная ~ multiplex transmission
нереверсивная ~ unidirectional drive
объёмная гидравлическая ~ positive-displacement hydraulic transmission
открытая цепная ~ open chain drive
пневматическая ~ pneumatic transmission
повышающая ~ step-up gear
понижающая ~ reducing [step-down] gear
промежуточная ~ intermediate gearing
прямозубая цилиндрическая ~ spur gear
реверсивная ~ reversible drive
реечная ~ rack-and-gear drive
ременная ~ belt drive, belting
силовая ~ power transmission
трансмиссионная ~ shafting
цепная ~ chain belt, chain drive
цилиндрическая шевронная ~ herring-bone gear
червячная ~ worm gear
червячная глобоидальная ~ globoidal worm gear
червячная коническая ~ screw bevel gear
шарнирная ~ link [ball joint] drive
передвигаться:
~ по пласту migrate through a stratum
пережим:
~ жилы pinch, twitch
~ пласта *см.* пережим жилы
~ складки squeeze of fold
перезарядка recharge, reloading
~ взрывного бура reloading of explosive drill
~ перфоратора gun charge exchange
~ химического бура recharge of chemical drill
перекачивание pumping(-over)
~ газонефтяной смеси gas-oil mixture pumping
~ нефтепродуктов по подводному трубопроводу offshore oil delivery

перекачивание
~ нефти oil delivery, oil pumping, oil piping
~ по трубопроводу pumping
~ по трубопроводу из насоса в насос closed line system pumping
~ сифоном siphonage
автоматическое ~ automatic pumping
внутрипарковое ~ нефти tank farm oil pumping
внутрипромысловое ~ нефти field oil piping
последовательное ~ batching
последовательное ~ нефтепродуктов по трубопроводу products pipeline operation, oil product batching

перекачивать pump through, pump over
перекись peroxide
~ водорода hydrogen peroxide
перекладина beam, rail
переклинальный periclinal
переключатель эл. switch
~ диапазонов band switch, band selector
~ зондов sonde switch
~ с приводом от мотора motor-driven switch
~ шкал scale switch
барабанный ~ drum switch
главный ~ master switch
кнопочный ~ push-button switch
концевой ~ limit switch
кулачковый ~ cam switch
многопозиционный ~ multiposition switch
полупроводниковый ~ semiconductor switch
поплавковый ~ float switch
реверсивный ~ reverse switch
релейный ~ relay switch
селективный ~ selective switch
силовой ~ power switch
шаговый ~ step-type switch

переключать change over, shift, switch, reverse
переключение change-over, shifting, switch(ing), switch-over
~ задвижки gate valve shifting
~ при помощи задвижек и клапанов jump-over connection
~ резервуаров tank change-over, tank switching
~ скоростей gear shifting
~ скважины (*с добычи на нагнетание*) shifting of well

перекос skewness, misalignment; curving
перекристаллизация recrystallization
~ горной породы rock recrystallization
~ зерен grain recrystallization
перекручивание twist(ing)
~ бурового рукава drilling hose twisting
обратное ~ back twisting
перекручивать overturn, twist
перекрывание bridging
перекрывать 1. (*закрывать*) shut off, shut down 2. (*залегать выше*) overlap, overlie
~ водоносный пласт shut [plug] off water-bearing formation
~ заглушкой трубопровод blank off
~ задвижкой valve off
~ поступление воды shut off water entry
~ трубами case off

перекрытие:
~ выкидной линии flowline shut-down
~ задвижки closure of gate valve
~ перфорированного интервала sealing of perforated interval
~ пластов bed overlap
~ трубопровода line shut-down
замещающее ~ replacing overlap
несогласное ~ overlap
осадочное ~ sedimentary overlap
полное ~ скважины complete well shut-off
регрессивное ~ regressive overlap, offlap
тектоническое ~ duplication overlap
трансгрессивное ~ transgressive overstep

перелив overflow, spillover
~ жидкости через устье скважины wellhead overflow
~ нефти из скважины flowing of well

перелом *геол.* break, discontinuity
~ местности change of slope
~ падения break of declivity, break of gradient
~ профиля break in the profile

перемалывание regrinding
~ бурового шлама regrinding of cuttings

перемежаемость alternation, intermittence
~ пластов alternation of beds

переменная (*величина*) variable
входная ~ input variable
двоичная ~ binary variable
зависимая ~ dependent variable
независимая ~ independent variable
плавно изменяющаяся ~ continuously changing variable
регулируемая ~ controlled variable

перемешивание agitation, stirring, mixing
~ вращением rotary agitation
~ струйными мешалками в резервуарах gunning the pits
радиальное ~ radial dispersion

перемешиватель mixer
лопастной ~ бурового раствора drilling mud blade mixer
струйный ~ бурового раствора drilling mud gun
струйный ~ бурового раствора с центробежным насосом drilling mud centrifugal pump mixer

перемешивать agitate, stir, mix
перемещать:
~ водой outwash
~ с помощью зубчатой рейки rack

перемещение displacement, motion, migration, shift; transportation
~ вмещающей горной породы country-rock displacement
~ водораздела shifting [migration] of divide
~ грунта earth moving
~ из одного пласта в другой travel from bed to bed

~ контура нефтеносности oil-water boundary migration
~ на полозьях skidding
~ нефти oil travel, oil migration
~ пластов displacement [dislocation] of beds
~ под действием собственной тяжести gravity transportation
~ по падению без разрыва dip shift
~ по падению с разрывом dip slip
~ по простиранию без разрыва strike shift
~ по простиранию с разрывом strike slip
~ при сбросе displacement by fault
~ с помощью реечной передачи racking
~ судна vessel motion
~ фронта заводнения waterflood front advance
~ щупа scanning
боковое ~ lateral shift
вертикальное ~ vertical displacement
вязкое ~ viscous displacement
горизонтальное ~ horizontal displacement
горизонтальное ~ при сбросе heave
истинное ~ net shift
конвекционное ~ convective overturn
косое ~ oblique displacement
оползневое ~ sliding
относительное ~ slip, relative displacement
угловое ~ angular displacement
перемол overgrinding
перемыв rewashing
перемычк/а barrier, bridge
устанавливать ~у bridge
перенапряжение overstrain, overtension; *эл.* overvoltage
перенасыщение supersaturation
~ бурового раствора твердой фазой packing of drilling mud with solids
~ бурового раствора химическим реагентом overtreatment of drilling mud with chemical agent
перенос transfer, transport(ation)
~ вещества mass transfer
~ волочением transportation by traction
~ в результате растворения solution transfer
~ дождевыми водами transportation by rain wash
~ жидкости fluid transfer
~ массы mass transfer
~ материала transfer of material
~ обломочного материала fragmental product transportation
~ обломочных горных пород fragmental sediments transportation
~ осадками sedimentary transportation
~ тепла heat transfer
~ энергии energy transfer
диффузионный ~ diffusive transfer
переносной (*о приборе, оборудовании*) portable, man-carried
переоборудование reequipment, reconstruction, reoutfit, modernization
переосаждение reprecipitation

переохладитель aftercooler
переохлаждение supercooling
переоценка (*запасов*) overestimation
перепад difference, differential, drop, gradient
~ давления pressure difference, pressure differential, pressure drop
~ давления в лопаточном аппарате турбины pressure drop across turbine blades
~ давления в счетчике pressure drop in meter
~ давления в трубе pressure differential across tube ends
~ давления в турбине pressure drop across turbine
~ давления газов gas pressure loss
~ давления на буровом долоте pressure drop across drilling bit
~ давления на насадках долота bit nozzle pressure drop
~ давления, обусловливающий приток жидкости в скважину driving pressure differential
~ давления при ламинарном течении pressure drop in laminar flow
~ давления при турбулентном течении pressure drop in turbulent flow
~ тепла heat drop
гравитационный ~ gravitational drop
допустимый ~ температур permissible temperature drop
принудительный ~ давления pressure drawdown
переплавлять remelt, refuse
переполнять (*емкость, резервуар*) overflow, overfill
перепуск bypass, overflow
перерабатывать convert, (re)process, treat; (*нефть*) refine
переработка processing; treatment; (*нефти*) refining
~ газа gas processing
~ нефти oil [petroleum] refining, oil [petroleum] processing
деструктивная ~ нефти *см.* химическая переработка нефти
каталитическая ~ в присутствии водорода hydrogen refining
сернокислотная ~ (*нефтепродуктов*) sulfuric acid refining
химическая ~ нефти refinery processing
перераспределение redistribution
~ давления pressure redistribution
гравитационное ~ gravitational redistribution
диффузное ~ diffusion redistribution
перерыв:
~ в бурении interruption in drilling, drilling break
~ в жиле vein split, vein break
~ в напластовании stratigraphical break, lost strata
~ в обнажении disappearance of outcrop
~ в отложениях interruption in deposition, break in sedimentation

перерыв

~ в работе outage, service interruption
~ в слоистости break in [truncation of] lamination
~ снабжения потребителей interruption of service, interruption of supply
~ циркуляции бурового раствора drilling mud return break
верхний ~ upper brace
стратиграфический ~ stratigraphical break
эрозионный ~ erosional gap, erosion interval

пересекать:
~ пласт strike a bed

пересечение:
~ дорог road crossing
~ реки river crossing
~ трубопроводами путем прокладки двух линий dual crossing
подводное ~ реки трубопроводом undercrossing
сейсмическое ~ seismic traverse

пересечённый:
~ жилами interveined

переслаивание (*пластов*) interbedding, interstratification, alternation of strata
беспорядочное ~ random interstratification

пересмена shift [crew] change

пересмотр:
~ геологического возраста chronological revision

пересохший desiccated, dried-up
пересыхать (over)dry, run [get] dry
пересыщение supersaturation, oversaturation
пересыщенный supersaturated, oversaturated
переток cross-flow
~ газа из пласта в пласт gas cross-flow between beds
~ между пластами cross-flow between beds, intrareservoir communication
~ нефти из зоны в зону oil cross-flow between two zones
~ нефти из пласта в пласт oil cross-flow between beds

переход (*трубопровода*) crossing
~ открытым способом open crossing
~ под железнодорожным полотном railway bed crossing
~ проколом pierced crossing
воздушный ~ aerial crossing
двухступенчатый ~ two-stage crossing
погружной ~ submerged crossing

переходить:
~ в раствор pass into solution
~ на обсадную колонну меньшего диаметра reduce casing

переходник sub(stitute), adapter
~ с безниппельных обсадных труб на расширитель reaming pilot adapter
~ с колонковой трубы на буровую коронку bit adapter
расширяющий конусный ~ tapered increaser
суживающий конусный ~ tapered reducer
трубный ~ pipe sub(stitute)

переходник-амортизатор shock sub
периклаз periclase
перила rail(ing)
~ лестницы вышки derrick ladder handrail
~ площадки вышки derrick platform railing
жесткие ~ rigid handrail
якорные ~ anchor bolster

периметр:
смоченный ~ канала wetted perimeter of conduit

период period, stage
~ безводной добычи нефти water-free oil production period [stage]
~ бездействия скважины well shut-down period
~ вертикальной качки heave period
~ добычи production period, stage of production
~ естественного фонтанирования скважины well natural flow period
~ испытания скважины well test period
~ истощения скважины stripper stage of well production
~ колебаний oscillation period
~ насосной эксплуатации скважины pumping period of well production
~ непрерывной работы буровой установки rig on-stream period
~ образования залежей pool formation period
~ образования скоплений нефти oil-accumulation period
~ отбора проб sampling interval
~ отставания time lag
~ полураспада half-life period
~ приработки долота bit break(ing)-in period
~ притока inflow [influx] period
~ разработки месторождения field development period
~ торможения braking period
~ устойчивой добычи нефти settled production period
~ фонтанной эксплуатации flow production period
~ эксплуатации скважины well production period [life]
геологический ~ geological period [time]
девонский ~ Devonian (period)
естественный ~ natural period
каменноугольный ~ Carbonic [Carboniferous] (period)
кембрийский ~ Cambrian (period)
ледниковый ~ glacial drift, ice age
межремонтный ~ overhaul period [life], life between overhauls
меловой ~ Cretaceous (period)
миоценовый ~ Miocene (period)
олигоценовый ~ Oligocene (period)
ордовикский ~ Ordovician (period)
палеоценовый ~ Paleocene (period)
пермский ~ Permian (period)
полный ~ complete cycle

песок

силурийский ~ Silurian (period)
триасовый ~ Triassic (period)
фонтанный ~ flush stage
четвертичный ~ Quaternary (period)
эоценовый ~ Eocenic (period)
юрский ~ Jurassic (period)

перка flat bit, flat drill

перлит pearlite
вспученный ~ expanded pearlite
зернистый ~ granular pearlite
пластинчатый ~ lamellar pearlite

перлитоцемент pearlite cement

перо:
~ руля blade
~ самопишущего прибора recording pen, stylus
~ стрелки blade
~ якоря anchor wing

пероксид *см.* **перекись**

персонал personnel
~ буровой (площадки) drilling personnel
нефтепромысловый ~ field personnel
эксплуатационный ~ operating personnel

перспективы:
~ добычи из месторождения field potential
~ нефтегазоносности oil and gas potential
~ развития минерально-сырьевой базы outlook for development of mineral base
~ развития нефтяной промышленности oil industry trends

перфоратор gun, perforator
~ для колонн малого диаметра slim-hole gun
~ для обсадных колонн casing gun
бескорпусный ~ capsule-type gun [perforator]
гидравлический ~ hydroperforator
заряженный ~ charged gun [perforator]
колонковый ~ drifter
кумулятивный ~ jet [shaped-charge] gun, jet perforator
кумулятивный ~ с извлекаемым корпусом retrievable jet gun [perforator]
кумулятивный ~ с извлекаемым полосовым корпусом retrievable strip jet gun [perforator]
кумулятивный ~, спускаемый внутри НКТ tubing type jet perforating gun, through-tubung perforator
кумулятивный ~ с разрушаемым корпусом expendable jet gun [perforator]
кумулятивный бескорпусный ~ capsule-type jet gun [perforator]
кумулятивный капсульный неизвлекаемый ~ expendable capsule jet gun, jet perforator
кумулятивный корпусной ~ hollow-carrier jet-type gun [perforator]
кумулятивный корпусной ~ однократного использования hollow-carrier single-action jet gun [perforator]
кумулятивный раскрывающийся ~ swing jet gun [perforator]
кумулятивный стеклянный ~ glass jet gun [perforator]
ленточный ~ strip gun [perforator]
малогабаритный ~ small-diameter gun [perforator]
механический ~ mechanical perforator
многоствольный ~ multibarrel gun [perforator]
незаряженный ~ uncharged gun [perforator]
однокамерный ~ one-shot gun [perforator]
пескоструйный ~ abrasive jet gun [perforator]
пневматический ~ air drill
пулевой ~ bullet perforator [gun]
пулевой избирательный ~ selective gun perforator
пулевой короткоствольный ~ short-barrel gun perforator
пулевой крупнокалиберный ~ heavy-caliber bullet gun [perforator]
сверлильный вращательный ~ auger drill
спускаемый на кабеле ~ wireline gun [perforator]
спускаемый на насосно-компрессорных трубах ~ tubing pipe gun
стреляющий ~ gun perforator
торпедный ~ projectile gun perforator
ударный ~ percussion perforator

перфорации:
~ в обсадных трубах casing perforations
закупоренные ~ plugged perforations

перфорирование perforating, shooting
~ обсадной колонны casing perforating
~ по данным гамма-каротажа gamma-ray perforating
~ под давлением perforating under pressure
~ при забойном давлении ниже пластового underbalanced perforating
~ скважины well perforating, well shooting
~ через НКТ through-tubing perforating
гидропескоструйное ~ hydraulic jet perforating, hydraulic abrasive jetting
избирательное ~ selective perforating, selective shooting
кумулятивное ~ jet (type) perforating
направленное ~ directional perforating
неудачное ~ flush perforating
повторное ~ reperforating
пулевое ~ gun [bullet] perforating

песколовушка sand trap
горизонтальная ~ horizontal sand trap
двухкамерная ~ twin-chamber sand trap

песконоситель sand-carrier

пескоотделитель cyclone separator, desander

пескосмеситель sand-oil blender

пескосодержание sand content
~ в процентах percentage of sand

пескоструйный sandblast

песок sand
~, вынесенный из скважины produced sand
асфальтовый ~ asphaltic [black] sand
битуминозный ~ bituminous sand
водонасыщенный ~ water-saturated sand
водоносный ~ water-bearing sand

песок

песок
- газоносный ~ gas-bearing sand
- глинистый ~ clayed sand
- грубозернистый ~ coarse(-grained) sand
- заиленный ~ dirty sand
- закированный ~ brea
- зыбучий ~ running [drift] sand, quicksand
- известковый ~ calcareous [limestone] sand
- кварцевый ~ silica sand
- мелкий ~ fine sand
- мелкозернистый ~ fine(-grained) sand
- молотый ~ grinded [flour] sand, silica flour
- несцементированный ~ uncemented sand
- неустойчивый ~ см. зыбучий песок
- нефтеносный ~ oil sand
- продуктивный ~ productive [commercial, pay] sand
- рыхлый ~ loose sand
- сухой ~ dry sand
- сцементированный ~ cemented sand

песок-коллектор reservoir sand
песок-плывун drift [traveling] sand, quicksand
песчаник sandstone
- алевритовый ~ silt sandstone
- асфальтовый ~ asphaltic sandstone
- битуминозный ~ bituminous sandstone
- глинистый красный ~ red bed
- известковый ~ calcareous sandstone
- кварцевый ~ quartzy sandstone
- крупнозернистый ~ coarse-grained sandstone
- мелкозернистый ~ fine-grained sandstone
- мергелистый ~ marly sandstone
- нефтеносный ~ oil-bearing sandstone
- однородный ~ uniform sandstone
- пористый ~ porous sandstone
- продуктивный ~ productive [commercial, pay] sandstone
- сланцевый ~ schistose sandstone
- сцементированный ~ cemented [consolidated] sandstone

песчанистый arenaceous, sandy
песчано-глинистый sandy-argillaceous
песчаный arenaceous, sandy
песчинка sand grain
петля loop; hinge
- ~ гистерезиса hysteresis loop
- грузоподъемная ~ sling
- замкнутая ~ closed loop
- уравнительная (компенсационная) ~ loop expansion pipe

петрографический petrographic
петрография petrography
петролатум petrolatum, petroleum jelly
петрология petrology
печать (для определения положения инструмента, оставшегося в скважине) impression block
- конусная ~ conical impression block
- плоская ~ flat impression block
- свинцовая ~ lead impression block
- торцевая ~ cylinder impression block

печь furnace
- сушильная ~ desiccator

пещера cavern
ПЗП [призабойная зона пласта] critical area of formation
пик:
- ~ потребления consumption peak

пикнометр pycnometer
- скважинный ~ subsurface pycnometer

пилон вышки tower
пильчатый serrate
пипетка:
- ~ для отбора проб газа gas sampling tube

пирит pyrite
пирогенный igneous
пирофосфат pyrophosphate
- кислый ~ натрия sodium acid pyrophosphate

пирс pier
- грузовой ~ cargo pier
- нефтяной ~ oil jetty
- погрузочный плавучий ~ dolphin loading pier

питание delivery, feed(ing); (электроэнергией) supply
- ~ от сети mains supply
- ~ энергией delivery of energy
- автоматическое ~ automatic feed

питатель feeder
- автоматический ~ self-feeder
- бункерный ~ bin feeder
- весовой ~ weight feeder
- дозирующий барабанный ~ drum rotary feeder
- ковшовый ~ scoop feeder
- порошковый ~ powder feeder

питать:
- ~ топливом fuel
- ~ электроэнергией supply

плавучесть buoyancy, floatability
- ~ нефти oil buoyant
- позитивная ~ positive buoyancy

плавучий buoyant, floating
пламегаситель flame arrester
пламя fire, flame
план:
- ~ буровых работ drilling program
- ~ добычи production program
- ~ разработки (месторождения) development program
- ~ строительства трубопровода pipeline project
- ~ трассы трубопровода route of pipeline
- производственный ~ production schedule

планирование planning
- ~ добычи production planning
- геолого-промысловое ~ geologic production planning
- детальное внутрипромысловое ~ detailed field development planning

планшет:
- топографический ~ topographic sheet

пласт геол. bed, stratum, formation
- ~ горных пород rock bed
- ~ песчаника sandstone stratum
- ~, подвергнутый гидроразрыву broken-down formation

платформа

~, по которому возможно движение нефти carrier bed
~ы пород, покрывающие нефтяные залежи capping beds
~ с высокими давлением и температурой high pressure and temperature formation
~ы с горизонтальным залеганием flat-lying formation
~ с однофазным флюидом single-phase reservoir
~ с увеличивающейся мощностью expanding bed
включенные ~ы intercalated beds
водоносный ~ aquifer, water-bearing bed
высокопроницаемый ~ high-permeability formation
вышележащий ~ superstratum, overlying stratum [bed]
газоконденсатный ~ gas-condensate stratum
газоносный ~ gas-bearing stratum
гидрофобный ~ oil wet reservoir
глубокозалегающий ~ deep-lying formation
горизонтально залегающий ~ flat-lying formation
замкнутый ~ *см.* ограниченный пласт
истощенный ~ depleted layer
карбонатный ~ carbonate formation
маломощный ~ *см.* тонкий пласт
многослойный ~ multilayer bed
мощный ~ *см.* толстый пласт
непродуктивный ~ nonproductive bed
непроницаемый ~ impermeable bed
неустойчивый ~ incompetent stratum
нефтеносный ~ oil-bearing bed
нефтяной ~ oil [petroleum] reservoir, oil stratum
нефтяной ~ с газовой шапкой gas-capped oil reservoir
ограниченный ~ bounded reservoir
опорный ~ marker (bed), key bed
опрокинутый ~ overturned bed
перекрывающий ~ cover, overlying bed
перемежающиеся ~ы alternating beds
поглощающий ~ intake bed, lost-circulation formation
подводный нефтяной ~ submarine oil formatoin
подстилающий ~ underlying bed, bottom formation
пригодный для разработки ~ *см.* промышленный пласт
пробуренный ~ penetrated bed
продуктивный ~ productive stratum, pay-out bed, producing formation
продуктивный ~, расположенный выше разрабатываемого пласта bypassed reservoir
промежуточные ~ы intercalated beds
промышленный ~ commercial [pay] bed
сильнотрещиноватый ~ broken-down formation
соляной ~ salt bed
сопряженные ~ы associated sheets
соседние ~ы adjacent beds
толстый ~ thick bed
тонкий ~ thin bed
устойчивый ~ competent stratum
частично вскрытый ~ partially penetrated stratum
экранирующий ~ shielding layer

пластинка:
~ в долоте *или* коронке bit slug
пружинная ~ для закрепления диафрагмы на барабане indicator clip

пластификатор plasticizing agent, softener
пластичность plasticity
~ почвы plasticity of soil
~ твердого тела solid plasticity

пластичный ductile, soft
пласт-коллектор reservoir
газовый ~ gas reservoir
нефтяной ~ oil reservoir, oil source bed

пластмасса plastic (material)
пластовый (em)bedded, tabular
пластоиспытатель formation tester
пластообразный tabular

плата:
~ за погрузку-разгрузку handling charges
~ за провоз груза freight

плато *геол.* tableland; plateau
платформа platform
~ АНДОК ANDOC platform
~ грузовика bed of the truck
~ для газлифтной эксплуатации морских скважин pumpdown platform
~ с жилыми помещениями living quarters platform
~ с избыточной плавучестью compliant platform
~ с опорной плитой mat supported platform
~ с подводным хранилищем subtank platform
~ с растянутыми опорами tension-leg platform
автономная стационарная ~ self-contained fixed platform
береговая ~ offshore bench
бетонная башенная ~, шарнирно закрепленная на дне concrete articulated tower, CONAT
буровая ~ drilling platform
буровая ~ кессонного типа caisson-type platform rig
буровая ~, обслуживаемая тендером tender drilling platform
буровая ~ с плавучей башенной опорой semi-submersible drilling platform
буровая башенная ~ на оттяжках guyed-tower platform rig
буровая бетонная гравитационная ~ concrete gravity platform rig
буровая морская ~ offshore drilling platform
буровая морская ~, опирающаяся на дно bottom-supported offshore platform
буровая морская ~ с опорами-кондукторами drill-through-the-leg platform

платформа

буровая морская плавучая ~ башенного типа buoyant tower offshore platform
буровая полупогружная ~ semi-submersible drilling platform
буровая полупогружная одноколонная ~ single-column semi-submersible drilling vessel
буровая стационарная ~ со стальным опорным блоком steel-jacked rigid platform rig
глубоководная морская ~ deep-water offshore platform
железобетонная ледостойкая буровая ~ reinforced concrete island drilling structure
исследовательская ~ research platform
континентальная ~ *геол.* shelf
модульная ~ modular platform
морская ~ для установки буровой вышки derrick platform
морская ~ на деревянных сваях timber platform
морская ~ с жилыми помещениями accommodation platform
морская главная ~ с сооружениями для сепарации, подготовки, подачи нефти и газа в трубопроводы central processing (production) platform
морская исследовательская ~ marine research platform
морская самоподъемная ~ marine jack-up platform
морская стационарная ~ permanent offshore platform
морская стационарная ~ для добычи нефти fixed offshore platform
наклонная ~ sloping platform
погрузочная ~, шарнирно закрепленная на дне articulated loading platform
полупогружная ~ с избыточной плавучестью tension leg semi-submersible platform
привязная ~ tethered platform
самоподнимающаяся ~ self-elevating [jack-up] platform
самоподъемная наклонная ~ tilt-up jack-up platform
самоустанавливающаяся ~ self-setting platform
стальная свайная ~ piled steel platform
стационарная ~ fixed [rigid] platform
стационарная морская ~ на одной опоре monopod
строительная ~ construction platform
тендерная (вспомогательная) ~ tender platform
трехколонная стальная ~ на свайном основании three-column steel pile platform on pile foundation
трехколонная стальная гравитационная ~ three-column steel gravity-based platform
эксплуатационная ~ production platform
эксплуатационная кустовая ~ multiple well platform
эксплуатационная полупогружная ~ semi-submersible production platform

платформа-гибрид hybrid platform
платформа-спутник satellite platform
платформа-терминал месторождения field terminal platform
плашк/а (*превентора*) ram; (*захвата*) slip; (*резьбонарезная*) die
~и для зажима бурильных труб в роторе rotary slips
~и клинового захвата casing slips
~ ловителя fishing slip
~ овершота slip of overshot
~ превентора ram
~ элеватора elevator slip
~ якоря slip of anchor
винторезная ~ chaser
глухие ~и blind rams
зажимная ~ dog
зубчатые ~и serrated slips
ловильные ~и fishing dies
обратные ~и inverted slips
остроконечные ~и превентора blind shear rams
плавающая ~ floating ram
резьбонарезная ~ thread die
срезающие ~и превентора shear rams
трубные ~и pipe rams
удерживающие ~и захвата hold-down slips
плашкодержатель cage, holder
плена blister, flaw, scale
пленка film
адсорбционная ~ adsorbed film
граничная ~ interfacial film
жидкостная ~ fluid film
защитная ~ protective layer
нефтяная ~ oil film
оксидная ~ oxide film
поверхностная ~ surface film
радужная ~ *см.* флуоресцирующая пленка
флуоресцирующая ~ iridescent film
плеть:
~ из двух труб double joint(ing)
~ из трех труб triple joint(ing)
~ труб length of pipes
~ трубопровода pipeline string
плечо arm
~ ветровой нагрузки wind arm
~ кривошипа crank arm
~ рычага level arm
~ рычага противовеса counterbalance arm
заднее ~ балансира tail half of walking beam
плиоцен *геол.* Pliocene
плита 1. plate, table 2. *геол.* platform
~ для рассоединительных операций break-out block
анкерная ~ anchor plate
донная ~ sea floor frame
наклонная ~ tilted bed
нижняя фундаментная ~ low foundation plate
опорная ~ bedplate; (*гравитационной платформы*) slab, bearing [foundation, support] plate, mat

опорная ~ для бурения main base, template
опорная донная ~ grid mat
опорная идентификационная ~ platform identification plate
опорная направляющая ~ temporary guide base
опорная подводная ~ subsea template
посадочная ~ landing plate
фундаментная ~ bedplate, baseplate, foundation plate

плоскогорье *геол.* table, plateau
плоскодонный (*о судне*) flat-bottomed
плоскость plane
~ воды water plane
~ горной выработки rock face
~ забоя bottom
~ контакта воды и нефти water-oil contact plane
~ нулевой отметки datum level
~ пола (*буровой*) floor line
~ приведения datum [reference] plane
~ сечения sectional plane
~ соприкосновения joint [contact] plane
~ трещины face of fissure
осевая ~ axial plane

плот raft
плавучий ~ floating raft
спасательный ~ life raft

плотномер densitometer
пневматический ~ pneumatic densitometer
скважинный ~ downhole densitometer

плотность density
~ бурового раствора mud density, mud weight meter
~ бурового раствора на входе в скважину drilling mud density in
~ бурового раствора на выходе из скважины drilling mud density out
~ в воде submerged density
~ в градусах АНИ API gravity
~ воды water-mass density
~ в погруженном состоянии submerged density
~ газа gas density
~ газоконденсатной смеси gas-condensate mixture density
~ глинистого раствора sludge density
~ глинистой корки filter cake density
~ горной породы rock density
~ жидкости liquid density
~ зерен grain density
~ нефти oil density
~ перфорирования shot [perforation] density
~ размещения скважин well spacing density
~ сетки скважин pattern arrangement
~ сланцевых глин shale density
~ утяжелителя density of weighting material
кажущаяся ~ apparent density
общая ~ породы и флюидов в порах bulk density
объемная ~ bulk density
оптическая ~ нефти optical oil density

относительная ~ relative density
удельная ~ specific density
удельная ~ паров relative vapor density
фактическая ~ actual density
эквивалентная ~ equivalent circulating density
эффективная ~ effective density

площадка platform; (*для проведения работ*) site
~ в буровой вышке (*на половине расстояния от пола до полатей верхового*) belly board
~ верхового (рабочего) derrick man's working platform, monkey board
~ верхового (рабочего) в вышке для ремонта скважин tubing board of servicing mast
~ для бурения морской скважины offshore site
~ для вертолетов helideck, helistop, heliport, helicopter platform
~ для обслуживания maintenance floor
~ для подсвечника pipe setback platform
буровая ~ drill(ing) floor, drilling site
вертолетная ~ heliport, helicopter platform, helideck, helistop
кустовая ~ multiple well platform
монтажная ~ spider deck
первая ~ лестницы вышки kelly platform
переходная ~ gangway
плоская ~ flat platform
погрузочная ~ loading platform
подкронблочная ~ water table
подъемная ~ lifting table
сварочная ~ welding area
строительная ~ construction site

площад/ь area
~ в акрах acreage
~ в квадратных футах footage
~ в квадратных ярдах yardage
~ влияния скважины area of influence of a well
~ выходного отверстия discharge area
~ днища поршня piston face
~, дренируемая скважиной drainage area
~ интенсификации (*скважины*) effective area of stimulation
~ контакта долота с забоем bottom-hole coverage
~ опоры area of bearing
~, охваченная заводнением coverage by water flood
~ палубы deck area
~, подвергшаяся воздействию какого-либо процесса contacted area
~ поперечного сечения cross-sectional area
~ поперечного сечения в месте разрушения cross-sectional area of fracture
~, приходящаяся на одну скважину acreage per well
~, разбуренная по плотной сетке closely drilled area
~ с доказанной нефтеносностью proved oil land

площад/ь
~ трения friction surface
~ участка в акрах acreage
выделенная ~ (*шельфа*) designated area
действующая ~ effective area
нефтеносная ~ oil (producing) area
нефтяная ~ oil field
опорная ~ bearing area
полезная ~ effective area
продуктивная ~ productive area
рабочая ~ сита wire-cloth area, area of mesh
разбуриваемая ~ drilling area
разведанная ~ proved [explored] area
разведываемая ~ exploration area
сопредельные ~и adjacent areas

плуг plough
~ для засыпания траншей post-trenching plough
однопроходной ~ single-passage plough
подводный ~ underwater plough

плуг-траншеекопатель trencher (plough)

плунжер ram; plunger
~ гидравлического домкрата hydraulic ram
~ насоса pump plunger

плутонический deep-seated

плывун drift [running] sand, quicksand

пневматический air-driven, air-actuated, air-operated, air-powered, pneumatic

пневмооболочка bag
подъемная ~ lift bag

пневмоперфоратор buster

пневмоударник air hammer

пневмоуправление pneumatic [air] control

побережь/е coast, beach, sea shore
залегать вдоль ~я be deposited along the shore

поведение behavior
~ конструкции при буксировке behavior of structure under tow
~ пласта reservoir behavior, reservoir performance
~ пласта с водонапорным режимом performance of water-drive reservoir
~ скважины performance of a well
фазовое ~ phase behavior

повернуть:
~ по часовой стрелке turn clockwise
~ против часовой стрелки turn counterclockwise

поверхностный exposed, surface

поверхность surface, area, plane
~ вращения surface of revolution [rotation]
~ газоводяного раздела gas-water interface [surface]
~ газонефтяного раздела gas-oil interface [surface]
~ глинистого раствора mud surface
~ забоя скважины bottom-hole face
~ излома area of fracture
~ износа wearing surface
~ коллектора reservoir surface
~ контакта contact surface
~ контакта нефть-вода oil-water interface

~ нагрева heating surface
~ охлаждения cooling surface
~ порового пространства pore space surface
~ призабойной зоны face of well(bore)
~ раздела boundary, interface, division surface
~ разделки bevel face
~ разъема joint face
~ скольжения sliding surface
~ скоса bevel face
~ соприкосновения *см.* поверхность контакта
~ трения friction surface
~ шва weld face
активная ~ *см.* рабочая поверхность
артезианская ~ artesian-pressure surface
боковая ~ резца face of tooth
верхняя ~ upper face
внутренняя ~ inside [internal] surface
вогнутая ~ concavity
вскрытая ~ забоя и стенок скважины в песчаном пласте sand face
выходная ~ outflow face
граничная ~ boundary surface
изолированная ~ isolated surface
калибрующая ~ (*долота*) gage surface
наружная ~ face, outside [external] surface
наружная ~ шва face of weld
неизолированная ~ uninsulated surface
несущая ~ bearing area
обвалованная ~ embankment
обнаженная ~ exposed surface
опорная ~ area of bearing, bearing face, seat
отражательная ~ deflecting wall
пьезометрическая ~ piezometric surface
рабочая ~ working surface.
развернутая ~ developed circumference
режущая ~ cutting face
торцевая ~ end face
торцевая ~ буртика shoulder face
удельная ~ area per unit volume, specific surface, specific area
цементированная ~ cemented area
эродированная ~ eroded surface

поводок:
~ муфты clutch crank

поворот:
холостой ~ роторного стола backlash

поворотный articulated, fulcrum, turning, revolving, rotating, rotary

повреждение damage, fault, failure
~ в процессе эксплуатации operating failure
~ кабеля cable fault
~ обсадной колонны casing failure
~ продуктивного пласта damaging of producing formation
~ трубопровода pipeline damage
механическое ~ поверхности galling

поврежденный affected, broken-down, defective, faulty

повышать:
~ кпд насоса improve pump efficiency

подача

~ скорость gear up
повышение:
~ давления boost, pressure build-up, pressure increase
~ содержания твердой фазы в буровом растворе build-up of drilling mud solids
резкое ~ давления при бурении drilling kick
поглотитель absorbent, absorber
~ газа scrubber
поглощаемость absorbability, absorptivity
поглощать absorb, take in
~ вибрации damp
~ воду hydrate
поглощение absorption
~ бурового раствора lost circulation, lost returns, drilling mud loss(es)
~ вибраций damping
~ звука sound absorption
~ тепла cooling
интенсивное ~ бурового раствора difficult lost circulation
поверхностное ~ adsorption
погон *хим.* cut, distillate
погребенный buried, connate, embedded
глубоко ~ deeply buried
погрешность error
~ измерения error of measurement
~ прибора *или* инструмента instrumental error
абсолютная ~ absolute error
вероятная ~ probable error
выборочная ~ sampling error
грубая ~ parasitic error
допустимая ~ permissible [admissible] error
инструментальная ~ *см.* погрешность прибора *или* инструмента
номинальная ~ nominal error
относительная ~ relative error
систематическая ~ systematic error
случайная ~ accidental error
погружаемый immersible
погружать dip, dive, sink
погружаться dive, sink
погружени/е sinking; immersion; submersion, submergence, subsidence, plunge; (*водолазов*) diving
~ морского основания submergence of platform
~ нефтегазовой залежи sinking of oil pool
~ с аквалангом scuba diving
~ с обслуживанием с поверхности surface-demand diving
~ с сатурацией saturation diving
глубоководное ~ deep diving
мокрые ~я водолазов wet diving
неглубокое ~ shallow diving
рабочее ~ (*глубинного насоса*) working submergence
срочное ~ bounce diving
сухие ~я водолазов dry diving
погруженный buried, embedded, immersed, submerged

~ насыпью laden in bulk
погрузк/а shipment, handling
~ навалом (*в судно*) bulk stowage
~ насыпью *см.* погрузка навалом (*в судно*)
~ обратного груза back loading
~ труб loading of pipes
погрузочно-разгрузочный handling
погрузчик loader
подавать deliver, feed
~ буровой инструмент feed drilling tool
~ буровой раствор в скважину deliver drilling mud into the well
~ воду насосом pump water
~ воздух blow, fan
~ газ (*при газлифте*) inject gas
~ через клапан valve
подача 1. delivery, feed(ing) 2. (*насосом*) pumping
~ бурового агента drilling fluid delivery
~ бурового долота drilling bit feed
~ бурового инструмента advance of tool, penetration feed
~ воды water delivery
~ воды насосом water pumping
~ долота drill feed
~ ингибитора inhibitor injection
~ инструмента advance of tool
~ инструмента в скважину feed-off
~ масла oil feed
~ насоса delivery [discharge] of pump, displacement (of pump), flow from a pump, pump delivery
~ под давлением force(d) [pressure] feed
~ под действием силы тяжести gravity feed
~ при помощи храпового колеса и собачки ratchet feed
~ промывочной воды без ее аэрации closed water feed
~ промывочной жидкости на забой скважины (*через отверстия в торце алмазной коронки*) face ejection
~ промывочной жидкости при бурении fluid delivery
~ самотеком gravity feed
~ снизу underfeed
~ цементного раствора cement handling
~ электроэнергии power delivery, power supply
автоматическая ~ automatic [mechanical, power] feed
боковая ~ размывочной воды closed water feed
винтовая ~ mechanical [screw] feed
гидравлическая ~ hydraulic feed
медленная ~ jog
механическая ~ power feed
нормальная ~ regular feed
пневматическая ~ pneumatic feed
принудительная ~ force(d) [positive] feed
рабочая ~ regular feed
равномерная ~ constant discharge
роликовая ~ roller feed

подача

ручная ~ hand [manual] feed
свободная ~ free feed
подбалка bolster
подбор:
~ по массе составляющих компонентов batching by weight
~ по объему составляющих компонентов batching by volume
~ размеров dimensioning
~ рецептуры растворов по массе составляющих компонентов batching by weight
~ рецептуры растворов по объему составляющих компонентов batching by volume
подбуривание subdrilling
подвал basement
подвергать:
~ действию коррозии corrode
~ старению season; age
~ сухой перегонке distill
подвеска suspender, suspension, hanger
~ колонн на уровне дна моря mud line suspension, MLS
~ насосных штанг sucker-rod hanger
~ НКТ tubing hanger [support]
~ обсадной колонны casing hanger
~ отклоняющего блока каротажного кабеля logging adapter
~ трубопровода piping hanger
донная ~ обсадной колонны mud line casing hanger
морская ~ лифтовых труб marine tubing hanger
подвешивание suspension, hanging
~ НКТ tubing suspension
~ обсадной колонны casing (string) suspension [hanging]
аварийное ~ бурильной колонны emergency drill string suspension [hang-off]
подвешивать (*бурильные колонны*) hook on, suspend, hang (up)
подвижность fluidity, mobility
~ бурового раствора drilling mud fluidity
~ газа gas mobility
~ нефти (*в пласте*) oil mobility
подвинчивать screw down [up, in], tighten (a screw)
подвод admission, feed, supply, inlet, intake
~ масла oil feed
~ тепла (*в пласт*) heat supply
подводить deliver, feed; carry, convey
подводный submerged, underwater, submarine
подгонять fit, adjust
подготовка treatment; preparation
~ буровой площадки drilling site preparation
~ воды water treatment
~ газа (*к транспортировке по трубопроводу*) gas treatment
~ к зимней эксплуатации winterization
~ на промысле (*нефти и газа*) field processing
~ нефти oil treatment
~ поверхности surface preparation

~ скважины (*к опробованию*) well conditioning
~ сточных вод sewage water treatment
поддержание maintenance
~ давления pressure maintenance, repressuring
~ необходимых свойств бурового раствора drilling mud maintenance
~ номинального диаметра ствола скважины maintenance of hole at bit gage
~ пластового давления reservoir pressure maintenance
поддерживаемый на столбах columnar
поддерживать:
~ давление keep [maintain] pressure
~ температуру maintain temperature
поддержка:
~ труб при укладке трубопровода cradling
подзаряжать recharge
подкладка:
~ ног вышки footer plate
подкос (angle) brace
подмешивание adulteration
подмешивать adulterate, dash
подмостки:
главные и вспомогательные ~ main and subsidiary scaffold
поднимать raise, lift, hoist
~ бурильную колонну из скважины pull out [bring out, withdraw] the drill string of the hole
~ давление build up the pressure
~ домкратом jack up
~ из скважины (*напр. инструмент*) pull out [withdraw] of the hole
~ краном crane
~ лебедкой winch, hoist
~ трубы pull casing
подниматься (*о буровом растворе, шламе*) come to the surface
подножье foot(ing)
поднятие:
антиклинальное ~ без отчетливого простирания dome
декомпрессионное ~ decompression diving
подогрев heating(-up), warming(-up)
подогреватель (pre)heater, heat booster
~ для пробной эксплуатации production testing heater
забойный ~ bottom-hole heater
подошва:
~ нефтеносного горизонта bottom of oil horizon
~ пласта surface of stratum
~ продуктивной толщи sole of pay zone
подпочва bottom soil, underground
подпочвенный underground
подпрыгивание:
~ долота на забое bit bouncing
подпятник heal; (*упорный подшипник*) thrust [(foot) step] bearing
подрывать blast, explode

подряд contract
подрядчик contractor
~, выступающий на торгах bidder
буровой ~ drilling contractor
подсвечник (*трубный*) setback
трубный ~ pipe racking board, pipe setback
подскакивание (*долота*) bouncing
подслой undercoating, underlayer
подсоединение making up, connecting
подсолевой subsalt
подсос inflow, inleakage
~ воздуха air inleakage
подставка rest, stand, support
подсчет calculation, estimation
~ активных запасов нефти active oil calculation
~ запасов calculation [estimation] of reserves
~ запасов нефти estimation of petroleum reserves, estimation of crude oil
приблизительный ~ rough estimation
подтягивание:
~ бурильных труб в вышку racking of drill pipes
~ резьбового соединения при свинчивании tightening of threads
подузел subassembly
подушка:
бетонная ~ concrete pad
водяная ~ water cushion
воздушная ~ air cushion
газовая ~ gas cushion
гравийная ~ gravel cushion
донная ~ bottom mat
подход:
~ конуса обводнения к скважине coning into the well
~ нефтяного вала к скважине oil-bank breakthrough
~ фронта рабочего агента breakthrough
подчеканка:
~ кромок поясов резервуара снизу вверх overhead caulking
подшипник bearing
~ бурового долота drilling-bit bearing
~ вертлюга swivel bearing
~ качения rolling bearing
~ скольжения plain [sleeve, sliding] bearing; (*в долотах*) journal bearing
антифрикционный ~ antifriction bearing
двухрядный ~ double-row bearing
кривошипный ~ crank box
однорядный ~ single-row bearing
радиальный ~ radial bearing
упорный ~ thrust [step, axial] bearing
шариковый ~ roller [ball] bearing
шарико-роликовый ~ ball and roller bearing
шатунный ~ *см.* кривошипный подшипник
подъем 1. (*уровня*) ascent, elevation, rise, lift 2. (*лебедкой*) lifting, hoisting; (*из скважины*) pulling out
~ бурильной колонны pulling out the drill string

~ бурового долота pulling out of drill bit
~ вышки derrick erection [raising]
~ жидкости lifting of liquid
~ инструмента лебедкой tool hoisting
~ керна через бурильные трубы промывочной жидкостью flushing of core
~ колонны pulling out the string
~ мачтовой вышки raising of mast
~ на поверхность bringing up to the surface
~ нефти lifting of oil
~ НКТ pulling out the tubing string
~ обсадной колонны pulling out the casing string
~ по затрубному пространству lifting through the annular space
капиллярный ~ capillary rise, capillary lift
континентальный ~ continental rise
контролируемый ~ controlled ascent
ступенчатый ~ (*водолаза*) decompression
подъемник elevator, hoist; (*трубный*) riser
~ для подземного ремонта скважин pulling machine
газовоздушный ~ gas-air lift
газовый ~ gas lift
газожидкостный ~ gas-liquid lift
гидравлический ~ hydraulic hoist [lift]
однорядный ~ single-string lift
передвижной ~ portable hoist
пневматический ~ air hoist
пневматический ~ (*морской самоподъемной платформы*) air jack
трубный ~ pipe riser
эксплуатационный ~ well servicing hoist
пожар fire
~ в резервуаре fire in tank
~ в скважине downhole fire
нефтяной ~ oil fire
открытый ~ active [open] fire
подземный ~ underground fire
скрытый ~ deep-seated fire
пожарный fireman, fire fighter
пожароопасность fire danger, fire hazard
пожароопасный fire dangerous, fire hazardous
позиционирование positioning
автоматическое ~ automatic positioning
динамическое ~ dynamic positioning
пассивное ~ passive positioning
позиция location, position
поверхностная ~ surface location
поиск:
~ и устранение неполадок trouble shooting
~ нефти quest [search] for oil
показател/ь factor; index
~ анизотропии anisotropic index
~ водонапорного режима water drive index
~ и гидродинамического сопротивления hydrodynamic resistance parameters
~ качества цемента cement index
~ качества цементирования cement bond index
~ коагуляции coagulation index
~ коррозии corrosion factor

показател/ь

~ пористости porosity index
~ продуктивности (*скважины*) production index
~ процесса заводнения (water) flooding performance
~и работы долота bit performance
~и работы турбобура turbodrill performance
~и разработки пласта depletion performance of reservoir
~ расширения expansion number
~ режима истощения (*скважины*) depletion drive index
~ степени exponent
~ твердости hardness index
~ твердости по Бринеллю Brinell number
~ твердости по Роквеллу Rockwell number
~ твердости по Шору Shore number
~ цементации formation cementation factor
весовые ~и weight parameters
водородный ~ pH value
штормовые ~и storm conditions

покров:
~ продуктивной свиты caprock
ледниковый ~ ice cap, ice sheet

покрывать:
~ водоизолирующим материалом slush
~ изоляцией lag
~ нефтеносный пласт overlie the oil-bearing bed [formation]
~ один металл другим galvanize
~ пленкой film
~ равномерно cover evenly
~ тонким слоем wash

покрываться:
~ коррозией corrode
~ льдом ice

покрытие coat(ing), covering, sheath
~ кернов парафином coating cores in paraffin
~ лаком varnishing
~ путем погружения immersion plating
~ эмалью enamelling
анодное ~ anodic coating [plating]
антикоррозионное ~ anticorrosive [antirust, corrosion-resistant] coating
асбестовое предохраняющее ~ asbestos clothing
асфальтовое ~ asphalt coating
балластирующее ~ ballasting coating
водонепроницаемое ~ waterproof coating, water-impervious lining
гальваническое ~ медью copper plating
заводское ~ yard coating
защитное ~ труб pipe (protecting) coating
изоляционное ~ трубопровода pipeline wrapping
кислотостойкое ~ acid-proof lining
металлическое ~ metal coating
огнезащитное ~ flame-retardant coating
полимерное ~ polymer coating
теплостойкое ~ heat-resisting [thermostable] coating

химическое ~ chemical-conversion coating
цементное ~ cement sheath
электролитическое ~ electrolytic coating
электрохимическое ~ electrochemical coating

покрышка:
~ продуктивной свиты productive formation cap

пол floor
~ буровой drill(ing) [rig] floor
~ вышки derrick floor

полати platform
~ вышки (*верхового рабочего*) working platform, crow's nest

поле field
~ земного тяготения Earth gravity field
геомагнитное ~ Earth magnetic field
тепловое ~ thermal area, thermic field
физическое ~ physical field
электромагнитное ~ electromagnetic field

ползун:
~ установки для электрошлаковой сварки shoe

ползунок эл. slide(r), sliding contact
ползучесть creep(ing), creepage
~ бетона creep of concrete
~ горной породы rock creep

полиакриламид polyacrylamide
полиакрилат polyacrylate
полигон:
испытательный ~ proving ground
полимер polymer
акриловый ~ acrylic polymer
водорастворимый ~ water soluble polymer
высокомолекулярный ~ high (molecular weight) polymer
полимеризация polymerization
полимер-цемент polymer cement
полиморфизм polymorphism
полиспаст tackle, polyspast pulley block
подъемный ~ hoisting tackle
полистирол polystyrene
полифосфат polyphosphate
пологопадающий gently dipping
положение position
~ включения on-position
~ выключения off-position
~ при бурении (*плавучих буровых оснований*) drilling position
~ статического уровня stage of static level
~ транспортировки (*полупогружной платформы*) transit position
географическое ~ geographic position
геологическое ~ geological position
исходное ~ reference position
наклонное ~ obliquity
нерабочее ~ off-position
первоначальное ~ *см.* исходное положение
рабочее ~ operating [working] position
согласованное ~ coincidence
транспортное ~ transit position

полозья skids

поломка break(age), breakdown, breaking, failure
~ бурильной колонны drilling string breakage [failure]
~ бурового долота drilling bit breakage [failure]
~ двигателя engine failure
~ от перегрузки overload breakage
~ по сварному шву at-weld breakage
усталостная ~ fatigue failure

полоса band, bar, strip
~ спектра spectral band
~ спектра поглощения absorption band
~ частот frequency band
береговая ~ offshore coastal strip
интерференционная ~ fringe
морская прибрежная ~ offshore strip
прибойная ~ shore

полость cave, chamber
~ в породе bag
бесштоковая ~ blind side
внутренняя ~ shank bore
охлаждающая ~ cooling jacket
штоковая ~ rod side

полотно:
~ сетки (*вибросита*) screen cloth

полуавтоматический automanual, semiautomatic

полувалик fillet

полужидкий semiliquid

полуось axle, jackshaft

полупериод half-cycle

полупогружной semi-submersible

полураспад half-life

полутвердый semisolid

получение:
~ колонки керна электробуром electrical coring
~ колонки породы coring

поляризация:
магнитная ~ magnetic polarization
объемная ~ space-charge polarization
самопроизвольная ~ self-potential polarization

помеха:
~ на экране background noise
~ от переходных процессов transient disturbances

помещать:
~ в склад warehouse

помещение:
~ для хранения сыпучих материалов sack room
насосное ~ pump(ing) house
складское ~ warehouse

помол grinding, milling

помост access board, gallery
~ для верхового рабочего stabbing board

помощник assistant
~ бурильщика assistant driller

понижение decline, decrease, drop, fall
~ давления pressure decline [drop]
~ давления в пласте pressure drop in-situ
~ скорости бурения decrease [reduction] of drilling speed
~ уровня в скважине drawdown of a well
~ уровня грунтовых вод water table depression

понизитель:
~ водоотдачи fluid loss reducer
~ вязкости viscosity reducing agent, viscosity reducer, thinner
~ жесткости softener
~ плотности (*цемента*) light weight additive
~ твердости горных пород rock hardness reducer
~ температуры застывания нефти oil congelation temperature depressant
~ трения friction reducer
~ фильтрации бурового раствора drilling mud filtration additive

понтон pontoon
~ опоры spud can
корпусной ~ резервуара hull-recessed tank pontoon
плавающий ~ резервуара floating tank pontoon

поплавок float
пустотелый ~ hollow float
шарнирный ~ pivoted float

поправка correction
~ на влияние скважины correction for borehole effect
~ на высоту elevation correction
~ на зону малых скоростей weathering correction
~ на рельеф местности terrain correction
~ на силу тяжести gravity correction
~ на температуру temperature correction
стандартная ~ normal correction
топографическая ~ topographic correction

пора pore
~ горных пород rock pore, pore in rock

поражение забоя (*ствола скважины*) bottom-hole coverage

пористость porosity
~ коллектора reservoir porosity
вторичная ~ secondary porosity
начальная ~ original porosity
общая ~ absolute porosity
первичная ~ original [primary] porosity
эффективная ~ effective porosity

пористый cavernous, porous

порода rock
~ кристаллического фундамента basement rock
~ кровли пласта cap
~ одного возраста formation
~, покрывающая нефтяную залежь capping bed
~ы, пропитанные нефтью oil-stain rocks
~ с высокой пористостью и проницаемостью open formation
асфальтовая ~ asphalt rock

пород/а

битуминозная ~ bituminous rock
боковая ~ wall rock
вмещающая ~ enclosing [country, host] rock
водоносная ~ aquifer, water-bearing rock
выбуренная ~ drilled solids, bit cuttings
газоносная ~ gas-bearing rock
горная ~ rock
горные хрупкие ~ы brittle rocks
коренная ~ bedrock, solid rock
кремнистая ~ siliceous rock
крепкая ~ hard formation, ragstone
материнская ~ mother [parent, source] rock
монолитная ~ bed rock
нависшая ~ overhanging rock
налегающая ~ overlying rock
налипающая ~ gummy formation
непроницаемая ~ impermeable [tight, impervious] rock
нефтематеринская ~ oil source bed, oil source rock
нефтеносная ~ oil-bearing [petroliferous] rock
обваливающаяся ~ caving formation
обломочная ~ fragmental [detrital, clastic] rock
окружающие ~ы environment
основная ~ basic rock
пластичная ~ plastic rock
подстилающая ~ bedrock, base(ment) [underlying] rock
покрывающая ~ caprock, cover [top] rock
пустая ~ barren [dead, waste] rock
рыхлая ~ loose rock
рыхлая водоносная ~ quicksand
твердая ~ hard [firm, solid] rock
трещиноватая ~ seamy [fissured] rock
устойчивая ~ resistant [stable] rock, stand-up formation

порок:
~ поверхности surface blemish

порт:
~ выгрузки discharging port
~ для налива танкеров tanker loading terminal
~ назначения port of destination
~ погрузки charging port
~ приписки port of registry
~ укрытия sheltered port

портал gantry
~ подъемника jacking frame, jack house

портландцемент portland cement
тампонажный ~ oil-well portland cement

поршень:
~ всасывающего насоса bucket

порыв ветра wind gust

посадка:
~ бурильной колонны в желоб jamming of drill string in keyseat
~ бурового долота на забой setting of drilling bit on bottom
~ колонны на забой string slacking-off
~ колонны после натяжки string resetting
~ обсадной колонны casing (string) landing
~ пакера packer seating

~ плунжера fit of plunger
~ элеватора landing of elevator
горячая ~ замков shrink-type jointing
напряженная ~ shrink fit
плотная ~ leak-proof fit
подвижная широкоходовая ~ loose fit
свободная ~ loose fit
тугая ~ forced fit

последействие aftereffect
упругое ~ elastic aftereffect, residual elasticity

последовательность procedure, sequence
~ ввода в эксплуатацию (*скважин*) sequence of putting on production
~ испытания test procedure
~ образования нефти oil forming sequence
~ операций operation procedure

пост station
~ бурильщика drill central, driller's station
~ покрытия бетоном (*на трубоукладочной барже*) concrete coating station
~ управления и контроля местоположения бурового основания drilling-vessel control room
~ центровки труб (*на трубоукладочной барже*) pipeline-up station

постановка:
~ задачи problem statement
~ на якорь anchoring

постель:
~ залежи bedrock

постоянная (*величина*) constant
~ времени time constant
~ прибора instrument constant
~ притяжения attraction constant
~ упругости elastic constant
абсолютная ~ absolute constant
газовая ~ gas constant
гравитационная ~ gravitational [gravity] constant
диэлектрическая ~ dielectric constant
произвольная ~ arbitrary constant
структурная ~ пласта textural constant
универсальная газовая ~ universal gas constant
численная ~ numerical constant

постоянство:
~ пласта continuity

поступление:
~ жидкости в скважину inflow
~ песка из пласта в скважину formation entry

посыпать:
~ песком sand
~ порошком dust

потенциал potential
~ в насосе slip
~ глин shale potential
~ нефтепродукта [нефти] при хранении *или* транспортировке outage
~ тепла heat waste
~ течения flow potential

естественный ~ self-potential
потенциометр potentiometer
потер/я loss
~и бурового раствора drilling mud loss
~и в линии (*газа*) line loss
~ вследствие абсорбции absorption loss
~ в трубопроводе (pipe)line pressure loss
~ давления pressure drop
~ диаметра бурового долота drilling bit gage loss
~ диаметра скважины gage loss of hole
~ мощности power dissipation, power waste
~ на входе inlet loss
~ напора head loss
~ нефтепродуктов при хранении oil-stock loss
~ нефти от испарения shrinkage
~и при хранении storage losses
~ рабочего времени lost-time accident
~ углеводородов при их хранении от дыхания резервуаров breather loss
~ устойчивости crippling
~ циркуляции lost of circulation, lost returns
~ энергии power loss, power waste
гидравлические ~и resistance head, fluid-flow pressure loss
гидравлические ~и в кольцевом пространстве pressure loss in annulus
гидравлические ~и на выкидной линии discharge pipe losses
тепловые ~и heat losses
поток current, flow, stream
~ бурового раствора drilling mud stream [flow]
~ движущегося в трубопроводе нефтепродукта oil stream
~ со структурным ядром plug flow
аэрированный ~ aerated flow
восходящий ~ upward flow, upflow
грязевой ~ sill
ламинарный ~ laminar flow
линейный ~ linear flow
нагнетательный ~ downstream
нестационарный ~ *см*. неустановившийся поток
неустановившийся ~ unsteady flow
нисходящий ~ downflow, downward flow
обратный ~ backwash
селевой ~ mudflow
турбулентный ~ turbulent flow
потребитель consumer
~ энергии power consumer
потребление consumption, demand
~ энергии power consumption
биохимическое ~ кислорода biochemical oxygen demand
номинальное ~ rated consumption
потребность demand
~ в нефти oil demand
почва soil, ground, earth
аллювиальная ~ alluvial soil
песчаная ~ sandy soil

рыхлая ~ loose ground
пошлина duty
импортная ~ import duty
появление:
~ хлопьевидных образований flocculation
пояс belt, zone, boom, girth, girder, ring
~ вертикального резервуара ring
~ выветривания belt of weathering
~ вышки derrick girth
~ дислокации disturbed belt
~ предгорий foothill belt
~ фермы flange girth
географический ~ belt
ледовый ~ ice belt
ледорезный ~ ice cutting belt
предохранительный ~ (*для верхового рабочего*) safety belt
продуктивный ~ нефтяной залежи fairway
спасательный ~ safety belt
ПП [противовыбросовый превентор] blowout preventer, BOP
правила rules, regulations, code
~ пожарной безопасности preventive fire-fighting regulations
~ по охране недр mineral resources conservation regulations
~ постройки и классификации передвижных буровых морских оснований rules for building and classing offshore mobile drilling units
~ техники безопасности safety code [regulations, standards, rules]
~ технической эксплуатации operational regulations
правка:
~ труб pipe [tube] straightening
практика experience, practice
промысловая ~ field experience
превентор preventer
~ для вспомогательного талевого каната wireline preventer
~ плашечного типа ram-type preventer
~ сальникового типа stuffing box-type blowout preventer
~ с вращающимся вкладышем revolving blowout preventer
~ с гидравлическим приводом hydraulic blowout preventer
~ с гидравлической системой уплотнения pressure packed-type blowout preventer
~ с глухой задвижкой blind ram
~ с двумя комплектами плашек double-ram type preventer
~ со срезающими плашками shear ram preventer
~ с плашками под ведущую трубу kelly packer
~ трехплашечного типа blowout preventer of three stage packer-type
~ фирмы «Шеффер» Shaffer cellar control gate
кольцевой ~ annular blowout preventer

превентор

противовыбросовый ~ blowout preventer, BOP
противовыбросовый ~ кольцевого типа annulus blowout preventer
противовыбросовый ~ с трубными плашками pipe-ram (type) blowout preventer
противовыбросовый вставной ~ inside blowout preventer
противовыбросовый подводный морской ~ subsea blowout preventer
противовыбросовый сферический ~ spherical blowout preventer
противовыбросовый сферический сдвоенный ~ с клиновым замком крышки dual wedge-cover spherical blowout prevrnter
противовыбросовый универсальный ~ universal [annular, hydrill] blowout preventer
сдвоенный плашечный ~ double ram

превращать:
~ в муку flour
~ в порошок dust
~ в эмульсию emulsify

превращение:
~ в пар evaporization
~ в хлопья flocculation
~ в чешуйки flaking
необратимое ~ irreversible inversion
обратимое ~ reversible inversion
фазовое ~ phase transformation

преграда:
естественная ~ natural barrier

предгорье foothill belt, foothills, foreland

предел:
~ выносливости endurance strength, fatigue limit
~ пропорциональности proportional band
~ прочности ultimate stress
~ прочности на растяжение breaking stress
~ прочности при изгибе transverse strength
~ прочности при сжатии (ultimate) compression strength
~ прочности при смятии resistance to collapse
~ текучести при сжатии compression yield strength
~ упругости elastic limit [strength]
нижний взрывной ~ lower explosive limit, LEL

предмет:
~ S-образной формы gooseneck
~, упущенный в скважину fish

предотвращение prevention; exclusion
~ аварии accident prevention
~ водопритоков water exclusion
~ выброса из скважины blowout control
~ выноса песка sand production exclusion
~ газопритоков gas exclusion
~ коррозии corrosion prevention

предохранитель:
~ фонтанной арматуры Christmas tree saver
огневой ~ flame arrester
плавкий ~ fuse cutout, (plug) fuse, safety plug

предприятие establishment, enterprise
буровое ~ drilling enterprise
газодобывающее ~ gas production enterprise
нефтедобывающее ~ oil production enterprise

предупреждение prevention
~ выброса газа prevention of gas kick
~ загрязнения prevention of contamination
~ коррозии corrosion [rust] prevention
~ несчастных случаев accident prevention
~ обрыва бурильной колонны prevention of drill string parting
~ осложнений trouble [problem] prevention
~ ржавления *см.* предупреждение коррозии

преобразование conversion
~ энергии conversion of energy

преобразователь converter; transducer; transformer
~ давления pressure transducer, pressure transformer
~ непрерывных данных в дискретные *или* цифровые quantizer

прерыватель breaker, cutout, interrupter

пресс-масленка pressure lubricator, lubricating screw

прибор apparatus, appliance, device, outfit
~ для измерений в процессе бурения measuring-while-drilling [MWD] tool [instrument]
~ для измерения плотности бурового раствора mud density monitor
~ для измерения плотности нефти oil gage
~ для измерения поверхностного натяжения методом висячей капли pendant drop apparatus
~ для механического каротажа (*регистрирующий время бурения, простоя и глубину скважины*) snitch
~ для обнаружения присутствия газа gas detector
~ для обнаружения утечки leak detector
~ для определения водоотдачи fluid loss tester
~ для определения газов aerometer
~ для определения места прихвата труб stuck pipe locator
~ для определения смазывающей способности бурового раствора drilling mud lubricity tester
~ для определения содержания воды в нефти water finder
~ для определения содержания песка в буровых растворах elutriometer, sand content tester
~ для определения статического напряжения сдвига gel strength meter, geleometer
~ для отбора пробы нефти из резервуара oil thief
~ для отмучивания elutriator
~ для регистрации времени проходки drill-time recorder
~ для регистрации температуры temperature recorder
~ однократного действия для замера угла и азимута искривления скважины single shot instrument

~, предупреждающий о неправильной работе системы alarm device
~, предупреждающий о потере циркуляции в системе lost-circulation alarm device
~ с набором сит screen box
~, указывающий глубину прихвата колонны free point indicator
~ управления director
вторичный ~ secondary instrument
глубинный ~ subsurface device, bottom-hole apparatus
контрольно-измерительные ~ы control equipment, instrumentation
контрольно-измерительные ~ы циркуляционной системы бурового раствора mud instrumentation
контрольно-измерительный ~ testing instrument
контрольный ~ control device
первичный ~ primary instrument
регистрирующий ~ recorder
регулирующий ~ control indicating recorder
скважинный ~ downhole tool
прибрежный coastal, near-shore
приведение:
~ данных различных съемок к общей системе координат coordination
~ скважины в состояние готовности к эксплуатации (*после окончания бурения*) bringing in a well
привод actuating device, actuator, drive, shaft, transmission
~ буровой установки drilling-rig drive
~ генератора generator drive
~ глубинного насоса subsurface pump drive
~ насоса pump drive
~ от двигателя power drive
~ от электродвигателя переменного тока alternating-current generator
~ ротора rotary drive
воздушный ~ air drive
гидравлический ~ oil gear, fluid drive
групповой ~ central power drive
дизельный ~ diesel-engine drive
дизель-электрический ~ oil electric drive
забойный ~ bottom drive
кулачковый ~ cam drive
кулисный ~ link drive
механический ~ mechanical [power] drive
нефтяной ~ oil power drive
поршневой ~ (*превентора*) ram drive
ременный ~ belt drive
силовой ~ actuator
цепной ~ chain belt, chain drive
электрический ~ electric (motor) drive
привязка:
~ по глубине tying to depth
приготовление preparation
~ бурового раствора drilling mud mixing [preparation]
~ массы compounding
~ эмульсии emulsification

прием:
~ насоса pump suction
~ нефти (*в сепараторе*) oil intake
приемистость injectivity; intake
~ пласта bed intake
~ скважины intake capacity of well
приемник container, receiving box; receiver; detector; pickup
~ для бурового раствора (*изливающегося из скважины или из поднимаемых бурильных труб*) mud box
акустический ~ индикатора местоположения (*бурового судна или плавучей полупогружной буровой платформы*) acoustic position indicator processor
акустический ~ индикатора угла наклона водоотделяющей колонны acoustic riser-angle sensor [indicator]
звуковой ~ acoustic receiver
приемопередатчик transceiver
акустический импульсный ~ acoustic transceiver
признаки (*газа, нефти*) evidence, shows, showings
~ газа gas shows, gas showings
~ нефтеносности oil signs, oil indications
~ нефти oil shows, oil evidence
~ нефти в отводной канаве showings on the ditch
~ нефти в песке sand shows
~ пропитанности нефтью (*пород*) oil impregnation signs
~ эрозии evidence of erosion
прилив boss
~ для ручного отцепления manual override boss
~ под промывочное сопло nozzle boss
конусообразный ~ nipple
прилипание adherence, adhesion
применение application
~ в промысловых условиях field application
~ в условиях буровой *см.* применение в промысловых условиях
практическое ~ practical application
промышленное ~ technical application
примес/ь:
механические ~и mechanical admixtures
посторонние механические ~и foreign solids
химические ~и chemical impurities
принцип principle
~ гашения энергии ветра и волн (*при конструировании морских плавучих платформ*) cancellation concept
~ действия operating principle
~ измерения principle of measurement
~ растянутой колонны (*используется при расчете морских платформ*) tension leg principle
~ создания плавучих платформ с растянутыми опорами tension leg principle
припай (*лед*):
береговой ~ fast ice

припой solder, welding alloy
  легкоплавкий ~ *см.* мягкий припой
  мягкий ~ solder
  твердый ~ braze
припуск allowance
  ~ на усадку shrinkage allowance
приработка bedding, running-in, green test
  ~ бурового долота bit break-in procedure
приращение increase; increment
  ~ азимутального угла ствола скважины lateral drift of hole angle
  ~ зенитного угла ствола скважины increase of deviation hole angle
  ~ кривизны increase in curvature
присадка addition agent, additive, admixture
  ~ добавки к цементному раствору cement additive materials
  ~, понижающая температуру замерзания antifreezing agent
  ~, препятствующая вспениванию antifoam additive
  активирующая ~ activator
  антипенная ~ antifoam additive
  графитовая ~ к смазке smoother
приспособление:
  ~ для вылавливания утерянных предметов towed recovery device
  ~ для заправки долот bucking ram
  ~ для инспекции трубопроводов inspection jig
  ~ для испытаний test jig
  ~ для испытания на изгиб bending device
  ~ для навинчивания и отвинчивания долота bit breaker
  ~ для отвода в сторону струи фонтанирующей скважины flow catcher
  ~ для отворачивания долот drilling-bit breaker
  ~ для очистки трубопроводов pipeline cleaner, pipeline pig
  ~ для подвески sling
  ~ для подвески линии глушения kill line support assembly
  ~ для проверки трубопровода на дефекты, утечку pipeline inspection jig
  ~ для развинчивания бурильных труб breakout device
  ~ для регулирования adjuster
  ~ для сжатия поршневых колец piston ring compressor
  ~ для соединения ремней belt fastener
  ~ для спуска обсадных труб casing appliance
  ~ с механическим приводом power-operated device
  ~, сминающее конец газовой трубы crusher
  ~ с пневматическими зажимами air jig
  ~ с ручными зажимами hand-operated jig
  делительное ~ indexing attachment
  зажимное ~ holding jig
  зажимное ~ с роликами для рабочей трубы roller kelly bushing

замыкающее ~ latch fitting
захватывающее ~ catch(er)
конусное ~ taper attachment
направляющее ~ guide
опорное ~ jack
поворотное ~ rotary jig
подъемное ~ jack, hoist, lift
предохранительное ~ safeguard, tubing catcher
разгрузочное ~ unloading device
регулируемое ~ adjustable appliance
сборочное ~ assembly jig
сварочное ~ welding jig, welding apparatus
установочное ~ adjusting device
приставка attachment
  ~ к прибору для непрерывной регистрации измеряемой характеристики attachment for continuous recording
пристань jetty, pier
  нефтяная ~ oil jetty
присутствие нефти presence of oil
присыпка (*трубопровода*) **грунтом** padding
приток inflow, influx
  ~ воды flow of water
  ~ газа gas discharge
  ~ нефти (*к скважине*) oil inflow
  ~ посторонних вод extraneous water intrusion
  быстрый ~ flush
  фонтанный ~ open flow
притяжение attraction
  взаимное ~ mutual attraction
  земное ~ gravity attraction
  капиллярное ~ capillary attraction
  магнитное ~ magnetic drag, magnetic attraction
  молекулярное ~ adhesion
прихват freezing, seizure, sticking
  ~ бурильной колонны sticking of drill pipe
  ~ за счет перепада давления pressure differential sticking
  ~ инструмента из-за образования желобов на стенках скважины key seating
прихватоопределитель stick-up point detector
причал berth, terminal
  ~ы для нефтеналивных судов discharge jetties
  нефтеналивной ~ oil loading terminal
  погрузочный гравитационный ~ gravity loading terminal
пришлифованный bedded
пришлифовка bedding
проба 1. sample 2. (*операция*) testing, trail
  ~ воды для приготовления раствора mixing water test
  ~ глинистого раствора mud sample
  ~ нефти oil sample
  ~ по профилю traverse sample
  газовая ~ gas sample
  глубинная ~ subsurface sample
  донная ~ bottom sample
  контрольная ~ check sample

лабораторная ~ laboratory sample
осколочная ~ chip sample
отобранная на поверхности ~ surface sample
пластовая ~ bed sample
рекомбинированная ~ recombined sample
составная ~ composite sample
средняя ~ average sample
шламовая ~ sludge sample
пробирка test tube
~ для плавиковой кислоты acid bottle
пробка plug; block
~ для обсадной колонны casing plug
~ на забое bottom [dead-end] plug
баритовая ~ barite plug
водяная ~ в скважине (*между другими жидкостями или газами*) slug
воздушная ~ (*в трубопроводе*) air block
газовая ~ (*в трубопроводе*) gas block
гидратная ~ hydrate deposit
концевая ~ (*трубопровода*) end cap
ледяная ~ ice plug
направляющая ~ guide plug
нижняя ~ для цементирования скважин bottom plug
парафиновая ~ paraffin plug
песчаная ~ sand bridge
предохранительная ~ *эл.* plug fuse, safety plug
секционная ~ two-sectional bridge plug
цементировочная ~ cementing plug
цементировочная верхняя ~ top cementing plug
цементировочная нижняя ~ dead-end [bottom] cementing plug
цементная ~ (*в обсадной колонне*) cement plug
цементная ~ (*мост*) для изоляции зон поглощения lost-circulation cement plug
шайбовая ~ orifice button
шариковая ~ ball cage
пробкообразование:
~ в кольцевом пространстве bridging in annulus
пробник (*для жидкостей*) oil thief
пробоотборник sampler, sample thief
глубинный ~ downhole sampler
забойный ~ bottom-hole sampler
пробуренный drilled
проверка check(ing), inspection, test(ing)
~ внутреннего диаметра труб inside diameter drift test
~ герметичности leak check
~ качества изоляции insulation checking
~ качества цементирования cementing quality control
~ на герметичность pressure test
~ на работоспособность function test
~ по калибру calibration
~ соблюдения требований техники безопасности safety inspection
провинция province

газонефтяная ~ oil-and-gas province
геологическая ~ geological province
геохимическая ~ geochemical province
нефтеносная ~ oil [petroliferous] province
провод wire, conductor
заземленный ~ grounded wire
изолированный ~ insulated wire
многожильный ~ cable
неизолированный ~ bare wire
нулевой ~ neutral wire
питающий ~ feeder
сварочный ~ arc-welding cable
проводимость:
~ пласта conductivity of bed [rock]
активная электрическая ~ conductance
акустическая ~ acoustic admittance
полная ~ admittance
удельная электрическая ~ conductivity
проводник conductor
~ тепла heat carrier
прогар burnout
прогиб:
~ цепной линии catenary sag
относительный ~ deflection
передовой ~ foredeep
прогибание sagging; *геол.* downwarping
прогибомер deflectometer
прогноз forecast(ing)
~ добычи нефти predicted oil production
~ поведения нефтяного пласта predicted oil reservoir forecast
~ы состояния моря на периоды планируемых сложных операций critical period forecasting
прогнозирование predicting, forecasting
~ нефтегазоносности predicting of oil and gas presence
~ поведения нефтяного пласта при различных методах добычи predicting of oil reservoir performance under a variety of production methods
программа schedule, scheme, program
~ бурения drilling plan
~ глубоководного бурения на море Deep Sea Drilling Program, DSDP
~ испытаний test program
~ крепления ствола скважины well casing program
~ разведки exploration program
прогрев warm-up, heating
~ забоя heating of bottom-hole
продавка:
~ трубопровода pipe driving
продвижение:
~ жидкости fluid travel
~ контура водоносности нефтяной залежи oil-water boundary advance
~ контурных вод water encroachment
~ фронта нагнетаемого в пласт агента frontal advance of injected agent
продолжительность duration, time
~ бурения drilling time

продолжительность

~ действия реагента permanency of agent effect
~ закрытия скважины closed-in time
~ испытаний test duration
~ работы долота на забое bit on-bottom time
~ спускоподъемных операций round-trip time
~ строительства скважины well building time
~ цикла cycle time
~ эксплуатации скважины producing life of well

продувать blast, blow

продувка blasting, blowing
~ воздухом aeration
~ отработанных газов scavenging
~ сжатым воздухом air blasting
~ скважины (*после окончания строительства*) blowing of well clean
~ ствола скважины воздухом (*при бурении*) hole blowing

продукт:
валовой национальный ~ gross national product, GNP
вторичный ~ afterproduct
обогащенный ~ concentrate
пенный ~ froth
побочный ~ by-product
частичный ~ перегонки fraction

продуктивность productivity
~ газоносного пласта productivity of gas-bearing formation
~ нефтяного месторождения oil field productivity
~ скважины producing ability of well, well deliverability, well productivity

продуктопровод products pipeline

продукция:
~ скважины в системе нефтегазосбора wellhead stream

проект design, scheme; program
~ доразработки additional development program
~ крепления скважины casing program
~ на спуск и цементирование колонны casing running and cementing procedure
~ работы по вторичной добыче secondary recovery project
~ разработки месторождения development program
межотраслевой ~ joint industry project
переработанный ~ revised design

проектирование designing, planning
~ скважины planning of well

производительность 1. capacity, operating efficiency, output 2. (*пропускная способность*) throughput
~ артезианской скважины artesian discharge
~ насоса pumping capacity [delivery, discharge], flow [fluid] pumping rate
~ перевалочной базы terminal delivery
~ по погрузке танкера tanker-loading rate
~ при нагнетании газа gas injection rate
~ промысла field producing capacity
~ скважины capacity of a well
~ труда в бурении drilling efficiency

производить:
~ взрыв в продуктивном интервале скважины (*для увеличения дебита нефти*) shoot the well
~ пескоструйную очистку sandblast
~ поиски (*нефти и газа*) quest
~ разведку (*месторождения*) explore

происхождение:
~ нефти oil genesis, oil [petroleum] origin
~ природного газа origin of natural gas

прокачиваемость pumpability

прокачивать pump, circulate

прокачка flow, pumping

прокладк/а:
~ кабеля cable laying
~ между фланцами joint liner, joint packing
~ сальника gland
~ трассы (*трубопроводов*) laying out
~ трубопровода laying of pipe
~ трубопроводов через реку *или* другое препятствие crossing
бестраншейная ~ трубопровода (*под каким-либо препятствием*) pipe driving
гидромониторная ~ (*траншеи*) jetting
изолирующие ~и insulating joints
кольцеобразная ~ ring gasket
регулирующая ~ doctor; adjusting shim
тонкие ~и для подшипников bearing shims
упругая ~ cushion
эластичные ~и на стыках трубопроводов compression coupling-type joints

пролет span
~ трубопровода pipeline span

промежуток clearance, distance, gap
искровой ~ spark gap

промыв washout
~ колонны труб washout of pipe string
~ резьбы thread washout

промыватель washer

промывать wash, flush
~ скважину circulate, flush a well

промывка flushing, wash(ing), washover
~ буровым раствором drilling mud washing [flushing]
~ в обратном направлении backwashing, reverse circulation
~ водой water flushing
~ глинистым раствором clay flushing
~ густым глинистым раствором thick flushing
~ скважин горячей нефтью hot oiling
~ скважины кислотным раствором acid washing
~ скважины сильной струей воды jetting
~ струей жидкости flushing
~ трубопровода pipeline flushing
~ щелочным раствором alkali washing
обратная ~ backwashing, reverse circulation

полужидкая ~ при бурении semi-liquid flushing
последующая ~ afterflush
прямая ~ direct flushing
чрезмерная ~ overflush
промысел field
газовый ~ gas field
газоконденсатный ~ gas condensate field
действующий ~ producing field
морской нефтяной ~ offshore oil field
нефтяной ~ oil field
промысловик field man
промышленность industry
газовая ~ gas industry
газодобывающая ~ gas production industry
газоперерабатывающая ~ gas processing industry
горная ~ mining industry
нефтедобывающая ~ oil producing industry
нефтеперерабатывающая ~ oil [petroleum] refining industry
нефтехимическая ~ petrochemical industry
нефтяная ~ oil [petroleum] industry
проникновение:
~ фильтрата бурового раствора mud filtrate ingress [inflow]
проницаемость permeability
~ горной породы rock permeability
~ призабойной зоны fluid conductivity of well, bottom-hole zone permeability
абсолютная ~ absolute permeability
акустическая ~ породы acoustic rock transmittivity
эффективная горизонтальная ~ effective horizontal permeability
проницаемый:
~ для воды water-permeable, permeable to water
~ для нефти oil-permeable, permeable to oil
пропан propane
пропитанный saturated, soaked
~ нефтью oil-stained
пропласток interlayer, stringer
~ глины clay parting, clay section
~ соли salt stringer
~ твердой породы bed of hard rock
высоконапорный ~ high-pressure stringer
газовый ~ gas streak
плотный ~ tight stringer
продуктивный ~ effective pay
прораб foreman
прорезание:
~ желобов key seating
~ канавок nicking
~ окна в обсадной трубе milling [cutting] a window in the casing
~ пазов slotting
~ шлицев nicking
прорыв outburst, break(through)
~ воды (*в скважину*) water breakthrough, water inrush
~ газов gas breakthrough

~ конуса обводнения в скважину water coning into the well
~ рабочего агента breakthrough of working agent
просачивание seepage
~ воды water seepage
просвет clearance, gap
~ при бурении air gap at drilling condition
просев clearance
~ платформы при буровой осадке platform clearance at drilling draft
эксплуатационный ~ operating clearance
проскальзывание:
~ газа gas bypassing
~ каната wireline slippage
~ шарошек по забою rolling cutter sliding on bottom
прослой band, seam, interbed, interlayer
глинистый ~ clay band
тонкий прослой ~ твердой породы (*встреченный при бурении*) shell
простой idle; (*о машинах*) outage, demurrage; (*в бурении*) down [dead] time
пространство:
вредное ~ (*в цилиндре*) clearance
затрубное ~ casing clearance, hole annulus
кольцевое ~ annulus, annular space
межтрубное ~ между наружной и внутренней трубами tubular annulus
разреженное ~ evacuated space
простреливание firing, shot, shooting
~ труб при погруженном в жидкость перфораторе firing under fluid
прострелка:
~ шпура *или* скважины chambering
детальная ~ detail shooting
протектор protector; (*в катодной защите*) sacrifice anode
противовес counterbalance, counterweight
~ балансира станка-качалки counterbalance of pumping unit
~, уравновешивающий груз balance box
противовзрывной antiknock
противовспениватель antifoam
противогаз breather, breathing apparatus
противодавление back pressure
создавать ~ на пласт offset formation pressure
противозатаскиватель traveling block limit switch, crown-block protector
противоокислитель antioxidant
противоразбрызгиватель для бурового раствора mudguard, drilling mud saver
противотечение counterflow
противоток backflow, counterflow
проушина ear, eye
~ для буксировочного троса towing eye
~ для подъема коллектора pod lifting eye
профиломер profiler
~ твердого дна (*для определения твердого дна под слоем ила*) sub-bottom profiler
высокочастотный ~ (*для определения твердого грунта моря*) high-frequency profiler

профиль:
   ~ дна (моря) mud line
   ~ скважины course of the hole
проход:
   узкий ~ bottleneck
проходка deepening, driving, footage, sinking, penetration
   ~ бурением в футах footage drilled
   ~ на долото bit footage
   суточная ~ daily drilling progress
процесс process
   ~ абсорбции absorption process
   ~ бурения (*начиная с момента входа в пласт*) completion
   ~ внутрипластового горения in-situ combustion process
   ~ возбуждения скважины well-stimulation process
   ~ гидроразрыва пласта hydraulic fracturing process
   ~ заводнения flooding
   ~ закачки в пласт газа под высоким давлением (*с предшествующим нагнетанием жидкого пропана*) solution flood
   ~ очистки газа gas scrubbing operation
   ~ разработки (*история эксплуатации*) performance history
   круговой ~ cycle
   рабочий ~ operation
   технологический ~ flow process
прочность strength
   ~ анкеровки anchoring strength
   ~ бурильного замка tool joint strength
   ~ геля gel strength
   ~ горной породы rock strength
   ~ зацепления (*якоря*) anchoring strength
   ~ крепления holding power
   ~ на давление изнутри burst
   ~ на изгиб bending [flexural] strength
   ~ на кручение torsional strength
   ~ на натяжение tension
   ~ на отрыв tearing strength
   ~ на разрыв *или* растяжение tensile strength
   ~ на разрыв под действием внутреннего давления bursting strength
   ~ на сжатие compression
   ~ на смятие bearing strength
   ~ на смятие обсадной колонны collapse resistance of casing string
   ~ на удар resistance to impact, resistance to shock
   ~ пленки film strength
   ~ при сложной деформации combined strength
   ~ сварки weld strength
   ~ соединения (*труб*) joint efficiency
   ~ сцепления cohesive strength
   механическая ~ mechanical strength
   удельная ~ unit strength
   усталостная ~ fatigue strength
проявление show(ing), evidence
   ~ нефти и газа showings of oil and gas

прядь каната wireline [cable] strand
прямоточный single-flow
псевдоожижать fluidize
пузырек bubble
   ~ воздуха *или* газа в жидкости bubble
   ~ газа *или* воздуха bead, air bubble
   газовый ~ gas bubble
пульверизатор atomizer, sprayer
пульпа slurry, pulp
пульт board, desk, panel
   ~ бурильщика driller`s panel
   ~ компенсатора перемещения motion compensator panel
   ~ управления control console, control desk
   ~ управления на посту бурильщика drill-central console
   ~ управления натяжным устройством водоотделяющей колонны riser tensioner control panel
   ~ управления отводным устройством diverter panel
   ~ управления поворотным механизмом pan tilt control unit
   ~ управления противовыбросовым оборудованием BOP control panel
   ~ управления спуском running control console
   ~ управления телевизионной установкой TV monitor
   аварийный ~ ручного управления буровой emergency shutdown system
   вспомогательный дистанционный ~ управления auxiliary remote control panel
пункт:
   ~ наблюдения в сейсмической разведке recording station
   ~ распределения нефтепродуктов bulk plant
   ~ слежения за технологическими процессами monitor house
   ~ смены нефтепродуктов в трубопроводе batch end point
   визирный ~ *геод*. station
   газосборный ~ gas collecting station
   наливной ~ loading depot, loading point
   нефтесборный ~ oil gathering [collecting] station
   перевалочный железнодорожный ~ railhead
   погрузочный ~ loading depot, loading point
   промысловый ~ field station
пустота cavitation, cavern
путь:
   ~ волн wave path
пыленепроницаемый dust-proof
пылеотделитель cyclone separator
пылеуловитель dust arrester, dust collector
пыль dust
   зольная ~ fly ash
   нефтяная ~ oil mist
пьедестал (*фонтанной арматуры*) base member, spool, pedestal
пьезометрический piezometric
пьезопроводность piezoconductivity

пята journal, pivot
 ~ свода abutment
 ~ турбобура turbodrill thrust bearing

Р

работ/а work; operation, running, service, performance
 ~ бактерий bacteria action
 ~ без обслуживающего персонала unattended operation
 ~ бурового долота bit operation, bit performance
 ~ ветра wind action
 ~ волн wave action
 ~ в полевых условиях field work
 ~ вразнос (*о двигателе*) racing, runaway
 ~ в реальном масштабе времени real-time operating
 ~ в скважине downhole performance
 ~ на холостом ходу idling
 ~ конструкции structural behavior
 ~ы по вызову *или* интенсификации притока из скважины stimulation jobs
 ~ы по глушению скважины well-kill service
 ~ под залив (*о насосах*) operating with flooded suction
 ~ы по капитальному ремонту turnover jobs
 ~ы по кислотной обработке acidizing jobs
 ~ы по очистке скважины clean-up jobs
 ~ по размыву песчаных пробок sand washing
 ~ по сливу, наливу и перекачке нефти *или* нефтепродуктов oil handling
 ~ы по спуску хвостовика liner jobs
 ~ы по цементированию cementing jobs
 ~ с данными data handling
 ~ с перебоями erratic operation; rough running
 ~ с трубами pipe handling
 ~ с цементом cement handling
 ~ установки plant operation
 ~ ясом jarring
 автоматическая ~ automatic operation
 безаварийная ~ *см.* бесперебойная работа
 безопасная ~ safe operation
 бесперебойная ~ failure-free [trouble-free] running
 бригадная ~ team work
 буровые ~ы drilling operations
 взрывные ~ы blasting, explosive works
 водолазные ~ы diving jobs
 водолазные ~ы с сопровождающим катером life boat operations
 длительная ~ long-term work, long-term operation, long-term performance
 дноуглубительные ~ы dredging jobs
 дорожно-строительные ~ы road-building

земляные ~ы excavation, earth-moving, digging
 круглосуточная ~ round-the-clock operation, twenty-four-hour service
 ловильные ~ы в скважине fishing (jobs), fishing operations
 механическая ~ mechanical work
 монтажные ~ы erection [installation] work
 наладочные ~ adjustment and alignment
 научно-исследовательская ~ research work
 непрерывная ~ continuous operating
 неустойчивая ~ unstable operation
 нормальная ~ normal service
 опытно-конструкторская ~ research and development [R & D] work
 опытные ~ы development work
 параллельная ~ (*насосов*) parallel operation
 плавная ~ smooth running
 плановая ~ scheduled work
 плохая ~ fouling, poor workmanship
 погрузочно-разгрузочные ~ы materials handling; cargo [freight] handling; handling operations
 подрывные ~ы *см.* взрывные работы
 полевые ~ы field work
 полезная ~ useful effect
 полностью автоматизированная ~ unattended operation
 последовательная ~ (*насосов*) series operation
 предельная ~ деформации ultimate resilience
 разведочные ~ы prospecting
 разведочные ~ы по месторождению эксплоration
 разные ~ы odd jobs
 ручная ~ handwork, manual operation
 сварочные мокрые ~ wet welding
 сверхурочная ~ overwork
 синхронная ~ synchronous [synchronized] operation
 сложные ловильные ~ы bad fishing jobs
 сменная ~ shift work
 тяжелая ~ overwork, hard job
 устойчивая ~ stable operation
 эксцентрическая ~ долота bit off-center operation
 электромонтажные ~ы electric installation work
работать operate, work, run
 ~ без смазки run dry
 ~ при помощи яса jar
 ~ экскаватором excavate
работающий acting, working, running
 ~ на газовом топливе gas-fired
 ~ на жидком топливе oil-fired
работоспособность (*машины*) serviceability, efficiency; (*материала*) durability
рабочий operator, worker, workman
 ~ буровой бригады drillman
 ~ буровой бригады, оперирующий трубами pipe stabber
 ~ на буровой floor hand, roughneck, rig helper

рабочий

~ насосной станции pump man, pumper
верховой ~ derrickman
высококвалифицированный ~ highly skilled worker
квалифицированный ~ skilled worker
малоквалифицированный ~ low-skilled [unskilled] worker
подсобный ~ буровой бригады roustabout
старший ~ foreman
рабочий-нефтяник oilman
равновесие balance; equilibrium
~ давлений pressure equilibrium
~ сил equilibrium of forces
безразличное ~ indifferent equilibrium
динамическое ~ dynamic equilibrium
кажущееся ~ apparent equilibrium
неустойчивое ~ unstable equilibrium
статическое ~ static equilibrium
термодинамическое ~ thermodynamic equilibrium
упругое ~ elastic equilibrium
устойчивое ~ stable equilibrium
фазовое ~ phase equilibrium
химическое ~ chemical equilibrium
равнодействующая resultant
~ системы сил resultant of a system of forces
равномерность:
~ изменения объема soundness
радиатор heat exchanger, radiator, cooler
~ водяного отопления hot-water heating radiator
~ двигателя engine cooler
~ парового отопления steam-heating radiator
масляный ~ oil cooler, oil radiator
трубчатый ~ water tubular radiator
радиация radiation
проникающая ~ penetrating radiation
ядерная ~ nuclear radiation
радиоактивность radioactivity
~ горных пород rock radioactivity
естественная ~ natural radioactivity
искусственная ~ induced radioactivity
радиомаяк beacon
маркерный ~ marker beacon
радиометрия скважин radioactive well logging
радиус radius
~ влияния скважины range radius of well
~ внешнего контура (*пласта-коллектора*) external boundary radius
~ вращения rotation radius
~ действия radius of action, range of operation
~ действия крюка handling radius of hook
~ действия подъемного крана driving range of crane
~ дренирования drainage radius, extent of fluid
~ закругления *см.* радиус кривизны
~ закругления впадины root radius
~ зева крюка hook mouth radius
~ зоны дренирования drainage radius
~ кривизны radius of curvature
~ кривизны наклонной скважины angle-build rate
~ кривизны ствола скважины radius of hole curvature
~ кривой radius of curvature
~ поворота turning radius
~ проводимости скважины well radius
~ промытой зоны flushed zone radius
~ распространения radius of extent
~ распространения трещины fracture extent radius
~ скважины well radius
~ ствола скважины (bore) hole radius
~ теплового влияния thermal influence radius
внешний ~ питания external boundary drainage radius
входной ~ entry radius
гидравлический ~ hydraulic radius
приведенный ~ скважины reduced well radius
эффективный ~ пор effective pore radius
эффективный ~ скважины effective well radius
разбавитель diluent
разбавление dilution
~ водой dilution with water
критическое ~ critical dilution
наибольшее ~ стока greatest effluent dilution
разбаланс disbalance, out-of-balance
разбивание эмульсий separation of emulsion
разбиватель breaker
~ шара (*звуковой морской прибор*) ball breaker
разбивка (*планировка*):
~ колышками pegging-out
~ линии pegging-out of line
~ трассы location survey
разборка disassembly, dismantling, tearing-down
~ буровой вышки dismantling of derrick
~ цепей disconnection of chains
разбрызгивание spraying, sprinkling
разбрызгиватель sprayer, sprinkler
~ с наполненными водой трубами (*для борьбы с огнем на платформах шельфов*) wet pipe sprinkler
~ с сухой трубой (*для борьбы с огнем на шельфовых установках*) dry pipe sprinkler
разбуривание drilling-out; development
~ блоков породы rock block holing
~ месторождения field development
~ месторождения одиночными скважинами single-well development of field
~ месторождения от периферии к центру marginal development
~ продуктивного пласта drilling-out pay zone
~ цементных пробок drilling-out of cement (plugs)
замедленное ~ месторождения (*с одновременной его эксплуатацией*) delayed development

кустовое ~ нефтяного месторождения cluster-well development of oil field
разбуривать drill out
~ башмак обсадной колонны drill through casing shoe
разбушеваться (*о шторме*) rag, bluster; (*о море*) run high
развальцовка beading, expansion, flaring
разведанность (*нефтяного месторождения*) extent of exploration
разведка prospecting, exploration, survey
~ на газ gas prospecting
~ на нефть prospecting for oil, oil exploration
~ с попутной добычей exploration
аэрогеофизическая ~ aerogeophysical survey
аэромагнитная ~ aeromagnetic prospecting, aerial magnetic survey
воздушная электромагнитная ~ airborne electromagnetic prospecting
геологическая ~ geological exploration, geological prospecting, geological survey
геофизическая ~ geophysical prospecting, geophysical exploration
геохимическая ~ geochemical prospecting, geochemical exploration
гравимагнитная ~ gravity-magnetic survey
гравиметрическая ~ *см.* гравитационная разведка
гравитационная ~ gravity prospecting
детальная ~ detailed exploration
магнитная ~ magnetic prospecting
морская ~ offshore exploration
предварительная ~ reconnaissance work, preliminary survey
радиоактивная ~ radioactive prospecting
региональная ~ regional exploration
сейсмическая ~ seismic prospecting, seismic exploration
сейсмическая ~ методом малых взрывов shot popping
сейсмическая ~ методом отраженных волн seismic reflection survey
электрическая ~ electrical prospecting
развертка 1. scanning 2. (*металлорежущий инструмент*) reamer
развертывание:
~ оборудования станции deployment, setting-up procedure
развинчивание unscrewing
~ труб uscrewing [uncoupling] of pipes
самопроизвольное ~ труб self-unscrewing of pipes
развинчивать uncouple, unscrew
развитие development
~ каверны cavern development
~ трещины fracture widening, crack propagation
разводка running, arrangement, lay-out
~ проводов arrangement [lay-out] of wires
~ якорных канатов anchor line running
разворачиваться:
~ на земле ground-loop

~ по ветру turn downwind
~ против ветра turn into the wind
разворот turn
выполнять ~ (make a) turn
крутой ~ sharp [steep, tight, close] turn
развязка:
путевая ~ grade-crossing elimination structure
транспортная ~ *см.* путевая развязка
разгерметизация depressurization, decompression
аварийная ~ rapid depressurization
внезапная ~ puncture of a sealed compartment; explosive decompression
разгон:
~ с места acceleration from dead stop, acceleration from rest, starting acceleration
разгружать:
~ вес обсадной колонны slack off casing
разгрузка:
~ балласта deballasting
~ долота unloading of bit
~ пяты турбобура unloading of thrust bearing of hydroturbine downhole motor
~ самотеком gravity discharge
~ скважины well relieving
~ танкера tanker unloading
~ труб unloading of pipes
~ трубопровода line discharge
раздавливание crush(ing)
~ горной породы crushing of rocks
раздевалка changing room
разделение segregation, separation
~ воздуха air separation
~ в тяжелых средах heavy-media separation
~ газовых смесей separation of gas mixtures
~ минералов на тяжелую и легкую фракции segregation
~ на фракции fractionation
~ нефти и газа separation of oil and gas
~ переменных separation of variables
~ по величине sizing
~ по крупности classifying, classification; sizing
~ по массе weight separation
~ путем использования разности плотностей gravitational separation
~ сухим путем dry separation
~ труда division of labor
~ фаз phase separation
~ центрофугированием centrifugal separation
геологическое ~ geological division
гравитационное ~ gravity [gravitational] segregation, gravity separation
механическое ~ mechanical separation
мокрое ~ wet separation
тектоническое ~ splitting
хроматографическое ~ chromatographic fractionation
разделитель (*порций*) divider
дисковый ~ disk divider
магнитный ~ magnetic divider

разделитель

манжетный ~ cup-type divider
мембранный ~ permeator
резиновый ~ rubber divider
циклонный ~ cyclone separator
шаровой пустотелый ~ ball hollow divider

разделять divide, separate
~ на составные части disintegrate
~ по крупности size

раздувание inflation
~ пакера packer inflation
~ трубы pipe ballooning

разжижение dilution, dissolution, thinning
~ бурового раствора (*при прорыве в скважину воды или газа*) mud cut

разлагаться 1. (*окисляться*) decay 2. (*гнить*) deteriorate, putrefy 3. (*на ионы*) dissociate 4. decompose

разлив spill(age)
~ бурового раствора drilling mud spill(s)
~ нефти oil spill(age)

различи/е difference
литологические ~я пород lithological rock differences
региональные ~я в проницаемости regional permeability differences
фациальные ~я facial differences

разложение 1. (*распад*) decomposition 2. (*гниение*) putrefaction; (*окисление*) decay 3. *хим.* dissociation
~ гидратов hydrate decomposition
~ крахмала starch deterioration
~ на компоненты breakdown
~ на части separation
~ органических веществ decomposition of organic matter
~ поверхностно-активных веществ в пласте degradation of surfactants in reservoir
~ пород rock decay
~ растений decay of vegetation
~ эмульсий separation of emulsion
анаэробное ~ anaerobic decomposition
бактериальное ~ bacterial degradation
гнилостное ~ putrefaction
механическое ~ disintegration
термическое ~ thermal decomposition, high-temperature deterioration, disintegration by heat
химическое ~ chemical decomposition

разлом *геол.* fault, fracture
~ в фундаменте basement fault
~ сжатия compression fault
~ складки fold fault
глубинный ~ deep fault, abyssal fracture
основной ~ master fault
частичный ~ складки fold crack

размагничивание demagnetization
размалываемость grindability
размалывание grinding; milling
размер dimension, size
~ в свету clear [inner] dimension
~ единицы (*физической величины*) size of a unit
~ залежи (*нефти и газа*) extension of reservoir, extension of pool
~ зева (*крюка*) mouth size
~ зерна grain size
~ы месторождения extension of field
~ отверстия сита aperture of screen
~ под ключ width across flats
~ поперечного сечения cross-sectional dimension
~ пор pore size
~ резьбы thread dimension
~ складки fold dimension
~ с припуском oversize
~ частиц particle size
~ шва weld size
~ ячейки сита mesh size
габаритный ~ overall dimension, overall size
критические ~ы critical sizes
линейный ~ linear dimension
максимальный ~ upper limit [maximum] size
минимальный ~ lower limit [minimum] size
модулярный ~ modular dimension
нестандартный ~ oversize; undersize
номинальный ~ nominal size
нормализованный ~ standard size
общий ~ out-to-out
присоединительный ~ connection size
сопряженный ~ mating dimension
стандартный ~ standard size
увеличенный ~ oversize

размещать:
~ груз (*по складам*) stow the cargo

размещение:
~ забоев скважин bottom-hole spacing
~ месторождений нефти и газа oil and gas field distribution
~ оборудования equipment location, equipment placement
~ скважин well spacing, spacing [housing] of wells
~ скважин по сетке pattern of wells, pattern well spacing
~ труб по трассе (*трубопровода*) distribution of pipes
~ цементного камня в заколонном пространстве placement of cement in the annulus
бессистемное ~ скважин random pattern of wells

размол grinding; milling
грубый ~ coarse [rough] grinding
мокрый ~ wet grinding
сухой ~ dry grinding

размыв:
~ записи на сейсмограмме smoothing-out
~ каверны cavern washing-out
~ паром steam erosion
~ песчаной пробки sand plug washing-out
~ противотоком counterflow [indirect] washing-out
~ прямотоком forward [direct] flow washing-out
~ ступенчатым противотоком stepped counterflow washing-out

гидравлический ~ water jet
глубокий ~ deep-seated washout
размывание dissolution, erosion, washing-out, scouring
~ изображения blurring
~ керна буровым раствором flushing of core
размыкание breaking, disconnecting
~ контактов contact breaking, contact separation
~ цепи interruption [opening] of a circuit
разнос 1. (*во времени и пространстве*) separation, spacing 2. (*неуправляемый набор скорости*) racing, runaway, overspeeding
~ двигателя racing of engine
~ машины overspeeding of machine
разностенность variation(s) in wall thickness
~ трубы nonuniform pipe wall thickness
разность difference
~ времени пробега (*сейсмических волн*) transit time difference
~ давлений pressure difference, differential pressure
~ плотностей density difference
~ потенциалов potential difference
~ средних температур, определенная при температурном каротаже log mean temperature difference
~ температур temperature difference
~ уровней difference of elevation
~ фаз difference in phase, phase difference
конечная ~ finite difference
разобранн/ый knock-down
поставленный в ~ом виде suplied in knock-down form
разобщение segregation, isolation
~ пластов formation isolation, formation segregation
вертикальное ~ vertical separation
разогрев:
~ печи furnace run-up
местный ~ local heat build-up
разоружать strip
~ талевый блок strip the traveling block down
разрабатывать:
~ карьер quarry
~ конструкцию develop
~ открытым способом excavate
разработк/а exploitation, development
~ залежи нефти oil pool development
~ залежи нефти методом закачки газа в пласт gas-drive (oil pool) development
~ залежи нефти с применением заводнения waterflood (oil pool) development
~ месторождения (*обустройство и разбуривание*) field development
~ месторождения газа gas-field development
~ месторождения нефти oil-field development
~ месторождения от периферии к центру marginal field development
~ месторождения от центра к периферии crestal field development

~ месторождения по единому проекту unitized project
~ месторождения по ползущей сетке out-step field development
~ месторождения при повышенном давлении нагнетания high injection-pressure field development
~ месторождения разветвленными скважинами branched-well development of field
~ месторождения с купола и крыльев simultaneous field development
~ месторождения с поддержанием пластового давления field development with pressure maintenance
~ многопластовой залежи нефти development of multizone oil reservoir
~ многопластовой залежи нефти сверху вниз development of multizone oil reservoir from top downward
~ многопластовой залежи нефти снизу вверх development of multizone oil reservoir from bottom upward
~ морского месторождения нефти offshore oil-field development
~ нефтяного и газового пласта (*предмет обучения*) petroleum reservoir engineering
~ нефтяного месторождения oil-field development
~ нефтяного месторождения от центра к периферии oil-field crestal development
~ низкопродуктивных месторождений нефти и газа development of low productivity oil and gas fields
~ рецептуры *или* композиции formulation
~ технологического процесса process design
изыскательская ~ exploratory development
конструкторская ~ engineering development
кустовая ~ месторождения cluster field development
начальная ~ месторождения early field development
объединенная ~ нефтяных месторождений development of oil fields
первоначальная ~ early development
пробная ~ залежи producing test of pool
промышленная ~ залежи commercial production of pool
рациональная ~ месторождения improved field development
совместная ~ несколькими фирмами одной нефтеносной площади unit operation
шахтная ~ месторождения нефти mine development of oil field
разработчик development engineer
разрез 1. section; (*осадочный*) sequence, profile, column 2. (*результат резки*) cut 3. (*продольный*) slit
~ горных пород section of formation
~ нефтегазоносного бассейна column [profile] of oil basin
~ осадочной толщи sedimentary rock sequence

разрез

вертикальный ~ (*на чертеже*) elevation, upright [vertical] section
геологический ~ geological (cross) [stratigraphic] section
геолого-геофизический ~ geologic-geophysical profile
глубинный геологический ~ abyssal geological section
литологический ~ скважины lithologic log
литолого-стратиграфический ~ lithologic-stratigraphical profile
микроскопический ~ microscopic section
нормальный геологический ~ columnar geologic section
обобщенный ~ generalized section
опорный ~ reference section
поперечный ~ cross-section, lateral section
продольный ~ longitudinal section
стратиграфический ~ stratigraphic section
схематический ~ diagrammatic section
частичный ~ cut-away drawing, cut-away view

разрезание dividing
~ залежи рядами нагнетательных скважин dividing of pool by injection well rows
~ месторождения рядами нагнетательных скважин dividing of reservoir by injection well rows

разрушаться:
~ под нагрузкой fail under a load
~ при потере прочности fail by loss of strength

разрушение destruction, failure, disintegration; collapse
~ абразивным материалом scouring action
~ вследствие скалывающего усилия shear facing
~ горной породы destruction [disintegration] of rock, rock failure
~ горной породы под атмосферным влиянием rock weathering
~ горной породы под действием воды hydrous disintegration of rock
~ горной породы при сжатии rock compression failure
~ горных пород под действием долота rock breakdown
~ залежей нефти и газа oil and gas pool collapse
~ керна destruction of core
~ ловушек trap failure, trap collapse
~ металла от усталости fatigue failure
~ обсадной колонны failure of casing (string)
~ от разрыва (*колонны труб*) под действием внутреннего давления failure by bursting from internal pressure
~ от растяжения (*колонны труб*) failure under tension
~ от смятия (*колонны труб*) под действием внешнего давления failure by collapse from external pressure
~ от среза при растяжении tension-shear fracture

~ породы ударом-сжатием impact compressive failure
~ при изгибе bending failure
~ при кручении torque [torsion] failure
~ при растяжении tensile failure
~ при сжатии compression failure
~ при срезе shearing failure
~ резьбы thread failure
~ резьбы по последнему витку last engaged thread failure
~ эмульсии breakdown of emulsion, demulsification, emulsion breakdown
абразивно-эрозионное ~ горной породы abrasion-erosion destruction of rock
вязкое ~ ductile fracture
коррозионное ~ corrosion attack
механическое ~ горной породы rock disintegration
объемное ~ горной породы volumetric rock destruction
пластическое ~ ductile [plastic] fracture
пластическое ~ горной породы rock plastic failure
преждевременное ~ premature failure
упругое ~ elastic failure
усталостное ~ endurance [fatigue] failure, fatigue breakdown, fatigue fracture
хрупкое ~ brittle failure, brittle fracture

разрыв break(ing); *геол.* fracture, rupture
~ без смещения fracture without displacement
~ бурильной колонны drill string failure, drill string breaking
~ы бурильных труб breakoffs
~ изображения tearing of a picture
~ кривой break [discontinuity, gap] in a curve
~ между резервуарами gap between tanks
~ насосных штанг sucker-rod string failure, sucker-rod string breaking
~ непрерывности disconnecting, discontinuity
~ нефтью без применения расклинивающего агента oil fracturing of formation, oil frac
~ пласта formation fracturing, formation breakdown
~ пласта при помощи жидкого взрывчатого вещества liquid explosive fracturing of formation
~ трубопровода pipeline breaking
~ цепи circuit breaking
акустический ~ sonic break
большой ~ discontinuity
гидравлический ~ пласта hydraulic fracturing of formation, hydrofrac
гидравлический ~ пласта с применением жидкого газа liquefied gas fracturing of formation, gas frac
гидравлический ~ пласта с расклиниванием песком sand hydraulic fracturing of formation, sand frac
избирательный гидравлический ~ пласта selective hydraulic fracturing of formation

кислотный гидравлический ~ пласта acid fracturing of formation, acid frac
многократный гидравлический ~ пласта multiple hydrofracturing of formation, multi-frac, multistage fracture treatment
направленный гидравлический ~ пласта directional hydraulic fracturing of formation
однократный гидравлический ~ пласта single hydrofracturing of formation
поинтервальный гидравлический ~ пласта interval hydraulic fracturing of formation, interval frac
простой гидравлический ~ пласта standard hydraulic fracturing of formation
ступенчатый гидравлический ~ пласта staged hydraulic fracturing of formation

разряд:
атмосферные ~ы atmospherics
квалификационный ~ skill category
электрический ~ electric discharge

разрядник spark gap
разупрочнение loss of strength
разъедаемость corrodibility
разъедание:
~ кислотой attack by acid

разъединение detaching; disengagement; disconnection; release
~ бурильных труб disconnection of drill pipes
~ замкового соединения splitting of tool joint
~ насосно-компрессорной колонны труб tubing (string) disconnection
~ обсадной колонны casing disconnection
автоматическое ~ automatic release, automatic clearing
полное ~ бурильных труб full disconnection of drill pipes
частичное ~ бурильных труб partial disconnection of drill pipes

разъединитель disconnector, breaker, isolator, (disconnecting) switch
колонный ~ string disconnector
колонный ~ со срезанными шпильками shear-pin string disconnector
колонный замковый ~ safety lock string disconnector
колонный кулачковый ~ dog-type string disconnector
колонный резьбовой ~ screw-type string disconnector
универсальный ~ all-purpose disconnector

разъем joint; connector
~ обсадной трубы casing joint
водонепроницаемый ~ water-proof connector
штепсельный ~ plug connector

райбер reamer [reaming] mill
райберование труб pipe reaming
район area, country, district, zone
~ вечной мерзлоты permafrost region
~ нефтегазонакопления oil and gas accumulation region
~ обводнения waterflood area
~, опасный для навигации area to be avoided
~ плавания navigation [sailing] area, navigation [sailing] region
~ с крепкими породами hard rock country
~, сложенный мягкими горными породами soft rock area
~, сложенный твердыми горными породами hard rock area
~ соляных куполов salt dome [salt plug] area
~ с разрезом, вызывающим искривление ствола crooked-hole country
газодобывающий ~ gas producing area
газоносный ~ gas region, gas area
нефтегазоносный ~ oil and gas region
нефтедобывающий ~ oil producing region, oil producing area
нефтеносный ~ oil [petroliferous] region
осваиваемый нефтегазоносный ~ petroliferous region under development

районирование zoning
геологическое ~ geological zoning
нефтегеологическое ~ geological zoning of oil fields

ракетница flare pistol
раковин/а (*в металле*) bubble, cavity, pit, flaw
~ы от окалины scale pits
коррозионная ~ corrosion cavity
песочная ~ sand hole
точечная ~ pin hole
усадочная ~ (*в металле*) contraction [shrink(age)] cavity, shrink(age) hole
шлаковая ~ slag blow-hole

ракушечник coquina
рама bed, frame, rack, skid
~ автомобиля (chassis) frame
~ блока превенторов BOP structure
~ буровой лебедки drawworks frame
~ буровой установки rig frame
~ вагона carriage underframe, car frame
~ двигателя engine bed, engine frame
~ для спуска коллектора pod running frame
~ жесткости bracing frame
~ лебедки winch frame
~ муфты водоотделяющей колонны riser connector frame
~ на салазках skid-type frame
~ сетки вибросита vibrating [shaker] screen frame
~ тележки bogie frame
~ фундамента для машины cradle
~ фундамента под насос cradle of a pump
А-образная ~ A-frame
дверная ~ door frame, door casing
двухэтажная ~ two-storey frame
жесткая ~ rigid frame
извлекаемая ~ retrieving frame
направляющая ~ guide frame
направляющая ~ водоотделяющей колонны riser guide frame
направляющая ~ нижней части блока превенторов lower BOP guide frame

рама

направляющая ~ низа водоотделяющей колонны lower marine riser guide frame
направляющая ~ противовыбросового оборудования BOP guide frame
направляющая сборная ~ (*блока превенторов*) modular guide frame
направляющая срезная ~ shear-off guide frame
опорная ~ ротора rotary support frame
подводная манипуляторная ~ subsurface manipulation frame
подкронблочная ~ crownblock frame, water table
разъемная ~ sectional [stripped] frame
сварная ~ welded frame
соединительная ~ attachment frame
средняя направляющая ~ превенторов middle BOP guide frame
срезная направляющая ~ shear-off guide frame
телескопическая направляющая ~ telescoping guide frame
транспортная ~ блока превенторов BOP stack shipping frame
универсальная направляющая ~ universal guide frame
установочная ~ positioning frame
фундаментная ~ cradle, sole plate (bed) frame

рамка frame
~ карты map margin
визирная ~ finder frame
кадрирующая ~ masking frame
соединительная ~ terminal [connecting] strip

рапа (natural) brine

рапорт report
сменный ~ бурильщика (daily) driller's [drill] report
суточный ~ daily tour report
суточный ~ бурового мастера daily toolpusher's drilling report

раскалять:
~ добела make white-hot
~ докрасна make red-hot
~ до свечения ignite

раскисление deoxidation

раскислитель deoxidant, deoxidizer, deoxidizing agent

раскислять deoxidate

расклепывать jump, clinch, clench
~ гвоздь clinch [clench] a nail
~ конец шпильки rivet over the end of a stud

раскос brace, bracing
~ы вышки derrick (angle) braces
~, работающий на растяжение tension brace
ветровой ~ wind brace
внутренний ~ ноги вышки interior lag brace
К-образные ~ы K-bracing
крестообразные ~ы X-bracing
ромбоидальные ~ы diamond bracing

раскрепитель breaker
~ бурильных свечей drill pipe breaker
~ насосно-компрессорных труб tubing breaker

пневматический ~ бурильных свечей air drill pipe breaker

раскрепление:
~ бурильных замков torquing-out [breaking-out] of tool joints
~ насосно-компрессорных штанг backing-off of sucker rods
~ соединений труб breaking-out of pipe connections

раскручивание:
~ талевого каната drilling of line twist-back
резкое ~ труб pipe snap-back

раскрытость opening
~ каналов channel opening
~ пор pore opening
~ трещин fissire [fracture] opening

распад:
естественный ~ natural decay
естественный ~ горных пород disintegration of rocks
механический ~ disintegration
радиоактивный ~ radioactive decay
самопроизвольный ~ spontaneous decay, spontaneous disintegration
спонтанный ~ *см.* самопроизвольный распад

распакеровка (*разгерметизация закалочного пространства*) packer releasing, packer removing

расписание schedule, time-table
~ дежурств duty schedule

расплав melt

расплавляемость fusibility

расплетать:
~ канат unlay a rope

распознавание:
~ окаменелостей identification of fossils

располагать set, arrange, dispose, place
~ впритык arrange abutting
~ по порядку order, arrange in some order

расположение arrangement, location, layout, disposal, (dis)position
~ алмазов (*на рабочей поверхности долота*) arrangement of diamonds
~ в один ряд side-by-side arrangement
~ выкидных линий скважин well flowline layout
~ крест-накрест criss-cross layout
~ оборудования equipment arrangement, equipment layout
~ пор (*в породе*) arrangement of pores
~ приборов set-up of instruments
~ резервуаров arrangement of tanks
~ скважин well pattern, well position
~ скважин в шахматном порядке staggered line pattern, checkerboarding of wells
~ трещин fracture spacing
~ труб pipe arrangement
~ устья скважины wellhead location
~ эксплуатационного оборудования production equipment arrangement, production equipment layout

~ эксплуатационного оборудования на палубе deck arrangement [deck layout] of production equipment
взаимное ~ relative position
взаимное ~ рядов скважин well row spacing
зигзагообразное ~ скважин staggered pattern of wells
линейное ~ linear arrangement
линейное ~ скважин line pattern of wells
одноосное ~ single-axle arrangement
подводное ~ устья скважины underwater wellhead location
последовательное ~ serial [series] arrangement
придонное ~ устья скважины sea-bottom wellhead location
равномерное ~ скважин uniform well spacing
распорка brace, spacer
диагональная ~ angle brace
продольная ~ lateral brace
пружинная ~ spring spacer
распределение distribution
~ вероятностей probability distribution
~ во времени distribution in time
~ выборок sample distribution
~ газа, нефти и воды (*в коллекторе*) distribution of gas, oil and water, gas-oil-water distribution
~ Гаусса Gaussian [normal] distribution
~ генеральной совокупности population distribution
~ геопотенциала geopotential distribution
~ Гиббса Gibbs canonical distribution
~ горных пород distribution of rocks
~ давления pressure distribution
~ дебитов production (rate) distribution
~ жидкости liquid distribution
~ залежей нефти oil pool distribution
~ запасов convergence of reserves
~ запасов по площади areal convergence of reserves
~ литофаций distribution of lithological facies
~ массы mass distribution
~ нагрузки load distribution
~ насыщенности по продуктивному пласту saturation distribution in reservoir
~ ошибок error distribution
~ пластового давления reservoir pressure distribution
~ плотности density distributuion
~ по зонам zoning
~ по мощности distribution in power
~ пор по размерам pore size distribution
~ Пуассона Poisson distribution
~ рабочего агента по скважинам working agent distribution
~ скоростей velocity distribution
~ температуры temperature distribution
~ теплового потока heat flow spreading
~ фазы phase distribution

~ электрических потенциалов electrical boundary
географическое ~ geographic(al) distribution
географическое ~ нефти geographic(al) distribution of oil
геологическое ~ geologic(al) distribution
геологическое ~ нефти geologic(al) distribution of oil
гравитационное ~ нефти и воды (*в ловушке*) gravitational distribution of oil and water
дискретное ~ discrete distribution
дифференциальное ~ залежей нефти differential oil pool distribution
истинное ~ пластового давления true reservoir pressure distribution
линейное ~ linear distribution
начальное ~ температуры initial temperature distribution
неоднородное ~ inhomogeneous [nonuniform] distribution
неравномерное ~ random distribution
нормальное ~ normal [Gaussian] distribution
нормальное логарифмическое ~ lognormal distribution
приближенное ~ пластового давления approximate reservoir pressure distribution
пропорциональное ~ отбора по скважинам proration schedule
равновесное ~ equilibrium distribution
равномерное ~ uniform distribution
случайное ~ random distribution
стратиграфическое ~ месторождений нефти stratigraphical distribution of oil fields
условное ~ conditional distribution
экспоненциальное ~ exponential distribution
экспоненциальное ~ слоистости exponentially stratified system
распространение:
~ активности activity spread
~ взрывной волны propagation of explosive wave
~ волны wave propagation
~ газа в нефти expansion of gas into oil
~ огня spread of fire
~ радиоволн wave propagation
площадное ~ (*месторождения*) areal extent
распускаемость глины clay yield
распыление atomization, spraying
~ топлива fuel atomization
тонкое ~ fog [mist] spraying
распылитель atomizing cone, atomizer, sprayer, spray gun
~ жидкости atomizer
рассверливать drill out
рассев (*разделение на фракции*) screening, sizing
грубый ~ coarse screening, preliminary [rough] sizing
тонкий ~ fine screening
рассеивание atomization, dissipation
~ нефти oil atomization
~ тепла heat dissipation

рассеяние:
  ~ мощности power dissipation
  ~ света light diffusion
  ~ энергии dissipation of energy
расслаивание (*отслаивание*) scaling, separation, disintegration
  ~ бетона concrete disintegration
  ~ глинистых частиц clay parting
  ~ горных пород sheeting
  ~ каркаса шины ply separation of a tyre
  ~ песчаника lamination of sandstone
  ~ по плотности density stratification
  гравитационное ~ gravity segregation
  мощное ~ heavy stratification
рассланцевание foliation
расслоение *см.* расслаивание
рассол brine, salt water
  ~, выходящий из скважины return brine
  насыщенный ~ saturated brine
расстановка:
  ~ вагонов car spotting
  ~ сейсмографов по прямой split spread of seismographs
  ~ сейсмографов по радиусам окружности (*в центре которой проводится взрыв*) ring shooting
  ~ скважин well array
  ~ швартовной системы spread mooring patterns
  полная ~ сейсмографов full spread of seismographs
расстояние distance, spacing
  ~ до предмета object distance
  ~ между скважинами well spacing, interwell distance
  ~ между строками scanning separation
  ~ между центрами center distance
  ~ между центрами подшипников bearing centers distance
  ~ между шпалами tie spacing, tie distance, sleeper pitch
  ~ между электродами electrode spacing
  ~ от днища плавучего основания хранилища до дна моря bottom clearance
  ~ от источника до счетчика (*радиоактивных частиц*) source-to-detector spacing
  ~ от осей координат departure
  ~ перевозок length of haul
  ~ по вертикали от уровня моря до нижней кромки верхнего корпуса при бурении air gap at drilling condition
  ~ фильтрации seepage distance
  безопасное ~ safe distance
  истинное ~ actual [true] distance
  межатомное ~ interatomic distance, atomic spacing
  межплоскостное ~ (*в пластах*) cleavage spacing; (*в кристаллах*) interplanar spacing
  межцентровое ~ spacing on centers
  межцентровое ~ опор leg center distance
  огнеопасное ~ fire exposure distance
  превышенное ~ перевозки overhaul
  фокусное ~ focal distance
растаскивание труб (*вдоль траншеи*) pipes hauling
растачивать bore
  ~ отверстие bore out
раствор fluid, solution; (*буровой*) mud
  ~ диэтиленгликоля diethylene glycol solution
  ~ для глушения скважин kill mud
  ~ для очистки cleaning solution
  ~ ингибитора inhibitor solution
  ~ каустической соды caustic solution
  ~ кислоты acid solution
  ~ метанола methanol solution
  ~ моноэтаноламина monoethanol amine solution
  ~ на водной основе water-base solution
  ~ триэтиленгликоля triethylene glycol solution
  ~ электролита electrolyte solution
  ~ этиленгликоля ethylene glycol solution
  антифризный ~ antifreeze solution
  аэрированный буровой ~ aerated drilling mud
  аэрированный цементный ~ aerated cement slurry
  безглинистый буровой ~ clayless drilling mud
  белитовый ~ belite slurry
  белито-песчанистый ~ belite-sand slurry
  бентонитовый буровой ~ bentonite drilling mud
  биополимерный буровой ~ biopolymer drilling mud
  буровой ~ drilling mud, drilling fluid
  буровой ~ без добавок gel-water mud
  буровой ~, выходящий из скважины return(ing) drilling mud
  буровой ~ для глушения скважин (well) kill(ing) drilling mud
  буровой ~ для забуривания ствола скважины spud drilling mud
  буровой ~ на водной основе water-base [aqueous] drilling mud
  буровой ~ на морской воде seawater drilling mud
  буровой ~ на насыщенной солью воде saturated salt-water drilling mud
  буровой ~ на неводной основе oil-base [hydrocarbon-base] mud
  буровой ~ на нефтяной основе *см.* буровой раствор на углеводородной основе
  буровой ~ на основе дизельного топлива diesel oil drilling mud
  буровой ~ на основе пресной воды fresh water(-base) drilling mud
  буровой ~ на основе соленой воды salt water(-base) drilling mud, brine mud
  буровой ~ на синтетической основе synthetic base mud, SBM
  буровой ~ на солоноватой воде brackish water drilling mud
  буровой ~ на углеводородной основе hydrocarbon-base [oil-base] drilling mud

раствор

буровой ~ с выбуренной породой cuttings-laden drilling mud
буровой ~ с высоким pH high-pH [high-alkalinity] drilling mud
буровой ~ с добавкой поверхностно-активного вещества surfactant drilling mud
буровой ~ с низким pH low-pH drilling mud
буровой ~ с низким содержанием твердой фазы low-solid (phase) drilling mud
буровой ~ с низкой водоотдачей low water-loss drilling mud
буровой ~ средней плотности medium-viscosity drilling mud
буровой ~, устойчивый против действия бактерий drilling mud resistant to bacterial attack, bacteriostatic drilling mud
буферный ~ buffer
водный ~ aqueous [water] solution
водный ~ полимеров aqueous polymer solution
водный крахмальный буровой ~ с высоким pH water starch high-pH drilling mud
выдержанный буровой ~ mature drilling mud
высоковязкий буровой ~ high-viscosity drilling mud
высокоизвестковистый буровой ~ high lime (content) drilling mud
высококоррозионный буровой ~ highly corrosive drilling mud
высокоминерализованный буровой ~ highly mineralized drilling mud
газированный буровой ~ gas-cut [gassy] drilling mud
газонасыщенный буровой ~ gas-saturated drilling mud
гельцементный ~ gel-cement slurry
гипсовый буровой ~ gypsum-treated drilling mud
глинистый ~ mud solution
глинистый алюминатный буровой ~ clay aluminate drilling mud
глинистый буровой ~ clay drilling mud
грамм-молекулярный ~ gram-molecular solution
грамм-эквивалентный ~ gram-equivalent solution
гуматно-силикатный буровой ~ humate-silicate drilling mud
гуматно-хромнатриевый буровой ~ humate-sodium chromate drilling mud
густой буровой ~ thick drilling mud
дегазированный буровой ~ degassed drilling mud
диатомоцементный ~ diatomaceous earth cement slurry
диспергирующий ~ dispersant solution
естественный буровой ~ natural drilling mud
жидкий ~ liquid solution
жидкий цементный ~ slurry, slush
загрязненный буровой ~ contaminated [sludge] drilling mud
загущенный буровой ~ thickened drilling mud
засоленный цементный ~ brine cement slurry
известково-битумный буровой ~ bitumen-lime drilling mud
известково-крахмальный буровой ~ starch-lime drilling mud
известково-песчаный цементный ~ sand-lime cement slurry
известковый ~ mortar
известковый буровой ~ lime-base drilling mud
инвертно-эмульсионный буровой ~ invert-emulsion drilling mud
ингибированный буровой ~ inhibitor [inhibited] drilling mud
индикаторный ~ indicator solution
инертный к кальцию буровой ~ calcium-inert drilling mud
инертный к солям буровой ~ salt-inert drilling mud
истинный ~ true solution
исходный ~ base solution
исходный глинистый буровой ~ base clay drilling mud
кальциевый буровой ~ calcium drilling mud
керосино-цементный ~ kerosene-cement slurry
коллоидный ~ colloidal solution
коллоидный буровой ~ colloidal drilling mud
концентрированный соляной ~ brine solution
коррозионный буровой ~ corrosive drilling mud
крахмальный буровой ~, насыщенный солью saturated salt water-starch drilling mud
крепкий ~ strong solution
латекс-цементный ~ latex-cement slurry
легкий буровой ~ light-weight drilling mud
лигнитовый буровой ~ lignite drilling mud
лигносульфонатный буровой ~ lignosulphonate drilling mud
малоглинистый буровой ~ thin clay drilling mud
малоизвестковистый буровой ~ low-lime (content) drilling mud
малощелочной буровой ~ low-alkalinity drilling mud
меченый буровой ~ tracer [tagged] drilling mud
мицеллярный ~ micellar solution
молярный ~ molar solution
мыльный ~ (*пенный*) suds
насыщенный ~ saturated solution
насыщенный минеральный ~ brine
не восприимчивый к действию соли буровой ~ drilling mud immune to salt
недиспергирующий ~ nondispersant solution
незамерзающий соляной ~ non-freezing brine
необработанный буровой ~ untreated drilling mud

раствор

не содержащий твердой фазы буровой ~ solid-free drilling mud
несоленый буровой ~ nonsaline drilling mud
нефелиново-песчаный цементный ~ nepheline-sand cement slurry
нефтецементный ~ oil-cement slurry
нефтеэмульсионный буровой ~ на водной основе water-base oil-in-water emulsion drilling mud
низковязкий буровой ~ low-viscosity drilling mud
низкотоксичный буровой ~ на нефтяной основе low-toxicity oil-based mud
обезжиривающий ~ cleaner
облегченный буровой ~ lightened drilling mud
облегченный цементный ~ light-weight cement slurry
обработанный буровой ~ treated drilling mud
обработанный известью буровой ~ lime treated [limed] drilling mud
обработанный кальцием буровой ~ calcium treated drilling mud
обработанный химическими реагентами буровой ~ chemically treated drilling mud
отверждаемый ~ setting mud
отработанный буровой ~ waste drilling mud
охлажденный буровой ~ cooled drilling mud
очищенный буровой ~ clean drilling mud
перемешанный буровой ~ agitated drilling mud
перенасыщенный ~ oversaturated [supersaturated] solution
переутяжеленный буровой ~ overweighted [overloaded] drilling mud
перлитоглиноцементный ~ pearlite-gel cement slurry
полимерный буровой ~ polymer drilling mud
полимерцементный ~ polymer-cement slurry
полифосфатный буровой ~ polyphosphate drilling mud
продавочный буровой ~ displacement drilling mud
промывочный ~, смешанный с разбуренной породой sludge
разжиженный буровой ~ thin(ned) drilling mud
регенерированный буровой ~ reconditioned drilling mud
сверхтяжелый буровой ~ extra-heavy drilling mud
силикатный буровой ~ silicate drilling mud
силикатонатриевый буровой ~ silicate drilling mud treated with sodium chloride
силикатосодовый буровой ~ silicate-soda drilling mud
слабоминерализованный буровой ~ low-mineralized drilling mud
соленый буровой ~ saline drilling mud
солестойкий буровой ~ salt-resistant drilling mud

соляной ~ (salt) brine
стабилизированный буровой ~ stabilized drilling mud
строительный ~ dash, mortar
тампонажный строительный ~ grouting mortar
твердый ~ solid solution
термостойкий буровой ~ thermostable [heat-resistant] drilling mud
термостойкий цементный ~ thermostable [heat-resistant] cement slurry
титруемый ~ titrate, solution to be titrated
титрующий ~ titrating solution
токсичный буровой ~ harmful [toxic] drilling mud
тонкодисперсный буровой ~ fine drilling mud
утяжеленный баритом буровой ~ drilling mud weighted with barite
утяжеленный буровой ~ weighted drilling mud
утяжеленный буровой ~ для глушения скважин weighted drilling kill mud
химически обработанный буровой ~ chemically treated drilling mud
хлоркальциевый буровой ~ calcium chloride drilling mud
хроматный буровой ~ chromate-treated drilling mud
хромлигнитовый буровой ~ chrome-lignite drilling mud
хромлигносульфонатный буровой ~ chrome-lignosulphonate drilling mud
цементно-зольный ~ fly ash-cement slurry
цементный ~ cement slurry
цементный ~ на основе дизельного топлива diesel oil cement slurry
циркулирующий буровой ~ circulating drilling mud
шлакоцементный ~ slag-cement slurry
щелочной буровой ~ alkaline drilling mud
щелочной лигнитовый буровой ~ alkaline-lignite drilling mud
щелочной очищающий ~ alkaline cleaning solution
эмульсионный буровой ~ emulsion drilling mud

растворение dissolution
избирательное ~ selective dissolution
окислительное ~ oxidative dissolution
приповерхностное ~ near-surface dissolution
самопроизвольное ~ spontaneous dissolution
химическое ~ chemical dissolution
электрохимическое ~ electrochemical dissolution

растворимость solubility
~ в воде water solubility
~ в кислоте acid solubility
~ в нефти oil solubility
~ в твердом состоянии solid solubility
~ газа в нефти solubility of gas in oil
взаимная ~ mutual solubility
избирательная ~ preferential solubility

растворимый soluble
~ без воды anhydrous soluble
~ в воде water-soluble
~ в нефти oil-soluble
растворитель diluent, solvent
раствороропровод mud channel, mud flume
растекаемость spreadability
~ цементного раствора cement spreadability
растепление многолетнемерзлых пород permafrost thawing
растормаживать release the brake(s), unbrake
расточка bore, boring
~ гнезда крышки valve seat bore
~ корпуса housing boring
конусная ~ tapered bore
цилиндрическая ~ cylindrical boring
растрескивание cracking, fissuring, fracturing, shattering, splitting
~ горных пород rock shattering, rock fracturing
~ цементного кольца annulus cement fracturing, annulus cement shattering
интенсивное ~ горных пород intensive shattering [intensive fracturing] of rocks
коррозионное ~ под напряжением stress-corrosion cracking
коррозионно-усталостное ~ corrosion-fatigue cracking
термическое ~ thermal cracking
раструб:
~ бурильной трубы box of drill pipe
~ под клинья slip bowl
~ трубы tube socket, female end of pipe
растяжение tension
~ от нагрузки load tension
~ по оси axial tension
линейное ~ extension
предварительное ~ pretension
предельное ~ ultimate tension
продольное ~ longitudinal tension
упругое ~ elastic tension
растяжка:
анкерная ~ anchor line
трубная ~ мачты tubular guy of mast
расхаживание reciprocating
~ бурильной колонны reciprocating of drill string
~ на забое downhole reciprocating, downhole spudding
~ обсадной колонны casing string reciprocating
расхаживать колонну reciprocate the string
расход 1. (*потребление*) consumption 2. (*жидкости, газа*) flow rate, discharge 3. *эк.* costs, expenses
~ алмазов в каратах (*при бурении*) carat loss
~ бурового раствора (drilling mud) circulation rate
~ буровых долот drilling bit consumption
~ воды water discharge, water flow rate
~ воды при нагнетании water injection
~ воздуха air volume discharge

расход

~ воздуха на входе в компрессор intake air volume
~ газа gas consumption, gas flow rate, gas discharge
~ газа при нагнетании gas injection rate
~ горючего fuel consumption
~ деэмульгатора demulsifying agent [demulsifier] consumption
~ долот bit consumption
~ жидкости flow rate, fluid delivery, fluid discharge
~ ингибитора коррозии corrosion inhibitor consumption
~ коагулятора coagulator consumption
~ мощности power consumption
~ы на ремонт буровой установки rig repair cost(s)
~ пара steam flow rate, steam consumption
~ потока stream yield
~ при нагнетании injection rate
~ при холостом ходе no-load consumption
~ тепла heat consumption
~ тока power demand
~ топлива fuel consumption
~ химических реагентов chemicals [chemical agents, chemical additives] consumption
~ цемента cement consumption
~ цементного раствора cement flow [cement circulation] rate
~ через отверстие orifice discharge
~ электродов consumption of electrodes
административные ~ы cost of supervision
амортизационные ~ы depreciation charges, amortization costs
весовой ~ газа gravimetric gas discharge
косвенные ~ы indirect costs
максимальный ~ peak discharge
массовый ~ (*газа, жидкости*) mass flow rate
накладные ~ы overheads, overhead charges, overhead expenses, overhead costs
начальный ~ воды initial water discharge
непредвиденные ~ы contingencies
объемный ~ воды volumetric water discharge
объемный ~ газа volumetric gas discharge
постоянный ~ constant flow rate
предварительные ~ы initial expenses
приведенный к нормальным условиям ~ воздуха standard air volume discharge
прямые производственные ~ы direct operating expenses
рабочие ~ы operating [working] expenses
равномерный ~ constant discharge
среднесуточный ~ при нагнетании average daily injection rate
средний ~ average discharge
текущие ~ы operating [working] expenses
теоретический ~ воды theoretical water flow rate
транспортные ~ы costs of trucking [transportation]
удельный ~ specific flow rate, specific discharge

расход

фактический ~ воды actual water flow rate
часовой ~ hourly consumption, hourly flow rate
эксплуатационные ~ы costs of operation, lifting [operating, operational, working] expenses, maintenance charges, operating costs

расходомер flowmeter, flow indicator, fluid meter
~ Вентури Venturi flowmeter
~ газа gas meter
~ для бурового раствора drilling mud flowmeter, drilling mud flow measuring device
~ для жидкости fluid [liquid] flowmeter
~ нефти oil flowmeter
~ с надувным пакером inflatable-packer flowmeter
~ с непрерывной записью continuous recording flowmeter
~ с пакером packer flowmeter
~ с переменным сечением (*трубки*) variable-area flowmeter
вибрационный массовый ~ vibration mass flowmeter
глубинный ~ downhole [subsurface] flowmeter
диафрагменный ~ orifice meter
дистанционный забойный ~ remote bottom-hole flowmeter
дифференциальный ~ differential flowmeter
забойный ~ bottom-hole flowmeter
записывающий ~ recording flowmeter
индукционный ~ induction flowmeter
контрольный ~ master flowmeter
массовый ~ mass flowmeter
наземный ~ surface flowmeter
объёмный ~ positive-displacement [volumetric] flowmeter
объёмный ~ с температурной компенсацией temperature compensated positive-displacement flowmeter
показывающий ~ flow indicator
поплавковый ~ float-type flowmeter
промысловый ~ field flowmeter
пропеллерный ~ propeller-type flowmeter
регистрирующий ~ recording flowmeter, flow recorder
сильфонный ~ bellows flowmeter
скважинный ~ *см.* глубинный расходомер
скважинный ~ воды downhole water flowmeter
скважинный ~ нефти downhole oil flowmeter
скважинный вертушечный ~ spinner downhole flowmeter
суммирующий ~ summation flowmeter
турбинный ~ turbine flowmeter
электромагнитный ~ electromagnetic flowmeter

расходометрия flowmeter logging

расхождение divergence; discrepancy
~ волн wave divergence
~ по глубинам depth discrepancy
~ раструбом flare
~ швов *св.* gapping

расцепление disengagement, uncoupling, release, trip(ping)

расцеплять disengage, uncouple, release, trip

расчаливать brace, guy

расчалка bracing
тросовая ~ cable brace
трубчатая ~ bracing tube

расчёт calculation, estimation; design; (*с помощью компьютера*) computation
~ бурильной колонны drilling string mechanical design
~ динамики пластового давления predicting reservoir performance
~ ёмкости резервуара tank sizing
~ запасов нефти (*в продуктивном пласте*) calculation of reservoir oil contents
~ многофазного потока multiphase flow design
~ мощности power calculation
~ нагрузок computation of loads
~ обсадной колонны casing string mechanical design
~ остойчивости (*нефтеналивного судна*) stability calculation
~ падения пласта estimating of bed dip
~ поведения нефтяного пласта oil reservoir performance calculation
~ по предельным нагрузкам limit design
~ производительности capacity [productivity] rating
~ производительности пласта estimate of formation productivity
~ промысловой системы сбора нефти и газа oil- and gas-field gathering system design
~ установки газлифтных клапанов design of gas-lift valves spacing
~ устойчивости конструкции construction stability calculation
гидравлический ~ hydraulic calculation
приблизительный ~ approximate calculation

расширение dilatation, enlargement, expansion
~ буровой скважины chambering
~ газа gas expansion
~ газовой шапки gas cap expansion
~ горной породы rock expansion
~ нефти oil [petroleum] expansion
~ пласта thickening of bed, thickening of stratum
~ природного газа expansion of natural gas
~ растворённого газа solution-gas expansion
~ сечения enlargement in section
~ смеси нефти и газа expansion of oil and gas mixture
~ ствола скважины (well) bore enlargement
~ ствола скважины вследствие обрушения стенки belly
~ ствола скважины раздвижным расширителем underreaming of hole
~ ствола скважины расширителем reaming [opening] of hole

~ ствола скважины снизу вверх reverse reaming
адиабатическое ~ adiabatic expansion
линейное ~ linear expansion
объемное ~ volumetric expansion
остаточное ~ after-expansion, residual [permanent] expansion
относительное ~ expansion ratio, expansion stage
относительное ~ объема dilatation
ступенчатое ~ природного газа multistage natural gas expansion
тепловое ~ нефти heat [thermal] oil expansion
термическое ~ thermal expansion
упругое ~ пластового флюида reservoir fluid expansion
расширитель reamer
алмазный буровой ~ diamond reamer
алмазный калибрующий ~ кольцевого типа ring-type reaming shell
армированный алмазосодержащими штабиками калибрующий ~ slug-type reaming shell
буровой ~ (drilling) reamer, hole opener, reaming [broaching] bit
буровой ~ регулируемого диаметра variable-diameter reamer
буровой ~ с пилотным долотом pilot reamer
гидравлический ~ hydraulic expander
двухступенчатый буровой ~ two-step reamer
калибрующий ~ (*в колонковом снаряде алмазного бурения*) reaming shell
конусный буровой ~ tapered reamer
лопастной буровой ~ blade reamer
мелкоалмазный калибровочный ~ set reaming shell
механический буровой ~ mechanical reamer
раздвижной буровой ~ expanding [collapsible, expansion, expandable] reamer, expanding hole opener, underreamer
раздвижной буровой ~ с гидроприводом hydraulically expanding underreamer
раздвижной лопастной ~ drag-type underreamer
трехшарошечный буровой ~ three-cone [three-cutter] reamer
шарошечный буровой ~ roller [rock-type] reamer
расширитель-калибратор bit reaming shell
расширяемость:
~ нефти expansibility of oil
расширять:
~ ствол скважины снизу вверх drill upward
расшифровка interpretation
~ каротажных диаграмм log interpretation
реагент (*для обработки бурового и цементного растворов*) (chemical) (re)agent
~ для разложения эмульсий emulsion breaker
водоадсорбирующий ~ water adsorbing reagent
водоизолирующий ~ water shutoff reagent
дегидратирующий ~ dehydrating reagent
дефлокулирующий ~ deflocculating agent, deflocculant
деэмульгирующий ~ deemulsifying agent
коагулирующий ~ coagulating agent, coagulant
комплексообразующий ~ complexing agent
конденсирующий ~ condensing agent
не поддающийся ферментации ~ nonfermentable reagent
нетоксичный ~ nontoxic reagent
нитрогуматный ~ nitrohumate reagent
облагораживающий ~ conditioning reagent
пеноразрушающий ~ defoaming agent
противозагущающий ~ antisludge additive, antisludge agent
сульфированный нитрогуматный ~ sulfonated nitrohumate reagent
сульфитно-щелочной ~ sulfite-alkaline reagent
токсичный ~ toxic reagent
торфощелочной ~ peat-alkaline reagent
углещелочной ~ lignin-alkaline reagent
фенолсодержащий ~ phenol-containing reagent
флотационный ~ flotation reagent
химический ~ chemical reagent
хромсодержащий ~ chrome reagent
щелочной ~ alkaline reagent
электрофильный ~ electrophilic reagent
эмульгирующий ~ emulsifying agent
реактив (chemical) (re)agent
реакция reaction
~ восстановления reduction, reducing reaction
~ вытеснения displacement reaction
~ забоя bottom reaction
~ замещения replacement [substitution] reaction
~ нейтрализации neutralization reaction
~ обмена exchange reaction
~ окисления oxidation, oxidizing reaction
~ осаждения precipitation reaction
~ разложения decomposition (reaction)
~ струи jet reaction
аналитическая ~ analytical reaction
качественная ~ qualitative reaction
количественная ~ quantitative reaction
необратимая ~ irreversible reaction
обратимая ~ reversible reaction
окислительно-восстановительная ~ oxidation-reduction [redox] reaction
побочная ~ side reaction
поверхностная ~ surface reaction
селективная ~ selective reaction
управляемая ~ controlled reaction
химическая ~ chemical reaction
экзотермическая ~ exothermic [heat-generating, heat-producing] reaction
эндотермическая ~ endothermic reaction
реборда flange
~ барабана (*лебедки*) drum flange
~ колеса wheel flange
предохранительная ~ protective flange

ребро edge, rib, plate, fin
~ жесткости stiffening rib, stiffening plate
~ цементировочной пробки cementing plug wiping fin
направляющее ~ клапана valve wing
стабилизирующее ~ stabilizing rib
трубное ~ pipe rib

реверберация reverberation
сейсмическая ~ seismic reverberation

ревербеометр reverberometer, reverberation meter

регенератор:
~ барита baryte separator

регенерация regeneration; reconditioning
~ бурового раствора drilling-mud reconditioning
~ жидкой фазы бурового раствора drilling-mud liquid-phase regeneration
~ кристаллов crystal regeneration
~ метанола methanol regeneration
~ утяжелителя weight material regeneration

регион region, area
нефтедобывающий ~ oil producing region

региональность залегания нефти regional nature of oil accumulation

регистр register
судовой ~ Ллойда Lloyd`s Register [LR] of Shipping

регистратор detector, monitor, recorder
~ волны wave recorder
автоматический ~ automatic recorder
графический ~ graphic recorder
цифровой ~ digital read-out, digital recorder

регистрация:
~ процесса бурения keeping of drilling records
~ процесса добычи keeping of production records
~ свойств бурового раствора drilling-mud logging

регрессия:
~ моря retreat of the sea

регулирование adjustment, control, regulation
~ байпасом bypass governing
~ вручную hand control
~ газового фактора control of gas-oil ratio
~ зазора clearance adjustment
~ клапана valve adjustment
~ межфазного уровня interface level control
~ нагрузки load control
~ нагрузки на буровое долото weight-on-bit control
~ напора воды headwater control
~ натяжения ремня belt adjustment
~ отклонения deviation control
~ параметров технологического процесса monitoring of process variables
~ подачи (*напр. долота*) feed control
~ подвода воздуха air control
~ прибора adjustment of instrument
~ работы скважины well production control, handling a well
~ расхода (*жидкости, газа*) flow(-rate) control
~ реологических свойств бурового раствора drilling mud rheologic properties control
~ скорости подачи долота drilling control
~ с обратной связью feedback control
~ с периодическим выключением discontinuous control
~ стока run-off control
~ темпа отбора (*нефти, газа*) withdrawal rate control
~ температуры temperature control
~ технологического процесса process monitoring
~ уровня нефть — газ oil-gas level control
~ фильтрации filtration (rate) control
~ щелочности (*бурового раствора*) alkalinity control
автоматическое ~ automatic control
грубое ~ coarse adjustment
дистанционное ~ remote control
дроссельное ~ throttle control
непрерывное ~ continuous control
плавное ~ fine adjustment; (*двигателя*) smooth control
программное ~ program control
прямое ~ self-acting
ручное ~ hand [manual] control
пневматическое ~ air control
прерывистое ~ discontinuous control
термостатическое ~ thermostatic control
точное ~ fine control

регулировка *см.* **регулирование**

регулятор controller, regulator
~ давления pressure controller
~ давления до себя upstream pressure controller
~ давления после себя downstream pressure controller
~ давления с дистанционным управлением remote pressure controller
~ дебита production rate regulator
~ максимального давления maximum pressure controller
~ минимального давления minimum pressure controller
~ минимального давления на всасывании low-suction pressure controller
~ непрерывного действия continuous controller
~ непрямого действия pilot actuated regulator
~ плотности density controller
~ подачи воды (*гидродинамического тормоза лебедки*) feed water regulator
~ подачи газа при периодическом газлифте time-cycle controller
~ подачи долота прямого действия direct supporting type of feed control
~ подачи рабочего агента (*в скважину*) working agent injection regulator
~ потока flow controller

режим

~ противодавления back-pressure regulating valve
~ прямого действия self-actuated [self-acting, direct-operating] controller
~ расхода flow controller
~ расхода воды water-flow regulator
~ расхода жидкости fluid-flow controller
~ с механизмом обратной связи reset controller
~ состава потока ratio flow controller
~ температуры temperature controller, temperature regulator
~ тока current controller
~ уровня жидкости liquid [fluid] level controller
~ уровня раздела фаз нефть — вода interface controller of oil and water
автоматический ~ (automatic) controller
автоматический ~ вязкости automatic viscosity controller
автоматический ~ громкости automatic volume control
автоматический ~ нагрузки (automatic) load controller
автоматический ~ осевой нагрузки automatic weight controller
автоматический ~ осевой нагрузки на долото automatic weight-on-bit controller
автоматический ~ подачи бурового инструмента automatic drilling tool feed controller
автоматический ~ расхода нефти automatic oil-flow controller
автоматический ~ тормоза лебедки automatic brake controller
автоматический ~ усиления automatic gain control
автоматический поплавковый ~ уровня жидкости float level controller
гидравлический ~ осевой нагрузки hydraulic weight controller
гидравлический ~ подачи hydraulic cylinder feed
гидростатический ~ для поддержания постоянного уровня constant hydrostatic head device
двухпозиционный ~ on-off controller
дифференциальный ~ давления differential pressure controller
дифференциальный ~ наполнения differential fill-up controller
забойный ~ давления bottom-hole pressure regulator
концевой ~ давления terminal pressure controller
пневматический ~ pneumatic [air-operated] controller
подводный сервоуправляемый ~ pilot operated subsea regulator
поплавковый ~ уровня жидкости float fluid level controller
самопишущий автоматический ~ recording controller
центробежный ~ скорости (*двигателя*) over-speed governor
шиберный ~ уровня жидкости gate fluid level controller
электрический ~ electric controller
электрический ~ уровня жидкости electric fluid level controller
электрогидравлический ~ electric-hydraulic controller
электропневматический ~ electropneumatic controller

редуктор gear box, reducer, reducing gear, pressure regulator
~ гидравлического винтового забойного двигателя hydraulic screw downhole motor reduction gear
~ гидротурбинного забойного двигателя hydroturbine downhole motor reduction gear
~ станка-качалки pumping (unit) reducing gear, gear reducer of pumping unit
~ электровращательного забойного двигателя electric downhole motor reducing gear
ацетиленовый ~ acetylene pressure regulator
блокирующий цепной ~ (*буровой установки*) blocking chain reducing gear
газовый ~ gas pressure regulator
кислородный ~ oxygen pressure regulator
раздаточный ~ (*буровой установки*) distributing reduction gear

редуцирование pressure reduction

режим operation, conditions, mode, regime
~ бурения drilling regime, drilling practices
~ вытеснения displacement conditions, displacement drive
~ вытеснения нефти drive of oil
~ вытеснения нефти краевой водой edge-water drive of oil
~ вытеснения нефти подошвенной водой bottom-water drive of oil
~ газовой шапки gas-cap drive
~ горения combustion
~ давления pressure schedule
~ естественного истощения (*залежи нефти*) depletion drive
~ залежи reservoir conditions
~ залежи нефти oil reservoir drive
~ извлечения нефти из пласта reservoir producing mechanism
~ истощенной пластовой энергии depletion drive
~ нагрузки load conditions, under-load operation
~ наибольшего благоприятствования эк. most favored nation tariff
~ остановки shutdown conditions
~ откачки pump duty, pumping conditions, exhaust schedule
~ пласта regime of bed
~ потока flow behavior, flow regime, flow pattern, nature of flow
~ прогрева warm-up conditions
~ продувки blow-down conditions

режим

~ промывки flushing parameters
~ процесса process conditions
~ работы duty, mode of operation
~ работы двигателей power conditions
~ растворенного газа (*залежи нефти*) solution [dissolved, internal] gas drive
~ роторного бурения rotary drilling practices
~ сварки welding conditions
~ скважины well conditions, well behavior
~ смазки relubrication intervals
~ струи jet behavior
~ течения flow regime
~ турбинного бурения turbine drilling practices
~ фильтрации filtration regime
~ фронтального вытеснения нефти frontal drive of oil
~ холостого хода idling
~ эксплуатации production [operation] conditions
~ эксплуатации скважины production conditions of well
аварийный ~ emergency operation
автономный ~ off-line operation, off-line mode, off-line conditions
артезианский ~ artesian flow regime
быстроходный ~ откачки high-speed pump duty
вихревой ~ eddy flow
водонапорный ~ залежи нефти water drive
водонапорный активный ~ залежи нефти active water drive
водонапорный жесткий ~ залежи rigid water drive
водонапорный ограниченный ~ залежи limited water drive
волновой ~ wave conditions
вязкий ~ потока viscous regime of flow
газовый ~ скважины gas regime of well
газонапорный ~ залежи нефти external gas drive
газонапорный ~ залежи нефти с конденсацией condensation gas drive
гарантийный ~ warranted performance, warranted conditions
гидравлический ~ пласта hydraulic regime of bed
гравитационно-водонапорный ~ залежи нефти water-gravity drive of oil
гравитационно-упругий ~ залежи нефти elastic water gravity drive
гравитационный ~ (*пласта*) gravity depletion, gravity drive, gravity drainage
капиллярный ~ capillary control
квазистационарный ~ течения quasi-steady flow regime
ламинарный ~ течения laminar flow regime
максимально эффективный ~ (*работы*) peak operating efficiency
напряженный ~ heavy duty
нерабочий ~ работы судна dead ship mode
неустановившийся ~ течения unsteady flow regime

номинальный ~ design conditions
нормальный ~ откачки normal pumping conditions
оптимальный ~ бурения optimum drilling practices
переходный ~ transient conditions
пластовый ~ oil reservoir drive
поршневой ~ движения жидкости plug flow
правильный ~ бурения sound drilling practices
пузырчатый ~ движения жидкости bubble flow
пусковой ~ starting regime, start-up procedure
рабочий ~ operating [operative, working] conditions
расчетный ~ работы design conditions
смешанный ~ залежи нефти combination drive of oil
смешанный ~ скважины varying regime of well
смешанный газо- и водонапорный ~ combination gas and water drive
температурный ~ temperature schedule, thermal regime
технологический ~ operating practices
типовой ~ standard conditions
турбулентный ~ течения turbulent flow regime
тяжелый ~ работы heavy duty
упругий ~ пласта elastic drive
упруго-водонапорный ~ залежи нефти elastic water drive
установившийся ~ вытеснения нефти steady drive of oil
установившийся ~ течения steady flow regime
форсированный ~ бурения forced drilling practices
форсированный ~ эксплуатации скважины forced operating conditions of well
эксплуатационный ~ operating [operative, working] conditions

рез cut, kerf
~ при машинной резке machine cut
~ при ручной резке manual cut

резак cutting tool, cutter; (*автогенный*) torch
~ для направляющего каната guideline cutter, guideline cutting tool
~ для резки морской обсадной колонны marine casing cutter
~ для талевого каната drilling line [wireline] cutter
автогенный ~ torch
ацетиленокислородный ~ acetylene cutter
взрывной ~ (*для трубопроводов*) explosive cutter
выдвижной ~ труборезки для обсадных колонн casing cutter arm
газовый ~ burner, cutter
круговой наружный ~ (*для колонны труб*) outside circular cutter

резервуар

пескоструйный ~ для труб sand-jet pipe cutter
плазменно-круговой ~ arc-plasma torch
резание cutting; (*ножницами*) shearing
резерв reserve
аварийный ~ emergency reserve
резервуар 1. container, tank, reservoir 2. *геол.* basin, vessel
~ без днища bottomless tank
~ воды water body, water reservoir
~ высокого давления high-pressure tank
~ в эксплуатации tank in use
~ газа gas reservoir
~ грунтовых вод groundwater reservoir
~ для бурового раствора drilling mud tank, drilling mud pit
~ для водосодержащей нефти wet-oil tank
~ для добавок additive tank
~ для долива (*при подъеме колонны из скважины*) trip tank
~ для измерения дебита скважины test tank
~ для масла oil cup
~ для отделения свободной воды (*от нефти*) free-water settler, free-water tank
~ для отделения солей (*от нефти*) salt settler, salt settling tank
~ для приготовления бурового раствора drilling mud mixing tank
~ для приготовления цементного раствора cement (slurry) mixing tank
~ для рассола brine tank
~ для сбора конденсата condensate gathering tank
~ для сброса давления pressure-relief tank
~ для сжатого воздуха air tank
~ для слива бурового раствора drilling mud set pit
~ для смешивания mixing [blender] tank
~ для стоков из опасных районов hazardous areas drains tank
~ для сточных вод sewage pit
~ для химической обработки chemical treating tank
~ для хранения бурового раствора drilling mud storage tank
~ для хранения нефтепродуктов oil storage [oil store] tank
~ для хранения сырой нефти crude (oil) storage tank
~ для чистой воды water pit
~ для шлама cutting tank, shale [waste] pit
~ на трубопроводе pipeline tank
~ нефти oil reservoir
~, оборудованный дыхательными клапанами vented tank
~ с вентиляцией vented tank
~ сжатого воздуха pneumatic accumulator
~ с коническим днищем conical [cone] bottom tank
~ с конической крышей conical roof tank
~ с неподвижной крышей fixed roof tank
~ со сжатым воздухом flask
~ со сферической крышей globe-roof tank
~ с плавающей крышей floating roof [expansion roof, breathing] tank
бетонный ~ concrete tank
бетонный нефтяной ~ concrete oil tank
буферный ~ surge tank, surge vessel
вакуумный ~ evacuated [vacuum] vessel
вертикальный ~ upright [vertical] tank
воданапорный ~ gravity tank
водонасыщенный (*естественный*) ~ water saturated basin
воздушный ~ air pressure tank
газосборный ~ gas-gathering tank
горизонтальный ~ horizontal tank
горизонтальный подземный ~ subsurface [underground] horizontal reservoir
гуммированный ~ rubber-lined tank
дегазированный ~ degassed tank
дозировочный ~ batching tank
железобетонный ~ reinforced concrete storage tank
заглубленный ~ buried [submerged] tank
замерный ~ *см.* измерительный резервуар
запасный ~ auxiliary [stand-by] tank
земляной ~ dug earthen tank, dug earthen pit
зональный ~ zonal reservoir
измерительный ~ metering [measuring, gaging] tank
испытательный двухсекционный ~ twin compartment tank
калибровочный ~ *см.* измерительный резервуар
клепаный ~ riveted tank
локальный ~ local reservoir
масляный ~ oil container
массивный ~ massive reservoir
многокамерный разделительный ~ multichamber separating tank
многокупольный сфероидальный ~ multisphere tank
морской ~ offshore (storage) tank
мягкий ~ bag
наземный ~ overland [above-ground] tank
напорный ~ gravity tank
нефтесборный ~ oil gathering tank
нефтяной ~ (bulk) oil tank
низкотемпературный ~ low-temperature tank, low-temperature vessel
обвалованный ~ diked tank
однокамерный разделительный ~ single-chamber separating tank
окислительный ~ (*для сточных вод*) oxidation tank
отстойный ~ settling tank, settling pit
отстойный ~ для бурового раствора drilling mud settling tank, drilling mud settling vessel
отстойный ~ системы водоподготовки sedimentation tank of water treatment system
паронепроницаемый ~ vapor-tight tank
питающий ~ supply tank
пластовый ~ reservoir
плоский ~ linear reservoir

резервуар

пневматический ~ air (pressure) tank
погружной морской ~ без днища bottomless offshore tank
подводный ~ underwater tank
подземный ~ subsurface [underground] tank
полусферический ~ hemispherical tank
полусфероидальный ~ hemispheroidal tank
приемный ~ receiving tank
приемный ~ для бурового раствора drilling mud suction tank
природный ~ (natural) reservoir
природный газовый ~ gas reservoir
природный нефтяной ~ oil reservoir
промежуточный ~ intermediate [relay] tank
промысловый ~ field tank
прямоугольный ~ rectangular tank
рабочий ~ для бурового раствора active drilling mud tank, circulating drilling mud pit
разборный ~ knock(ed)-down tank
разделительный ~ separating tank
расходный ~ daily tank
региональный ~ regional reservoir
резервный ~ для бурового раствора reserve drilling mud tank
резервный земляной ~ earthen storage tank
резинотканевый ~ rubberized fabric tank, pillow container
сборный ~ pipeline tank
сварной ~ welded tank
складской ~ для нефти oil-storage tank
сливной ~ weir tank
стальной ~ для бурового раствора steel drilling mud tank, steel drilling mud pit
сферический ~ spherical tank
сфероидальный ~ spheroid(al) tank
уравнительный ~ surge tank, surge chamber
цилиндрический ~ cylindrical tank
шельфовый ~ для хранения нефти offshore storage tank

резец chisel, cutter
~ для рассверливания boring cutter
поликристаллический алмазный ~ polycrystalline diamond cutter
растачивающий ~ boring cutter

резина rubber
бензостойкая ~ petrol-resistant rubber
газонепроницаемая ~ gas-tight rubber
газостойкая ~ gas-resistant rubber
диэлектрическая ~ nonconductive [dielectric] rubber
кремнийорганическая ~ silicone rubber
литая ~ molded rubber
маслостойкая ~ oil-resistant
нефтестойкая ~ oil-resistant rubber

резинотканевый rubber-and-canvas, rubber-textile

резинотканы rubberized fabric

резка cutting; (*ножницами*) shearing
~ по окружности circular cutting
автогенная ~ autogenous cutting
ацетилено-кислородная ~ (oxy)acetylene cutting

воздушно-дуговая ~ air-arc [arc-air] cutting
газопламенная ~ flame cut, oxycutting, torch cutting
дуговая ~ arc cutting
кислородная ~ oxygen cutting
машинная ~ machine cutting
подводная ~ underwater cutting
продольная ~ slitting
ручная ~ hand [manual] cutting

результат:
~ давления pressure effect
~ы испытаний test data
~ы, относящиеся к равновесному состоянию equilibrium data

резьба thread
~ для газовых труб gas pipe thread
~ муфты box thread
~ насосно-компрессорных труб tubing thread
~ насосных штанг sucker-rod thread
~ ниппеля pin thread
~ обсадной трубы casing thread
~ полного профиля perfect thread
американская трубная ~ American National [American standard] pipe thread
британская стандартная трубная ~ British standard pipe thread
внутренняя ~ internal [female] thread
двухзаходная ~ double(-start) thread
дюймовая ~ inch thread
замковая ~ tool-joint thread
коническая ~ tapered thread
коническая трубная ~ tapered pipe thread
короткая ~ short thread
крепежная ~ fastening thread
круглая ~ round(ed) thread
крупная ~ coarse thread
левая ~ left-hand(ed) thread
ловильная ~ fishing [die] thread
мелкая ~ fine (pitch) thread
метрическая ~ metric thread
многозаходная ~ multiple(-start) thread
наружная ~ external [male] thread
нормальная трубная ~ full-length pipe thread
однозаходная ~ single(-start) [step] thread
поврежденная ~ damaged thread
правая ~ right-hand(ed) thread
прямоугольная ~ square thread
смятая ~ galled thread
соединительная ~ connecting thread
сорванная ~ stripped thread
стандартная трубная ~ standard pipe thread
трапецеидальная ~ trapezoidal thread
треугольная ~ triangular thread
трехзаходная ~ triple thread
трубная ~ pipe thread
упорная ~ buttress thread
фальшивая ~ false thread
цилиндрическая ~ straight [parallel] thread
червячная ~ worm thread
штампованная ~ stamped thread

резьбомер thread gage

рейка strip, stick; (*зубчатая*) rack

визирная ~ sighting batten
водомерная ~ depth gage
замерная ~ gage rod, gage stick
зубчатая ~ gear [toothed] rack, rack (bar)
зубчатая ~, изогнутая по дуге rack circle
зубчатая ~, по которой вращается зубчатое колесо rack rail
косозубая ~ helical rack
прямозубая ~ spur rack
червячная ~ worm rack

рейс (*бурового долота, зонда, ловильного инструмента*) run
спускоподъемный ~ (*бурового инструмента*) round trip

рекомпрессия recompression
ректификат rectified spirit
ректификация fractional distillation, rectification
реле relay
~ времени time delay relay
защитное ~ protective relay
измерительное ~ instrument relay

рельеф 1. *геол.* terrain; relief; topography 2. *св.* projection
~ кровли фундамента basement topography
~ местности topography
сварочный ~ projection
техногенный ~ technogenic [man-made] relief

рельс rail
железнодорожный ~ railroad rail
направляющий ~ skid

рем/ень belt, strap
~ безопасности safety [seat] belt
бесконечный ~ endless belt
клиновой ~V(-shaped) belt
кожаный ~ leather belt
плоский приводной ~ flat drive belt
приводной ~ driving [transmission] belt
приводной ~ с верхним натяжением belt driving over
приводной ~ с нижним натяжением belt driving under
приводные ~ни клиновидного сечения angular belts
прорезиненный ~ rubberized belt
резиновый ~ rubber belt

ремонт repair, maintenance, remedy
~ дорожного покрытия patch work, patching repair
~ корпуса резервуара tank surface reconditioning
~ насосов pump repair
~ скважины remedial work on well, well repair, well remedy
внеплановый ~ off-schedule maintenance
восстановительный ~ reconditioning
капитальный ~ (general) overhaul, maintenance, workover, major repair
капитальный ~ при помощи инструмента спускаемого в скважину на тросе через НКТ wireline workover

мелкий ~ minor repair
подводный ~ underwater repair
подземный ~ скважины well remedial work, production maintenance of well
текущий ~ скважины well maintenance (running) job, well servicing
текущий ~ трубопровода pipeline maintenance

ремонтировать repair; (*капитально*) overhaul
ремонтопригодность maintainability
рентген roentgen
рентгенограмма X-ray photograph, X-ray pattern, roentgenogram
рентгенография radiography, roentgenography
~ металлов radiometallography
рентгенодефектоскопия X-ray inspection, radiography
рентгенодиагностика X-ray diagnosis
рентгеноскопия X-ray radioscopy
реология rheology
реометр flowmeter
реостат rheostat
репер datum [bench] mark
временный ~ temporary bench mark
каротажный ~ log marker
респиратор breather, breathing apparatus
рессора spring
пружинная ~ coil spring
торсионная ~ torsion(al) spring
ресурс resource
~ы нефти и газа oil and gas resources
газовые ~ы gas resources
гарантийный (технический) ~ guaranted life
межремонтный ~ overhaul period
нефтяные ~ы oil resources
сырьевые ~ы resources of raw materials
энергетические ~ы power resources
ретранслятор repeater, relay (station)
ретрансляция relaying
рецептура formula, formulation, composition
~ бурового раствора mud formulation, drilling mud composition
~ раствора slurry composition
~ цементного раствора formulation of cement blend, composition of cement slurry
рециркуляция cycling
~ газа (*при его добыче*) gas cycling
решетка:
~ аккумуляторной пластины plate grid
~ водоприемника screen
~ радиатора radiator grill
~ сквозной фермы lattice, web
~ фермы вышки derrick lattice
антенная ~ array
вентиляционная ~ register
дифракционная ~ (diffraction) grating
контрольная ~ gage mark
кристаллическая ~ crystal lattice
решето sieve, sifter, riddle, screen
ржаветь corrode
ржавчин/а rust

ржавчин/а

снимать ~у derust, clean from rust, rub off the rust
риск:
  незначительный *или* никакой ~ для окружающей среды (*о воздействии химических веществ*) little or no risk to the environment
риф reef
  биогенный ~ organic reef
  водорослевый ~ algal reef
  коралловый ~ coral reef
  покровный ~ cap reef
рифление corrugation, scoring, tread
  ~, предохраняющее от скольжения nonskid tread
рихтовать unbend, straighten, align
РНО [(буровой) раствор на неводной основе] hydrocarbon-base [oil-base] (drilling) mud
робот robot
  ~ для исследования океана ocean space robot
робот-манипулятор manipulator
ров ditch
рог horn
  ~ крюка hook arm
  боковой ~ крюка side link support of hook
роговик hornfels
  известково-кремнистый ~ calc-flint hornfels
  известково-силикатный ~ calc-silicate hornfels
ролик roller
  ~и для насосных полевых тяг pull rod carriers
  ~ для проволочного каната wire rope socket
  ~и кронблока crown sheaves
  ~ кулака cam roller
  ~ с желобчатым ободом sheave
  бочкообразный ~ barrel-shaped roller
  ведомый ~ driven roller
  ведущий ~ drive [transport] roller
  витой ~ flexible [spiral] roller
  зажимной ~ cathead
  игольчатый ~ needle roller
  конический ~ taper roller
  направляющий ~ guide [angle] roller
  натяжной ~ tightener, tension(ing) roller
  приводной ~ (*конвейера*) pusher roller
  прижимной ~ pressure roller
  цилиндрический ~ cylindrical roller
рольганг (*для подачи труб на трубоукладочной барже*) pipe follower roller assembly
рост (*увеличение*) growth; boost
  ~ глинистой корки mud-cake build-up, mud-cake growth
  ~ давления pressure boost, pressure increase
  ~ кристалла crystal growth
  ~ микроорганизмов proliferation of microorganisms
ротор rotor
  ~ буровой установки rotary table, rotary machine
  ~ буровой установки для многоствольного бурения rotary table for multiple hole drilling
  ~ буровой установки закрытого типа enclosed rotary table
  ~ буровой установки с гидравлическим приводом hydraulically-driven rotary table
  ~ буровой установки с индивидуальным приводом independent-drive rotary table
  ~ буровой установки с карданным приводом universal shaft-driven rotary table
  ~ забойного двигателя downhole motor rotor
  ~ насоса pump rotor; (*крыльчатка*) impeller
  ~ электрической машины rotor
  барабанный ~ drum-type rotor
  геликоидальный ~ helical rotor
  короткозамкнутый ~ электрической машины squirrel-cage rotor
  многозаходный ~ (*винтового двигателя*) multilobe rotor
  однозаходный ~ (*винтового двигателя*) single-lobe rotor
роульс (*концевой, у края платформы*) end roller
рубашка jacket
  ~ насоса pump liner
  ~ опоры shoe jacket
  ~ цилиндра cylinder jacket
  бетонная ~ concrete jacket, concrete coating
  водонепроницаемая ~ waterproof jacket
  водяная ~ water jacket
  масляная ~ oil jacket
  охлаждающая ~ cooling jacket
  паровая ~ steam jacket
рубероид prepared roofing paper
рубильник circuit closer, cutout, single switch
рубить 1. (*зубилом*) chisel 2. (*на мелкие куски*) chop
рубка 1. (*слесарная операция*) chiseling 2. chopping
руд/а ore
  алюминиевая ~ bauxite
  бедная ~ poor ore
  богатая ~ rich [high-grade] ore
  дробить ~у (*крупно*) break the ore; (*средне*) crush the ore; (*мелко*) fine-crush the ore
  классифицировать ~у по крупности classify the ore to size
  необогащенная ~ crude
  обогащать ~у dress the ore
рука 1. hand 2. (*робота-манипулятора*) arm
  копирующая ~ slave arm
  управляющая ~ master arm
рукав 1. branch 2. (*шланг*) hose
  ~ для гидроструйного размыва грунта дна моря jetting hose
  ~ с оплеткой braided hose
  армированный ~ armored hose
  брезентовый ~ canvas hose
  бронированный ~ *см.* армированный рукав
  воздушный ~ air hose
  всасывающий ~ suction hose
  гибкий ~ flexible hose
  гофрированный ~ crinkled hose
  загрузочный морской ~ marine loading arm

морской ~ (*часть моря*) estuary
нагнетательный ~ *см.* напорный рукав
наливной ~ filling hose
напорно-всасывающий ~ delivery-suction hose
напорный ~ pressure [delivery] hose
нефтяной ~ oil hose
погрузочный ~ loading arm
пожарный ~ fire hose
резиновый ~ rubber hose
резинотканевый ~ rubberized fabric hose
рукавицы gloves
защитные ~ protective gloves
нефтезащитные ~ oil resistant [oil-proof] mittens
руководитель водолазных работ diving superintendent
руководство по обслуживанию (*применению и эксплуатации*) operating instructions
рукоятка handle, lever
~ бура dagger
~ молота dash
~, приводящая в действие механизм actuator
зажимная ~ binder
запирающая ~ *см.* зажимная рукоятка
подъемная ~ lifting handle
пусковая ~ starting handle
регулировочная ~ adjusting handle
тормозная ~ braking lever
РУО [(буровой) раствор на углеводородной основе] hydrocarbon-base [oil-base] (drilling) mud
рупор horn
русло bed
~ канала channel bed
~ реки river bed
ручка handle, knob, shaft
~ тормоза brake crank
~ управления control knob
заводная ~ crank
рывок jerk, kick
рым eye, ring, ear
рыть (*копать*) dig
рыхлый friable, unconsolidated, loose
рычаг lever, arm
~ включения engaging lever
~ кавернометра caliper arm, caliper feeler
~ переключения shifter, shift(ing) lever
~ переноса (*баржи-трубоукладчика*) transfer arm
~ поплавка float lever
~ с противовесом balance bob
~ управления control lever
двуплечный ~ (*тормоза лебедки*) double-arm lever
пусковой ~ power control
угловой ~ crank
упорный ~ detent
уравновешивающий ~ balance bob
ряд:
~ диаграмм, снятых одновременно set of diagrams

~ насосно-компрессорных труб tubing row
~ отстойников очистной установки battery
~ скважин row of wells
гомологический ~ углеводородов hydrocarbon family
нафтеновый ~ (*углеводородов*) naphthenic series
нефтяной ~ (*углеводородов*) petroleum series
парафиновый ~ (*углеводородов*) paraffin series
размерный ~ буровых установок drilling rig size standard
размерный ~ станков-качалок pump jack size standard
соседний ~ скважин adjacent row of well

С

садиться 1. settle 2. (*об аккумуляторе*) run down
~ под тяжестью собственного веса settle down
сажа soot
сажень:
морская ~ (*равная 6 футам или 1,8288 м*) fathom
салазки carriage, skid, sleds, sledge, slide
~ для перемещения блока превенторов BOP handling skids
направляющие ~ slide rails
сварные ~ welded skids
струйные ~ (*для образования траншеи под подводный трубопровод*) jet sledge
сальник packing [stuffing] box, seal, gland
~ бурового насоса mud stuffing box
~ высокого давления high-pressure stuffing box
~ для НКТ tubing packer
~ для обратной промывки stuffing box for back washing
~ лубрикатора (*под проволоку*) measuring line stuffing box
~ на буровом долоте ball on drilling bit
~ полированного штока polished rod stuffing box
~ цилиндра cylinder stuffing box
башмачный ~ bottom-hole packer, shoe packing
гидравлический ~ hydraulic stuffing box
глинистый ~ shale collar
двухрядный ~ two-row seal
манжетный ~ (*при буровом растворе*) cup-type mud seal
масляный ~ oil-stop head
набивной ~ packing [stuffing] box, packing gland
нижний ~ bottom packer

сальник

предохранительный ~ (*против разбрызгивания нефти*) oil saver
противовыбросовый ~ blowout prevention stuffing box
резьбовой ~ screw-type stuffing box
самоуплотняющийся ~ self-sealing packing box
уравнительный ~ pipe-expansion joint
устьевой ~ casing-head stuffing box
штанговый ~ tight head

сальникообразование (*на буровом долоте*) balling, packing (*on drilling bit*)
самоблокировка self-latching action, self-(b)locking
самовозгорание self-ignition, spontaneous combustion, spontaneous ignition
самовоспламенение *см.* **самовозгорание**
самодвижущийся automotive, self-propelled
самозаводящийся self-winding
самозаклинивание (*керна*) core blocking
самозапуск станков-качалок automatic starting of pumping jacks
самозатачивающийся (*об инструменте*) self-sharpening
самоиндукция self-induction
самокомпенсация трубопровода homing action of pipeline
самоконтроль self-check, self-test
самоосвобождающийся self-releasing
самоотвинчивание self-unscrewing, self-unfastening
самоочищающийся self-cleaning
самописец recorder
самопишущий self-recording
самоподача self-feeding
саморазвинчивание *см.* **самоотвинчивание**
саморегулирование self-regulation, self-adjustment
саморегулирующий self-contained, self-governing, self-regulating
самородок native metal
самосвал dump truck, tipping car, tipper
самотек gravity flow
самоуплотнение self-packing, self-sealing
самоустанавливающийся self-aligning
самоустановка вышки self-adjustment of derrick
самоходный automotive, self-propelled
самоцентрирующийся self-aligning, self-centering
сапер field engineer, *амер.* combat engineer
сапонит saponite
сапролит saprolite
сапропелит sapropelite
сапропель sapropel
САР [система автоматического регулирования] automatic control system, ACS
сбой (*в работе оборудования*) failure, malfunction
сболченный (*соединенный болтами*) bolted
сбор collection, gathering
~ газа gas collection, gathering of gas
~ нефти gathering of oil
~ нефти и газа oil and gas gathering
~ нефти самотеком gravity-type oil gathering
~ нефти с поверхности воды skimming
~ сточных вод sewage disposal

сборка assembly, assembling; erection
~ бурильной колонны drilling string assembling
~ на месте on-the-site assembly
~ на плаву float into positions
~ на промысле field assembly
~ резервуара erection of tank
~ сверху вниз (*вышки*) assembling from the top
~ скважинного инструмента rigging of downhole tools
~ трубопровода coupling of pipeline
~ трубопровода участками coupling of pipeline sections

сборник collector, accumulator, tank, receiver, header
сбрасыватель *геол.* fault fissure
сброс 1. *геол.* fault 2. (*сточных вод*) disposal
~ в море sea disposal
~ давления (*в скважине*) bleed-off, pressure relief
~ жидкости drain
~ по залеганию bedding fault
~ по падению dip fault
~ промывочной жидкости с выбуренной породой (*на дно моря*) returns dumping
~ сточных вод waste water disposal
антиклинальный ~ anticlinal fault
вертикальный ~ vertical fault
второстепенный ~ auxiliary fault
глыбовый ~ clock fault
горизонтальный ~ horizontal fault
несогласный ~ discordant fault
нормальный ~ normal [ordinary] fault
обратный ~ reverse fault
открытый ~ open [thrust] fault
пластовый ~ bedding fault
пологий ~ low-angle fault
поперечный ~ dip fault
ступенчатый ~ step [multiple] fault

сбросообразование faulting
сваб swab
~ с разгрузочным клапаном swab with relief valve
двухманжетный ~ two-cup swab
сваб-желонка swab-bailer
свабирование swabbing
~ скважины swabbing of well
сваренный welded
~ встык butt-welded
свариваемость weldability
сваривать weld
~ встык butt-weld
~ узким швом bead
сварка welding
~ в герметизированном пространстве dry atmosphere welding

~ внахлестку lap welding
~ в промысловых условиях field welding
~ встык butt welding
~ изнутри internal welding
~ круговым швом girth welding
~ непрерывным швом continuous welding
~ плавлением fuse [fusion] welding
~ плетей труб в нитку welding-up of pipe sections
~ прерывистым швом intermittent welding
~ при монтаже erection [site] welding
~ прихваточными швами tacking
~ прямолинейным швом seam welding
~ секций трубопровода в траншее bell-hole welding
~ сопротивлением resistance welding
~ труб tube [pipe] welding
~ труб в плеть welding of pipes into a section
~ трубопровода pipeline welding
автогенная ~ *см.* газовая сварка
автоматическая ~ automatic welding
автоматическая стыковая ~ под давлением automatic pressure butt welding
ацетиленовая ~ acetylene welding
ацетилено-кислородная ~ oxyacetylene welding
высокочастотная ~ high-frequency welding
газовая ~ gas [autogenous, torch] welding
горизонтальная ~ horizontal welding
дуговая ~ arc welding
дуговая ~ в атмосфере защитных газов shielded arc welding
дуговая ~ в атмосфере инертных газов shielded inert gas arc welding
дуговая ~ под слоем флюса submerged arc welding
контактная ~ pressure contact welding
подводная ~ underwater welding
полуавтоматическая ~ semi-automatic welding
потолочная ~ overhead welding
роликовая ~ seam resistance welding
ручная ~ hand [manual] welding
стыковая ~ butt welding
стыковая контактная ~ resistance butt welding
точечная ~ spot welding
ультразвуковая ~ ultrasonic welding
электрическая ~ electric welding
сварщик welder, welding operator
свая pile
анкерная ~ anchor [spud] pile
анкерная забуриваемая ~ drill-in anchor pile
бетонная ~ concrete pile
бурозаливная ~ drilled and cemented pile
винтовая ~ screw pile
деревянная ~ timber pile
коническая ~ tapered pile
набивная ~ с расширенным основанием bulb pile
наращиваемая ~ added-on pile
несущая ~ bearing pile

отбойная ~ buffer [rubbing] pile
полая ~ hollow pile
составная ~ sectional pile
стальная ~ steel pile
трубчатая ~ tubular pile
шпунтовая ~ sheet pile
якорная ~ anchor pile
сверление boring, drilling
~ и нарезка резьбы для соединения с действующим трубопроводом pipeline tapping
сверлить bore, drill
сверло auger (bit), bit, drill
свертываемость coagulability
свеч/а (*бурильных труб*) stand
~ бурильных труб drill pipe stand
~и бурильных труб, установленные за палец pipe set back
~ зажигания spark plug
~, состоящая из двух двухтрубок fourble
двухтрубная ~ бурильных труб double (stand)
однотрубная ~ бурильных труб single (stand)
трехтрубная ~ бурильных труб thribble (stand)
четырехтрубная ~ бурильных труб fourble (stand)
свечеприемник mechanized pipe rack
свечеукладчик pipe manipulator
свивка lay, twist
~ каната rope lay
~ проволок в пряди lay of wires in a strand
~ прядей lay of strands
двойная ~ каната double rope lay
параллельная ~ каната plain-laid [universal] rope lay
прямая ~ каната *см.* параллельная свивка каната
свинчивание screwing(-up)
~ вручную screwing by hand
~ и развинчивание makes-and-breaks, making-and-breaking
~ труб spinning-up of pipes
~ труб ключами tonging of pipes
~ труб через нитку cross-threading of pipes
свинчивать (*трубы*) screw together, screw up
свита *геол.* series, formation, suite, set
~ алевролитов silstone suite
~ горных пород rock series, set of rocks
~ песчаников sandstone suite
~ пластов formation, suite
~ фаций facies suite
вторичнонефтеносная ~ secondary oil-bearing formation
газоматеринская ~ gas source formation
газоносная ~ gas-bearing formation
мощная ~ thick formation
непродуктивная ~ nonproductive formation
нефтегазоносная ~ oil and gas-bearing formation
нефтематеринская ~ oil source rock
нефтеносная ~ oil-bearing formation
первичнонефтеносная ~ originally oil-bearing formation
продуктивная ~ producing formation

свита

соляная ~ salt suite

свод:
~ залежи pool roof
~ структуры crest of structure

свойства properties, features
~ бурового раствора drilling mud parameters, drilling mud properties, drilling mud variables
~ глинистой корки filter cake texture
~ горных пород rock characteristics, rock properties
~ жидкостей conditions of fluids
~ нефти и газа oil and gas properties
~ реального газа real gas properties
~ флюида fluid properties
~ цементного раствора cement slurry properties
антикоррозионные ~ corrosion resistance
аэродинамические ~ aerodynamic properties
вяжущие ~ astringency
газодинамические ~ fluid-dynamic properties
закупоривающие ~ plugging properties
изоляционные ~ insulation [isolating] properties
коллекторские ~ reservoir properties, reservoir features
коллоидно-физические ~ physical-and-colloidal properties
коллоидные ~ colloidal properties
коркоразрушающие ~ displastering properties
коррозионные ~ corrosion behavior
литологические ~ lithological properties, lithological character
механические ~ physical [stress-strain] characteristics, physical [stress-strain] properties
молекулярно-поверхностные ~ (пластовых систем) molecular surface properties
нефтевытесняющие ~ oil-driving [oil-sweeping] properties
объемные ~ bulk properties
перфорационные ~ цемента perforating cement qualities
прочностные ~ strength properties
радиоактивные ~ radioactive properties
реологические ~ flow [rheological] characteristics
реологические ~ буровых растворов flow characteristics of mud
связующие ~ bonding properties
седиментационные ~ sedimentation properties, sedimentation character
смазывающие ~ lubricating properties
структурно-механические ~ structural-strength properties
тепловые ~ thermal properties
упругие ~ elastic properties
физические ~ physical characteristics
фильтрационные ~ filtration characteristics
химические ~ chemical properties
щелочные ~ alkalinity

связка:
~ выкидных линий flow bundle
~ труб bundle of tubes

связь 1. constraint; connection, stay 2. (конструкции) bond 3. физ., хим. bond 4. эл. coupling; connection 5. рад. communication
~ жесткости brace, bracing
~ между скважинами (гидродинамическая) communication between wells
валентная ~ valence bond
емкостная ~ capacitive coupling
индуктивная ~ inductive coupling
крестовая ~ cross bracing
ленточная ~ band
межмолекулярная ~ cohesion
механическая ~ constraint, mechanical linkage, mechanical connection
непосредственная ~ direct coupling
обратная ~ feedback
плохая ~ lack of bond
поперечная ~ balk, cross bracing
проводная ~ wire communication
трубопроводная ~ pipeline link
угловая ~ angle brace
шарнирная ~ joint

сгиб bend, flexure, fold

сгибание bending
~ труб pipe bending

сглаживание smoothing-out
~ потока жидкости smoothing-out of fluid flow
~ пульсаций smoothing of pulsation, pulsation smoothing-out

сгорание combustion

сгущение:
~ сетки скважины densening of well pattern

сдача:
~ работ «под ключ» turnkey job
~ скважины в эксплуатацию putting of well on production

сдвиг 1. геол. displacement, fault, dislocation, shift 2. shear(ing)
~ фаз lag(ging)
боковой ~ lateral shear
глубинный ~ deep-seated shift, deep-seated dislocation
деформированный ~ deformation shift
косой ~ cross shift
несогласный ~ discordant shift, discordant dislocation
отрицательный ~ negative shift, negative dislocation
положительный ~ positive shift, positive dislocation
поперечный ~ transverse shift, transverse dislocation
продольный ~ longitudinal shift, longitudinal dislocation
чистый ~ simple [pure] shear

сдерживание:
~ давления в высоконапорных скважинах control of high-pressure wells

~ пластового давления control of formation pressure
себестоимость (first) cost
~ добычи газа gas production cost
~ добычи нефти oil production cost
расчетная ~ estimated cost
сегмент segment
зубчатый ~ rack circle
приводной ~ замка clamp actuator segment
седло 1. *геол.* saddle 2. seat
~ вставного насоса pump seat
~ для посадки закрывающей цементировочной пробки closing cementing plug seat
~ для посадки открывающей цементировочной пробки opening cementing plug seat
~ задвижки gate valve seat
~ клапана valve set
~ с буртиком rib seat
~ скважинного насоса subsurface pump seat
~ шарового клапана ball seat
гладкое ~ flat seat
конусное~ скважинного насоса cone seat of subsurface pump
плавающее ~ задвижки floating gate valve seat
сменное ~ задвижки removable gate valve seat
сезон season
~ открытой воды open water season
сейсмика seismic survey
глубинная ~ downhole seismic survey
сейсмический seismic
сейсмичность:
~ по шкале Рихтера magnitude-earthquake measured on Richter scale
сейсмограмма seismogram, seismic record
~ отраженных волн reflection band seismogram
~ с перекрытием diversity seismic recording
сейсмограф seismic detector, seismic pickup, seismograph
~ для работы с отраженными волнами reflection seismograph
~ для регистрации горизонтальной составляющей колебаний horizontal component seismograph
вертикальный ~ vertical seismograph
горизонтальный ~ horizontal seismograph
короткопериодный ~ short-period seismograph
рефракционный ~ refraction seismograph
электромагнитный ~ electromagnetic seismograph
сейсмозондирование dip [correlation] shooting
сейсмокаротаж well [sound] logging
обращенный ~ downhole receiver seismic well logging
прямой ~ surface receiver seismic well logging
сейсмология seismology
сейсмометр seismometer

емкостный ~ capacity seismometer
контрольный ~ из пункта взрыва shot-point seismometer
крутильный ~ torsion seismometer
термомикрофонный ~ hot-wire resistance seismometer
фотоэлектрический ~ photoelectric seismometer
электродинамический индукционный ~ electromagnetic inductance seismometer
электромагнитный ~ с двойным зазором duplex reluctance seismometer
сейсмопрофилирование seismic profile shooting, seismic profiling
сейсмопрофиль seismic profile
вертикальный ~ vertical seismic profile
горизонтальный ~ horizontal seismic profile
сейсморазведка shooting, seismic survey, seismic prospecting, seismic exploration
~ по методу отраженных волн reflection shooting
~ по методу преломленных волн refraction shooting
~ при расположении сейсмографов по дуге окружности *см.* сейсморазведка с веерной расстановкой сейсмографов
~ с веерной расстановкой сейсмографов fan shooting
детальная ~ detail seismic survey
морская ~ marine seismic survey
рекогносцировочная ~ reconnaissance shooting
сектор:
иностранный ~ континентального шельфа foreign sector of continental shelf
секция section
~ башенной буровой вышки derrick section
~ бурильной колонны drill string section
~ водоотделяющей колонны marine riser (pipe) section, riser pipe
~ водоотделяющей колонны, обладающая плавучестью buoyant riser section
~ колонны направления для подвески головок последующих обсадных колонн conductor suspension joint
~ линий глушения скважины и штуцерной, выполненная заодно с секцией водоотделяющей колонны riser joint section of integral kill and choke line
~ насосно-компрессорных труб tubing string section
~ обсадной колонны casing string section
~ разборного подвышечного основания pinned member of sectional substructure
~ сепаратора для сбора жидкости liquid collection section of separator
~ труб (*двухтрубка*) pipe joint
~ трубы pipe section
анкерная ~ anchor string, foundation pile, outer conductor
двухшкивная ~ (*кронблока*) double-sheave section

секция

запальная ~ ignition chamber section
нагревательная ~ heating section
наращивающая ~ сваи add-on pile section
нижняя ~ эксплуатационной колонны (*в продуктивной зоне*) oil [production] string, production casing, inner conductor
переходная ~ crossover joint
перфорированная ~ perforated section
составная ~ водоотделяющей колонны integral marine riser joint
телескопическая ~ telescopic joint
шарнирная ~ водоотделяющей колонны marine-riser flex joint
шарнирная многошаровая ~ (*водоотделяющей колонны*) multiball flex joint

сель sill
сельсин selsyn, synchro
семейство family
  ~ кривых family [set] of curves
  ~ характеристик characteristic family
сепаратор 1. separator 2. (*подшипника*) cage, retainer, retaining ring
  ~ воздуха от нефти air-oil separator
  ~ высокого давления high-pressure separator
  ~ для испытания скважин well test separator
  ~ для обводненной продукции wet separator
  ~ для отделения нефти от воды oil-water separator
  ~ для пенистой нефти (de)foaming oil separator
  ~ для пробной эксплуатации production testing separator
  ~ для спуска жидкости из газопровода drip
  ~ жидкости liquid separator
  ~ закрытого типа closed-type separator
  ~ низкого давления low-pressure separator
  ~ открытого типа open-type separator
  ~ подшипника качения cage, retainer, retaining ring
  ~ продукции (*скважины*) production separator
  ~ роликового подшипника roller cage
  ~ шариковой опоры ротора ball retainer of rotary table
  ~ шарикоподшипника ball cage
  ~ шлама solids separator
вертикальный ~ vertical separator
воздушный ~ air separator
вращающийся ~ rotating [drum] separator
газовый ~ gas separator
газонефтяной ~ gas-oil separator
гидроциклонный ~ hydrocyclone separator
горизонтальный ~ horizontal separator
гравитационный ~ gravity separator
групповой ~ group separator
двухступенчатый ~ two-stage separator
двухтрубный горизонтальный ~ dual-tube horizontal separator
двухфазный ~ two-phase separator
забойный ~ bottom-hole separator
замерный ~ metering separator
инерционный ~ intertial separator
комбинированный ~ combination separator
магнитный ~ magnetic separator
нефтяной ~ oil separator
низкотемпературный ~ low-temperature separator
передвижной ~ portable separator
придонный ~ seabed separator
рабочий ~ active separator
резервный ~ stand-by separator
самовращающийся ~ self-rotating separator
самопогружной подводный ~ self-submerge subsea separator
скважинный ~ well separator
сферический ~ spherical separator
центробежный ~ centrifugal [cyclone, ratio] separator
центробежный ~ для очистки бурового раствора mud ratio separator
циклонный ~ cyclone separator, cyclone settler
эксплуатационный ~ production separator
электростатический ~ electrostatic treater

сепаратор-влагоотделитель drip separator
сепарация separation
  ~ газонефтяной смеси gas-oil separation
  ~ конденсата нефтяного газа gas condensate separation
  ~ нефти oil separation
вакуумная ~ vacuum separation
вакуумная ~ нефти vacuum oil separation
воздушная ~ air classification
двухступенчатая ~ two-stage separation
двухфазная ~ two-phase separation
дифференциальная ~ differential separation
многоступенчатая ~ multistage separation
низкотемпературная ~ low-temperature separation
низкотемпературная ~ нефтяного газа low-temperature separation of petroleum gas
однократная ~ flash separation
одноступенчатая ~ single-stage separation
ступенчатая ~ stage separation
термическая ~ нефти thermal oil separation

сервомеханизм servogear, servo mechanism, servo unit
гидравлический ~ hydraulic servo mechanism
сервопривод servodrive
сервоуправление pilot control, piggy-back (control)
сердечник core
  ~ барабана hoist drum core
  ~ из волокна fiber core
  ~ каната rope core
  ~ поршня piston body
джутовый ~ проволочного каната jute wire-rope core
разомкнутый ~ open core
сердцевина core
  ~ каната cable core
серия:
  ~ кривых set of curves

нефтяная ~ petroleum series
сернистый sour
сероводород hydrogen sulphide, H_2S
  содержащий ~ sour
сероочистка (*нефти*) oil desulfurization
серосодержащий sour
серьга:
  ~ вертлюга swivel bail
  ~ талевого блока traveling block clevis
  верхняя ~ талевого блока becky
  кольцевая ~ каната wire-rope thimble
  натяжная ~ pulling-off stirrup
  подъемная ~ lifting eye, lifting clevis
сетка:
  ~ безопасности (*морского основания*) safety net
  ~ вибрационного сита screen of shale shaker
  ~ вискозиметра viscosimeter strainer
  ~ для масла oil screen
  ~ забоев скважин bottom-hole spacing
  ~ координат network of coordinates
  ~ мелких трещин fissuring pattern
  ~ на всасывающей трубе suction strainer
  ~ на приеме насоса intake screen
  ~ размещения скважин network, well pattern; (*о расстоянии между скважинами*) well spacing
  ~ с крупными отверстиями [ячейками] coarse screen
  ~ с мелкими отверстиями [ячейками] fine [close-mesh] screen
  всасывающая ~ jet
  девятиточечная ~ размещения скважин nine-spot well pattern, nine-spot well system
  защитная ~ guard [safety] net
  зигзагообразная ~ размещения скважин staggered well pattern
  квадратная ~ размещения скважин square well pattern
  мелкоячеистая ~ fine screen
  молниезащитная ~ нефтехранилищ lightning-protection cage of oil storage
  плотная ~ размещения скважин dense [close] well pattern spacing
  приемная ~ intake grid
  проволочная ~ wire mesh
  пятиточечная ~ размещения скважин five-spot well pattern, five-spot well system
  редкая ~ размещения скважин wide well spacing
  типовая ~ размещения скважин normal well pattern
  тонкая ~ *см.* мелкоячеистая сетка
  треугольная ~ размещения скважин triangular well pattern
  четырехточечная ~ расстановки скважин four-spot well pattern, four-spot well system
сеть:
  ~ газоснабжения gas supply system
  ~ трещин fissuring [fracturing] pattern
  ~ трубных соединений pipe manifold
  ~ трубопроводов network of pipelines
  ~ электрических линий *или* проводов network, electric mains
  газораспределительная ~ gas distribution network
  газосборная ~ gas-collecting [gas-gathering] system
  нефтесборная ~ oil-collecting [oil-gathering] system
  поровая ~ porous network
  распределительная ~ distribution network
  силовая ~ power line, power mains
  силовая промысловая ~ oil-field power network, oil-field distribution system
сечение (cross-)section
  ~ нетто net section, net opening
  ~ пор pore section, area of pores
  ~ рельефа contour interval
  входное ~ inflow face
  выходное ~ outflow face
  живое ~ area of passage
  квадратное ~ square cross-section
  косое ~ oblique section
  наиболее слабое ~ weakest cross-section
  полное ~ bulk cross-section
  поперечное ~ cross-section
  поперечное ~ ремня cross-section of belt
  поперечное кольцевое ~ annular cross-section
  поперечное круглое ~ circular cross-section
  поперечное прямоугольное ~ rectangular cross-section
  продольное ~ longitudinal section
  проходное ~ flow section, flow area
  свободное ~ clear [free] opening
  свободное проходное ~ full bore
сжатие compression; contraction, shrinkage
  ~ газовой шашки gas cap shrinkage
  адиабатическое ~ adiabatic compression
  многоступенчатое ~ compound compression
  осевое ~ axial compression
  относительное ~ compressive deformation
  переменное ~ reversed compression
  поперечное ~ lateral [transverse] contraction
  продольное ~ axial [longitudinal] compression
  простое ~ simple [single-stage] compression
  ступенчатое ~ stage compression
  температурное ~ thermal shrinkage
  трехосное ~ triaxial compression
сжигание:
  ~ газа, отбираемого на устье скважины (*на факеле*) burning
  ~ попутного газа flaring
сжижение liquefaction
  ~ нефтяного газа petroleum gas liquefaction
сжимаемость compressibility
  ~ воды water compressibility
  ~ газа gas compressibility
  ~ горной породы rock [formation] compressibility
  ~ насыщенной пластовой нефти saturated reservoir oil compressibility

сжимаемость

~ нефти oil compressibility
~ пластового флюида compressibility of reservoir fluid
~ порового объема pore volume compressibility
~ породы коллектора reservoir rock compressibility
линейная ~ linear compressibility
объемная ~ voluminal [volumetric] compressibility

сигнал signal
~ понижения уровня воды в котле boiler alarm
~ тревоги alarm
контрольный ~ control signal
ложный ~ echo signal
опорный ~ reference signal
отраженный ~ echo signal

сигнализатор alarm, signaling device
~ верхнего предельного положения (*компенсатора качки*) top stroke alarm
~ взрывоопасных газов explosive indicator
~ высокого давления high-pressure alarm
~ перегрева temperature alarm
~ пожара fire alarm
~ уровня level control

сигнализация signaling (system)
аварийная ~ alarm (signal system)
аварийная автоматическая ~ automatic alarm
дистанционная ~ remote signaling

сил/а force
~ адгезии adhesive force
~ бокового сжатия lateral compressive force
~ ветра wind force
~ внутреннего трения viscous force
~ воздействия волны wave force
~ земного магнетизма telluric magnetic force
~ инерции inertia force
~ инерции вращающихся масс flywheel force
~ когезии cohesive force
~ притяжения attractive [attracting] force
~ связи bonding force
~ сопротивления resistance force
~ сцепления adhesive [aggregation, cohesion] force; (*грунта*) tenacity
~ тока current intensity
~ тока в амперах amperage
~ торможения braking effort, braking force
~ трения friction(al) force
~ тяги traction [tractive] force
~ тяжести force of gravity, gravitation
выталкивающая ~ buoyant [floating] force
гидродинамическая ~ инерции hydrodynamic inertia force
гидродинамическая ~ сопротивления hydrodynamic drag force
движущая ~ driving force
действующая ~ acting force
демпфирующая ~ damping force
деформирующая ~ stress
ионная ~ ionic strength

капиллярная ~ capillary force
касательная ~ tangential force
коэрцитивная ~ coercive force
критическая ~, вызывающая изгиб трубы buckling stress
критическая ~, вызывающая потерю устойчивости (*при продольном изгибе*) buckling force
критическая ~ при продольном изгибе buckling force
направляющая ~ directing force
ориентированные ~ы differential forces
отклоняющая ~ deviating force
отталкивающая ~ repulsive [repelling] force
подъемная ~ buoyancy; lift(ing) [raising] force
подъемная гидродинамическая ~ hydrodynamic lift force
принудительная ~ reacting force
равнодействующая ~ net [resultant] force
разрушающая ~ destructive force
растягивающая ~ tensile force
сдвигающая ~ shearing force
сосредоточенная ~ single force
тангенциальная ~ tangential force
толкающая ~ propelling power
тормозящая ~ drag force
уравновешивающая ~ balance force
центробежная ~ centrifugal effort
электродвижущая ~ electromotive force

силикат silicate
двухкальциевый ~ dicalcium silicate
кальциевый ~ calcium silicate
трехкальциевый ~ tricalcium silicate

силл (*пластовая интрузия*) sill
силур Silurian (period)
силурийский Silurian
сильфон bellows
синеломкость blue brittleness, blue shortness
синклиналь syncline
короткая ~ basin
перевернутая ~ overturned [inverted] syncline

синклинальный synclinal
сирена alarm
систем/а system
~ аварийной защиты safety [emergency protection] system
~ аварийной транспортировки водолаза emergency diver transfer system
~ автоматического регулирования нефтедобычи automatic oil-production system
~ балансировки водой water ballasting system
~ блоков blocking
~ бурового раствора drilling mud system
~ вентиляции ventilation system
~ вентиляции и воздушного отопления ventilation and air heating system
~ взвешивания незатаренного материала weighting system for bulk product, weighting system for bulk material

систем/а

~ водообработки *см.* система водоснабжения
~ водоотделяющей колонны marine-riser system
~ водоснабжения water handling system
~ выкидных линий flowline bundle
~ высокого давления high-pressure system
~ гибких трубопроводов flexible piping
~ глубоководных погружений deep diving system
~ двух *или* нескольких блоков, соединенных канатом block and tackle
~ двух компонентов twin-agent system
~ диспетчерского телеуправления supervisory system
~ дистанционного сбора данных контроля и управления remote data acquisition and control system
~ дистанционного управления remote control system
~ для водолазов в водолазном колоколе, используемая в аварийных ситуациях stranded bell diver survival system
~ для заканчивания скважины на океанском дне в водной среде wet-type ocean floor completion system
~ для работы с буровым раствором drilling mud handling system
~ для работы с трубами pipe handling system
~ донной подвески mud line suspension
~ дуговой сварки МИГ metal-inert-gas [MIG] arc welding system
~ единой катодной защиты (*трубопроводов*) joint cathodic-protection system
~ жизнеобеспечения life support system
~ заводнения (water) flooding pattern
~ зажигания ignition system
~ зажигания с искроуловителем spark-proof ignition system
~ заканчивания морских скважин на твердом дне submudline-type completion system
~ заканчивания морских скважин с заглублением устья в донные осадки *см.* система заканчивания морских скважин на твердом дне
~ заканчивания скважин well completion system
~ заканчивания скважин на дне океана ocean floor completion system
~ запуска (*двигателей*) starting system
~ звуковой сигнализации audible warning [alarm] system
~ измерения массы порошкообразных материалов bulk products weighting system
~ измерения расхода flowmeter(ing) system
~ индикации работы противовыбросового превентора blowout preventer function position indicator system
~ информации по разливам нефти oil spill information system
~ информационного менеджмента data management system, DMS

~ искусственного причала artificial berthing system
~ каналов в пласте flow matrix
~ катодной защиты (*трубопровода*) cathodic protection system
~ кессонного заканчивания скважин caisson completion system
~ компенсатора бурильной колонны motion compensator system
~ компенсации, связанная с дном моря tie-to-bottom compensation system
~ контроля жидких добавок (*в буровой раствор*) liquid additive verification system
~ контроля и регулирования вращающего момента torque control and monitoring system
~ контроля огня и газа (*на море для защиты жизни персонала*) fire and gas control system
~ контроля скважины well control system
~ координат frame of axes
~ координат в пространстве reference frame
~ линий глушения скважины и штуцерной BOP kill and choke line system
~ микроволновой связи microwave system
~ морских бонов (*для ограждения разлившейся нефти в море*) seaboom system
~ наблюдения за движением traffic surveillance system
~ навигации «Лоран» long-range navigation system, LORAN
~ навигации «Шоран» short-range navigation system, SHORAN
~ надувных пакеров inflatable-packer system
~ налива в море offshore loading system
~ налива в море с помощью буя-причала offshore mooring-buoy loading system
~ натяжения водоотделяющей колонны marine riser tensioning system
~ натяжения для труб pipe tensioning system
~ натяжного устройства tensioner system
~ непрерывного подъема и спуска (*самоподъемного основания*) continuous elevating and lowering system
~ нефть — вода—газ oil-water-gas system
~ низкого давления low-pressure system
~ обеспечения плавучести водоотделяющей колонны marine riser buoyancy system
~ оборотного водоснабжения для охлаждения water recirculation cooling system
~ обработки сточных вод sewage (water) treatment system
~ обслуживания оборудования с дистанционным управлением remote maintenance system
~ общего назначения utility system
~ огнетушения «водянистая пленка, формирующая пену» deluge AFFF system
~ огнетушения орошением диоксидом углерода carbon dioxide flooding system
~ огнетушения сплошным поливом total flood extinguishing system

систем/а

~ оповещения warning [alarm] system
~ опорных скважин key-well system
~ опробования скважин well test(ing) system
~ ориентации position sensing [position reference] system
~ ориентации, связанная с дном моря tie-to-bottom position sensing system
~ оставления и подъема труб pipe abandonment and recovery system
~ отбора нефти и газа (*на месторождении*) oil and gas gathering system
~ ответвлений (*трубопроводов*) lateral system
~ отвода withdrawal system
~ отгрузки (*в танкеры*) unloading system
~ охлаждения cooling system
~ охлаждения природного газа system for natural-gas cooling
~ охраны и рационального использования окружающей среды environmental, health and safety management system
~ очистки cleaning [purification] system
~ очистки скважины well cleaning system
~ пассивной компенсации (*качки*) passive compensator system
~ пеногашения пожаров foam-fire extinguishing system
~ периодической эксплуатации (*скважин*) intermittent system of production, intermittent production system
~ площадного заводнения dispersed injection (waterflood) system
~ пневматического управления pneumatic [air] control system
~ повторного ввода устьевой головки wellhead re-entry system
~ повторного входа (*в скважину*) re-entry system
~ повторного соединения направляющего каната (*подводно-устьевого оборудования*) guideline replacement system
~ подачи и укладки труб pipe racking and handling system
~ подачи самотеком gravity system
~ подвода механической мощности power train system
~ подводного телевидения underwater TV system
~ подводного хранения нефти subsea oil storage system
~ подводных направляющих канатов underwater guideline system
~ подготовки воды (*для заводнения*) water treating system
~ подготовки сточных вод sewage (water) treating system
~ подъема (*вышки*) raising arrangement
~ пожарной сигнализации fire-alarm system
~ пожаротушения водяным орошением water-spray extinguishing system
~ позиционирования positioning system
~ приготовления бурового раствора drilling mud mixing system

~ приготовления рабочей жидкости гидросистемы (*для управления подводным оборудованием*) hydraulic fluid make-up system
~ проводящих каналов (*в породе*) conductive channel system
~ пустот (*в породе*) void [pore, spacing] system
~ы разбрызгивания противопожарных средств water sprinklers
~ разработки месторождения field development system
~ раскосов bracing system
~ регистрации данных data recording system
~ регулирования control system
~ регулирования потока flow system
~ ручной пожарной сигнализации manual fire alarm system
~ сбора информации о бурении drilling information monitoring system
~ сбора нефти и нефтяного газа oil and petroleum gas gathering system
~ сбора разлившейся нефти oil spill recovery system
~ сигнализации alarm [warning] system
~ сигнализации, действующая при чрезмерном повышении давления pressure alarm system
~ смазки lubrication system
~ составной водоотделяющей колонны integral (marine) riser system
~ с проводным каналом связи, телеметрическая (*для слежения за забойными параметрами*) hard-wire telemetric system
~ стабилизации положения positioning system
~ телеметрической связи telemetric system
~ телеуправления на микроволнах microwave control system
~ трещин conjugated fractures
~ трещиноватости fracture system
~ трубопроводов piping (system), piping network
~ тушения пожара инертным газом inert-gas fire-extinguishing system
~ управления control system
~ управления буровой установки drilling rig control system
~ управления добычей (*нефти или газа*) production control system
~ управления надежностью операций operations integrity management system, OIMS
~ управления подводным противовыбросовым оборудованием subsea blowout preventer stack control system
~ управления противовыбросовыми превенторами blowout preventer [BOP] control system
~ ускоренной амортизации оборудования и сооружений accelerated cost recovery system, ACRS
~ ускоренной эксплуатации early production system
~ условных знаков set of conventional signs

систем/а

~ утилизации (*бурового раствора*) disposal system
~ циркуляции бурового раствора drilling mud circulating system
~ шлангокабельного бурения с отбором донного керна flexible bottom coring system
~ якорного крепления морского бурового основания mooring system of drilling offshore platform
аварийная акустическая ~ закрытия (*подводных превенторов*) emergency acoustic closing system
аварийная акустическая ~ управления (*подводным оборудованием*) emergency acoustic back-up control system
автоматизированная ~ приготовления бурового раствора automatic drilling mud mixing system
автоматическая ~ для работы с трубами automated [automatic] pipe handling system
автоматическая ~ подачи труб в вышку automatic pipe racking system
активная ~ компенсации active compensator system
акустическая ~ позиционирования acoustic positioning system
акустическая ~ управления (*подводным оборудованием*) acoustic control system
акустическая вспомогательная ~ связи acoustic back-up communications system
акустическая вспомогательная ~ управления acoustic back-up control system
балластная ~ погружения submerged ballasting system
безжелобная ~ очистки (*бурового раствора*) ditchless cleaning system
бесканатная ~ бурения (*скважин с подводным устьем*) guidelineless drilling system
блочная ~ plug-in [module, unitized] system
буровая ~ на бетонном острове concrete island drilling system, CIDS
водораспределительная ~ water-distribution system
водораспылительная ~ water sprinklers
восьмиточечная ~ швартовки eight-point mooring system
газораспределительная ~ gas distribution system
газосборная ~ gas-gathering [gas-collecting] system
газоуравнительная ~ gas-equalizing system
гидравлическая ~ hydraulic system
гиперболическая ~ определения местоположения hyperbolic position-fixing system
горная ~ mountain system
гравитационная ~ смазки gravity lubricating system
двоичная ~ счисления binary system
двухблочная ~ two-stack system
двухкомпонентная ~ binary system
двухкомпонентная ~ тушения огня dual-agent fire extinguishing system

двухтрубная ~ сбора нефти и нефтяного газа two-line [two-main] system of oil and petroleum gas gathering
двухфазная ~ two-phase system
двухфазная ~ смесеобразования double mixing system
девонская ~ Devonian (system)
донная ~ подвески обсадных колонн mud line casing support system
дренажная ~ drainage system
дренажная ~ в резервуарах с плавающими крышами roof drain system
дублирующая ~ redundant system
желобная ~ (*для бурового раствора*) ditch system
загрузочная носовая ~ (*беспричального налива нефти в танкеры*) bow loading system
законтурная ~ заводнения peripheral (water) flooding pattern
закрытая ~ откачки closed system of pumping-out
закрытая ~ циркуляции бурового раствора closed drilling mud circulating system, drilling mud recirculating system
замкнутая ~ (*трубопроводов*) loop system
извлекаемая ~ управления (*подводным оборудованием*) retrievable control system
искусственная причальная ~ artificial berthing system
каменноугольная ~ Carboniferous (system)
кембрийская ~ Cambrian (system)
коллоидная ~ colloid system
коммутационная ~ commutation system
линейно-площадная ~ заводнения line drive waterflood system
меловая ~ Cretaceous (system)
механизированная ~ работы с трубами hands-off pipe handling
многопроводная ~ связи multiwire system
многофазная ~ multiphase system
морская ~ обработки сточных вод marine sewage (water) treatment system
морская ~ опробования испытателем пласта, который управляется давлением (*бурового раствора в затрубном пространстве*) PCT offshore test system
морская ~ сжижения природного газа marine LNG system
морская ~ швартовки с буем single-buoy mooring system
морская навигационная спутниковая ~ Navy Navigation Satellite System, NNSS
морская подводная эксплуатационная ~ subsea production system
напорная ~ сбора нефти и нефтяного газа pressurized system of oil and petroleum gas gathering
направляющая ~ для морских скважин underwater well guide system
нефтедобывающая односкважинная ~ single-well oil-production system

систем/а

нефтесборная ~ oil-gathering [oil-collecting] system
общая гидродинамическая ~ common aquifer (system)
одноблочная ~ для бурения single-stack system
однофазная ~ single-phase system
ордовикская ~ Ordovician (system)
открытая гидравлическая ~ open hydraulic system
отстойная ~ settling system
палеогеновая ~ Paleogene (system)
площадная ~ нагнетания газа dispersed [pattern-type] gas injection system
погружная балластная ~ (*полупогружного основания*) submerged ballasting system
подводная ~ заканчивания скважин subsea completion system
подводная телевизионная ручная ~ diver-held underwater TV system
поддонная ~ (*ниже уровня илистого дна*) submudline system
подъемная ~ (*самоподъемного основания*) jacking system
подъемная ~ зубчато-балочного типа (*у самоподъемных платформ*) tooth and pawl type jacking system
подъемная ~ самоподнимающейся платформы self-elevating platform jacking system
подъемная ~ шестеренного типа pinion jacking system
полуавтоматическая ~ для работы с трубами semi-automated handling system
послетретичная ~ Post-Tertiary (system)
принудительная ~ охлаждения positive [forced] cooling system
причальная ~ со столбовым буем spar-buoy mooring system
противопожарная ~ fire control system
равновесная трехфазная ~ three-phase equilibrium system
радиальная дренажная ~ circular drainage system
распределительная ~ distribution system
решетчатая ~ network
самонастраивающаяся ~ регистрации данных adaptive data recording system
самотечная ~ сбора нефти и нефтяного газа combination [gravity-type and pressurized] system of oil and petroleum gas gathering
силурийская ~ Silurian (system)
складчатая ~ fold system
следящая ~ servo mechanism, servo system, follow-up monitoring system
талевая ~ block and tackle [pulley-block] system, block and tackle arrangement
талевая эксплуатационная ~ tubing traveling system
телеметрическая ~ управления telesupervisory control system
технологическая ~ process system
топливная ~ fuel system

тормозная ~ braking system
третичная ~ Tertiary (system)
трехфазная ~ three-phase system
триасовая ~ Triassic (system)
трубопроводные сблокированные ~ы interconnected pipeline systems
универсальная ~ comprehensive system
централизованная ~ сбора нефти и нефтяного газа centralized one-line system of oil and petroleum gas gathering
централизованная ~ смазки centralized lubrication system
циркуляционная ~ circulating (mud) system
циркуляционная ~ охлаждения recirculating cooling system
четвертичная ~ Quaternary (system)
шатунная ~ push and pull system
швартовная одноточечная ~ с якорем-опорой single anchor leg mooring, SALM
швартовная якорная ~ с цепью chain anchor leg mooring
электрогидравлическая ~ управления multiwire electrohydraulic control system
электронная ~ измерения расхода непрерывного действия electronic flowmeter system
юрская ~ Jurassic (system)
ядерная ~ управления противовыбросовым оборудованием nuclear powered BOP controls
якорная ~ с цепью catenary anchor leg mooring, CALM

сито screen, sieve, shaker
~ с крупными отверстиями coarse sieve
~ с мелкими отверстиями close-meshed sieve
вибрационное ~ shaker (screen)
вибрационное ~ для бурового раствора (drilling mud) shale shaker, drilling mud vibrating screen
вибрационное одинарное ~ для бурового раствора single (drilling mud) shale shaker
вибрационное сдвоенное ~ для бурового раствора dual (drilling mud) shale shaker
вибрационное строенное ~ для бурового раствора triple (drilling mud) shale shaker
вращающееся ~ rotary screen
двухпалубное ~ для бурового раствора double-deck (drilling mud) shale shaker
однопалубное ~ для бурового раствора single-deck (drilling mud) shale shaker
проволочное ~ wire screen
редкое ~ coarse sieve
стандартное ~ standard screen

сифон siphon, syphon
сифонирование siphoning
капиллярное ~ capillary siphoning
скат descent, slope, gradient
крутой ~ chute
скафандр diving suit
водолазный ~ dry suit
водолазный бронированный ~ armored diving suit

водолазный шарнирный ~ articulated diving suit
скашивание sloping
~ кромки beveling
скашивать bevel, cant
~ край slope
скважин/а well, hole
~, введенная в эксплуатацию well put into production, brought-in well
~, введенная повторно в эксплуатацию (*после ликвидации*) re-entry well
~, в которую поступает песок sand-producing [sandy] well
~, вступившая в эксплуатацию *см.* скважина, введенная в эксплуатацию
~ для глушения фонтана (*в другой скважине*) relief well
~ для закачивания в пласт соляного раствора brine disposal well
~ для нагнетания воды water injection well
~ для нагнетания воздуха air input well
~ для одновременной раздельной насосной эксплуатации двух горизонтов dual pumping well
~ для получения минерализованной воды brine well
~ для сбора промысловых сточных вод disposal well
~, законченная бурением completion (well), completed well
~, законченная в нескольких пластах multiple-completion well, multiple completion, completed well
~, законченная в одном пласте single-completion well, single completion
~, законченная с открытым подводным устьевым оборудованием wet subsea completion
~, законченная с подводным устьевым оборудованием subsea completion, subsea well
~, законченная с подводным устьевым оборудованием, изолированным от морской воды dry subsea completion
~, законченная с подводным устьевым оборудованием, не изолированным от морской воды wet subsea completion
~, закупоренная песком sand-plugged [sand-clogged] well
~, заполненная буровым раствором mudded well
~, засоренная металлическим ломом junked hole
~, к которой подошел фронт рабочего агента (*при вторичных и третичных методах добычи*) breakthrough well
~ малого диаметра slim hole
~, находящаяся в капитальном ремонте worked-over [overhauled] well
~, не приносящая дохода unprofitable well
~, несовершенная по способу заканчивания well imperfect due to method of completion
~, несовершенная по степени вскрытия partially penetrating well
~ номинального диаметра gage hole
~, обсаженная до забоя cased-through well
~, открывшая месторождение discovery well
~, пробуренная для одновременной и раздельной эксплуатации нескольких продуктивных горизонтов small diameter multiple completion
~, пробуренная для уплотнения проектной сетки размещения скважин infill well
~ы, расположенные в шахматном порядке staggered wells
~ы, расположенные по редкой сетке wide-spaced wells
~, результаты которой засекречены tight well
~ с агрессивной средой corrosive well
~ с аномальным пластовым давлением abnormal pressure well
~ с водоотделяющим кожухом для устьевого оборудования dry subsea completion
~ с высоким пластовым давлением high-pressure well
~ с гравийным фильтром gravel-packed well
~ с нарушенным цементным кольцом leaker, leaking well
~ с необсаженным забоем barefoot(ed) [open hole] completion
~ с низким пластовым давлением low-pressure well
~, совершенная по степени вскрытия fully penetrating well
~, содержащая песок sanding-up well
~ с открытым выбросом газа blower
~ с открытым забоем *см.* скважина с необсаженным забоем
~ с подводным устьем, законченная с фонтанной арматурой, изолированной от морской воды dry subsea completion
~ средней глубины medium-depth well
~ с резко искривившимся стволом dog-leg hole
~, стоящая особняком unique completion
~ с увеличенным против номинального диаметром oversize hole
артезианская ~ artesian well
базовая ~ (*для расчета буровой установки*) most probable [base] well, well with most probable bit and casing program
безводная ~ water-free well
бездействующая ~ well out of operating
боковая ~ side well
буровая ~ borehole, boring (well)
вертикальная ~ vertical well
взрывная ~ shot hole
внутриконтурная ~ (intra)contour well
водонагнетательная ~ water-injection well
водяная ~ water well
временно закрытая ~ closed-in well
вспомогательная ~ easer

скважин/а

высокодебитная ~ prolific well, large producer
газлифтная ~ gas-lift well
газовая ~ gas well, gasser
газодобывающая ~ gas producer, gas-producing well
газонагнетательная ~ gas-injection well
геофизическая ~ geophysical well
гидродинамически несовершенная ~ hydrodynamically imperfect well
глубинно-насосная ~ pumping well
глубокая ~ deep well
глубоководная ~ deep water well
горизонтальная ~ horizontal well
горизонтальная ~ с большим радиусом кривизны long-radius horizontal well
горизонтальная ~ с большой длиной горизонтального участка long-reach horizontal well
граничная ~ border-line [edge] well
двухколонная ~ two-string [two-casing] well
двухпластовая ~ dual completion well
двухрядная ~ *см*. двухпластовая скважина
двухствольная ~ dual-bore [coupled] cluster
действующая ~ running well, well in operation
добывающая ~ producing well
заглохшая ~ dead well
заглушенная ~ killed well
законсервированная ~ suspended well
законтурная ~ perimeter [step-out] well
законченная ~ completed well, completion
законченная бурением ~ с открытым забоем barefoot completion
закрытая ~ shut-in well
зацементированная ~ cemented well, injected hole
индивидуальная насосная ~ well on the beam
искривившаяся ~ crooked well
искривленная ~ purposely deviated [purposely slanted, directionally drilled] well
искривляющаяся ~ deviating well
истощенная ~ stripper (well), exhausted [declined] well
конденсатная ~ condensate well
контрольная ~ monitor well
кустовая ~ cluster well
ликвидированная ~ abandoned well
малогабаритная ~ (*малого диаметра*) casingless [tubingless] completion, slim hole
малодебитная ~ marginal well, marginal producer, stringer
мелкая ~ shallow well
многопластовая ~ multiple zone well
многорядная ~ multistring well
морская ~ offshore well
наблюдательная ~ observation [key] well, observation hole
нагнетательная ~ injection [input] well
наклонная ~ slant(ed) [inclined] well, deviating hole
наклонно-направленная ~ deviated [directional] well, slant hole

наклонно-направленная ~, в которой отклонение увеличивается до определенного угла и остается неизменным до проекта build-and-hold wellbore
наклонно-направленная ~, пробуренная для глушения другой relief well
направленная ~ direction [directionally drilled] well
направленно-искривленная ~ controlled directional well
направляющая ~ небольшого диаметра pilot hole
насосная ~ pumping well, *проф*. jark
насосные ~ы, обслуживаемые одним оператором beat
необсаженная ~ open hole
необсаженная бурящаяся ~ borehole
непродуктивная ~ nonproductive [dry, barren] well, duster
нерентабельная ~ noncommercial producer
несовершенная ~ imperfect well
неудачная ~ failure
неуправляемая ~ out-of-control [blowout, wild, breathing] well
нефтяная ~ oil well, oiler
нисходящая ~ downhole
обводненная ~ drowned [flooded, water producing] well, water producer
обсаженная ~ cased hole, cased well
одиночная ~ single well
одноопорная ~ single-jacket well
однорядная ~ single-string well
оконтуривающая ~ extention [outpost] well
опорная ~ key [stratigraphic, test] well, key hole
отдельно стоящая ~ unique completion
оценочная ~ development test [reservoir evaluating] well
параметрическая ~ appraisal well
паронагнетательная ~ steam-injection well
периферийная ~ offset well
перфорированная ~ perforated well
поглощающая ~ absorption well
подводная ~ underwater well
подводная ~ с изолированным устьевым оборудованием dry subsea well
подводная ~ с открытым [неизолированным] подводным оборудованием wet subsea well
поисковая ~ prospecting (bore)hole, pioneer well, wildcat
приконтурная ~ edge well
пробуренная ~ drilled well
продуктивная нефтяная ~ barreler, producing well
проектная ~ planned well
простаивающая ~ temporarily shut-in well
проявляющая ~ kicking well
пульсирующая ~ surging [belching] well
пьезометрическая ~ pressure observation [piestic] well
разведочная ~ exploratory well

разветвленная ~ branched [drain-hole] well
разветвленно-горизонтальная ~ horizontally branched well
разгрузочная ~ relief well, easer
рентабельная ~ paying well
сверхглубокая ~ ultradeep [superdeep] well
сейсмическая ~ shot well
совершенная ~ perfect well
соседняя ~ offset [adjacent, neighboring] well
специальная ~ special well
структурно-картировочная ~ structure test well
структурно-поисковая ~ core hole, cored well
сухая ~ duster, dry [nonproductive, barren] well
фонтанная ~ flow(ing) well
фонтанная ~ в начальном периоде flush producer
цементировочная ~ (*для укрепления пород*) grout hole
эксплуатационная ~ development well
эксплуатационно-разведочная ~ semi-wild-cat

скважинный borehole; (*размещенный в скважине*) downhole

скелет:
~ горной породы rock skeleton

склад depot, warehouse, store, storage
~ горючего fuel storage
~ материалов для приготовления бурового раствора drilling mud house
базисный ~ oil terminal
нефтепромысловый ~ field [lease] storage
открытый ~ open [ground] storage
перевалочный ~ нефтепродуктов oil-products terminal store
портовый ~ storage terminal
тупиковый нефтяной ~ oil terminal

складирование yarding, storage
сухое ~ dry storage

складк/а *геол.* fold
~ основания basement fold
~ покрова sedimentary cover [sedimentary mantle] fold
~ с вторичной складчатостью на крыльях refolded fold
антиклинальная ~ anticline, anticlinal fold
асимметричная ~ asymmetric(al) fold
веерообразная ~ fan fold
второстепенная ~ minor fold
вытянутая антиклинальная ~ elongated anticline
гармоничная ~ harmonic fold
главная ~ prominent fold
гребневидная ~ crest-like fold
диапировая ~ diapir(ic) [piercing] fold
доминирующая ~ major fold
закрытая ~ closed fold
изоклинальная ~ isocline, isoclinal fold
килевидная ~ carinate fold
коробчатая ~ box fold

куполообразная ~ closure
лежачая ~ recumbent fold
моноклинальная ~ monoclinal fold
наклонная ~ inclined fold
небольшая моноклинальная ~ flexure
нижние ~и холма *или* горного кряжа foot-hills
опрокинутая ~ reversed [overturned] fold, overfold
параллельные ~и similar folds
перевернутая ~ *см.* опрокинутая складка
повторенная антиклинальная ~ composite anticline
пологая ~ gentle fold
поперечная ~ cross fold
простая ~ simple fold
симметричная ~ symmetrical fold
сложная ~ compound [composite] fold

складка-сброс *геол.* fold-fault

складчатость *геол.* folding
~ волочения drag folding
~ срыва decollement
~ течения flow(age) folding
внутриформационная ~ intraformational folding
вторичная ~ secondary folding
главная ~ major folding
глубинная ~ deep-seated folding
глыбовая ~ block folding
гравитационная ~ gravitational folding
диапировая ~ diapir(ic) [piercing] folding
интенсивная ~ plication
куполовидная ~ dome folding
наложенная ~ superposed folding
параллельная ~ concentric [parallel, competent] folding
платформенная ~ platform folding
поперечная ~ cross folding

склерометр sclerometer

склон:
континентальный ~ continental slope

склонение deflection
~ жилы hade
~ магнитной стрелки deflection
магнитное ~ magnetic declination

скоба:
~ для извлечения трубопровода pipe pulling yoke
~ для опускания трубопровода в траншею pipe clamp
~ для подвешивания трубопровода pipe(line) clip, pipe(line) hanger
~ для прикрепления трубы saddle
вертлюжная ~ swivel bail
зажимная ~ binding clip
измерительная ~ plain gage
монтажная ~ shackle
прямоугольная ~ bitch

скоба-подвеска (*для наливного шланга*) hose-supporting clip

скол (*зубьев долота*) bit teeth chippage

скольжение:

скольжение

~ ремня belt creep, belt slip
скоплени/е accumulation
 ~ в трубопроводе slug
 ~ газа accumulation of gas
 ~ нефти accumulation of oil
 ~ нефти и газа в виде залежи над перфорированной зоной ствола скважины attic accumulation
 ~ осадков sediment accumulation
 ~ углеводородов hydrocarbon accumulation
 местное ~ воды slug
 местное ~ руды bunch
 перемежающиеся ~я газа и жидкости (*в скважине с высоким пластовым давлением*) slug
скорлупа shell
 измельченная ~ орехов ground nutshell
 ореховая ~ nutshell
скорость rate, speed, velocity
 ~ бурения drilling rate, drilling speed
 ~ ветра wind speed, wind velocity
 ~ в кольцевом пространстве (*напр. бурового или цементного раствора*) annular velocity
 ~ восходящего потока ascending flow velocity, upward flow rate
 ~ восходящего потока бурового раствора drilling mud upward velocity
 ~ восходящего потока бурового раствора в кольцевом пространстве annular return drilling mud velocity, ascending drilling mud (flow) velocity in the annulus
 ~ впуска input rate
 ~ движения флюида fluid flow velocity
 ~ закачивания pumping rate
 ~ звука (*акустический каротаж*) acoustic sound velocity, sound speed
 ~ истечения discharge [outflow] velocity
 ~ истечения из насадки jet [spouting] velocity
 ~ миграции rate of travel, migration rate
 ~ навивки (*талевого каната*) wire-rope spooling speed
 ~ на входе entrance speed; (*в насос, компрессор*) inlet [intake] speed
 ~ на входном валу input shaft speed
 ~ на выходе exit [delivery] speed; (*из насоса, компрессора*) outlet [exhaust] speed
 ~ на выходном валу output shaft speed
 ~ нагнетания воды water-injection rate
 ~ нагнетания газа gas-injection rate
 ~ нагнетания пара steam-injection rate
 ~ налива input rate
 ~ ненагруженного крюка empty hook speed
 ~ нисходящего потока descending velocity
 ~ осаждения deposition [settling, precipitating] rate
 ~ осаждения бурового шлама в буровом растворе drilling cutting settling [drilling cutting slip] velocity in drilling mud
 ~ отбора (*флюида*) из залежи reservoir voidage rate
 ~ падения давления (*в пласте*) pressure decline rate
 ~ передачи данных data rate
 ~ передвижения traveling rate
 ~ подачи бурового долота rate of downward drilling bit feed
 ~ подъема (*напр. колонны из скважины*) hoisting [pulling] speed; (*восходящего потока*) ascending velocity
 ~ подъема бурового инструмента hoisting speed of drilling tool
 ~ потока flow velocity
 ~ продвижения контурной воды water influx rate
 ~ прокладки трубопровода pipeline laying speed
 ~ проходки on-bottom drilling [penetration] rate, rate of penetration
 ~ распада эмульсии lability of emulsion
 ~ распространения волн wave propagation velocity
 ~ ротора rotary speed
 ~ сдвига rate of shear, shear rate, gradient of shear strain
 ~ сдвиговых деформаций *см.* скорость сдвига
 ~ сейсмической волны seismic wave velocity
 ~ спуска бурового инструмента drilling tool running speed, speed of drilling tool running-in
 ~ срабатывания response speed
 ~ турбулентного потока turbulent-flow rate
 ~ увеличения угла отклонения от вертикали (*ствола скважины*) angle of build-up
 ~ фильтрации filtration [filtrate-loss, percolation] rate
 аварийная ~ подъема emergency hoisting speed
 безопасная максимальная ~ подъема бурильной колонны maximum safe hoisting speed of drilling string
 большая ~ буровой лебедки high drawworks speed
 допустимая ~ ветра allowable wind speed
 кажущаяся ~ движения флюида apparent fluid flow velocity
 коммерческая ~ бурения overall drilling rate
 критическая ~ потока critical flow velocity
 критическая ~ (*флюида*) critical speed
 малая ~ буровой лебедки low drawworks speed
 механическая ~ бурения drilling rate, bit penetration, rate of penetration
 объемная ~ движения флюида volumetric rate of fluid flow
 окружная ~ бурового долота circumferential [peripheral] drilling bit speed
 расчетная ~ ветра design wind speed
 рейсовая ~ bit run rate, bit run speed
 чрезмерная ~ overspeed
скос bevel
 ~ соединителя долота drill(ing) bit shank bevel

односторонний ~ кромки single bevel
скрап junk, salvage, scrap
скребок wall cleaner, scraper, scratcher
 ~ для обсадных труб casing scraper
 ~ для очистки необсаженного ствола скважины wall scratcher, wall scraper, wall cleaner
 ~ для очистки стенок скважины wall cleaner
 ~ для очистки стенок скважины от фильтрационной корки wall scraper
 ~ для удаления парафина (*в скважине*) paraffin-removing scraper, paraffin bit
 ~ для чистки труб rabbit
 ~ для чистки трубопроводов pipeline scraper
 ~ с проволочными петлями cable type scratcher
 ~ с проволочными рабочими элементами bristle
 ~, спускаемый без каната go-devil scraper
 ~, спускаемый на канате wireline scraper
 внутренний ~ для чистки труб pig
 вращающийся ~ rotating [rotation type] scratcher
 вращающийся ~ для необсаженного ствола скважины rotating wall scratcher, rotating wall scraper
 вращающийся ~ для открытого ствола *см.* вращающийся скребок для необсаженного ствола скважины
 вращающийся закачиваемый ~ pump-down rotating scraper, roto-rabbit
 гидравлический ~ для очистки необсаженного ствола скважины hydraulic wall scraper
 движущийся возвратно-поступательно ~ reciprocating scratcher
 механический ~ для очистки трубопровода pipeline scraper
 наружный ~ для чистки ведущих труб kelly wiper
 наружный ~ для чистки труб pipe wiper
 обрезиненный ~ rubberized pig
 парафиноасфальтный ~ paraffin-asphalt scraper
 парафиновый ~ paraffin scraper
 поворотный ~ rotating wall scratcher
 проволочный ~ bristle type scratcher
 растворимый ~ для чистки трубопроводов soluble pipeline scraper
 цилиндрический ~ для чистки трубопроводов plug pipeline scraper
 шаровой ~ для очистки трубопроводов ball and chain crawler
скребок-центратор scratchalizer
скрепер rabbler
скреплять:
 ~ болтами screw
 ~ цементным раствором cement
скруббер gas cleaner, gas washer, (air) scrubber
скручивание:
 ~ бурильных труб twisting off
сланец schist; shale

аспидный ~ slate
бентонитовый ~ bentonitic shale
битуминозный ~ bituminous [oil] shale
глинистый ~ clay [argillaceous] slate
кремнистый ~ chert, flinty slate
липкий ~ adhesive slate
нефтеносный ~ oil [petroliferous] shale
песчанистый ~ sandy shale
пустой ~ barren shale
складчатый ~ folded schist
слюдяной ~ mica schist
угленосный ~ (*приближающийся по характеру к нефтеносному сланцу*) cannel bass
углистый ~ coaly shale
шиферный ~ slate
сланцеватость fissility, foliation, jointing, schistosity
сланцеватый foliated, schistose, shaly
сланцевый fissile, slaty
слепой (*не выходящий на дневную поверхность*) blind
слесарь locksmith
слесарь-монтажник (assembling) fitter
слесарь-сборщик (machine) fitter
слив drop-out, discharge; unloading
 ~ нефтепродуктов по подводному трубопроводу offshore unloaing
 ~ нефти oil discharge
сливание сифоном siphoning
сливать drain off, draw off, empty
 ~ жидкость с осадка elutriate
слипаемость adherence
слипание adhesion, coalescence
слоистость *геол.* bedding, layering; lamination
 косая ~ cross bedding
 прямая ~ rectilinear lamination
 скрытая ~ cryptic layering
 сортированная ~ graded bedding
сло/й 1. layer 2. *геол.* bed, stratum
 ~ многослойного шва pass
 ~ песка oil sand pack
 ~ породы bed, stratum
 адсорбирующий ~ adsorption layer
 грунтовочный ~ priming coat
 запирающий ~ barrier film
 защитный ~ blanket, seal coat, protective layer
 изолирующий ~ seal(ing) layer
 изоляционный ~ seal coat; *эл.* insulation layer
 наварной ~ *св.* weld bead
 нависающий ~ породы slab
 наплавленный ~ *св.* overlay
 наружный ~ skin; outer layer
 неподвижный ~ fixed bed
 нефтеносный ~ petroliferous [oil-bearing] stratum
 нижние ~и грунта underground
 нижний ~ footing, underlayer, underlying stratum
 ограничивающий ~ confining bed
 первый ~ окраски priming coat

сло/й

плотный ~ packed bed
поверхностный ~ blanket, skin; surface layer
подстилающий ~ underlayer, underlying stratum
покрывающий ~ covering bed
почвенный ~ soil (layer)
складчатый ~ contorted bed
тонкий ~ film, wash
фильтрующий ~ filter bed
цементированный ~ cemented layer
эмульсионный ~ emulsion (layer)
слюда mica
обыкновенная ~ common mica
промышленная ~ commercial mica
смазка 1. (*жидкая*) lubricant, dope 2. (*консистентная*) grease 3. *см.* **смазывание**
~ для предохранения соединительной резьбы от повреждения при свинчивании antigalling compound
~ для приводных ремней belt filler
~ для снижения трения low-friction compound
~ для тормозов brake dressing
~ посредством впрыскивания распыленного масла atomizer lubrication
густая ~ dope
жидкая ~ (liquid) lubricant
консистентная ~ (lubricating) grease
механическая ~ под давлением power lubrication
незамерзающая ~ antifreezing lubricant
трубная ~ pipe dope
уплотнительная ~ (*соединений труб*) joint(ing) paste
уплотняющая резьбовая ~ sealing compound
смазочный lubricating
смазчик oiler
смазывание lubrication, greasing
~ маслом oiling
~ под давлением force-feed [forced, pressure] lubrication
смазывать oil, lubricate, grease
~ маслом slush
смачивать water, wet
смачиваемость wettability
~ горной породы rock wettability
смачиваемый wettable
смачивающий wetting
смена 1. change, replacement 2. (*рабочая*) gang, shift
~ бригады crew change
~ бурового раствора drilling nud changeover, change of drilling mud
~ долота bit change
~ инструмента change of tool
~ смазки lubricant refilling
~ типа бурового раствора break-over
вторая ~ back shift
дневная ~ daylight shift
ночная ~ night [dog] shift
смеситель blender, mixer
~ периодического действия batch blender
~ с лопастной мешалкой *см.* лопастной смеситель
гидравлический ~ hydraulic mixer
дырчатый ~ perforated mixer
лопастной ~ paddle [arm] mixer
сместить скважину offset a well
смесь blend, mixture
~ воздуха с горючим air-fuel mixture
~ октанола и воды octanol and water mixture
антифризная ~ antifreeze mixture
бетонная ~ concrete mixture
газовоздушная ~ air-gas mixture
гелиево-кислородная ~ helium-oxygen mixture
дыхательная ~ breathing mixture
нефтегазостойкая ~ oil and gas resistant compound
нефтецементная ~ oil-cement mixture
песчано-цементная ~ с низким содержанием цемента lean cement mixture
свежеуложенная бетонная ~ fresh concrete mixture
тощая бетонная ~ poor concrete mixture
смет/а:
~ расходов costings
составление ~ы cost estimating
смешение blending, mixing
~ нефтепродуктов при перекачке по трубопроводу pipeline blending
смешивание blending, commixture, compounding
смещать displace, offset, shift
смещение dislocation, displacement; offset, shift(ing)
~ забоя bottom displacement
~ нулевой точки zero creep
~ песка disturbance of sand
горизонтальное ~ забоя скважины horizontal displacement of well bottom
горизонтальное ~ при сбросе gap
допустимое ~ allowable offset
косое ~ shift
параллельное ~ parallel displacement
угловое ~ angular displacement
смола 1. resin 2. pitch tar
асфальтовая ~ bituminous pitch
горная ~ bitumen
минеральная ~ mineral resin; earth pitch
натуральная ~ natural resin
смолообразование gum formation
смонтированный mounted
~ на грузовике truck-mounted
~ на салазках skid-mounted
сморщивание corrugation, shrinkage, shrinking
смывание flushing
смыкание closing
~ трещин closing of fractures
смягчение (*воды*) softening
~ воды water softening
смятие buckling, collapse, crushing
~ зуба шарошки bradding

~ обсадной колонны casing collapse
~ стенок ствола скважины (*под действием горного давления*) wall rock crushing-in
снабжение:
~ нефтью oil supply
~ энергией power supply
материально-техническое ~ logistics
снабженный:
~ плавкими предохранителями fused
~ прокладкой packed
~ рубашкой jacketed
~ уплотнением packed
снаряд:
~ перфоратора bullet
землесосный ~ dredge
керновый ~ core barrel
скважинный ~ downhole tool
цементировочный ~ для тампонирования squeeze cementing tool
снаряжение:
водолазное тяжелое ~ с защитным шлемом hard hat gear
СНГ [сжиженный нефтяной газ] liquefied petroleum gas, LPG
снеббер snubber
снижать:
быстро ~ давление flash down
снижение descent, fall, drop
~ давления decompression
~ давления в затрубном пространстве annular pressure drop
~ давления в пласте reservoir pressure decrease
~ дебита скважины well production rate decrease
~ добычи decline of production
~ коэффициента полезного действия насоса loss of pump efficiency
~ кривизны decrease of inclination
~ прочности цемента cement strength retrogression
~ скорости проходки из-за перегрузки долота bit floundering
~ темпа отбора production drawdown
резкое ~ fall-off
снос:
боковой ~ при качке sway
продольный ~ при качке surge
снятый:
~ для ремонта и осмотра laid up
~ с эксплуатации out of service
собачка catch, dog, pawl
запорная ~ locking dog
пружинная ~ spring pawl
спусковая ~ deflecting cam
стопорная ~ locking pawl
соблюдение:
~ техники безопасности adherence to safety rules [safety regulations]
~ технических условий adherence to specifications
совместимость compatibility

~ жидкостей fluid compatibility
согласие *геол.* conformability, accordance, concordance
ложное ~ pseudoconcordance
согласный *геол.* concordant, conformable
соглашение agreement
~ о долевом разделе добычи production sharing agreement
~ о совместной деятельности joint-operation agreement
сода soda, sodium carbonate
~ Сольвэ light soda ash
безводная ~ unhydrous sodium carbonate
кальцинированная ~ с содержанием едкого натра caustic ash
каустическая ~ caustic soda, sodium hydroxide
кристаллическая ~ crystal carbonate
легкая ~ light soda ash
содержание content
~ бензиновых углеводородов gasoline content
~ воды и грязи в нефти cuts
~ нефти oil content
~ примесей в добываемой нефти well cuts
~ углерода carbon content
начальное ~ нефти в пласте original oil in place
общее ~ органического углерода total organic carbon
процентное ~ percentage
содержать carry, contain
~ влагу contain moisture
~ нефть contain oil
~ твердую фазу contain solids
содержащий:
~ ископаемые организмы fossiliferous
~ нефть petroliferous, oil-bearing
~ соль saliferous
~ уголь carboniferous, coal-bearing
соединени/е 1. connection, joint, junction, union 2. *хим.* compound
~ ароматического ряда aromatic compound
~ без заедания non-galling connection
~ внахлестку lap butt
~ водоотделяющей колонны (marine) riser connector
~ враструб с развальцовкой наружной трубы bell hit joint
~ встык abutment joint, butt joint
~, выполненное газовой сваркой gas-welded joint
~, выполненное дуговой сваркой arc-welded joint
~ жирного ряда fatty compound
~ звездой *эл.* star connection
~ «ласточкиным хвостом» dovetail joint
~ нескольких элементов, сходящихся в одной точке cluster joint
~ нефтяных капель эмульсии под действием реагента coalescence
~, освобождающееся после срезания шпильки shear pin-type safety joint

соединени/е

~ плетей трубопровода tie-in
~ под углом angle joint
~ под углом 45° miter joint
~ при помощи вставных стержней sledge pin connections
~ прихватками *см.* соединение прихваточными швами
~ прихваточными швами tack-welded
~ с внутренней резьбой female joint
~ с водой aquation
~ с заземлением *эл.* ground connection
~ с замковой резьбой box
~ с защелкой bayonet joint
~ с землей *см.* соединение с заземлением
~ с наружной резьбой male joint
~, состоящее из двух сваренных между собой труб jointer
~ треугольником *эл.* delta connection
~ труб pipe connection
~ труб в трубопроводе conduit joint
~ труб муфтами *или* раструбами socket-and-spigot joint
~ труб раструбом bell and spigot joint
~ труб с муфтой muff joint
~ частиц aggregation
~ шлангов hose connection
алифатическое ~ aliphatic compound
антидетонирующее ~ antiknock compound
бесфланцевое ~ jointless connection
боковое ~ side connection
болтовое ~ bolted connection
быстросъемное ~ fast make-up connection
вспомогательные ~я (*обвязки превенторов*) accessories
газонепроницаемое ~ gas-tight connection
галоидное ~ halide
гибкое ~ flexible connection
жесткое ~ rigid connection, fixed joint
замковое ~ tool joint
замковое ~ водоотделяющей колонны riser lock connection
замковое муфтовое ~ box and pin
кислородное ~ oxy compound
клиновое ~ keying
коленчатое ~ crank, elbow [knee] joint
комбинированное ~ composite joint
компенсационное ~ труб pipe-expansion joint
комплексное ~ complex compound
конусное ~ tapered connection, tapered joint
летучее органическое ~ volatile organic compound
маловязкое ~ low-friction compound
муфтовое ~ box and pin
муфтовое ~ с косыми фланцами bias cut hydrocouple connection
неорганическое ~ nonorganic compound
неплотное ~ leaky connection
непосредственное ~ direct connection
неразъемное ~ permanent connection
нестандартное ~ bastard connection
оксидные ~я железа ferric compounds

органическое ~ organic compound
параллельное ~ *эл.* connection in parallel, parallel connection, shunt
плотное ~ adherence, tight connection
плохое ~ lack of bond
полужесткое ~ semi-rigid joint
последовательное ~ *эл.* connection in series, series connection
последовательно-параллельное ~ series-parallel connection
разъемное ~ plug contact
резьбовое ~ thread(ed) connection
сварное ~ weld joint
сварное стыковое ~ welded butt joint
свободноскользящее ~ sliding fit
сильфонное ~ bellows joint
скользящее ~ slip joint
тавровое ~ T-joint
телескопическое ~ telescopic joint
торцевое ~ edge joint
тройниковое ~ branch joint
трубное ~ (*обсадных труб*) casing joint
углеводородное ~ hydrocarbon compound
угловое ~ angle joint
фланцевое ~ flanged connection, flange joint
фланцевое ~ между превентором и главной задвижкой spool
хелатное ~ chelate compound
химическое ~ (chemical) compound
хомутное ~ clamp connection
шарнирное ~ link [pin-and-eye] connection, hinge joint
шаровое ~ ball joint
штуцерное ~ nipple joint
штыковое ~ bayonet joint
соединитель connector, fastener
~ бурового долота drilling bit shank
~ выкидной линии flowline connector
~ для спуска и наращивания (*обсадной колонны*) running and tie-back connector
~ для шлангов hose coupler
~ для штанг и балансира adjuster
~ устьевого оборудования wellhead connector
гидравлический двухходовой ~ double fluid connector
колоколообразный ~ bell-shaped connector
цанговый ~ collet connector
штепсельный ~ coupler, plug connector
штырьковый ~ pin connector
соединять:
~ внахлестку overlap
~ впритык abut
~ встык butt
~ мостом bridge
создавать:
~ противодавление на пласт offset the pressure in a well
создание:
~ в пласте движущегося очага горения fire flooding
~ фронта горения в пласте (*путем частичного сжигания нефти*) in-situ combustion

сопротивление

~ электропроводящих каналов в пласте electrolinking
соленосный saliferous, salt-bearing
соленость salinity
  ~ водной фазы water-phase salinity
  вторичная ~ secondary salinity
  первичная ~ primary salinity
соленый saline, salty
солить salt
солифлюкция solifluction
солончак salina, saline
солончаковый saliniferous
соль salt
  ~ азотной кислоты nitrate
  ~ алюминиевой кислоты aluminate
  ~ борной кислоты borate
  ~ галоидоводородной кислоты halide
  ~ угольной кислоты carbonate
  ~ фтористоводородной кислоты fluoride
  ~ хлористоводородной кислоты chloride
  ~ щелочного металла alkali salt
  ~ Эпсома Epsom salt
  каменная ~ rock salt
  кислая ~ acid salt
  кислая ~ угольной кислоты bicarbonate
  основная ~ basic salt
  поваренная ~ common [sodium] chloride
  углекислая ~ carbonate
сообщение:
  ~ пластов combination of zones
сооружать construct, erect, raise
сооружение 1. construction, structure, facility 2. (*процесс строительства*) construction, erection, building
  ~ резервуара erection of tank
  ~ трубопровода pipeline construction
  гравитационное стационарное ~ fixed gravity structure
  морское ~ offshore structure
  нефтепромысловое ~ oil field structure, oil field facility
  свайное ~ pilework
соосность coaxiality
соосный coaxial; (*о бурильной колонне по отношению к скважине*) on-line
соотношение ratio
  ~ длин плеч в приводной качалке hack ratio
  ~ между концентрациями вещества в двух фазах ratio between concentrations of a substance in two phases
  ~ нагнетаемого воздуха и добываемой нефти при эрлифтной эксплуатации скважин air-oil ratio
сопло nipple, nozzle
  ~ горелки burner nozzle
  ~ долота bit nozzle
  вставное ~ nozzle bushing
  газовое ~ gas nipple
  инжекторное ~ injection nozzle
  коническое ~ cone nozzle
  напорное ~ discharge nozzle
  отражающее ~ deflecting nozzle
  подающее ~ delivery nozzle
  промывочное ~ jet [flushing, fluid] nozzle
  ручное струйное ~ hand-jetting nozzle
сополимер copolymer
соприкосновение:
  неполное ~ gapping
сопротивление resistance
  ~ абразивному износу *см.* сопротивление истиранию
  ~ атмосферным воздействиям resistance to weather
  ~ вдавливанию resistance to indentation
  ~ грунта дна моря заглублению (*свай*) driving resistance
  ~ движению resistance to motion
  ~ деформации resistance to deformation
  ~ изгибу bending [flexural] strength
  ~ истиранию abrasion resistance
  ~ коррозии resistance to corrosion
  ~ образованию трещин cracking resistance
  ~ ползучести creep resistance, creep strength
  ~ продольному изгибу buckling resistance, buckling strength, resistance to lateral bend
  ~ разрушению resistance to rupture
  ~ разрушению при ударе impact strength
  ~ разрыву breaking [tensile] strength, tear resistance
  ~ сваи pile resistance
  ~ сдвигу shear resistance
  ~ сжатию compression strength
  ~ скручиванию torsional strength
  ~ смятию collapsing strength
  ~ срезу *см.* сопротивление сдвигу
  ~ течению resistance to flow
  ~ точечной коррозии resistance to pit corrosion
  ~ ударной нагрузке resistance to impact, resistance to shock
  ~ удару *см.* сопротивление ударной нагрузке
  ~ усталости endurance, fatigue resistance
  ~ усталости при изгибе bending fatigue resistance
  гидравлическое ~, преодолеваемое насосом pump load
  гидродинамическое ~ hydrodynamic resistance
  емкостное ~ capacitance
  кажущееся удельное ~ apparent resistivity
  калибровочное ~ calibrated resistance
  контактное ~ contact resistance
  лобовое ~ drift, front resistance
  начальное ~ движению жидкости yield value
  предельное ~ трению покоя ultimate static frictional resistance
  равномерное ~ uniform strength
  статическое ~ сваи static pile resistance
  тормозное ~ brake resistance
  удельное ~ specific resistance
  упругое ~ elastic resistance
  шунтирующее ~ bypass resistance

сопротивление

электрическое ~ electric resistance
сопротивляемость resisting strength
сорбент sorbent
сорбция sorption
~ нефти (*породами*) oil occlusion
сорт brand, class, grade, sort
~ нефти grade of oil
~ цемента cement brand [class]
сортамент труб pipe grades
сортировка:
~ по крупности sizing
соскальзывание sliding
~ бурильных труб с подсвечника drill pipe sliding off the set back
состав:
~ газированной нефти composition of well stream
~ для смазки приводных ремней belt dressing composition
~ для устранения загрязнений antifouling compound
~ нефти petroleum composition
~ по крупности size composition
~ пород коллектора composition of reservoir rocks
~ смеси mixture composition
~ цементной смеси formulation of cement blend
герметизирующий ~ sealing compound
гранулометрический ~ grain [granulometric] composition
исходный ~ original composition
компонентный ~ composition
литологический ~ lithologic composition
минеральный ~ mineral composition
противогнилостный ~ antifouling compound
равновесный ~ equilibrium composition
солевой ~ composition of salts in solution
фракционный ~ fractional composition
химический ~ chemical composition
химический ~ бурового раствора mud chemistry
составление:
~ геологического разреза скважины making-up of borehole geologic section
~ диаграмм charting
~ программ бурения drilling program scheduling
~ проекта разработки development program scheduling
~ смеси compounding
составляющая component, constituent
активная ~ active component
продольная ~ axial component
состояние condition, state
~ без трещин uncracked condition
~ газовой шапки gas-cap behavior
~ при перегоне transit condition
~ скважины behavior of well, well condition
~ ствола скважины borehole condition
газообразное ~ gaseous condition
дебалластированное ~ unballasted condition
жидкое ~ fluidity; liquid condition
напряжённое ~ stress, tension
нетекучее ~ no-flow condition
однофазное ~ single-phase behavior
пластическое ~ plastic condition
полупогружённое ~ semi-submerged condition
предельное ~ limit(ing) condition
равновесное ~ equilibrium (state)
расплавленное ~ molten condition
твёрдое ~ solidity; solid condition
турбулентное ~ turbulent condition
состыковывать join, mate, engage
сосуд bulb, container, jar, vessel
~, работающий под давлением pressure vessel
сотрясение shaking, shattering
соударение collision, encounter
сохнуть desiccate, dry
сохранение conservation
~ газа в пласте gas conservation
~ запасов conservation of resources
~ нефтяных ресурсов oil conservation
сочленение joint(ing)
шарнирно-шаровое ~ knuckle and socket joint
сочленённый articulated, jointed
спай joint, junction, seam
спайдер spider
~ для монтажа и демонтажа водоотделяющей колонны marine-riser handling [riser joint] spider
~ для обсадных труб casing spider
спайдер-элеватор spider-elevator
спасательный saving
спасение saving
~ жизни людей на море saving of life at sea
СПБУ [самоподнимающаяся буровая установка] jack-up drilling rig
СПГ [сжиженный природный газ] liquefied natural gas, LNG
спекание clinkering, coking, sintering
специалист:
~ по буровым растворам drilling mud man
~ по ловильным работам fishing tool operator
~ по ремонту скважинных насосов downhole pump repairman
~ по цементированию скважин *проф.* dentist
спецификация:
~ безопасности материалов materials safety data sheet
спецодежда overall
спидометр speed indicator speedometer
спирт alcohol
метиловый ~ methanol, methyl alcohol
этиловый ~ ethanol, ethyl alcohol
сплав alloy
~ карбида вольфрама tungsten-carbide alloy
~ с вольфрамом в качестве основного компонента tungsten alloy

средств/о

антифрикционный ~ antifriction alloy
высоколегированный ~ high alloy
кислотоупорный ~ acid-proof alloy
металлический ~ metal alloy
металлокерамический ~ metalloceramic [cermet] alloy
твердый ~ hard alloy; (*наплавляемый на рабочую поверхность инструмента для продления срока службы*) facing alloy
сплавление fusion
сползание:
~ муфты creepage of coupling
способ method, technique
~ бурения drilling method
~ вскрытия пласта drilling-in method
~ протягивания (*трубопровода*) по дну bottom pull method
~ оценки продуктивности пласта formation evaluation method
~ цементирования cementing method
~ эксплуатации скважин well operation method
вращательный ~ бурения rotation drilling method
гидравлический ~ бурения мелких скважин jetting
наплавной ~ float-on method
химический ~ закрытия воды в скважине одной операцией (*с оставлением нефтеносных пластов открытыми*) selective water shut-off method
способность ability, capacity
~ держаться на поверхности воды buoyancy, floatability
~ диффундировать diffusivity
~ к деэмульгированию demulsibility
~ к заводнению floodability
~ к расширению expansiveness, expansivity
~ к сцеплению cohesiveness
~ окисляться oxid(iz)ability
~ подвергаться деформации deformability
~ подвергаться коррозии corrodibility
~ прилипать к поверхности *см.* адгезионная способность
~ расщепляться на пластинки fissility
~ сжиматься compressibility
абсорбционная ~ absorbability, absorbing ability, absorptivity
адгезиозная ~ adhesive ability, adhesiveness
адсорбирующая ~ adsorption power
аккумулирующая ~ газопровода line packing
всасывающая ~ *см.* абсорбционная способность
вяжущая ~ binding power
герметизирующая ~ sealing ability
когезионная ~ cohesiveness
несущая ~ bearing capacity, bearing power
отражательная ~ reflective power
пропускная ~ throughput (capacity)
пропускная ~ перевалочной нефтебазы terminal delivery
смачивающая ~ wetting ability
теплопроводная ~ calorific ability
цементирующая ~ cementation power
спрос demand
~ на газ gas demand
~ на нефть oil demand
спуск:
~ бурильной колонны drilling string running(-in)
~ воды и грязи из резервуара tank bleeding
~ в скважину под давлением snubbing
~ жидкости bleeding
~ и подъем бурильной трубы handling the drill pipe
~ колонны casing running(-in)
~ мачтовой вышки lowering of mast
~ на воду launching
~ насосных штанг sucker-rod string running(-in)
~ НКТ running(-in) [lowering] of tubing string
~ обсадной колонны casing running(-in), lowering of casing string
~ промысловых вод disposal of brine
параллельный ~ труб concurrent run of pipes
попеременный ~ и подъем инструмента в скважине jostle
спускать:
~ воду bleed
~ в скважину (*инструмент*) run in hole, RIH
~ самотеком chute
спутник satellite
~и в шельфовой технологии satellites in offshore technology
сращивание:
~ впритык butt
~ проводов binding
среда 1. agent, medium 2. (*окружающая*) environment
агрессивная ~ aggressive [corrosive] medium
водная ~ aqueous medium
восстановительная ~ reduction medium
газовая ~ gaseous medium
дисперсионная ~ dispersing medium
естественная ~ habitat, life environment
жидкая ~ fluid medium
защитная ~ envelope
кислотная ~ acid condition
морская ~ marine environment
несущая ~ carrying agent
окислительная ~ oxidizing medium
окружающая ~ environment
охлаждающая ~ cooling agent
пористая ~ porous medium
смачивающая ~ wetting agent
щелочная ~ alkaline condition
средств/о facility, means
~а обслуживания facilities
~а первой помощи first-aid means
~а предупреждения warning means
~а спасения персонала personnel survival equipment

средств/о

~а, способствующие смачиванию wetting agents
вспомогательное ~ booster
вяжущее ~ astringent
моющее ~ detergent
моющие анионные ~а anionic detergents
обезвоживающее ~ dehydrator
противокоагулирующее ~ anticoagulant
радионавигационные ~а radio navigation aids
спасательные ~ life saving equipment
транспортное ~ vehicle

срез:
~ы под ключ wrench flats
косой ~ bevel [chamfer] cut
плоский ~ flat

срок period, life
~ разработки пласта-коллектора reservoir life
~ службы (service) life
~ службы долота bit performance
~ службы опор долота bearing life
~ службы скважины average life of well
~ фонтанирования скважины well flowing life
~ эксплуатации скважины well life
длительный ~ службы long-life performance
межремонтный ~ службы turnaround time
ожидаемый ~ службы life expectancy
предполагаемый ~ службы см. ожидаемый срок службы

стабилизатор stabilizer
~ бурильной колонны column stabilizer, drill string guide
~ потока flow stabilizer
~ раствора deflocculant
~ талевого блока traveling-block stabilizer
~, укрепленный на УБТ drill-collar stabilizer

стабилизация stabilization
~ бурильной колонны stabilization of drill string
~ глин clay control
~ давления pressure leveling-off, pressure stabilization

стабилизированный колоннами column-stabilized

стакан socket, glass, beaker, cup
~ воздушного насоса bucket
~ насоса pump box, valve barrel

сталь steel
высокопрочная ~ heavy-duty steel
кислотоупорная ~ acid-proof steel
легированная ~ alloy steel
нержавеющая ~ stainless steel
полосовая ~ flat steel
тавровая ~ T(-bar) steel
тонколистовая ~ sheet steel

стамеска chisel

станина:
~ двигателя engine bed
~ машины machine frame
двуногая ~ A-frame

станок machine
~ для ударного бурения churn drill
~ ударно-канатного бурения cable drill
буровой ~ well borer
бурозаправочный ~ bit sharpener, jackmill
заточный ~ sharpener
сверлильный ~ drilling machine
токарный ~ lathe, turning machine

станок-качалка jack

станци/я station; unit
~ дистанционного контроля remote-control station
~ контроля и первичной переработки (нефти и газа) flow station
~ назначения receiving terminal
автоматическая насосная ~, управляемая по радио radio-controlled pump station
автоматическая перекачивающая ~ automatic pumping station
аккумуляторная ~ accumulator unit
базовая распределительная ~ bulk station
бензозаправочная ~ см. заправочная станция
вспомогательная передаточная ~ на трубопроводе booster station
газозамерная ~ gas metering station
газораспределительная ~ delivery measuring station
головная насосная ~ source pump station
заправочная ~ filling [service] station, амер. gas(oline) station
компрессорная ~ compressor station, flowing plant
компрессорная ~ трубопровода pipeline compressor station
конечная выгрузочная железнодорожная ~ railhead terminal station
конечная насосная ~ на трубопроводе terminal pump station
контрольная ~ control station
перекачивающая насосная ~ на трубопроводе pump station
приемочная ~ receiving terminal
промежуточные насосные ~и на трубопроводе relay pump stations
силовая ~ power house, power plant, power station
тупиковая ~ terminal
центральная ~ управления (подводным устьевым оборудованием) central control unit

старение aging
~ в результате термообработки thermal aging
естественное ~ natural aging
искусственное ~ artificial aging
ускоренное ~ accelerated [quick] aging

стационарный fixed, stationary

ствол:
~ сварочной горелки adapter
~ скважины bore(hole), well bore
боковой ~ rat hole
боковой ~ разветвленной скважины drain branch hole

вертикальный ~, пройденный до нижнего эксплуатационного горизонта underlayer
основной ~ скважины (*при наличии боковых*) original hole

створка flap, door
раздвижная ~ буровой шахты sliding cellar door

стекловолокно glass fiber

стеллаж rack
~ для керна core rack
~ для обсадных труб casing rack
~ для труб pipe rack

стена wall
опорная ~ abutment

стенд bed, bench, stand
испытательный ~ test bench, test rig, test stand
лабораторный ~ laboratory bench

стенка wall
~ трубы pipe wall
~ цилиндра jacket
нижняя ~ low wall, lower side
пожарная ~ fire wall

степень degree
~ динамического сжатия (*газов*) ram ratio
~ дисперсности degree of dispersion
~ износа degree of wear
~ ионизации degree of ionization
~ искривления degree of deflection
~ истощения degree of depletion
~ кислотности acid value, acidity
~ наполнения degree of admission
~ насыщения degree of saturation
~ окатанности зерен degree of rounding of grains
~ повреждения damage ratio
~ разведанности extent of exploration
~ расширения degree of expansion
~ точности degree of accuracy
~ уравновешивания degree of balance

стержень bar, core, shaft, rod
электродный ~ core

стимуляция:
~ скважин и их обслуживание well stimulation and maintenance

стоимость cost, value
~ бурения cost of drilling
~ ликвидации скважины abandonment cost
~ одного фута проходки cost per foot
~ перевозки cost of transportation
~ пробуренной скважины cost per well drilled
~ работы cost of operation
~ разработки cost of development
~ ремонта maintenance expenses, cost of repair
~ содержания cost of maintenance, maintenance expenses
~ технического обслуживания *см.* стоимость содержания
~ эксплуатации cost of operation
окончательная ~ final cost
первоначальная ~ first [initial] cost

полная ~ lump-sum cost
сметная ~ estimated cost

стойк/а foot, post, leg, strut
~ для направления обсадной трубы casing stabbing board
~ фундамента вышки derrick foundation post
винтовая ~ jack
направляющая ~ guide post
подъемные ~и raising legs
упорная ~ jack

стойкий:
~ к коррозии corrosion-resistant
~ к толчкам shake-proof

стойкость endurance, resistance, durability
~ материала к прилагаемому давлению bursting strength
коррозионная ~ corrosion resistance, resistance to corrosion, resistance to rust

сток discharge, drain(age)

стол desk, table
роторный ~ rotor table

столб column
~ цементного раствора (*в заколонном пространстве*) cement column
анкерный ~ deadman

стоп-кольцо plug seat, stop ring

стопор arrester, arresting device, lock, latch, stop

сторона flank, side
~ давления pressure side
~ нагнетания *см.* сторона давления
боковая ~ шкива face of pulley
внешняя ~ шва weld face
задняя ~ back
лицевая ~ face (side)
набегающая ~ rear [trailing] flank
нагнетательная ~ delivery side
обратная ~ back
отрицательная ~ drawback
передняя ~ front
сбегающая ~ front [leading] flank

стояк ascending pipe
~ с гидромуфтой hydrocouple riser
морской ~ marine conductor, marine drilling [underwater] riser

стравливание drain
~ воздуха air drain
~ каната wire line slippage

страна country
нефтегазодобывающая ~ oil and gas producing country

страна-экспортер нефти oil exporting country

стрела:
~ провисания bending deflection
~ прогиба (bending) deflection, sag
~ прогиба трубопровода deflection of pipe
грузовая ~ на судне derrick
факельная ~ flare boom

стрелка:
~ весов cock
~ манометра gage hand

стрелка

~ прибора needle
стренга каната cable strand
стрингер (*трубоукладочной баржи*) stringer
строение composition, constitution, structure; formation, frame
~ залежи reservoir structure
геологическое ~ geological feature
плотное ~ compact structure
сбросово-глыбовое ~ block faulting
тектоническое ~ tectonic framework
химическое ~ chemical constitution
строительство construction
~ трубопровода pipeline construction
дорожное ~ road construction
стройка:
ликвидированная ~ (*промысел*) abandoned workings
стружка chip, cut
целлофановая ~ shredded cellophane
структур/а composition, constitution, structure
~ глинистого раствора mud body
геологическая ~ geological feature
замкнутая ~ closure, closed structure
нефтеносная ~ oil-bearing structure
полупогружная бетонная ~ concrete semi-submersible structure
струна line, string
~ талевой оснастки line
ходовая ~ талевой системы fast line (of tackle system)
струя jet
~ воды water jet
~ воздуха с песком sandblast
~ выхлопных газов efflux
~ жидкости flush
~ режущего газа cutting jet
~ режущего кислорода cutting-oxygen jet
абразивная ~ abrasive jet
воздушная ~ air blast
выкидная ~ discharge jet
газовая ~ gas jet
плазменная ~ plasma jet
реактивная ~ efflux
режущая ~ cutting jet
студень jelly
стук knock(ing)
~ в двигателе knock
~ в моторе detonation
ступа mortar
ступень stage, step
~ высокого давления high-pressure stage
~ цементирования cementing stage
водолазная ~ diving stage
геотермическая ~ geothermic depth
стык butt, joint(ing), junction
~ без зазора close [tight] butt
~ труб pipe joint
плотный ~ *см.* стык без зазора
стыковка труб lining-up of pipes, pipe hook-up
стяжка rod, tie, brace
винтовая ~ screw (coupling) box

субподрядчик subcontractor
СУБТ [спиральная утяжеленная бурильная труба] spiral drill collar, SDC
субъект:
хозяйственный ~ transactor
суглинок plastic clay, loam, loamy soil
суд/но boat, ship, vessel
~, выполняющее работы по интенсификации притока в скважину well stimulation vessel
~ для геологических изысканий geological survey ship
~ для мокрых погружений wet submersible
~ для обслуживания в аварийных ситуациях emergency support vessel
~ для поискового бурения core-type drilling vessel
~ для сухих погружений dry submersible
~ для транспортировки сжиженного природного газа liquefied natural gas [LNG] carrier
~ для установки якорей anchor handling vessel
~ на воздушной подушке air-cushion vehicle
~ обслуживания водолазных работ diving support vessel
~ снабжения replenishment ship, supply boat
аварийное ~, выведенное из эксплуатации disabled ship
автономное подводное ~ с экипажем non-lock-out unit
буксирное ~ tow boat
буровое ~ drilling ship, drillship, drilling vessel
буровое ~ с динамическим позиционированием dynamic positioning [DP] drillship
буровое ~ с турельной якорной системой turret-moored drillship
буровое однокорпусное ~ single-hulled drilling vessel
буровое разведочное ~ exploratory drilling vessel
грузовое ~ cargo ship
дежурное ~ standby boat
изыскательское ~ core boat
исследовательское ~ research ship, research vessel
материнское ~ (*для обслуживания небольших судов*) mother ship
наливное ~ для транспорта светлых нефтепродуктов clean ship
нефтеналивное ~ oil carrier, oiler
обслуживающее ~ service boat
обслуживающее ~ многоцелевого назначения multifunction support vessel, MSV
обслуживающее полупогружное ~ semi-submersible support vessel
плоскодонное ~ keel
подводное ~ submersible
подводное ~ без экипажа unmanned submersible
подводное ~ для перевозки персонала personnel transfer submersible

подводное ~ с экипажем manned underwater vehicle
подводное привязное ~ помощи водолазам diver lock-out submersible, DLOS
рабочее ~ work vessel
резервное ~ standby boat, standby vessel
спасательное резервное ~ standby safety vessel
спасательное сопровождающее ~ escort life support craft
специализированное ~ purpose support vessel
специальное (*для работы на шельфе*) ~ special vessel
строительное ~ для обслуживания на шельфе production maintanance vessel
тендерное ~ tender
тендерное ~а для морского бурения offshore drilling tenders
транспортное ~ carrier
трубоукладочное ~ pipe-laying ship
трубоукладочное крановое ~ pipe-laying and derrick vessel
эвакуационное гипербарическое ~ hyperbaric rescue vehicle
экипажное ~ crew boat
якорное вспомогательное ~ anchor subsidiary ship
судно-сборщик пролитой нефти skimmer
судно-трубоукладчик pipe lay ship
судно-хранилище storage vessel
сужение:
~ в стволе скважины tight section of hole, borehole restriction
местное ~ necking, nicking
сульфат sulphate
~ бария barium sulphate
~ магния magnesium sulphate
сульфатостойкий sulfate-resistant
сульфид sulphide
~ свинца galena
сумка:
инструментальная ~ kit
СУНО [система управления надежностью операций] operations integrity management system, OIMS
супертанкер supertanker
суппорт slide
суспензия dredge, slurry, suspension
сухар/ь die
~и трубных ключей tong dies
сухопарник dome
суша earth
сушилка dehydrator, drier
~ периодического действия batch drier
воздушная ~ blast drier
сушить desiccate, dry
сушка dehumidification, drying
воздушная ~ air drying
схватывание setting, solidification, bonding; thickening
~ при трении adhesion

~ цементного раствора cement setting
мгновенное ~ flash setting
нормальное ~ normal setting
преждевременное ~ premature setting
схватываться set, solidify; thicken
схема:
~ движения материала flow sheet
~ замещения equivalent network
~ обвязки pipe hook-up
~ операции flow sheet
~ производства работ operation diagram
~ процесса process flow diagram
~ размещения силовых агрегатов power flow diagram
~ размещения якорей anchor pattern
~ распределения нагрузки loading chart
~ смазки lubrication [oiling] chart
~ соединений circuit [connection] diagram
~ технологического потока flow sheet
~ технологического процесса process [flow] chart
~ трубопроводной обвязки piping layout
~ цементирования cementing circuit
монтажная ~ бурового оборудования drilling hookup
опытная ~ network
пересчетная ~ counter
принципиальная электрическая ~ (schematic) circuit diagram
скелетная ~ block diagram
технологическая ~ flow [process] chart
технологическая ~ разработки месторождения field-development plan
эквивалентная ~ equivalent network
электрическая ~ electrical connection diagram
сходимость convergence
~ потока convergence of flow
сходиться:
~ в одной точке converge
~ при свинчивании shoulder up
схождение:
~ в одной точке convergence
~ между опорным горизонтом и нефтяным пластом convergence
~ пластов convergence
сцементированный cemented
крепко ~ closely cemented
сцепление adherence, adhesion, bond(ing), coherence, cohesion
~ частиц породы joint-packing, rock jointing
конусное ~ bevel clutch
плохое ~ lack of bond
сцепляемость adhesiveness
сцинтилляция scintillation
счет-фактура invoice
счетчик counter
~ Гейгера – Мюллера Geiger-Müller counter
~ излучения radiation counter
~ оборотов tachometer
~ циклов cycle counter
~ числа оборотов revolution counter

счетчик

~ числа ходов (*поршня*) stroke counter
газовый ~ gas meter
накапливающий ~ accumulator
объемный ~ flowmeter
съемка survey(ing)
~ высот местности leveling
~ на море marine surveying
~ перед прокладкой трубопровода pipeline survey
аэромагнитная ~ aerial magnetic survey
гравитационная ~ gravity survey
кабельная ~ wireline well logging
магнитная ~ magnetic survey
съемник lifter, puller, extractor
сырец (*нефть*) crude (oil)
сырье raw materials

Т

табель table, time clock card, attendance record
таблиц/а chart, schedule, sheet, table
~ы емкости незаполненного пространства в резервуарах outage tables
~ы калибровочных данных gage tables
~ отсчетов показаний set of readings
~ перевода мер *см.* таблица пересчета
~ пересчета conversion table
~ поправок correction chart, reduction table
~ режимов электронагрузки electric power table
~ условных знаков set of conventional signs
~ условных обозначений chart of symbols
геохронологическая ~ geologic time-table
замерная ~ calibration chart
корреляционная ~ correlation chart
Международные физико-химические ~ы основных показателей International critical tables
стратиграфическая ~ stratigraphic time-table
табличка plate, placard
~ с заводской маркой nameplale
паспортная ~ nameplate
табло board, panel
информационное ~ information board
световое ~ illuminated call-out, display
тавот fat, grease
тавотница grease cup, oiler
тавотонагнетатель grease gun
такелаж cordage, rigging
такт:
~ расширения expansion stroke
~ сжатия compression stroke
тали *мн.* hoist, tackle; chain [pulley] block
подъемные ~ hoisting tackle
цепные ~ chain hoist
тальк talc(um)
тампон plug(ging)

тампонирование plugging-back, backfilling; (*цементирование*) cementation
~ зоны поглощения plugging-back of lost circulation zone
~ органоминеральными композициями organic-mineral plugging-back
~ скважины plugging-back of well
~ скважины желонкой bailer plugging-back
~ цементом cementation
ликвидационное ~ backfill
тампонировать backfill, plug back (up)
~ цементом cement
танк (*бак, цистерна*) tank
танкер oil carrier, oil ship, oiler, tanker
~ для первичной обработки продукции скважины process tanker
~ снабжения shuttle tanker
нефтеналивной ~ oil tanker, oil carrier
нефтеналивной ~ большой грузоподъемности very large crude carrier, VLCC
нефтяной сверхкрупный ~ ultralarge crude carrier, ULCC
транспортный ~ снабжения shuttle tanker
танкер-бензовоз gasoline tanker
танкер-бункеровщик bunkering tanker
танкер-ледокол ice–breaking tanker
танкер-нефтевоз oil tanker, oil carrier
тара container, pack
~ в северном исполнении Arctic container
~ для нефтепродуктов oil container
влагонепроницаемая ~ moisture-proof container
возвратная ~ reusable container
герметичная ~ hermetically sealed container
жесткая ~ rigid container
закрытая ~ closed(-top) container
крупногабаритная ~ large-size container
многооборотная ~ *см.* возвратная тара
морская ~ sea-service container
открытая ~ open(-top) container
пленочная ~ film packing
плотная ~ tight packing
транспортная ~ shipping [transit] container
тарелка disk, plate
~ клапана valve plate
буферная ~ buffer disk
тарирование calibration, gaging
тариф rate, tariff
грузовой ~ cargo tariff
общий таможенный ~ general tariff
тартание bailing
тартать bail (out)
тахометр tachometer
забойный ~ bottom-hole tachometer
роторный ~ rotary tachometer
тахометрия tachometry
тачка wheel barrow
тащить draft, draw, pull, drag; (*на буксире*) tow
таять thaw, melt
ТБТ [тяжелая бурильная труба] heavy-weight drill pipe, HWDP

твердение solidification, concretion, consolidation, setting, hardening
  воздушное ~ air hardening
  дисперсионное ~ aging, age hardening
твердеть consolidate, set, solidify, harden
твердомер hardness gage, hardness tester
твердость solidity, hardness
  ~ алмаза diamond hardness
  ~ вдавливания indentation hardness
  ~ горной породы rock hardness
  ~ на истирание abrasive hardness
  ~, определяемая царапанием scratch hardness
  ~ по Бринеллю Brinell hardness
  ~ по Виккерсу Vickers [diamond, pyramid] hardness
  ~ по Протодьяконову Protodiakonov hardness
  ~ по Роквеллу Rockwell [conical indentation] hardness
  ~ по шкале Mooca Mohs' scratch hardness
  ~ по Шору Shore [scleroscope] hardness
  средняя ~ горной породы medium hardness of rock
текстолит textolite
текстура texture, structure; (*металлов*) grain orientation
  ~ горной породы structure of rock
  алевролитовая ~ aleurolitic structure
  кавернозная ~ cavernous structure
  кристаллическая ~ crystal texture
  неупорядоченная ~ haphazard structure
тектоника tectonics
  складчатая ~ fold tectonics
тектонический tectonic
текучесть flow, fluidity, yield(ing)
  ~ бурового раствора fluidity of drilling mud
телеавтоматика automatic telecontrol
телевидение television
  подводное ~ underwater television
телевизор television [TV] receiver, television [TV] set
  скважинный акустический ~ borehole televiewer
телединамометрирование (*скважин*) remote dynamometering
тележка carriage, wagon, bogie, dolly, truck, trolley
  ~ для перевозки деталей *или* инструмента dolly
  ~ для перевозки обсадных труб на буровой casing wagon
  ~ для перевозки превенторной сборки на буровой blowout preventer bogie, blowout preventer dolly
  ~ для перевозки рукавов hose carrier
  ~ для центровки труб pipeline-up carriage
  аккумуляторная ~ storage-battery [electric] truck
  буксирная ~ towing trolley
  грузоподъемная ~ jacklift
  гусеничная ~ crawler truck
  двухколесная ~ barrow truck
  двухосная ~ four-wheel bogie
  контейнерная ~ over-the-road trailer
  опрокидывающаяся ~ tipping car
  подъемно-транспортная ~ lift truck
  ручная ~ hand truck
  ручная ~ для подвозки труб к скважине casing wagon
  транспортная ~ freight [industrial] truck
  шлаковая ~ slag car
телезапись television recording
телеизмерение telemetering, telemetry, remote metering
телекамера television [TV] camera, telecamera
телеметрия telemetry
телемеханизация telemechanization
  ~добычи нефти telemechanization of oil production
телеобработка данных data teleprocessing
телефон (tele)phone; (*трубка*) receiver; (*аппарат*) (tele)phone set
  мобильный ~ mobile phone
  спутниковый ~ satellite phone
тело body
  ~ поршня piston body
  ~ трубы pipe body
  ~ штанги rod body
  абсолютно твердое ~ perfectly rigid [perfectly solid] body
  абсолютно упругое ~ perfectly elastic body
  геологическое ~ geological body
  гладкое ~ smooth body
  жесткое ~ rigid body
  жидкое ~ liquid body
  материнское ~ parent body
  пластическое ~ plastic body
  полутвердое ~ semisolid body
  постороннее ~ foreign body
  псевдопластичное ~ pseudoplastic body
  рудное ~ chamber, chute, ore body
  твердое ~ solid [rigid] body
  упругое ~ elastic body
тельфер telpher
темп rate
  ~ бурения drilling rate
  ~ закачивания газа gas injection rate
  ~ износа rate of wear
  ~ искусственного набора кривизны (*скважины*) rate of hole deviation change, intensity of curving
  ~ нагревания rate of heating
  ~ отбора rate of recovery, withdrawal rate
  ~ отбора из коллектора reservoir throughput rate
  ~ охлаждения rate of cooling
  ~ падения добычи production decline rate
  ~ произвольного набора кривизны (*скважины*) dog-leg severity
  ~ работ work speed
  ~ разработки (*месторождения*) rate of development
  общий ~ углубления скважины overall penetration rate

темп

эффективный ~ снижения дебита effective decline rate
температура temperature
~ воспламенения ignition [fire] point, ignition temperature
~ воспламенения нефти fire point of oil
~ вспышки flash point
~ в стволе скважины borehole temperature
~ газа в залежи gas temperature in situ, reservoir gas temperature
~ гидратообразования gas hydrate formation point
~ горения combustion temperature
~ загорания *см.* температура воспламенения
~ замерзания freezing point, freezing temperature
~ застывания congelation point, congelation temperature
~ затвердевания hardening [solidification] point, solidification temperature
~ земной коры crustal temperature
~ и давление насыщения (*при которых газ начинает выделяться из раствора нефти*) bubble point
~ испарения vaporization temperature
~ кипения boiling point
~ коллектора reservoir temperature
~ конденсации condensation [dew] point
~ кристаллизации crystallization temperature
~ льдообразования ice formation temperature, ice formation point
~ на входе inlet temperature
~ на выходе outlet temperature
~ насыщения saturation temperature
~ на устье скважины wellhead temperature
~ неподвижного бурового раствора static temperature of drilling mud
~ нефти oil temperature
~ окружающей среды ambient temperature
~ отверждения *см.* температура затвердевания
~ парообразования vaporization temperature
~ плавления melting [thaw] point
~ пласта formation temperature
~ по шкале Кельвина Kelvin [absolute] temperature
~ по шкале Цельсия Celsius [centigrade] temperature
~ при стандартных условиях standard conditions temperature
~ разложения (*бурового раствора*) decomposition temperature
~ размягчения softening temperature
~ реакции reaction temperature
~ самовоспламенения self-ignition temperature
~ сварки welding temperature
~ схватывания setting temperature
~ таяния melting [thaw] point
~ факела flame temperature
~ хранения storage temperature

~ циркуляции бурового раствора circulating temperature of drilling mud stream
абсолютная ~ absolute [Kelvin] temperature
атмосферная ~ atmospheric temperature
безразмерная ~ dimensionless temperature
забойная ~ bottom-hole temperature
забойная динамическая ~ flowing bottom-hole temperature
забойная статическая ~ shut-in [static] bottom-hole temperature
комнатная ~ room [indoor] temperature
критическая ~ critical temperature
минусовая ~ subzero temperature
начальная ~ initial temperature
неустановившаяся ~ transient temperature
нулевая ~ zero temperature
плюсовая ~ above-zero temperature
поверхностная ~ surface temperature
постоянная ~ constant [fixed] temperature
предельная ~ limiting [ceiling] temperature
приведенная ~ reduced temperature
рабочая ~ operating [running, working] temperature
стандартная ~ standard temperature
статическая ~ на забое скважины bottom-hole static temperature, BHST
устьевая ~ в затрубном пространстве wellhead annulus temperature
циркуляционная ~ на забое bottom-hole circulation temperature, BHCT
температуропроводность (*горных пород*) thermal diffusivity
температуростойкость temperature stability
тендер tender
буровой ~ drilling tender
цементировочный ~ cementing tender
тензодатчик strain gage transducer
тензометрирование strain measurement
тензор tensor
теодолит theodolite
теодолит-нивелир theodolite-level
теория theory
~ вероятностей theory of probability, probability theory
~ вытеснения replacement [drive] theory
~ газов gas theory
~ информации general theory of communication, information theory
~ кислот и оснований acid-base theory
~ максимальной энергии (*разрушения горных пород*) maximum-strain energy theory
~ максимальных деформаций (*разрушения горных пород*) maximum-strain theory
~ максимальных напряжений (*разрушения горных пород*) maximum-stress theory
~ максимальных напряжений сдвига (*разрушения горных пород*) maximum-shear theory
~ надежности reliability theory
~ относительности theory of relativity
~ ошибок error analysis
~ подобия similarity theory

~ поля field theory
~ происхождения нефти theory of oil origin
~ размерностей dimensional theory
~ разрушения горных пород theory of rock failure
~ теплопередачи heat-transfer theory
~ течения вязкой жидкости viscous-fluid flow [viscid] theory
~ управления control theory
~ упругости theory of elasticity
~ устойчивости stability theory
газодинамическая ~ gas dynamic theory
гидродинамическая ~ hydraulic theory
кинетическая ~ газов kinetic gas theory
ударная ~ разрушения горных пород percussion theory of rock failure
тепло heat
аккумулировать ~ store heat
отводить ~ take away [draw off] heat
тепловыделение development of heat, heat release
теплоемкость heat content, calorific [thermal, heat] capacity
молярная ~ molar [molecular] heat capacity
удельная ~ specific heat content
теплозащита heat shield
теплоизолятор heat insulator
теплоизоляция thermal [heat] insulation
теплоноситель heat carrier, heat-transfer agent
теплообмен heat exchange, heat transfer (*см. тж* теплоотдача)
адиабатический ~ adiabatic heat exchange
конвективный ~ heat convection, convective heat exchange
теплообменник heat-exchanging apparatus, heat exchanger
~ сжатого газа aftercooler
противоточный ~ countercurrent heat exchanger
теплоотдача heat exchange, heat transfer, heat rejection, heat removal
теплопередача heat conduction, heat transfer
~ за счет турбулентной диффузии eddy thermal conductivity
теплопроводность heat conduction, thermal conductivity
теплоснабжение heat supply
теплосодержание enthalpy, heat content
теплостойкий heat-proof, heat-resistant, heat-stable
теплостойкость heat endurance, heat stability
теплота heat
~ затвердевания (*цемента*) hardening heat
~ нагрева heat content
~ парообразования evaporation heat
~ сгорания combustion heat, thermal power
~ схватывания (*цемента*) setting heat
~ фазового превращения phase transition heat
удельная ~ specific heat
теплотехник heat engineer
теплотехника heat engineering, heat technology

теплофизика thermal physics
теплочувствительность high-temperature stability
теплоэлектроцентраль thermoelectric [power-and-heating] plant
терминал terminal
термистор thermistor, temperature-sensitive resistor
термоанализ thermal analysis
термобур thermodrill, heat drill
термовискозиметр thermoviscosimeter
термовулканизация thermal [heat] vulcanization
термовыключатель thermostatic switch
термогазоанализатор thermal gas analyzer
термограмма thermogram
термограф thermographic recorder, thermograph, recording thermometer
скважинный ~ subsurface thermograph
термодинамика thermodynamics
термодиффузия thermal diffusion
термозаводнение thermal flooding
термоизоляция heat [thermal] insulation
термоинжектор thermoinjector
термокаротаж temperature well logging (survey)
термоконтакт thermal contact
термолифт thermolift
термометр thermometer
~ сопротивления resistance thermometer
абсолютный ~ absolute thermometer
газовый ~ gas thermometer
дистанционный ~ remote-indicating thermometer
дифференциальный ~ differential thermometer
жидкостный ~ liquid thermometer
забойный ~ bottom-hole thermometer
забойный манометрический ~ bottom-hole pressure thermometer
контактный ~ contact thermometer
максимальный ~ maximum thermometer
образцовый ~ standard thermometer
ртутный ~ mercury thermometer
самопишущий ~ thermograph, recording thermometer, thermographic recorder
скважинный ~ subsurface [well, downhole] thermometer
скважинный высокочувствительный ~ high-resolution subsurface thermometer
скважинный дистанционный ~ subsurface telethermometer
скважинный показывающий максимальный ~ maximum-indicating subsurface thermometer
скважинный регистрирующий ~ subsurface recording thermometer, subsurface temperature recorder
скважинный термоэлектрический ~ thermoelectrical subsurface thermometer
электрический ~ electric thermometer
термометрия (*скважины*) temperature [thermal] log(ging), temperature survey, thermometry

термообработка heat-treating operation, heat treatment
термопара thermoelectric couple, thermocouple
термопатрон bulb
терморегулятор temperature controller, thermostatic switch
термореле thermal relay
термостарение thermal [heat] aging
термостат thermostat
термостатирование thermostatting
термостойкость thermostability, thermal stability, heat resistance
термошкаф heat chamber, heat cabinet, oven
терраса terrace
речная *или* озерная ~ bench
территория country, territory
разведанная нефтеносная ~ proven oil territory
тестирование:
~ в бурильной колонне drill stem test, DST
~ на утечку leakoff test, LOT
тетрафосфат tetraphosphate
~ натрия sodium tetraphosphate
тефлон teflon
упрочненный ~ reinforced teflon
техник technician
горный ~ foreman
техника 1. (*область деятельности*) technology, engineering 2. (*методика, прием*) technique, method, procedure 3. (*приборы, оборудование*) equipment, facilities
~ безопасности safety precautions, safety measures, accident prevention
~ безопасности при работах на шельфе safety in offshore operations
~ для наклонного бурения angular drilling equipment
~ добычи production technique
~ исследования скважин (*позволяющая по однократному исследованию понижения уровня определить основные параметры пласта-коллектора*) draw-down exploration
~ моделирования эксплуатационных условий environmental engineering
~ очистки загрязнений (*на море*) spill-cleaning technique
~ эксперимента experimental technique
буровая ~ drilling technique
дорожная ~ road machinery, road engineering
канатная ~ wireline technique
пожарная ~ fire technique
технолог technologist, industrial [process] engineer
технологический engineering
технология technology, technique, engineering, practices, operational [operating] procedure
~ бурения drilling technology
~ бурения глубоких скважин deep-well drilling technology
~ буровых растворов drilling mud technology, drilling mud practices
~ вскрытия продуктивного пласта drilling-in technology, drilling-in technique
~ добычи газа gas production technology
~ добычи нефти oil production technique
~ заканчивания скважины well completion technique
~ испытания пластоиспытателем drill-stem testing technique
~ испытания скважины well test procedure
~ и техника пластовых исследований reservoir engineering
~ капитального ремонта скважин well work-over technology, well work-over technique
~ кернового бурения coring technology
~ подземного ремонта скважин well servicing technology, well servicing technique
~ работ в море offshore technology
~ разработки нефтяного пласта oil reservoir engineering
~ разработки нефтяных и газовых месторождений oil and gas reservoir engineering
~ сварки welding procedure, welding practices
~ строительства скважин well construction technology
~ строительства трубопровода pipeline construction technology
~ укладки морского трубопровода marine pipe-laying technology
~ цементировочных работ cementing technology, cementing technique
течеискатель leak detector
галоидный ~ halogen-sensitive leak detector
гелиевый ~ helium leak detector
течение current; flow; flux; stream
~ в пограничном слое boundary-layer flow
~ в пористой среде flow in porous medium
~ газа gas flow
~ газожидкостной смеси flow of liquid-gas mixture
~ жидкости flow of fluid
~ идеальной жидкости frictionless flow,
~ неньютоновской жидкости flow of non-Newtonian fluids
~ нефти oil flow
~ по восстанию пласта (*о воде*) up-dip flushing
~ под действием силы тяжести gravity flow
~ по падению пласта (*о воде*) down-dip flushing
~ почвы solifluction
~ с линейным распределением скоростей linear flow
~ фаз flow of phases
~ флюида flow of fluid
безнапорное ~ gravity flow
быстрое ~ race
вихревое ~ eddy flow
встречное ~ counterflow
вязкое ~ viscous [frictional] flow
глубинное ~ *мор.* bottom current; *геол.* abyssal flow

толща

глубоководное ~ undercurrent
двухфазное ~ two-phase flow
кольцевое ~ annular flow
ламинарное ~ laminar flow
морское ~ sea current
неустановившееся ~ unsteady(-state) [non-stationary] flow
нижнее ~ *см.* глубоководное течение
обратное ~ reverse flow
одномерное ~ one-dimensional flow
переходное ~ transient flow
пластическое ~ plastic flow
пластическое ~ соли plastic flow of salt
плоское ~ plane flow
поршневое ~ plug flow
пузырьковое ~ (*пластового флюида*) bubble flow, bubble motion
равномерное ~ uniform flow
радиальное ~ (*пластового флюида*) radial flow
свободное ~ free flow
струйное ~ jet flow
структурное ~ plug flow
трехфазное ~ three-phase flow
турбулентное ~ turbulent [eddying, vortex] flow
установившееся ~ steady flow

течь leak(age)
~ в трубе pipe leak
~ через уплотнение *или* соединение leak around a seal *or* joint
небольшая ~ seepage
точечная ~ pin-hole leak

тина silt

тип type, grade; mode
~ бурового долота drilling bit type
~ бурового раствора drilling mud type
~ взаимодействия interaction mode
~ вод water type
~ волны wave mode
~ вооружения бурового долота drilling bit cutting structure type
~ залежи accumulation type
~ колебаний mode of oscillations
~ коллектора reservoir type
~ ловушки trap type
~ нефти oil base
~ пластовой энергии (*режима пласта*) type of drive
~ привода type of drive
~ резьбы thread type
~ судна class of a ship
~ цемента cement type, cement grade
~ цементного раствора type of slurry
генетический ~ genetic type
диапировый ~ piercement type

тиски vice
верстачные ~ bench vice
трубные ~ (*для гибки*) pipe vice

титрование titration
~ кислотой titration with acid
~ мыльным раствором soap hardness tests

кислотно-основное ~ acid-based titration

титровать titrate

ткань cloth, fabric
~ для ремней belting
~ из стекловолокна glass-fiber cloth
асбестовая ~ asbestos cloth
волосяная ~ haircloth
гофрированная ~ goffered cloth
грубая ~ для обмотки труб burlap
кордная ~ cord (fabric)
проволочная ~ wire cloth
прорезиненная ~ waterproof [rubberized] cloth
синтетическая ~ synthetic fabric
стеклянная ~ glass cloth
техническая ~ industrial fabric
фильтрующая ~ filter cloth

ток current
~ во внешней цепи external current
~ питания feed [supply] current
~ и Фуко eddy currents
активный ~ active current
безопасный ~ (*для человека*) let-go current
блуждающие ~и stray currents
вихревые ~и eddy currents
земные ~и telluric [earth] currents
максимальный ~ peak current
многофазный ~ multiphase current
несущий ~ carrier current
номинальный ~ rate current
обратный ~ back current
однофазный ~ single-phase current
переменный ~ alternating current
постоянный ~ (*по величине*) constant current; (*по знаку*) direct current
потребляемый ~ consumption current
сварочный ~ (arc-)welding current
трехфазный ~ three-phase current
уравнительный ~ (*в приборе*) circulating current
электрический ~ electric current

токарь turner
токонесущий current-carrying
токоподвод (current) lead
токоприемник current collector
токораспределитель commutator, current distributor
токосниматель current collector
токсичность toxicity
толкатель push rod, pusher, thruster
~ клапана valve tappet
носовой ~ bow thruster

толчок:
~ кабеля (*от протекания тока*) kicks of cable
гидравлический ~ fluid knock

толща mass, section
~ глинистых осадков clay sediments section
~ горных пород rock mass
~ карбонатных пород carbonate rock mass
~, пересекаемая жилой country
~ покрывающих пород cover
~ соли salt massive

толща

многолетнемёрзлая ~ permafrost section
нефтеносная ~ oil-bearing strata
продуктивная ~ productive strata, pay section
соленосная ~ salt-bearing section
толщина thickness
~ вытеснения displacement thickness
~ глинистой корки mud cake thickness
~ льда ice thickness
~ пласта formation thickness
~ продуктивной части пласта net pay thickness
~ свода depth of vault
~ стенки трубы pipe wall thickness
~ цементной корки depth of cement cake
~ шва throat thickness
толщиномер thickness gage, calipers
скважинный ~ downhole casing wall thickness gage
толщинометрия measuring of thickness
~ обсадной колонны measuring of casing wall thickness
толь roofing felt
тонина fineness, dispersity
~ помола milling fineness, milling dispersity
тонкозернистый fine-grained
тонкоизмельчённый fine-divided, overground
тонкопереслаивающийся thin-interbedded
тонкостенный thin-walled
тонкость fineness
~ помола fineness of grinding
топка fire box, furnace
котельная ~ boiler furnace
топливо combustible, fuel
~ коммунального назначения domestic fuel
~ с высоким значением плотности по шкале АНИ high-gravity fuel according to API scale
~ # 1,2,3,4,5,6 (*классификация, используемая в США для жидкого топлива*) number 1,2,3,4,5, and 6
газовое ~ gaseous fuel, fuel gas
газовое моторное ~ gas fuel
дизельное ~ diesel fuel, diesel [light] oil
жидкое ~ liquid [oil] fuel
местное ~ domestic fuel
моторное ~ engine [motor] fuel
нефтяное ~ oil [residual] fuel, black oil, maz(o)ut
пожаробезопасное ~ safety oil
тяжёлое ~ heavy fuel
условное ~ standard [reference] fuel
топография topography
~ местности topographic expression
тор/ец butt, end(face), face
~ заплечика pin shoulder face
~ зуба tooth end
~ конца с внутренней резьбой box face
~ коронки nose
~ муфты coupling face
внешний ~ outer face
внешний ~ зуба outer end of tooth
внутренний ~ inner face

внутренний ~ зуба inner end of tooth
отшлифованные ~цы faces machined flat
смятый ~ lapped shoulder
торможение braking, damping
~ до полной остановки braking to a stop
тормоз brake
~ буровой лебёдки drawworks brake
~ инструментального вала back brake
~ лебёдки winch brake
~ тартального барабана sand reel brake
аварийный ~ emergency brake
автоматический ~ automatic brake
вакуумный ~ vacuum brake
воздушный ~ air brake
вспомогательный ~ auxiliary brake
гидравлический ~ hydraulic [oil] brake
гидродинамический ~ hydromatic brake, hydrobrake
двухленточный ~ double-band brake
запасной ~ safety brake
конический ~ friction clutch
магнитный ~ magnetic brake
механический ~ mechanical brake
пневматический ~ pneumatic [air] brake
пневмогидравлический ~ air-over-hydraulic brake
уравновешенный ~ equalized brake
фрикционный ~ friction brake
электродинамический ~ electromagnetic brake
торпеда (string) shot, torpedo
~ для прострела скважины shell
~ с асбоцементным корпусом asbestos-cement case shot
кумулятивная ~ shaped charge shot, jet cutter, jet torpedo
фугасная ~ demolition torpedo
шнурковая ~ backoff shot
торпедирование blasting, shot-firing operations, shooting
~ забоя скважины (*не закреплённой обсадными трубами*) open hole shooting
~ нефтяных скважин shooting of oil wells
~ скважины (well) blasting, shooting
~ скважины кумулятивным зарядом shaped-charge shooting
~ труб bump-shooting of pipes
торпедировать shoot
точка point
~ бурения drilling site
~ выпадения парафина wax dropout point
~ заложения скважины drilling location
~ замерзания freezing point
~ касания point of contact, touching point
~ ответвления tapping point
~ отсечки cutoff point
~ перегиба кривой break-over point of curve
~ пересечения point of intersection
~ перехода (*из одного состояния в другое*) transition point; (*трубопровода*) crossing point
~ плавления melting point
~ подвески point of suspension

~ подвески колонны труб landing top
~ подвески насосных штанг rod hanger center
~ приведения datum point
~ приложения силы fulcrum
~ прихвата колонны freeze point of string
~ размягчения softening point
~ росы dew [condensation] point
~ самовозгорания self-ignition point
~ смазки lubrication point
~ схода трубопровода pipe departure point
~ текучести flow point
критическая ~ critical point
морская ~ бурения offshore drilling location
наивысшая ~ crown
наружная «мертвая» ~ bottom dead center
нулевая ~ zero
отдаленная ~ бурения isolated drilling location
пожарная ~ fire point
точность accuracy, precision
~ балансировки balance quality
~ измерений accuracy of measurement
~ измерений азимута azimuth accuracy
~ калибровки calibration accuracy
~ отсчета reading accuracy
~ размеров dimensional accuracy
~ расчета accuracy of calculation
~ регулировки accuracy of adjustment
тощий (*о газе, угле*) lean
траверса yoke, cross-member, cross-piece
~ задвижки gate-valve yoke
~ станка-качалки equalizer beam
~ талевого блока traveling block clevis
верхняя ~ upper yoke assembly
направляющая ~ (*вентиля или задвижки*) yoke
нижняя ~ lower yoke assembly
швартовная ~ mooring yoke
травить:
~ канат slip
~ якорную цепь slip
травление:
кислотное ~ acid pickling
траектория trajectory, path, track
~ движения mechanical trajectory
~ движения алмазов (*на долоте*) diamond path
~ скважины well [hole] path
~ частицы particle path
наклонная ~ inclined trajectory
прямолинейная ~ straight path
тракт (*обозначение участка*) tract
трактор tractor
~ со стрелой boom-cat
болотоходный ~ swamp tractor
гусеничный ~ caterpillar
трактор-амфибия buffalo
трактор-трубоукладчик pipe-laying tractor
трактор-тягач tow [haulage] tractor
трамбование (*забоя скважины*) plugging-back, tamping, ramming, stamping

трамбовать ram
трамбовка ram
трансмиссия transmission
~ буровой лебедки drawworks compound transmission
гидравлическая ~ hydraulic transmission
главная ~ (*буровой лебедки*) main transmission
силовая ~ power transmission
фрикционная ~ friction transmission, friction drive
транспорт 1. transport 2. transportation, transfer (*см. тж* **транспортировка**)
~ газа gas transfer
~ нефтепродуктов oil transportation
~ нефтепродуктов водой oil shipment
~ нефти oil delivery, oil transportation
~ нефти с морских промыслов offshore oil delivery
~ по трубопроводу pipeline transportation, pipeline transfer
~ природного газа transportation of natural gas
~ светлых нефтепродуктов clean oil service
автомобильный ~ automobile [road] transport
безрельсовый ~ off-track vehicles
внутрипромысловый ~ field pipeline transfer
газопроводный ~ gas pipeline transportation
трубопроводный ~ pipeline transportation, pipeline transfer
транспортабельность transportability
транспортер carrier, conveyer
~ блока противовыбросовых превенторов blowout preventer stack transporter
гравитационный ~ gravity conveyer
червячный ~ worm feeder
транспортирование *см.* **транспортировка**
транспортировать convey, transport, move, carry
~ без демонтажа move as a unit, move without dismantling
~ буксирами transport by tug boats
~ буровую установку с одной точки на другую move drilling rig from one location to another
~ по трубам нефть, газ pipe oil, gas
транспортировка conveying, transportation, carriage, haul(age), moving
~ буровой установки drilling rig move
~ морем на место стоянки float-out
~ нефти и газа transportation of oil and gas
~ породы (*из скважины*) chippings transport
~ резервуара на плаву floating of tank, transportation of tank afloat
крупноблочная ~ буровой установки unitized package drilling rig transportation
транспортируемый вертолетом heliportable
трансформатор transformer
вольтодобавочный ~ booster
входной ~ input transformer
выходной ~ output transformer

трансформатор

силовой ~ power transformer
траншеекопатель trencher, ditcher, ditching machine
   плужный ~ plow trench digger
   подводный ~ underwater plow
траншея ditch, trench
   ~ большой глубины deep burial
   ~ для кабеля cable trough, cable trench, cable ditch
   ~ для трубопровода pipeline trench, pipeline ditch
   дренажная ~ drainage ditch
   засыпанная ~ backfilled trench
   незасыпанная ~ (*с трубопроводом*) open trench
   подводная ~ bottom [underwater] trench
   разведочная ~ exploratory trench
трап 1. (*сепаратор*) separator, trap 2. (*лестница*) gangway, ladder
   ~ для отбора проб sample trap
   газовый ~ gas trap
трапп cank
трасса route
   ~ ствола скважины course of hole, hole path
   ~ трубопровода pipeline route
трассировка laying
   ~ трубопровода pipeline layout
требовани/е 1. requirement 2. (*спрос*) demand
   ~я к насосному оборудованию pumping requirements
   ~я к подъемному оборудованию hoisting requirements
   технические ~я technical requirements, specifications
   эксплуатационные ~я service requirements
требующий:
   не ~ вспомогательных механизмов self-contained
   не ~ квалифицированного обслуживания foolproof
тревога alarm
   газовая ~ gas alarm
   ложная ~ false alarm
   пожарная ~ fire alarm
трейлер trailer
тренажер trainer, simulator
трение friction
   ~ без смазки *см.* сухое трение
   ~ в скважине hole friction
   ~ движения dynamic friction
   ~ жидкости *или* газа fluid friction
   ~ качения rolling friction
   ~ качения с проскальзыванием friction of sliding and rolling
   ~ о стенку friction on the wall
   ~ покоя static friction
   ~ прилипания sticking friction
   ~ скольжения sliding friction
   ~ снаряда о стенки скважины wall drag
   внешнее ~ external friction
   внутреннее ~ internal friction
   граничное ~ boundary friction
   жидкостное ~ fluid friction
   поверхностное ~ surface friction
   сухое ~ dry friction
тренировка drill, training
тренога tripod
   решетчатая ~ tripod jacket
трепел *геол.* diatomite, tripoli
трещин/а crack, fissure, flaw, fracture
   ~, возникающая при охлаждении cooling crack
   ~ в основном металле base-metal crack
   ~ в породе crevice
   ~ы кливажа cleavage fractures
   ~, образующаяся при изгибе bending crack
   ~, образующаяся при термообработке heat-treatment crack
   ~ отдельности joint
   ~ по простиранию пласта back
   ~ы растяжения tension cracks
   ~ы расширения expansion fissures
   ~ы синерезиса syneresis cracks
   ~ы скалывания shear cracks
   ~ скручивания torsion fracture
   ~ы усыхания бурового раствора mud cracks
   вертикальная ~ vertical crack, vertical fissure
   внутренняя ~ internal crack
   волосная ~ hair(-line) [flake] crack, craze
   главные вертикальные ~ы facing
   глубокие ~ы deep fractures
   глубоко проникающие ~ы deeply extending fractures
   глухая ~ blind crack
   горизонтальная ~ horizontal crack, horizontal fissure
   деформационная ~ strain crack
   естественные ~ы natural cracks
   закалочная ~ hardening crack
   зарождающаяся ~ incipient crack
   искусственно образованные ~ы induced fractures
   коррозионная ~ corrosion crack
   коррозионно-усталостная ~ corrosion-fatigue crack
   межкристаллические ~ы intercrystal fractures
   микроскопическая ~ microfracture
   наружная ~ external crack
   поперечная ~ cross crack
   природные ~ы intrinsic fractures
   продольная ~ longitudial crack
   сбросовая ~ fault fissure
   сквозная ~ through crack
   спиральная ~ helical fracture
   тектонические ~ы tectonic fissures
   термическая ~ thermal [hot] crack
   усталостная ~ endurance [fatigue] crack, fatigue fracture
   холодная ~ cooling crack
трещиноватость cleavage, fissility, fracturing
   ~ коллектора reservoir-scale fractures
трещиноватый broken-up, fissured, fractured
трещинообразование cracking, crazing

труб/а

трещиностойкость crack resistance
трещотка:
  ~ для крепления резьбовых соединений бурильного инструмента jack-and-circle
тринитротолуол trinitrotoluene
триплекс-насос triplex pump
триполифосфат tripolyphosphate
  ~ натрия sodium tripolyphosphate
триэтаноламин triethanolamine
триэтиленгликоль triethylene glycol
тройник T-joint, tee(-joint), three-way piece
  ~ с муфтовыми концами female tee
  ~ с ниппельными концами male fee
  ~ с резьбой под трубы разных диаметров reducing T-joint
  ~ трубной головки tubing head tee
  нагнетательный ~ delivery tee
  переводной ~ reducing tee
  переходный ~ reduced tee
  фонтанный ~ flow tee
тройник-сальник stuffing box tee
трос cable, wire (rope), (wire) line
  ~ для измерения глубины скважины well measuring wire
  ~ для реверсирования reverse cord
  ~ для регулирования работы двигателей в буровых telegraph cord
  буксирный ~ tow(ing) cable, (wire) rope
  замерный ~ *см.* измерительный трос
  извлекающий ~ retrieving line
  измерительный ~ measuring line, measuring wire
  направляющий ~ guide rope
  натяжной ~ guy rope
  несущий ~ catenary, carrier wire
  оттяжной ~ back guy rope
  подъемный ~ hoisting line, recovery wire
  проволочный тонкий ~ mandrel line
  стальной ~ wire steel cable
  тартальный ~ sand wire line
  тормозной ~ brake cable
  трубопроводный ~ pipeline wire
  тяговый ~ pull rope
  якорный ~ anchor line
тросоукладчик wire-rope layer
труб/а pipe, tube; (*обсадная труба, колонна*) casing
  ~ башмака обсадной колонны float [well starter] joint
  ~ без боковых отверстий blank pipe
  ~ большого диаметра big-diameter pipe
  ~, бывшая в употреблении second-hand pipe
  ~ в трубе annular pipe
  ~ высокого давления high-pressure pipe
  ~ малого диаметра small-diameter pipe, *проф.* macaroni
  ~ы нефтепромыслового сортамента oil tubular goods
  ~ы общего назначения conventional pipes
  ~, подающая воду к штокам (*в буровом насосе*) water flushing pipe
  ~, сваренная встык butt-welded pipe
  ~ы с высаженными концами upset tubing
  ~ с заглушкой blank-flanged pipe
  ~ с левой резьбой left-hand threaded pipe
  ~ с муфтой на одном конце и ниппелем на другом pin-to-box type pipe
  ~ с невысаженными концами nonupset pipe
  ~ с правой резьбой right-hand threaded pipe
  ~ с резьбой threaded pipe
  ~ с фланцем flanged pipe
  ~ с щелевыми отверстиями slotted pipe
  ~ы, установленные за палец вышки pipe setback
  ~ шурфа под ведущую трубу rathole pipe, rathole scabbard
  алюминиевая ~ aluminum pipe
  алюминиевая бурильная ~ aluminum drill pipe
  асбоцементная ~ asbestos-cement pipe
  аэродинамическая ~ aerodynamic [wind] tunnel
  башмачная ~ колонны shoe string
  безмуфтовые обсадные ~ы с высаженными концами и модифицированной квадратной резьбой speedite casing
  безнапорная ~ nonpressure pipe
  бесшовная ~ seamless pipe
  бурильная ~ (БТ) drill(ing) pipe, DP
  бурильная ~ с высаженными внутрь концами internal upset drill pipe
  бурильная ~ с высаженными наружу концами external upset drill pipe
  бурильная ~ с муфтовыми концами box-to-box [collared] drill pipe
  бурильная ~ с приваренными соединительными концами drill pipe with welded-on tool joints
  бурильная беззамковая ~ integral joint drill pipe
  бурильная гибкая ~ flexible [reelable] drill pipe
  бурильная сверхутяжеленная ~ extraheavy drill collar
  быстросвинчиваемые ~ы quick-screwed pipes
  ведущая ~ kelly, grief stem
  ведущая ~ квадратного сечения square kelly
  ведущая ~ с блокирующим пояском kelly with locking groove
  ведущая ~ шестигранного сечения hexagon(al) kelly
  ведущая двухраструбная ~ double box-end kelly
  вентиляционная ~ vent pipe
  вертикальная ~ ascending pipe
  водопроводная ~ water-supply pipe
  водосточная ~ water-drain pipe
  воздухоподводящая ~ air inlet [air intake] pipe
  всасывающая ~ suction [intake] pipe
  всасывающая ~ насоса wind bore
  вторично используемая ~ salvage pipe
  входная ~ inlet pipe
  выдавленная ~ extruded pipe
  выкидная ~ discharge pipe; (*в бурении*) flow pipe

труб/а

выкидная ~ при бурении с продувкой воздухом blooey [blooie] line
выпускная ~ outlet pipe; exhaust pipe
высокопрочная ~ high-strength pipe
высокопрочная многослойная ~ high-strength laminar pipe
вытяжная ~ flue pipe
выхлопная ~ exhaust pipe
выходная ~ outlet pipe
газоотводная ~ gas outlet pipe
газосбрасывающая ~ gas escape pipe
гибкая ~ flexible pipe
гибкие насосно-компрессорные ~ы endless tubing
гидравлически гладкая ~ smooth pipe
гидравлически шероховатая ~ rough pipe
гладкая ~ plain-end pipe
горячекатаная ~ hot-rolled tube, hot-rolled pipe
грязевая ~ вертлюга swivel washpipe
грязевая ~ вертлюга плавающего типа floating swivel washpipe
дренажная ~ carriage, drain pipe
дымовая ~ flue pipe; smoke stack
жаровая ~ flue pipe
забивная ~ drive pipe
заглушенная ~ blanked-off pipe
загрузочная ~ cargo pipe
заливочные ~ы cementing string
защитная ~ sheath, protective pipe
извлеченная ~ (*из скважины*) recovered pipe
изолированная ~ coated pipe
изоляционная ~ conduit .
калиброванная ~ calibrated tube
канализационная ~ sewage [sewer] pipe
квадратная ~ drill stem
коленчатая ~ elbow, knee
коллекторная ~ manifold (pipe)
колонковая ~ core barrel
колонковая ~ для бурения с обратной промывкой reverse-circulation core barrel
колонковая одинарная ~ single-tube core barrel
кривая ~ bent pipe
лифтовая ~ (oil well) tubing
лопнувшая ~ split pipe
многослойная ~ multilayer [laminar] pipe
муфтовая обсадная ~ нефтяного сортамента oil well casing
набивная волнистая ~ corrugated friction socket
нагнетательная ~ discharge [ascending, pressure] pipe
напорная ~ *см.* нагнетательная труба
направляющая ~ guide tube; (*в скважине*) conductor (pipe)
наружная ~ двойной водоотделяющей колонны outer jacket
насосно-компрессорная ~ (oil well) tubing
насосно-компрессорная ~ малого диаметра small-sized tubing; *проф.* macaroni
насосно-компрессорная ~, покрытая эпоксидной смолой epoxy resin-lined tubing
насосно-компрессорная ~ с внутренним пластмассовым покрытием lined [internally coated] tubing
насосно-компрессорная ~ с выполненными заодно соединениями integral connection tubing
насосно-компрессорная остеклованная ~ glass-lined tubing
насосно-компрессорные ~ы, приспособленные для бурения drill tubing
насосно-компрессорные ~ы с высаженными внутрь концами internal upset tubing
насосно-компрессорные ~ы с высаженными наружу концами external upset tubing
неизолированная ~ bare pipe
немагнитная утяжеленная бурильная ~ non-magnetic drill collar, NMDC
неперфорированная ~ blank [nonperforated] pipe
несущая ~ supporting pipe
нижняя утяжеленная ~ bottom collar
облегченная ~ light-wall pipe
обрезиненная ~ rubber(iz)ed pipe
обсадная ~ casing
обсадная безмуфтовая ~ inserted joint [extreme line] casing
обсадная бесшовная ~ seamless casing
обсадная коррозионно-стойкая ~ corrosion-resistant casing
обсадная наращивающая ~ add-on casing
обсадная нижняя ~ (*в колонне*) casing starter
обсадная прихваченная ~ frozen [stuck] casing
обсадная рифленая ~ corrugated sheet-metal casing
обсадные ~ы с высаженными концами upset-end casing
ориентирующая ~ orienting sub
отбракованная ~ used pipe
отходящая ~ offtake pipe
переливная ~ downflow pipe
перепускная ~ bypass pipe
переходная ~ reducing pipe
перфорированная ~ screen, perforated pipe
пластмассовая ~ plastic pipe
погнутая ~ crooked pipe
подводящая ~ inlet pipe
подъемная ~ rising pipe
подъемные гибкие ~ы reeling tubing
покрытая ~ coated pipe
полиэтиленовая ~ polyethylene pipe
промывочная ~ washover pipe, washpipe
рабочая ~ kelly, drill stem
раструбная ~ slip-joint [inserted-joint] pipe
сварная ~ welded pipe
сварная продольно-шовная ~ longitudinally welded pipe
сварная спирально-шовная ~ spirally welded pipe
сливная ~ overflow (pipe)
смятая ~ collapsed pipe
спиральная утяжеленная бурильная ~ spiral drill collar, SDC

трубопровод

спускная ~ discharge [blowoff] pipe
стальная ~ steel pipe
стальные спиральные ~ы линий штуцерной и глушения (*для компенсации поворотов морского стояка*) coil-type kill and choke flexible steel lines
сточная ~ sink (pipe)
сужающаяся ~ converging tube
Т-образная ~ T-branch
толстостенная ~ thick-wall(ed) [heavy-wall] pipe
тонкостенная ~ thin-wall(ed) pipe
утяжеленная бурильная ~ (УБТ) drill collar
утяжеленная бурильная ~ со спиральной канавкой spiral-grooved drill collar
утяжеленная бурильная ~ с перепускными клапанами для бурового раствора mud collar
утяжеленная бурильная ~ с разгрузочными канавками drill collar with stress-relief grooves
утяжеленная бурильная ~ увеличенного диаметра oversized drill collar
утяжеленная бурильная немагнитная ~ nonmagnetic drill collar
утяжеленная бурильная ребристая ~ grooved [slotted] drill collar
ферромагнитная ~ ferromagnetic pipe
холоднотянутая ~ cold-drawn pipe
цельнокатаная ~ rolled pipe
цельнотянутая ~ drawn pipe
электросварная ~ electric-weld(ed) pipe
якорная ~ hawse pipe
трубка pipe, tube
~ Вентури Venturi tube
~ Пито Pitot tube, pitometer, pitot
вакуумная ~ vacuum tube
газозаборная ~ gas probe
гофрированная ~ bellows
дыхательная ~ (*в резервуаре*) tank breather tube
изогнутая ~ crane (tube)
изоляционная ~ insulating sleeve
капиллярная ~ capillary (tube)
трубовоз pipe carrier, pipe truck
трубодержатель tubing catcher, tube holder, pipe support
труболовка spear
~ для бурильных труб drill pipe [trip] spear
~ для насосно-компрессорных труб tubing spear
~ для обсадных труб casing spear
~ для утяжеленных бурильных труб drill collar spear
~ с промывкой circulating [washover] spear
гидравлическая ~ hydraulic spear
левая ~ left-hand spear
магнитная ~ magnetic-type catcher
механическая ~ mechanical spear
неосвобождаемая ~ bulldog casing spear
неосвобождающаяся ~ nonreleasing spear
освобождающаяся ~ releasing spear

правая ~ right-hand spear
самоосвобождающаяся ~ self-releasing spear
торцовая ~ face-type spear
универсальная ~ universal [all-purpose] spear
трубоочиститель pipe [tube] cleaner
трубопровод (*для транспорта на большие расстояния*) pipeline; (*местный*) tubing
~ большого диаметра big-diameter pipeline, big-inch line
~ в две нитки twin pipeline
~, в котором продукт не движется off-stream pipeline
~ для бурового раствора drilling mud pipeline
~ для отвода конденсата bleeder (line)
~ для перекачки нефтепродуктов с судна на берег ship-to-shore pipeline
~ для пресной воды fresh water pipeline
~ для сброса давления pressure relief pipeline
~ для сброса промысловых вод disposal line
~ на сваях pipeline elevated [suspended] on piers
~, проложенный по морскому дну seagoing pipeline
~ с внутренним покрытием lined [internally coated] pipeline
~ с паровой рубашкой steam-jacketed pipeline
береговой ~ shore pipeline
возвратный ~ return pipeline
впускной ~ intake [inlet] pipeline
выпускной ~ exhaust manifold
высоконапорный ~ high-pressure pipeline
выхлопной ~ (*буровой установки*) exhaust pipeline
газосборный ~ gas gathering [gas collecting] pipeline
двухниточный ~ twin pipeline
действующий ~ active pipeline
дренажный ~ drainage [draining] pipeline
заглубленный ~ buried pipeline
заглушенный ~ blanked-off pipeline
загрузочный ~ fill line
затопленный ~ drowned [sunken] pipeline
изолированный ~ coated [insulated] pipeline
кольцевой ~ loop [ring] line
магистральный ~ main [trunk] pipeline, main line
морской ~ marine [seagoing, offshore] pipeline
навесной ~ overhead pipeline
нагнетательный ~ delivery (pipe)line
надземный ~ above-ground pipeline
наземный ~ surface pipeline
напорный ~ *см.* нагнетательный трубопровод
неизолированный ~ uncovered [bare] pipeline
нефтесборный ~ (*на промысле*) oil gathering [oil collecting] line

трубопровод

низконапорный ~ low-pressure pipeline
отводной ~ bypass pipeline
питающий ~ feed [supply] pipeline
подающий воздушный ~ air feeder
подвесной ~ suspended pipe(line)
подводный ~ underwater pipeline; (*морской*) submarine [seagoing, offshore] pipeline
подводящий ~ admission [inlet] line
подводящий промысловый ~ flowline
подземный ~ underground pipeline
промысловый ~ field pipeline
разборный ~ collapsible line
разветвленный ~ branched (pipe)line
разгрузочный ~ unloading [discharge] pipeline
резервный ~ standby [booster] pipeline
самотечный ~ gravity (flow) line
сливной ~ *см.* разгрузочный трубопровод
спускной ~ bleeder line
сточный ~ drain line
эксплуатационный ~ production flow pipeline
эксплуатационный гибкий ~ flexible production flow pipeline
трубопроводчик pipeliner, pipelayer
трубораcширитель pipe [tube] expander
труборез pipe cutter, pipe cutting machine
~ для бурильных труб drill pipe cutter
~ для насосно-компрессорных труб tubing cutter
~ для обсадных труб casing cutter
вертикальный ~ collar buster
внутренний ~ internal [inside] pipe cutter
гидравлический ~ hydraulic pipe cutter
кумулятивный ~ jet pipe cutter
наружный ~ external [outside] pipe cutter
пескоструйный ~ sand-jet [abrasion] pipe cutter
продольный ~ для обсадных труб casing splitter
труборезка *см.* **труборез**
труборез-перфоратор casing ripper
трубоукладка (*процесс*) pipe laying
трубоукладчик boom-cat; (*на буровой*) pipe racker; (*при строительстве трубопроводов*) pipe layer
механизированный ~ power pipe racker
трубчатый tubular
трюм hold
нефтяной ~ oil hold
тугоплавкий refractory, high-melting
туман mist, fog
тумба pier, bollard
фундаментная ~ для вышки derrick foundation pier
тумблер toggle switch
туннель gallery, tunnel
турбина turbine
~ турбобура turbine of turbodrill
активная ~ impulse turbine
активно-реактивная ~ impulse-reaction turbine

высокомоментная ~ high-torque turbine
высоконапорная ~ high-pressure turbine
высокооборотная ~ high-speed turbine
газовая ~ gas turbine
многокорпусная ~ multicylinder [multicasing] turbine
многоступенчатая ~ multistage turbine
низкомоментная ~ low-torque turbine
низконапорная ~ low-pressure turbine
одноступенчатая ~ single-stage turbine
осевая ~ axial-flow turbine
реактивная ~ reaction turbine
турбобур hydraulic turbine [hydroturbine] downhole motor, turbodrill
турбобурение turbodrilling
турбогенератор turbogenerator
турбокомпрессор centrifugal [non-positive, radial flow, turbine] compressor, turbocompressor
турбонасос turbopump
турботахометр turbine shaft rpm meter
турботрансформатор hydraulic torque converter
турбулентность eddying, turbulence
турбулентный turbulent
турбулизатор turbulizer, turbulator; (*на обсадной колонне*) cementer
заколонный ~ open-hole turbulizer
турбулизация turbulization
туф sinter, tuf(a)
тушение (*огня*) extinguishing, fire fighting
~ пеной (*нефтяного пожара*) foaming
~ пожара fire extinguishing
тушить (*огонь*) extinguish, put out
ТЭЦ [теплоэлектроцентраль] thermoelectric [power-and-heating] plant
тяга 1. draft, draw 2. (*соединение*) tie(-rod), link
искусственная ~ induced [forced] draft
передаточная ~ power line
принудительная ~ *см.* искусственная тяга
форсированная ~ blast
тягач truck, tractor
тяготение gravitation, gravity
земное ~ gravity
тягучий ductile, forgeable
тяжеловоз (*грузовой автомобиль повышенной грузоподъемности*) heavy-duty trailer
тяжесть gravity, weight

#

убавлять:
~ обороты (*двигателя*) ease off
УБТ [утяжеленная бурильная труба] drill collar
убыль loss(es)

естественная ~ natural losses
убыток damage, waste, deficit, loss
убыточный unprofitable
увеличение:
~ вязкости viscosity growth
~ диаметра скважины (*вследствие эксцентричного вращения снаряда*) overcut
~ длины хода overtravel
~ количества воды в добываемой из скважины жидкости build-up of water production
~ минерализации воды salt content of water
~ мощности пласта expansion of strata, thickening of bed
~ напора pressure boost
~ плотности сетки размещения скважин well pattern thickening
~ проницаемости permeability increase
~ скорости бурения drilling rate increase
~ скорости деформации (*пласта*) increase of deformation [of distortion] rate
~ тяги thrust augmentation
линейное ~ linear magnification
увеличивать:
~ вязкость бурового раствора increase viscosity of mud
~ плотность цементного раствора до... build drilling mud density up to...
~ частоту вращения drive up
увлажнение humidification, moistening, wetting
увлажнитель damper, fogger; (*воздуха*) humidifier
нефтяной ~ oil fogger
увлечение:
~ газа жидкостью entrainment of gas with liquid
~ жидкости liquid entrainment
увод:
~ колес wheel slipping
~ оси отверстия drill run-off
~ стрелки измерительного прибора drift of pointer
углеводородный hydrocarbonic, hydrocarbonaceous
углеводороды hydrocarbons
~ в пласте hydrocarbons in place
~ нафтенового ряда naphthenes
алифатические ~ aliphatic hydrocarbons
ароматические ~ aromatic hydrocarbons
газообразные ~ gas hydrocarbons
жидкие ~ liquid hydrocarbons
легкие ~ light hydrocarbons
летучие ~ volatile hydrocarbons
летучие органические ~ volatile organic hydrocarbons
метановые ~ methane hydrocarbons
насыщенные ~ saturated hydrocarbons
нелетучие ~ nonvolatile hydrocarbons
ненасыщенные ~ unsaturated hydrocarbons
полиароматические ~ polyaromatic hydrocarbons, PAH
природные ~ natural hydrocarbons

циклические ~ cyclic hydrocarbons
этиленовые ~ ethylene hydrocarbons
углекислота carbon dioxide, carbonic acid
угленосный coal-bearing, carboniferous
углерод carbon
~ земной коры terrestrial carbon
~ нефти oil carbon
органический ~ particulate organic carbon, POC
растворенный органический ~ dissolved organic carbon, DOC
свободный ~ free carbon
связанный ~ fixed carbon
углеродистый carbonaceous, carboniferous, carbon-bearing
углесодержащий 1. carbonaceous 2. coal-bearing
углистый carbonaceous, coaly
углубление:
~ в траншее трубопровода, позволяющее вести сварку по всей окружности шва bell hole
~ скважины well deepening
угол angle
~ атаки долота angle of attack of a bit
~ башенной вышки derrick corner
~ боковой качки angle of pitch
~ визирования angle of view, angle of sight
~ внутреннего трения angle of internal friction
~ возвышения angle [degree] of elevation
~ входа (*в пласт*) angle of entry, angle of incidence
~ выхода angle of emergence
~ делительного конуса шарошки pitch angle of roller cutter
~ естественного откоса angle of repose
~ забуривания (*ствола скважины*) spudding angle
~ заднего конуса шарошки back cone angle of roller cutter
~ заострения зуба tooth wedge angle
~ заточки лопасти долота bit blade edge angle
~ изгиба angle of bend
~ конусности taper angle
~ магнитного склонения angle of dip
~ наклона angle of gradient, angle of lean, angle of pitch, angle of slope
~ наклона лопаток (*турбобура*) blade angle
~ наклона мачтовой вышки angle of mast lean, tilt of mast
~ наклона пластов angle of bedding, angle of bed slope
~ наклона ствола скважины angle of borehole inclination, hole drift angle
~ несогласия angle of unconformity
~ обхвата angle of wrap
~ опережения angle of advance
~ отбортовки angle of flange
~ отклонения angle of deviation, angle of inclination

угол

~ отклонения от вертикали angle of hade, angle of deflection
~ отклонения талевого каната wireline fleet angle
~ откоса angle of slope
~ отражения angle of reflection
~ отставания angle of lag
~ падения в градусах degree of dip
~ падения пласта angle of dip; angle of incidence, degree of inclination, hade
~ перекоса angularity
~ плоскости напластования bedding plane angle
~ поворота rotation angle, angle of rotation
~ подъема angle of elevation, angle of gradient
~ преломления angle of refraction
~ простирания angle of bedding
~ профиля резьбы angle of thread
~ равновесия equilibrium angle
~ рассеивания angle of dispersion
~ резания cutting angle
~ сброса fault angle
~ свивки каната angle of rope twist, lay of rope
~ склонения angle of pitch, angle of declination
~ скольжения angle of slide, angle of slip
~ скоса кромки angle of preparation
~ смещения angle of pitch, angle of slip
~ спайности angle of cleavage
~ уклона angle of gradient
~ установки алмаза diamond setting angle
~ установки лезвия долота bit blade setting angle
~ установки отклонителя whipstock orientation angle
азимутальный ~ horizontal angle, compass direction
задний ~ (*режущего инструмента*) *см.* тыловой угол (*режущего инструмента*)
зенитный ~ zenith angle
горизонтальный ~ azimuth
краевой ~ wetting angle
краевой ~ смачивания contact angle
критический ~ critical angle
наступающий ~ (*смачивания*) advancing angle
тыловой ~ (*режущего инструмента*) back angle

уголок (*металлический прокатный профиль*) angle (piece)
стальной ~ angle bar, angle iron

уголь coal
активированный ~ absorbent coal
битуминозный ~ bituminous coal
бурый ~ brown coal
древесный ~ (wood) charcoal
жирный ~ bituminous coal
каменный ~ black coal
сланцеватый ~ bone coal

угольник elbow (bend), angle piece

~ для анкерных болтов anchor plate
~ из листового материала gusset sheet
~ манифольда ell of manifold
~ с внутренней резьбой female ell
~ с наружной резьбой male ell
прямой переходный ~ reducing elbow

удаление:
~ бурового шлама cuttings removal
~ воды dewatering
~ гидратов из нефтяных газов dehumidification
~ керосиновых фракций после извлечения бензина skimming
~ конденсата condensate drainage
~ минеральных сточных вод brine disposal
~ окалины descaling
~ отходов waste disposal
~ парафина dewaxing
~ песка desanding
~ песчаных пробок sand bridge removal
~ серы desulfuration
~ сточных вод sewage disposal
~ шлака clinkering
кислотное ~ парафина acid dispersion

удалять:
~ влагу dehydrate, desiccate
~ воздух deaerate
~ газ degas, eliminate gas
~ известь delime
~ отработавшие газы scavenge
~ примеси decontaminate
~ пыль dust off
~ шлак deslag

удар shock, impact
акустический ~ acoustic shock
гидравлический ~ hydraulic impact, hydraulic shock
горный ~ bursting
динамический ~ impact
обратный ~ kickback
одинарный ~ single knock
тепловой ~ heat [thermal] shock
упругий ~ elastic collision

ударник knocker, striker
~ яса jar knocker

удерживание:
~ постоянного давления на бурильных трубах constant drill pipe pressure method
автоматическое ~ на месте стоянки automatic station keeping

удерживать:
~ во взвешенном состоянии suspend
~ флюид в пласте hold back fluid in the reservoir

удлинение extension, elongation
~ при разрыве elongation at rupture
абсолютное ~ absolute elongation
остаточное ~ permanent set
относительное ~ relative deformation, elongation
тепловое ~ thermal [heat] extension

удлинитель:

укладка

~ корпуса переводника яса bowl extension of jar sub
~ корпуса устьевой головки wellhead housing extension
~ с замковыми муфтами на обоих концах *см.* удлинитель с концевыми муфтами
~ с концевыми муфтами double-box collar
~ хода качалки long-stroke pumping (unit) attachment
~ шарового соединения ball-joint extension assembly
немагнитный ~ non-magnetic drill collar
удобообрабатываемость workability
удовлетворять:
~ условиям эксплуатации meet service conditions
удостоверение certificate
~ на загрузку cargo intake certificate
~ на разгрузку cargo outtake certificate
~ о годности к эксплуатации certificate of fitness
квалификационное ~ certificate of competence
уз/ел 1. assembly, block, component, unit 2. (*морской*) knot
~ автоматического контроля бурения automatic drilling control unit
~ автоматического контроля подачи automatic feed-off control unit
~ бурового насоса mud pump unit
~ буровой установки drilling rig part
~ всасывающего клапана suction-valve assembly, suction-valve unit
~ вставки insert assembly
~ вставки отводного устройства diverter insert assembly
~ дренажного клапана кернового снаряда vent valve assembly of core barrel
~ нагнетательного клапана discharge valve assembly
~ клиньев (*фрезера*) wedge block
~ перекрестного потока cross-over assembly, cross-over shoe
~ подачи ножей (*внутренней труборезки*) knife block
~ подвесной головки обсадной колонны casing-hanger system
~ связи communication(s) center
~ управления control assembly, control unit
~ устьевой головки wellhead housing assembly
~ штока бурового насоса mud pump rod assembly
железнодорожный ~ railway junction
замковый ~ locking unit
замковый ~ секции водоотделяющей колонны riser pipe locking assembly
клапанный ~ valve unit
коммутационный ~ switching center, switching point
крупный ~ системы subsystem
нижний ~ морской водоотделяющей колонны lower marine riser package

ниппельный и стыковочный ~лы (*линий штуцерной и глушения скважины*) male choke and kill stab assembly
однорейсовый ~ подвесной головки single-trip hanger assembly
пробковый ~ plug assembly
стыковочный ~ водоотделяющей колонны (marine) riser stab assembly
уплотнительный ~ packing unit
уплотнительный ~ подвески обсадной колонны casing hanger packing unit
уплотнительный ~ подвески обсадной колонны на подводном устье wellhead casing hanger packing unit
шарнирный ~ flexible [hinged] joint
шаровой шарнирный ~ universal ball joint
уипсток deflector, whipstock
указатель indicator, detector, gage; (*стрелка прибора*) needle, pointer
~ вертикальной качки heave meter
~ выброса kick detector
~ вылета стрелы (*крана*) radius indicating system
~ глубины depth indicator
~ давления pressure gage, pressure indicator
~ дебита flow indicator
~ искривления скважины drift indicator
~ крутящего момента torque indicator
~ места position indicator
~ нагрузки load indicator
~ нагрузки на долото bit pressure indicator
~ направления ветра wind indicator
~ перелива overflow indicator
~ положений «открыто—закрыто» open-closed indicator
~ положения position indicator
~ производительности насоса pump output indicator
~ уровня воды water level gage, water level indicator
~ уровня масла oil depth [oil level] gage, oil level indicator
~ уровня нефти в резервуаре oil gage
~ частоты вращения speed indicator
~ числа оборотов двигателя engine rpm indicator
дистанционный ~ remote indicator
поплавковый ~ уровня displacement type float
сигнальный ~ температуры heat alarm
укладка:
~ бетона placing [casting] of concrete, concrete placement
~ в штабель piling
~ зерен (*породы*) grain packing
~ кабеля cable laying
~ насосно-компрессорных труб на мостки racking of tubings
~ труб (*при строительстве трубопровода*) stringing
~ труб в штабеля stacking of pipes
~ труб на землю pipe laying

укладка

~ труб на мостки racking of pipes
~ трубопровода на трассе pipeline construction
укладчик (*асфальта*) spreader; (*бетона*) placer; (*грузов на поддон*) palletizer
~ труб вдоль трассы трубопровода stringer
укладывать:
~ трос fake
уклон slope, grade, gradient
~ вверх upward gradient
~ вниз downward gradient
~ лестницы slope of stairs
~ режущей кромки shear (angle)
~ трубопровода pipeline pitch
гидравлический ~ hydraulic slope
укорочение linear shrinkage, shrinking, shortening
относительное ~ образца compressive deformation
укосина abutment, brace, cantilever, jib
укрепление:
~ фундамента underpinning
укрепленный:
~ оттяжками guyed
укрытие shelter
~ бурильщика driller's shelter
~ буровой rig shelter
~ водолаза diving shelter
~ для двигателей engine shed
~ для насосов pump room, pump house
улавливание catching, collecting, trapping
~ газа gas recovery
~ нефти trapping of oil
улавливатель catcher, trap
улетучивание escape, evaporation, evaporization, volatilization
улетучиваться evaporate, volatilize
ультрамикровесы ultramicrobalance
ультрамикроскоп ultramicroscope
ультрамикроскопия ultramicroscopy
ультрафильтр ultrafilter
ультрафильтрация ultrafiltration
уменьшать:
~ вдвое halve, cut in half
~ дебит скважины, уменьшая диаметр штуцера bean back
~ диаметр waist
~ содержание slash
~ толщину attenuate
~ частоту вращения drive down
уменьшение:
~ крутизны flattening
~ насыщенности desaturation
~ объема shrinkage
~ объема при высыхании air shrinkage
~ поперечного сечения nicking
~ прочности цементного камня cement strength degradation
~ сорбционной способности decline of sorption capacity
~ угла падения decrease in dip
умягчать (*воду*) soften

унос carry-out; (*частицы золы и топлива*) fly ash
упаковка packing, package
~ в мешки sacking, bagging
~ в ящики crating
~ песка sand packing
арктическая ~ Arctic package
морская ~ maritime package
тропическая ~ tropical package
упаковывать:
~ в мешки bag, sack
~ в тарные ящики crate
~ в тюки bale
упаривать evaporate, boil down
уплотнение 1. *геол.* compaction, consolidation; solidification, thickening 2. packing (off), sealing 3. (*уплотнительный элемент*) seal, packing
~ вращательного соединения rotary seal
~ втулки цилиндра liner packing
~ гидравлического действия hydraulic set packoff
~ глин clay compaction
~ горных пород rock compaction
~ грунтов soil compaction, soil consolidation
~ клапана valve seal
~ корпуса body seal
~ металл – металл metal-(to-)metal seal
~ неподвижных соединений static connection seal
~ обсадной колонны casing pack
~ осадков compaction [consolidation] of sediments
~ поршня piston seal, piston packing
~ стыка joint liner, joint packing
~ стыка труб packing of joints
~ трубных соединений pipe sealing
~ шва caulking
~ шпинделя задвижки valve stem packing
~ штока rod packing
бессальниковое ~ packless seal
вторичное ~ repacking
герметизирующее ~ seal packing
герметичное ~ tight [pressure, air] seal
гидравлическое ~ hydraulic seal, liquid packing
гидравлическое ~ насоса water seal packing of pump
гравитационное ~ gravitational compaction
кольцевое ~ ring packing
конусное ~ taper(ed) seal
лабиринтное ~ labyrinth seal, labyrinth packing
лабиринтное верхнее ~ ротора top labyrinth seal of rotary (table)
лабиринтное нижнее ~ ротора bottom labyrinth seal of rotary (table)
манжетное ~ cup packing
масляное ~ oil seal
многоманжетное ~ multicup packing
плавающее ~ floating seal
радиальное ~ radial seal

упругость

резиновое ~ rubber seal, rubber packing
резиновое ~ плашки противовыбросового превентора blowout preventer ram rubber seal
сальниковое ~ stuffing-box seal, stuffing-box packing
сальниковое ~ между насосной и обсадной колоннами, изолирующее отдельный горизонт formation packer
торцовое ~ face seal
упругое ~ elastic seal
фланцевое ~ flange packing
эластичное ~ resilient seal
уплотнитель packer; (*грунта*) compactor
уплотняемость compactibility
уплотняться consolidate; (*слеживаться*) pack, cake
упор rest, stop, seat, thrust
 ~ для поддержки бурового инструмента во время отвинчивания circle drilling string brace
 ~ днища резервуара tank bottom chime
 ~ овершота stop ring of overshot
 ~ педали foot rest
 ~ плунжера seat of plunger
 ~ пробки plug stop
 ~ цементировочной муфты stop of cementing collar
ограничивающий ~ limit stop
предохранительный ~ safety stop
Управление:
 ~ охраны окружающей среды (*США*) Environmental Protection Agency, EPA (*USA*)
управление 1. control, operation, handling 2. (*учреждение*) department 3. (*административное*) management
 ~ буровых работ drilling department
 ~ вводом — выводом (*данных*) input-output (I/O) control
 ~ данными data control
 ~ движением транспорта traffic control
 ~ добычей (*нефти или газа*) production control
 ~ задвижками gate valves operation
 ~ материально-технического снабжения logistics department
 ~ на расстоянии remote control
 ~ противовыбросовыми превенторами blowout preventer [BOP] control
 ~ с выносного пульта outside control
 ~ скважиной well control
 ~ скоростью speed control
 ~ с помощью компьютера computer control
 ~ тормозами brake control
 ~ штуцером choke control
аварийное ~ emergency control
автоматизированное ~ бурением automatic drilling control
автоматическое ~ automatic control, automatic operation
автоматическое ~ лебедкой automatic winch control
автономное ~ off-line control
газопромысловое ~ gas production department
гидравлическое ~ hydraulic control
голосовое ~ voice-activated control
двойное ~ dual operation, dual control
диспетчерское ~ supervisory [dispatcher] control
диспетчерское ~ трубопроводом pipeline dispatch control
дистанционное ~ remote-controlled operation, remote handling, remote control
дистанционное ~ насосом remote handling of pump, remote pumping
дистанционное диспетчерское ~ dispatch supervisory control
дроссельное ~ throttle control
клавишное ~ piano-key control
кнопочное ~ push-button control, push-button type operation
местное ~ local control
монопольное ~ exclusive control
нефтегазодобывающее ~ oil and gas production department
нефтепромысловое ~ oil production department
оперативное ~ real-time [on-line] control
оптимальное ~ optimal control
педальное ~ pedal control
пневматическое ~ pneumatic [air] control
последовательное ~ series [sequence] control
программное ~ programmed control
прямое ~ direct control
региональное ~ буровых работ regional drilling department
рулевое ~ steering
ручное ~ hand [manual] operation, manual control
рычажное ~ lever control
ступенчатое ~ cascade control
телемеханическое ~ telemechanical control
тросовое ~ cable operation, cable control
централизованное ~ centralized control
электронное ~ electronic control
управляемый operated
 ~ компьютером computer-controlled, computer-operated
 ~ по радио radio-controlled
 ~ с диспетчерского пункта unattended
управлять 1. control, handle, operate 2. (*экономикой*) manage
управляющий:
 ~ буровой установкой rig superintendent
упругий elastic, flexible, resilient
упругоемкость пласта compressibility of formation
упругость 1. elasticity, flexibility, resilience, elastic behavior 2. (*пара*) pressure
 ~ паров vapor pressure
 ~ при изгибе elasticity of flexure
 ~ при кручении torsional elasticity
 ~ при сдвиге transverse elasticity

699

упругость
~ при сжатии elasticity of compression
~ при скручивании torsional elasticity
~ при срезе shear elasticity
~ растворенного (*в нефти*) газа dissolved gas elasticity
объемная ~ bulk modulus, cubic(al) [volume] elasticity
остаточная ~ residual elasticity
предельная ~ perfect elasticity
уравнение equation
~ Бернулли Bernoulli's theorem
~ Бингхэма – Бакингхэма Bingham-Buckingham equation
~ Ван-дер-Ваальса Van der Waals equation
~ вытеснения advance equation
~ газового состояния equation of gas state
~ Дарси Darcy's equation
~ движения equation of motion
~ движения жидкости fluid flow equation
~ диффузии diffusivity [diffusion] equation
~ запасов нефти в пласте equation of oil in place
~ количества движения momentum equation
~ материального баланса material-balance equation
~ неразрывности continuity equation
~ Оствальда Ostwald equation
~ притока газа gas influx equation
~ размерностей dimensional equation
~ Риттингера Rittinger's equation
~ теплового баланса heat-balance equation
~ течения flow equation
~ фильтрации filtration equation
~ Эйлера для трения каната по цилиндру capstan equation
химическое ~ chemical equation
уравнивание compensation, equalization
уравнитель adjuster, equalizer, differential
~ давления pressure equalizer
линейный ~ linear equalizer
тормозной ~ brake equalizer
уравновешивание (counter)balancing, equalizing
~ станка-качалки counterbalancing of pumping unit
балансирное ~ weight balancing
частичное ~ partial (counter)balancing
ураган hurricane
уровень level
~ бурового раствора drilling mud level
~ водного зеркала level of water table
~ воды water level
~ грунтовых вод groundwater level
~ дна моря mudline
~ добычи production level, production capacity
~ жидкости fluid level
~ земли ground level
~ кислотности acidity level
~ моря sea level
~ мощности power level
~ нефти oil level
~ освещенности illumination level
~ отсчета datum
~ пола floor level
~ приведения datum
~ ударных воздействий striking effect
геодезический ~ geodetic level
геоморфологический ~ geomorphological level
гидростатический ~ hydrostatic level
динамический ~ (*в скважине*) flowing [working] level, dynamic head
исходный ~ initial level
нулевой ~ datum [zero] level
пьезометрический ~ piezometric level
средний ~ моря mean sea level
статический ~ static level
уровнемер level gage, level meter, level indicator
~ резервуара tank-level gage
~ резервуара для бурового раствора pit-level device
акустический ~ acoustic level meter
дистанционный ~ remote level gage
манометрический ~ pressure level gage
пневматический ~ pneumatic level gage
поплавковый ~ float(-type) level gage, float(-type) [buoyancy] level indicator
пьезометрический ~ piezometric level indicator
радиоактивный ~ radioactive level gage, radioactive level meter
ультразвуковой ~ ultrasonic level gage
штоковый ~ dip rod
электрический ~ electrical level gage
усадка contraction, shrinkage
~ бетона concrete shrinkage
~ в жидком состоянии liquid shrinkage
~ в процессе затвердевания *см.* усадка при затвердевании
~ муфты замка shrinkage of tool joint
~ нефти oil shrinkage
~ пакера packer contraction
~ при высыхании drying shrinkage
~ при затвердевании solidification shrinkage
~ цементного раствора cement contraction
воздушная ~ air shrinkage
дополнительная ~ aftercontraction, aftershrinkage
замедленная ~ hindered contraction
линейная ~ linear shrinkage
необратимая ~ бетона irreversible concrete shrinkage
объемная ~ volume shrinkage
постоянная ~ permanent set
тепловая ~ heat shrinkage
усадочность shrinking property
усиление 1. amplification, gain 2. (*упрочнение*) reinforcement, strengthening
~ ног вышки derrick leg reinforcement
~ по напряжению voltage amplification
~ сейсмических сигналов seismic signal enhancement

общее ~ total [overall] amplification, overall gain
усилие force, stress, effort
~ натяжения pulling power, pulling force
~ от якорного крепления mooring force
~ подачи forward force
~ пружины spring power
боковое ~ lateral force
буксировочное ~ towing force
ветровое ~ wind force
внешнее ~ imposed force
изгибающее ~ bending force, bending stress
непосредственно приложенное ~ direct acting force
осевое ~ axial force, axial thrust
приложенное ~ applied force
продольное ~ longitudinal force
разрушающее ~ breaking [collapsing, destructive] force, ultimate tension
разрывающее ~ tearing strain, tensile load
разрывное ~ breaking load
растягивающее ~ tensile force, tension pull, tension, (ex)tension strain
режущее ~ cutting effort
результирующее ~ resultant stress
сдвигающее ~ shear(ing) force
сжимающее ~ compressive force, compressive stress
скалывающее ~ shearing force
скручивающее ~ twisting force, torque load
срезающее ~ tangential stress
срезывающее ~ shear(ing) forse
тормозящее ~ braking effort, braking force
тяговое ~ tractive force, tractive effort, traction pull
тяговое ~ на барабане (wire)line pull
уплотняющее ~ compactive effort
усилитель amplifier, booster
~ звуковой частоты note amplifier
~ напряжения voltage amplifier
предварительный ~ preamplifier
ускорение acceleration
~ свободного падения gravitational [gravity, free-fall] acceleration
отрицательное ~ deceleration
ускоритель accelerator
~ времени схватывания activator [accelerator] of setting time
~ реакции при кислотной обработке пласта acid intensifier
~ схватывания цементных растворов cement-setting accelerator
~ твердения цементного раствора early-strength cement admixture
малоактивный ~ slow-acting accelerator
органический ~ organic accelerator
условия conditions
~ бурения drilling conditions
~ в нефтяной залежи oil pool [oil reservoir] conditions
~ вскрытия пласта drilling-in conditions
~ выветривания weathering [erosion] conditions

~ движения (*нефти, газа*) flow conditions
~ залегания природного газа mode of natural gas occurrence
~ интенсивности искривления ствола скважины crooked hole conditions
~ на краях *см.* граничные условия
~ образования скоплений нефти oil accumulation conditions
~ образования трещин fissuring conditions
~ окружающей среды environmental conditions
~ осадконакопления conditions of sedimentation
~ отбора проб sampling conditions
~ отложения deposition conditions
~ прекращения фонтанирования flow cutoff conditions
~ притока inflow conditions
~ работы operating [operative, working] conditions
~ сварки welding conditions
~ смачивания oil-wet conditions
~ существования habitat, life environment
~, существующие на забое скважины downhole conditions
~ эксплуатации (*скважины*) production conditions
аварийные ~ emergency conditions
арктические ~ Arctic service, Arctic conditions
атмосферные ~ atmospheric conditions
аэробные ~ aerobic conditions
геологические ~ geological conditions
геолого-технические ~ geological and technical conditions
гидрологические ~ hydrological conditions
граничные ~ boundary conditions
естественные ~ natural conditions
забойные ~ bottom-hole conditions
заводские ~ plant [workshop] conditions
комнатные ~ room conditions
контурные ~ *см.* граничные условия
коррозионные ~ corrosion conditions
краевые ~ boundary conditions
моделированные ~ simulated conditions
морские ~ осадконакопления marine environments
начальные ~ initial conditions
неустановившиеся ~ non-stabilized conditions
номинальные ~ rated [nominal] conditions
нормальные ~ normal conditions
нормальные эксплуатационные ~ regular service conditions
ограничивающие ~ limiting conditions
пластовые ~ formation [reservoir] conditions
подводные ~ underwater [subsea] conditions
подземные ~ underground conditions
полевые ~ field conditions, field situation
предельные ~ limiting conditions
промысловые ~ field conditions, field situation
рабочие ~ service conditions

условия

равновесные ~ equilibrium conditions
скважинные ~ downhole conditions
сложные ~ бурения difficult drilling conditions
статические ~ static conditions
стационарные ~ steady-state conditions
структурные ~ structural conditions
тектонические ~ tectonic conditions
технические ~ technical conditions; specifications
технические ~ АНИ API specifications
топографические ~ topographic conditions
тропические ~ tropical service, tropical conditions
тяжелые ~ работы heavy duty
фациальные ~ facies conditions
фациальные ~ образования скоплений нефти facies control of oil occurrence
характерные ~ representative conditions
эксплуатационные ~ operating [operative, working] conditions

усовершенствование development, improvement; (*модернизация*) bringing-up to date, updating

успокаивать (скважину) kill (the well)

успокоитель:
~ бортовой качки roll stabilizer
~ каната wire-rope damper
~ качки ship stabilizer
~ килевой качки pitch stabilizer
~ колебаний dash-pot

усреднитель (*в системе водоочистки*) balancing reservoir

усталость fatigue
~ металла metal fatigue
~ породы rock fatigue
~ при изгибе bending fatigue
~ при кручении torsional fatigue
~ при растяжении tensile fatigue
коррозионная ~ corrosion fatigue
механическая ~ mechanical fatigue
тепловая ~ thermal fatigue

устанавливать:
~ башенную вышку в рабочее положение erect the derrick
~ в одну линию align
~ впритык butt up
~ глубинный насос sunk a subsurface pump
~ кронблок install a crownblock
~ мачтовую вышку erect a mast
~ между центрами center
~ морское буровое основание set up an offshore drilling platform
~ мост (*в скважине*) bridge
~ на нуль (*прибор*) adjust to zero
~ на опорах mount on support
~ обсадную колонну land the casing
~ пробку в скважине plug up the well

установка 1. (*оборудование*) unit, installation, plant, set; (*буровая*) rig 2. (*процесс*) mounting, installation, erection; adjustment; setting-up

~ акустического каротажа acoustic logging unit
~ алмазов diamond setting-up
~ блочного типа sectionalized [skid-mounted] unit
~ в горизонтальном положении leveling
~ водоочистки water purification plant
~ водоподготовки water treatment plant
~ водяного пожаротушения water extinguishing installation
~ высокого давления high-pressure installation
~ газового пожаротушения gas extinguishing installation
~ для алмазного бурения diamond drilling rig
~ для аэрирования жидкости aerator
~ для бурения дна моря seabed drilling rig
~ для бурения мелких скважин slim-hole rig
~ для вращательного бурения rotary drilling rig
~ для гидравлического разрыва пласта hydraulic fracturing [hydrofrac] unit
~ для измерения параметров работы скважины well test station, well measuring unit
~ для измерения противодавления (*пласта*) back-pressure control unit
~ для капитального ремонта скважин well workover rig
~ для контроля и регулирования противодавления *см.* установка для измерения противодавления (*пласта*)
~ для обезвоживания нефти oil dehydrating unit
~ для обессеривания нефти oil desulfurization plant
~ для одоризации газа gas odorizer
~ для осушки газа твердым адсорбентом dry-desiccant gas absorption plant
~ для отбора проб донного грунта seabed soil sampling rig
~ для очистки высокосернистых природных газов sour natural gas treatment [sweetening] plant
~ для очистки сточных вод sewage treatment unit; (*на море*) depurator
~ для подготовки нефти crude (oil) treatment plant
~ для подземного ремонта скважин well-service [well-servicing] unit, well-service rig
~ для приготовления бурового раствора mud preparing unit, mud preparing plant
~ для придания запаха газу *см.* установка для одоризации газа
~ для разведочного бурения prospecting drilling rig
~ для разгрузки кораблей cargo discharging plant
~ для регенерации бурового раствора drilling mud reconditioning installation
~ для регенерации утяжелителя weighting material recovery plant

установка

~ для ремонта скважин well-service rig, well-service [well-servicing] unit
~ для свабирования скважин (well) swabbing unit
~ для сейсмической разведки seismic prospecting assembly
~ для смазки насосно-компрессорных труб tubing lubrication unit
~ для смазки обсадных труб casing lubrication unit
~ для термического бурения piercing drilling rig
~ для ударного бурения churn [percussion] drilling rig
~ для ударно-канатного бурения cable-tool rig
~ для ударно-штангового бурения rod-tool rig
~ для цементирования (*скважин*) cementing unit
~ для шнекового бурения auger drilling rig
~ жидкостного пожаротушения fluid extinguishing installation
~ интегральной палубы integral deck assembly
~ кислотной ванны (*в стволе скважины*) acid spotting
~ комплексной подготовки газа complex gas treatment plant
~ комплексной подготовки нефти complex crude (oil) treatment plant
~ мачтовой вышки в горизонтальное положение mast leveling
~ морских оснований setting-up of offshore platforms
~ на нуль balancing, zero adjustment, zero setting
~ нефтяной ванны oil spotting (operation)
~ нивелира level set-up, level setting
~ нуля *см.* установка на нуль
~ обессоливания нефти oil desalting plant
~ оборудования без помощи водолазов diverless installation
~ оборудования с помощью водолазов diver-assist installation
~ обсадной колонны casing landing
~ опор support erection
~ осушки газа gas drier, gas dehydration plant
~ охлаждения газа gas cooler
~ пакера setting of packer
~ пенного пожаротушения foam extinguishing installation
~ платформы на точке platform installation on site
~ пожарной сигнализации fire alarm installation
~ пожаротушения (fire) extinguishing installation
~ порошкового пожаротушения dry powder extinguishing installation
~ свечей за палец stacking of pipes
~ сейсмографов под углом к линии падения пластов oblique orientation of spread
~ тонкой очистки (*гидроциклонная*) desilter, silt master unit
~ усилия натяжения tension setting
~ фонтанной арматуры Christmas-tree setting
~ фонтанной арматуры на дне *или* на основании marine completion
~ хвостовика setting of liner
~ цементного моста placing of cement plug
~ якорей anchor setting
абсорбционная ~ absorption plant
автоматическая ~ automatic plant
автоматическая ~ для депарафинизации automatic dewaxing unit
автоматическая буровая ~ automatic drilling rig
автономная ~ self-contained unit
автономная буровая ~ self-contained drilling rig
адсорбционная ~ adsorption plant
аккумуляторная ~ accumulator unit, accumulator plant
арктическая погружная буровая ~ Arctic submersible rig
буровая ~ drilling rig, drilling unit
буровая ~ легкого типа light drilling rig
буровая ~ на свайном основании piling [pile-mounted] drilling rig
буровая ~, опирающаяся на морское дно bottom-supported offshore drilling unit
буровая ~ с дизельным приводом diesel power drilling rig
буровая ~ с мачтовой вышкой mast-type drilling rig
буровая ~ с механическим приводом mechanical rig
буровая ~, смонтированная на автомобиле truck-mounted drilling rig
буровая ~, смонтированная на прицепе trailer-mounted drilling rig
буровая ~ со складной мачтовой вышкой cantilever-mast [derrick] rig
буровая ~ с пневмоуправлением air-controlled drilling rig
буровая ~ с подъемной мачтой jack-knife rig
буровая двухкорпусная ~, стабилизированная вертикальными колоннами twin-hulled column-stabilized drilling unit
буровая действующая ~ active drilling rig
буровая наклонная ~ slant rig
буровая самоподъемная ~ self-elevating drilling rig
буровая самоподъемная ~ с наклонными опорами slant-leg jack-up rig
буровая самоподъемная ~ с опорной плитой mat supported jack-up drilling rig
водоподогревательная ~ water warming plant
воздухоочистительная ~ air scrubber
газогенераторная ~ gas generator
газокомпрессорная ~ gas-compressor plant
газоочистительная ~ gas-treating plant
газопромывочная ~ gas washer

установка

газотурбинная ~ gas-turbine power plant
гидроакустическая ~ sonar set, sonar unit
гидроциклонная ~ hydrocyclone unit
глубинно-насосная ~ deep-well [subsurface] pumping unit
глубинно-насосная беструбная ~ pipeless deep-well [pipeless subsurface] pumping unit
групповая ~ group unit
дегазационная ~ decontamination [degassing] plant
дегидрационная ~ dehydration plant
действующая буровая ~ active drilling rig
депарафинизационная ~ dewaxing unit
десорбционная ~ stripper [stripping] plant
деэмульсионная ~ emulsion treater, demulsificator
дизельная ~ diesel (engine) plant
дизель-электрическая буровая ~ diesel-electric drilling rig
дозаторная ~ batching plant
дробеструйная ~ blasting equipment
замерная ~ для скважин well tester, well measuring unit
испытательная ~ test unit, test station
компрессорная ~ compressor plant, compressor installation
котельная ~ boiler plant, boiler installation
криогенная ~ cryogenic plant
крупноблочная буровая ~ large-section drilling rig
лабораторная ~ lab(oratory) installation, laboratory-scale plant
моделирующая ~ simulator
морская ~ offshore installation
морская ~ для разведочного бурения offshore explorating rig
морская автономная буровая ~ self-contained offshore drilling unit
морская буровая ~ offshore [marine] drilling unit, offshore [marine] drilling rig
морская буровая одноопорная ~ monopod drilling rig
морская заякоренная буровая ~ immobile offshore drilling rig
морская передвижная ~ для разведочного бурения mobile offshore exploratring rig
морская полупогружная буровая ~ semi-submersible offshore drilling unit
морская самоподъемная буровая ~ jack-up drilling unit
нагревательная ~ heating installation, heating plant, heating unit
наземная буровая ~ land [onshore] drilling rig
насосная ~ pump(ing) unit
насосная ~ для кислотной обработки скважин acid-treatment pumper
насосная ~ на салазках skid-mounted pump assembly
насосная групповая ~ central pumping unit
нефтегазосборная ~ oil-and-gas gathering plant

нефтезамерная ~ oil-measuring unit
нефтеналивная ~ oil-filling plant
нефтепромысловая ~ oil-field plant
подводная буровая ~ underwater [subsea] drilling unit
обеспыливающая ~ dust catcher, dust-collecting plant
одоризационная ~ odorizer
опреснительная ~ (water-)desalinating plant
опытная ~ pilot installation
осветительная ~ light plant, lighting installation, lighting equipment
отопительная ~ heating installation
парогенераторная ~ steam unit, steam plant
передвижная ~ mobile unit, mobile installation
передвижная буровая ~ mobile [portable] drilling rig
передвижная морская ~ для разведочного бурения offshore mobile exploration rig
передвижная морская эксплуатационная ~ mobile production rig
пескоструйная ~ blasting equipment, sand-blast [sanding] apparatus
плавучая буровая ~ floating drilling vessel, floating drilling unit, floating drilling rig
плавучая шельфовая буровая ~ floating offshore drilling rig, mobile offshore drilling unit
платформенная буровая ~ platform rig
погружная ~ для центрирования труб (*при строительстве подводных трубопроводов*) submersible pipe alignment rig
погружная буровая ~ submersible drilling rig
подвижная морская буровая ~ mobile offshore drilling unit, MODU
подводная ~ для отбора грунта seabed soil sampling rig
промысловая ~ field installation
промышленная ~ commercial [full-scale] plant
простаивающая ~ off-stream unit
радиолокационная ~ radar
расчетная моделирующая ~ simulator
рентгеновская ~ X-ray apparatus
роторная буровая ~ rotary drilling rig
салазочная ~ skidding unit
самоподъемная буровая ~ (СПБУ) jack-up drilling rig
самоходная ~ (self-)propelled unit
самоходная ~ для капитального ремонта скважин self-propelled working [carrier (work-over)] rig
самоходная буровая ~ self-propelled drilling rig
сварочная ~ welding apparatus
силовая ~ power plant, power unit
силовая ~ для группового привода (*насосных скважин*) central jack [central pumping power] plant
силовая дизель-электрическая ~ diesel electric power plant
ситогидроциклонная ~ shale shaker-desander combination unit, mud cleaner

устройств/о

стационарная буровая ~ fixed drilling rig
телевизионная ~ для исследования ствола скважины downhole television unit
теплофикационная ~ (буровой) heating unit
турбокомпрессорная ~ turboblower station
факельная ~ flare (stack)
холодильная ~ refrigeration unit
шельфовая ~ offshore installation
шнековая буровая ~ auger drilling rig
электрическая буровая ~ electric drilling rig
электробуровая ~ *см.* электрическая буровая установка
электродепарафинизационная ~ electric dewaxing unit
электродеэмульсационная ~ electrical demulsificator
электрообезвоживающая ~ electric oil dehydrator
электрообессоливающая ~ electric desalting plant

установление:
~ марки identifying
~ предельного дебита assignment of production (rate) limit
~ режима добычи establishment of production practices

устойчивост/ь stability
~ башенной вышки derrick stability
~ без нагрузки unloaded stability
~ бурового раствора drilling mud stability
~ к коррозии corrosion resistance
~ к тепловому старению heat-aging resistance
~ мачтовой вышки mast stability
~ нагрузки load stability
~ платформы на сдвиг platform shear stability
~ под нагрузкой stability under load
~ против опрокидывания (*морского основания*) tip stability
~ течения flow stability
гидродинамическая ~ hydrodynamic stability
продольная ~ longitudinal stability
статическая ~ static stability
термическая ~ бурового раствора drilling mud thermal stability
химическая ~ бурового раствора drilling mud chemical stability, drilling mud chemical resistance

устойчивый:
~ против корррозии corrosion-resistant
~ против окисления oxidation-resistant
~ против ударов *или* толчков shock-proof
~ против эрозии erosion-resistant

устранение:
~ неисправностей trouble-shooting
~ провисания sag take-up
~ шума noise elimination
~ эксплуатационных неполадок elimination of operational problems

устранять:
~ неполадки debug, doctor

~ причину неисправностей remove the cause of a trouble

устройств/о 1. (*приспособление*) apparatus, device; *мн.* equipment, means 2. (*конструкция, расположение*) arrangement, design, outfit, set-up
~ для ввода ведущей трубы в шурф kelly slabber
~ для внутренней рентгеновской дефектоскопии internal X-ray crawler
~ для вытаскивания drawer
~ для дегазирования бурового раствора degasser
~ для забуривания шурфа rathole guide
~ для задержки пробки plug catcher
~ для засыпки траншей trench-burying machine
~ для измерения дебита production rate measuring unit
~ для контроля уровня жидкости liquid level controller
~ для крепления line anchor
~ для крепления неподвижного конца талевого каната wire-line anchor, wire-line anchoring device
~ для крепления оттяжки guy-line anchor
~ для налива танкеров marine loading device
~ для намотки каната spooling device
~ для натяжения приводных ремней belt stretcher
~ для натяжения труб pipe tension device
~ для обнаружения утечек в обсадных колоннах casing leak detector
~ для отклонения струи jet deflector
~ для отмывки шлама от нефти sandwasher
~ для очистки бурового раствора mud cleaner
~ для очистки бурового раствора от песка mud desander
~ для очистки внутренней поверхности трубопровода bug
~ для очистки стенок скважины wall cleaner
~ для передачи вращающего момента torque transmission system
~ для перепуска жидкости bypass collar
~ для подачи воздуха air feeder
~ для подачи труб в скважину под давлением snubber
~ для подвески линии глушения kill-line support assembly
~ для подвески отводного устройства diverter support assembly
~ для подогрева пласта downhole heater
~ для предотвращения загрязнения подводной среды underwater scour prevention device
~ для предохранения от перегрузки (*подъемного механизма*) load safety device
~ для проверки износа от истирания abrasion testing machine
~ для промывки шлама cuttings washer
~ для регулирования длины каната cable correction system

устройств/о

~ для регулирования расхода flow-control device
~ для рентгеновского контроля труб изнутри internal X-ray crawler
~ для свинчивания и развинчивания бурильных труб drill pipe spinner
~ для сигнализации о повышении давления pressure alarm system
~ для успокоения колебаний damping arrangement
~ для установки клиньев slip setter
~ для центровки свай integrated pile alignment system
~ нижнего слива (*резервуара*) bottom unloading device
~ постоянного натяжения constant tension device
~, предохраняющее от перегрузки overload device, overload safeguard
~, регистрирующее параметры процесса бурения drilling recorder
~ сигнализации, централизации и блокировки signalling system
~ якорного каната anchor line
автоматически закрывающееся соединительное ~ autolock connector
автоматическое регулирующее ~ controller
балансировочное ~ balancer
безмоментное уплотнительное ~ обсадной колонны no-torque casing assembly
блокировочное ~ blocking device
блокирующее ~ *см.* блокировочное устройство
буферное резиновое ~ вертлюга swivel rubber-covered link bumper
внутрискважинное ~ (*мост или пакер*) bridge plug
внутрискважинное ~ для очистки перфорации backsurge tool
вращающееся уплотнительное ~ rotating seal assembly
выносное ~ (*одноточечного буя*) lowering unit
грузоподъемное ~ load-lifting assembly
двуплечее направляющее ~ two-arm guide assembly
дозирующее ~ dosimeter, metering device
дренажное ~ drainage system
загрузочное ~ charger, charging apparatus; loading device
задерживающее ~ arrester; delay device
зажигательное ~ (*для испытания скважины на море*) igniting pilot
зажимное ~ clamping [holding] device
заземляющее ~ earthing [grounding] connection
замерное ~ measuring device
запорное ~ locking device, locking arm
зарядное ~ charger, charging apparatus
захватное ~ (*ключа*) catching [gripping] device
захватывающее ~ catching device, catcher
защитное ~ protective appliance; shield; safeguard

защитное личное ~ (*для бурового персонала*) personal protective device
измерительное ~ measuring device
испытательное ~ checker; test device
комбинированное ~, содержащее центратор и скребок scratchalizer
компенсирующее ~ бурильной колонны drill-string compensating device
копирное ~ follower
маневровое гидроструйное ~ positioning jet
моделирующее ~ simulator
моечное ~ washer
нагревательное скважинное ~ downhole heater
нагревательное электрическое ~ electric heater
направляющее ~ director
направляющее ~ блока превенторов в буровой шахте бурового судна BOP moonpool guidance system
направляющее ~ для обсадной колонны casing guide
направляющее ~ для свай pile guide
натяжное ~ tensioner, tensioning device
натяжное ~ водоотделяющей колонны riser tensioner
натяжное ~ для труб pipe tensioner
натяжное ~ направляющего каната guideline tensioner
натяжное ~ неподвижного конца талевого каната deadline tensioner
натяжное ~ сжимающего типа compression-type tensioner
натяжное ~ с противовесом counterweight tensioner
несущее ~ carriage, carrier
освобождающее ~ releasing device
отводное ~ diverter (assembly)
отводное ~ телескопической секции telescoping joint diverter
отклоняющее ~ deflector, deflecting unit
переговорное ~ intercom (system)
переключающее ~ change-over device
перемешивающее ~ для бурового раствора drilling mud agitating [drilling mud mixing] device, drilling mud stirrer
перемешивающее лопастное ~ для бурового раствора paddle-type [blade-type] drilling mud stirrer
перемешивающее струйное ~ высокого давления для бурового раствора high-pressure drilling mud mixing gun
пересчетное ~ counter
печатающее ~ printer
поворотное ~ fulcrum (arrangement)
поворотное ~ крюка hook positioner
погрузочно-разгрузочные ~a handling facilities
поддерживающее ~ supporting device
подъемное ~ (*самоподъемного основания*) jacking [elevating] system
поршневое ~ swab assembly
предохранительное ~ safety appliance
приводное ~ drive unit

причальное ~ mooring facility
причальное ~ для танкеров tanker facilities
пружинное ~ springing attachment
пусковое ~ starting device
разгрузочное ~ unloading device
регистрирующее ~ recording device, recorder
регистрирующее гидравлическое ~ hydraulic recorder
регистрирующее электрическое ~ electric recorder
регулирующее ~ controlling device
свечеприемное ~ drill pipe racking device
селективно-переключающее ~ (*перфоратора*) selective change-over device
сигнальное ~ alarm (device)
симметрирующее ~ balancer, balancing device
следящее ~ follower
сливоналивные ~a handling facilities
смесительное ~ mixing device, mixer
смесительное вакуум-гидравлическое ~ (*для бурового раствора*) vacuum-hydraulic mixing device
собирающее ~ accumulator
соединительное ~ coupler, coupling device
спасательное ~ saver
спускное ~ draw-off device
спусковое ~ set(ting) assembly
тормозное ~ brake system
унифицированное уплотнительное ~ single pack-off assembly
уплотнительное ~, устанавливаемое в один прием one-step seal assembly
уплотняющее ~ packing assembly
управляющее ~ control device
факельное ~ (*для сжигания нефтяного газа*) torch
цементировочное ~ cementer
якорное ~ anchor gear

уступ:
~ в стволе скважины shoulder of the hole
~ в стенке ствола key seat
~ для башмака обсадной колонны casing shoe seat
небольшой ~ в скважине kick

устье mouth, cellar, orifice; (*скважины*) wellhead
~ канала в породе face of channel
~ реки estuary
~ скважины cellar, mouth; wellhead
~ трещины mouth of a crack
~ штольни entrance of an adit
надводное ~ скважины surface wellhead
поврежденное ~ скважины damaged wellhead
подводное ~ скважины underwater wellhead; (*морское*) subsea [submarine] wellhead

усушка shrinkage, drying loss, drying-up
утеплять encase [jacket, lag] for warmth-keeping
утечка leak(age)
~ газа gas escape, gas seepage
~ жидкости fluid slippage, fluid leakage
~ через неплотный стык joint leakage

утилизация salvaging, waste recovery; (*отходов*) reclamation
~ бурового раствора mud disposal
утилизировать salvage, recover, reclaim
утиль salvage, utility, waste; (*металлический*) junk, scrap
утолщение:
раздутое ~ пласта belly
утопленность embedment
утрамбовывание бетона concrete ramming
утруска outage, spillage
утяжеление:
~ бурового раствора weighting of drilling mud
утяжелитель weighting material, weighting agent, adulterant
сидеритовый ~ siderite
утяжелять (*буровой или цементный раствор*) weight (*drilling mud or slurry*)
уход 1. (*обслуживание, наблюдение*) attendance, care, servicing, upkeep, maintenance 2. (*смещение*) displacement, drift
~ в сторону боковым стволом side-tracking
~ за бетоном curing of concrete
~ забоя от вертикали kick-off
~ раствора (*потеря циркуляции*) lost returns
ухудшение:
~ коллекторских свойств пласта formation damage
~ эксплуатационных показателей degradation of [loss in] performance
участник тендера (*закрытого конкурса*) bidder
участок zone, section, area, place, territory
~ месторождения, не содержащий нефти barren gap
~ пласта-коллектора region of reservoir
~ ствола скважины hole section
~ ствола скважины, обсаженный колонной cased borehole section
~ ствола скважины уменьшенного диаметра rathole [reduced diameter hole] section
~ трубопровода pipeline section
глубоководный ~ deep water site
малодебитный участок ~ stringer
мелководный ~ укладки труб shallow-water pipe laying
промытый ~ пласта-коллектора flooded-out region of reservoir
строительный ~ construction site
учения:
~ по борьбе с пожарами fire drill
~ по эвакуации на спасательных шлюпках lifeboat drill
~ «человек за бортом» "man overboard" drill
учет:
~ учет производительности нефтяных скважин gaging of oil well
ежедневный ~ *см.* текущий учет
текущий ~ day-to-day control

Ф

фаз/а phase; (*этап*) stage
~ волны wave phase
~ деформации phase of deformation
~ кристаллизации crystallization phase
~ растворенного газа dissolved-gas phase
~ растворителя solvent phase
~ расширения expansion stage
~ свободного газа free-gas phase
~ сейсмограммы seismogram phase
~ складчатости folding stage
~ы строительства платформы platform-construction stages
~ увеличения increase phase
~ уменьшения decrease phase
водная ~ aqueous [water] phase
временна́я ~ time phase
выделившаяся ~ precipitated phase
вытесняемая ~ displaced phase
вытесняющая ~ displacing phase
газовая ~ gas(eous) phase
газожидкостная ~ gas-liquid phase
гелеобразующая ~ gel-forming phase
гетерогенная ~ heterogeneous [dissimilar] phase
главная ~ нефтеобразования main oil formation stage
гомогенная ~ homogeneous [continuous] phase
граничная ~ boundary phase
деструктивная ~ destructive phase
дисперсионная ~ continuous phase
дисперсионная углеводородная ~ hydrocarbon external phase
дисперсная ~ dispersed phase
дифференциальная ~ differential phase
дожимная ~ booster stage
жидкая ~ liquid [fluid] phase
избыточная ~ excess phase
исполнительная ~ execute phase
конденсированная ~ condensed phase
кристаллическая ~ crystal(line) phase
метастабильная ~ metastable phase
многокомпонентная ~ multiple phase
насыщающая ~ saturating phase
начальная ~ initial phase
нейтральная ~ neutral phase
неоднородная ~ *см.* гетерогенная фаза
несмачиваемая ~ nonwettable phase
несмачивающая ~ nonwetting phase
нефтяная ~ oil phase
однородная ~ *см.* гомогенная фаза
основная ~ master phase
паровая ~ vapor [gaseous] phase
переходная ~ transition phase
подвижная ~ mobile phase
постоянная ~ stationary phase
промежуточная ~ intermediate [interstitial] phase
смачиваемая ~ wettable phase
смачивающая ~ wetting phase
стекловидная ~ vitreous phase
твердая ~ solid phase
твердая ~ малой плотности low density solids
твердая измельченная ~ particulate solids
упругая ~ elastic stage
фазовращатель phase shifter
фазометр phase meter
фазопреобразователь phase converter
фазоразделитель phase separator
факел torch; flare
~ для сжигания неиспользуемого попутного газа flare
~ дуги arc flame
~ нефтяного газа oil gas flare
высокотемпературный ~ hot flame
горящий ~ burning torch
шарнирный ~ articulated flare
фактор factor; agent
~ деятельности человека *см.* человеческий фактор
~ интенсивности force factor
~ мутности turbidity factor
~ сопротивления (*при фильтрации*) flow resistance factor
~ стабилизации stabilization factor
~ формы form factor
внешний ~ external agent
внутренний ~ internal agent
водонефтяной ~ water-oil ratio
водонефтяной ~ добываемой продукции producing water-oil ratio
водонефтяной суммарный ~ composite water-oil ratio
водоцементный ~ water-cement ratio
газоводяной ~ gas-water ratio
газоводяной суммарный ~ cumulative gas-water ratio
газовый ~ gas-oil ratio
газовый ~ на устье скважины output gas factor, output gas-oil ratio
газовый ~, приведенный к атмосферным условиям atmospheric gas factor, atmospheric gas ratio
газовый ~ при нагнетании input gas factor, input gas ratio
газовый ~ при фонтанировании flowing gas factor, flowing gas ratio
газовый объемный ~ total gas factor, total gas ratio
газовый пластовый ~ formation [reservoir] gas-oil ratio
газовый рабочий ~ operating gas factor, operating gas ratio
газовый расчетный ~ calculated gas-oil factor, calculated gas-oil ratio
газовый средний ~ average gas-oil ratio
газовый суммарный ~ cumulative gas-oil ratio

фильтр

газовый текущий ~ current gas-oil ratio
газоконденсатный ~ gas-condensate ratio
геометрический ~ geometrical factor
гидрогеологический ~ hydrogeological factor
гидродинамический ~ fluid-flow effect
гранулометрический ~ grain size [grading] factor
литологический ~ lithological factor
определяющий ~ determining factor
стратиграфический ~ stratigraphical factor
структурный ~ structure factor
тектонический ~ geotectonical factor
температурный ~ temperature factor
человеческий ~ human factor

фал halyard, halliard
фанера plywood, veneer
фара headlight, headlamp
фарватер fairway
фаска bevel, chamfer, face
~ поршня piston chamfer
~ при вершине зуба tooth crest
коническая ~ cone face
фациальный facial, facies
фаци/я facies
континентальные ~и continental facies
литологическая ~ lithofacies, lithological facies
морская ~ marine facies
петрографическая ~ petrographical facies
фенол phenol
фенопласт phenolic plastic, phenoplast
ферма frame, truss, girder; leg
арочная ~ arched girder
балочная ~ truss, (beam) girder
висячая ~ suspension girder
главная ~ primary truss, main girder
консольная ~ cantilever truss
низкая ~ low truss
опорная ~ supporting truss
опорная ~ для буровой платформы jacket leg
пространственная ~ space truss
раскосная ~ girder frame
решетчатая ~ lattice truss, lattice girder
самовыдвигающаяся телескопическая ~ морской платформы telescopic leg
сквозная ~ truss(ing), open-type truss
статически неопределимая ~ statically indeterminate truss
статически определимая ~ statically determinate truss
строительная ~ erection truss
фермент ferment
ферментация fermentation
бактериальная ~ bacterial fermentation
ферментировать ferment
ферримагнетик ferrimagnetic (material)
феррит ferrite
феррокрит ferrocrete
ферромагнетик ferromagnetic (material)
ферромарганец ferromanganese

ферроникель ferronickel
ферросиликат ferrosilicate
ферросилиций ferrosilicium
ферросплав ferroalloy
феррофосфор ferrophosphorus
феррохром ferrochrome
феррохромлигносульфонат ferrochrome lignosulfonate
ферроцемент ferrocement
фибробетон fibrous concrete
фигур/а figure, pattern
~ деформации strain figure
двухосная интерференционная ~ biaxial interference figure
неправильная ~ irregular figure
подобные ~ы similar figures
физика пласта petrophysics
физико-химический physicochemical, physical and chemical
фиксатор lock, stop, pin
~ вставного зуба button [insert] retainer
~ защелки lock pin
~ маховика flywheel lock
~ муфты clutch lock pin
~ предохранителя securing pin
~ рукоятки управления control lever lock
~ седла seat retainer
~ съемного керноприемника core receiver locking device
пружинный ~ spring lock
фиксация fixing, fixation
фиксировать:
~ штифтом peg
фильтр filter; (*сетчатый*) screen, strainer
~ грубой очистки primary [coarse] filter
~ грязеотстойника sump filter, sump strainer
~ из проволочной сетки wire-gage filter
~ на всасывающей линии suction strainer
~ насосно-компрессорной колонны tubing filter
~ нефтяной скважины oil well screen, oil well strainer
~ с вертикальными щелями vertical slotted screen
~ с горизонтальными щелями horizontal slotted screen
~ с гравийно-кварцевой подушкой gravel-sand bed filter
~ с крупной сеткой coarse-mesh filter
~ тонкой очистки secondary [fine] filter
абсорбционный ~ absorption [absorbent] filter
биологический ~ bacteria filter bed, bacteriological filter
бумажный ~ paper filter
водяной ~ water filter
воздушный ~ air filter, air strainer
всасывающий ~ suction filter
газовый ~ gas filter
гравийный ~ gravel (packed) filter, gravel pack
гравийный ~ ствола многопластовой скважины multizone open-hole gravel pack

фильтр

гравийный набивной ~ prepacked gravel filter
гравийный съемный ~ retrievable [removable] gravel filter
двойной ~ dual screen
диатомовый ~ diatomite filter
дисковый ~ disk filter
емкостный ~ capacitor filter
забойный ~ bottom-hole screen, bottom-hole strainer
засоренный ~ clogged filter, plugged screen
игольчатый ~ needle filter
капроновый противопесочный ~ capron sand filter
кварцевый ~ quartz [crystal] filter
керамический ~ ceramic filter
клинообразный ~ wedge filter
кольцевой ~ ring filter
ленточный ~ band filter
масляный ~ oil filter, oil screen
мелкопористый ~ fine filter
мембранный ~ membrane filter
металлокерамический ~ cermet filter
механический ~ mechanical filter
набивной ~ prepacked filter
напорный ~ pressure filter, discharge strainer
однослойный ~ single-bed ion exchanger
песочный ~ sand filter, sand strainer
пластинчатый ~ leaf filter
поглощающий ~ absorbent [absorption] filter
полосовой ~ band filter
пористый ~ depth filter
предварительный ~ prefilter
проволочный ~ wire-wrapped screen
противопесочный ~ sand filter
разделительный ~ separating filter
самоочищающийся ~ self-cleaning strainer
сетчатый ~ screen filter
сетчатый ~ насоса pump screen, pump strainer
скважинный ~ well screen, well strainer
тканевый ~ fabric [cloth] filter
топливный ~ fuel filter
трубный ~ буровой скважины well tube screen
трубчатый ~ pipe filter
угольный ~ charcoal filter
ультразвуковой ~ ultrasonic filter
щелевой ~ slotted screen

фильтрат filtrate
~ бурового раствора drilling mud filtrate
нефтяной ~ бурового раствора relaxed filtrate
свободный ~ relaxed filtrate

фильтрация filtration; (*гравитационная*) percolation
~ бурового раствора drilling mud filtration
~ в потоке bulk filtration
~ газа gas filtration
~ глинистого раствора (mud) sludge filtration
~ жидкости fluid filtration
~ под давлением pressure filtration
~ под разрежением antigravity filtration
~ при высоких температурах и давлениях high-pressure and high-temperature filtration
~ шлама sludge filtration
вакуумная ~ vacuum filtration
грубая ~ screening, rough filtration
двухфазная ~ two-phase filtration
капиллярная ~ capillary percolation
линейная ~ linear filtration
неустановившаяся ~ unsteady filtration
одномерная ~ one-dimensional filtration
осмотическая ~ osmotic filtration
радиальная ~ radial filtration
установившаяся ~ steady filtration

фильтр-воронка settling cone
фильтрование filtration; (*гравитационное*) percolation
фильтровать filter; percolate
фильтр-пресс filter press, pressure filter
фильтруемость filterability
фильтр-хвостовик liner [tail] filter
фирма company, firm
~, специализирующаяся на приготовлении и поставке буровых растворов mud company
специализированная обслуживающая ~ service company

фитиль fuse, wick
фитинг fitting
~ для газопровода gas fitting
~ для налива filler, filling fitting
крестовый ~ four-way junction piece
переходной ~ adapter, adapting piece
сливной ~ emptying fitting
трубный ~ casing fitting
трубный переводной ~ bushing
угловой ~ angle bend

фланец flange
~ без отверстия blank [blind] flange, closer
~ вала shaft flange
~ для подвески насосно-компрессорной колонны tubing hanger flange
~ для подвески труб hanger flange
~ задвижки gate(-valve) flange
~ обсадной колонной головки casing head flange
~ подшипника bearing flange
~ противовыбросового превентора blowout preventer flange
~ сальника stuffing-box flange
~ с буртиком collar flange
~ с внутренней резьбой female threaded flange
~ с наружной резьбой male threaded flange
~ с односторонними шпильками single-studded flange
~ со шпильками studded flange
~ тормоза brake flange
~ тормозной шайбы *см.* фланец тормоза
~ трубы pipe flange
вращающийся ~ rotary flange
выходной ~ outlet flange

глухой ~ blind [blank] flange, closer
грибовидный ~ ствола вертлюга mushroom-shaped collar of swivel stem
двойной ~ double flange
дроссельный ~ choke flange
закрытый ~ dead flange
колонный ~ landing [casing] flange
крепежный ~ mounting flange
ложный ~ counter flange
нагнетательный ~ discharge flange
опорный ~ bearing flange
ответный ~ companion flange
открытый ~ live flange
переходной ~ adapter flange
приваренный ~ welded flange
приемный ~ inlet flange
свободный ~ loose flange
соединительный ~ attachment [union joint] flange
соединительный двойной ~ companion flange
съемный ~ removable flange
тормозной ~ brake flange
устьевой ~ wellhead flange
флокулянт flocculant
флокуляция flocculation
~ бурового раствора mud flocculation
~ шлама slime flocculation
управляемая ~ controlled flocculation
флот fleet
~ шельфовых буровых установок offshore drilling rig fleet
вертолетный ~ helicopter fleet
танкерный ~ tanker fleet
флотация flotation
беспенная ~ nonfrothing flotation
вакуумная ~ vacuum flotation
грубая ~ *см.* основная флотация
избирательная ~ selective flotation
основная ~ rough flotation
пенная ~ froth flotation
пленочная ~ film flotation
последовательная ~ stage flotation
противоточная ~ countercurrent flotation
прямая ~ direct flotation
селективная ~ selective flotation
флотель (*плавающая гостиница*) floatel
флуктуация fluctuation
флуоресценция fluorescence; (*нефтепродуктов*) bloom
~ нефти petroleum bloom, fluorescence of oil
слабая ~ dull fluorescence
флуоресцировать fluoresce
флуоресцирующий fluorescent
флюгер vane, wind cock; (*рыхлительного оборудования*) swinging clevis
флюид fluid
агрессивный ~ aggressive fluid
внутрипоровый ~ interstitial fluid
газовый ~ gaseous fluid
двухфазный ~ two-phase [double-phase] fluid
добываемый ~ produced fluid
закачиваемый ~ injected fluid

многофазный ~ multiphase fluid
неподвижный ~ immobile fluid
несмешивающиеся ~ы immiscible fluids
однофазный ~ one-phase [single-phase] fluid
откачиваемый ~ pumped-out fluid
пластовый ~ formation [reservoir] fluid
подвижный ~ mobile fluid
углеводородный ~ hydrocarbon fluid
эндогенный ~ endogenetic fluid
флюидизация fluidization
флюорит fluorite, fluorspar
флюс flux
~ для газовой сварки gas-welding flux
~ для сварки welding compound, welding flux
высококремнистый ~ high-silica flux
глиноземистый ~ alumina flux
кислый ~ acid flux
кремнеземный ~ silica flux
пастообразный ~ для сварки paste flux
порошкообразный ~ для сварки welding powder
раскислительный ~ для сварки deoxidizing flux
сухой ~ dry flux
фольга foil
алюминиевая ~ aluminum foil
рулонная ~ roll foil
фон background
акустический ~ noise background
естественный ~ natural background
слабый ~ low background
фонарь:
~ водолаза diving light
~ для центрирования труб в скважине casing centralizer
~ ударной штанги sinker bar guide
аварийный ~ (*на буровом судне*) out-of-command light
батарейный ~ flashlight; torch
габаритный ~ side lamp, side light, side cluster
карманный ~ flashlight
клапанный ~ valve chamber
проекционный ~ projector
центрирующий ~ обсадной колонны casing centralizer
фонд stock, reserve
~ скважин well stock
~ старых скважин old well stock
~ строящихся скважин stock of wells under construction
действующий ~ скважин producing well stock
оборотные ~ы current [working] capital
осваиваемый ~ скважин stock of wells under test
основные ~ы capital funds, capital investments
основные производственные ~ы fixed capital stock
простаивающий ~ скважин non-operating well stock, non-operating well reserve

фонд

резервные ~ы emergency [reserve] funds
эксплуатационный ~ скважин operating well stock
фондоемкость capital intensity
фондоотдача yield of capital investments, capital productivity
фонтан (*в процессе бурения, цементирования, ОЗЦ*) blowout; (*после заканчивания скважины*) flow(ing), spout
~ скважины flowing of a well
газовый ~ gas blowout, gas flowing
естественный ~ natural flowing
закрытый ~ controlled blowout
затрубный ~ annulus blowout, annulus flowing
нефтяной ~ oil flowing, (oil) gusher
открытый газовый ~ uncontrolled [open] gas blowout, wild gas flowing
открытый нефтяной ~ oil spouter
периодический ~ intermittent flowing
фонтанирование blowing, flowing of well, spouting, gushing
~, которое не удается закрыть wild flowing
естественное ~ natural flowing
открытое ~ blowing (in wild), wild flowing, uncontrolled [open] flowing
пульсирующее ~ pulsating flowing
свободное ~ open flowing
установившееся ~ settled flowing
фонтанировать flow (by heads), spout, gush
форма configuration, form, shape
~ алмаза shape of diamond
~ антиклинали shape of anticline
~ газовой залежи gas reservoir configuration
~ дневной поверхности land [surface] form
~ залегания mode of occurrence
~ зерна grain shape
~ контакта (contact) profile
~ кузова body shape
~ ловушки trap shape, trap configuritaon
~ нефтяной залежи oil reservoir configuration
~ отдельной поры shape of individual pore
~ рельефа relief form
~ синклинали shape of syncline
~ существования остаточной нефти residual oil condition
~ торца матрицы (*алмазного долота*) matrix face shape
~ факела flame pattern
~ факела распыла топлива fuel-injection pattern
~ частиц бурового шлама cuttings particle shape
бетонная ~ concrete form
кристаллическая ~ crystalline form
линзовидная ~ lenticular shape
неправильная ~ irregular shape
обтекаемая ~ streamlined form
округлая ~ round shape
округлоступенчатая ~ (*алмазов*) round-stepped shape
правильная ~ regular shape
разборная ~ collapsible form
стратиграфическая ~ stratigraphic form
формация *геол.* formation
аллювиальная ~ alluvium
битуминозная ~ bituminous formation
водоносная ~ aquifer, water-bearing formation
вулканогенная ~ volcanic formation
геологическая ~ geological formation
геосинклинальная ~ geosynclinal formation
глинистая ~ argillaceous formation
известковая ~ calcareous formation
магматическая ~ magmatic formation
мелкотрещинная ~ creviced formation
морская ~ marine formation
нефтяная ~ oil formation
осадочная ~ sedimentary formation
песчанистая ~ sandy formation
платформенная ~ platform formation
погребенная ~ buried strata
продуктивная глубокозалегающая ~ deep pay
соленосная ~ saline formation
терригенная ~ terrigene formation
угленосная ~ coal formation
формирование formation; accumulation
~ залежи accumulation
~ нефтяных залежей oil-pool accumulation
~ нефтяных месторождений oil-field formation
формула formula, equation
~ Бернулли Bernoulli distribution
~ Гаусса Gauss formula
~ Дарси Darcy formula
~ для расчета притока жидкости при пятиточечной системе размещения скважин five-spot flow formula
~ Дюпюи Dupuis formula
~ Ламе Lame equation
~ Лапласа Laplace formula
~ Лейбензона Laybenson formula
~ мощности horse-power formula
~ Никурадзе Nikuradse formula
~ Прандтля—Колбрука Prandtle-Colebrook equation
~ размерности dimensional formula
~ расчета несущей способности сваи pile capacity formula
~ Риттингера Rittinger's formula
~ Стокса Stokes formula
~ Шеннона Shannon's equation
исходная ~ assumption formula
опытная ~ empirical [experimental] formula
основная ~ basic formula
расчетная ~ design formula
структурная ~ structural [constitutional] formula
химическая ~ chemical formula
форсунка atomizer, burner, nozzle
мазутная ~ fuel nozzle, fuel atomizer
нефтяная ~ (fuel) oil burner, oil atomizer
пневматическая ~ air-atomizing burner

смесительная ~ mixing nozzle
струйная ~ spray injector, spray atomizer
ударная ~ impact nozzle
фосфат phosphate
~ аммония ammonium phosphate
~ калия potassium phosphate
~ натрия sodium phosphate
фотоаппарат camera
скважинный ~ borehole camera
фотоинклинограмма photoclinometer photograph
фотоинклинометр photoclinometer
многоточечный ~ multiple-shot photoclinometer
одноточечный ~ single-shot photoclinometer
поинтервальный ~ stationary noncontinuous radius instrument
фоторегистратор photographic recorder
двухканальный ~ two-channel photographic recorder
фракция fraction
~ ила silt fraction
~ по плотности density [specific gravity] fraction
~ по размеру частиц *или* зерен size fraction
алевритовая ~ aleurite fraction
высокодисперсная ~ fine fraction
глинистая ~ clay fraction
грубая ~ coarse fraction
коллоидная ~ colloidal fraction
крупная ~ coarse fraction
крупнозернистая ~ *см.* крупная фракция
легкая ~ light fraction
летучая ~ volatile fraction
мелкая ~ small fraction, fines
нелетучая ~ non-volatile fraction
пелитовая ~ pellite fraction
песчаная ~ sand fraction
тонкая ~ fine fraction
тяжелая ~ heavy fraction
узкая ~ close-cut fraction
хвостовая ~ нефтепродукта tail
широкая ~ wide fraction
фреза cutter, mill
башмачная ~ rotary shoe cutter
отрезная ~ cutting-off saw
резьбовая ~ thread milling cutter
торцовая ~ face milling cutter
фрезер cutter, mill(ing bit)
~ для бурильных труб drill pipe mill
~ для вырезания секций в обсадных трубах casing section mill
~ для насосно-компрессорных труб tubing mill
~ для обработки оставшегося в скважине инструмента milling shoe
~ для прорезывания окон (*в обсадной колонне*) window mill; (*для начального этапа*) starting mill
~ для разбуривания пакеров packer mill
~ для разбуривания цементных пробок cement mill
~ для утяжеленных бурильных труб drill collar mill
~ с закругленным торцом round nose mill
~ с направляющей юбкой skirted mill
~ с направляющим наконечником pilot mill
~ со складными резцами retracting milling cutter
гидравлический ~ для обсадных труб hydraulic casing mill
забойный ~ bottom-hole mill
кольцевой ~ washover shoe, washover mill, shoe-type washover bit
кольцевой ~ для разбуривания пакеров packer milling tool, packer retriever mill
кольцевой торцовый ~ rotary shoe
конический ~ taper mill
ловильный ~ fishing mill
наружный ~ outside mill, outside cutter
ножевой ~ для обсадных труб knife casing mill
секционный ~ section mill
ступенчатый ~ stepped mill
торцовый сплошной ~ junk mill
фрезерование cutting, milling
~ инструмента tool milling
фрезеровать mill, cut
фрезер-паук basket mill
фрезер-райбер mill-reamer
фреон freon
фрикцион friction, clutch
~ с обратным ходом *см.* реверсивный фрикцион
реверсивный ~ reverse clutch
фронт front
~ воды water front
~ волны wave front
~ воспламенения flame front
~ вытеснения displacement front
~ горения combustion front
~ диффузии diffusion front
~ дренирования drainage front
~ заводнения flood front
~ нагнетания pressure [injection] front
~ надвига thrust front
~ оттаивания thaw front
~ пламени flame front
~ потока flow [current] front
~ продвижения (*флюидов в пласте*) frontal zone
~ продвижения воды flood front
~ сброса fault front
~ сгорания burning front
~ сейсмической волны seismic wave front
~ складки fold crown
атмосферный ~ atmospheric front
продвигающийся ~ воды invading [advancing] water front
растянутый ~ вытеснения rounded front
резкий ~ вытеснения sharp front
сферический ~ волны spherical wave front
фторид fluoride
~ кальция calcium fluoride
фтористый fluoric

фторопласт fluoroplastic
фундамент 1. *геол.* base(ment), bed(ding) 2. footing, foundation
~ вышки derrick foundation
~ глубокого заложения deep foundation
~ двигателя engine foundation, engine pad
~ мелкого заложения shallow foundation
~ насоса pump foundation
~ под машину *или* двигатель engine support
~ резервуара tank pad, tank foundation
бетонный ~ concrete foundation
гравитационный ~ (*морского основания*) gravity base
деревянный ~ wooden foundation
жесткий ~ rigid foundation
кольцевой ~ ring foundation
кристаллический ~ crystalline basement
ледовый искусственный ~ ice platform
свайный ~ pile foundation
сейсмостойкий ~ earthquake-proof foundation
сплошной ~ mat footing
столбчатый ~ pier foundation
швартовный ~ mooring base
функционировать function, work, operate
функция function
~ распределения distribution function
~ управления control function
алгебраическая ~ algebraic function
аналитическая ~ analytical function
аналоговая ~ analog function
вероятностная ~ probability function
возрастающая ~ increasing function
гармоническая ~ harmonic function
исполнительная ~ противовыбросового превентора BOP function
корреляционная ~ correlation function
линейная ~ linear function
логарифмическая ~ logarithmic function
логическая ~ logical function
непрерывная ~ continuous function
неявная ~ implicit function
обобщенная ~ generalized function
обратная ~ inverse function
показательная ~ *см.* экспоненциальная функция
произвольная ~ arbitrary function
простая ~ simple function
сложная ~ composite function
случайная ~ random function
характеристическая ~ characteristic function
целевая ~ efficiency function
экспоненциальная ~ exponential function
фунт pound
~ов на баррель pounds per barrel, ppb
~ов на галлон pounds per gallon, ppg
~ов на квадратный дюйм pounds per square inch, psi
фут foot
кубический ~ cubic foot
стандартный кубический ~ standard cubic foot, Scf

характер:
~ залегания mode of occurrence
~ излома appearance of fracture
~ износа wear pattern
~ искривления (*ствола скважины*) mode of deviation
~ коррозии corrosion pattern
~ передачи mode of transfer
~ пламени flame condition
~ поведения продуктивного пласта reservoir behavior
~ поверхности (*земли*) relief; (*породы*) surface texture; (*металла, шлифа*) surface finish
~ поверхности зерна character of grain surface
~ пористости nature of porosity
~ разрушения form of fracture
~ расположения зерен (*в пласте*) arrangement of grains
~ течения (*жидкости*) flow pattern
гидродинамический ~ (*потока жидкости, газа*) flow pattern(s)
литологический ~ rock character
случайный ~ random character, irregular pattern
характеристик/а characteristic, parameter
~ вентилятора fan characteristic
~ горных пород rock characteristic
~ динамики показателей работы (*залежи или скважины*) behavior
~ донного грунта sea bottom characteristic
~ заполнения насоса pump priming characteristic
~ коллектора reservoir characteristic
~ месторождения field characteristic
~ насоса pump characteristic
~ насыщения saturation characteristic
~ обводнения flooding characteristic
~ пласта formation characteristic, formation parameter
~ подачи бурового инструмента feed-off characteristic
~ порового пространства pore volume characteristic
~ потока flow conditions
~ притока (*в скважину*) inflow [influx] performance
~ процесса добычи нефти oil production performance
~и разработки месторождения field development data
~ разрушения горной породы disintegration characteristic of rock
~и скважины well characteristics, well data
~ установившегося процесса steady-state characteristic

~ холостого хода no-load characteristic
~и циркуляционной системы mud circulation system hydraulics
~ чувствительности sensitivity characteristic
аналитическая ~ analytical characteristic
аэродинамическая ~ (*судна*) aerodynamic characteristic
базовая ~ base characteristic
буксировочная ~ towing characteristic
буровая ~ (*судна*) drilling performance
вибрационная ~ vibration characteristic
внешняя ~ external characteristic
временнáя ~ time response
входная ~ input characteristic
выходная ~ output characteristic
вязкостная ~ раствора (*позволяющая перекачивать его насосом*) pumpable condition
геолого-физическая ~ коллектора geological and physical reservoir characteristic
геоморфологическая ~ geomorphologic characteristic
гибкая ~ flexible characteristic
гидравлическая ~ бурового долота hydraulics of drilling bit
гидрогеологическая ~ hydrogeological characteristic
гидродинамическая ~ коллектора fluid-bearing characteristic of reservoir
гидрохимическая ~ hydrochemical characteristic
графическая ~ characteristic curve
детонационная ~ knock rating
динамическая ~ kinetic characteristic; (*возмущаемость*) dynamic response
жесткая ~ rigid characteristic
каротажная ~ (*горных пород*) geophysical log characteristic
линейная ~ linear characteristic
литологическая ~ коллектора lithological characteristic of reservoir
литолого-петрографическая ~ lithologic and petrographic characteristics
литолого-фациальная ~ lithofacies characteristic
логарифмическая ~ log-log characteristic
механическая ~ speed-torque characteristic
мягкая ~ drooping characteristic
нагрузочная ~ (full) load characteristic
номинальная ~ rating, rated performance
падающая ~ drooping [falling] characteristic
переходная ~ transient characteristic
петрофизическая ~ petrophysical characteristic
подъемная ~ буровой установки hoisting characteristic of drilling rig
полная ~ total characteristic
прочностная ~ strength characteristic
пусковая ~ насоса starting characteristic of pump
рабочая ~ operating characteristic, performance
расчетная ~ estimated performance

резервуарная ~ reservoir characteristic
реологическая ~ rheological characteristic
теплофизическая ~ thermophysical characteristic
термическая ~ thermal behavior
техническая ~ technical data, technical performance
технологическая ~ operational characteristic
тяговая ~ буровой лебедки pulling characteristic of drawworks
усредненная ~ averaged characteristic
фильтрационная ~ (*пласта*) filtration characteristic
химическая ~ нефти chemical oil characteristic
частотная ~ frequency characteristic, frequency response
эксплуатационная ~ operating [producing] characteristic
эксплуатационная ~ коллектора producing reservoir behavior
эксплуатационная ~ скважины producing characteristic of well
энергетическая ~ energy characteristic

хвост tail, shank; (*при обогащении руд*) tailings, rejects
~ колонны насосных штанг under-pump sucker rod joint
телескопический ~ telescopic tail
флотационные ~ы flotation tailings

хвостовик (*обсадной колонны*) liner; (*инструмента*) shank, butt, tail
~ бура bit shank
~ для гидромониторного бурения jetting sub, jetting stringer
~ для заканчивания скважин completion riser
~ лопатки (*турбины*) blade root
~ обсадной колонны casing liner
~ обсадной колонны с гравийным фильтром gravel-packed casing liner
~ обсадной колонны со щелевидными отверстиями slotted [screen] casing liner
~ пакера packer stem
~ сверла drill shank
~ с пакером liner-packer combination
~ электрода electrode shank
неперфорированный ~ обсадной колонны blank casing liner
перфорированный ~ обсадной колонны perforated casing liner
цементировочный ~ из бурильных труб drill-pipe cementing stinger

химик chemist
химик-аналитик chemical analyst
химия chemistry
~ буровых растворов drilling mud chemistry
~ нефти petroleum chemistry
аналитическая ~ analytical chemistry
геологическая ~ geochemistry
коллоидная ~ colloid(al) chemistry
неорганическая ~ inorganic chemistry

ХИМИЯ

общая ~ general chemistry
органическая ~ organic chemistry
прикладная ~ applied chemistry
промышленная ~ industrial chemistry
техническая ~ *см.* промышленная химия
физическая ~ physical chemistry

химреагент chemical reagent
~ы, применяемые для закрытия водопритоков в скважинах water-shutoff chemical reagents

хладагент refrigerant, coolant, cooling agent, cooling medium
аммиачный ~ ammonia refrigerant
газообразный ~ gaseous refrigerant, gaseous coolant
жидкий ~ liquid refrigerant, liquid coolant, refrigerant working fluid

хладноломкий cold-short, cold-brittle
хладноломкость cold brittleness, cold shortness
хладостойкий cold-resistant
хладостойкость cold resistance
хлестание (*штанг*) whipping
хлопок puff, backfire, popping, bang
хлопушка резервуара tank clap valve
хлопьевидный flaky, flocculent, flocky
хлопьеобразование flocculation
хлопьеобразователь flocculator
хлопья flakes, flocks
хлорид chloride
~ кальция calcium chloride
~ натрия common salt
хлорирование chlorination
~ воды water chlorination
хлористоводородный hydrochloride
хлористый chloride
хлоркаротаж chlorine log
хлорлигнин chlorlignin
хлорсодержащий chlorine-containing
хобот yoke
швартовный ~ mooring yoke
ход stroke, travel; motion
~ амортизатора travel
~ без толчков smooth motion
~ бурения drilling progress
~ буровых работ *см.* ход бурения
~ вверх upstroke, upward motion
~ вниз downstroke, downward motion
~ всасывания downstroke; suction [charging, admission, intake] stroke
~ задвижки gate valve travel
~ клапана valve travel, valve stroke, valve lift
~ кривой (*вид кривой*) trend [shape, run] of a curve
~ машины machine running
~ нагнетания pressure stroke
~ насоса pump(ing) stroke
~ осадки upset motion
~ плунжера plunger stroke
~ поршня piston stroke
~ поршня вверх ascent of piston; upstroke, upward motion

~ поршня вниз descent of piston; downstroke, downward motion
~ пружины крюка hook spring travel
~ сжатия pressure stroke, compression motion
~ цилиндра cylinder stroke
~ якоря *эл.* armature travel
бесшумный ~ silent [noiseless] running
быстрый ~ race
возвратный ~ pickup stroke
гусеничный ~ caterpillar
двойной ~ double stroke
задний ~ 1. (*поршня*) backward stroke 2. *мор.* astern [backward] going, back-drift, backing
малый ~ low [slow] speed
мертвый ~ backlash
неравномерный ~ irregular running
обратный ~ backing, back [return] stroke, reverse [return] motion
передний ~ (*судна*) ahead going, forward motion, forward running
полный ~ *мор.* full speed
рабочий ~ power [working] stroke
свободный ~ free [easy] running, free travel, free wheeling
слишком большой ~ overtravel
средний ~ half [moderate] speed
ударный ~ (*в ударном бурении*) drop stroke
холостой ~ idling, no-load operation, idle stroke, free [loose] running

хозяйство facilities, equipment
водопроводное ~ water-supply equipment
газовое ~ gas equipment, gas facilities
инструментальное ~ tool stock
коммунальное ~ public utilities
компрессорное ~ compressor facilities
насосное ~ pumping facilities
нефтепромысловое ~ oil-field facilities
резервуарное ~ tank farm
топливное ~ fuel handling equipment, fuel handling facilities
транспортное ~ transport equipment, transport(ation) facilities

холод cold
~ расширения газов gas expansion cold
аккумулированный ~ accumulated cold
естественный ~ natural cold
искусственный ~ artificial cold, refrigeration

холодильник cooler, condenser; refrigerator
~ с вентилятором fan cooler
~ с наружным охлаждением indirect condenser
воздушный ~ air cooler
газовый ~ gas cooler
промежуточный ~ intercooler, interstage cooler
трубчатый ~ pipe [trampet] cooler
форсуночный ~ spray cooler

холоднокатаный cold-rolled
холоднообработанный cold-worked
холоднотянутый cold-drawn
хомут clip, clamp, strap, yoke
~ бурового шланга drill-hose clamp
~ для водоотделяющей колонны riser clamp

~ для ликвидации течи труб belly band
~ для насосно-компрессорных труб tubing clamp
~ для обсадных труб casing clamp
~ для подвешивания труб pipe saddle
~ для труб pipe carrier
~ для центровки труб (*при сварке*) pipe-centering clamp
~ кабеля cable clip
~ эксцентрика eccentric clip
аварийный ~ (*для трубопровода*) leak clamp
вилкообразный ~ yoke
лафетный ~ tubing catcher
направляющий ~ guide yoke
предохранительный ~ safety clamp
предохранительный ~ для утяжеленных бурильных труб safety clamp for drill collars
разъемный ~ half-shell split clamp
ремонтный ~ rubber neck, repair clamp
соединительный ~ для рукавов hose connection
стопорный ~ для пальца (*на площадке верхового рабочего*) finger board clamp
стяжной ~ belly brace
трубный ~ pipe clamp; (*обсадных труб*) casing clamp
уплотняющий ~ packing clamp
шарнирный ~ hinged yoke
якорный ~ anchor clamp
хоппер (*вагон*) hopper car
хранение storing, storage
~ бурового раствора drilling mud storing
~ в заглубленных батареях труб-резервуаров storing in underground pipe tanks
~ в законсервированном состоянии dead storage
~ в подземных горных выработках storing in mine workings
~ в резервуарах bulk storage, tankage
~ газа gas storing
~ данных *см.* хранение информации
~ жидких нефтепродуктов liquid oil products storing
~ информации information [data] storage
~ материалов warehousing of materials
~ на открытом воздухе outdoor storing
~ насыпью bulk storage
~ нефтепродуктов oil products storing
~ нефти oil storing
~ под высоким давлением high-pressure storing
~ товарной нефти stock tank oil storage
безрезервуарное ~ tankless storing
длительное ~ long-term storing
длительное ~ нефтепродуктов standing oil products storing
закрытое ~ (*в помещении*) indoor storage
изотермическое ~ isothermal storing
навальное ~ bulk storage
наземное ~ above-surface [above-ground] storing
подводное ~ underwater [subsea] storing

подземное ~ underground [subsurface] storing
подземное ~ в водоносных пластах aquifer underground storing
подземное ~ в искусственных кавернах storing in underground artificial caverns
подземное ~ в истощенных коллекторах газа underground storing in depleted gas reservoirs
подземное безрезервуарное ~ underground tankless storing
промысловое ~ field storing
хранилище warehouse, storehouse, storage, depot
~ газа gas storage
~ нефти oil storage; (*резервуар*) oil tank
~ с одноточечным якорем-опорой single anchor leg storage, SALS
подводное ~ underwater storage
подземное ~ underground storage
полупогружное ~ semi-submerged storage
хранить store
~ на складе warehouse
храповик ratchet wheel
тормозной ~ brake ratchet
храпок suction basket
хребет ridge
антиклинальный ~ anticlinal ridge
горный ~ mountain range, mountain ridge
подводный ~ submerged ridge
соляной ~ salt ridge
хромат натрия sodium chromate
хроматограмма chromatogram
хроматограф chromatograph
хроматография chromatography
газовая ~ gas chromatography
хромель chromium-nickel alloy
хромированный chromium-plated
хромлигнит chrome lignite
хромлигносульфонат chrome lignosulphonate
хромпик potassium bichromate, potassium dichromate
хронология chronology
абсолютная ~ absolute chronology
относительная ~ relative chronology
хронометр chronometer
хронометраж motion-time [stop-watch] study
хронометрия chronometry
хрупкий breakable, brittle, crisp, fragile, friable, short
хрупкость brittleness, crisp, embrittlement, shortness
~ алмазных долот fragility of diamond bits
~ от внутренних напряжений notch embrittlement
~ отпуска temper brittleness
~ при надрезе notch brittleness
водородная ~ hydrogen acid [pickle] brittleness, hydrogen embrittlement
графитная ~ graphitic embrittlement
коррозионная ~ corroding brittleness, corroding embrittlement
низкотемпературная ~ low-temperature brittleness

хрупкость

травильная ~ acid [corroding, pickle] brittleness
ударная ~ notch [impact] embrittleness

Ц

цанга collet
   зажимная ~ gripping collet
   коническая ~ taper collet
цапфа journal, pin, trunnion
   ~ вала shaft neck
   ~ вспомогательного подшипника долота pilot pin of auxiliary bit bearing
   ~ лапы долота bit leg axle, bit leg journal
   ~ оси axle journal
   ~ серьги вертлюга swivel bail pin
   ~ шарошки cone pin
   ведущая ~ driving pin
   коническая ~ conical [taper] journal
   концевая ~ end journal
   поворотная ~ knuckle
   упорная ~ thrust journal
   шаровая ~ spherical journal, ball pin
царапание abrasion, scratching
царапина dinge, notch, score, scratch
царга:
   ~ корпуса резервуара tank shell section
цвет:
   ~ сырой нефти crude (oil) color
цветной (о металле) non-ferrous
цветометр colorimeter
цедить strain
целик:
   ~и нефти (между скважинами) unrecovered oil
   малопроницаемый ~ low permeability pillar
   околоствольный ~ shaft pillar
целит celite
целлофан cellophane; (упаковочный) cellulosic packing material
целлюлоза cellulose
   длинноволокнистая ~ long-fiber cellulose
   сульфатная ~ (специально обработанная легкорастворимая) sulfate pulp
   щелочная ~ alkali(ne) [sodium] cellulose
цельнокатаный solid-rolled
цельнокованый unit-forged, one-piece for-get
цельнолитой union-cast, cast in block
цельнометаллический all-metal
цельносварной all-welded
цельнотянутый seamless, solid(-drawn), whole-drawn, integral, weldless
цемент cement
   ~ без примеси neat cement
   ~ горных пород rock cement
   ~ на дизельном топливе diesel-oil cement
   ~ осадочных пород sedimentary rock cement
   ~ пор interstitial cement
   ~ с добавками blended cement
   ~ с добавкой зольной пыли fly-ash cement
   ~ с низкой экзотермией low-heat cement
   ~ со смолами resin cement
   алебастровый ~ alabaster cement
   ангидритовый ~ anhydrite cement
   асбестовый ~ asbestos cement
   асфальтовый ~ asphaltic cement
   безусадочный ~ nonshrinking [noncontracting] cement
   белитовый ~ belite cement
   белито-диатомовый ~ belite-diatomaceous earth cement
   белито-кремнеземистый ~ belite-sand cement
   белито-трепельный ~ belite-tripolite cement
   быстросхватывающийся ~ quick set(ting) [fast set(ting), rapid-set(ting)] cement
   быстротвердеющий ~ high-early-strength [quick-hardening] cement
   водонепроницаемый ~ water-proof cement
   волокнистый ~ fibrous cement
   высокотемпературный ~ high-temperature cement
   гидравлический ~ hydraulic cement
   гидратированный ~ hydrated cement
   гидрофобный ~ hydrophobic cement
   гильсонитовый ~ gilsonite cement
   гипсовый ~ gypsum cement
   гипсоглиноземистый ~ gypsum-alumina cement
   гипсошлаковый ~ gypsum-slag cement
   глиноземистый ~ alumina cement
   доломитовый ~ dolomite cement
   железистый ~ ferruginous cement
   замедленный ~ retarded cement
   известково-песчаный ~ lime-sand cement
   известково-пуццолановый ~ lime-pozzolan [lime-puzzolan] cement
   известково-шлаковый ~ lime-slag cement
   известковый ~ lime cement
   излишний ~ excessive cement
   исходный ~ base cement
   кальциево-алюминатный ~ calcium aluminate cement
   кислоторастворимый ~ acid-soluble cement
   кислотоупорный ~ acid-proof cement
   коррозионно-стойкий тампонажный ~ corrosion-resistant oil-well cement
   кремнеземистый ~ diatomaceous earth cement
   кремнистый ~ siliceous cement
   магнезиальный ~ magnesia cement
   медленносхватывающийся ~ slow-set(ting) cement
   медленнотвердеющий ~ low-early-strength cement
   модифицированный ~ modified cement
   незатаренный ~ bulk cement
   не полностью затвердевший ~ green [low-strength] cement
   нефелино-песчаный ~ nepheline-sand cement
   нефтеэмульсионный ~ oil-in-water emulsion cement

центр

низкотемпературный ~ low-temperature cement
облегченный ~ lightened cement
огнеупорный ~ refractory [fire] cement
перлитовый ~ pearlite cement
перлито-глинистый ~ pearlite-gel cement
песчаный ~ sand cement
пластифицированный ~ plasticized cement
пористый ~ porous cement
порошкообразный ~ cement flour
пуццолановый ~ pozzolan [puzzolan, pozmix] cement
расширяющийся ~ expanding cement
сульфатостойкий ~ sulfate-resistant cement
сухой ~ dry cement
тампонажный ~ oil-well cement
тампонажный специальный ~ special oil-well cement
термостойкий ~ heat-resistant cement
утяжеленный ~ weighted cement
ферромарганцево-шлаковый ~ ferromanganese slag cement
чистый ~ neat cement
шлаковый ~ slag cement
шлакопесчаный ~ slag-sand cement

цементация cementation
~ горных пород cementation of rocks
естественная ~ natural cementation
многоярусная ~ multistage cementing

цементирование cementation, cementing (job)
~ без давления cementing at zero pressure
~ без применения цементировочных пробок plugless cementing
~ забойной зоны bottom-hole cementation
~ забоя под давлением bottom-hole cementing under pressure
~ колонны *см.* цементирование обсадной колонны
~ обсадной колонны casing cementing (job)
~ обсадной колонны до устья full-depth casing cementing
~ обсадной колонны-хвостовика liner cementing
~ под высоким давлением с применением пакера squeeze cementing with packer
~ под давлением squeeze cementing
~ под давлением с закачиванием жидкости непосредственно в колонну bradenhead job
~ при помощи желонки cementing with bailer
~ свай pile grouting
~ с верхней цементировочной пробкой post-plug cementing
~ с двумя пробками two-plug cementing
~ с забоя from-the-bottom-upward cementing
~ с использованием инжектора cement injection
~ скважины cementing of well, well cementing
~ скважины методом сплошной заливки cementing of well by continuous lining method
~ трещин fissure cementation

~ через заколонное пространство reverse cementing
~ эксплуатационной колонны production [oil] string cementing
~ юбочного пространства skirt cells grouting
вторичное ~ secondary cementing
двухступенчатое ~ two-stage cementing
исправительное ~ remedial cementing
многоступенчатое ~ multistage cementing
неудачное ~ bad [poor] cementing job
обратное ~ reverse cementing
одноступенчатое ~ single-stage cementing
первичное ~ primary cementing
повторное ~ recementing
порционное ~ batch cementing
прямое ~ direct cementing
сплошное ~ continuous cementing
ступенчатое ~ stage cementing
трехступенчатое ~ three-stage cementing

цементировать case-harden, cement
цементировочный
цементирующий binding, cementing, cementious
цементобетон cement concrete
цементовоз cement truck, bulk-cement transport unit
цементограмма cement log
цементомер cement bond log sonde
акустический ~ acoustic cement bond log sonde
радиоактивный ~ nuclear cement bond log sonde

цементометрия cement bond logging
акустическая ~ acoustic cement bond logging
радиоактивная ~ nuclear cement bond logging

цементомешалка agitator, cement mixer
гидравлическая ~ hydraulic cement jet mixer, jet mixing hopper
струйная ~ с бункером cone and jet type cement mixer

цементорез cement cutter
цементохранилище (bulk) cement bond storage
~ с пневматической разгрузкой pneumatic pressure cement storage unit

цена cost, price
~ на нефть oil [petroleum] price
закупочная ~ procurement price
заниженная экспортная ~ less than fair value
предложенная ~ на торгах bid

ценозит cenosite
ценообразование price formation, pricing
регулируемое ~ administered pricing
ссудное ~ loan pricing

центр center
~ буровой вышки drilling derrick center
~ вращения center of rotation, fulcrum
~ давления center of pressure
~ плавучести center of buoyancy
~ подобия center of similitude
~ скважины well center
~ тяжести center of gravity
~ удара center of percussion
~ управления control center

центр

~ шарнира fulcrum
вычислительный ~ computing center
подводный манифольдный ~ underwater manifold center station
подводный сепарационный ~ underwater separation central station
сборный ~ (*общий центр отводных от эксплуатационных платформ линий*) gathering center
централизация centralization
центратор centralizer
 ~ ловителя fishing tool centralizer
 ~ насосно-компрессорной колонны tubing centralizer
 ~ насосно-компрессорной спиральной колонны helical tubing centralizer
 ~ неразборной обсадной колонны slip-on casing centralizer
 ~ обсадной колонны casing centralizer
 ~ разборной обсадной колонны latch-on casing centralizer
 ~ со спиральными пружинами для обсадной колонны helical [spiral bow spring] casing centralizer
 ~ с прямолинейными пружинами для обсадной колонны straight bow spring centralizer
жесткий ~ обсадной колонны rigid-type casing centralizer
заколонный ~ casing centralizer
неразборный ~ обсадной колонны slip-on casing centralizer
центратор-калибратор stabilizing reamer
одношарошечный ~ one-roller stabilizing reamer
эксцентричный ~ eccentric stabilizing reamer
центратор-манипулятор труб automatic pipe slabber
центратор-турбулизатор turbogen [turbulence generating, turbine blade] centralizer, turbulizer
центрирование centering, alignment
 ~ бурового долота drilling bit centering
 ~ валов shaft alignment
 ~ обсадной колонны casing string centering
 ~ ротора rotary centering
центрировать align, center
центрифуга centrifuge
 ~ для бурового раствора drilling mud centrifuge
 ~ для очистки бурового раствора mud separator
вертикальная ~ vertical centrifuge
горизонтальная ~ horizontal centrifuge
осадительная ~ decanting centrifuge
саморазгружающаяся ~ self-discharging centrifuge
центрифугирование centrifugation
центрифугировать centrifuge
центробежный axifugal, centrifugal
центровать align, center
центровка alignment, centering
центроклинальный centroclinal
центростремительный axipetal, centripetal

цеолит zeolite
цепной chainomatic
цепь 1. (*механическая*) chain 2. (*электрическая*) circuit, network
 ~ аварийной защиты safety circuit
 ~ аварийной сигнализации alarm circuit
 ~ бурового шланга drilling hose safety chain
 ~ взрывателя detonator circuit
 ~ высокого напряжения high-tension [high-voltage] circuit
 ~ Галля Gall's chain
 ~ для докрепления и раскрепления замков бурильных труб jerk chain
 ~ для заземления earth [ground(ing)] circuit
 ~ для свинчивания трубных соединений spinning chain
 ~ зажигания ignition circuit
 ~ замыкания closing [making] circuit
 ~ короткого замыкания short circuit
 ~ механизма управления *или* регулирования control chain
 ~ отбоя clearing circuit
 ~ переменного тока alternating-current [ac] circuit
 ~ постоянного тока direct-current [dc] circuit
 ~ привода ротора rotary drive chain
 ~ размыкания clearing [breaking, opening] circuit
 ~ регулирования control circuit
 ~ связи communication circuit
 ~ тока current circuit
 ~ управления control circuit
анкерная ~ anchor [tension] chain
безроликовая ~ rollerless chain
бесконечная ~ continuous chain
бесшумная ~ silent [noiseless] chain
буксирная ~ tow chain
вертлюжная ~ buckle chain
втулочно-роликовая ~ bushing-roller chain
гидравлическая ~ hydraulic circuit
групповая ~ branch circuit
гусеничная ~ track [caterpillar, crawler] chain
двухрядная ~ double-strand [two-strand] chain
замкнутая ~ closed circuit
зарядная ~ charging circuit
измерительная ~ measuring circuit
кабельная ~ cable circuit
многорядная ~ multiple-strand chain
однорядная ~ single-strand [one-strand] chain
ответвленная ~ branch circuit
параллельная ~ parallel circuit
плоскозвенная ~ flat-link chain
полимерная ~ polymer chain
предварительно нагруженная ~ prestressed chain
приводная ~ driving chain
приводная пластическая ~ link belt chain
разомкнутая ~ open [broken] circuit
разорванная ~ broken chain
роликовая ~ roller chain
силовая ~ power circuit
такелажная ~ sling

трансмиссионная ~ chain belt
трехрядная ~ triple-strand [three-strand] chain
шарнирная ~ block [(articulated) link, pintle] chain
шестирядная ~ sextuple chain
электрическая ~ electric network, electric circuit
якорная ~ anchor chain
якорная ~ наветренного борта weather anchor chain
якорная ~ подветренного борта lee(ward) anchor chain

церезин ceresine
цех shop, department
~ поддержания пластового давления formation pressure maintenance department
~ приготовления буровых растворов drilling mud (mixing) plant
вышкомонтажный ~ rig building [rig-up] department
инструментальный ~ tool shop, tool room
кузнечный ~ forge shop
механический ~ machine shop
прокатно-ремонтный ~ hire and repair shop
прокатно-ремонтный ~ бурового оборудования drilling equipment hire and repair shop
прокатно-ремонтный ~ турбобуров hydroturbine downhole motor hire and repair shop
прокатно-ремонтный ~ эксплуатационного оборудования production equipment hire and repair shop
прокатно-ремонтный ~ электробуров electric downhole motor hire and repair shop
прокатно-ремонтный ~ электрооборудования electric equipment hire and repair shop
ремонтно-механический ~ mechanical repair shop
ремонтный ~ repair shop
сварочный ~ welding department
термический ~ heat-treating department
экспериментальный ~ experimental shop
электромонтажный ~ electric assembly shop

цикл cycle; period
~ бурения drilling cycle
~ двигателя engine cycle
~ заполнения filling cycle
~ испытания test period
~ Карно Carnot cycle
~ нагнетания injection period
~ накопления accumulation cycle
~ обезвоживания dehydration cycle
~ обработки operation cycle
~ осаживания sedimentation cycle
~ охлаждения cooling cycle
~ промывки wash-around (cycle)
~ с непрерывной последовательностью операций continuous cycle
~ строительства скважины cycle of well construction
~ технического обслуживания service [maintenance] cycle
~ циркуляции circulation cycle
~ эрозии cycle of erosion
автоматический ~ automatic cycle
газлифтный ~ gas-lift cycle
гидрогеологический ~ hydrogeologic cycle
замкнутый ~ closed cycle
незамкнутый ~ open cycle
непрерывный ~ uninterrupted [continuous] cycle
обратимый ~ reversible cycle
основной ~ basic cycle
полный ~ complete cycle
производственный ~ production cycle
рабочий ~ operating [working] cycle
ремонтный ~ repair cycle
тектонический ~ (geo)tectonic cycle
тепловой ~ thermal cycle
термодинамический ~ thermodynamic cycle
холодильный ~ refrigeration [cooling] cycle
холодильный компрессионный ~ compressive cycle

циклический cyclic, cycling
цикличность cyclic recurrence
циклон cyclone
циклопарафины naphthenes
циклополимеры cyclopolymers
цилиндр cylinder
~ высокого давления high-pressure cylinder
~ гидравлической части насоса fluid pump cylinder
~ насоса chamber, pump bowl, pump box
~ низкого давления low-pressure cylinder
~, охлаждаемый водой water-cooling cylinder
~ сервомеханизма power cylinder
~ скважинного нефтяного насоса subsurface pump working barrel
~ управления control cylinder
~ Фарадея Faraday cup, Faraday cylinder
вертикальный ~ upright cylinder
внешний ~ jacket
вставной ~ скважинного нефтяного насоса subsurface liner working barrel
горизонтальный ~ horizontal cylinder
градуированный ~ graduated [measuring] cylinder
мерный ~ *см.* градуированный цилиндр
плунжерный ~ plunger case
пневматический ~ pneumatic [air] cylinder
подъемный ~ lift cylinder
распределительный ~ piston valve cylinder
силовой ~ power cylinder
ступенчатый ~ double-diameter cylinder
тормозной ~ brake cylinder
фрикционный ~ friction cylinder

цинкование galvanizing, sherardizing
циркулировать circulate
~ через трубы circulate through pipes
циркулярка *проф.* (*пила*) circular saw
циркуляция circulation
~ бурового раствора drilling mud circulation
~ в замкнутой системе flow circulation
~ воды water circulation
~ воздуха air circulation

циркуляция

~ газа gas circulation
безвихревая ~ irrotational circulation
естественная ~ natural [gravity] circulation
затрубная ~ annular [annulus] circulation
конвекционная ~ convection(al) circulation
местная ~ local circulation
обратная ~ counterflush, reverse circulation, backflush
обратная ~ бурового раствора reverse drilling mud circulation
призабойная ~ bottom-hole circulation
принудительная ~ forced circulation
прямая ~ straight circulation
самотечная ~ *см.* естественная циркуляция
свободная ~ free circulation
тепловая ~ thermal circulation
термическая ~ *см.* тепловая циркуляция
цистерна tank
~ для топлива fuel tank
~ для уменьшения килевой качки (*бурового судна*) antipitching tank
~ пресной воды fresh water tank
автомобильная ~ tank car, mobile tank
автомобильная ~ для перевозки бензина gasoline mobile tank
автомобильная ~ для перевозки топлива fuel tanker
балластная ~ (*морского основания*) ballast tank
балластная ~ стрингера (*для создания плавучести*) stringer ballast tank
бортовая ~ side tank
железнодорожная ~ tank car, tank wagon
железнодорожная ~ для перевозки сжиженных газов liquefied gas tank car
железнодорожная нефтеналивная ~ oil tank car, oil tank wagon
палубная ~ deck tank
передвижная ~ mobile tank; tank car, tank wagon
расходная ~ service tank
расходная самотечная ~ gravity service tank
стационарная ~ storing [holding] tank
уравнительная ~ balancing tank
успокоительная ~ (*бурового морского основания*) antirolling tank
цистерна-цементовоз cement tank wagon
циферблат (*прибора*) dial, face
цоколь bedplate, base
цунами tsunami

Ч

чан bath, pit
приемный ~ для бурового раствора active pit
частицы particles

~ глинистого раствора clay mud particles
~ горной породы rock particles
~ коллоидного размера colloidally sized particles
~ обвалившихся горных пород cavings
~ обмолочных горных пород particles of clastic [of detrital] rock
~ песка (*в буровом растворе*) solids
~ разбуренной горной породы rock cuttings
взвешенные ~ suspended particles
гидрофильные глинистые ~ hydrophilous [hydrophilic, water-wettable] clay particles
глинистые ~ clay particles
глинистые поровые ~ interstitial clay particles
илистые ~ продуктивной толщи formation fines
коллоидные ~ colloidal particles
мельчайшие ~ fines, finest [ultimate] particles
минеральные ~ mineral granules, mineral particles
наносные ~ sedimentary particles
несцементированные ~ uncemented particles
окатанные ~ rounded particles
пластинчатые ~ геля plate-like gel particles
посторонние ~ foreign particles
разрозненные ~ discrete particles
твердые ~ solid particles, solids; particulate matter, PM
твердые ~, вызывающие износ abrasive particles
твердые взвешенные ~ suspended solids
тонкие ~ fine [small] particles
угловатые ~ grit particles
частота frequency
~ автоколебаний free-running frequency
~ биений beat frequency
~ волны wave frequency
~ вращения rotations per minute, rotational speed, speed of rotation
~ вращения бурового долота drilling bit rotations per minute
~ вращения бурового инструмента drilling tool rotations per minute, drilling tool rotation speed
~ вращения ствола вертлюга swivel stem rotations per minute
~ вызовов calling rate, calling frequency
~ качаний (*станка-качалки*) oscillation frequency
~ качаний балансира beam oscillation frequency
~ колебаний vibration frequency
~ отказов failure rate
~ питающего тока supply frequency
~ поперечных колебаний frequency in roll, roll frequency
~ продольных колебаний frequency in pitch, pitch frequency
~ ремонта repair rate
~ сети network frequency

част/ь

~ сигнала signal frequency
~ спускоподъемных операций trip frequency
~ ударов percussion frequency
~ циклов cycle frequency
высокая ~ high frequency HF
звуковая ~ sonic [sound, audio, acoustical] frequency, AF
комплексная ~ complex frequency
критическая ~ critical frequency
наибольшая ~ upper frequency
несущая ~ carrier (frequency)
низкая ~ low frequency, LF
номинальная ~ nominal frequency
нулевая ~ zero frequency
резонирующая ~ axial resonant frequency
основная ~ base frequency
предельная ~ cut-off [limiting] frequency
промышленная ~ commercial [mains] frequency
рабочая ~ operating frequency
слышимая ~ audio frequency
собственная ~ колебаний natural frequency
угловая ~ angular [radian] frequency
характеристическая ~ колебаний characteristic frequency
эталонная ~ standard frequency
частый (о сите) narrow-meshed
част/ь part, portion, section
~ бурильной трубы, выступающая над ротором dril pipe stub
~ инструмента, оставленная в скважине fish
~ керна core section
~ ствола скважины borehole section
~ ствола скважины, в которой установлен кондуктор surface hole
быстроизнашиваемые ~и wearing parts
верхняя ~ блока превенторов BOP upper stack
верхняя ~ водоотделяющей колонны upper marine riser
верхняя ~ пласта upper part of formation
верхняя ~ шкалы high side
весовая ~ part by weight
взаимозаменяемые ~и interchangeable parts
внешняя ~ складки геол. outer part of fold
внутренняя ~ мульды trough core
внутренняя ~ складки геол. inner part of fold
водоплавающая ~ залежи floating reservoir area
высокая ~ складки геол. higher part of fold
газонасыщенная ~ пласта gas-saturated portion of reservoir
гидравлическая ~ насоса fluid end of pump
заводненная ~ месторождения flooded field area
закрепленная ~ ствола скважины cased borehole section
запасная ~ spare [replacement] part, spare
изогнутая ~ трубы bend (of pipe)
истощенная ~ пласта depleted portion of reservoir
консольная ~ extension part
консольная ~ вала буровой лебедки drawworks shaft extension
конусная ~ (трубы) taper part
конусная ~ трубы (муфта) stabbing cone or guide
кормовая ~ (судна) aft, stern
краевая ~ залежи edge reservoir area
лицевая ~ front (part)
линейная ~ трубопровода linear pipeline part
материальная ~ materiel, equipment, physical facilities
механическая ~ насоса pump power end
наземная ~ циркуляционной системы (буровой) surface circulation system
напорная ~ насоса discharge end of pump
направляющая ~ ствола скважины conductor hole
незакрепленная ~ uncased borehole section
ненарезанная ~ (трубы) plain section
неповоротная ~ крана fixed portion of crane
неподвижная ~ stationary [static] part
неразведанная ~ пласта unexplored reservoir portion
нерастворимая ~ insoluble part
несущая ~ (конструкции) load-carrying [load-bearing] part, load-carrying [load-bearing] member
нефтенасыщенная ~ пласта oil-saturated part of reservoir
нижняя ~ foot
нижняя ~ блока превенторов BOP lower stack
нижняя ~ пласта lower part of formation
нижняя ~ ствола скважины follow-up hole
ниппельная ~ соединения pin connector
носовая ~ (судна) bow, fore
обводненная ~ месторождения watered field area
обнаженная ~ пласта outcroppings
опорная ~ (конструкции) bearing part, bearing member
отмытая ~ залежи swept reservoir area
охватываемая соединительная ~ male coupler
охватывающая соединительная ~ female coupler
поворотная ~ крана revolving portion of crane
подвижная ~ moving element, moving [movable] part
приконтурная ~ залежи marginal reservoir area
пробуренная ~ ствола скважины (penetrated) drilled part of hole
продуктивная ~ пласта effective pay
проезжая ~ дороги roadway
рабочая ~ шкалы effective scale range
разведанная ~ пласта explored portion of reservoir
раззенкованная ~ (замков бурильных труб) counterbore
расширенная ~ раструба flare opening

723

част/ь

режущая ~ cutting end
сводовая ~ залежи roof reservoir area
сводовая ~ складки crest (of fold)
скользящая ~ механизма slide part of mechanism
сменная ~ replacement [replaceable] part
соединительная ~ connector, connecting piece
соединительная ~ трубы fitting
составная ~ component, constituent
составная устойчивая ~ fixed constituent
суженная ~ waist (part)
фасонная ~ трубы fitting
хвостовая ~ tail (part)
ходовая ~ carrier, running gear
центральная ~ месторождения central field area
шарнирная ~ крюка hinged portion of hook
эксплуатационная ~ ствола скважины production hole
часы-хронометр time-keeper, timepiece
чашка cup, bowl
~ вискозиметра viscosimeter cup
~ фильтра filter cup
чека cotter [catch, lock] pin
коническая ~ tapered cotter
натяжная ~ adjuster cotter
разводная ~ split pin
чеканка caulking, embossing
~ кромок резервуара tank rim [tank overhead] caulking
~ труб beading
~ шва seam caulking
челюсть jaw
~ ключа tongs jaw
рабочая ~ ключа closing jaw of tongs
сменная ~ ключа replaceable jaw of tongs
удерживающая ~ ключа backup jaw of tongs
червяк screw, scroll, worm
чередование alternation
~ отложений deposit alternation
~ пластов alternation of beds, alternation of strata
~ формаций alternation of formations
черпак bail(er), bucket, scoop
черта:
~ наполнения (*резервуара*) filling mark (line)
чертеж draft, drawing, sketch
~ в натуральную величину full-size drawing
~ в разрезе sectional drawing
~ общего вида general view drawing
~ с проставленными размерами dimensioned drawing
~ с соблюдением масштаба drawing according to scale
габаритный ~ outline drawing
детальный ~ detail(ed) drawing
монтажный ~ assembly drawing
рабочий ~ working [design, shop] drawing
сборочный ~ *см.* монтажный чертеж
строительный ~ construction plan
схематический ~ sketch
эскизный ~ sketch, draft

эталонный ~ master drawing
четырехлопастный four-bladed
четырехугольник quadrangle, tetragon; (*на диаграмме*) box
четырехходовой four-way
чехол:
~ осадочных пород sedimentary mantle, sedimentary cover
брезентовый ~ tarpauline cover, canvas bag
осадочный ~ *см.* чехол осадочных пород
платформенный ~ platform mantle
чешуйк/а flake
~ графита graphite flake
~ слюды mica flakes
~и целлофана cellophane flakes
измельченные ~и shredded flakes
чешуйчатый flaky; (*о породах*) lamellar
число:
~ витков number of turns
~ двойных ходов (*насоса*) double-stroke number
~ действующих скважин number of producing wells
~ мест seating capacity
~ ниток резьбы на один дюйм threads per inch
~, обозначающее размер на чертеже dimension figure
~ оборотов number of revolutions, rotational speed
~ оборотов в минуту revolutions per minute, rpm
~ оборотов двигателя engine speed
~ оборотов двигателя на холостом ходу idling speed
~ простаивающих скважин number of suspended wells
~ Рейнольдса Reynolds number
~ секций вышки number of derrick sections
~ скважино-месяцев эксплуатации number of well producing months
~ твердости hardness number
~ твердости по Бринеллю Brinell hardness number
~ твердости по Моосу Mohs hardness number
~ твердости по Роквеллу Rockwell hardness number
~ твердости по Шору Shore hardness number
~ Эйлера Euler number
анилиновое ~ aniline number
арифметическое ~ arithmetic number
атомное ~ atomic number
бромное ~ bromine (adsorption) number
водородное ~ hydrogen number
двоичное ~ binary number
десятичное ~ decimal (number)
дробное ~ fraction, fractional [broken] number
иррациональное ~ irrational (number), surd (number)

кислотное ~ acid number
коксовое ~ coke number
критическое ~ Рейнольдса transition Reynolds number
массовое ~ mass number
наиболее вероятное ~ most probable number, MPN
октановое ~ octane number, octane value, octane rating
отрицательное ~ negative number
передаточное ~ gear ratio
простое ~ prime number
рабочее ~ витков (*пружины*) active coils
среднее ~ average
целое ~ integer, integral [whole] number
чистка cleaning, cleanout (job)
~ забоя скважины от металла junk cleanout job
~ забоя скважины от пробки bottom-hole plug cleanout job
~ скважины well cleaning, well cleanout
~ скважины от парафина well pigging
~ скважины от песчаной пробки желонкой bailing of well sand plug
чувствительность sensitivity, response
~ измерительного прибора instrument sensitivity
~ к зарубкам notch sensitivity
~ к надрезу notch brittleness
~ к облучению radiosensitivity
~ системы гидроуправления hydraulic pilot response
пороговая ~ threshold sensitivity
чугун cast iron
высокопрочный ~ high-duty [high-strength] cast iron
легированный ~ alloy cast iron
машиностроительный ~ engineering cast iron
серый ~ gray cast iron
чулок:
кабельный ~ cable grip

Ш

шабер scraper
шаблон gage, template
~ для долота bit gage
~ для проверки внутреннего диаметра обсадных труб casing inside caliper
крестообразный ~ cross gage
проверочный ~ make-up gage
протяжной ~ drawing strickle, drawing template
проходной ~ drift diameter gage
резьбовой ~ screw-pitch gage
резьбовой ~ для насосно-компрессорных труб tubing gage

резьбовой ~ для обсадных труб casing gage
сварочный ~ welding gage
трубный ~ pipe gage
трубный проходной ~ drift diameter pipe gage
шаблонирование gaging
~ интервала перфорирования perforation interval gaging
~ обсадных труб casing calipering
шаблон-оправка drift mandrel
шаблон-скребок scraper gage
шаг spacing; (*резьбы, зубьев*) pitch, step
~ в венце шарошки teeth spacing
~ зубьев tooth pitch
~ обмотки pitch of laps
~ резьбы thread pitch
~ сварных точек pitch of a spot weld
~ цепи chain pitch
большой ~ (*резьбы, зубьев*) coarse pitch
крупный ~ (*резьбы, зубьев*) см. большой шаг (*резьбы, зубьев*)
мелкий ~ (*резьбы, зубьев*) fine pitch
шайба washer
~ с вырезом open washer
замковая ~ locking washer
измерительная ~ orifice plate
изоляционная ~ insulating washer
кулачковая ~ cam
нажимная ~ сальника packing washer
переходная ~ adapter plate
предохранительная ~ safety washer
прижимающаяся ~ поршня piston follower
пружинная ~ spring washer
распорная ~ spacing washer
регулировочная ~ adjusting [shim] washer
стопорная ~ lock washer
уплотнительная ~ sealing washer
упорная ~ thrust washer
установочная ~ spacing washer
шамот fire clay, fired refractory material
шамотобетон castable refractory
шапка cap
~ клапана valve ball
~ центробежного регулятора governor ball
газовая ~ gas cap
газовая ~ большой площади areally widespread gas cap
газовая вторичная ~ secondary gas cap
газовая искусственная ~ artificial gas cap
газовая неретроградная ~ nonretrograde gas cap
газовая ретроградная ~ retrograde gas cap
шар ball, sphere
разделительный ~ (*для трубопроводов*) separating ball, separating sphere
сбрасываемый ~ setting ball
сбрасываемый ~ клапана trip valve ball
эластичный ~ (*для трубопроводов*) elastic ball, elastic sphere
шарик ball, bead; (*ртути*) bulb
~ Бринелля Brinell ball
~ для перекрытия перфорации (*при гидроразрыве*) perfrac ball

шарик

~ подшипника bearing ball
~ шарикоподшипника ball-bearing ball
~ шароструйного бура impact drill pellet
закупоривающий ~ sealing ball
запорный ~ для посадки пакера shutoff ball
нафталиновые ~и moth balls
плавкий ~ (*детектор пожара*) fusible bulb
шарикоподшипник ball bearing
шарнир pin joint, knuckle, hinge, pivot
~ Гука Hooke's joint
~ с гидроуплотнением hydroball
~ *геол.* складки fold axis, fold hinge, flexure
вертикальный ~ lag [drag] hinge
горизонтальный ~ flapping hinge
жесткий ~ fixed joint
карданный ~ *см.* универсальный шарнир
осевой ~ feathering hinge
универсальный ~ ball-and-socket [universal] joint, universal cardan
универсальный двойной ~ double universal joint
шаровой ~ universal cardan, ball [universal] joint
шарнирный articulate(d), fulcrum, jointed
шарошк/а rolling [roller] cutter, toothed wheel
~ бурового долота drill(ing) bit roller [drill(ing) bit rolling] cutter
~ долота roller cone, roller cutter
~ со вставными зубьями из карбида вольфрама tungsten-carbide insert-type rolling cutter
~ с фрезерными зубьями toothed rolling cutter
двухконусная ~ double-cone rolling cutter
дисковая ~ disk rolling cutter
калибрующая ~ бурового долота gage rolling cutter of drilling bit
кернообразующая ~ бурового долота core-forming rolling cutter of drilling bit
коническая ~ conical cutter, rolling [roller] cone
коническая ~ бурового долота drilling bit rolling cone
крестообразно расположенные ~и cross cutters
крестообразно расположенные ~и бурового долота cross rolling cutters of drilling bit
многодисковая ~ multidisk rolling cutter
многоконусная ~ multicone rolling cutter
одноконусная ~ single-cone rolling cutter
периферийная ~ side cutter
самоочищающаяся коническая ~ бурового долота self-cleaning rolling cone of drilling bit
стволообразующая ~ бурового долота hole-forming rolling cutter of drilling bit
съемная ~ demountable rolling cutter
шасси chassis
~ грузового автомобиля truck chassis
вездеходное ~ cross-country chassis
самоходное ~ self-propelled chassis
тракторное самоходное ~ power-frame tractor

шатун connecting rod
~ балансира (*станка-качалки*) rocker arm, connecting rod, pitman
вильчатый ~ forked connecting rod
внутренний ~ inside connecting rod
главный ~ master connecting rod
наружный ~ outside connecting rod
прицепной ~ hinged-type connecting rod
трубчатый ~ tubular connecting rod
шахта pit; mine; (*печи*) shaft
~ для буровой скважины well cellar
~ под полом вышки cellar
~ резервуарного люка hatch (way) trunk
буровая ~ бурового судна drill ship well, drill ship moonpool
буровая центральная ~ бурового судна drill ship center well
вентиляционная ~ air pit
водолазная ~ diving well
действующая ~ operating [productive] mine
механизированная ~ machine-worked mine
нефтяная ~ oil mine
разведочная ~ exploring mine
специальная ~ для бурения с баржи well slot
устьевая ~ wellhead cellar
устьевая подводная ~ subsea enclosure
центральная ~ center well
шлаковая ~ ash pit
экспериментальная ~ test mine
шахтер miner
шашка (*взрывчатого вещества*) explosive cartridge
швартов *мор.* mooring line, mooring rope
швартовать *мор.* moor, tie down
швартовка *мор.* mooring, tie-down
~ к одиночной башне single-tower mooring
~ с незащищенным одиночным буем exposed location single-buoy mooring
швеллер channel
продольный ~ sole
равнополочный ~ equal channel
строительный ~ structural channel
шейка:
~ вала shaft journal
~ для захвата ловильным инструментом fishing neck
~ рельса rail web
износостойкая ловильная ~ rugged fishing neck
коренная ~ коленчатого вала main journal of crankshaft
ловильная ~ fishing neck
сработавшаяся ~ worn-in journal
шарнирная ~ hinge pin
шатунная ~ (*двигателя внутреннего сгорания*) crankpin
шелуха hull, husk
~ арахиса peanut [groundnut] hulls
~ семян хлопчатника cotton seed hulls
шелушение flaking, hulling, husking, shelling
шельф shelf

шкала

оценочная ~ estimation scale
подвижная ~ slider, movable scale
прямолинейная ~ straight scale
равномерная ~ uniform [evenly divided] scale
регулировочная ~ adjustment scale
светящаяся ~ illuminated dial
стоградусная ~ centigrade scale
стратиграфическая ~ stratigraphic scale
температурная ~ temperature scale
универсальная ~ Сэйболта Saybolt universal scale
фокусировочная ~ focusing scale
хронологическая ~ chronological scale
энергетическая ~ energy scale

шкаф cabinet
~ управления control cabinet
~ электропитания power supply cabinet
батарейный ~ battery box, battery cabinet
главный ~ управления main control cabinet
контрольный ~ control box
копировальный ~ printing cabinet
несгораемый ~ safe
распределительный ~ distribution cabinet
сушильный ~ desiccator, drier, drying cabinet, drying box

шквал squall

шкворень pin
поворотный ~ fulcrum pin, pivot shaft
сцепной ~ coupling pin

шкив block, sheave, pulley
~ катушки catline sheave
~ кронблока crownblock sheave
~ кронблока для легости catline crownblock sheave
~ кронблока для неподвижного конца талевого каната dead-line crownblock sheave
~ кронблока для работы со съемным керноприемником crownblock coring line sheave
~ кронблока для талевого каната main crownblock sheave
~ кронблока для тартального каната sand-line [bailer] crownblock sheave
~ ленточного тормоза brake rim
~ ленточного тормоза с водяным охлаждением water jacketed brake rim
~ отбора мощности power take-off pulley
быстросменный ~ quick-charge(able) pulley
ведомый ~ driven pulley
ведущий ~ drive [driving] pulley, driver, guide sheave
верхний ~ (*в ударном бурении*) crown pulley
гладкий ~ flat pulley
двухручьевой ~ double-grooved pulley
кабельный ~ cable pulley
канатный ~ (wire) rope sheave, rope pulley
канатный направляющий ~ cable-suspension idler
канатный перемещающийся ~ sliding sheave
клиноременный ~ V-belt pulley, V-belt sheave
копровый ~ hoisting pulley
кронблочный ~ crownblock sheave
многоручьевой ~ multiple-grooved pulley
направляющий ~ guide pulley
натяжной ~ straining [tightening, stretching, jockey] pulley
отводящий ~ snatch pulley
оттяжной ~ drawoff [tension] pulley
передвижной ~ кронблока adapter crownblock sheave
плоскоременный ~ (flat) belt sheave
подпружиненный ~ spring-loaded pulley
рабочий ~ drive [driving] pulley, driver
разъемный ~ split pulley
ременный ~ belt pulley, belt sheave
ступенчатый ~ step pulley
тормозной ~ brake pulley, friction plate
устьевой направляющий ~ ground block
фрикционный ~ friction pulley
ходовой ~ кронблока fast crownblock sheave
холостой ~ idler [free, loose] pulley

шлагбаум bascule barrier, roadway gate, turnpike

шлак slag
доменный ~ blast furnace slag
кислый ~ acid slag
котельный ~ clinker
основной ~ basic slag
пористый ~ porous slag
сварочный ~ hearth cinder
стекловидный ~ glassy [scoury] slag
твердый ~ solid slag
химически активный ~ reactive slag
химически неактивный ~ nonreactive slag

шлакобетон slag concrete
шлаковата slag wool
шлакопортландцемент portland slag cement
шлакоцемент slag cement
шлам sludge; slime
буровой ~ drill(ing) cuttings, drilling returns
легкий ~ light solids

шламообразование sludging, sliming
шламоотборник sample catcher, sludge [cuttings] sampler
шламоотделитель sludge remover, slime separator
шламоотстойник mud-settling [slime] pit, slime thickener
шламопровод cutting ditch
шламопромыватель sandwasher
шламосборник sludge-catchment basin, chip catcher
шламосепаратор shale separator
шламоуловитель sludge trap
шланг hose
~ бурового насоса mud pump hose
~ воздушного тормоза air-brake hose
~ гидросистемы управления hydraulic pilot hose
~и глушения kill hoses
~ для передачи информационных сигналов reference line hose
~ для размыва jetting hose, jetting line

континентальный ~ continental [outer] shelf
шельфовый offshore
шероховатость roughness
  ~ стенки трубы pipe wall roughness
  абсолютная ~ absolute roughness
  кажущаяся ~ стенки трубы apparent pipe wall roughness
  относительная ~ relative roughness
шероховатый rough, ragged, scored
шестерня pinion, gear
  ~ повышающей передачи step-up gear
  ~ понижающей передачи step-down gear
  ~ привода агрегатов auxiliaries drive gear
  ведущая ~ pinion gear
  ведущая коническая ~ bevel pinion
  коническая ~ bevel gear
  промежуточная ~ idler, intermediate [idle] gear
  распределительная ~ timing gear
  центральная ~ sun gear, sun wheel
шестигранник hexahedron, six-sided polyhedron
шестиугольный sexangular
шеф-монтаж contract supervision
шибер damper, gate, valve, slide
  ~ задвижки gate
  воздушный ~ air damper
  дозирующий ~ proportioning gate
  запорный ~ shut-off gate
  отсекающий ~ gate-type shut-off valve
  перекидной ~ flap gate
  регулировочный ~ regulating gate, control slide valve
шина 1. (*пневматическая*) *амер.* tire; *англ.* tyre 2. *эл.* bus(bar)
  ~ высокой проходимости flotation-type [off-the-road] tire
  ~ для тяжелых условий работы heavy-duty tire
  ~ повышенной проходимости cross-country [ground grip] tire
  выходная ~ output line
  грузовая ~ truck tire
  заземляющая ~ grounding busbar
  обычная ~ conventional tire
  пневматическая ~ pneumatic tire
  резиновая ~ rubber tire
  спущенная ~ flat ture
  широкопрофильная ~ wide-section tire
шип journal, tenon, stud
шипение (*газа*) effervescence
ширина width
  ~ в свету clear width, width in the clear
  ~ зуба tooth width, width of a tooth
  ~ канала channel width
  ~ колеи *авто* wheel spacing; *ж.-д.* track gage
  ~ надвига thrust distance
  ~ обода rim width
  ~ пролета width of span
  ~ протектора (*шины*) tread width
  ~ судна beam athwartship

~ торцовой части муфты bearing face
  габаритная ~ overall width
широметр shearometer
широт/а latitude
  высокие ~ы high latitudes
  географическая ~ geographic [terrestrial] latitude
  магнитная ~ magnetic latitude
  низкие ~ы low latitudes
  полярные ~ы polar latitudes
  приведенная ~ reduced latitude
  северная ~ Northern latitude
  тропические ~ы tropical latitudes
  умеренные ~ы temperate latitudes
  южная ~ Southern latitude
шифер (*из асбоцемента*) corrugated asbestos board, sheet asbestos
шкала (*прибора*) dial, scale
  ~ абсолютных температур (*Кельвина*) absolute temperature scale
  ~ Боме Baumé scale
  ~ Бофорта Beaufort wind scale
  ~ буримости горных пород rock drillability scale
  ~ Вентворта Wentworth('s) scale
  ~ времени time scale
  ~ вязкости scale of viscosity
  ~ геологического времени geologic time scale
  ~ давления pressure scale
  ~ Кельвина Kelvin('s) scale
  ~ кислотности acidity scale
  ~ коррозионной стойкости corrosion-resistance scale
  ~ на измерительных приборах instrument dial
  ~ настройки tuning dial
  ~ отсчета reference scale
  ~ Реомюра Reaumur('s) scale
  ~ Рихтера Richter scale
  ~ сит mesh gage
  ~ с нониусом vernier scale
  ~ с подсветкой illuminated dial
  ~ сходимости convergence scale
  ~ счетчика meter dial
  ~ твердости hardness scale
  ~ твердости Мооса Mohs' scale
  ~ твердости Протодьяконова Protodyakonov's scale
  ~ Фаренгейта Fahrenheit('s) scale
  ~ Цельсия Celsius scale
  абсолютная ~ absolute scale
  дисковая ~ самопишущего прибора large reading dial
  калибровочная ~ calibrated dial
  круговая ~ dial, circular scale
  круговая верньерная ~ vernier dial
  линейная ~ linear scale
  логарифмическая ~ logarithmic scale
  логарифмическая двойная ~ log-log scale
  нелинейная ~ nonlinear scale
  неподвижная ~ fixed scale

~ линий штуцерной и глушения скважины choke and kill hose
армированный ~ reinforced hose
ацетиленовый ~ acetylene hose
бронированный ~ wire-armored hose
буровой ~ drilling [rotary] hose
воздушный ~ air [pneumatic] hose
всасывающий ~ бурового насоса mud suction hose
газовый ~ gas hose
гибкий ~ flexible hose
гибкий ~ для бурового раствора flexible mud hose
гибкий ~ для погрузки сыпучих материалов и жидкостей bulk hose
гидравлический ~ hydraulic hose
грузовой ~ (*на танкере*) cargo hose
донный ~ base hose
дюритовый ~ rubber-canvas hose
кислородный ~ oxygen hose
многоканальный гидравлический ~ multiple line hydraulic hose, multitube cable, hose bundle
многоканальный неармированный ~ unarmored hose bundle
многоканальный соединительный ~ jumper hose bundle
нагнетательный ~ pressure sleeve
нагнетательный ~ для бурового раствора mud hose
нагнетательный ~ насоса pump discharge bundle
неармированный ~ unarmored hose
плавучий ~ floating hose string
пожарный ~ fire hose
приемный ~ бурового насоса mud suction hose
прорезиненный ~ rubberized hose
резиновый ~ rubber hose
сварочный ~ welding hose
сливной ~ drain hose
цементировочный ~ cementing hose
шлангокабель flexible drill stem, coiled tubing
шлейф (*дыма*) plume
шлем helmet
герметичный ~ pressurized helmet
защитный ~ crash helmet, protective hat
шлипс slip, socket
~ для ловли насосно-компрессорных труб tubing socket
~ для ловли насосных штанг sucker rod socket
~ для ловли яса jar socket
~ы для спуска обсадных колонн casing-hanger slips
~ плашечного типа bulldog slip socket
~ с промывкой circulating slip socket
глухой ~ horn socket
желоночный ~ bailer grab
канатный ~ wire-line slip(s)
колоколообразный ~ bell socket
комбинированный ~ combination socket
ловильный ~ fishing slip(s), slip socket
ловильный ~ для яса канатного бурения center jar socket
ловильный ~ с направляющей воронкой wide-mouth socket
одинарный трубный ~ с промывкой single-slip casing bowl
освобождающийся ~ releasing socket
самозаклинивающийся синхронизированный ~ self-locking synchronized slips
шлипсокет slip socket
шлифование abrasion
шлиц nick, slit, slot
шлюпка boat
гипербарическая спасательная ~ hyperbaric lifeboat
рабочая дизельная ~ motor workboat
спасательная ~ lifeboat
шнек helical [screw, auger, spiral] conveyer; worm feeder
вертикальный лопастный ~ vertical blade auger
выгрузной ~ delivery [discharge, emptying, unloading] screw conveyer
двухходовой ~ two-start conveyer
дозирующий ~ metering screw conveyer
загрузочный ~ loading [feeding] auger
промывной ~ cleanout jet auger
разгрузочный ~ discharge screw conveyer
шнекодержатель auger holder
шнур cord
бикфордов ~ *см.* огнепроводный шнур
гибкий ~ flexible cord
детонирующий ~ detonating cord, detonating fuse
огнепроводный ~ safety [Bickford, blasting] fuse
шов joint; seam; (*сварной*) weld
~ без дефектов sound weld
~ без усиления flush weld
~ валиком fillet seam
~ в замок lock seam
~ с трещинами cracked weld
~ трубопровода pipeline joint
вертикальный ~ vertical weld
внутренний ~ inside weld
герметичный ~ pressure-tight weld, pressure-tight seam
горизонтальный ~ horizontal weld, side seam
дефектный ~ faulty [defective, poor] weld, faulty [defective, poor] seam
заклепочный ~ rivet(ed) joint
заклепочный однорядный ~ single rivet joint
кольцевой ~ circumferential weld, girth seam
монтажный ~ erection joint
нахлесточный ~ lap weld
неплотный ~ unsound weld, leaky seam
паяный ~ (*твердым припоем*) brazed seam; (*мягким припоем*) soldered seam
подварочный ~ backup weld
подчеканенный ~ caulked seam
прихваточный ~ tack weld
сварной ~ weld bead

стыковой ~ butt weld
торцовый ~ edge weld
угловой ~ fillet weld
узкий ~ bead seam
усиленный ~ reinforced weld, reinforced seam
шпат spar
известковый ~ calc-spar, lime spar
плавиковый ~ fluorite, fluorspar
полевой ~ feldspar
твердый ~ hard spar
тяжелый ~ barite, heavy spar
шпатель putty knife
шпатлевка coating
шпилька stud (bolt), pin
предохранительная ~ safety-lock pin
соединительная ~ joint pin
шпиндель spindle, stem; mandrel
~ бурового станка drilling spindle
~ внутренней труборезки mandrel of inside pipe cutter
~ гидротурбинного забойного двигателя hydraulic turbine downhole motor bit shaft
~ забойного двигателя downhole motor bit shaft, downhole motor drive sub
~ задвижки gate-valve stem
~ клапана valve stem
~ пакера packer mandrel
~ электробура electric (rotation) downhole motor bit shaft
~ яса jar mandrel
выдвижной ~ rising stem
регулировочный ~ regulating spindle
соединительный ~ coupling spindle
установочный ~ locating mandrel
шплинт cotter, (split) pin
разводной ~ split cotter
ШПО [широкое проходное отверстие] full hole
шпонка key
~ вала shaft key
~ втулки box key
~ ротора rotor key
шприц injector, gun
~ для консистентной смазки pressure grease [lubricating] gun
масляный ~ oil gun
смазочный ~ lubricating gun
шпур blasthole, bore(hole)
врубовый ~ snubbing shot, cut hole
вспомогательный ~ easer (hole)
горизонтальный ~ horizontal [flat] hole
наклонный ~ angle [incline] hole
нисходящий ~ downhole
штабель pile, stack
штанга rod, bar
~ для перевода ремня deflecting bar
бурильная ~ boring bar, drill rod
ведущая ~ kelly
глубинно-насосная ~ sucker rod
квадратная ~ kelly
легированная ~ alloyed rod
направляющая ~ guide rod
направляющая ~ колонны-направления conductor guide arm

насосная ~ sucker rod
насосная ~ с высаженными концами upset sucker rod
насосная ~ с ниппельными концами double pin-type sucker rod
насосная отработанная ~ junk sucker rod
отклоняющая ~ deflecting bar
полая ~ hollow [tubular] rod
ударная ~ sinker bar, drill stem
укороченная насосная ~ pony sucker rod
утолщенная ~ extra-heavy rod, extra-heavy bar
штангодержатель rod holder
автоматический ~ automatic sucker rod holder, automatic sucker rod spider
штангоизвлекатель rod puller
пневматический ~ air-controlled rod puller
штепсель plug
штифт finger, pin, dowel
~ золотника valve rod
~ муфты сцепления clutch drive pin
~ насоса pump rod
~ с заплечиком collar pin
конический ~ taper pin
направляющий ~ guide pin
предохранительный ~ safety [locking] pin
соединительный ~ connecting pin
срезной ~ spear pin
стопорный ~ retainer pin
установочный ~ set [locating] pin
шток stem, rod
~ задвижки gate-valve stem
~ клапана valve stem
~ крейцкопфа crosshead stem
~ плашки превентора ram rod, ram shaft
~ поршня piston rod
захватный ~ catching rod
направляющий ~ guide rod
полый ~ hollow rod
соединительный ~ connecting rod
соляной ~ salt stock, salt core, salt plug
упорный ~ thrust stem
уравновешенный ~ balanced stem
устьевой сальниковый ~ polished rod
штопор для извлечения каната из скважины rope spear
шторм (strong) gale; (*жестокий*) (maximum) storm; (*сильный*) heavy gale
штроп bail, (connecting) link
~ы для НКТ tubing connection links
~ крюка hook bail
~ элеватора elevator link
бесшовный ~ weldless link
бурильный ~ drilling link
кованый стальной ~ элеватора forged-steel elevator link
эксплуатационный ~ tubing link
штурвал knob, control wheel, handwheel
~ задвижки handwheel of gate valve
~ управления control wheel
штуцер 1. (*фонтанный*) flow bean, choke 2. (*соединительный*) connection, sleeve
~ для присоединения труб pipe connection

~ с боковым входом side-door choke
~ с механическим ручным управлением positive manual choke
~ с пневматическим управлением pneumatic choke
~ тройникового типа tee flow choke
быстросъемный ~ fast-change [quick-change] choke
внутренний ~ inner choke
втулочный ~ choke bean
входной ~ inlet connection
выпускной ~ outlet connection; (*двс*) exhaust pipe
выходной ~ гидроциклона hydrocyclone orifice, hydrocyclone choke
диафрагменный ~ orifice choke
забойный ~ bottom-hole choke, bottom-hole flow bean
игольчатый ~ needle-type flow bean
керамический ~ ceramic choke
металлокерамический ~ cermet choke
многоступенчатый ~ multiple-stage choke
наземный ~ top [surface] choke
наземный приводной игольчатый ~ needle adjustable surface choke
наружный ~ outer choke
нерегулируемый ~ positive [fixed] choke
нерегулируемый забойный ~ positive bottom-hole choke
нерегулируемый стационарный забойный ~ nonremovable positive bottom-hole choke
нерегулируемый съемный забойный ~ removable positive bottom-hole choke
подводный ~ с гидравлическим приводом hydraulically actuated subsea choke
постоянный ~ ручного управления positive manual choke
пробковый ~ plug choke
регулируемый ~ adjustable choke
резиновый ~ rubber choke
съемный ~ removable choke
трубный ~ pipe connection
устьевой ~ wellhead choke, surface bean
устьевой автоматический ~ automatic wellhead choke
устьевой регулируемый ~ adjustable wellhead choke
фонтанный ~ flow bean, choke
штырь pin
твердосплавный ~ для армирования долот slug
шум sound, noise, *мн.* background noise
шумоглушитель exhaust box, exhaust silencer
~ на трубе (*выпускающей газ высокого давления в атмосферу*) blow-down silencer
шунт *эл.* bridge, bypass, shunt
шунтирование *эл.* bridging, bypassing, shunting
шуруп screw
шурф hole, pit, drill hole
~ для анкера anchor hole
~ для ведущей трубы kelly`s rat hole
~ для двухтрубки mouse hole
~ для испытаний test pit
~ для квадратной штанги kelly hole
~ для наращивания mouse hole
~ для спуска направляющей колонны conductor hole
взрывной ~ blast hole
вспомогательный ~ easer, relief well
горизонтальный ~ horizontal hole

щебень grit, crushed rock, rock debris
мелкий ~ chippings
щека jaw
~ блока face of pulley
~ дробилки jaw plate, crusher jaw
зажимная ~ claw, dog
щеколда catch, lock, latch
щелок lye, liquor
щелочеупорный alkali-proof
щелочноземельный alkaline-earth
щелочной alkaline, alkalinous
щелочность alkalinity
~ бурового раствора alkalinity of mud
~ фильтрата бурового раствора mud filtration alkalinity
щелочь alkali
щель:
буровая ~ drilling slot
щепа chips
щетка brush
~ электрической машины collector
круглая проволочная ~ wire wheel brush
проволочная ~ wire brush
проволочная ~ для очистки резьбы wire thread brush
щечки side bars
щипцы tongs
щит board, panel; shield
~ управления instrument assembly
распределительный ~ control panel
щитовая switchboard room
щиток safeguard, shield
откидной ~ flapper
ручной ~ face shield
щуп feeler (gage), sound

эвакуация evacuation
аварийная ~ emergency evacuation

эвтектика

эвтектика eutectic
эдуктор eductor
эжектор ejector
  высоконапорный ~ high-pressure ejector
  паровой ~ steam jet ejector
эйкометр eukometer
эквивалент equivalent
  водяной ~ water equivalent
  газовый ~ gas equivalent
  механический ~ mechanical equivalent
  нефтяной ~ oil equivalent
  тепловой ~ heat [thermal] equivalent
  химический ~ chemical equivalent
эквивалентность equivalence
экипаж (*команда судна*) hands, company, crew
  ~ установки rig crew
экология ecology
  ~ окружающей среды environment ecology
  промышленная ~ industrial ecology
экономайзер economizer
экономика (*предмет*) economics; (*отрасль*) economy
  ~ промышленности industrial economics
экономичность efficiency
экономи/я saving, economy
  ~ времени saving of time
  ~ в стоимости производства saving in cost
  ~ материала saving in material
  ~ топлива fuel economy, fuel saving
экран screen, shield
  ~ для защиты от рентгеновского излучения X-ray screen
  ~, защищающий лицо сварщика face shield
  ~ индикатора display screen
  ~ радиоактивного каротажного зонда radioactivity logging sonde shield
  водонепроницаемый ~ (*в толще горных пород*) watertight barrier
  катодный ~ cathode-ray screen
  непроницаемый ~ (*в толще горных пород*) impermeable barrier
  проекционный ~ projection screen
  свинцовый ~ lead screen
  телевизионный ~ television screen
  тепловой ~ heat shield
  топочный ~ deflecting wall
  электростатический ~ (*каротажного зонда*) electrostatic shield
экранирование screening, shielding
  ~ кабеля cable braid(ing)
  ~ каротажного зонда shielding of logging sonde
  ~ резервуара для сточных вод screening of sewage pit
эксгаустер exhauster, suction fan
эксикатор desiccator, exciccator
экскаватор backfiller, excavator, excavating machine
  вскрышной ~ stripping shovel
  грейферный ~ clamshell excavator
  гусеничный ~ crawler-mounted excavator
  ковшовый ~ bucket excavator
  колесный ~ wheel-mounted power shovel
  траншейный ~ trench excavator
  универсальный ~ convertible shovel
  шагающий ~ walking excavator
экскавация excavation
эксперимент experiment, test, trial
  активный ~ active experiment
  выборочный ~ sampling experiment
  единичный ~ single experiment
  контрольный ~ check experiment
  лабораторный ~ laboratory experiment
  научный ~ scientific experiment
  промысловый ~ field experiment
  широкий ~ large-scale experiment
эксперт expert
экспертиза appraisal, examination, consultant's investigation
экспиратор expirator
эксплуатационники operating staff
эксплуатация 1. (*природных ресурсов*) exploitation 2. (*оборудования, сооружений*) operation, running, working, use, usage 3. (*поддержание в рабочем состоянии*) maintenance
  ~ буровой установки running the rig
  ~ месторождения field exploitation
  ~ месторождения с применением заводнения water flood operation
  ~ скважины well operation
  ~ скважины гидроприводными насосами bottom-hole hydraulic pumping
  ~ скважины с помощью гидропакерного лифта hydropacker plunger lift well operation
  ~ скважины с помощью плунжерного подъемника free-piston pumping
  ~ скважины штанговыми насосами (sucker) rod pumping
  ~ скважины электропогружным насосом submersible electric centrifugal pumping
  ~ трубопровода pipeline maintenance
  ~ хранилища storage operation
  безвышечная ~ скважины well operation without derrick
  временно остановленная ~ скважины closed-in well production
  газлифтная ~ скважины gas-lift well operation
  газлифтная бескомпрессорная ~ скважины natural pressure [straight] gas-lift well operation
  газлифтная непрерывная ~ скважины continuous gas-lift well operation
  глубинно-насосная ~ скважины bottom-hole pumping
  компрессорная ~ скважины (*с эрлифтом*) air-lift well operation; (*с газлифтом*) gas-lift well operation
  кратковременная ~ short-term service
  механизированная ~ скважины artificial-lift well operation
  непрерывная ~ continuous operation

электрод

пробная ~ (*с целью изучения месторождения и выявления запасов*) exploration
продолжительная ~ long-term service
промышленная ~ commercial operation
техническая ~ operation
циклическая ~ хранилища cyclic storage operation
фонтанная ~ скважины flowing well operation
фонтанная непрерывная ~ скважины continuous flowing well operation
фонтанная периодическая ~ скважины intermittent flowing well operation
эргазлифтная ~ скважины air-gas-lift well operation

эксплуатировать 1. (*использовать*) exploit 2. (*машины, оборудование*) operate, use, run 3. (*поддерживать в рабочем состоянии*) maintain
~ одновременно два горизонта в скважине dual a well

экспорт export
~ газа gas export
~ нефти petroleum [oil] export

экспресс-анализ proximate [express] analysis
экспресс-метод proximate [express] method
~ исследования скважин short-time well test
~ расчета добычи нефти express method of production calculation

экстензометр extensometer
экстрагирование extraction
экстракт extract
~ хемлока hemlock extract
дубильный ~ tanning extract
дубильный ~ из коры квебрахо quebracho extract
каштановый ~ chestnut extract
пихтовый ~ fir extract
растительный ~ vegetable extract
таниновый ~ tannin extract

экстрактор extractor (unit)
экстракция extraction
~ методом абсорбции absorption extraction

эксцентрик eccentric
регулируемый ~ adjustable eccentric
уравновешивающий ~ counterbalanced eccentric

эластовискозиметр elastovisco(si)meter
эластомер elastomer, elastomeric material
эластометр elastometer
эластопластометр elastoplastometer
элеватор elevator
~ для бурильных труб drill pipe elevator
~ для насосно-компрессорных труб tubing elevator
~ для насосных штанг rod elevator
~ для (спуска-подъема) обсадных труб casing elevator
~ для труб pipe elevator
~ замкового типа latch-type elevator
~ плашечного типа slip-type elevator
~ с боковой дверцей side-door elevator
~ с центральной защелкой *или* затвором center-latch elevator
~ с центральным затвором и клиньями center-latch slip-type elevator
автоматический ~ automatic elevator
бескорпусный ~ bodyless elevator
вспомогательный ~ для глубинно-насосных штанг rod transfer elevator, subelevator
двухколонный ~ dual-string elevator
двухшарнирный ~ double gate elevator
двухштропный ~ dual-link elevator
загрузочный ~ feed(ing) elevator
кованый ~ forged elevator
ковшовый ~ bucket elevator
литой ~ cast elevator
многоковшовый ~ bucket conveyer
одноштропный ~ (single) bail elevator
открытый ~ unclatched elevator
трубный ~ casing [pipe] elevator
универсальный ~ для насосно-компрессорных труб universal tubing elevator
шнековый ~ screw elevator

электроанализатор продуктивного пласта electric reservoir analyzer
электробур electrodrill, electric (rotation) downhole motor
электровоспламенитель electric ignitor
электрогенератор electric generator
электрод electrode
~ без покрытия bare electrode
~, буксируемый за судном (*при электроразведке на море*) towed electrode
~ для дуговой сварки arc-welding electrode
~ для наплавки build-up electrode
~ для точечной сварки spot-welding electrode
~ с покрытием coated electrode
~ сравнения reference electrode
активный ~ active electrode
вспомогательный ~ auxiliary electrode
выносной ~ trailing electrode
газовый ~ gas cell
голый ~ bare electrode
графитовый ~ graphite electrode
заземленный ~ grounded electrode
измерительный ~ measuring electrode
измерительный ~ электрического каротажного зонда pickup electrode of electric logging songe
металлический ~ (*аккумулятора*) plate
необмазанный ~ *см.* голый электрод
непарный ~ электрического каротажного зонда nonpair electrode of electric logging sonde
неплавящийся ~ nonconsumable electrode
непрерывный ~ continuous electrode
нормальный ~ normal [standard] electrode
обмазанный ~ coated electrode
обратимый ~ reversible electrode
отрицательный ~ negative electrode
питающий ~ transmitting [feeding] electrode
плавящийся ~ consumable electrode

электрод

положительный ~ anode, positive electrode
приемный ~ pickup electrode
сварочный ~ welding electrode, welding rod
сварочный ~ для работы под водой underwater electrode
спаренный ~ composite electrode
токовый ~ current electrode
токовый ~ электрического каротажного зонда current electrode of electric logging sonde
угольный ~ carbon electrode
фитильный ~ cored electrode
экранированный ~ guarded electrode
экранный ~ электрического каротажного зонда shield electrode of electric logging sonde

электродвигатель electric motor
~ переменного тока alternating current [ac] motor
~ постоянного тока direct-current [dc] motor
асинхронный ~ induction [asynchronous] motor
короткозамкнутый ~ squirrel-cage motor
однофазный ~ single-phase motor
погружной ~ submersible motor
универсальный ~ universal motor

электродетонатор electric(al) detonator
электрозаклепка plug lap joint
электрозапал electric(al) blasting cap
электроинтегратор для распределения потока pipeline fluid network calculator
электрокабель conductor cable
электрокар car, storage-battery truck
электрокаротаж electrologging, electric logging
~ с экранированным электродом guard electrode logging

электролампа electric lamp, electric bulb
электролебедка electric winch
электролиз electrolysis
электролит electrolyte
электромагнетизм electromagnetism
электромагнит electromagnet
электромашина electric machine
электрометр electrometer
динамический ~ dynamic electrometer
полевой ~ field electrometer

электрометрия electrometry
электромонтажник construction electrician
электромонтер linesman, electrician
электрон electron
~ внешней оболочки outer-shell electron
~ проводимости conduction electron
захваченный ~ trapped electron
орбитальный ~ orbital electron

электронагрев electric heating
электронагреватель electric(al) heater
~ с прямыми трубчатыми элементами electric(al) heater with straight tube elements
~ с V-образными элементами electric(al) heater with V-shaped elements
забойный ~ bottom-hole electric(al) heater

забойный стационарный ~ fixed bottom-hole electric(al) heater
поднасосный ~ subpump-mounted electric(al) heater

электронасос electric pump
электроника electronics
электрооборудование electric(al) equipment
электроосадитель electrical settler
электроосмос electroosmosis
электропечь electric(al) furnace
~ сопротивления resistance electric(al) furnace
индукционная ~ induction electric(al) furnace

электропила electric saw
электропитание (electric) power supply
электропогрузчик electric loader
электропривод electric [motor] drive
электропроводка wiring
электропроводность electric(al) conductivity
~ горных пород rock (electrical) conductivity
~ нефти oil electrical conductivity

электропрогрев забоя скважины electric(al) bottom-hole heating
электроразведка electric(al) prospecting
электросварка electric welding
электросварщик electric welder
электросеть network, mains
электроснабжение (electric-)power suply
электростанция electric(al) power plant, power station
передвижная ~ portable electric(al) power plant
плавучая ~ floating electric(al) power plant
стационарная ~ stationary electric(al) power plant

электростартер electric starter
электросчетчик electric(al) meter
электротермометр electric(al) thermometer
скважинный ~ downhole electric(al) thermometer

электротехника electrical engineering
электроустановка electrical installation
электрофильтр electric(al) filter, electric(al) precipitator
статический ~ electrostatic precipitator, electrostatic filter

электрофорез electrophoresis
электрохимия electrochemistry
электроэнергия electric power, electric energy
~, вырабатываемая дизель-генератором на буровой diesel-electric power

элемент element; member
~ аккумуляторной батареи storage(-battery) accumulator
~ конструкции structural element, structure component, member
~ объема volume element, cell
~ поверхности surface element
~ подвески spring unit
~, работающий на сжатие compression element

балластный ~ ballast(ing) element
ведомый ~ передачи follower
воспринимающий ~ *см.* чувствительный элемент
гальванический ~ galvanic cell
дегазационный ~ degassing element
измерительный ~ measuring element
иммерсионный ~ immersion element
крестообразно расположенные режущие ~ы cross-section cutters
нагревательный ~ heating element, heater
несущий ~ конструкции load-bearing structure component
опорный ~ reference element
основные ~ы тектонического строения tectonic framework
первичные ~ы primary elements
породоразрушающий ~ rock cutting element
примесный ~ impurity element
рассеянный ~ trace element
режущий ~ cutter
связующий ~ binder
силовой ~ load-bearing element, load-bearing member
соединяющий ~ connecting element
солнечный ~ solar cell
соприкасающиеся ~ы contact elements
составной ~ component element, component part
сухой ~ dry cell
термоэлектрический ~ thermocouple
топливный ~ fuel cell
уплотнительный ~ sealing [packing] element
уплотнительный гидравлический ~ hydraulic sealing [packing] element
уплотнительный расширяющийся ~ expanded sealing [packing] element
управляемый ~ controlled element
управляющий ~ control element
усиливающий ~ reinforcing member
ферритовый ~ ferrite element
фильтрующий ~ filter(ing) element
химический ~ chemical element
чувствительный ~ detector, feeler, sensitive [sensing] element, sensor

эллипс ellipse
 ~ двухосного напряженного состояния biaxial stress ellipse

эллипсоид ellipsoid
 ~ напряжений stress ellipsoid

элювий eluvium

эмаль enamel

эмульгатор emulsifier, emulsifying agent
 ~ бурового раствора drilling mud emulsifier
 анионоактивный ~ anionic emulsifying agent
 катионоактивный ~ cationic emulsifying agent
 коллоидный ~ colloidal emulsifying agent
 концентрированный ~ emulsifier concentrate
 молекулярный ~ molecular emulsifying agent
 неионогенный ~ nonionic emulsifier
 неорганический ~ inorganic emulsifier
 природный ~ natural emulsifier

эмульгирование emulsification

эмульгировать emulsify

эмульсия emulsion
 ~ «вода в масле» invert emulsion
 ~ «вода в нефти» water-in-oil emulsion
 ~ «нефть в воде» oil-in-water emulsion
 битумная ~ emulsified asphalt
 быстрораспадающаяся ~ quick-breaking emulsion
 водокислотная ~ water-acid emulsion
 водонефтяная ~ water-oil emulsion
 водонефтяная гидрофобная ~ hydrophobic water-oil emulsion
 вязкая ~ viscous emulsion
 гидрофобная ~ hydrophobic emulsion
 керосино-кислотная ~ acid-kerosene emulsion fluid
 коллоидная ~ colloidal emulsion
 крахмально-нефтяная ~ starch-oil emulsion
 лиофильная ~ liophilic emulsion
 лиофобная ~ liophobic emulsion
 нефтекислотная ~ acid-oil emulsion
 нефтяная ~ oil emulsion
 обращенная ~ invert(ed) emulsion
 пеногасящая ~ defoaming emulsion
 промысловая нефтяная ~ oil-field emulsion
 смазочно-охлаждающая ~ coolant
 трехфазная ~ three-phase emulsion
 устойчивая ~ stable [true] emulsion

эмульсол emulsol

энвироника environmental engineering, envirology

энергия energy, power
 ~ удара blow energy
 гидроэлектрическая ~ hydroelectric power
 кинетическая ~ (*молота*) drop energy
 критическая ~ threshold energy level
 пластовая ~ reservoir energy
 поверхностная ~ surface [interfacial] energy
 подведенная к долоту ~ bit energy, energy input at the bit
 полезная ~ useful power, useful energy
 свободная ~ free energy

энергоблок power unit

энергоемкость power input

энергоснабжение delivery of energy, power supply

энергоустановка power plant
 гидростатическая ~ hydrostatic power plant

энтальпия enthalpy

энтропия entropy

эозойский *геол.* Eozoic

эокембрий *геол.* Eocambrian

эопалеозойский *геол.* Eopaleozoic

эоцен *геол.* Eocene

эпигеосинклинальный epigeosynclinal

эпиметаморфизм epimetamorphism

эпипараклаз overthrust

эпицентр epicenter

эпицикл epicycle

эпоксиды

эпоксиды epoxides
эпоксисоединение epoxy compound
эпоха *геол.* epoch
  новейшая ~ recent epoch
  современная ~ *см.* новейшая эпоха
эпюра curve, diagram
  ~ изгибающих моментов bending moment diagram
эра *геол.* era
  археозойская ~ Archeozoic era
  кайнозойская ~ Cainozoic [Cenozoic, Kainozoic] era
  мезозойская ~ Mesozoic era
  протерозойская ~ Agnotozoic era
  эозойская ~ Eozoic era
эргазлифт air-gas lift
эрлифт air lift
эрозия erosion
  ~ горных пород erosion of rocks
  ветровая ~ deflation, wind erosion
  водная ~ water erosion
  длительная ~ long-term erosion
  жидкостная ~ fluid erosion
  интенсивная ~ intensive [rapid] erosion
  морская ~ sea [marine] erosion
  песчаная ~ sand erosion
  поверхностная ~ surface erosion
  химическая ~ chemical erosion
эстакада pier, rack, trestle (work)
  автономная ~ individual pier
  железобетонная ~ reinforced concrete pier
  металлическая ~ metal pier, metal trestle
  морская ~ offshore [sea] pier
  наливная ~ loading [service] rack
  наливная двухсторонняя ~ double-service rack
  наливная железнодорожная ~ tank car loading rack
  наливная односторонняя ~ single-service rack
  нефтеналивная ~ oil-loading rack
  погрузочная ~ loading rack
  разгрузочная ~ unloading rack
  свайная ~ pilework, pile trestle
  сливная ~ discharge jetty
  сливноналивная нефтяная ~ oil cargo pier
  соединительная ~ (*соединяющая берег с буровыми*) connecting pier
эстуарий (*устье реки*) estuary
этан ethane
этанол ethanol
этансульфонат целлюлозы ethanesulphonate cellulose
этап stage
  ~ заводнения (water) flooding stage
  ~ истощения продуктивного пласта stage of reservoir depletion
  ~ перфорирования скважины well shooting stage
  ~ разработки месторождения field development stage
  ~ы строительства construction stages

  начальный ~ заводнения initial waterflood stage
  начальный ~ разработки месторождения initial stage of field development, early life of field
этил ethyl
этилен ethylene
этилировать ethylate
этилцеллюлоза ethyl cellulose
эфир *хим.* ether; ester
эффект effect
  ~ адсорбции adsorption effect
  ~ взаимодействия interaction; (*скважин*) interference effect
  ~ взрыва blast effect
  ~ воздушной звуковой волны air blast effect
  ~ Дональда Дака Donald Duck effect
  ~ Жамена Jamin effect
  ~ заслона shielding effect
  ~ затухания damping effect
  ~ ингибирования inhibition effect
  ~ кепрока caprock effect
  «~ отвеса» (*при бурении в условиях искривления ствола*) pendulum effect
  ~ охлаждения cooling [chilling] effect
  ~ плавучести buoyancy effect
  ~ поршневания swabbing effect, swabbing action
  ~ смачивания wetting effect
  ~ экранирования shield(ing) effect
  армирующий ~ reinforcing effect
  боковой ~ lateral effect
  вертикальный ~ вытеснения vertical sweep effect
  гравитационный ~ gravity effect
  граничный ~ boundary effect
  граничный ~ на выходе из образца outflow boundary effect
  закупоривающий ~ бурового раствора drilling mud plastering effect
  капиллярный ~ capillary effect
  концевой ~ end effect
  магнитный ~ magnetic effect
  магнитострикционный ~ magnetostrictive effect
  масштабный ~ scale effect
  маятниковый ~ pendulum effect
  микрофильтрационный ~ microfiltration effect
  осмотический ~ osmotic effect
  площадной ~ вытеснения areal sweep effect
  побочный ~ by-effect, side effect
  поверхностный ~ skin effect
  пороговый ~ threshold effect
  пристенный ~ wall effect
  режущий ~ (*долота*) cutting effect, cutting action
  синергетический ~ synergistic effect
  струйный ~ (*долота*) jet action
  тепловой ~ heat [thermal] effect
  тормозной ~ braking effect
  ударный ~ impact effect

фильтрационный ~ filtration effect
электрострикционный ~ electrostrictive effect
эффективность efficiency, effectiveness, efficacy
~ бурения drilling efficiency
~ вытеснения displacement efficiency; (*нефти водой*) sweep efficiency
~ вытеснения (*нефти водой*) по площади areal sweep efficiency
~ поисковых работ prospecting effectiveness
эффузия effusion
~ газа gas effusion
эхограмма echogram
эхозонд echosounder
эхолот echo [acoustic] sounder, sonic depth finder
пневматический ~ pneumofathometer
эхолотирование echo [acoustic] sounding
эхо-сигнал echo signal

Ю

юбка skirt
~ ловильного инструмента fishing tool guide
~ поршня piston skirt
~ стационарного морского основания seabed platform skirt
~ стационарного основания, заглубляемая в дно seabed skirt
упорная ~ dagger skirt

Я

ядр/о core
~ антиклинали core of anticline, anticlinal core
~ диапировой складки diapir core
~ Земли Earth core
~a кристаллизации crystallization centers
~ мульды trough core
~ пламени flame core
~ потока flow core
~ сварной точки button, spot weld nugget
~ свода антиклинали arch core
~ сечения core of a (cross) section
~ складки core of a fold
язык finger, tongue
~ воды water finger
~ ледника ice tongue
~ обводнения lateral coning
~ пламени flame cone, flame kernel
~ пластовой воды formation water finger
языкообразование fingering
~ в результате разности вязкостей viscous fingering
якоредержатель anchor rack
якорь 1. *мор.* anchor 2. *эл.* armature
~ бурового основания offshore drilling unit anchor
~ бурового судна *см.* якорь буровой платформы
~ буровой платформы offshore drill anchor
~ для подводных трубопроводов subsea pipeline anchor
~, к которому крепится оттяжка guy anchor
~ насосно-компрессорных труб tubing anchor
~ обращенного типа inverted-type anchor
~ оттяжки буровой вышки derrick guy anchor, derrick guy deadman
~ пластоиспытателя tester anchor
~ подвесного типа hook wall-type anchor
барабанный ~ drum armature
вибрационный газовый ~ vibrational gas anchor
восьмитарельчатый ~ eight-disk anchor
вставной газовый ~ insert gas anchor
газовый ~ gas anchor
газопесочный ~ gas-sand anchor
гидравлический ~ hydraulic anchor
гидромеханический ~ с автоматическим натяжением hydromechanical automatic tension anchor
грунтовой ~ ground anchor
двухкорпусный газовый ~ double-housing [double-body] gas anchor
двухсекционный газовый ~ two-section gas anchor
легкий ~ light-weight anchor
мертвый ~ deadman
многосекционный газовый ~ multisection gas anchor
многотарельчатый ~ multidisk anchor
натяжной ~ насосно-компрессорных труб tension tubing anchor
однокорпусный газовый ~ single-housing [single-body] gas anchor
песочный ~ sand anchor
погружной газовый ~ submersible gas anchor
пружинный ~ spring anchor
прямой песочный ~ direct-acting sand anchor
секционный газовый ~ sectional gas anchor
трубный ~ tubing anchor
трубопроводный ~ pipeline anchor
четырехсекционный газовый ~ four-section gas anchor
яма pit
~ для опоражнивания желонки dump box
~ под мертвый якорь deadman hole
выгребная ~ cesspool, cesspit
отстойная ~ settling pit
яма-отстойник settling pit
ямокопатель hole digger, hole [earth] borer

ярлык

ярлык:
~ с кратким паспортом детали identification card
ярус:
верхний ~ моста upper deck of a bridge
структурный ~ structural stage
яс jar, jarring device
~ двойного действия double-acting jar
~ для вращательного бурения rotary jar
~ для съема пакера packer retrieving jar
~ для труборезок casing cutter jar
бурильный ~ drilling jar
гидравлический ~ hydraulic jar
длинноходовой ~ long-stroke jar
короткоходовой ~ short-stroke jar, jarhead
крутильный отбойный ~ torque jar
ловильный ~ fishing jar
механический ~ mechanical jar
наземный ~ surface jar
отбойный ~ bumper jar
ящик box, case
~ для керна core box, core tray
~ конденсатора condenser box
~ с комплектом инструмента tools' kit, tools' chest
аккумуляторный ~ accumulator box
дозировочный ~ batch box
инструментальный ~ *см.* ящик с комплектом инструмента
отстойный ~ sludge box
упаковочный ~ packing box
шламовый ~ sludge box

Издательство «Р У С С О»
предлагает:

Англо-русский металлургический словарь
Англо-русский политический словарь
Англо-русский словарь по вычислительным системам и информационным технологиям с Дополнениями
Англо-русский словарь по нефти и газу
Англо-русский словарь по общественной и личной безопасности
Англо-русский словарь по оптике
Англо-русский словарь по патентам и товарным знакам
Англо-русский словарь по пищевой промышленности
Англо-русский словарь по психологии
Англо-русский словарь по телекоммуникациям
Англо-русский словарь по химии и химической технологии
Англо-русский словарь по экономике и праву
Англо-русский словарь по электротехнике и электроэнергетике с Указателем русских терминов
Англо-русский энергетический словарь (в 2-х тт.)
Англо-русский юридический словарь
Англо-русский и русско-английский автомобильный словарь с Дополнениями
Англо-русский и русско-английский лесотехнический словарь
Англо-русский и русско-английский медицинский словарь
Англо-русский и русско-английский словарь по виноградарству, виноделию и спиртным напиткам
Англо-русский и русско-английский словарь по солнечной энергетике
Большой англо-русский политехнический словарь (в 2-х тт.)
Новый англо-русский биологический словарь
Новый англо-русский словарь по радиоэлектронике (в 2-х тт.)
Новый англо-русский медицинский словарь (с компакт-диском)
Новый русско-английский юридический словарь
Современный англо-русский словарь по машиностроению и автоматизации производства
Современный англо-русский словарь (с компакт-диском)
Современный русско-английский юридический словарь
Социологический энциклопедический англо-русский словарь
Русско-английский политехнический словарь
Русско-английский словарь по нефти и газу
Русско-английский словарь по психологии
Русско-английский словарь религиозной лексики
Русско-английский физический словарь
Экономика и право. Русско-английский словарь

Адрес: 109280, Москва, Велозаводская ул., д. 4, офис 307.
Тел./факс: 675-43-36.
Web: www.russopub.ru
E-mail: russopub@aha.ru

Издательство «РУССО»
предлагает:

Немецко-русский словарь по автомобильной технике и автосервису
Немецко-русский словарь по атомной энергетике
Немецко-русский политехнический словарь
Немецко-русский словарь по пиву
Немецко-русский словарь по пищевой промышленности и кулинарной обработке
Немецко-русский словарь по психологии
Немецко-русский словарь-справочник по искусству
Немецко-русский строительный словарь
Немецко-русский словарь по химии и химической технологии
Немецко-русский электротехнический словарь
Немецко-русский юридический словарь
Большой немецко-русский экономический словарь
Медицинский словарь / русско-немецкий и немецко-русский
Современный немецко-русский словарь по горному делу и экологии горного производства
Русско-немецкий автомобильный словарь
Русско-немецкий словарь по электротехнике и электронике
Популярный немецко-русский и русско-немецкий юридический словарь
Транспортный словарь / немецко-русский и русско-немецкий

Медицинский словарь (английский, немецкий, французский, итальянский, русский)
Словарь лекарственных растений (латинский, английский, немецкий, русский)
Словарь ресторанной лексики (немецкий, французский, английский, русский)

Адрес: 109280, Москва, Велозаводская ул., д. 4, офис 307.
Тел./факс: 675-43-36.
Web: www.russopub.ru
E-mail: russopub@aha.ru

Издательство «Р У С С О»
предлагает:

Новый французско-русский политехнический словарь
Самоучитель французского языка с кассетой «Во Франции — по-французски»
Французско-русский словарь (с транскрипцией) Раевская О.В.
Французско-русский медицинский словарь
Французско-русский словарь по нефти и газу
Французско-русский словарь по сельскому хозяйству и продовольствию
Французско-русский технический словарь
Французско-русский юридический словарь
Французско-русский и русско-французский словарь бизнесмена
Иллюстрированный русско-французский и французско-русский авиационный словарь
Русско-французский словарь (с транскрипцией) Раевская О.В.
Русско-французский юридический словарь
Итальянско-русский политехнический словарь
Русско-итальянский политехнический словарь

Адрес: 109280, Москва, Велозаводская ул., д. 4, офис 307.
Тел./факс: 675-43-36.
Web: www.russopub.ru
E-mail: russopub@aha.ru

СПРАВОЧНОЕ ИЗДАНИЕ

БУЛАТОВ
Анатолий Иванович

**СОВРЕМЕННЫЙ
АНГЛО-РУССКИЙ
И РУССКО-АНГЛИЙСКИЙ
СЛОВАРЬ
ПО НЕФТИ И ГАЗУ**

Ответственный за выпуск
ЗАХАРОВА Г. В.

Ведущий редактор
МОКИНА Н. Р.

Редакторы
КИЗИЛОВА Н. Е.
НИКИТИНА Т. В.
УРВАНЦЕВА А. И.

Подписано в печать 01.08.06. Формат 70х100/16.
Печать офсетная. Печ. л. 47.
Тираж 1060 экз. Зак. 235

«РУССО», 109280, Москва, Велозаводская ул., д. 4, офис 307.
Телефон/факс: 675-43-36.
Web: www.russopub.ru
E-mail: russopub@aha.ru

Отпечатано в ГП Калужской области
«Облиздат», г. Калуга,
пл. Старый Торг, 5.

ISBN 5-88721-308-6